AF532589

SAP S/4HANA® Retail

SAP PRESS ist eine gemeinschaftliche Initiative von SAP SE und der Rheinwerk Verlag GmbH. Unser Ziel ist es, Ihnen als Anwendern qualifiziertes SAP-Wissen zur Verfügung zu stellen. SAP PRESS vereint das Know-how der SAP und die verlegerische Kompetenz von Rheinwerk. Die Bücher bieten Ihnen Expertenwissen zu technischen wie auch zu betriebswirtschaftlichen SAP-Themen.

Damit Sie nach weiteren Titeln Ihres Interessengebiets nicht lange suchen müssen, haben wir eine kleine Auswahl zusammengestellt.

Ulf Koglin
SAP S/4HANA: Voraussetzungen, Nutzen, Erfolgsfaktoren
3. aktualisierte und erweiterte Auflage, 490 Seiten, 2020, geb.
ISBN 978-3-8362-7574-3
www.sap-press.de/5088

Salmon et al.
SAP S/4HANA Finance: Funktionen, Neuerungen, Migration
3. aktualisierte und erweiterte Auflage, 576 Seiten, 2021, geb.
ISBN 978-3-8362-8034-1
www.sap-press.de/5242

Gulyássy, Hoppe, Köhler, Vithayathil
Disposition mit SAP: Prozesse, Integration und Customizing
3. aktualisierte und erweiterte Auflage, 795 Seiten, 2022, geb.
ISBN 978-3-8362-8584-1
www.sap-press.de/5382

Greb et al.
Logistik mit SAP S/4HANA
3. aktualisierte und erweiterte Auflage, 671 Seiten, 2022, geb.
ISBN 978-3-8362-8855-2
www.sap-press.de/5483

Michael Anderer

SAP S/4HANA® Retail

Liebe Leserin, lieber Leser,

vielen Dank, dass Sie sich für ein Buch von SAP PRESS entschieden haben.

Der Handel ist in den letzten Jahren mit großen Herausforderungen konfrontiert worden: von den Einschränkungen der Corona-Pandemie über Lieferengpässe und steigende Kosten bis hin zum sich verändernden Kaufverhalten der Kunden. Es gilt, flexibel zu bleiben und diese Flexibilität auch systemseitig umsetzen zu können. Damit Ihnen das auch gelingt, stellen wir Ihnen in diesem Buch die SAP-Lösung für den Einzelhandel vor: *SAP S/4HANA Retail*.

Im Zentrum dieses Buches steht die Abbildung branchenspezifischer Prozesse in SAP S/4HANA Retail, z. B. von Lieferantenbestellungen und der Verteilung der Ware an die Filialen. Die Schnittstelle zum Point of Sale wird ebenso beschrieben wie die Anbindung von Reportingtools, damit Sie aussagekräftige Analysen auf Basis Ihrer Kunden- und Transaktionsdaten erstellen können. Darüber hinaus gehen die Autoren auf die neuen Cloud-Lösungen und SAP-Fiori-Apps ein, mit denen Sie Ihre Kunden noch besser verstehen können. So werden Ihre Prozesse mit SAP S/4HANA Retail und den benachbarten Lösungen lückenlos abgedeckt.

Das Buch hat Ihnen gefallen, Sie haben Anregungen oder Kritik? Wir freuen uns über Anmerkungen, die uns helfen, unsere Bücher zu verbessern. Zögern Sie also nicht, sich bei mir zu melden.

Ihre Nicole Hohmann
Lektorat SAP PRESS

nicole.hohmann@rheinwerk-verlag.de
www.rheinwerk-verlag.de
Rheinwerk Verlag · Rheinwerkallee 4 · 53227 Bonn

Auf einen Blick

Wir hoffen, dass Sie Freude an diesem Buch haben und sich Ihre Erwartungen erfüllen. Ihre Anregungen und Kommentare sind uns jederzeit willkommen. Bitte bewerten Sie doch das Buch auf unserer Website unter **www.rheinwerk-verlag.de/feedback**.

An diesem Buch haben viele mitgewirkt, insbesondere:

Lektorat Nicole Hohmann
Korrektorat Annette Lennartz, Bonn
Herstellung Stefanie Meyer
Typografie und Layout Vera Brauner
Einbandgestaltung Silke Braun
Coverbild iStock: 1202060968 © pablorebo1984
Satz Typographie & Computer, Krefeld
Druck Beltz Grafische Betriebe GmbH, Bad Langensalza

Dieses Buch wurde gesetzt aus der TheAntiquaB (9,35/13,7 pt) in FrameMaker.
Gedruckt wurde es mit mineralölfreien Farben auf chlorfrei gebleichtem, FSC®-zertifiziertem Offsetpapier (90 g/m²).
Hergestellt in Deutschland.

Das vorliegende Werk ist in all seinen Teilen urheberrechtlich geschützt. Alle Rechte vorbehalten, insbesondere das Recht der Übersetzung, des Vortrags, der Reproduktion, der Vervielfältigung auf fotomechanischen oder anderen Wegen und der Speicherung in elektronischen Medien.

Ungeachtet der Sorgfalt, die auf die Erstellung von Text, Abbildungen und Programmen verwendet wurde, können weder Verlag noch Autor*innen, Herausgeber*innen oder Übersetzer*innen für mögliche Fehler und deren Folgen eine juristische Verantwortung oder irgendeine Haftung übernehmen.

Die in diesem Werk wiedergegebenen Gebrauchsnamen, Handelsnamen, Warenbezeichnungen usw. können auch ohne besondere Kennzeichnung Marken sein und als solche den gesetzlichen Bestimmungen unterliegen.

Sämtliche in diesem Werk abgedruckten Bildschirmabzüge unterliegen dem Urheberrecht © der SAP SE, Dietmar-Hopp-Allee 16, 69190 Walldorf.

SAP, ABAP, ASAP, Concur Hipmunk, Duet, Duet Enterprise, Expenselt, SAP ActiveAttention, SAP Adaptive Server Enterprise, SAP Advantage Database Server, SAP ArchiveLink, SAP Ariba, SAP Business ByDesign, SAP Business Explorer (SAP BEx), SAP BusinessObjects, SAP BusinessObjects Explorer, SAP BusinessObjects Web Intelligence, SAP Business One, SAP Business Workflow, SAP BW/4HANA, SAP C/4HANA, SAP Concur, SAP Crystal Reports, SAP EarlyWatch, SAP Fieldglass, SAP Fiori, SAP Global Trade Services (SAP GTS), SAP GoingLive, SAP HANA, SAP Jam, SAP Leonardo, SAP Lumira, SAP MaxDB, SAP NetWeaver, SAP PartnerEdge, SAPPHIRE NOW, SAP PowerBuilder, SAP PowerDesigner, SAP R/2, SAP R/3, SAP Replication Server, SAP Roambi, SAP S/4HANA, SAP S/4HANA Cloud, SAP SQL Anywhere, SAP Strategic Enterprise Management (SAP SEM), SAP SuccessFactors, SAP Vora, Triplt, Qualtrics sind Marken oder eingetragene Marken der SAP SE, Walldorf.

Bibliografische Information der Deutschen Nationalbibliothek:
Die Deutsche Nationalbibliothek verzeichnet diese Publikation in der Deutschen Nationalbibliografie; detaillierte bibliografische Daten sind im Internet über *http://dnb.dnb.de* abrufbar.

ISBN 978-3-8362-8880-4

1. Auflage 2022
© Rheinwerk Verlag, Bonn 2022

Informationen zu unserem Verlag und Kontaktmöglichkeiten finden Sie auf unserer Verlagswebsite **www.rheinwerk-verlag.de**. Dort können Sie sich auch umfassend über unser aktuelles Programm informieren und unsere Bücher und E-Books bestellen.

Inhalt

9 Sonderformen der Beschaffung 511

10 Fashion Management 531

Anhang 629

Einleitung

Der Handel, d. h. der Einzel- und Großhandel, erlebt derzeit in einem noch nie da gewesenen Ausmaß einen Wandel und neue Herausforderungen. Verantwortlich dafür ist – neben sich verändernden Konsumentengewohnheiten – auch und gerade die zunehmende Digitalisierung der gesamten Ökonomie sowie exogene Faktoren wie Pandemien, Energiekrisen und Unterbrechungen der Wertschöpfungsketten. Im Einzelnen lassen sich die folgenden Trends feststellen:

- zunehmender Trend zu Lieferservices
- weiterwachsender Onlinehandel
- Verschmelzung von Online- und Offlinehandel zum No-Line-Handel
- weitere Digitalisierung der Filialen, z. B. durch Automatisierung des Check-outs
- eine durch die Digitalisierung entstandene neue Transparenz hinsichtlich der Preise, Produkteigenschaften und Bezugsquellen gegenüber den Kunden (auch mobil)
- Fokus auf Nachhaltigkeitsaspekte, womit auch die Transparenz der gesamten Wertschöpfungskette bis hin zu den Rohstoffen an Bedeutung zunimmt
- Kundenansprache in Echtzeit und zunehmend individualisiert (basierend auf Big-Data-Analysen)

Um diese Trends für sich zu nutzen oder sie gar aktiv mitzugestalten, bedarf es verlässlicher betriebswirtschaftlicher Informationssysteme als Ausgangslage. In diesem Sinne beschäftigen wir uns in diesem Buch mit dem SAP-Warenwirtschaftssystem im Handel *SAP S/4HANA Retail*. Dieses Buch richtet sich vornehmlich an Anwender, die entweder vor einer Implementierung stehen, die gerade dabei sind, SAP S/4HANA Retail einzuführen, oder die die Einführung bereits erfolgreich durchgeführt haben und weitere Möglichkeiten kennenlernen möchten, die die Welt von SAP S/4HANA Retail bietet. Darüber hinaus können Sie dieses Buch auch zur Einarbeitung und Vertiefung einzelner fachspezifischer Funktionsbereiche von SAP S/4HANA Retail heranziehen oder lediglich, um sich einen Gesamtüberblick über die Lösung zu verschaffen. Sie erhalten Einblick in die prozessunterstützenden Funktionen sowie in das Customizing, um ein tieferes technisches Verständnis zu erlangen.

Aufbau dieses Buches

Die einzelnen Kapitel dieses Buches bauen zwar aufeinander auf, bilden aber jeweils eine in sich geschlossene Einheit und können daher auch einzeln durchgearbeitet werden.

In **Kapitel 1**, »Architektur von SAP S/4HANA Retail«, erhalten Sie zunächst einen grundlegenden Überblick über die SAP-S/4HANA-Retail-Architektur und die wichtigsten angekoppelten Systeme sowie deren Interaktion. Darüber hinaus geben wir Ihnen einen Ausblick auf die weitere Entwicklung von SAP S/4HANA Retail in Form einer Roadmap.

Teil I, »Standardprozesse«, stellt umfassende Informationen zu den Prozessen und Funktionen von SAP S/4HANA Retail zur Verfügung.

In **Kapitel 2**, »Stammdaten«, erhalten Sie einen umfassenden Überblick über die Stammdaten in SAP S/4HANA Retail. Diese umfassen Organisationsstrukturen, Business Partner sowie weitere zentrale Konstrukte von SAP S/4HANA Retail wie Warengruppen, die Sortimentierung, Preise und Konditionen.

In **Kapitel 3**, »Data Governance und Datenaustausch«, beschäftigen wir uns mit den Themen Datenqualitätsmanagement und Qualitätssicherung. Außerdem gehen wir auf Datenpools ein und erläutern die Möglichkeiten, die SAP S/4HANA Retail zum Datenaustausch mit diesen Pools bereitstellt.

In **Kapitel 4**, »Beschaffung«, erläutern wir sämtliche Möglichkeiten, die SAP S/4HANA Retail im Rahmen des Einkaufs bietet. Das beinhaltet Rahmenverträge, Disposition und Bedarfsplanung, Bestellungen, Bestelloptimierung und Versand, Wareneingang, Rechnungsprüfung sowie den Konditionskontrakt. Darüber hinaus stellen wir Ihnen die unterschiedlichen Funktionen von SAP für Intelligent Replenishment vor.

In **Kapitel 5**, »Logistik und Warenverteilung«, erläutern wir die Möglichkeiten der SAP-S/4HANA-Retail-Lagerprozesse wie den Wareneingang, die Einlagerung von Ware und die Warenverteilung. Darüber hinaus erhalten Sie einen Einblick in die Funktion des Aufteilers – eines zentralen Logistikelements in SAP S/4HANA Retail. Weiterhin erhalten Sie einen Überblick zum Thema Embedded EWM für SAP S/4HANA Retail.

Durch den erhöhten Wettbewerbsdruck im Handel werden die Informationen am Point of Sale (POS) immer bedeutender für eine kundenindividuelle Marktbearbeitung. **Kapitel 6**, »Verkaufsprozesse und Point of Sale«, stellt Ihnen die Funktionen und Schnittstellen für diese Prozesse vor. Sie lernen die (mobilen) SAP-Fiori-Filialprozesse wie Inventur, Bestandsabfragen, Wareneingang, Filialauftrag und weitere Funktionen kennen. Darüber hinaus erhalten Sie Informationen darüber, wie sich Inventurdifferenzen durch Fraud Detection verringern lassen.

In **Kapitel 7**, »Finanzbuchhaltung in SAP S/4HANA Retail«, stellen wir Ihnen den Prozess des Abverkaufs und dessen Verbuchung im SAP-S/4HANA-Finanzwesen vor. Dies betrifft sowohl den Abverkauf an anonyme Kunden als auch den Abverkauf an einen bekannten Kunden am Beispiel einer Onlinebestellung.

In **Teil II**, »Erweiterte Retail-Prozesse«, beschreiben wir Spezialprozesse im Umfeld von SAP S/4HANA Retail (z. B. die Frischeabwicklung). Zu diesen Prozessen gehören auch die Funktionen, die ein SAP-S/4HANA-Retail-System erweitern, wie SAP Promotion Management, SAP Fashion Management und das Omnichannel Retailing. In diesem Teil erläutern wir auch, wie Sie SAP-Management-Informationssysteme an SAP S/4HANA Retail anbinden können.

In **Kapitel 8**, »Aktionen«, beschäftigen wir uns mit den Funktionen des Tools SAP Promotion Management, das als Application Bundle für das SAP Customer Activity Repository angeboten wird. Hier lernen Sie die über SAP S/4HANA Retail hinausgehenden Möglichkeiten der Promotionsplanung, die verschiedenen Promotionsarten, die Preisgestaltung sowie die Integration mit SAP S/4HANA Retail kennen.

Der Beschaffungsprozess im Handel ist komplex und unterscheidet sich je nach Sortiment. In **Kapitel 9**, »Sonderformen der Beschaffung«, gehen daher auf zwei Sonderformen der Beschaffung ein. Wir beschreiben die grundsätzlichen Funktionen und Abläufe in der Frischedisposition und gehen auch auf die Beschaffung von Dienstleistungen sowie die Schnittstellen zu SAP Ariba ein.

In **Kapitel 10**, »Fashion Management«, erläutern wir die planerischen und warenwirtschaftlichen Prozesse im textilen Einzelhandel. Dazu stellen wir Ihnen den geschlossenen Retail Loop im Bereich Fashion anhand eines Referenzmodells vor. Darauf aufbauend betrachten wir den Planungsprozess von der strategischen Finanzplanung bis zur Waren- und Sortimentsplanung. Darüber hinaus finden Sie Erläuterungen zur saisonalen Bestellabwicklung, der Bestellfreigabe und der Open-to-buy-Prüfung. Weiterhin stellen wir Ihnen die Lösung SAP S/4HANA for Fashion and Vertical Business vor.

Die Funktionen, die SAP im Rahmen der nahtlosen, kanalübergreifenden Kundenansprache, d. h. für das Omnichannel Retailing, bietet, erläutern wir in **Kapitel 11**, »Omnichannel Retailing«. Hier geht es unter anderem um die Integration von Aktionen aus SAP Promotion Management und Echtzeitbeständen aus dem SAP Customer Activity Repository sowie um die Marketing Automation mit SAP Emarsys und die Integration der gesamten Auftragsabwicklung.

Abschließend erfahren Sie in **Kapitel 12**, »Management-Informationssysteme«, wie Sie SAP-Tools wie SAP S/4HANA Embedded Analytics, SAP BW/4HANA, SAP Data Warehouse Cloud oder SAP Analytics Cloud unterstützen können. Sie erfahren auch, welche vielfältigen Möglichkeiten für die Analyse und das Reporting im Handel auf der Datenbasis von SAP S/4HANA Retail bestehen.

In hervorgehobenen Informationskästen finden Sie in diesem Buch Inhalte, die wissenswert und hilfreich sind, aber etwas außerhalb der eigentlichen Erläuterung stehen. Damit Sie die Informationen in den Kästen sofort einordnen können, haben wir die Kästen mit Symbolen gekennzeichnet:

[»] In Kästen, die mit diesem Symbol gekennzeichnet sind, finden Sie Informationen zu *weiterführenden Themen* oder wichtigen Inhalten, die Sie sich merken sollten.

[!] Dieses Symbol weist Sie auf *Besonderheiten* hin, die Sie beachten sollten. Es *warnt* Sie außerdem vor häufig gemachten Fehlern oder Problemen, die auftreten können.

[zB] *Beispiele*, durch dieses Symbol kenntlich gemacht, weisen auf Szenarien aus der Praxis hin und veranschaulichen die dargestellten Funktionen.

Danksagung

Ein ganz herzliches Dankeschön geht an alle Co-Autoren sowie an Frau Martina Püschel und Lilly Selzer, die uns bei allen Kapiteln tatkräftig, inspirierend und stets motivierend unterstützt haben.

Dr. Michael Anderer

Kapitel 1
Architektur von SAP S/4HANA Retail

In diesem Kapitel geben wir Ihnen einen Überblick über die vielfältige Systemlandschaft des Warenwirtschaftssystems SAP S/4HANA Retail mit all seinen Kernkomponenten und Satellitensystemen.

Die Dynamik im Handel ist – nicht erst seit der Pandemie – weiterhin ungebrochen. Parallel erleben wir dynamische Entwicklungen in der IT-Welt wie Cloud-Computing, smarte Apps, KI und agile Projektmethoden. Für Händler ist es deshalb entscheidend, dass Ihnen eine stabile, gleichzeitig aber auch flexible IT-Lösung zur Verfügung steht.

SAP S/4HANA Retail ist die Branchenlösung von SAP für den Handel. Zunächst lernen Sie in diesem Kapitel einige technische Grundlagen kennen, die für das Verständnis der Entwicklung und des Betriebs von SAP S/4HANA Retail wichtig sind (siehe Abschnitt 1.1). Anschließend betrachten wir – nach einem ersten Gesamtüberblick – die einzelnen Komponenten von SAP S/4HANA Retail (siehe Abschnitt 1.2). Darüber hinaus widmen wir uns der Benutzeroberfläche SAP Fiori (siehe Abschnitt 1.2.2) sowie den Möglichkeiten der SAP Business Technology Platform (SAP BTP, siehe Abschnitt 1.2.3), die als reines Cloud-Produkt die Konnektivität und Erweiterbarkeit von SAPs On-Premise-Systemen flexibilisieren kann und somit für hybride Architekturen (on premise und Cloud) große Bedeutung hat. Abschließend erhalten Sie in Form einer Roadmap einen Ausblick darauf, wie sich SAP S/4HANA Retail in den nächsten Jahren voraussichtlich weiterentwickeln wird (siehe Abschnitt 1.3).

1.1 Von SAP R/3 zu SAP S/4HANA

Um die Entwicklung hin zu einem modernen und leistungsstarken SAP-S/4HANA-System zu verstehen, möchten wir Ihnen zunächst einen kurzen Überblick über das Vorläufersystem SAP R/3 und die grundlegenden Unterschiede geben.

Die klassische Client-Server-Architektur eines SAP-R/3-Systems besteht aus den Schichten:

- Präsentationsschicht/Benutzeroberfläche (engl. User Interface, UI)
- Applikationsserver
- Datenbankserver

Die Weiterentwicklung vom SAP-R/3-System zu SAP S/4HANA ist durch eine vertikale Integration dieser Schichten in technischer Hinsicht gekennzeichnet.

Mit SAP S/4HANA lizenzieren Sie zumindest zwei Komponenten/Schichten aus einer Hand. Sie haben also nicht mehr die Wahl zwischen unterschiedlichen Datenbanken, sondern kaufen diese direkt mit (SAP-S/4HANA-Datenbank).

Mit dem ersten SAP-HANA-basierten System für den Handel, SAP S/4HANA Retail, ändert SAP seine bisherige Datenbankstrategie. Das neue für SAP HANA optimierte SAP S/4HANA Retail nutzt als Datenbank ausschließlich SAP HANA. Das gilt gleichermaßen für die anderen für SAP HANA optimierten Produkte.

Die Datenbank *SAP HANA*, die zunächst für Business-Intelligence-Anwendungen von SAP konzipiert wurde, um die Performance im Bereich des Online Analytical Processings (OLAP) zu verbessern, nutzt dabei die In-Memory-Technologie des Hauptspeichers (engl. Random Access Memory, RAM). Die Daten werden nicht mehr zeilenorientiert, sondern spalten- und zeilenweise im RAM gehalten. Dies ermöglicht deutlich schnellere Datenzugriffe.

Aber nicht nur die Datenhaltung erfolgt im Hauptspeicher. Auch einige rechenintensive Teile des Codings werden durch den sogenannten *Code Pushdown* im Hauptspeicher von SAP HANA gehalten und prozessiert. Beispiele sind etwa der neue Lauf zur Bedarfsplanung (engl. Material Requirements Planning, MRP), der als *Rapid Replenishment* direkt in der SAP-HANA-Datenbank prozessiert wird, oder der *Unified Demand Forecast* (UDF), eine Prognosemethode, die die bisherigen Methoden nach und nach ablösen wird (siehe Abschnitt 1.3, »Ausblick«).

Diese neuen Funktionen offenbaren die grundlegende Idee der In-Memory-Technologie, nämlich die Verlagerung von performanceintensiven Applikationen von der Applikationsschicht in die In-Memory-Datenbank (in den Cache-Speicher). Der ehemalige Flaschenhals zwischen Festplatte und Hauptspeicher wird auf diese Weise vermieden. Dadurch werden die Datenzugriffe in Kombination mit massiver Parallelisierung der Prozessoren deutlich schneller, es steigen aber auch die Kapazitätsanforderungen an den Hauptspeicher.

Die In-Memory-Technologie hat aber auch einige Nachteile. So sind die Kosten für Prozessoren und Hauptspeicher relativ hoch. Außerdem wird eine Persistenzschicht mit Wiederaufsatzpunkten und Transaktionslogs benötigt, um bei Datenverlust eine Wiederherstellung (Recovery) durchführen zu können. Die Persistenzschicht in SAP S/4HANA Retail basiert auf der Datenbank SAP MaxDB.

Abbildung 1.1 zeigt die Produktentwicklung von SAP R/3 zu SAP S/4HANA. Während die Business Suite mit R/3 noch datenbankoffen ist (Any DB), änderte sich dies spätestens mit dem Release 1609 und Simple Finance, da hier die Finanzprozesse für die SAP-S/4HANA-Prozesse teilweise in den Kern verlegt wurden (Code Pushdown). Darüber hinaus können Sie ein SAP-S/4HANA-Retail-System im eigenen Rechenzentrum (on premise) oder in der Cloud bei den bekannten Hyperscaler-Anbietern (Amazon, Microsoft und Google) bzw. bei SAP direkt betreiben.

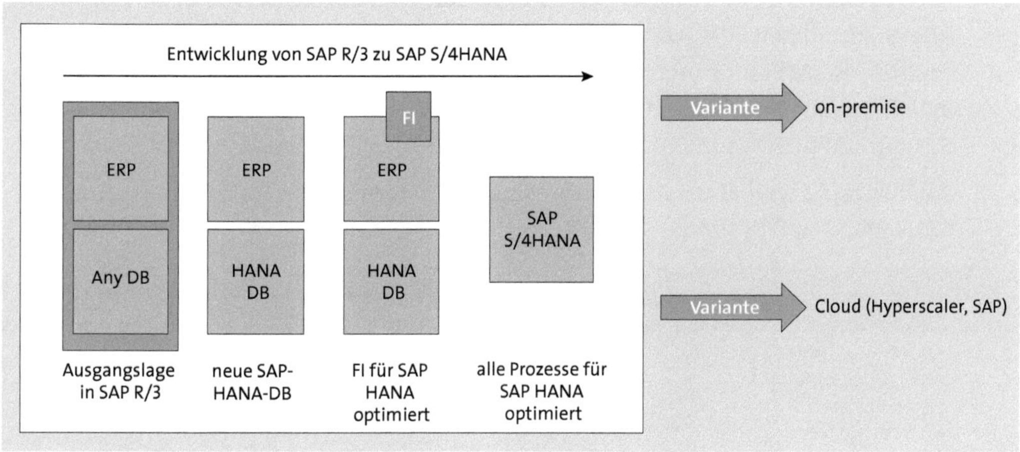

Abbildung 1.1 Entwicklung von SAP R/3 zu SAP S/4HANA

1.1.1 Releasekonzept von SAP S/4HANA

Seit der Einführung von SAP S/4HANA gibt es für die On-Premise-Version jährliche Releases, zumeist im September oder Oktober. Die Nomenklatur setzte sich bisher aus der Jahreszahl und dem Monat des Releases zusammen, also z. B. 1709, 1810, 1909. Im Jahr 2020 wurde die Bezeichnung angepasst und umfasst nun einfach das Erscheinungsjahr. Man unterscheidet zwischen sogenannten *Support Package Stacks* (SPS) und *Feature Package Stacks* (FPS). SPS beziehen sich auf Fehlerkorrekturen, neue gesetzliche Anforderungen oder Performanceverbesserungen und dienen generell der Qualitätsverbesserung Ihres SAP-S/4HANA-Systems, FPS enthalten neue Funktionen oder Innovationen. Ein neues Release kommt immer mit SPS 0, danach folgt die Nummerierung durchgängig – egal, ob SPS oder FPS. Die sogenannten *Enhancement Packages* (EHP) beziehen sich auf die auslaufende SAP Business Suite (R/3). Nach EHP 8 wird es keine weiteren Releases mehr für SAP Retail, den Vorgänger von SAP S/4HANA Retail, geben. SPS sind kumulativ, d. h., mit dem »Einspielen« des aktuellen SPS erhalten Sie alle Funktionen der vorangegangenen SPS mit dazu. Eine Übersicht über die Inhalte der SPS finden Sie im SAP-Support-Package-Stacks-Portal unter *https://support.sap.com/en/my-support/software-downloads/support-package-stacks.html*.

1.1.2 Switch Framework und Business Functions

Bei der Installation eines SAP-ERP-Systems erhalten Sie die Möglichkeit, eine bestimmte Branchenvariante oder *Industry Solution* (IS) zu aktivieren, z. B. *IS Retail* (ISR) oder *IS Oil*. Damit wird ein ganzes Set an branchenspezifischen Funktionen aktiviert, die sogenannten *Business Functions*. Business Functions sind auf die jeweilige Branche zugeschnittene Prozesse, Funktionen und Transaktionen, wie z. B. retailspezifische Stammdaten oder Aktionen bzw. Promotionen. Mit SAP S/4HANA ist es möglich, mehrere Branchenlösungen gleichzeitig zu aktivieren. Das heißt, wenn Sie ein vertikalisiertes Business betreiben – wie etwa Produktion und Einzelhandel –, genügt ein System, auf dem beide Geschäftsprozesse gemeinsam laufen.

Abbildung 1.2 zeigt einen Ausschnitt einiger aktivierter Business Functions eines SAP-S/4HANA-Retail-Systems.

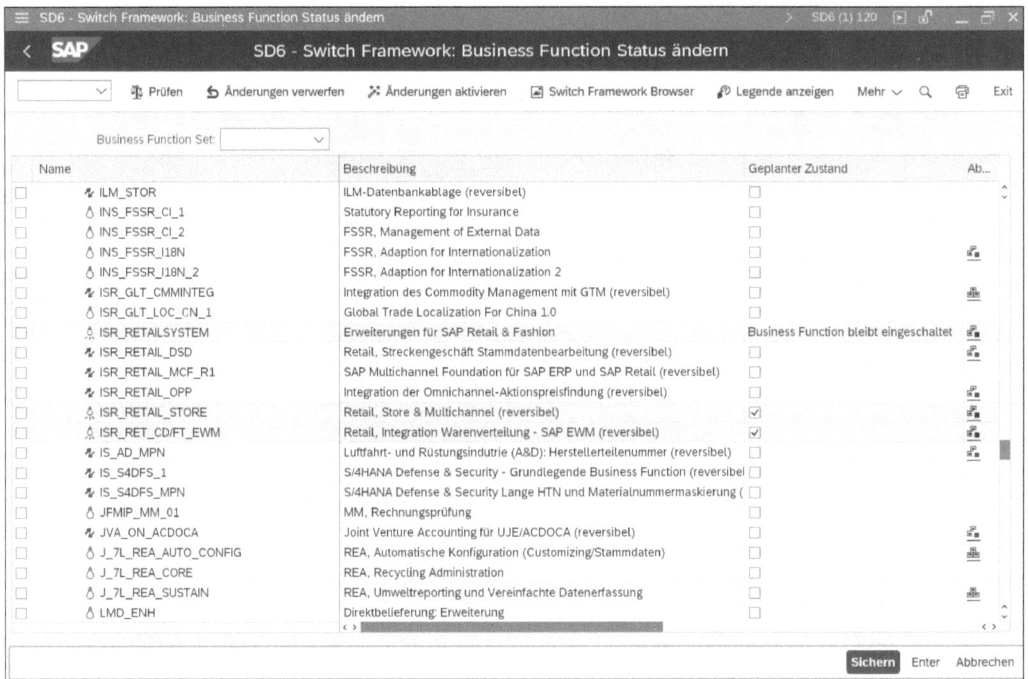

Abbildung 1.2 Business Functions im Customizing von SAP S/4HANA Retail (Transaktion SFW5)

Dies zeigt, dass auch die Systeme der neuen SAP Business Suite SAP S/4HANA Business Functions enthalten. Allerdings hatte SAP deren Anzahl beim Release SAP S/4HANA 1610 deutlich reduziert, da viele Funktionen im Rahmen der im Vergleich zur Architektur von SAP ERP vorgenommenen *Simplifizierung* entweder bereits weggefallen sind, im Kernsystem verankert wurden oder dies zukünftig noch passieren wird. Mit Release 2021 wurde allerdings die zuvor entfernte Frischedisposition wieder neu aufgenommen (siehe Kapitel 9, »Sonderformen der Beschaffung«). Die Verlagerung von Branchenfunktionen zurück in den Kern von SAP S/4HANA bezeichnet SAP mit dem Schlagwort *Back to Core*.

[«] 1

Bereitstellungmodelle von SAP S/4HANA Retail im Rahmen von SAP S/4HANA

SAP S/4HANA Retail wird im Rahmen von SAP S/4HANA in drei Bereitstellungsmodellen angeboten. In der *On-Premise-Lösung* installieren die Kunden das System selbst und betreiben es im eigenen Rechenzentrum. Des Weiteren bietet SAP eine *Private-Cloud-Lösung* an, also eine Hosting-Lösung, die exklusiv für einen einzelnen Kunden zur Verfügung gestellt wird. Die *Public-Cloud-Lösung*, bei der mehrere Kunden auf ein standardisiertes System in einer von SAP zur Verfügung gestellten Cloud zugreifen, wird ab dem dritten Quartal 2022 verfügbar sein.

Darüber hinaus gibt es – ausschließlich in der Cloud – die sogenannten *Industry Apps*, die als Ergänzung zum SAP-S/4HANA-Retail-Standard fungieren und entweder von SAP selbst oder von Partnern stammen können. Beispielhaft sei hier das Promotionsplanungstool *Promotion Planning & Calendar* von retailsolutions erwähnt, das im SAP Store erhältlich ist.

Der Umstieg von der SAP Business Suite auf SAP S/4HANA hat sowohl einen technischen als auch einen anwendungsspezifischen Aspekt. Der technische Anteil dieser Transformation ist die Datenbankmigration. Um auf die SAP-HANA-Datenbank umzustellen, muss das Quellsystem mindestens EHP 7 aufweisen und unicodefähig sein. Außerdem muss das neue Hauptbuch (General Ledger) aktiviert sein. Bei den technischen Anpassungen unterstützen Sie die Werkzeuge *Maintenance Planner*, *Software Update Manager* (SUM) und die *Database Migration Option* (DMO), z. B. mit geführten Anleitungen, den sogenannten *Guided Procedures*.

Was die Umstellung der Anwendung angeht, sollten Sie wissen, welche Funktionen von SAP Retail gestrichen, entschlackt oder vereinfacht wurden. Die entsprechenden Hinweise finden Sie in der *SAP S/4HANA Simplification List*. Die Simplification List für SAP S/4HANA 2020 finden Sie im SAP Help Portal unter *http://s-prs.de/888001*.

Die Liste umfasst mehrere hundert Themen über die gesamte SAP S/4-HANA-Lösung hinweg, davon über 60 Themen für die Bereiche Retail und Fashion. Im Rahmen von Pre-Checks muss geprüft werden, ob die im Altsystem verwendeten Funktionen im Zielsystem noch vorhanden sind oder ob diese gegebenenfalls durch neue Funktionen ersetzt wurden. Dies hat einen wesentlichen Einfluss auf den Umfang und die Vorgehensweise im Transformationsprojekt.

Darüber hinaus ist es essenziell, das kundenspezifische Coding auf die Kompatibilität mit SAP S/4HANA hin zu prüfen und anschließend in das neue Release 2021 einzuspielen. Dazu bieten sowohl SAP selbst als auch SAP-Partner entsprechende Services an.

1.2 Elemente der Architektur von SAP S/4HANA Retail

Gliedert man die Aktivitäten im Handel primär nach wertschöpfenden und unterstützenden Aktivitäten, ergibt sich das Bild in Abbildung 1.3.

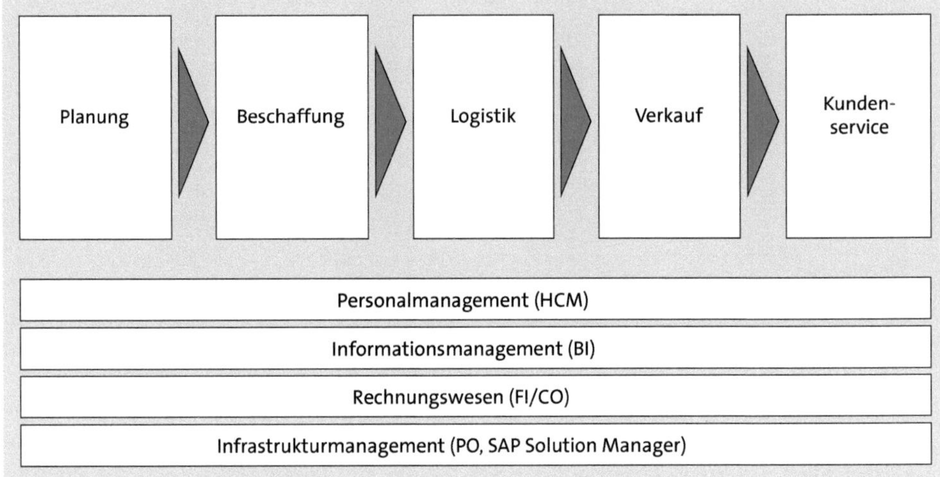

Abbildung 1.3 Wertschöpfungskette im Handel

Diese Grafik verdeutlicht ebenso, welche Funktionen SAP S/4HANA Retail abdeckt. Das Kernwarenwirtschaftssystem deckt die folgenden Bereiche ab:

- Beschaffung
- Logistik und Warenverteilung
- Verkauf

Diese Bereiche behandeln wir in Kapitel 4, »Beschaffung«, Kapitel 5, »Logistik und Warenverteilung«, und Kapitel 6, »Verkaufsprozesse und Point of Sale«. Neu im Buch hinzugekommen ist mit Kapitel 7, »Finanzbuchhaltung in SAP S/4HANA Retail«, das Thema FI für ausgewählte Retail-Prozesse. Die Stammdaten bilden für all diese Bereiche das Fundament. Auf sie gehen wir daher in Kapitel 2, »Stammdaten«, und Kapitel 3, »Data Governance und Datenaustausch«, gesondert ein.

Zusätzlich gibt es – aus IT-Sicht – weitere Softwarekomponenten, die diese primären Aktivitäten unterstützen und ergänzen. Für die Beschaffung ist das z. B. der Bereich *Forecasting und Replenishment*, also die Bedarfsplanung und Nachschubplanung (siehe Abschnitt 4.4, »SAP Forecasting and Replenishment«), für die Aktionen und Promotionen das *Promotion Management* (siehe Kapitel 8, »Aktionen«). Neu hinzugenommen haben wir in Kapitel 9 die Sonderformen der Beschaffung. Für die Planung, vor allem im Bereich Fashion, stellt SAP ein eigenes Konzept zur Verfügung (siehe Kapitel 10, »Fashion Management«), das nun voll in SAP S/4HANA Retail integriert ist. Im Bereich des Kundenmanagements wird die Wertschöpfung über alle Kanäle hinweg mit unterschiedlichen Features des *Omnichannel Retailings* unterstützt (siehe Kapitel 11, »Omnichannel Retailing«). Das Thema Business Intelligence wird in Kapitel 12, »Management-Informationssysteme«, behandelt.

Gerade das Thema Omnichannel Retailing gewinnt für alle Händler und damit auch für SAP zunehmend an Bedeutung. Hier werden technisch gesehen die Kunden und ihre Einkaufsdaten umfangreich analysiert, um ein erweitertes und kundenzentriertes Einkaufserlebnis zu ermöglichen. Mit dem *SAP Customer Activity Repository* stellt SAP Ihnen ein mächtiges Werkzeug zur Verfügung, das im Zusammenspiel mit SAP S/4HANA Retail und SAP Service Cloud bzw. SAP Sales Cloud ganz neue Möglichkeiten zur Kundeninteraktion bietet. Dieses Repository erläutern wir wegen seiner großen Bedeutung für SAP S/4HANA Retail im folgenden Abschnitt ausführlicher.

1.2.1 SAP Customer Activity Repository

SAP Customer Activity Repository stellt grundsätzlich Informationen zu Abverkäufen (über alle Absatzkanäle), Bestandsinformationen sowie zu den zu erwartenden Abverkäufen zur Verfügung.

Der Funktionsumfang von SAP Customer Activity Repository umfasst die folgenden Kernelemente (Abbildung 1.4):

- POS-Datenübertragung und -Audit (engl. POS Data Transfer and Audit, POS DTA)
- Dashboards für Multi-Channel-Umsatzanalysen (engl. Multi-Channel Sales Analytics)
- Echtzeitbestände (engl. Stock Visibility)
- Omnichannel-Artikelverfügbarkeit und Bezugsquellenfindung (engl. Omnichannel Article Availability, OAA)
- Omnichannel-Aktionspreisfindung (engl. Omnichannel Promotion Pricing, OPP)
- Regalverfügbarkeit (engl. On-Shelf Availability, OSA)
- Unified Demand Forecast (UDF)
- Demand Data Foundation (DDF)
- Fraud Management (optional)

Einige dieser Kernelemente schauen wir uns im Folgenden etwas genauer an, weitere werden in nachfolgenden Kapiteln tiefgehend erläutert.

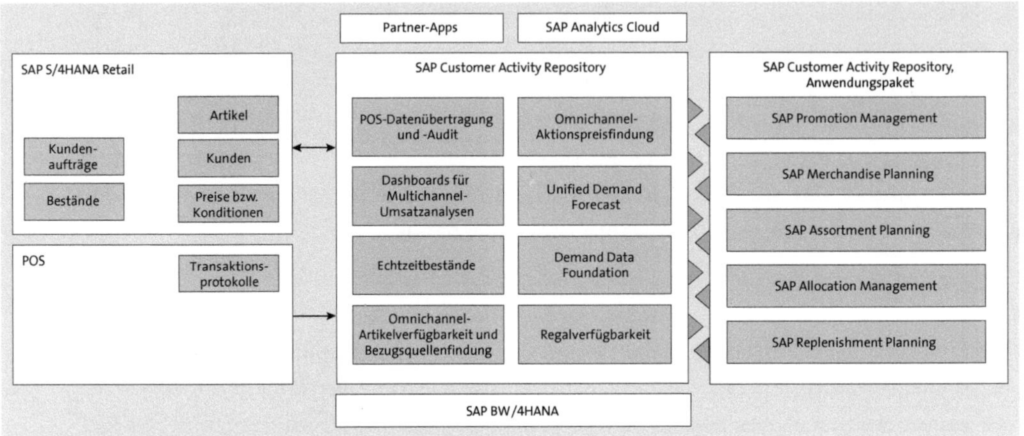

Abbildung 1.4 Komponenten von SAP Customer Activity Respository

Omnichannel-Aktionspreisfindung

Mit dem zentralen Preis- und Aktions-Repository (engl. Central Price and Promotion Repository) innerhalb von SAP Customer Activity Repository wird sichergestellt, dass in jedem Verkaufskanal die gleichen Preise, insbesondere Aktionspreise, verfügbar sind. Durch die vielfältigen und teilweise dezentral prozessierten Aktionspreisberechnungen (z. B. an der Kasse bzw. auf dem Kassenserver, im Onlineshop, im ERP-System) kann es vorkommen, dass in den verschiedenen Verkaufskanälen unterschiedliche Preise angezeigt werden. Die Komplexität und Variabilität von Aktionen können dieses Phänomen noch verstärken. Mit der Funktion zur Omnichannel-Aktionspreisfindung und dem darin enthaltenen zentralen Preis- und Aktions-Repository werden die folgenden Aspekte sichergestellt:

- zentrales Preis-Repository
- einheitliche Logik zur Preisfindung
- Berücksichtigung des jeweiligen Kundenkontextes (z. B. Happy Hour, Produktkombinationen, gesamter Einkaufspreis etc.)
- Versorgung aller Kanäle (Point of Sale, Webanwendungen, ERP-System, weitere SAP-Customer-Experience-Lösungen)

Technisch gesehen gibt es neben dem zentralen Preis-Repository in SAP Customer Activity Repository korrespondierende lokale Repositories für den Point of Sale (POS) und die SAP Sales Cloud.

Unified Demand Forecast (UDF)

Nachdem sich im Laufe der Zeit – unter anderem durch Akquisitionen – einige Prognosemodelle im Portfolio von SAP angesammelt hatten, wurde ab SAP Customer

Activity Repository 2.0 erstmals eine einheitliche Forecasting Engine ausgeliefert: Unified Demand Forecast (UDF). Sie berechnet aufgrund von Zeitreihen und Bedarfseinflussfaktoren (engl. Demand Influencing Factors, DIFs) wie Wochen- und Feiertagen, Aktionen, Jahreszeiten zukünftige Bedarfe. Die historischen Daten werden zunächst auf Ausreißer hin untersucht, z. B. auf fehlende Artikel am Lager (Out-of-Stock-Situationen), die dann aus der Kalkulation herausgerechnet werden. Sind für einen Artikel zu wenige oder gar keine historischen Daten vorhanden, können ähnliche Warengruppen-Filial-(Lokationen-)Kombinationen oder (ähnliche) Referenzprodukte herangezogen werden – etwa bei Fashion-Artikeln.

UDF berechnet die Bedarfsvorhersage nun auf Basis der historischen Daten sowie der Bedarfseinflussfaktoren. Für jeden berechneten Abverkauf wird eine Wahrscheinlichkeit bzw. ein Vertrauensindex auf der Ebene des Produkts bzw. der Lokation mit errechnet, der sogenannte *Forecast Confidence Index* (FCI). Die prognostizierten Bedarfe lassen sich desaggregiert anzeigen, d. h. auch nach der Menge einzelner Bedarfseinflussfaktoren.

Omnichannel-Artikelverfügbarkeit und Bezugsquellenfindung

Die Funktion zur Omnichannel-Artikelverfügbarkeit (OAA) zur Messung der Artikelverfügbarkeit in den verschiedenen Kanälen unterstützt eine Onlineverfügbarkeitsprüfung (engl. Available-to-Promise, ATP) über alle bestandsführenden Betriebe hinweg. Die Verfügbarkeitsprüfung ist eine Bestandsberechnung, mit der bestimmt werden kann, bis wann und mit welchen Mengen Kundenaufträge bzw. Bestellungen erfüllt werden können. Diese Prüfung ist zentral, um eine Aussage über die Bestandssituation gegenüber den Endkunden treffen zu können.

Weiterhin kann im SAP Customer Activity Repository auch eine Bezugsquellenfindung – etwa für Aufträge eines Onlineshops – gepflegt und durchgeführt werden.

Regalverfügbarkeit

Da SAP S/4HANA Retail die Bestände auf Filialebene führt und gegebenenfalls noch Lagerorte mit einbezieht, kann es auf Regalebene in den Filialen zu Out-of-Stock-Situationen kommen, d. h., ein Artikel ist entgegen der Aussage im Warenwirtschaftssystem nicht mehr im Regal oder in der Filiale. Gründe dafür können sein:

- Diebstahl
- Bruch
- Verderb
- sonstiger Schwund

Um solche Bestandslücken und damit entgangene Umsätze zu vermeiden, nutzt das Modul für die Regalverfügbarkeit die untertägigen transaktionalen Daten der POS-

Systeme auf Artikelebene (also nicht die kumulierten Daten). Auf der Basis der Daten aus den Transaktionsprotokollen (engl. Transaction Logs, TLogs) der Kassen werden durch den Out-of-Shelf-Algorithmus Wahrscheinlichkeiten für Bestandslücken errechnet. Der Algorithmus bezieht dabei auch auch verschiedene Drehklassen (z. B. Schnelldreher/Langsamdreher), die Saison, Werbemaßnahmen, Ausreißer und weitere Faktoren mit ein. Dabei lässt sich die statistische Sensitivität – das *Konfidenzniveau* – einstellen, um kritische Artikel genauer (sensitiver) zu verfolgen als weniger kritische. Auf diese Weise lassen sich die Alarmmeldungen für den Filialmanager anpassen.

Die Präsentationsschicht des OSA-Moduls ist eine mobile App, die Bestandslücken stundengenau prognostiziert. Eine Produktliste in dieser App zeigt Artikel an, die eine hohe Wahrscheinlichkeit für Regallücken aufweisen. Dadurch muss der verantwortliche Filialmitarbeiter bzw. -manager nicht mehr ganze Abteilungen nach möglicherweise fehlenden Artikeln durchsuchen.

Voraussetzung für eine hohe Prognosequalität ist eine mehrmonatige Analyse der Bondaten für jedes relevante Produkt in jeder Filiale. Dies erfordert eine Rechenleistung, die nur mit einer SAP-HANA-Datenbank zur Verfügung gestellt werden kann.

Konsumierende Anwendungen

Weiterhin basieren auf SAP Customer Activity Repository sogenannte konsumierende Anwendungen (engl. Consuming Apps), die an das UDF des SAP-Customer-Activity-Repository-Systems andocken und unter dem Namen *SAP Customer Activity Repository, Anwendungspaket* (engl. Application Bundle, technische Bezeichnung ist SAP CARAB) ausgeliefert werden. Zu diesen Anwendungen, die Sie auch im rechten Kasten in Abbildung 1.4 sehen, gehören:

- SAP Promotion Management
- SAP Merchandise Planning
- SAP Assortment Planning
- SAP Allocation Management
- SAP Replenishment Planning

SAP Customer Activity Repository ist eine eigene Datenhaltungsebene und benötigt deswegen Stammdaten von SAP S/4HANA Retail (Artikel, Betriebe, Warengruppen, Preise etc.); dies gilt gleichermaßen für die Bestandsdaten. Um eine aktuelle unternehmensweite Bestandssituation für einen Artikel in SAP Customer Activity Repository zu erhalten, greift das Repository auf die aktuellen Bestandsdaten im SAP-S/4HANA-Retail-System zu und verrechnet diese mit noch nicht verarbeiteten Verkaufsdaten.

Diese Daten befinden sich in einem aktuellen Arbeitsvorrat einer eigens dafür vorgesehenen Datenbanktabelle. Werden Verkaufstransaktionen online über die POS-Datenübertragung und -Audit übertragen und Kundenauftragsdaten über die Transitbestände ebenfalls berücksichtigt, kann SAP Customer Activity Repository jederzeit den tatsächlich verfügbaren Bestand einer Filiale oder eines Verteilzentrums berechnen. Diese Information ist entscheidend für den E-Commerce und das Omnichannel Retailing.

Die Anwendung SAP Replenishment Planning ersetzt die Forecast & Replenishment Engine (F&R), die seit 2017 nicht mehr weiterentwickelt wird. Da das Replenishment Planning lediglich für die Stores entwickelt wurde, entsteht eine funktionale Lücke im Bereich Distribution-Center-Replenishment. Diese soll mittelfristig durch ein SAP-Cloud-Produkt geschlossen werden.

Weiterhin können auch Partnerapplikationen angebunden werden, z. B. ein Promotionsplanungskalender und Promotionscontrolling. Darüber hinaus ist es möglich, direkt mit SAP-Analytics-Cloud-Dashboards auf die POS-Daten zuzugreifen und den Nutzern Echtzeitverkaufsanalysen zu präsentieren.

Für weiterführende Analysen auf Basis historisierter Daten ist eine Integration mit dem SAP-BW/4HANA-Managementinformationssystem via Standardintegrationsschnittstelle möglich.

1.2.2 SAP Fiori

Im Zuge der Vereinfachungs- und Erneuerungsstrategie im Rahmen von SAP S/4HANA hat SAP die Oberfläche *SAP Fiori* lanciert. Mit dem konsequenten Umbau aller bisherigen Oberflächen (SAP GUI, NetWeaver Business Client etc.) soll den Endanwendern eine neue, leichtere Bedienung des Systems ermöglicht werden. Dieser Prozess ist allerdings noch nicht komplett abgeschlossen. SAP-Fiori-Oberflächen sind rollenbasiert und *responsiv*, d. h., dass sich die Oberfläche jedem Endgerät anpasst, unabhängig davon, ob die Nutzer gerade am Desktop, am Laptop oder dem Smartphone arbeiten.

Man unterscheidet bei SAP Fiori generell die folgenden App-Typen:

- transaktionale Apps
- analytische Apps
- Fact Sheets

Transaktionale Apps bieten Zugang zu Systemfunktionen und greifen auf SAP S/4HANA Retail zu. Über eine solche App kann man z. B. eine Bestellung anlegen oder ändern. *Analytische Apps* setzen auf SAP Business Warehouse (SAP BW) oder auf SAP Business Objects auf und präsentieren Key Performance Indicators (KPIs), etwa den

Abverkauf von Erdbeeren in den letzten vier Wochen. *Fact Sheets* zeigen wesentliche Daten und Kontextinformationen. Man kann von einem Fact Sheet zum nächsten navigieren – etwa von der Bestandsübersicht eines Artikels zu dessen erwarteten Wareneingängen.

Für die klassischen SAP-Retail-Anwendungen werden in Zukunft Apps entwickelt, die gewisse SAP-Fiori-basierte Visualisierungsmittel enthalten, allerdings auch klassische grafische Elemente wie Registerkarten (engl. Tabstrips).

Zunehmend an Bedeutung gewinnen SAP-Fiori-Apps im Bereich *Business-to-Employee* (B2E), etwa in den klassischen Filialprozessen (*SAP Fiori for In-Store Merchandising*, siehe Abschnitt 6.5, »In-Store Merchandise and Inventory Management«). Hier existieren mittlerweile zahlreiche Apps wie **Produkte anzeigen** (Bestandsabfrage), **Produkte empfangen** (Wareneingang), **Bestand zählen** (Inventur). Informationen zu den verfügbaren Apps finden Sie im SAP Store (*www.sapstore.com*). Diese Apps werden auf dem *SAP Fiori Launchpad* rollenabhängig gruppiert. Das SAP Fiori Launchpad ist eine personalisierbare Oberfläche und der Einstiegspunkt für mehrere für eine Rolle relevante Apps. Abbildung 1.5 zeigt ein SAP Fiori Launchpad für die Filialleitung.

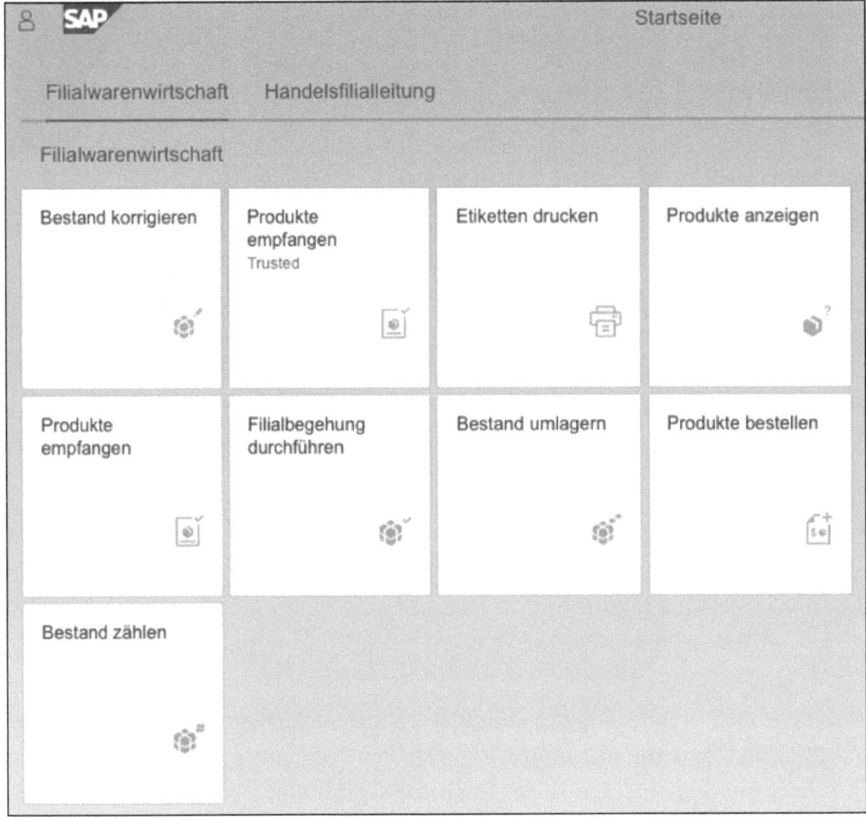

Abbildung 1.5 SAP Fiori Launchpad für die Filialleitung

Die genaue Architektur von SAP Fiori ergibt sich aus den Apps, die man benutzen möchte. So ist im Filialgeschäft der Einsatz der *Retail-Store-Apps* relevant. Diese basieren auf einem SAP-Retail-System. Ein anderes Beispiel wäre die SAP-Promotion-Management-App **Manage Promotional Offers**, die auf einem SAP-Customer-Activity-Repository-System installiert ist.

1.2.3 SAP Business Technology Platform

Neben den Elementen SAP S/4HANA Retail, SAP Customer Activity Repository, Industry Cloud (mit SAP Store) ist mit der *SAP Business Technology Platform* (SAP BTP) ein vierter Baustein zur Flexibilisierung und Dynamisierung Ihrer SAP-Systemlandschaft ergänzt worden. Mit der SAP Business Technology Platform hat SAP einerseits ein Rebranding der SAP Cloud Platform, andererseits aber auch eine Bündelung weiterer Cloud-Technologien vorgenommen. Insofern ist die SAP BTP ein Portfolio mehrerer Anwendungen oder eine eigene Suite, die aus mehreren Produkten und Services besteht. SAP nennt sie auch die Foundation des Intelligent Enterprise und bringt damit zum Ausdruck, dass die SAP BTP mehr als eine reine Technologieplattform ist.

In Abbildung 1.6 sehen Sie, aus welchen Bestandteilen die SAP BTP besteht.

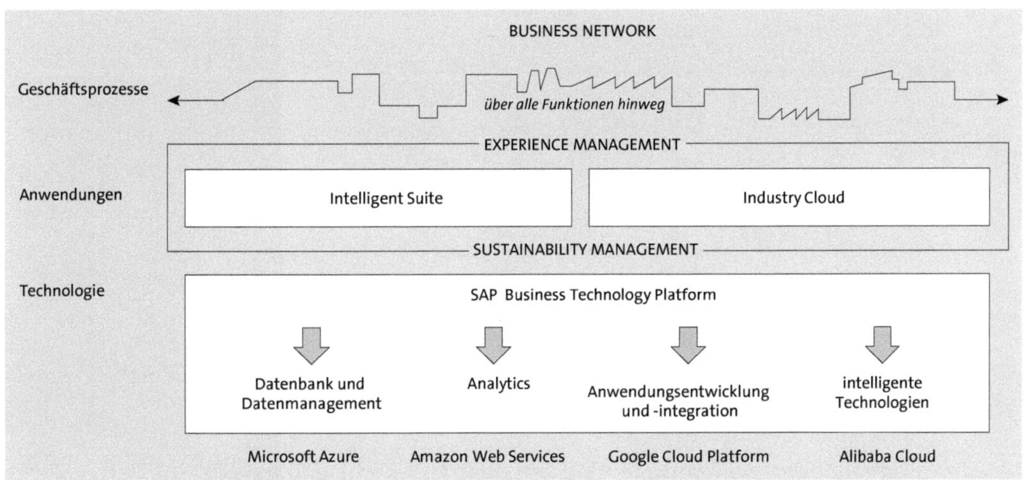

Abbildung 1.6 Bestandteile der SAP BTP (Quelle: SAP)

Die SAP BTP besteht aus den folgenden Capabilities:

- Datenbank und Datenmanagement
- Analytics
- Anwendungsentwicklung und -integration
- intelligente Technologien

Sie haben als Kunde grundsätzlich die Möglichkeit, selbst zu bestimmen, auf welcher IT-Infrastruktur bzw. bei welchem Hyperscaler Sie das Deployment der SAP BTP bevorzugen. Außerdem bietet Ihnen die SAP BTP die Möglichkeit, eigene Erweiterungen oder Apps zu entwickeln. Hierbei können Sie mit einem Side-by-Side-Ansatz Ihr individuelles Coding entwickeln – entweder mit dem SAP Cloud Application Programming Model oder mit dem ABAP RESTful Application Programming Model. Die Side-by-Side-Erweiterbarkeit hat einige Vorteile:

- einfachere Transformation
- Entkopplung individueller Applikationen vom SAP-Standard
- Aktualität und Innovationen (SAP BTP wird von SAP gemanagt)
- Clean Core (Upgrades leichter/schneller durchführbar)
- höheres Maß an Agilität und Flexibilität

1.3 Ausblick

Für die On-Premise-Version von SAP S/4HANA Retail endet die Roadmap im vierten Quartal 2022 (Stand zur Drucklegung des vorliegenden Buches). Für dieses Quartal sind die folgenden Themen vorgesehen:

- Masseninventur und automatische Verbuchung
- App für Consumer Maintenance
- Aktionsintegration von Omnichannel-Promotionen
- Pricing Service
- Migrationsobjekte für Sortimente
- Massenpflege via Master Data Governance
- Erweiterungen existierender Store-SAP-Fiori-Apps für ein effizienteres Omnichannel Fulfillment (Reservierungen, flexible Bestellung und Handover)
- Integration von Catch-Weight-Artikeln und Retail

Weitergehende Investitionen sind anscheinend nicht geplant, da SAP sich zunehmend in den Cloud-Themen engagiert.

Der Trend zur Cloud ist bei SAP strategisch und hat mehrere Facetten:

- **Systemtechnische Fokussierung auf die Cloud**
  Mit dem Programm *RISE with SAP* hat SAP eine weitere Vertikalisierung hin zum Management der kompletten Systeminfrastruktur vorgenommen. Neben der Applikations- und Datenbankschicht bietet SAP auch die Rechenleistung und Spei-

cher der Hyperscaler aus einer Hand an. Als Rundum-sorglos-Paket umfassen die Services von RISE with SAP– neben dem Enterprise Support – auch das Infrastrukturmanagement und die Technical Managed Services, d. h., der Kunde und seine Beratungsdienstleister können sich ausschließlich auf anwendungsspezifische Aspekte konzentrieren (mehr Informationen zu RISE with SAP finden Sie auf der Webseite von SAP unter *https://www.sap.com/germany/products/rise.html*).

- **Anwendungsspezifische Fokussierung auf die Cloud**
  Hierbei werden Teile der Software in die Cloud portiert und lizenztechnisch als Subskriptionsmodelle angeboten. Einige Beispiele, die SAP S/4HANA Retail bzw. Umsysteme betreffen, sind:
  - SAP Omnichannel Sales Transfer and Audit (OSTA): POS-DTA-Funktionalitäten werden in die Cloud übernommen.
  - SAP Order Management for Sourcing and Availability (OMSA): OAA-Funktionalitäten werden in die Cloud übernommen.
  - SAP Order Management Foundation (OMF): Der Bestellprozess findet in der Cloud statt. In einer Erweiterung wird ebenfalls das Szenario Grab & Go angeboten, d. h. der Kunde kann nahtlos einkaufen, ohne dass gescannt oder gewogen wird oder eine klassische Form des Check-outs erfolgt (Q3/2022). Weiterhin werden zum Ende des Jahres 2022 Funktionen zum Fulfilment (Native In-Store Fulfilment) oder Dropshipping lanciert.
  - SAP S/4HANA Cloud for Retail, Fashion, and Vertical Business: Dies ist die neue Public-Cloud-Lösung für den Retail-Bereich. Sie soll noch im Jahr 2022 lanciert werden und richtet sich an Handelsunternehmen mittlerer Komplexität. Es werden die folgenden Funktionen ausgeliefert:
    - Stammdatenmanagement
    - Beschaffung
    - Store- and DC-Replenishment
    - Warenverteilung
    - Bestandsmanagement und Inventur
    - Warehouse Management
    - Omnichannel Retailing
    - Retail Store Management
    - Cross Processes and Capabilities

In den nächsten Schritten werden dann weitere Retail-Prozesse sowie Fashion-Funktionalitäten inklusive Großhandel bereitgestellt bis zur Fashion-Produktion für Vertikalisierer (siehe Abbildung 1.7).

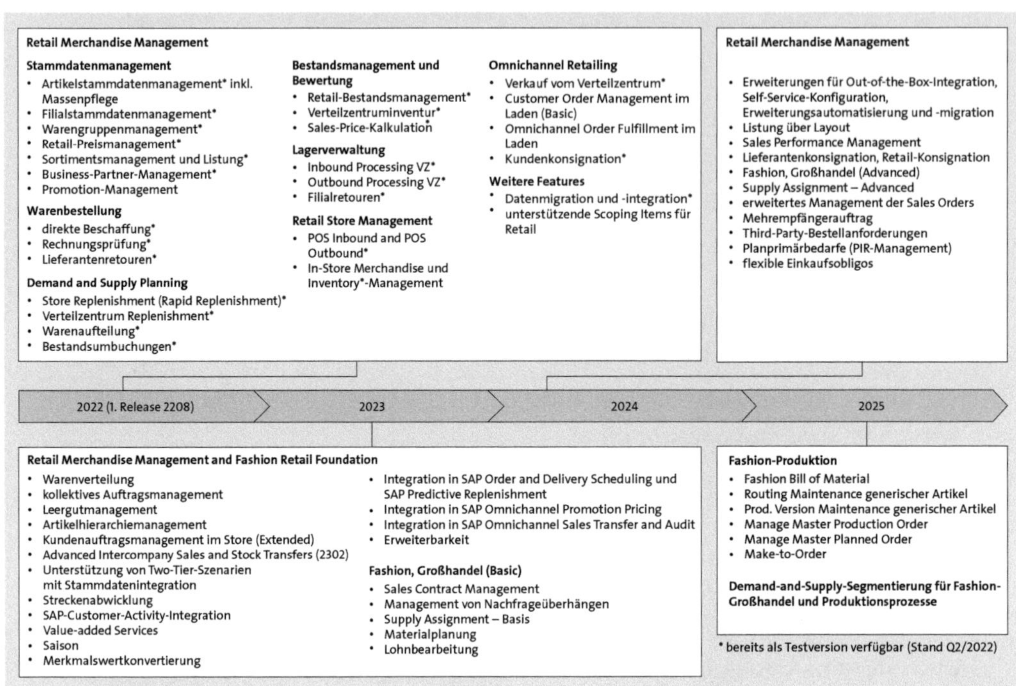

Abbildung 1.7 SAP S/4HANA Cloud for Retail, Fashion and Vertical Business (Planned Scope 2022 bis 2025, Quelle: SAP)

TEIL I

Standardprozesse

Kapitel 2
Stammdaten

Stammdaten müssen korrekt sein, aber der Pflegeaufwand sollte auf ein Minimum reduziert werden. Ohne Stammdaten sind keine funktionsfähigen Prozesse möglich. In diesem Kapitel erfahren Sie, welche Möglichkeiten Sie in SAP S/4HANA Retail haben, um die Stammdaten zu pflegen, wie Sie diese einsetzen und wie Sie sich das Anlegen der Stammdaten erleichtern können.

Wie in jedem ERP-System sind auch in SAP S/4HANA Retail Pflege und Einstellungen der Stammdaten von fundamentaler Bedeutung. Unvollständige oder fehlerhafte Stammdaten behindern die Prozesse, lösen unter Umständen erhebliche Kosten aus und können auch zu Imageschäden führen. Umso wichtiger ist es, die Stammdaten korrekt und effizient einzurichten und zu pflegen, damit man sich um das eigentliche Geschäft kümmern kann. Wir beginnen dieses Kapitel zunächst mit einem Überblick über die grundlegenden Stammdatenobjekte, bevor wir diese dann in den folgenden Abschnitten im Einzelnen erläutern.

2.1 Organisationsstrukturen

In diesem Abschnitt beschreiben wir die wichtigsten Objekte der Organisationsstammdaten. Über diese Organisationsstrukturen wird das bzw. werden die Unternehmen in SAP S/4HANA Retail abgebildet. Die Organisationsstruktur in SAP S/4HANA Retail kann als hierarchischer Aufbau aller im Unternehmen vorkommender Organisationseinheiten betrachtet werden. Sie wird verwendet, um das Unternehmen als Ganzes sowie den Einkauf und den Verkauf flexibel abbilden und organisieren zu können. Man kann diese Struktur in vier Organisationseinheiten gliedern:

- Mandant
- Buchungskreis
- Verkaufsorganisation und Vertriebsweg
- Einkaufsorganisation

Der *Mandant* ist die höchste Hierarchieebene in einem SAP-System. Alle weiteren Organisationseinheiten sind ihm untergeordnet. Ein Mandant stellt einen Konzern oder ein Unternehmen dar, das im späteren Verlauf in Tochterunternehmen gegliedert werden kann.

Im externen Rechnungswesen stellt der *Buchungskreis* die kleinste Organisationseinheit dar, für die eine vollständige, in sich abgeschlossene Buchhaltung abgebildet werden kann. Im Sinne einer rechtlich selbstständigen Firma übernimmt diese Einheit bilanzierende und organisatorische Aufgaben. Der Buchungskreis kann in weitere Geschäftsbereiche untergliedert werden. Dies ermöglicht es z. B., Kennzahlen und Ereignisse je Geschäftsbereich zu verwalten und auszuwerten.

Pro Mandant können mehrere Buchungskreise vorhanden sein. Dies ist dann sinnvoll, wenn mehrere Tochterunternehmen in einem Mandanten angelegt werden und jedes davon selbstständig buchhalterisch abgeschlossen werden muss. In einem SAP-S/4HANA-Retail-System ist die Definition der Organisationseinheit *Buchungskreis* obligatorisch.

Die *Verkaufsorganisation* ist eine organisatorische Einheit innerhalb der Logistik, die das Unternehmen nach den Erfordernissen des Vertriebs gliedert. Sie ist für den Vertrieb von Materialien und Dienstleistungen sowie das Aushandeln von Konditionen mit Kunden zuständig. Als verkaufende Einheit im rechtlichen Sinne ist sie ebenfalls für die Produkthaftung und Regressansprüche der Kunden verantwortlich.

Mithilfe der Verkaufsorganisation kann eine regionale Untergliederung des Marktes, z. B. nach Regionen oder Ländern, berücksichtigt werden. Sämtliche Geschäftsvorfälle des Vertriebs werden innerhalb einer Verkaufsorganisation abgewickelt.

Neben der Verkaufsorganisation gibt es in der Logistik eines Unternehmens noch den *Vertriebsweg*. Er beschreibt den Weg, den ein Produkt bis zum Kunden zurücklegt. Beispiele dafür sind Direktverkauf, Einzelhandel oder Großhandel. Der Vertrieb nutzt diese verschiedenen Vertriebskanäle oder Absatzschienen, um den Markt zu jeder Zeit optimal versorgen zu können.

Ein Vertriebsweg wird immer einer Verkaufsorganisation zugeordnet. Zusammen bilden Verkaufsorganisation und Vertriebsweg die *Vertriebslinie*. Da viele Handelsunternehmen verschiedene Formen des Absatzes für den Verkauf an den Endkunden verwenden, ist es notwendig, mehrere Vertriebslinien im SAP-S/4HANA-Retail-System definieren zu können.

Die *Einkaufsorganisation* ist eine gliedernde Einheit innerhalb der Logistik eines Unternehmens. Sie wickelt den kompletten Einkaufsvorgang ab und ist daher nach außen rechtlich dafür verantwortlich. In einer Einkaufsorganisation werden nach den Erfordernissen des Einkaufs Materialien oder Dienstleistungen beschafft, Konditionen mit einem Lieferanten ausgehandelt und die daraus entstehenden Geschäfte organisiert. Durch die Zuordnung zu einem Buchungskreis und einem Werk wird die Form der Beschaffung bestimmt. Die Einkaufsorganisation stellt eine Datenhaltungsebene für viele Stammdaten dar.

Eine hierarchische Untergruppe der Einkaufsorganisation ist die *Einkäufergruppe*. Ein oder mehrere Einkäufer im Sinne einer Einkaufsabteilung können einer solchen Einkäufergruppe zugeordnet werden. Die Einkäufergruppe ist für die Pflege von Stamm- und Steuerungsdaten sowie die operative Abwicklung des Einkaufs zuständig. Die Einkäufergruppe stellt im Gegensatz zur Einkaufsorganisation keine Datenhaltungsebene dar.

Mithilfe der Organisationsstrukturen kann ein Unternehmen in SAP S/4HANA Retail abgebildet werden. Auf *Einkaufsebene* können Sie z. B. eine Untergliederung in verschiedene logistische Beschaffungswege vornehmen. In Abbildung 2.1 sehen Sie dazu ein Beispiel.

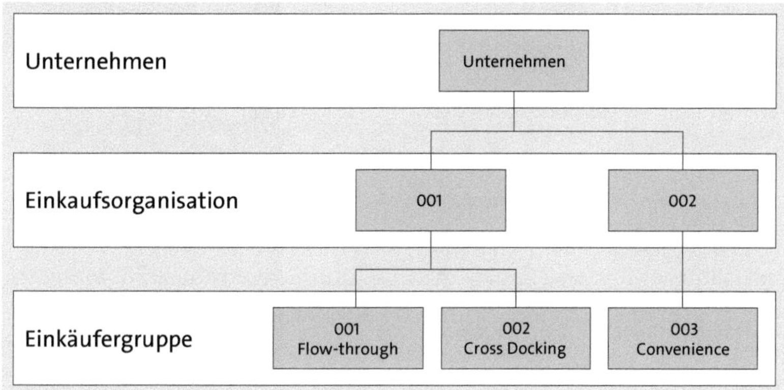

Abbildung 2.1 Aufbau einer Einkaufsorganisation

Auf *Verkaufsebene* erfolgt eine Unterteilung in die verschiedenen Vertriebsmöglichkeiten, wie in Abbildung 2.2 exemplarisch gezeigt.

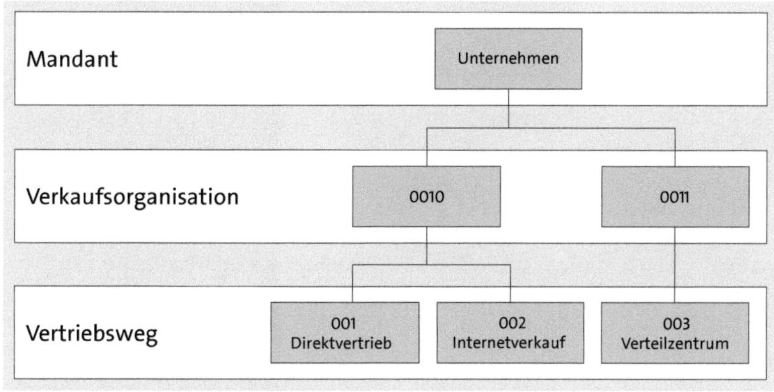

Abbildung 2.2 Aufbau einer Verkaufsorganisation

Eine Abbildung der kompletten Einkaufs- und Verkaufsorganisation dieses Unternehmens könnte dann wie in Abbildung 2.3 aussehen.

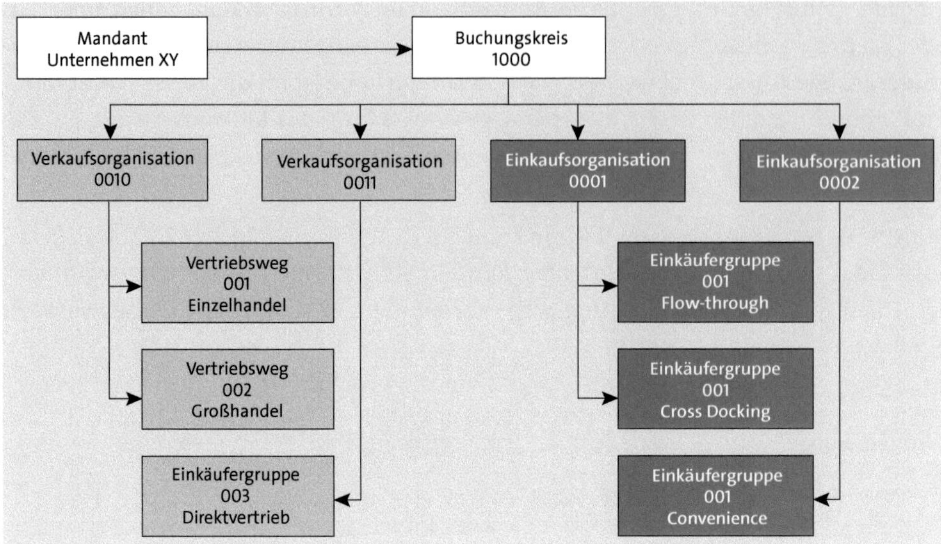

Abbildung 2.3 Abbildung eines Unternehmens

Ein Buchungskreis ist immer nur jeweils einem Mandanten zugeordnet. Ein Mandant kann mehrere Buchungskreise besitzen. Genauso verhält es sich mit den Beziehungen zwischen Buchungskreis und Einkaufs-/Verkaufsorganisation sowie zwischen Einkaufs-/Verkaufsorganisation und Einkäufergruppe/Vertriebsweg. Diese Beziehungen lassen sich am einfachsten mithilfe eines *Entity-Relationship-Modells* (ERM) darstellen. Ein Beispiel für ein solches Modell sehen Sie in Abbildung 2.4.

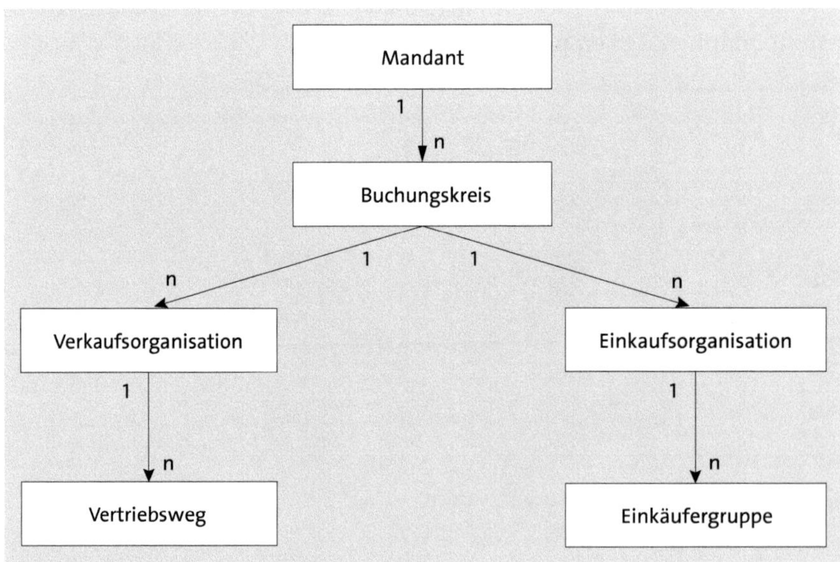

Abbildung 2.4 Organisationsstruktur als ERM

Die 1 bezeichnet hier jeweils eine Organisationseinheit mit n möglichen Zuordnungen. Einer Verkaufsorganisation können z. B. ein oder mehrere Vertriebswege angehängt werden.

2.1.1 Organisationsstammdaten

Die Organisationsstrukturen sind individuell auf das Unternehmen abgestimmt. Sowohl die Stammdaten als auch die Prozessabwicklung erfolgen grundsätzlich immer mit Bezug zu den Organisationsdaten. Das bedeutet, dass alle Stammdatenobjekte immer den Organisationsstrukturen zugeordnet sind.

Die Organisationsstrukturen können flexibel Änderungen der Organisation angepasst oder ergänzt werden (z. B. eine neue Vertriebslinie im Ausland). Je nach Organisationsebene ist dies mit mehr oder weniger Aufwand verbunden. Es reicht also nicht nur aus, die Organisationsstruktur zu erweitern – die relevanten Stammdatenobjekte müssen ebenfalls zugeordnet und die notwendigen Segmente dazu erzeugt werden. So ist z. B. die Anlage einer neuen Einkäufergruppe mit wenig Aufwand verbunden, während die Anbindung und Aktivierung einer neuen Vertriebslinie eine gewisse Vorlaufzeit benötigt. Die Integration eines neuen Unternehmens hat sicherlich den Charakter eines größeren Projekts.

Alle Stammdatenobjekte müssen grundsätzlich einer oder mehreren Organisationsstrukturen zugeordnet werden. Im Folgenden finden Sie einige beispielhafte Zuordnungen einzelner Stammdatenobjekte, auf die wir in den folgenden Abschnitten im Detail eingehen:

- **Kreditor**
  Zu einem Kreditor gehören allgemeine Daten, die wiederum für alle weiteren Zuordnungen übergeordnet gültig sind. Zusätzlich erfolgt eine Zuordnung zu einem oder mehreren Buchungskreisen sowie – speziell relevant für SAP S/4HANA Retail – eine Zuordnung zu einer oder mehreren Einkaufsorganisationen.
- **Debitor**
  Ein Debitor ist grundsätzlich einem Buchungskreis sowie häufig auch *Vertriebsbereichen* zugeordnet, um Vertriebsprozesse durchführen zu können.
- **Filiale**
  Die Filiale wird grundsätzlich einer *Vertriebslinie* bzw. einem *Absatzkanal* zugeordnet. Zusätzlich erhält der entsprechende zugeordnete Filialdebitor neben den allgemeinen Daten auch eine Zuordnung zu einem oder mehreren Buchungskreisen sowie Vertriebsbereichszuordnungen.
- **Material**
  Das Material weist komplexe Verknüpfungen zu den Organisationsstrukturen auf. Die Grunddaten beinhalten die allgemeinen Daten, die für alle weiteren Zuordnungen übergeordnet gültig sind. Daneben wird das Material über die Zuordnung

zum *Lieferanten* mit der Einkaufsorganisation (Einkaufsinfosatz) verbunden. Außerdem erfolgt eine Zuordnung zu den Vertriebslinien sowie eine Verknüpfung mit dem bzw. den *Verteilzentren* und den *Werken*.

- **Preise**
  Preise und Konditionen weisen grundsätzlich eine Verbindung zu einem Stammdatenobjekt und damit zur relevanten Organisationsstruktur auf. Sie sind nur für diese zugeordneten Ebenen relevant und gültig.

2.1.2 Einstellungsmöglichkeiten

In diesem Abschnitt stellen wir anhand eines Beispiels Einstellungsmöglichkeiten zu den bereits genannten Stammdatenobjekten dar. Auf die Einstellungsmöglichkeiten des Business Partners werden wir in Abschnitt 2.2.6 und auf die des Werkes in Abschnitt 2.2.5 detailliert eingehen.

Grundlegende Einstellungen an den Organisationseinheiten nehmen Sie im Customizing unter dem Knotenpunkt **Unternehmensstruktur** vor (siehe Abbildung 2.5).

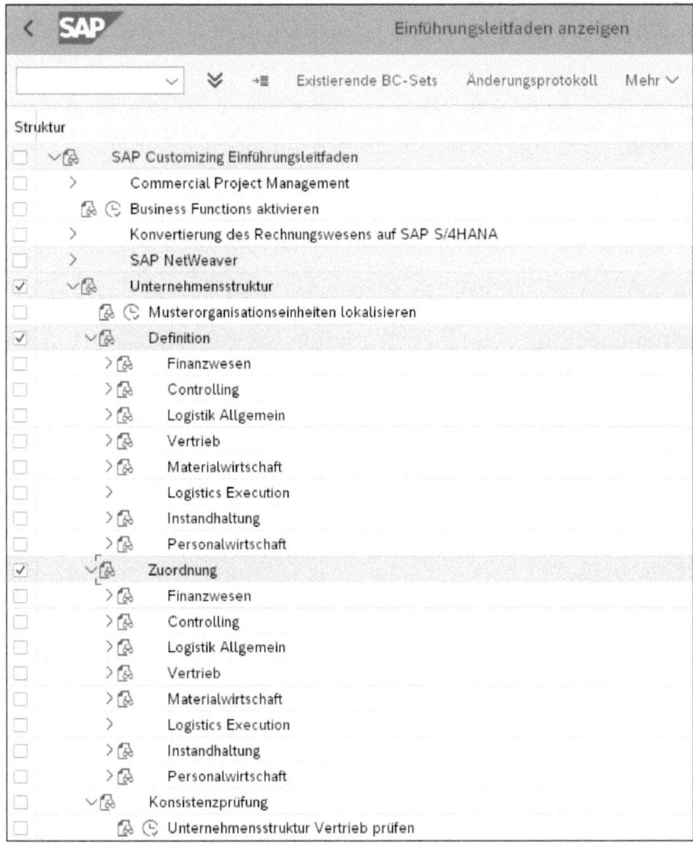

Abbildung 2.5 Customizing der Unternehmensstruktur

Zur Konfiguration der Organisationsstammdaten müssen Sie immer nach dem gleichen Schema vorgehen. Zunächst definieren Sie die entsprechenden Einheiten und verknüpfen diese im nächsten Schritt miteinander. Dies geschieht unter dem Knotenpunkt **Zuordnung**. Zur Veranschaulichung dieses Schemas legen wir im Folgenden eine Verkaufsorganisation an.

Definieren Sie zunächst unter dem Punkt **Unternehmensstruktur • Vertrieb • Verkaufsorganisation anlegen** eine Verkaufsorganisation (siehe Abbildung 2.6). Bei einer Neuanlage sollten Sie immer mit einer Kopie bereits bestehender Organisationsstammdaten arbeiten, um grundlegende Felder bereits korrekt einzubinden. Nachdem Sie die Adressen eingegeben haben, können Sie die Verkaufsorganisation sichern.

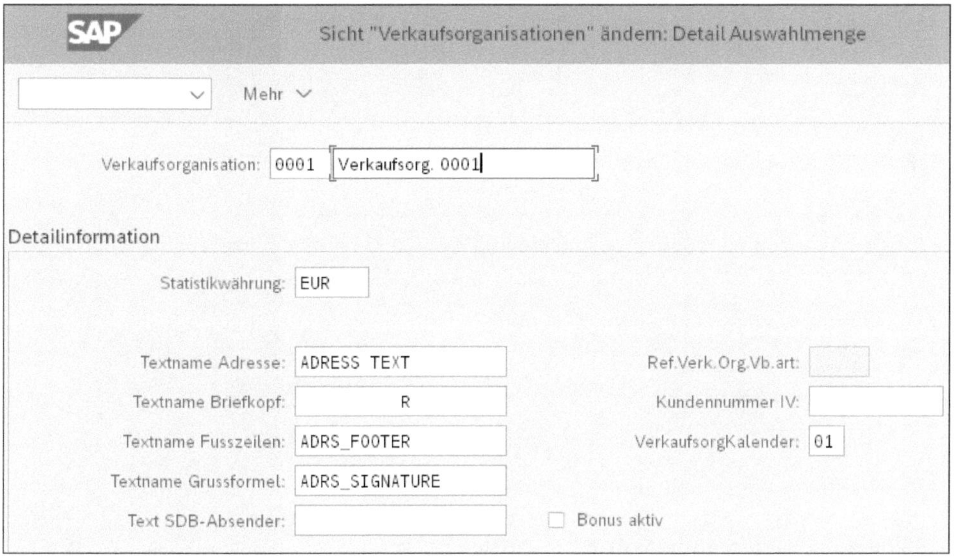

Abbildung 2.6 Definition der Verkaufsorganisation

Im nächsten Schritt definieren Sie den Buchungskreis unter dem Knotenpunkt **Finanzwesen**. Weiterhin können Sie im Menüpunkt **Vertrieb** Vertriebswege, Verkaufsbüros und Verkäufergruppen definieren.

Unter dem Punkt **Zuordnung • Vertrieb** können Sie nun die angelegten Organisationsstammdaten miteinander verknüpfen. Wie ein Vertriebsbereich gebildet wird, sehen Sie in Abbildung 2.7.

Um sicherzustellen, dass Sie alle Vertriebsstrukturen korrekt angelegt und verknüpft haben, können Sie dies unter dem Knotenpunkt **Konsistenzprüfung • Unternehmensstruktur • Vertrieb prüfen** testen. Als Ergebnis werden für alle Organisationsstammdaten entsprechende Fehler ausgegeben und können gegebenenfalls korrigiert werden. Ein Beispiel hierzu sehen Sie in Abbildung 2.8.

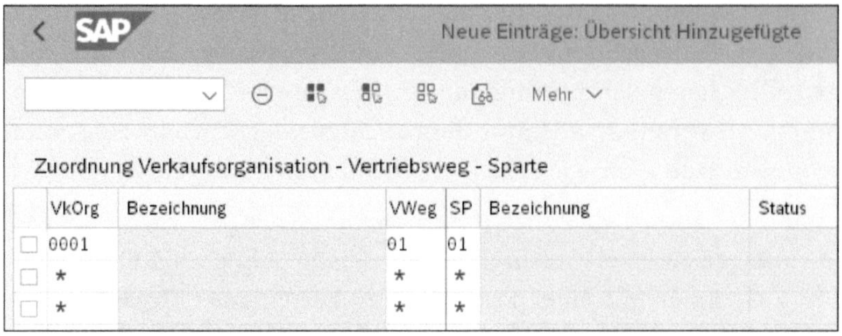

Neue Einträge: Übersicht Hinzugefügte

Mehr

Zuordnung Verkaufsorganisation - Vertriebsweg - Sparte

VkOrg	Bezeichnung	VWeg	SP	Bezeichnung	Status
0001		01	01		
*		*	*		
*		*	*		

Abbildung 2.7 Vertriebsbereich bilden

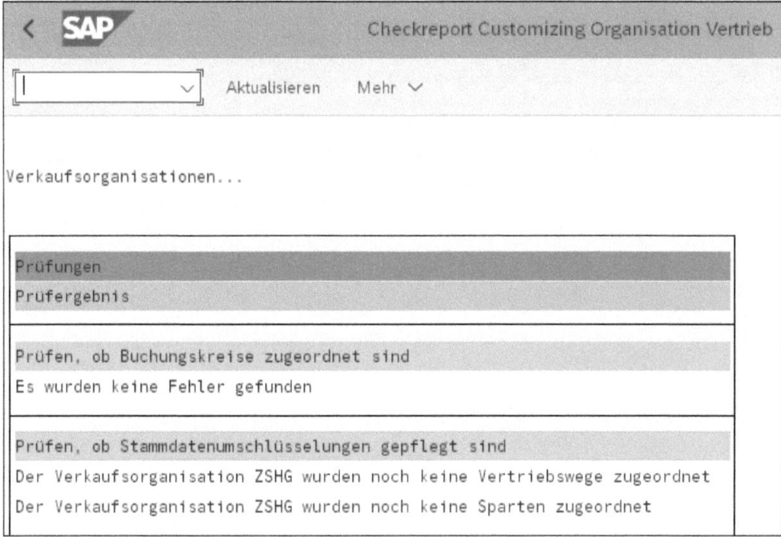

Abbildung 2.8 Unternehmensstruktur Vertrieb prüfen

2.2 Business Partner

In diesem Abschnitt beschreiben wir die Grundlagen des Business-Partner-Konzepts von SAP. In SAP S/4HANA Retail löst SAP das Konzept der Kreditoren und Debitoren durch das Stammdatenobjekt *Business Partner* (zu Deutsch Geschäftspartner, abgekürzt BP) ab. In diesem Abschnitt erfolgt eine allgemeine Beschreibung des Business Partners, und Sie erfahren, welche Schritte durchzuführen sind, um diesen in SAP S/4HANA Retail einzuführen. Dabei wird explizit auf die Neuerungen und die Unterschiede zu dem alten Konzept mit getrennten Kreditoren und Debitoren eingegangen. Zudem zeigen wir Ihnen auf, wie der Business Partner angelegt wird und wie seine Ausprägungen zugeteilt werden (Rollenkonzept). Auch auf den Werksstamm gehen wir ein. Danach werden das jeweilige Customizing und die Möglichkeit einer Dublettenprüfung kurz dargestellt.

2.2.1 Grundlagen

In den alten SAP-ERP-Systemen wurden die Kreditoren-, Debitoren- und Werksstammdaten über separate Eingabemasken als unterschiedliche Datenobjekte gepflegt. Spätestens mit der Einführung von SAP S/4HANA Retail werden diese durch das Stammdatenobjekt *Business Partner* abgebildet, das war teilweise auch in SAP R/3 schon möglich. Durch die Einführung des Business Partners entstand bereits in SAP R/3 die Möglichkeit einer einheitlichen Datenpflege über die neue zentrale Transaktion BP. Dieser Anlageprozess ist unter SAP S/4HANA Retail nun für Kreditor und Debitor alternativlos, da die alten Transaktionen automatisch auf die Transaktion BP umleiten und lediglich eine Rollenvorauswahl treffen. Über das Rollenkonzept, auf das in diesem Abschnitt noch eingegangen wird, können dem Business Partner seine späteren Ausprägungen (Kreditor, Debitor etc.) zugeteilt werden.

Durch die Einführung von SAP S/4HANA Retail wurden die alten Tabellen (für Debitoren, Kreditoren und Werke bzw. Betriebe) durch neue Business-Partner-spezifische Tabellen ergänzt (z. B. BUT000). Bei der Anlage eines neuen Business Partners werden die Daten erstmals nur auf die neuen Tabellen geschrieben und später auf die alten Tabellen übertragen.

Neue Business Partner können weiterhin über das SAP GUI, zusätzlich aber auch in SAP Fiori angelegt werden. Für diesen Zweck existieren im SAP Fiori Launchpad Kacheln, die noch die alten Namen **Kreditor**, **Debitor** und **Betriebe** beinhalten. Diese nehmen jedoch nur eine Vorauswahl der Rollen vor, und die Anlage erfolgt ähnlich der zentralen Anlage in SAP Fiori über die Kachel **Geschäftspartner**. Diese Möglichkeit der Anlage wird in Abschnitt 2.2.2, in Abschnitt 2.2.3 und in Abschnitt 2.2.4 näher beschrieben.

Datenmodell und Sichten des Business Partners

In diesem Abschnitt wird das Datenmodell des Business Partners näher beschrieben, das aus den allgemeinen Daten, den Buchungskreisdaten, den Einkaufsdaten und den Vertriebsdaten besteht.

Die *allgemeinen Daten* (Grunddaten des BP) gelten innerhalb aller Buchungskreise, Einkaufsorganisationen und Vertriebsbereiche und umfassen beispielsweise: Namensdaten, Adressdaten, Bankverbindung, Kommunikationsdaten (z. B. Sprache, E-Mail, Telefonnummer), Steuerinformationen (z. B. Steuernummer, Umsatzsteuer-ID, Steuerstandort) und Identifikationsdaten des Business Partners.

Die *Buchungskreisdaten* gelten nur spezifisch für einen Buchungskreis und sind insbesondere für die Buchhaltung von Bedeutung. Sie bilden gleichzeitig die Basis für Reporting und Analysen. Sie umfassen unter anderem: Kontoführungsdaten (z. B. Abstimmkonto), Mahndaten (z. B. Mahnverfahren) und Zahlungsdaten (z. B. Zahlungsbedingungen).

Die *Einkaufsdaten* sind nur für den Einkauf von Bedeutung und können sich bei Lieferanten je nach Einkaufsorganisation unterscheiden und erhalten beispielsweise folgende Daten: Steuerinformation (z. B. Steuerpflicht), die Einkaufsorganisation an sich, Konditionen (z. B. Incoterms) und zusätzliche Einkaufsdaten (z. B. Werk).

Die *Vertriebsdaten* sind nur für den Vertrieb relevant und können sich für einen Kunden je nach Vertriebsbereich unterscheiden. Dieser Vertriebsbereich ist eine Kombination aus Verkaufsorganisation, Vertriebsweg und Sparte und umfasst folgende Daten: Steuerinformation, Vertriebsorganisation (z. B. Vertriebsweg), Marketingdaten (z. B. Branchencode) und zusätzliche Daten (z. B. Konditionsgruppe).

In Abbildung 2.9 sehen Sie das Datenmodell des SAP Business Partners schematisch dargestellt.

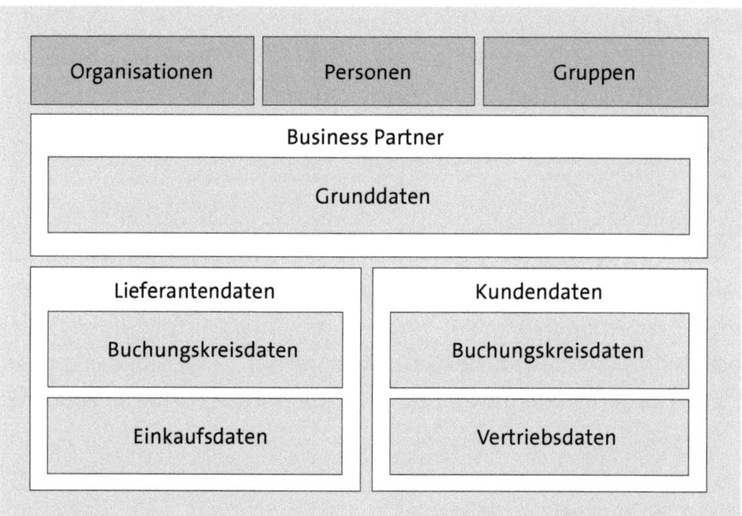

Abbildung 2.9 Datenmodell des Business Partners

Struktur und Attribute des Business Partners

In diesem Abschnitt wird die grundlegende Struktur des Business Partners beschrieben. Der Business Partner wird in Typen, Rollen, Kontogruppen und Partnerrollen strukturiert.

Auf der obersten Ebene des Business Partners werden durch die drei unterschiedlichen BP-Typen die Eigenschaften der Feldauswahl zur Datenerfassung bestimmt. Jeder Business Partner wird genau einem der folgenden *BP-Typen* zugeordnet:

- Person = natürliche Person (z. B. Mitarbeiter oder Endkunde)
- Organisation = juristische Person (z. B. Unternehmen, Abteilung in einem Unternehmen, Verein, Verband)
- Gruppe (z. B. Firmen einer Unternehmensgruppe, Ehepaar)

Die *BP-Rolle* bezeichnet die Funktion eines Business Partners im System. Jeder Business Partner muss mindestens einer, kann aber auch mehreren Rollen zugeordnet sein. Über die Rolle wird unter anderem definiert, dass ein Business Partner vertriebliche (Kunde/Debitor) und/oder beschaffende (Lieferant/Kreditor) Funktionen einnehmen soll. Neben den in Tabelle 2.1 aufgeführten SAP-Standardrollen können auch eigene Rollen angelegt werden, die sogenannten Z-Rollen.

BP-Rolle	Bezeichnung
000000	GP allgemein
FLCU00	Debitor (Bukrs)
FLCU01	Kunde (Vertr.)
FLVN00	Kreditor (Bukrs)
FLVN01	Lieferant (Eink.)
UKM000	SAP Credit Management

Tabelle 2.1 Business-Partner-Rollen

Die *BP-Kontengruppen* bilden zusammen mit der BP-Gruppierung klassifizierende Merkmale innerhalb des BP für den Debitor und den Kreditor.

Die Kontogruppen bestimmen folgende Parameter:

- Sichten und Stammdatenfelder, die für die Eingabe von Stammdaten erforderlich sind
- Bestimmung, ob ein Eintrag in diesen Feldern erforderlich ist
- Art der Nummernvergabe bei Stammsätzen und den Nummernbereich, aus dem sie zu vergeben sind
- Bestimmung, welche Partnerrollen gültig sind
- Klassifizierung, ob der BP ein Einmalkunde oder -lieferant (Conto pro Diverse, kurz CpD) ist

Auch die SAP-Standard Kontogruppen (numerisch) für den BP können durch kundenspezifische Kontogruppen erweitert werden. Alle Kontogruppen müssen im SAP-System einem Nummernkreis zugeordnet werden.

Es gibt auch die Möglichkeit der Business-Partner-Gruppierung. Die Gruppierung wird benutzt, um die Nummernkreise für verschiedene Gruppen von Business Partnern in der BP-Verwaltung festzulegen. Darüber hinaus werden hier die Kontengruppen zugeordnet, um Debitoren- und Kreditorenkonten in der Finanzbuchhaltung anzulegen.

Mit dem Rollenkonzept des Business Partners können Sie festlegen, ob ein Business Partner als Kunde, als Lieferant oder als beides ausgeprägt werden soll. Entscheidend dafür, in welche Kategorie eine BP-Gruppierung einsortiert wird, sind die Angaben im System:

- Hat eine BP-Gruppierung einen Eintrag in der Spalte **Lieferanten Kontengruppe**, werden die Stammsätze als Lieferant ausgeprägt und können die Lieferantenprozesse nutzen.
- Hat eine BP-Gruppierung einen Eintrag in der Spalte **Kunden Kontengruppe**, werden die Stammsätze als Kunden ausgeprägt und können die Kundenprozesse nutzen.
- Hat eine BP-Gruppierung Einträge in beiden Spalten, dann können die Stammsätze als Kunde und als Lieferant genutzt werden.

Die finanzbuchhalterischen Prozesse sind bei den Ausprägungen als Lieferant und Kunde jeweils mitnutzbar.

Um zu gewährleisten, dass jeder Business Partner nur die ihm zugedachten Funktionen in der Bestell- bzw. Auftragsabwicklung übernehmen kann, werden den Kontengruppen erlaubte *Partnerrollen* und *Partnerfunktionen* zugeordnet, die es ermöglichen, unterschiedliche Business Partner zu verknüpfen. Somit kann z. B. für einen Kreditor über die Partnerrolle *Rechnungssteller* ein **Abweichender Rechnungssteller** – also wiederum ein anderer Business Partner mit eigener Nummer – eingetragen werden.

Dadurch stellen Sie sicher, dass ein Debitor der Kontengruppe **Warenempfänger** nicht die Partnerrolle **Auftraggeber** einnehmen kann, da es zu jedem **Warenempfänger** auch einen Debitor der Kontengruppe **Auftraggeber** geben muss.

Nachfolgend sehen Sie einige Beispiele für BP-Partnerrollen:

- *Debitor*: Auftraggeber, Warenempfänger, Regulierer, Rechnungsempfänger, abweichende Kommunikation
- *Kreditor*: Warenlieferant, Lieferwerk, Rechnungssteller, Lieferant, Bestelladresse

Multiple Adressen im Business Partner

In SAP S/4HANA Retail ist es möglich, in einem Business-Partner-Stammsatz mehrere zeitabhängige Adressen zu pflegen und einer Verwendung (z. B. Lieferadresse) zuzuordnen. Damit können beispielsweise in einem Kundenauftrag mehrere Lieferadressen eines Business Partners mit Kundenrolle ausgewählt und genutzt werden.

Darüber hinaus können noch weitere adressabhängige Daten, wie Versanddaten, Abladestellen und Steuerklassifikationen im Business Partner mehrfach gepflegt und genutzt werden. Dabei werden beim Anlegen oder Ändern von Verkaufsbelegen immer die Gültigkeitsdaten von Adressen berücksichtigt.

In Abbildung 2.10 sehen Sie ein Beispiel für multiple Adressen im Business Partner.

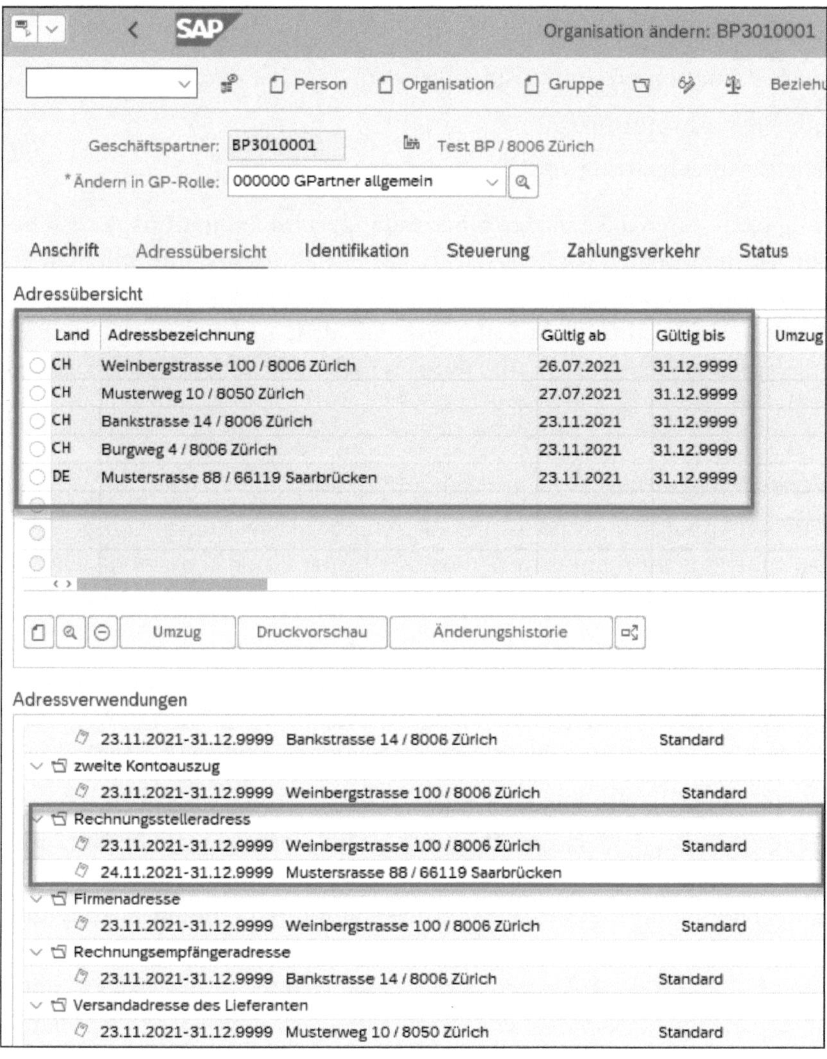

Abbildung 2.10 Multiple Adressen für einen Business Partner

Welche Einstellungen Sie im Business Partner für die Verwendung von mehreren Adressen vornehmen müssen, wird in Abschnitt 2.2.6, »Customizing des Business Partners«, näher beschrieben.

Business-Partner-Beziehungen und Ansprechpartner

Eine Beziehung verbindet zwei Business Partner und ist durch den *BP-Beziehungstyp* gekennzeichnet. Um eine Beziehung zwischen zwei Business Partnern anzulegen, muss der BP-Beziehung ein BP-Beziehungstyp zugeordnet werden, der die Eigenschaften dieser Beziehung beschreibt.

Folgende BP-Beziehungstypen sind beispielsweise im SAP-Standard nutzbar:

- FBUR001 (hat den Ansprechpartner)
- TBUR001 (ist Ansprechpartner von)

Eine Beziehung kann durch das Erfassen eines Anfangs- und Enddatums zeitlich begrenzt werden. Standardmäßig wird das Datum des Beziehungsbeginns mit dem Erfassungsdatum der Beziehung gleichgesetzt und das Enddatum auf den 31.12.9999 gesetzt. Der Gültigkeitszeitraum der Beziehung kann nicht mehr geändert werden. Beziehungen können jedoch gelöscht und mit einem neuen Gültigkeitszeitraum angelegt werden.

Customer/Vendor Integration

In Fällen, in denen von einem Kunden auch Waren oder Dienstleistungen bezogen werden, ist es künftig nicht mehr erforderlich, wie bisher einen separaten Lieferantenstammsatz anzulegen. In SAP S/4HANA Retail werden Kunden- und Lieferantenstammdaten über den Business Partner konsolidiert gespeichert.

Die Systemkomponente, die die Business-Partner-Daten miteinander abgleicht, wird als *Customer/Vendor Integration* (CVI) bezeichnet. Diese Komponente kann so eingesetzt werden, dass sie im täglichen Betrieb die Business-Partner-Daten mit den zugehörigen Kunden- und Lieferantendaten abgleicht.

Die Verbindung zwischen den Stammsätzen erfolgt über eine globale BP-Nummer, die den Business Partner und die damit verbundenen Debitoren bzw. Kreditoren identifiziert. Über diese Nummer wird mithilfe des CVI-Interface die Synchronisation der Stammdaten zwischen BP und Kunden bzw. Lieferanten sichergestellt. Dadurch sind z. B. Namens- und Adressdaten sowohl im BP als auch im Stammsatz des Kunden bzw. Lieferanten verfügbar, werden aber zentral im BP verwaltet. Zur Fehlerbehandlung innerhalb der CVI wird das *Postprocessing Office* (PPO) im Customizing aktiviert.

Business Partner in SAP S/4HANA Retail anlegen, ändern und anzeigen

In diesem Abschnitt zeigen wir Ihnen anhand von Beispielen, wie ein Business Partner angelegt wird und was Sie dabei beachten müssen. Neben den hier beschriebenen Möglichkeiten zum Anlegen, Ändern und Anzeigen im SAP GUI gibt es auch die Möglichkeit, diese Aktionen im SAP Fiori Launchpad durchzuführen. Dafür stehen die Kacheln aus Abbildung 2.11 zur Verfügung.

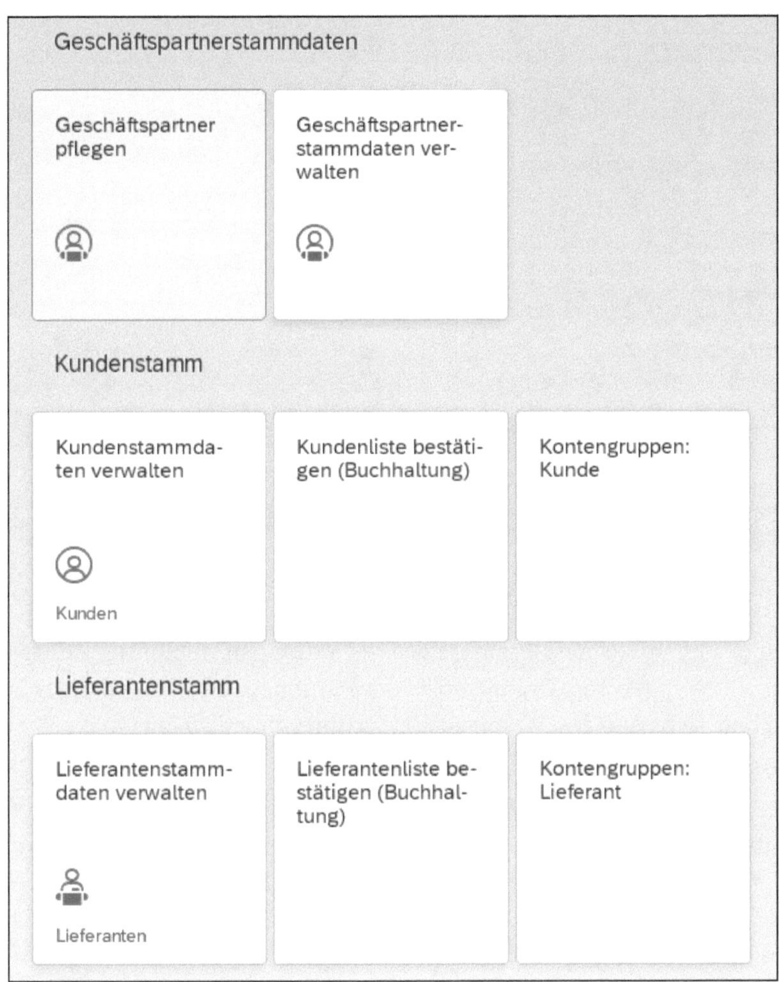

Abbildung 2.11 Allgemeine Übersicht der SAP-Fiori-Apps für die Pflege von Geschäftspartnerstammdaten

Um Daten eines Business Partners anzeigen zu lassen, zu ändern oder neue Daten anzulegen, nutzen Sie in SAP S/4HANA Retail die zentrale Transaktion BP. Nachdem Sie die Transaktion aufgerufen haben, stehen Ihnen mehrere Möglichkeiten offen, die Sie in Abbildung 2.12 sehen.

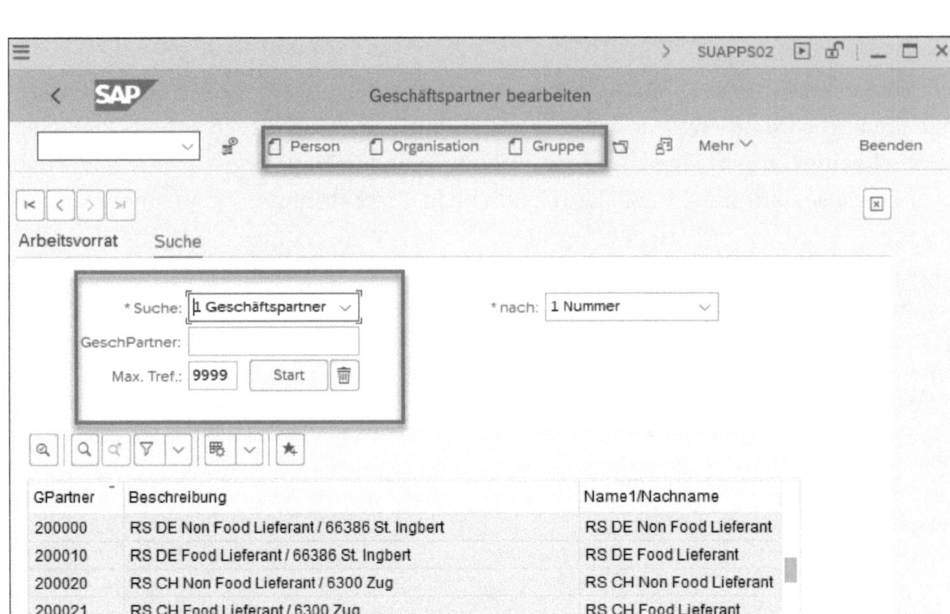

Abbildung 2.12 BP-Einstiegsfenster

Für die Anlage eines neuen Business Partners wählen Sie, wie in Abbildung 2.12 gezeigt, zunächst den BP-Typ (**Person**, **Organisation** oder **Gruppe**) aus. Je nachdem, was Sie ausgewählt haben, sieht die Einstiegsmaske etwas unterschiedlich aus.

Danach wählen Sie die BP-Gruppierung. Diese ist im Nachhinein nicht mehr änderbar und ordnet dem Business Partner unter anderem einen Nummernkreis zu und legt fest, ob die BP-Nummer selbst vergeben werden kann oder automatisch vom System zugeordnet wird. Mit der Auswahl der vordefinierten BP-Rollen bekommt der Business Partner seine Ausprägungen (z. B. Debitor oder Kreditor). Zudem ermöglicht die Auswahl, dass der Business Partner mittels Referenz angelegt werden kann. Das Vorlagehandling wird im Abschnitt 2.5.2, »Datenbeschaffung«, näher beschrieben. Anschließend kann der Business Partner gepflegt werden. Je nach Ausprägung/Auswahl der Rolle des Business Partners müssen neben den allgemeinen Daten beim Lieferanten noch Buchungskreis- und Einkaufsorganisationsdaten gepflegt werden. Beim Debitor kommen neben den Buchungskreis- noch Vertriebsbereichsdaten dazu. Jede Rolle öffnet neben der Registerkarte **Allgemeinen Daten** noch weitere rollenspezifische Registerkarten, die ebenfalls gepflegt werden können (siehe Abbildung 2.13 und Abbildung 2.14). Wählt man beispielsweise die Rolle **FLVN00 Kreditor (Bukrs)** aus, so werden hierbei die für die Kreditor (Lieferanten) Anlage benötigten Registerkarten zum Pflegen angezeigt. Zusätzlich können nun auch die für diese Rolle spezifischen Buchungskreisdaten gepflegt werden. Ausführliche Beschreibungen finden Sie in Abschnitt 2.2.2, »Kreditoren (Lieferantenstammdaten)«, und in Abschnitt 2.2.3, »Debitoren (Debitorenstammdaten)«.

Haben Sie den BP-Typ **Person** ausgewählt, genügt zur Anlage eines Ansprechpartners das Ausfüllen der Daten der BP-Rolle **GPartner allgemein** (siehe Abbildung 2.13).

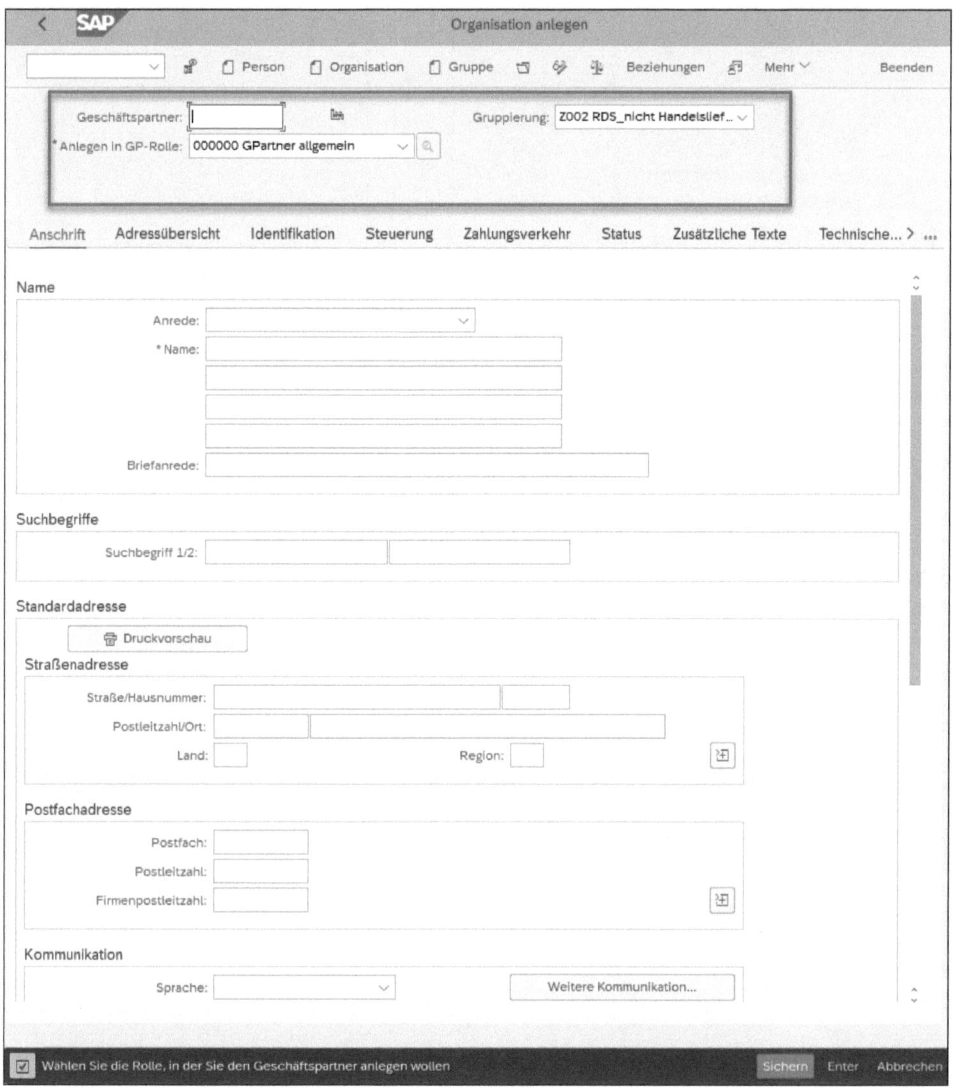

Abbildung 2.13 Business Partner anlegen

Zum Anzeigen und Ändern eines BP können Sie sich entweder direkt Ihren Arbeitsvorrat (zuletzt angelegte oder bearbeitete BP) anzeigen lassen oder nach bereits vorhanden Business Partnern suchen. Die Suche unterscheidet hier auch nach den unterschiedlichen BP-Typen.

Der ausgewählte BP öffnet sich erstmals im Anzeigenmodus. In diesem werden auch nur die bereits angelegten BP-Rollen zur Auswahl angezeigt. Mit der Umstellung in den Änderungsmodus können Sie wieder alle Rollen auswählen, um neue anzulegen oder bestehende zu bearbeiten (siehe Abbildung 2.14).

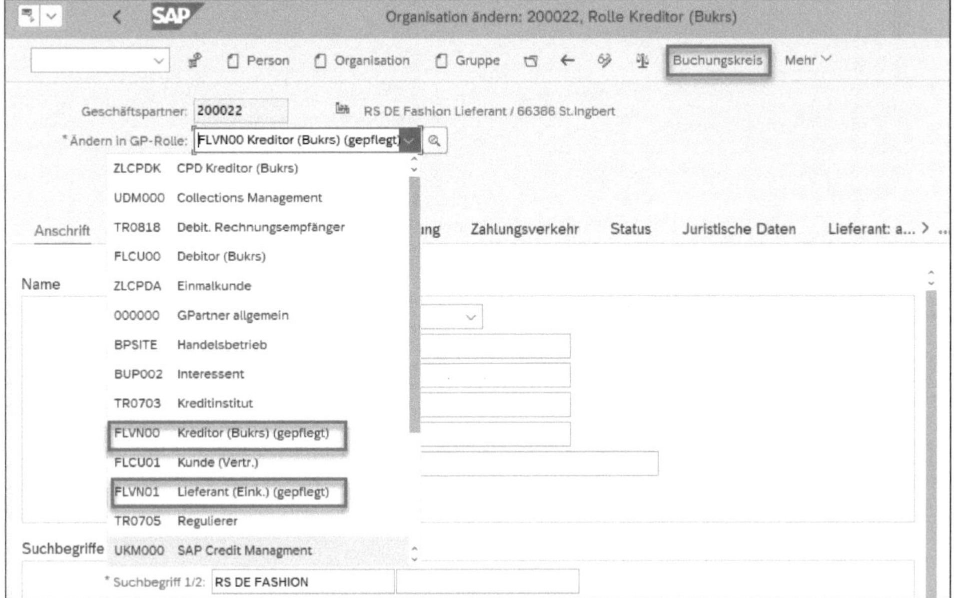

Abbildung 2.14 Business Partner ändern

Tabelle 2.2 zeigt die Transaktionen, die Sie zur Pflege eines Business Partners benötigen.

Bearbeitung	Anlage/Ändern	Anzeige
zentrale Bearbeitung	BP	BP
Kacheln in SAP Fiori	GP-Stammdaten verwalten/pflegen	GP-Stammdaten verwalten

Tabelle 2.2 Transaktionen zum Pflegen eines Business Partners

2.2.2 Kreditoren (Lieferantenstammdaten)

Ein *Lieferant* ist ein Business Partner, von dem Waren und Dienstleistungen beschafft werden können. Im SAP-System sind zwei Arten von Lieferanten definiert:

- **Interne Lieferanten**
  In der Regel werden nur Verteilzentren als interne Lieferanten gepflegt.
- **Externe Lieferanten**
  Externe Lieferanten werden in der Regel unter den Unternehmen, die Ware und Dienstleistungen auf dem Markt anbieten, mithilfe von Einkaufsrichtlinien aus der Einkaufsabteilung ausgewählt und gelistet.

Jedes Verteilzentrum ist aus Sicht der Belieferung der Filialen ein Lieferant und besitzt ebenfalls einen *Lieferantenstammsatz*. Somit wird auch ein Stammdatenobjekt **Kreditor** angelegt. In Abbildung 2.15 sehen Sie die Anlage eines Kreditors über die SAP-Fiori-App **Lieferantenstamm verwalten** – der Begriff Kreditor wird hier als Synonym für den Begriff Lieferant verwendet.

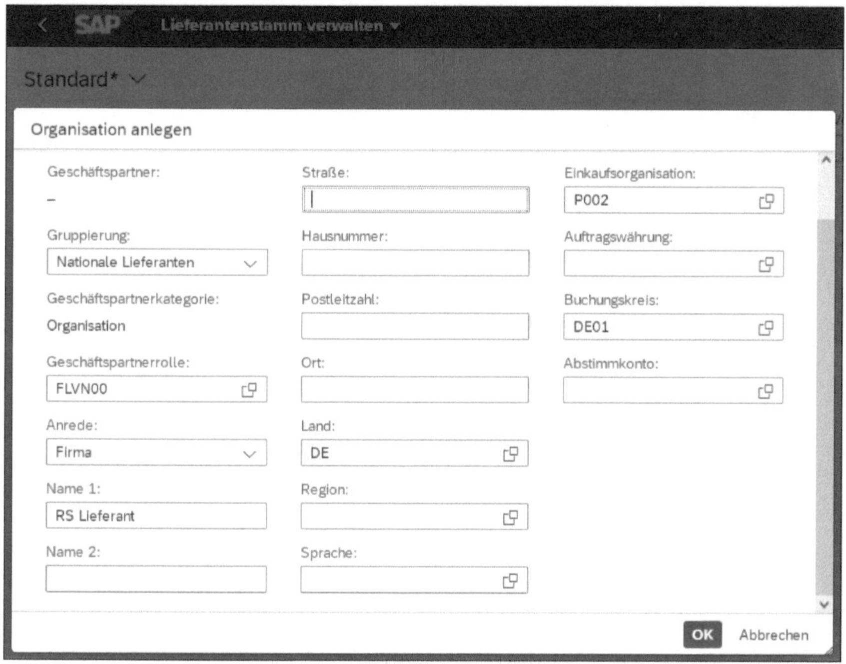

Abbildung 2.15 Kreditor anlegen

Der *Lieferantenstamm* (Kreditorenstamm) enthält Informationen über die Lieferanten eines Unternehmens. Diese Informationen sind in einzelnen Lieferantenstammsätzen abgelegt. Neben dem Namen und der Anschrift des Lieferanten umfasst ein Lieferantenstammsatz unter anderem Angaben über die in Verbindung mit dem Lieferanten geltende Währung und die Zahlungsbedingungen oder die Namen wichtiger

Kontaktpersonen (Verkäufer). Da der Lieferant in der Buchhaltung zugleich als kreditorischer Business Partner des Unternehmens gilt, enthält der Lieferantenstammsatz auch buchhalterische Daten, wie z. B. das Abstimmkonto der Hauptbuchhaltung. Der Lieferantenstammsatz wird deshalb auch häufig von der Buchhaltung oder dem Einkauf gepflegt.

Die folgenden Sichten (d. h. Pflegeoberflächen) für den Lieferantenstamm müssen so konfiguriert werden, wie sie für das Unternehmen relevant sind:

- **Allgemeine Daten**
  Hier finden Sie Daten, die für jeden Buchungskreis innerhalb des Unternehmens gleichermaßen gelten, wie z. B. Anschrift, Telefonverbindung und die Sprache, in der mit dem Lieferanten kommuniziert wird. Zu den allgemeinen Daten gehören auch Steuerungsdaten, Daten zum Zahlungsverkehr sowie mögliche Ansprechpartner beim Lieferanten und dessen Rolle im Unternehmen.
- **Buchungskreisdaten**
  Buchungskreisdaten eines Lieferanten sind Daten, die auf der Ebene des Buchungskreises geführt werden, unter anderem Zahlungsverkehrsdaten und die Nummer des Abstimmkontos. Diese Angaben können pro Buchungskreis unterschiedlich sein. Zu ihnen gehören z. B.:
  - Kontoführung
  - Zahlungsverkehr
  - Korrespondenz
- **Einkaufsorganisationsdaten**
  Einkaufsorganisationsdaten sind Daten, die für den Einkauf Ihres Unternehmens wichtig sind und pro Einkaufsorganisation geführt werden. Dazu gehören:
  - Ansprechpartner
  - Lieferkonditionen
  - Einkaufsdaten
  - Partnerrollen
  - Teilsortiment

Zur weiteren differenzierten Datenpflege gibt es zusätzlich unterhalb der Organisationsebene **Einkaufsorganisationsdaten** eine weitere Möglichkeit, Daten auf den folgenden Ebenen zu pflegen, falls das für Ihr Unternehmen relevant ist:

- Lieferantenteilsortiment (LTS)
- Werk
- Lieferantenteilsortiment/Werk

Sie können auch explizit einzelne Sichten auswählen, wenn nur einzelne Sichten von den Sachbearbeitern bearbeitet werden sollen. In Abbildung 2.16 sehen Sie, wie Sie die für Sie notwendigen Sichten mit einem Häkchen markieren. Zu dieser Ansicht gelangen Sie mit der früheren Transaktion MK02. Nachdem Sie Ihre Vorauswahl getroffen haben, werden diese Daten in die Transaktion BP weitergeleitet.

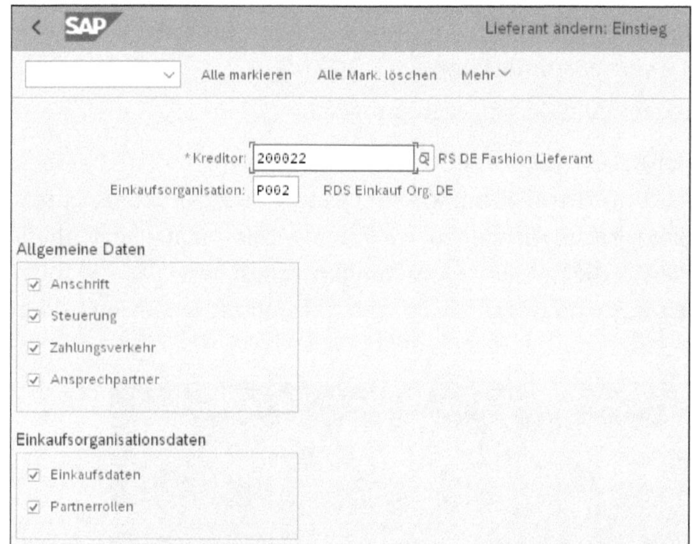

Abbildung 2.16 Sichten für den Lieferantenstammsatz anpassen (MK02)

Diese Ebenen können Sie innerhalb der Zuordnung zu einer Einkaufsorganisation dazu nutzen, abweichende Daten zu pflegen. Zusätzlich zu den Daten, die für eine Einkaufsorganisation gelten, können z. B. Einkaufsdaten oder Partnerrollen für ein bestimmtes Werk oder ein Lieferantenteilsortiment gepflegt werden (z. B. Zahlungsbedingungen oder Incoterms, die von denen der Einkaufsorganisation abweichen). *Incoterms* (International Commercial Terms) sind Auslegungen von Handelsklauseln für übliche Vertragsformeln.

Für die Pflege eines Lieferanten werden die in Tabelle 2.3 aufgeführten GUI-Transaktionen und SAP-Fiori-Launchpad-Anwendungen verwendet.

Art der Bearbeitung	Anlage	Änderung	Anzeige
zentrale Bearbeitung GUI	XK01 leitet weiter zu BP.	XK02 leitet weiter zu BP.	XK03 leitet weiter zu BP.
eingeschränkte Bearbeitung, nur Einkauf	MK01 leitet weiter zu BP.	MK02 leitet weiter zu BP.	MK03 leitet weiter zu BP.
SAP Fiori Launchpad	Kachel »Lieferantenstamm verwalten«	Kachel »Lieferantenstamm verwalten«	Kachel »Lieferantenstamm verwalten«

Tabelle 2.3 Transaktionen und Kacheln zur Pflege eines Lieferantenstammsatzes

2.2.3 Debitoren (Debitorenstammdaten)

Ein *Kunde* ist ein Business Partner, an den Materialien und Dienstleistungen verkauft werden können. Dabei können folgende Typen unterschieden werden:

- interne Kunden (eigene Werke, Filialen)
- externe Kunden (mit Debitorenstammsatz)
- anonyme Endverbraucher (ohne Debitorenstammsatz)

Jedes Werk ist aus Sicht der Belieferung ein Kunde und besitzt damit ebenfalls einen Debitorenstammsatz. In SAP S/4HANA Retail wird der Kunde als *Debitor* bezeichnet. Bei der Anlage eines Werkes wird also immer auch ein (Filial-)Debitor angelegt. Abbildung 2.17 zeigt den Einstieg in die SAP-Fiori-App **Kundenstamm verwalten**. Wählen Sie hier den **Buchungskreis** aus, und tragen Sie die vertriebsrelevanten Daten im Bereich **Organisationsdaten** ein.

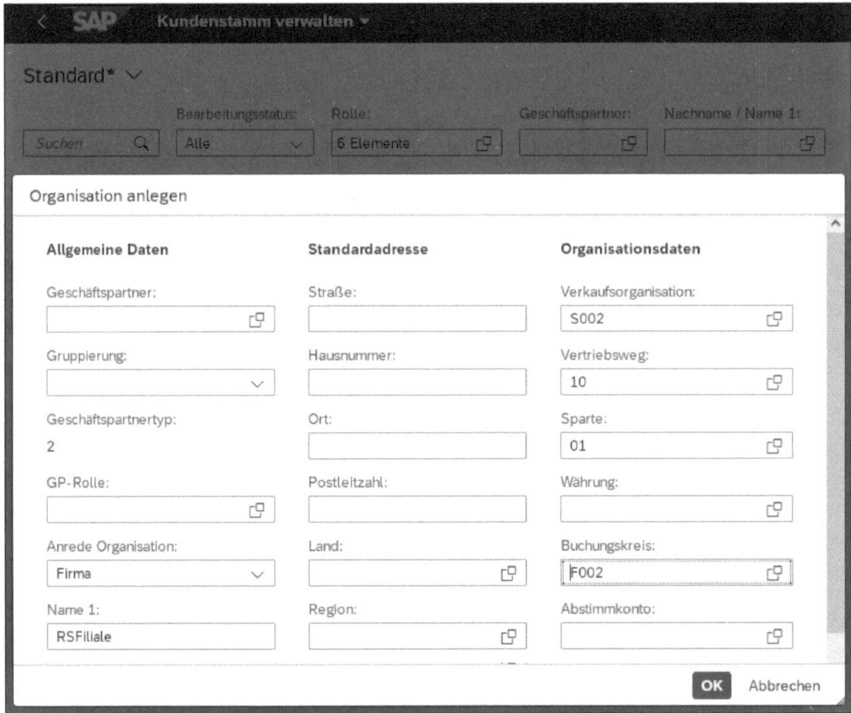

Abbildung 2.17 SAP-Fiori-App »Kundenstamm verwalten«

Im *Debitorenstamm* müssen alle Stammdaten hinterlegt werden, die im Zusammenhang mit den Kunden eines Unternehmens stehen. Dazu gehören die allgemeinen

Daten, die Daten für die Buchhaltung sowie die Vertriebsbereichsdaten, die für den Verkauf relevant sind. Auch hier müssen Sie konfigurieren, welche Sichten für Ihr Unternehmen relevant sind:

- **Allgemeine Daten**
  In diesem Bereich werden die Daten gepflegt, die für jeden Buchungskreis innerhalb Ihres Unternehmens gleichermaßen gelten, z. B. Anschrift, Telefonverbindung und die Sprache, in der Sie mit dem Lieferanten kommunizieren. Die Angaben in den allgemeinen Daten umfassen:
  - Adresse
  - Steuerungsdaten
  - Zahlungsverkehr
  - Marketing
  - Abladestellen
  - Exportdaten
  - Ansprechpartner
- **Buchungskreisdaten**
  Buchungskreisdaten sind Daten, die auf der Ebene des Buchungskreises geführt werden, unter anderem Zahlungsverkehrsdaten und die Nummer des Abstimmkontos. Diese können pro Buchungskreis unterschiedlich sein:
  - Kontoführung
  - Zahlungsverkehr
  - Korrespondenzen
- **Vertriebsbereichsdaten**
  - **Verkauf • Konditionen**: Dabei werden Kundengruppen für Preisfindungszwecke, statistische Auswertungen sowie für das Marketing definiert (z. B. Groß- und Einzelhandel).
  - **Versand • Konditionen**: Dabei können Vorschlagswerte für den Kundenauftrag festlegt werden, die sich auf den Versand von Produkten beziehen (z. B. Incoterms, Lieferprioritäten oder Versandbedingungen).
  - **Fakturierung • Konditionen**: Hier können Vorschlagswerte für die Fakturierung eingegeben werden (z. B. Kundenschema, Zahlungsbedingungen, Kurstyp/Währung oder Preisgruppe).

Für die Pflege eines Debitors werden die in Tabelle 2.4 aufgeführten Transaktionen verwendet.

Art der Bearbeitung	Anlage	Änderung	Anzeige
zentrale Bearbeitung GUI	XD01 leitet weiter zu BP.	XD02 leitet weiter zu BP.	XD03 leitet weiter zu BP.
eingeschränkte Bearbeitung, nur Verkauf	VD01 leitet weiter zu BP.	VD02 leitet weiter zu BP.	VD03 leitet weiter zu BP.
SAP Fiori Launchpad	Kachel »Kundenstamm verwalten«	Kachel »Kundenstamm verwalten«	Kachel »Kundenstamm verwalten«

Tabelle 2.4 Transaktionen und Kacheln zur Pflege eines Debitorenstammsatzes

2.2.4 Werksstammdaten

Ein *Werk* (vormals Betrieb) ist eine organisatorische Einheit, die dazu dient, die in Verteilzentren oder Filialen lagernden Waren für die Bestandsführung nachzuweisen und die zugehörigen Geschäftsprozesse, wie z. B. Wareneingang, Inventur und Warenausgang, abzubilden.

Der *Werksstamm* enthält Angaben über die Werke des Unternehmens, also über alle Verteilzentren und Filialen. Die Informationen sind in einzelnen *Werksstammsätzen* abgelegt. Das System schlägt diese Werte dann bei den verschiedensten Geschäftsvorfällen in entsprechenden Feldern automatisch vor. Abbildung 2.18 zeigt den Einstieg in die Anlagetransaktion für ein Werk.

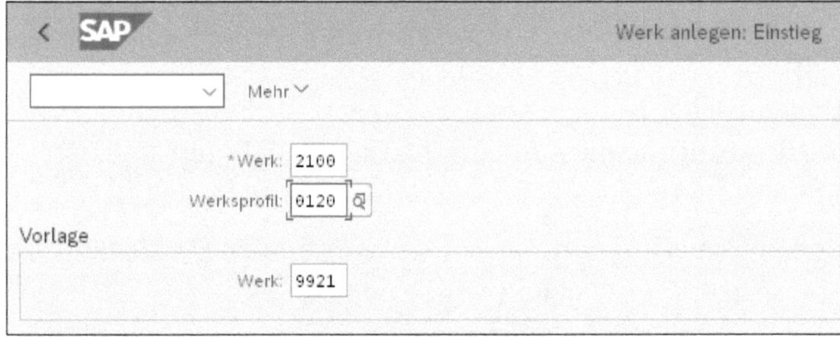

Abbildung 2.18 Einstieg in Transaktion WB01 – Werk anlegen

Neben dieser Transaktion existieren in SAP S/4HANA Retail noch weitere Möglichkeiten, ein Werk anzulegen. Einerseits ist dies zukünftig im SAP GUI auch über die zentrale Transaktion BP für den SAP Business Partner möglich. Andererseits können Werke bzw. Betriebe auch über die Kacheln im SAP Fiori Launchpad angelegt und verwaltet werden (siehe Abbildung 2.19). Die App **Betrieb anlegen** ist sehr ähnlich der Transaktion im SAP GUI. Legen Sie ein Werk über die Transaktion BP an, erhält dieses dort immer die Ausprägung/Rolle **Debitor**, **Kunde**, **Kreditor** und **Lieferant**.

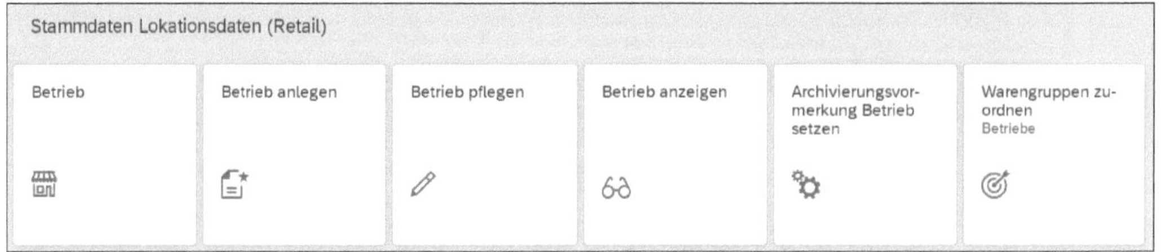

Abbildung 2.19 Kacheln für den Betrieb im SAP Fiori Launchpad

Werke (Betriebe) in SAP S/4HANA Retail sind Filialen bzw. Warenhäuser oder Verteilzentren:

- **Filiale**
  In diesem Fall wird ein Filialdebitor eröffnet. Dieser dient als Kunde bzw. Warenempfänger zur Belieferung aus einem oder mehreren Verteilzentren. *Technische Filialen* sind Vorlagefilialen zur vereinfachten Materialpflege. Einem solchen Vorlagewerk können Sie z. B. die Werte VORF (für eine Vorlagefiliale) oder auch VORV (im Fall eines Vorlageverteilzentrums) zuweisen. In Abschnitt 2.6, »Vorlagehandling«, wird dies detailliert beschrieben.
- **Verteilzentrum**
  Dabei handelt es sich um ein Werk, das einerseits als Warenempfänger vom Lieferanten, andererseits als Kommissionierplattform, Lager, Produktionsstätte und Warenlieferant für die angeschlossenen Filialen dient (siehe auch Kapitel 5, »Logistik und Warenverteilung«). Ein Verteilzentrum wird als Werk mit Filialdebitor und -kreditor geführt.

Ein Werk stellt also eine disponierende und bestandsführende Einheit dar. In Abschnitt 2.2.5, »Customizing der Werksstammdaten«, beschreiben wir die Pflegemöglichkeiten und Ausprägungen genauer.

Im Werksstamm können Sie die folgenden Sichten aktivieren:

- Allgemeine Daten:
  - Anschrift
  - Bewertung/Bestandsführung
  - Listung/Disposition
  - Einkauf/Verteilung
  - POS
  - Layout/Sperren
- Zusätzliche Daten:
  - Warengruppen
  - Lieferwerke

- Debitor
- Abteilungen

Neben der Zuordnung zu den bereits erwähnten Stammdatenobjekten Kreditor und Debitor wird jedes Werk den Organisationsdaten zugeordnet. So wird jedes Werk einem Buchungskreis, einer Einkaufsorganisationen (1 : n) und einem Vertriebsbereich (1 : n) zugewiesen. Der Vertriebsbereich wird aus der Verknüpfung der Verkaufsorganisation mit dem Vertriebsweg und der Sparte gebildet. Abbildung 2.20 zeigt beispielhaft die Organisationsdaten in Transaktion WB02 (Filiale ändern).

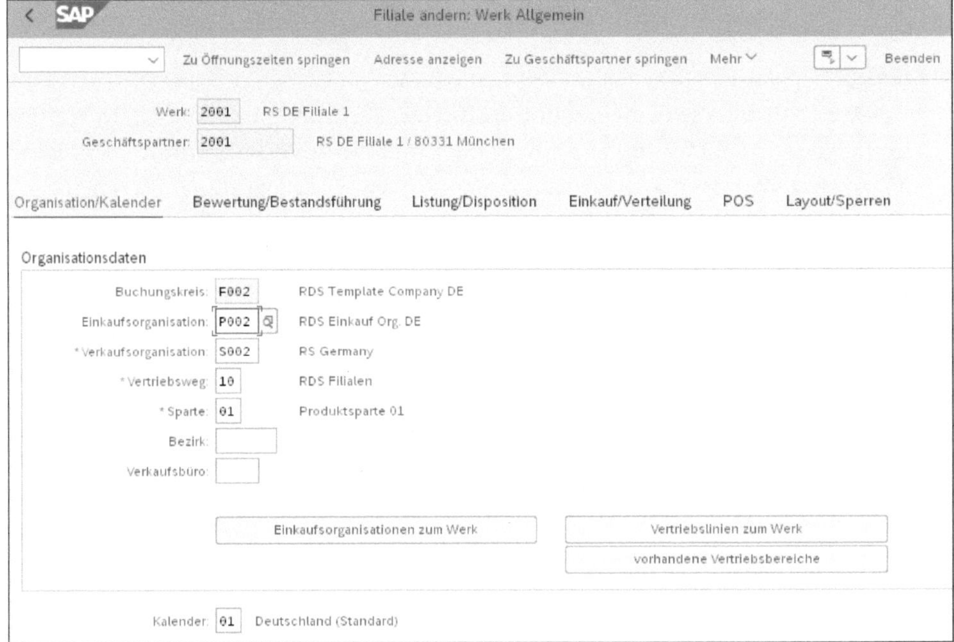

Abbildung 2.20 Organisationsdaten in Transaktion WB02 – Filiale ändern

Für die Pflege eines Werkes werden die in Tabelle 2.5 aufgeführten Transaktionen verwendet.

Art der Bearbeitung	Anlage	Änderung	Anzeige
Pflege Werk	WB01	WB02	WB03
Pflege Werk über SAP-Geschäftspartner	BP	BP	BP
SAP Fiori Launchpad	Kachel »Betrieb pflegen«	Kachel »Betrieb pflegen«	Kachel »Betrieb pflegen«

Tabelle 2.5 Transaktionen und Kacheln zur Pflege eines Werksstammsatzes

2.2.5 Customizing der Werksstammdaten

Um die Werksstammdaten den Anforderungen Ihres Unternehmens anzupassen, nutzen Sie den *Einführungsleitfaden* (engl. Implementation Guide, IMG). Die Customizing-Einstellungen des Werksstamms (im SAP-ECC-System noch Betriebsstamm genannt) befinden sich im IMG jedoch an unterschiedlichen Stellen. Damit Sie diese Einstellungen beim Anlegen eines Werkes nicht jedes Mal manuell vornehmen müssen, können Sie eine Kopierregel einrichten. Pro *Werksprofil* kann eine Kopierregel hinterlegt werden, die grundsätzlich alle Customizing-Einstellungen von der Kopiervorlage (dem Vorlagewerk) übernimmt. Mehr zu diesem Thema erfahren Sie in Abschnitt 2.6.3, »Vorlagehandling für Werke«.

Damit Sie eine Kopiervorlage erstellen können, müssen Sie zunächst das Customizing des Werksstamms vornehmen. Folgende Schritte sind dafür notwendig: Zunächst weisen Sie im Customizing die Kontengruppe zu, wie in Abbildung 2.21 für die Debitoren gezeigt, oder legen diese neu an. Die Werkskontengruppen für Filialdebitoren und Verteilzentrumkreditoren steuern den Werksaufbau, die Kontierung und die Nummerierung.

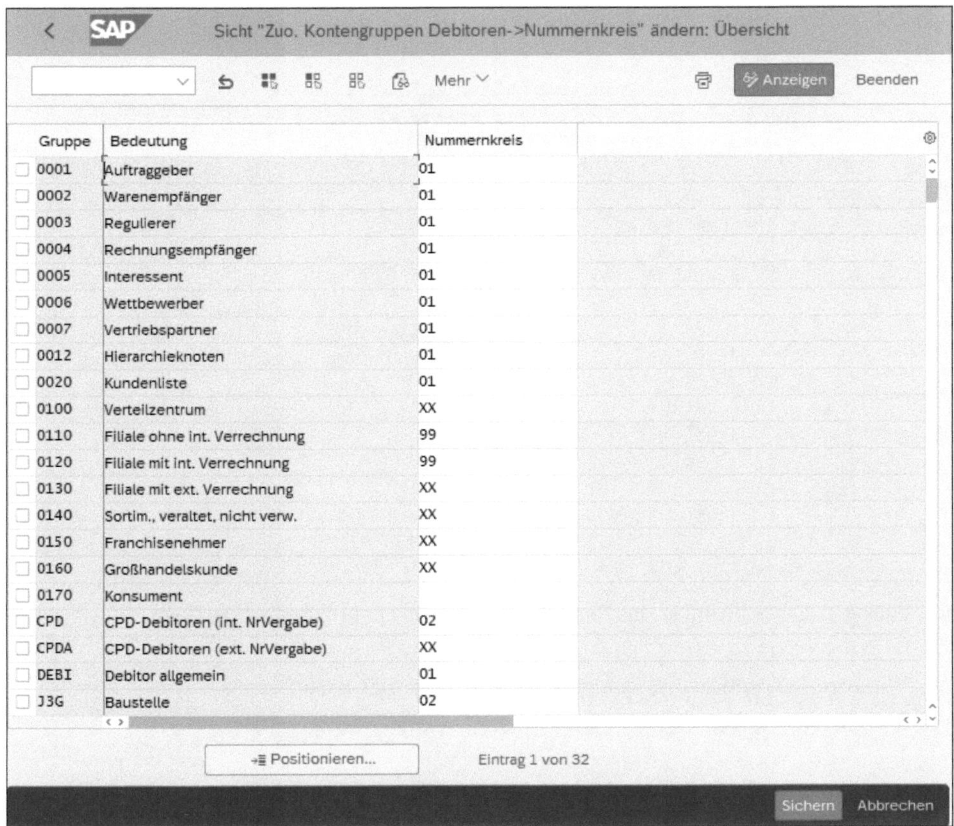

Abbildung 2.21 Kontengruppen der Debitoren für den Werksstamm definieren

Werksprofile steuern die Kopierlogik bei der Anlage neuer Werke unter Berücksichtigung der im Profil hinterlegten Vorlagefilialen. Im Wesentlichen werden folgende Werksprofile unterschieden:

- **Werksprofil für Filialen**
  Die Filialen können mithilfe des Werksprofils nach ihrer Größe, ihrer Kategorie und der Prozessabwicklung unterschieden werden. Je nachdem, wie unterschiedlich die Filialen ausgeprägt sind, können pro Filialtyp auch diverse Werksprofile eingerichtet werden. Die Filialen können so z. B. anhand ihrer Größe oder anhand ihrer Lage unterschieden werden.
- **Werksprofil für Verteilzentrum**
  Ein Verteilzentrum hat grundsätzlich das Profil 0100 im Verteilzentrum-Standardprofil. In diesem Profil kann neben einem Vorlagedebitor auch noch ein Vorlagekreditor hinterlegt werden.

Die eigentlichen Customizing-Einstellungen zum Werk nehmen Sie in Transaktion WB02 vor. Innerhalb der Pflege des Werkes können Sie über den Menüpfad **Mehr • Customizing • Zum Werk** zu dieser Customizing-Transaktion abspringen und sich alle Customizing-Einstellungen in gebündelter Form anzeigen lassen (siehe Abbildung 2.22).

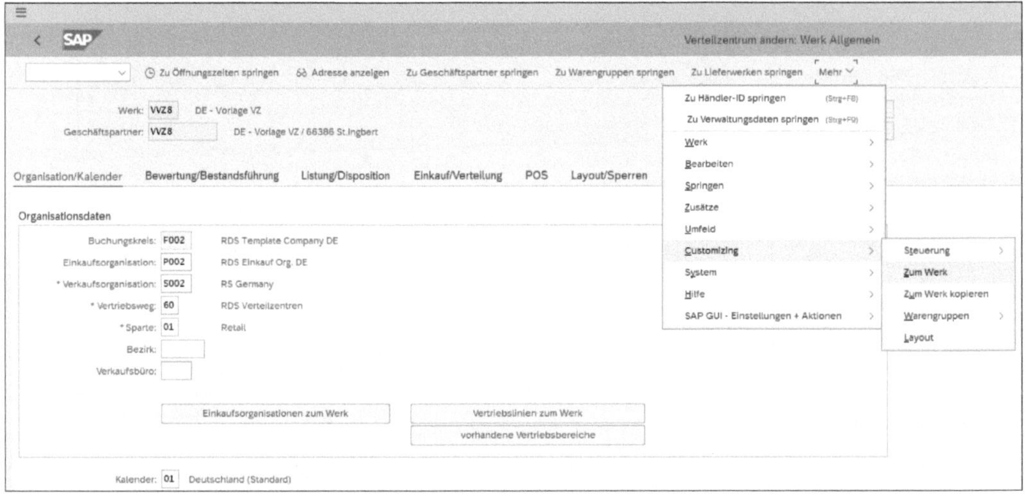

Abbildung 2.22 Absprung in das Customizing zum Werk in Transaktion WB02

In Abbildung 2.23 sehen Sie, welche Einstellungen im Customizing zum ausgewählten Werk definiert wurden.

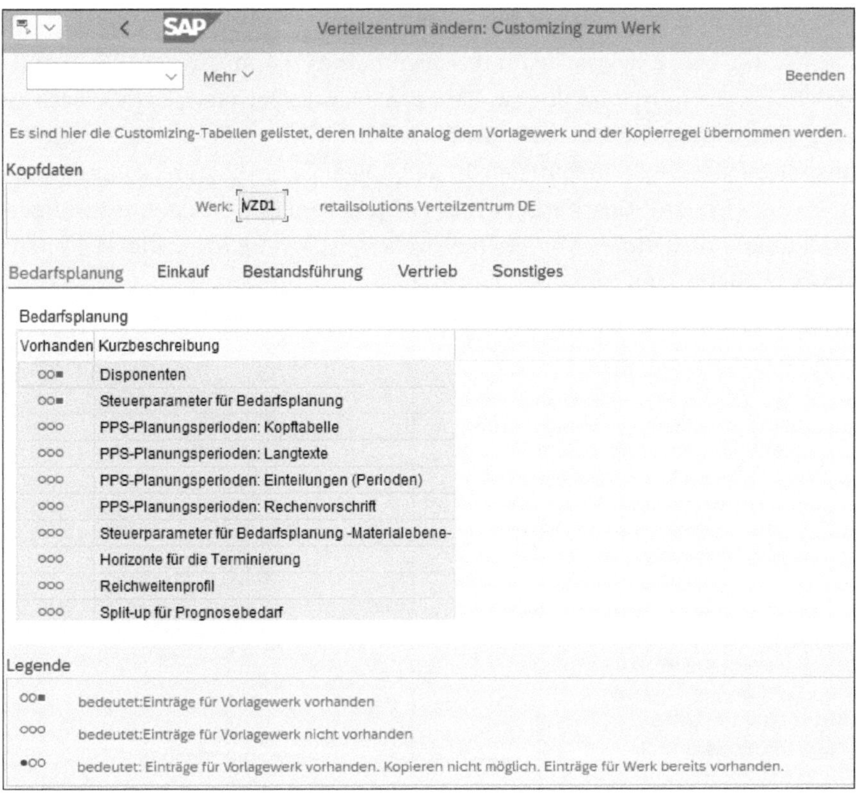

Abbildung 2.23 Customizing zum Werk

Filialen können über das Customizing (und damit im Customizing-Mandanten) angelegt und transportiert oder als Stammsatz pro Mandanten angelegt werden. Werden die Werke im Customizing angelegt und transportiert, müssen Sie außerdem sicherstellen, dass die Filialdebitoren bzw. die Filialkreditoren für das Verteilzentrum mittransportiert werden. Dies erfolgt über eine Application-Link-Enabling-Verteilung (ALE). Der zu einem Werk zwingend notwendige Filialdebitor wird über den IDoc-Typ DEBMAS (für Debitoren) übermittelt. Der für ein Verteilzentrum zwingend notwendige Filialkreditor wird über den IDoc-Typ CREMAS übermittelt. Es reicht daher nicht aus, nur das Werk über einen Customizing-Transport zu transportieren. Zusätzlich müssen auch die relevanten Objekte (Filialdebitor und Filialkreditor) verteilt werden, um die Werke vollständig in den Zielsystemen anzulegen.

2.2.6 Customizing des Business Partners

In diesem Abschnitt stellen wir die wichtigsten Customizing-Einstellungen zum Business Partner und den zuvor beschriebenen Stammdatenobjekten Lieferantenstamm (Kreditorenstamm) bzw. Debitorenstamm kurz dar.

Allgemeines Customizing für den Business Partner

Zunächst zeigen wir kurz auf, was Sie für das allgemeine Customizing des BP benötigen. Wir beschränken uns hier im Buch auf ein paar wenige Beispiele, da das gesamte Customizing des Business Partners sehr umfangreich ist. Im Customizing erfolgt die genaue Einstellung des Geschäftspartners in den anwendungsübergreifenden Komponenten im Bereich **SAP-Geschäftspartner**. Dort können Sie alle notwendigen Grundeinstellungen vornehmen, wie beispielsweise die GP-Rollen und die GP-Rollengruppierungen zu definieren (siehe Abbildung 2.24).

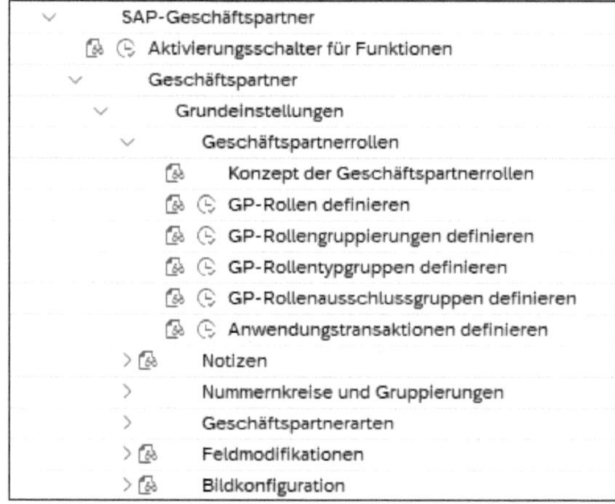

Abbildung 2.24 Customizing-Einstellungen für den Geschäftspartner

Zunächst müssen Sie die BP-Rollen definieren, die der BP in Zukunft benötigt. Klicken Sie dazu auf die Option **GP-Rollen definieren**. In diesem Customizing-Punkt können Sie zudem auch die GP-Rollentypen bearbeiten (siehe Abbildung 2.25). SAP gibt hier auch wieder einiges an Standardrollen und Typen vor, die Sie nach Wunsch erweitern können. Für die Einstellung einer BP-Rolle müssen beispielsweise deren Attribute und die Attribute des Rollentyps definiert werden. Einem Rollentyp, der eine Standardrolle benötigt, können mehrere Rollen zugeteilt werden. Ein Absprung in die jeweilige Rolle ist hier möglich, indem Sie die Rolle markieren und in der Dialogstruktur auf GP-Rollentypen klicken. Über die Transaktion BUPT können Sie zudem auch definieren, an welcher Stelle die Rolle später im Dropdown-Menü bei der Anlage des Business Partners erscheint.

Anschließend definieren Sie die BP-Rollengruppierung und teilen diesen die BP-Rollen zu, die gruppiert werden sollen. Zusätzlich müssen Sie vor der Anlage des BP noch etliche weitere Einstellungen im Customizing vornehmen (z. B. Kontogruppen, Nummernkreise und BP-Arten).

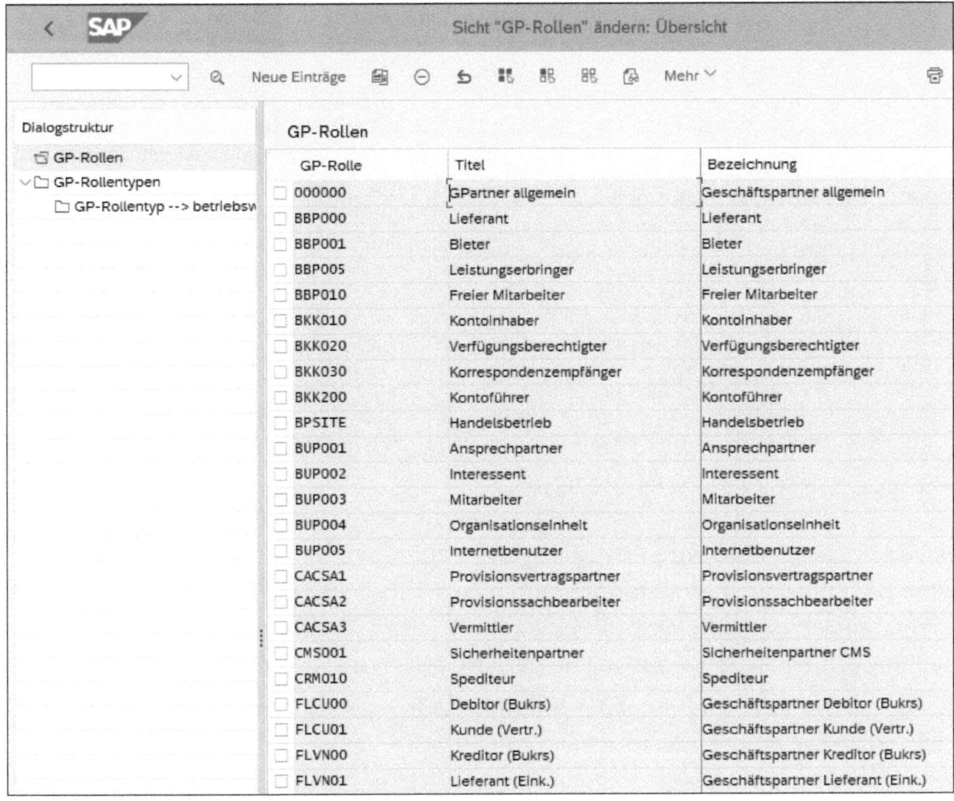

Abbildung 2.25 GP-Rollen definieren und ändern

Customizing für multiple Adressen

In Abschnitt 2.2.1 wurde im Abschnitt »Multiple Adressen im Business Partner« kurz erklärt, wie und wo multiple Adressen verwendet werden können. In diesem Abschnitt gehen wir nun auf das dafür notwendige Customizing ein, das sich unter den Grundeinstellungen des SAP-Geschäftspartners im Unterpunkt **Adressfindung** befindet.

Als Erstes müssen Sie Adressarten definieren. Der SAP-Standard bietet hier schon eine recht große Vorauswahl, die erweitert werden kann. Abbildung 2.26 zeigt die Auswahlmöglichkeiten.

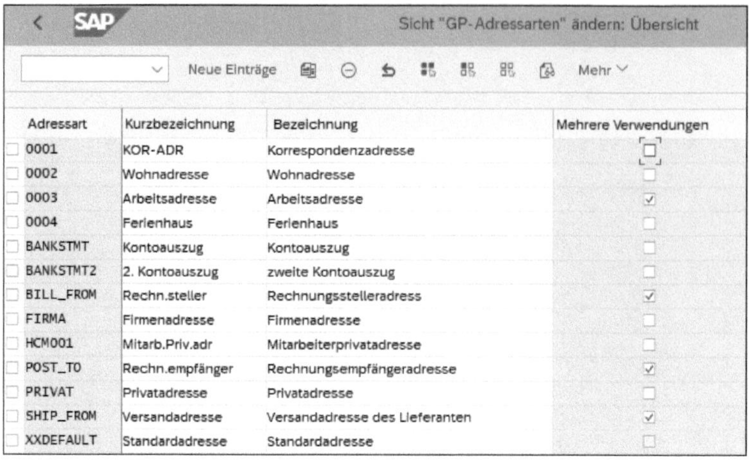

Sicht "GP-Adressarten" ändern: Übersicht

Neue Einträge Mehr

Adressart	Kurzbezeichnung	Bezeichnung	Mehrere Verwendungen
0001	KOR-ADR	Korrespondenzadresse	☐
0002	Wohnadresse	Wohnadresse	☐
0003	Arbeitsadresse	Arbeitsadresse	☑
0004	Ferienhaus	Ferienhaus	☐
BANKSTMT	Kontoauszug	Kontoauszug	☐
BANKSTMT2	2. Kontoauszug	zweite Kontoauszug	☐
BILL_FROM	Rechn.steller	Rechnungsstelleradress	☑
FIRMA	Firmenadresse	Firmenadresse	☐
HCM001	Mitarb.Priv.adr	Mitarbeiterprivatadresse	☐
POST_TO	Rechn.empfänger	Rechnungsempfängeradresse	☑
PRIVAT	Privatadresse	Privatadresse	☐
SHIP_FROM	Versandadresse	Versandadresse des Lieferanten	☑
XXDEFAULT	Standardadresse	Standardadresse	☐

Abbildung 2.26 GP-Adressarten definieren

Bevor Sie diese Adressarten den Vorgängen zuordnen, müssen diese auch gepflegt sein. Die Zuordnung zu den Adressarten ist wichtig, da bei Geschäftspartnern mit mehreren Adressen die Anforderung entsteht, für verschiedene Vorgänge (z. B. Bestellung senden, Waren empfangen) die jeweils richtige Adresse zu ermitteln.

Bei der späteren Verwendung der multiplen Adressen kommt es darauf an, bei welchen Adressarten der Haken für eine mehrfache Verwendung gesetzt worden ist. Denn erst dann ist es möglich, einem Business Partner mehrere Adressen pro Adressart zuzuordnen.

Lieferanten- und Debitorenstamm

In Abbildung 2.27 sehen Sie eine Übersicht über die Customizing-Einstellungen des Lieferantenstamms im Einführungsleitfaden. Wie Sie sehen, sind nur die Einträge aus dem Feld **Anlegen der Kreditorenstammdaten vorbereiten** ausgeklappt, mit denen Sie die Lieferantenstammdaten anpassen können.

Für die Debitorenstammdaten sind die Einstellungsmöglichkeiten sehr ähnlich (siehe Abbildung 2.28). Hier sehen Sie stattdessen die Untereinträge des Feldes **Anlegen der Debitorenstammdaten vorbereiten**.

Für diese beiden Stammdatenobjekte gilt bezüglich des Customizings die folgende Vorgehensweise:

1. Legen Sie die Kontengruppen und den Bildaufbau für die Sichten und die darauf hinterlegten Felder fest. Dabei können Sie eine Unterscheidung pro Buchungskreis und/oder pro Aktivität (Anlage/Änderung) vornehmen.
2. Legen Sie nun die möglichen Nummernkreise unter Angabe der externen oder internen Nummernvergabe an.
3. Ordnen Sie die Kontengruppen den Nummernkreisen zu.

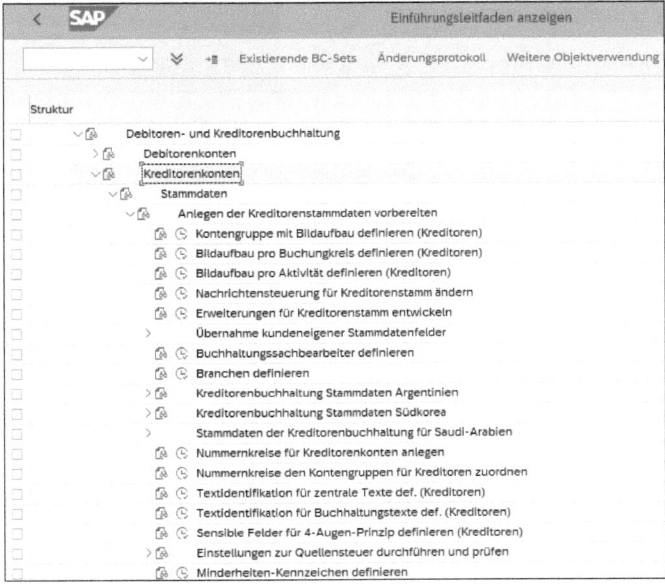

Abbildung 2.27 Customizing-Einstellungen für den Lieferantenstamm

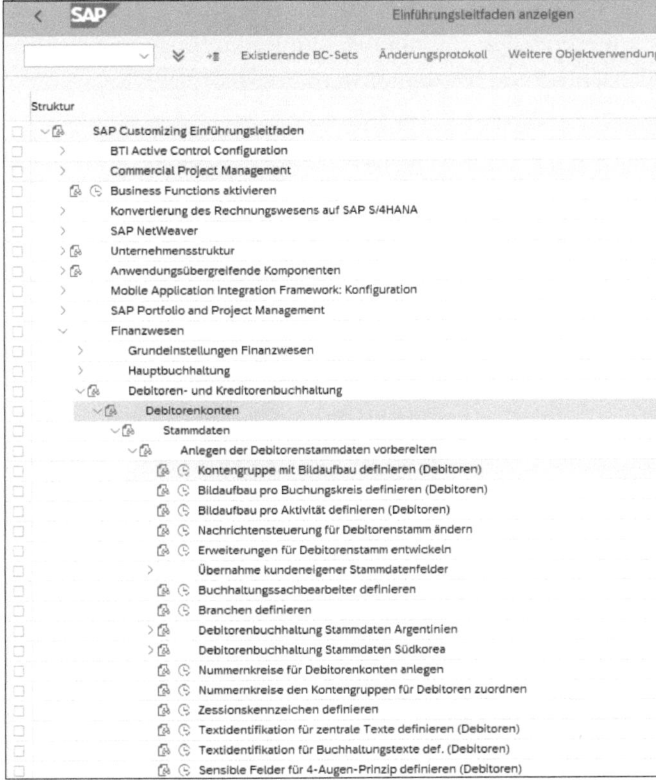

Abbildung 2.28 Customizing-Einstellungen für den Debitorenstamm

2.2.7 Dublettenprüfung von Business Partnern

Beim Business Partner existieren verschiedene Möglichkeiten, die Stammdaten auf Dubletten hin zu prüfen. Eine Prüfung kann aus unterschiedlichen Gründen sinnvoll bzw. notwendig sein. Neben einer Prüfung der Stammdaten durch einen externen Dienstleister bietet auch SAP Lösungen an, um Dubletten ausfindig zu machen und zu bereinigen. Einige Beispiele möchten wir Ihnen hier kurz vorstellen.

Datenbereinigung

Für eine Dublettenprüfung mittels Datenbereinigung müssen im Vorfeld einige Einstellungen im Customizing durchgeführt werden. Diese Einstellungen erfolgen im Punkt **SAP-Geschäftspartner** im Unterpunkt **Datenbereinigung**.

Für die Verwendung der Datenbereinigung muss diese für das *Business Data Toolset* (BDT) aktiviert werden. Dafür muss für den Business Partner **BUPA** eingetragen werden und der Typ der Datenbereinigungsfälle (**D** = Dubletten) und die Quelle der Daten ausgewählt und das Kennzeichen auf aktiv gesetzt werden. Anschließend müssen noch die Nummernkreise, die mandantenweit gültig sind, für die Datenbereinigung definiert und die Prioritäten für die Bearbeitung der Prüfung festgelegt werden.

Die eigentliche Prüfung erfolgt dann über die Transaktion BUPA_CLEAR. Hier werden die Datenbereinigungsfälle angezeigt. Die gefundenen Dubletten (Anzeige der Ähnlichkeit in Prozent) können anschließend bearbeitet werden.

Prüfung bei der Anlage eines neuen Business Partners oder Suche nach BP-Dubletten

Sie haben auch die Möglichkeit, eine Dublettenprüfung durchzuführen, wenn Sie einen neuen Business Partner anlegen. Um bei der Anlage eines neuen Business Partners schon eine Dublettenprüfung durchführen zu können, müssen Sie im Customizing noch einige Einstellungen vornehmen. Dies geschieht im Idealfall vor der ersten Anlage eines BP. Die Einstellungen sollten danach nicht mehr verändert werden. Gehen Sie dazu zuerst in die Transaktion BUS1, und aktivieren Sie die BDT-Anwendung FKDP für den Business Partner. Zudem müssen Sie im Customizing für die Normalisierung der Stammdaten die Ersetzungsregeln definieren (**Vertragskontokorrents • Grundfunktionen • Vertragspartner • Prüfung von Dubletten • Ersetzungsregeln definieren**) Hier müssen Sie beispielsweise definieren, welche Schreibweise für Abkürzungen, Namen und Orte verwendet werden soll. Neben der Prüfung bei der Neuanlage ist es zudem möglich, auch die bereits bestehenden Daten zu prüfen und die normalisierten Daten nachträglich zu erzeugen. Die normalisierten Werte werden in die Datenbanktabelle `DFK_NORM_BP` geschrieben.

2.3 Materialstammdaten

Eines der grundlegenden Stammdatenobjekte in SAP S/4HANA Retail ist das Material. Im Materialstamm werden alle Informationen gepflegt, die für das Einkaufen, Einlagern, Verkaufen und Transportieren der Ware benötigt werden – also alle Daten des Materials, die den reibungslosen Ablauf der Prozesse in der Warenwirtschaft gewährleisten.

2.3.1 Möglichkeiten der Pflege von Materialstammdaten

Um die Anlage und Pflege des Materialstamms gewährleisten zu können, gibt es in SAP entsprechende Transaktionen. In diesem Teil werden einige grundlegende Transaktionen und SAP-Fiori-Apps erläutert.

SAP-Transaktionen

In SAP S/4HANA Retail werden Materialanlagen und -änderungen nicht über die Industrietransaktionen MM01 und MM02, sondern über die Transaktionen MM41 und MM42 aufgerufen. Die Anzeige des Materials wird dementsprechend über die Transaktion MM43 geöffnet. Sollte das Material aufgrund von Bearbeitung fehlerhaft sein, können Sie anhand von Änderungsbelegen (Transaktionen MM11 und MM44) nachprüfen, wie der Fehler zustande kam. Wählen Sie bei der Materialanlage die falsche Materialart aus, können Sie diese über die Transaktion MMAM im Nachgang korrigieren. Hierbei ist zu beachten, dass je nach Materialart und Bewirtschaftungsstatus keine Änderung mehr möglich ist und Sie das Material stattdessen neu anlegen müssen. Muss das Material mit Einkaufsinfosätzen angereichert werden, kann dies direkt im Materialstamm über die Sicht **Einkauf** und den entsprechenden Gültigkeitsbereich geschehen. Einfacher und vor allem schneller bei der Anlage mehrerer Infosätze ist der Weg über die Transaktionen ME11 bis MM13.

Muss bei bereits angelegten Materialien eine Massenänderungen eines oder mehrerer Felder durchgeführt werden, kann dies über die Transaktion MASS umgesetzt werden. Bei Änderungen im Retail-Materialstamm müssen Sie hierzu den Objekttyp BUS1001001 auswählen. Einen direkten Absprung in SAP S/4HANA Retail ermöglicht auch die Transaktion MM46. Bei größeren Änderungen in den Einkaufsinfosätzen ist auch der Weg über die Transaktion MASS möglich, nur entsprechend mit dem Objekttyp BUS3003. Schneller ist allerdings auch hier der Sprung mit der Transaktion MEMASSIN. Möchten Sie nicht nur den gleichen Wert per Masse pflegen, gibt es die Möglichkeit, anhand der Feldbezeichnungen eine Excel-Datei für den Import zu erstellen.

Möchten Sie beispielsweise den Materialstatus auf den Grunddaten ändern, muss die Datei zum Import wie in Tabelle 2.6 aufgebaut sein.

MATNR	MSTAE
123456	02
654321	01

Tabelle 2.6 Aufbau der Excel-Datei zum Massenimport

Für den Import müssen Sie dann nur noch die entsprechende Tabelle auswählen und die Datei, wie in Abbildung 2.29 gezeigt, über den Button **Daten aus Datei importieren** öffnen.

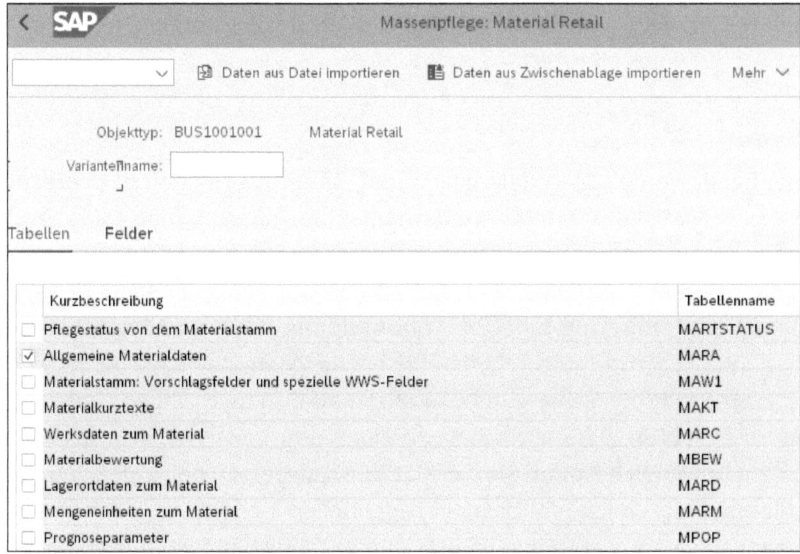

Abbildung 2.29 Massenpflege der Retail-Materialdaten

Müssen im Materialstamm massenhaft *Global Trade Item Numbers* (GTIN) gepflegt werden, können Sie dies über die Transaktion MASS_MEAN vornehmen. Hierfür muss auch ein Importdatei erzeugt werden, die im Kopf die technische Bezeichnung der Materialnummer, der Mengeneinheit, der GTIN-Nummer und des Hauptkennzeichens trägt.

SAP-Fiori-Apps

Die anwenderfreundlichere SAP-Fiori-Umgebung bietet den Endanwendern alle wichtigen Apps, die auch im SAP GUI vorhanden sind. Wenn die entsprechende Rolle zugewiesen ist, besteht die Möglichkeit, Applikationen über die Suchfunktion zu finden, indem Sie die Transaktionen oder den Namen der App eingeben (beispielsweise MM42 oder **Material ändern**). Auf diese Weise können alle grundlegenden Transaktionen, die im letzten Abschnitt erwähnt wurden, auch als SAP-Fiori-App aufgerufen und als Kachel auf der Startseite eingebunden werden (siehe Abbildung 2.30). Tiefgehende Transaktionen, wie z. B. zum Ändern der Materialart, bleiben weiterhin nur im SAP GUI abrufbar.

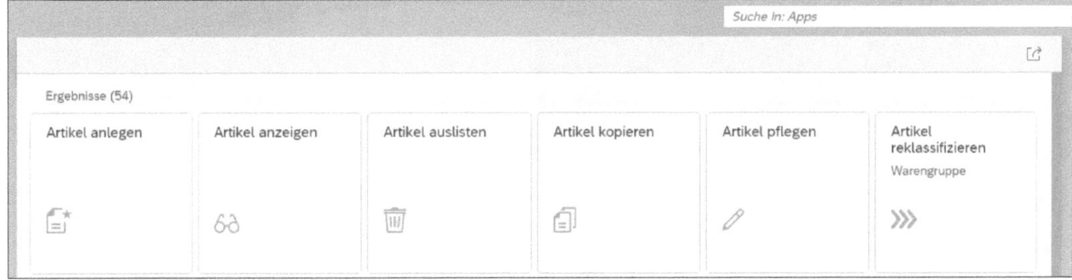

Abbildung 2.30 SAP-Fiori-Apps zur Materialpflege

Um die Materialpflege und -anlage über das SAP Fiori Launchpad noch einfacher zu gestalten, gibt es die SAP-Fiori-App **Produktstammdaten verwalten** (siehe Abbildung 2.31). Im Vergleich zu den Transaktionen MM41 bis MM43 ist die App deutlich anwenderfreundlicher aufgebaut. In Abschnitt 2.3.2, »Registerkarten der Materialstammdaten«, werden wir auf die App noch genauer eingehen.

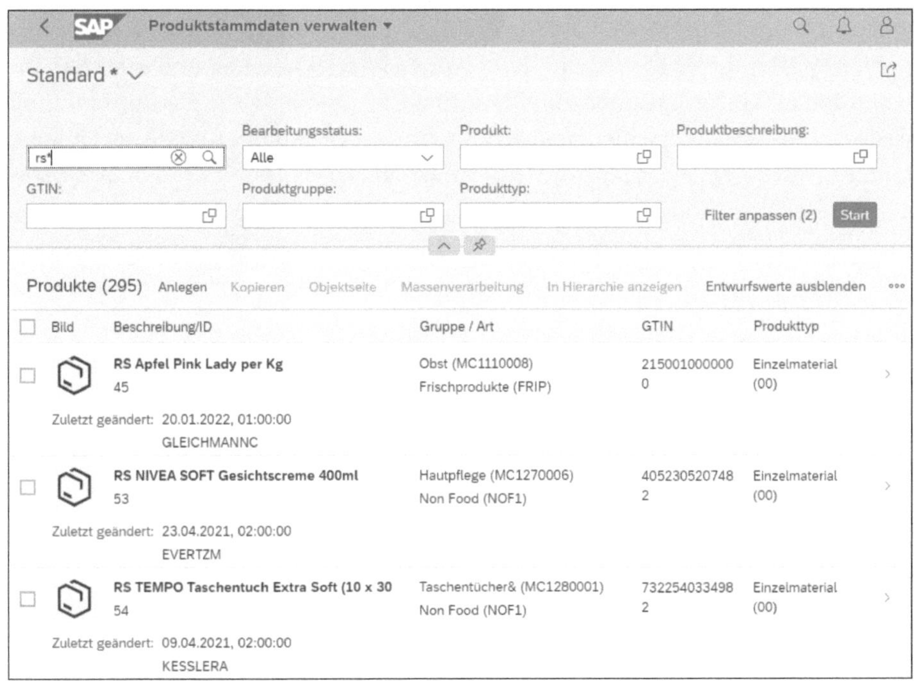

Abbildung 2.31 Produktstammdaten verwalten

Über die App **Massenänderung der Einkaufsinfosätze** gelangen Sie in ein Tool, das anhand diverser Filtermöglichkeiten die entsprechenden Infosätze ausgibt. Wie in Abbildung 2.32 zu sehen, können Sie durch Markieren und Auswählen der Massenbearbeitung für alle Felder im Einkaufsinfosatz Werte angeben und die Änderung als Job einplanen.

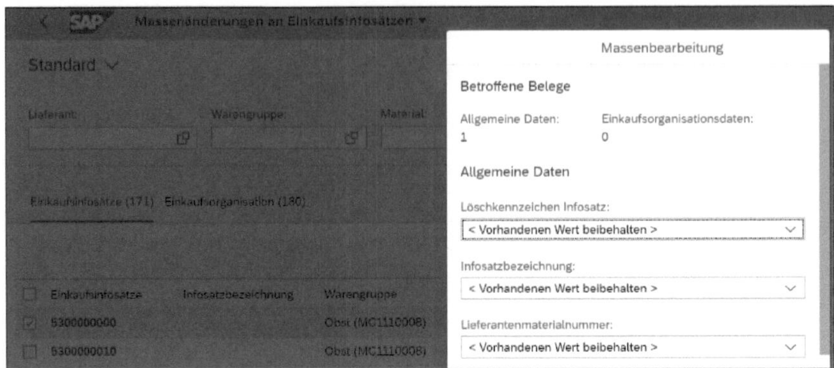

Abbildung 2.32 Massenänderung der Einkaufsinfosätze

2.3.2 Registerkarten der Materialstammdaten

Verschiedene Materialinformationen werden auf den Registerkarten für den Materialstammsatz gebündelt dargestellt. Im Materialstamm von SAP S/4HANA Retail (Transaktionen MM41 und MM42 bzw. SAP-Fiori-Apps **Material anlegen** und **Material ändern**) werden alle Informationen zu einem Material gepflegt. Wie Sie in Abbildung 2.33 sehen, gibt es die verschiedenen Registerkarten **Grunddaten**, **Listung**, **Einkauf**, **Verkauf**, **Logistik: VZ** (Verteilzentrum), **Logistik: Filiale**, **POS** (Point of Sale) und **EWM Sicht** (Extended Warehouse Management).

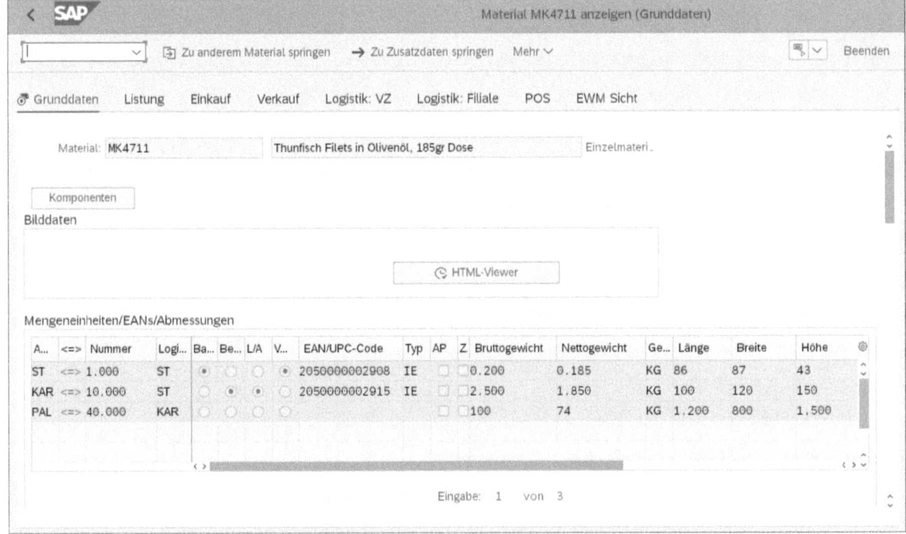

Abbildung 2.33 Registerkarten des Materialstamms

Eine weitere Möglichkeit der Pflege der Materialdaten bietet seit SAP S/4HANA Retail die bereits erwähnte SAP-Fiori-App **Produktstammdaten verwalten**. Auch hier werden die Daten des Materialstamms in unterschiedlichen Registerkarten gebündelt dargestellt (siehe Abbildung 2.34), lediglich die Darstellung bzw. Anordnung unterscheidet sich etwas von der klassischen Materialstammpflege in Transaktion MM42 im SAP-ERP-System.

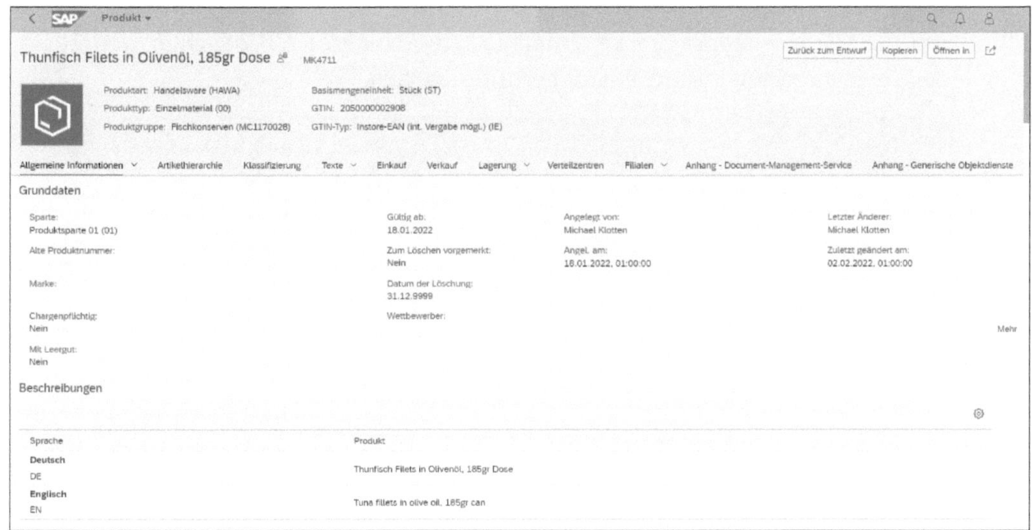

Abbildung 2.34 Registerkarten der SAP-Fiori-App »Produktstammdaten verwalten«

Damit alle Prozesse in SAP S/4HANA Retail, die etwas mit dem Material zu tun haben, reibungslos funktionieren, müssen alle relevanten Informationen in einer der beiden Apps gepflegt werden. Da die Transaktionen MM41 bis MM43 sowohl in SAP S/4HANA Retail als auch in SAP ERP vorhanden sind, gehen wir auf diese und deren verschiedene Registerkarten in den folgenden Abschnitten im Detail ein.

Grunddaten

Auf der Registerkarte **Grunddaten** befinden sich alle allgemeingültigen Daten zu einem Material. Auf oberster Ebene sehen Sie z. B. die Materialbezeichnung, die Materialnummer, den Materialtyp, die Europäische Artikelnummer (EAN, auch GTIN genannt), die Mengeneinheiten, die Gewichte und die Abmessungen. Dies sind die wichtigsten Informationen, um ein Material zu identifizieren.

Je nach Materialtyp ist die oberste Ebene der Grunddatensicht unterschiedlich aufgebaut (nähere Informationen zu den Materialtypen finden Sie in Abschnitt 2.4.1, »Materialtypen und -arten«). Zum Beispiel wird bei einem *Sammelartikel* noch ein zusätzlicher Button **Varianten** eingeblendet. Bei einem *Display* oder *Verkaufsset* hingegen wird die zusätzliche Registerkarte **Komponenten** eingeblendet. Wenn Sie auf einen dieser Buttons oder eine der Registerkarten klicken, werden die Materialien angezeigt, die dem Sammelmaterial, Display oder Verkaufsset zugeordnet sind. Sie rufen so also eine Art Stückliste auf, die einem dieser drei Materialtypen zugeordnet ist. Unterhalb dieser grundlegenden Daten stehen weitere Grunddaten zum Material, etwa die **Warengruppe**, die **Materialart**, die **Einkäufergruppe**, die Steuerklasse (**Steuerklass.**), der Materialstatus (betriebsübergreifender Materialstatus, **Btrbsüb. MatSt**), Merkmale, **Gültigkeiten**, die **Restlaufzeit** und die Gesamthaltbarkeit (**Gesamthaltbark.**). Die Grunddatensicht ist exemplarisch in Abbildung 2.35 zu sehen, weitere Daten finden Sie, wenn Sie im Fenster herunterscrollen.

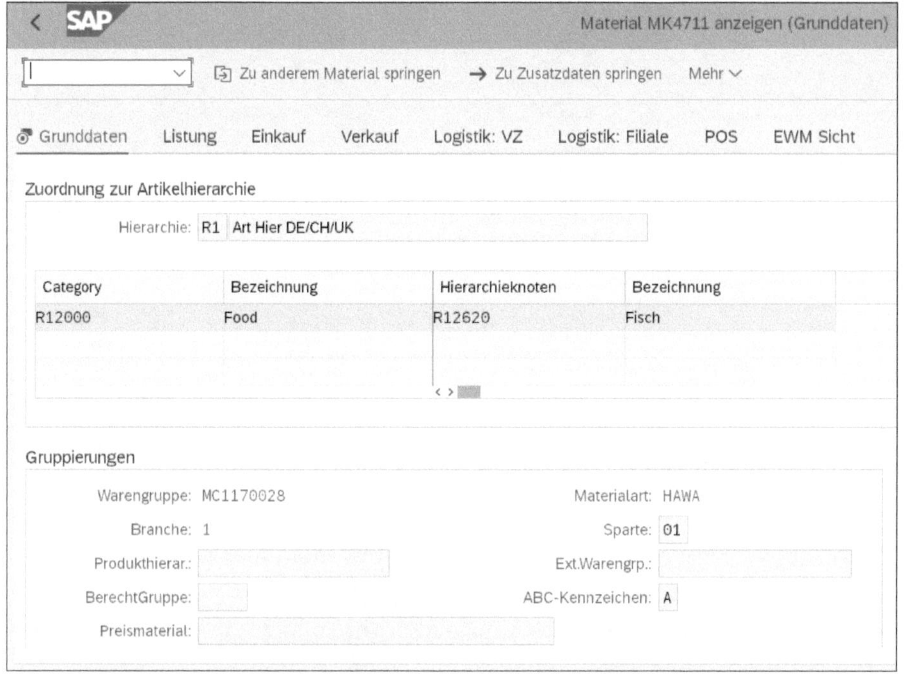

Abbildung 2.35 Grunddaten (Einstieg)

Viele dieser Informationen sind rein informativ bzw. dienen der Identifizierung oder Auswertung des Materials. Andere hingegen sind steuernde Informationen, die z. B. bei einer Bestellung automatisch aus dem Materialstamm übernommen werden. Typische Beispiele sind hier die Mengeneinheiten oder der Status eines Materials. Diese haben direkte Auswirkung auf die Bestellung des Materials. Bestellt man z. B. versehentlich 100 Paletten anstelle von 100 Kartons, gibt SAP S/4HANA Retail automatisch eine Warnung aus, wenn »Karton« als standardmäßige Bestellmengeneinheit definiert ist. Hat das Material z. B. den Materialstatus **nicht bestellbar**, kann es auch nicht bestellt werden. Ein weiteres Beispiel ist die Steuerklasse des Materials. Dadurch wird automatisch der richtige Prozentsatz beim Drucken der Rechnung gezogen, denn es gelten z. B. für Lebensmittel und Elektrogeräte unterschiedliche Mehrwertsteuersätze. Dies sind nur einige Beispiele, an denen sich die Ausprägungen der Grunddatensicht des Materials in SAP S/4HANA Retail bemerkbar machen.

Eine weitere Besonderheit in SAP S/4HANA Retail bilden die Mode- bzw. Saisonmaterialien. Für diese wurde eine zusätzliche Sicht **Grunddaten 2** entwickelt. Diese wird ausschließlich für die Abwicklung des Saisongeschäfts verwendet. Hier werden die wichtigsten Informationen zu den Saisons dargestellt, die wiederum in der gesonderten Transaktion FSH_SWB gepflegt werden (siehe Abbildung 2.36).

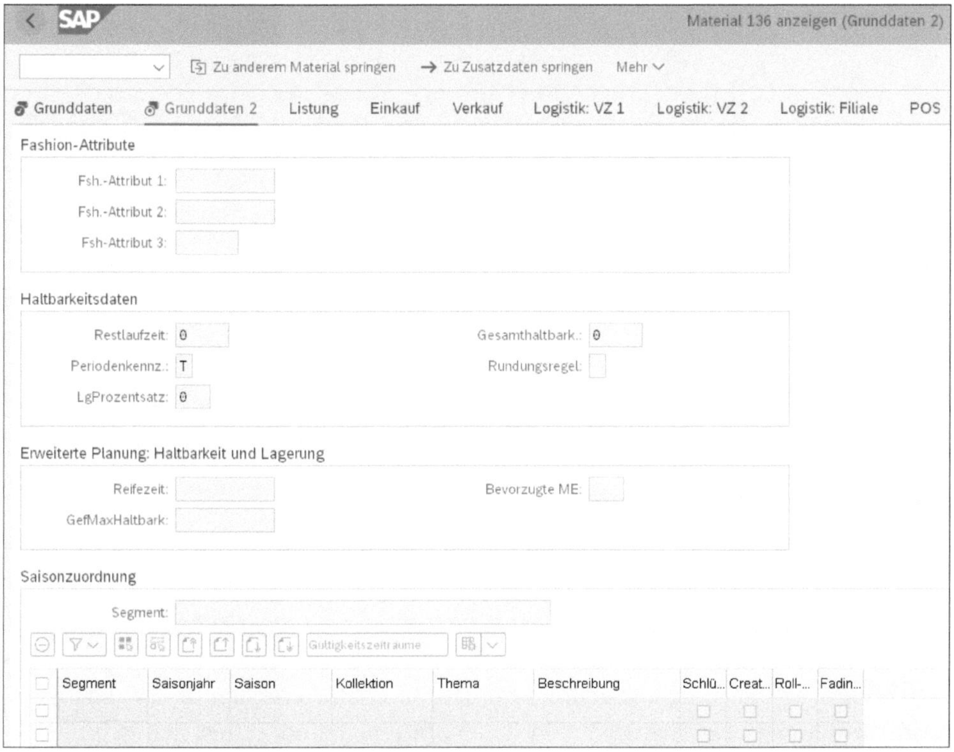

Abbildung 2.36 Registerkarte »Grunddaten 2«

Listung

Auf der Registerkarte **Listung** werden die Listungsdaten des Materials abgelegt, d. h., in welchem Zeitraum und mit welchem Listungsverfahren ein Material in einem Werk oder in einer Vertriebslinie gelistet wird. Abbildung 2.37 zeigt die Sicht im Anzeigemodus.

Die wichtigsten Felder auf dieser Registerkarte sind (jeweils für Filiale und Verteilzentrum) die Felder **Listungsverfahren**, **Listung ab**, **Listung bis**, **Verkauf ab** und **Verkauf bis**. Durch die Pflege dieser Felder steuern Sie, ab wann das Material in einer Filiale oder in einem Verteilzentrum zur Verfügung steht bzw. zu welchem Zeitpunkt das Material verkauft werden kann. Ist der Gültigkeitszeitraum abgelaufen, kann das Material nicht bestellt, geliefert oder verkauft werden. Wenn Sie in den Anlagemodus oder Änderungsmodus wechseln, können Sie mit einem Klick auf den Button **Listung durchführen** das Material in allen gewünschten Werken oder Vertriebslinien listen.

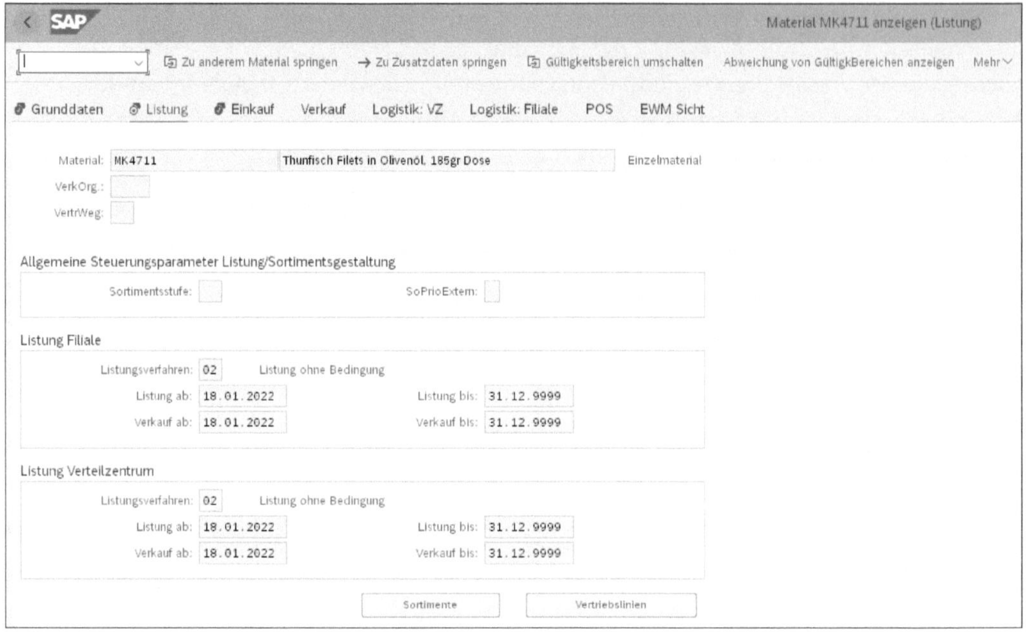

Abbildung 2.37 Registerkarte »Listung«

Einkauf

Auf der Registerkarte **Einkauf** sind alle Informationen zu einem Material pro Lieferant hinterlegt. Wenn z. B. Äpfel von zwei Lieferanten geliefert werden, gibt es für beide Lieferanten jeweils eine Einkaufssicht für das Material. Wenn bereits mehrere Lieferanten pro Material in SAP S/4HANA Retail hinterlegt sind, öffnet sich beim Anklicken der Registerkarte **Einkauf** auch automatisch ein Pop-up-Fenster mit allen angelegten Lieferanten (siehe Abbildung 2.38).

Lieferant (3) 3 Einträge gefunden

Einschränkungen

Ek...	Lieferant	Werk	LTS	LKA	R	Name 1
P002	200010					RS DE Food Lieferant
P002	200021					RS CH Food Lieferant
P002	MKLIEF				X	Klotten Lieferant

Abbildung 2.38 Materialdaten pro Lieferant

Durch diese Abbildung besteht die Möglichkeit, die einzelnen Werte pro Lieferant zu pflegen und zu vergleichen. Hier werden daher alle Daten gepflegt, die zum Einkaufen eines Materials relevant sind.

Eine weitere Möglichkeit ist die Anlage einzelner Einkaufsinfosätze pro Lieferant und Werk. Dies wird z. B. relevant, wenn pro Verteilzentrum unterschiedliche Preise vereinbart werden müssen. Ein typisches Beispiel dafür ist, wenn ein Verteilzentrum im Ausland existiert und damit höhere Logistikkosten für den Lieferanten entstehen. Im Vordergrund steht der Einkaufspreis beim Lieferanten, jedoch sind auch weitere Informationen von großer Bedeutung. Denn hinter dem Preis stecken meist Mengenabsprachen, Lieferzeiten, Liefergarantien etc. Das bedeutet, dass nicht nur der aktuell gültige Preis relevant ist, sondern auch Preise aus der Vergangenheit oder Preise in der Zukunft. Zusätzlich ist es wichtig, ab wann das Material geliefert wird, in welcher Einheit es bestellt werden kann (z. B. Stück, Karton oder Palette), welche Höchst- und Mindestmengen mit dem Lieferanten vereinbart wurden, welche Preisstaffelungen der Lieferant anbietet und welche Rabatte vom Lieferanten gewährt werden. All diese Informationen werden im Einkaufsinfosatz des Materials gepflegt (siehe auch Abbildung 2.39).

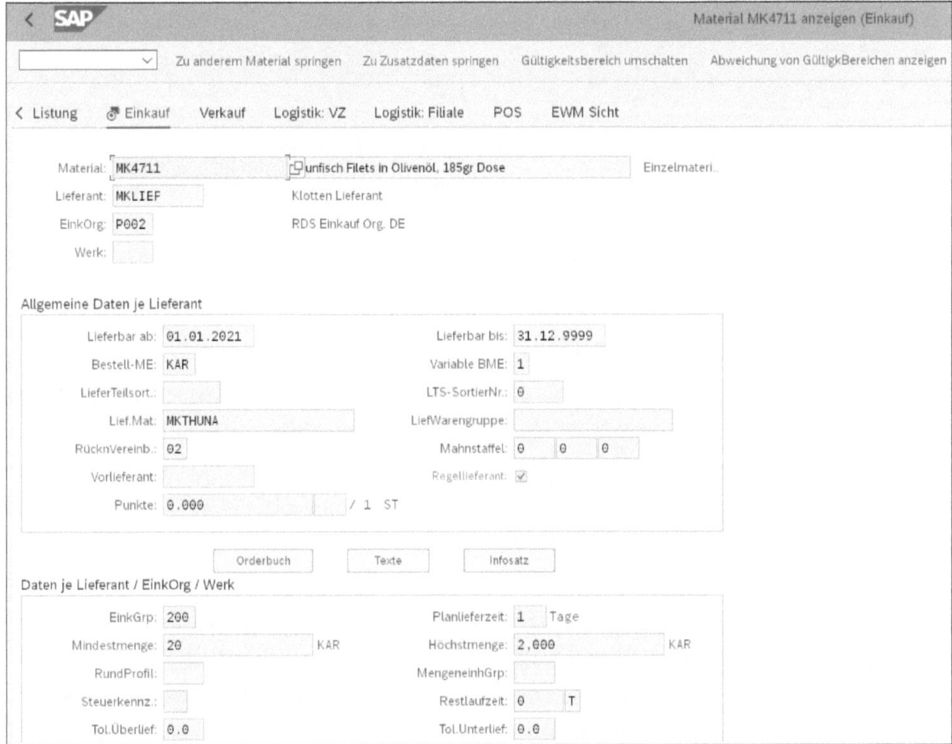

Abbildung 2.39 Registerkarte »Einkauf«

Verkauf

In den Verkaufsdaten eines Materials werden die Verkaufspreise pro Vertriebslinie gepflegt. Für die Verkaufspreisdarstellung sind mehrere Datenhaltungsebenen möglich. Es gibt also verschiedene Möglichkeiten, Verkaufspreise in SAP S/4HANA Retail zu pflegen. Die einfachste Pflege ist die über die Vertriebslinie (siehe Abbildung 2.40).

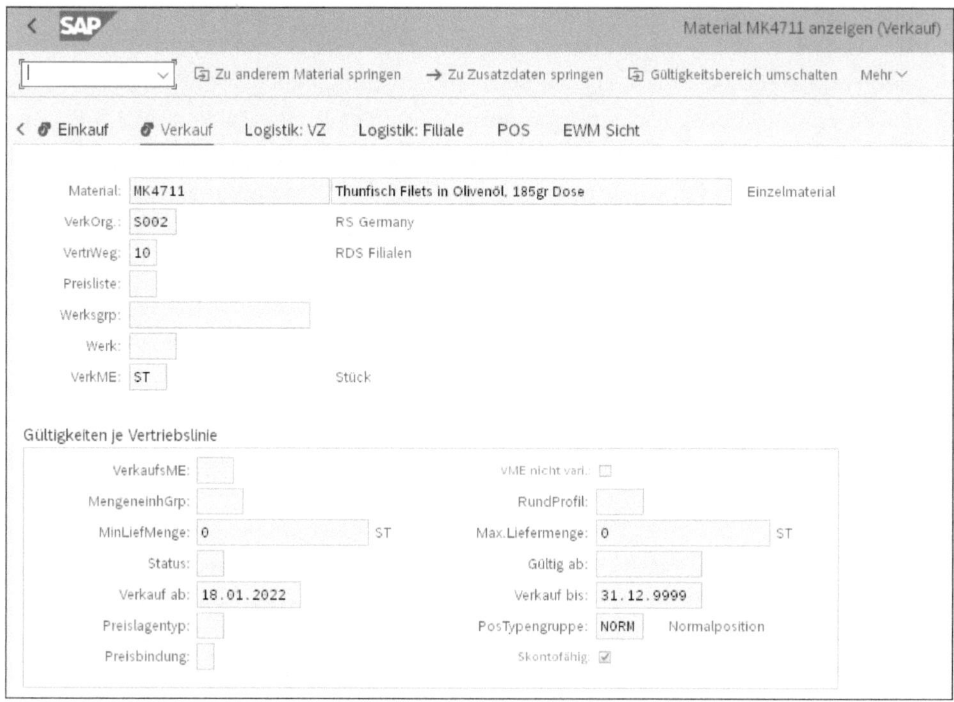

Abbildung 2.40 Registerkarte »Verkauf« (erster Teil)

Wie bereits in Abschnitt 2.1, »Organisationsstrukturen«, erläutert, ist die Vertriebslinie die Kombination aus Verkaufsorganisation und Vertriebsweg. Unter den Vertriebslinien sind dann die verschiedenen Abnehmer, wie etwa eine Filiale oder Kunden, zugeordnet bzw. angehängt. Der Preis wird für den gewünschten Zeitraum (Felder **Gültig ab** und **Gültig bis**, siehe Abbildung 2.41) und für eine Vertriebslinie hinterlegt. So wird allen Abnehmern bzw. Filialen, die sich innerhalb dieser Vertriebslinie befinden, der eingegebene Preis zugeordnet.

Eine weitere Möglichkeit der Preiseingabe ist es, die Preise pro Verkaufsstelle zu pflegen. Hier können dann auch für verschiedene Filialen unterschiedliche Preise hinterlegt werden. Bei der Preispflege wird neben dem Filialpreis auch der Preis hinterlegt, den der Endkunde in der Filiale bezahlen muss.

Abbildung 2.41 Materialsicht »Verkauf« (zweiter Teil)

Die Besonderheit der Verkaufssicht ist der Button **VKP-Kalkulation** (siehe Abbildung 2.41). Über diesen Button wird die *Handelskalkulation* von SAP S/4HANA Retail aufgerufen, in der alle Preise auf einen Blick zu sehen sind. Die Handelskalkulationssicht enthält die Einkaufspreise für das Material beim Lieferanten, eventuelle Aufschläge für den Verkaufspreis an die Filiale und weitere Aufschläge für den Endverbraucherpreis (siehe Abbildung 2.42).

Kalkulation anzeigen

Einkauf | Verkauf | Protokoll | Mehr

Material	MK4711	Thunfisch Filets in Olivenöl, 185gr DoseBild 1 / 1
EAN/UPC	2050000002908	
Gültig von	23.01.2022	
Gültig bis	31.12.9999	

VtLinie	ME	Lieferant	LWähr	EK-Grdpr	HWähr	EK-Ne/Ne	Aufschl(%)	Planauf(%)	VK-Brutto	Endpreis	Spanne(br)	Endpr(alt)	Spann(b/a)
S002 10	ST	MKLIEF	EUR	1.19	EUR	1.19	20.160	0.000	1.53	1.53	22.222	2.99	60.201

Abbildung 2.42 Handelskalkulation

Dabei wird zwischen konzeptionell einer einstufigen und einer zweistufigen Handelskalkulation unterschieden. Bei einer einstufigen Kalkulation wird die Ware direkt vom Lieferanten an die Filiale berechnet. Bei der zweistufigen Berechnung wird die

Ware zuerst vom Lieferanten an ein Verteilzentrum geliefert bzw. berechnet und von dort aus über den sogenannten *Lagerabgabepreis* an die Filialen. Dieses Konstrukt wird in Abschnitt 2.8, »Preise, Konditionen und Handelskalkulation«, detaillierter erläutert.

Logistik pro Verteilzentrum

Auf der Registerkarte **Logistik: VZ** pflegen Sie alle logistischen Materialdaten pro Verteilzentrum. Dies sind alle Informationen, die zum Disponieren, Transportieren und Einlagern der Ware relevant sind. Die wichtigsten Felder auf dieser Registerkarte sind die Felder zu den Beständen (**Sollbestand**, **Höchstbestand**, **Sicherheitsbest.**), **Disporhythmus**, **Lieferrhythmus**, **Planlieferzeit**, **Bezugsquelle**), **Lagerort**, **WE-BearbeitZt** und **WA-Bearb.Z.** (Wareneingangs- und Warenausgangsbearbeitungszeit; siehe Abbildung 2.43).

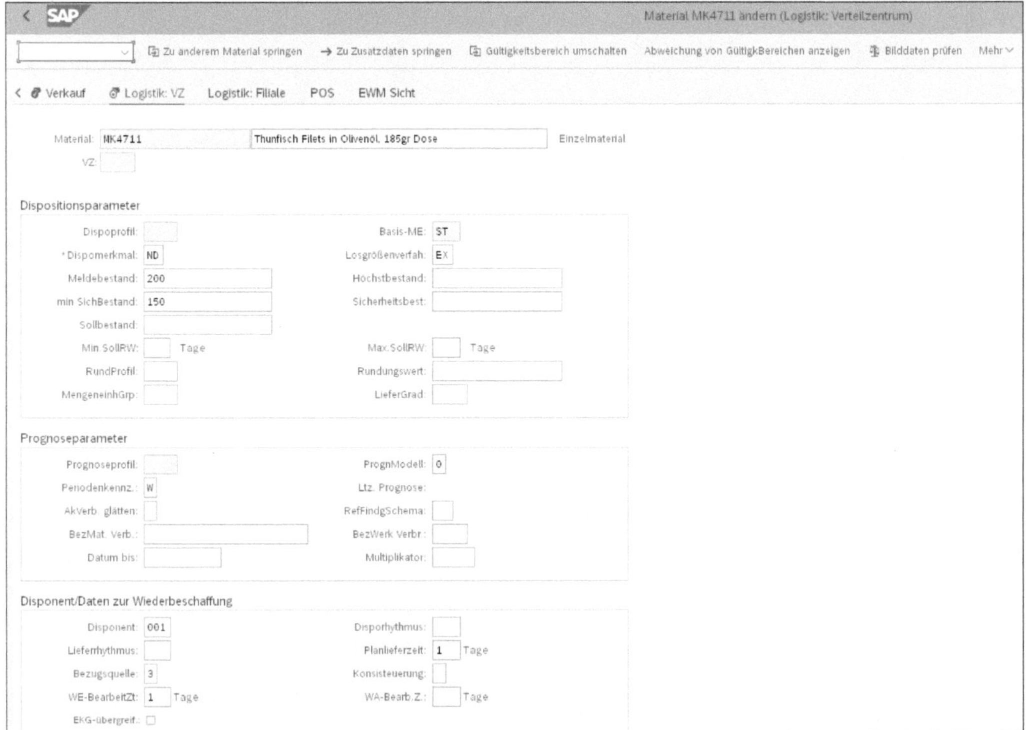

Abbildung 2.43 Registerkarte »Logistik: VZ«

Der Mindestsicherheitsbestand (Feld **min SichBestand**) gibt die gewünschte unterste Grenze des Bestandes im Verteilzentrum an. Der Höchstbestand hingegen definiert die maximale Bestandsmenge, die im Rahmen der Disposition bestellt werden kann. Anhand dieser Werte und unter Berücksichtigung des Dispositionsverfahrens können automatisierte Bestellvorschläge und Bestellungen vorgenommen werden. Dadurch wissen die Disponenten genau, wann sie neue Ware bestellen müssen.

Auch Lieferrhythmus und Disporhythmus sind als Steuerungsgrößen für die Warenbestellung und -lieferung von großer Bedeutung. Gerade für Frischeartikel stellen diese Werte unter Berücksichtigung der täglichen Bestellbarkeit wichtige logistische Informationen für die Belieferung der Werke dar. Weitere wichtige Informationen der Sicht **Logistik: VZ** sind die Prognose- und Verbrauchsdaten, die Sie über die Buttons im unteren Bereich der Sicht erreichen (siehe Abbildung 2.44) und anhand derer sich die Bestände und Verbräuche der vergangenen Jahre oder Ereignisse, wie z. B. Weihnachten und Ostern, anzeigen zu lassen. Diese Daten können dann wiederum als zusätzlicher Indikator für zukünftige Prognosen genutzt werden.

Abbildung 2.44 Lagerdaten in der Registerkarte »Logistik: VZ«

Logistik pro Filiale

Auf der Registerkarte **Logistik: Filiale** (siehe Abbildung 2.45) werden ähnlich wie bei der Registerkarte **Logistik: VZ** alle wichtigen logistischen Materialdaten gepflegt. Der einzige Unterschied ist, dass hier die Informationen pro Filiale hinterlegt werden. Das bedeutet, dass alle Felder, die in der Sicht **Logistik: VZ** vorhanden sind, auch in der Sicht **Logistik: Filiale** vorhanden sind. Lediglich bei der Bezugsquelle und dem Lagerort gibt es hier Abweichungen. Denn in der Bezugsquelle wird hinterlegt, ob ein Material direkt vom Lieferanten bezogen wird (Streckengeschäft) oder ob die Ware erst an das Verteilzentrum geliefert und von dort aus an die Filiale versendet wird. Beim Lagerort ist der Unterschied, dass eine Filiale in den meisten Fällen nur einen Lagerort besitzt. Die Ware wird in diesem Fall im Lager der Filiale angeliefert und von dort direkt in die Regale eingeräumt.

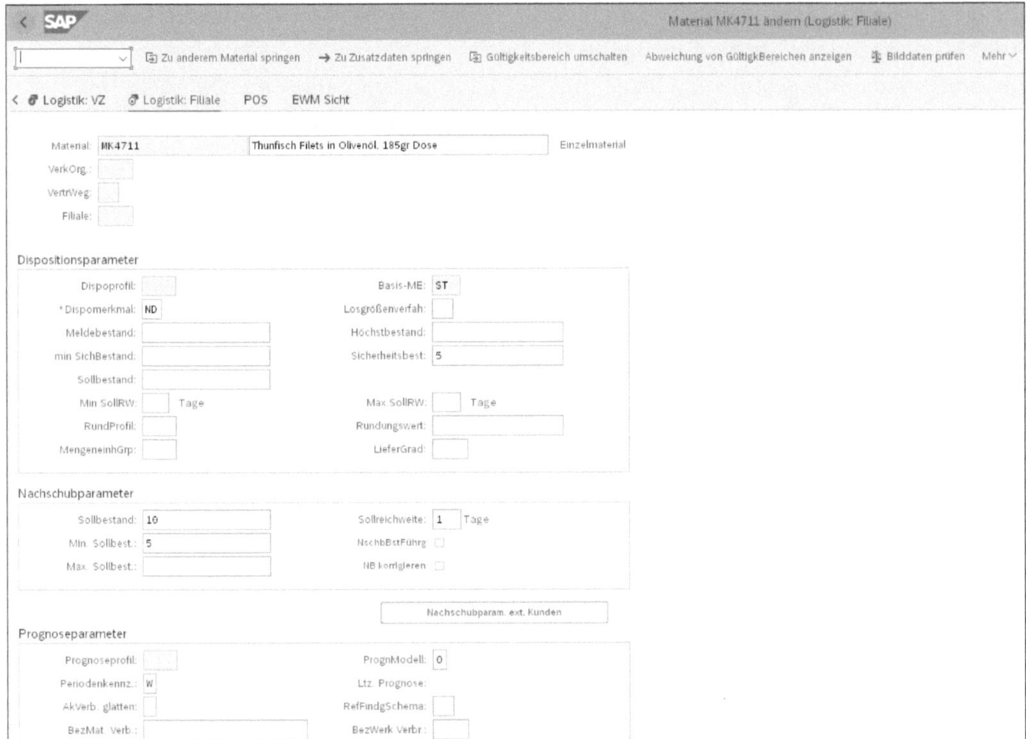

Abbildung 2.45 Materialsicht »Logistik: Filiale« (Ausschnitt)

Point of Sale

Auf der Registerkarte **POS** (Point of Sale) werden die Bontexte für ein Material gepflegt (siehe Abbildung 2.46). Diese können in mehreren Sprachen und pro Vertriebslinie hinterlegt werden. Beachten Sie dabei, dass der Bontext fast immer nur wenige Stellen hat. Kassenzettel sind klein, und die Kassen können in der Regel pro Material nur ca. 20 Zeichen verarbeiten.

Das Ankreuzfeld **Preis erford.** gibt vor, dass der Preis des Materials an der Kasse zwingend eingegeben werden muss. Typisches Beispiel dafür sind Obst- und Gemüseartikel, da diese gewogen werden müssen. Über das Feld **Rab. zulässig** wird geprüft, ob an der Kasse ein direkter Rabatt vergeben werden kann. Ist hier ein Häkchen gesetzt, kann der Preis an der Kasse verändert werden. Dies kann z. B. bei beschädigten Materialien sinnvoll sein, da die Kassierer dann in der Lage sind, einen individuellen Rabatt zu vergeben.

Das letzte wichtige Feld ist **Keine WdhTaste**. Hier können Sie festlegen, ob ein Artikel an der Kasse bei einmaligem Scannen durch Drücken der Wiederholungstaste mehrfach abgerechnet werden kann.

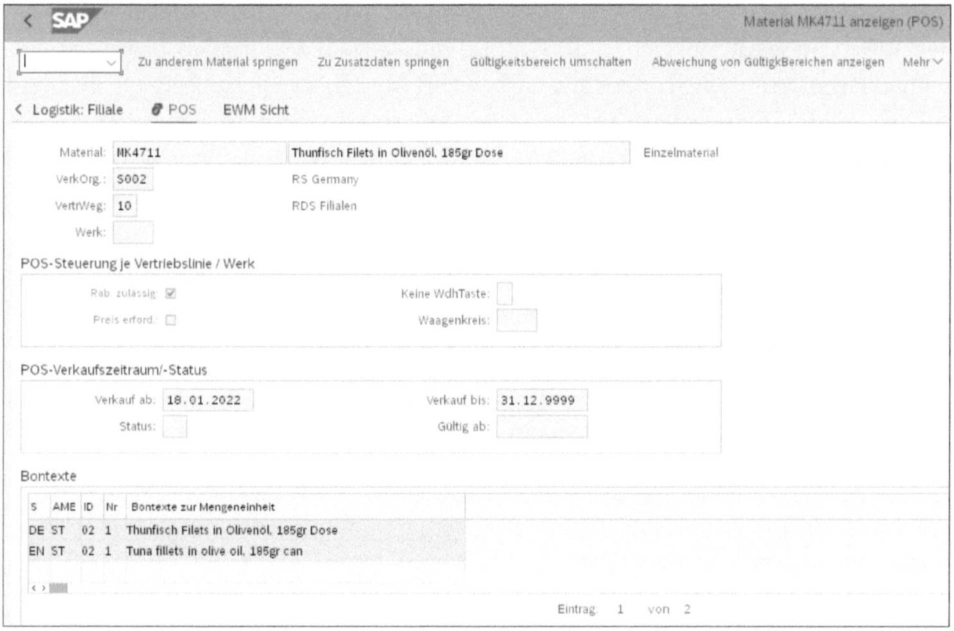

Abbildung 2.46 Registerkarte »POS«

Wenn ein Kunde z. B. mehrere Joghurts von der gleichen Sorte kauft, hat dies den Vorteil, dass die Kassierer den Artikel nur einmal einscannen müssen. Kauft der Kunde hingegen mehrere Joghurts mit verschiedenen Geschmacksrichtungen, darf die Wiederholungstaste nicht gedrückt werden. Es handelt sich dann nicht um exakt gleiche Artikel, und dies hätte negative Auswirkungen auf den genauen Bestand in der Filiale.

EWM

Auf der Registerkarte **EWM Sicht** (Extended Warehouse Management) werden alle Informationen zum externen Lagerverwaltungssystem gepflegt, wenn dieses auch im Unternehmen eingesetzt wird (siehe Abbildung 2.47). Seit Einführung von SAP S/4HANA Retail ist das EWM in SAP integriert (engl. *embedded*) und wird somit auch als internes Lagerverwaltungssystem verwendet. Die ersten beiden Abschnitte **Allgemeine Verpackung** und **Maximale Packgrößen** sind nur für die Produkte gedacht, die als Verpackungsmaterialien benutzt werden können wie z. B. eine Euro-Palette oder ein Rollcontainer. Die wichtigsten Felder sind hier **HUTyp** (Handling-Unit-Typ) und die Felder zu den maximalen Abmessungen (**Maximale Packlänge**, **Maximale Packbreite** und **Maximale Packhöhe**). In den darauffolgenden Abschnitten werden für die echten Verkaufsmaterialien, die eingelagert werden können, die Daten gepflegt. Hier wird z. B. hinterlegt, ob ein Material gefahrstoffrelevant (Kennzeichen **Gefahrstoffrelevant**) ist. Dies bedeutet, dass dieser an einem gesonderten bzw. geschützten Bereich gelagert werden muss und nicht in der Nähe von brennbaren Materialien gelagert werden darf. Eine weitere wichtige Ausprägung ist das Kennzeichen **Diebstahlgefährdet**. Wenn dieses Kennzeichen gesetzt ist, müssen die Materialien in einem verschließbaren Raum, Regal oder Käfig aufbewahrt werden. Typische Beispiele in einem Supermarkt hierfür sind Parfüms, Zigarren oder teure Spirituosen. Ein weiteres wichtiges Stammdatum ist **Lager-Raumbedingung**, hier legen Sie fest, ob ein Material kühl oder trocken gelagert werden soll. All diese Informationen dienen dazu, den reibungslosen Ablauf im Lager zu gewährleisten.

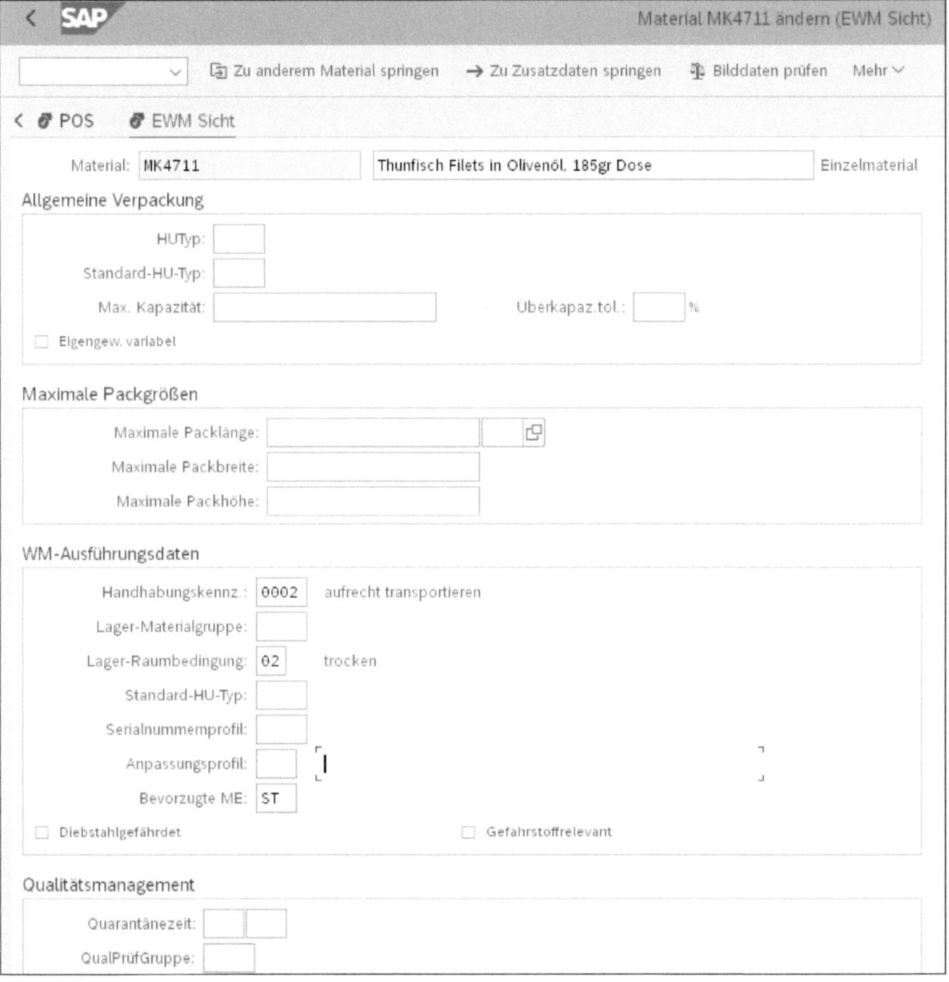

Abbildung 2.47 Registerkarte »EWM Sicht«

2.3.3 Zusatzdaten zum Material

Die Zusatzdaten eines Materials können Sie über den entsprechenden Button **Zu Zusatzdaten springen** (siehe Abbildung 2.47) in der Funktionsleiste aufrufen.

Texte

In den Zusatzdaten finden Sie die Registerkarten **Grunddatentext**, **Einkaufsbestelltext** und **Vertriebstext**. Hier können Sie zusätzliche Informationen zu einem Material in verschiedenen Sprachen pflegen. Im *Grunddatentext* können Sie zusätzliche technische Informationen z. B. für ein Fernsehgerät hinterlegen (siehe Abbildung 2.48).

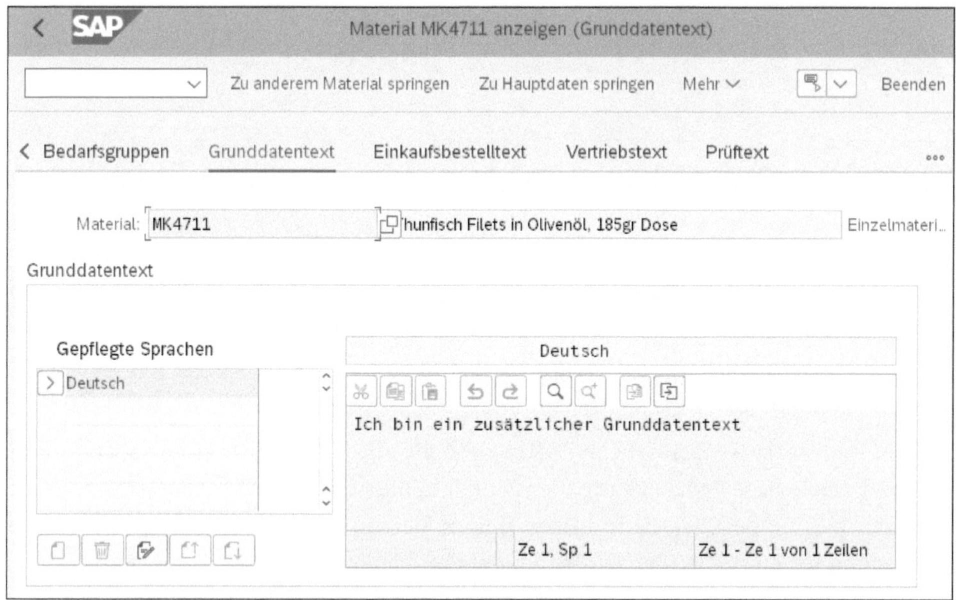

Abbildung 2.48 Grunddatentext in den Zusatzdaten

Auf der Registerkarte **Einkaufsbestelltext** werden wichtige Informationen für die Bestellung dieses Materials hinterlegt. Typisch für solche Informationen sind besondere Restriktionen beim Lieferanten. Zum Beispiel kann das Material nur in kleinen Mengen vom Lieferanten x geliefert werden, oder die Lieferzeit beträgt mehrere Wochen, da das Material aus Asien kommt. Diese Informationen werden dem Einkäufer dann bei der Bestellung dieses Materials angezeigt und geben ihm wichtige Hinweise für einen reibungslosen Ablauf seiner Bestellung.

Beim **Vertriebstext** ist der grundsätzliche Aufbau vergleichbar mit dem Einkaufsbestelltext, er gilt lediglich für die Verkaufsseite und kann pro Vertriebslinie abweichen. Der Text wird daher in den Verkaufsbelegen angezeigt und kann dort auch bei Bedarf abgeändert werden.

Zusätzliche Registerkarten

Unter den Zusatzdaten eines Materials befinden sich nicht nur weitere Texte, sondern auch noch weitere Registerkarten wie **Mengeneinheiten** und zusätzliche GTINs. Diese dienen der übersichtlicheren und genaueren Darstellung der jeweiligen Daten.

Auf der Registerkarte **Mengeneinheiten** werden alle Mengeneinheiten detailliert dargestellt. Diese Ansicht ist zwar auch in den Grunddaten eines Materials vorhanden, jedoch nur unvollständig. In der Grunddatensicht werden nur die jeweils relevanten Mengeneinheiten angezeigt. Für detailliertere Informationen, wie z. B. GTIN, Länge, Breite, Höhe und Gewicht pro Mengeneinheit, müssen Sie scrollen (siehe Abbildung 2.49).

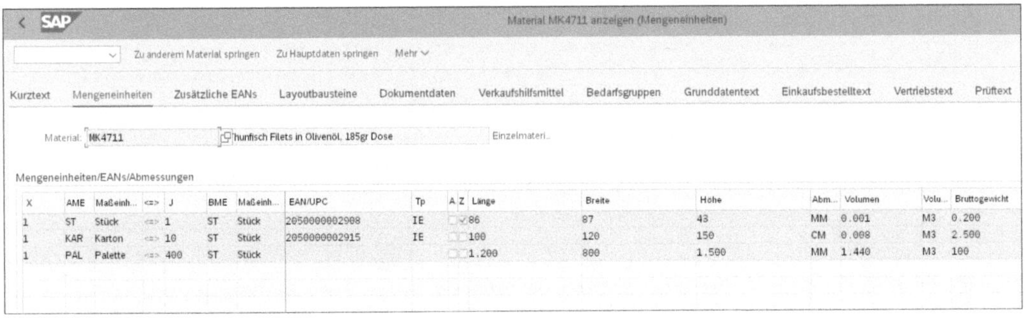

Abbildung 2.49 Mengeneinheiten in den Zusatzdaten

Auf der Registerkarte **Zusätzliche EANs** sehen Sie alle GTINs (früher EANs) zu einem Material. Auch diese Registerkarte dient der detaillierteren Anzeige der GTINs aus den Grunddaten. Denn in den Grunddaten finden Sie zunächst nur die Haupt-GTIN und den dazugehörigen GTIN-Typ zur Mengeneinheit. Die zusätzliche Registerkarte ist besonders hilfreich, wenn ein Material mehrere GTINs hat. Dies kommt meist vor, wenn ein Material von mehreren Lieferanten geliefert wird oder häufiger eine neue GTIN erhält. In diesem Fall müssen hier alle GTINs gepflegt werden, damit das SAP-System auch alle vorhandenen GTINs verwalten kann (siehe Abbildung 2.50).

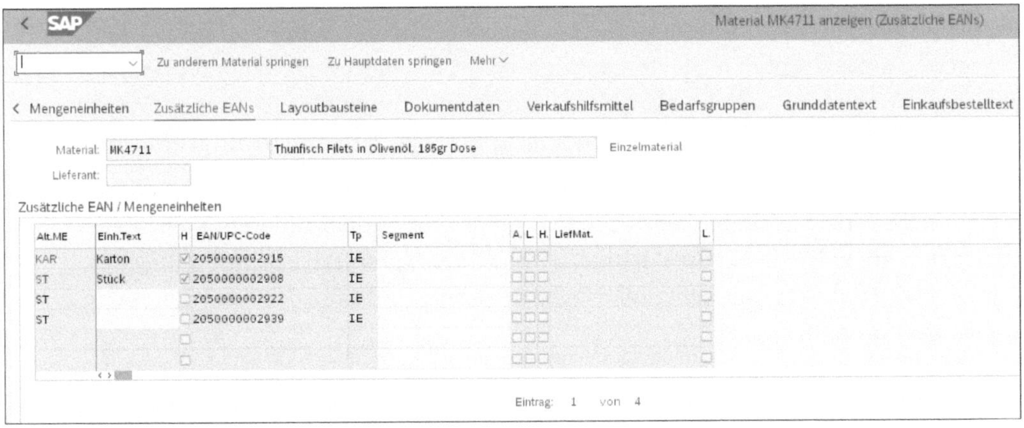

Abbildung 2.50 Zusätzliche GTINs in den Zusatzdaten

2.3.4 Abweichende Gültigkeitsbereiche anzeigen

Im Materialstamm haben Sie auf den verschiedenen Registerkarten die Möglichkeit, sich die jeweiligen Abweichungen anzeigen zu lassen. Über den Button **Abw. GültBereiche** in der Titelleiste können Sie in die Übersicht springen, die diese Gültigkeitsbereiche anzeigt.

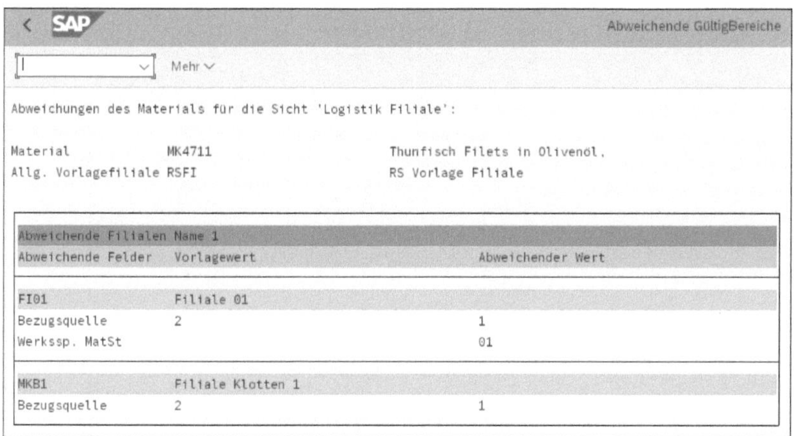

Abbildung 2.51 Abweichende Gültigkeitsbereiche

Ein typisches Beispiel für so eine Abweichung ist die Bezugsquelle in der Sicht **Logistik: Filiale**. Es gibt z. B. Filialen, die direkt vom Lieferanten statt vom eigenen Verteilzentrum beliefert werden, wenn diese näher an der Produktionsstätte des Lieferanten als am eigenen Verteilzentrum liegen. Bei diesen Filialen ist dann z. B. die Bezugsquelle 1 hinterlegt (siehe Abbildung 2.51).

2.3.5 Aufruf der Materialregisterkarten

Der Materialstamm unterteilt sich, wie bereits beschrieben, in die verschiedenen Registerkarten **Grunddaten**, **Listung**, **Einkauf** etc. Damit diese Registerkarten flexibel und schnell erreicht werden können, können Sie in den Transaktionen MM42 und MM43 oder in den SAP-Fiori-Apps **Material ändern** und **Material anzeigen** direkt in die gewünschte Sicht abzuspringen. Geben Sie dazu das gewünschte Material ein, oder suchen Sie nach seinem Namen. Danach können Sie auf der rechten Seite die jeweilige Sicht auswählen (siehe Abbildung 2.52).

Wählen Sie z. B. die Registerkarte **Grunddaten** aus und bestätigen die Eingabe, springt SAP S/4HANA Retail direkt in die Grunddaten des ausgewählten Materials. Die Auswahl der Einkaufssicht funktioniert analog. Hier müssen Sie jedoch noch zusätzlich den Lieferanten und die Einkaufsorganisation angeben. Wird das Material von mehreren Lieferanten geliefert und ist pro Lieferant ein Einkaufsinfosatz vorhanden, schlägt das SAP-System automatisch alle möglichen Einkaufssichten vor.

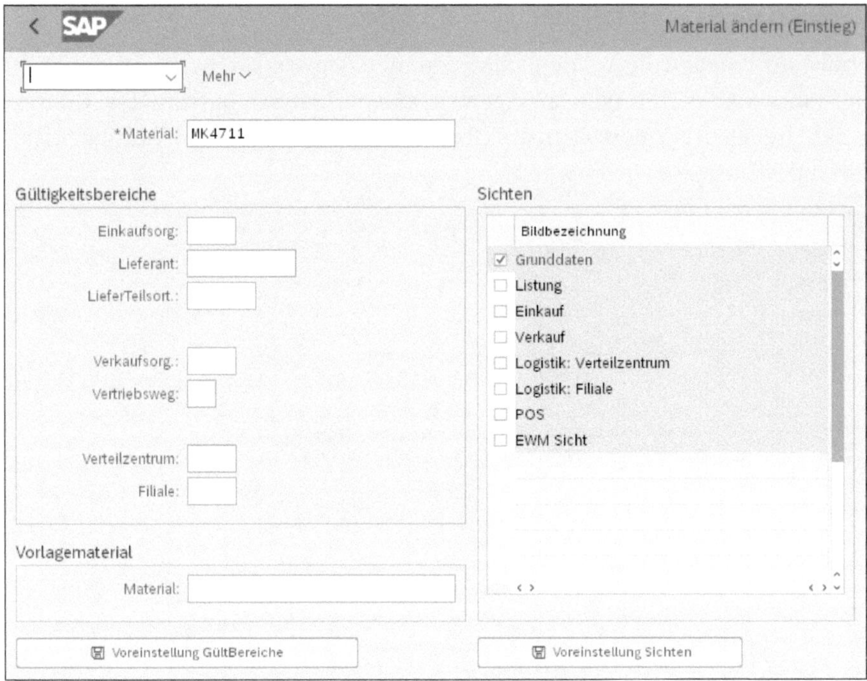

Abbildung 2.52 Transaktion MM42 – Material ändern

Möchten Sie sich nur auf Sichten beschränken, die sich auf ein spezielles Stammdatenobjekt (Lieferant, Filiale oder Verteilzentrum) beziehen, können Sie diese Sicht explizit auswählen.

Es gibt zusätzlich noch die Möglichkeit, gewisse Einstellungen als Standardeinstellung zu hinterlegen. Zum Beispiel kann ein Einkäufer festlegen, dass die Registerkarte **Einkauf** und seine Einkaufsorganisation automatisch eingeblendet werden – unabhängig davon, wo er selbst sich gerade befindet. Möchte er dann in eine andere Sicht wechseln, kann er dies jederzeit mit einem Klick auf die gewünschte Registerkarte tun. Hier haben Sie, ebenso wie im Einstiegsbild, die Möglichkeit, den Gültigkeitsbereich auszuwählen.

Datenmodell des Materialstamms

Die Struktur des Datenmodells des Materialstamms in SAP S/4HANA Retail ist so konzipiert, dass für jede Sicht mindestens eine Tabelle vorhanden ist. Die wichtigste Tabelle für das Material ist die Tabelle MARA. Diese besteht losgelöst, benötigt also keine Zuordnung zu einer bestimmten Organisationseinheit, und beinhaltet alle Informationen über die Grunddaten eines Materials.

Außerdem können Werte an andere Tabellen weitergereicht bzw. vererbt werden. Ein typisches Beispiel dafür ist das Feld **Bezugsquelle**. Pflegen Sie dieses auf der Registerkarte **Grunddaten**, kann es an die Registerkarte **Logistik: Filiale** weitervererbt werden. Das Konstrukt der Vererbung bzw. Weiterreichung durch die verschiedenen Tabellen erläutern wir in Abschnitt 2.6, »Vorlagehandling«, näher.

Alle weiteren Tabellen sind jeweils mit einer Organisationseinheit verknüpft. Die wichtigsten Tabellen sind hier `WLK1` für die Listungsdaten, `EINE` und `EINA` für die Registerkarte **Einkauf**, `MVKE` für die Verkaufsdaten, `MARC` für die Lagerdaten und `WLK2` für die Kassendaten. Durch die Verknüpfung mit einer allgemeingültigen Organisationseinheit können die grundlegenden Daten gepflegt und auf bestimmte untergeordnete Objekte vererbt werden. Zum Beispiel kann für eine bestimmte Vertriebslinie der Verkaufspreis angegeben werden, und dieser ist dann für alle untergeordneten Abnehmer in dieser Vertriebslinie gültig.

2.4 Gruppierungsmöglichkeiten in SAP S/4HANA Retail

Innerhalb von SAP S/4HANA Retail gibt es unterschiedliche Optionen, Materialien zu bündeln. Aus diesem Grund wird in diesem Abschnitt auf einige wesentliche Möglichkeiten eingegangen.

2.4.1 Materialtypen und -arten

In SAP S/4HANA Retail werden *Materialtypen* dazu genutzt, Materialien nach ihren Eigenschaften zu gruppieren. Bereits in der Standardversion von SAP S/4HANA Retail steht Ihnen eine Vielzahl von Materialtypen zur Verfügung:

- Der einfachste Materialtyp ist das *Einzelmaterial*. Es handelt sich dabei um einen herkömmlichen Artikel, den Kunden einzeln erwerben können, wie z. B. eine 1,5-Liter-Flasche Cola.
- *Sammelmaterialien* dienen der Bündelung von Materialien, die sich nur in gewissen Merkmalen unterscheiden. Die unterschiedlichen Materialien werden dabei als *Varianten* bezeichnet. Bei einem Kleidungsstück, das in verschiedenen Größen- und Farbkombinationen angeboten wird, stellt z. B. das Kleidungsstück das Sammelmaterial dar, die Größen- und Farbkombinationen sind dagegen die Varianten. Hierbei ist zu beachten, dass variantenbildende Merkmale in SAP S/4HANA Retail nicht mehr über Merkmalsprofile, sondern über Konfigurationsklassen abgebildet werden.
- *Strukturierte Materialien* setzen sich aus mehreren Komponenten zusammen und werden als *Stückliste* gestaffelt. Grundsätzlich besteht ein strukturiertes Material aus einem *Stücklistenkopfmaterial* und seinen Komponenten. Typisches Beispiel sind *Displays* (z. B. ein Chipssortiment, d. h. diverse Chipstüten mit unterschiedlichen Geschmacksorten auf einem Warenträger). In der Regel wird in der Filiale das

Display in seine Komponenten aufgelöst, während in den Verteilzentralen der Bestand weiterhin auf dem Kopfmaterial geführt wird. In SAP S/4HANA Retail gibt es nun auch die Möglichkeit, eine Stückliste in einer Stückliste abzubilden, somit können beispielsweise einem Display mehrere Vollgutmaterialien mit dem dazugehörigen Leergut zugeteilt werden. *Lots* werden überwiegend im Textilbereich verwendet und bilden eine Menge von Varianten eines oder mehrerer Sammelmaterialien ab (z. B. Schuhlot mit Mengenaufteilung nach den möglichen Größen). Hierbei müssen alle Komponenten der gleichen Warengruppe angehören. Ein *Set* bildet ein Material mit unterschiedlichen Komponenten ab, diese können auch aus verschiedenen Warengruppen bestehen. Je nachdem, ob nur das Set oder aber auch die einzelnen Komponenten verkauft werden, kann der Bestand auf den Komponenten oder aber nur auf dem Set geführt werden (z. B. Drogerie-Geschenksets, etwa ein Rasierapparat mit einem Rasierschaum).

Neben den Typen existieren die *Materialarten*, die Materialien mit gleichen Eigenschaften zusammenfassen. Typische Materialarten sind Frischeprodukte, Handelsware, Vollgut, Leergut oder Wertmaterial. Wird ein Materialstammsatz angelegt, muss dieser der zugehörigen Materialart zugeordnet werden.

Abhängig von der gewählten Materialart werden verschiedene Eigenschaften koordiniert. Zunächst wird von der Materialart bestimmt, ob die Materialnummer vom System oder vom Anwender vergeben wird. Außerdem bestimmt die Materialart, welchem Nummernkreisintervall die Materialnummer zugehörig ist. Darüber hinaus regelt die Materialart die mengen- und wertmäßige Führung und Pflege von Beständen sowie die Berechtigungen.

Beispiele für Materialarten sind in Tabelle 2.7 aufgeführt.

Materialart	Kürzel
Mode	MODE
Vollgut	VOLL
Leergut	LGUT
Wertmaterial	WERT
Food	FOOD
Frische	FRIP
Handelsware	HAWA

Tabelle 2.7 Beispiele für mögliche Materialarten in SAP S/4HANA Retail

Um den Bestand von Materialien führen zu können, die lediglich wertmäßig erfasst werden, steht das *Wertmaterial* zur Verfügung. Sämtliche Bewegungen, die im Rahmen der betreffenden Materialgruppe erfolgen, werden auf dem entsprechenden Wertmaterial gebucht.

2.4.2 Warengruppen

Eine *Warengruppe* ist eine Struktur, nach der Waren und Dienstleistungen nach ihren Eigenschaften geordnet werden. Innerhalb von SAP S/4HANA Retail werden Warengruppen mithilfe der *Warengruppenhierarchie* abgebildet. Dadurch werden Klassifikation und Kategorisierung des gesamten Waren- und Dienstleistungsangebots eines Unternehmens ermöglicht. Verwendung finden diese Gruppierungen als Basis für die Bestandsführung, die Planung, das Controlling, die Ergebnisrechnung und Auswertungen.

Durch die Warengruppen erhalten Sie Zugriff auf die folgenden Funktionen:

- Mithilfe der Warengruppe können Verkäufe von Materialen, die nicht genau zuzuordnen sind, am POS vorgenommen werden.
- Je nach Listungsverfahren ist eine automatische Materiallistung innerhalb von Warengruppen der zugehörigen Filiale möglich.
- Materialien aus unterschiedlichen Warengruppen können über ein gemeinsames Wertmaterial (*Warengruppenhierarchie-Wertmaterial*) verkauft werden.
- Für die Materialanlage und Variantenbildung können klassifizierende und variantenbildende Merkmale definiert werden.
- Unterhalb der Warengruppe werden *Merkmalsprofile* eingeführt, um eine Aufteilung der Warengruppen zur Unterstützung bei der Neulistung von Materialien zu ermöglichen.

Innerhalb eines Unternehmens ist jedes Material exakt einer Warengruppe zugeordnet. Warengruppen können entsprechend zu *Warengruppenhierarchiestufen* zusammengefasst werden. Diese Hierarchiestufen können wiederum innerhalb von höheren Warengruppenhierarchiestufen vereint werden. Durch diese Vorgehensweise entsteht eine Warengruppenhierarchie. Innerhalb einer Warengruppenhierarchie stellt die Warengruppe stets die niedrigste Hierarchiestufe dar.

Diese Strukturierung erleichtert sowohl die Überwachung und Steuerung des Unternehmens als auch die Datenpflege. Sie ermöglicht außerdem die Vererbung von Merkmalen aus höheren Hierarchiestufen in untergeordnete Hierarchiestufen. Die Warengruppenhierarchie pflegen Sie im Menüpunkt der **Stammdaten** unter den **Warengruppendaten**. Dabei legen Sie zuerst die Hierarchiestufen an und verknüpfen sie anschließend innerhalb der Hierarchiezuordnung miteinander.

Mithilfe der Warengruppenhierarchie erhalten Sie Zugriff auf die folgenden Funktionen:

- Zunächst können innerhalb der Hierarchie verschiedene Ebenen vom Sortimentsbereich bis zur Warengruppe definiert werden.
- Jeder Warengruppe kann eine Hierarchiestufe zugeordnet werden.
- Für bestimmte Materialien besteht die Möglichkeit, Zuordnungen zu einem Merkmalsprofil festzulegen.

Merkmale

Mit Vergabe der *Merkmale* werden die Eigenschaften eines Materials im System festgehalten, z. B. Farbe, Größe oder Form. Die variantenbildenden Merkmale werden für das Anlegen von Varianten des Sammelmaterials verwendet. In SAP S/4HANA Retail gibt es für die variantenbildenden Merkmale ein neues Datenmodell. Die Klassenart 026 wird nicht mehr für die Anlage von Sammelmaterialien verwendet. Stattdessen wurde auf die im SAP-Standard verwendete Variantenkonfiguration umgestellt. Variantenbildende Merkmale werden nun in der Konfigurationsklasse 300 bereitgestellt, die über die Transaktion CL01 verwaltet wird (siehe Abbildung 2.53). Es ist möglich, maximal fünf variantenbildende Merkmale für ein Sammelmaterial zu verwenden.

Die nicht variantenbildenden Merkmale werden für das Anlegen von z. B. Einzelmaterialien verwendet. Nicht variantenbildende Merkmale werden nur zu Informationszwecken verwendet und über die Klassenart 026 (Warengruppe) bereitgestellt. Die Pflege der nicht variantenbildenden Merkmale wird mit der Transaktion CT04 durchgeführt.

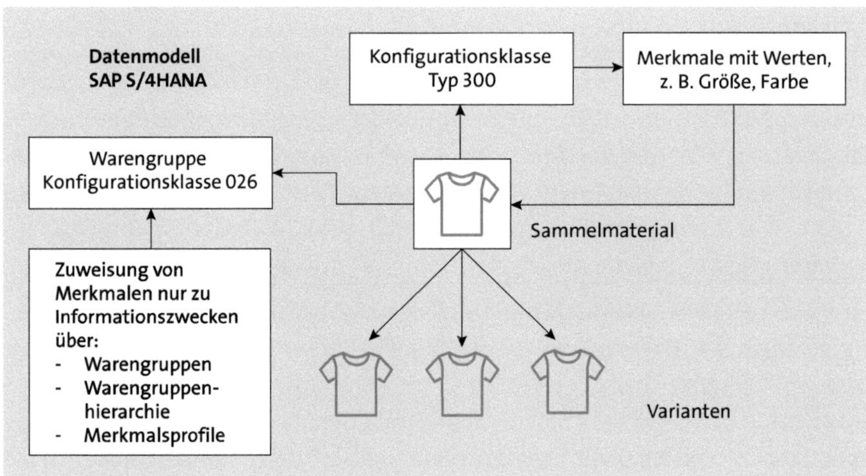

Abbildung 2.53 Datenmodell für die variantenbildenden Merkmale in SAP S/4HANA

Merkmalsprofile

Ein *Merkmalsprofil* ist eine Gruppe von Merkmalen, die Warengruppen zugeordnet werden können. Aufgrund des neuen Datenmodells werden Merkmalsprofile nicht mehr für die Anlage von Sammelmaterialien verwendet. Merkmalsprofile können jedoch weiterhin verwendet werden, um informative Merkmale zu tragen.

Merkmalswerte-Gruppierung

Durch das Gruppieren von Merkmalen können Sie beim Anlegen von Materialien die Suche nach Merkmalswerten vereinfachen. Die Gruppierung von Merkmalswerten wird in Form einer Hierarchie abgelegt.

2.4.3 Materialhierarchie

Mithilfe der Materialhierarchie ist es möglich, die unternehmenseigenen Materialien innerhalb einer kundenorientierten Struktur flexibel zu gruppieren. Insbesondere ermöglicht die Materialhierarchie die Berücksichtigung des *Consumer Decision Trees* (CDT) bei der Strukturierung. Dieser Konsumentenentscheidungsbaum bildet die ermittelten Bedürfnisse der Kunden und die aufgrund dieser Bedürfnisse getroffenen Kaufentscheidungen ab. Beispiele für verschiedene Stufen innerhalb der Struktur können Zielgruppen, Zutaten oder Produktformen sein. Hinsichtlich der Tiefe des CDT gibt es keine Beschränkungen. In der Praxis erscheint allerdings eine Ebenentiefe von mehr als sieben Stufen wenig sinnvoll.

Durch die *Materialhierarchiepflege*, die ebenfalls wie die Warengruppenhierarchie über den Menüpunkt der **Stammdaten** aufgerufen wird, erhalten Sie die Möglichkeit, Ihre Materialhierarchie einfach und unkompliziert zu warten. Außerdem ermöglicht sie die Definition verschiedener voneinander unabhängiger Materialhierarchien. So können für ein und dieselbe Materialgruppe z. B. eine projektspezifische und eine kundenspezifische oder vertriebslinienspezifische Materialhierarchie angelegt werden. Mithilfe dieser unterschiedlichen CDT-Versionen ist es möglich, ein Material mehreren Materialhierarchien zuzuordnen. In Unternehmen mit abweichenden beschaffungsspezifischen und kundenspezifischen Hierarchien können so Materialhierarchien und Warengruppenhierarchien zu unterschiedlichen Zwecken genutzt werden. Die Materialhierarchie kann dann z. B. zur Planung und Budgetierung und die Warengruppenhierarchie zur Segmentierung und Sortimentierung verwendet werden. In Abbildung 2.54 sehen Sie ein Auszug für eine Materialhierarchie aus der Modebranche.

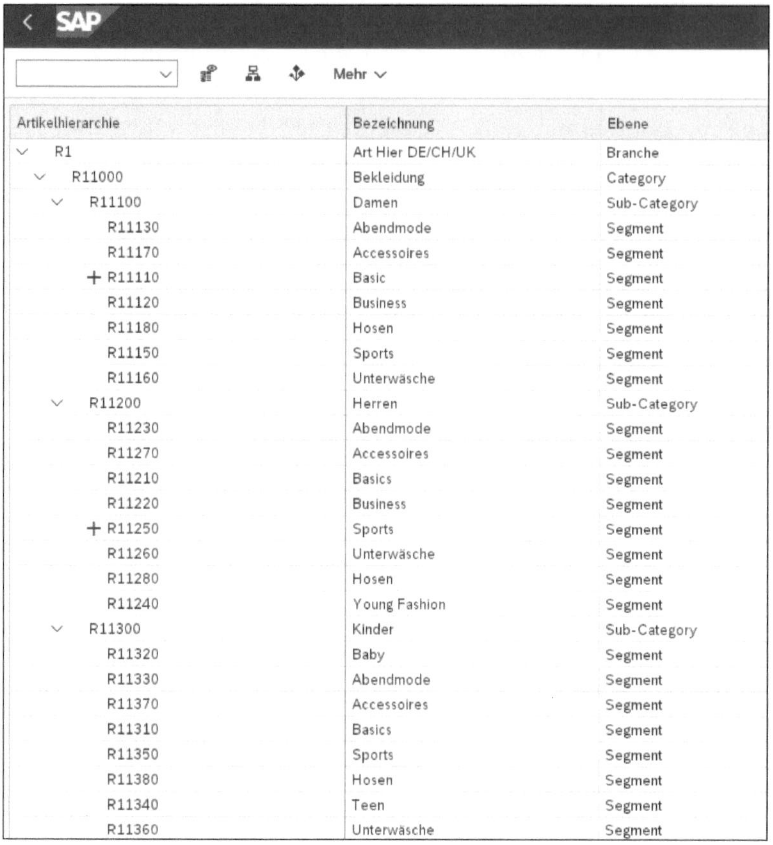

Artikelhierarchie	Bezeichnung	Ebene
R1	Art Hier DE/CH/UK	Branche
R11000	Bekleidung	Category
R11100	Damen	Sub-Category
R11130	Abendmode	Segment
R11170	Accessoires	Segment
R11110	Basic	Segment
R11120	Business	Segment
R11180	Hosen	Segment
R11150	Sports	Segment
R11160	Unterwäsche	Segment
R11200	Herren	Sub-Category
R11230	Abendmode	Segment
R11270	Accessoires	Segment
R11210	Basics	Segment
R11220	Business	Segment
R11250	Sports	Segment
R11260	Unterwäsche	Segment
R11280	Hosen	Segment
R11240	Young Fashion	Segment
R11300	Kinder	Sub-Category
R11320	Baby	Segment
R11330	Abendmode	Segment
R11370	Accessoires	Segment
R11310	Basics	Segment
R11350	Sports	Segment
R11380	Hosen	Segment
R11340	Teen	Segment
R11360	Unterwäsche	Segment

Abbildung 2.54 Beispiel für eine Materialhierarchie

2.4.4 Produkthierarchie

Auch die Produkthierarchie ist eine Möglichkeit des SAP-S/4HANA-Retail-Systems zur hierarchischen Darstellung beliebiger Produktgruppen innerhalb einer Baumstruktur. Verwendung finden Produkthierarchien bei der Bestellvorgangsverwaltung, der Selektion und der Massenpflege. Außerdem können darüber Auswertungen in SAP Business Warehouse (SAP BW) vorgenommen werden.

2.4.5 Einkäufergruppen

Als *Einkäufergruppe* wird innerhalb des SAP-S/4HANA-Retail-Systems eine Gruppe bezeichnet, die zum einen intern für die Beschaffung von Waren verantwortlich und zum anderen nach außen hin Ansprechpartner für die Zulieferer ist. Die Einkäufergruppen können sowohl operative als auch strategische Aufgaben erfüllen. Im strategischen Bereich besteht ihre Hauptaufgabe darin, die Stamm- und Steuerungsdaten zu pflegen. Operativ wenden sie sich hauptsächlich der Disposition und den Bestellvorgängen zu. Außerdem können sie Anfragen an Lieferanten durchführen und Bestellanforderungen anlegen.

Einkäufergruppen werden innerhalb von Einkaufssachgebieten integriert. Sie dienen nicht als Datenhaltungsebene, sondern in erster Linie als Selektionskriterium und Auswertungsebene. Zusätzlich sind sie für die Vergabe von Berechtigungen wichtig.

Zur Nutzung operativer Funktionen ist es für Anwender meist notwendig, eine Einkäufergruppe und Organisationseinheit anzugeben, da eine ausdrückliche Verknüpfung zwischen diesen Gruppen innerhalb des Systems nicht vorhanden ist. Dagegen ist jeder Disponent über den Benutzerstamm einer Einkäufergruppe zugeordnet.

2.4.6 Klassifizierung und Reklassifizierung

Unter *Klassifizierung* versteht man die Zuordnung und Bewertung von Objekten innerhalb eines Klassensystems anhand ihrer Merkmale. Dabei kann ein Objekt entweder lediglich einer Klasse oder gleich mehreren Klassen zugeordnet werden. Die Zuordnung der Objekte ist erforderlich, um sie über die Suchfunktion des Klassensystems gezielt suchen zu können.

Um Objekte einer bestimmten Klasse zuordnen zu können, muss diese innerhalb des Klassensystems zunächst angelegt werden. Die unterschiedlichen Klassensysteme findet man bei unterschiedlichen Stammdatenobjekten wie Werken, Warengruppen und Merkmalen. Dabei wird jedes Ordnungssystem als eigenständige Klassenart (z. B. 026 für Warengruppen, 0300 für variantenbildende Merkmale) geführt.

Wichtig für die Klassifizierung sind die bereits erwähnten Merkmale. Mit ihrer Hilfe werden die verschiedenen Produkteigenschaften (z. B. Farbe, Form etc.) im Klassensystem abgelegt und können anschließend Materialien zugeordnet werden. Merkmale können einer oberen Warengruppenhierarchiestufe zugeordnet und anschließend an alle untergeordneten Hierarchieknoten vererbt werden. Von einer Reklassifizierung sind variantenbildende Merkmale nicht betroffen, da diese unabhängig von einer Warengruppenhierarchie bereitgestellt werden.

Daneben ist eine *Reklassifizierung* von Materialien oder Warengruppen möglich. Darunter versteht man die Neuzuordnung von bestehenden Objekten innerhalb einer Warengruppenhierarchie. Für die Notwendigkeit einer Neugruppierung kann es verschiedene Gründe geben. Wurde bei der Materialanlage z. B. ein Fehler bei der Eingabe der Warengruppe begangen, ist eine Reklassifizierung notwendig. Ein weiterer Grund wäre die Neustrukturierung einer unübersichtlichen und aufgeblähten Warengruppe.

Für die Nutzung der Reklassifizierungsfunktion innerhalb der Pflege der Warengruppendaten (Menüpunkt **Hierarchie-Zuordnungen**) müssen bestimmte Voraussetzungen erfüllt sein. Zunächst ist eine Reklassifizierung nur für Materialen möglich, die mithilfe der Materialstammpflege innerhalb von SAP S/4HANA Retail angelegt wurden. Außerdem ist eine Reklassifizierung lediglich den folgenden Materialtypen vorbehalten:

- Einzelmaterial
- Sammelmaterial und Varianten
- strukturiertes Material
- Lots, Displays und Sets

Darüber hinaus gelten einige zusätzliche Einschränkungen. So ist die Änderung von Daten aus der Vergangenheit grundsätzlich nicht automatisch möglich. Daraus ergibt sich auch, dass erledigte Bestellungen und/oder Bestellpositionen inklusive Belegarchiv nicht verändert werden dürfen. Daten aus angrenzenden Systemen sind ebenfalls von der Reklassifizierung ausgeschlossen. Das Gleiche gilt für Konditionen, die auf Zielobjekte bzw. Quellobjekte definiert wurden.

Innerhalb einer Reklassifizierung werden verschiedene Änderungen und Anpassungen vorgenommen. Zunächst werden Zuordnungen in der Warengruppenhierarchie selbst durchgeführt. Außerdem werden Materialien und eventuell offene Bestellpositionen den entsprechenden Warengruppen zugeordnet. Schließlich müssen sowohl die Sortimentsbausteinzuordnung (siehe Abschnitt 2.7, »Sortimentierung«) als auch bestandsführende Wertmaterialien innerhalb einer Warengruppenhierarchiestufe angepasst werden.

Zusätzlich kann eine Reklassifizierung auch Auswirkungen auf die kumulierten Bestandswerte haben, sofern sich z. B. eine Deckungsbeitragsrechnung auf der Ebene der Warengruppe befindet. So müssen Bestandswerte im Rahmen einer Reklassifizierung auch umgebucht werden. Durch diese umfassenden Tätigkeiten wird eine Reklassifizierung häufig als eigenständiges Projekt durchgeführt.

2.4.7 Materialnummer

Mithilfe der *Materialnummer* ist es im Sinne der Gruppierung möglich, ein Material samt Stammsatz eindeutig zu identifizieren und damit auch zu gruppieren. Für gewöhnlich werden Materialnummern extern über die manuelle Eingabe beim Anlegen des Materialstammsatzes vergeben. Es ist allerdings auch möglich, Materialnummern intern vergeben zu lassen. In diesem Fall vergibt das System automatisiert fortlaufende Materialnummern.

Für Sammelmaterialien bestehen dieselben Möglichkeiten. Auch der Nummernkreis bleibt gleich. Die entsprechende *Variantennummer* ergibt sich aus der Sammelmaterialnummer und einem angehängten Suffix.

Über das Customizing können Sie sowohl die Länge der Materialnummer als auch die Art der Nummernvergabe festlegen. Um die Länge der Materialnummer den Wünschen Ihres Unternehmens anzupassen, können Sie innerhalb des Customizings des Materialstamms die Einstellung **Ausgabedarstellung der Materialnummer festlegen** nutzen. Die Materialnummer kann in SAP S/4HANA Retail auf bis zu 40 Stellen ausgedehnt werden (vorher 18 Stellen). Wichtig ist hierbei zu beachten, dass auch alle »Umsysteme« und Schnittstellen in Ihrem Unternehmen, wie z. B. ein Webshop, mit der eingestellten Länge des Materials umgehen können.

Die Option zur Änderung der Art der Nummernvergabe finden Sie ebenso im Customizing des Materialstamms. Unter **Nummernkreise festlegen** sehen Sie, welche Art der Nummernvergabe verwendet wird. Wenn eine externe Nummernvergabe erwünscht ist, kann die Systemverwaltung den angelegten Nummernkreis anschließend entsprechend kennzeichnen und den entsprechenden Materialien zuordnen. Legen Sie nun einen neuen Materialstammsatz an, bestimmt die gewählte Materialart entsprechend die Art der Nummernvergabe.

2.5 Materiallebenszyklus

SAP S/4HANA Retail ermöglicht es Ihnen mit einer Reihe von Hilfsmitteln, einen *Materiallebenszyklus* im System darzustellen. Die Materialien können dann entsprechend der Phase, in der sie sich gerade befinden, gesteuert werden.

Ein regulärer Zyklus teilt sich in folgende Phasen auf:

- Planung eines Materials
- Datenbeschaffung
- Materialanlage
- Materialbereitstellung/-pflege
- Materialauslistung
- Materialarchivierung

Auf diese Phasen werden wir im Folgenden jeweils noch einmal genauer eingehen.

2.5.1 Planung eines Materials

Jeder Lebenszyklus eines Materials beginnt mit seiner Planung. Diese erfolgt oft erst im Kopf eines Mitarbeiters oder auch mithilfe eines Tools für Marketinganalysen oder für Business Intelligence (BI). Ist die Planung mehr als nur eine Idee, kann das Material bereits als Rumpfmaterial angelegt werden.

Ein *Rumpfmaterial* unterscheidet sich von einem normalen Material hinsichtlich des Umfangs der Stammdaten. Ein Rumpfmaterial kann über die Transaktionen WRF-MATBODY oder WRFMATCOPY angelegt werden.

Für ein Rumpfmaterial reichen rudimentäre Informationen aus, um es im System anzulegen. Mit diesem Material kann schon geplant werden, wenn auch die notwendigen Informationen für die Beschaffung, Logistik und den Verkauf noch nicht im Stammsatz gepflegt sind.

Eine *Pflegegruppe* umfasst eine Menge von Feldgruppen, die eine gemeinsame Bezeichnung haben. Über die Definition von Pflegegruppen können Rumpfstammsätze bereits so detailliert angelegt werden, dass sie schon bestellbar sind oder in der Layout-Workbench verwendet werden können. Das Rumpfmaterial wird dann nach und nach mit Daten angereichert, bis es als vollständiger Stammsatz bewirtschaftet werden kann. Die Pflegegruppen werden über die Transaktion WRFMGROUP verwaltet.

2.5.2 Datenbeschaffung

Unabhängig davon, ob ein Rumpfstammsatz verwendet wird oder nicht, müssen die Stammdaten eines Materials beschafft werden. Je nach Verwendung der Stammdaten in Prozessen und Modulen kann der Umfang der zu beschaffenden Daten stark variieren. In der Regel werden jedoch morphologische Daten wie GTIN, Gewichte und Abmessungen sowie Texte, beschreibende Merkmale, logistische Informationen, Preise etc. benötigt. Solche Daten werden in erster Linie vom Hersteller oder Lieferanten zur Verfügung gestellt. Alternativ dazu können Daten selbst ermittelt (durch Zählen, Wiegen, Messen oder Schätzen) oder über Datenpools von Drittanbietern beschafft werden.

2.5.3 Materialanlage

Die Materialanlage erfolgt entweder zuerst als Rumpfstammsatz, der zu einem Material erweitert wird, oder direkt als vollständiger Materialstammsatz. Materialien werden entweder manuell direkt im System oder über eine EDI-Verbindung (Electronic Data Interchange) über ein `ARTMAS`-IDoc angelegt, das alle relevanten Daten in das System spielt. Dabei können die Materialdaten auch aus einer externen Quelle oder einem anderen SAP-System übermittelt werden.

Es besteht auch die Möglichkeit, die *Preiskatalog-Funktion* (PRICAT) zu nutzen. Hier können Daten massenhaft eingelesen werden. Ausgewählte Daten werden dann im System angelegt. Nähere Informationen dazu erhalten Sie in Abschnitt 3.3, »Datenaustausch zwischen Händlern und Lieferanten«. Für die Materialanlage im Rahmen einer Migration aus einem Altsystem wird das SAP S/4HANA Migrationscockpit (Transaktion LTMC) genutzt, über das die Datensätze entweder direkt aus einem alten SAP-ERP-System übernommen oder massenhaft aus CSV- oder Excel-Dateien eingelesen und über Batch-Input-Mappen oder IDocs in das System gebucht werden.

Mit der Anlage eines Materials im System beginnt auch sein steuerbarer Lebenszyklus.

2.5.4 Materialbereitstellung und -pflege

Ist das Material angelegt und ausreichend um Daten angereichert worden, kann es für die logistischen Prozesse bereitgestellt werden. Diese Freigabe erfolgt meist durch die Listung und durch den Einsatz des Materialstatus. Dies kann entweder in einem einzelnen Schritt erfolgen, indem das Material für Einkauf, Verkauf und Logistik freigegeben wird, oder das Material kann für die einzelnen Fachbereiche separat zur Verfügung gestellt werden. Letzteres ist vor allem dann sinnvoll, wenn z. B. bereits die Einkaufsdaten oder die Daten für die Lagerlogistik zur Verfügung stehen, aber Informationen für die Verkaufsdaten noch nicht bekannt sind. So kann das Material in einem mehrstufigen Freigabeverfahren bereits beschafft und eingelagert werden, es besteht jedoch keine Gefahr, es versehentlich zum Verkauf freizugeben, bis auch die Verkaufsdaten vollständig gepflegt sind.

Materiallistung

Über die Materiallistung (siehe Abschnitt 2.7.4, »Listungsverfahren«) kann ein Material für die einzelnen Vertriebslinien eines Unternehmens gelistet und der Listungszeitraum für die Verteilzentren und Filialen jeweils getrennt voneinander gesetzt werden. Abbildung 2.55 zeigt die Ansicht zur Listung eines Materials in Transaktion MM43 bzw. in der SAP-Fiori-App **Material anzeigen**. Weiterhin kann ein abweichender Leistungszeitraum sinnvoll sein, um die Beschaffung für das Verteilzentrum beim Lieferanten zu ermöglichen, bevor die Filialen ihre Materialien über das Verteilzentrum beschaffen können.

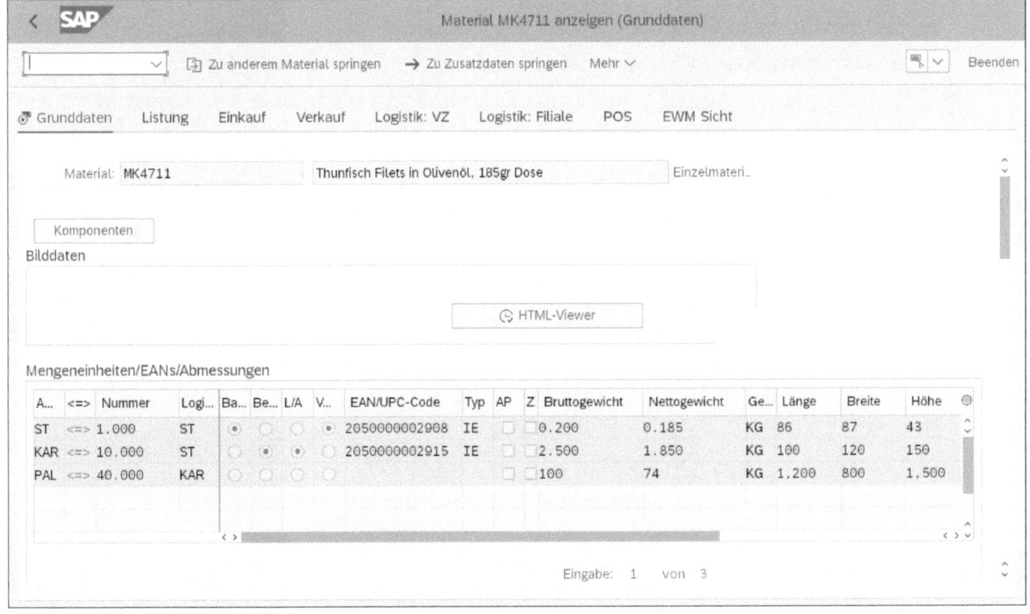

Abbildung 2.55 SAP-Fiori-App »Material anzeigen«

Die Auslistung (siehe Abschnitt 2.7.6) eines Materials aus einer Vertriebslinie erfolgt durch die gezielte Auslistung eines Materials oder Sortiments – oder wenn das Material seinen Listungszeitraum überschreitet.

Verkaufszeitraum

Über den Verkaufszeitraum kann analog zum Listungszeitraum pro Vertriebslinie und getrennt für Filialen und Verteilzentren gesteuert werden, von wann bis wann ein Material verkauft werden darf.

2.5.5 Materialstatus verwenden

Um die einzelnen Phasen des Materiallebenszyklus sichtbar steuern zu können, gibt es im Materialstamm zwei verschiedene Arten von Materialstatus:

- Werksstatus
- Vertriebslinienstatus

Beide Status gibt es jeweils übergreifend und spezifisch, d. h., ein Werksstatus kann z. B. entweder übergreifend für alle Werke oder nur für einzelne ausgewählte Werke gesetzt werden. Analog dazu kann auch der Vertriebslinienstatus sowohl für alle als auch für einzelne Vertriebslinien gesetzt werden. Ein Status kann jeweils einen Warnhinweis in Folgeprozessen auslösen oder eine Sperre verursachen.

Werksübergreifender oder -spezifischer Materialstatus

Der *betriebsübergreifende Materialstatus* wird in der Grunddatensicht des Materialstamms in Transaktion OMS4 gepflegt und hat Einfluss auf alle Beschaffungsaspekte eines Materials. Der spezifische Status kann auf den Registerkarten **Logistik: VZ** und **Logistik: Filiale** gepflegt werden.

Sind für ein Material noch nicht ausreichend Daten gepflegt, um es zu beschaffen oder in der Logistik zu verwalten, wäre z. B. der SAP-Standardstatus **01 – gesperrt für Beschaffung/Lager** denkbar. In Abbildung 2.56 sehen Sie, dass dieser Status in den Bereichen **Einkauf**, **Bedarfe** für Prognose und Disposition sowie im Bereich **Bestandsführung** auf eine Sperre hinausläuft (Status **B**). Ein Hinweis mit Status **A** würde zu einer Warnmeldung führen. Bleibt das Feld leer, erscheint keine Meldung.

Materialstatus: 01 gesp. für Besch./Lager

Werksspezifische Einstellungen

Einkauf

Hinweis Einkauf: B

Hilfsmittel

Hinweis FertHilfsm.:

Stücklisten

Hinweis StlKopf:

Hinweis StückliPos:

Instandhaltung

Hinweis Instandh:

Bestandsführung

Hinweis BestFührung: B

Arbeitsplan/Rezept

Hinw.ArbPlan/Planungsrezept:

LVS

Hinweis Transportbedarf:

Hinweis Transportauftrag:

Bedarfe

Hinweis Primärbed:

Hinweis Prognose: B

Hinweis Disposition: B

Hinweis Langfristpl.:

Kalkulation mit Mengengerüst

Vorgehen Materialkalkulation:

Fertigung

Hinweis FaKopf:

Hinw. FA/NP-Position:

Abbildung 2.56 Materialstatus definieren

Vertriebslinienübergreifender oder -spezifischer Materialstatus

Im Gegensatz zum Werkstatus hat der Vertriebslinienstatus Einfluss auf die Verkaufsseite des Materials. Die Ausprägung eines Status erfolgt wie beim Werksstatus, nur für andere Bereiche, im Einführungsleitfaden unter **Logistik Allgemein • Materialstamm • Einstellungen zu zentralen Feldern • Vertriebsrelevante Daten • Vertriebsstatus definieren**. Übergreifend kann auch dieser Status auf der Registerkarte **Grunddaten** gepflegt werden, den spezifischen Status finden Sie auf den Registerkarten **POS** oder **Verkauf** des Materialstamms. Der Status eignet sich z. B., um die Auslistung eines Materials einzuleiten. Ist das Material bereits für die Beschaffung gesperrt, können jetzt noch Aufträge für Restbestände angelegt werden. Es können jedoch keine verbindlichen Angebote mehr erstellt werden.

2.5.6 Saisonale Materialien

Saisonale Materialien werden zeitlich besonders akkurat gesteuert. Über das Customizing der Saison (siehe Abschnitt 2.6.1, »Vorlagehandling für Materialien«) erhält das Material auf Basis seiner Zuordnung zu einer Saison bereits vordefinierte Gültigkeits-, Listungs- und Verkaufszeiträume. Ergänzt um den Materialstatus, können Vor- und Rücklaufzeiten so sehr gut berücksichtigt werden, da durch die Listung und den Verkaufszeitraum bereits gewährleistet ist, dass das Material weder beschafft noch vertrieben werden kann. Damit ist das initiale Setzen eines Materialstatus nicht notwendig.

Die *Vorlaufzeit* entsteht automatisch durch die Zeit zwischen der Anlage des Materials und dem Beginn und Ende des Gültigkeitszeitraumes. Ein Materialstatus kann jetzt z. B. genutzt werden, um das Material doch zu sperren, damit es auch in der aktiven Saison nicht genutzt werden kann, oder um vorzeitig zum Ende der Saison das Material zur Nachbeschaffung zu sperren.

Nach Ablauf der Saison kann ein Material über den Materialstatus markiert werden, um es z. B. über eine Zuordnung zu einem neuen Sortiment wieder als Saisonausverkaufsartikel zu verkaufen. Alternativ könnte das Material auch zur Verschrottung oder Retoure an den Lieferanten markiert werden. Idealerweise erfolgt dies noch in der *Rücklaufzeit*. In dieser Zeit ist das Material über die Saison noch aktiv gelistet und kann verkauft werden, ist aber bereits für den Nachschub vom Lieferanten und gegebenenfalls in die Filialen gesperrt. Die individuelle Steuerung für die Beschaffung für das Verteilzentrum oder die Filialen ist über den werksspezifischen Materialstatus auf den Registerkarten des Materialstamms **Logistik: VZ** bzw. **Logistik: Filiale** möglich.

2.5.7 Voraussetzungen zur Materialarchivierung und -löschung

Es gibt im SAP-S/4HANA-Retail-System keine Funktion, die eine direkte Löschung von Materialien ermöglicht. Ein Material kann nur dann physisch von der Datenbank gelöscht werden, wenn ein Archivierungslauf durchgeführt wird. Der Archivierungslauf kann wiederum nur dann gestartet werden, wenn im Vorfeld das Material zur mandantenweiten Auslistung vorgesehen und eine Löschvormerkung über den Materialstatus gesetzt wurde (siehe Abschnitt 2.7.6, »Auslistung«).

Die mandantenweite Auslistung prüft über verschiedene Kriterien, ob es möglich ist, das Material mit einer Löschvormerkung zu versehen. Folgende Prüfungen finden statt:

- Das Material darf nicht in noch aktiven Bestellungen, Aktionen oder Aufteilern (d. h. Warenzuteilungen) geführt sein.
- Der Bestand muss mandantenweit null sein.

Erst wenn alle Kriterien erfüllt sind und das Programm zur mandantenweiten Auslistung und Archivierung keine entsprechenden Belege mehr gefunden hat, kann das Material über ein Archivierungsobjekt archiviert (d. h. aus dem System gelöscht) werden. Die Materialnummer kann nach der Archivierung neu vergeben werden.

2.6 Vorlagehandling

Um Stammdaten in SAP S/4HANA Retail effizienter anzulegen, können für die einzelnen Stammdatenobjekte Vorlagemechanismen verwendet werden. Diese befüllen diverse Felder mit Vorlagewerten, die in der Regel immer den gleichen Wert enthalten. Es handelt sich dabei um Vorschlagswerte, die durch den Benutzer überschrieben werden können.

2.6.1 Vorlagehandling für Materialien

Die Erfassung von Materialstammdaten wird durch die Verwendung von Vorlagen erleichtert. Das Vorlagematerial dient dazu, Standardwerte beim Anlegen und Erweitern von Materialdaten vorzuschlagen.

Bei der Anlage eines Materialstammsatzes können Vorlageinformationen aus diversen Quellen mit in den Stammsatz einfließen. Sind Daten für ein bestimmtes Feld in mehreren Vorlagequellen vorhanden, entscheidet die Priorität der Vorlagen, aus welcher Vorlage die Feldinformation als Vorschlag in den aktuellen Stammsatz kopiert wird. Diese Prioritäten sind zum Teil von Customizing-Einstellungen abhängig. In Tabelle 2.8 finden Sie eine Übersicht über die Prioritäten der Vorlagequellen (1 = hoch).

Vorlagequelle	Priorität
Saison	1
Lieferantenstammsatz	2
Vorlagewerke inklusive Daten aus Profilen	3
Grunddaten des Materials	4
Sammelmaterial	5
explizites Vorlagematerial	6
Warengruppenvorlagematerial	7
Customizing	8 (mit Ausnahmen, z. B. Bewertungstyp)
Konstanten	9 (mit Ausnahmen, z. B. Gültigkeitsbereich)

Tabelle 2.8 Prioritäten zur Wahl der Vorlagequelle

Voraussetzung für den Vorschlag einzelner Feldinhalte ist die Aktivierung im Customizing. Dies kann seit SAP S/4HANA Retail unter dem Punkt **Kopiersteuerung für Materialstammfelder** mit dem Kennzeichen **Kopieren** gesteuert werden (siehe Abbildung 2.57). Ist der Haken gesetzt, werden Vorschlagswerte gemäß ihrer Priorität kopiert. Wurde das Kennzeichen **Auch Initialwert** gesetzt, werden auch leere Felder oder Felder mit dem Wert 0 kopiert. Sie können zudem steuern, für welche Materialtypen die Vorschlagswerte übernommen werden sollen. Die Steuerung über die Transaktion OMSR kann weiterhin verwendet werden, sollte aber, wenn möglich, im Standard bleiben.

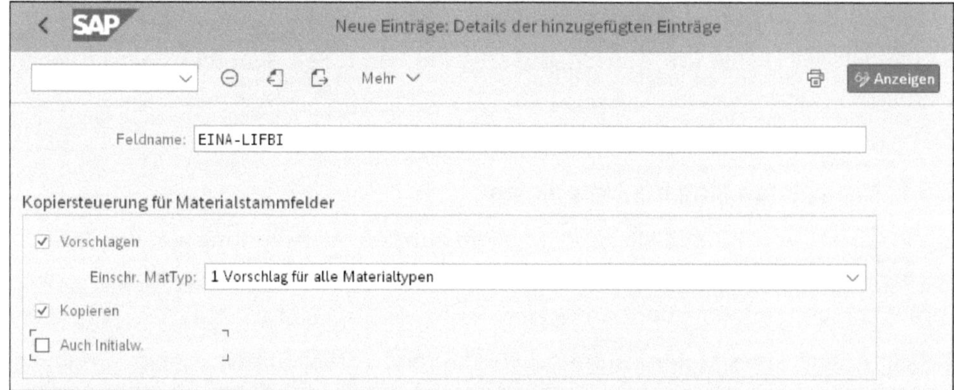

Abbildung 2.57 Kopierverhalten der Felder im Materialstamm definieren

Vorschlagswerte aus dem Customizing, den Kreditorenstammsätzen und den Konstanten werden unabhängig von den beschriebenen Einstellungen immer übernommen. Im Folgenden erläutern wir die neun Vorlagequellen.

Vorlagen nach Saisonalität

Die Saison wird in SAP S/4HANA Retail nicht mehr im Customizing definiert, stattdessen steht dafür nun die *Saison-Workbench* (Transaktion FSH_SWB) zur Verfügung. Über diese Funktion werden bei der Definition der jeweiligen Saison die gültigen Zeiträume gepflegt. Bei Anlage eines Saisonmaterials werden bei der Zuordnung zur jeweiligen Saison und Kollektion die entsprechenden Gültigkeitszeiträume aus der Saison als Werte herangezogen.

Lieferantenbezogene Vorlagedaten

Für den Einkaufsinfosatz im Materialstamm werden Daten aus dem Kreditorenstammsatz vorgeschlagen, sofern diese dort gepflegt sind. Folgende Daten werden unter anderem übernommen:

- Bestätigungssteuerschlüssel

- Ursprungsland
- Ursprungsregion
- Währung
- wareneingangsbezogene Rechnungsprüfung
- Planlieferzeit
- Preisdatumstyp
- Einkäufergruppe
- Rundungsprofil
- Mengeneinheitengruppe
- Verkäufer
- Telefonnummer des Verkäufers

Die Daten im Kreditorenstammsatz können abweichend für verschiedene frei zu definierende Lieferantenteilsortimente gepflegt werden. Diese werden dann auch abweichend gemäß der Zuordnung des Einkaufsinfosatzes zu einem Lieferantenteilsortiment im Materialstamm mit den abweichenden Daten aus dem Kreditorenstamm befüllt.

Sind im Warengruppenvorlagematerial Einkaufsdaten zum selben Lieferanten gepflegt, werden auch diese vorgeschlagen. Sie haben allerdings eine niedrigere Priorität und werden somit von den für den Kreditor gepflegten Daten überschrieben.

Wenn Logistikdaten für ein Material und ein Werk gepflegt werden, schlägt das System lieferantenspezifische Daten aus dem Bereich Einkauf vor. Wenn diese Daten noch nicht gepflegt sind, schlägt das System Daten aus dem Lieferantenstammsatz des Regellieferanten vor. Dazu muss das System den Regellieferanten je Werk ermitteln (*Bezugsquellenfindung*). Folgende Daten werden unter anderem auf diese Weise vorgeschlagen:

- Lieferrhythmus
- Planlieferzeit
- Dispositionsrhythmus
- Einkäufergruppe
- Rundungsprofil
- Disponent
- Mengeneinheitengruppe

Vorlagedaten aus Vorlagewerken und Profilen

Vorlagewerke liefern nicht nur Daten für das Werk, sondern auch Vorschlagswerte für den Materialstamm. Die Vorschlagswerte werden in die Registerkarten **Logistik: VZ** und **Logistik: Filiale** übernommen und basieren auf den in der allgemeinen Steuerung der SAP-S/4HANA-Retail-Stammdaten (siehe Abbildung 2.58) oder den in der Steuerung zur Vertriebslinie hinterlegten Vorlagewerken. Daten, die in der Regel in allen Werken identisch sind, werden übernommen und bei Änderungen der Vorlagefiliale auch in die Materialdaten übernommen, sofern sie nicht zwischenzeitlich abweichend dort gepflegt wurden.

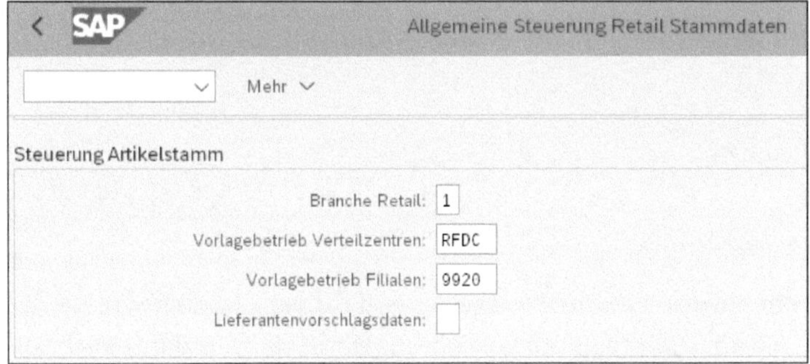

Abbildung 2.58 Transaktion WSS1 – Steuerung Materialstamm

Änderungen an der Vorlagefiliale werden dagegen nicht für Felder übernommen, die in der Regel abweichend pro Werk gepflegt werden. Bei der initialen Anlage des Materials werden sie jedoch vorgeschlagen. Das betrifft folgende Felder:

- Durchschnittspreis
- Lieferrhythmus
- Höchstbestand
- Mindestbestand
- Dispositionsbereich
- Planlieferzeit
- Dispositionsrhythmus
- Preissteuerung
- Preiseinheit
- Profit Center
- Einkäufergruppe
- Rundungsprofil
- Sicherheitsbestand
- Standardpreis
- Umlagerungsbestand (Werk zu Werk)
- Transitbestand
- Disponent

- Mengeneinheitengruppe
- Bewertungstyp

Vorlagedaten aus Profilen werden in Bezug auf den Materialstamm nur aus dem Prognoseprofil und dem Dispositionsprofil vorgeschlagen. Dies geschieht allerdings nur, wenn das Profil in den Daten des Vorlagematerials gepflegt ist. Eine Änderung der Festwerte eines Profils bedingt die Änderung der Daten in den Materialstammsätzen.

In einem SAP-S/4HANA-Retail-System gehören die Profile nicht zum Customizing, sondern werden in den Transaktionen MMD1/MMD2/MMD3 (Dispositionsprofile) oder MP80/MP81/MP82/MP83 (Prognoseprofile) gepflegt. Bei Anlage eines Dispositionsprofils kann für eine Reihe dispositionsrelevanter Felder festgehalten werden, ob sie bei der Materialpflege mit einem Festwert oder einem Vorschlagswert vorbelegt sein sollen und welcher Wert im jeweiligen Feld stehen soll. Abbildung 2.59 zeigt die Anlage eines Dispositionsprofils.

In der Pflege der *Prognoseprofile* wird ähnlich wie beim Dispositionsprofil vorgegangen, nur dass hier prognoserelevante Felder vorgeschlagen werden können (siehe Abbildung 2.60).

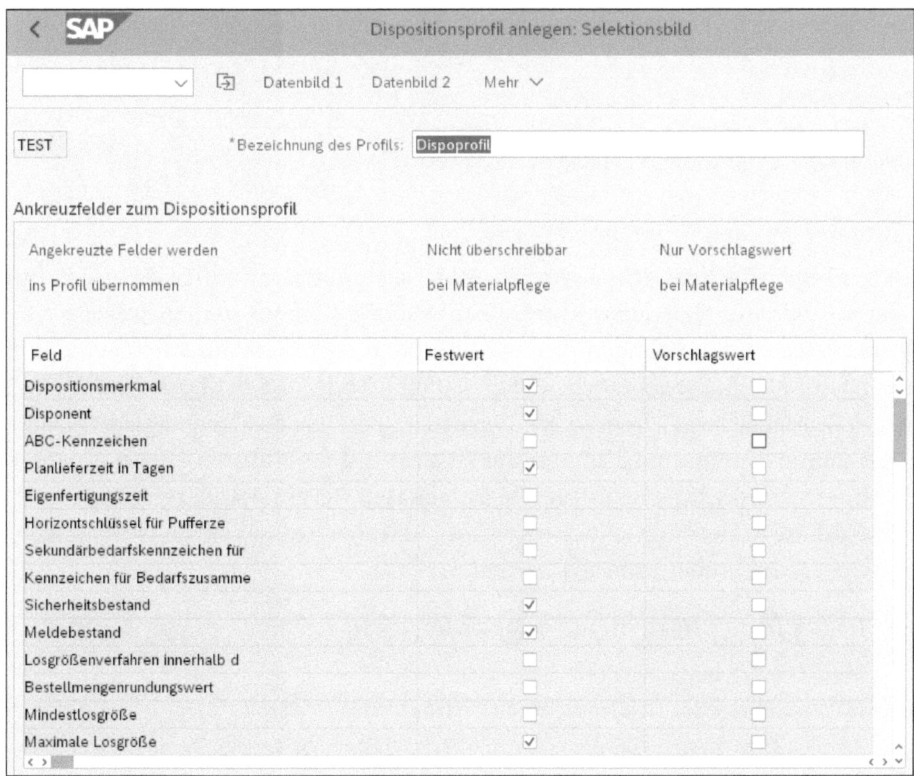

Abbildung 2.59 Dispositionsprofil anlegen

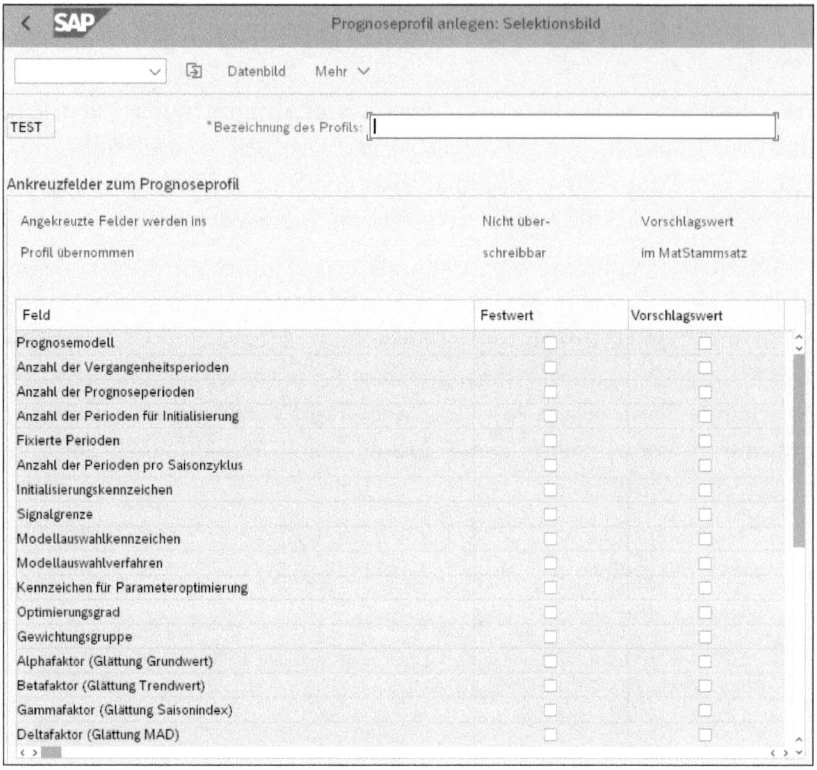

Abbildung 2.60 Prognoseprofil anlegen

Vorlagedaten aus den Grunddaten

Für die einzelnen Fachbereichssichten im Materialstammsatz können diverse Werte aus der Grunddatenregisterkarte desselben Materials übernommen werden. Die Pflege der Registerkarte **Grunddaten** entspricht der Pflege auf Mandantenebene. Eine Änderung auf Mandantenebene bewirkt auch eine Änderung der Daten in untergeordneten Gültigkeitsbereichen, sofern diese nicht bereits abweichend gepflegt wurden. Ausnahmen davon sind die Daten der Listung und des Einkaufs. Hier erfolgt eine initiale Übernahme aus der Registerkarte **Grunddaten**. Bei einer Änderung der Grunddaten wird diese Änderung nicht übernommen. In Tabelle 2.9 sehen Sie, welche Daten aus welchen Sichten übernommen werden.

Fachbereich	Fachbereichsfelder	Bemerkung
Listung	▪ Listung ab ▪ Listung bis ▪ Verkauf ab ▪ Verkauf bis	übernommen aus den Feldern **Gültig ab/Gültig bis** der Grunddatenregisterkarte

Tabelle 2.9 Datenübernahmelogik

Fachbereich	Fachbereichsfelder	Bemerkung
Einkauf	▪ Basismengeneinheit ▪ Warengruppe ▪ Bestellmengeneinheit ▪ Einkäufergruppe ▪ Einkaufswerteschlüssel ▪ Ausgabemengeneinheit ▪ Variable Bestellmengeneinheit	aus den jeweiligen Feldern der Grunddatenregisterkarte
Verkauf	▪ Preismaterial ▪ Produkthierarchie ▪ Verkaufsmengeneinheit ▪ Ausgabemengeneinheit	▪ nur bei Filialen ▪ nur bei Verteilzentren
Logistik VZ	▪ ABC-Kennzeichen ▪ Kennzeichen für Chargenpflicht ▪ Stat. Warennr./Import-Code ▪ Ursprungsland ▪ Ladegruppe ▪ Einkäufergruppe ▪ Ursprungsregion ▪ Ausgabemengeneinheit	aus den jeweiligen Feldern der Grunddatenregisterkarte
Logistik Filiale	▪ ABC-Kennzeichen ▪ Kennzeichen für Chargenpflicht ▪ Stat. Warennr./Import-Code ▪ Ursprungsland ▪ Ladegruppe ▪ Einkäufergruppe ▪ Ursprungsregion ▪ Verkaufsmengeneinheit ▪ Bezugsquelle	aus den jeweiligen Feldern der Grunddatenregisterkarte
Buchhaltung	▪ Bewertungsklasse	aus dem Feld der Grunddatenregisterkarte

Tabelle 2.9 Datenübernahmelogik (Forts.)

Vorlage aus Sammelmaterial

Bis auf GTINs, Verbrauchs- und Prognosewerte werden alle Daten aus einem Sammelmaterial in seine Varianten übernommen. Das bezieht sich auch auf die Einkaufsinfosätze und die gepflegten Preise. Eine Änderung am Sammelmaterial bedingt auch die Änderung der Daten in allen Varianten, sofern diese nicht zwischenzeitlich abweichend gepflegt wurden.

Um die Preise der Varianten abweichend pflegen zu können, muss auf der Grunddatensicht des Sammelmaterials das Preisprofil auf 1 gesetzt oder leer gelassen werden, da sonst zwingend alle Preise des Sammelmaterials übernommen werden. Selbstverständlich wird das variantenbildende Merkmal, das die Varianten definiert, mit einem jeweils abweichenden Merkmalswert belegt.

Vorlagematerial aus bestehendem Stamm (explizites Vorlagematerial)

Entspricht die Warengruppenhierarchie nicht den logistischen Anforderungen des Unternehmens, sondern orientiert sich am Kundenbedarf, ist es nicht immer sinnvoll, ein Warengruppenvorlagematerial zu nutzen. In diesem Fall kann als Vorlage ein *explizites Vorlagematerial* verwendet werden, um ein gutes Vorlagehandling entsprechend den logistischen Abläufen zu gewährleisten. Ein explizites Vorlagematerial wird direkt im Einstieg von Transaktion MM41 zur Materialanlage mit angegeben und hat auch vor einem gegebenenfalls vorhandenen Warengruppenvorlagematerial Vorrang.

Das Vorlagematerial kann entweder ein dem anzulegenden Material ähnliches, bereits existierendes Material sein oder ein explizit als Vorlagematerial definiertes Material, das nicht bewirtschaftet wird und ausschließlich als Vorlage angelegt wurde. Die Verwendung eines expliziten Vorlagematerials bedingt, dass keine Vorschlagswerte aus einem eventuell bestehenden Warengruppenvorlagematerial vorgeschlagen werden.

Warengruppenvorlagematerial

Warengruppenvorlagematerial dient dazu, die Pflege von Materialstammdaten zu erleichtern. Es ist in der Warenwirtschaft nicht physisch vorhanden (man kann es also nicht kaufen). Warengruppenvorlagematerialien beinhalten lediglich Informationen, die das System vorschlägt, wenn ein Materialstammsatz angelegt wird.

Das Warengruppenvorlagematerial kann pro Basiswarengruppe angelegt werden. Es kann auch ein Vorlagematerial für mehrere Basiswarengruppen genutzt werden. Anlage und Änderung eines Warengruppenvorlagematerials erfolgen, mit wenigen Ausnahmen, analog zur Pflege eines Standardmaterials. Der Einstieg in die Anlage des Warengruppenvorlagematerials erfolgt über einen Absprung aus den Transaktionen zur Warengruppenpflege WG21 und WG22. Klicken Sie hier auf den Button **Sprung zu WG-Vorlagematerial** in der Funktionsleiste (siehe Abbildung 2.61).

Die Materialart eines Warengruppenvorlagematerials hat den Wert **30 (Warengruppen-Vorlagematerial)**. Darüber ist definiert, dass das Material nicht in logistischen Prozessen verwendet werden kann und ausschließlich Vorlagecharakter besitzt.

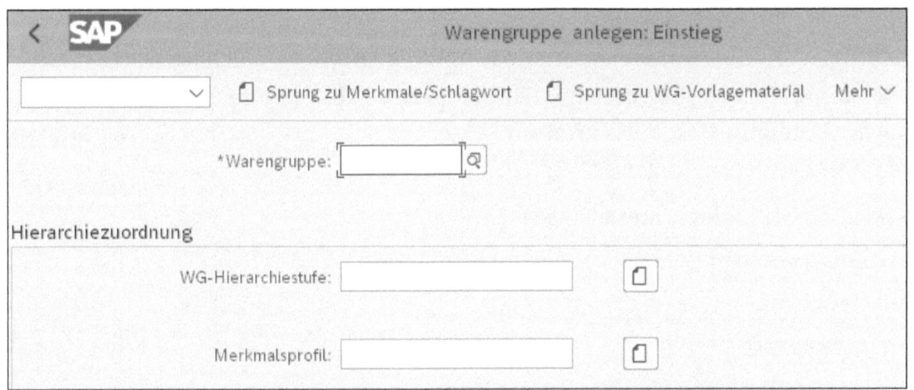

Abbildung 2.61 Warengruppe anlegen – Einstiegsbild mit diversen Absprüngen

Alle Daten, die am Warengruppenvorlagematerial gepflegt sind, werden bei späterer Anlage eines Materials in der Warengruppe übernommen, sofern sie nicht durch eine Vorlage mit höherer Priorität überschrieben werden. Dazu gibt es folgende Ausnahmen:

- GTINs
- Verbrauchs- und Prognosewerte
- Preise und Konditionen (für Einkauf und Verkauf)

Es können auch Daten für einzelne Einkaufsorganisationen, Lieferanten, Vertriebslinien, Preislisten, Werke oder Werksgruppen gepflegt werden, die dann in die späteren Materialien übernommen werden. Dazu müssen die Daten in den einzelnen Gültigkeitsbereichen gepflegt sein. Über ein Kennzeichen in der allgemeinen Steuerung der Retail-Stammdaten (Transaktion WSS1) können Sie außerdem veranlassen, dass bei Anlage eines Materials eine Warnmeldung erscheint, wenn zu der verwendeten Warengruppe noch kein Vorlagematerial erfasst wurde. Dies ist z. B. sinnvoll, wenn seitens des Unternehmens die Verwendung eines Vorlagematerials zur Sicherstellung einer hohen Datenqualität vorgeschrieben wird. Bei der Standardauslieferung ist dieses Kennzeichen bereits gesetzt.

Nummernkreis und Materialart für Warengruppenvorlagematerial

Idealerweise werden für die Warengruppenvorlagematerialien ein eigener Nummernkreis und eine eigene Materialart definiert, um die Materialien direkt kenntlich zu machen und eine Mengen- und Wertfortschreibung des Materials im Customizing zu deaktivieren.

Vorlagen aus dem Customizing

Einstellungen an diversen Stellen im Customizing können Vorschlagswerte für den Materialstamm liefern. Eine nachträgliche Änderung des Customizings hat keine Änderung der Daten im Materialstamm zur Folge. Aus dem Customizing der Materialart werden unter anderem folgende Werte vorgeschlagen:

- werksübergreifender Materialstatus
- Positionstypengruppe
- Preissteuerung
- Beschaffungsart
- Customizing der Grundfunktionen im Vertrieb
- Customizing der Bedarfsplanung

Aus dem für die Materialbewirtschaftung gepflegten Buchungskreis werden folgende Werte vorgeschlagen (Transaktion OMSY):

- laufende Buchungsperiode
- laufendes Geschäftsjahr

Aus der Warengruppe werden folgende Werte vorgeschlagen:

- Sparte
- Gewichtseinheit

Aus dem Customizing für getrennte Bewertung werden diese Werte vorgeschlagen:

- Vorschlagsbewertung für Retail
- Bewertungsklasse (aus dem Bewertungstyp, für den Fachbereich Logistik)
- Kennzeichen für Chargenpflicht (nur bei aktiver Einzelchargenbewertung)

Folgende Customizing-Einstellungen beinhalten einzelne Vorschlagswerte:

- Definition von Prüfgruppen: Prüfgruppe für Verfügbarkeitsprüfung
- Bewertungskreise für das Material-Ledger aktivieren:
  - Aktivierung Material-Ledger auf Materialebene
  - Customizing des Produktkostencontrollings
  - Materialpreisermittlung: Steuerung
- Abweichungsschlüssel pro Werk: Abweichungsschlüssel
- Dispositionsgruppe pro Materialart festlegen:
  - Customizing der Bedarfsplanung
  - Dispositionsgruppe
- Lagerortdisposition pro Werk festlegen: Dispositionskennzeichen Lagerort

Vorlagen aus Konstanten

Konstanten haben grundsätzlich die niedrigste Priorität und werden im Materialstamm nur dann vorgeschlagen, wenn es aus keiner anderen Datenquelle einen Vorschlagswert gibt. In Tabelle 2.10 sehen Sie, welche Daten aus Konstanten vorgeschlagen bzw. übernommen werden.

Stammdatenfeld	Vorschlagswert	Bemerkung
Prognosemodell automatisch zurücksetzen	X	–
Kennzeichen: **Skontofähig**	X	–
Losgröße der Erzeugniskalkulation	1	–
Prognosemodell	0	–
Initialisierungskennzeichen (Prognose)	X	Konstante hat Priorität gegenüber der Datenquelle mit Vorschlagswert null oder leer.
Modellauswahlverfahren	2	–
Anzahl der Prognoseperioden	12	–
Anzahl der Vergangenheitsperioden	60	–
Periodenkennzeichen	W	–
Preis erforderlich (POS)	X	Vorschlagswert nur für Wertmaterial
Preiseinheit	1	–
Preisprofil	2	Vorschlagswert nur bei Sammelmaterial
Bezugstermin Fertigungshilfsmittel Einsatzende	04	–
Bezugstermin Fertigungshilfsmittel Einsatzstart	01	–
Signalgrenze	4	–
Datum gültig ab	Tagesdatum	Konstante hat Priorität über Datenquelle mit Vorschlagswert null oder leer.

Tabelle 2.10 Vorschlagswerte aus Konstanten

Stammdatenfeld	Vorschlagswert	Bemerkung
Datum gültig bis	31.12.9999	Konstante hat Priorität über Datenquelle mit Vorschlagswert null oder leer.

Tabelle 2.10 Vorschlagswerte aus Konstanten (Forts.)

Die Vorschlagswerte, die aus Konstanten resultieren, können nicht durch die Anwender beeinflusst, sondern nur bei der Materialanlage überschrieben werden.

2.6.2 Vorlagehandling für Business Partner

Wie bereits in Abschnitt 2.2, »Business Partner«, beschrieben, wird die Anlage von Debitoren und Kreditoren nicht mehr über die gewohnten Transaktionen XD01 und XK01 durchgeführt. Da Sie bei Eingabe der Transaktionen direkt zum Geschäftspartner (BP) weitergeleitet werden, besteht keine Möglichkeit mehr, in der Anlagemaske eine Vorlage auszuwählen.

Stattdessen erscheint im Geschäftspartner, nach Auswahl einer Rolle, der Button **Mit Referenz anlegen**. Hierdurch kann ein weiterer Geschäftspartner als Vorlage herangezogen werden (siehe Abbildung 2.62). Nur die vier folgenden Rollen können mit Referenz angelegt werden:

- Lieferant (FLVN01)
- Kunde (FLCU01)
- Kreditor (FLVN00)
- Debitor (FLCU00)

Abbildung 2.62 Geschäftspartnerrolle mit Referenz anlegen

Der Referenzdatentyp entspricht der von Ihnen gewählten Geschäftspartnerrolle. Je nach Rolle werden also Verkaufsorganisations-/Buchungskreisdaten oder Einkaufsorganisations-/Buchungskreisdaten gezogen.

2.6.3 Vorlagehandling für Werke

Die Anlage von Werken kann über zwei Arten von Vorlagedatenquellen vereinfacht werden. Dabei ist die Angabe eines Werksprofils Pflicht, während die Nutzung von Vorlagewerken optional ist.

Werksprofile

Bei Anlage eines Werkes muss zwingend ein *Werksprofil* angegeben werden. Dieses hat Einfluss auf die Pflegeoberfläche und definiert das Werk bereits mit dem Werkstyp **Filiale** oder **Verteilzentrum**.

In SAP S/4HANA Retail wird ein Werk als *Verteilzentrum* definiert, wenn es primär für die Versorgung von Werken oder Kunden zuständig ist. Die Definition als *Filiale* erfolgt, wenn das Werk hauptsächlich zur Präsentation und zum Verkauf von Ware an den Endverbraucher zuständig ist. Nach Anlage des Werkes können Werksprofil und Werkstyp nicht mehr geändert werden.

Wie Sie in Abbildung 2.63 sehen, können Sie im Werksprofil des Customizings unter dem Knotenpunkt **Logistik Allgemein • Werksstamm • Werksprofile** eine Reihe von Einstellungen vornehmen. Wichtig ist, ob Debitor und Kreditor im Werksstamm gepflegt werden müssen und – wenn ja – in welcher Kontengruppe (**DebitKontengrp** bzw. **KreditKontengrp**). Im **Feldstatus Werk** können Sie die einzelnen Stammdatenfelder der verschiedenen Sichten auf **Anzeige**, **Kann**-Feld, **Muss**-Feld oder **Ausgeblendet** setzen. Darunter können Referenzen für das Werk (Vorlagewerk/Kopierregel) festgelegt werden.

Am Ende ist noch eine Klassifizierung möglich. Dies ist jedoch nur sinnvoll, wenn Werksklassen (Klassenart 030) oder Abteilungsklassen (Klassenart 034) angelegt sind und verwendet werden.

Der wichtigste Punkt eines Vorlagehandlings ist die sogenannte *Kopierregel*, die es ermöglicht, alle relevanten Customizing-Einstellungen von einem Vorlagewerk (Filiale oder Verteilzentrum) in das Zielwerk zu kopieren und das Customizing zu bestätigen. Die Definition der Kopierregel (siehe Abbildung 2.64) finden Sie im IMG unter dem Punkt **Logistik Allgemein • Werksstamm • Steuerungsdaten für Werkspflege**.

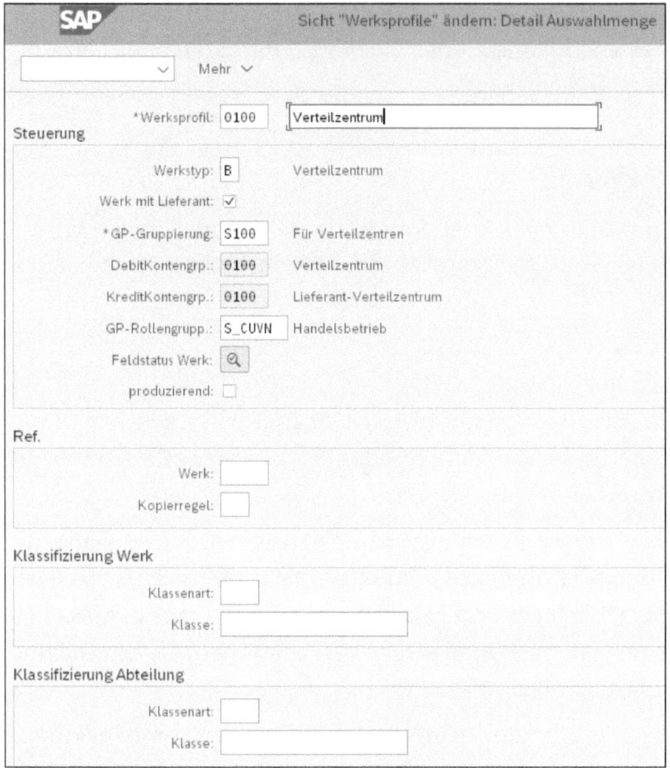

Abbildung 2.63 Customizing des Werksprofils

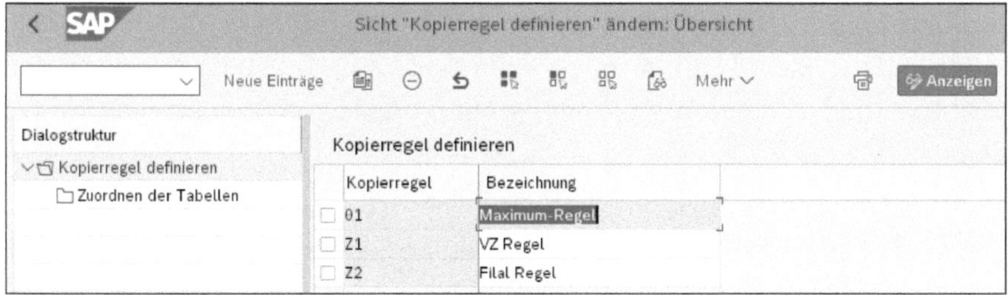

Abbildung 2.64 Definition der Kopierregel

Vorteilhaft kann hierbei die Anlage einer *Maximum-Kopierregel* sein, bei der grundsätzlich alle Einträge kopiert werden. Dies macht allerdings nur dann Sinn, wenn es keine Abweichungen zwischen den Vorlage- und den neu angelegten Werken gibt. Falls z. B. spezielle Einträge individuell pro Filiale erfolgen sollen, ist es sinnvoll, die betroffenen Customizing-Tabellen aus der Kopierregel zu entfernen. Abbildung 2.65 zeigt beispielhaft die Kopierregel 01.

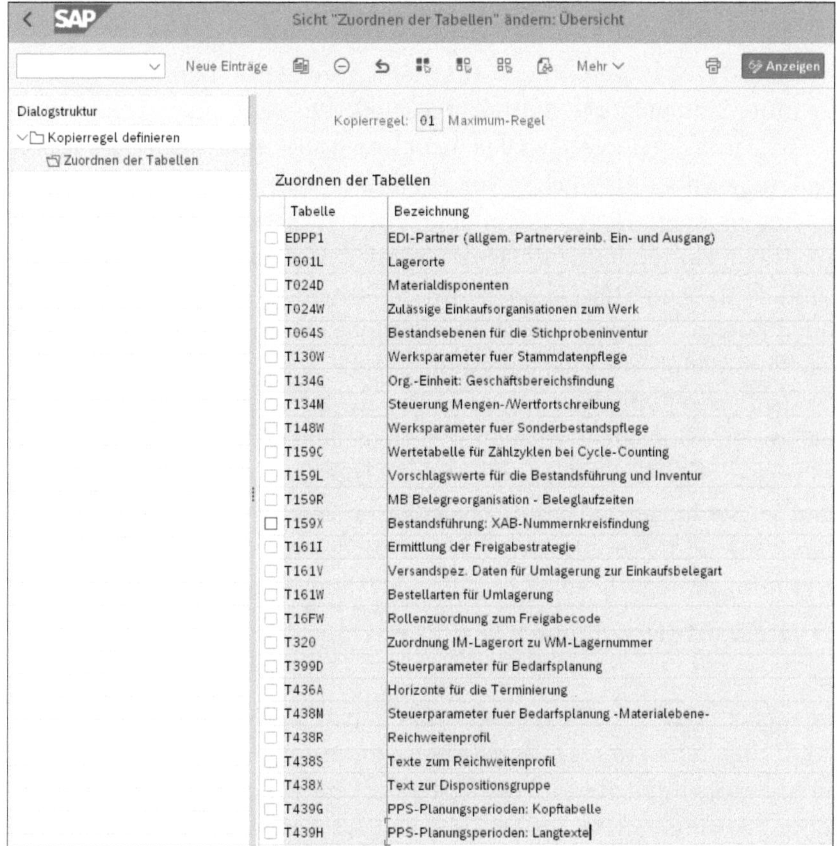

Abbildung 2.65 Maximum-Kopierregel anlegen

Vorlagewerke

Vorlagewerke können genutzt werden, um bei der Anlage eines neuen Werkes nicht alle Stammdaten pflegen zu müssen, die für alle Werke gleich sind. Ein Vorlagewerk kann im Werksprofil gepflegt werden und wird dann bei der Anlage eines Werkes vorgeschlagen. Es kann aber auch manuell in der Einstiegsmaske von Transaktion WB01 eingegeben werden (siehe Abbildung 2.66).

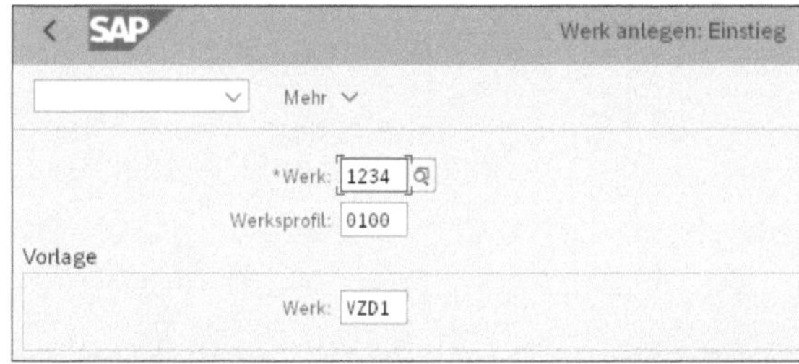

Abbildung 2.66 Transaktion WB01 – Einstieg mit Vorlagewerk

2.7 Sortimentierung

Auch die Sortimentierung und Listung ist ein Themengebiet der Stammdatenpflege. Sie finden sie unter **Stammdaten • Sortiment/Listung**. Wir verwenden für die Sortimentierung und Listung im Folgenden den Sammelbegriff *Sortimentierung*. Die Sortimentierung ermöglicht es, ein Konzept für den lokalen oder globalen Marktauftritt eines Unternehmens zu erstellen, zu dem heutzutage auch der Auftritt im Internet hinzukommt. Anhand unternehmenseigener Kriterien werden die Werkssortimente definiert. Damit wird auch festgelegt, welche Materialien in welchen Werken bewirtschaftet werden dürfen. Dieser Abschnitt beschäftigt sich mit den grundsätzlichen Einstellungen im SAP-S/4HANA-Retail-System für die Sortimentierung. Darunter sind auch das *Listungsverfahren* und die *Sortimente* zu verstehen, Begriffe, die wir zunächst klären. Im Anschluss erläutern wir die verschiedenen Möglichkeiten der Sortimentsgestaltung und werfen einen Blick auf das Customizing der Sortimentierung. In den meisten Beschaffungs- und Bewirtschaftungsprozessen erfolgt außerdem eine *Listungsprüfung*. Hier wird geprüft, ob ein Material für einen Prozess überhaupt gelistet ist. Diese Prüfung ermöglicht somit erst die relevanten Retail-Prozesse.

Wir definieren zunächst die wichtigsten Begriffe im Umfeld der Sortimentierung:

- **Sortiment**
  Das Sortiment beinhaltet eine Gruppe von Materialien, die den Werken in Form eines Bausteins zugeordnet werden. Durch diese Zuordnung sind die im Baustein befindlichen Materialien für dieses Werk bestellbar und verkäuflich. Der Zeitraum der Zuordnung sowie der Zeitraum der Gültigkeit des Sortiments können limitiert oder unbeschränkt sein. Wenn ein Material nicht im Sortiment eines Werkes enthalten ist, kann über dieses Werk weder eingekauft noch verkauft werden.
- **Sortimentsart**
  Die Sortimentsart ist eine Ausprägung des Sortiments und steuert das Systemverhalten und die strategische Ausrichtung des Sortiments. Darauf gehen wir ausführlicher in Abschnitt 2.7.1, »Sortimentsarten«, ein.
- **Sortimentstyp**
  Der Sortimentstyp legt die Verwendungsmöglichkeiten nach den verschiedenen betriebswirtschaftlichen Funktionen eines Sortiments fest. Er wird bei der Anlage eines Sortiments vergeben.

  Es gibt folgende Sortimentstypen:

  - Typ A: Werkssortimentstyp
  - Typ B: Verteilzentrumssortimentstyp
  - Typ C: Kundenzuordnungstyp

  Die Sortimentstypen A und B werden *lokales Sortiment* genannt und direkt bei der Anlage eines Werkes bzw. Verteilzentrums automatisch im Hintergrund angelegt.

Der Sortimentstyp C wird *allgemeines Sortiment* genannt und kann beliebig vielen Werken zugeordnet und daher kundenspezifisch angelegt werden.

- **Sortimentsbaustein**
  Ein Sortimentsbaustein wird den Sortimenten mit einer zeitlichen Gültigkeit zugeordnet und ermöglicht die Listung von Materialien. Es gibt unterschiedliche Arten von Sortimentsbausteinen, die Sie in Abschnitt 2.7.3, »Sortimentsbausteinzuordnung und -pflege«, kennenlernen werden.
- **Listung**
  Über die Listung definieren Sie, mit welchen Kriterien und Prüfungen die Materialien den Sortimenten zugeordnet werden.
- **Listungskondition**
  Die Zuordnung von Materialien zu Sortimenten erzeugt eine Listungskondition pro Material. Diese beinhaltet folgende Informationen:
  - Gültigkeit der Listungskondition
  - Sortimentsstatus (z. B. Sortiment ist in Auslistung)
  - Sortimentsbausteinnummer, die die Erzeugung der Listungskonditionen ausgelöst hat
  - Aktionsnummer, für die das Material beschafft wird
  - Lieferantennummer eines Rackjobbers
  - strukturierte Materialnummer, z. B. ein Material als Komponente eines strukturierten Materials
- **Listungsverfahren**
  Das Listungsverfahren wird nach bestimmten Kriterien (z. B. Präsentation der Güter im Markt, Komplexität der Sortimentsgestaltung im Unternehmen etc.) festgelegt und beschreibt die notwendigen Regeln, um die Prozesse für ein Material in einem Werk definieren zu können (siehe Abschnitt 2.7.4, »Listungsverfahren«).
- **Layoutbaustein**
  Der Layoutbaustein stellt einen bestimmten physischen Bereich in einem Werk dar und hat einen eigenen Gültigkeitszeitraum. Er kann in Versionen angelegt werden. Die Versionen dürfen aber keine überschneidenden Gültigkeitszeiträume haben.
- **Sortimentsdimension**
  Die Sortimentsdimension wird über die Sortimentsart festgelegt und dient dazu, Werke mit gleichen Eigenschaften zu einem Sortiment zusammenzufassen. Die Ausprägungen für eine Sortimentsdimension können z. B. Preise oder Kapazität sein.
- **Sortimentsbausteinmanagement**
  Mit Wechsel auf SAP S/4HANA Retail ist über das sogenannte Sortimentsbausteinmanagement eine Integration der Sortimentsplanung mit SAP Assortment Planning möglich (siehe Kapitel 10, »Fashion Management«).

Die Einstellungen zur Steuerung der Sortimentsgestaltung und der Listungsverfahren sind im Customizing von Transaktion SPRO auf der Registerkarte **Logistik Allgemein** zu finden (siehe Abbildung 2.67).

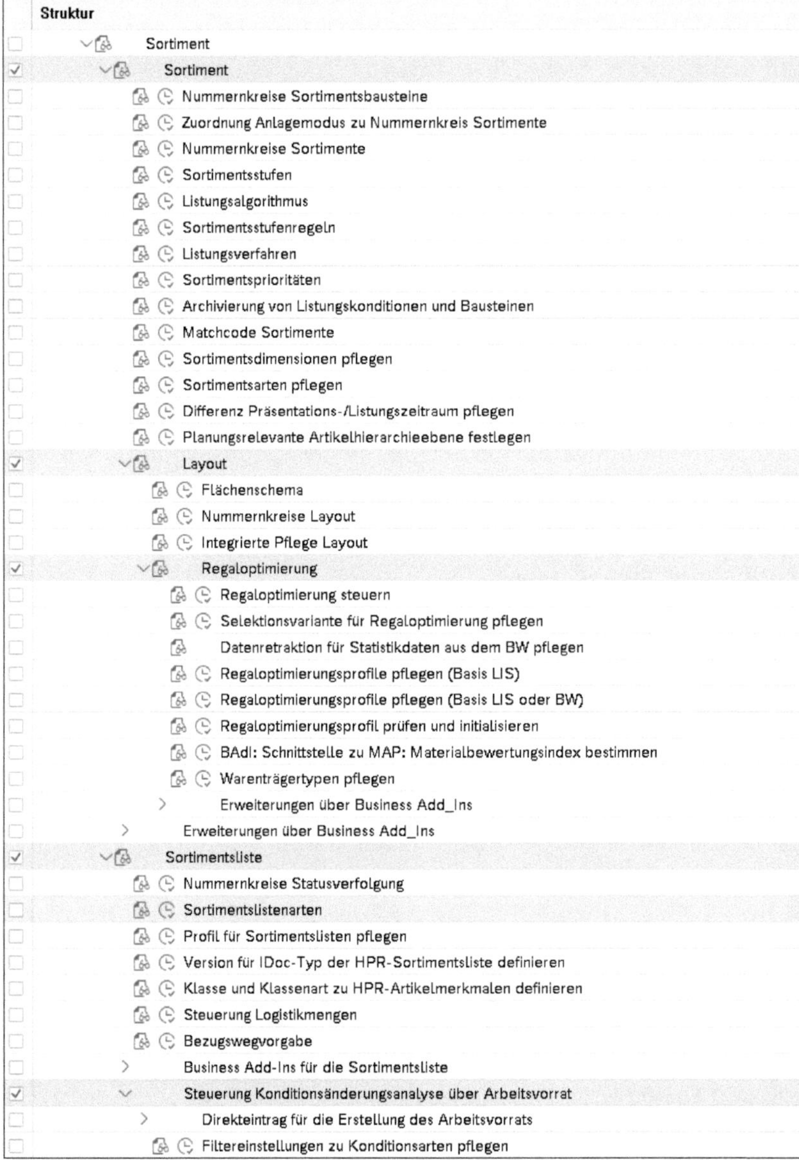

Abbildung 2.67 Customizing-Einstellungen für die Sortimente und Listungsverfahren

Die wichtigsten Einstellungen sind folgende:

- Pflege von Sortimentsstufen und Sortimentsstufenregeln
- Listungsverfahren und Prüfungen

- Sortimentsarten, Sortimentslistenarten und Sortimentslistenprofile
- Einstellungen zu Layout und Regaloptimierung
- Sortimentsbausteinmanagement

Die Sortimentsplanung in SAP S/4HANA Retail ermöglicht eine bedarfsgerechte Versorgung der Werke mit Materialien. Die automatisierten Prozesse im Rahmen der Sortimentierung ermöglichen ein optimales Beschaffungsmonitoring. Dadurch werden die Kapitalbindungkosten reduziert, und eine zeitnahe Warenversorgung bei geringen Lagerbeständen, unter Berücksichtigung der Regalkapazität, wird ermöglicht. Auf diese Weise wird die Effizienz durch die transparenteren Prozessabläufe erhöht.

2.7.1 Sortimentsarten

Die Sortimentsarten werden im Customizing eingestellt (siehe Abbildung 2.68) und dienen der Steuerung der verschiedenen Geschäftsprozesse (z. B. **Fashion**, **Foodartikel**, **Frischeprodukte** und **Sonstige Non-Food ohne Fashion**). Eine Fashion-Sortimentsart kann z. B. steuern, wie viele Tage vor Beginn einer Saison die Fashion-Artikel bereits gelistet werden sollen. Die Fashion-Artikel sind in der Grunddatensicht im Materialstamm einer definierten Saison sowie dem Saisonjahr zugeordnet. Aus diesen Werten ermitteln sich die saisonbedingten Listungszeiträume sowie die Zeiträume, in denen das Material verkauft werden darf.

Pflege-View Sortimentsarten

SArt	Bezeichnung
FASH	Fashion
FOOD	Foodartikel
FRIP	Frischeprodukte
NONF	Sonstige NonFood ohne Fashion

Abbildung 2.68 Customizing der Sortimentsarten

2.7.2 Sortimentszuordnung und -pflege

Die Sortimentszuordnung und -pflege in SAP S/4HANA Retail ist sehr flexibel gestaltet. Sie kann einem Werk oder einem Material zugeordnet werden.

Sortimentszuordnung zum Werk

Die Zuordnung des definierten Sortiments zum Werk kann über die folgenden Wege erfolgen:

- **Transaktion WSOA2**
  Diese Transaktion ermöglicht die Pflege des Sortiments und die Zuordnung des *Sortimentsnutzers*, also des dem Sortiment zugeordneten Werkes (siehe Abbildung

2.69). In der Spalte **KundenNrWerk** können ein oder mehrere Werke pro Sortiment eingetragen werden.

Abbildung 2.69 Transaktion WSOA2 – Sortimentszuordnung zum Werk

- **Transaktion WSOA6**
  Über dieses spezielle Werkzeug werden die Werke den Sortimenten zugeordnet. Dazu wählen Sie das Sortiment in der Liste links aus und ordnen es per Drag & Drop den Werken zu (siehe Abbildung 2.70).

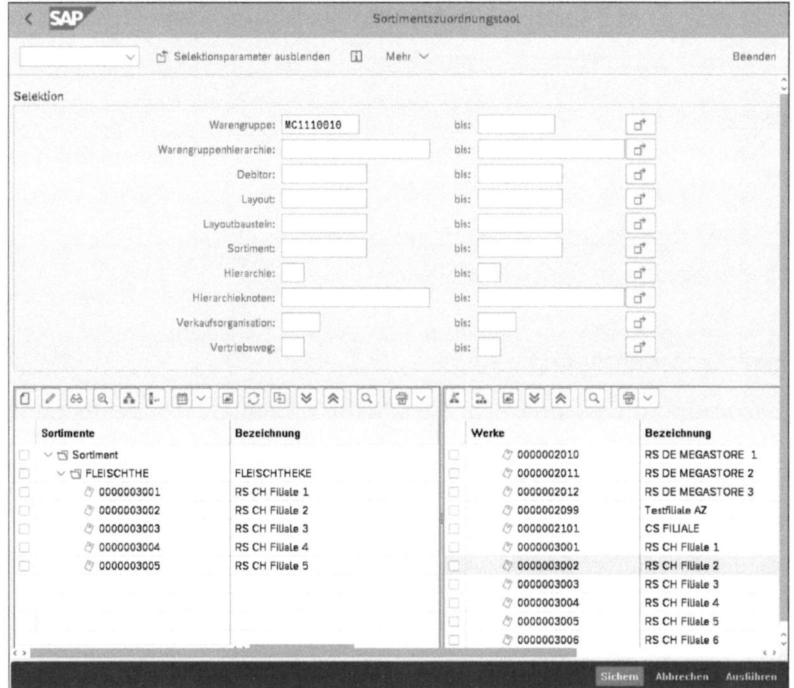

Abbildung 2.70 Transaktion WSOA6 – Sortimentszuordnungstool

Das Ergebnis der Sortimentszuordnung zu den Werken ist bei beiden Vorgehensweisen identisch: Es entstehen lokale Sortimente. Die lokalen Sortimente erzeugen automatisiert entweder über einen direkten Update-Prozess oder über eine Hintergrundverarbeitung (Batch-Prozess) die Listungskonditionen. Basierend auf den Listungskonditionen werden Folgeprozesse, wie z. B. der Datenversand an die Kasse, gesteuert.

Sortimentszuordnung zum Material

Die Materialzuordnung zu den Sortimenten kann über die folgenden Wege erfolgen:

- **Einzelmateriallistungen innerhalb des Materialstamms (Transaktion MM42)**
  Die Zuordnung eines Materials erfolgt in der Regel über die integrierte Materialstammpflege innerhalb der Listungssicht im Materialstamm (siehe Abschnitt 2.3.2, »Registerkarten der Materialstammdaten«). Die Möglichkeit der Übernahme der Listungszuordnungen eines Vorlagematerials ist ebenfalls vorhanden.
- **Massenlistungsprozess**
  Die Materialien können für die einzelnen Filialen bzw. Sortimente entweder auf der Ebene der Sortimente oder der Warengruppen (Transaktion WSM3) massengelistet werden. Das dabei hinterlegte Listungsverfahren übernimmt die Listungsprüfung. Abbildung 2.71 zeigt die Massenlistung auf der Ebene der Sortimente und erweitert auf Warengruppen.

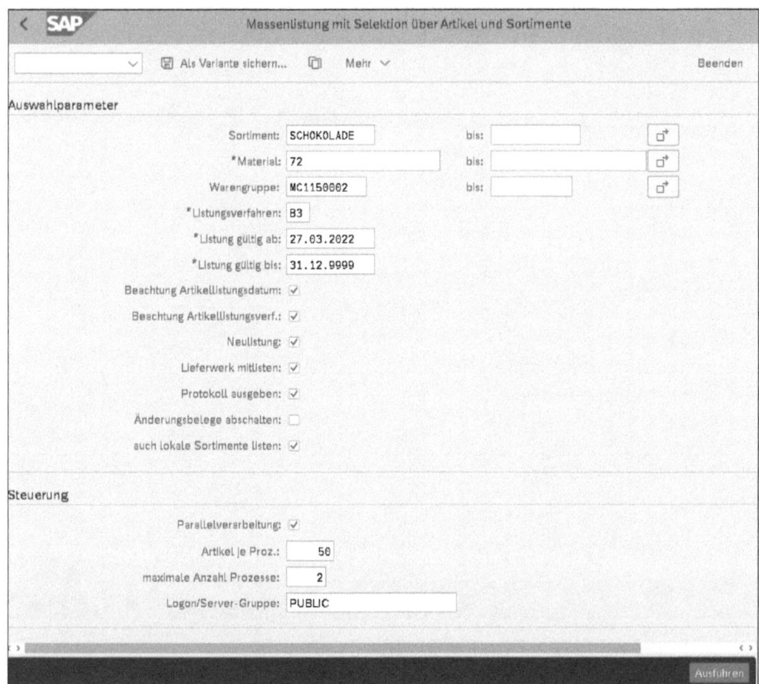

Abbildung 2.71 Massenlistung mit Selektion über Materialien und Sortimente

- **Beschaffungsprozesse aus der Einkaufsliste**
  Die aus dem klassischen SAP-Retail-System bekannte Funktion *operative Sortimentsplanung und -steuerung* (OSPS) wird durch die umfangreichere Funktion »zeitgebundene Sortimente planen« des SAP Merchandising Planning und SAP Assortment Planning unter SAP S/4HANA Retail abgelöst (siehe Abschnitt 10.1, »Retail Loop«).

Sortimentspflege

Die Kundensortimente können direkt über die Transaktionen WSOA1 und WSOA2 angelegt bzw. gepflegt werden (siehe Abbildung 2.72). Die Werks- und Verteilzentrumssortimente werden direkt bei der Werkspflege angelegt. Die Kundensortimente können vertriebslinienspezifisch mit unterschiedlichen Ausprägungen gepflegt werden. Dabei werden pro Kundensortiment die **Grunddaten** zum Sortiment, die Texte in den möglichen **Sprachen**, die relevanten **Warengruppen** sowie die **Sortimentsnutzer** (Werke) gepflegt.

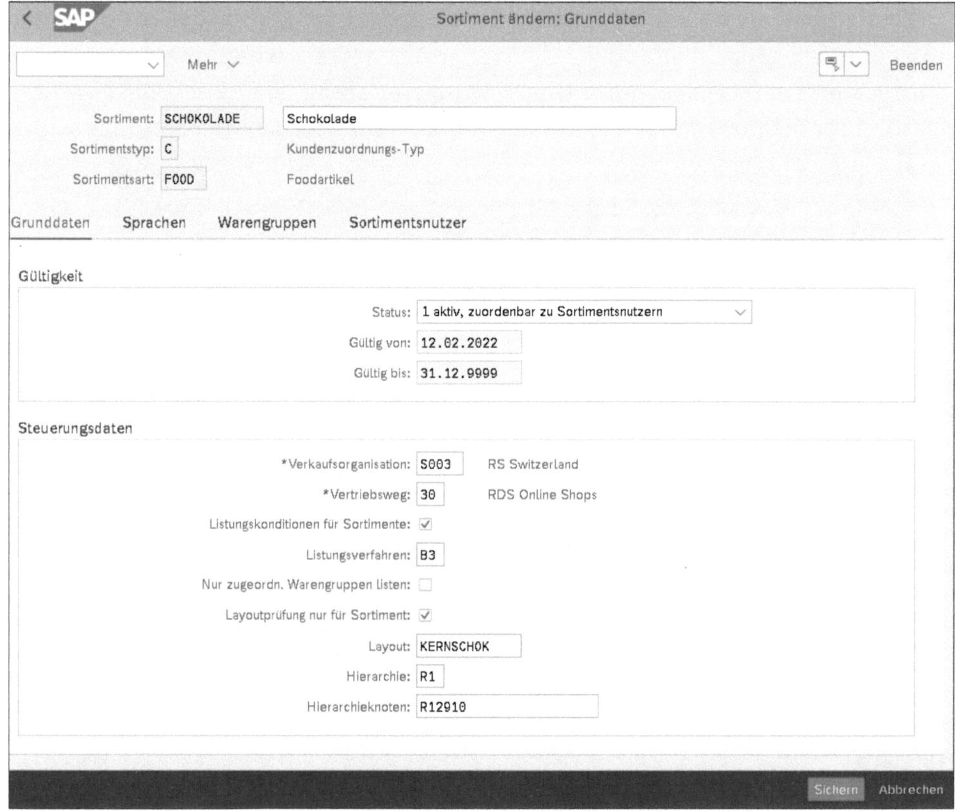

Abbildung 2.72 Transaktion WSOA2 – Kundensortiment pflegen

Ein bestehendes Sortiment kann kopiert werden, um neue Sortimente anzulegen. Dabei ist es auch möglich, die Sortimentsnutzer (d. h. die dem Sortiment zugeordneten Werke) zu übernehmen. Sie können das neue Sortiment auch erst zu einem späteren Zeitpunkt den Werken zuordnen. Grundsätzlich werden aber alle relevanten Einstellungen zum Sortiment in das Zielsortiment kopiert.

2.7.3 Sortimentsbausteinzuordnung und -pflege

Die Sortimentsbausteine werden ebenfalls in Transaktion WSO2 den Sortimenten zugeordnet. Ein Sortimentsbaustein kann einem oder mehreren Sortimenten zugeordnet werden. Dabei werden die im Baustein enthaltenen Materialien für die zugeordneten Sortimente bzw. Werke gelistet. Bei der Sortimentsbausteinpflege wird ein Gültigkeitszeitraum für die Zuordnung gepflegt. Es gibt folgende Arten von Sortimentsbausteinen:

- **Normalbaustein**
  Für diesen Bausteintyp können Sie die Kriterien frei wählen, z. B. Markenartikel.
- **Lokaler Baustein**
  Dieser Baustein gilt genau für ein Sortiment.
- **Exklusionsbaustein**
  Dieser Bausteintyp verhindert die Listung für ein Material.
- **Aktionsbaustein**
  Dieser Bausteintyp bildet die regionale Zeitstaffel einer Aktion für Werke ab.
- **Rack-Jobber-Baustein**
  Dieser Bausteintyp gilt für die Konsignationslieferanten (die das Risiko der Warenabnahme erst nach dem Verkauf an den Endkunden an den Händler übertragen).
- **Profilbaustein**
  Diese Bausteine entstehen automatisch bei der Materialpflege je Sortiment und Warengruppe.
- **Regalbaustein**
  Diese Bausteine entstehen automatisch bei der Pflege von Layoutbausteinen. Sie bilden das Layout in einem Regal ab und dienen der Regaloptimierung.
- **Bausteine für Wertkontrakte im Verkauf**
  Die Materiallisten für Wertkontrakte mit den Lieferanten, d. h. für die vertragliche Vereinbarung über die Erreichung von Umsatzzielwerten oder über die Abnahme bestimmter Mengen, werden mithilfe von Sortimentsbausteinen gepflegt (siehe Abbildung 2.73).

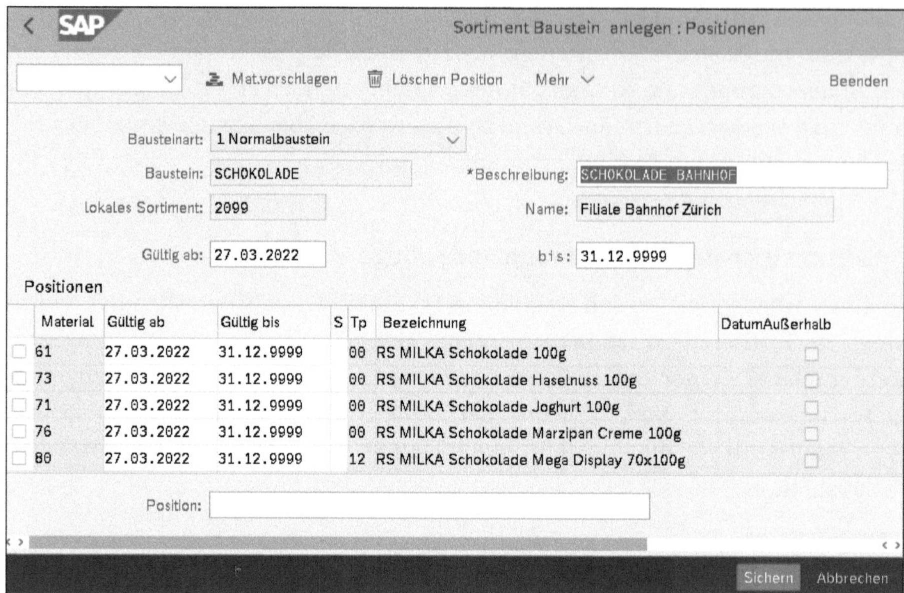

Abbildung 2.73 Transaktion WSO2 am Beispiel eines Normalbausteins

2.7.4 Listungsverfahren

Das Listungsverfahren kann in SAP S/4HANA Retail auf unterschiedliche Art und Weise eingestellt werden:

- als Basisverfahren nach Warengruppe/Sortimentsstufe
- per Klassifizierung
- per Layout-Workbench
- als Listung auf Sortimente
- als Listung ohne Bedingung

Basisverfahren nach Warengruppe/Sortimentsstufe

Das Listungsverfahren nach Warengruppen/Sortimentsstufen wird ausschließlich auf Basis der Warengruppe durchgeführt. Alle Materialien einer Warengruppe werden pro Sortimentsstufe gleich behandelt. Anhand definierter *Sortimentsstufenregeln* wird die Wertigkeit des Materials bestimmt. Die Sortimentsstufen werden mit unterschiedlichen Ausprägungen (z. B. Kernsortiment, Sondersortiment, erweitertes Sortiment) pro Werk definiert und den Werken zugeordnet. Dieses Verfahren bietet eine einheitliche und feste Strukturierung auf der Ebene der Warengruppen. Die Sortimentierung wird auf einem hohen Level durchgeführt, und es gibt keine Unterscheidungsmöglichkeiten innerhalb einer Warengruppe.

Abbildung 2.74 zeigt eine beispielhafte Zuordnung einer Sortimentsstufe zu einem Material sowie zu einem Werk (jeweils auf der Ebene der Warengruppe). Anhand des Listungsalgorithmus erfolgt die Listungsprüfung. Dabei stellt z. B. die Stufe 10 nur das Kernsortiment dar.

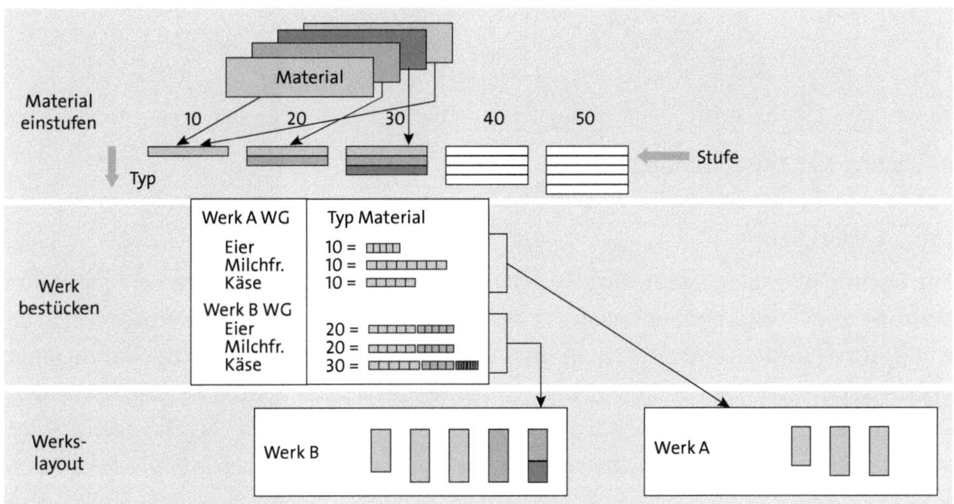

Abbildung 2.74 Basisverfahren Warengruppe/Sortimentsstufe

Alle höheren Stufen beinhalten diese Stufe 10 (Stufe 30 beinhaltet also Stufe 10 und Stufe 20). Ein Werk, dem auf der Ebene der Warengruppe die Stufe 30 zugeordnet wurde, führt alle Materialen mit der Stufe 10, 20 und 30 in seinem Sortiment. Das Werk B führt also ein umfangreicheres Sortiment als das Werk A, der nur das Kernsortiment (Grundsortiment) führen darf.

Klassifizierung

Das Klassifizierungsverfahren berücksichtigt die Merkmale und Werte eines Materials und prüft innerhalb einer Warengruppe, welche Merkmale dem Sortiment entsprechen. In Abbildung 2.75 sehen Sie dazu ein Beispiel: Sortiment A enthält die Marken X und Z, Sortiment B und C enthalten nur die Marke Y. Entscheidend bei dieser Listung ist die Zuordnung des Materials zu den im Klassensystem gepflegten Merkmalswerten.

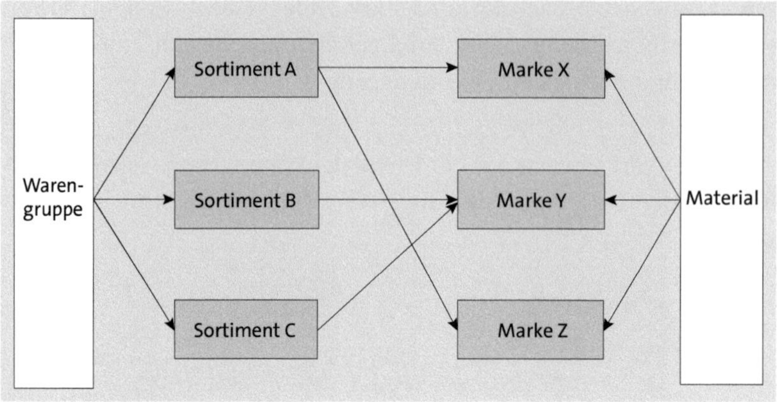

Abbildung 2.75 Klassifizierung

Layout-Workbench

Die Listung über die Layout-Workbench ermöglicht Ihnen eine aktive Sortimentsgestaltung. Die Produktpräsentation erfolgt über die sogenannten *Warenträger* (Regale) mit den zugeordneten Materialien. In SAP S/4HANA Retail werden die Warenträger als *Layoutbausteine* abgebildet. Die Regalflächen in den einzelnen Betrieben werden entsprechend der Regalkapazität automatisch nachversorgt. Die Regalkapazität wird vor allem über die Bodenlaufmeter abgebildet. Dieses Verfahren hat die folgenden Vorteile:

- strukturierte Abbildung der Layoutbausteine für einen Betrieb
- Absprung zur Materialschnellerfassung und Anlage der Listungskonditionen
- Zuordnung mehrerer Materialien in einem Schritt zu einem Layoutbaustein
- Zuordnung von einem Material zu beliebig vielen Layoutbausteinen
- Basis für die Anbindung der Regaloptimierung und den Absprung in ein externes Regaloptimierungstool
- einziges Verfahren mit Versionen und mit Handhabung von Inklusionen und Exklusionen in einem Objekt
- effizientes warengruppenspezifisches Sortimentsreporting bis auf Betriebsebene
- hoher Automatisierungsgrad

Mit der Layout-Workbench können alle Funktionen, die die Regaloptimierung und das Layout betreffen, vorgenommen werden. Es gibt mehrere Möglichkeiten zum Einstieg in die Layout-Workbench (Transaktion WLWBN). Neben dem Weg über den Layoutbaustein können Sie über die Transaktionen WLAMN (Layoutpflege) und WLMVN (Layoubausteinsversionspflege) in die Layout-Workbench abspringen. In Abbildung 2.76 ist der Einstieg über die Layout-Workbench mit den unterschiedlichen Versionen und den darin enthaltenen Materialien dargestellt. In der Übersicht zugeordneter Materialen sehen Sie neben den Materialen die Möglichkeit, weitere Attribute, wie etwa **Facing**, **Front** oder **Präsentationsmenge**, zu hinterlegen oder per externer Regaloptimierung ermitteln zu lassen. Grundsätzlich bietet das Verfahren die Möglichkeit, über SAP-S/4HANA-kompatible Webservices erstellte Regallayouts aus einer externen Regaloptimierung in das SAP-S/4HANA-Retail-System zu übermitteln.

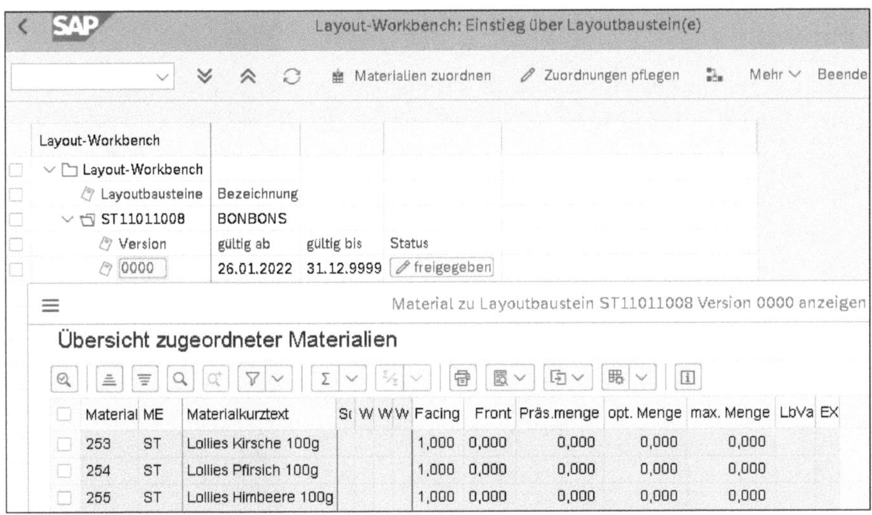

Abbildung 2.76 Layout-Workbench – Einstieg über Layoutbausteine

Listung auf Sortimente (N:M-Verfahren)

Mit dem Listungsverfahren N:M wird die Mehrfachlistung in verschiedenen Sortimenten aktiviert. Dieses Verfahren ermöglicht eine zusätzliche Sortimentierung als Ergänzung der bekannten Sortimentierung auf lokale Sortimente (direkt auf der Ebene des Betriebs). Über dieses Listungsverfahren werden die Materialien den möglichen Sortimenten innerhalb der Materialpflege sowie für die Massenlistungsprozesse vorgeschlagen und zugewiesen. Dies erfolgt über die Prüfung der Zugehörigkeit der Sortimente sowie der Materialien zu den Warengruppen. Dabei werden die Warengruppen nur denjenigen Sortimenten zugeordnet, die auch innerhalb der entsprechenden Filiale geführt werden. So könnte ein Material gleichzeitig mehreren Sortimenten mit unterschiedlichen Stufen zugeordnet werden.

Durch dieses Listungsverfahren ergeben sich folgende Vorteile:

- Mehrfachzuordnungen für Materialien möglich
- Flexibilität durch Sortimentierung auf Ebene der Warengruppe
- Erstellung von filialindividuellen Sortimenten möglich
- Erstellung von einheitlichen Filiallayouts möglich
- vereinfachte Pflegemöglichkeit per Drag & Drop

Listung ohne Bedingung

Bei der Listung ohne Bedingung werden keine Prüfungen durchgeführt, und es erfolgt eine Listung in allen möglichen Werken ohne weitere Prüfung. Dazu ist es nur notwendig, das Listungsverfahren **02 – Listung ohne Bedingung** in den Listungstransaktionen auszuwählen.

2.7.5 Sortimentsliste

Das Ergebnis der Sortimentierung wird in der Sortimentsliste angezeigt. Dabei werden alle gelisteten Materialien aufgeführt, unabhängig davon, ob diese nun bestellbar sind oder nicht. Pro Werk wird eine Sortimentsliste erstellt. Abbildung 2.77 zeigt ein Beispiel für eine Sortimentsliste in Transaktion WBBS.

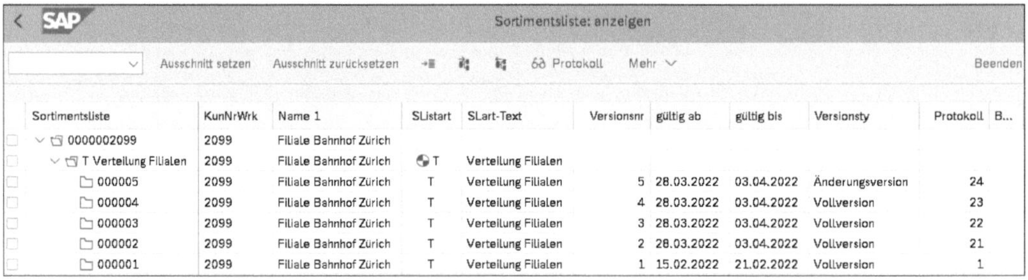

Sortimentsliste: anzeigen

Ausschnitt setzen | Ausschnitt zurücksetzen | 6ə Protokoll | Mehr | Beenden

Sortimentsliste	KunNrWrk	Name 1	SListart	SLart-Text	Versionsnr	gültig ab	gültig bis	Versionsty	Protokoll	B...
0000002099	2099	Filiale Bahnhof Zürich								
T Verteilung Filialen	2099	Filiale Bahnhof Zürich	T	Verteilung Filialen						
000005	2099	Filiale Bahnhof Zürich	T	Verteilung Filialen	5	28.03.2022	03.04.2022	Änderungsversion	24	
000004	2099	Filiale Bahnhof Zürich	T	Verteilung Filialen	4	28.03.2022	03.04.2022	Vollversion	23	
000003	2099	Filiale Bahnhof Zürich	T	Verteilung Filialen	3	28.03.2022	03.04.2022	Vollversion	22	
000002	2099	Filiale Bahnhof Zürich	T	Verteilung Filialen	2	28.03.2022	03.04.2022	Vollversion	21	
000001	2099	Filiale Bahnhof Zürich	T	Verteilung Filialen	1	15.02.2022	21.02.2022	Vollversion	1	

Abbildung 2.77 Beispiel für eine Sortimentsliste

Per Doppelklick auf einen Knotenpunkt in der Sortimentsliste können Sie sich die Materialliste für diese Warengruppe anschauen. In der Sortimentsliste finden Sie neben der Materialnummer und der Bezeichnung auch Angaben über Mengenverhältnisse, Verkaufspreis, Sammelmaterialzuordnung und Gültigkeit.

Aus der Sortimentsliste wird die Dispositionsliste für den Filialauftrag erstellt. Die Sortierung innerhalb der Liste wird über die *Sortimentslistenart* im Customizing definiert.

Das *Sortimentslistenprofil* fasst die Steuerungsparameter für die Generierung von Sortimentslisten zusammen und kann für mehrere Betriebe zugeordnet werden. Die Sortimentslistenprofilparameter steuern die Generierung und das Design von Sortimentslisten. Im Wesentlichen werden folgende Parameter festgelegt:

- Design der Sortimentslistenzeile
- der Weg der Versendung der Daten an Werke, z. B. Datenübermittlung per elektronische Nachricht
- Datenablage in der Sortimentslistenversionsverwaltung

- Sortierungskriterien für die Materialien
- Aufbereitung der Daten

Die Sortimentslisten können auch für die Kassenversorgung per IDoc übertragen werden. Dies kann mit einer *Vollversion* oder einer *abgemischten Version* durchgeführt werden. Bei der abgemischten Version werden die letzte Sortimentsliste und Sortimentslistenänderungen übertragen. Diese Methode ist wegen ihrer besseren Performance vorteilhaft.

2.7.6 Auslistung

Materialauslistung bedeutet, den Gültigkeitszeitraum einer Listungskondition in die Vergangenheit zu setzen und dabei die Beschaffung eines Materials für ein oder mehrere Werke zu unterbinden – nicht aber dessen Abverkauf. Die Auslistung kann über die Bearbeitung des Materials innerhalb der integrierten Materialpflege oder über verschiedene Auslistungsprozesse in SAP S/4HANA Retail erfolgen (z. B. Einzelauslistung/Massenauslistung des Materials, Auslistung für Sortimente/Lieferanten/Vertriebslinien). Bei Saisonmaterial ist die Listungskondition bereits durch die Saisonparameter auf ein definiertes Enddatum eingestellt. Nach Ablauf des Gültigkeitsdatums ist das Material bereits ausgelistet. Abbildung 2.78 zeigt die Materialauslistung für Sortimente über Transaktion WSE6.

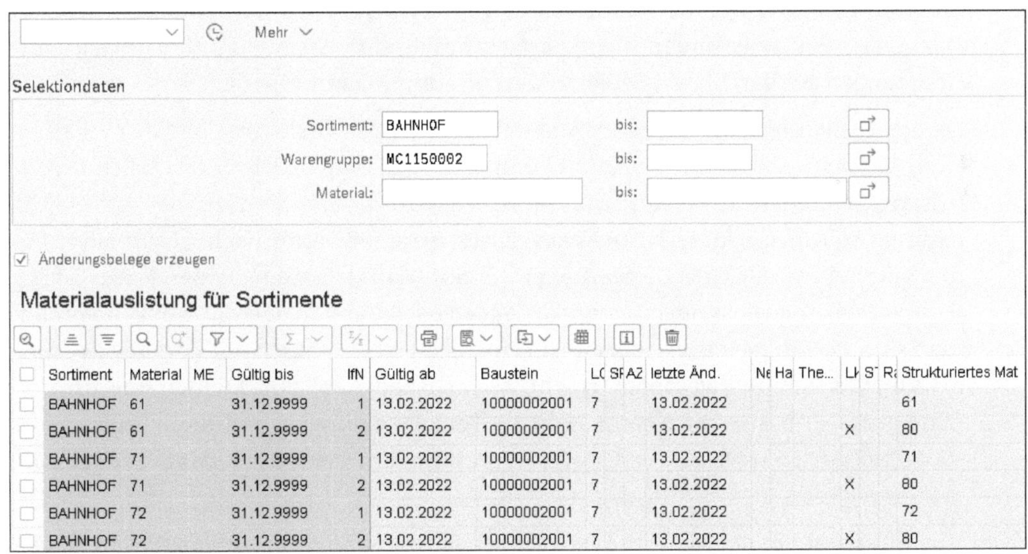

Abbildung 2.78 Materialauslistung für Sortimente

Auslistungs-Workbench

Mit dem Wechsel auf SAP S/4HANA Retail werden die Auslistungsverfahren **Mandantenweite Materialauslistung, Auslistung Lieferantenmaterial** sowie **Materialauslistung für Werke** über die Auslistungs-Workbench gesteuert. In Tabelle 2.11 sehen Sie die Auslistungsverfahren im Vergleich. Wir betrachten die Kerneigenschaften der drei Verfahren im Anschluss noch genauer.

Mandantenweite Materialauslistung	Auslistung Lieferantenmaterial	Materialauslistung für Werk
Möglichkeit, Material in Gänze samt lieferantenbildender und werksbildender Daten auszulisten	Möglichkeit, Material zu Lieferanten auszulisten	Möglichkeit, Material zu Filialen auszulisten
Material erhält systemweit Löschvormerkung.	Material erhält auf Material-/Lieferantenebene Löschvormerkungen, nicht aber auf allgemeinen Materialdaten.	Material erhält auf Material-/Filialebene Löschvormerkungen, nicht aber auf allgemeinen Materialdaten.

Tabelle 2.11 Auslistungs-Workbench – Vergleich der Auslistungsarten

Den drei Auslistungsarten ist gemein, dass auf offene Bestände, nicht abgeschlossene Bestellungen und weitere Handelsdaten geprüft wird. Wird während einer der Prüfungen ein Fehler gefunden, bleibt die Listungskondition weiter gültig. Die Löschvormerkungen auf den Materialebenen werden somit nicht umgesetzt.

In der Auslistungs-Workbench können Sie die Art der Auslistung und der Verarbeitung auswählen. Über die Selektion können Sie frei wählen, wie der zu füllende Auslistungsarbeitsvorrat heißen soll. Die Arbeitsvorräte dienen dazu, die ermittelten Gründe, warum ein Material nicht ausgelistet werden konnte, nachzubearbeiten. Dabei müssen erst alle Gründe bearbeitet werden. Gründe für eine fehlende Auslistung können z. B. sein, dass noch Materialbelege in Bestellungen oder Buchungen vorhanden sind. Das Folgeverfahren kann automatisiert und dadurch der Vorgang der Auslistung beschleunigt werden. Die Schritte des Folgeverfahrens können im Customizing genauso bestimmt werden, wie die Fehlermeldungen und die Zuweisung zu Mitarbeitern. So trägt ein Auslistungs-Workflow zur Abarbeitung der Arbeitsvorräte bei.

Die Auslistung in der Auslistungs-Workbench kann in Online- oder Offlineverarbeitung durchgeführt werden. Bei der Onlineverarbeitung erfolgt die Prüfung direkt im Dialog, die Offlineverarbeitung findet im Hintergrund (Batch-Verarbeitung) statt und ist bei großen Datenmengen sinnvoll. Abbildung 2.79 zeigt die Auslistungs-Workbench, die Sie mit Transaktion WRF_DIS_SEL aufrufen können.

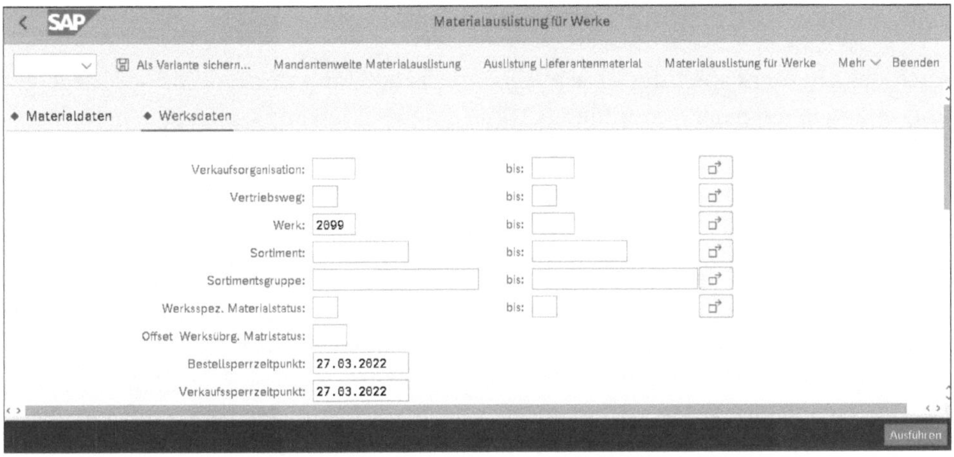

Abbildung 2.79 Auslistungs-Workbench – Materialauslistung für Werke

Das Ergebnis der Auslistung ist über den Auslistungsmonitor mit Transaktion WRF_DIS_MON zu prüfen. In der Selektion geben Sie den in der Auslistungs-Workbench hinterlegten Namen des Arbeitsvorrats an. Abbildung 2.80 zeigt zum Werk 2099 die auszulistenden Materialien auf. Je Material werden die Prüfungsergebnisse eingeblendet. Über den Auslistungsmonitor können Sie z. B. die Folgeverarbeitung manuell anstoßen.

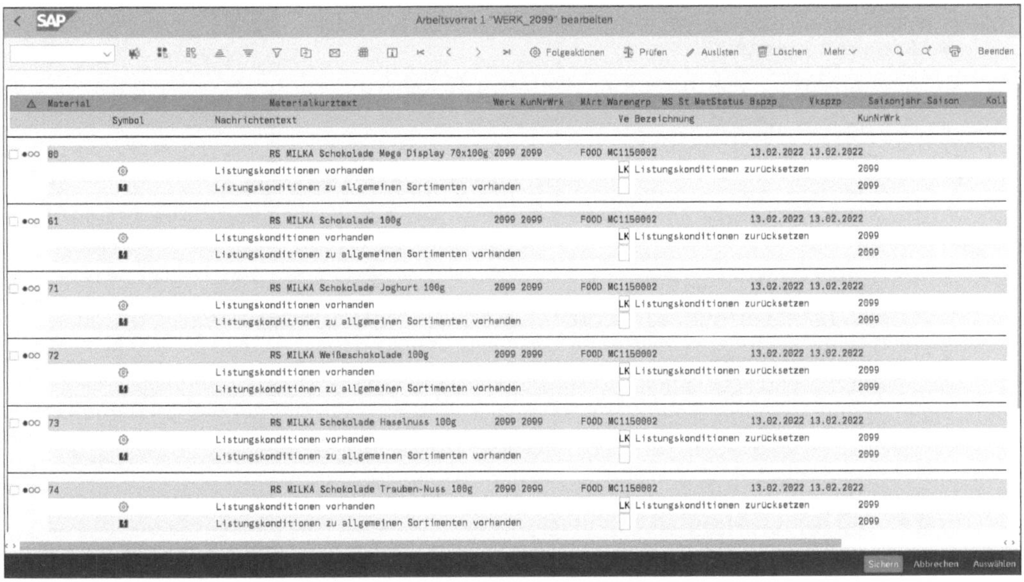

Abbildung 2.80 Auslistungs-Monitor – Arbeitsvorrat

2.8 Preise, Konditionen und Handelskalkulation

Auch das Themengebiet der Preispflege, Preisermittlung und Konditionspflege gehört in den Bereich der Stammdaten. Diese Stammdaten können zwar je nach Material mehr oder weniger variieren (die Preise von Früchten und Gemüse sind z. B. sehr häufig tagesabhängig), sie zählen aber nicht zu den Bewegungsdaten.

Die Handelskalkulation in SAP S/4HANA Retail ermöglicht die Kalkulation des Verkaufspreises anhand der ermittelten Einkaufspreise und Konditionen eines Lieferanten mit Zu- und Abschlägen, Planungskonditionen und Margen unter Berücksichtigung eventueller Rundungsregeln. Die Verkaufspreise können einkaufs- und verkaufsseitig in verschiedenen Organisationsebenen berechnet werden. Die Preisfindung wird durch ein sogenanntes *Kalkulationsschema* ermöglicht. Im Kalkulationsschema wird festgelegt, welche Konditionen und welche Zu- und Abschläge in welcher Reihenfolge angewandt werden sollen und welcher Verkaufspreis für das Material am Ende verwendet wird.

Zum besseren Verständnis der in diesem Abschnitt beschriebenen Funktionen erläutern wir zunächst die wichtigsten Begriffe in diesem Zusammenhang:

- **Einkaufspreis (EP)**
  Preis, der dem Lieferanten bezahlt wird
- **Verkaufspreis (VP)**
  Preis für den Endkonsumenten inklusive Mehrwertsteuer (MwSt.)
- **Preiskonditionen**
  Zu- und Abschläge zum Einkaufspreis, z. B. Rabatte, Skonto etc.
- **Bezugsnebenkosten**
  Kosten für die Warenbeschaffung, die zum Einkaufspreis hinzukommen (z. B. Frachtkosten, Versicherung, Zoll, Bankspesen, Qualitätsprüfung, Materialsicherung)
- **Kalkulatorische Kosten**
  Kosten für Lagerung, Transport, Rückstellungen, Lagerzinsen etc.
- **Eckpreisrundung**
  Eckpreise sind ab- oder aufgerundete Verkaufspreise, um einen positiven psychologischen Effekt beim Kunden zu erzielen (z. B. 2,99 € anstelle von 3,00 €).

2.8.1 Ablauf der Handelskalkulation

Die Handelskalkulation dient der Kalkulation eines Verkaufspreises auf einer Organisationsebene (z. B. Vertriebslinie, Werk, Preisliste für Kunden) mit einer bestimmten Gültigkeit. Der berechnete Verkaufspreis gilt als der Endpreis an der Kasse in der Verkaufsstelle. In Abbildung 2.81 sehen Sie die Handelskalkulation mit ihren angrenzenden Bereichen. Die Handelskalkulation in SAP S/4HANA Retail kann einstufig oder zweistufig durchgeführt werden.

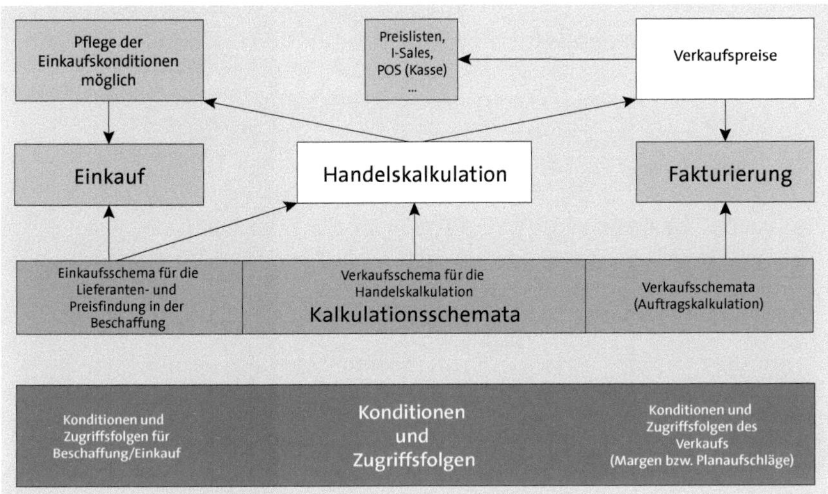

Abbildung 2.81 Positionierung der Handelskalkulation

Einstufige Handelskalkulation

Die einstufige Handelskalkulation ermöglicht die Kalkulation des Verkaufspreises für ein Werk direkt anhand des Einkaufspreises und der Konditionen. Abbildung 2.82 verdeutlicht dieses Prinzip schematisch.

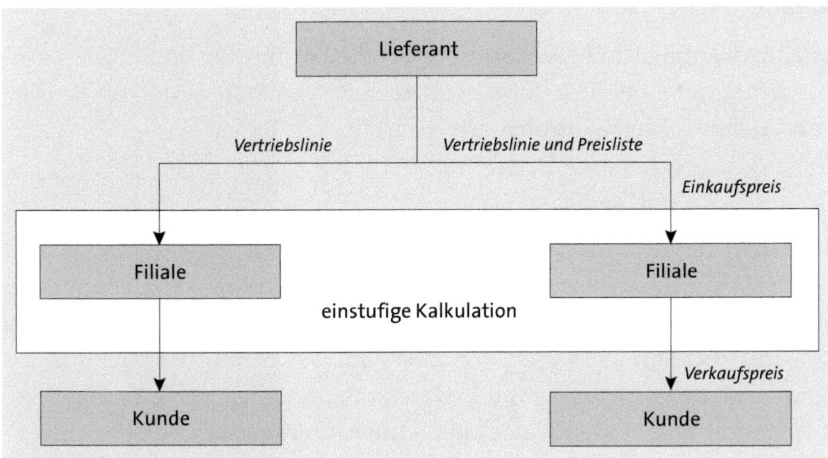

Abbildung 2.82 Einstufige Handelskalkulation

Zweistufige Handelskalkulation

Die zweistufige Handelskalkulation ermöglicht die Kalkulation des Verkaufspreises für ein Werk in einem zweiten Schritt auf Basis des Preises, den das Verteilzentrum berechnet. So erfolgt die Preiskalkulation eines Materials ausgehend vom Einkaufspreis beim externen Lieferanten vorab auf der Ebene des Verteilzentrums. Daraus wird nun der Abgabepreis des Verteilzentrums ermittelt und unter Berücksichtigung von Logistikkosten der Abgabepreis für die Filiale bzw. für den Endkunden errechnet (siehe Abbildung 2.83).

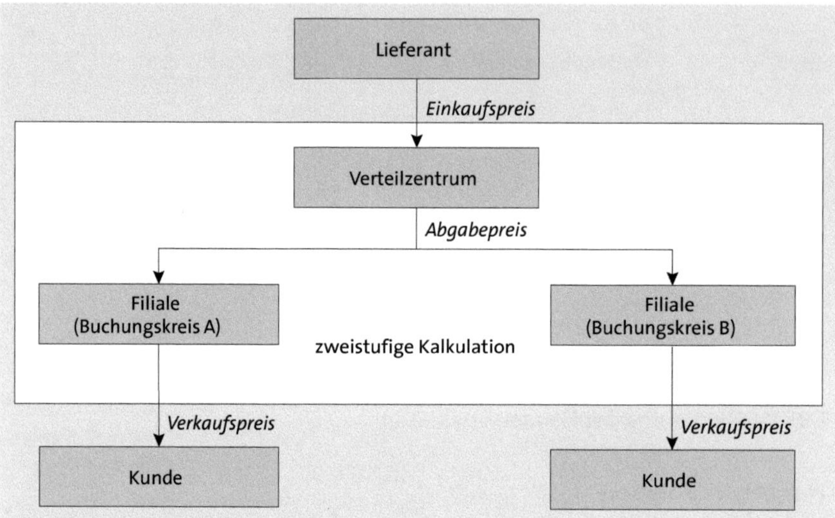

Abbildung 2.83 Zweistufige Handelskalkulation

2.8.2 Kalkulationsschema

SAP S/4HANA Retail ermöglicht es im Kalkulationsschema, die preisfindungsrelevanten Konditionsarten mit einer Reihenfolge festzulegen. Dadurch werden für den Geschäftsprozess relevante Preise automatisch ermittelt.

Kalkulationsschema für den Einkauf

Das Einkaufskalkulationsschema dient der Preisfindung der Lieferantenpreise und -konditionen, der Bezugsnebenkosten, Zahlungsbedingungen sowie Steuern und Gebühren. Wie in Abbildung 2.84 dargestellt, werden im Einkaufskalkulationsschema die bestands- und buchhaltungswirksamen Einstellungen für die Verbuchung des Wareneingangs und für die Prüfung und Verbuchung der Eingangsrechnungen der Lieferanten vorgenommen. Das Einkaufskalkulationsschema wird über die Schemagruppe des Lieferanten und die Schemagruppe der Einkaufsorganisation ermittelt. Die Schemagruppe ermöglicht zusätzlich die Nutzung des gleichen Kalkulationsschemas für mehrere Einkaufsorganisationen oder unterschiedliche Lieferanten. Nachdem das Schema ermittelt wurde, durchläuft das System das Kalkulationsschema, ermittelt alle relevanten Preise inklusive der Zu- und Abschläge und berechnet daraus den aktuell gültigen Preis. Diese so ermittelten und berechneten Preise erscheinen dann innerhalb der Einkaufsbelege und auch auf den Bestellformularen.

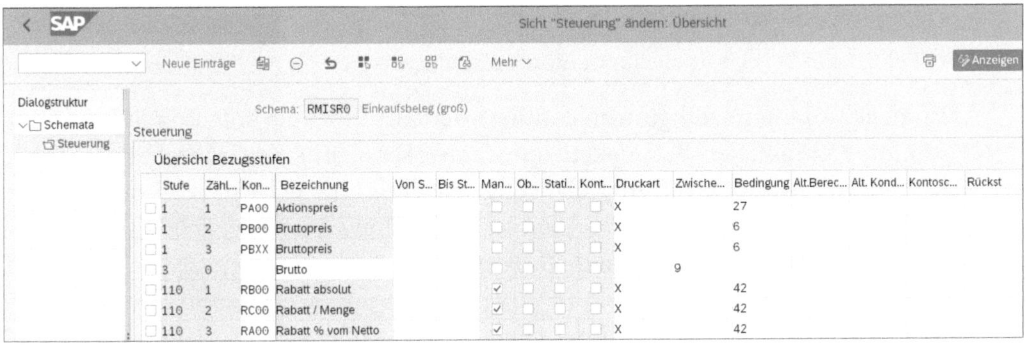

Sicht "Steuerung" ändern: Übersicht

Schema: RMISR0 Einkaufsbeleg (groß)

Steuerung

Übersicht Bezugsstufen

Stufe	Zähl...	Kon...	Bezeichnung	Von S...	Bis St...	Man...	Ob...	Stati...	Kont...	Druckart	Zwische...	Bedingung	Alt.Berec...	Alt. Kond...	Kontosc...	Rückst
1	1	PA00	Aktionspreis							X		27				
1	2	PB00	Bruttopreis							X		6				
1	3	PBXX	Bruttopreis							X		6				
3	0		Brutto								9					
110	1	RB00	Rabatt absolut			✓				X		42				
110	2	RC00	Rabatt / Menge			✓				X		42				
110	3	RA00	Rabatt % vom Netto			✓				X		42				

Abbildung 2.84 Beispielkalkulationsschema Einkauf

Die Einkaufskonditionen werden mit den Lieferanten über die Konditionsvereinbarungen verhandelt und können sich auf Materialien, Warengruppen oder Lieferanteilsortimente (LTS) beziehen. Die Konditionen werden in speziellen Konditionstabellen abgelegt. Um auf die Wettbewerbssituation, saisonale Restriktionen oder politische Entscheidungen eingehen zu können, ist es möglich, diese Konditionen auch mit einem dynamischen Zeitablauf zu versehen. Die Konditionen haben in der Regel eine bestimmte Gültigkeit.

Kalkulationsschema für den Verkauf

Das Verkaufskalkulationsschema dient der Verkaufspreisfindung anhand des Einkaufspreises und der im Schema enthaltenen Konditionen. Ein Beispiel für ein solches Schema sehen Sie in Abbildung 2.85.

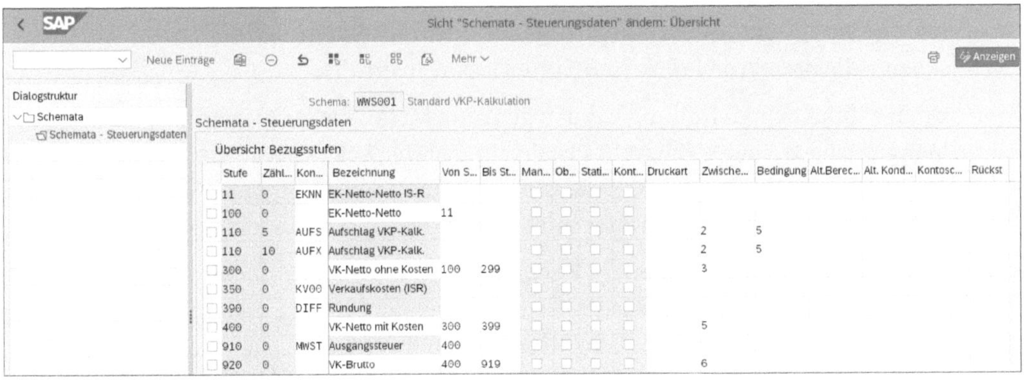

Sicht "Schemata - Steuerungsdaten" ändern: Übersicht

Schema: WWS001 Standard VKP-Kalkulation

Schemata - Steuerungsdaten

Übersicht Bezugsstufen

Stufe	Zähl...	Kon...	Bezeichnung	Von S...	Bis St...	Man...	Ob...	Stati...	Kont...	Druckart	Zwische...	Bedingung	Alt.Berec...	Alt. Kond...	Kontosc...	Rückst
11	0	EKNN	EK-Netto-Netto IS-R													
100	0		EK-Netto-Netto	11												
110	5	AUFS	Aufschlag VKP-Kalk.								2	5				
110	10	AUFX	Aufschlag VKP-Kalk.								2	5				
300	0		VK-Netto ohne Kosten	100	299						3					
350	0	KV00	Verkaufskosten (ISR)													
390	0	DIFF	Rundung													
400	0		VK-Netto mit Kosten	300	399						5					
910	0	MWST	Ausgangssteuer	400												
920	0		VK-Brutto	400	919						6					

Abbildung 2.85 Beispielkalkulationsschema Verkauf

Die Ermittlung des Kalkulationsschemas im Verkauf erfolgt anhand folgender Kriterien:

- Vertriebslinie (Verkaufsorganisation, Vertriebsweg und Sparte)
- Kundenschema (klassifiziert einen Kunden)
- Belegschema (klassifiziert eine Verkaufsbelegart)

Zusätzlich können Bedingungen definiert werden, durch die eine Kondition für bestimmte Fälle aktiviert bzw. deaktiviert werden kann. Im Standard steht bereits eine Vielzahl von Bedingungen zur Verfügung, die einfach im Schema zur Konditionsart ausgewählt werden können. Daneben ist es allerdings auch möglich, eigene Bedingungen zu entwickeln. Dies kann z. B. dann sinnvoll sein, wenn ein spezieller Wert in einem kundenindividuellen Feld abgefragt werden soll. Ist eine Kondition aktiv, werden für diese Kondition gemäß der vorab eingegebenen Definition und zugeordneten Zugriffsfolge zutreffende Konditionen gesucht, bzw. der Konditionswert wird über eine Formel berechnet. Wenn zusätzlich eine Eckpreisrundung vorgesehen ist, wird der ermittelte Verkaufspreis aus dem Schema gerundet.

Die Verkaufspreiskonditionen können auf unterschiedlichen Organisationsebenen definiert werden, wie beispielsweise:

- Vertriebslinie
- Vertriebslinie/Preisliste
- Werksgruppe
- Werk
- Material

2.8.3 Preisfindung im Einkauf

Ziel der Preisfindung im Einkauf ist es, bei der Anlage von Einkaufsbelegen je Lieferantengruppierung und Einkaufsorganisation mit einem definierten Kalkulationsschema die korrekten Preise und Konditionen zu ermitteln.

Bei der Einkaufspreisfindung werden geplante Materialkonditionen (Materialrabatte, Mengenrabatte bei Preisstaffeln, Frachtkosten, Zollkosten, Verpackungskosten, Agenturkosten, kalkulatorische Kosten etc.) berücksichtigt. Diese Konditionsarten können absolut, prozentual oder mit einem festen Betrag abgebildet werden.

Die Bezugsnebenkosten können entweder, sofern sie bekannt sind, direkt einkalkuliert werden, oder es wird eine Rückstellung gebildet und in der Finanzbuchhaltung abgerechnet. Es ist auch möglich, Mindestbestellwerte auf Lieferantenebene zu definieren.

Eine *Konditionstabelle* beinhaltet, wie in Abbildung 2.86 gezeigt, die Kombination der Felder für die Anlage eines Konditionssatzes. Die Konditionstabelle wird mit den definierten Feldern erstellt, und die Konditionssätze werden explizit für die selektierten Daten erfasst. Konditionstabellen werden im Customizing angelegt. Dabei wird auch hinterlegt, welche Felder für die Konditionstabelle relevant sind.

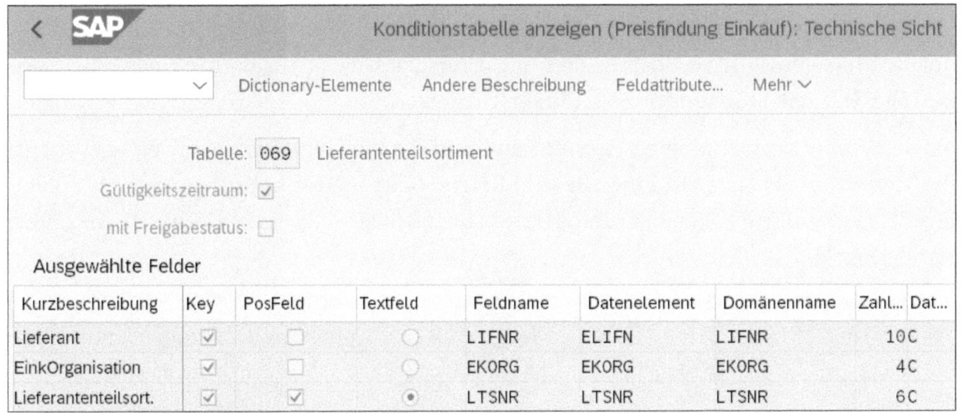

Abbildung 2.86 Beispiel für eine Konditionstabelle für ein Lieferantenteilsortiment

In der Konditionsart der Einkaufspreisfindung wird eine *Zugriffsfolge* zugeordnet. Damit kann bei der Preisfindung der gültige Konditionssatz gefunden werden. Die Zugriffsfolge ist eine Suchstrategie, die die relevanten Konditionen aus einer oder mehreren Konditionstabellen ermittelt und selektiert. Dabei können die Zugriffsfolgen z. B. auch hierarchische Konditionen ermitteln, etwa Konditionen auf der Ebene der Einkaufsorganisation, des Lieferanten oder des Lieferantenteilsortiments. Abbildung 2.87 zeigt ein Beispiel für eine Zugriffsfolge zur Ermittlung eines Lieferantenrabatts.

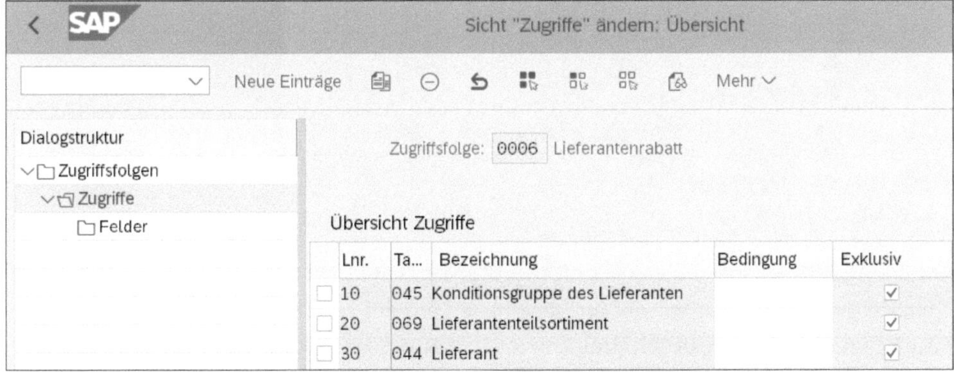

Abbildung 2.87 Beispiel für eine Zugriffsfolge für den Lieferantenrabatt

2.8.4 Preisfindung im Verkauf

Die Preisfindung im Verkauf kann entweder einzeln pro Vertriebsbereich oder für mehrere Vertriebsbereiche gleichzeitig festgelegt werden. Die Verkaufspreise werden unter Berücksichtigung der Verkaufskonditionen, Kundenrabatte oder Aufschläge berechnet.

Die *Konditionsart* steuert unterschiedliche Funktionen bei der Preisfindung und bildet die Preiselemente ab. So können Konditionsarten als Zu- und Abschläge oder feste Beträge, wie z. B. Fracht oder Zoll, eingerichtet werden.

An der Konditionsart ist eine Rechenregel und die jeweilige Bezugsgröße hinterlegt, die steuert, ob es sich um einen festen Betrag oder prozentuale Zu- und Abschläge handelt. Abbildung 2.88 zeigt ein Beispiel zur Definition der Konditionsart für einen Verkaufspreis.

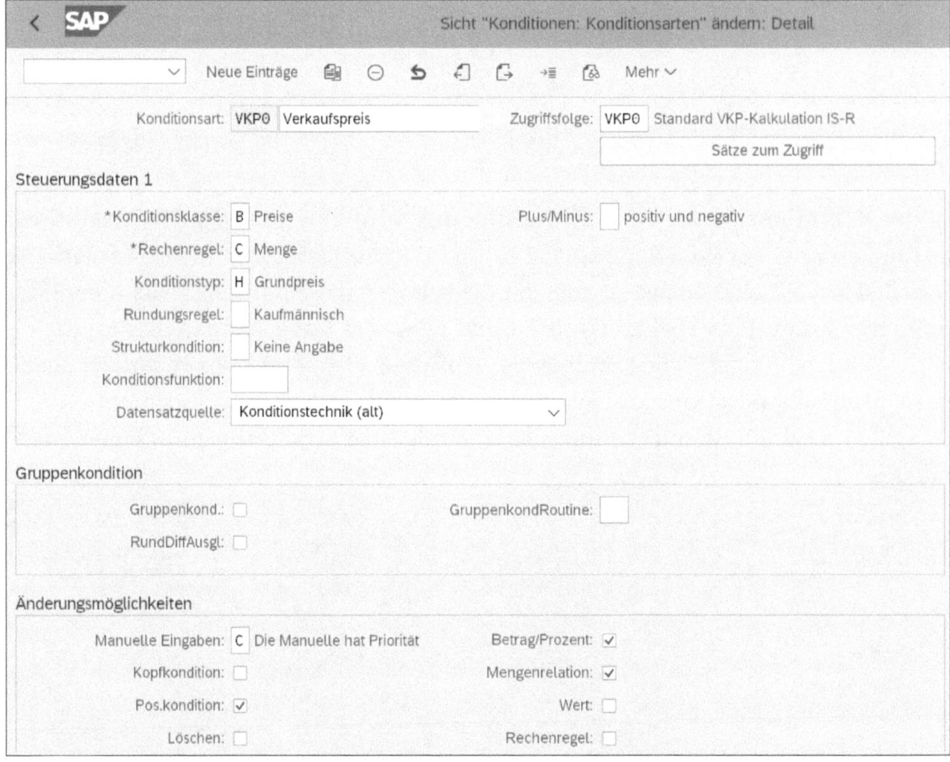

Abbildung 2.88 Beispiel einer Konditionsart für den Verkaufspreis

Eine Konditionstabelle beinhaltet die Kombination der Felder für die Anlage des Konditionssatzes. Dies können Sie am Beispiel einer Konditionstabelle in der Verkaufspreisfindung in Abbildung 2.89 sehen.

Konditionstabelle anzeigen (Preisfindung Vertrieb): Technische Sicht

Dictionary-Elemente Andere Beschreibung Feldattribute... Mehr

Tabelle: 071 Material pro Werk

Gültigkeitszeitraum: ☑

mit Freigabestatus: ☐

Ausgewählte Felder

Kurzbeschreibung	Key	PosFeld	Textfeld	Feldname	Datenelement	Domänenname	Zahl...	Dat...
Verkaufsorganisation	☑	☐	○	VKORG	VKORG	VKORG	4	C
Vertriebsweg	☑	☐	○	VTWEG	VTWEG	VTWEG	2	C
Werk	☑	☐	○	WERKS	WERKS_D	WERKS	4	C
Material	☑	☑	○	MATNR	MATNR	MATNR	40	C
Verkaufsmengeneinh.	☑	☑	◉	VRKME	VRKME	MEINS	3	C

Abbildung 2.89 Beispiel für eine Konditionstabelle für Material pro Werk

In der Konditionsart der Verkaufspreisfindung wird außerdem eine Zugriffsfolge zugeordnet. Die Zugriffsfolge ist auch bei der Verkaufspreisfindung eine Suchstrategie, die die relevanten Konditionen aus einer oder mehreren Konditionstabellen ermittelt und selektiert. Dabei können die Zugriffsfolgen für die Verkaufspreisermittlung z. B. prüfen, ob der Preis für eine Verkaufsorganisation, eine Vertriebslinie oder nur für ein Werk ermittelt wird. Auf diese Weise kann der gültige Konditionssatz ermittelt werden, wie in Abbildung 2.90 dargestellt.

Sicht "Zugriffe" ändern: Übersicht

Neue Einträge Mehr

Dialogstruktur
- Zugriffsfolgen
  - Zugriffe
    - Felder

Zugriffsfolge: VKP0 Standard VKP-Kalkulation IS-R

Übersicht Zugriffe

Lnr.	Ta...	Bezeichnung	Bedingung	Exklusiv
5	118	Leergut-Preise (materialabhängig)	43	☑
10	070	EAN pro Werk		☑
20	072	EAN pro VKORG/VTWEG		☑
30	071	Material pro Werk		☑
35	155	VerkOrg./VertrWeg/Preisliste/Material/VerkME		☑
40	073	Material pro VKORG/VTWEG		☑

Abbildung 2.90 Beispiel für eine Zugriffsfolge für die Verkaufspreiskalkulation

[»]

Customizing-Einstellungen zur Handelskalkulation

Die Customizing-Einstellungen zur Handelskalkulation finden Sie in Transaktion SPRO auf der Registerkarte **Logistik Allgemein**. Weitere Einstellungen zur Preisfindung können Sie jeweils im Customizing des Vertriebs und Einkaufs vornehmen.

Sie können über das Customizing eigene Kalkulationsschemata, Konditionsarten, Zugriffsfolgen und Konditionstabellen einrichten. Zusätzlich können innerhalb eines Kalkulationsschemas pro Konditionsart einige Bedingungen hinterlegt werden, die zwingend erfüllt sein müssen, damit z. B. eine Konditionsart gezogen wird. Auf diese Weise ist es möglich, die Preisfindung individuell und unter Berücksichtigung spezifischer Bedingungen auf verschiedene Geschäftsfälle abzustimmen. Neben Standardbedingungen können Bedingungen auch kundenspezifisch entwickelt werden.

[»]

Weitere Funktionen für die Preisfindung

Neben den in diesem Abschnitt beschriebenen Funktionen stehen Ihnen noch weitere Funktionen zur Verfügung, wie z. B. die Nutzung der Mitbewerberpreise zur Festlegung von Verkaufspreisen, eine Warenkorbkalkulation für die gesamte Profitabilität der Preiskalkulation oder die Generierung eines Kalkulationsvorrats zur Folgeverarbeitung. Diese Funktionen ermöglichen es Ihnen, die Preiskalkulation noch präziser zu gestalten.

2.9 Wichtige Transaktionen und SAP-Fiori-Apps

Die Preispflege in SAP S/4HANA Retail kann mit unterschiedlichen Transaktionen durchgeführt werden. In Tabelle 2.12 sind die wichtigsten Transaktionen zur Preis- und Konditionspflege dargestellt.

Transaktion	Vorgang
VKP5	Verkaufspreiskalkulation anlegen
VK11/VK12/VK13	Konditionssätze anlegen/ändern/anzeigen
WPMA	POS Ausgangsverarbeitung
WMB1	Wettbewerbspreiserfassung
PRFAM	Kalkulation für Preisfamilie
WVA3/WVA7/WEV3	Planaufschläge anzeigen

Tabelle 2.12 Transaktionen für die Handelskalkulation

Transaktion	Vorgang
MEKE	Pflege der Konditionen zum Lieferanten
WVN0/WVN1	Kalkulationsvorrat anzeigen/freigeben

Tabelle 2.12 Transaktionen für die Handelskalkulation (Forts.)

Neben diesen und den in den vorangegangenen Abschnitten angesprochenen Transaktionen gibt es in SAP S/4HANA Retail und SAP ERP noch weitere wichtige Transaktionen und SAP-Fiori-Apps im Bereich der Stammdaten, die in Tabelle 2.13 aufgeführt sind.

Transaktion	Beschreibung
MM41/MM42/MM43	Material anlegen/ändern/anzeigen
BP	Geschäftspartner pflegen
XK01/XK02/XK03	Kreditor anlegen/ändern/anzeigen (nur in SAP ERP)
XD01/XD02/XD03	Debitor anlegen/ändern/anzeigen (nur in SAP ERP)
WB01/WB02/WB03	Betrieb anlegen/ändern/anzeigen
WRFMATCOPY	Material kopieren
MASS	Massenpflege
MM46	Massenpflege Material
WRFMASSMAT	Integrierte Massenänderung Material
WRFMGROUP	Verwaltung von Pflegegruppe (für WRFMASSMAT)
MASS_MARC	Massenpflege Logistik/Nachschub
MASSD	Massenpflege
WRFFUART	Folge-/Ersatzmaterial bearbeiten
WRFFUCD	Änderungsbelege anzeigen
WRFFUREORG	Reorganisieren
WRF_AL	Materialliste verwalten

Tabelle 2.13 Transaktionen für Stammdaten in SAP S/4HANA Retail

Transaktion	Beschreibung
WRF_AL_REORG	Materialliste reorganisieren
WRFMATMON	Materialmonitor
MM60	Materialverzeichnis
WSL11	Sortimentsbaustein anzeigen
WSO7	Sortimentsbaustein zuordnen
WRFMATBODY	Rumpfmaterial bearbeiten
WRF_DIS_SEL	Materialauslistung (mandantenweit)
WRF_DIS_MON	Materialauslistungsmonitor
MIGO	Wareneingang ohne Bezug
RWBE	Bestandsübersicht
REFSITE	Zuordnung Werke zu Referenzwerken
WG21/WG22/WG23/WG24	Warengruppen anlegen/ändern/löschen/anzeigen
WGUS	Verwendung der Warengruppen
CLWM/CLWN/CLWO/CLW1	Warengruppenhierarchie anlegen/ändern/anzeigen/pflegen
CLWE/CLWF/CLWG	Merkmalsprofil anlegen/ändern/anzeigen
CT04	Merkmalsverwaltung
CS01/CS02/CS03	Materialstückliste anlegen/ändern/anzeigen
MMAM	Materialart ändern
MSC1N/2N/3N	Charge anlegen/ändern/anzeigen
IQ01/IQ02/IQ03	Serialnummern anlegen/ändern/bearbeiten
SNUM/SNRO	Nummernkreisobjektpflege

Tabelle 2.13 Transaktionen für Stammdaten in SAP S/4HANA Retail (Forts.)

Einige der Transaktionen gibt es zusätzlich auch als SAP-Fiori-Version, wie z. B. MM41 bis MM43, andere hingegen sind reine SAP-Fiori-Apps, wie z. B. **Produktstammdaten verwalten**. Diese können nur über den Browser geöffnet werden (siehe Tabelle 2.14).

App-ID	Beschreibung
F1602	Produktstammdaten verwalten
F0431	Produkte anzeigen
F4111	Preise verwalten
F3163	Geschäftspartnerstammdaten verwalten
F1982	Einkaufsinfosätze verwalten
F2667	Massenänderungen an Einkaufsinfosätzen
F4892	Sortimentsbausteine verwalten
F4893	Filiale zu Sortimentsbausteinen zuordnen
F4894	Produkt zu Sortimentsbausteinen zuordnen
F4543	Produkte zu Verteilzentren zuordnen
F0850A	Kundenstammdaten verwalten
F1053A	Lieferantenstammdaten verwalten
F3900	Datenqualität Business Partner
F3260	Datenqualität Material
F2151	Produkte klassifizieren (statistische Warennr.)
F2516	Statistische Warennummern verwalten

Tabelle 2.14 SAP-Fiori-Apps für Stammdaten in SAP S/4HANA Retail

Kapitel 3
Data Governance und Datenaustausch

Die Qualität der Stammdaten ist mitentscheidend für die effiziente Ausführung und Automatisierung von Geschäftsprozessen im Handel. Die Einführung eines ganzheitlichen Datenqualitätsmanagements unter Einbeziehung aller internen und externen Anspruchsgruppen ist der Schlüssel dazu.

Falsche Preise, Lieferzeiten, Mengeneinheiten, Mindestbestellmengen oder Ähnliches können den Nutzen noch so intelligenter Planungs-, Steuerungs- und Optimierungsverfahren zunichtemachen und zu Imageschäden, Umsatzeinbußen oder steigenden Prozesskosten führen. Nur durch ein ganzheitliches Datenqualitätsmanagement, das alle beteiligten Akteure – sowohl interne Abteilungen als auch externe Lieferanten – zusammenbringt, kann die Stammdatenqualität derart erhöht werden, dass die Geschäftsprozesse im Handel effizient und automatisiert ausgeführt werden können.

In diesem Kapitel beschäftigen wir uns mit den Themen Data Governance, Datenqualitätsmanagement und Qualitätssicherung. Außerdem gehen wir auf Datenpools und die Möglichkeiten ein, die SAP S/4HANA Retail zum Datenaustausch mit diesen Pools bereitstellt.

3.1 Gestaltungsbereiche des Datenqualitätsmanagements

Angesichts der enormen betriebswirtschaftlichen Bedeutung ist es verwunderlich, dass das Datenqualitätsmanagement in vielen Unternehmen vernachlässigt wird. Gemäß einer Studie des Informationsdienstleisters Experian aus dem Jahr 2016 (White Paper »Datenmanagement Trend Report«, Experian Deutschland GmbH) glauben 60 % aller Unternehmen, dass die größten Probleme in den Unternehmen durch unvollständige oder fehlende Daten verursacht werden. Um 29 % könne der Umsatz erhöht werden, wenn alle Daten völlig korrekt und von höchster Qualität seien. Die Ursachen werden in erster Linie in den Mitarbeitern, fehlender Kommunikation zwischen den Abteilungen, einer unzureichenden Datenstrategie und unzulänglicher Technik gesehen.

Die Verbesserung der Datenqualität kann nur mithilfe eines ganzheitlichen Datenqualitätsmanagements gelingen, also durch definierte Organisationseinheiten und Datenqualitätsprozesse, eine eindeutige Festlegung der fachlichen Verantwortung durch Datenqualitätsbeauftragte sowie technische Maßnahmen. Für die Gestaltung eines Datenqualitätsmanagements müssen folgende vier Wirkungsbereiche unterschieden werden (siehe Abbildung 3.1):

- Strategie und Ziele
- Organisation und Personen
- Prozesse und Methoden
- Informationssystem und Werkzeuge

Ergänzt werden die vier Bereiche um Maßnahmen zur Überwachung der Stammdatenqualität und Vorbeugung von Stammdatenfehlern.

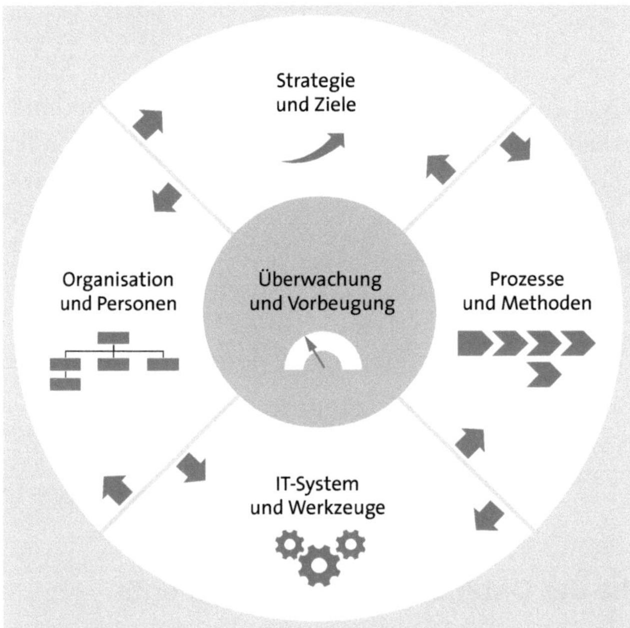

Abbildung 3.1 Gestaltungsbereiche eines ganzheitlichen Datenqualitätsmanagements

In den meisten Unternehmen ist bereits ein Stammdatenmanagement vorhanden, das oftmals jedoch lediglich für die Erfassung und Pflege der Stammdaten zuständig ist. Ein nachhaltiges Datenqualitätsmanagement, das übergreifend die vier verschiedenen Wirkungsebenen umfasst, ist dagegen selten anzutreffen. Dabei müssen grundlegende Programme zur Einführung eines Datenqualitätsmanagements nicht unbedingt in langfristige Projekte ausufern. Vielmehr kann auf dem vorhandenen Stammdatenmanagement mit seiner eher informellen Steuerung aufgesetzt werden.

Dieses wird dann in einem methodisch strukturierten Vorgehen hin zu einem Datenqualitätsmanagement mit formeller Steuerung weiterentwickelt.

Der Gestaltungsbereich *Strategie und Ziele* hat die Aufgabe, die Leitplanken für das Datenqualitätsmanagement zu setzen und es an den Unternehmenszielen auszurichten. Diese Ziele sind Bestandteil der IT-Strategie und damit aus der Unternehmensstrategie abgeleitet. Für die beteiligten Akteure im Unternehmen muss die Bedeutung der Datenqualität im Unternehmen transparent gemacht werden, datenqualitätskritische Bereiche müssen identifiziert und Datenqualitätsinitiativen definiert werden. Hilfreich ist die Festlegung eines Leitbildes, das den Zusammenhang zwischen der Qualität der Daten und den Unternehmenszielen herstellt.

Weil das Datenqualitätsmanagement eine Querschnittsfunktion ist, müssen dessen Aufgaben über die einzelnen Geschäftsbereiche und Abteilungen des Unternehmens hinweg koordiniert werden. Zu diesem Zweck wird, basierend auf dem strategischen Leitbild, das Datenqualitätsmanagement auf der Ebene *Organisation und Personen* konkretisiert und in der Unternehmensorganisation verankert. Dabei müssen die Datenobjekte sowie die Verantwortlichkeiten für diese Datenobjekte im Unternehmen bestimmt werden. Darüber hinaus müssen die Informationsbedürfnisse für interne und externe Datenkonsumenten identifiziert werden. Hilfreich dabei ist die Nutzung eines sogenannten *RACI-Charts* (Responsible, Accountable, Consulted and Informed). Diese – im Grunde genommen generische – Verantwortlichkeitsmatrix sollte stammdatenbezogen ausgeprägt sein. Ein Beispiel für ein solches Chart finden Sie in Abbildung 3.2. Grundsätzlich ist die Ernennung eines Datenqualitätsbeauftragten, der die konzernweiten Richtlinien und Stammdatenabläufe koordiniert, empfehlenswert.

	Executive Sponsor	DM-Board	Head of DM	Data Steward	Datenarchitekt
DM-Strategie	A	R	R	I	I
DM-Standards und -Richtlinien	I	A	R	C	I
Qualitätsmanagement	I	I	A	R	I
Lebenszyklusverwaltung		I	A	R	I
Datenmodell		I	A	R	C
Support		I	A	R	C

R = Responsible (zuständig)
A = Accountable (verantwortlich)
C = Consultated (hinzugezogen)
I = Informed (informiert)
DM = Datenmanagement

Abbildung 3.2 Datenmanagement-Verantwortlichkeitsmatrix (Beispiel)

Ein Gesamtüberblick über den Lebenszyklus eines Stammdatums, also die Information, wo, wann und durch wen es erfasst, geändert, verwendet und zum Löschen markiert wird, ist zwingend erforderlich und wird im dritten Gestaltungsbereich *Prozesse und -methoden* angestrebt. Dazu werden klare Funktionsbeschreibungen für die Aktivitäten des Stammdatenmanagements formuliert, standardisierte Verfahren definiert und kommuniziert.

Der Gestaltungsbereich *IT, Systeme und Werkzeuge* bezieht sich auf die Analyse, den Entwurf und die Implementierung der Anwendungssysteme und Schnittstellen, die zur Unterstützung des Stammdaten- und Datenqualitätsmanagements benötigt werden. Dazu gehören Anwendungen zur Sicherung der Stammdatenprozesse, wie etwa *SAP Master Data Governance* (SAP MDG), mit Content von Providern, wie z. B. Utopia oder das SAP-Add-On S/DQC der Firma retailsolutions AG. Aber auch Fragestellungen zur Datenhaltung und -verteilung müssen in diesem Rahmen berücksichtigt werden.

Aufgrund der komplexen verteilten Systemlandschaft von Einzelhändlern haben Fehler beim Anlegen, Ändern und Löschen von Stammdaten unmittelbar Auswirkungen auf die Geschäftsprozesse. Eine der Hauptursachen für schlechte Stammdatenqualität ist das Fehlen einer prozess- und systemübergreifenden Betrachtungsweise der Stammdatenobjekte. Oftmals fehlt zudem auf Attributebene das Verständnis dafür, welche Systeme als Datenquelle, der Datenpflege, der Datenspeicherung und der Datenverwendung dienen. In Omnichannel-Szenarien etwa werden Produktstammdaten in unterschiedlichen Promotion- und Analysesystemen, wie etwa ERP-, Shop-, Produktinformationsmanagement- (PIM) oder Digital-Asset-Management-Systemen, benötigt. Ein Materialattribut, wie z. B. die Farbe des Materials, wird durch einen Lieferanten im Datenpool gepflegt, gelangt über eine Schnittstelle in ein PIM-System, wird dort in der Datenpflege eventuell standardisiert, dient im ERP-System dazu, die Materialvariante zu definieren, und wird im Onlineshop als Filterkriterium genutzt. Im Promotion-System werden dann z. B. die Preise der Materialien mit einer bestimmten Farbe reduziert.

Im Rahmen der *Überwachung und Vorbeugung* kann durch die Definition von Datenqualitätskriterien und Kennzahlen dargestellt werden, wie erfolgreich sich Maßnahmen zur Qualitätsverbesserung auf die Geschäftsprozesse auswirken.

Zur Messung der Datenqualität müssen dazu relevante Merkmale wie Zugänglichkeit, Verständlichkeit oder Fehlerfreiheit ausgewählt und abhängig vom Geschäftsprozess in quantifizierbare Größen überführt werden. Die Deutsche Gesellschaft für Informations- und Datenqualität e. V. und die internationale Standardisierungsorganisation (International Organization for Standardization) definieren mit der Norm ISO/IEC 25012 13 unterschiedliche Merkmale, die in Abbildung 3.3 dargestellt sind.

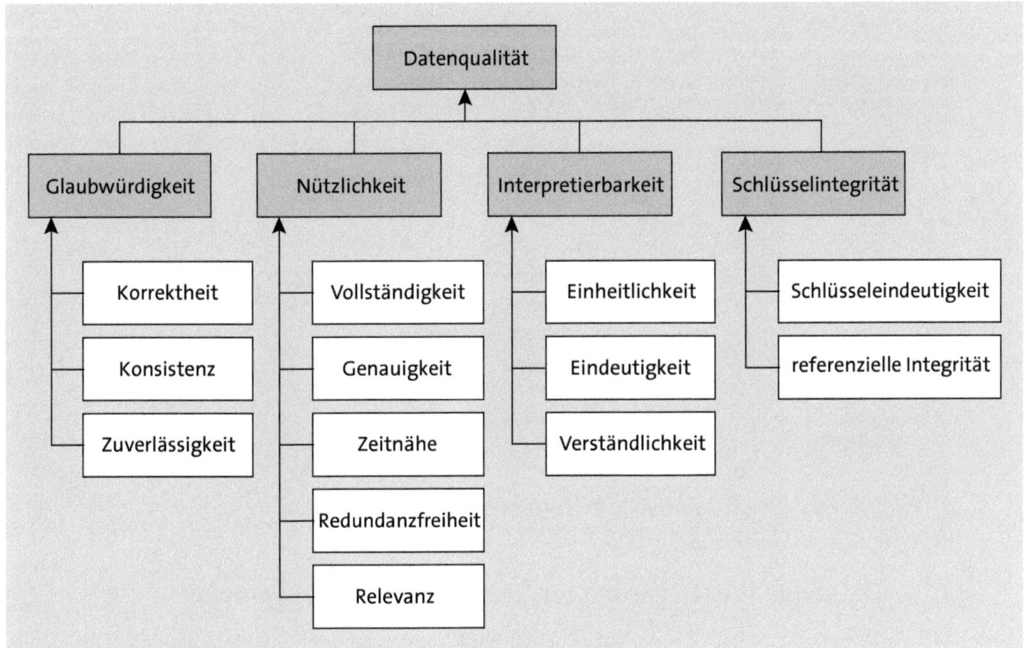

Abbildung 3.3 Datenqualitätsmerkmale in Softwaresystemen

3.2 Qualitätssicherung von Stammdaten in SAP S/4HANA Retail

Über geeignete Softwarewerkzeuge kann die Datenqualität bereits bei der Pflege der Stammdaten in einem SAP-Retail-System schnell und nachhaltig verbessert werden. Ziel eines Werkzeugs ist es, die Datenfehler dort zu vermeiden, wo sie entstehen, nämlich unmittelbar bei der Datenpflege.

Datenqualität drückt aus, inwieweit die bereitgestellten Informationen sowie die Art der Bereitstellung geeignet sind, die Anwender bei der Erledigung ihrer Aufgaben, etwa bei der operativen Datenpflege oder in Planungs- und Entscheidungsprozessen, zu unterstützen. Eine schlechte Datenqualität in einem Softwaresystem kann eine Vielzahl von Ursachen haben, aus denen wiederum eine Vielzahl von schwerwiegenden negativen Auswirkungen resultieren kann. Mögliche Ursachen für ungenügende Datenqualität in SAP-Retail-Systemen finden Sie in Abbildung 3.4. Diese Gründe gelten aber genauso gut für andere Branchen.

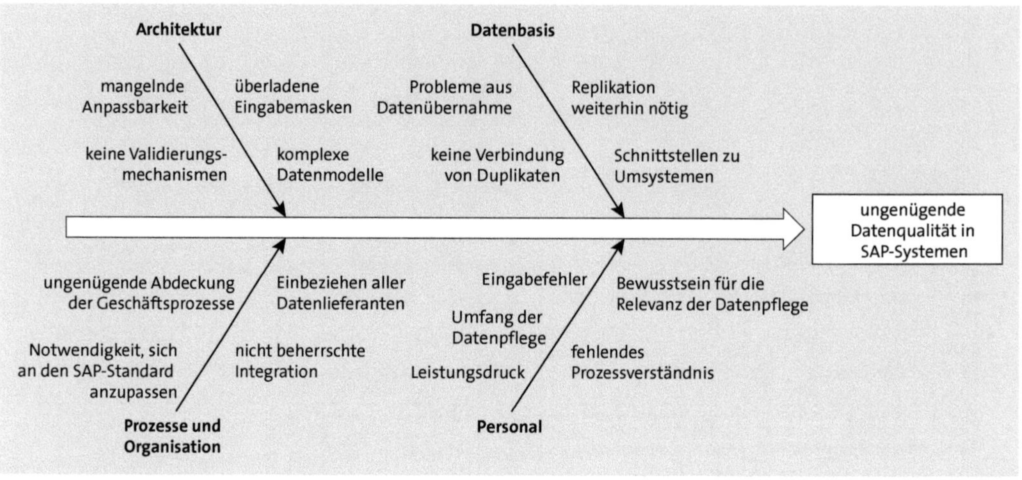

Abbildung 3.4 Ursachen schlechter Datenqualität

3.2.1 Datenqualitätssicherung mit SAP Master Data Governance

Mit SAP Master Data Governance (SAP MDG) präsentiert SAP ein mächtiges allgemeingültiges System für die zentrale Verwaltung von Stammdaten wie Debitoren- oder Kreditorendaten, Business-Partner-Daten, Materialstammdaten oder Finanzdaten. SAP MDG kann den kompletten Lebenszyklus der verschiedenen Stammdaten steuern und stellt Funktionen bereit, die die Datenverwaltung erleichtern.

Über die Anwendung *Central Governance* von SAP MDG erfolgt die zentrale Verwaltung der Stammdaten im Einklang mit den Geschäftsregeln und -prozessen eines Unternehmens. SAP MDG bietet außerdem einen integrierten Workflow, über den auf der Basis von Änderungsanforderungen (engl. Change Requests) die Steuerung der Stammdatenabläufe vom Stammdaten-Staging über Genehmigungen bis hin zur Aktivierung und Verteilung erfolgt. Jede Änderung an oder Anlage von Stammdatenobjekten wird in einem *Change Document* erfasst und kann so nachverfolgt werden. Auf diese Weise kann jederzeit geprüft werden, wer wann was (d. h. welches Feld) geändert hat. Daten im Änderungsmodus werden in einem speziellen Datenbereich verwaltet. Erst nach Abschluss des Anlage-Workflows (d. h., nachdem der letzte Genehmiger seine Freigabe erteilt hat), wird ein Stammdatum produktiv. Abbildung 3.5 zeigt den Prozess beispielhaft.

Im Hinblick auf die Stammdatenkonsolidierung bietet SAP MDG ebenfalls Funktionen zum Laden von Stammdaten aus verschiedenen Quellen, zur Standardisierung der Stammdaten und zum Erkennen von Duplikaten. Durch Einbindung externer Dienste können Daten, wie z. B. Risikokategorien für kinderbezogene Gegenstände (Batterien, Kleinteile usw.), eingelesen werden.

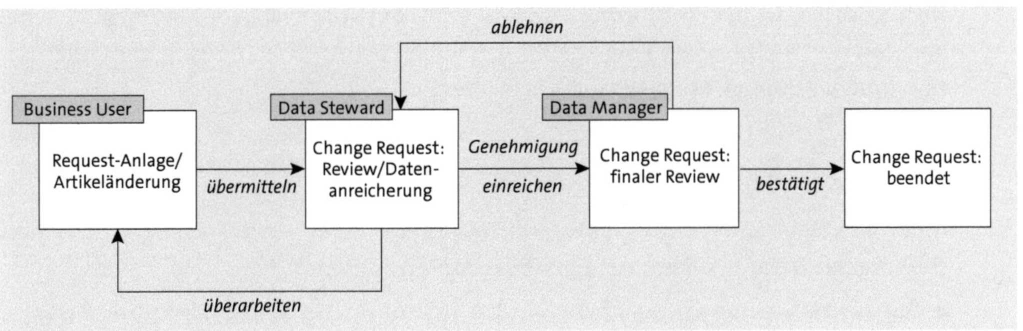

Abbildung 3.5 Änderungsprozess in SAP MDG

Neben der Versorgung unterschiedlicher SAP-Systeme sollen auch Nicht-SAP-Systeme angebunden und mit qualitätsgesicherten Daten versorgt werden können. Um Daten von SAP MDG auf alle relevanten Zielsysteme (SAP- und Nicht-SAP-Systeme) in der Systemlandschaft zu replizieren, wird das Verteilungsmodell des *Data Replication Frameworks* (DRF) genutzt. Hierüber werden Stammdatenänderungen repliziert, die zentral entweder manuell oder automatisch im Hintergrund durchgeführt werden. Über Filter werden Replikationseinstellungen konfiguriert, um nur die Datenfelder zu übertragen, die für ein angeschlossenes System relevant sind. Die Datenreplikation zwischen dem SAP MDG und den Zielsystemen erfolgt mithilfe von Enterprise Services, IDocs oder Dateidownloadfunktionen. Eine regelmäßige Verteilung des Stammdatenobjekts Material erreichen Sie über die Nachrichtentypen ARTMAS und CLFMAS.

Um den Anforderungen an kundenspezifische Datenmodelle gerecht zu werden, bietet SAP MDG zudem die Möglichkeit, die Standarddatenmodelle zu erweitern. Zum Einsatz im Retail- und Fashion-Management bietet die Firma Utopia z. B. die Erweiterung *SAP Master Data Governance for Retail and Fashion*, die das Datenobjekt Material sowie weitere sinnvolle Funktionen wie die Massenverarbeitung oder den Excel-Import ergänzt. Um die Datenqualität zu messen, zur automatischen Anreicherung von Stammdaten oder um Fehler zu beheben, kann SAP MDG zusätzlich um das Cockpit SAP Smart Business, die Lösungen SAP Data Services und SAP Information Steward erweitert werden.

[«]

Weiterführende Literatur zu SAP MDG

In diesem Abschnitt können wir lediglich die Kernelemente von SAP MDG darstellen. Wenn Sie sich umfassender mit dieser Lösung beschäftigen möchten, empfehlen wir Ihnen das Buch »Stammdatenmanagement mit SAP Master Data Governance« von Oliver Lauffer, Jan Rauscher und René Zimmermann (SAP PRESS 2016).

Grundsätzlich ist die Einführung von SAP MDG ein anspruchsvolles Projekt, das neben den rein technischen Fragestellungen auch Lösungen im Bereich der Organisation und des Change Managements erfordert.

3.2.2 Datenqualitätssicherung mittels Add-ons

Innerhalb eines IT-Systems gibt es drei Zeitpunkte, zu denen Werkzeuge zur Sicherstellung der Datenqualität zum Einsatz kommen sollten:

- bei der Datenübernahme (aus Fremd-/Umsystemen, z. B. bei der Migration oder Datenpools)
- bei der Dateneingabe im Dialog (Ersterfassung und Datenpflege)
- periodisch via Hintergrundverarbeitung (Offlineprüfung)

Ein Add-on zur Qualitätssicherung, das modifikationsfrei in SAP S/4HANA Retail integriert werden kann, bietet die retailsolutions AG unter dem Namen S/DQC (Stammdatenqualitätscockpit) an. Das Add-on unterstützt die Modellierung, Verwaltung und Prozessierung von Prüfregeln zur Einhaltung von Datenqualitätsanforderungen. Primäres Ziel ist es, den Pflegeprozess bereits in der Dialogverarbeitung so abzusichern, dass keine fehlerhaften Stammdaten gespeichert werden. Unterstützt werden die Datenobjekte Retail Material (Material), Industrie Material und Geschäftspartner. Regeln zur Überprüfung der Qualitätsanforderungen können durch Konfiguration einfach und flexibel erstellt werden. Die Mitarbeiter in der Fachabteilung können so die Definition und Verwaltung der Prüfregeln für die operative Pflege der Stammdaten übernehmen. Eine aufwendige Abstimmung der für die Stammdatenpflege fachlich Verantwortlichen mit der IT-Abteilung entfällt so in vielen Fällen. Das Ziel »Null Fehler – von Anfang an!«, also fehlerfreie Stammdaten von der Ersterfassung über die laufenden Änderungen bis hin zur Archivierung, wird damit realistischer.

Im Folgenden beschreiben wir die einzelnen Komponenten von S/DQC.

Definition von Datenqualitätsregeln

Die Grundlage für die Erstellung der Prüfregeln bilden die Geschäftsregeln und die damit verbundenen Anforderungen an die Stammdatenpflege. Mitarbeiter der IT-Abteilung oder der Fachabteilung können diese Prüfregeln im Customizing hinterlegen. Bei der Definition der Prüfregeln werden Tabellen und Felder des Material-, Lieferanten- oder Debitorenstamms aus dem ABAP Dictionary des zugrunde liegenden SAP-S/4HANA-Retail-Systems vorgeschlagen. Die Vorschlagswerte umfassen auch kundenspezifische Tabellen und Attribute.

In einem ersten Schritt weisen Sie die Regel einem prüfrelevanten Tabellenfeld zu und ergänzen sie um eine Kurzbeschreibung. Über regelspezifische Steuerungsparameter können Sie die Prüfung auf ausgewählte Transaktionen zur Stammdatenpflege einschränken. Zum Beispiel kann eine Regel so aktiviert werden, dass eine Prüfung nur bei einer Neuanlage oder Änderung eines einzelnen Materials, nicht aber bei einer Massenpflege erfolgt.

Außerdem können Sie den Prüfzeitpunkt regelspezifisch festlegen. Der Zeitpunkt legt fest, ob eine Prüfung online bei Ausführung einer Standardtransaktion der Materialpflege im Dialog oder offline erst nach Speicherung der Materialdaten über einen Prüfreport erfolgt. Abbildung 3.6 zeigt eine beispielhafte Prüfregel.

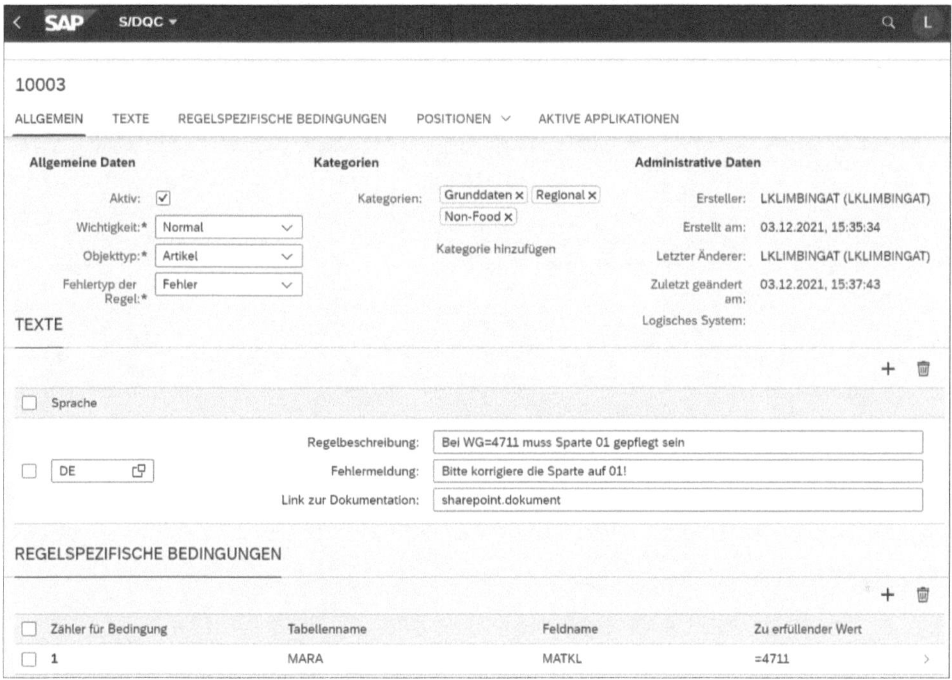

Abbildung 3.6 Kopfdaten einer Prüfregel

Für die Modellierung der Prüfregeln können Sie zwischen verschiedenen Prüfregelarten wählen. Das Spektrum reicht von einfachen Regeln bis hin zu komplexen Regeln, die sich aus mehreren Wenn-dann-Bedingungen zusammensetzen. So können Sie festlegen, dass ein Tabellenfeld einen bestimmten Festwert annehmen, wertmäßig mit einem anderen Tabellenfeld übereinstimmen und in einem bestimmten Intervall oder in einer Prüftabelle enthalten sein muss. Komplexe Wenn-dann-Bedingungen mit Feldern unterschiedlicher Tabellen können ebenfalls geprüft werden. Einzelne Bedingungen können mit verschiedenen Vergleichsoperatoren (größer, kleiner etc.) gebildet und mit booleschen Operatoren verknüpft werden (»Wenn Materialstatus = 10 und Warengruppe = 123, dann müssen folgende Felder Muss-Felder sein: …«).

Es können regelspezifische Prüftabellen ergänzt werden, um Eingabewerte feldspezifisch abhängig von Bedingungen einzuschränken (»Bei Materialart FASH darf das Feld

Marke nur Werte annehmen, die in der Z-Prüftabelle für die Marke gepflegt sind.«). Eine weitere Prüfregelart ermöglicht es, Bedingungen zwischen den im Handel verbreiteten Sammelmaterialien und ihren Varianten zu prüfen. Damit ist es möglich, für ausgewählte Warengruppen sicherzustellen, dass Feldwerte einer Variante nicht von denen des assoziierten Sammelmaterials abweichen (»Der Materialstatus eines Sammelmaterials muss mit dem seiner Varianten immer identisch sein.«). Bezieht sich eine Regel auf die werksspezifischen Logistikdaten eines Materials, kann ein Parameter festlegen, ob die Prüfung für Verteilzentren, Filialen oder beide Werkstypen erfolgen soll (»Das Dispomerkmal in der Sicht **Logistik VZ** muss immer ND sein, in der Sicht **Logistik Filiale** ND oder RP.«). Abbildung 3.7 zeigt eine kausale Prüfregel.

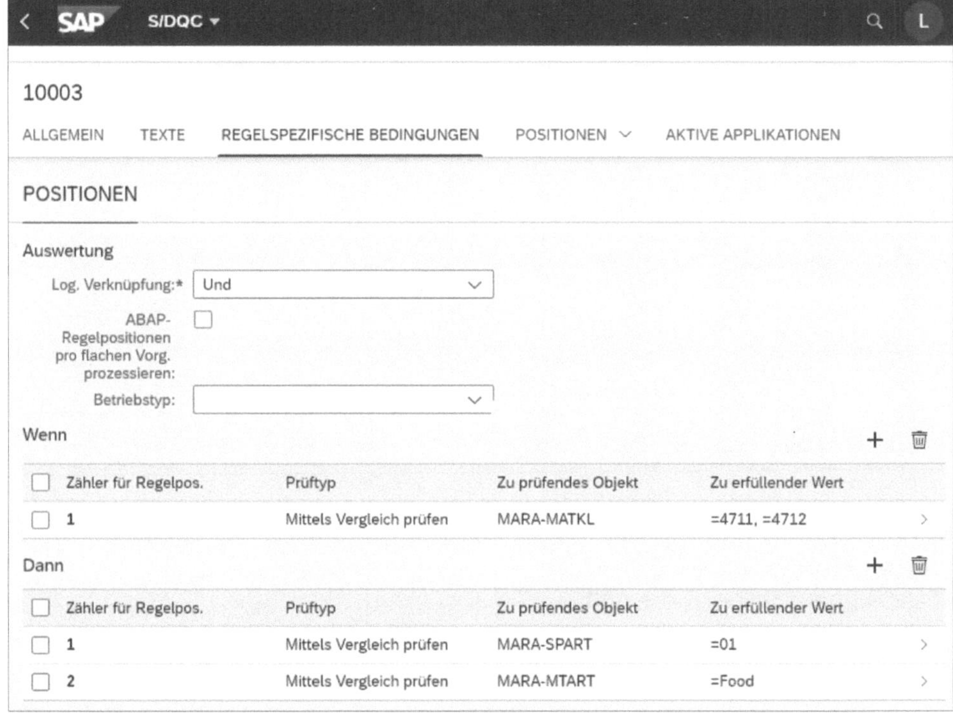

Abbildung 3.7 Übersicht einer Wenn-dann-Regel

Eine Langtextprüfung kann z. B. gewährleisten, dass ein Grunddatentext maximal 30 Zeichen pro Zeile umfasst (siehe Abbildung 3.8).

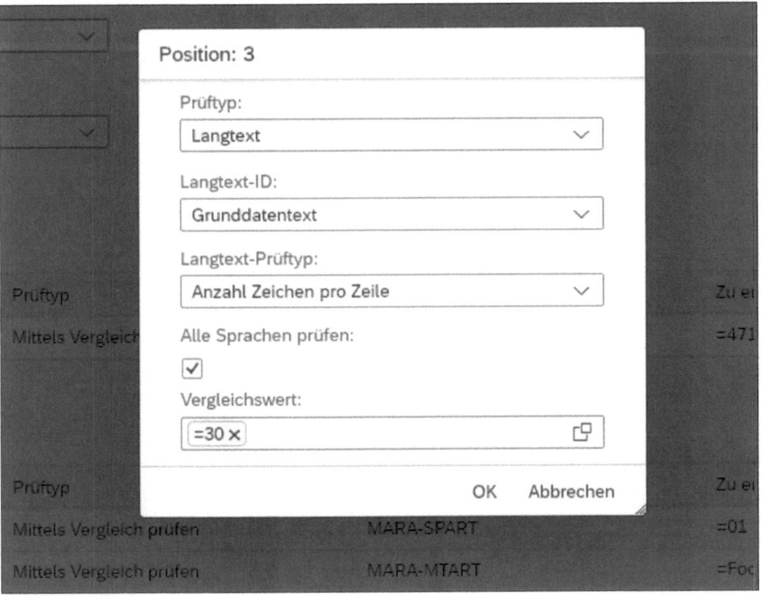

Abbildung 3.8 Beispiel einer Langtextregel

Möglichkeit der Erweiterung

Können die Prüfregeln über die vorgesehene Customizing-Funktion nicht definiert werden, besteht die Möglichkeit, die Prüfregeln in ABAP zu entwickeln und über eine spezielle Prüfregelart in den regulären Prüfprozess einzubinden.

Abschließend wird einer Prüfregel eine Fehlermeldung zugeordnet, die den Anwender im Fehlerfall informiert. Um den Korrekturprozess zu unterstützen, sollte die Fehlermeldung relevante Organisationsdaten wie Filialen, Einkaufs- oder Verkaufsorganisationen, die für eine Lokalisierung und Korrektur des Fehlers notwendig sind, beinhalten. Um ausführliche Hinweise auf mögliche Fehlerursachen und Korrekturmaßnahmen zu geben, können Sie einen Langtext verfassen. Dies ist auch mehrsprachig möglich.

Onlineprüfung

Die Onlineprüfung erfolgt in der Dialogverarbeitung, sobald Stammdaten in einer Transaktion zur Anlage oder zum Ändern oder in der Massenpflege verbucht werden sollen. Vor dem Verbuchen wird geprüft, ob das Stammdatum alle Onlineprüfregeln erfüllt, die für die entsprechende Transaktion aktiv sind. Im Fehlerfall werden die Daten nicht verbucht. Anhand der Fehlermeldungen können Sie den Fehler lokalisieren sowie die Fehlerursache analysieren und korrigieren. Abbildung 3.9 zeigt die Darstellung eines solchen Fehlers.

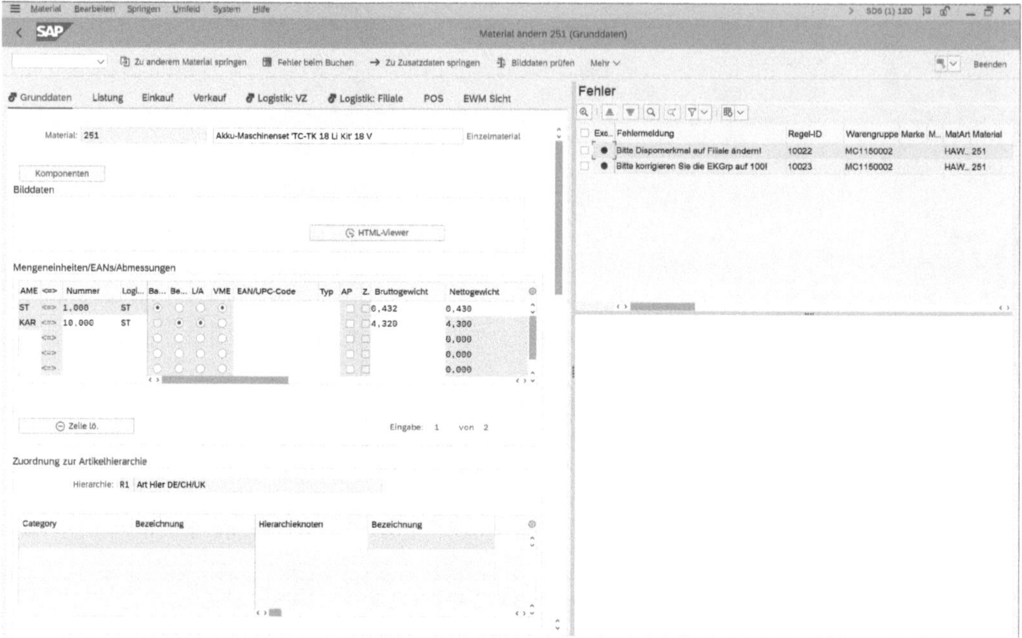

Abbildung 3.9 Fehlermeldung im Materialstamm aufgrund einer Regelverletzung

Da diese Prüfung bereits bei der Erstanlage erfolgt, wird verhindert, dass fehlerhafte Materialien überhaupt in das SAP-S/4HANA-Retail-System gelangen. Bei entsprechender Konfiguration des Add-ons erfolgt eine Prüfung auch bei einer IDoc-Verbuchung. Mithilfe des IDoc-Monitorings des SAP-Systems können Sie anhand von Fehlercodes die betroffenen IDocs identifizieren und Korrekturmaßnahmen einleiten.

Offlineprüfung

Alternativ zur Onlineprüfung ermöglicht ein *Prüfreport*, bereits gespeicherte fehlerhafte Stammdaten zu identifizieren. Der Prüfreport kann sowohl im Dialog als auch im Hintergrund gestartet werden. Die Hintergrundverarbeitung empfiehlt sich vor allem, wenn Hunderttausende von Stammdaten überprüft werden sollen. Um den Prüfumfang festzulegen, stehen verschiedene Selektionskriterien zur Verfügung, für das Objekt Material z. B. Materialnummern, Warengruppen, Organisationseinheiten wie Einkaufs- und Verkaufsorganisationen und Werke. Aber auch Statusfelder wie das Erstellungsdatum oder das Datum der letzten Änderung stehen zur Selektion von Materialdaten für eine Offlineprüfung zur Verfügung. Außerdem kann die Prüfung auf eine beliebige Auswahl von Prüfregeln eingeschränkt werden (siehe Abbildung 3.10).

Über eine intelligente Festlegung von Selektionskriterien und eine Parallelisierung von Prüfläufen können Sie Hunderttausende von Materialstammdaten innerhalb eines akzeptablen Zeitfensters prüfen.

< SAP Offline-Report starten

Als Variante sichern... Mehr

Eingabeparameter

Einschränkung nach Objekt

* Objekttyp: Artikel

Artikelauswahl

Grunddaten

Material: bis:
GTIN: bis:
Materialart: bis:
Materialtyp: bis:
Warengruppe: bis:
Hierarchieknoten: bis:
Einkäufergruppe: bis:
Ladegruppe: bis:
Werksübergreif. Materialstatus: bis:
Datum der letzten Änderung: bis:
Erstellungsdatum: bis:

Organisationsdaten

Einkaufsorganisation: bis:
Lieferant: bis:
Verkaufsorganisation: bis:
Vertriebsweg: bis:
Werk: bis:

Listungsdaten

Listung (Filiale) von: bis:
Listung (Filiale) bis: bis:
Listung (VZ) von: bis:
Listung (VZ) bis: bis:

Abbildung 3.10 Offlinereport zum gleichzeitigen Prüfen mehrerer Materialien

Als für die Materialpflege verantwortlicher Sachbearbeiter können Sie so die heute, gestern oder im letzten Monat in Ihrem Sortimentsbereich angelegten Materialdaten überprüfen oder die Korrektheit einzelner Prüfregeln validieren. Eine Fortschrittskontrolle bei der Durchführung von Korrekturmaßnahmen ist ebenfalls möglich.

Fehlerdatenbank

Je nach Konfiguration speichert die Offlineprüfung erkannte Fehler in einer Fehlerdatenbank. Neben der Materialnummer und Fehlerbeschreibung enthält ein Eintrag in dieser Datenbank Informationen über die Prüfregel, die verletzt wurde, und die relevanten Organisationseinheiten, die für eine Fehlerkorrektur erforderlich sind.

Zu jeder Offlineprüfung stehen Informationen wie Ausführungsdatum, Anzahl der geprüften Materialien und Anzahl der fehlerhaften Materialien zur Verfügung. Um die Korrektur der über den Prüfreport identifizierten und in der Fehlerdatenbank gespeicherten fehlerhaften Materialien zu unterstützen, wird ein Report mit diversen Selektionskriterien angeboten. Sie können hier fehlerhafte Materialien z. B. nach Prüflauf-ID, Fehlerart, Organisationseinheit, Warengruppe etc. selektieren und entsprechende Korrekturmaßnahmen etwa über eine Massenpflege einleiten. Zusatzinformationen wie Materialart, Materialtyp oder Erstellungsdatum geben Ihnen Hinweise für die Fehleranalyse.

Ursachen wie fehlerhafte Prozesse, Schnittstellen oder Informationsdefizite können Sie so schnell identifizieren und beseitigen. Für umfassendere Fehleranalysen ist ein Absprung in Standardtransaktionen der Materialpflege möglich. Die Fehlerdatenbank stellt auch Informationen für ein kontinuierliches Monitoring der Datenqualität bereit.

Konfiguration

Eine initiale Konfiguration des S/DQC-Add-ons legt fest, für welche Benutzer und für welche Materialarten und -typen es aktiviert wird. So können z. B. Warengruppenvorlagematerialien generell von einer Prüfung ausgeschlossen werden. Aufgrund unzureichend spezifizierter Geschäftsregeln sind die Spezifikation der Prüfregeln und ihre Priorisierung jedoch häufig aufwendig. Teils müssen die erforderlichen Informationen erst mühsam recherchiert werden. Ein initiales Daten-Profiling ist auf jeden Fall zu empfehlen.

Sie können die Prüfregeln in kleinen Schritten einführen. Der Umfang der zu prüfenden Materialien, die Prüfzeitpunkte oder die prüfrelevanten Transaktionen können Ihren unternehmensspezifischen Anforderungen angepasst und systematisch verfeinert werden. So ist es z. B. auch möglich, eine einzelne Regel zunächst über Offlineprüfungen zu validieren und erst später für die Onlineprüfung zu aktivieren.

Die Anwender müssen über die zusätzlichen Prüfungen und Korrekturmöglichkeiten informiert und in Schulungen darauf vorbereitet werden. Die Diskussion der Prüfregeln mit den Anwendern leistet einen weiteren Beitrag zur Qualitätsverbesserung der Stammdaten.

3.3 Datenaustausch zwischen Händlern und Lieferanten

Das Marktumfeld im Handel ist seit Jahren durch Preiskämpfe, sinkende Margen und steigende Kundenanforderungen geprägt. Eine Strategie zur Renditesteigerung liegt für Handels- und Industrieunternehmen in der Intensivierung der elektronischen

Geschäftsbeziehungen und verstärkten Vernetzung. Diese zielt auf die bessere Befriedigung von Konsumentenbedürfnissen und die Kostenreduktion auf beiden Seiten ab.

Die Zusammenarbeit zwischen Handels- und Industrieunternehmen basiert in erster Linie auf der übergreifenden elektronischen Verarbeitung von transaktionellen Daten wie Prognosen, Bestellungen, Rechnungen etc. Um diese ausgetauschten Daten in den IT-Systemen von Hersteller und Händler konsistent verarbeiten zu können, müssen die Stammdaten (Material, Geschäftspartner, Preise und Konditionen) unternehmensübergreifend zwischen den jeweiligen IT-Systemen harmonisiert sein. Konsistente Stammdaten bilden die Grundlage für einen reibungslosen Ablauf nahezu aller Prozesse in Handel und Industrie. Sind die Basisinformationen zu den Materialstammdaten fehlerhaft oder nicht vorhanden, enden Bestell-, Liefer- und Abrechnungsvorgänge schnell im Chaos.

Darum erkennen immer mehr Unternehmen die Bedeutung eines effizienten Stammdatenmanagements für die eigene Wettbewerbsfähigkeit. Jedoch werden noch immer Materialstammdaten mit hohem Aufwand individuell und bilateral zwischen Industrie und Handel ausgetauscht. Diese redundanten Prozesse sind enorm zeit- und kostenintensiv. Durch die uneinheitliche Bearbeitung sind sie außerdem sehr fehleranfällig, was zu neuen Kosten und Verzögerungen in der gesamten Produktions- und Lieferkette führen kann.

Die folgenden Abschnitte sollen Ihnen einen Überblick darüber geben, wie ein Stammdatenaustausch zwischen Handels- und Industrieunternehmen ablaufen kann. Dabei stellen wir zunächst das Konzept der *Global Data Synchronization* und das *Global Data Synchronization Network* vor und gehen im Anschluss primär auf die konsumierende Seite innerhalb von SAP S/4HANA Retail ein.

3.3.1 Global Data Synchronization

Global Data Synchronization (GDS) ist eine von der Industrie ins Leben gerufene Initiative für die globale Datensynchronisation von Produkt- und Unternehmensdaten. Produkt- und Unternehmensdaten werden hierbei vom Hersteller oder Anbieter erstellt und dem Handelspartner oder Lieferanten über Datenpools zur Verfügung gestellt. Hersteller und Händler verfügen so über die gleichen Daten. Dadurch können Fehler in der Lieferkette (engl. Supply Chain) und eine ineffiziente und kostspielige Datenpflege verhindert werden, die zwangsläufig bei manuellen Vorgängen oder proprietären Systemen entsteht.

Grundlage des Datenaustausches ist ein einheitliches Datenformat nach dem GS1-Standard. GS1 steht für Global Standards One und ist ein Netzwerk von Non-Profit-Organisationen, die weltweit Standards für unternehmensübergreifende Prozesse entwickeln und pflegen. Im Einzelhandel ist die GS1 unter anderem auch für die weltweite Vergabe der *Global Trade Item Number* (GTIN, ehemals EAN) für Einzelhandelsprodukte zuständig.

3.3.2 Globale Datenpools

Um den Datenaustausch zwischen Herstellern und Händlern zu erleichtern und zu harmonisieren, wurde das Global Data Synchronization Network (GDSN) gegründet. Hierbei handelt es sich um einen Verbund aus weltweit über 30 zertifizierten Datenpools, die untereinander automatisch alle Produktstammdaten synchronisieren. Die Stammdaten müssen vom Lieferanten nur einmal in einen GDSN-zertifizierten Datenpool eingegeben werden, z. B. in den Datenpool des Unternehmens *Atrify*, der mit mehr als 20.000 Nutzern aus Handel und Industrie in über 50 Ländern einer der bedeutendsten Datenpools ist. Die Kommunikation zwischen den Datenpools erfolgt innerhalb des GDSN über eine fest definierte Nachrichtenchoreografie in einem bestimmten Nachrichtenformat sowie nach einem Set strikter Regeln. Auf beides, das Format und das Regelset, gehen wir gleich noch genauer ein.

Der GS1-Datenqualitätsrahmen und die *globale Produktklassifikation* (GPC) von GS1 bilden die Voraussetzungen für eine valide und fortlaufende Synchronisation von Materialdaten von guter Basisqualität auf der GDSN-Plattform. Änderungen, die in der Datenbank eines Unternehmens vorgenommen werden, können so automatisch an alle Handelspartner gesendet werden. Auf diese Weise arbeiten alle mit denselben Informationen in ihren Systemen.

Mit dem GDSN-Datenpool von Atrify ist es leicht, Materialdaten global zu synchronisieren, da fast jeder Dateninhalt im Atrify-Pool automatisch in einen GDSN-kompatiblen Inhalt übersetzt wird. Auch die zugehörige Nachrichtenchoreografie innerhalb des Netzwerkes verläuft automatisiert, z. B. die Materialregistrierung bei der Global Registry, die Publikation von Daten an autorisierte Empfänger sowie das Management von Datenupdates und -korrekturen, die alle Teil des GDSN-basierten Datenpoolservice sind, den Atrify anbietet.

Rollen und Funktionen im GDSN

Im GDSN sind drei Rollen zu unterscheiden:

- die Global Registry
- zwei Typen von Datenpools:
  - Quelldatenpool (engl. *Source Data Pool*)
  - Empfängerdatenpool (engl. *Recipient Data Pool*)

- die Handelspartner, die die einzelnen Transaktionen initiieren:
  - Datenlieferant
  - Datenquelle (engl. Data Supplier)
  - Datenempfänger (engl. Data Recipient)

Die *Global Registry* ist das zentrale Repositorium, in dem alle identifizierenden Basisdaten (Schlüsselinformationen) eines Materials und alle Datenanforderungen (*Subskriptionen*) zusammenkommen:

- Jedes dort registrierte Material (engl. Catalogue Item) ist durch den dreifachen Schlüssel von GTIN, Global Location Number (GLN) und Zielmarkt (engl. Target Market, TM) identifiziert. Er wird ergänzt um seine globale Produktklassifikation (GPC) und zudem verknüpft mit seinem registrierenden Quelldatenpool. Die Global Registry weiß also, in welchem Pool die Materialdaten vorliegen.
- Jede Datenanforderung ist in der Global Registry mitsamt den darin enthaltenen Filterkriterien gespeichert, und alle registrierten Materialien werden nach diesen Kriterien durchsucht (GTIN, GLN, TM und GPC). Gibt es registrierte Materialien, die diesen Kriterien entsprechen, wird die Subskription an den Quelldatenpool übermittelt, in dem diese Daten gespeichert sind.

Ein *Quelldatenpool* erfüllt folgende Aufgaben:

- Registrierung der Materialien der Datenlieferanten bei der Global Registry
- Verwaltung, Validierung und Speicherung der vollständigen Materialstammdaten
- Empfang, Speicherung und Verarbeitung der Datenanforderungen
- Datenfilterung (d. h. Datenselektion) und Übermittlung der Stammdaten von *publizierten* und angeforderten (*subskribierten*) Materialien (hier spricht man von einer *Pub-Sub-Übereinstimmung*) an den Empfängerdatenpool des datenanfordernden Händlers

Ein *Empfängerdatenpool* hingegen wird für folgende Aufgaben eingesetzt:

- Verwaltung des Empfangs und Übermittlung der Datenanforderungen von der Empfängerseite
- Verwaltung des Empfangs und Übermittlung der Materialstammdaten an die datenanfordernden Händler
- Verwaltung des Empfangs und Übermittlung der Antworten/Bestätigungen der Empfänger an die Quelldatenpools der Datenlieferanten

Wie in Abbildung 3.11 dargestellt, umfasst der Datenaustauschprozess im GDSN die folgenden Schritte:

❶ **Daten laden**
Der Verkäufer (Datenlieferant) registriert und lädt seine Produkte und Firmendaten zur Datenverwaltung in seinen GDSN-Datenpool (Quelldatenpool).

❷ **Daten registrieren**
Schlüsseldaten werden von dort an die Global Registry von GS1 gesendet.

❸ **Daten anfordern**
Über seinen Datenpool (Empfängerdatenpool) und die Global Registry fordert der Käufer (Datenempfänger) die Daten des Verkäufers an, d. h., er subskribiert die Initiallieferung und fortlaufende Updates.

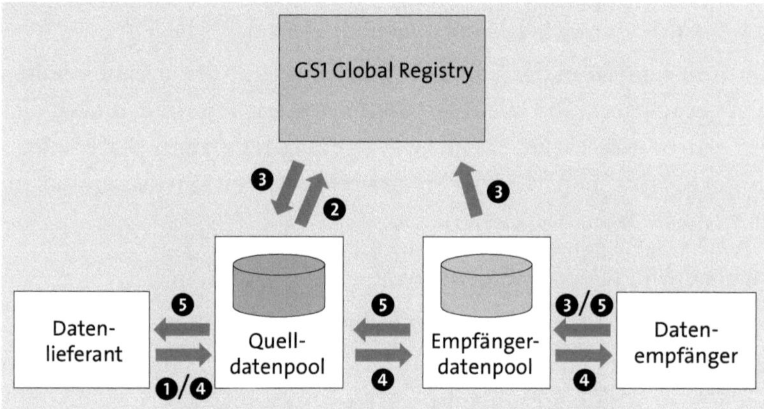

Abbildung 3.11 Prinzipieller Datenaustauschprozess

❹ **Daten publizieren**
Der Verkäufer publiziert seine Daten in seinem Quelldatenpool an bestimmte Käufer oder an den gesamten Zielmarkt. Der Quelldatenpool sendet die publizierten Daten an den Empfängerdatenpool des Käufers, der die Daten subskribiert hat.

❺ **Daten bestätigen und beantworten**
Der Käufer kann eine Antwort oder Bestätigung an den Verkäufer senden – über beide Datenpools – um ihn über die vorgenommene Aktion zu jedem der empfangenen Materialien zu informieren. Er kann melden, ob er die Daten akzeptiert, mit seinem System synchronisiert oder abgelehnt hat oder ob er eine Datennachbearbeitung (engl. *Review*) fordert. Im letzteren Fall kann der Verkäufer die Dateninhalte für ihn anpassen (d. h. ändern oder korrigieren).

Nachrichtenchoreografie im GDSN

Innerhalb des GDSN wird die im Folgenden beschriebene Nachrichtenchoreografie für das Zusammenspiel der Beteiligten verwendet. Alle im Rahmen des Datenaustausches versendeten Nachrichten haben das für das GDSN festgelegte XML-Nachrichtenformat.

Die Choreografie beinhaltet die folgenden Nachrichtentypen:

1. Die *Registrierungsnachricht* (engl. Registry Catalogue Item, RCI) wird verwendet, um neue Materialien im Quelldatenpool bei der Global Registry zu registrieren. Sie sendet die Materialschlüsseldaten (GTIN, GLN und TM) und die GPC und GLN des Quelldatenpools.
2. Die *Publikationsnachricht* (engl. Catalogue Item Publication, CIP) initiiert die Freigabe der Materialdaten an die Handelspartner, die diese Daten anfordern.
3. Die *Subskriptionsnachricht* (engl. Catalogue Item Subscription, CIS) enthält die Filterkriterien für einen permanenten Datenabruf. Sie wird vom Datenempfänger über den Empfängerdatenpool an die Global Registry gesendet. Diese übermittelt die Subskription (mitsamt der Verknüpfung zum anfordernden Empfänger) an den Quelldatenpool der Materialien, die den Filterkriterien entsprechen. Dort wird der Materialbestand den Kriterien entsprechend gefiltert. Sobald die resultierenden Materialien an den Quelldatenpool publiziert wurden, werden ihre Stammdaten über den Empfängerdatenpool an den anfordernden Empfänger gesendet (Initiallieferung und fortlaufende Updates).
4. Eine RFCIN-Nachricht (engl. *Request for Catalogue Item Notification*) ist ein einmaliger Abruf der anhand von Filterkriterien spezifizierten Daten, die sich bereits in der Synchronisationsliste des Datenpools befinden. Dies sind Materialien, die vorher an den Empfänger gesendet wurden und nun noch einmal angefordert werden. Es können damit auch Daten angefordert werden, die vorher bereits abgelehnt wurden. Die Ablehnung erkennen Sie an der Nachricht `CIC-REJECT`.
5. Der Datenabruf wird über die Global Registry an den Quelldatenpool geleitet. Dort wird er aber im Gegensatz zur CIS nicht gespeichert, sondern einmalig ausgeführt und dann verworfen. Dies bedeutet, dass nur ein *Reload* (ohne bereits abgelehnte Daten) oder ein *Initial Load* (mit bereits abgelehnten Daten) geliefert wird, jedoch keine fortlaufenden Updates mehr erfolgen.
6. Im Fall einer Pub-Sub-Übereinstimmung (ist also die Publikation = die Subskription) beim Quelldatenpool werden die vollständigen Materialdaten (engl. *Catalogue Item Master Data*) direkt an den Empfängerdatenpool gesendet. Dies geschieht in Form der *Notifikationsnachricht* (engl. Catalogue Item Notification, CIN). Der Empfängerdatenpool leitet sie an den Datenempfänger weiter, der die zugehörige Datensubskription initiiert hat.
7. Zum Abschluss des Datenabrufes kann der Datenempfänger die Datenlieferung über den Empfängerdatenpool mit einer *Bestätigungsnachricht* (Catalogue Item Confirmation, CIC) beantworten, die über den Quelldatenpool an den Datenlieferanten überstellt wird. Mit dieser Antwort kann der Datenempfänger Feedback

zum Akzeptanzstatus – einschließlich spezifischer Fehlermeldungen – der übermittelten Daten geben, d. h., ob er die Daten akzeptiert (`CIC-ACCEPT`), bereits mit seinem System synchronisiert (`CIC-SYNCHRONIZED`) oder abgelehnt (`CIC-REJECT`) hat oder ob er eine Nachbearbeitung (`CIC-REVIEW`) fordert.

8. *EANUCC-Response-Nachrichten* werden vom Pool als Empfangsbestätigung nach erfolgreich durchgeführten Transaktionen an die Sender der Transaktionen zurückgesendet.
9. *GDSN-Exception-Nachrichten* werden vom Pool versendet, wenn es bei der Verarbeitung von Nachrichten und/oder Transaktionen zu Fehlern gekommen ist. Diese Fehler werden im *GDSN-Validierungsprotokoll* festgehalten.

Tabelle 3.1 zeigt die verschiedenen Nachrichtentypen noch einmal im Überblick. Auf den GDS-Eingang in SAP S/4HANA Retail gehen wir im folgenden Abschnitt ein.

Nachrichtenkennung	Nachrichtenbeschreibung	Nachrichteninhalt (Auszug)	Relevanter GDS-Eingang in SAP S/4HANA Retail
Catalogue Item Notification (CIN)	Übertragung von Materialstamm- und Änderungsdaten von Datenquelle an Datenempfänger	Material, Materialstatus, Datumsangaben	ja
Registry Catalogue Item (RCI)	Registrierung eines Materials in der Global Registry	Materialidentifikation, Datumsangaben	nein
Catalogue Item Registration Response (für SAP S/4HANA Retail nicht relevant)	Bekanntgabe des Registrierungsstatus eines Materials in der Global Registry	Materialidentifikation, Registrierungsstatus, Datumsangaben	nein
Catalogue Item Publication (CIP)	Freigabe/Publikation eines Materials für eine Menge von Datenempfängern	Material, Datenempfänger, Zielmarkt	nein
Catalogue Item Subscription (CIS)	Abonnement von Materialstammdaten	Datenquelle, Datenempfänger, Materialidentifikation	ja
Catalogue Item Confirmation (CIC)	Bestätigungs- und Statusmeldung von Datenempfänger an Datenquelle	Materialidentifikation, Materialstatus	ja

Tabelle 3.1 Übersicht der Stammdatennachrichten im GS1-XML-Standard

3.3.3 GDSN-Eingangsverarbeitung in SAP S/4HANA Retail

In SAP S/4HANA Retail sowie in SAP ERP 6.0 (seit dem entsprechenden Erweiterungspaket für die Business Function Retail ERP 6.0) bietet SAP zur Abbildung der GDSN-Abläufe auf Händlerseite eine Anwendung für die massenhafte Übernahme von Materialstammdaten externer Datenpools an.

Realisiert wird dies in SAP S/4HANA Retail über die Funktion der *Preiskataloge* (Transaktionen W_PRICAT_MAINTAIN und W_SYNC).

In diesem Abschnittzeigen wir, welche Arbeiten nötig sind, um diese Funktion zu aktivieren und die globale Datensynchronisation durchzuführen. Auf die eher technischen Themen des PRICAT-Ausgangs und des PRICAT-Eingangs über IDocs gehen wir hier nicht ein.

Die GDS-Bearbeitung hat folgende Funktionen:

- Unterstützung der drei GDSN-Nachrichten für den GDS-Eingang in SAP S/4HANA Retail nach dem GS1-XML-Standard:
  - Catalogue Item Subscription (CIS)
  - Catalogue Item Notification (CIN)
  - Catalogue Item Confirmation (CIC)
- Pflegeoberfläche für die Verwaltung der CIS-Nachrichten
- Regelkonfigurationsumgebung im Prüf- und Anreicherungsprozessor, mit der eigene Regeln definiert werden, um den Nachrichteneingang zu prüfen und zu ergänzen
- Funktionen zum Bestätigungsreport
- Nachrichten-Mapping zum SAP-Standardobjekt `TradeItemCatalogue`
- Möglichkeit, vorgesehene Felder mit Daten, die nicht aus dem Datenpool stammen, anzureichern

Abbildung 3.12 zeigt das Zusammenspiel der verschiedenen Komponenten, die zur Realisierung des GDS-Szenarios in SAP S/4HANA Retail zur Verfügung gestellt werden.

Dieses Zusammenspiel umfasst folgende Schritte:

❶ Anlage und Versenden der Subskription

❷ Nachrichteneingang: Empfang der subskribierten Daten aus dem Datenpool über SAP Process Integration (SAP PI)

❸ Benachrichtigung: Anzeige und Weiterverarbeitung der empfangenen Katalogdaten

❹ Optional: Änderungen an den Regeln, die die externen Daten überprüfen und ergänzen; Überprüfen und Anreichern der Daten

❺ manuelle oder automatische Verarbeitung mit Transaktion W_SYNC/W_PRICAT_MAINTAIN

❻ Senden von Rückmeldungen, die GDSN-Confirmation-Nachrichten an den Datenpool zurückschicken

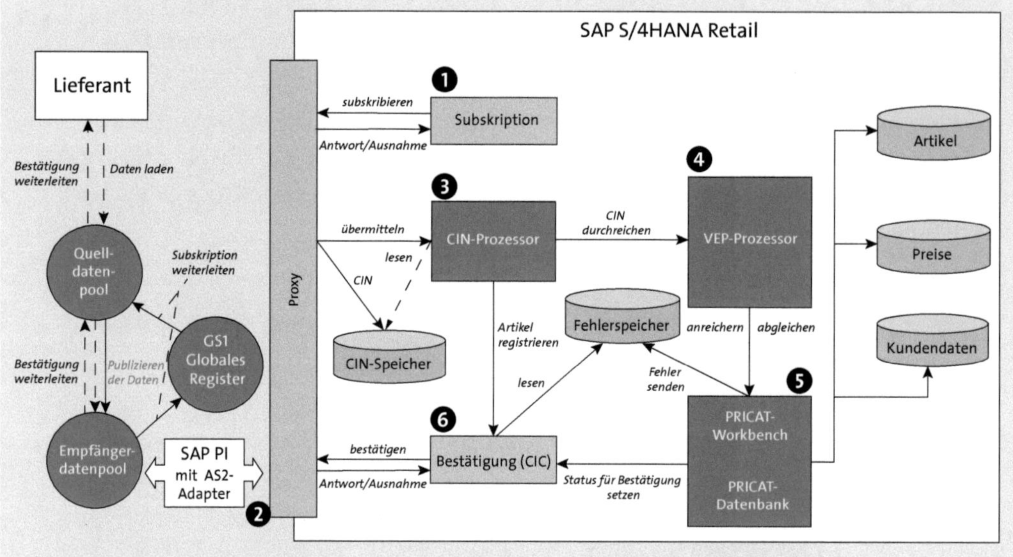

Abbildung 3.12 Komponenten der GDSN-Lösung in SAP S/4HANA Retail

Um das GDS-Szenario einzurichten, sind die folgenden Schritte erforderlich:

1. Adapter für SAP Process Integration einrichten
2. Business Function ISR_RETAIL_GDS und weitere Funktionen aktivieren (nur für ERP 6.0-Systeme, für SAP-S/4HANA-Systeme nicht notwendig)
3. Material abonnieren
4. Speichermonitor aktivieren
5. Prüf- und Anreicherungsprozessor (PAP) aktivieren
6. PRICAT-Workbench aktivieren
7. Rückmeldungsmonitor (*Confirmation Manager*) verwenden

Diese Schritte erläutern wir nun im Detail.

Adapter für SAP Process Integration einrichten

Für die Kommunikation, d. h. den Datenaustausch zwischen dem Datenpool und SAP S/4HANA Retail, muss SAP Process Integration bzw. SAP Process Orchestration als Middleware inklusive eines AS2-Adapters (Applicability Statement 2, ein Standard zur gesicherten Nachrichtenübertragung) von SEEBURGER eingerichtet werden. Dazu sind folgende Schritte notwendig:

1. Installation und Konfiguration des lizenzpflichtigen SEEBURGER-AS2-Adapters
2. Einstellen der Zertifikate für die Kommunikation
3. Konfiguration der Verbindung mithilfe des Integration Builders in SAP Process Integration

Business Function aktivieren

Um die GDS-Terminologie und -Funktionen in SAP S/4HANA Retail nutzen zu können, müssen die folgenden Aufgaben erledigt werden:

1. Business Function `ISR_RETAIL_GDS` im Switch Framework aktivieren
2. Storage einrichten, um eingehende Daten (CIN) zu speichern
3. CIN-Prozessor einrichten: Dabei geht es darum, zu definieren, welche eingehenden Daten (CIN) mit welcher Implementierung des Prüf- und Anreicherungsprozessors ausgeführt werden.
4. Lieferant für die PRICAT-Eingangsverarbeitung registrieren bzw. autorisieren
5. PRICAT-Workflow einrichten, um beim Empfang von Daten Workflows auszulösen und den passenden Benutzergruppen zuzuweisen
6. Fehlerbehandlung einrichten

Materialdaten abonnieren

Über Transaktion TWGDS_SUBSCRIPTION abonnieren Sie die Materialien, die in der Global Registry von GS1 registriert sind. Die Nachricht verwendet für diese Selektion die GLN, die GTIN und die GPC. Es gibt folgende Subskriptionstypen:

- **Subscription**
  Abonniert die Materialien aus der Global Registry (Catalogue Item Subscription), zu denen der Händler Updates erhalten will.
- **Request**
  Fordert die abonnierten Materialien aus der Subskription an.
- **Reset and Request**
  Setzt den Betätigungsstatus zurück und fordert außerdem die Materialien aus der Subskription an.

Die erstellten Nachrichten werden dauerhaft in Tabellen in SAP S/4HANA Retail gespeichert und dienen der Nachverfolgung des Nachrichtenstatus. Erfolgs- und Fehlernachrichten, die vom Datenpool zurückgeschickt werden, sind im Anwendungslog gesichert und ändern den Status dementsprechend ab.

Der erstellte Globally Unique Identifier (GUID) – das ist eine global eindeutige Zahl mit 128 Bit (16 Byte), die in verteilten Computersystemen zum Einsatz kommt – der Subscription und der Request For Catalogue Item Notification wird als Referenz in allen folgenden Nachrichten (Erfolgs-, Fehler- und Bestätigungsnachrichten) wiederverwendet und ermöglicht so eine eindeutige Identifizierung.

Speichermonitor aktivieren

Mit dem Speichermonitor (Transaktion WGDS_STORAGE_MONI) haben Sie die Möglichkeit, den Status der CIN-Nachrichten zu überwachen und den dazugehörigen Inhalt anzuzeigen. Die Verarbeitung der Nachrichten im Hintergrund übernimmt der CIN-Prozessor:

1. Über die Selektionsmaske werden die zu prüfenden Nachrichten ausgewählt, d. h. solche, bei denen die automatische Verbuchung durch den CIN-Prozessor fehlschlägt.
2. Auf Basis der Selektionskriterien wird die Liste der Nachrichten aufgebaut.
3. Über die Detailansicht, die Sie über einen Doppelklick auf eine Nachricht aufrufen, lassen sich weitere Informationen zur Nachricht anzeigen.
4. Klicken Sie auf den Button **Daten**, um die Inhalte der Nachricht auf Feldebene zu kontrollieren.

Prüf- und Anreicherungsprozessor einrichten

Der Prüf- und Anreicherungsprozessor (*PA-Prozessor* oder engl. Validation and Enrichment Processor, VEP) ist ein generisches Werkzeug, das Daten (aus dem Datenpool und Stammdaten) prüft und anreichert. Der PA-Prozessor wendet dabei Regeln an, die im System gepflegt sind. Eine Regel besteht aus Bedingungen, Aktionen und Ausdrücken: Sie prüft eine Bedingung, und wenn diese erfüllt ist, wird eine Aktion ausgeführt. Der Prozess der Regelanwendung wird generell durch ein Ereignis angestoßen, durch das ein oder mehrere Regelsätze nacheinander so lange aufgerufen werden, bis alle bearbeitet sind.

Der PA-Prozessor besteht aus einer Konfigurations- und einer Laufzeitumgebung. Die Konfigurationsumgebung wird verwendet, um die Elemente des PA-Prozessors zu definieren und zu bearbeiten: Anwendung, Ereignis, Regelsatz, Regel, Bedingung, Aktion und Ausdruck. In der Laufzeitumgebung werden die Ist-Daten nach den Regeln verarbeitet.

Das von SAP gelieferte Template für den PA-Prozessor weist nur eine geringe Komplexität auf und deckt nur einfache Anwendungsfälle ab. Um eine verlässliche Funktionalität zu erreichen, muss ein beträchtlicher Aufwand betrieben werden. Dies ist eine der Herausforderungen in einem GDS-Projekt.

PRICAT-Workbench einrichten und verwenden

Als Nächstes müssen Sie die PRICAT-Workbench, bestehend aus dem PRICAT-Monitor und Transaktion W_SYNC, einrichten. Dazu müssen Sie die vom PA-Prozessor in die PRICAT-Tabellen geschriebenen Daten über Transaktion W_SYNC (Preiskatalog selektieren und bearbeiten) auswählen. Anschließend können sie dort bearbeitet und in den SAP-S/4HANA-Retail-Materialstamm übernommen werden.

Der erste Schritt ist also, den Preiskatalog auszuwählen und zu bearbeiten. Der Bildschirm von Transaktion W_SYNC ist in die folgenden Bereiche aufgeteilt:

- Der Selektionsbereich enthält eine Liste der Felder, die zur freien Auswahl ein- und ausgeblendet werden.
- Der Suchbereich enthält neben den Suchfeldern Kennzeichen, mit denen die Katalogsuche zusätzlich eingegrenzt werden kann.
- Im Katalogbereich sind alle Kataloge, die zur Auswahl stehen, als Übersichtsbaum dargestellt.

Innerhalb eines Katalogs werden die *Katalogpositionen* im PRICAT-Monitor als Zeilen dargestellt. Dabei existieren bei der Neuanlage eines Materials pro GTIN eine *Originalzeile* (mit den Daten aus dem Lieferantenkatalog) und eine *Workitem-Zeile*, die die relevanten Felder für die Übernahme in den SAP-Materialstamm enthält. Bei einer Änderung eines bestehenden Materials kommt zusätzlich die *SAP-Datenbankzeile* hinzu. Darin werden geänderte Felder farblich gekennzeichnet.

Die in der Workitem-Zeile enthaltenen Felder können über das Customizing als angezeigte, nicht angezeigte oder eingabebereite Felder eingestellt werden. Sie können aus den Lieferantenkatalogdaten, mithilfe des Vorlagematerials, mit einem Fixwert oder mit dem bereits gespeicherten Material vorbelegt werden. Die Justierung kann zusätzlich noch spezifisch für eine Warengruppe und/oder einen Lieferanten erfolgen.

Wenn Sie den PRICAT-Monitor öffnen, gelangen Sie zunächst zu den Grunddaten des Materials. Weitere Zugriffe auf Detaildaten (z. B. Text, Mengen, Stückliste, Merkmal und Preis) können über thematisch gruppierte Absprünge – sogenannte *Hotspots* – gepflegt werden.

Falls mehrere Personen für die Pflege eines Materials verantwortlich sind, kann die Zusammenarbeit über den *Bearbeitungsstatus* sehr hilfreich sein. Folgende Status liefert SAP standardmäßig aus:

- **Offen (01)**: Offen sind alle Katalogeinträge, die die Anwender noch nicht bearbeitet haben.
- **In Bearbeitung (02)**: Hat ein Anwender den Katalogeintrag verändert, setzt das System den Status automatisch auf **In Bearbeitung**.

- **Geprüft (03)**: Wenn der Datensatz an die SAP-Stammdaten weitergeleitet werden kann, setzt der Anwender den Status auf **Geprüft**.
- **Weitergegeben (04)**: Der Datensatz wurde an die SAP-Stammdaten weitergeleitet. Die Position kann jetzt nicht mehr bearbeitet werden. Ausnahme ist der Status selbst. Dieser kann noch einmal auf **Offen** gesetzt werden, um weitere Änderungen vorzunehmen.
- **Fehler bei der Weitergabe (05)**: Bei der Weitergabe des Datensatzes an die SAP-Stammdaten ist ein Fehler aufgetreten.
- **Ausgeschlossen (06)**: Der Anwender kann Katalogeinträge von der Übergabe ausschließen. Da die Selektionsbedingungen des Pools relativ grob sind, werden immer wieder Materialien übertragen, die der Empfänger nicht verarbeiten will. Diese können so von der Bearbeitung ausgeschlossen werden.

Confirmation Manager verwenden

Über die Rückmeldungsfunktionen informiert der Empfänger (SAP S/4HANA Retail) den Datenpool darüber, was mit den erhaltenen Daten gemacht wurde, und zwar über eine Nachricht vom Typ Catalogue Item Confirmation. So meldet z. B. der Händler dem Hersteller, ob er Daten zu einem Produkt angenommen hat. Abbildung 3.3 zeigt die Verarbeitung dieser Bestätigungsnachrichten (Confirmation Management) in SAP S/4HANA Retail.

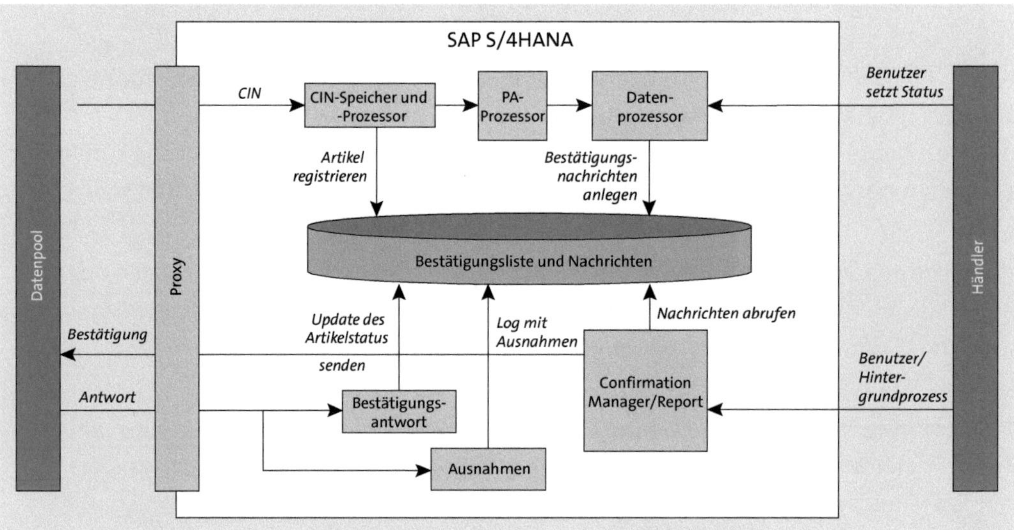

Abbildung 3.13 Confirmation Management in SAP S/4HANA Retail

Durch den Rückmeldungsstatus wird der Stand der Bearbeitung dokumentiert. Tabelle 3.2 zeigt die möglichen Rückmeldungsstatus.

Rückmeldungsstatus	Beschreibung	Entsprechender Bearbeitungsstatus im Preiskatalog
Unbekannt	Default-Status: Es sind noch keine Status gesetzt.	**Offen**
Geprüft	Daten wurden empfangen, aber noch nicht weiterverarbeitet.	**Geprüft**
Weitergegeben	Daten wurden weitergegeben.	**Weitergegeben**
Ausgeschlossen	Daten wurden von der Übergabe ausgeschlossen.	**Ausgeschlossen**
Prüfen	Anfrage an den Datenpool läuft. Er soll seine Daten prüfen, weil der Empfänger abweichende oder unpassende Daten empfangen hat, die er nicht synchronisieren konnte.	**Review/Anschauen**

Tabelle 3.2 Mögliche Rückmeldungsstatus

Über einen Monitor, den *Confirmation Manager* (Transaktion WGDS_CONFIRM_MANAGER), haben Sie die Möglichkeit, geänderte Katalogpositionen anzuzeigen und zu bearbeiten.

Der Confirmation Manager informiert über den Status jeder Katalogposition, die sich für den Datenpool subskribiert hat. Darüber hinaus können Sie über den Monitor den Stand aller Bestätigungsnachrichten verfolgen und Bestätigungen versenden. Dabei identifizieren Sie die Katalogpositionen wiederum durch die GLN des Lieferanten, den TM (Land und Subdivision) und die GTIN.

Wird die Rückmeldung vom Empfänger, also in diesem Fall dem Hersteller, akzeptiert, sendet dieser eine Antwortnachricht. Danach löscht das System alle betreffenden Daten aus der Tabelle der Rückmeldungen.

3.3.4 Datenaustausch über SAP BTP

Im vorangegangenen Abschnitt haben wir beschrieben, wie ein Stammdatenaustausch zwischen Handels- und Industrieunternehmen über GDS und die in SAP S/4HANA Retail enthaltenen Standardfunktionen ablaufen kann. Sie haben aber auch die Möglichkeit, Materialien auf Basis von externen Datenquellen über die Lösung *Material Cloud Hub* der Firma retailsolutions AG auf der SAP Business Technology Platform (SAP BTP) anzulegen. Die Anwendungsfälle reichen hierbei von der Anbindung von Datenpools über den Materialimport aus CSV-Dateien bis hin zu einem Lieferantenportal, mit dem die Händler ihre Lieferanten die Materialdaten erfassen lassen. Sogar die Materialanlage auf Basis von Produktfotos oder PDF-Dokumenten ist im nachfolgend beschriebenen Szenario denkbar. In Abbildung 3.14 sehen Sie die einzelnen Elemente für einen Datenaustausch in der Cloud mit der SAP BTP.

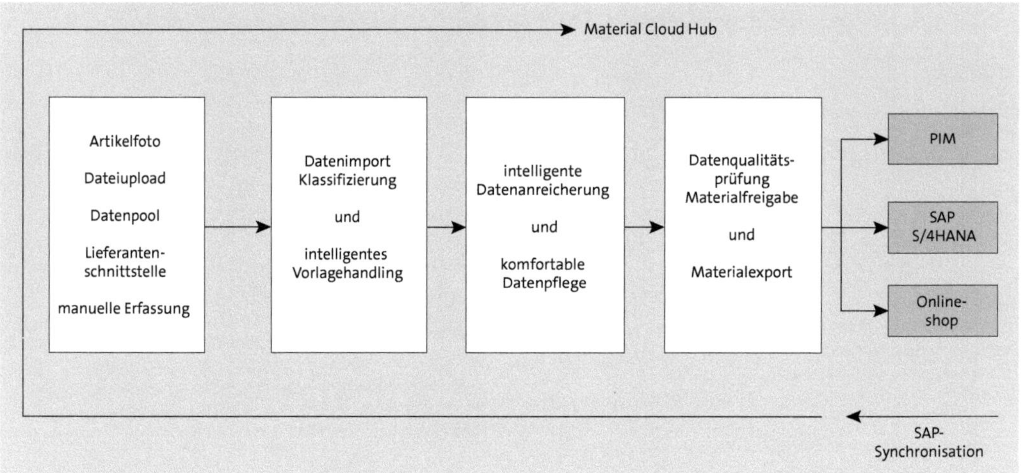

Abbildung 3.14 Schematische Funktionsweise des Material Cloud Hubs

Die cloudbasierte SAP BTP ist eine einheitliche und offene Daten- und Entwicklungsplattform für das gesamte SAP-Ökosystem in der Cloud. Mit dieser einheitlichen Basis für alle SAP-Lösungen und -Produkte werden folgende SAP-Technologien auf einer Plattform vereint:

- Datenbank- und Datenmanagement, wie SAP HANA Cloud oder SAP Data Warehouse Cloud
- Analytics, mit der Hauptlösung SAP Analytics Cloud
- Anwendungsentwicklung und -integration mit SAP Extension Suite und SAP Integration Suite
- intelligente Technologien, wie SAP AI Business Services oder SAP Intelligent Robotic Process Automation (SAP Intelligent RPA)

Gerade durch den gezielten Einsatz intelligenter Technologien lassen sich Lösungen realisieren, die die Stammdatenpflege deutlich effizienter gestalten. Am Beispiel einer Materialanlage aus einem Datenpool zeigen wir in den folgenden Abschnitten, welche Schritte hierfür nötig sind.

Der Import und die Bearbeitung der Materialien aus dem Datenpool haben folgende Funktionen:

- Nachrichten-Mapping der Datenpoolmaterialien
- Funktion zum Import der Datenpoolmaterialien
- Pflegeoberfläche für die Verwaltung der Materialien

- Regelkonfigurationsumgebung im Prüf- und Anreicherungsprozessor, mit der eigene Regeln definiert werden, um den Nachrichteneingang zu prüfen und zu ergänzen
- intelligente Algorithmen zur automatischen Klassifizierung der Materialdaten
- intelligentes Vorlagehandling zur automatischen Anreicherung der Materialdaten
- Berechtigungssteuerung und Freigabeverfahren zum Export der Materialdaten an SAP S/4HANA Retail

Abbildung 3.15 zeigt das Zusammenspiel der verschiedenen Komponenten und Services zur Realisierung des Stammdatenszenarios Materialimport aus einem Datenpool auf der SAP BTP.

Wie Sie in Abbildung 3.15 sehen, benötigen Sie für die Umsetzung dieses Szenarios die folgenden Komponenten:

- **SAP Cloud Application Programming Model**
  Die eigentliche Anwendung mit der Import-Funktion, der Datenpflege, der Regelkonfiguration sowie der intelligenten Algorithmen werden auf dem SAP Cloud Application Programming Model realisiert.
- **SAP HANA Cloud**
  Die Datenhaltung erfolgt in der SAP HANA Cloud.
- **SAP Integration Suite**
  Die Anbindung an externe Datenpools sowie das Nachrichten-Mapping erfolgen über die SAP Integration Suite.
- **SAP Launchpad Service**
  Die Benutzeroberfläche wird über SAP Launchpad Service bereitgestellt.
- **Identity Authentication Service**
  Über den Identity Authentication Service erfolgt die Benutzerverwaltung und Berechtigungssteuerung.
- **SAP Event Mesh**
  Im Zusammenspiel mit SAP S/4HANA Retail ist es wichtig, dass z. B. Materialänderungen in der Cloud-App zur Pflege der Materialdaten oder in SAP S/4HANA Retail erkannt und an die jeweils anderen Systeme übermittelt werden. Die Kommunikation über diese asynchronen Ereignisse erfolgt über den Service SAP Event Mesh, der über Ereignissteuerung unabhängige Anwendungen verbindet und zu ereignisgesteuerten Geschäftsprozessen vereint.
- **SAP-Cloud-Application-Programming-Apps**
  Die SAP-CAP-Apps des Stammdatenportals verbinden sich mit dem SAP S/4HANA Retail vorgeschalteten Gateway-System. So können Materialdaten exportiert und Materialdaten, Stücklistendaten, Einkaufsinfosätze und Geschäftspartner importiert werden.

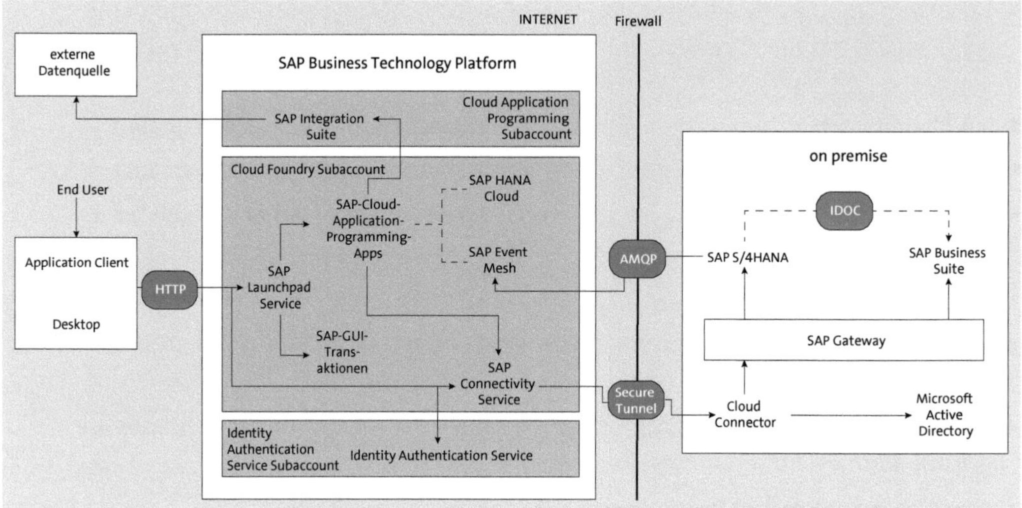

Abbildung 3.15 Realisierung des Stammdatenszenarios auf der SAP BTP

3.4 Migration von Stammdaten nach SAP S/4HANA Retail

Wenn Sie beschlossen haben, ein SAP-S/4HANA-Retail-Systems einzuführen, müssen die Stammdaten aus dem Altsystem migriert werden. Um einen reibungslosen Ablauf zu garantieren, hat sich in der Praxis bewährt, diese sechs Phasen zu durchlaufen, die wir Ihnen im Anschluss nacheinander vorstellen:

1. Migrationsvorbereitung
2. initialer Datenexport
3. Datenanalyse und -validierung
4. Datentransformation
5. Migrationstest
6. produktives Laden

In Abbildung 3.16 sehen Sie, wie die Phasen und Aktivitäten sinnvoll durchlaufen werden sollten.

In den folgenden Abschnitten gehen wir näher auf die einzelnen Phasen der Migration ein.

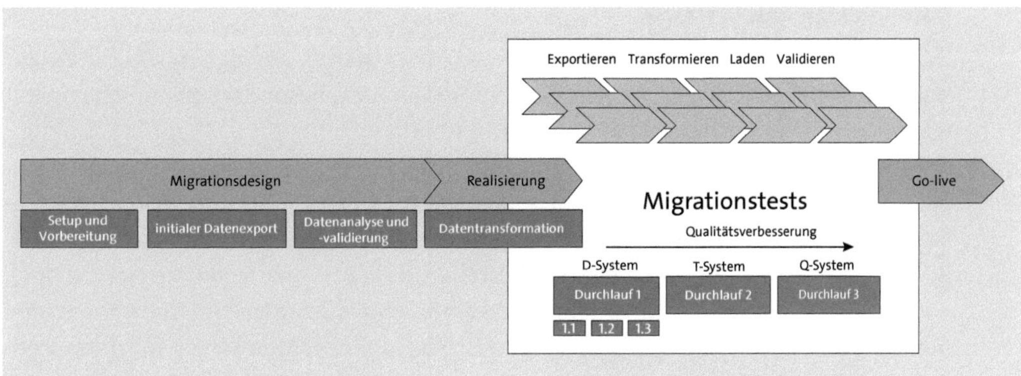

Abbildung 3.16 Phasen der Migration

3.4.1 Migrationsvorbereitung

Die erste Phase der Stammdatenmigration ist die Vorbereitung. Die Vorbereitung sollten Sie wie in allen größeren Projekten äußerst sorgfältig durchführen, nur so kann später eine optimale Datenqualität gewährleistet werden. Zunächst müssen die Daten analysiert werden, um zu bestimmen, welche Datenobjekte migriert werden sollen. Des Weiteren muss eine Übersicht des Quellsystems und von dessen Umsystemen erstellt und eine Soll-Systemlandschaft aufgebaut werden. Je nach Quellsystem und Umfang der Datenobjekte wird ermittelt, mit welchen Tools eine solche Umsetzung stattfinden soll. Nach der Definition der daraus resultierenden Arbeitspakete werden Teams gebildet und eine Planung der Aufwände erstellt.

Migrationsobjekte

Zu den Objekttypen (Stammdaten, Bewegungsdaten, Customizing und sonstige Daten) gehören die entsprechenden *Migrationsobjekte*. Zunächst muss ermittelt werden, welche Objekte im Zielsystem bzw. in den Zielsystemen benötigt werden. Des Weiteren muss geprüft werden, inwiefern eine Abhängigkeit zwischen verschiedenen Migrationsobjekten besteht, damit diese auch in der korrekten Reihenfolge migriert werden können. So ergibt es beispielweise wenig Sinn, die Materialstammdaten vor den Lieferantenstammdaten zu migrieren, da sonst keine Einkaufsinfosätze generiert bzw. migriert werden können. Sollte es sich um eine Systemkonvertierung – also den Wechsel aus einem SAP-ECC-System nach SAP S/4HANA Retail – handeln, wird empfohlen, die Lieferanten und Kunden bereits im Quellsystem zu einem Geschäftspartner (engl. Business Partner) zusammenzuführen, um so die Daten mit weniger Aufwand migrieren zu können. Beispiele weiterer Migrationsobjekte sind etwa Stücklisten, Werke, Warengruppen, Materialstammdaten, Merkmale, Merkmalswerte etc.

Datenquellen und Systeme

Gibt es nicht nur eines, sondern mehrere Quellsysteme, aus denen die Daten zur Verfügung gestellt werden, muss dies bei der Migration besonders gründlich geplant werden, um eine optimale Datenqualität und eine reibungslose Migration sicherzustellen. Beispielsweise können fehlende Stammdaten auch mit Onlineproduktdatenbanken angereichert werden. Wie bereits erwähnt, sollte die Ist- und die Soll-Systemlandschaft dargestellt werden, um so spätere Fehler in der Planung zu vermeiden. Bleibt die Anbindung zu Altsystemen bestehen, da z. B. Werke und Umsysteme noch weiter über das Quellsystem angebunden sind, muss auch dies im Hinblick auf eine permanente Versorgung berücksichtigt werden. Zudem sollten Sie ein Mastersystem definieren, damit die Daten später in allen Systemen identisch sind. Optimalerweise fungiert das SAP-S/4HANA-Retail-System mit seinen Anbindungen, wie z. B. Customer Relationship Management (CRM), als Mastersystem. So können Sie sicher sein, dass alle benötigten Daten in allen SAP-Systemen vorhanden und einheitlich sind. Je nachdem, wie umfangreich die Menge der zu migrierenden Daten ist, kann die Entwicklung einer Schnittstelle zwischen den Systemen sehr zeit- und kostenintensiv sein. Ein Alternative wäre eine Doppelpflege der Stammdaten in beiden Systemen. Grundsätzlich ist aber von solch einer Konstellation abzuraten, da die Stammdaten bei einer manuellen Doppelpflege auseinanderlaufen können. Verhindern könnte dies allenfalls den Einsatz einer Qualitätskontrolle, was aber bezüglich der Kosten einer Schnittstelle in nichts nachstehen würde.

Tools

SAP stellt verschiedene Tools zur Verfügung, um die Migration zu unterstützen. Wenn Sie eine Neuimplementierung von SAP S/4HANA Retail planen, also die Stammdatenmigration aus einem Nicht-SAP-System, bietet SAP das Tool *SAP Legacy System Migration Workbench* an, das Sie in der Transaktion LSMW finden. Wenn Sie allerdings eine permanente Schnittstelle zu den Altsystemen benötigen, kann dies über das Tool nicht abgedeckt werden. Hierfür müsste eine neue Schnittstelle, z. B. über eine Middleware, erstellt werden. Findet eine Systemkonvertierung auf SAP S/4HANA Retail statt, stellt SAP das *SAP-S/4HANA-Migrationscockpit* zur Verfügung. Dieses Tool ist über die Transaktion LTMC erreichbar. Über das Cockpit können Migrationsprojekte angelegt werden, die dann um entsprechende Migrationsobjekte angereichert werden. Die Daten können hierbei aus Dateien mithilfe von Staging-Tabellen oder direkt aus dem SAP-System übertragen werden.

Teambildung und Arbeitspakete

Da für eine Migration eine große Anzahl an Arbeitspaketen erstellt werden muss, müssen Teams gebildet werden, die die Verantwortung für die ihnen zugewiesenen Pakete übernehmen. Eines der ersten Arbeitspakete sollte sich mit der Bereinigung der Daten im Quellsystem befassen, da sich mit der Zeit eine Menge Datenmüll ansammeln kann. Leider wird viel zu oft die Aufrechterhaltung der Datenqualität in laufenden Systemen vernachlässigt. Beispielsweise gibt es im Materialstamm viele Materialien, die schon seit Jahren nicht mehr beschafft wurden und von denen entsprechend auch keine Bestände mehr vorhanden sind. Aber auch die Daten im Materialstamm können veraltet sein, Mengeneinheiten werden nicht mehr benötigt, Lieferanten und somit Einkaufsinfosätze haben keine Bedeutung mehr, GTINs werden weder zur Beschaffung noch für den Verkauf genutzt etc.

Solche Fälle müssen von den entsprechenden Teams ausgewertet und die Daten gründlich bereinigt werden. Hierbei sollten dann auch Gespräche mit den Werken und Lieferanten geführt werden.

Auch die Menge der Daten kann durch eine anständige Datenanalyse immens abnehmen. Je höher die Datenqualität ist, desto weniger Fehler passieren bei der Migration. Da das Altsystem nicht immer mit den gleichen Daten angereichert ist, die in SAP S/4HANA Retail für die Prozesse benötigt werden, müssen Arbeitspakete zur Beschaffung fehlender Stammdaten erstellt werden. Im Fall des Materialstamms können das z. B. die Lieferantenartikelnummer, die Regellieferanten oder die Erarbeitung der Preiskalkulation sein. Müssen Materialstammdaten im Zielsystem zusammengeführt werden, müssen auch mögliche Duplikate analysiert, bereinigt und regelmäßig nachgehalten werden.

Aufwandschätzung und Meilensteinplanung

Schon von Beginn an, sollten Sie für alle Arbeitspakete realistische Meilensteine und Aufwände festsetzen und diese von den Teams dokumentieren lassen. Dafür eignen sich auch einfachere Tools wie Excel oder Jira.

Um sinnvoll planen zu können, sollten im Voraus alle Arbeitspakete und deren Zuständigkeiten geklärt sein. Zudem müssen alle Migrationsobjekte und die Zielsystemlandschaft definiert sein. Die Aufwände sollten hierbei pro Arbeitspaket in Personentagen festgelegt werden. Regelmäßige Abstimmungsterminen ermöglichen Ihnen, den Stand der Arbeitspakete nachzuhalten, Deadlines einzuhalten und auf nicht geplante Vorkommnisse zeitnah zu reagieren.

3.4.2 Initialer Datenexport

Ist die Migrationsvorbereitungsphase abgeschlossen, kann mit dem Datenexport der Migrationsobjekte begonnen werden. Für den Datenexport aus den Quellsystemen sollten Sie gegebenenfalls eine Spezifikation erstellen und z. B. Verantwortlichkeiten, Quellsysteme sowie Exportprogramme definieren. Wird der Datenexport weiterverarbeitet bzw. als Datenbasis für die Migration verwendet, sollten Sie sich ebenfalls rechtzeitig über ein geeignetes Format Gedanken machen. Zu Analysezwecken kann es erforderlich sein, ein Format zu wählen, das später in Tools, wie z. B. Excel oder Access, verwendet werden kann, ohne dass große Formatierungsänderungen durchgeführt werden müssen. Gerade bei der Verwendung des CSV-Formats in Kombination mit Excel kann es passieren, dass Anwender unbewusst eine Formatierungsänderung vornehmen, die bei der Weiterverarbeitung der Daten zu Fehlern führt.

In Tabelle 3.3 finden Sie ein Beispiel für die Spezifikation eines Datenexports.

Team	Quellsystem	Objekt	Turnus	Programm	Dateiformat
Vertrieb/ Einkauf	Altsystem A/ Altsystem B	Geschäfts-partner	zwei-wöchentlich	Standard	CSV
Stamm-daten	Altsystem A/ Altsystem B	Material	drei-wöchentlich	Standard	ACCDB
Stamm-daten	Altsystem A	Waren-gruppe	einmalig	Standard	XLSC
Stamm-daten	GS1	Material	monatlich	Entwicklung notwendig	HTML

Tabelle 3.3 Spezifikation des Datenexports

Im Laufe der Migrationsphasen wird es mit Sicherheit zu Veränderungen bzw. Anpassungen im Datenexport kommen. Aus diesem Grund ist es unabdinglich, den Datenexport sowie die Daten selbst fortlaufend zu überprüfen bzw. zu validieren. Die Qualität des Datenexports ist neben anderen ein entscheidender Faktor für eine erfolgreiche Migration und den späteren reibungslosen Betrieb Ihres SAP-S/4HANA-Retail-Systems.

3.4.3 Datenanalyse und -validierung

Der nächste Schritt zur Migration ist die *Datenanalyse und -validierung*. Im Rahmen der Datenanalyse werden statistische Methoden verwendet, mit denen bestehende Daten analysiert werden. Die gewonnenen Daten werden anschließend tabellarisch oder grafisch aufbereitet bzw. dokumentiert. Weitverbreitet sind die vier folgenden Methoden:

- **Deskriptive Datenanalyse**
  Bei der deskriptiven Datenanalyse (engl. Descriptive Analytics) werden Daten aus der Vergangenheit ausgewertet. Die Daten können aus mehreren Datenquellen zusammengestellt werden und geben einen Einblick in den derzeitigen Stand.
- **Diagnostische Datenanalyse**
  Die diagnostische Analyse (engl. Diagnostic Analytics) ermöglicht es, Daten miteinander zu vergleichen. Es lassen sich Muster, aber auch Zusammenhänge erkennen, und man erhält einen Einblick in Problemstellungen und deren Ursachen.

- **Vorhersageanalyse**
  Die Vorhersageanalyse (engl. Predictive Analytics) kann dabei helfen, herauszufinden, was in Zukunft passiert oder passieren könnte. Wie genau die Ergebnisse der Vorhersage sind, hängt von der Qualität der ausgewerteten Daten ab.
- **Präskriptive Datenanalyse**
  Die präskriptive Analyse (engl. Prescriptive Analytics) ist dazu da, um herauszufinden, welche Maßnahmen getroffen werden müssen, um künftige Probleme zu verhindern oder zu beseitigen

Bei einer Stammdatenmigration läuft es auf eine Mischung aus allen vier Methoden hinaus. Sie sollten den Ist-Stand ermitteln, Daten miteinander vergleichen sowie Ihre Stammdaten bereinigen und gegebenenfalls auf Ihre neuen Prozesse vorbereiten.

Zur Durchführung von Datenanalysen eignen sich viele Werkzeuge. Oftmals bestimmt die Anzahl der zu analysierenden Daten, welche Werkzeuge zum Einsatz kommen könnten. Die gängigsten Tools sind unter anderem die folgenden:

- Microsoft Excel
- Microsoft Access
- SQL-Datenbanken
- Data Warehouse
- Werkzeuge im Bereich der künstlichen Intelligenz (z. B. maschinelles Lernen)

Der Umfang der Datenanalyse und -bereinigung richtet sich nach Ihren Quellsystemen, aus denen die Altdaten nach SAP S/4HANA Retail migriert werden. Gegenüber einem einzelnen Quellsystem erhöht sich das Datenvolumen bei mehreren Quellsystemen erheblich.

Von den vielen Stammdatenobjekten, die zur Vorbereitung auf eine Migration nach SAP S/4HANA Retail analysiert und bereinigt werden können, dürfte der Geschäftspartner sowie der Materialstamm das größte Potenzial aufweisen: Mit den ersten Analysen sollten Sie daher festlegen, welche Geschäftspartner bzw. Materialstammdaten nicht mehr verwendet werden und somit für eine Migration nach SAP S/4HANA Retail nicht relevant sind. Folgende Kriterien könnten hierfür herangezogen werden:

- Zeitraum letzter Wareneingang bzw. Warenausgang
- Zeitraum letzte Bestellung
- Bestand
- Zeitraum letzter Kundenauftrag

Das Datenvolumen kann dadurch für weitere Analysen deutlich verringert werden.

Werden mehrere Quellsysteme in SAP S/4HANA Retail migriert, sind voraussichtlich auch mehrfache, gleiche Datensätze vorhanden. Diese Duplikate gilt es vor der Migration zu ermitteln und zu analysieren, wobei deren Redundanz aber aufgrund abweichender Schreibweisen oft nicht durch Prüfung auf gleiche Inhalte erkannt werden kann. Um Dubletten zwischen den Quellsystemen zu identifizieren, können harte und weiche Suchkriterien bei der Ermittlung unterstützen. Beim Geschäftspartner ist ein hartes Kriterium z. B. die Global Location Number (GLN) oder gegebenenfalls die IBAN-Nummer unter den Bankinformationsdaten, während Name und Anschrift eher zu den weichen Kriterien zählen würden. Im Materialstamm hingegen steht als hartes Kriterium lediglich die GTIN zur Verfügung. Weiche Kriterien wären z. B. die Materialbezeichnung, Pflichtangaben aus der Lebensmittelverordnung (LMIV) oder eine Kombination aus Lieferanten und Lieferantenartikelnummer. Sind die Dubletten erst einmal identifiziert, müssen die Materialstammdaten innerhalb der Dubletten auf ihre Validität hin analysiert werden. Dabei sind nachfolgende Materialstammdaten für einen Abgleich von großer Bedeutung:

- Warengruppe
- Mengeneinheiten inklusive Volumen, Maßeinheiten
- GTIN
- Materialart/-typ

Wenn mehrere Quellsysteme vorhanden sind, ist eine Differenz in diesen Bereichen zwischen den Duplikaten keine Seltenheit. Differenzen zwischen den Warengruppen lassen sich meist über ein entsprechendes Mapping während der Migration lösen. Wenn aber innerhalb gleicher Materialien Differenzen bei den Basis- oder Verpackungsmengeneinheiten auftreten, steigt der Aufwand bei der Materialzusammenführung. Ein Beispiel dafür ist eine abweichende Verpackungseinheit bei gleichen Materialien, jedoch mit unterschiedlichem Beschaffungslieferanten.

Gerade bei den Basis- und Verpackungsmengeneinheiten kann ein neues Mengeneinheitenkonzept vor der Migration zu Fehlbuchungen führen. Sind die Prozesse in SAP S4/HANA Retail erst mal aktiv, können Nacharbeiten im Bereich der Mengeneinheiten durchaus aufwendig werden.

Bei der Dublettenermittlung über die GTIN ist ebenfalls Vorsicht geboten. Nicht immer stimmen die Materialien 1 : 1 überein, was das Beispiel aus der Lebensmittelbranche in Abbildung 3.17 anhand von sortenreinen und sortierten Joghurtsteigen verdeutlicht.

Abweichungen bei Materialarten bzw. Materialtypen können ebenfalls überwiegend mit einem entsprechenden Mapping während der Migration gelöst werden (siehe Abbildung 3.18).

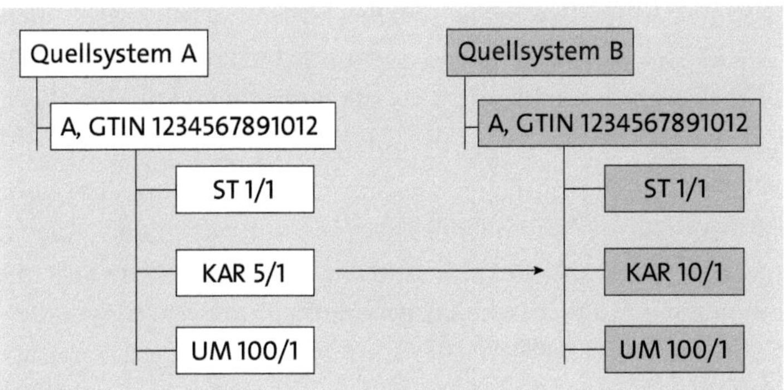

Abbildung 3.17 Beispiel für eine abweichende Verpackungseinheit

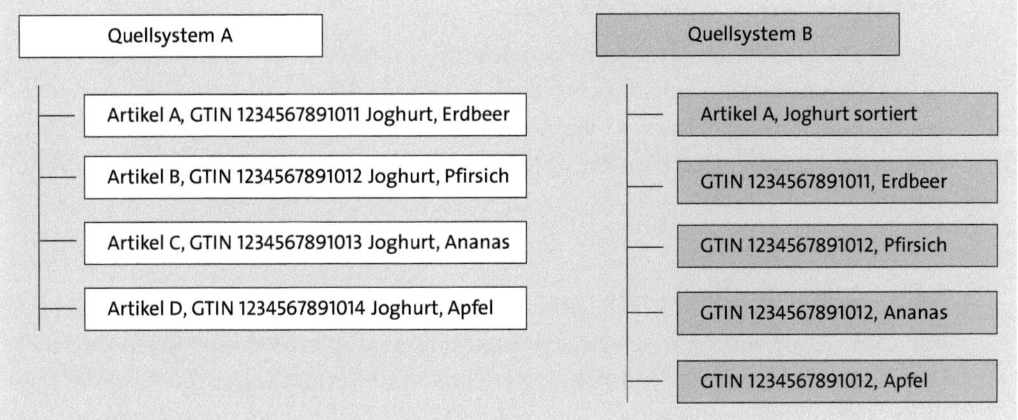

Abbildung 3.18 Beispiel sortenreiner und sortierter Joghurtsteigen

Haben wir allerdings als Ausgangslage mehrere Quellsysteme aus unterschiedlichen Ländern, die unter einem SAP-S/4HANA-Retail-Mandanten zusammengeführt werden, dann dürfte das deutsche Pfandsystem eine weitere und nicht unerhebliche Herausforderung für die Migration darstellen (siehe Abbildung 3.19).

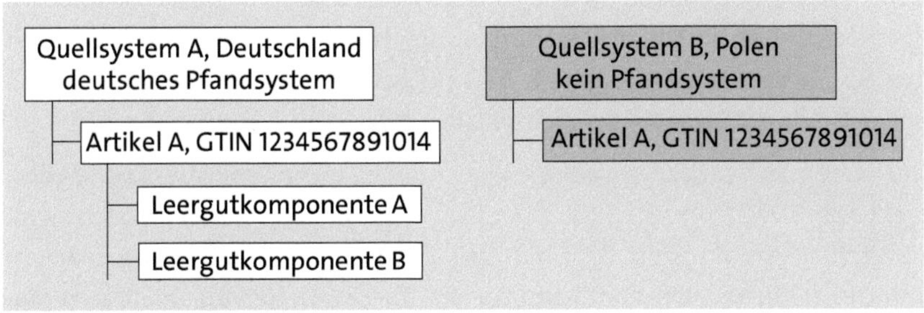

Abbildung 3.19 Leergut

Wie bereits in SAP ERP können länder- bzw. werksspezifische Leergutstücklisten auch in SAP S/4HANA Retail nicht im Standard abgebildet werden. Ein länderübergreifendes Leergutkonzept ist für eine erfolgreiche Migration daher zwingend notwendig.

Sind die Analysen abgeschlossen, müssen die Stammdaten bereinigt bzw. harmonisiert werden. Die Bereinigung bzw. Harmonisierung kann vor, während oder nach der Migration erfolgen. Eine Bereinigung in den Quellsystemen hat jedoch den Vorteil, dass es die Migration nach SAP S/4HANA Retail deutlich erleichtert. Ist eine Bereinigung in den Quellsystemen nicht möglich, muss gegebenenfalls mit Mapping-Tabellen während der Migration gearbeitet werden. Hier kann eventuell auch der Einsatz einer Middleware Sinn machen, die das Mapping nach definierten Regeln durchführt und in entsprechende Migrationsdateien umwandelt. Eine Bereinigung nach der Migration sollte die letzte Option sein und ist nur ratsam, wenn im Zielmandanten noch keine Prozesse aktiviert werden.

Für die Stammdatenanalyse und -bereinigung sollten Sie auf Ihrer Roadmap zu SAP S/4HANA Retail genügend Zeit einplanen. Beginnen Sie so früh wie möglich, und lassen Sie erste Testergebnisse in die Analysen miteinfließen. Der Aufwand kann zwar enorm sein, ist aber durchaus ein entscheidender Faktor für eine erfolgreiche Migration.

3.4.4 Datentransformation

Nachdem analysiert wurde, welche Datenobjekte migriert werden sollen und diese bereinigt wurden, muss die Struktur des Quellsystems an die des SAP-S/4HANA-Retail-Systems angepasst werden. Dies geschieht über ein sogenanntes *Mapping*. Wird eine Migration beispielsweise mit dem SAP-S/4HANA-Migrationscockpit durchgeführt, werden dort vordefinierte Datenmigrationsobjekte mit entsprechender Zielstruktur zur Verfügung gestellt. Verwenden Sie stattdessen aber eine separate Middleware, sollten Sie mit einem Excel-Upload der benötigen Tabellen und Felder aus dem Quellsystem beginnen. Da die Datenanalyse zu diesem Zeitpunkt bereits abgeschlossen ist, sollten entsprechende Tabellen und Felder mit aufgenommen werden. Der Aufbau solch einer Tabelle dient den Entwicklern als Grundlage für die Umsetzung in der Middleware. Das Wichtigste bei einem Mapping ist die Beachtung der Feldlänge, des Datentyps und der Syntax. Beispielsweise können fehlende Nullen oder ein falsches Präfix zu Fehlern in der Migration führen.

Sowohl bei der Systemkonvertierung als auch bei einer Neuimplementierung werden die Datenobjekte per IDoc (Intermediate Document) an die Schnittstelle übertragen. *IDocs* sind hierarchisch strukturiert, d. h., die darin enthaltenen Datensätze werden in Segmente unterteilt. Wichtig bei der Datenübernahme, sind die verschiedenen Status, die die IDocs einnehmen können. Ist ein IDoc über die Schnittstelle eingegangen, erhält es zunächst den Status 64 (IDoc ist übergabebereit an die Anwendung). Das

IDoc ist somit fehlerfrei eingegangen und kann verbucht werden. Ist die Verbuchung erfolgreich, wechselt der Status auf den Wert 53 (Anwendungsbeleg gebucht). Sollte dies nicht erfolgreich sein, wird das IDoc auf den Status 51 wechseln (Anwendungsbeleg nicht gebucht). Dies kann vor allem zu Beginn der Testphase passieren, wenn beispielsweise Felder nicht korrekt gemappt wurden oder die Syntax des IDocs fehlerhaft ist. IDocs werden in verschiedene Nachrichtentypen eingeteilt, Materialstammdaten werden beispielsweise über den Typ ARTMAS, Einkaufsinfosätze über INFREC definiert. Durch das Erweiterungskonzept der IDocs können auch Z-IDocs für kundenspezifische Felder oder Segmente erstellt werden. Mithilfe der Transaktion BDBG kann aus einem asynchronen Business Application Programming Interface (BAPI) eine IDoc-Schnittstelle generiert werden. Die meisten BAPIs werden bereits mit einer ALE-Schnittstelle ausgeliefert. Hierdurch kann aus einem BAPI eine IDoc-Struktur und ein IDoc-Typ generiert werden. Somit wird das IDoc beim Eingang geöffnet und das BAPI im Zielsystem aufgerufen.

3.4.5 Migrationstest

Einer der grundlegendsten Bausteine für eine erfolgreiche Migration sind die Tests. Diese werden während des Projekts an verschiedenen Stellen durchgeführt. Meist erfolgt der erste Test in einem Entwicklungssystem, um alle grundlegenden Informationen initial mit einem erlaubten Wert zu migrieren. Hier fällt dann auf, wenn Felder nicht richtig oder gar nicht befüllt werden. Wenn alle Felder richtig befüllt sind, wird meist ein Testsystem verwendet, in das die ersten produktiven Daten migriert werden.

Hierbei wird dann im ersten Schritt ein echtes Stammdatenobjekt verwendet. Beispielsweise wird ein Schokoladenriegel mit allen Daten als Material aufbereitet und dieses Material wird testweise migriert. So erkennt man, wenn beispielsweise Sonderzeichen im Text nicht richtig migriert werden oder ein Wert, z. B. 2, nicht migriert wird, weil in der Quelle 02 steht. Alternativ kann es auch passieren, dass ein Wert aus Feld A in Feld B migriert wird oder für die Ausprägung Deutschland statt DE ein D gespeichert wird. Hier gibt es die verschiedensten Konstellationen, weshalb es so wichtig ist, alle Felder in den verschiedensten Ausprägungen zu testen. Planen Sie hierfür also genügend Zeit ein, denn ausführliches Testen ist aufwendig und benötigt dementsprechend viel Zeit.

Nachdem das erste Stammdatenobjekt, wie z. B. der Schokoladenriegel, richtig migriert wurde, werden alle weitere Materialvarianten des Unternehmens migriert. Nachdem diese Materialien auch alle vollständig und ohne Fehler migriert wurden, kann eine Liste aller zu migrierenden Materialien mit allen Ausprägungen der Felder erstellt werden. Die Liste aller Materialien kann auch schon vorab oder parallel zu den Tests angelegt und ständig gepflegt, optimiert und erweitert werden. Damit kann dann in das Testsystem komplett migriert werden, und anschließend können alle Materialien direkt im SAP-System geprüft werden. Auftretende Fehler führen zu weiteren Analysen. Nach erfolgreicher Migration sollten parallel erste integrative Tests, wie z. B. das Anlegen einer Bestellung mit Anlieferung, Wareneingang bis hin zur Rechnungsprüfung, durchgeführt werden, damit auch komplette Geschäftsprozesse zeitnah mit echten Daten getestet werden.

Nach diesen Aktivitäten sollte eine Migration der Daten (bzw. einer repräsentativen Auswahl) in ein Qualitätssicherungssystem erfolgen. Dort können dann idealerweise User-Acceptance- und Integrationstests durchgeführt werden.

3.4.6 Produktives Laden

Beim produktiven Laden zeigt sich, ob in den vorherigen Phasen akkurat gearbeitet wurde. Je höher die Qualität der Vorbereitungen und der vorherigen Tests war, desto besser verläuft die Migration in das Echtsystem.

Bei der produktiven Migration ist es entscheidend, dass diese genau durchgeplant ist und jeder den exakten Ablauf kennt. Alle Beteiligten des SAP-Teams müssen darüber Bescheid wissen und bei aufkommenden Problemen schnell zur Verfügung stehen. Um auf der sicheren Seite zu sein, sollten Sie die produktive Migration erst mal mit einem einzigen Stammdatenobjekt oder einer Teilmenge der Datenobjekte beginnen. Sie können zuerst ein typisches Einzelmaterial, wie in unserem Beispiel der Schokoladenriegel, migrieren und im SAP-System vollständig prüfen. Anschließend können die verschiedenen Materialtypen, wie z. B. Displays, Verkaufssets oder Sammelmaterial, bzw. besondere Materialarten, wie z. B. Vollgut (Getränke mit Pfand), jeweils mit einem Beispiel migriert werden. Wenn alle Varianten der Migration erfolgreich waren, erfolgt die komplette Migration.

Abschließend müssen alle migrierten Daten geprüft und abgenommen werden. Wichtig ist auch, dass nach der Migration ein integrativer Test durchgeführt wird. Sie können z. B. versuchen, eine Lieferantenbestellung über die Transaktion ME21N anzulegen, um zu prüfen, ob das SAP-System alle Daten richtig verarbeitet. In der Regel ist nach der Migration auch vor der Migration, denn nicht immer werden alle Eventualitäten bedacht, es wurden gewisse Felder vergessen oder doch nicht richtig gepflegt. Diese können dann im Nachgang jederzeit, z. B. über die Massenpflegetransaktion MASS gepflegt oder korrigiert werden. Planen Sie nach der Migration unbedingt eine Hypercare-Phase ein oder richten Sie einen Stammdaten-Support ein, der sich um Fehlerfälle kümmert. Auf diese Weise hat das Kundenteam einen direkten Ansprechpartner und kann so von einer optimalen Datenqualität der Stammdaten im SAP S/4HANA Retail ausgehen.

Kapitel 4
Beschaffung

Beschaffungsprozesse sind vor allem im Einzelhandel zentral. Für die unterschiedlichen Sortimente erfolgt die Beschaffung auf verschiedene Weise. So ist es etwa ein großer Unterschied, ob man Mode oder Frischware einkauft.

In diesem Kapitel bilden wir die Beschaffung der Handelswaren für die Verteilzentren und die Filialen eines Händlers ab. Für die verschiedenen Beschaffungszyklen zeigen wir jeweils die erforderlichen Prozessschritte. Dabei lernen Sie auch untergeordnete Prozesse kennen.

Zunächst gehen wir in Abschnitt 4.1 auf die Beschaffung für ein Verteilzentrum ein, anschließend behandeln wir in Abschnitt 4.2 die Beschaffung für eine Filiale. Schließlich gehen wir in Abschnitt 4.3 auf das Thema der Nachrichtensteuerung im Rahmen der Beschaffungsprozesse ein.

In Abschnitt 4.4 stellen wir Ihnen die Lösung SAP Forecasting and Replenishment zur Bedarfsplanung vor. Die mit dieser Lösung berechneten Bedarfsmengen beruhen auf Zeitreihen von zwei Jahren. Damit ist die Prognosegenauigkeit deutlich höher als die herkömmlicher Verfahren in SAP Retail.

4.1 Ablauf des Beschaffungsprozesses

In diesem Abschnitt zeigen wir Ihnen, wie SAP S/4HANA Retail die Beschaffungsprozesse abbildet. Dies verdeutlichen wir am Beispiel der Beschaffung für ein oder mehrere Verteilzentren. Der Prozess gliedert sich in sechs Schritte:

1. Rahmenvertrag schließen
2. Disposition (Bedarfsplanung)
3. Bestellung (Optimierung und Versand)
4. Wareneingang
5. Rechnungsprüfung
6. nachträgliche Abrechnung bzw. Konditionskontrakt

Nicht jeder dieser Schritte ist obligatorisch. Der tatsächliche Ablauf des Beschaffungsprozesses ist von Ihren konkreten Anforderungen abhängig. Jeder hier aufgeführte Schritt kann wiederum in Teilschritte mit zum Teil zahlreichen Varianten untergliedert werden. In diesem Abschnitt betrachten wir die einzelnen Haupt- und Teilschritte. Zu jedem Schritt führen wir Beispiele aus der Praxis und (Customizing-) Varianten an.

4.1.1 Rahmenvertrag

Einen Rahmenvertrag oder *Kontrakt* schließen Händler mit Lieferanten ab, wenn sie sich eine gewisse Menge an Waren sichern und diese in mehreren Zyklen abrufen möchten. Diese Art der Beschaffung findet man häufig im Non-Food-, aber auch im Food-Bereich. In der Frischebeschaffung kommt es seltener zu Rahmenverträgen.

Grundsätzlich sieht SAP S/4HANA Retail sowohl *Mengen-* als auch *Wertkontrakte* vor. Ein Mengenkontrakt wird über eine bestimmte vereinbarte Warenmenge geschlossen, ein Wertkontrakt über einen vereinbarten Warenwert. Einen Kontrakt legen Sie in Transaktion ME31K an.

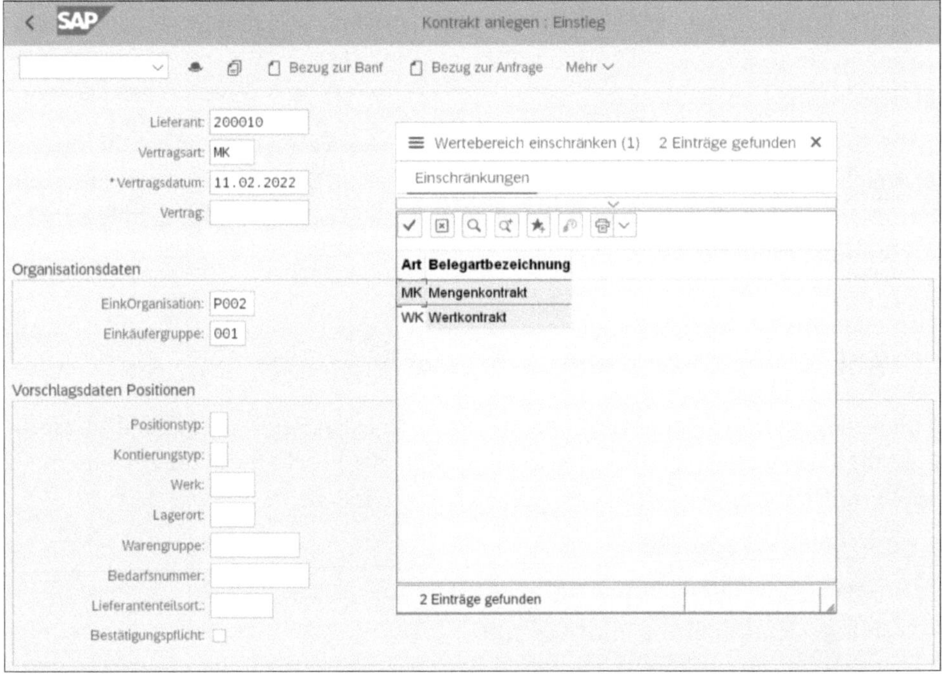

Abbildung 4.1 Einstiegsbildschirm der Kontraktanlage mit Auswahl der Kontraktart

Wie in Abbildung 4.1 dargestellt, legen Sie exemplarisch einen Mengenkontrakt (**Vertragsart** »MK«) an. Nach dem Ausfüllen der grundlegenden Felder des Kontrakts, also

Lieferant, **EinkOrganisation** (Einkaufsorganisation) und **Einkäufergruppe**, gelangen Sie zu den Kopfdaten (siehe Abbildung 4.2).

Kontrakt anlegen : Kopfdaten

Mehr

Vertrag: | Buchungskreis: F002 | Einkäufergruppe: 001
Vertragsart: MK | EinkOrganisation: P002
Lieferant: 200010 RS DE Food Lieferant

Verwaltungsfelder

Vertragsdatum: 11.02.2022 | *Positionsintervall: 10 | UntPosIntervall: 1
*Laufzeitbeginn: 11.02.2022 | *Laufzeitende: 31.12.2022 | *Sprache: DE
WE-Nachricht

Liefer- und Zahlungsbedingungen

Zahlungsbed.: | Zielwert: | EUR
Zahlung in: Tagen % | Kurs: 1.00000 | Kurs fix:
Zahlung in: Tagen %
Zahlung in: Tage netto
IncoVersion:
Incoterms:
Incoterms-Ort 1:
Incoterms-Ort 2:

Referenzdaten

Angebotsdatum: | Angebot:
Ihr Zeichen: | Verkäuferln:
Unser Zeichen: | Telefon:
Warenlieferant: | Rechnungsstell.:

Abbildung 4.2 Kopfdaten zum Kontrakt anlegen

Hier tragen Sie mindestens den Laufzeitbeginn und das Laufzeitende des Mengenkontrakts ein. Über den Button **Weiter** im unteren Bereich des Bildschirms gelangen Sie zu den Positionsdaten (siehe Abbildung 4.3).

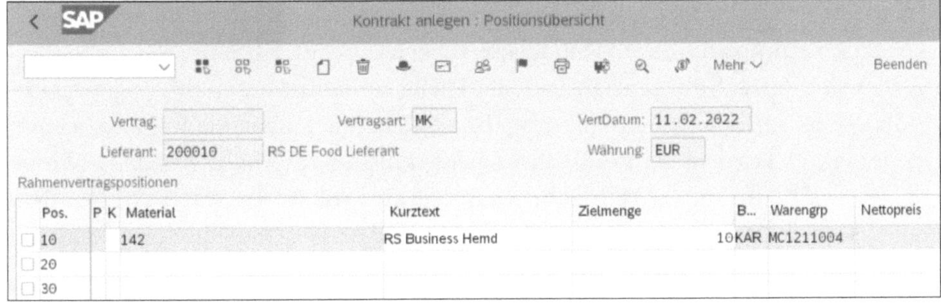

Abbildung 4.3 Positionsdaten des Kontrakts

In den Positionsdaten geben Sie die einzelnen Artikel ein, über die Sie einen Rahmenvertrag abschließen möchten. Außerdem tragen Sie die (Ziel-)Mengen ein. Den angelegten Kontrakt können Sie anschließend als Formular ausdrucken.

Im Vertragszeitraum (dem Zeitraum zwischen Laufzeitbeginn und Laufzeitende) werden in der Positionsliste nun bei Bestellungen an den Vertragslieferanten die jeweiligen Bestellmengen von der Zielmenge abgezogen und fortgeschrieben. Sie können also zu jedem Zeitpunkt eine Übersicht aufrufen, wie viel von der ursprünglichen Zielmenge des entsprechenden Artikels beim Lieferanten noch offen ist.

[»]

SAP Supplier Relationship Management

Im Vorfeld eines Vertragsabschlusses mit Lieferanten kann ein entsprechender Anfrage- und Angebotszyklus durchlaufen werden. SAP Retail unterstützt im Rahmen dieses Prozesses aber lediglich die Anlage der Anfrage und des Angebots. Da dieser Prozess jedoch viel komplexer ist, bietet SAP für diese Zwecke die Lösung *SAP Supplier Relationship Management* (SAP SRM) an. Mit SAP SRM lassen sich nicht nur die Lieferantenbeziehungen verwalten, sondern auch Ausschreibungen und Liveauktionen umsetzen. SAP SRM ist dazu an verschiedene Handelsplattformen bzw. B2B-Marktplätze (Business-to-Business) wie SAP Ariba angeschlossen. SAP Ariba wird nach dem Wartungsende von SAP SRM voraussichtlich im Jahre 2027 die zentrale SAP-Lösung für Lieferantenmanagement in der Cloud sein.

4.1.2 Disposition

Nach dem Rahmenvertrag folgt im zweiten Schritt die Disposition, auch Bedarfsplanung genannt. Je nach Größe des Händlers kann ein einzelner Einkäufer oder ein Disponententeam (ca. zwei bis vier Personen) einen Warenbereich von mehreren tausend Artikeln mit mehreren hundert Lieferanten bewirtschaften. Die Lieferanten können gegebenenfalls an mehrere Verteilzentren des Unternehmens anliefern. Um überhaupt eine solche Menge an Artikeln verwalten zu können, muss die Arbeit der Disponenten zwingend durch eine systemunterstützte, automatisierte Bedarfsplanung erleichtert werden.

Die Bedarfsplanung kommt im Handel meist bei *wiederbeschaffbarer Ware* zum Einsatz. Dies sind Artikel, die ganzjährig in der Filiale verkauft werden (im Gegensatz zu *One-Shot-* oder *saisonalen Artikeln* – etwa im Modebereich, siehe Kapitel 10, »Fashion Management«). Wird als Bestandsführungsform die *artikelgenaue Bestandsführung* gewählt – was heute bei der Mehrzahl der Artikel sinnvoll ist – ist das SAP-S/4HANA-Retail-System in der Lage, einen Bestellvorschlag pro Artikel, Tag und Verteilzentrum zu erstellen.

Bezugsquellenfindung

Ein Material kann vom Lieferanten entweder über ein Verteilzentrum oder direkt in die Filiale geliefert werden. Letzteres wird als *Streckenbelieferung* bezeichnet. In beiden Fällen kann die Belieferung für jede mögliche Kombination aus Material und Filiale eingestellt werden. Es muss also innerhalb der Bestellung die **Bezugsquelle** (der Lieferant) angegeben werden. Wie Sie in Abbildung 4.4 sehen, geben Sie diese Information im Artikelstamm auf der Registerkarte **Logistik: VZ** im Bereich **Disponent/Daten zur Wiederbeschaffung** ein.

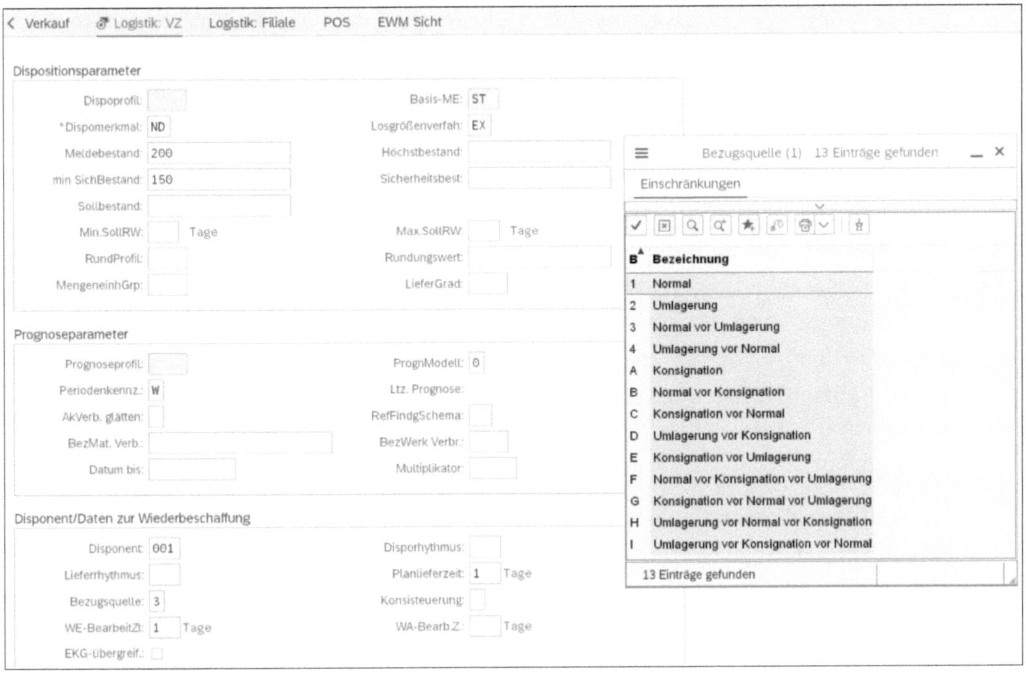

Abbildung 4.4 Artikelstammdatenpflege, Sicht »Logistik: VZ«

Wählen Sie als Bezugsquelle **Normal**, bedeutet das, dass zuerst nach einem externen Lieferanten gesucht wird. **Umlagerung** würde bedeuten, dass zuerst nach einem Verteilzentrum gesucht wird. Dies könnte etwa ein übergeordnetes Verteilzentrum sein, das seine Ware an regionale Verteilzentren verteilt.

Bei der Bezugsquellenfindung spielen auch das *Orderbuch* und die *Quotierung* sowie der *Regellieferant* eine Rolle. So können Sie z. B. je nach Region unterschiedliche Lieferanten einstellen, d. h. ein Orderbuch für jede Region anlegen. Im Rahmen der Quotierung können Sie z. B. einstellen, dass Lieferant A 60 % der Ware und Lieferant B 40 % der Ware des Artikels X liefert. Sie können auch einen Lieferanten als Regellieferanten definieren. Orderbuch, Quotierung und Regellieferant sorgen also dafür, dass bei Artikeln mit mehreren Bezugsquellen (z. B. mehreren Lieferanten) die jeweils relevante Bezugsquelle gefunden wird.

Dispositionsverfahren

SAP S/4HANA Retail bietet mehrere Verfahren zur Disposition an. Die beiden am häufigsten im Handel eingesetzten Varianten sind die rhythmische Disposition und die Bestellpunktdisposition.

Bei der *rhythmischen Disposition* geht man von einer zyklischen Wiederbeschaffung und Belieferung der Artikel aus. Zum Beispiel wird der Artikel »Kaffee« dreimal pro Woche beim Lieferanten bestellt (Mo, Mi und Fr) und dreimal pro Woche von diesem angeliefert (Di, Do und Sa). Wenn also der Händler montags bestellt, liefert der Lieferant am Dienstag, wenn er mittwochs bestellt, erfolgt die Lieferung am Donnerstag etc.

Diese Art der Beschaffung wird sehr häufig im Food-Bereich verwendet. Im Frischebereich existiert sie ebenfalls. Hier wird jedoch aufgrund der geringen Haltbarkeit der Artikel in der Regel täglich beschafft. Die rhythmische Disposition setzt im SAP-System zwingend eine *Prognose* voraus. Diese Prognose basiert auf Verbrauchswerten. Bei der Prognose für das Verteilzentrum können entweder nur die Warenausgänge des Verteilzentrums oder auch die summierten Abverkäufe aller Filialen für den jeweiligen Artikel zugrunde gelegt werden.

Bei der Prognose gibt es mehrere Varianten. Die am häufigsten bei der rhythmischen Disposition eingesetzte Variante ist die *Saisonprognose* (Prognose mit **Saisonmodell**, Prognosemodell S). Das Prognosemodell stellen Sie ebenfalls auf der Registerkarte **Logistik: VZ** im Feld **PrognModell** ein (siehe Abbildung 4.5).

Beim Saisonmodell wird eine Saison, z. B. eine Woche, definiert, deren Verlauf dann bei der Prognose berücksichtigt wird. Im Handel werden sowohl im Verteilzentrum als auch in der Filiale innerhalb einer Woche unterschiedliche Mengen an Ware benötigt. Man spricht hier von einer hohen *Volatilität* der Ware. So ist häufig der Samstag der stärkste Abverkaufstag und damit der Donnerstag bzw. Freitag der stärkste Warenausgangstag im Lager. Für die Saisonprognose werden dazu z. B. die letzten x Montage, die letzten x Dienstage etc. miteinander verglichen (den Wert für x können Sie in SAP S/4HANA Retail beim Prognosemodell einstellen, siehe Abbildung 4.6).

Dabei wird der Einfluss von Aktionszeiten und Feiertagswochen herausgerechnet. Anschließend können die Ausgänge der nächsten x Wochen prognostiziert werden.

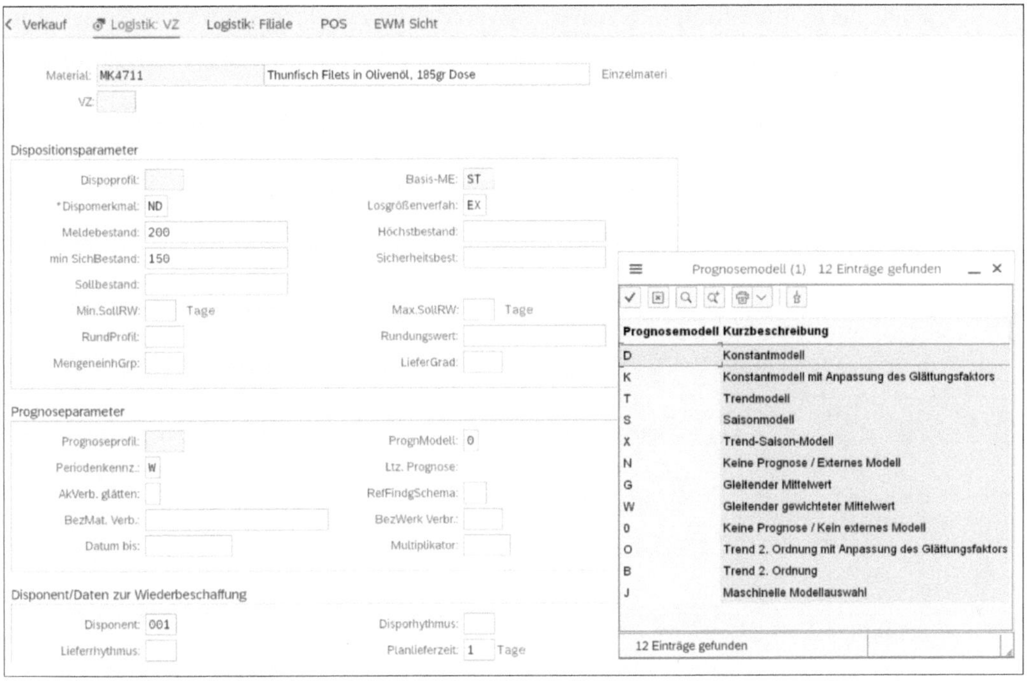

Prognosemodell	Kurzbeschreibung
D	Konstantmodell
K	Konstantmodell mit Anpassung des Glättungsfaktors
T	Trendmodell
S	Saisonmodell
X	Trend-Saison-Modell
N	Keine Prognose / Externes Modell
G	Gleitender Mittelwert
W	Gleitender gewichteter Mittelwert
0	Keine Prognose / Kein externes Modell
O	Trend 2. Ordnung mit Anpassung des Glättungsfaktors
B	Trend 2. Ordnung
J	Maschinelle Modellauswahl

12 Einträge gefunden

Abbildung 4.5 Auswahl des Prognosemodells

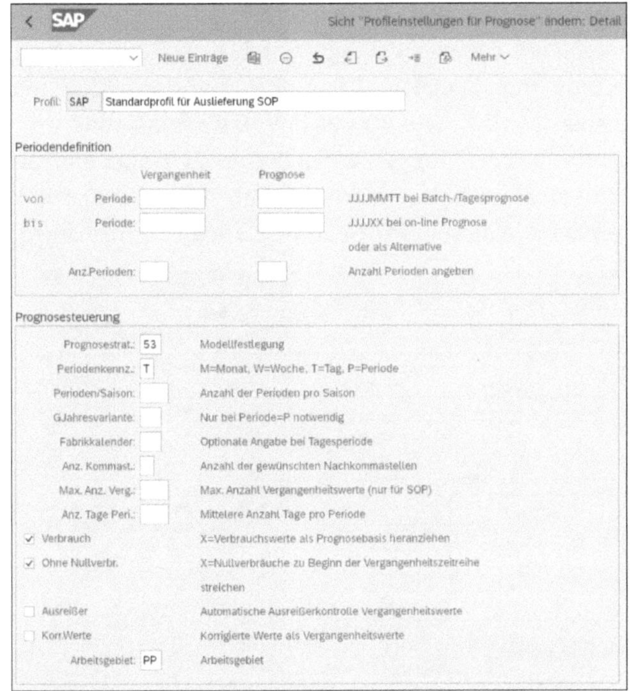

Abbildung 4.6 Profileinstellungen für eine Prognose

Im Beispiel in Abbildung 4.7 werden die Warenausgänge der letzten vier Wochen miteinander verglichen und auf dieser Basis die nächsten drei Wochen prognostiziert.

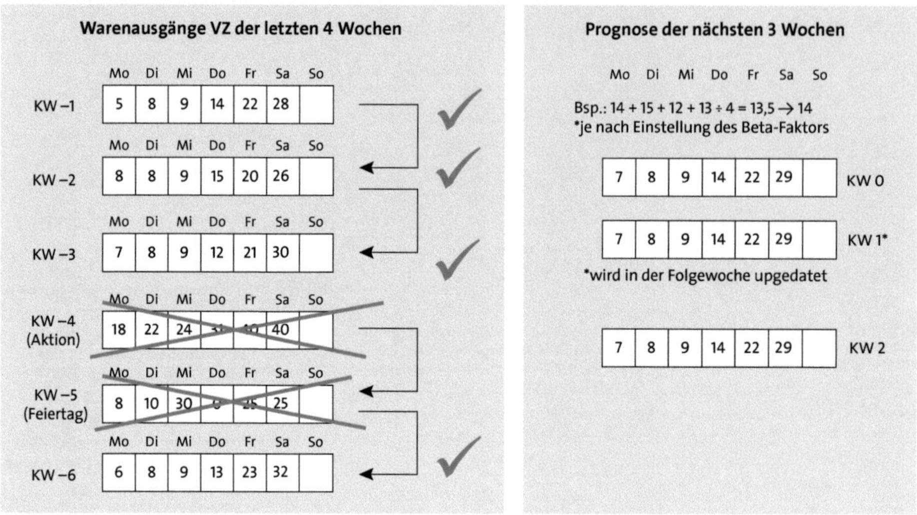

Abbildung 4.7 Funktionsweise der Prognose nach dem Saisonmodell

Auf Basis der Prognosewerte berechnet die Disposition nun den Bedarf. Die Bedarfsplanung ist in SAP S/4HANA Retail so eingestellt, dass das Verteilzentrum bis zur Verfügbarkeit der nächsten Lieferung bevorratet wird. In unserem Beispiel ist der Artikel täglich bestellbar, und die Planlieferzeit dauert zwei Tage, also bis zur Verfügbarkeit der nächsten Lieferung (heute plus drei Tage). Die Werte der Prognose bilden den Bruttobedarf A (in unserem Beispiel 26 + 40 + 55 + 80 = 201). Von diesem Bedarf werden der Bestand (100) sowie die offenen Bestellungen, die in diesem Zeitraum eintreffen, abgezogen (40). Damit ergibt sich ein Nettobedarf von 201 – 140, also 61 Stück (siehe Abbildung 4.8). Das System wird in diesem Fall 61 Stück als Bedarf vorschlagen.

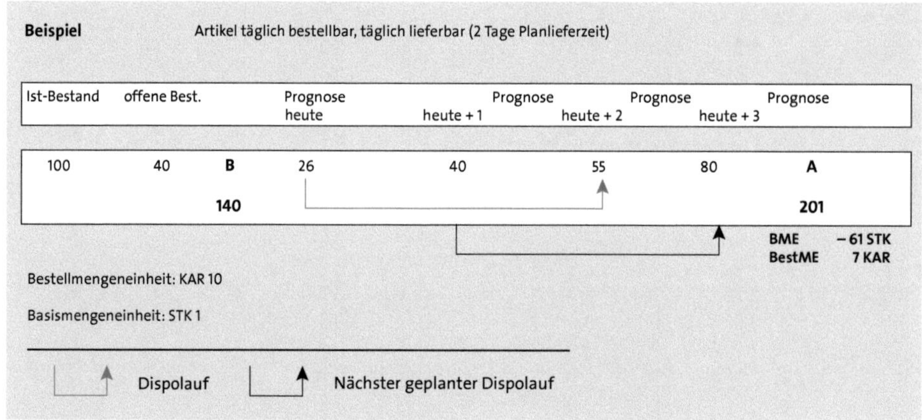

Abbildung 4.8 Beispiel einer Saisonprognose

Der sogenannte *Bedarfsplanungslauf* kann als SAP-Job täglich pro Verteilzentrum eingeplant werden. Dabei werden bei der rhythmischen Disposition nur diejenigen Artikel berücksichtigt, die an dem betreffenden Tag bestellbar sind. Die Bestelltage stellen Sie im Materialstamm im Feld **Disporhythmus** pro Material-Werk-Kombination ein (siehe Abbildung 4.9).

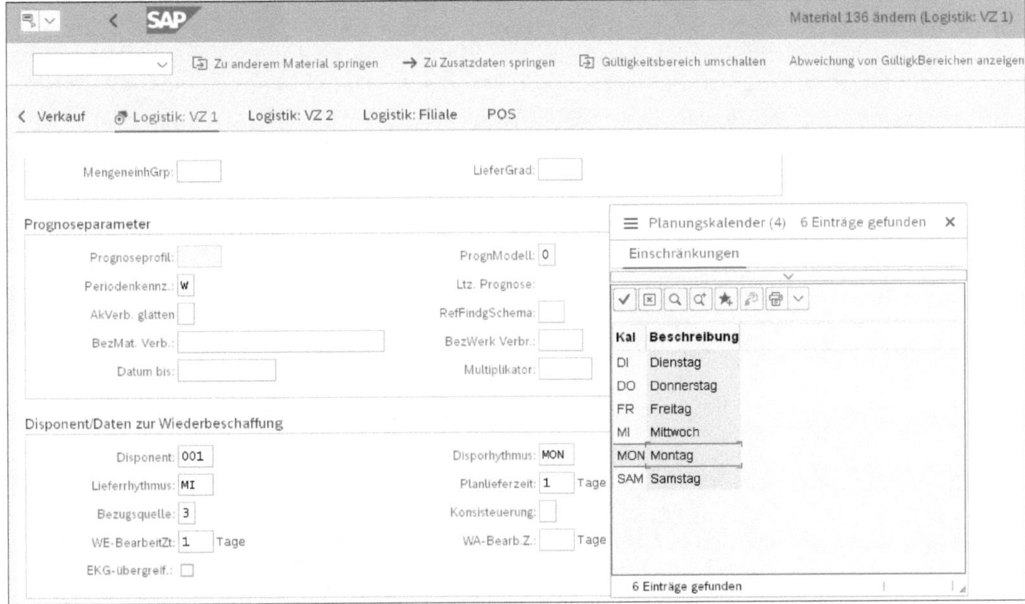

Abbildung 4.9 Einstellung der Bestelltage im Feld »Disporhythmus«

Als **Planlieferzeit** wird im SAP-S/4HANA-Retail-System die Zeit (in Kalendertagen) bezeichnet, die der Artikel von der Bestellung des Händlers bis zum Wareneingang im Verteilzentrum benötigt. Wird diese Zeit im Materialstamm gepflegt, wird bei der Bestellung (und Bestellanforderung) automatisch das Lieferdatum errechnet und vorgeschlagen.

Neben der Planlieferzeit kann mit der *Wareneingangsbearbeitungszeit* (**WE-BearbeitZt**) noch ein weiterer Parameter gepflegt werden. Es handelt sich um die Zeit, die der Artikel benötigt, bis er ein- oder ausgelagert ist. Planlieferzeit und Wareneingangsbearbeitungszeit werden bei der Lieferdatumsermittlung in der Bestellung in SAP Retail summiert und bilden die *Wiederbeschaffungszeit*.

Relativ aufwendig gestaltet sich die Pflege der einzelnen Dispo- und Lieferrhythmen. SAP S/4HANA Retail erlaubt zwar ihre Pflege auf der Ebene des Materials, des Werkes und tagesgenau, jedoch fehlt eine geeignete Massenpflege, die bei Hunderten von Filialen und Tausenden von Artikeln, also Millionen von Artikel-Filial-Kombinationen im Handel, notwendig ist. Eine solche Massenpflege muss daher im Rahmen kundeneigener Erweiterungen realisiert werden.

Das zweite Dispositionsverfahren ist die *Bestellpunktdisposition*, das zweithäufigste Dispositionsverfahren im Handel. Die Bestellpunktdisposition geht von einem Höchstbestand (z. B. bedingt durch die Lagerplatzgröße im Verteilzentrum) und einem Meldebestand aus. Ist der Meldebestand unterschritten, löst das System einen Bedarf aus, z. B. in Form einer Bestellung, und füllt auf den Höchstbestand auf. Auch hier berücksichtigt das System offene Bestellungen.

Ein weiterer Parameter ist der *Sicherheitsbestand*. Er wird bei der Bedarfsrechnung nicht berücksichtigt und gilt als eiserne Reserve. Im Handel kommt dieses Verfahren eher im Non-Food-Bereich, z. B. bei Hartwaren, zum Einsatz. Die Herausforderung bei diesem Verfahren ist es, den Melde- und Sicherheitsbestand so zu wählen, dass es zu keiner Unterdeckung im Lager kommt. Abbildung 4.10 zeigt den generellen Wirkungszusammenhang zwischen Melde- und Sicherheitsbestand.

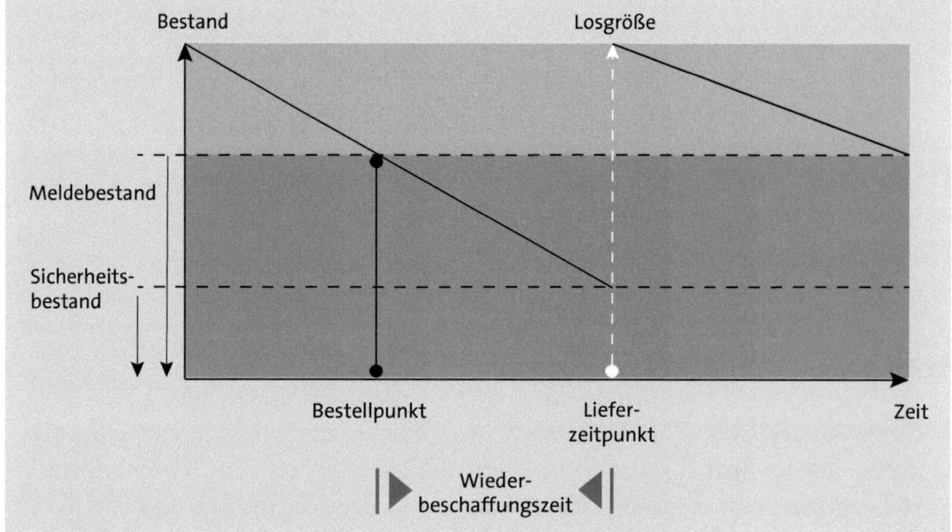

Abbildung 4.10 Bestellpunktdisposition mit Soll- und Meldebestand

Hat ein Lagerplatz z. B. eine Kapazität von 1.000 Stück und der Lieferant liefert einmal pro Woche, wobei der Verbrauch ca. 250 Stück pro Woche beträgt, sollte der Meldebestand bei 500 Stück liegen – der Höchstbestand also bei 1.000 Stück. Bei der Bestimmung des Meldebestandes spielt demnach auch die *Umschlagshäufigkeit* des Artikels im Lager eine Rolle.

Wurde die Bedarfsrechnung im SAP-S/4HANA-Retail-System vorgenommen, wird automatisch eine *Bestellanforderung* (Banf) erzeugt. Aus dieser kann unmittelbar eine Bestellung hervorgehen.

[«]

Erweiterte Bedarfsplanung mit SAP Forecasting and Replenishment

Um den Bestellvorschlag zu optimieren, bietet SAP die Lösung *SAP Forecasting and Replenishment*, auf die wir in Abschnitt 4.4, »SAP Forecasting and Replenishment«, zurückkommen. Sie kompensiert die Defizite der Bedarfsplanung. Zum Beispiel werden in dieser Lösung die Osterumsätze der vergangenen Jahre miteinander verglichen, um den Bedarf für Ereignisse wie Ostern ermitteln zu können. Im Standard-SAP-S/4HANA-Retail-System ist dies nicht möglich. SAP Forecasting and Replenishment wird jedoch häufiger im Bereich der Filialdisposition eingesetzt und weniger bei der Disposition für das Verteilzentrum.

Dispositionskontrolle

Die Disponenten können sowohl bei der rhythmischen als auch bei der Bestellpunktdisposition in den Bedarfsplanungslauf eingreifen. Das System erledigt zwar alle Arbeiten bis hin zum Versand automatisiert. In der Praxis werden die Disponenten jedoch zumindest Teile ihrer Bestellungen vor dem Versand überprüfen wollen. So haben sie die Möglichkeit, sich die Bestellanforderungen (Banfs) anzusehen, und können diese bei Bedarf korrigieren bzw. überschreiben.

Dazu gibt es in der Vorgängerlösung SAP Retail die Dispositions-Workbench (Dispo-Workbench) mit der sogenannten *Onlinedisposition*, die mit Transaktion WWP1 aufgerufen wird (siehe Abbildung 4.11). Unter SAP S/4HANA Retail kann die Transaktion WWP1 zwar weiterhin genutzt werden, sie wird von SAP aber nicht mehr als strategisch angesehen (siehe hierzu auch SAP-Hinweis 2269324).

In der Onlinedisposition kann der Disponent im Verteilzentrum die Bestellungen bearbeiten, die das System generiert hat. Selektionskriterien, wie z. B. die **Einkäufergruppe**, helfen dem Disponenten, nur seine Bestellungen und nicht die der Kollegen auszuwählen. So werden Überschneidungen zwischen den Disponenten oder Doppelarbeiten verhindert. Auch eine Stellvertreterfunktion unter den Disponenten ist durch geschicktes Einrichten von Varianten möglich. Nach der Auswahl eines Lieferanten können Sie sich als Disponent die ihm zugeordneten Bestellungen ansehen (siehe Abbildung 4.12).

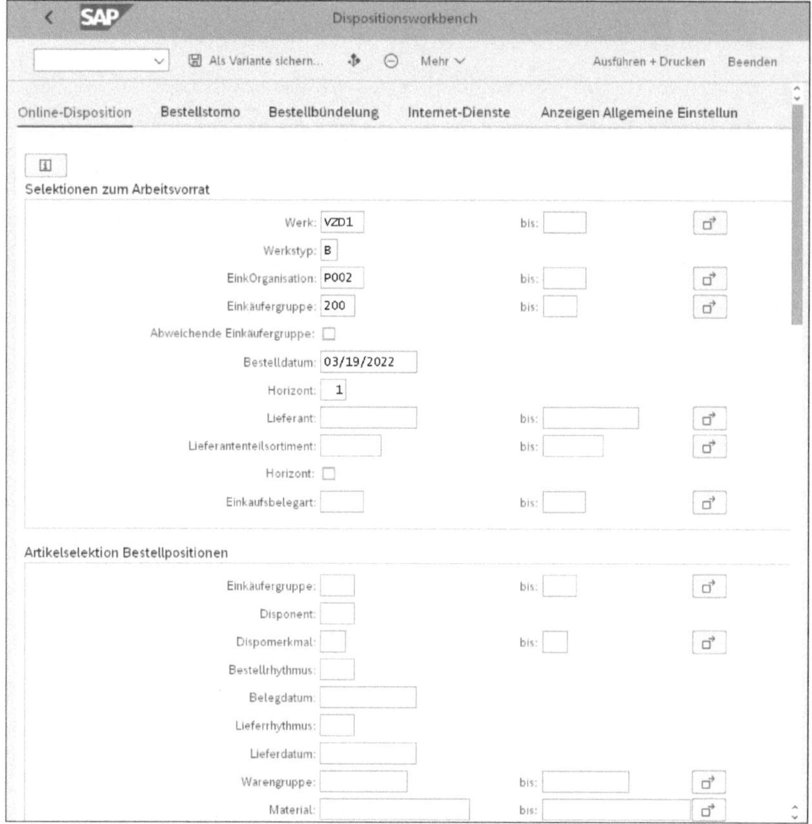

Abbildung 4.11 Dispo-Workbench in Transaktion WWP1

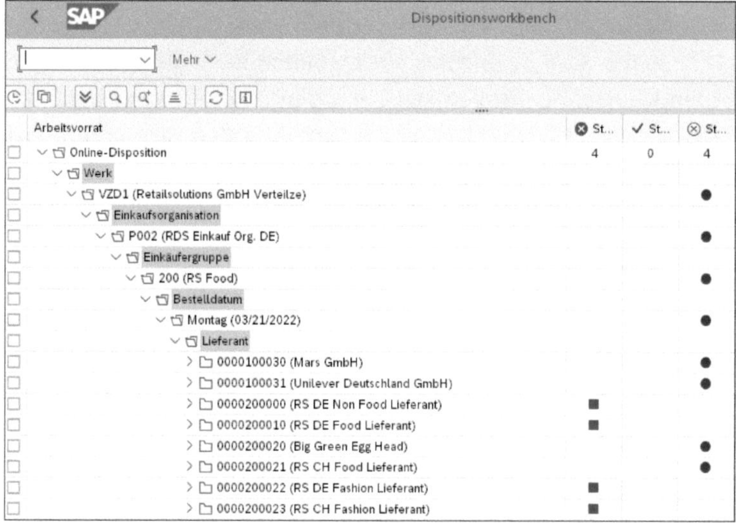

Abbildung 4.12 Auswahl der Bestellungen nach Lieferant

Sie können hier nicht nur die Bestellmengenvorschläge abändern (bis hin zum Eintrag der Bestellmenge 0), sondern der Bestellung auch weitere Artikel dieses Lieferanten hinzufügen. Die Sicht zur Bearbeitung der Bestellung sehen Sie in Abbildung 4.13.

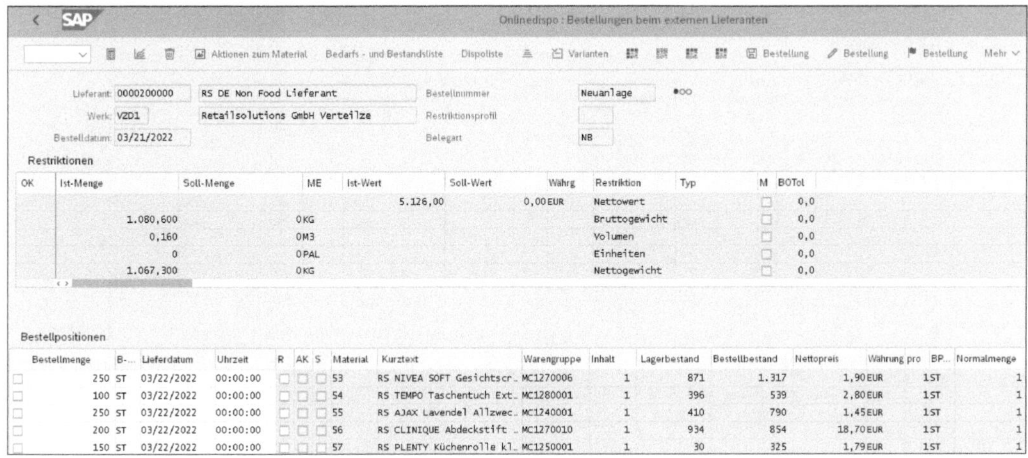

Abbildung 4.13 Bestellbearbeitung in der Dispo-Workbench

Mit entsprechenden Selektionskriterien wäre es auch möglich, nur die Toplieferanten und deren Topartikel zu kontrollieren und den Rest das System erledigen zu lassen.

Um die Entscheidung treffen zu können, einen Bestellvorschlag zu ändern, stehen Ihnen als Disponent zahlreiche Informationen zur Verfügung. So wird Ihnen z. B. die aktuelle Reichweite der Lagerbestände des Artikels in der Spalte **IstRw** (Ist-Reichweite) angezeigt. Falls Ihnen Angaben in der Dispo-Workbench fehlen, besteht die Möglichkeit einer kundeneigenen Erweiterung. Dazu sieht SAP S/4HANA Retail hier wie an zahlreichen anderen Stellen im Coding einen sogenannten *Customer-Exit* vor. Das heißt, hier können Sie ein kundenindividuelles Programm ohne Modifikation am SAP-Standard generieren und damit die fehlenden Angaben ergänzen.

Mengenoptimierung

Abschließend gehen wir in diesem Abschnitt auf die Bestelloptimierung bezüglich der Mengen ein. Im Rahmen dieser Funktion bietet das System ein Runden der Bestellmenge im Bestellvorschlag auf ganze Einheiten (z. B. Auf-/Abrunden auf ganze Kartons) oder auf höhere Einheiten (z. B. Auf-/Abrunden auf ganze Paletten) an. Auch können mehrere Bestellungen zusammengefasst werden, um z. B. einen ganzen Lkw oder auch eine ganze Schiffsladung zu bestellen. Alle Rundungsmöglichkeiten dienen der Optimierung der Bestellung und des Transports, um z. B. Kosten im Bereich der Logistik zu sparen oder einen höheren Lieferantenrabatt zu erhalten.

In SAP S/4HANA Retail können Sie pro Material mehrere solcher optimalen Mengeneinheiten (es gibt keine Beschränkung nach oben, aber selten sind es mehr als vier

Einheiten) hinterlegen. Für den Artikel in Abbildung 4.14 wurden z. B. drei Mengeneinheiten gepflegt: die Basismengeneinheit Stück (**ST**), die Filialbestellmengeneinheit Karton (**KAR**) und die Bestellmengeneinheit für das Verteilzentrum Palette (**PAL**). Zu jeder Mengeneinheit wurde jeweils das Verhältnis in Bezug zur Basismengeneinheit angegeben.

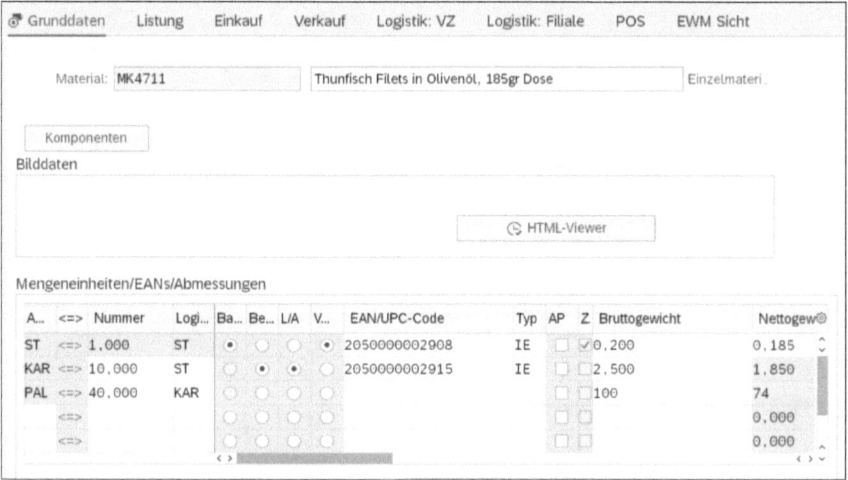

Abbildung 4.14 Mengeneinheiten im Materialstamm pflegen

Pro Material-Werk-Kombination können Sie nun pflegen, wie das System bei einer Bestellung reagieren soll. In dem Beispiel in Abbildung 4.15 wurde eingestellt, dass immer auf die KAR aufgerundet werden soll (in diesem Beispiel entspricht 1 KAR = 8 ST). Das heißt, wenn das System einen Bedarf von 75 ST ausrechnet, wird in der Bestellung auf 10 KAR, also 80 ST, aufgerundet.

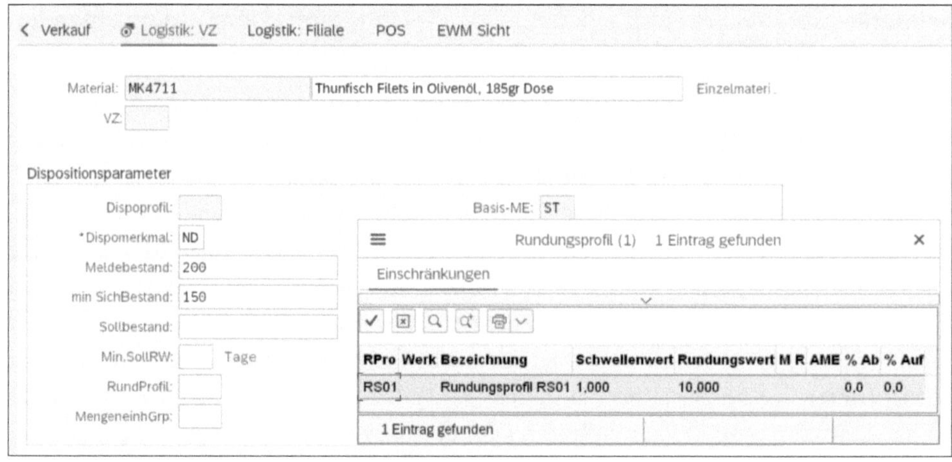

Abbildung 4.15 Beispiel für ein Rundungsprofil

Die Mengeneinheitenrundung definieren Sie mit den Rundungsregeln im Customizing (Transaktion SPRO, siehe Abbildung 4.16).

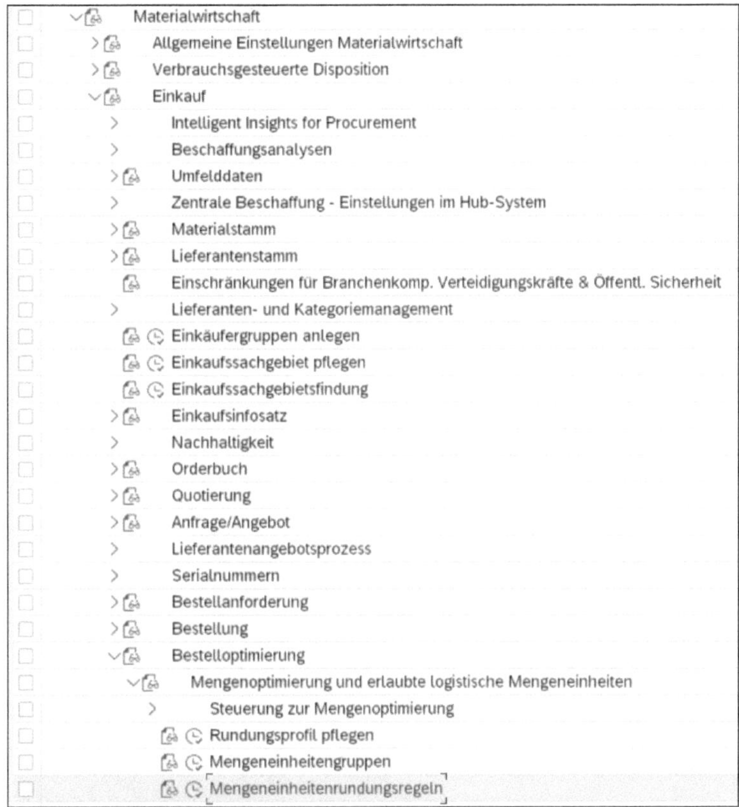

Abbildung 4.16 Customizing der Rundungsregeln

Abbildung 4.17 zeigt ein Beispiel für eine Rundungsregel. Diese Rundungsregel gilt für eine Bestellung. Mit der Bestellbündelung können jedoch auch mehrere Bestellungen nach den Regeln eines Restriktionsprofils zusammengefasst werden. Die Bestellungen können dann zusammenfasst werden, bis die Restriktionen erfüllt sind.

SAP — Sicht "Mengeneinheitenrundungsregel" ändern: Übersicht

Neue Einträge — Mehr

Mengeneinheitenrundungsregel

Rundungsregel	Alternativmengeneinheit	Bezeichnung	% Aufrunden	% Abrunden
01	KAR	Karton	80.0	30.0
01	PAL	Palette	80.0	20.0
Y1	KAR	Karton	80.0	0.1
Y1	PAL	Palette	80.0	0.1
Z1	KAR	Karton	100.0	

Abbildung 4.17 Beispiel für eine Rundungsregel

Ein *Restriktionsprofil* pflegen Sie ebenfalls im Customizing. Es kann sowohl für Volumen (Lkw, Schiffsladung, Zug etc.), Mengen oder Gewichte, als auch für Werte gepflegt werden. Außerdem kann ein Maximum oder ein Minimum eingestellt werden. Die Restriktionen können auch kombiniert werden (z. B. maximal drei Paletten, mindestens 100 kg etc.). Sie erreichen diese Pflegemaske über den Pfad **Einkauf • Bestelloptimierung • Bestellbündelung** im Einführungsleitfaden (siehe Abbildung 4.18).

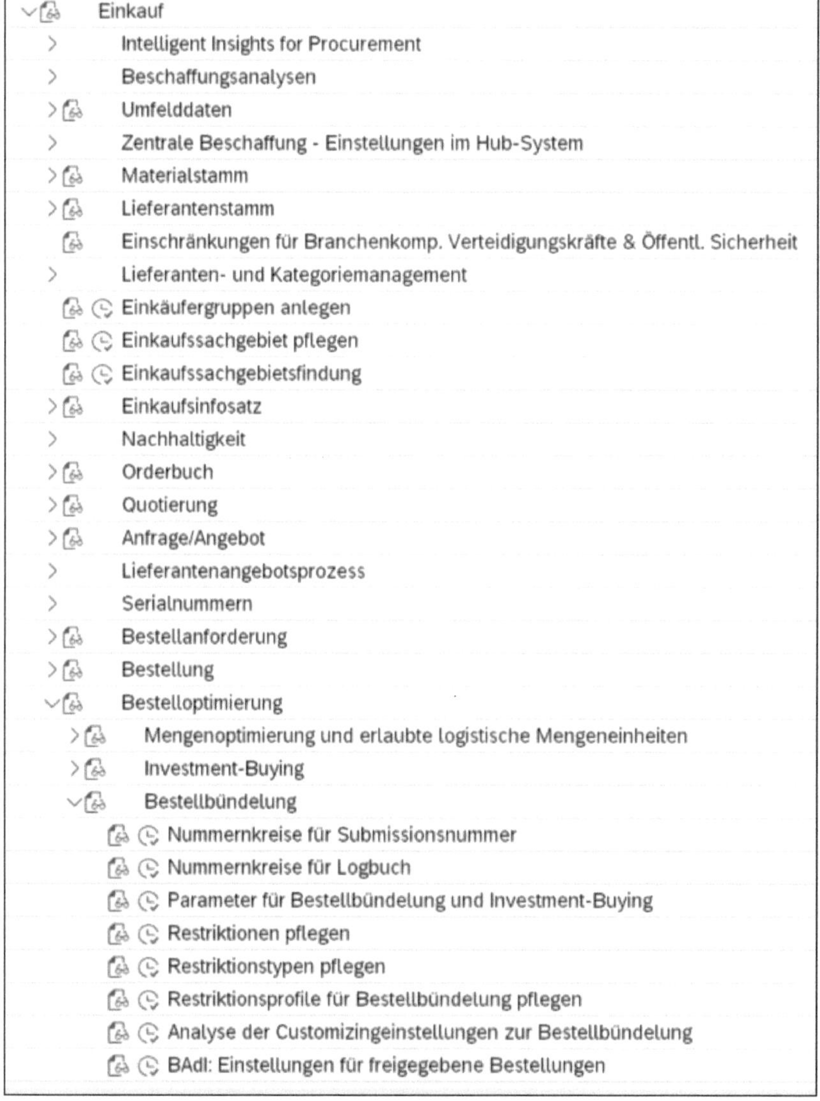

Abbildung 4.18 Customizing der Bestellbündelung

Das Restriktionsprofil weisen Sie dem Lieferanten im Lieferantenstamm (Transaktion XK03) über das Feld **Bestellopt. Restr.** zu (siehe Abbildung 4.19).

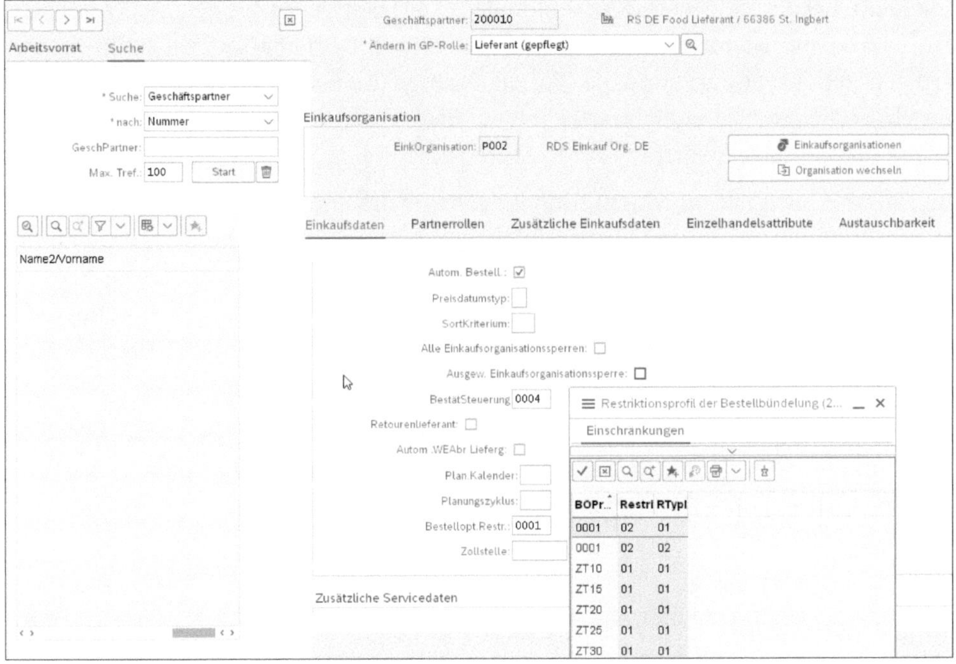

Abbildung 4.19 Anzeige des Restriktionsprofils im Lieferantenstamm

Die innerhalb der manuellen Bestellbündelung zusammengefassten Bestellungen werden dann über eine Submissionsnummer gebündelt, damit Sie sie später auch wieder als Bundle erkennen können. Neben der manuellen Bestellbündelung ist es in SAP S/4HANA Retail auch möglich, Bestellungen automatisch zu bündeln.

Darüber hinaus können noch weitere Verfahren der Bestelloptimierung mit SAP S/4HANA Retail umgesetzt werden. *Investment Buying* bezeichnet z. B. eine Methode in SAP S/4HANA Retail, die bei einer in Zukunft zu erwartenden Preiserhöhung die aktuellen Bestände mit den prognostizierten Bedarfen vergleicht und die Bestell-, Transport- und Lagerungskosten im Hinblick auf den Return on Investment (ROI) gegeneinander abwägt. SAP S/4HANA Retail errechnet, ob es z. B. besser ist, die Ware jetzt noch zum günstigeren Preis zu beschaffen, auch wenn so höhere Lagerkosten entstehen (da die Ware länger auf Lager liegt), oder die Ware später zu einem höheren Preis einzukaufen. Das System errechnet also, ob, zu welchem Termin und mit welcher Menge es sich lohnt, die Ware noch vor einer Preiserhöhung zu beschaffen. Diese Methode wird in Europa noch selten eingesetzt, ist aber in den USA im Handel häufig im Einsatz.

Die Planung des Nachschubs im Handel kann auch an den Lieferanten übertragen werden. In diesem Fall spricht man von *Vendor Managed Inventory* (VMI) oder von *Konsignation*, wenn die Ware nicht vom Lieferanten in das Eigentum des Händlers übergeht. Bei der VMI-Methode werden dem Lieferanten pro Artikel und Verteilzentrum Daten des Händlers täglich automatisiert (per IDoc) übermittelt. Zu diesen Daten gehören der Bestand und die Warenausgänge (inklusive Warenbewegungen wie Bruch, Verderb etc.). Der Lieferant kann auf Basis dieser Daten den benötigten Nachschub für das Verteilzentrum ermitteln und anstoßen.

Im Fall der Konsignation bewirtschaftet der Lieferant einen Lagerbereich beim Händler (im Verteilzentrum und/oder der Filiale) und sorgt dort für den optimalen Bestand. Im Unterschied zu VMI gehört die Ware bis zur Kommissionierung bzw. bis zum Abverkauf jedoch dem Lieferanten, und es wird nur die Menge verrechnet, die aus dem integrierten Lieferantenlager entnommen wird. Abbildung 4.20 veranschaulicht diese Methode.

Diese beiden Methoden sind im Handel häufig im Einsatz, verstärkt im Trockensortiment und Non-Food-Bereich. Der Vorteil für den Händler ist dabei, dass Kosten und Bestandsrisiken auf den Lieferanten übertragen werden können.

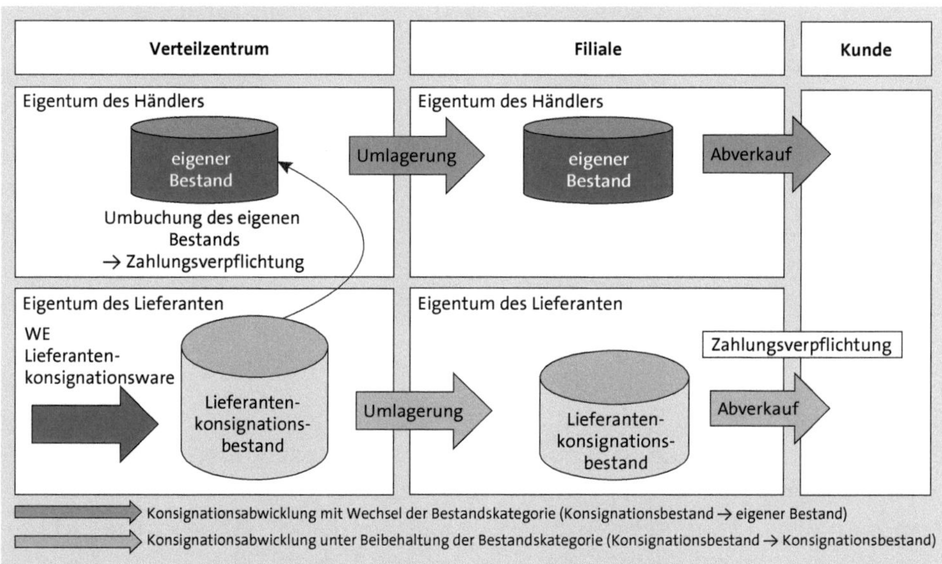

Abbildung 4.20 Eigene Bewirtschaftung vs. zweistufige Konsignation

Spezialfälle der Beschaffung

Neben den genannten Beschaffungsmethoden gibt es im Handel noch weitere Formen der Beschaffung. Dazu gehören:

- Aufteiler bzw. Aktion
- Cross-Docking
- Flow-through
- Import

Ein *Aufteiler* kann als Erstverteilmethode dienen, also bei der Einführung eines neuen Artikels. Hier melden die Filialen, wie viel Menge sie benötigen. Danach kann die Wunschmenge der Filialen von den Disponenten in der Zentrale bearbeitet werden. Aus dem Aufteiler werden dann die Folgebelege (Bestellungen aus den Filialen und an die Lieferanten) generiert. Diese Methode nennt man *Pull-Methode*. Ein weiterer Einsatzbereich des Aufteilers ist der Lagerabbau. Überkapazitäten an Waren können per Aufteiler in die entsprechenden Filialen gesendet werden. Diese Methode nennt man *Push-Methode*. Ein Aufteiler kann auch als Retourenaufteiler aus den Filialen, z. B. zum Rückzug saisonaler Ware zum Saisonende, eingesetzt werden. Darüber hinaus kann der Aufteiler bei Aktionen eingesetzt werden, die die Kundenfrequenz und den Umsatz steigern sollen. Nach der Aktionsplanung (die meist in der SAP-Komponente *SAP Promotion Management* erfolgt, siehe Kapitel 8, »Aktionen«) werden die Mengen für die Filialen festgelegt. Diese werden dann mithilfe eines Aufteilers in die Filialen geliefert. Aufteiler werden auch bei saisonaler Ware, z. B. für Ostern oder Weihnachten, eingesetzt. Abbildung 4.21 zeigt Ihnen den Aufteilerprozess im Überblick.

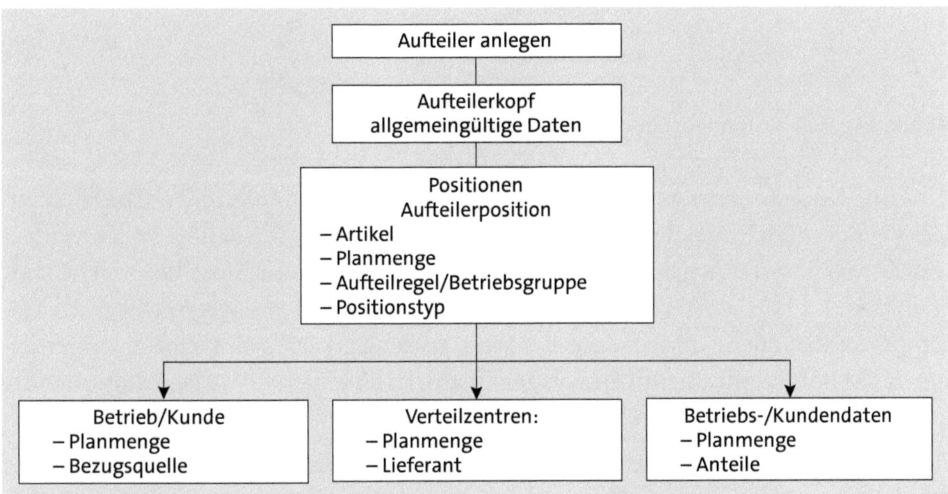

Abbildung 4.21 Prozessübersicht zur Verwendung eines Aufteilers

Abbildung 4.22 zeigt die möglichen Vorgänger- und Folgebelege eines Aufteilers. Ein Aufteiler kann auch noch nach der Generierung eines Folgebelegs, wie z. B. einer Lieferantenbestellung, angepasst werden. Befindet sich beispielsweise eine Filiale im Umbau und ist vorübergehend geschlossen, kann die auf die anderen Filialen zu verteilende Menge neu berechnet und auf alle geöffneten Filialen neu verteilt werden.

Auch an der Lieferantenbestellung können noch nachträgliche Änderungen vorgenommen werden. Der Aufteiler wird in der Regel automatisch synchronisiert, solange noch keine Folgebelege, wie z. B. eine Anlieferung, erzeugt wurden. Es lassen sich ganze Bestellpositionen löschen, das Verteilzentrum ändern oder der Liefertermin verschieben, um nur einige der Möglichkeiten zu nennen.

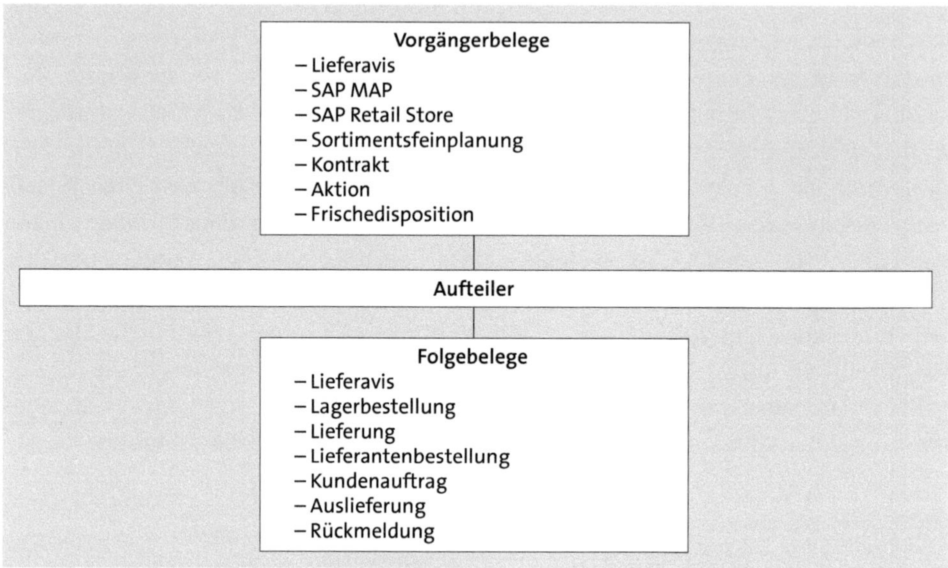

Abbildung 4.22 Vorgänger- und Folgebelege

Als *Cross-Docking-Ware* wird vom Lieferanten vorkommissionierte Ware bezeichnet. Der Lieferant erhält bei der Bestellung des Händlers die Information, welche Filiale welche Menge eines Artikels benötigt, und verpackt die Ware schon filialgerecht. Dies spart dem Händler Kosten bei der Kommissionierung und Einlagerung (was der Lieferant meist auf den Einkaufspreis der Ware aufschlägt). Die Ware wird im Allgemeinen nicht im Verteilzentrum eingelagert, sondern an einem Cross-Docking-Lagerort geparkt und danach auf die Filialstellplätze verteilt.

Auch die *Flow-through-Methode* gilt als effiziente Beschaffungsmethode im Handel. Hier werden, genau wie beim Cross Docking, die Filialbestellungen zu einer Sammelbestellung summiert und dem Lieferanten gesendet. Der Lieferant liefert an das Verteilzentrum. Die Ware wird nicht eingelagert, sondern an einem speziellen Lagerort zwischengeparkt und filialgerecht kommissioniert. Sowohl Cross Docking als auch Flow-through finden bei verderblicher Ware, also im Frische-, Ultrafrische- und Food-Bereich, sehr häufig Anwendung.

Jede Ware, die nicht innerhalb des eigenen Landes oder eines zollfreien Raumes (wie z. B. der EU) geliefert werden kann, muss importiert werden. Das *Importszenario* von SAP S/4HANA Retail regelt in diesem Fall die Bestellung, den Lieferavis bzw. Wareneingang und die Rechnungsprüfung.

4.1.3 Bestellung

Grundsätzlich mündet jede Disposition in einer Bestellung, sei es für saisonale oder wiederbeschaffbare Ware. Dabei unterscheidet man je nach Beschaffungsart und Warentyp in folgende Prozessarten:

- *Pull-Prozess* für sämtliche wiederkehrend beschaffbaren Artikel (z. B. Trockensortiment)
- *Push-/Pull-Prozess* für Frischware mit teilweiser Saisonalität (z. B. Spargel)
- *Push-Prozess* z. B. für Modeartikel/Accessoires

Wir beschäftigen uns in diesem Abschnitt mit dem ersten Fall, dem Pull-Prozess. Die Frischedisposition und -bestellung werden in Abschnitt 9.1, »Frischeabwicklung«, behandelt. Die besonderen Möglichkeiten der Beschaffung im Bereich Fashion zeigen wir in Kapitel 10, »Fashion Management«.

In Abbildung 4.23 sehen Sie den technischen Ablauf des Pull-Prozesses zwischen Disposition und Bestellung.

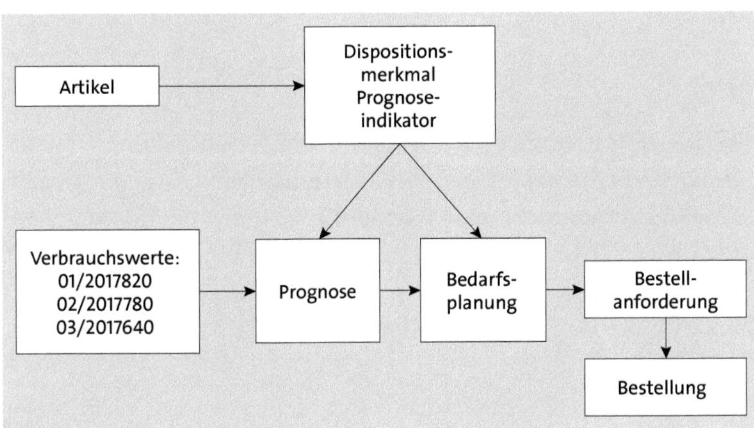

Abbildung 4.23 Von der Prognose bis zur Bestellung

Bevor eine Normalbestellung (NB) wie in Abschnitt 5.2.2, »Wareneingangsprozess über Anlieferungen«, im System angelegt und an den (Regel-)Lieferanten abgeschickt wird, erhalten Sie als Disponent zunächst eine Bestellanforderung (Banf) auf Basis der jeweiligen Arbeitsvorräte. In dieser Banf können Sie die Bestellmenge nachbearbeiten, falls besondere Umstände dies erfordern, z. B. eine erhöhte Nachfrage aus den Filialen aufgrund eines lokalen Feiertages.

Sie können die Bestellung mit einer Onlinedisposition über die Dispo-Workbench ändern (Transaktion WWP1), in Transaktion ME22N springen oder über das SAP Fiori Launchpad die App **Bestellung anlegen** aufrufen und sich die Bestellung anzeigen lassen, um dort Änderungen vorzunehmen.

Eine Bestellung beinhaltet unter anderem die folgenden Informationen:

- Kopfdaten
  - Lieferant
  - Einkaufsorganisation
  - Buchungskreis
  - Belegdatum
- Positionsdaten
  - Materialnummer und -kurztexte
  - Bestellmengen
  - Währung
  - EAN/GTIN
  - Nettopreise
  - Einkaufskonditionen (Rabatte etc.)
  - Verkaufspreise
  - Texte
  - Kontraktnummer

Sämtliche Artikel sind in der Bestellung bereits mit ihren Preisen aufgeführt. Um dies zu gewährleisten, müssen die verschiedenen Kalkulationsschemata gepflegt sein (siehe Abschnitt 2.8.2, »Kalkulationsschema«). Abbildung 4.24 zeigt die Kopfdaten einer Normalbestellung.

Abbildung 4.24 Kopfdaten einer Bestellung

In Abbildung 4.25 sehen Sie die Positionsdaten der Bestellung, die unter den Kopfdaten angezeigt werden.

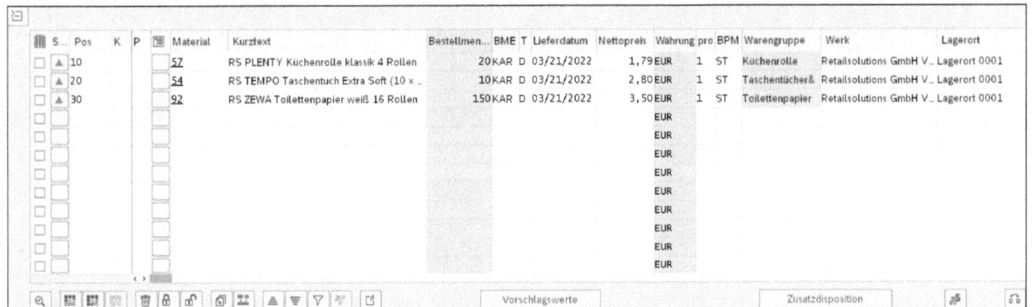

S...	Pos	K	P	Material	Kurztext	Bestellmen...	BME	T	Lieferdatum	Nettopreis	Währung	pro	BPM	Warengruppe	Werk	Lagerort
▲	10			57	RS PLENTY Küchenrolle klassik 4 Rollen	20	KAR	D	03/21/2022	1,79	EUR	1	ST	Küchenrolle	Retailsolutions GmbH V...	Lagerort 0001
▲	20			54	RS TEMPO Taschentuch Extra Soft (10 × ...	10	KAR	D	03/21/2022	2,80	EUR	1	ST	Taschentücher&	Retailsolutions GmbH V...	Lagerort 0001
▲	30			92	RS ZEWA Toilettenpapier weiß 16 Rollen	150	KAR	D	03/21/2022	3,50	EUR	1	ST	Toilettenpapier	Retailsolutions GmbH V...	Lagerort 0001

Abbildung 4.25 Positionsdaten einer Bestellung

Hier können Sie in die Detailansicht abspringen, die in Abbildung 4.26 zu sehen ist.

Position: [10] 57 , RS PLENTY Küchenrolle klassik 4 Rollen

Materialdaten | Mengen/Gewichte | Einteilungen | Lieferung | Rechnung | Konditionen | Texte | Anlieferadresse

Menge: 200 ST Netto: 358,00 EUR

Zugesagte Menge: 0,000

Konditionssatz | Analyse | Aktualisieren

Preiselemente

I...	KArt	Bezeichnung	Betrag	Währg	pro	ME	Konditionswert	Währg	KUmZä	BME	KUmNe	ME	Status
■	PBXX	...topreis	1,79	EUR	1	ST	358,00	EUR	1	KAR	10	ST	
		Nettowert incl Ra...	1,79	EUR	1	ST	358,00	EUR	1	KAR	10	ST	
■	NAVS	Nicht abz. Vorste...	0,00	EUR			0,00	EUR	0		0		
		Nettowert incl Vst.	1,79	EUR	1	ST	358,00	EUR	1	KAR	10	ST	
■	SKTO	Skonto	0,000	%			0,00	EUR	0		0		
		Effektivpreis	1,79	EUR	1	ST	358,00	EUR	1	KAR	10	ST	
■	WOTB	Beschaffung OTB	1,79	EUR	1	ST	358,00	EUR	1	KAR	10	ST	

Abbildung 4.26 Positionsdetails zu einer Bestellung (SAP-Fiori-App »Bestellung anlegen«)

Nach der Änderung der Banf muss diese in eine Bestellung umgesetzt werden. Dies kann entweder manuell oder über einen Job im Hintergrund erfolgen.

Eine Normalbestellung bei einem externen Lieferanten legen Sie mit Transaktion ME21N an (siehe Abbildung 4.27). Hier geben Sie die folgenden Informationen ein:

Bestellart (NB für Normalbestellung)

- **Lieferant**
- **Material** und **Bestellmenge**
- **Werk**, das die Bestellung empfängt

Wenn alle Eingaben korrekt sind, sichern Sie die Bestellung mit einem Klick auf den Button **Sichern**.

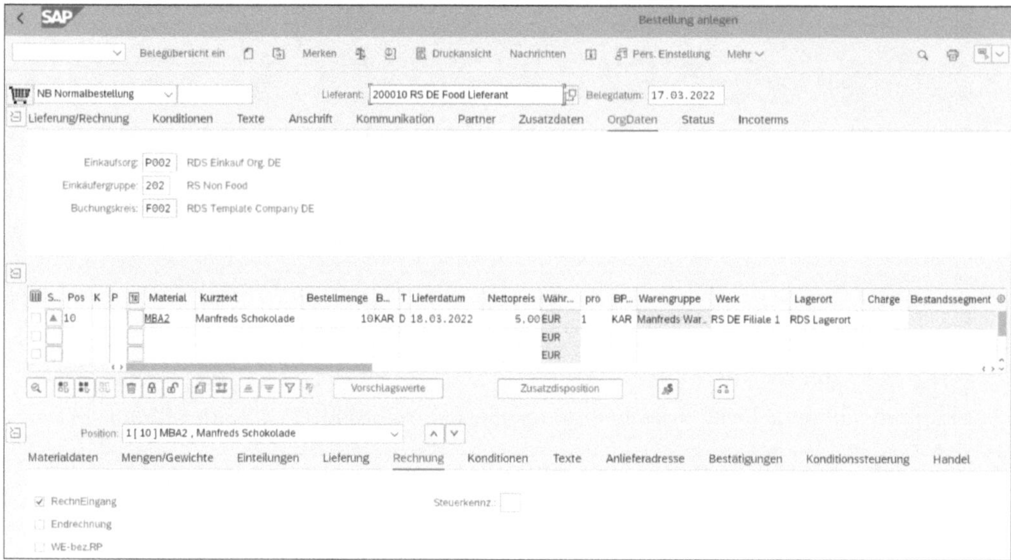

Abbildung 4.27 Bestellung anlegen

Neben der Prognose aus der Bedarfsplanung gibt es weitere Vorgänger der Bestellanlage, wie z. B. den Filialauftrag (siehe Kapitel 6, »Verkaufsprozesse und Point of Sale«). Abbildung 4.28 gibt Ihnen einen Überblick über die Entstehungsmöglichkeiten von Bestellungen. *VM-Lieferant* steht hier für einen Lieferanten im Rahmen des Vendor Managed Inventorys, das wir im Abschnitt »Mengenoptimierung« in Abschnitt 4.1.2 bereits kurz vorgestellt haben.

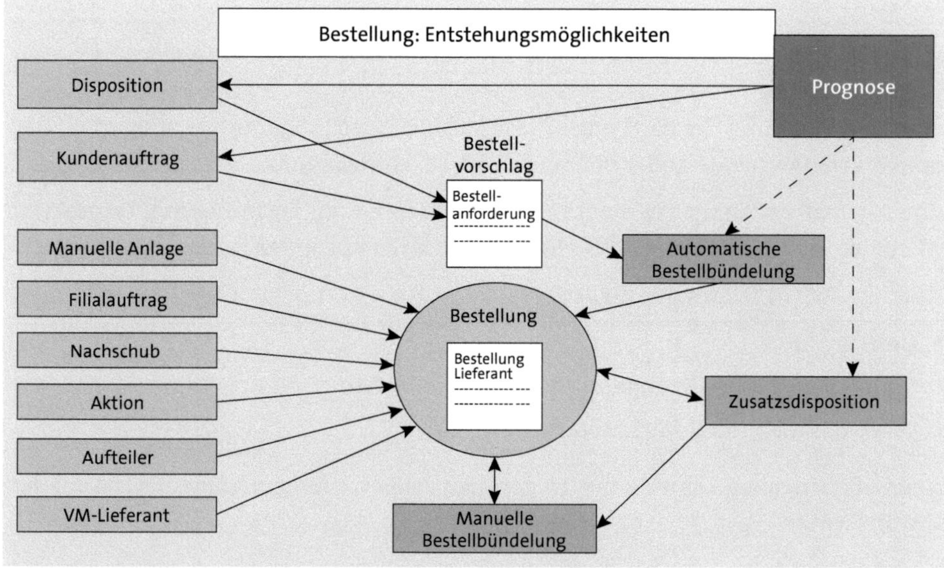

Abbildung 4.28 Entstehungsmöglichkeiten von Bestellungen

Bestellung und Transport

Bei der Bestellung müssen auch der Liefertermin und der Transport definiert werden. Für den Transport muss festgelegt werden, welche Transporteure (eigene oder externe Transporteure) beteiligt sind und für welche Abschnitte des Transports sie jeweils relevant sind. Kommt die Ware z. B. aus Übersee, sind oft mehrere Transportmittel (Schiff, Lkw etc.) beteiligt.

Mit den Transporteuren wird vereinbart, wann die Ware in das Eigentum des Händlers bzw. des nächsten Transporteurs übergeht. Diese Vereinbarungen werden in den *Incoterms* in SAP S/4HANA Retail festgelegt (siehe Abbildung 4.29). Hier gibt es z. B. die Einstellungsmöglichkeiten **CFR** (**Kosten und Fracht**), **DAF** (**Geliefert Grenze**) etc. Die Incoterms werden im Lieferantenstamm gepflegt und bei der Bestellung automatisch übernommen. Bei der Bestellung wir auch oft ein Transportauftrag für den Transporteur generiert.

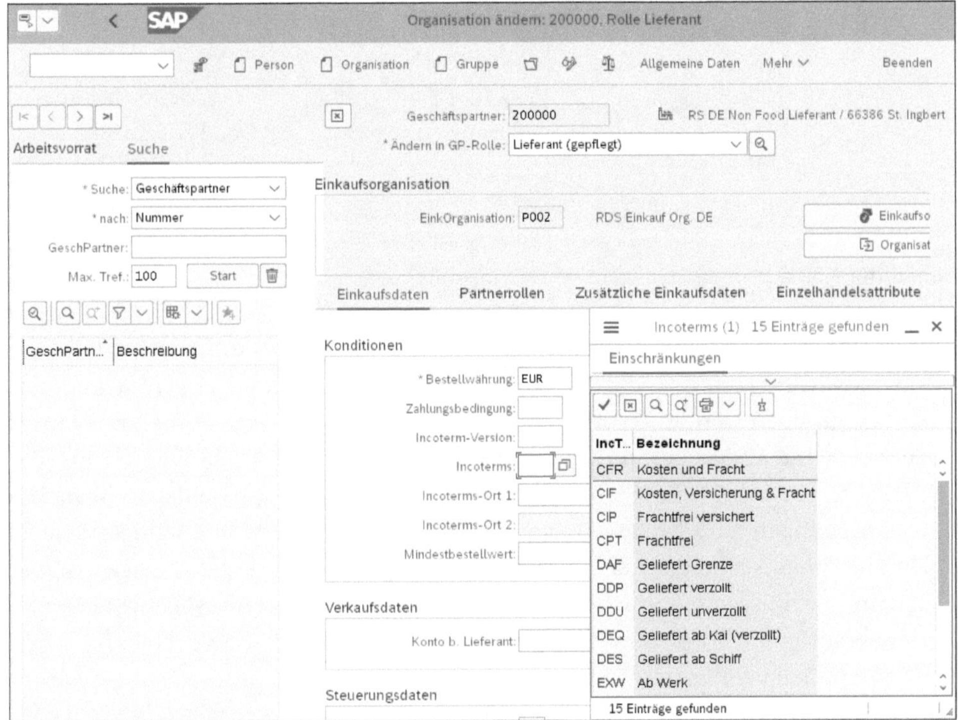

Abbildung 4.29 Incoterms pflegen

Sammelbestellung

Sammelbestellungen kommen zum Einsatz, wenn die Planung der Warenverteilung zentral erfolgt. Mit einer Sammelbestellung können Sie die Bedarfe der Filialen, die z. B. als Lagerbestellung oder Kundenauftrag im System vorhanden sind, für die Bestellung beim Lieferanten über das Verteilzentrum verdichten (Pull-Verfahren). Zu einer Sammelbestellung werden Verteilungsdaten im System festgehalten, mit deren Hilfe man die Verteilung der Ware auf die Abnehmer steuern und überwachen kann. Auf die Verteilungsdaten wird z. B. beim Cross Docking und Flow-through zurückgegriffen. Zudem können durch den Einsatz von Sammelbestellungen die Lieferantenkonditionen besser ausgenutzt werden.

Abbildung 4.30 veranschaulicht den Prozess der Sammelbestellung:

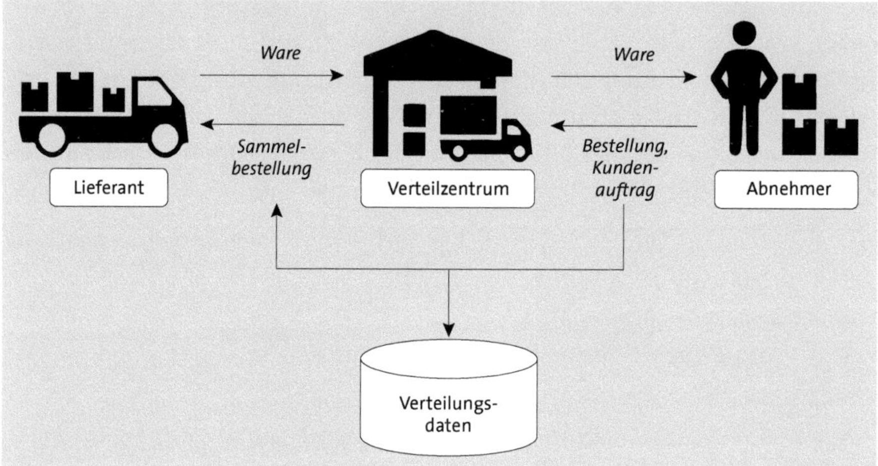

Abbildung 4.30 Sammelbestellung Verteilungsdaten

1. **Auswahl der Abgabebelegeinteilungen anhand vorgegebener Kriterien**
   Die möglichen Kriterien, die für die Berücksichtigung von *Abgabebelegeinteilungen* vorgegeben werden können, sind z. B. Verteilzentrum, Abnehmer, relevanter Zeitraum und Abgabebelegart. Lagerbestände und offene Bestellungen können dabei als bereits erfolgte Beschaffungen gesehen werden. Die Auswahl der Abgabebelegeinteilungen wird genauso behandelt wie die Auswahl versandfälliger Belege. Darüber hinaus sind gewisse Muss-Anforderungen für die Abgabebelege Voraussetzung. So müssen mehrfache Teillieferungen zulässig sein, die Abgabebelegpositionen dürfen nicht zu Liefergruppen gehören, und mögliche Sammelbestellpositionen müssen gefiltert werden.
2. **Ermittlung der potenziellen Sammelbestellpositionen**
   Das System generiert selbstständig potenzielle *Sammelbestelleinteilungen* anhand der Vorgaben. Dazu werden die betreffenden Abgabebelegpositionen mit deren Einteilungen selektiert. Die zugehörigen Mengen pro Artikel und Verteilzentrum werden aufsummiert und zu potenziellen Sammelbestelleinteilungen zusammengefasst. Eine potenzielle Sammelbestellposition ergibt sich aus einer oder mehreren Sammelbestelleinteilungen.

3. **Sammelbestellung mit Unterpositionen für Supplementary Logistics Services (SLS)**
   Eine Sammelbestellung ermöglicht es, Artikel zu bestellen, für die spezielle Dienstleistungen des Lieferanten, z. B. eine *Vorkommissionierung*, vorgesehen sind. Bei der Vorkommissionierung sortiert der Lieferant die Ware des Händlers z. B. filialgerecht vor. Ist für einen Artikel einer Sammelbestellung eine Vorkommissionierung geplant, werden die notwendigen Daten für den Supplementary Logistics Service (SLS) automatisch in die Sammelbestellung aufgenommen. SLS ist ein Service, der Unterpositionen in der Sammelbestellung bildet. Für jede Sammelposition werden entsprechende Unterpositionen angelegt. Jede Unterposition enthält den Abnehmer inklusive der für ihn geplanten Teilmenge.
4. **Mengenoptimierung**
   Bei der Sammelbestellgenerierung findet eine Mengenoptimierung statt. Es wird auf die vom Lieferanten vorgegebene Bestellmengeneinheit gerundet.
5. **Sammelbestellgenerierung im Dialog oder im Hintergrund**
   Die Sammelbestellpositionen können Sie wahlweise einzeln oder über einen Arbeitsvorrat bearbeiten und bei Bedarf Änderungen vornehmen. So können Sie z. B. Bezugsquellen zuordnen oder die Menge von Sammelbestelleinteilungen ändern. Sie können einstellen, dass eine Sammelbestellung bei der Generierung mit einer bereits erfolgten Beschaffung abgeglichen wird. Dadurch können Sie vorhandene Lagerbestände sowie geplante Zu- und Abgänge als verfügbare Mengen berücksichtigen und die Sammelbestellmenge entsprechend um diese Menge vermindern. Sind zum Zeitpunkt der Umstellung noch Lagerbestände und offene Bestellungen vorhanden, werden diese Mengen berücksichtigt. So wird verhindert, dass eine zu große Menge beschafft wird.

In der Regel wird die Sammelbestellung nicht manuell, sondern automatisch (per Job) angestoßen. Bevor es zu einer Warenverteilung auf die Abnehmer kommt, werden beim Wareneingang die Verteilungsdaten mit den tatsächlich gelieferten Mengen abgeglichen und gegebenenfalls korrigiert. Die Anpassungen können manuell oder automatisch erfolgen. Für die Verteilung der Ware stellt SAP Retail verschiedene Verfahren bereit. Soll die Ware ohne Einlagerung direkt zum Warenausgang befördert werden, kann dies etwa mittels Cross Docking bzw. Flow-through erfolgen (siehe Abschnitt 5.4, »Warenverteilung«).

4.1.4 Lieferavis bzw. Wareneingang

Mit dem Lieferavis erfährt der Händler die genauen Termine, Mengen und Nebenkosten seiner Bestellung. Als Nebenkosten im Importumfeld sind die Transporteurrechnungen und die *elektronische Veranlagungsverfügung* (eVV), also die Zollkosten, zu sehen. Diese Kosten und die weiteren Logistikkosten wie die zur Lagerverwaltung und Kommissionierung will der Händler häufig auf die jeweiligen Artikel umlegen. Die *Bezugsnebenkosten* einer Bestellung sollen daher zum gleitenden Durchschnittspreis jedes bestellten Artikels hinzuaddiert werden und müssen vor dem Wareneingang bekannt sein. Der Wareneingangsprozess wird in Abschnitt 5.2 ausführlich behandelt.

4.1.5 Rechnungsprüfung

Bei der Rechnungsprüfung werden nicht nur die Warenbestellung, sondern auch die Nebenkostenrechnungen (Transport, Zoll) berechnet, geprüft und der Bestellung zugeordnet. Im Handel wird die *wareneingangsbezogene Rechnungsprüfung* am häufigsten eingesetzt. Hier geht SAP S/4HANA Retail davon aus, dass zu einer Bestellung bereits ein Wareneingang gebucht wurde, bevor es zur Rechnungserfassung und Rechnungsprüfung kommt. Das heißt, eine Rechnung bezieht sich auf eine bereits beim Wareneingang gebuchte Bestellung (bzw. einen Lieferschein). Im Retourenfall werden ein Retourenwareneingang und eine Gutschrift zu einer Retourenbestellung erzeugt.

Mit Transaktion MIRO kann eine Rechnung (Gutschrift) erfasst und gebucht werden (siehe Abbildung 4.31). Häufiger kommt jedoch die *Rechnungsvorerfassung* (Transaktion MIRA) zum Einsatz. In dieser Transaktion werden Rechnungen erfasst und im Hintergrund geprüft.

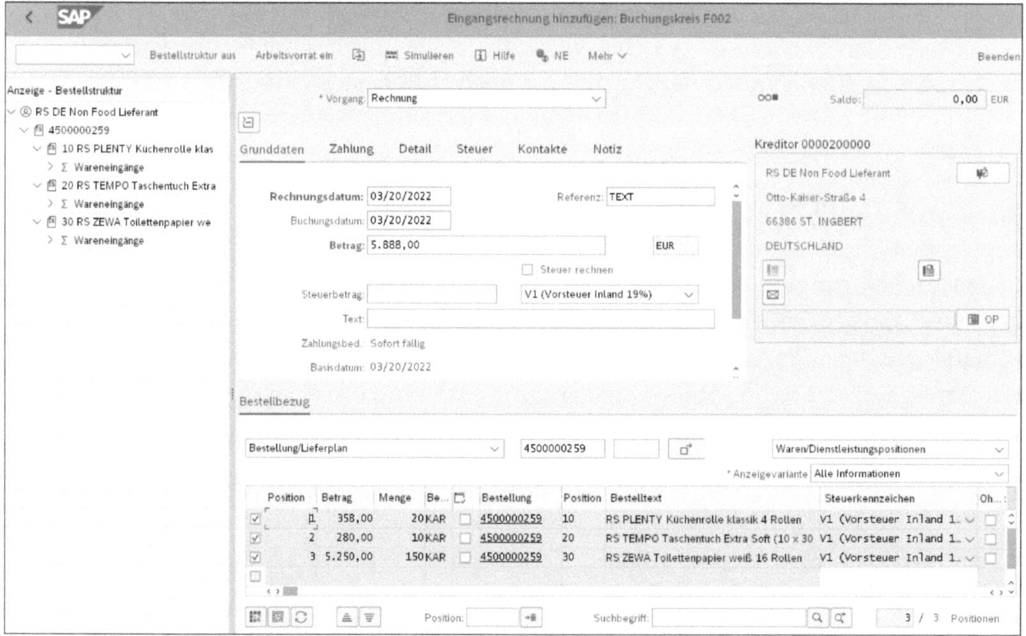

Abbildung 4.31 Rechnungserfassung (Transaktion MIRO)

Da der elektronische Datenaustausch im Handel immer mehr an Bedeutung gewinnt, werden viele Rechnungen auch elektronisch ausgetauscht. Der Lieferant erstellt in seinem System eine elektronische Rechnung (engl. Invoice), die in Form eines IDocs an den Händler gesendet wird. Das Invoice-IDoc wird eingelesen, und die Rechnung damit erfasst und automatisch im Hintergrund geprüft. Falls die Ist-Rechnung innerhalb der im System festgelegten Toleranzen mit der Soll-Rechnung übereinstimmt, wird die Rechnung gebucht und kann an das Rechnungswesen übertragen werden. Der Rechnungswert der Soll-Rechnung berechnet sich dabei aus dem Einkaufspreis der Bestellung, multipliziert mit dem Wareneingang (Menge). Die Höhe der Toleranzgrenzen orientiert sich im Handel häufig an den Sachbearbeiterkosten, die für die manuelle Kontrolle einer Rechnung fällig würden. Abbildung 4.32 zeigt, wie die Toleranzgrenzen für einen Lieferanten angelegt werden.

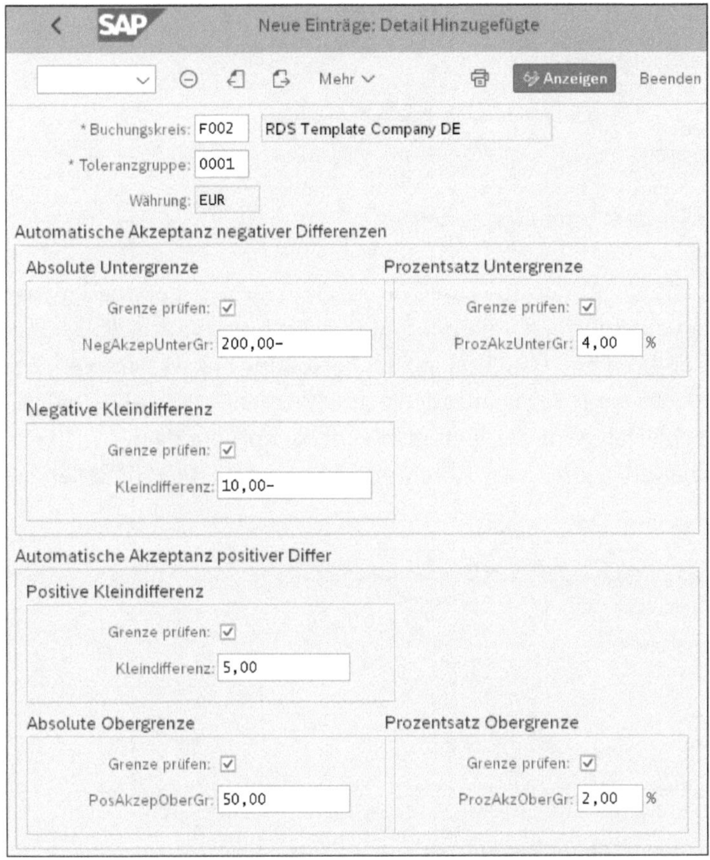

Abbildung 4.32 Lieferantenabhängige Toleranzen definieren

Nach der Rechnungsprüfung können Sie im Belegfluss überprüfen, welche Konten mit welchen Beträgen gebucht wurden. Abbildung 4.33 zeigt ein Beispiel für einen Belegfluss. Diesen rufen Sie über den Button **Folgebelege** in der Beleganzeige auf.

In der Rechnungsprüfung gibt es diverse Prozessvarianten. So kann eine Rechnung geplante oder ungeplante Bezugsnebenkosten aufweisen. Dies kommt häufig bei der Importbeschaffung vor. Beispiele für Bezugsnebenkosten sind Zoll- oder Frachtkosten. Der Spediteur stellt zuzüglich zur Warenrechnung seine Transportkosten in Rechnung. Es gibt also zu einer Warenbestellung neben der Warenrechnung auch noch eine Frachtrechnung des Spediteurs und eine Rechnung der Zollstelle.

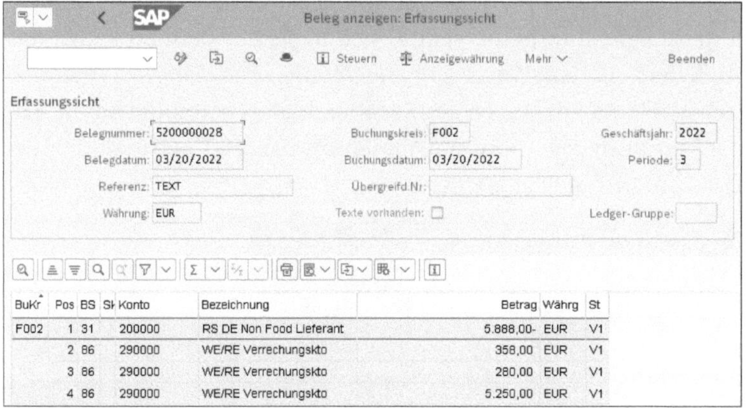

Abbildung 4.33 Belegfluss in der Rechnungsprüfung

Da der Händler diese Kosten ebenfalls in seine Warenkalkulation mit einfließen lassen muss und sie in die Berechnung des gleitenden Durchschnittspreises (GLD) mit einfließen sollen, muss er diese Kosten schon bei der Bestellung berücksichtigen. Bei der Rechnungsprüfung kann dann Bezug auf alle Kosten (Ware und Nebenkosten) genommen werden. Im Fehlerfall wird der gleitende Durchschnittspreis des Artikels, der sich noch am Lager befindet, korrigiert. Abbildung 4.34 zeigt die Übersicht der Bezugsnebenkosten.

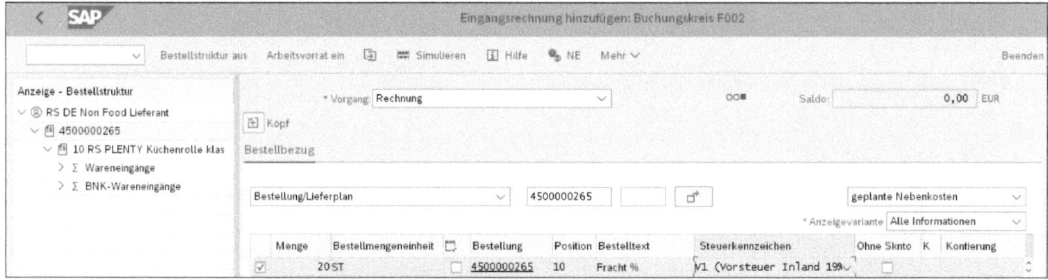

Abbildung 4.34 Geplante Bezugsnebenkosten

Eine weitere häufig verwendete Prozessvariante in der Rechnungsprüfung ist das sogenannte *ERS-Verfahren* (Efficient Receipt Settlement, siehe Abbildung 4.35). Man spricht hier auch von *automatischer Wareneingangsabrechnung*. In diesem Verfahren wird die Rechnungsprüfung auf den Lieferanten übertragen. Der Händler erstellt lediglich eine Gutschrift über die im Wareneingang gebuchte Ware. Sie können diese Funktion im SAP-Easy-Access-Menü über den Pfad **SAP Menü • Logistik • Materialwirtschaft • Logistik-Rechnungsprüfung • Automatische Abrechnung • Automatische Wareneingangsabrechnung** aufrufen.

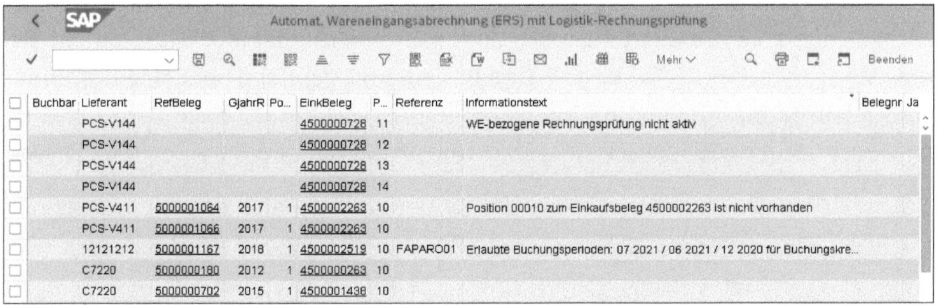

Automat. Wareneingangsabrechnung (ERS) mit Logistik-Rechnungsprüfung

Mehr Beenden

Buchbar	Lieferant	RefBeleg	GjahrR	Po...	EinkBeleg	P...	Referenz	Informationstext	Belegnr	Ja
	PCS-V144				4500000728	11		WE-bezogene Rechnungsprüfung nicht aktiv		
	PCS-V144				4500000728	12				
	PCS-V144				4500000728	13				
	PCS-V144				4500000728	14				
	PCS-V411	5000001064	2017	1	4500002263	10		Position 00010 zum Einkaufsbeleg 4500002263 ist nicht vorhanden		
	PCS-V411	5000001066	2017	1	4500002263	10				
	12121212	5000001167	2018	1	4500002519	10	FAPARO01	Erlaubte Buchungsperioden: 07 2021 / 06 2021 / 12 2020 für Buchungskre...		
	C7220	5000000180	2012	1	4500000263	10				
	C7220	5000000702	2015	1	4500001438	10				

Abbildung 4.35 ERS-Verfahren

Rechnungen, die sich bei der Prüfung als fehlerhaft herausstellen, werden mit Transaktion MIR6 korrigiert. Die zu korrigierenden Rechnungen können Sie hier unter anderem nach Sachbearbeitern selektieren (siehe Abbildung 4.36).

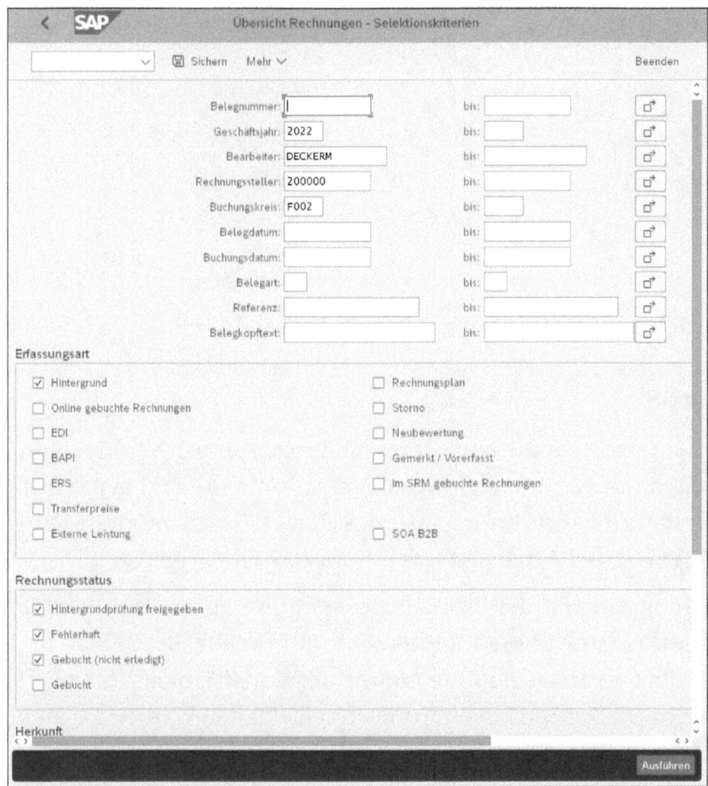

Abbildung 4.36 Selektionsmaske zur Auswahl fehlerhafter Rechnungen

Anhand der Auswahl der fehlerhaften Rechnungen (siehe Abbildung 4.37) kann der Sachbearbeiter eine Fehleranalyse durchführen. Dazu können Sie hier direkt in die Rechnungsbelege abspringen. Häufigste Fehlerursache im Handel sind unterschiedlich gepflegte Preise bei Händler und Lieferant. So kommt es bei der Rechnungsstellung zu einem falschen Betrag, und die Rechnung muss korrigiert werden. Weitere mögliche Fehler sind Mengenfehler, Bestellpreismengenfehler (der Lieferant hat ein anderes Mengenverhältnis für Bestell- und Basismenge gepflegt) oder eine Kombination aus allem (Preis, Menge und Mengeneinheitenverhältnis). Nach der Korrektur wird die Rechnung zur Zahlung freigegeben und an das Rechnungswesen (FI/CO) weitergeleitet.

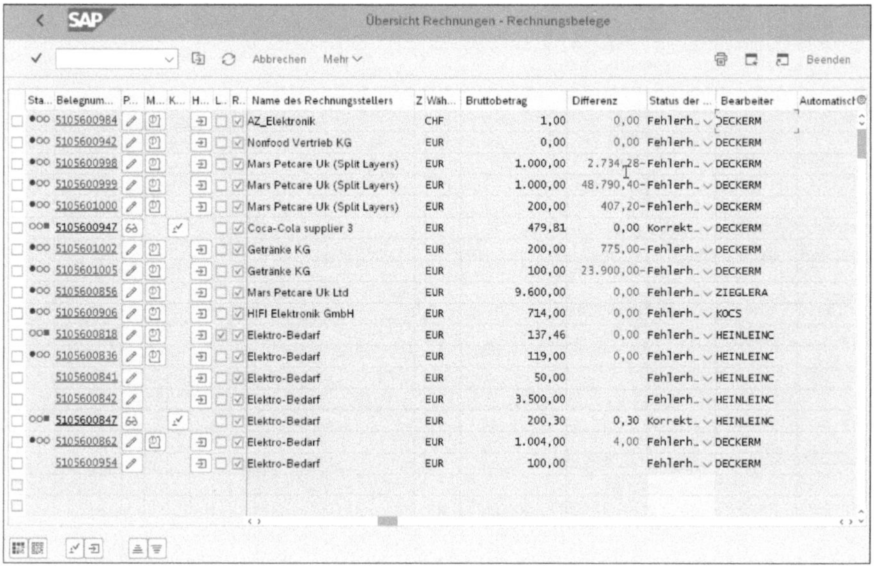

Übersicht Rechnungen - Rechnungsbelege

Abbrechen Mehr Beenden

Sta...	Belegnum...	P...	M...	K...	H...	L..	R..	Name des Rechnungsstellers	Z	Wäh...	Bruttobetrag	Differenz	Status der ...	Bearbeiter	Automatisch
	5105600984							AZ_Elektronik		CHF	1,00	0,00	Fehlerh...	DECKERM	
	5105600942							Nonfood Vertrieb KG		EUR	0,00	0,00	Fehlerh...	DECKERM	
	5105600998							Mars Petcare Uk (Split Layers)		EUR	1.000,00	2.734,28-	Fehlerh...	DECKERM	
	5105600999							Mars Petcare Uk (Split Layers)		EUR	1.000,00	48.790,40-	Fehlerh...	DECKERM	
	5105601000							Mars Petcare Uk (Split Layers)		EUR	200,00	407,20-	Fehlerh...	DECKERM	
	5105600947							Coca-Cola supplier 3		EUR	479,81	0,00	Korrekt...	DECKERM	
	5105601002							Getränke KG		EUR	200,00	775,00-	Fehlerh...	DECKERM	
	5105601005							Getränke KG		EUR	100,00	23.900,00-	Fehlerh...	DECKERM	
	5105600856							Mars Petcare Uk Ltd		EUR	9.600,00	0,00	Fehlerh...	ZIEGLERA	
	5105600906							HIFI Elektronik GmbH		EUR	714,00	0,00	Fehlerh...	KOCS	
	5105600818							Elektro-Bedarf		EUR	137,46	0,00	Fehlerh...	HEINLEINC	
	5105600836							Elektro-Bedarf		EUR	119,00	0,00	Fehlerh...	HEINLEINC	
	5105600841							Elektro-Bedarf		EUR	50,00		Fehlerh...	HEINLEINC	
	5105600842							Elektro-Bedarf		EUR	3.500,00		Fehlerh...	HEINLEINC	
	5105600847							Elektro-Bedarf		EUR	200,30	0,30	Korrekt...	HEINLEINC	
	5105600862							Elektro-Bedarf		EUR	1.004,00	4,00	Fehlerh...	DECKERM	
	5105600954							Elektro-Bedarf		EUR	100,00		Fehlerh...	DECKERM	

Abbildung 4.37 Rechnungskorrektur in Transaktion MIR6

4.1.6 Konditionskontrakt

In diesem Abschnitt beschreiben wir die nachträgliche Abrechnung über einen Konditionskontrakt zum Abschluss des Beschaffungsprozesses. Aus SAP ECC kennen Sie vielleicht noch die nachträgliche Abrechnung über das Objekt *Absprache*, dieses Vorgehen wird in SAP S/4HANA Retail durch den Konditionskontrakt abgelöst.

SAP S/4HANA Retail ermöglicht mit der Funktion *konditionskontraktbezogene Abrechnung* (engl. Condition Contract-based Settlement, CCS) mehr Flexibilität und Nachvollziehbarkeit für die nachträgliche Abrechnung der Konditionen. Durch variables Customizing und eine Vielzahl an Erweiterungsmöglichkeiten können Sie diese Funktion Ihren Bedürfnissen anpassen.

Die Kontraktanlage ist einfacher strukturiert als die Standardkontraktanlage (siehe Abschnitt 4.1.1, »Rahmenvertrag«) und bietet durch die Abgrenzung der Kopf- und Positionsdaten deutlich mehr Möglichkeiten, auch komplexere Absprachen transparent abzubilden. Die Konditionen können gezielt für bestimmte Artikel, Warengruppen oder Lieferantenteilsortimente angelegt werden. Es ist auch möglich, die Umsätze, die im Rahmen eines Kontrakts erzielt wurden, anhand dieser Kriterien gezielt von der Umsatzbasis auszuschließen. So können Sie z. B. ein Material oder eine Warengruppe im Kontrakt ausschließen. Die Lieferantenhierarchien können auch im Kontrakt abgebildet werden, z. B. können der Hauptlieferant auf Kopfebene und die Sublieferanten auf Positionsebene gepflegt werden.

Die Konditionskontrakte können lieferantenseitig oder kundenseitig abgebildet werden. Weitere kundenspezifische Anwendungsfälle können Sie im Customizing über den Pfad **Logistik Allgemein • Abrechnungsmanagement • Konditionskontraktmanagement** einstellen:

- einkaufsvolumenbasierte Boni
- lieferungsvolumenbasierte Boni
- abverkaufsvolumenbasierte Boni
- Werbekostenzuschüsse (Festbeträge)
- Lizenzgebühren etc.

Konditionskontrakte bieten zahlreiche Vorteile gegenüber der vorher genutzten nachträglichen Abrechnung, von denen wir hier nur einige beispielhaft nennen möchten:

- Durch eine Simulationsmöglichkeit wird die Kontrolle der Kontrakte und Konditionen vor der Abrechnung sichergestellt.
- Laufende Kontrakte können jederzeit angepasst und nachbewertet werden.
- Umsatzlisten können jederzeit durch bestimmte Reports aufgerufen werden (siehe Abbildung 4.38).
- Es besteht die Möglichkeit, offene Positionen aus vergangenen Perioden zu verbuchen und dabei alle dazugehörigen Rückstellungen aufzulösen.
- Rückstellungen können abhängig vom Umsatz aufgelöst werden. Dies ist immer dann nützlich, wenn Sie die Rechnungen erst nach Endabrechnung des Kontrakts erhalten und ein Folgekontrakt angelegt wurde.
- Kontrakte können zur Abrechnung gesperrt werden. Sobald die Abrechnungssperre gesetzt ist, kann der Kontrakt weiterhin Rückstellungen bilden, ein Abrechnen ist aber nicht mehr möglich.

Abbildung 4.38 Reporting laufender Kontrakte

- Durch einen Genehmigungsprozess kann der Kontrakt erst genehmigt werden, wenn eine Freigabe erfolgt ist.
- Mit der Funktion **Konditionsverwendung** im Konditionskontrakt (Transaktion WCOCO) können die Belege zum Kontrakt angezeigt werden, z. B. die Wareneingänge oder die Warenausgänge.
- Kontrakte können einfach verlängert und alle aktiven Konditionen und deren Neuterminierung übernommen werden.
- Die Umsatzbasis kann individuell angepasst werden.
- Es erfolgt keine Fortschreibung in eigene Umsatztabellen.
- Externe Umsätze, z. B. aus Fremdsystemen, können verknüpft werden. Sie können die Datenstruktur aus den Fremdsystem den jeweiligen Anforderungen anpassen und mit den Schlüsselfeldern der Umsatzbasis verknüpfen.

In den Kopfdaten ❶ des Konditionskontrakts können allgemeine Daten, Texte, die Umsatzbasis, der Abrechnungskalender und die Abrechnungsparameter definiert werden. In den Positionsdaten ❷ können die Rückstellungs- und Abrechnungskonditionen auf verschiedenen Ebenen gepflegt werden (siehe Abbildung 4.39).

Der grobe Prozessablauf zur Verwendung von Konditionskontrakten vom Customizing bis zur Abrechnung ist in Abbildung 4.40 dargestellt.

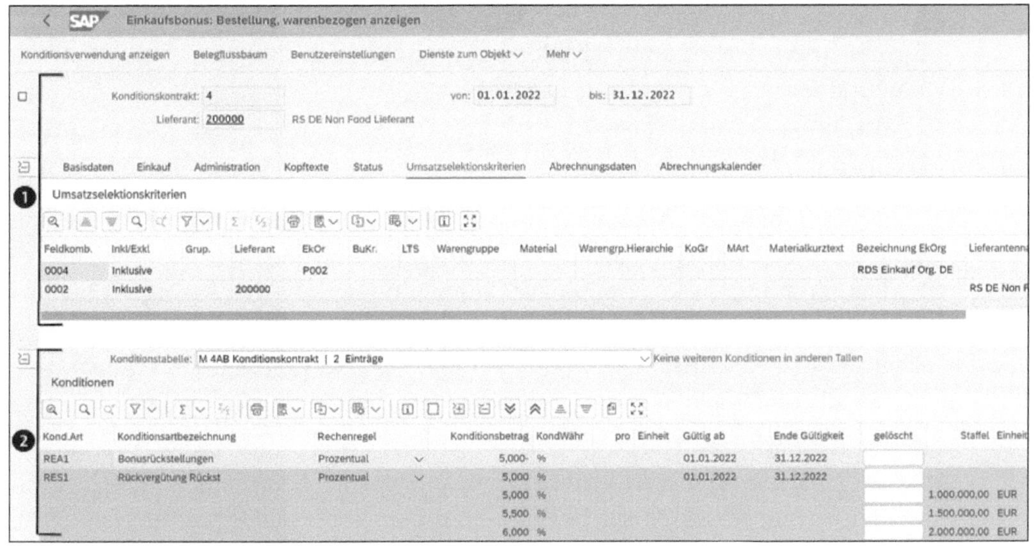

Abbildung 4.39 Konditionskontrakt mit Kopf- und Positionsdaten

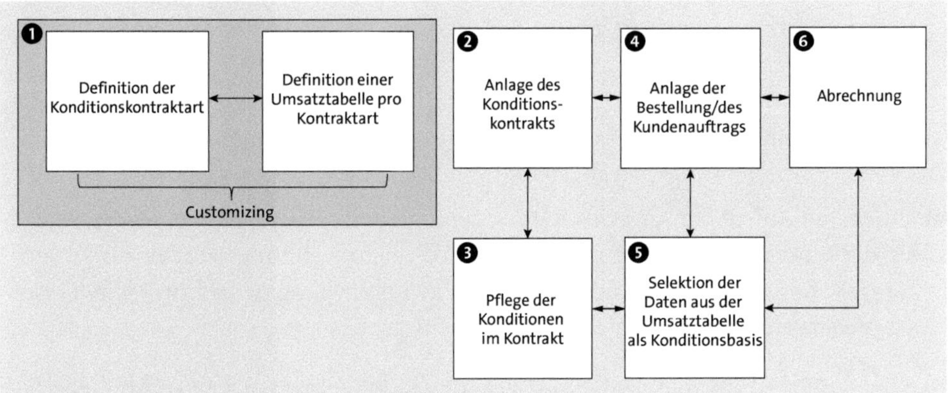

Abbildung 4.40 Einsatz eines Konditionskontrakts

Die einzelnen Schritte dieses Prozesses sind die folgenden:

❶ Im Customizing definieren Sie die Konditionskontraktarten und die dazugehörigen Umsatztabellen. Diese Umsatztabellen sind nur ein View auf die eigentlichen Belegtabellen. Es findet keine Fortschreibung in einer separaten Umsatztabelle statt.

❷ Den Konditionskontrakt legen Sie über das Cockpit in Transaktion WCOCO mit einer entsprechenden Konditionsart an.

❸ Der Konditionskontrakt enthält Informationen über die verschiedenen Konditionsarten, deren Gültigkeitszeiträume und die anspruchsberechtigten Geschäftspartner. Die Konditionen werden in Ihren kundenspezifischen Konditionstabellen fortgeschrieben. Hier unterscheiden wir grundsätzlich zwischen zwei Arten von Konditionen:

- Abrechnungskonditionen
- Rückstellungskonditionen

❹ Zunächst findet eine Warenbewegung statt, z. B. eine Bestellung, ein Wareneingang und eine Rechnung oder ein Warenausgang und eine Faktura.
Enthält ein Kontrakt Rückstellungen, können diese beim Wareneingang berücksichtigt werden und den Wert des Wareneingangs beeinflussen. Haben Sie einen Kontrakt mit verkaufsseitigen Boni, können Sie Rückstellungskonditionen definieren, die den Wareneinsatz um diesen Wert minimieren und dadurch margenwirksam werden.

❺ Da im Konditionskontrakt keine eigenen Umsatztabellen mehr fortgeschrieben werden, haben Sie die Möglichkeit, während der Laufzeit Abrechnungskonditionen individuell anzupassen. Diese Anpassungen sind dann je nach Gültigkeitszeitraum für die betroffene Umsatzbasis auch rückwirkend gültig.
Auch Rückstellungskonditionen können während der Laufzeit angepasst werden. Dadurch können Sie direkt auf die Entwicklung des Konditionskontrakts Einfluss nehmen.
Je nach Customizing der Rückstellungen können Sie auch steuern, dass entweder alle Rückstellungen bei der Abrechnung aufgelöst werden oder nur solche, zu denen auch Abrechnungsbelege existieren.

❻ Durch den Aufruf der Abrechnung werden nun anhand der definierten Umsatzbasis die ermittelten Boni abgerechnet. Zur Preisberechnung werden die Abrechnungskonditionen des Konditionskontrakts herangezogen und im Kalkulationsschema des Abrechnungsbelegs berücksichtigt.

In Abbildung 4.41 sehen Sie eine kurze Übersicht der möglichen Abrechnungsarten. Zu den typischen Abrechnungsarten gehören:

- **Teilabrechnungen**
  Die Abrechnung erfolgt über die definierten Perioden. Dabei werden alle Abrechnungskonditionen berücksichtigt, die in diesen Abrechnungszeitraum liegen.
- **Endabrechnung**
  Bei der Endabrechnung wird der komplette Kontrakt abgerechnet. Bereits abgerechnete Teilabrechnungen werden gegengerechnet. Dies hat den Vorteil, dass z. B. Lieferantenrechnung, die nach der Teilabrechnung noch in deren Zeitraum fallen, berücksichtigt werden.

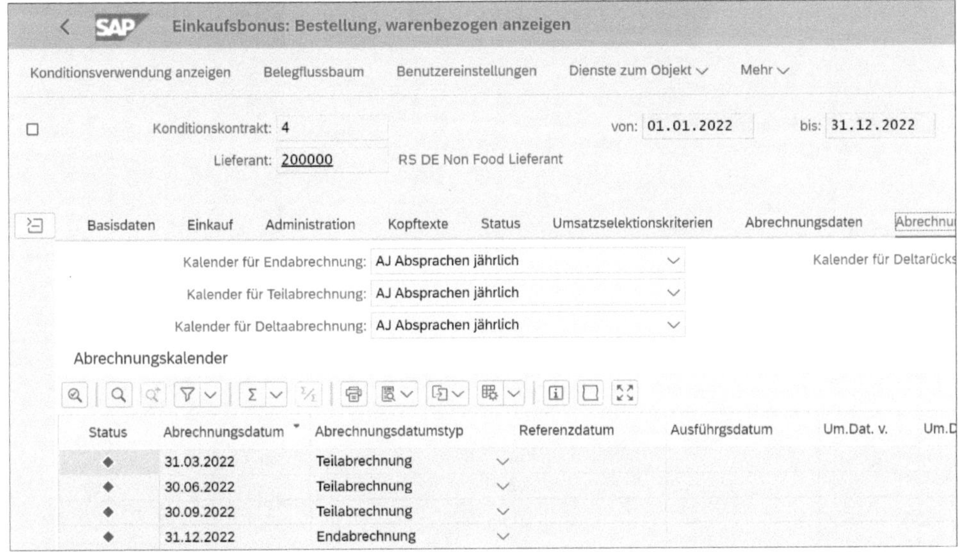

Abbildung 4.41 Mögliche Abrechnungsarten

Die abzurechnenden Kontrakte können auf einem dynamischen Programm (Dynpro) ausgewählt werden. Die Transaktionen WB2R_SV bzw. WB2R_SC zur lieferantenseitigen bzw. kundenseitigen Kontraktabrechnung können im Hintergrund ausgeführt werden.

Vorab kann jede Abrechnungsart simuliert werden. Auf diese Weise können Sie eventuelle Konditionen vorab nochmals überprüfen und gegebenenfalls anpassen. Da der Konditionskontrakt keine eigene Umsatztabelle fortschreibt, kann auch anhand der Abrechnungssimulation die Umsatzbasis noch unmittelbar vor der Abrechnung angepasst werden. Diese Simulation wird in den Transaktionen WB2R_SV bzw. WB2R_SC aktiviert.

Nach der Abrechnung des Konditionskontrakts wird ein *Regulierungsbeleg*, z. B. eine Gutschrift, erzeugt (siehe Abbildung 4.42). Der Abrechnungsprozess kann kundenspezifisch im Customizing eingestellt werden.

Bei der Kontraktabrechnung werden die aufzulösenden Rückstellungen ermittelt. Die Rückstellungen werden mit der Abrechnung gebündelt auf den Rückstellungskonten gegengebucht. Der Regulierungsbeleg kann über die Nachrichtensteuerung z. B. als gedruckter Brief oder elektronische Nachricht ausgegeben werden.

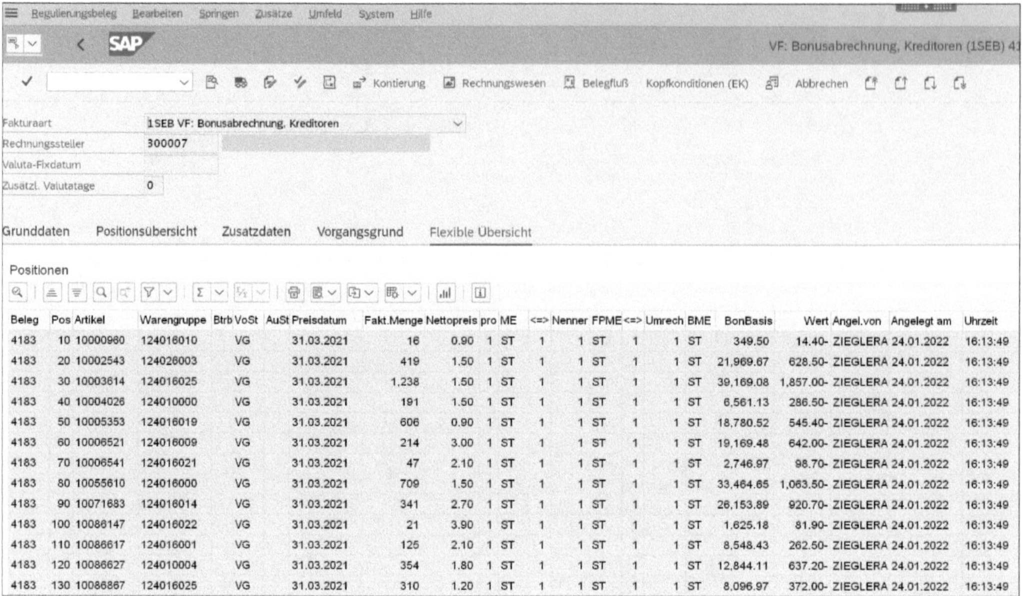

Abbildung 4.42 Beleg für die Konditionskontraktabrechnung

4.1.7 Filialbeschaffung

Die Filialbeschaffung gliedert sich in den Prozess der Disposition (auch *Nachschub* oder *Material Requirements Planning*, MRP, genannt) und den der Bestellanlage. Bestellungen können auch über einen Aufteiler erfolgen, wie in Abschnitt 5.4.1, »Verteilungsplanung«, beschrieben. Oft werden diese Bestellungen von der Filiale an die Zentrale übertragen. Dies erfolgt entweder mithilfe eines mobilen Datenerfassungsgeräts (MDE) oder die Bestellungen werden im Warenwirtschaftssystem der Filiale erzeugt und sind dann direkt in SAP S/4HANA Retail verfügbar. Mithilfe mobiler Applikationen, wie z. B. Apps für den Filialauftrag und die Steuerung der Warenbewegungen, Warenverschiebungen etc., können Sie aus der Filiale direkt auf das SAP-S/4HANA-Retail-System zugreifen und sind online mit diesem System verbunden. Vorteil dieser Technologie ist, dass Sie in der Filiale lediglich einen Browser bzw. WLAN als Infrastruktur benötigen.

Auf der Basis der Filialbestellungen wird anschließend eine Lieferung generiert und an das Lagerverwaltungssystem übertragen. Handelt es sich um Cross-Docking- bzw. Flow-through-Ware, werden die einzelnen Positionen der Lieferung in eine Sammelbestellung eingelesen.

4.2 Beschaffung im Rahmen der Kundenauftragsabwicklung

Befindet sich die Ware für einen Kundenauftrag nicht im Verkaufsraum oder Lager des Händlers, muss er die Ware für den Kunden beschaffen. Ein Kundenauftrag kann also auch eine Beschaffung auslösen.

Dazu wird im System ein spezieller Kundenauftrag angelegt, der als Folgeprozess eine Bestellung bei dem entsprechenden Lieferanten erstellt. Für diesen erstellten Kundenauftrag wird vom System automatisch eine Bestellanforderung (Banf) erzeugt, die im Anschluss manuell oder automatisch in eine Bestellung überführt wird.

Auftragsbezogene Beschaffung

Ob ein Material auftragsbezogen beschafft werden muss oder nicht, regelt eine Einstellung im Materialstamm. Als Folge wird in der Auftragsposition der entsprechende Positionstyp ermittelt, der wiederum dafür sorgt, dass für dieses Material in dieser Menge automatisch eine Banf angelegt wird.

Ein bestimmter Vertriebsbereich nimmt diesen Kundenauftrag bzw. Terminauftrag entgegen und ist damit für die Erfüllung dieses Auftrags verantwortlich. Der Verkauf an den (anonymen) Endverbraucher erfolgt über ein POS-System (Point of Sale) in der Filiale. In SAP S/4HANA Retail wird dieser Prozess durch eine andere Funktion unterstützt, die wir in Kapitel 6, »Verkaufsprozesse und Point of Sale«, erläutern. Abbildung 4.43 zeigt den Ablauf der Beschaffung für einen Kundenauftrag.

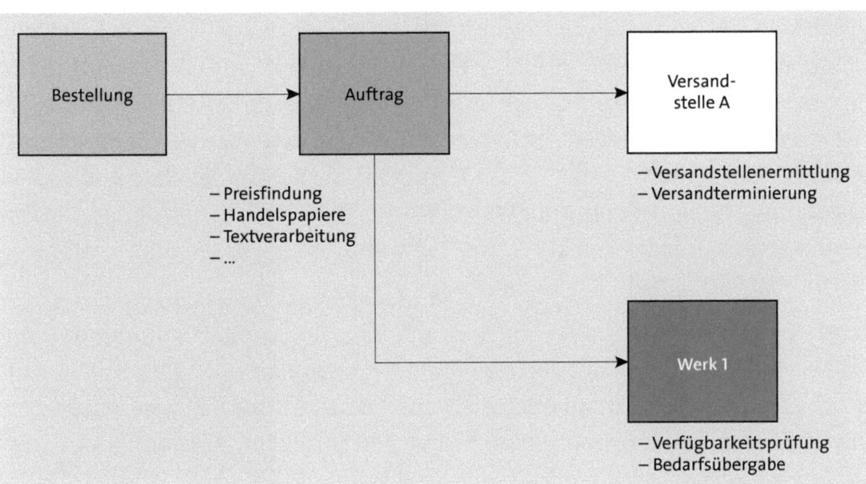

Abbildung 4.43 Ablauf der Beschaffung im Rahmen der Kundenauftragsabwicklung

4.2.1 Grundfunktionen

Folgende Grundfunktionen kann das System während der Auftragsbearbeitung ausführen:

- Überwachung des Verkaufsvorgangsstatus
- Unvollständigkeitsprüfung
- Verfügbarkeitsprüfung für Material
- Preisfindung und Ermittlung der Steuern
- Kreditlimitprüfung
- Versandterminierung
- Erstellen ausgedruckter oder elektronisch übermittelter Belege

Je nach Systemeinstellung können gewisse Prozesse vollautomatisch ablaufen oder manuell angestoßen werden.

Daten aus den Grundfunktionen (z. B. Versandtermin, bestätigte Menge, Preise) werden in den Verkaufsbeleg übernommen, können angezeigt und in einigen Fällen in der Folgeverarbeitung geändert werden. Für den Barverkauf hält SAP S/4HANA Retail eine besonders »schlanke« Version der Auftragsbearbeitung vor. Sobald der Auftrag erfasst ist, wird automatisch die Rechnung gedruckt, und der Kunde erhält sofort seine Ware. Diese Prozesse werden über die Auftragsart gesteuert, die im Customizing gepflegt wird.

Bei den erstellten Verkaufsbelegen handelt es sich um Einzelbelege. Jeder Einzelbeleg kann jedoch zu einer Kette von zusammengehörigen Belegen gehören. Es kann z. B. eine Anfrage per Telefon angenommen werden. Der Kunde wünscht daraufhin ein Angebot, das Sie mit Bezug zur Anfrage anlegen. Anschließend erteilt der Kunde Ihnen aufgrund des Angebots einen Auftrag, und Sie legen den Auftrag mit Bezug zum Angebot im System an (mit möglichen Änderungen). Sie liefern die Ware und stellen diese in Rechnung. Nach Lieferung der Ware wird diese reklamiert, und der Kunde fordert eine Erstattung für die defekte Ware. Daraufhin erstellen Sie eine kostenlose Nachlieferung mit Bezug zum Kundenauftrag.

Die gesamte Belegkette – Anfrage, Angebot, Auftrag, Lieferung, Rechnung und die kostenlose Nachlieferung – bildet den sogenannten *Belegfluss* über die gesamte Auftragshistorie. Dadurch wird manueller Aufwand reduziert, und es wird eine Übersichtlichkeit der zueinander gehörenden Belege gewährleistet. Abbildung 4.44 zeigt einen solchen Belegfluss.

Abbildung 4.44 Statusübersicht im Kundenauftrag

4.2.2 Lieferung

Der *Lieferbeleg* ist Bestandteil der SAP-Komponente für den Versand und dient der Vorbereitung der Warenausgangsbuchung (siehe Abbildung 4.45). Er folgt in der Regel einem Vorgänger(-beleg). In diesem Abschnitt ist der Beleg dem Objekt Kundenauftrag für den Warenausgangsprozess zugeordnet. Man spricht deshalb auch vom *Auslieferungsbeleg*. Ein anderer Vorgänger ist die Umlagerungsbestellung.

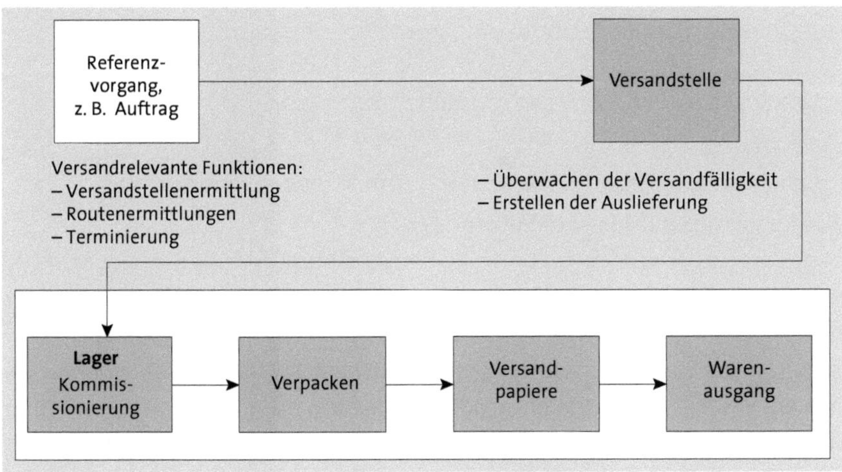

Abbildung 4.45 Lieferung als Element des Versandprozesses

Da der Lieferbeleg sich auf die Vorgänger bezieht, übernimmt er häufig für die Erstellung der Lieferung schon die in den Vorgängerobjekten festgelegten Parameter auf Basis der Stammdaten, z. B.:

- Partner aus dem Kundenauftrag, wie z. B. den Warenempfänger
- Versandbedingungen, Route
- Wunschlieferdatum

Voraussetzung für die Übernahme der Daten sind die gepflegten *Kopiersteuerungen* im Customizing.

Der Lieferbeleg gliedert sich in Kopf- und Positionsdaten. Ein weiteres Strukturmerkmal ergibt sich durch die unterschiedlichen integrativen Funktionsumfänge wie Kommissionierung, Verpacken etc. Die Daten zu diesen Funktionen sind dabei jeweils auf Registern des Lieferbelegs angeordnet. Abbildung 4.46 zeigt einen Lieferbeleg.

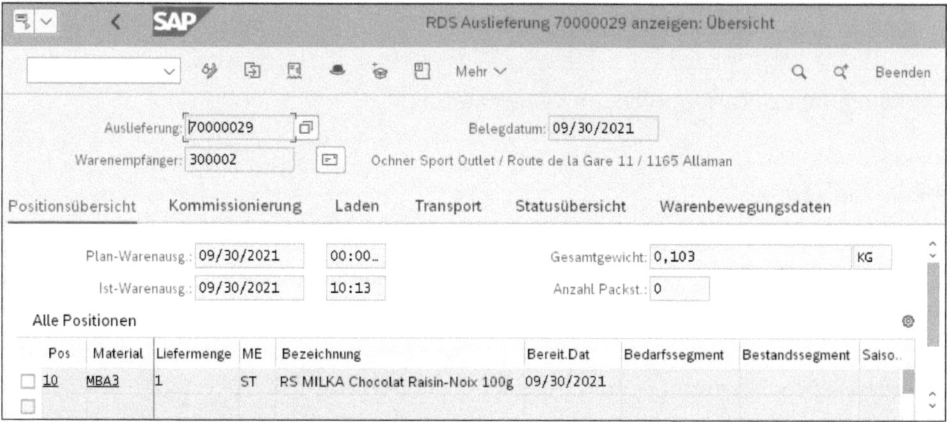

Abbildung 4.46 Beispiel für einen Lieferbeleg

Lieferungen lassen sich auf drei Wegen anlegen:

- **Manuell im Dialog**
  Hier wird manuell eine Folgebelegerstellung zum Kundenauftrag angelegt.
- **Sammelgang versandfälliger Auslieferungen**
  Bei diesem Verfahren werden mehrere Belege in einem Verarbeitungsschritt gesammelt, weil z. B. mehrere Aufträge zu einer Lieferung für den Warenempfänger zusammengefasst werden. Dabei werden Vorgängerbelege mittels des dafür vorgesehenen Reports bzw. Programms in einen Vorrat selektiert, die die vorgegebenen Kriterien, wie z. B. Versandstelle und Lieferdatum, erfüllen. Aus der erstellten Vorratsliste können dann für die gewünschten Aufträge die Lieferungen erzeugt werden.
- **Batch-Verarbeitung**
  Hier laufen ausgewählte Programmvarianten des Reports im Hintergrund. Die Programmvarianten nutzen die einmal festgelegten Parameter der Selektionsfelder für die Verarbeitung mit dem speziellen Batch-Report. Der Programmlauf kann dann mit den in der jeweiligen Variante definierten Selektionen wiederholt periodisch, d. h. zu definierten Uhrzeiten, ausgeführt werden.

Zentrale Elemente und Funktionen der Lieferung sind die Versandstelle und die Route:

- **Versandstelle**
  Ein zentrales Selektionskriterium der versandfälligen Lieferbelege ist die Versandstelle. Sie ist eine Organisationseinheit in der Logistik, um eine differenzierte Bearbeitung des Versandgeschäfts durchzuführen. Kriterien, die die Definition möglicher unterschiedlicher Versandstellen bedingen, sind z. B.:
  - die Versanddisposition mit Unterschieden in der Dauer der Ladungs- und Rüstprozesse, also mit Unterschieden der Lade- und Richtzeiten und damit einhergehenden Versandterminierungen
  - die Ausgabe der Versandlieferpapiere auf unterschiedlichen Druckern
  - die Art des Geschäfts mit unterschiedlichen Versandbedingungen, z. B. Belieferung oder Abholung
  - der Standort, von dem ausgeliefert wird (Werk, Lagerort)
- **Route**
  Für die Selektion der Lieferungen und auch für die Transportdisposition ist die Route ein zentrales Objekt.

Die Termine eines Lieferbelegs spiegeln die notwendigen Arbeitsschritte im Versand und in den Transportprozessen wider. Sie dienen dazu, dem Kunden den gewünschten machbaren Liefertermin (*Wunschlieferdatum*) zu berechnen und zu bestätigen.

Wichtige Arbeitsschritte und Zeiten sind:

- Die *Artikelbereitstellung* für den Beginn der Kommissionierung. Ausgehend vom Wunschlieferdatum erfolgt über eine Rückwärtsrechnung mit den Zeiten für Kommissionierung, Verladen etc. die Ermittlung des spätesten Starttermins für den Beginn der Kommissionierung.
- Kommissionierung und Verpacken mit *Richtzeit* als Dauer dieser Vorgänge
- *Lade- und Transitzeit* für das reine Verladen und den Transport zum Kunden im Rahmen der Transportdisposition

Hilfestellung bietet ein *Auslieferungsmonitor* (Transaktion VL06O), mit dem die unterschiedlichen Arbeitsschritte termingerecht überwacht und bearbeitet werden können. Dabei ist zu berücksichtigen, dass nur die im Lieferbeleg mit Relevanzkennzeichen ausgeprägten Schritte bearbeitet werden müssen. Sind die Schritte erfolgreich bearbeitet, erhalten diese, und zuletzt auch der Lieferbeleg insgesamt, den Status **Abgeschlossen**.

4.2.3 Einsatzmöglichkeiten

Ziel der Bearbeitung eines Kundenauftrags ist es, Auftragsdaten zu erfassen und folgende Funktionen auszuführen. Daraus ergeben sich diese Einsatzmöglichkeiten:

- **Preisfindung**
  Nettopreise für Artikel können sich aus mehreren Konditionen zusammensetzen. Vom Bruttopreis ausgehend wird über Zu- und Abschläge der Nettopreis berechnet. Zusätzlich fließt die Ermittlung der Steuern mit ein.
- **Aktionsfindung**
  Automatisch ermittelt das System die Zugehörigkeit des Artikels zu einer Aktion und dem zugehörigen Aktionspreis.
- **Verfügbarkeitsprüfung**
  Bei der Auftragserfassung kann einem Liefertermin nur zugestimmt werden, wenn die Artikel rechtzeitig für alle Prozesse vor der Lieferung zur Verfügung stehen.
- **Bedarfsübergabe**
  Das System informiert die Disposition über die vom Vertrieb benötigten Mengen der eingegangenen Kundenaufträge. Ist die Verfügbarkeit nicht gewährleistet, um den Bedarf zu decken, können im Rahmen der Autodisposition Bestellungen erzeugt werden.
- **Versandstellenfindung/Routenermittlung**
  Die für die Lieferung zuständige Versandstelle und die zugehörige Route zur Belieferung werden vom System automatisch ermittelt.
- **Kreditlimitprüfung**
  Wird bei der Kundenauftragsanlage ermittelt, dass der Kunde mit seinem Auftrag sein Kreditlimit überschreitet, kann das System den Beleg zunächst zur weiteren Bearbeitung sperren. Je nach Einstellung der Allokationstypen können diese Belege dann auch nicht zugeteilt bzw. beliefert werden.

Bei der Kundenauftragsanlage schlägt das System automatisch Daten aus den jeweiligen Stammsätzen vor. Aus dem Debitorenstammsatz des Auftraggebers werden Verkaufs- und Versanddaten, Preisfindungs- und Daten zur Fakturierung vorgeschlagen. Zusätzlich kopiert das System Stammdaten zu Texten, Partnern und Ansprechpartnern beim Kunden in den Beleg. Aus dem Artikelstammsatz werden vom System je Position im Kundenauftrag z. B. Daten der Preisfindung, Gewichts- und Volumenbestimmung und Versandterminierung vorgeschlagen.

Die vom System vorgeschlagenen Daten können, falls nötig, auch manuell geändert bzw. neu hinzugefügt werden (siehe Abbildung 4.47). Außerdem ist es möglich, einen neuen Kundenauftrag mit Bezug zu einem schon existierenden Beleg anzulegen. Aus einem vom Kunden akzeptierten Angebot kann dann das System alle relevanten Daten in den Auftrag automatisch übernehmen.

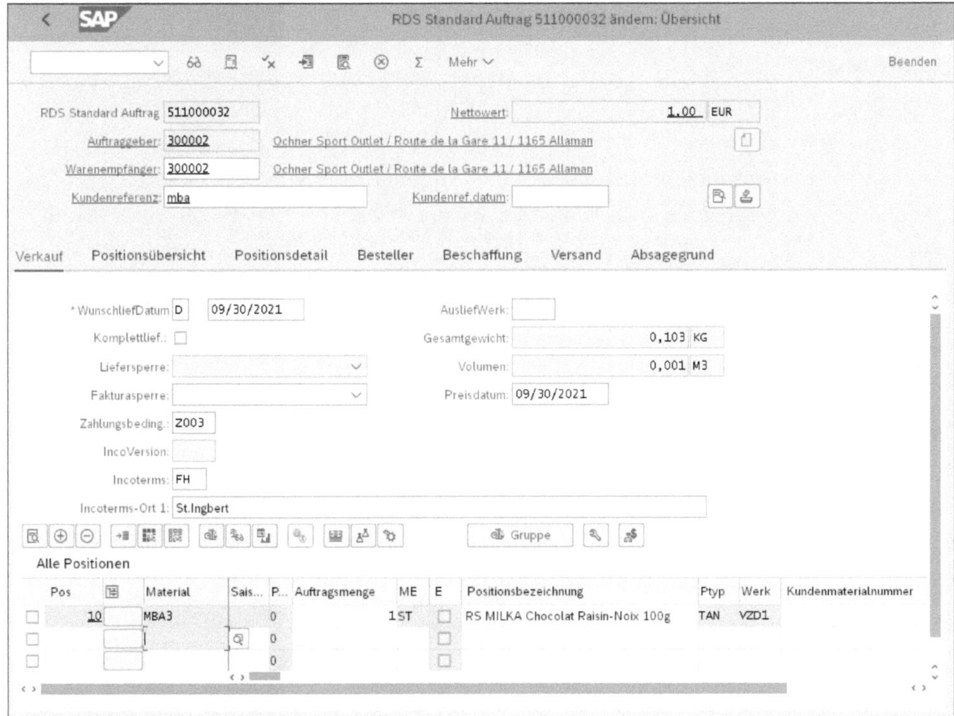

Abbildung 4.47 Kundenauftrag ändern

4.2.4 Kundenauftrag anlegen

Um einen Kundenauftrag anzulegen, gehen Sie folgendermaßen vor:

1. Sie erfassen zunächst auf Kopfebene den Auftraggeber bzw. Warenempfänger oder übernehmen die Daten aus einem Vorgängerbeleg (z. B. Angebot). Nun ermittelt das System Positionseinteilungen, Versandstelle und Route.
2. Anschließend geben Sie auf Positionsebene die Materialnummer und die zugehörige Auftragsmenge ein.
3. Nach Bestätigung der Eingabe findet die Verfügbarkeitsprüfung statt. Bei nicht vollständiger Lieferbarkeit einer Position gelangen Sie in ein separates Bild, in dem Sie zwischen mehreren Liefervorschlägen wählen können.
4. Möchten Sie noch weitere Daten auf Kopf- oder Positionsebene erfassen, wählen Sie die entsprechende Registerkarte, um in das Bild zu gelangen. Sollen Daten für eine bestimmte Position geändert werden, markieren Sie diese Position, bevor Sie die gewünschte Registerkarte wählen.
5. Haben Sie alle erforderlichen Daten erfasst, sichern Sie den Beleg.

[»]

Bedeutung des Kundenauftrags für das Omnichannel Retailing

Der Kundenauftrag mit seinen Komponenten und Folgeprozessen (z. B. Fakturierung) ist die Basis für eine effiziente Abwicklung der rückwärtigen Logistik im Omnichannel Retailing. Im Zusammenhang mit einer integrierten Funktionsweise von SAP S/4HANA Retail, SAP Customer Activity Repository als Repository für sämtliche Verkaufstransaktionen, SAP Commerce Cloud und weiterer Lösungen (siehe auch Kapitel 11, »Omnichannel Retailing«) ist der Kundenauftrag für die unterschiedlichen Szenarien wie Click & Ship, Click & Collect oder Click & Reserve von zentraler Bedeutung.

4.3 Nachrichtensteuerung in der Beschaffung

Mithilfe der Nachrichtensteuerung ist es möglich, zu steuern, welche Formulare und Nachrichten wann auf welche Weise erzeugt und an wen sie geschickt werden sollen. Die Verarbeitung kann auf verschiedene Weise erfolgen, z. B. als Workflow, per E-Mail, über einen IDoc-Versand im Rahmen des Electronic Data Interchanges (EDI) oder für die Druckausgabe. Die Materialwirtschafts- und Vertriebskomponenten innerhalb von SAP S/4HANA Retail (MM und SD) bedienen sich der Nachrichtensteuerung, wenn es um die Ausgabe oder den Versand von Nachrichten geht.

4.3.1 Nachrichtenkonditionssätze für eine Bestellung anlegen

Mit der Erzeugung einer Bestellung wird eine Lieferanforderung für eine bestimmte Ware zu einem bestimmten Datum an den Lieferanten gestellt. Diese Bestellung wird vom SAP-Retail-System in eine Nachricht umgewandelt. Aus dieser Nachricht wird dann ein IDoc generiert und an den Lieferanten übermittelt.

Um eine nachträgliche Änderung einer Bestellung zu ermöglichen, wird die Nachricht mit Änderungskennzeichen an den Lieferanten übermittelt. Die Nachrichtensteuerung benötigt dazu keine weiteren Angaben. Anhand der Auswertung des Änderungskennzeichens in der *Partnervereinbarung*, die im Lieferantenstamm gepflegt wird, wird der passende IDoc-Nachrichtentyp verwendet. Alle Details für die Generierung eines IDocs werden in der Partnervereinbarung gepflegt.

Dies wollen wir an der Anlage eines Nachrichtensatzes aus Kundensicht veranschaulichen. Zunächst wird der Nachrichtensatz gepflegt. Dabei müssen Sie beachten, dass die Partnerrolle identisch mit der Partnerrolle in der Partnervereinbarung ist:

1. Als Erstes wählen Sie eine **Nachrichtenart**. SAP stellt verschiedene vordefinierte Nachrichtenarten zur Verfügung. Es können aber über das Customizing auch weitere Nachrichtenarten gepflegt werden. Wählen Sie für dieses Beispiel die Nachrichtenart **NEU**, und bestätigen Sie diese mit [↵] (siehe Abbildung 4.48).

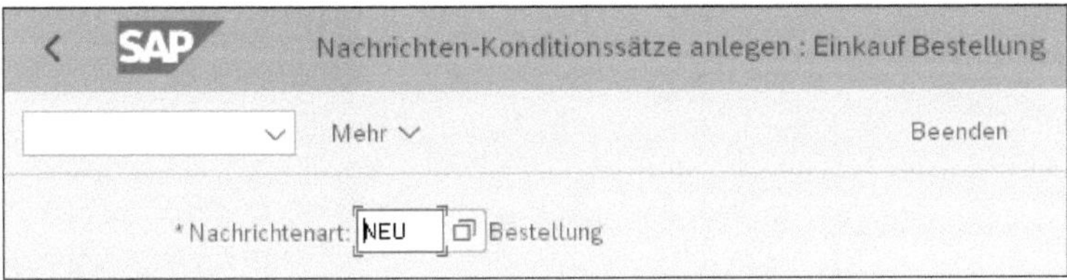

Abbildung 4.48 Nachrichtenkonditionssätze anlegen

2. Es öffnet sich automatisch das Dialogfenster mit den möglichen Schlüsselkombinationen. Wählen Sie eine Schlüsselkombination aus, und bestätigen Sie diese (siehe Abbildung 4.49). Eine Schlüsselkombination definiert die Ebene, auf der die Nachricht abgelegt wird (z. B. die Ebene des Lieferanten oder der Einkaufsorganisation).

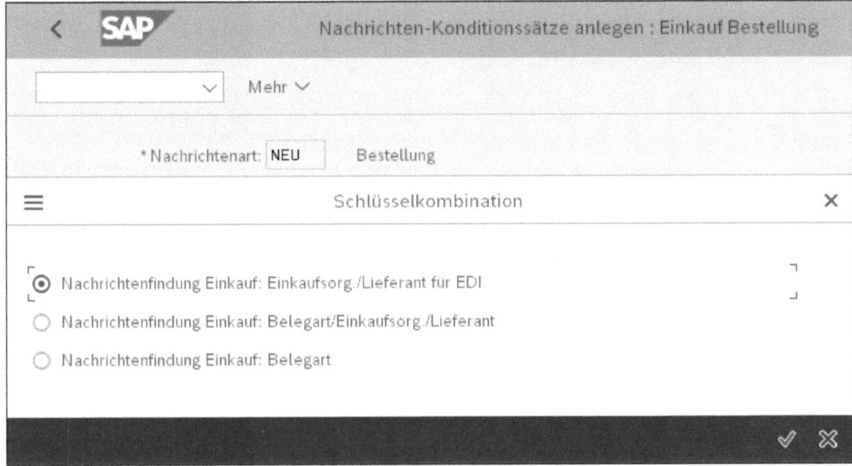

Abbildung 4.49 Schlüsselkombination

Schlüsselkombinationen im Customizing festlegen

Im Customizing können Sie einstellen, ob und welche Schlüsselkombinationen hier angeboten werden. Diese können bei Bedarf um weitere Schlüsselkombinationen erweitert werden, was ebenfalls im Customizing über den folgenden Pfad erfolgt:

Materialwirtschaft • Einkauf • Nachrichten • Ausgabesteuerung • Konditionstabellen • Konditionstabelle für Bestellung festlegen

3. Es öffnet sich das Bild **Konditionssätze (Bestellung) anlegen: Schnellerfassung**. Hier muss abhängig von der gewählten Schlüsselkombination der Schlüssel angegeben werden (siehe Abbildung 4.50).

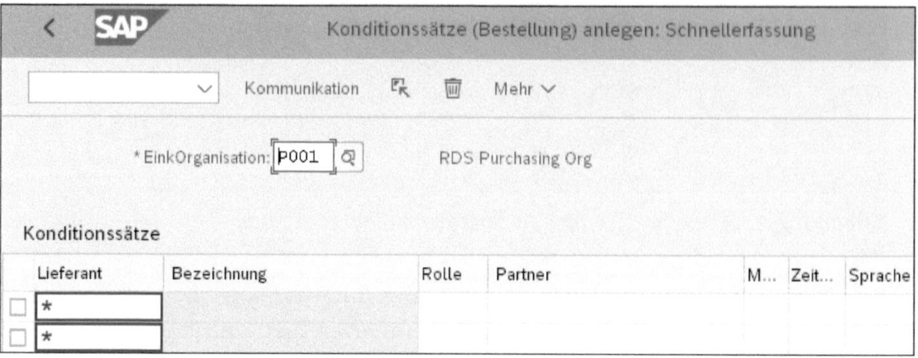

Abbildung 4.50 Schnellerfassung der Konditionssätze

4. Nun pflegen Sie die Nachrichtensätze für die Einkaufsbelegart. An dieser Stelle werden das spätere Sendemedium (z. B. EDI), der Versandzeitpunkt und die Partnerrolle festgelegt (siehe Abbildung 4.51).

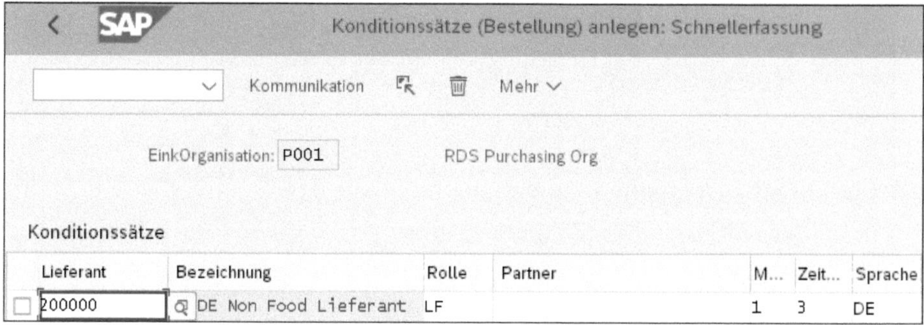

Abbildung 4.51 Nachrichtensätze pflegen

5. Abschließend sichern Sie die Nachrichtensätze, indem Sie die [↵]-Taste drücken.

4.3.2 Nachrichtenart anpassen

Mithilfe von Übersichtstransaktion NACE lassen sich Nachrichten anpassen und modifizieren. Alle Einstellungen rund um die Nachrichtensteuerung in Materialwirtschaft und Vertrieb in SAP S/4HANA Retail werden hier vorgenommen. Wir zeigen dies im Folgenden am Bespiel der Nachrichtenart für die Übermittlung eines Lieferscheins:

1. Das Einstiegsbild **Konditionen der Nachrichtensteuerung** ist in vier Unterkategorien (**Konditionssätze**, **Schemata**, **Nachrichtenarten** und **Zugriffsfolge**) und eine Liste mit Applikationen unterteilt. Möchten Sie die Nachrichtenart für eine Applikation anpassen, müssen Sie diese in der Liste auswählen. Möchten Sie z. B. den Lieferscheindruck verändern, wählen Sie **V2 Versand** aus der Liste (siehe Abbildung 4.52).

Abbildung 4.52 Konditionen der Nachrichtensteuerung

2. Im Anschluss wechseln Sie zur Kategorie **Nachrichtenarten**. Es öffnet sich das Fenster **Nachrichtenarten anzeigen: Übersicht** (siehe Abbildung 4.53).
3. In der Liste der Nachrichtenarten finden Sie den Eintrag **LD00 Lieferschein**. Markieren Sie diese Zeile, und öffnen Sie per Doppelklick die Verarbeitungsroutine aus der Dialogstruktur (siehe Abbildung 4.54).
4. Sie gelangen zur Sicht **Verarbeitungsroutinen ändern: Übersicht** (siehe Abbildung 4.55). In dieser Maske können Sie ein Druckprogramm, eine Formroutine oder ein Formular zuweisen oder ändern. Das Druckprogramm bestimmt die Formulartechnologie des Formulars. In der Spalte **Art** wird der Formulartyp gewählt, z. B. **PDF** für SAP Interactive Forms by Adobe.

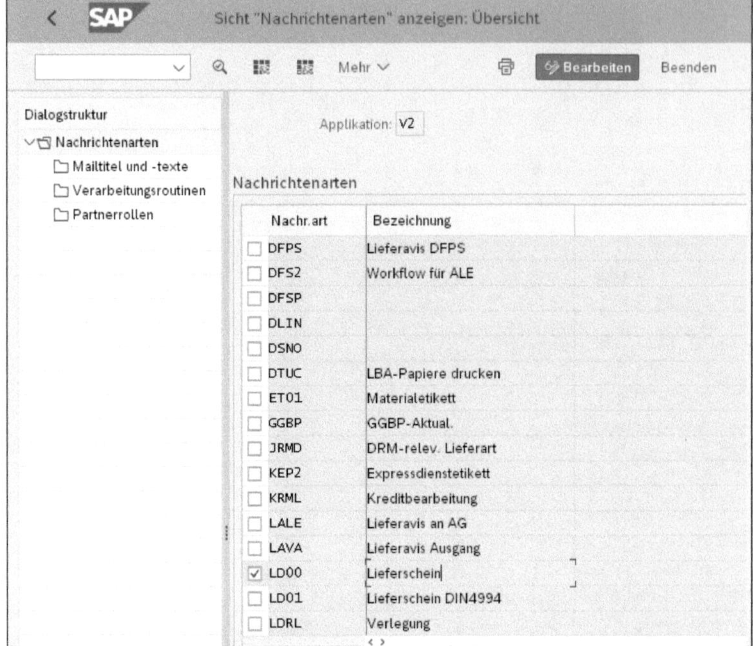

Abbildung 4.53 Übersicht der Nachrichtenarten

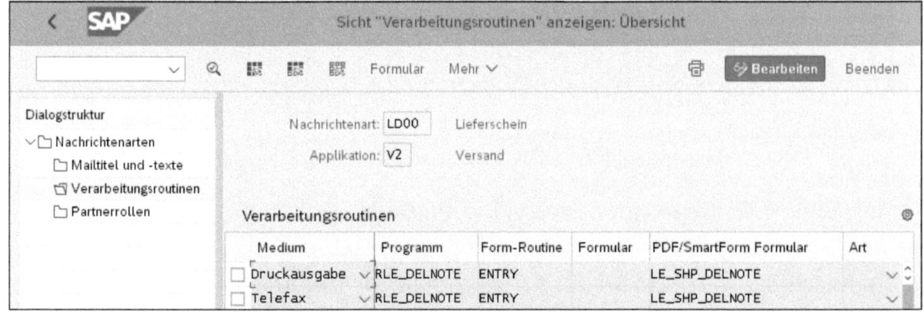

Abbildung 4.54 Sicht »Verarbeitungsroutinen« anzeigen

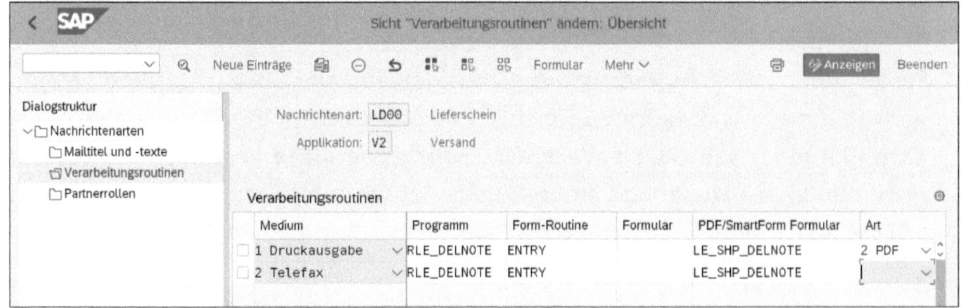

Abbildung 4.55 Sicht »Verarbeitungsroutinen« ändern

5. Weitere Einstellungen zur Nachrichtenart können Sie im Detailbild vornehmen. Dieses können Sie entweder über einen Doppelklick auf die gewünschte Nachrichtenart in der Liste der Nachrichtenarten oder direkt aus der Verarbeitungsroutine heraus öffnen. Um direkt aus der Verarbeitungsroutine zur Nachrichtenart abzuspringen, klicken Sie in der Übersicht links auf **Nachrichtenarten** (siehe Abbildung 4.56).

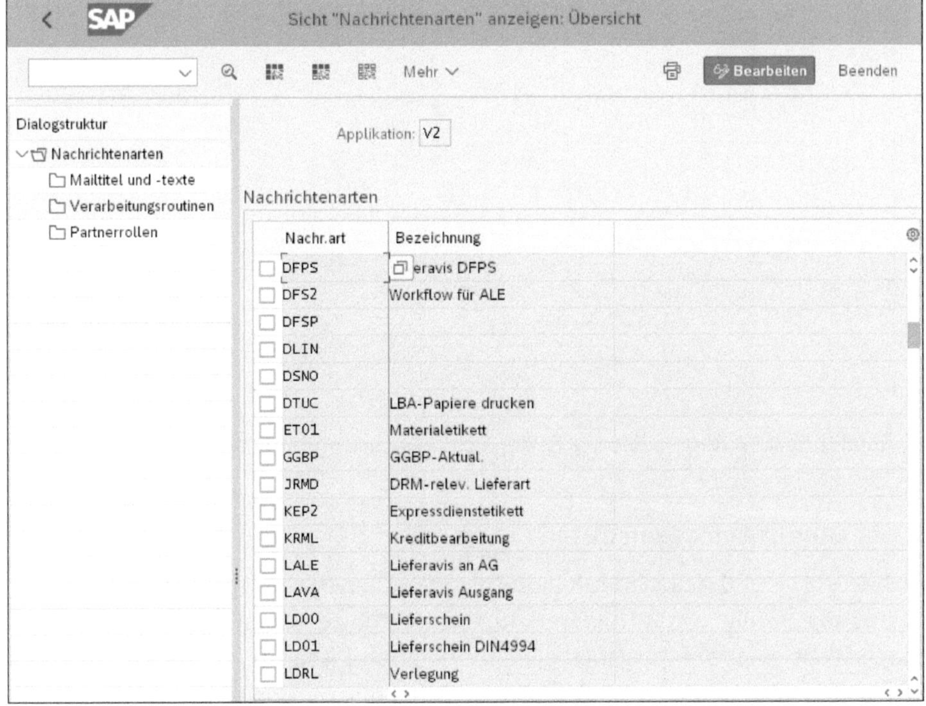

Abbildung 4.56 Weitere Einstellungen zur Nachrichtenart

6. Das Detailbild enthält mehrere Registerkarten (siehe Abbildung 4.57). Auf der Registerkarte **Allgemeine Daten** werden die Zugriffsfolge für die Konditionen sowie der Konditionszugriff eingestellt. Die Zugriffsfolge steuert folgende Parameter:
   - welche Konditionstabellen im Rahmen der Nachrichtensteuerung auf Konditionssätze zugreifen
   - in welcher Reihenfolge der Zugriff auf Konditionstabellen erfolgt
   - welche Feldinhalte gelesen werden

   Die weiteren Registerkarten bieten noch diverse Einstellmöglichkeiten, wie z. B. für das Verhalten beim Versand per E-Mail oder bei der Archivierung von Nachrichten.

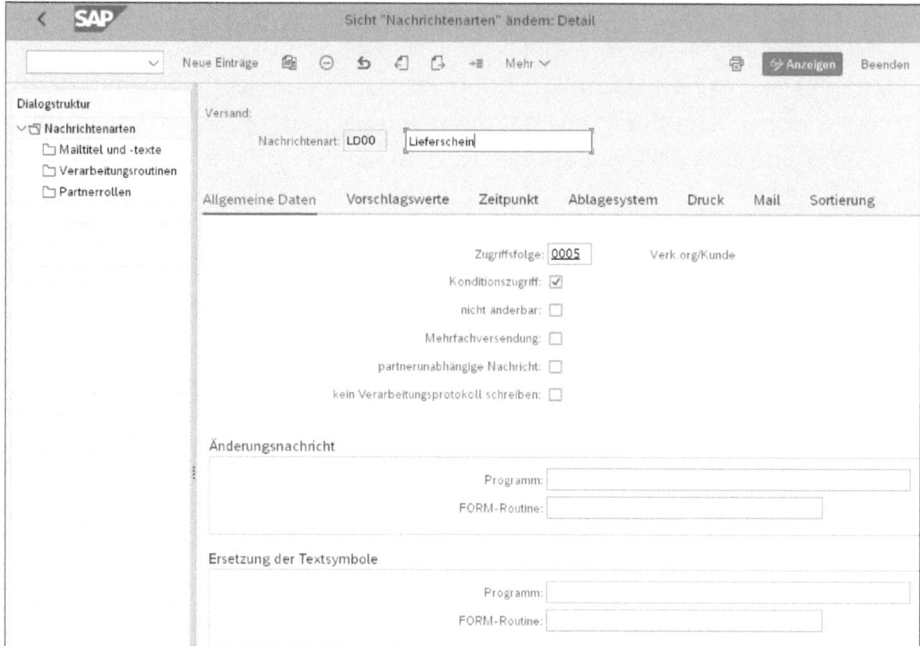

Abbildung 4.57 Allgemeine Daten der Sicht »Nachrichtenarten«

4.3.3 Output Management

In SAP S/4HANA Retail wird mit dem *Output Management* ein neues Framework zur Verfügung gestellt, um Formulare und Nachrichten zu versenden. Neu ist hierbei die Möglichkeit, mehrere Ausgaben gleichzeitig auszulösen und über verschiedene Kanäle ausgeben zu können. Des Weiteren ist die Archivierung als fester Bestandteil im neuen Framework integriert. Das Output Management ist jedoch nur in der Cloud-Version von SAP S/4HANA nutzbar. Wenn Sie die On-Premise-Lösung verwenden, verwenden Sie weiterhin die Transaktion NAST.

Das Output-Management-Framework unterstützt zur Versendung von Formularen und Nachrichten folgende Ausgaben:

- Drucker
- E-Mail (hier ist eine flexible Konfiguration von Absender und Empfänger sowie die Verwendung von E-Mail-Vorlagen möglich)
- XML-Integration in das SAP-Ariba-Netzwerk
- IDoc (eingeschränkt), Integration nur von Nachrichtenarten analog zu der NAST-Funktionalität und ausschließlich für Geschäftsanwendungen (keine ALE-Unterstützung)
- User-Interface-Technologien, wie z. B. SAP Fiori, SAP GUI und SAP GUI für HTML

4.4 SAP Forecasting and Replenishment

Handelsunternehmen stehen vor der Herausforderung, eine möglichst hohe Warenverfügbarkeit zu erzielen und dabei die Abschriften möglichst gering zu halten. Denn hohe Lagerbestände bedeuten hohe Kapitalbindungskosten. Die Kundenbedürfnisse am richtigen Ort und in der richtigen Zeit befriedigen zu können setzt exakte Prognosen für den Abverkauf voraus. Der zukünftige Absatz hängt von vielen Faktoren ab, wie z. B.:

- Feiertagen wie Ostern und Weihnachten
- Sport-Events (z. B. Fußballweltmeisterschaft)
- Handelsaktionen in der Filiale
- Wetter
- Schulferien
- Saisons

Um diesen Herausforderungen gerecht zu werden, stellt SAP die Lösung *SAP Forecasting and Replenishment* bereit. Sie dient der Optimierung des Nachschubs für Filialen und Verteilzentren. In diesem Kapitel stellen wir Ihnen diese Lösung als Ergänzung zu SAP S/4HANA Retail vor. Wir gehen auf ihre Einsatzmöglichkeiten und die Vorteile ihres Einsatzes für Handelsunternehmen ein. Wir beziehen uns dabei auf die während der Entstehung dieses Buches aktuelle Version SAP Forecasting and Replenishment (Produktversion 5.2).

[«]

Forecasting und Replenishment

Der englische Begriff *Forecasting* steht für Prognose oder Vorausberechnungen. Der Begriff *Replenishment* bezeichnet die Nachschubabwicklung und Auffüllung des Lagers.

4.4.1 Vorteile von SAP Forecasting and Replenishment

SAP Forecasting and Replenishment ist eine zentrale Lösung zur automatischen Disposition für Handelsunternehmen. Sowohl für die Disposition in der Filiale als auch für die Disposition des Verteilzentrums können sich durch die Nutzung dieser Lösung die folgenden Vorteile ergeben:

- **Bessere Bestellmengen durch präzise Prognosen**
  Geeignete Prognosemodelle werden unter Berücksichtigung aller Einflussfaktoren, Lieferantenrestriktionen und logistischer Rundungen automatisch ausgewählt und angewendet. Das Resultat sind bessere Bestellmengen.

- **Hoher Automatisierungsgrad**
  Durch präzise Bestellvorschläge kann ein großer Teil von Bestellvorschlägen automatisiert freigegeben werden. Das heißt, die Disponenten müssen nicht jeden Artikel am Bestelltag betrachten. Bestellvorschläge mit besonderen Vorkommnissen bedürfen der Aufmerksamkeit des Disponenten.
- **Reduzierung von Out-of-Stock-Situationen**
  Unter Berücksichtigung von Einflussfaktoren wird der Absatz präzise prognostiziert, sodass keine Regallücken entstehen. Dies gilt auch im Zeitraum einer Handelsaktion oder einer Saison.
- **Analysemöglichkeiten zur Optimierung des Nachschubs**
  SAP Forecasting and Replenishment liefert standardmäßig Kennzahlen an SAP BW, z. B. Über- und Unterbestände, Reichweitenentwicklung, Entwicklung des Servicegrades etc. Diese Kennzahlen können Sie dann mithilfe der SAP-Reportingtools auswerten.
- **Reduzierung von Abschriften**
  Präzise Prognosen gewährleisten, dass die Bestellmengen den zukünftigen Absatzmengen entsprechen. Auf diese Weise können die Abschriften reduziert werden.
- **Kooperation mit Herstellern**
  Für bestimmte Produkte können dem Hersteller Prognosedaten zur Verfügung gestellt werden, damit die Produktion und somit die termingerechte Lieferung sichergestellt werden können.

4.4.2 Funktionen im Überblick

SAP Forecasting and Replenishment ist sowohl für die Planung des Nachschubs für die Filialen als auch die Verteilzentren geeignet. Integrative Szenarien zwischen Filiale und Verteilzentren (*Multi-Echelon-Optimierung*) sind ebenfalls möglich. Dabei werden Bestände in der gesamten Lieferkette berücksichtigt. Als Multi-Echelon-Optimierung bezeichnet man eine innovative Form der Bestandsoptimierung. Die Lieferkette wird dabei nicht als Kette vieler Einzelprozesse betrachtet, sondern als Einheit mit dem Ziel, die Bedürfnisse der Kunden mit minimalen Lagerbeständen zu bedienen.

Für Disponenten in der Filiale steht die SAP-Fiori-App **Order Products** (dt. **Produkte bestellen**) zur Bearbeitung der Bestellvorschläge auf mobilen Endgeräten zur Verfügung. In dieser App werden neben Bestellvorschlägen auch Prognosen sowie die Ausnahmen aus SAP Forecasting and Replenishment angezeigt (siehe Abbildung 4.58).

Neben dieser mobilen Lösung steht eine webbasierte Dispositions-Workbench für die Mitarbeiter in den Filialen bereit. In dieser Workbench können die Bestellvorschläge überwacht und bearbeitet werden.

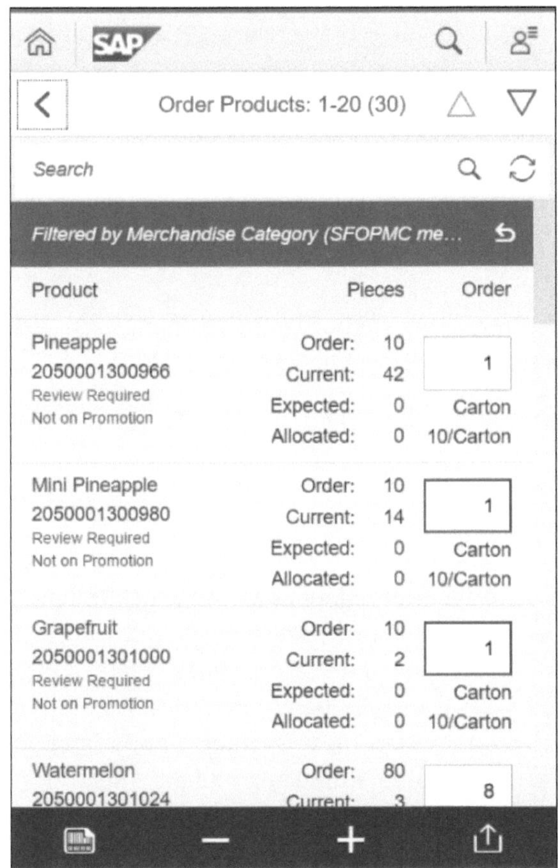

Abbildung 4.58 SAP-Fiori-App »Order Products«

Für Mitarbeiter in der Zentraldisposition steht die bereits erwähnte Dispositions-Workbench in SAP Forecasting and Replenishment zur Verfügung, über die ebenfalls Bestellvorschläge verwaltet und bearbeitet werden können. In Abschnitt 4.4.8 stellen wir Ihnen diese Workbench vor.

Zum Austausch der Prognosedaten mit Herstellern sowie zur Verwaltung und Planung von Warenflüssen und -beständen bietet SAP Forecasting and Replenishment eine Funktion für das *Collaborative Planning Forecasting and Replenishment* (CPFR). Zentrale Aufgabenstellungen des CPFR sind das gemeinsame Planen der Warenverkäufe an die Konsumenten sowie die gemeinsame Planung von verkaufsfördernden Maßnahmen (z. B. Promotionen, Handelsaktionen und Preisreduktionen). Dadurch reduziert sich für alle Beteiligten in der Wertschöpfungskette das Risiko. Für den Lieferanten liegt der Nutzen in der optimalen Auslastung seiner Produktionskapazitäten, für den Händler in einer höheren Verfügbarkeit der Waren und einem geringeren Über- bzw. Unterbestandsrisiko.

Sie können folgende Arten von Prognosen für das CPFR erstellen:

- **Taktische Prognose**
  Bei einer taktischen Prognose sind die Auswirkungen von Bedarfseinflussfaktoren (wie z. B. Events oder Aktionen) bereits berücksichtigt. Im Fall der Filialen ist die taktische Prognose eine Abverkaufsprognose und im Fall der Distributionszentren eine Warenausgangsprognose. Der Lieferant hat dadurch die Möglichkeit, auf den jeweiligen Bedarf des Händlers zu reagieren bzw. auf diesen Einfluss zu nehmen.
- **Taktische Bestellprognose**
  Diese Prognose enthält detaillierte Daten über zukünftige Bestellmengen für externe Lieferanten, die Produkte direkt an die Filialen liefern.

Sie können Ihrem Lieferanten den Zugriff auf die CPFR-Daten für bestimmte Produkte freigeben.

4.4.3 Stammdatenbeschaffung

SAP Forecasting and Replenishment benötigt Stammdaten aus den angebundenen Systemen, denn es ist nicht möglich, alle Stammdatenobjekte in SAP Forecasting and Replenishment selbst anzulegen. SAP Forecasting and Replenishment bietet daher Eingangsschnittstellen für Stammdaten. Ist als stammdatenführendes System ein SAP-S/4HANA-Retail-System angeschlossen, werden alle relevanten Stammdaten in SAP Retail ermittelt. Die für das initiale Laden der Stammdaten und die Änderungsversorgung benötigten Programme werden bereitgestellt. Der Datenaustausch findet mittels *Remote Function Call* (RFC) statt.

Folgende Stammdatenobjekte können an SAP Forecasting and Replenishment übertragen werden:

- **Werke und Lieferanten**
  Relevante Informationen, wie z. B. die Zuordnung des Logistikkalenders, die Zeitzone des Kreditors, des Verteilzentrums und der Filiale, werden an SAP Forecasting and Replenishment übermittelt.
- **Material**
  Neben den allgemeinen Daten des Materials (Grunddaten, Mengeneinheiten, Texte etc.) werden Logistikdaten des Materials (Bezug der Materialien und zugeordnetes Werk) übermittelt. Außerdem wird die Funktionalität des Sammelmaterials auf Variantenebene und des strukturierten Materials auf Kopfebene unterstützt.
- **Warengruppen- und Materialhierarchie**
  Die Knoten aus der Material- oder Warengruppenhierarchie werden ebenfalls übertragen und dienen in SAP Forecasting and Replenishment der Selektion und Auswertung von Materialien.

- **Bezugsquellen**
  Die Bezugsquellen werden in SAP Forecasting and Replenishment aus den in SAP S/4HANA Retail gepflegten Einkaufsinfosätzen (für den externen Nachschub) sowie den Logistikdaten des Materials (für die interne Beschaffung) und aus dem Orderbuch ermittelt.
- **Beschaffungszyklus**
  Der Beschaffungszyklus definiert die möglichen Bestell- und Liefertage eines Materials in einem Werk. Beschaffungszyklen werden aus den im Materialstamm zugeordneten Bestell- und Lieferrhythmen und dem Logistikkalender ermittelt und in SAP Forecasting and Replenishment übertragen. Alternativ ist hier aber auch eine Anlage direkt in SAP Forecasting and Replenishment möglich.
- **Mengeneinheitengruppen und Rundungsprofile**
  Die in SAP S/4HANA Retail gepflegten Rundungsregeln und Rundungsprofile werden an SAP Forecasting and Replenishment übermittelt. Alternativ ist aber auch eine Anlage direkt in SAP Forecasting and Replenishment möglich.
- **Mindestbestellwert (Freigabeprofile)**
  Im Einkauf existieren nicht selten mengen- oder wertmäßige Bestelllimits. Dazu können die Freigabeprofile, die auf der Ebene des Lieferbetriebs, des Lieferantenteilsortiments oder des Lieferanten definiert sind, an SAP Forecasting and Replenishment übertragen werden.
- **Layoutbausteine**
  Daten aus der Regalplanung, wie der Präsentations- und Höchstbestand, werden ebenfalls übermittelt.
- **Handelsaktionen**
  Die in SAP S/4HANA Retail angelegten Aktionen werden an SAP Forecasting and Replenishment als *Bedarfseinflussfaktor* (BEF) übertragen. Das können reine Handelsaktionen sein oder auch die Anzahl der belieferten Filialen im Szenario für den Nachschub der Verteilzentren.

4.4.4 Architektur und Schnittstellen

SAP Forecasting and Replenishment ist eine Komponente von SAP Supply Chain Management (SAP SCM). Voraussetzung für die Nutzung von SAP Forecasting and Replenishment ist die Anbindung an ein ERP-System (z. B. SAP S/4HANA Retail) zur Versorgung mit den relevanten Daten. Das ERP-System kann auch ein Nicht-SAP-System sein, denn SAP Forecasting and Replenishment kann als eigenständiges SAP-System betrieben werden. Für Drittanbieter-ERP-Systeme bietet es die gleichen Standardeingangsschnittstellen.

Im Fall der Anbindung eines SAP-S/4HANA-Retail-Systems ist die Integration der Systeme über die Standardschnittstellen sichergestellt. Abbildung 4.59 zeigt eine mögliche Systemarchitektur.

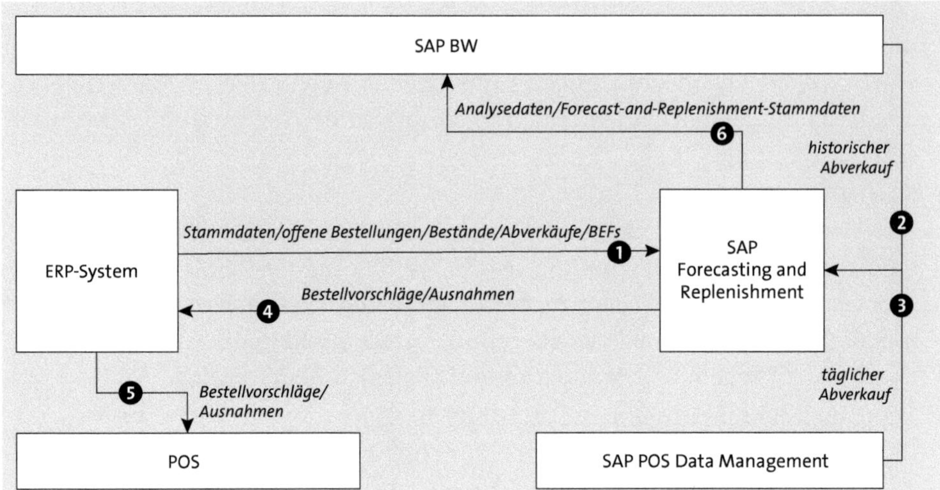

Abbildung 4.59 Übersicht der Schnittstellen einer möglichen Systemlandschaft

Die einzelnen Komponenten kommunizieren wie folgt miteinander:

❶ SAP Forecasting and Replenishment wird aus dem stammdatenführenden System mit Stammdaten wie Material, Werke, Lieferanten, Mengeneinheiten etc. versorgt. Ebenfalls werden Bestände, offene Bestellungen, BEFs und optional Abverkaufsdaten aus dem ERP-System übertragen.

❷ Für die Prognoserechnung in SAP Forecasting and Replenishment wird eine Abverkaufshistorie über zwei Jahre benötigt. Als Quelle können mehrere Systeme dienen. Aus Performancegründen eignet sich das SAP-BW-System (SAP Business Warehouse), das Daten in der Regel über einen längeren Zeitraum bereithält, um die Historie in SAP Forecasting and Replenishment initial aufzubauen.

❸ Für die Planung der Filialen werden tägliche Kassendaten benötigt. Diese können direkt aus dem System POS-Datenübertragung und -Audit (POS DTA, siehe auch Abschnitt 6.2) in SAP Forecasting and Replenishment geladen werden. Dazu müssen die Daten nicht zuerst in SAP S/4HANA Retail verbucht werden. Es ist jedoch auch möglich, die Daten aus dem angeschlossenen SAP-S/4HANA-Retail-System zu übertragen.

❹ Durch den Planungslauf in SAP Forecasting and Replenishment werden Bestellvorschläge erzeugt. Diese werden an SAP S/4HANA Retail übertragen und in Bestellungen umgewandelt. Aus SAP Forecasting and Replenishment selbst werden keine Aufträge an Lieferanten versendet. Die EDI-Verarbeitung findet wie gewohnt im ERP-System statt.

❺ Für die Filialdisposition können den Filialmitarbeitern Bestellvorschläge auf den mobilen Geräten zur Bearbeitung bereitgestellt werden. Dort können auch die Ausnahmen angezeigt werden, die während des Planungslaufs erzeugt wurden.

❻ Während des Planungslaufs werden Ausnahmemeldungen und bestimmte dispositive Kennzahlen ermittelt. Anschließend findet eine Übermittlung in das SAP-BW-System statt. Die Daten stehen dann dort zur Analyse über vordefinierte Berichte bereit.

4.4.5 Bedarfseinflussfaktoren prognostizieren

Das *Aktionsmanagement* spielt eine zentrale Rolle bei der Umsatzsteigerung und kann das Kaufverhalten der Kunden positiv beeinflussen. In der Regel führen Promotionen zu deutlich erhöhtem Abverkauf und setzen damit die gesamte Logistikkette unter Druck. Mit SAP Forecasting and Replenishment können Einflüsse zukünftiger Aktionen oder weiterer Ereignisse, wie etwa der Oster- und Weihnachtsperiode, automatisch prognostiziert werden. SAP Forecasting and Replenishment berücksichtigt in der Prognose eine Reihe von Bedarfseinflussfaktoren.

[«]

Bedarfseinflussfaktor

Ein Bedarfseinflussfaktor (BEF) beschreibt die grundlegenden Eigenschaften bestimmter Ereignisse oder Werte, die den Bedarf eines Produkts signifikant beeinflussen.

Sobald ein zukünftiger Bedarfseinflussfaktor für einen Artikel in einer Filiale gepflegt wird, analysiert das System den *BEF-Effekt* der vergangenen Auftritte dieses Faktors auf den Abverkauf. Je häufiger der gleiche Bedarfseinflussfaktor in der Vergangenheit vorkam, desto präziser ist die Prognose für das zukünftige Auftreten. Abbildung 4.60 zeigt als Beispiel eine Kurve, die einen solchen BEF-Effekt abbildet.

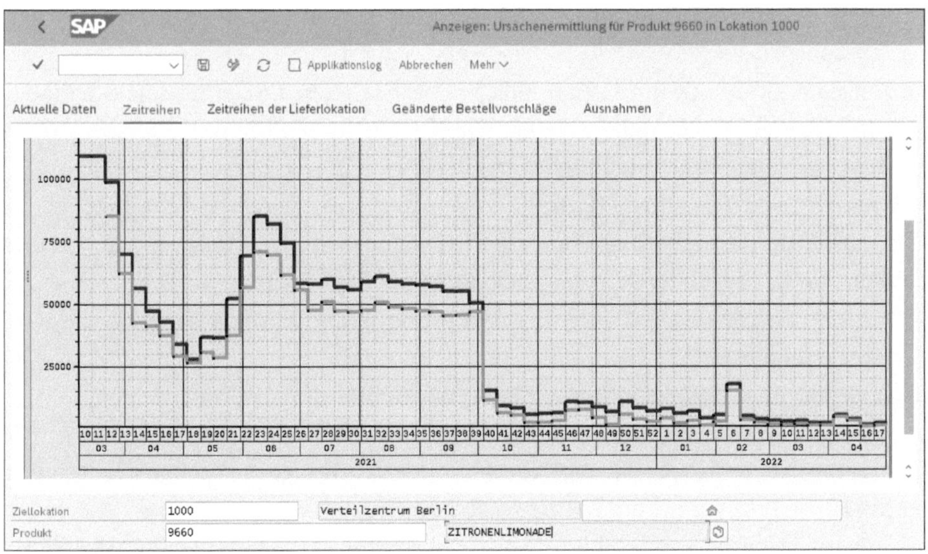

Abbildung 4.60 BEF-Effekt

Bedarfseinflussfaktoren lassen sich in zwei Gruppen unterteilen:

- **Reguläre Bedarfseinflussfaktoren**
  Der Effekt ergibt sich aus den in der Vergangenheit beobachteten Auftritten und Verbrauchsschwankungen. Folgende reguläre Bedarfseinflussfaktoren können unterschieden werden:
  - *Boolescher Bedarfseinflussfaktor*: Der Bedarfseinflussfaktor hat keinen zugewiesenen Wert. Das Ereignis findet statt oder nicht. Bei der Ermittlung dieses Bedarfseinflussfaktors wird die Vergangenheit betrachtet, und das System versucht, einen kausalen Zusammenhang zwischen dem zeitlichen Auftreten des Bedarfseinflussfaktors und dem Abverkauf herzustellen. Die Prognosegenauigkeit hängt von der Häufigkeit gleicher BEF-Auftritte in der Vergangenheit ab. Typische Beispiele für boolesche Bedarfseinflussfaktoren sind Promotionen oder Kalenderereignisse (Ostern, Weihnachten, Feiertage, Ferien etc.).
  - *Variable Saison*: Saisonale Schwankungen werden von SAP Forecasting and Replenishment automatisch erkannt und prognostiziert. Bei länger andauernden kalendarischen Effekten mit variablem Beginn kommt dieser BEF-Typ zum Einsatz. Auf Basis der Prognosen kann man z. B. früher oder später mit dem saisonalen Verkauf beginnen. Beispiele für diese Bedarfseinflussfaktoren sind die Erdbeer- und Spargelsaison.
  - *Metrischer Bedarfseinflussfaktor*: Dem BEF-Auftreten ist zu jedem Zeitpunkt ein Wert zugeordnet. Es wird ein Zusammenhang zwischen der Höhe dieses Wertes und dem Abverkauf hergestellt.
  - *Verkaufspreis*: Der Verkaufspreis ist ein metrischer Bedarfseinflussfaktor. Es wird der Verkaufspreis aus dem angebundenen ERP-System verwendet. Für die Prognose wird der Zusammenhang zwischen dem Abverkauf und der Höhe des Verkaufspreises hergestellt.
  - *Zeitreihe*: Eine Zeitreihe ist ebenfalls ein metrischer Bedarfseinflussfaktor, dabei wird der Wert als Zeitreihe abgelegt. Ein Beispiel für eine Zeitreihe ist die Anzahl der vom Verteilzentrum belieferten Filialen.
- **Korrektur-Bedarfseinflussfaktor**
  Die Korrekturfaktoren wirken sich auf die Prognose aus und werden, wenn erforderlich, durch Anwender manuell im System gepflegt:
  - *Additive und absolute Korrektur*: Der Korrekturwert wird zur Prognose addiert oder ersetzt diese.
  - *Multiplikative Korrektur*: Der Prognosewert wird mit einem vorgegebenen Faktor multipliziert und somit positiv oder negativ beeinflusst. Ein Beispiel für einen solchen Korrekturfaktor können die Auswirkungen von Bauarbeiten vor der Filiale sein, für die ein Faktor geschätzt wird. Ein weiterer Einflussfaktor, der so berücksichtigt werden könnte, wäre, dass eine benachbarte Filiale des Wettbewerbers wegen Umbauarbeiten schließt.

4.4.6 Forecasting and Replenishment Processor

Der *Forecasting and Replenishment Processor* (FRP) ist die Kernfunktion zur Berechnung des automatischen Nachschubs innerhalb von SAP Forecasting and Replenishment. Dieser Prozessor führt die folgenden Arbeitsschritte durch:

1. **Prognoserechnung**
   Die Prognoserechnung erfolgt mithilfe diverser statistischer Methoden, die individuell, je nach Drehklasse der zu berechnenden Artikel, angewendet werden.
2. **Bedarfsrechnung**
   Auf der Grundlage dieser Prognose wird anschließend unter Berücksichtigung des aktuellen Bestandes sowie eventueller offener Wareneingänge der Bedarf für die zukünftigen Bedarfsperioden berechnet.
3. **Bedarfsmengenoptimierung**
   Abschließend erfolgt die Bedarfsmengenoptimierung, die verschiedene Parameter, wie z. B. Restriktionen (z. B. Mindestbestellmengen, Kapazitätsgrenzen) oder die jeweilige Bestellmengeneinheit, berücksichtigt.

Das Ergebnis des FRP-Laufs sind die *Bestellvorschläge*.

Die zukünftigen Bedarfe werden auf der Ebene des Materials/des Werkes berechnet. Diese automatische Nachschubberechnung erfolgt auf Grundlage diverser Daten:

- Stammdaten wie Material, Werk, Lieferanten, Bestelllieferrhythmen etc.
- Zeitreihen wie historische Abverkäufe und Preisinformationen
- dem aktuellen Bestand sowie der offenen Bestellungen

Über das Customizing können Sie mithilfe eines Sets von *Profilen* den gesamten Ablauf optimal einstellen. Die einzelnen Profile können jeweils auf Material und/oder Werksebene zugeordnet werden und garantieren dadurch, dass dem unterschiedlichen Abverkaufsverhalten der verschiedenen Materialien Rechnung getragen werden kann.

Der Bedarfsmengenoptimierungsprozess als Teilprozess des FRP-Laufs bietet verschiedene Möglichkeiten, um die Nachschubberechnung den Rahmenbedingungen Ihres Unternehmens anzupassen. So können Sie insgesamt eine wirtschaftlichere Abwicklung der gesamten Logistik erreichen. Auch für diese Anpassungen steht ein Set von Profilen zur Verfügung, die auf Werks- oder Materialebene zugeordnet werden können. Sie können z. B. bei Bedarf einzelne Schritte des Prozesses ein- oder ausschalten.

Sie können die folgenden Optimierungsprozesse nutzen:

- **Kapitalbindungsprofile**
  Wird dieses Profil aktiviert, werden die Kapitalbindungskosten und die Lagerkosten mit den Bestellgrundkosten verglichen. Auf dieser Basis wird die jeweils kostengünstigste Bestellmenge ermittelt.

- **Bestellausgleichsprofile**
  Die Bedarfe werden über den Zeitraum von einer Woche verteilt. Damit können Spitzen in der Logistik ausgeglichen oder der Personalsituation in der Filiale Rechnung getragen werden.
- **Profile für Transportladungsoptimierung**
  Diese neue Funktion (verfügbar ab Release 5.2) bietet die Möglichkeit, die Bedarfsmengen optimal auf die Transportmittel zu verteilen. Ziel ist es, die Transportkosten zu senken und den Be- und Entladevorgang zu optimieren.

4.4.7 Ausnahmenverwaltung

Die Meldungen, die SAP Forecasting and Replenishment während der einzelnen Programmabläufe erzeugt, werden als *Ausnahmen* bezeichnet. Diese Ausnahmen zeigen den Anwendern, dass innerhalb der betriebswirtschaftlichen oder technischen Prozesse eine kritische Situation aufgetreten und eine entsprechende Intervention notwendig ist.

Die Ausnahmen werden nach drei Kategorien unterschieden:

- Ausnahmen mit betriebswirtschaftlicher Ursache
- betriebswirtschaftliche Ausnahmen mit technischer Ursache
- technische Ausnahmen

Innerhalb dieser Kategorien können die Ausnahmen zusätzlich nach den Prioritätsstufen hoch, mittel und niedrig klassifiziert werden.

In der *Ausnahmen-Workbench* können Sie die Ausnahmen überwachen und den Ursachen nachgehen. Sie können hier einen benutzerspezifischen Arbeitsvorrat erzeugen. So können alle Anwender auf die Daten zugreifen, die ihren Geschäftsbereich betreffen.

4.4.8 Dispositions-Workbench

Die Dispositions-Workbench bietet die Möglichkeit, die Ergebnisse des automatischen Dispositionsprozesses zu analysieren und zu bearbeiten.

Abbildung 4.61 zeigt den Aufbau der Workbench. Folgende Informationen werden hier dargestellt:

- Übersicht aller zu einem bestimmten Datum erzeugten Bestellvorschläge
- Details zu einem ausgewählten Bestellvorschlag, wie Material, Menge, Liefertermin etc.

- mögliche berücksichtigte Restriktionen, wie z. B. ein Mindestbestellwert
- Ausnahmen vom ausgewählten Bestellvorschlag
- grafische und tabellarische Darstellung der Input-Daten (z. B. historische Abverkaufsdaten) und Output-Daten (z. B. Prognosewerte) der Bestellvorschlagsberechnung

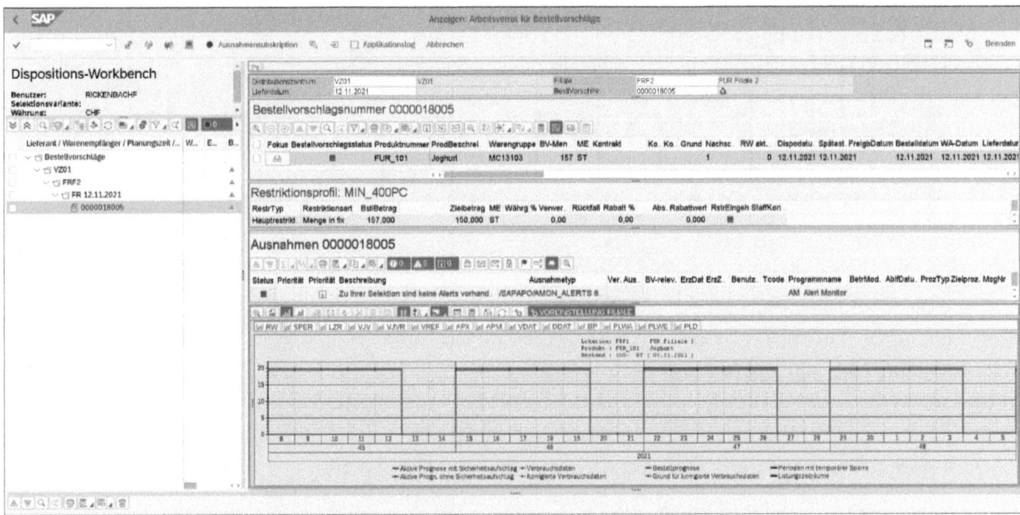

Abbildung 4.61 Dispositions-Workbench

Die grafische Anzeige der Zeitreihendaten, die Abbildung 4.62 noch einmal im Detail zeigt, eignet sich optimal zur Analyse der erstellten Bestellvorschläge.

In dem Beispiel sind die verschiedenen Prognosen für den Zeitraum KW10 bis KW13 im Jahr 2022 zu sehen. Die Ausschläge in der Kurve treten jeweils bei einer Aktion auf. Die Bedarfseinflussfaktoren zu den Aktionen sind jeweils durch kurze Linien unterhalb der Nulllinie markiert. Sie sorgen dafür, dass die erhöhten Abverkaufsmengen vom System korrekt interpretiert und für zukünftige gleiche Ereignisse richtig prognostiziert werden können. Am Ende der Zeitreihe sind verschiedene Prognosekurven für die zukünftigen Wochen dargestellt.

Innerhalb der Dispositions-Workbench können Sie sich weitere Details der Bestellvorschlagsrechnung anzeigen lassen. In dieser Detaildarstellung können Sie direkt aus der Anwendung alle zur Analyse benötigten Daten abrufen. Auf der Registerkarte **Bedarfsrechnung** sehen Sie z. B., auf der Grundlage welcher Daten die aktuelle Bedarfsvorschlagsmenge berechnet wurde.

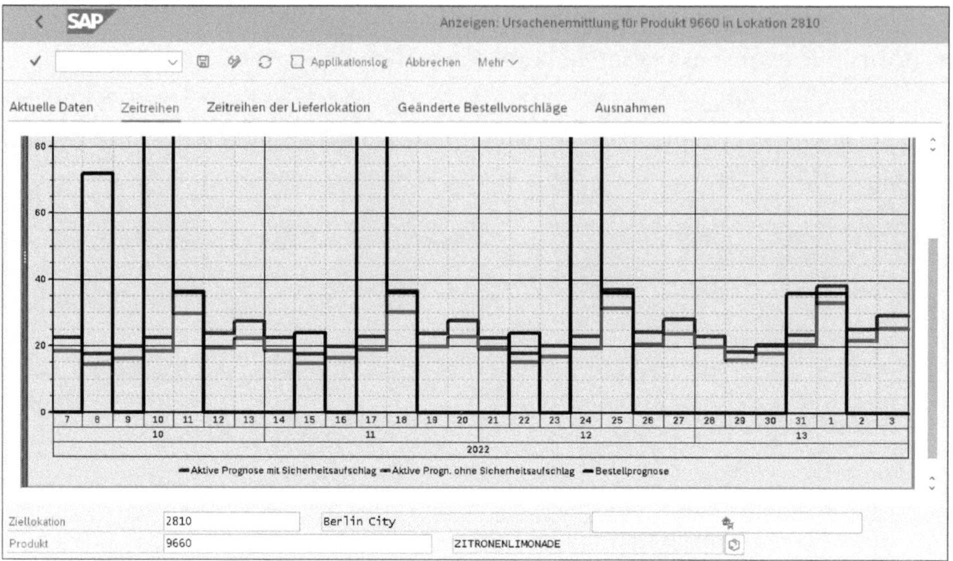

Abbildung 4.62 Zeitreihendaten

4.4.9 Analysen mit SAP-Business-Intelligence-Tools

Um das Management bei strategischen und operativen Entscheidungen zu unterstützen, liefert SAP Forecasting and Replenishment vordefinierte Berichte über SAP-Business-Intelligence-Tools aus. Ziel des Reportings ist es, über Kennzahlen und Key Performance Indicators (KPIs) die Qualität der Ergebnisse des automatischen Nachschubs analysieren zu können.

Während des automatischen Nachschubprozesses werden die Kennzahlen und sonstige dispositionsrelevante Daten ermittelt. Die darauf basierenden Berichte können folgender Art sein:

- **Ausnahmenbasierte Analysen**
  Es werden nur Ausnahmesituationen festgehalten. Sobald eine Ausnahmesituation auftritt, kann diese in SAP BW ausgewertet werden. Es können z. B. die folgenden Ausnahmesituationen auftreten:
  - Aktueller Bestand fällt unter den Mindestbestand.
  - Über- und Unterbestandssituation
  - Bestandslücken
- **Nicht ausnahmenbasierte Analysen**
  Diese Berichte zeigen eine Entwicklung über einen Zeitraum auf. Es können damit z. B. folgende Fragen beantwortet werden:
  - Wie hat sich der Bestand während der letzten Monate geändert?
  - Wie häufig ist der Bestand unter den Mindestbestand gefallen?

- Wie hat sich der Servicegrad entwickelt?
- Wie hat sich die Reichweite entwickelt?
- Wie ist die Prognosequalität?
- Wie hoch ist die Änderungsquote von Bestellvorschlägen?

Mit dem Reporting lassen sich Rückschlüsse sowohl für die strategische als auch die operative Ebene ziehen. Es dient auch nicht zuletzt dazu, Optimierungspotenziale zu erkennen und das System sowie die Parameter in SAP Forecasting and Replenishment zu optimieren.

4.4.10 Wetterdaten in die Prognose einbeziehen

SAP Forecasting and Replenishment kann sein Potenzial besonders gut ausspielen, wenn Sie Wetterdaten in die Disposition einbeziehen. Dies hat Vorteile für die Warenverfügbarkeit. Beobachtungen und Studien im Handel haben ergeben, dass sich eine Veränderung der Wetterparameter bzw. bestimmte Wetterkonstellationen auf das Abverkaufsverhalten für einzelne Produkte auswirken. Die Produkte Eis und Sonnenmilch haben z. B. bei Sonnenschein und Hitze Hochkonjunktur und verzeichnen bei solchen Wetterbedingungen einen signifikanten Anstieg im Absatz. Dieser Zusammenhang dürfte für Sie keine Überraschung sein, jedoch haben Untersuchungen gezeigt, dass es darüber hinaus weitaus mehr Abhängigkeiten zwischen den verschiedensten Produkten und diversen Wetterkonstellationen gibt, als man im ersten Moment annimmt. Sind diese Affinitäten in ihrem vollen Umfang bekannt, ist es möglich, sie in die dispositiven Prozesse einzubinden und mithilfe der Wetterdaten die Prognosequalität sowie die daraus resultierende Warenverfügbarkeit zu verbessern. Die Verwendung der Wetterdaten im Rahmen der Disposition kann sich in der Steigerung der Warenverfügbarkeit, der Verbesserung der Kundenzufriedenheit und letztlich der Erhöhung der Gewinnspannen sowie der Sicherung der Marktposition niederschlagen.

Im ersten Schritt muss die Frage beantwortet werden: Bei welchen Artikeln verändert sich der Absatz aufgrund des Wetters? Der Ausgangspunkt ist also die Identifikation der Artikel, die eine hinreichende *Wetterelastizität* aufweisen. Dazu wird der zeitliche Verlauf der vorliegenden Absatzdaten der vergangenen Jahre auf wiederverwendbare Muster hin untersucht.

Die Herausforderung besteht dabei in dem beträchtlichen Datenvolumen, das ausgewertet werden muss. Für den Abgleich der Absatzdaten müssen diese zuerst bereinigt bzw. geglättet werden. So müssen Zeiträume, in denen ein Artikel nicht geführt wurde, gekennzeichnet werden, damit die Abverkaufssenkungen nicht irrtümlich mit dem Wetter in Verbindung gebracht werden. Umgekehrt gilt für Aktionszeiträume, dass die Abverkaufsspitzen aus der Betrachtung herausgenommen werden.

Auch Verschiebungen des Abverkaufs aufgrund von Feiertagen und sonstiger Ereignisse müssen aus der Untersuchungsmenge herausgefiltert werden.

Sind Muster erkennbar, wird im nächsten Schritt geprüft, welche Wetterkonstellationen in diesem Zeitraum vorlagen. Unter der Annahme, dass bei wiederkehrender Wetterkonstellation das gleiche Abverkaufsverhalten erneut auftritt, kann der Artikel als wetterelastisch betrachtet werden.

Für die Bestimmung einer eindeutigen Wetterkonstellation werden die verschiedenen meteorologischen Elemente in einzelne *Prädiktoren* gesplittet. Als Prädiktoren werden z. B. Temperatur, Wind, Niederschlag etc. verwendet. Die multiplexen Kombinationen aus den verschiedenen Prädiktoren in Verbindung mit den beobachteten Absatzmustern ergeben den *Wettereffekt*, der für die zukünftigen dispositiven Prozesse im Unternehmen hinzugezogen werden kann.

Nachdem die Datenerhebung Erfolg versprechende Ergebnisse geliefert hat, stellt sich die Frage: Wie kann die Anwendung in der Warenwirtschaft aussehen? Systemtechnisch kann der Wettereffekt je nach Anforderung bereits mit geringem Aufwand in eine bestehende Warenwirtschaft integriert werden. Mit SAP Forecasting and Replenishment werden bereits Standardschnittstellen ausgeliefert, die es ermöglichen, die Wetterdaten in Form eines BEFs manuell, z. B. per Flatfile, in das System zu importieren. Der Bedarfseinflussfaktor wirkt sich direkt auf die Prognose aus und hebt bzw. senkt diese auf ein erwartetes Niveau. Bei diesem Bedarfseinflussfaktor bietet es sich an, einen Korrekturfaktor zu verwenden, um Spitzen zu glätten.

Für eine Lösung mit höherem Automatisierungsgrad ist es möglich, die Wettereffekte z. B. von einem FTP-Server direkt in SAP Forecasting and Replenishment zu laden und dort mithilfe von Programmen in einen entsprechenden Bedarfseinflussfaktor umzuwandeln. Dazu können die Standardbordmittel von SAP Forecasting and Replenishment mit einfachen Modifikationen den Anforderungen angepasst werden.

Eine größere Herausforderung stellt hingegen das regelmäßige Update des bereits importierten Bedarfseinflussfaktors dar. Die Bedarfseinflussfaktoren werden mit dem entsprechenden Vorlauf für die dispositiven Prozesse in SAP Forecasting and Replenishment geladen. Diese Vorlaufzeit konkurriert jedoch mit dem Vorhersagehorizont für das Wetter, der umso ungenauer ist, je länger er wird. Um kurzfristige Wetteränderungen und unsichere Wettervorhersagen zu kompensieren, muss daher eine Updatelogik in der Eingangsverarbeitung der Daten in SAP Forecasting and Replenishment implementiert werden, die die bereits vorhandenen Bedarfseinflussfaktoren mit den veränderten Daten aktualisiert.

4.4.11 Absatzprognosen für Frischeartikel

Bei der automatischen Disposition mit SAP Forecasting and Replenishment bestehen besondere Anforderungen für Artikel mit sehr kurzem Haltbarkeitsdatum, wie z. B.

Früchte, Gemüse, Fisch oder Fleisch. Aus diesem Grund ist seit dem Release 5.2 das Add-on *Fresh Product Forecasting* verfügbar. Ziel dieses Add-ons ist es, Ultrafrischeartikel noch genauer disponieren zu können und so die Verfügbarkeit dieser Artikel zu erhöhen und dabei gleichzeitig den Verderb zu reduzieren.

Kernfunktionen dieses Add-ons sind folgende:

- Einbezug der zukünftigen Abschriften aufgrund von Verderb in die Bedarfsrechnung
- Berechnung einer Tagesprognose
- verbesserte Saisonerkennung
- verbesserte Reaktion auf Abverkaufsschwankungen

4.5 Unified Demand Forecast

Unified Demand Forecast (UDF) gehört zu den Grundmodulen des SAP Customer Activity Repositorys und liefert Bedarfsprognosen, die von verschiedenen Anwendungen, wie z. B. SAP Promotion Management oder SAP Assortment Planning, genutzt werden können. Als statistische Grundlage für die Berechnung der Modelle und Prognosen dienen bayessche Regressionen.

Die Daten, die UDF für die Modellierung und die Prognosen braucht, werden im SAP Customer Activity Repository in der Demand Data Foundation (DDF) zentral gespeichert. Das Repository bezieht diese Daten wiederum aus unterschiedlichen Quellen wie Point-of-Sale-Daten oder Stammdaten aus einem Retail- bzw. Fashion-ERP-System.

4.5.1 Funktionen im Überblick

Kernelemente von UDF sind die Bedarfsmodellierung und die Bedarfsprognose. Basierend auf historischen Daten erstellt UDF Bedarfsmodelle. Für die Berechnungen werden Einflussfaktoren, sogenannte Bedarfseinflussfaktoren, wie Saisonalität, Trend, Promotionen, regionale oder überregionale Events und Feiertage berücksichtigt (siehe Abschnitt 4.4.5, »Bedarfseinflussfaktoren prognostizieren«). Dabei kann UDF, je nach Granularität der historischen Verkaufsdaten, Modelle auf Wochen- oder Tagesbasis auf der Ebene Produktlokation (bestimmtes Verteilzentrum oder Filiale) berechnen. Diese Modelle sind die Grundlage, um den zukünftigen Bedarf vorherzusagen. Abhängig von der Granularität des Dateninputs erhält man wöchentliche oder tägliche Prognosen. Für Produkte mit sehr hoher ganztägiger Nachfrage, wie z. B. Backwaren, können mithilfe von der Regalverfügbarkeit (engl. On-Shelf Availability, OSA, siehe Abschnitt 1.2.1, »SAP Customer Activity Repository«) sogar untertägig Prognosen erstellt werden.

Im Gegensatz zu SAP Forecasting and Repenishment bietet UDF keine Möglichkeit, das Replenishment, also den Nachschub, zu planen. Prognosen, die im UDF erstellt werden, können jedoch in SAP Forecasting and Replenishment für die Nachschubplanung benutzt werden. Der Umstieg auf UDF für die Prognoseberechnung lohnt sich, da in UDF einige Funktionen zur Verfügung stehen, die Sie mit SAP Forecasting and Replenishment nicht nutzen können. UDF kann z. B. die hohe Rechnerleistung der performanten SAP-HANA-Datenplattform nutzen, auf der das SAP Customer Activity Repository läuft. Dadurch können Prognosen auf täglicher Granularität effizient für eine hohe Anzahl von Produkt-Lokation-Kombinationen berechnet werden.

Außerdem hat UDF eine Funktion zur intelligenten Modellierung. Mit dieser Funktion werden die Produktlokationen nach der Volatilität der Daten priorisiert, wenn ein fester Zeitraum für die Modellierungen im Repository vorgegeben wird. Mit UDF können Sie zudem mithilfe von Prioren Prognosen für Produkte erstellen oder die Auswirkungen von Bedarfseinflussfaktoren prüfen, für die keine oder kaum historische Daten vorliegen.

UDF berechnet zudem nicht nur eine einzelne Zahl als Prognose, sondern die Wahrscheinlichkeit für den Absatz verschiedener Mengen. Diese Wahrscheinlichkeitsverteilung kann zwar nicht von SAP Forecasting and Replenishment genutzt werden, jedoch von der neuen Nachschubplanungsapplikation SAP Replenishment Planning (siehe Abschnitt 4.6)

Zu den weiteren Vorteilen von UDF im Vergleich zur Prognose mit SAP Forecasting and Replenishment gehören die verschiedenen Prognosearten und die für UDF entwickelten SAP-Fiori-Apps sowie die Nutzung der Prognosen für verschiedene SAP-Customer-Activity-Repository-Applikationen. Auf diese und weitere Funktionen gehen wir im Folgenden genauer ein.

Datenbereinigung für Ausreißer und Fehlbestand

Um möglichst genaue Prognosen zu erstellen, ist es wichtig, dass die historischen Daten in guter Qualität vorliegen. Eine manuelle Bereinigung der Daten ist aufgrund der Mengen an Kombinationen aus Produktlokationen aber nicht möglich. UDF bietet daher eine automatische Datenbereinigung für Ausreißer- und Fehlbestandsituationen an.

Von *Ausreißern* spricht man bei außerordentlich hohen Verkäufen, die nicht durch BEFs erklärt werden können. Als *Fehlbestand* bezeichnet man Situationen, in denen Kunden Produkte in Lokationen nicht mehr kaufen können (z. B. weil das Produkt nicht mehr im Regal steht). Für beide Situationen werden historische Daten von UDF analysiert und auf auffällig hohe bzw. tiefe Verkäufe hin untersucht. Ab wann ein Datenpunkt als Ausreißer oder ein Produkt als Fehlbestand in einer Lokation gekennzeichnet wird, können Sie im Customizing einstellen und anpassen. Falls UDF Ausreißer oder Fehlbestände erkennt, werden diese Datenpunkte bei der Modellierung ignoriert.

Erkennung und Berücksichtigung untertägiger Fehlbestände

Zusätzlich zur Datenbereinigung der Fehlbestände kann die Funktion zur Erkennung und Berücksichtigung untertägiger Fehlbestände genutzt werden, um die Qualität der Verkaufsdaten zu verbessern. Mit dieser Funktion werden gegebenenfalls vorkommende untertägige Verkaufsverluste, die durch Fehlbestände entstanden sind, berechnet. Für das Erkennen von Fehlbeständen wird die Funktion POS-Datenübertragung und Audit (POS DTA) genutzt. Vor der Modellierung und der Prognoseerstellung werden diese Verkaufsverluste zu den tatsächlichen Verkäufen addiert. Das Ergebnis dieser Berechnung wird nachfolgend als hypothetische Verkaufszahlen für die nachfolgenden Prozesse genutzt. Diese Funktion ist unabhängig von der Fehlbestandbereinigung, die bei der Datenbereinigung stattfindet, und beeinflusst diese nicht.

Prioren

Im Einzelhandel werden ständig neue Artikel ins Sortiment genommen oder bestehende Sortimente werden neu in Filialen gelistet. Zudem gibt es auch immer wieder Einflussfaktoren (z. B. Aktionen), für die man keine historischen Daten für eine spezifische Produktlokation hat. Um in Fällen, in denen historische Daten fehlen, eine zuverlässige Prognose erstellen zu können, nutzt UDF *Prioren*. Bei Prioren handelt es sich um Vermutungen bezüglich Modellparametern, bevor man die eigentlichen Daten gesehen hat. Diese Vermutungen werden in UDF mithilfe von Analysen ähnlicher Datensätze berechnet. Wenn keine oder nur wenig Daten für die Modellberechnung zur Verfügung stehen, greift UDF auf diese Prioren zurück. Je mehr Verkaufsdaten mit der Zeit zur Verfügung stehen, desto kleiner wird dann der Einfluss dieser Prioren.

Die Prioren kann UDF aus verschiedenen Quellen beziehen. UDF hat dabei den Quellen unterschiedliche Präferenzen zugeteilt und geht nach einer Rückfalllogik vor. Das heißt, sind Prioren auf den obersten Präferenzstufen vorhanden, werden diese für die Modellierung und die Prognoseerstellung benutzt. Sind keine Prioren auf dieser Stufe vorhanden, benutzt UDF die Prioren auf der nächsten Stufe usw. In der zum Zeitpunkt der Erstellung dieses Buches neuesten Version des SAP Customer Activity Repositorys 5.0 FPS03 gibt es vier Quellen für Prioren:

- **Prioren vom Aggregationsprofil 0002**
  Prioren aus dem Aggregationsprofil 0002 haben die höchste Präferenzstufe. Sie stammen aus Modellierungen von aggregierten Bedarfsdaten, wie etwa den Verkaufsdaten einer Produkthierarchie (z. B. Speiseeis) in einer Lokation bzw. einer bestimmten Lokationshierarchie oder den Verkaufsdaten eines Produkts über eine Lokationshierarchie. Die Resultate aus diesen Modellierungen können dann auf der Produkt-Lokations-Ebene als Prioren genutzt werden. Dies ermöglicht es, Einflüsse, die nur auf aggregierter Ebene messbar sind, in die Modelle und Prognosen auf der tiefsten Ebene einfließen zu lassen.

- **Prioren des Referenzprodukts**
  Prioren des Referenzprodukts sind auf der zweithöchsten Präferenzstufe. Um diese Prioren zu nutzen, teilt man einem Produkt ein möglichst ähnliches Produkt (Produktgruppe, Preis, Herkunft usw.) zu. Die Prioren für die Modellierung und die Prognose stammen vom Modell des zugeteilten Referenzprodukts.

  Im Handel, insbesondere im Modebereich, kommt es häufig vor, dass man eine Bedarfsprognose für ein Produkt benötigt, für das noch nicht alle Informationen in den Stammdaten vorhanden sind. Solche Produkte können Sie in der Demand Data Foundation als Platzhalterprodukte anlegen. Diesen Platzhalterprodukten werden dann Referenzprodukte zugeordnet. UDF berechnet dann, wie oben beschrieben, die Modellierung und Prognosen für das Platzhalterprodukt mithilfe der Parameter des zugeteilten Referenzprodukts. Das Platzhalterprodukt kann dann durch das echte Produkt ersetzt werden, womit auch die Prognosen des Platzhalterprodukts für das echte Produkt übernommen werden.

- **Hierarchische Prioren**
  Hierarchische Prioren (HPRs) haben die Prioritätsstufe drei und werden in der Praxis sehr oft eingesetzt. Um die hierarchischen Prioren zu nutzen, muss zuerst eine Basismodellierung durchgeführt werden. Die daraus berechneten Modellparameter werden dann benutzt, um beispielsweise die hierarchischen Prioren für ein neues gelistetes Produkt in einer Filiale zu berechnen.

  Dabei werden zwei verschiedene Hierarchien benutzt, zum einen die Produkthierarchie und zum anderen die Lokationshierarchie. Bei der Produkthierarchie werden die Werte von anderen Produkten in dieser Filiale, die zur gleichen Produkthierarchie gehören, benutzt. Bei der Lokationshierarchie werden die Werte dieses Produktes in den anderen Filialen, die zur gleichen Lokationshierarchie gehören, berücksichtigt.

  Damit die hierarchischen Prioren zu guten Ergebnissen führen, ist es wichtig, dass sinnvolle Produkt- und Lokationshierarchien in SAP Customer Activity Repository zur Verfügung stehen. Es kann dabei notwendig sein, dass Sie für UDF neue Hierarchien erstellen müssen. Um in beiden Bereichen eine nützliche Hierarchie zu erstellen, bietet es sich z. B. an, Cluster-Verfahren zu nutzen. Um geeignete Hierarchien für UDF zu erstellen, ist ein guter Austausch zwischen den Anwendern und den UDF-Verantwortlichen nötig.

- **Globale Prioren**
  Die globalen Prioren kommen dann zum Zug, wenn keine der oben erwähnten Quellen für Prioren vorhanden ist. Dabei werden Standardwerte bei der Modellierung und auch für die Prognose benutzt. Mit den globalen Prioren ist es nicht möglich, Produktlokationen zu prognostizieren, die noch keine Abverkäufe haben.

Bedarfseinflussfaktoren

Im Handel gibt es diverse Faktoren, die Einfluss auf den Bedarf der Kunden und somit auf den Absatz des Händlers haben. In UDF unterscheidet man zwischen den im SAP-System standardmäßig angelegten BEFs, den *System-BEFs* und den Benutzer-BEFs.

Während UDF für einige System-BEFs keine zusätzlichen externen Daten benötigt (z. B. Saisonalität oder Trend), müssen bei anderen System-BEFs (z. B. Preise oder Aktionen) UDF-Informationen aus ERP- oder SAP-Customer-Activity-Repository-Applikationen zur Verfügung gestellt werden. Für Aktionen kann dies über die SAP-Customer-Activity-Repository-Applikation SAP Promotion Management geschehen. UDF nutzt folgende System-BEFs standardmäßig:

- **Saison und Trend**

  Saisonale Effekte und Trends gehören zu den Grundkomponenten bei Zeitreihendaten. UDF erkennt automatisch saisonale Verkaufsmuster. Dabei sind verschiedene Saisonabläufe, also mehrere Hoch- und Tiefsaisons pro Jahr, für ein Produkt in einer Lokation möglich. Um Saisons zuverlässig zu erkennen, werden ca. zwei Jahre historische Verkaufsdaten im SAP-Customer-Activity-Repository-System benötigt.

  Neben der Saisonbereinigung erkennt UDF auch, ob ein Produkt in einer bestimmten Lokation einen positiven (grundlegend steigende Verkäufe) oder einen negativen (grundlegend sinkende Verkäufe) Trend in den historischen Daten aufweist, und nutzt diesen für die Erstellung der Prognosen.

- **Wochentagseffekte**

  Dass der Wochentag einen Einfluss auf die Abverkäufe hat, ist nicht überraschend. UDF berechnet den Einfluss des jeweiligen Wochentages auf der Produktlokationsebene. Dieser kann je nach Wochentag positiv oder negativ sein.

- **Reguläre Preise und Aktionspreise**

  Erwartungsgemäß haben Preisänderungen in einem kompetitiven Umfeld wie dem Handel einen Einfluss auf die Nachfrage. Während sich Änderungen des regulären Preises meistens im einstelligem Prozentbereich bewegen und zumeist nur von Zeit zu Zeit vorgenommen werden, können Aktionspreise kurzfristig zu hohen zweistelligen Preisreduktionen führen und werden je nach Produkt und Strategie des Händlers häufig angewandt. UDF ist in der Lage, aufgrund von vergangenen Preisänderungen Preiselastizität auf Ebene der Produktlokation zu berechnen und so die Wirkung von Preisveränderungen zu modellieren und in die Bedarfsprognose einfließen zu lassen. Diese Preiselastizität kann unter anderem für die Was-wäre-wenn-Prognose verwendet werden, um so den Einfluss verschiedener Aktionsarten auf die Nachfrage zu simulieren.

  Für historische Daten nutzt UDF Preisinformationen, die es aus den POS-Daten erhält, um rückwirkend Informationen über die Preise zu erhalten. Damit die Auswirkungen zukünftiger Preisänderungen berücksichtigt werden, müssen die Preise für den gewünschten Prognosezeitraum in SAP Customer Activity Repository (DDF) geladen werden.

- **Feiertage**
  Neben saisonalen Effekten können auch Feiertage einen längeren zeitlichen Einfluss auf die Abverkäufe bestimmter Produkte haben. Denn vielfach wirkt der Effekt nicht nur am Feiertag selbst, sondern auch vor und nach diesem. Diese Einflüsse auf den Absatz kann UDF mit sogenannten Ramp-up- und Ramp-down-Effekten modellieren. Neben den Erfahrungen von Fachverantwortlichen kann eine Datenanalyse der Verkaufsdaten rund um die Feiertage dabei helfen, einen Eindruck des Effekts der jeweiligen Feiertage auf die Abverkäufe zu gewinnen.
- **Werbeangebot und -mittel**
  Nicht nur der Preis, sondern auch die unterschiedlichen Angebotsarten haben bei einer Aktion einen Einfluss auf den Absatz. So hat eine Aktion mit »3 für 2« einen anderen Einfluss auf den Absatz als die Aktion »33 % Rabatt«. UDF liefert für die häufigsten im Handel benutzen Werbeangebote entsprechende System-BEFs.

  Neben dem Angebot berücksichtigt UDF auch die Werbemittel, mit denen die Aktionen beworben werden. So kann UDF, vorausgesetzt, die nötigen historischen Daten oder Prioren sind vorhanden, den unterschiedlichen Einfluss auf den Verkauf zwischen einer Aktion, die Sie online bewerben, und der gleichen Aktion, die im TV beworben wird, prognostizieren.
- **Coupons und Kundenkarten**
  Kundenkarten gehören mittlerweile zu einem Standardinstrument bezüglich der Kundenbindung bei den Händlern. Neben z. B. Bonuspunkten, die gesammelt werden können, gibt es auch Angebote, von denen nur Personen mit einer Kundenkarte profitieren. Zum Teil sind diese Angebote dann sogar auf einen bestimmten Kundenkreis eingeschränkt. UDF kann solche Einschränkung bei der Modellierung und Prognose berücksichtigen.

  Zudem kann auch berücksichtigt werden, ob die Kunden einen Coupon brauchen, um ein Angebot beziehen zu können.

Neben den System-BEFs gibt es auch noch andere Einflüsse, die seltener, nicht für alle Händler bzw. Branchen relevant oder für die Daten nicht in SAP Customer Activity Repository vorhanden sind (weil sie z. B. nicht im ERP-System erfasst werden). Für solche Einflüsse können die Benutzer in UDF (ähnlich wie in SAP Forecasting and Replenishment) eigene Einflussfaktoren erstellen und anwenden, die *Benutzer-BEFs*. Die Benutzer-BEFs können auf den Ebenen Produktlokation, Produkte und Lokationen, auf Produkt- und Lokationshierarchien sowie auf Tagesbasis oder für Zeitperioden gepflegt werden. Sobald Sie das Gefühl haben, dass ein Ereignis einen signifikanten Einfluss auf den Absatz hatte bzw. in der Zukunft haben wird, empfiehlt es sich, Benutzer-BEFs anzulegen. Mit diesen können Sie UDF die veränderte Nachfrage erklären und entsprechend prognostizieren. Dabei sollten Sie aber nicht für jedes Ereignis einen separaten BEF erstellen, sondern die Faktoren gruppieren. Bei den Benutzer-BEFs unterscheidet man zwischen:

- booleschen BEFs
- metrischen BEFs
- variablen Saison-BEFs

Bei den *booleschen Benutzer-BEFs* handelt es sich um Bedarfseinflussfaktoren, die entweder eintreten oder nicht. Beispiele hierfür sind Sportveranstaltungen oder Umbauarbeiten in der Filiale. Wenn z. B. eine spezielle Veranstaltung, wie ein jährliches Dorffest, ansteht oder eine Filiale umgebaut wird, kann UDF mit einem booleschen BEF darüber informiert werden. Aufgrund des berechneten Einflusses dieses BEFs in der Vergangenheit wird UDF die Prognose dann für verschiedene Produktlokationen nach oben oder unten anpassen. Liegen keine historischen Daten zu einem BEF vor, kann der erwartete Effekt, den ein Event auf den Absatz haben wird, angegeben werden. UDF wird nach den ersten Verkaufstagen, an denen dieser BEF aktiv ist, den Effekt dieses BEFs anhand der realisierten Verkaufszahlen anpassen.

Analog zu solchen Events können Sie auch externe Faktoren, wie etwa das Wetter (heißes Wetter: ja/nein) oder, als aktuelles Beispiel, die Corona-Pandemie, nutzen, um UDF zu helfen, den veränderten Bedarf zu modellieren und zu prognostizieren.

Eine spezielle Unterart der booleschen BEFs sind die *Ignorier-BEFs*. Es gibt Ereignisse, die zwar einen Einfluss auf Ihren Absatz haben, von denen Sie aber nicht wissen können, wann und ob sie wieder auftreten werden. Ein Beispiel hierfür ist es, wenn ein Kunde in einer kleineren Filiale einen Großeinkauf für eine private Party tätigt. Statt eines Event-BEFs würden Sie für eine solche Situation einen Ignorier-BEF nutzen. Dieser BEF teilt UDF mit, dass die Verkaufsdaten, für die der BEF gesetzt wurde, nicht in zukünftigen Modellierungen und Prognosen beachtet werden sollen. Die Herausforderung ist dabei, Abverkäufe, die ignoriert werden sollten, zu erkennen. Bei außerordentlich hohen Verkäufen gibt es jedoch immer noch die Chance, dass diese im Zuge der Ausreißererkennung erfasst und entfernt werden.

Neben den gerade beschriebenen booleschen BEFs gibt es außerdem die *metrischen Benutzer-BEFs*. Dabei handelt es sich um externe numerische Daten zu Ereignissen, von denen man erwartet, dass nicht nur das Auftreten dieses Ereignisses einen Einfluss auf die Verkäufe hat, sondern der Einfluss von der Höhe, Stärke und Richtung des Ereignisses abhängig ist.

Beispielsweise kann man die Temperatur als booleschen Benutzer-BEF (hohe Temperatur oder niedrige Temperatur) modellieren. Alternativ können Sie aber auch die tatsächliche Temperatur z. B. in Celsius im SAP Customer Activity Repository einpflegen und nutzen diese dann, um den Einfluss verschiedener Temperaturen zu modellieren.

Bei metrischen Benutzer-BEFs benötigen Sie nicht nur die historischen Daten der Einflussfaktoren, sondern auch Prognosen für die zukünftigen Werte der Einflussfaktoren. Das heißt, die Systemprognosen sind ihrerseits auf externe Prognosen angewiesen. Wenn diese nicht zuverlässig sind, besonders bei der Erstellung von längerfristigen Prognosen, muss damit gerechnet werden, dass die Qualität der UDF-Prognose durch solche metrischen BEFs (im besten Fall) nicht verbessert wird. Sowohl die Beschaffung der historischen als auch der zukünftigen Werte eines metrischen BEF kann dabei eine Herausforderung darstellen.

Ein Spezialfall der metrischen BEFs sind die externen Muster-BEFs. Diese können Sie für Zeiträume nutzen, für die eine genaue Prognose des Bedarfs bekanntermaßen sehr herausfordernd ist. Ein Beispiel dafür sind die Weihnachtsfeiertage, an denen, abhängig vom Wochentag, auf den diese fallen, unterschiedliche Verkaufsmuster auftreten. Wenn Sie über Daten verfügen, mit denen man diese Dynamik besser prognostizieren kann als mit den System-BEFs, können Sie diese als externe Muster-BEFs in UDF nutzen und damit die System-BEFs überschreiben. Sie können dann beispielsweise die Auswirkungen der Wochentags-BEFs rund um Weihnachten überschreiben.

Die dritte Kategorie der Benutzer-BEFs sind die *variablen Saison-BEFs*. SAP beschreibt variable Saisons als »Zeiträume, die mehr oder weniger regelmäßig auftreten und bei denen der Absatz über mehrere Wochen hinweg steigt (oder sinkt) und einer bestimmten Absatzdynamik oder einem bestimmten Absatzmuster folgt« (siehe SAP Help Portal unter *http://s-prs.de/888002*). Der Start und Endzeitpunkt der variablen Saison ist dabei von externen Faktoren abhängig. Beispiele für solche externen Faktoren sind die Schulferien, die sich von Jahr zu Jahr um einige Wochen verschieben können, oder das Wetter, das die Verfügbarkeit und den Absatz von beispielsweise Erdbeeren oder Spargel stark beeinflusst.

Mit diesem BEF kann man UDF mit variablen Saisons für betroffene Produkte und Lokationen (z. B. Tourismusgebiete) parametrieren, was zu einer verbesserten Prognosegenauigkeit führt.

Designmatrix

Für Analysen und Fehlerbehebungen von BEFs bietet SAP je eine Designmatrix für die Modell- und eine für die Prognosekalkulation an. Diese Matrizen helfen dabei, die Auswirkungen der BEFs bzw. deren Berechnung besser nachzuvollziehen.

Prognosearten

Mit dem Unified Demand Forecast ist es möglich, je nach Anwendungsgebiet verschiedene Prognosen zu erstellen.

Die *produktive Prognose* ist die Standardprognose, die UDF berechnet. Es handelt sich dabei um eine Prognose, die konsumierende Applikationen wie SAP Forecasting and Replenishment oder SAP Replenishment Planning für nachfolgende Prozesse nutzen.

In UDF hat man außerdem die Möglichkeit, verschiedene Diagnostik-IDs zu erstellen. Diese Diagnostik-IDs erlauben es Ihnen, Änderungen an den Einstellungen der Modelle und der Prognose vorzunehmen, ohne dabei die produktive Prognose zu beeinflussen. So können Sie z. B. neue Benutzer-BEFs einführen oder Einstellungen zur Datenbereinigung für eine Diagnostikprognose anpassen. Den Effekt dieser Änderungen auf die Prognosegenauigkeit können Sie dann mit sogenannten *Holdout-Prognosen* überprüfen. Dafür definiert man das Ende des Modellierungsprozesses in der Vergangenheit, z. B. heute minus zwei Monate. Mit diesem Modell wird dann eine Prognose für die zwei Monate erstellt, die Sie zuvor ausgelassen (Holdout) haben. Die Werte der Prognose mit einer spezifischen Diagnostik-ID können Sie dann mit den tatsächlichen Werten vergleichen. So können Sie für die verschiedenen Diagnostik-IDs bzw. für deren angepasste Einstellungen die Prognosegenauigkeit berechnen. Erkennen Sie eine Verbesserung der Prognosegenauigkeit, bietet es sich an, die Einstellungen in die produktive Prognose zu übernehmen.

Diagnostik-IDs bieten sich zudem dann an, wenn Sie die Bedarfseinflüsse auf Modelle und Prognosen für einzelne Produktlokationen oder bestimmte Produkt- bzw. Lokationshierarchien mithilfe von Dekomposition genauer in der SAP-Fiori-App **Prognose analysieren** untersuchen möchten (siehe Abschnitt 4.5.2, »SAP-Fiori-Apps und Services«).

Bei *Was-wäre-wenn-Prognosen* (engl. What-if-Forecasts) werden nicht wie bei den Diagnostikprognosen die Einstellungen angepasst. Stattdessen werden Prognosen für unterschiedliche Szenarien erstellt, die die Input-Daten betreffen. So können Sie simulieren, welchen Einfluss verschiedene Aktionen (z. B. unterschiedliche Aktionspreise) auf den zu erwartenden Absatz haben. Dies wird momentan ausschließlich für Prognosen von Aktionen benutzt. Die Ergebnisse von Was-wäre-wenn-Prognosen werden nicht abgespeichert.

Eine weitere Prognoseart ist die *Prognose von Varianten mittels Aggregation auf Sammelprodukte*. Im Modebereich gibt es oft Produkte, die zum einem einen kurzen Lebenszyklus haben und zum anderen in unterschiedlichen Varianten (definiert durch Größe oder Farbe) angeboten werden. Dies führt dazu, dass für die einzelnen Varianten auf der Lokations- und Tagesebene nur wenige Verkaufsdaten vorliegen. Die Aggregation der Verkaufsdaten der Varianten auf ein Sammelprodukt kann in solchen Fällen helfen, die Datengrundlage und somit die Prognosegenauigkeit zu verbessern. Um den berechneten Bedarf für das Sammelprodukt in eine Prognose für die einzelnen Varianten umzuwandeln, wird auf Basis der historischen Verkäufe der Varianten eine Verteilungskurve berechnet.

Verschiedene Modelle für verschiedene Produktarten

Einige Händler verfügen über ein breites Sortiment mit Produkten, die zu unterschiedlichen Produktarten gehören. Diese Produktarten, wie z. B. Lebensmittel und Modeartikel, benötigen zum Teil nicht genau das gleiche statistische Grundmodell z. B. bezüglich der Saisonalität oder wenn es für eine Produktart kategorisch keine Aktionen gibt. In UDF ist es daher möglich, die Bedarfsmodellierungen den verschiedenen Produktarten anzupassen.

Performance verbessern mit MRP-Typen

Obwohl SAP Customer Activity Repository und somit auch UDF auf der leistungsfähigen SAP-HANA-Plattform laufen, kann eine große Anzahl an Produkt-Lokation-Kombinationen eine Herausforderung bei der Performance bezüglich der Modellierung und Prognoseberechnung darstellen. Um die Anzahl der Produktlokationen, die von UDF modelliert werden, zu verringern und eine Prognose zu erhalten, können *MRP-Typen* (Material Replenishment Planning) genutzt werden. MRP-Typen beschreiben, wie der Nachschub von Produkten geplant wird. Um nun die Anzahl der Produkte, die UDF modellieren muss, zu verringern, teilt man Produkte, bei denen z. B. der Nachschub manuell geplant wird, einem separaten MRP-Typ zu. Der MRP-Typ kann dann wiederum der Modellkategorie EXCL (Excluded from Modelling and Forecasting) zugeordnet werden. Für die Daten der MRP-Typen, die EXCL zugeteilt sind, werden keine Modelle und Prognosen erstellt.

Aktionen erhöhen nicht nur die Nachfrage nach Produkten, die vergünstigt werden, sondern mindern auch den Verkauf von ähnlichen Produkten. Im Handel spricht man in solchen Fällen von *Aktionskannibalisierung*. SAP bietet eine Funktion mit gleichem Namen, mit der Sie UDF-Produktpaare mitteilen können, bei denen eine Aktion für ein bestimmtes Produkt einen negativen Effekt auf ein anderes Produkt hat. UDF ist dann in der Lage, die negativen Effekte zu modellieren und bei der Prognose zu berücksichtigen.

Der *Prognosekonfidenzindex* (PKI) für Produktionsprognosen ist eine Kennzahl, die die Qualität der zur Verfügung stehenden Daten für die Prognoseberechnung angibt. Der PKI liegt zwischen 0 und 1, wobei 1 auf eine gute Datenqualität und somit hohe Konfidenz hindeutet. Dabei sollten Sie jedoch beachten, dass der PKI nichts über die Genauigkeit der Prognose selbst aussagt.

Fehlerhafte Eingabedaten, wie z. B. ein zukünftiger Preis von 0 € oder falsch verwendete BEFs, können dazu führen, dass die tatsächlichen Prognosen stark von den erwarteten Prognosen abweichen. Für diesen Fall gibt es in UDF einen *Alert für zu hohe Prognosen*. Dieser Alert informiert die Nutzer, sollte es zu solchen hohen Abweichungen kommen. So können Sie Auswirkungen auf Folgeprozesse minimieren. Es bieten sich hier zwei Optionen an: Entweder korrigieren Sie die Prognose mit der SAP-Fiori-App **Prognose anpassen** oder Sie ermitteln die Ursachen für die hohen Prognosen und korrigieren den Fehler. Um den Alert zu aktivieren, müssen Sie zuerst einstellen, ab wann eine Abweichung als »hoch« eingestuft und entsprechend angezeigt werden soll. Dafür werden die Prognosen mit den historischen Daten unter Berücksichtigung von Aktionen und booleschen BEFs verglichen.

Die Alerts für zu hohe Prognosen können in der SAP-Fiori-App **Alerts verwalten** oder im Service **Ausnahmen überwachen** angezeigt werden.

Mit der Funktion *Analysen für die Überwachung von Prognosedaten* können Sie in den Storys von SAP Analytics Cloud verschiedene Kennzahlen zu Bedarfsprognosen visualisieren lassen und so überwachen. Alle Kennzahlen können dabei über mehrere Produkte und Lokationen hinweg aggregiert werden. Außerdem besteht die Möglichkeit, Kennzahlen zu bestimmten Lokationen, Warengruppen und Alert-Typen zu analysieren.

4.5.2 SAP-Fiori-Apps und Services

SAP hat für UDF verschiedene SAP-Fiori-Apps entwickelt. Einige dieser Apps sind nur im SAP Fiori Launchpad verfügbar, andere können aber auch als Transaktionen im SAP GUI aufgerufen werden.

Prognose analysieren

Die App **Prognose analysieren** (siehe Abbildung 4.63) bietet Ihnen mithilfe verschiedener Einstellungen die Möglichkeit, Prognosen auf unterschiedlichen Ebenen zu analysieren. Auf der tiefsten Ebene können Umsatz-, Modellierungs- und Prognosedaten für eine Produktlokation auf Tagesbasis angezeigt werden. Um einen längeren Zeitraum übersichtlich zu betrachten, bietet es sich an, die Daten auf Wochenbasis zu aggregieren. Je nach Fragestellung können auch die Möglichkeiten, sich Daten auf Produkt- und/oder Lokationshierarchien anzeigen zu lassen, von Nutzen zu sein.

Eine nützliche Funktion, die Sie in der App **Prognose analysieren** nutzen können, um sich Einflüsse verschiedener BEFs anzeigen zu lassen, ist die Dekomposition der Modell- und Prognosedaten (siehe Abbildung 4.64). Um diese nutzen zu können, müssen Sie die Dekomposition bei der Modellierung bzw. der Prognoseberechnung aktivieren. Da die Funktionen sehr rechenintensiv sind, empfiehlt es sich, die Dekomposition nur für Diagnostik-IDs zu aktivieren und dann die Modellierung und die Prognose für ausgewählte Produktlokationen oder Hierarchien mithilfe dieser App und der Dekompositionsfunktion zu analysieren.

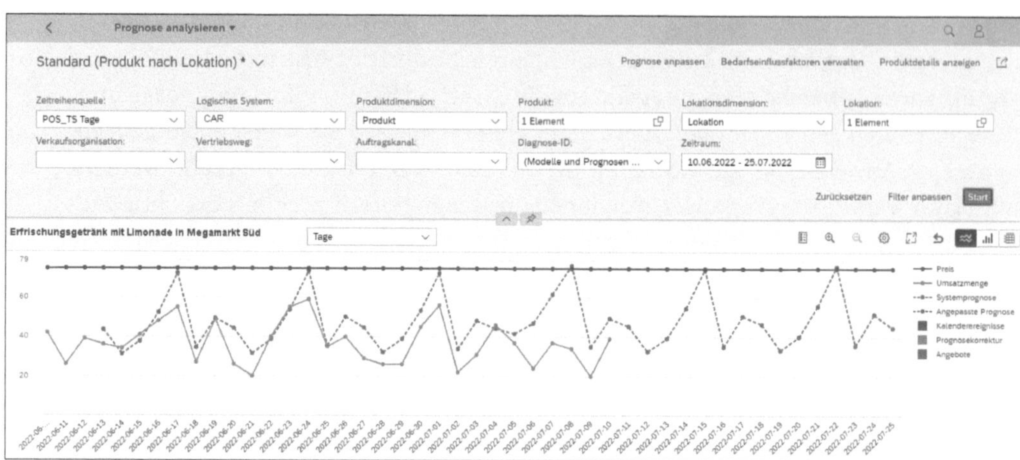

Abbildung 4.63 SAP-Fiori-App »Prognose analysieren«

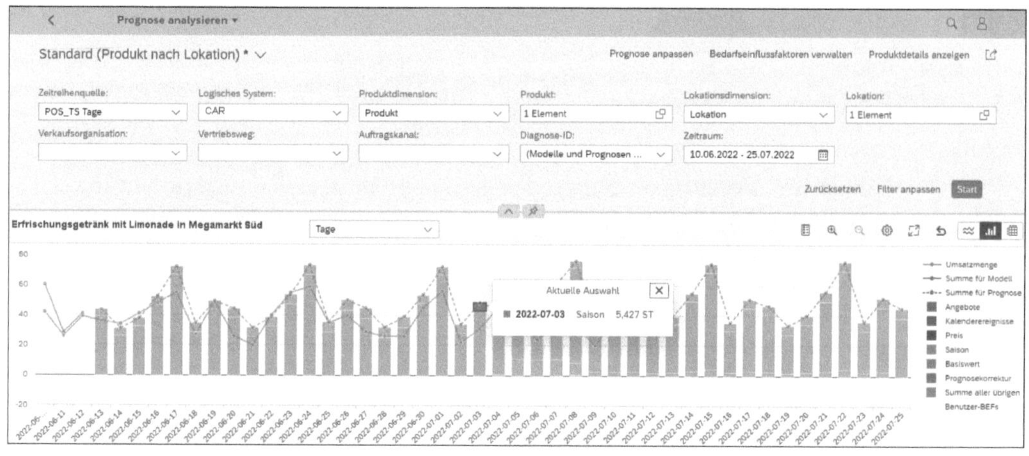

Abbildung 4.64 Prognose analysieren mit Dekomposition

Prognose anpassen

Müssen Prognosen manuell angepasst werden, können Sie dies in der App **Prognose anpassen** durchführen (siehe Abbildung 4.65). Gründe für Anpassungen können z. B. zu hohe oder zu tiefe Prognosen sein, auf die man durch einen Alert aufmerksam gemacht wurde, oder Situationen, in denen Sie kurzfristig auftauchende Einflussfaktoren dem System nicht mittels BEF mitteilen können. Die Korrekturen können additiv, multiplikativ oder absolut sein. Korrekturen aufgrund kurzfristig auftauchender Ereignisse sollten rückwirkend in Event-BEFs umgewandelt und so dem System erklärt werden.

Anpassungen werden für ein oder mehrere Produkte, auf Produkthierarchieebene, für einzelne oder mehrere Lokationen und auf Lokationshierarchieebene vorgenommen. Zeitlich können die Anpassungen für einen oder mehrere Tage vorgenommen werden. Die Auswirkungen der Korrekturen können Sie direkt in der App simulieren.

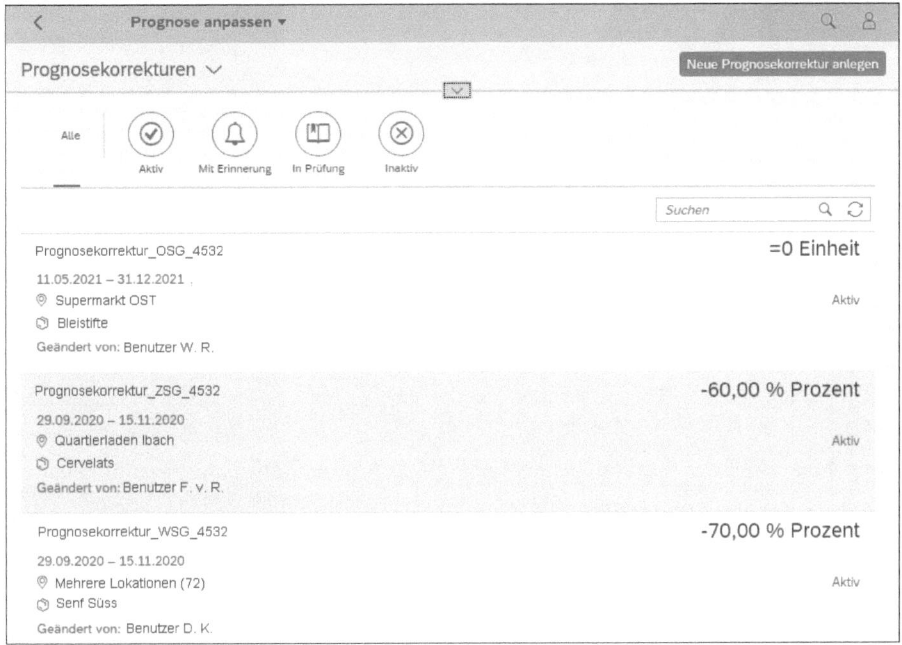

Abbildung 4.65 SAP-Fiori-App »Prognose anpassen«

Überlappungsregeln für Prognosekorrekturen

Es kann vorkommen, dass sich verschiedene Korrekturen überlappen, die miteinander in Konflikt stehen. So kann es z. B. sein, dass eine negative Korrektur für eine ganze Produkthierarchie vorgenommen wurde, jedoch gleichzeitig eine positive Korrektur für ein einzelnes Produkt aus dieser Hierarchie. In der App können Sie einstellen, welche Anpassungen bei solchen Konflikten berücksichtigt werden sollen.

Eine weitere Funktion der App **Prognose anpassen** ist die Klassifizierung von ähnlichen Prognosekorrekturen. Zum Beispiel können Sie Korrekturen, die aufgrund von fehlerhaften Input-Daten korrigiert werden mussten, in einer Klasse sammeln; dies hilft dabei, Korrekturen mit gleicher Ursache zu identifizieren und in der Rubrik »Prognose anpassen« zu finden.

Bedarfseinflussfaktoren verwalten

In der App **Bedarfseinflussfaktoren verwalten** (siehe Abbildung 4.66) können Sie BEFs für Produkte, auf Produkthierarchieebene, für einzelne oder mehrere Lokationen und auf Lokationshierarchieebene für vergangene und zukünftige Zeiträume anlegen und verwalten. Um die BEF-Zuordnung bei der Modellierung und bei der Prognose zu berücksichtigen, müssen Sie die BEF-Zuordnung in der App auf aktiv stellen.

Bedarfseinflussfaktoren verwalten ▾

BEF-Übersicht ∨

30% Erhöhung	01.07.2022	30.09.2022	Produkthierarchie	Lokationshierarchie	User W. D.	Benutzer-BEF	Aktiv	>
10% Erhöhung	01.07.2022	30.09.2022	Produkthierarchie	Lokationshierarchie	User W. D.	Benutzer-BEF	Aktiv	>
45% Erhöhung	01.07.2022	30.09.2022	Produkthierarchie	Lokationshierarchie	User T. I.	Benutzer-BEF	Aktiv	>
45% Erhöhung	01.07.2022	30.09.2022	Produkthierarchie	Lokationshierarchie	User T. I.	Benutzer-BEF	Aktiv	>
60% Erhöhung	01.07.2022	30.09.2022	Produkthierarchie	Lokationshierarchie	User T. I.	Benutzer-BEF	Aktiv	>
30% Erhöhung	01.07.2022	30.09.2022	Produkthierarchie	Lokationshierarchie	User T. I.	Benutzer-BEF	Aktiv	>
10% Erhöhung	01.07.2022	30.09.2022	Produkthierarchie	Lokationshierarchie	User T. I.	Benutzer-BEF	Aktiv	>
60% Erhöhung	01.07.2022	30.09.2022	Produkthierarchie	Lokationshierarchie	User T. I.	Benutzer-BEF	Aktiv	>
35% Erhöhung	01.07.2022	30.09.2022	Produkthierarchie	Lokationshierarchie	User T. I.	Benutzer-BEF	Aktiv	>
25% Erhöhung	01.07.2022	30.09.2022	Produkthierarchie	Lokationshierarchie	User T. I.	Benutzer-BEF	Aktiv	>
10% Erhöhung	01.07.2022	30.09.2022	Produkthierarchie	Lokationshierarchie	User T. I.	Benutzer-BEF	Aktiv	>
25% Erhöhung	01.07.2022	30.09.2022	Produkthierarchie	Lokationshierarchie	User T. I.	Benutzer-BEF	Aktiv	>
15% Erhöhung	01.07.2022	30.09.2022	Produkthierarchie	Lokationshierarchie	User T. I.	Benutzer-BEF	Aktiv	>
30% Erhöhung	01.07.2022	30.09.2022	Produkthierarchie	Lokationshierarchie	User T. I.	Benutzer-BEF	Aktiv	>
25% Erhöhung	01.07.2022	30.09.2022	Produkthierarchie	Lokationshierarchie	User T. I.	Benutzer-BEF	Aktiv	>

Weitere

Abbildung 4.66 SAP-Fiori-App »Bedarfseinflussfaktoren verwalten«

Um die Funktionen dieser App zu nutzen, müssen Sie zuerst in der Kachel **BEF-Bibliothek**, die wir im Anschluss beschreiben, eine BEF-Bibliothek anlegen.

BEF-Bibliothek

Mithilfe der Kachel **BEF-Bibliothek** können Sie die BEF-Bibliothek erstellen, die dann in der App **Bedarfseinflussfaktoren verwalten** genutzt wird. Hier können Sie Benutzer-BEFs, die im ABAP-System erstellt wurden, eigene BEF-Namen zuordnen und sie in BEF-Gruppen und -Untergruppen klassifizieren (siehe Abbildung 4.67).

Die BEF-Bibliothek können Sie, wie auch die App **Bedarfseinflussfaktoren verwalten**, nur für technische Benutzer-BEFs verwenden, die dem Typ **Boolesche** und der Bedarfsmodellkomponente **PMGA:M** zugeordnet sind.

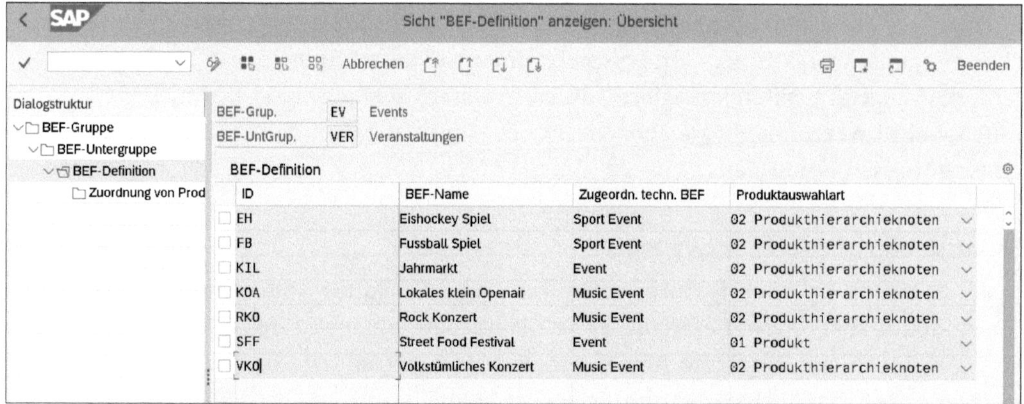

Abbildung 4.67 BEF-Bibliothek

Alerts verwalten

In der SAP-Fiori-App **Alerts verwalten** können Sie die Alerts, die vom System generiert werden (siehe Abschnitt 4.5.1, »Funktionen im Überblick«) verwalten. Die Alerts erhalten auf der Basis bestimmter Kennzahlen, wie dem Einkaufspreis oder der Haltbarkeit, und deren Gewichtung einen Alert-Score. Welche Kennzahlen wie stark für den Score berücksichtigt werden sollen, können Sie direkt in der App anpassen. Je höher dieser Score ist, desto kritischer ist der Alert. In der App **Alerts verwalten** können Sie aus einem Alert direkt in die beiden Apps **Prognose analysieren** und **Prognose anpassen** wechseln.

4.5.3 Architektur und Schnittstellen

Die Demand Data Foundation (DDF) ist ein Modul in SAP Customer Activity Repository. Es hat die Aufgabe, Daten zentral zu speichern und sie UDF und den anderen SAP-Customer-Activity-Repository-Applikationen zur Verfügung zu stellen.

[«]

Geteilte Datengrundlage

Nicht nur UDF greift auf die Daten zu, die in der DDF gespeichert sind. Auch andere Applikationen von SAP Customer Activity Repository wie SAP Promotion Management nutzen DDF als zentrale Datenquelle. Änderungen in DDF sollten deshalb mit höchster Vorsicht vorgenommen werden und erst, nachdem Sie die Auswirkungen auf alle Applikationen gründlich geprüft haben. In jedem Fall verlangen sie eine sorgfältige Dokumentation.

Verkaufsdaten

Damit UDF seine Modelle und Prognosen überhaupt erstellen kann, braucht es historische Verkaufszahlen. Diese Daten können aus unterschiedlichen Quellen stammen. Dazu gehören Point-of-Sale-Daten, Verbrauchsdaten oder Marktforschungsdaten. Die Daten werden dann über das Modul POS-Datenübertragung und -Audit in die DDF geladen (siehe Abschnitt 6.2, »POS-Datenübertragung und -Audit«). Dabei haben Sie die Möglichkeit, Abverkäufe von Artikeln mit reduzierten Preisen (Abverkäufe) herauszufiltern, sodass diese später keinen Einfluss auf die Modelle und Prognosen haben.

Stammdaten

Neben den Verkaufsdaten braucht UDF zudem Zugriff auf die Stammdaten aus dem ERP-System. Dazu gehören Informationen zu Produkten, Lokationen, Aktionen oder zur Listung der Produkte. Die Kommunikation zwischen dem SAP-S/4HANA-Retail-System und DDF erfolgt über die Transaktion DRFOUT.

Allgemein ist zu beachten, dass die Genauigkeit der UDF-Prognosen stark von der Qualität der Verkaufsdaten und Stammdaten abhängt. Gibt es bei diesen Daten Qualitätsprobleme, hat das einen direkten negativen Einfluss auf die Prognosen, die UDF erstellt.

[»]

Listung im UDF

Viele Händler listen alle Produkte in allen Lokationen. Dies bedeutet, dass laut System alle Produkte in allen Lokationen zum Verkauf bereitstehen. Aus Sicht des UDF wird von diesem Ansatz aus verschiedenen Gründen abgeraten:

1. Wenn Sie Produkte in Lokationen listen, in denen diese nicht zum Verkauf stehen, werden unnötige Produktlokationen in SAP Customer Activity Repository geschrieben. Dies kann bei zum Teil deutlich mehr als hunderttausend Produkten pro Lokation einen merkbaren negativen Einfluss auf die Speicherkapazität haben.
2. Wenn UDF die Information bekommt, dass ein Produkt in Zukunft in einer Lokation gelistet wird, wird dafür eine Prognose – größer null – erstellt. Falls das Produkt aber gar nicht in der Filiale verfügbar ist, wird folglich aufgrund von falschen Daten eine »falsche« Prognose erzeugt.
3. UDF behandelt Tage, an denen ein Produkt historisch gelistet wurde, als potenzielle Verkaufstage. Da das Produkt aber in der Lokation nicht angeboten wurde, konnte es vom Konsumenten auch nicht gekauft werden. Diese Tage werden dann von UDF als Tage ohne Absatz im Modell berücksichtig. Das führt zu einer schlechten Datenqualität, da UDF die Verkaufshistorie falsch interpretiert und so die Produktion-Lokation-Modellierung sowie die hierarchischen Prioren verschlechtert.

4.5.4 Konsumierende Anwendungen

Prognosen und Modellierungen sind kein Selbstzweck. Es ist zwar interessant zu wissen, was in der Vergangenheit einen Einfluss auf den Bedarf hatte und was die Erwartung für die zukünftige Nachfrage ist. Um die Funktionen des Unified Demand Forecasts aber optimal nutzen zu können, müssen Sie die Prognosen in vor- oder nachgelagerte Prozesse einbinden. UDF-Prognosen können dafür auch an Nicht-SAP-Anwendungen versendet werden. SAP bietet jedoch auch eine breite Palette an Anwendungen für verschiedene handelsbezogene Prozesse, in denen Sie die verschiedenen Prognosearten nutzen können, die sogenannten *konsumierenden Anwendungen* (engl. Consuming Apps). Auf diese Anwendungen möchten wir hier kurz eingehen.

SAP Forecasting and Replenishment

Wie bereits erwähnt, hat UDF gegenüber SAP Forecasting and Replenishment einige Vorteile, bietet aber keine Funktion zur Nachschubplanung. Um die Vorteile von UDF nutzen zu können, ohne auf das Replenishment verzichten zu müssen, können Sie Prognosefunktionen in UDF nutzen und den Nachschub weiterhin in SAP Forecasting and Replenishment planen.

SAP Replenishment Planning

Neben SAP Forecasting and Replenishment bietet SAP mit SAP Replenishment Planning eine Anwendung für die kostenoptimierte Nachschubplanung, die wie UDF auf SAP Customer Activity Repository läuft. Um die optimale Bestellmenge zu ermitteln, wird nicht nur die Punktprognose von UDF genutzt, sondern auch die berechnete Nachfrageverteilung.

SAP Promotion Management

Wie in Abschnitt 4.5.1, »Funktionen im Überblick«, beschrieben, können Sie die Was-wäre-wenn-Prognosen in der Anwendung SAP Promotion Management dazu nutzen, die Wirkung verschiedener Aktionen einzuschätzen. Sie können z. B. Aktionen in SAP Promotion Management planen, während UDF im Hintergrund die Was-wäre-wenn-Prognosen erstellt. Zu den Prognosen bekommen Sie auch den dazugehörigen PKI mitgeliefert.

SAP Assortment Planning

Sie können die von UDF erstellten Prognosen und zum Teil auch die SAP-Fiori-App **Prognose analysieren** für die Anwendung SAP Assortment Planning für die Analyse von Produktdaten, für die Umsatz- und Bestandsanalyse, für die innersaisonale Analyse sowie für die Berechnung der Verteilungsreferenz nutzen.

SAP Allocation Management

UDF-Prognosen werden in der Anwendung SAP Allocation Management für prognosebasierte intrasaisonale Auffüllungsszenarien, das prognosebasierte Aktionspush-Szenario, für die Filialbereiche und die Kapazitätenverwaltung sowie als Datenquelle für die Berechnung von Allokations-KPIs genutzt.

SAP Trade Management

Für die Anwendung SAP Trade Management kann UDF, ähnlich wie für SAP Promotion Management, den Bedarf für unterschiedliche Werbemittel modellieren und prognostizieren.

4.5.5 Ausblick

SAP bietet mit Predictive Replenishment für Verteilzenten im Laufe des Jahres 2022 die erste Lösung für die Prognose und Nachschubprozesse in der Industry Cloud an. Im ersten Schritt wird das Cloud Replenishment mit Prognosen von UDF versorgt werden. Im weiteren Verlauf werden im Rahmen der Cloud-Strategie die Cloud-Lösungen *Predictive Demand Planning* für Modellierung und Prognose und *Predictive Replenishment* für Filialen folgen.

4.6 SAP Replenishment Planning

Mit SAP Replenishment Planning wurde mit SAP CARAB 5.0 die Nachfolgelösung für den Nachschubprozess aus SAP Forecasting and Replenishment veröffentlicht. Basierend auf den Daten des UDF können Sie im SAP-Customer-Activity-Repository-System den Filialnachschub durchführen. DDF wird die zusätzlich benötigten Stamm- und Bewegungsdaten aus den SAP-S/4HANA-Retail-Systemen in SAP Customer Activity Repository replizieren.

SAP Replenishment Planning erzeugt, basierend auf der UDF-Prognose im SAP-Customer-Activity-Repository-System, automatisiert und kostenoptimiert Bestellvorschläge. Diese sogenannten *Bestellplanpositionen* werden über eine Schnittstelle an SAP S/4HANA Retail übertragen und dort in Bestellungen umgewandelt. Darüber hinaus wird es mithilfe von SAP Replenishment Planning möglich sein, die Bestellplanpositionen für einen vordefinierten Zeithorizont zu generieren. Die Disponenten werden von Simulationsmöglichkeiten unterstützt.

Bei der Erstellung der Bestellvorschläge berücksichtigt SAP Replenishment Planning Wahrscheinlichkeiten und produktspezifische Kostenparameter. Dabei werden z. B. folgende Kostenkomponenten berücksichtigt:

- Kosten im Einkauf
- Kosten durch Mindestbestandsunterscheidung
- Kosten durch Regalkapazitätsunterscheidung
- Zusatzkosten durch Umsatzverlust
- Zusatzkosten durch Verderb
- Kosten durch Regalkapazitätsunterschreitung

Speziell für Warenbereiche mit kurzfristigem Mindesthaltbarkeitsdatum (MHD) ermöglicht SAP Replenishment Planning eine untertägige Bedarfsplanung mit Berücksichtigung der aktuellen Bestands- und Abverkaufsdaten, die Sie auch mehrfach täglich durchführen können, um Filialen mit Waren bestmöglich zu versorgen. Zusätzlich dazu können Sie mithilfe von MHD-Restriktionen und Bestandsprojektionen den zu erwartenden Verderb in die Nachschubrechnung einfließen lassen.

Neben dem Nachschubprozess steht auch die Alert- und Ausnahmeverwaltung im Prozess von SAP Replenishment Planning zur Verfügung. Diese Funktionen unterstützen dabei, Fehler und Ausnahmesituationen zu erkennen und Korrekturen vorzunehmen, um weiterhin den Nachschub sicherstellen zu können. Diese und weitere Funktionen der Anwendung werden in Form von SAP-Fiori-Apps ausgeführt, die Sie bei der Konfiguration, Steuerung und Verwaltung des Nachschubprozesses unterstützen. Auch für die Überwachung des Prozesses stehen Ihnen SAP-Fiori-Apps zur Alert- und Ausnahmeverwaltung zur Verfügung. Zwei Apps, die hier besonders wichtig sind, sind folgende:

- **Nachschub simulieren**
- **Bestellplanpositionen bearbeiten**

Mithilfe der SAP-Fiori-App **Nachschub simulieren** können Sie das Nachschubergebnis unter Verwendung veränderter Parameter simulieren und analysieren. Dabei können Sie mithilfe der App die folgenden Fragestellungen beantworten:

- Wie sieht das Nachschubergebnis aus, wenn die nächstgrößere oder nächstkleinere Bestellmengeneinheit gewählt wird?
- Wie sieht das Nachschubergebnis aus, wenn ein zusätzlicher Bestell- oder Liefertag hinzugefügt oder entfernt wird?

Die App visualisiert dann die Auswirkungen auf Nachschubkennzahlen, z. B. auf Ebene der Filiale, der Warengruppe und des Materials, nach folgenden Kategorien:

- Bestellplanpositionen
- durchschnittlicher Bestandsmenge
- Verderb in Menge und Wert
- Fehlmengen und Profit

Mit der SAP-Fiori-App **Bestellplanpositionen bearbeiten** können Sie die Bestellplanpositionen überprüfen und bearbeiten. Verschiedene Filterkriterien (z. B. Filter auf Ausnahmemeldungen) helfen Ihnen bei der effizienten Überprüfung und Bearbeitung. Die Bestellplanpositionen werden in der App in einer Liste angezeigt (siehe Abbildung 4.68). Dadurch können Sie direkt mehrere Bestellplanpositionen gleichzeitig bearbeiten (Massenpflege). Die Übersicht setzt sich wie folgt zusammen:

- Kopfebene: Filterkriterien
- Positionsebene: Anzeige der Artikelinfos (Bestellzeitpunkt, Planmenge, Lieferdatum und Verfügbarkeitsdatum, Bezugsquelle, Status und Ausnahmemeldung)

- Detailsicht:
  - Kennzahlen und andere Parameter, die in der Nachschubrechnung zur Ermittlung der vorgeschlagenen Bestellmenge herangezogen werden
  - detaillierter Bestandsverlauf und Ausblick unter Berücksichtigung offener Bestellungen, der Abverkäufe, des erwarteten Verderbs
  - Reichweite und Servicegrad, die mit der vorgeschlagenen Bestellmenge voraussichtlich erzielt werden
  - Kennzahlen der verschiedenen Bestellmengenkandidaten können in einer Tabelle angezeigt und in einem dazugehörigen Diagramm miteinander verglichen werden

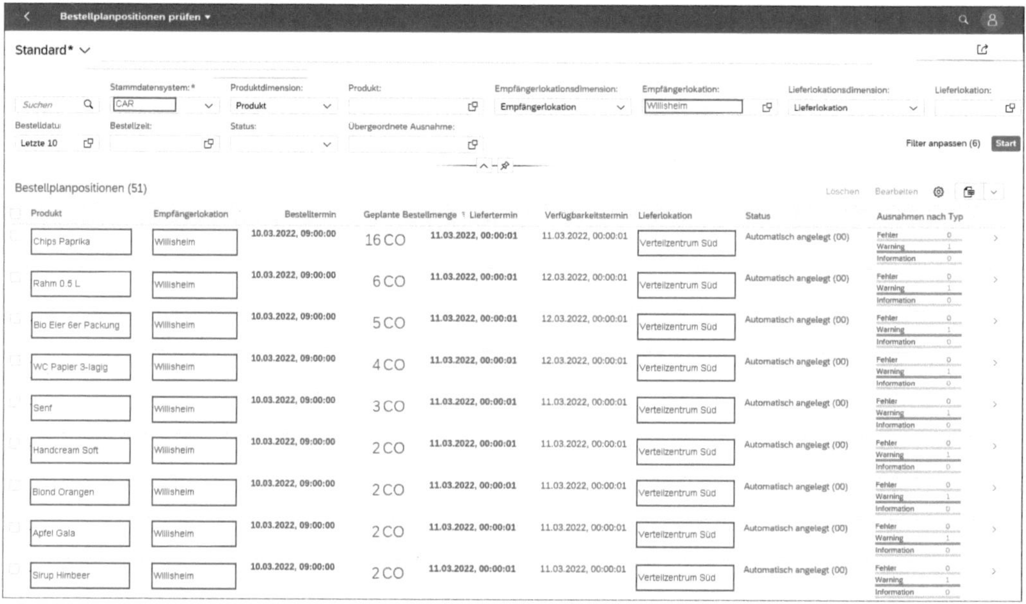

Abbildung 4.68 Bestellpositionen

4.7 Veränderung des Beschaffungsprozesses in SAP S/4HANA

Das Aufkommen neuer Technologien bedeutet für Handelsunternehmen oftmals neue Möglichkeiten. So war es beispielsweise nach Einführung der Scannerkassen in den 1990er Jahren möglich, die artikelgenaue Bestandsführung in Filialen einzuführen und den Nachschub automatisiert zu gestalten. Auch die aktuellen technologischen Neuerungen wie die künstliche Intelligenz (KI) und das Machine Learning (ML) haben einen Einfluss auf den Handel. So ist es z. B. mittlerweile möglich, die Prognose eines Bedarfs einer Filiale anhand von Vergangenheitsdaten und Einflussfaktoren wie dem Wetter genauer zu prognostizieren.

Auch SAP-Kunden profitieren von diesen Neuerungen. Die SAP-HANA-Datenbank hilft beispielsweise dabei, die damit einhergehenden Massendaten zu beherrschen, während Cloud-Anwendungen den Zugriff auf die Datenwelt vieler verschiedener Unternehmen ermöglicht, anstatt nur auf die Daten des eigenen Unternehmens. Man kann mithilfe von künstlicher Intelligenz z. B. Auswirkungen einer Preiserhöhung oder -senkung sowie eine Sortimentsänderung simulieren.

Der Datenaustausch mit den Herstellern kann dabei schon weit vor der Bestellung erfolgen, indem der Händler dem Hersteller seine Prognosedaten zur Verfügung stellt. Als Folge kann der Hersteller Produktionsspitzen glätten und hat somit weniger Verderb bzw. geringere Lagerkosten, was eine nachhaltigere und auch günstigere Produktion bedeutet. Durch Kundenkarten und größere Datenspeicher kann der Warenkorb des Kunden genauer spezifiziert und analysiert werden. Es ist somit möglich, das Sortiment standortspezifischer und kundenbedarfsgerechter zu planen.

Die Weiterentwicklung zu SAP S/4HANA hat nicht nur einen technologischen, sondern auch einen prozessualen Einfluss. Prozesse, die bislang im klassischen SAP-ECC-System abgebildet waren, sind aktualisiert worden oder wurden im SAP Customer Activity Repository umgesetzt. Das SAP Customer Activity Repository stellt grundsätzlich Informationen zu Abverkäufen (über alle Absatzkanäle), Bestandsinformationen sowie zu erwartenden Abverkäufen zur Verfügung.

Diese veränderte strategische Ausrichtung von SAP führte dazu, dass im Rahmen der Beschaffung eine Reihe von Prozessen im Vergleich zu SAP ECC eine deutliche Veränderung erfahren haben. Auf diese Prozesse möchten wir kurz eingehen, bevor wir uns im nächsten Abschnitt dem Ablauf des Beschaffungsprozesses im Allgemeinen widmen.

4.7.1 Bestellpositionen überwachen

In SAP S/4HANA Retail gibt es die SAP-Fiori-App **Bestellpositionen überwachen** (App-ID F2358). Die App stellt in SAP S/4HANA Funktionen zur Verfügung, die im Beschaffungsprozess zum effizienten Monitoring und der Steuerung von Bestellungen benötigt werden. In SAP ECC wurden diese Aufgabenstellungen bisher nicht umfassend im Standard abgebildet. Die App umfasst folgende Funktionen:

- Übersicht über die überfälligen Bestellpositionen
- Suchparameter verändern
- dynamische Suchhilfe

4.7.2 Terminierung und Transportketten

Die Terminierung und Nutzung der Transportketten stehen in SAP S/4HANA Retail übergreifend zur Verfügung. Die im Folgenden aufgeführten Transaktionen stehen zur Verfügung, um das Stammdatenobjekt *Transportkette* zu definieren. Je nach Applikation, z. B. **Bestellung anlegen** (Transaktion ME21N), werden die Transportketten dann in das Dokument eingebunden.

- WCHAIN1 – Transportkette anlegen
- WCHAIN2 – Transportkette bearbeiten
- WCHAIN3 – Transportkette anzeigen

Neu ist hier die Workbench für die Terminleisten (WDLW) zur belegübergreifenden Bearbeitung der Terminierung. Die Transaktion FSH_SWB dient der Massenpflege von Bestellungen und umfasst folgende Funktionen:

- Massenänderung
- Bestellsplit
- Zusatzleistungsneuermittlung
- Saisonneuermittlung
- Terminleisten-Workbench

4.7.3 Verkaufshilfsmittel und Zusatzleistungen

Verkaufshilfsmittel waren insbesondere in SAP ECC eine Funktionalität, um einem Produkt ergänzende Informationen zuzuordnen. Sowohl die Belange der Beschaffung der Ware als auch die Logistik und der Verkauf wurden darüber im Detail definiert. Von der Kalkulation bis hin zur physischen Ergänzung von Produkten z. B. um Sicherungselemente wird die Lieferkette in den Verkaufsmitteln im Detail definiert.

In SAP S/4HANA Retail ist die Funktionalität der Verkaufshilfsmittel weiterhin verfügbar, aber als nicht mehr strategisch definiert. Weitere Informationen dazu finden Sie in SAP-Hinweis 2269324. Es gibt eine Funktionalität für *Zusatzleistungen* (ZL), Sales-and-Distribution-Leistungen (IS-AFS-SD), die die Erscheinung, die Attraktivität und Verarbeitung eines Produkts verbessern, z. B. Verpackung, Etikettierung und Sonderservice. Die Zusatzleistungen in SAP S/4HANA stellen die strategisch verfolgte Lösungskomponente dar, um unter SAP S/4HANA die Verkaufsfähigkeit eines Produkts zu steuern. Es ist geplant, diese Funktionalität zu erweitern. Nutzen Sie dafür die Transaktion FSH_VAS_MM (Fashion Value Added Services).

4.7.4 Verteilungskurven ersetzen Werte- und Quotenleisten

In SAP S/4HANA Retail stehen Werte und Quotenleisten nicht mehr zur Verfügung. Im SAP-ECC-System bestand die Funktionalität, für Sammelartikel über Werte und Quotenleisten Vorschlagsmengen für die Verteilung zu berechnen. Dies war besonders geeignet für Sammelartikel mit einem einzigen variantenbildenden Merkmal, z. B. farbreine modische Artikel, die sich nur in der Größe unterscheiden. In SAP S/4HANA Retail steht diese Funktionalität nun durch Nutzung der Verteilungskurven zur Verfügung. Die Pflege der Verteilungskurven ermöglicht die Definition der Mengenverteilung eines Sammelartikels auf der Ebene seiner Varianten. Diese Vorschlagsmengen können dann in konsumierenden Applikationen wie der Bestellanlage genutzt werden.

Ziel ist es somit, die manuelle Pflege in Belegen, wie z. B. im Fall einer Bestellung, zu reduzieren. Nach Erfassung eine Gesamtmenge kann das Mengenverhältnis genutzt werden, um die Bestellmenge je Variante eines Sammelartikels zu ermitteln. Die Verteilung erfolgt automatisiert und kann bei Bedarf manuell angepasst werden.

4.7.5 Reagierendes Bestellmonitoring

Unter SAP ECC gab es den agierenden und reagierenden Bestellmonitor. Mit SAP S/4HANA gibt es nur noch den reagierenden Bestellmonitor. Es wurde eine Konsolidierung der Funktionalität vollzogen. Der agierende Bestellmonitor steht in SAP S/4HANA nicht mehr zur Verfügung.

Die Funktionalität des reagierenden Bestellmonitorings wurde im Rahmen der Konsolidierung erweitert. Bei Terminüberschreitung kann die Belegposition nun mit einem Kommentarcode versehen werden.

4.8 Wichtige Transaktionen

Abschließend werden alle wichtigen Transaktionen im Umfeld der Beschaffung aufgeführt, Details zu den jeweiligen Transaktionen wurden Ihnen bereits in den vorangegangenen Abschnitten ausführlich beschrieben und können dort eingesehen werden. Tabelle 4.1 dient Ihnen an dieser Stelle zusammenfassend als Übersicht.

Transaktionscode	Bezeichnung
ME31K	Kontrakt anlegen
ME51N	Bestellanforderung anlegen
ME21N	Bestellung anlegen

Tabelle 4.1 Wichtige Transaktionen für die Beschaffung

Transaktionscode	Bezeichnung
WLB5	Dispositions-Workbench
WDFR	Frischedisposition
VL31N	Lieferavis anlegen
MIGO	Wareneingang buchen
MIRO	Rechnung
WAK1	Aktion anlegen
WA01	Aufteiler anlegen
VA01	Kundenauftrag anlegen
NACE	Konditionen der Nachrichtensteuerung
MN04	Nachrichten Einkauf anlegen

Tabelle 4.1 Wichtige Transaktionen für die Beschaffung (Forts.)

Kapitel 5
Logistik und Warenverteilung

Logistik dient dazu, die Ware effizient vom Hersteller oder Lieferanten zum Verbraucher oder Kunden zu bringen. In diesem Kapitel präsentieren wir die Funktionen, die SAP S/4HANA Retail in diesem Umfeld anbietet.

In diesem Kapitel erklären wir Ihnen zunächst wesentliche logistische Abläufe, inklusive Änderungen in der Systemarchitektur für die Logistikprozesse in SAP S/4HANA Retail (siehe Abschnitt 5.1, »Retail- und Logistikprozesse«). Anschließend erläutern wir mit der Beschreibung des Wareneingangsprozesses, wie sich eine Vereinnahmung von Ware vollzieht. Hier gehen wir darauf ein, wer die Wareneingänge anstößt und welchen Effekt die Einlagerung für die Bestandssituation hat (siehe Abschnitt 5.2, »Wareneingangsprozess«). In Abschnitt 5.3 beschäftigen wir uns in dem Warenausgangsprozess, also mit dem Prozess, in dem die Ware zum Kunden bzw. zur Filiale geliefert wird. Eine spezielle Form der Warenannahme und Weiterverteilung ist die Verwendung eines *Aufteilers*. Dessen Ablauf und Möglichkeiten erläutern wir in Abschnitt 5.4, »Warenverteilung«.

Inzwischen nimmt im Handelsbereich der Retourenprozess eine immer bedeutendere Stellung ein. Deshalb stellen wir diesen Prozess in Abschnitt 5.5, »Retourenprozess«, vor.

In Abschnitt 5.6, »Bestand und Inventur«, gehen wir dann darauf ein, wie ein Warenbestand im Lager im Vergleich zur Materialwirtschaft aussieht, auch vor dem Hintergrund von den durch SAP S/4HANA bedingten Neuerungen. Außerdem thematisieren wir Inventurverfahren, die im Lager möglich und in SAP S/4HANA Retail implementiert sind. Schließlich stellen wir Ihnen den Prozess der Chargenabwicklung vor (siehe Abschnitt 5.7). Abschließend stellen wir Ihnen in Abschnitt 5.8 die SAP-S/4HANA-Funktion Embedded EWM für SAP S/4HANA Retail und in Abschnitt 5.9 zentrale Transaktionen und SAP-Fiori-Apps in einer Übersicht vor.

5.1 Retail- und Logistikprozesse

Die Retail-Logistik umfasst Prozesse und Aufgaben, die im Zuge der Logistik von Waren des Einzelhandels gesteuert und aufeinander ausgerichtet werden müssen. Dabei lässt sich eine Logistik für Retail oftmals auch mit Filial- oder Handelslogistik beschreiben.

Im Zentrum stehen dabei immer Prozesse mit dem Ziel einer umfassenden und vor allem zeitgerechten Versorgung der Verkaufsstellen.

Daraus leiten sich folgende Kategorien von Prozessen für ein SAP-S/4HANA-System ab:

- **Logistikprozesse**
  Dabei handelt es sich um Prozesse im Sinne der Warenlogistik, wie z. B. Wareneingang, -verteilung und -ausgang sowie die Betrachtung des jeweiligen Start- und Abschlussprozesses im Lager. Nicht unwesentlich sind dabei die integrativen Transportprozesse.
- **Lagerinterne Logistikprozesse**
  Das sind Prozesse, die durch den Ein- und Ausgang von Ware innerhalb des Lagers angestoßen und in diesem ausgeführt werden.

Mit der Änderung der Systemarchitektur durch den Einsatz von SAP S/4HANA sind auch Wechsel bisher verwendeter Anwendungsobjekte und der logistischen Prozesse verbunden, dazu gehören beispielsweise folgende:

- Stand-alone-Anwendungen oder bisher separate SAP-Supply-Chain-Management-(SAP-SCM-)Anwendungen sind nun als eingebettete Anwendungen in das SAP-S/4HANA-System integriert. Dazu gehören vor allem:
  - SAP S/4HANA Embedded EWM
  - SAP S/4HANA Embedded TM
- In *Embedded Extended Warehouse Management* (Embedded EWM) fällt die im dezentralen EWM notwendige Anlieferungsbenachrichtigung weg.
- Im Transportmanagement finden Sie eine Frachtkostenanzeige bereits im Frachtauftrag als Pendant des Transportbelegs und nicht erst im Frachtkostenbeleg.
- Mit der SAP-Fiori-App **Bestand verwalten** sind die klassische Bestandsanzeige und die Warenbewegungen in den Bestandsführungsfunktionen in einem einzigen Screen möglich.

Auch der Funktionsumfang der Lagerverwaltungsprozesse und -tools hat sich geändert. Hinzugekommen sind z. B. *SAP Stock Room Management* und das bereits erwähnte Embedded EWM für SAP S/4HANA.

SAP Stock Room Management ist quasi als Nachfolger der bisherigen SAP-WM-Lösung auf einem SAP-S/4HANA-Retail-System vorgesehen. SAP WM steht Ihnen auf einem SAP-S/4HANA-System noch bis Ende 2025 zur Verfügung. SAP Stock Room Management in SAP S/4HANA ist seit 2019 (SAP-S/4HANA-Version 1909) verfügbar.

Mit dieser Lösung besteht für Sie die Möglichkeit, mit leicht reduzierten Logistics-Execution-SAP-WM-Funktionen weiterzuarbeiten oder Ihre SAP-WM-Lösung auf SAP Embedded EWM zu migrieren. Wenn Sie sich entscheiden, mit SAP Stock Room Management zu arbeiten, sollten Sie bedenken, dass es einige Einschränkungen in der Funktionalität gibt. Die folgenden Funktionen, die man im Umfeld von SAP EWM findet, sind in SAP Stock Room Management nicht mehr ohne Weiteres nutzbar:

- Mehrwertdienstleistungen (engl. Value-added Services, WM-VAS)
- Cross Docking (WM-CD)
- Wellenmanagement (WM-TFM-CP)
- Warehouse Control Unit Interface (WM-LSR)
- Task and Resource Management (WM-TRM)
- Yard Management (WM-YM)
- Decentralized WM (WM-DWM)

Positiv ist bei den Änderungen, dass die mobile Datenerfassung (LE-MOB) in SAP Stock Room Management weiterhin uneingeschränkt zur Verfügung steht.

Mit Embedded EWM benötigen Sie keine Stand-alone-SAP-EWM-Lösung mehr, da die EWM-Funktionen zusammen mit anderen Prozessen auf einem einzigen SAP-S/4HANA-System laufen.

SAP EWM deckt in der SAP Business Suite die Steuerung komplexer Lager und Logistikzentren ab. Diese Softwarekomponente besitzt weitreichende funktionale Steuerungsmöglichkeiten, die mit dem im SAP ECC bekannten SAP WM nur mit Zusatzentwicklungen zu erreichen waren:

- Sie können Ihr bisheriges SAP-EWM-System mit einem SAP-S/4HANA-Retail-System koppeln und so weiterhin als dezentrales WM nutzen (seit SAP S/4HANA Release 1809).
- SAP Embedded EWM gibt es ab SAP S/4HANA-Version 1610 und erlaubt die Integration Ihres bisherigen SAP-EWM-Systems in den digitalen Kern des SAP-S/4HANA-Systems.

In Abschnitt 5.8, »Embedded EWM für SAP S/4HANA Retail«, gehen wir noch mal genauer darauf ein, welche Möglichkeiten zur Nutzung von SAP EWM Sie in SAP S/4HANA Retail haben.

5.2 Wareneingangsprozess

Der Wareneingangsprozess (*Inbound-Logistik*) ist dafür verantwortlich, die am Lagereingang, dem Lagertor, ankommende Ware entgegenzunehmen, sie eventuell zu kontrollieren und einzulagern. Für den gesamten Wareneingangsprozess sind dabei mehrere Abteilungen und Bereiche verantwortlich:

- Das Aufgabengebiet des *Qualitätsmanagements* ist die Kontrolle der Ware.
- Die mengenmäßige Vereinnahmung der Ware ist Bestandteil der *Materialwirtschaft*, genauer gesagt der *Bestandsführung* innerhalb der Materialwirtschaft. Die wertmäßige Vereinnahmung ist ebenfalls Bestandteil der Materialwirtschaft und deren Verbindung zum Finanzwesen.
- Die eigentliche Einlagerung der Ware in das Lager (z. B. WE-Zone; auf einen Lagerplatz) liegt in der Verantwortung des *Lagerverwaltungssystems*.

[!]

Unterschied zwischen Wareneingang und Einlagerung

Aufgrund dieser Verantwortungsteilung sollten Sie strikt unterscheiden zwischen dem *Wareneingang* und der *Einlagerung*:

- **Wareneingang**
  Dies ist eine Funktion innerhalb der Materialwirtschaft. In SAP wird dazu eine Buchung, die sogenannte *WE-Buchung*, durchgeführt. Eine WE-Buchung setzt kein Lagerverwaltungssystem voraus. Es kommt dabei auf die Konfiguration des Betriebs und seiner Lagerorte an.
- **Einlagerung**
  Dies ist die Verbringung einer Ware vom Wareneingangsbereich an seinen Lagerplatz im Lager. Die Einlagerung wird durch ein Lagerverwaltungssystem vorgenommen und gebucht. Bei dezentralen, externen Lagerverwaltungssystemen wird die erfolgreiche Einlagerung an das SAP-S/4HANA-Retail-System gemeldet. Das führt dann wiederum, basierend auf dieser Meldung, eine WE-Buchung durch. Eine solche WE-Buchung wird ebenfalls mit dem Abschluss des Einlagerungsprozesses in einem SAP Embedded EWM initiiert.

Mit der Entscheidung für eine bestimmte SAP-Lagerarchitektur wird auch der Ablauf des Wareneingangsprozesses beeinflusst, dabei unterscheidet man zwischen den folgenden Prozessen:

- Wareneingangsprozesse mit dezentralem SAP-ERP/Nicht-SAP- und SAP-EWM-System
- Wareneingangsprozesse mit SAP Embedded EWM

5.2.1 Ablauf des Wareneingangsprozesses im Lagerverwaltungsumfeld

Die Ausgangssituation des im Folgenden beschriebenen Prozesses ist die, dass im Wareneingangsbereich, z. B. am Lagertor, ein Fahrzeug mit Ware ankommt. Der Gesamtprozess der Warenvereinnahmung untergliedert sich dann in zeitlicher Aufeinanderfolge in die folgenden Abschnitte:

1. Wareneingangsplanung
2. Hofmanagement (auch Yard Management genannt)
3. Warenannahme
4. Qualitätsprüfung
5. Einlagerung
6. Wareneingangsbuchung

[«]

Mögliche zusätzliche Prozesse

Zusätzlich mögliche Prozesse sind das Auspacken der gelieferten Einheiten (die sogenannte *Dekonsolidierung*) oder das Hinzufügen von logistischen Zusatzleistungen (LZL), wie z. B. das Verpacken, die Etikettierung oder das Veredeln der Ware. Inwieweit LZL verwendet werden, hängt dabei z. B. von den genutzten Steuerungen im Verteilprozess (wie z. B. bei Cross Docking) ab.

Wareneingangsplanung

Die Wareneingangsplanung schließt unmittelbar an den Bestellprozess an. Die Grundlagen für die Planung sind einerseits Filialaufträge in Form von Umlagerungsbestellungen bzw. Bestellungen beim externen Lieferanten, vor allem die Lieferavise, die eventuell vom Lieferanten gesendet werden, sowie andererseits die aktuelle Auslastungssituation an Ressourcen. *Ressourcen* sind dabei das Personal und dessen Equipment, aber auch die Räumlichkeiten und die Lagerplätze innerhalb des Gebäudes selbst. Die vorhandenen Ressourcen müssen einerseits kostenoptimal genutzt werden, sollen aber zu Stoßzeiten auch Lastspitzen abfangen können.

Die Planung, insbesondere in den Verteilzentren, umfasst daher folgende Aktivitäten:

- Zuordnung von Personal zu den Wareneingangszonen, Toren und Arbeitsplätzen sowie Zuordnung zu Zeitfenstern
- räumliche Zuordnung von Anlieferungen (Lieferavisen) zu den Toren und Wareneingangszonen
- Zuordnung von Anlieferungen zu Geräten, wie z. B. mobilen Endgeräten, Scannern, Terminals und Fördermitteln. Dies umfasst ebenfalls die Einteilung und Zuordnung in Zeitfenster.
- Zuordnung der Ware, d. h. des Materials zu Lagerkomplexen, Lagerbereichen und/oder Lagerplätzen

Diese Planung erfolgt meist systemunterstützt. Sie wird im Verteilzentrum in regelmäßigem Rhythmus, z. B. täglich, durchgeführt.

Die Planung in den Filialen ist einfacher. Sie umfasst im Wesentlichen die Zuordnung von Personal und Anlieferungen zu Zeitfenstern. Die geringere Komplexität ergibt sich daraus, dass es in Filialen meist wenige Tore gibt und meist auch keine Lagerbereiche, in denen Stapler arbeiten könnten. Auch der zeitliche Rahmen in einer Filiale ist beschränkt. Die Planung in den Filialen wird häufig auch ohne Systemunterstützung, also nur auf Basis der Erfahrungswerte der Filialleitung, durchgeführt. Diese Planung erfolgt in der Regel im Wochenrhythmus.

Hofmanagement im Verteilzentrum

Im Verteilzentrum schließt sich das *Hofmanagement* (im Englischen *Yard Management* genannt) unmittelbar an die Wareneingangsplanung an. In den Filialen eines Handelsunternehmens ist ein Hofmanagement dagegen nicht notwendig, da in der Regel kein Hof entsprechender Größe verwaltet werden muss.

Die Spediteure der Lieferung melden sich im Büro des Verteilzentrums an und legen die Frachtpapiere vor. Dieser Prozess kann unter Verwendung von mobilen Geräten auch systemgestützt durchgeführt werden (insbesondere bei Lieferungen aus anderen Lokationen des Betriebs).

Im Rahmen des Hofmanagements können die Belege auf Vollständigkeit, Inhalt, Qualität und Zustand hin geprüft werden. Auf dieser Basis wird dann eine Entscheidung getroffen, ob die Anlieferung angenommen werden kann. Zudem können diese Kriterien zur Lieferantenbeurteilung herangezogen werden. Wird die Lieferung angenommen, weist das Hofmanagement dem Fahrer ein entsprechendes Tor bzw. eine Entladerampe zu, wo dann der Entladevorgang erfolgt. Ist der Verladevorgang beendet, meldet sich der Fahrer wieder beim Hofmanagement ab. So wird sichergestellt, dass er das Betriebsgelände verlassen hat.

Warenannahme

Für die ankommende Ware gibt es im Allgemeinen Liefer- oder Versandpapiere, mit denen der Bezug zu einem Vorgängerbeleg hergestellt werden kann. Im Idealfall enthalten die Papiere bereits die zugehörige Bestellnummer oder die Nummer eines Retourenauftrags. Es ist jedoch auch möglich, den Bezug über die Artikel, die Identifizierung der Palette (Nummer der Versandeinheit, NVE oder Handling-Unit-Nummer) oder über sonstige Informationen herzustellen.

Wenn der Vorgängerbeleg ermittelt ist, können grobe Prüfungen vorgenommen werden:

- Wie ist der Zustand der Ware, sind eventuell Siegel zerstört?
- Konnte der Liefertermin eingehalten werden?
- Stimmt die angekommene Menge mit der bestellten oder erwarteten Menge überein?

Die Wareneingangsbuchung beinhaltet immer die tatsächlich gelieferte Menge. Ist diese Menge kleiner als die bestellte Menge, bleibt der Vorgängerbeleg offen, d. h., es kann zu einem späteren Zeitpunkt ein erneuter Wareneingang gebucht werden. Ist die gelieferte Menge größer als die erwartete Menge, ist es möglich, Überlieferungen bis zu bestimmten Toleranzen zu akzeptieren. Danach wird die Ware in die Wareneingangszone gebracht.

Qualitätsprüfung

Zu diesem Zeitpunkt kann die Qualitätsprüfung der Ware ansetzen. Grundsätzlich gibt es dafür folgende Möglichkeiten:

- Die Ware wird direkt in den frei verfügbaren Bestand gebucht.
- Die Ware wird direkt zurückgesendet.
- Die Ware wird zunächst in einen *Qualitätsprüfbestand* (Q-Bestand) gebucht, später geprüft und bei Erfolg in den frei verfügbaren Bestand gebucht.
- Es wird von der angekommenen Menge nur eine Stichprobe (ein *Prüflos*) gezogen, die in einen Qualitätsprüfbestand (Q-Bestand) gebucht wird. Die Stichprobe wird detailliert in einem besonderen Prüflabor geprüft. Die Umbuchung der Stichprobe und der gesamten Menge kann dann ebenfalls später erfolgen. Dies beinhaltet unter Umständen auch eine Rücksendung der Ware.

Die Abwicklung des Wareneingangs erfolgt bis zu diesem Zeitpunkt (von der Anlieferung der Ware über die Prüfung bis hin zur Buchung des Wareneingangs) unabhängig davon, ob es ein Lagerverwaltungssystem gibt oder nicht.

Einlagerung

Die angelieferte Ware wird aus Sicht der Bestandsführung in ein Werk und an einen Lagerort gebucht. Dabei ist das *Werk* immer der Betrieb, in den die Ware geliefert wurde. Der *Lagerort* ist eine buchungstechnische Unterteilung des Werkes, um Bestände sinnvoll trennen zu können. Dabei kann der Lagerort entweder nur ein Bestandskonto repräsentieren oder aber das physische Lager selbst. Falls der Lagerort das physische Lager repräsentiert und von einem Lagerverwaltungssystem verwaltet wird, spricht man von einem *lagerverwaltungssystemrelevanten Lagerort*. Ist dies der Fall, beginnt nun der eigentliche Einlagerungsprozess.

Bei lagerverwaltungssystemrelevanten Lagerorten ist zu unterscheiden, mit welchen Lagersystemen gearbeitet wird (siehe Abschnitt 5.2, »Wareneingangsprozess«).

Im Hinblick auf SAP S/4HANA und die Einlagerung mit SAP haben Sie zwei Optionen. Entweder Sie nutzen ein internes System wie Embedded EWM, dann haben Sie die Wahl zwischen zwei Varianten:

- Embedded EWM als Basic EWM
- Embedded EWM als Advanced EWM

Alle Buchungen werden direkt bzw. per Remote Function Call (RFC) auf der gemeinsamen Datenbank durchgeführt; eine Schnittstelle mit IDocs ist nicht notwendig.

Oder Sie nutzen ein dezentrales EWM. Beim dezentralen Szenario werden über definierte Schnittstellen (IDocs) Informationen ausgetauscht.

Beiden EWM-Szenarien ist gemeinsam, dass der Wareneingang nach der erfolgten Einlagerung nun immer mit Referenz zu einer Anlieferung gebucht wird. Im nun auslaufenden SAP WM ist hingegen auch ein Referenzieren auf eine Bestellung im lagerverwaltungssysteminternen Transportauftrag möglich. Details zur Anlieferung in SAP EWM in der Embedded- und der dezentralen Ausführung finden Sie in Abschnitt 5.8, »Embedded EWM für SAP S/4HANA Retail«.

Wenn Sie SAP EWM nutzen, können Sie die Einlagerung in folgende Schritte einteilen:

- Entladen
- Zählen
- Dekonsolidieren
- endgültig Einlagern

Wareneingangsbuchung

Mit der Wareneingangsbuchung findet eine Fortschreibung der Bestände statt. Dabei ist entscheidend, welches der Systeme führend ist. Ohne die Kopplung an ein Lagerverwaltungssystem erfolgt in SAP S/4HANA Retail mit der Buchung des Wareneingangs sofort die Bestandsfortschreibung. Bei Nutzung eines dezentralen EWM-Systems oder eines Embedded-EWM-Systems erfolgt die Bestandsfortschreibung erst mit der Rückmeldung aus diesen Systemen. Meist ist das eine Information zur beendeten Einlagerung bzw. zum gebuchten Wareneingang.

In der Regel nutzen Sie dabei für die Buchungen der Lageraufgaben sogenannte *RF-Dialoge*. RF bedeutet *Radio Frequency* (dt. Datenfunk). Dabei wird mit speziell entwickelten Dialogen gearbeitet, die auf Staplerfahrzeugen oder auf Handgeräten genutzt werden können. Die detaillierte Pick- und Kommissioniertechnik ist aber jeweils abhängig von den eingesetzten Geräten in einem Lager.

Mit der erfolgten Quittierung der Lageraufgaben ist die Einlagerung dann abgeschlossen. Zentrales Objekt auf Lager- und ERP-Ebene ist dabei die Anlieferung.

5.2.2 Wareneingangsprozess über Anlieferungen

Die Wareneingangsbuchung ist bei internen und externen EWM-Lagerverwaltungssystemen über Anlieferungen notwendig. Bei dem Verfahren steht ein Anlieferbeleg (*Anlieferung* oder *Lieferavis*) zur Verfügung. Beim externen EWM-Verwaltungssystem wird die erzeugte Anlieferung im ERP-System mittels Anlieferungsbenachrichtigung dann sofort an das Lagerverwaltungssystem übertragen, wo eine EWM-eigene Anlieferung erzeugt wird. Die Anlieferung bleibt im SAP-ERP-System so lange gesperrt, bis eine Rückmeldung vom externen System erfolgt.

Die Anlieferung, auch Lieferavis genannt, ist der Beleg, der einen Bezug zur Bestellung hat. In der Praxis wird dieses Lieferavis vom Lieferanten an den Betrieb übermittelt. Dies geschieht häufig direkt in elektronischer Form (per EDI-Nachricht als sogenannter *Despatch Advice*, DESADV) und in seltenen Fällen auch noch manuell per Telefon oder E-Mail. Im System wird dann eine Anlieferung mit Bezug zu dieser Bestellung erzeugt.

Diese Anlieferung beinhaltet viele detaillierte Informationen für die Abwicklung im Wareneingangsbereich, z. B. genaue Ankunftszeiten, detaillierte Gewichtsangaben und eventuell auch Informationen über bereits verpackte Ware zusammen mit der entsprechenden Objekt-HU, wie Sie es Abbildung 5.1 am Beispiel von in Handling Units verpackten Materialien zur Anlieferung entnehmen können. Diese Anlieferungsdaten ermöglichen es Ihnen außerdem, genauer zu planen.

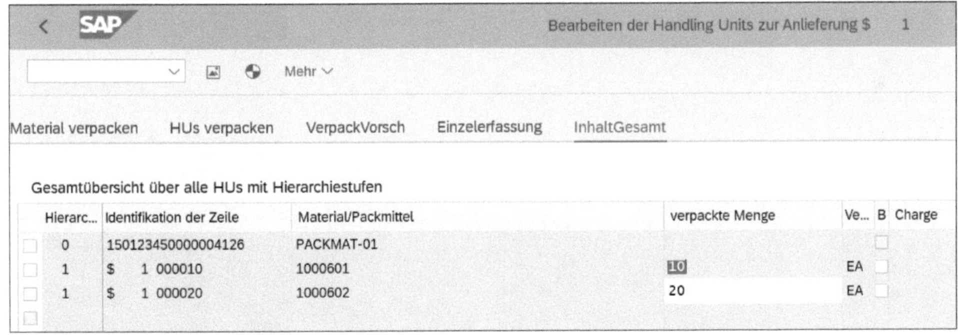

Abbildung 5.1 In Handling Units verpackte Materialien zur Anlieferung

Ohne einen technisch integrierten Prozess mit DESADV können Sie die Anlieferung zur Bestellung mit der Transaktion VL31N manuell oder mit der SAP-Fiori-App **Anlieferung anlegen** aus der Kachelgruppe **Anlieferungsbearbeitung** anlegen. Die so erzeugte Anlieferung wird in diesem Beispiel sofort an Ihr Lagerverwaltungssystem (Embedded EWM, ein dezentrales EWM oder ein beliebiges anderes externes System) übertragen (siehe Abbildung 5.2).

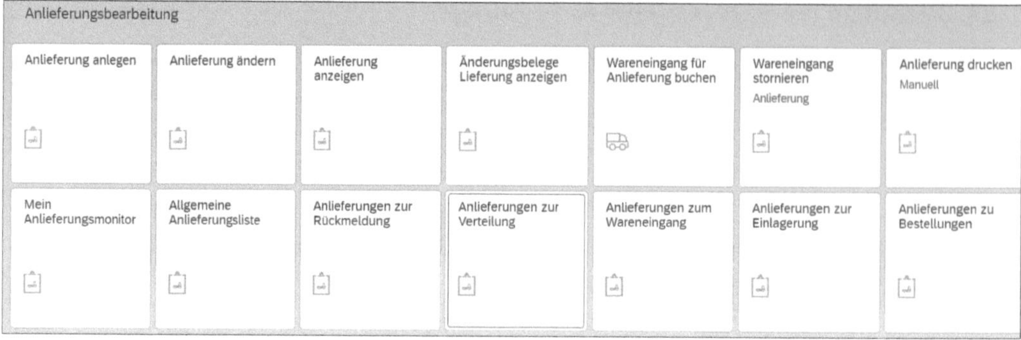

Abbildung 5.2 SAP-Fiori-Gruppe »Anlieferungsbearbeitung«

In die Anlegemaske geben Sie dann als zentrale Informationen folgende Details ein:

- Nummer der Bestellung
- Optional: Lieferant und Liefertermin (kann auch als zusätzliches Selektionskriterium zur Suche nach einer Bestellung verwendet werden)

Bestätigen Sie anschließend Ihre Eingabe mit [↵]. Abbildung 5.3 zeigt das Übersichtsfenster zur Anlieferung. Das System übernimmt dabei alle Daten aus der Bestellung, die für die Anlieferung notwendig sind. Sie müssen dann im Allgemeinen keine weiteren Eingaben mehr machen.

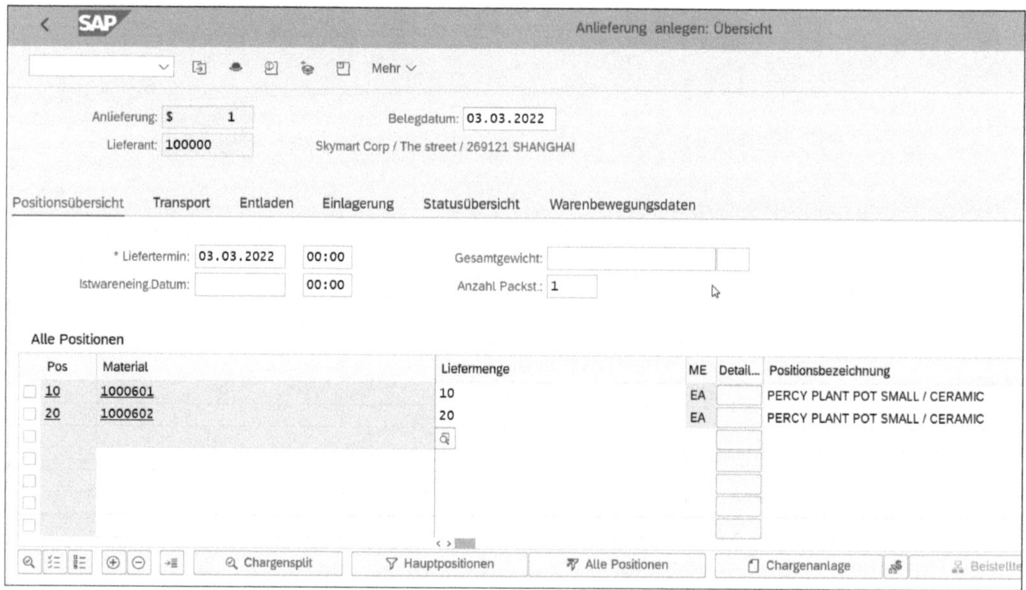

Abbildung 5.3 Anlieferung anlegen: Übersicht

Nachdem Sie die Anlieferung gesichert haben, erscheint eine Meldung über die erfolgreiche Anlage der Anlieferung. Bei Übertragung an das externe, fremde Nicht-

SAP-System, an ein dezentrales oder ein SAP Embedded EWM erscheint der Hinweis **verteilt**.

Nach der Verteilung der Anlieferung in das Lagerverwaltungssystem erfolgt dort die weitere Verarbeitung der Einlagerung, die mit der Rückmeldung zu den eingelagerten Artikeln und den Mengen sowie der abschließenden Wareneingangsbuchung an das SAP-S/4HANA-Retail-System endet.

Auf der Registerkarte **Statusübersicht** der Anlieferungsübersicht können Sie sich auf der SAP-ERP-Seite den Status der Anlieferung ansehen (siehe Abbildung 5.4). Die Anlieferung hat den Warenbewegungsstatus (Spalte **WS**) **C**, d. h., der Wareneingangsprozess für die Bestandsführung ist abgeschlossen, denn mit der Bestätigung aus einem Lager setzt das System die Anzeige von A auf C. Somit sind die Waren in Ihren Bestand gebucht.

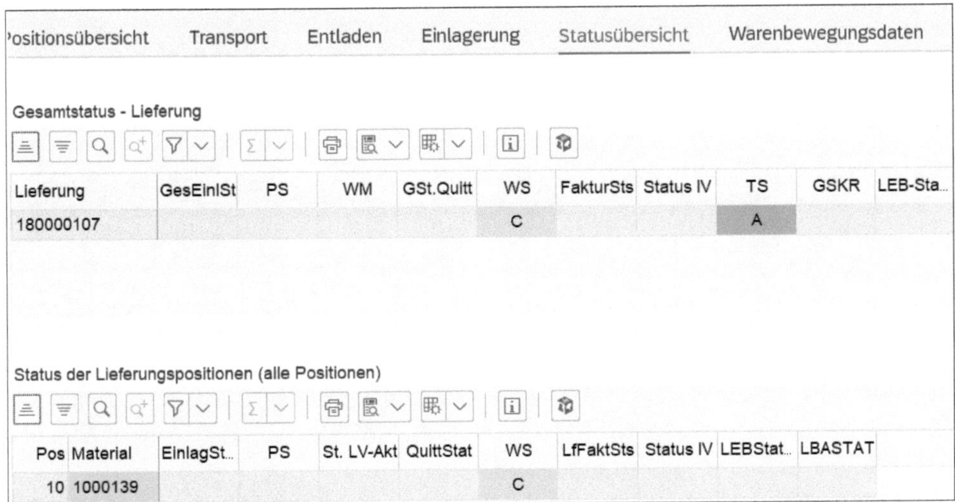

Abbildung 5.4 Statusübersicht

Auf der Registerkarte **Einlagerung** werden Ihnen Informationen zum Anlieferungsbeleg, der Status und die Herkunft bzw. die Nutzung der Lagerfunktion (Felder **Dez. Lager** und **Lagernummer**) angezeigt (siehe Abbildung 5.5).

[!]

Erfolgreiche Einlagerung

Das Lagerverwaltungssystem sendet in diesem Fall zwar nur eine erfolgreiche Einlagerung zurück. Im System kann jedoch eingestellt werden, dass mit dieser Rückmeldung automatisch auch ein Wareneingang gebucht wird.

In der Pflege des EWM-eigenen Anlieferungsbelegs zu einer ausgewählten Bestellnummer wird der beendete Wareneingangsstatus angezeigt (siehe Abbildung 5.6).

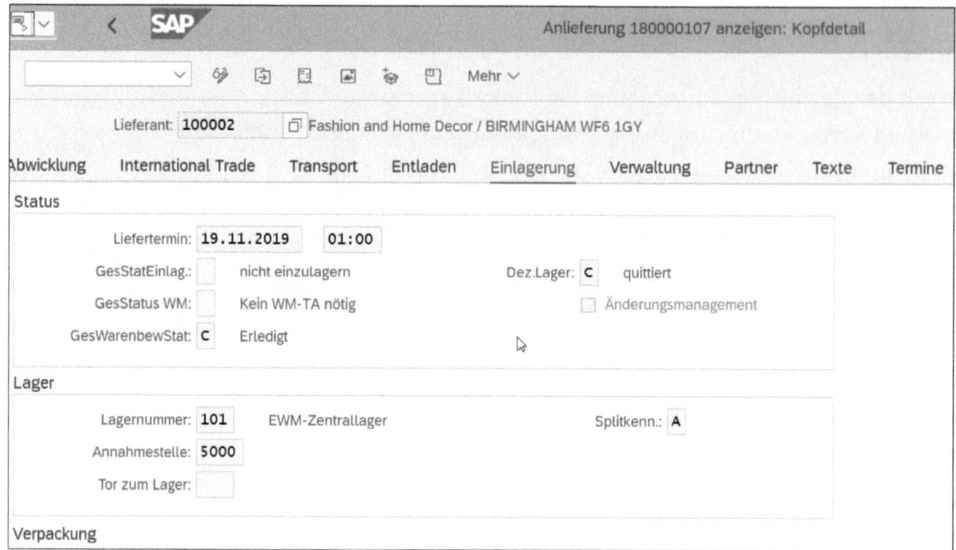

Abbildung 5.5 Anlieferungsstatus eines dezentralen WM – Kopfdetail

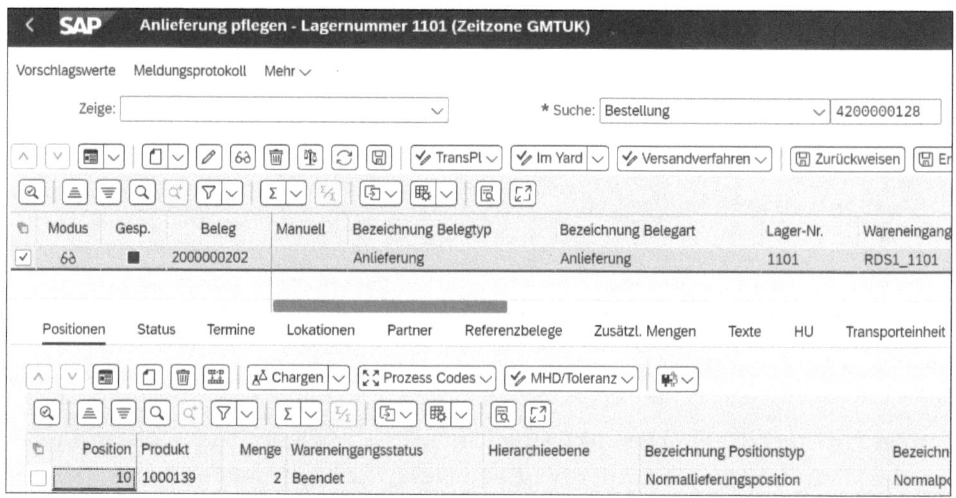

Abbildung 5.6 Anlieferung innerhalb des Lagersystems

Der erfolgte Wareneingang dieser Bestellung wird dann im Status des Bestellkopfes für die gelieferten Mengen angezeigt.

Die weitere Abwicklung, wie beispielsweise Verlagerung der Ware auf verschiedene Zonen oder Plätze innerhalb des Lagers, erfolgt auf der Ebene des SAP-EWM-Systems. Wie Sie diese Prozesse verwalten, erfahren Sie in Abschnitt 5.8, »Embedded EWM für SAP S/4HANA Retail«.

5.2.3 Anlieferung mit Embedded EWM und dezentralem EWM

Wenn Sie Embedded EWM oder ein dezentrales EWM zur Lagerverwaltung nutzen, ergeben sich daraus einige Besonderheiten in der Schnittstelle zwischen ERP- und EWM-Anwendung. Damit diese beiden Ebenen miteinander kommunizieren können, wird der *queued Remote Function Call* (qRFC) genutzt (siehe Abbildung 5.7). Die Daten werden dann über einen *transaktionalen Remote Function Call* (tRFC) mithilfe entsprechender Funktionsbausteine synchronisiert.

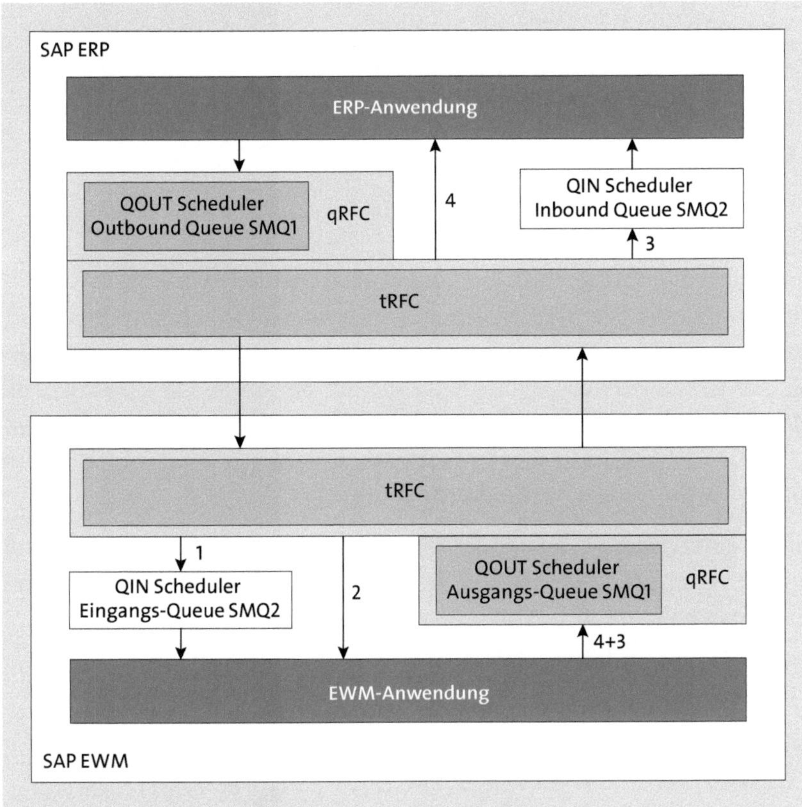

Abbildung 5.7 Integration SAP ERP mit SAP EWM

Fehler in der Kommunikation zwischen beiden Ebenen monitoren Sie dabei mit dem qRFC-Monitor (Transaktion SMQ2). In der Liste werden dann die fehlerhaften Queues mit Detailbild der jeweiligen Queue aufgelistet. Abbildung 5.8 zeigt ein Beispiel zur Anzeige einer fehlerhaften Kommunikation der Anlieferungsrückmeldungen zwischen den Programmebenen und Informationen aus SAP EWM an die Referenzbelege im SAP-S/4HANA-Retail-System.

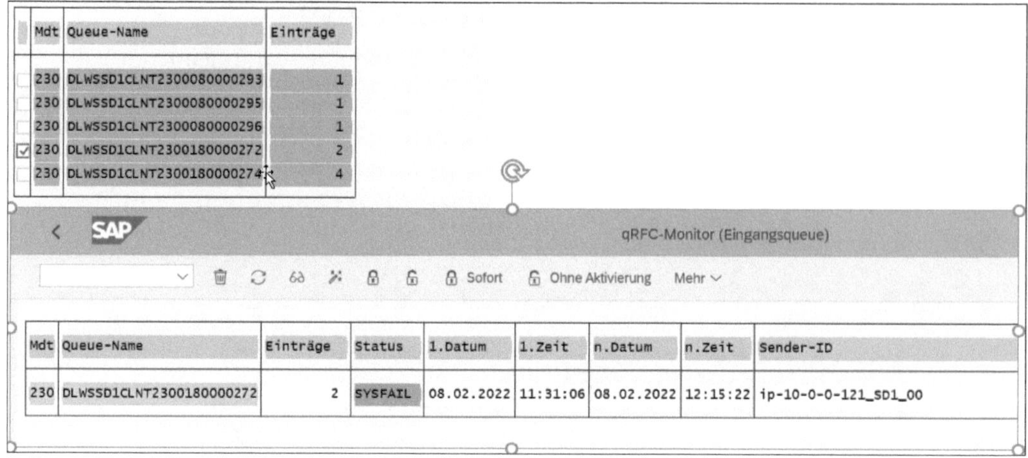

Mdt	Queue-Name	Einträge
230	DLWSSD1CLNT2300080000293	1
230	DLWSSD1CLNT2300080000295	1
230	DLWSSD1CLNT2300080000296	1
230	DLWSSD1CLNT2300180000272	2
230	DLWSSD1CLNT2300180000274	4

Mdt	Queue-Name	Einträge	Status	1.Datum	1.Zeit	n.Datum	n.Zeit	Sender-ID
230	DLWSSD1CLNT2300180000272	2	SYSFAIL	08.02.2022	11:31:06	08.02.2022	12:15:22	ip-10-0-0-121_SD1_00

Abbildung 5.8 qRFC-Monitor für die Fehlerrückmeldung

Bis zur Erstellung der Anlieferung sind die Prozesse in Embedded EWM und im dezentralen EWM deckungsgleich. Während in einem dezentralen EWM aber im Replikationsprozess zum Anlegen einer Anlieferung erst noch eine Anlieferungsbenachrichtigung vorgeschaltet ist, können Sie die Anlieferung auf der Embedded-EWM-Ebene sofort durch Erstellung der SAP-ERP-Anlieferung erzeugen. Das gilt im Embedded EWM auch umgekehrt. Hier können Sie eine EWM-Anlieferung anlegen, und die ERP-Anlieferung wird dann automatisch per qRFC erzeugt.

Mit dem Erzeugen einer Anlieferung auf der ERP-Ebene werden diese Anlieferungen in das Lagersystem repliziert. Diese werden Ihnen dann in den Lagermonitoren der Systeme angezeigt (siehe Abbildung 5.9).

SAP — Bearbeiten der Handling Units zur Anlieferung $ 1

Mehr

Material verpacken | HUs verpacken | VerpackVorsch | Einzelerfassung | InhaltGesamt

Gesamtübersicht über alle HUs mit Hierarchiestufen

Hierarc...	Identifikation der Zeile	Material/Packmittel	verpackte Menge	Ve...	B	Charge	Bestandssegment
0	150123450000004126	PACKMAT-01					
1	$ 1 000010	1000601	10	EA			
1	$ 1 000020	1000602	20	EA			

Abbildung 5.9 EWM-Anlieferung im Lagerverwaltungsmonitor anzeigen

Die meisten Lageranwendungen, die Sie vielleicht schon aus dem SAP GUI kennen, sind mittlerweile auch in der SAP-Fiori-Umgebung zu finden. Viele dieser Anwendungen sind aber nicht wirklich neue SAP-Fiori-Apps, sondern wurden lediglich dem Design von SAP Fiori angepasst, wobei ihre Funktionen jedoch gleich geblieben sind.

5.3 Warenausgangsprozess

Der Warenausgangsprozess (Outbound-Logistik) hat die Aufgabe, den physischen Abgang von Waren oder Materialien zu organisieren und die entsprechende Warenausgangsbuchung durchzuführen. Innerhalb des Lagerverwaltungssystems besteht der Warenausgangsprozess darin, die gelagerte Ware von den Lagerplätzen zu bestimmten Auslager- oder Versandbereichen zu transportieren (*Auslagerung* oder *Kommissionierung*) und dort die Ware eventuell zu verpacken und versandfertig zu machen.

Die Fertigstellung der Auslagerung bzw. Kommissionierung ist die Voraussetzung für die *Warenausgangsbuchung*. Mit der Warenausgangsbuchung verringert sich der Materialbestand im Verteilzentrum. Die Ware wird danach auf Transportmittel, wie z. B. einen Lkw, verladen und verlässt das Lager. Daher sollten Sie analog zum Wareneingang und der Einlagerung im Wareneingangsprozess strikt zwischen dem Warenausgang und der Auslagerung/Kommissionierung unterscheiden.

[!]

Unterschied zwischen Warenausgang und Auslagerung

Der Warenausgang ist eine Funktion innerhalb der Materialwirtschaft. Dazu wird die sogenannte *Warenausgangsbuch* (WA-Buchung) durchgeführt. Eine WA-Buchung setzt nicht notwendigerweise ein Lagerverwaltungssystem voraus. Es kommt dabei auf die Konfiguration des Werkes und seiner Lagerorte an.

Es gibt im Wesentlichen zwei verschiedene Warenausgangsprozesse:

- **Warenausgang mit Bezug zu Kundenaufträgen oder Umlagerungsbestellungen**
  Das ist der Normalprozess innerhalb des Warenausgangsprozesses.
- **Warenausgang mit Bezug zu sonstigen Belegen**
  Dies sind z. B. Warenentnahmen für den Eigenbedarf (Büromaterial, Lebensmittel innerhalb der Gastronomie) oder aber auch Materialbereitstellungen für die Produktion (im Handel eher selten).

Das wesentliche Objekt, zu dem die WA-Buchung gebucht wird, ist der Lieferbeleg, zu dem es die entsprechenden Vorgängerbelege, wie Kundenaufträge oder Umlagerungsbestellungen, gibt.

Die Auslagerung ist die Verbringung einer Ware von einem Lagerplatz im Lager zu einem definierten Platz in der Versandzone oder einer sonstigen Entnahmezone. Die Auslagerung wird auch *Kommissionierung* genannt, weil sie sich im Allgemeinen auf einen Auftrag respektive einer Lieferung (d. h. eine *Kommission*) bezieht. Die Auslagerung wird durch ein Lagerverwaltungssystem durchgeführt und gebucht. Bei dezentralen, externen Lagerverwaltungssystemen wird die erfolgreiche Auslagerung an das SAP-S/4HANA-Retail-System gemeldet, das dann wiederum, basierend auf dieser Meldung, eine WA-Buchung vornimmt.

Der gesamte Warenausgangsprozess erstreckt sich über mehrere Abteilungen und Bereiche:

- Die mengenmäßige Verbuchung der Ware ist Bestandteil der *Materialwirtschaft*, genauer gesagt der *Bestandsführung* innerhalb der Materialwirtschaft. Die wertmäßige Verbuchung ist ebenfalls Bestandteil der Materialwirtschaft mit Verbindung zum Finanzwesen.
- Die eigentliche Auslagerung der Ware liegt in der Verantwortung des *Lagerverwaltungssystems*. Das Verpacken der Ware und die Bereitstellung für den Transport sind meist ebenfalls Aufgabe des Lagerverwaltungssystems.
- Der Transport der Ware vom Verteilzentrum zum Kunden oder zu einer Filiale ist Aufgabe des *Transportwesens*.

5.3.1 Vorgängerbelege

Im Allgemeinen wird ein Warenausgang nur mit Bezug zu einem Vorgängerbeleg gebucht. Dies könnten folgende Belege sein:

- ein *Kundenauftrag* für einen externen Kunden
- Eine *Umlagerungsbestellung* vom Handelsbetrieb zu den Filialen des Verteilzentrums. Der WA-Prozess findet dann im Verteilzentrum statt.
- eine Retoure zurück zum Lieferanten, die sogenannte *Lieferantenretoure*

Für alle Vorgängerbelege wird im System eine Auslieferung angelegt. Die Auslieferung ist daher das zentrale Dokument innerhalb des Warenausgangsprozesses.

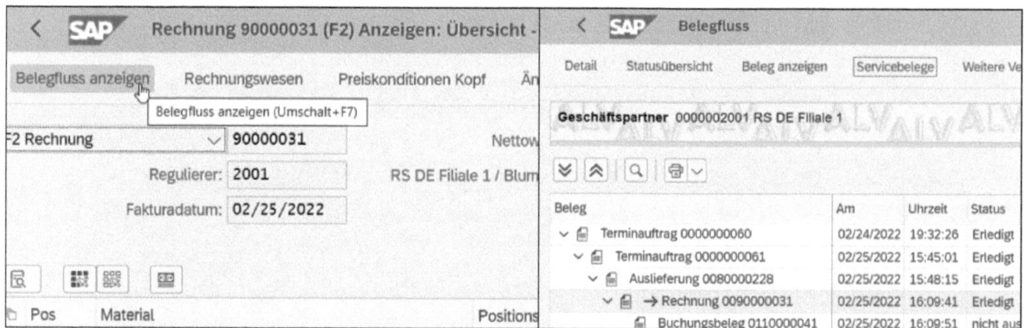

Abbildung 5.10 Belegfluss

Für die Anzeige der Kette von Belegen des Warenausgangs- bzw. Vertriebsprozesses steht Ihnen die Belegflussfunktion zur Verfügung. Sie können sich diesen Belegfluss (technisch abgebildet in der Tabelle VFBA) in der Regel zu jedem Objekt des Vertriebs anzeigen lassen. Abbildung 5.10 zeigt den Belegfluss zu einer Rechnung.

5.3.2 Ablauf des Warenausgangsprozesses

Der Ablauf des Warenausgangsprozesses ist einfacher als der des Wareneingangsprozesses. Ausgangssituation hier ist die Existenz eines Auftrags an das Lagerverwaltungssystem, Ware auszulagern. Der gesamte Warenausgangsprozess untergliedert sich in zeitlicher Reihenfolge in folgende Schritte:

1. Kommissionierung der Ware
2. Warenausgangsbuchung
3. Transport der Ware zum Endabnehmer

Zusätzlich mögliche Prozesse sind darüber hinaus das Verpacken der Ware oder logistische Zusatzleistungen, wie z. B. eine Etikettierung. Auf diese Prozesse wird hier nicht näher eingegangen.

Im Folgenden beschreiben wir die verschiedenen Warenausgangsprozesse (Warenausgang zum Kundenauftrag, zur Umlagerungsbestellung und zu sonstigen Belegen) im Detail.

Warenausgang zum Kundenauftrag

Der Prozess eines Warenausgangs infolge eines Kundenauftrags sieht folgendermaßen aus:

1. Im Verkaufsbüro wurde ein *Kundenauftrag* angelegt, wie im Folgenden noch beschrieben. Der Kundenauftrag sagt aus, welche Ware zu welchem Termin an welchen Kunden geliefert werden muss. Die Konfiguration eines Kundenauftrags, z. B. das Ausprägen einer Auftragsart, fällt in den Zuständigkeitsbereich des Verkaufs.
2. Die *Verfügbarkeitsprüfung* untersucht, ob die angeforderte Menge zum gewünschten Liefertermin verfügbar ist. Dabei wird der Bestand des Betriebs untersucht, unabhängig davon, ob zu diesem Betrieb ein Lager oder ein Lagerverwaltungssystem gehört.
3. Der Kundenauftrag wird zu gegebener Zeit beliefert, das bedeutet, im System wird eine *Auslieferung* mit Bezug zu diesem Kundenauftrag angelegt, wie im Folgenden noch beschrieben wird.

Die Auslieferung ist, wie bereits erwähnt, das zentrale Objekt der Logistik. Sie enthält in diesem Prozess detaillierte Informationen über die Abwicklung des Kundenauftrags. Unter anderem wird hier entschieden, aus welchem *Werk* und *Lagerort* die Ware entnommen werden muss.

Im Fall eines lagerverwaltungssystemrelevanten Lagerortes führen Sie die Kommissionierung und Abwicklung im Lagerverwaltungssystem durch. Ist dies nicht der Fall, erfolgt die Abwicklung im einfachsten Fall manuell durch Eingabe der Entnahmemengen (auch *Pick-Menge* bzw. *Kommissioniermenge* genannt) direkt in der Lieferung in der SAP-Fiori-App **Auslieferung kommissionieren** (siehe Abbildung 5.11). Bei einem lagerverwaltungssystemrelevanten Lagerort ist die Eingabe der kommissionierten Mengen hier nicht möglich, weil ein Lagerverwaltungssystem für die Kommissionierung führend ist.

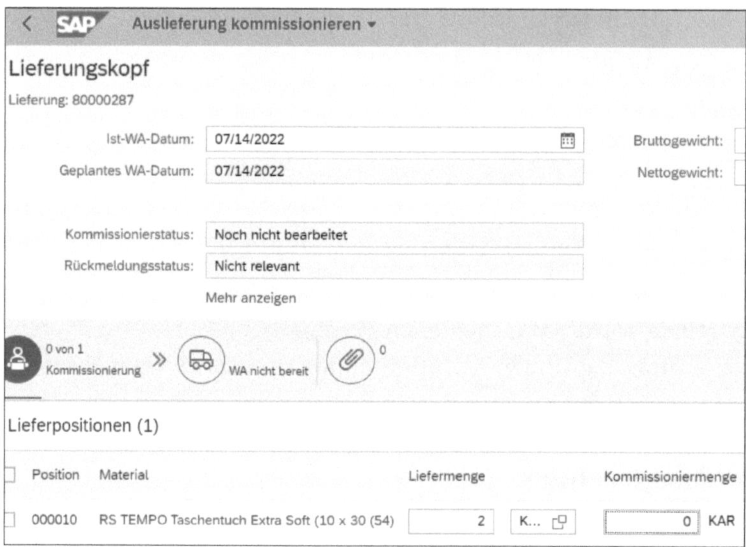

Abbildung 5.11 Auslieferung kommissionieren

Die möglichen unterschiedlichen Funktionen des Outbound-Prozesses innerhalb eines Lagerverwaltungssystems ergeben sich durch die Wahl von *internen* oder *externen* Systemen: Als intern kann man das LE-WM und Embedded EWM einordnen, als extern die Nicht-SAP- und SAP-dezentralen EWM-Lagerverwaltungssysteme.

Retailer mit hohem Belegaufkommen verwenden als Lagersystem häufig ein dezentrales Lagerverwaltungssystem. Bei einem externen System wird der Warenausgangsprozess in einem dezentralen Szenario über Auslieferungen abgewickelt, die an das externe System zur Kommissionierung übertragen werden. In dem externen System werden diese Auslieferungen dann ausgeführt bzw. kommissioniert. Danach erfolgt eine Rückmeldung über die kommissionierte Menge an das SAP-System. Diese Rückmeldung des externen Systems bewirkt dabei zum einen die Fortschreibung des Auslieferungsstatus (analog zur Abwicklung mittels des internen Lagerverwaltungssystems) und andererseits, je nach Einstellung, die Warenausgangsbuchung für die Auslieferung.

Der Warenausgangsprozess wird Ihnen im Folgenden näher erläutert, beginnend mit der Kundenauftragsanlage als Vorgängerbeleg. Um einen Kundenauftrag anzulegen, rufen Sie in Ihrem SAP-S/4HANA-Retail-System die Transaktion VA01 auf, oder öffnen Sie die SAP-Fiori-App **Kundenauftrag anlegen**. In Abbildung 5.12 sehen Sie die Einstiegsmaske der App.

Abbildung 5.12 Einstiegsmaske der SAP-Fiori-App »Kundenauftrag anlegen«

Geben Sie dabei die folgenden Informationen ein:

- die **Auftragsart** (**TA** steht hier für einen Terminauftrag, die einzelnen Verkaufsbelegarten und deren Steuerungsmöglichkeiten sind im Customizing **Verkauf** definiert)
- die Vertriebslinie, d. h. die **Verkaufsorganisation**, den **Vertriebsweg** und die **Sparte**

Bestätigen Sie Ihre Eingabe mit [↵] oder mit dem Button **Weiter**. Sie gelangen in das Übersichtsbild aus Abbildung 5.13.

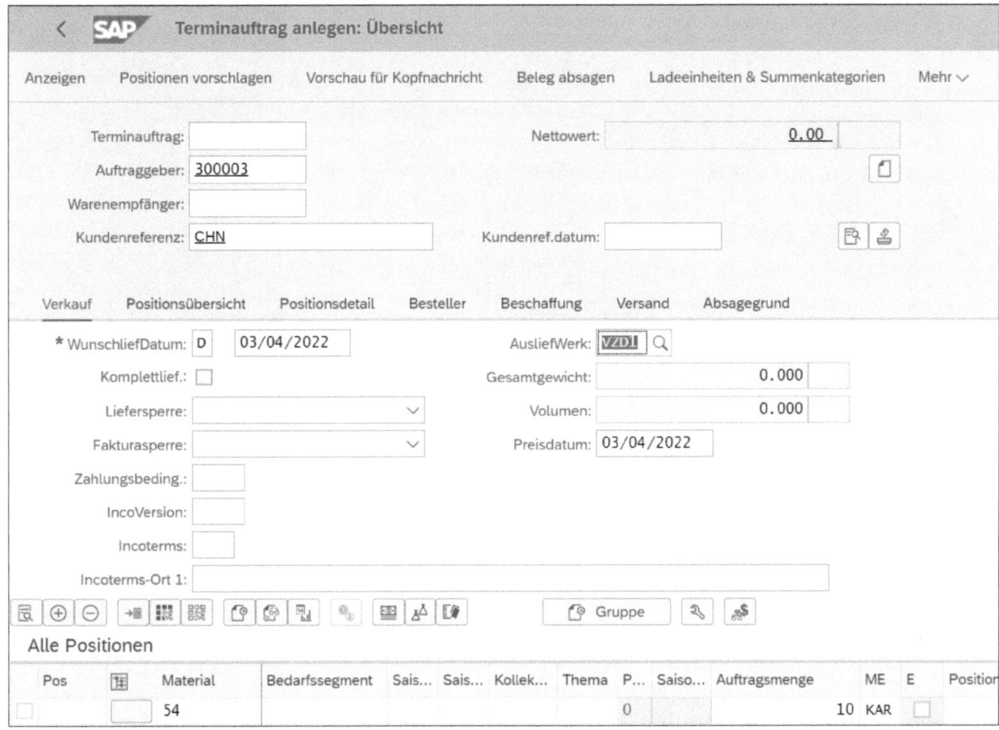

Abbildung 5.13 Terminauftrag anlegen: Übersicht

Geben Sie nun folgende Informationen ein:

- **Auftraggeber** (der Kunde)
- **WunschliefDatum** (das in die Auftragspositionen übernommen wird)
- **Kundenreferenz** (als zusätzliche Identifizierung des Auftrags)
- **Material** mit **Auftragsmenge**
- Werk, an das der Auftrag geht (**AusliefWerk**)

Überprüfen Sie anschließend Ihre Eingaben, und bestätigen Sie gegebenenfalls mit dem Button **Sichern**. Die Auslieferungsanlage wird auf der SAP-Fiori-Benutzeroberfläche in der SAP-Fiori-Kachel **Auslieferung anlegen – Aus Kundenaufträgen** erzeugt.

Über den Suchbegriff »Auslieferung« in dem Feld **Suche im Katalog** wird Ihnen diese Kachel in der App-Gruppe **Auslieferungen** angezeigt (siehe Abbildung 5.14).

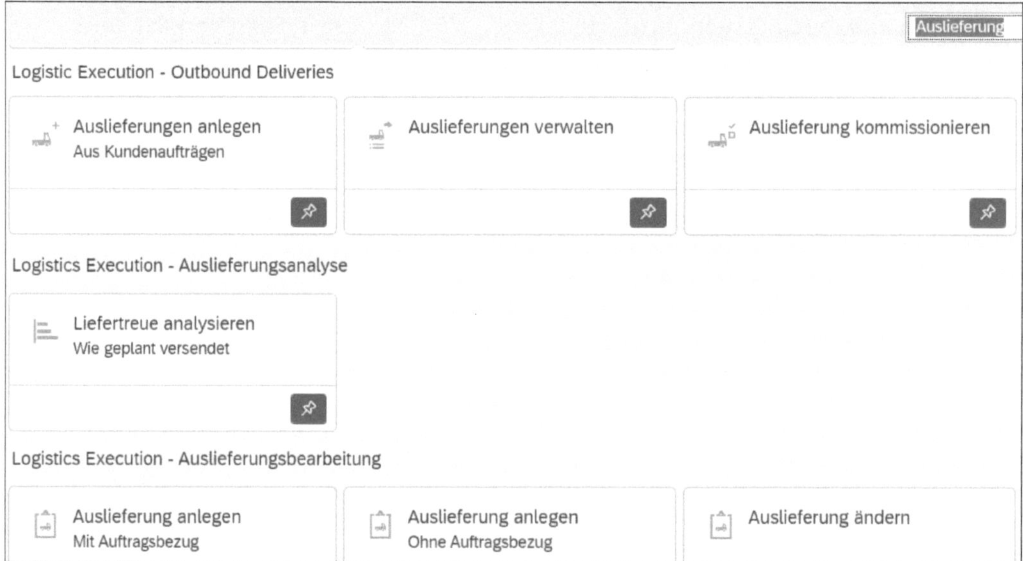

Abbildung 5.14 Auslieferungen anlegen aus Kundenaufträgen

Wenn der Lagerort des Werkes durch ein externes Lagerverwaltungssystem verwaltet wird, wird die erzeugte Auslieferung sofort an dieses System übertragen.

Geben Sie folgende Informationen bei der Anlage der Auslieferung ein (siehe Abbildung 5.15):

- den Kundenauftrag (**Auftrag**)
- die **Versandstelle** des Verteilzentrums (wird aus dem Kundenauftrag übernommen)
- Optional: das **Selektionsdatum** (d. h. das Datum, an dem der Kundenauftrag angelegt wurde; es kann auch als Selektionskriterium dienen)

Bestätigen Sie Ihre Eingabe mit [↵] oder über den Button **Weiter**.

Abbildung 5.15 zeigt die Anlage einer Auslieferung mit Bezug zum Kundenauftrag.

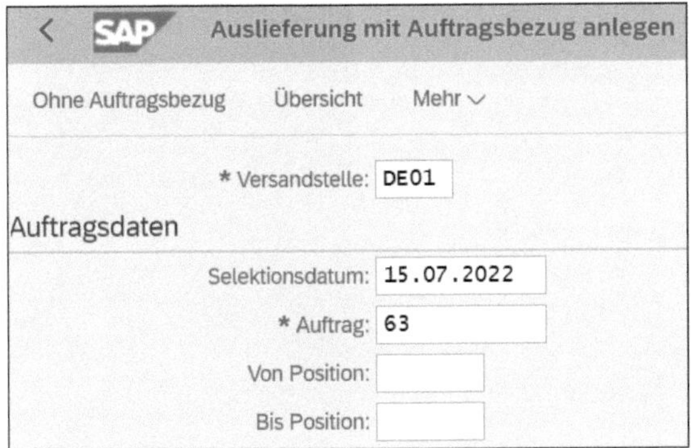

Abbildung 5.15 Auslieferung mit Auftragsbezug anlegen

Danach gelangen Sie in das Übersichtsbild, dass Sie in Abbildung 5.16 sehen. Das System übernimmt alle Daten, die für die Auslieferung notwendig sind, aus dem zuvor angelegten Kundenauftrag. Im Allgemeinen sind keine weiteren Eingaben nötig.

Auslieferung anlegen: Übersicht
Andere Auslieferung
Detail Kopf
Verpacken
Unvollständigkeit
Warenausgang buchen
Mehr
Auslieferung:
Belegdatum: 15.07.2022
Warenempfänger: 300003
Konstanzer Landmarkt / Friedrichstrasse 32 / 78464 Konstanz
Positionsübersicht
Kommissionierung
Laden
Transport
Statusübersicht
Warenbewegungsdaten
Plan-Warenausg.: 18.07.2022 00:0...
Gesamtgewicht: 790
Ist-Warenausg.: 00:00
Anzahl Packst.:
Alle Positionen

Pos	Material	Liefermenge	ME	Bezeichnung
10	54	2	ST	RS TEMPO Taschentuch Extra

Abbildung 5.16 Auslieferung anlegen: Übersicht

Sichern Sie die Auslieferung über den Button **Sichern**. Es erscheint die Bestätigungsmeldung der erzeugten Auslieferung. Ist die Auslieferung an ein dezentrales externes Lagerverwaltungssystem relevant, beinhaltet die Meldung den Hinweis »an das WMS verteilt«.

Die erzeugte Auslieferung können Sie sich in Transaktion VL03N anzeigen lassen (siehe Abbildung 5.17).

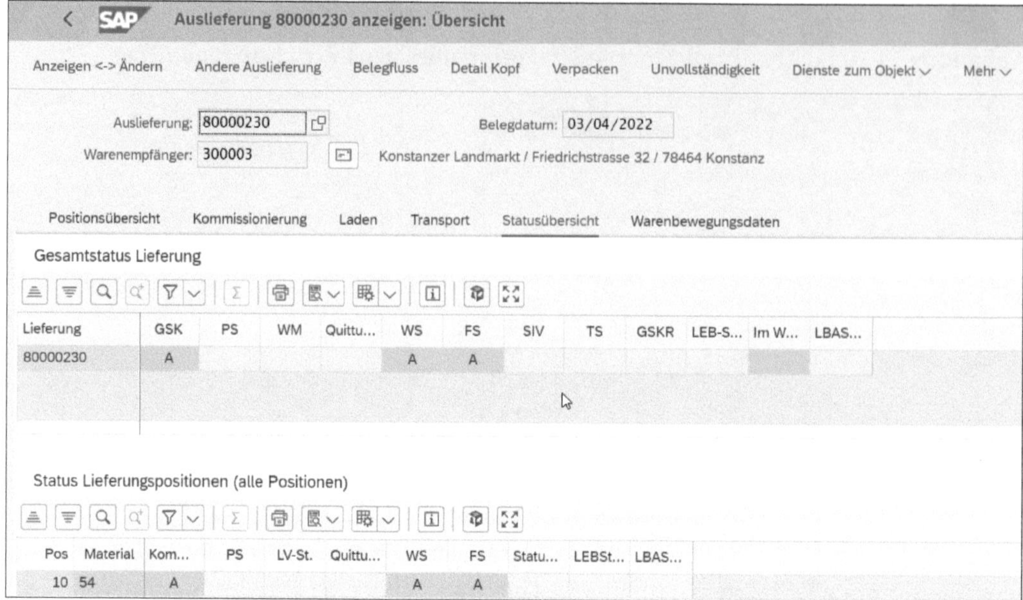

Abbildung 5.17 Statusübersicht der Auslieferung

In der Lieferung, die Sie über die SAP-Fiori-App **Auslieferung verwalten** ausgewählt haben, wird Ihnen auf der Registerkarte **Allgemeine Daten** der offene Kommissionierstatus **A** und auf der Registerkarte **Prozessablauf** grafisch der Fortschritt der Belieferung angezeigt (siehe Abbildung 5.18).

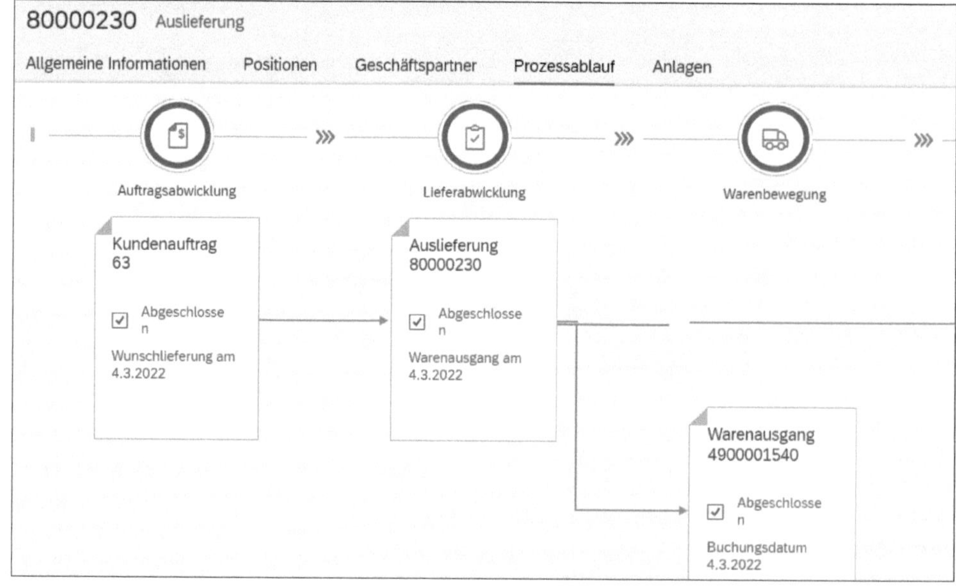

Abbildung 5.18 Statusanzeige der Auslieferung nach erfolgter Kommissionierung

Nach vollständig abgeschlossener Kommissionierung und der Warenausgangsbuchung hat die Auslieferung den Kommissionierstatus **C** (Spalte **GSK**) und den Warenbewegungsstatus **C** (erledigt).

Auf der Registerkarte **Prozessablauf** wird Ihnen die Lieferung ebenfalls als abgeschlossen angezeigt. Wenn Sie ein externes Lagerverwaltungssystem nutzen, geht dem eine Meldung an SAP S/4HANA Retail voraus. Dies geschieht mithilfe einer speziellen Nachrichtenstruktur. Im SAP-EWM-Umfeld erfolgt dies, wie in Abschnitt. 5.1, »Retail- und Logistikprozesse«, beschrieben.

[!]

Erfolgreiche Kommissionierung

Das Lagerverwaltungssystem sendet in diesem Beispiel im eigentlichen Sinn nur die Meldung über die erfolgreiche Kommissionierung. Im SAP-System ist eingestellt, dass mit dieser Rückmeldung gleichzeitig eine Warenausgangsbuchung durchgeführt wird. Die Ware hat damit den Betrieb verlassen. Nach dieser Buchung steht der Warenbewegungsstatus auf **C** (erledigt). Der Fakturastatus (**FakturStat**) ist weiterhin offen (**A**).

Nach erfolgreicher Kommissionierung und Warenausgangsbuchung der Auslieferung können Sie die Faktura mit Bezug zur Auslieferung anlegen. Dazu rufen Sie – falls Sie die SAP-Fiori-Benutzeroberfläche nutzen – die SAP-Fiori-App **Fakturen anlegen** mit der hinterlegten Transaktion VF01 auf (siehe Abbildung 5.19).

Abbildung 5.19 SAP-Fiori-Apps zur Fakturierung

Wie in Abbildung 5.20 gezeigt, geben Sie die Auslieferungsnummer in die Spalte **Beleg** ein. Bestätigen Sie Ihre Eingabe mit einem Klick auf den Button **Sichern**. Die Felder **Fakturaart** und das **Fakturadatum** werden automatisch gesetzt. Die Erzeugung der Faktura ist dabei keine Aufgabe der Logistik, sondern fällt in den Zuständigkeitsbereich des Finanzwesens. Dort werden auch die notwendigen Einstellungen dafür durchgeführt.

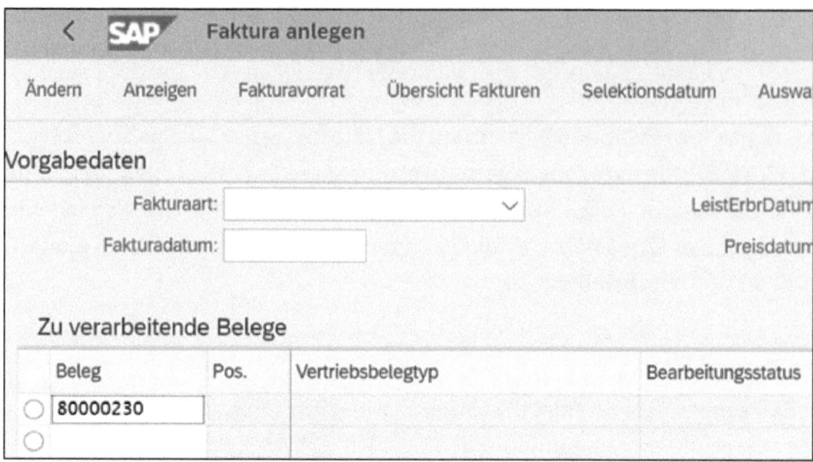

Abbildung 5.20 Faktura anlegen

Wie Sie in Abbildung 5.21 sehen können, stehen anschließend alle Statusfelder auf **C** (erledigt). Der Prozess ist damit abgeschlossen.

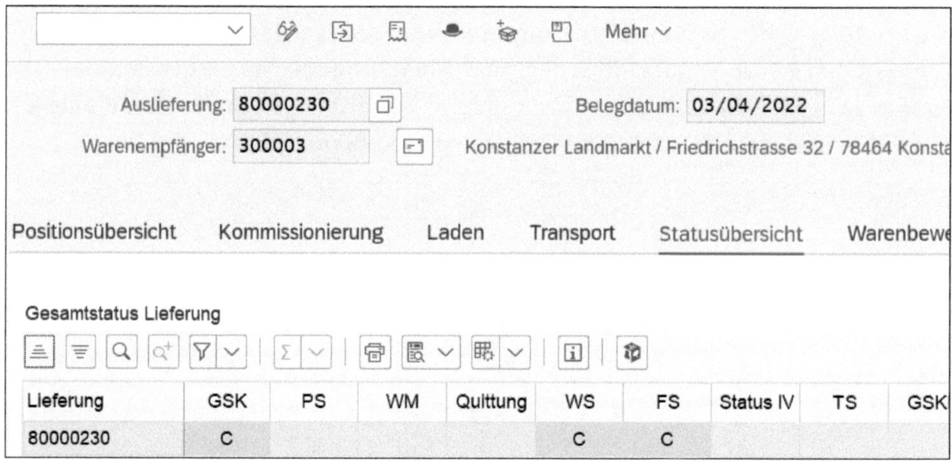

Abbildung 5.21 Auslieferung vollständig bearbeitet

Den Belegfluss, ausgehend vom Kundenauftrag, können Sie sich in Transaktion VA03 zum Anzeigen des Kundenauftrags ansehen. In unserem Beispiel sieht er aus, wie in Abbildung 5.22 dargestellt.

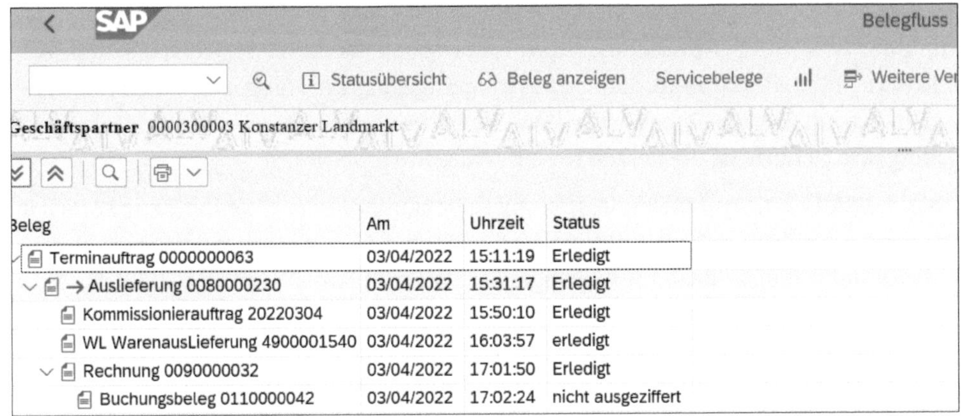

Abbildung 5.22 Belegfluss zum Kundenauftrag

Warenausgang zur Umlagerungsbestellung

Der Prozess des Warenausgangs mit Bezug zu einer Umlagerungsbestellung ähnelt dem zum Warenausgang für Kundenaufträge und gestaltet sich wie folgt:

1. Im Planungsbüro wurde eine Umlagerungsbestellung (UB) vom Verteilzentrum an eine oder mehrere Filialen angelegt, wie in diesem Abschnitt noch beschrieben. Der Umfang bzw. die Menge der Artikel in der Umlagerungsbestellung wurde nach bestimmten dispositiven Verfahren ermittelt (für den Warenausgangsprozess ist die Berechnung unerheblich)
2. Analog zum Kundenauftrag wird im System eine Auslieferung mit Bezug zu dieser Umlagerungsbestellung angelegt, wie wir noch zeigen werden. Die Weiterverarbeitung der Auslieferung hinsichtlich Kommissionierung erfolgt analog zu der der Auslieferung mit Bezug zum Kundenauftrag.

Wenn für diese Auslieferung ein Warenausgang gebucht wurde, befindet sich die Ware im Allgemeinen in einem Transitbestand zwischen dem Verteilzentrum und der Zielfiliale. Dies nennt man *zweistufige Abwicklung*. Im Handel ist es auch üblich, dass die Warenausgangsbuchung im Verteilzentrum automatisch eine Anlieferung (Lieferavis) für die Zielfiliale erzeugt. Damit kann sich die Filiale beim Wareneingang auf das Lieferavis beziehen. Möglich ist auch eine *einstufige Warenausgangsbuchung*, dabei wird der Bestand der Ware nach Abbuchung im Verteilzentrum direkt in den Bestand der Filiale gebucht.

Um eine Umlagerungsbestellung anzulegen, rufen Sie entweder im SAP GUI die Transaktion ME21N oder in SAP Fiori die App **Bestellung anlegen – erweitert** auf. Die Bestellung legen Sie dann mit einer Bestellart für Umlagerungsbestellungen an, die Sie im Vorfeld Ihren Zwecken angepasst haben. Mit Auswahl der im Customizing ausgeprägten Bestellart legen Sie für den Fortgang des Umlagerungsprozesses fest, wie die Lieferungen gesteuert werden, z. B. für die Aspekte Verfügbarkeitsprüfung oder ein- oder zweistufige Abwicklung. Außerdem geben Sie das Lieferwerk, d. h. das Verteilzentrum, sowie das **Material**, die **Bestellmenge**, das Empfängerwerk (Spalte **Werk**) und in diesem Fall die Filiale an, die die Waren erhalten soll. Kontrollieren Sie Ihre Eingaben, und sichern Sie die Bestellung über den Button **Sichern**.

Über die SAP-Fiori-App **Meine Bestellungen versandfällig** (als Pendant zur SAP-GUI-Transaktion VL10B; siehe Abbildung 5.23) selektieren Sie die versandfälligen Bestellungen und erzeugen dazu die jeweiligen Auslieferungen.

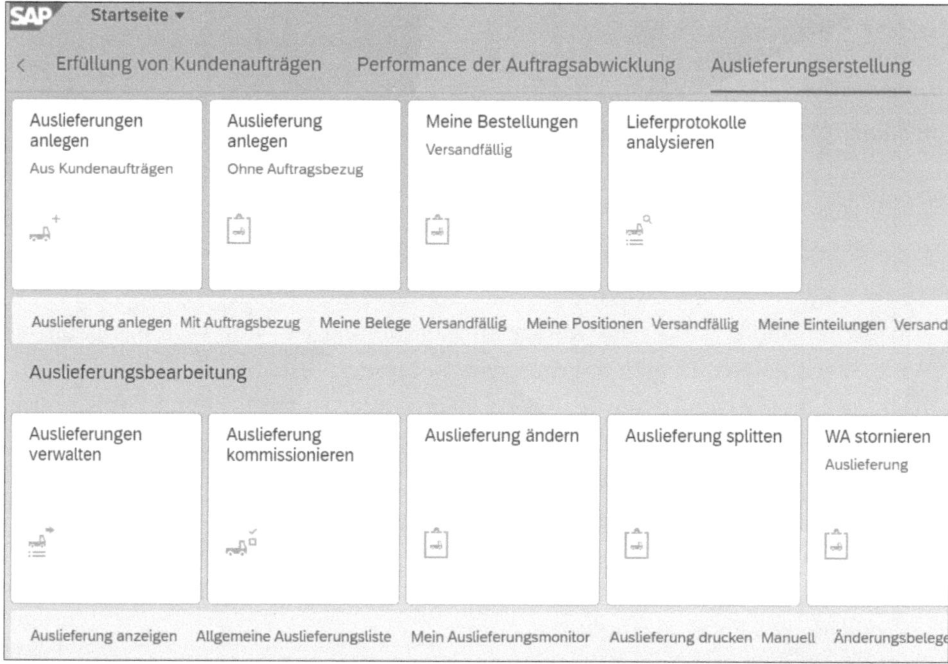

Abbildung 5.23 SAP-Fiori-Gruppe »Auslieferungserstellung« bzw. »-bearbeitung«

Wichtige Selektionskriterien sind:

- Intervall **LiefererstellDatum**: Zeitraum, in dem die Lieferung erfolgen soll, der über den Selektionsparameter »Regel zur Berechnung des Vorschlagswertes« geändert werden kann
- **Einkaufsbeleg**: Bestellnummer (optional)

Bestätigen Sie anschließend Ihre Eingaben mit einem Klick auf den Button **Ausführen**. Es erscheint eine Liste aller Umlagerungsbestellungen, die zur Auslieferung anstehen (siehe Abbildung 5.24).

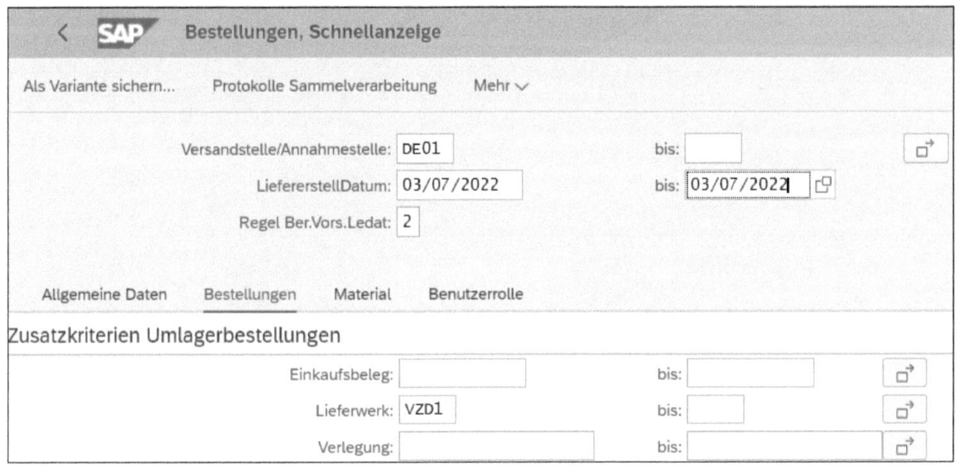

Abbildung 5.24 Versandfällige Bestellungen selektieren

Markieren Sie die Zeilen mit den Bestellungen, die Sie beliefern wollen (siehe Abbildung 5.25). Klicken Sie dann auf den Button **Hintergrund** am rechten unteren Bildrand, um die Lieferung im Hintergrund anzulegen. Die erzeugte Auslieferung ist im Verarbeitungsprotokoll in Transaktion V_SA sichtbar.

Versandfällige Vorgänge: Bestellungen, Schnellanzeige

Auffrischen | Ungeprüfte Auslieferungen prüfen | Hierarchische Darstellung | Belegdaten hinzufügen

	Ampel	Warenausgang	Lieferpr.	Warenempf.	Route	Verursacher	Bruttogewicht	Einheit	Volumen
☑	O		1	2002		4500000008			
☑	O			2001		4500000010			
☐	O			2001		4500000012			

Abbildung 5.25 Auslieferung zur Umlagerungsbestellung anlegen

Über die SAP-Fiori-Kachel **Auslieferung anzeigen**, in der Gruppe **Auslieferung bearbeiten** können Sie dann in Transaktion VL03N eine Positionsübersicht der Auslieferung aufrufen (siehe Abbildung 5.26). Die erzeugte Auslieferung wurde an das Lagerverwaltungssystem des Verteilzentrums zur Kommissionierung übermittelt. Eine Auslieferung zu einer Filiale wird systemintern als *Nachschublieferung* bezeichnet.

Die Lieferung wird (im Lagerverwaltungssystem) kommissioniert. Für die Kommissionierung spielt es aus Sicht von SAP S/4HANA Retail keine Rolle, ob die Ware für einen Kunden oder für eine Filiale kommissioniert wird. Im Lagerverwaltungssystem kann es zwar Unterschiede geben, die aber für den Ablauf irrelevant sind.

Abbildung 5.26 Nachschublieferung anzeigen – Übersicht

Die Rückmeldung des Lagerverwaltungssystems über die erfolgreiche Kommissionierung erfolgt so, wie im weiteren Verlauf dieses Abschnitts beschrieben. Die erfolgreiche Rückmeldung erzeugt gleichzeitig eine WA-Buchung der Nachschublieferung.

Mit Erzeugung der Nachricht zur Nachrichtenart SPED in der WA-Buchung der Nachschublieferung stoßen Sie die Erzeugung einer Anlieferung für den Zielbetrieb, d. h. in der Filiale an. Diese Anlieferung können Sie sich in der SAP-Fiori-App **Anlieferungen anzeigen** (dahinter steckt die bekannte Transaktion VL33N) anschauen (siehe Abbildung 5.27). Beachten Sie dabei, dass der Lieferant, das Verteilzentrum und der Empfänger die Filiale bzw. deren Lager ist.

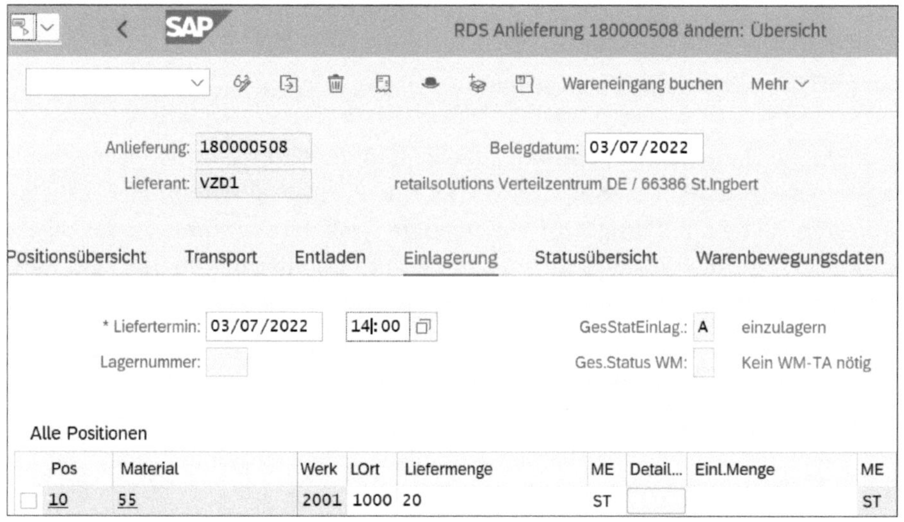

Abbildung 5.27 Anlieferung zur Umlagerungsbestellung anzeigen

Für die Anlieferung zur Umlagerungsbestellung können Sie nun den Wareneingang (WE) buchen. Der detaillierte WE- und Einlagerungsprozess in der Filiale ist dabei auch hier gegebenenfalls vom Einsatz eines Lagerverwaltungssystem abhängig.

Zur gesamtheitlichen Statusanzeige von Lieferungen rufen Sie die SAP-Fiori-App **Auslieferungen verwalten** auf. Die Anzeige des Prozessablaufs lässt sich analog zum bisher bekannten Belegfluss einer Lieferung zum Auftrag anzeigen, indem Sie in der App mit einem Doppelklick auf eine Lieferungsnummer klicken und so in die Lieferung verzweigen.

Im Prozessablauf der Auslieferung in Abbildung 5.28 sehen Sie sowohl die vorgelagerte Bestellung als auch die nachgelagerte Anlieferung. Die Umlagerungsbestellung vom Verteilzentrum zur Filiale dient dabei als Vorgängerbeleg der Auslieferung (Nachschublieferung). Als Nachfolgebeleg gibt es den Artikelbeleg über die WA-Buchung in den Transitbestand und die Anlieferung in der Filiale.

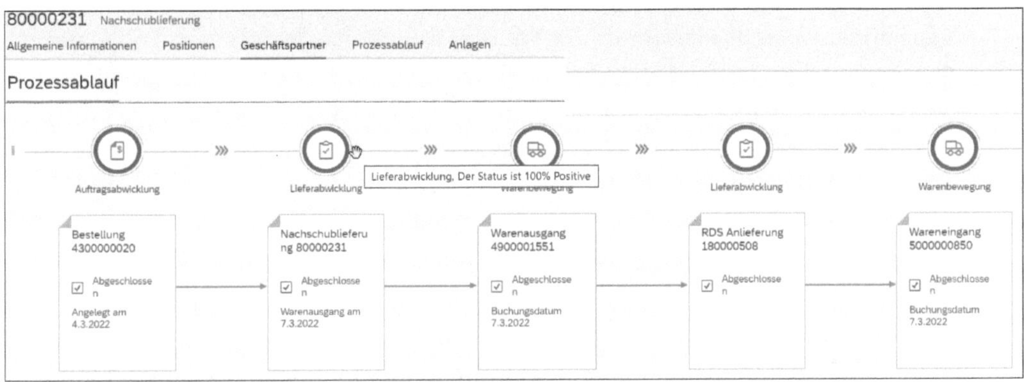

Abbildung 5.28 Prozessablauf der Auslieferung

In der SAP-Fiori-Kachel **Anzeige Transitbestand** (mit hinterlegtem TA MB5T) wird Ihnen der im Verteilzentrum (VZ) WA-gebuchte, aber sich noch im Transit befindende Bestand angezeigt.

Warenausgang zu sonstigen Belegen

Neben den Auslagerungen mit Bezug zu Kundenaufträgen und Umlagerungsbestellungen gibt es auch die folgenden Möglichkeiten:

- Warenausgang an ein anderes Werk oder einen anderen Lagerort
- Warenausgang mit Bezug zu einer Kostenstelle (z. B. Eigenverbrauch)
- Verschrottung
- Inventur- oder Korrekturbuchung

Alle diese Vorgänge beginnen mit einer entsprechenden Buchung in der Bestandsführung. Wenn diese Buchung erfolgt ist und der Lagerort lagersystemrelevant ist, muss die Abwicklung im Lagerverwaltungssystem erfolgen.

Für die Verarbeitung der Reihenfolge von Belegen ist dabei entscheidend, welches System führend ist. Wie zuvor beschrieben, ist die Kommissionierung der Auslieferung ein Beispiel für das Prinzip »Lagerverwaltung vor Bestandsführung«.

5.3.3 Tourenplanung

Die Tourenplanung ist ein Bestandteil von Transportmanagementsystemen. Diese unterstützen Sie in der Organisation von Transportnetzen und in der effizienten und serviceorientierten Abwicklung von Warenbewegungen. Auch in der SAP-S/4HANA-Business-Suite gibt es diverse Architekturen, und Komponenten, die diesen Bereich bedienen.

Eng gefasst versteht man unter der Tourenplanung die Organisation von Lieferungen, die mit Fokus auf logistischen Aspekten zu einem Transportauftrag zusammengefasst werden. Somit ist die Tourenplanung im Rahmen der sogenannten Transportplanung ein Bestandteil eines Transportmanagementsystems, bei der Transportaufträge, also die Touren, nach verschiedenen Aspekten geroutet, konsolidiert, transportiert und umgeschlagen werden. Weitere Funktionen eines Transportmanagementsystems beziehen sich außerdem auch auf Vertrags- und Abrechnungsmanagementfunktionen.

Eine SAP-Systemkomponente, die diese Prozesse abbildet, ist die aus der Logistics-Execution-Umgebung bekannte Transportabwicklung *LE_TRA*. Mit dem SAP-Add-on Direct Store Delivery (DSD) können hier zusammen mit SAP S/4HANA Retail noch weitere spezifische Stammdaten und Funktionen für die Transportplanung berücksichtigt werden.

Seit dem SAP S/4HANA Release 1809 ist das schon seit zehn Jahren als Stand-alone-Lösung bekannte SAP Transportation Management (SAP TM) fortan als Embedded TM im Kern von SAP S/4HANA integriert. Dabei gibt es eine Basic- und eine Advanced-Variante.

Der offizielle Name für SAP TM auf SAP-S/4HANA-Basis lautet *SAP S/4HANA Supply Chain for Transportation Management*. Ähnlich wie im SAP Embedded EWM können die ehemaligen LE_TRA-Funktionen weitgehend als Basistransportmanagementfunktionen genutzt werden, ohne dass dafür weitere Lizenzen nötig sind, im Gegensatz zum Funktionsumfang eines vollständigen Embedded-TM-Systems. Die Funktionen umfassen dabei:

- Verkaufsauftragintegration
- Routenfindung

- manuelle Planung von Verkaufsaufträgen
- Frachtmanagement für Verkaufsaufträge
- Frachtberechnung und Abrechnung

LE-TRA kann bis Ende 2025 auf einem SAP-S/4HANA-System betrieben werden. Ab SAP-S/4HANA-Release 1809 können Sie jedoch auch das Embedded TM auf Ihrem SAP-S/4HANA-System betreiben, ohne dass ein Stand-alone-TM-System installiert werden muss.

Der Unterschied zwischen LE-TRA und SAP TM Basic scheint auf einem neuen Wording zu bestehen. Es ergibt sich aber bei genauerer Betrachtungsweise ein differenziertes Bild.

In Tabelle 5.1 zeigen wir Ihnen die wesentlichen Objekte und Funktionen in der Transport- bzw. Tourenplanung in SAP S/4HANA TM Basic Shipping und in LE-TRA im Vergleich.

Funktion	LE-TRA	SAP S/4HANA TM Basic
	Transportbeleg	**Frachtauftrag**
Zuordnung von Objekten von Lieferungen	Dem Transportbeleg werden direkt Lieferungen zugeordnet.	Zuordnung zum TM-Frachtauftrag über ein neues Objekt, die Frachteinheit, die auf Basis der Lieferung erzeugt wird
Druck/E-Mail von Papieren oder EDI	über SAP-Konditionstechnik	auf Basis des Ausgabe-managements mit dem Post-Processing Framework (PPF)
Organisationsstruktur	Transportdispositionsstelle als Organisationseinheit	Organisationseinheit (Einkaufsorganisation) nur obligatorisch, wenn Frachtkosten berechnet werden sollen
	Frachtkostenbeleg	**Frachtabrechnungsbeleg**
Abrechnungsfunktion	1:1-Beziehung zwischen Transport und Frachtabrechnung zu Frachtabrechnungsbeleg	Die Beziehung zwischen Frachtauftrag zu Frachtabrechnungsbeleg ist n : m, nicht mehr 1 : 1.
Transparenz der Kosten	Anzeige erst im Frachtkostenbeleg	Die zu erwartenden Kosten sind bereits im Frachtauftrag sichtbar.
Kostenberechnung	über SAP-Konditionstechnik, hoher Customizing-Aufwand	über flexibel kombinierbare TM-eigene Stammdatenobjekte

Tabelle 5.1 Vergleich zwischen LE-TRA und SAP TM, Basic

Ziel der Tourenplanung ist die Zusammenfassung aller Filialaufträge, die von den Filialen an das Verteilzentrum gegangen sind. Eine Tour zur Auslieferung der Ware an die Filialen wird dabei jeweils mit einem Fahrzeug und einer Person durchgeführt. Die Tourenplanung wird vor allem von den Fahrzeugkapazitäten, den Terminen für »konkurrierende« Lieferungen, dem Zeitfenster für die geplante Tourdauer und den Kosten der Tour bestimmt.

Transportbeleg und -disposition

Den Rahmen für die Tourenplanung bildet der Transport als Folgebeleg der Lieferung. Dieses Objekt wird in SAP *Transportbeleg* genannt. Wie Sie in Abbildung 5.29 sehen können, beinhaltet er alle Daten für eine Tourenplanung

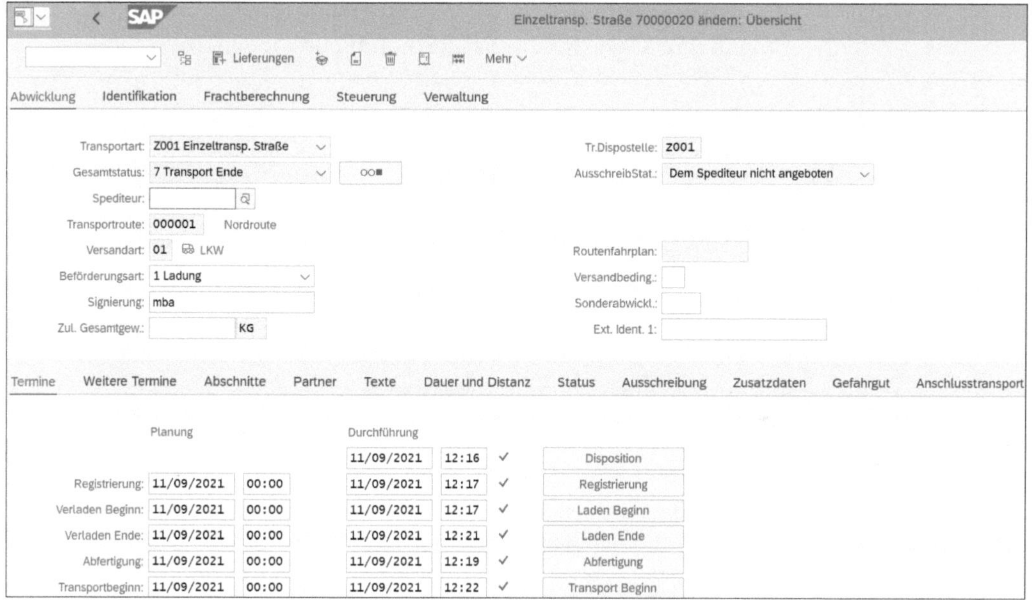

Abbildung 5.29 Transportbeleg – Übersicht

Im Transportauftrag werden die Gruppe der Lieferungen für eine Tour, die terminrelevanten Daten und die geografischen Punkte wie die Route, Strecken und Umschlagspunkte als Zwischenstationen berücksichtigt. Außerdem werden Dienstleister, die den Transport durchführen, und das Transportmittel, das Sie verwenden (z. B. Lkw oder Bahn), festgehalten. Dabei werden einige Daten, wie die Route aus den Vorbelegen »Kundenauftrag« oder »Lieferung«, übernommen.

Der Transportbeleg bildet die Grundlage für die *Transportdisposition*, deren Ziel es ist, den Weg der Ware zum Kunden, in diesem Fall den Filialen, auf einer Zeitachse so zu planen, dass die Transporte optimal ausgelastet sind.

Die Erstellung der Transporte und ihre Zuordnung zu einer Lieferung kann auf zwei Arten erfolgen:

- Ein Transport kann manuell in Transaktion VT01N oder mithilfe eines Reports in der Funktion **Sammelverarbeitung** (Transaktion VT04) angelegt werden.
- Die Transportbildung übernehmen der Spediteur oder externe Systeme.

Die zweite Variante ist dabei das Ergebnis einer nicht optimierten Transportplanung im Rahmen der ersten Variante. Die Kommunikation mit diesen externen Systemen wird Ihnen im folgenden Abschnitt erläutert.

Kommunikation zwischen den beteiligten Systemen

In den folgenden Szenarien sind Kommunikationsschnittstellen zwischen den am Tourenplanungsprozess beteiligten Systemen erforderlich:

- Die Transporte werden komplett im SAP-System geplant und über die SAP-Nachrichtenfunktion, in der Regel per IDoc, an den Spediteur kommuniziert. Der SAP-Nachrichtentyp dafür ist `IFTMIN`.
- Teilfunktionen der Transportplanung werden vom Spediteur übernommen, der die Transporte erstellt und an das SAP-S/4HANA-Retail-System zurückmeldet. Erst mit der Rückmeldung an SAP S/4HANA Retail wird dort über den Eingangsnachrichtentyp `SHPADV` der Transportbeleg erstellt.
- Spezialisierte externe Tourenplanungssysteme übernehmen die Optimierung der Planung und Transportbelegerstellung. Für dieses Szenario ist die Schnittstelle SD-TPS vorgesehen. Die zu transportierenden Lieferungen werden, wie für das zweite Szenario beschrieben, an das externe System übermittelt (siehe Abbildung 5.30).

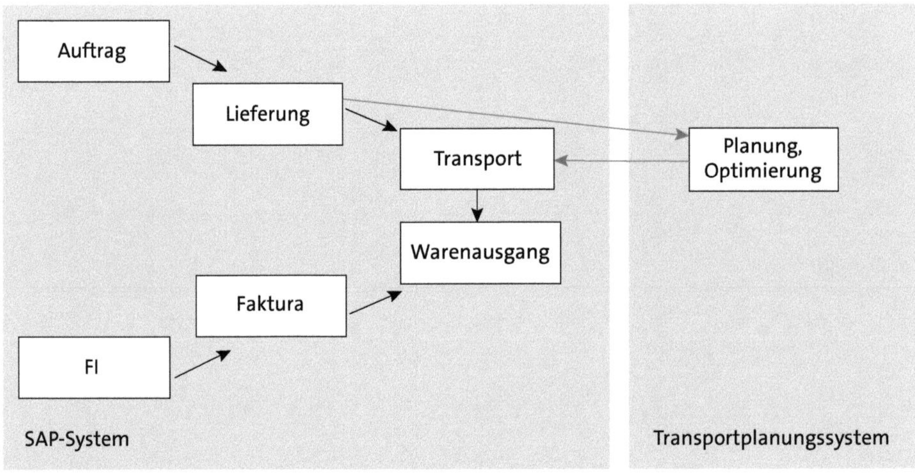

Abbildung 5.30 Anbindung an externe Tourenplanungssysteme

Der Austausch zwischen den beteiligten Mitarbeitern im Verteilzentrum, der Filiale und bei den Dienstleistern erfolgt über Webanwendungen:

- Die Spediteure haben im System des Verladers die Möglichkeit, die Funktion **Ausschreibung für Dienstleister** zu nutzen, in der sie ihre Daten zu Angeboten und Frachtkosten eingeben.
- Der Verlader selbst schreibt seine Transporte an einer Börse aus.
- Die Daten der Lieferungen werden über Internetprotokolle an die Spediteure übergeben.
- In einem interaktiven Trackingszenario kann der Spediteur Ereignisse pflegen. Verladern und ihren Kunden, also den Filialen, ermöglicht dies eine zeitnahe Überwachung des Versandprozesses.

Warenausgang

Ist die Planung der Touren abgeschlossen und das Laden der Ware beendet, erfolgt der physische Transport. Dafür wird die Funktion **Warenausgang buchen** ausgeführt. Mit einem Monitor für den Warenausgang und die zu buchenden Lieferungen werden die Warenausgänge zu den Transportbelegen zugeordneten Lieferungen in einer Sammelverarbeitung gebucht. Den zugehörigen Monitor, den Sie in Abbildung 5.31 sehen, rufen Sie über den Transaktionscode VL06O auf.

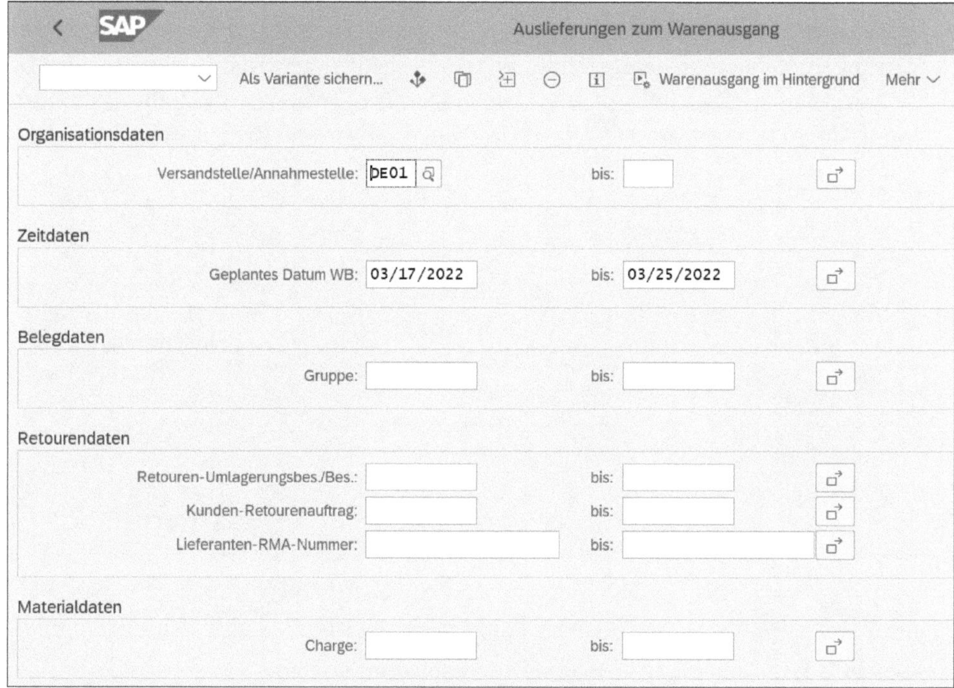

Abbildung 5.31 Auslieferungsmonitor zum Warenausgang

Fakturierung/Abrechnung der Frachtkosten

Die Abrechnung der Transportkosten mit den Spediteuren erfolgt über das Objekt **Frachtkostenbeleg**. Dieses ist über Customizing-Parameter mit dem als frachtrelevant gekennzeichneten Transportbeleg verknüpft. Bei der Abrechnung der Frachtkosten wird die Konditionstechnik der SAP-Preisfindung genutzt. Die vereinbarten Frachtraten, z. B. für eine bestimmte Menge, ein Volumen, ein Ladungsgewicht oder bestimmte Entfernungen, werden aus den gepflegten Konditionssätzen für den jeweiligen Transport ermittelt und im Frachtkostenbeleg gespeichert. Die einzelnen Schritte dieses Prozesses sind in Abbildung 5.32 dargestellt.

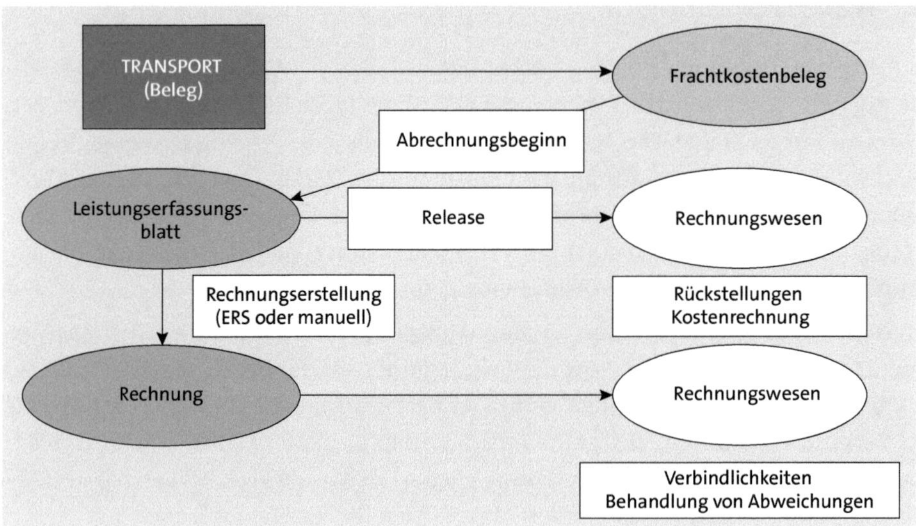

Abbildung 5.32 Ablauf der Frachtkostenabrechnung

Mit der Erzeugung des Frachtkostenbelegs werden die Frachtkosten an das Rechnungswesen übermittelt. Rückstellungen und Verbindlichkeiten werden gebildet. Voraussetzungen dafür sind in der Kontenfindung im Customizing (unter **Materialwirtschaft • Bewertung und Kontierung • Kontenfindung**) entsprechend definierte *Sachkontenfindungen*.

Als Anwendungsbeleg muss eine *Bestellung* für die Abnahme und Bildung der Rückstellungen angelegt werden. Das Anlegen einer Bestellung wird in Abschnitt 4.1.3, »Bestellung«, beschrieben.

Für die Abrechnung der Dienstleistung gibt es zwei Verfahrensweisen:

- **Automatisiert**
  Stellt der Dienstleister keine Rechnungen aus, kann die Abrechnung automatisiert im Zuge eines *Gutschriftverfahrens* (ERS) erfolgen. Eine Rechnungsprüfung findet beim Dienstleister statt, aus der sich dann bei Abweichungen gegebenenfalls Nachbelastungen ergeben.

- **Manuell**
  Schickt der Spediteur Rechnungen, kann die Abrechnung mit der Funktion **Logistische Rechnungsprüfung** erfolgen.

Wenn eine Filiale als eigenständige Firma geführt wird, kann ein Verteilzentrum die Frachtkosten in Rechnung stellen. Dazu sind einige Customizing-Einstellungen, wie z. B. Kopiersteuerungen, erforderlich. In der so erstellten Kundenfaktura werden die Frachtkosten dann als zusätzlicher Eintrag aufgeführt.

5.4 Warenverteilung

Der Prozess der Warenverteilung beschreibt die spezielle Verteilung von Handelsware über ein Verteilzentrum. Im Handel gibt es die typische Konstellation von Verteilzentrum und Filialen. Das Verteilzentrum bestellt dabei vereinfacht gesagt Ware bei externen Lieferanten, während die Filialen für den Verkauf der Waren an die Endkunden zuständig sind. Der Warenfluss kann dabei vom Lieferanten direkt zur Filiale (das sogenannte *Streckengeschäft*), vom Verteilzentrum zur Filiale oder vom Lieferanten über ein Verteilzentrum zur Filiale erfolgen.

In diesem Abschnitt beschreiben wir den Warenfluss vom Lieferanten über das Verteilzentrum zur Filiale. Dabei liegt der Schwerpunkt auf der Prozessoptimierung bei der Verteilung der ankommenden Ware. Der Verteilungsprozess von der Planung bis zum Versand kann durchgängig und effizient über das SAP-S/4HANA-Retail-System abgewickelt werden. Die Warenverteilung gliedert sich in die Phasen *Planung* und *Abwicklung*, die in den beiden folgenden Abschnitten beschrieben werden:

- Zur Planung (siehe Abschnitt 5.4.1, »Verteilungsplanung«) können Sie dabei einen *Aufteiler* verwenden (dies ist die sogenannte *Push-Methode*), oder Sie nutzen die *Sammelbestellung* (das ist die sogenannte *Pull-Methode*).
- Bei der Abwicklung der Warenverteilung wird die ankommende Ware abhängig von der Planung verarbeitet. Die Verarbeitung kann dabei in folgender Form erfolgen: Einlagerung, Cross Docking oder Flow-through (siehe Abschnitt 5.4.2, »Verteilungsabwicklung«).

5.4.1 Verteilungsplanung

Die Planung der Verteilung betrifft sowohl den Einkauf als auch den Verkauf und reicht von der Vorbereitung für die physische Warenverteilung bis zum Wareneingang im Verteilzentrum. Folgende Planungsformen stehen Ihnen zur Verfügung:

- Planung über einen Aufteiler (Push)
- Planung über eine Sammelbestellung (Pull)

In beiden Fällen erfolgt der Wareneingang im Verteilzentrum.

Planung über einen Aufteiler (Push-Methode)

Beim Push-Verfahren sind eventuell bereits Beschaffungsbelege beim externen Lieferanten angelegt worden, wie z. B. Bestellungen oder Kontrakte. In der Folge werden *Aufteilregeln* festgelegt, die bestimmen, nach welchem Schlüssel, welchen Proportionen oder sonstigen Algorithmen die ankommende Ware aufgeteilt wird. Die Aufteilregeln werden angelegt, um sie dann anschließend beim Anlegen von Aufteilern als Vorlage zu verwenden. Ein Aufteiler kann für ein Material oder für eine komplette Warengruppe gültig sein. In dem Aufteiler müssen folgende Daten angegeben werden:

- Information, welche Kunden und Filialen beliefert werden
- Information, welchen Anteil der Ware die Kunden und Filialen erhalten

Diese Informationen werden im Aufteiler genutzt, um die jeweilige Menge pro Kunde oder Filiale zu berechnen. Der Aufteiler wird entweder mit Bezug zur Bestellung, zum Kontrakt oder ohne Bezug zu einem Beschaffungsbeleg angelegt. Mittels *Avisierung* mit der SAP-Nachrichtenfindung kündigt die Zentrale den Filialen den Aufteiler und damit die Mengen und Lieferdaten der zu verteilenden Artikel an. Die Filialen können diese Daten bestätigen und nochmals die gewünschte Menge angeben.

Je nachdem, wie der Aufteiler angelegt wurde, werden dann als Folgebelege *Beschaffungsbelege* (wie z. B. Bestellungen) oder *Abgabebelege an Abnehmer* (wie z. B. Umlagerungsbestellungen oder Kundenaufträge) angelegt. Wenn das System diese Folgebelege generiert, schreibt es auch die Verteilungsdaten fort und ordnet die Beschaffungsbelege den Abgabebelegen zu.

Im Folgenden beschreiben wir die einzelnen Arbeitsschritte:

1. **Beschaffungsbelege anlegen**
   Als Eingangsbelege zum Aufteiler werden zunächst Beschaffungsbelege angelegt. Dies sind normalerweise Bestellungen. Es besteht allerdings auch die Möglichkeit, den Aufteiler *ohne* einen Bezug zu einem Beschaffungsbeleg anzulegen. Die Anlage einer Bestellung beschreiben wir in Abschnitt 4.1.3, »Bestellung«.
2. **Aufteilregel anlegen**
   Es besteht die Möglichkeit, Aufteilregeln festzulegen. Außerdem können Aufteilregeln automatisch generiert werden.
3. **Aufteiler anlegen**
   Für einen konkreten Aufteilungsvorgang wird ein Aufteiler angelegt. Die Informationen der zuvor angelegten Aufteilregel werden im Aufteiler genutzt, um die jeweilige Menge pro Abnehmer zu berechnen. Im Aufteiler sind alle wesentlichen Daten für die Warenverteilung enthalten, wie z. B. die zu verteilenden Artikel, die Bezugsquelle, die Abnehmer mit zugeteilter Menge und die Lieferdaten.

Bei der Anlage eines Aufteilers in Transaktion WA01 oder der SAP-Fiori-App **Anlieferung anlegen** können Sie über die Massenauswahl von Materialien z. B. die Artikel aus einer Aktion selektieren. Sie definieren die Steuerungsparameter des Aufteilers im Customizing. Der Aufteilerkopf, der die allgemeingültigen Daten beinhaltet, wird über die **Aufteilerart** strukturiert. Die *Aufteilerart* wird dem Aufteiler in den Kopfdaten zugeordnet (siehe Abbildung 5.33) Sie steuert sowohl die allgemeinen Daten als auch mögliche Vorschlagswerte:

- Aufteilstrategie
- Geschäftsvorfall (Positionstyp)
- Avistyp
- Regeln zur Berechnung der Planmengen

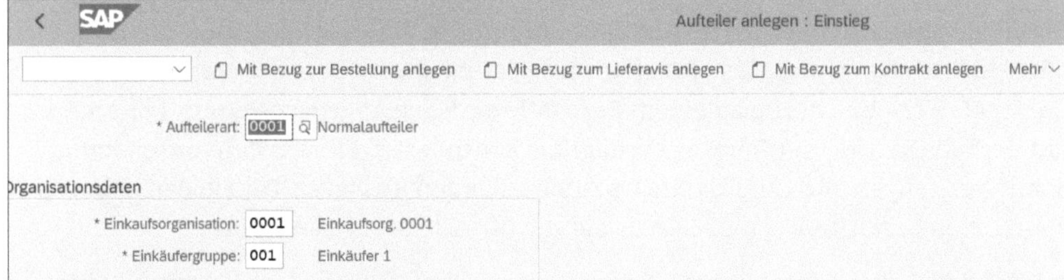

Abbildung 5.33 Aufteiler anlegen

In den Positionsdaten des Aufteilers haben Sie die Möglichkeit, steuerungsrelevante Termine zu erfassen (siehe Abbildung 5.34). Dies sind z. B. das Lieferdatum für die einzelnen Betriebe (**Lieferdatum Werk**) und für das Verteilzentrum (**Lieferdatum VZ**).

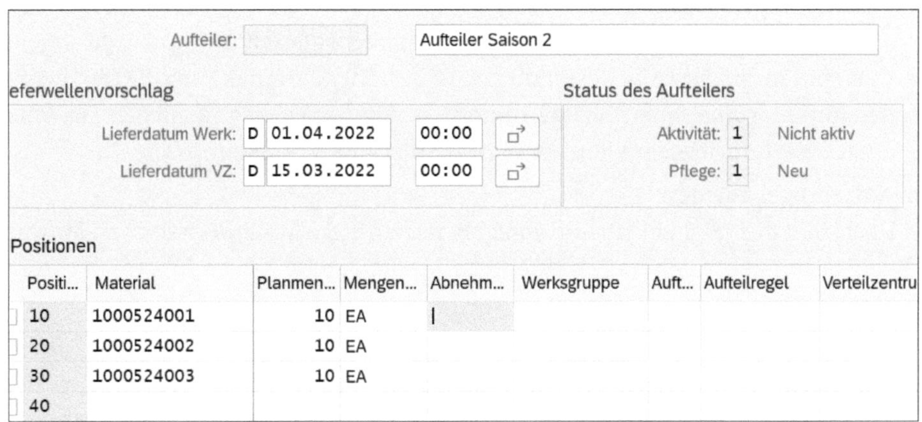

Abbildung 5.34 Aufteiler anlegen – Positionsübersicht mit Datum

Sie können außerdem die Bezugsquellen über die Funktion **Bezugsquellen** in der Funktionsleiste automatisch finden lassen (siehe Abbildung 5.35). Sie können die

Bezugsquellen aber auch direkt eingeben oder die Bezugsquellenfindung manuell anstoßen.

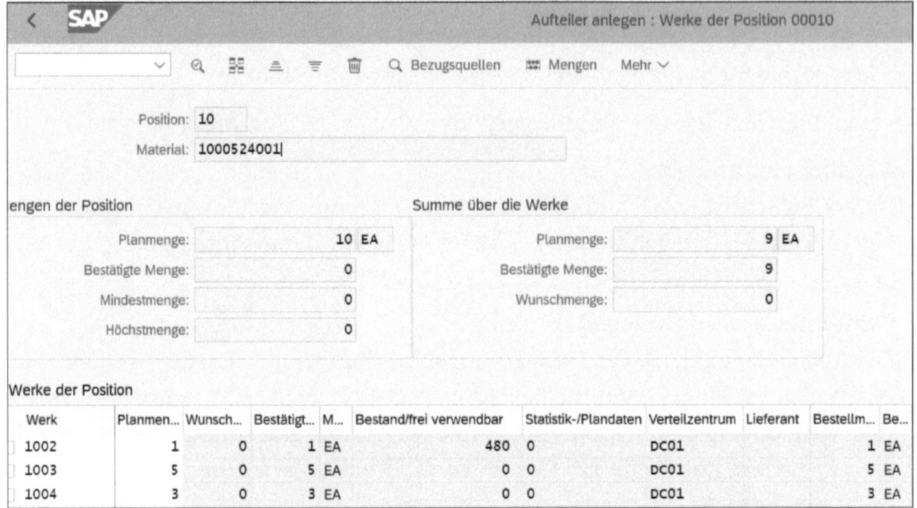

Abbildung 5.35 Aufteiler anlegen – Werke der Position 00010 mit Aufteilmengen

4. **Aufteiler an die Filialen versenden**
   Mittels Avisierung über die Funktionen der SAP-Nachrichtenfindung kann die Zentrale den Filialen den Aufteiler senden.
5. **Folgebelege zum Aufteiler anlegen**
   Nach der Planung der Warenverteilung mithilfe eines Aufteilers können automatisch die Belege für die Beschaffung bzw. Belieferung erzeugt werden. Diese Belege können sein:
   - Auslieferungen
   - Bestellungen
   - Umlagerungsbestellungen
   - Kundenaufträge
6. **Wareneingang im Verteilzentrum**
   Wenn die Ware im Verteilzentrum ankommt, kann nun der Wareneingang mit Bezug zur Bestellung gebucht werden. Die angekommene Menge wird gemäß dem eingestellten Aufteiler weiterverarbeitet. Dies ist insbesondere interessant, wenn weniger Ware ankommt, als bestellt wurde. Die Weiterverarbeitung wird in Abschnitt 5.4.2, »Verteilungsabwicklung«, beschrieben.

Pull-Methode

Bei dieser Methode sind bereits Abgabebelege für die Filialen vorhanden, z. B. Umlagerungsbestellungen vom Verteilzentrum zur Filiale. Als Beschaffungsbelege werden

danach Sammelbestellungen gebildet, indem die Abgabebelegmengen pro Artikel und Filiale summiert werden. Wenn das System Sammelbestellungen anlegt, schreibt es auch die Verteilungsdaten fort und ordnet die Beschaffungsbelege den Abgabebelegen zu. Über die Anzeige der Tabelle FRET, erhalten Sie einen schnellen Überblick der dort gespeicherten Abgabebelege -und Beschaffungsbelege.

Die einzelnen Schritte der Verteilungsplanung nach der Pull-Methode sind:

1. **Abgabebeleg anlegen**
   Im ersten Schritt werden Abgabebelege als Basis für eine Sammelbestellung angelegt. Bei diesen Belegen handelt es sich üblicherweise um Umlagerungsbestellungen.
2. **Sammelbestellung anlegen**
   Die Abgabebelege z. B. der Umlagerungsbestellungen der Filialen werden nun in Beschaffungsbelegen (Sammelbestellungen) pro Lieferant zusammengefasst. Gemäß dem angegebenen Einteilungsintervall werden Einteilungen für die Beschaffung generiert. Dabei gibt das Einteilungsintervall an, wie lange die Ware maximal im Verteilzentrum verweilen soll. Üblicherweise versendet das Verteilzentrum nach Anlage der Sammelbestellung eine elektronische Bestellung an den Lieferanten. Im Beispiel aus Abbildung 5.36 erhalten die Filialen mit den Nummern 1002 und 1003 von dem Material 1000601 jeweils 10 und 30 Mengeneinheiten, die für die Bestellung zu dem Lieferanten in einer Bestellposition zusammengefasst wird.

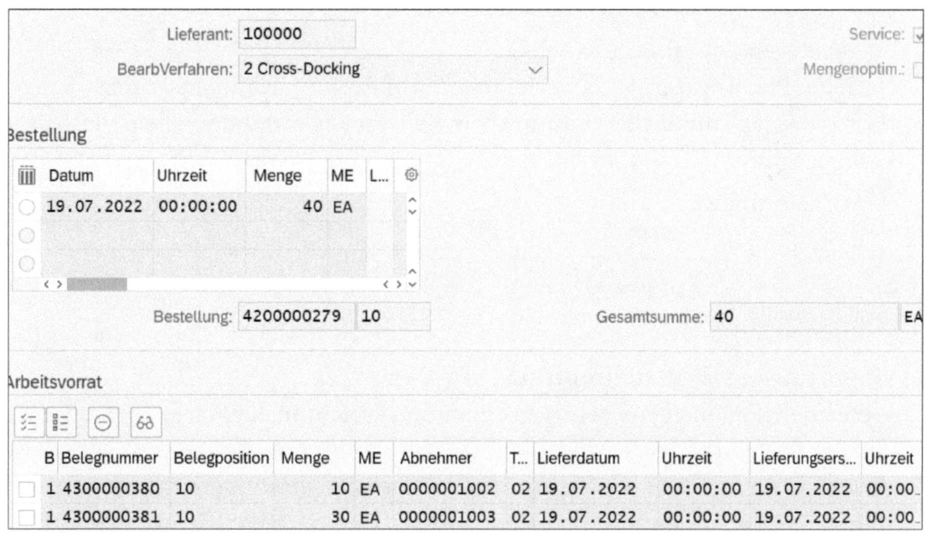

Abbildung 5.36 Sammelbestellung für Artikel 1000601 zu VST 1002 und 1003

Für die spätere Verteilung der angelieferten Ware im VZ wird in der Bestellung gemäß hinterlegter Steuerungsmechanismen hier das entsprechende Bearbeitungsverfahren vorgeschlagen (hier Cross Docking).

In der angelegten Sammelbestellung werden durch die Vorkommissionierungsfunktion im Rahmen der Supplementary-Logistics-Services (SLS) pro Bestellposition für jedes Material Unterpositionen entsprechend den Einzelbestellmengen der Filialen gebildet (siehe Abbildung 5.37).

ZSPO Normalbestellung 4200000279 Lieferant: 100000 Skymart Corp Belegdatum: 18.(

Kopf

S...	Pos	K	P	Material	Kurztext	Bestellmenge	B...	T	Lieferdatum
	10			1000601	PERCY PLANT POT SMALL / CER..	40	EA	D	19.07.20
	11			1000601	PERCY PLANT POT SMALL / CER..	10	EA	D	19.07.20
	12			1000601	PERCY PLANT POT SMALL / CER..	30	EA	D	19.07.20
	20			1000602	PERCY PLANT POT SMALL / CER..	60	EA	D	19.07.20
	21			1000602	PERCY PLANT POT SMALL / CER..	20	EA	D	19.07.20
	22			1000602	PERCY PLANT POT SMALL / CER..	40	EA	D	19.07.20

Abbildung 5.37 Angelegte Sammelbestellung mit SLS

3. **Wareneingang im Verteilzentrum**
   Der Wareneingang im Verteilzentrum wird nun analog zur Push-Methode mit Bezug zur Sammelbestellung gebucht. Die Weiterverarbeitung wird im folgenden Abschnitt beschrieben.

5.4.2 Verteilungsabwicklung

Nachdem der Wareneingang zur Anlieferung erfolgt ist, wird die Ware auf die Filialen oder sonstigen Abnehmer verteilt. Die im Aufteiler oder in der Sammelbestellung festgehaltenen Verteilungsdaten (Mengenverteilung und Bearbeitungsverfahren in dem obigen Beispiel) dienen dabei der Steuerung des Warenflusses im Verteilzentrum. Zudem werden Daten nun an die tatsächlich gelieferten Mengen angepasst. Die Ware wird dafür mithilfe unterschiedlicher Bearbeitungsverfahren entweder eingelagert oder auf die Abnehmer verteilt. Für jedes Bearbeitungsverfahren wird der Bestand systemintern in einen separaten Lagerort gebucht.

[zB]

Proportionale Verteilung

Alle Filialen, die von einem Verteilzentrum beliefert werden, bestellen in der Summe 2.000 Stück eines Artikels. Die Aufteilregel besagt, dass eine proportionale Verteilung der ankommenden Ware auf die Filialen erfolgen soll. Wenn nun anstelle der 2.000 Stück nur 1.800 Stück angeliefert wurden, verteilt das System diese Menge proportional, d. h., jede Filiale bekommt nur 90 % von dem, was sie bestellt hat. Bei einer Überlieferung von z. B. 2.200 Stück könnte man ebenfalls proportional verteilen, könnte aber auch definieren, dass alle Filialen ihre bestellte Menge bekommen und die restlichen 200 Stück eingelagert werden (vorausgesetzt, dass Überlieferung erlaubt ist).

Folgende Weiterverarbeitungsaktionen sind möglich:

- Einlagerung
- Cross Docking
- Cross Docking im Rahmen der Logistikoptimierung
- Flow-through
- abnehmerorientierte Flow-through-Verteilung
- artikelorientierte Flow-through-Verteilung

Bei der *Einlagerung* wird die Ware – wie bei einer Bestellung bei einem externen Lieferanten – an einen Lagerort des Werkes gebucht. Falls dieser Lagerort durch ein Lagerverwaltungssystem verwaltet wird, erfolgt eine Einlagerung von der Wareneingangszone auf einen Lagerplatz, z. B. in ein Hochregallager entsprechend der Lagerverwaltungsstrategie.

Cross Docking bezeichnet den Warenumschlag ohne langfristige Lagerung, da für den betroffenen Artikel bereits Auslageraufträge in Form von Auslieferungen oder sogar schon von Auslagertransportaufträgen vorliegen. Angelieferte Ware wird daher nicht ins Lager eingelagert, sondern direkt vom Wareneingangsbereich den entsprechenden Warenausgängen zugeordnet.

Die Ware wird bei dieser Aktion systemintern an einen speziellen Cross-Docking-Lagerort gebucht. Das bedeutet, die Ware wird nicht physisch eingelagert, sondern sie verbleibt in einem speziellen Bereich. Anschließend werden ebenfalls Auslieferungen zu den Abnehmerbelegen (Umlagerungsbestellungen) generiert.

Wenn Sie in der Liefererstellung die ausgewählten Materialien noch beeinflussen wollen, führen Sie die Transaktion WF60 mit Wahl der Cross-Docking-Funktion (CD) im Einstiegsbild aus (siehe Abbildung 5.38), oder wählen die Transaktion WF61 für die Hintergrundverarbeitung.

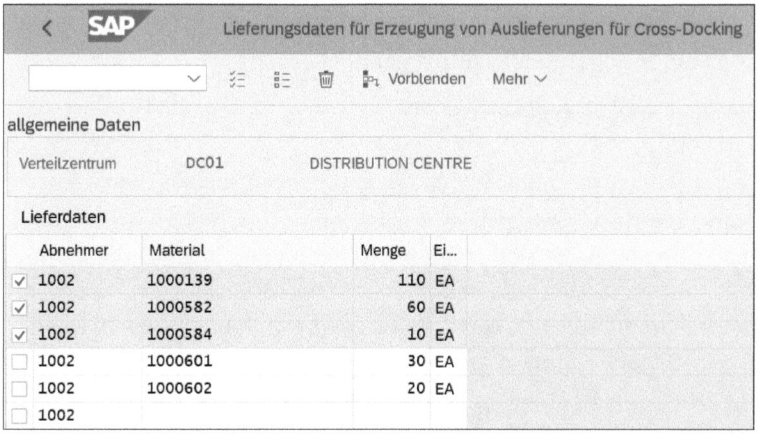

	Abnehmer	Material	Menge	Ei...
☑	1002	1000139	110	EA
☑	1002	1000582	60	EA
☑	1002	1000584	10	EA
☐	1002	1000601	30	EA
☐	1002	1000602	20	EA
☐	1002			

Abbildung 5.38 Lieferungsdaten für Erzeugung von CD-Auslieferungen

Ein Umpacken der Ware ist nicht erforderlich, da die Ware vom Lieferanten in einzelnen Packstücken (Handling Units) pro Abnehmer angeliefert wird.

Voraussetzung für den Entfall eines notwendigen Umpackens ist eine Vorkommissionierung, sodass diese Angaben in der Bestellung und Anlieferungen für die weiteren Bearbeitungsschritte im Verteilzentrum zur Verfügung stehen, so z. B., wenn die Verteilzentrumaufgaben mittels SAP-EWM-Funktion erledigt werden.

Ziel des *Cross Dockings im Rahmen der Logistikoptimierung* ist es, Bestände im Lager zu reduzieren, Belieferungszeiten zu verkürzen und Transporte zu bündeln. Man unterscheidet dabei zwischen geplantem Cross Docking und opportunistischem Cross Docking:

- Beim *geplanten Cross Docking* ist vor dem tatsächlichen Eingang der Ware bekannt, dass diese Ware nicht eingelagert werden muss, sondern direkt zum Warenausgang gebracht werden kann.
- Beim *opportunistischen Cross Docking* wird bei der Wareneingangsprüfung oder -buchung spontan festgestellt, ob für diese Ware eine Warenausgangsanforderung vorhanden ist.

Das SAP-S/4HANA-Retail-System und/oder das Lagerverwaltungssystem müssen zweifelsfrei erkennen können, dass ein Cross Docking möglich ist. Dabei muss es immer eine eindeutige Zuordnung zwischen der ankommenden und der auszugebenden Ware geben. Diese Zuordnung kann über Versandeinheiten (über die Nummer der Versandeinheit, NVE) und den Serial Shipping Container Code (SSCC) gebildet werden oder aber auch nur über die Artikel und deren Menge. Eine fehlende oder zumindest nicht eindeutige Zuordnung ist meist der Hauptgrund dafür, dass das Cross-Docking-Verfahren nicht zufriedenstellend eingesetzt werden kann.

[«]

»Verheiratung« der An- und Auslieferung

Wenn eine Ware kundenauftragsbezogen oder filialbezogen beschafft wird, gibt es im System ein Lieferavis (Anlieferung), das sich auf die Bestellung beim Lieferanten bezieht. Gleichzeitig gibt es aber auch schon eine Auslieferung, die sich auf den Kundenauftrag bezieht. Beim Cross Docking muss nun erkannt werden, dass die ankommende Ware zwar vereinnahmt wird (WE-Buchung), dass es aber schon eine Auslieferung gibt, die genau auf diesen Bestand zugreifen will, d. h., dass genau diese Ware wieder ausgelagert und versendet werden soll. Diese »Verheiratung« der Anlieferung und der Auslieferung ist das Hauptproblem beim Cross-Docking-Verfahren. Es müssen hier Artikel und eventuell Chargen, Mengen, Verpackungen, Abnehmer etc. übereinstimmen.

Eine weitere Weiterverarbeitungsfunktion ist der sogenannte *Flow-through*. Wie beim Cross Docking wird die Ware nicht physisch auf einen Hochregallagerplatz eingelagert, sondern verlässt das Lager sofort wieder über eine Umpackzone (bei Nutzung von SAP EWM auch Verteilzone genannt). Im Unterschied zum Cross Docking wird die Ware aber kommissioniert. Dabei unterscheidet man zwischen zwei Arten der Flow-through-Verteilung:

- **Abnehmerorientierte Flow-through-Verteilung**
  Die Ware wird systemintern an einen Lagerort für abnehmerorientiertes Flow-through gebucht. Anschließend werden ebenfalls Auslieferungen mit den erwähnten Transaktionen angelegt. Bei Anbindung an ein Lagersystem werden diese ebenfalls wie beim Prozess der Anlieferungen an das Lagersystem verteilt. Im Lager findet dann die weitere Bearbeitung zu diesen Belegen statt: Die Waren werden in eine Umpackzone transportiert und dort kommissioniert. Das abnehmerorientierte Flow-through entspricht somit der Kommissionierung mit Einlagerung.

  Abnehmerorientiert heißt: Es werden alle benötigten Materialien (in SAP EWM als Produkte bezeichnet) zunächst für einen bestimmten Abnehmer kommissioniert, bevor für einen nächsten Abnehmer kommissioniert wird.
- **Artikelorientierte Flow-through-Verteilung**
  Die Ware wird auch hier systemintern an einen Lagerort für artikelorientiertes Flow-through gebucht, aber ebenfalls nicht eingelagert. Hier erfolgt im Gegensatz zum abnehmerorientierten Flow-through die Kommissionierung zunächst nur für einen bestimmten Artikel bzw. ein bestimmtes Material, der bzw. das für alle Abnehmer kommissioniert wird. Im Detail bedeutet das, dass nach der Entladung der angelieferten Ware zu dem Beleg Anlieferung in einem Lager zunächst ein Artikel für alle gebildeten sogenannten Pick-HUs der Abnehmerlieferungen kommissioniert wird, bevor die nächste HU kommissioniert wird.

Nach der Bearbeitung wird die Ware in den Warenausgangsbereich befördert und der Warenausgang mit Bezug zur Auslieferung gebucht.

[!]

Keine echte Einlagerung

Alle hier erwähnten Lagerorte werden durch ein Lagerverwaltungssystem verwaltet. Allerdings findet nur beim ersten Verfahren eine echte physische Einlagerung statt. Bei den anderen Verfahren sind nur die Wareneingangsbereiche und Warenausgangsbereiche bzw. Versandbereiche des Lagerverwaltungssystems interessant.

Oft ist es auch nützlich oder notwendig, die erwähnten Verfahren zu kombinieren. Zum Beispiel kann man große Abnahmemengen (palettenweise) über das Cross-Docking-Verfahren bewältigen, während für kleine Mengen eine Einlagerung mit nachfolgender Auslagerung sinnvoll sein kann.

5.5 Retourenprozess

In den vorangegangenen Abschnitten wurden unter anderem Prozesse des Warenein- und des Warenausgangs beschrieben. Daraus ergeben sich jeweils die möglichen Rücksendungsprozesse:

- Sie senden im Einkauf bestellte und empfangene Ware wieder zurück an den Versender.
- Sie vereinnahmen Ware zu einer Rückgabe eines Kunden oder einer Filiale.

Bei im Einkauf bestellter Ware beginnen Sie den Prozess mit dem Anlegen einer Retourenbestellung. Die Retourenbestellung im Retourenprozess entspricht dabei einem Kundenauftrag im Verkaufsprozess. Die Ware muss nun an den externen Lieferanten zurückgesendet werden. Falls sich die Ware schon im Lager befindet, ist dieser Prozess eine Art Kommissionierung. Die Auslagerung zu einer Retoure läuft daher bis auf die Bezugsdokumente analog zur Kommissionierung ab.

Für die logistische Abwicklung legen Sie eine *Retourenauslieferung* an, die im Allgemeinen direkt mit der Retourenbestellung angelegt wird. Die Retourenauslieferung im Retourenprozess entspricht dabei der Auslieferung im Verkaufsprozess.

Die Retourenauslieferung wird im dezentralen Szenario wie alle Lieferungen direkt an das externe System gemeldet. Die weitere Abwicklung entspricht dem regulären Warenausgang.

Der Prozess unterscheidet sich nur in den Bezugsdokumenten. Es gibt im System normalerweise einen *Retourenauftrag*, der von den entsprechenden Sachbearbeitern angelegt wird. Der Retourenauftrag im Retourenprozess entspricht dabei einer Bestellung im Beschaffungsprozess, weil in beiden Fällen in der Folge Ware im Werk ankommen wird.

Der Retourenprozess bezieht sich im Handel häufig auf die *Umlagerungsretouren*, die eine Filiale an ihr Verteilzentrum tätigt. Folgende Prozessschritte werden dabei durchlaufen:

- Anlegen einer Retourenumlagerungsbestellung
- Erstellen der Retourenumlagerungslieferung (VL10B)
- WA-Buchung zur Retourenlieferung und Anlieferungserstellung im VZ
- WE mit Buchung der Retourenlieferung mit automatischer Ausbuchung aus Transit
- logistische Folgefunktion im Rahmen der Materialinspektion nach Anlieferungsbearbeitung im VZ

Bereits bei der Implementierung steuern Sie mit Auswahl einer entsprechend im Customizing aktivierten und ausgeprägten Bestellart, wie die Folgeschritte in der Ab-

wicklung der Bestellretoure logistisch erfolgen. SAP stellt dafür die Funktion *logistische Folgeaktionen* im Rahmen der *erweiterten Retourenabwicklung* zur Verfügung. In SAP S/4HANA Retail wird sowohl die Eingabe über das SAP GUI als auch über SAP Fiori unterstützt.

Der Prozess zu einer Umlagerungsretourenbestellung läuft dann im Detail folgendermaßen ab: Der WA zur Umlagerungsretourenlieferung erzeugt wie bei einer normalen Nachschublieferung wieder eine Anlieferung. Diesmal ist der Empfänger jedoch das Verteilzentrum. Der WE und die Ausbuchung aus dem Transitbestand in das VZ wird gebucht. Die Bearbeitung der Anlieferung mit der Funktion **Wareneingang buchen** erfolgt in der Transaktion VL32N oder im angeschlossenen Lagerverwaltungssystem.

Alternativ können Sie die SAP-Fiori-Apps **Wareneingang für Anlieferung (einzelne Anlieferung)** oder **Anlieferungen zum Wareneingang** dafür nutzen.

Eine Übersicht des Retourenprozesses zum jeweiligen Bestellbeleg finden Sie im Bestellbeleg über den Button **Details anzeigen**, auf der Registerkarte **Retourenübersicht** des Bestellkopfes sowie in der Retourenposition (siehe Abbildung 5.39).

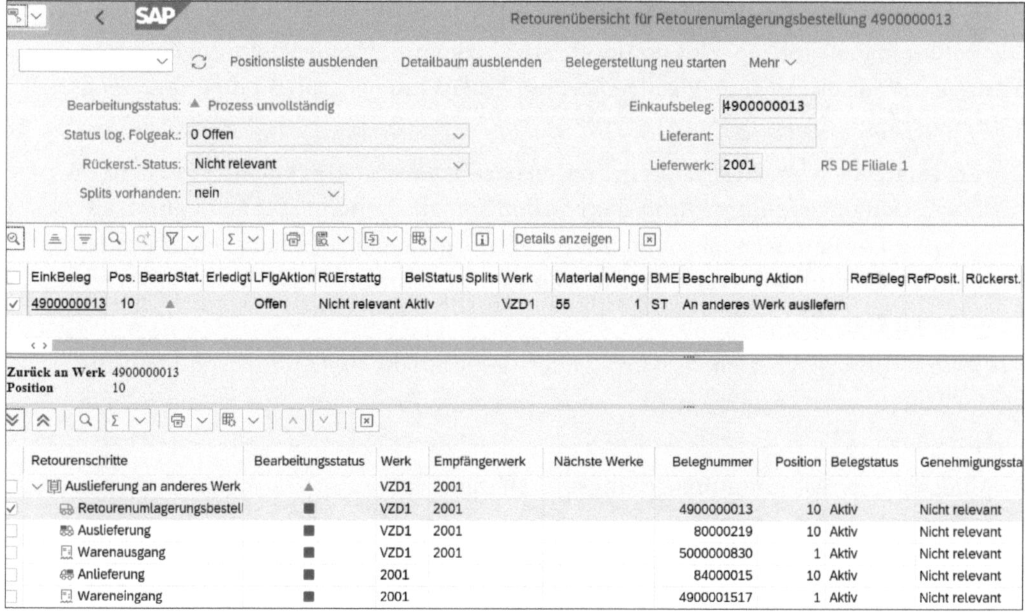

Abbildung 5.39 Retourenübersicht für eine Retourenumlagerungsbestellung

In der Funktion **Materialinspektion im Lager** initiieren Sie dann mittels der Materialinspektion-Folgeaktionen automatisch erstellte logistische Prozesse und Belege, sodass Sie auf manuelle Buchungen dieser Schritte verzichten können. Rufen Sie dazu die SAP-Fiori-App **Materialinspektion im Lager für Lieferung** auf. Aus dem Vorrat der

Retourenlieferungen selektieren Sie Ihre Retourenlieferung mit den für die Inspektion anstehenden Lieferpositionen, um dort die Folgeaktivitäten anzustoßen. Im Rahmen der Filialumlagerungsretoure kann dies z. B. die Folgeaktion **An anderes Werk ausliefern** sein (siehe Abbildung 5.40).

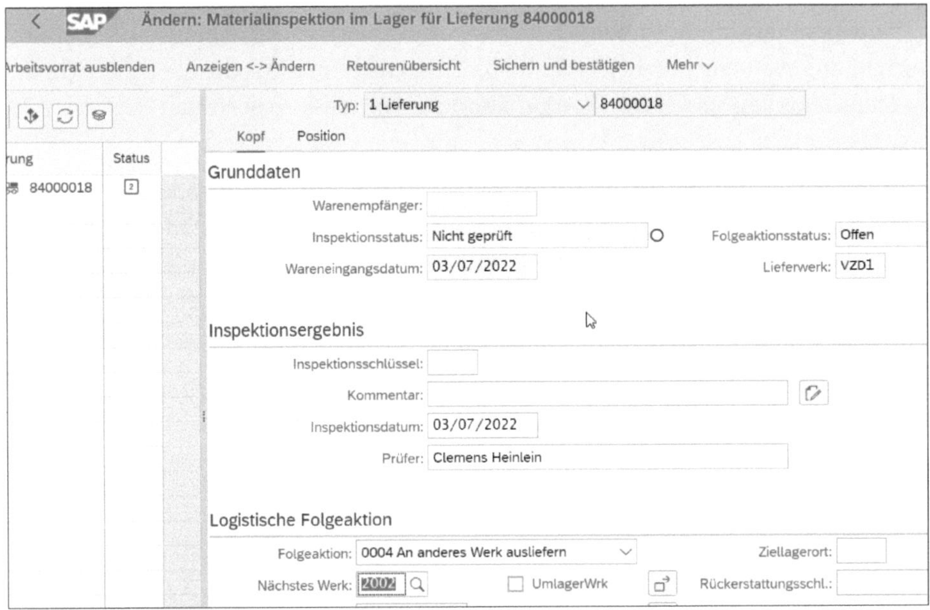

Abbildung 5.40 Materialinspektion für Lieferung

Zur Kontrolle des Fortschrittes und Überwachung der Retouren steht Ihnen die SAP-Fiori-App **Lieferantenretouren rückverfolgen** zur Verfügung (siehe Abbildung 5.41).

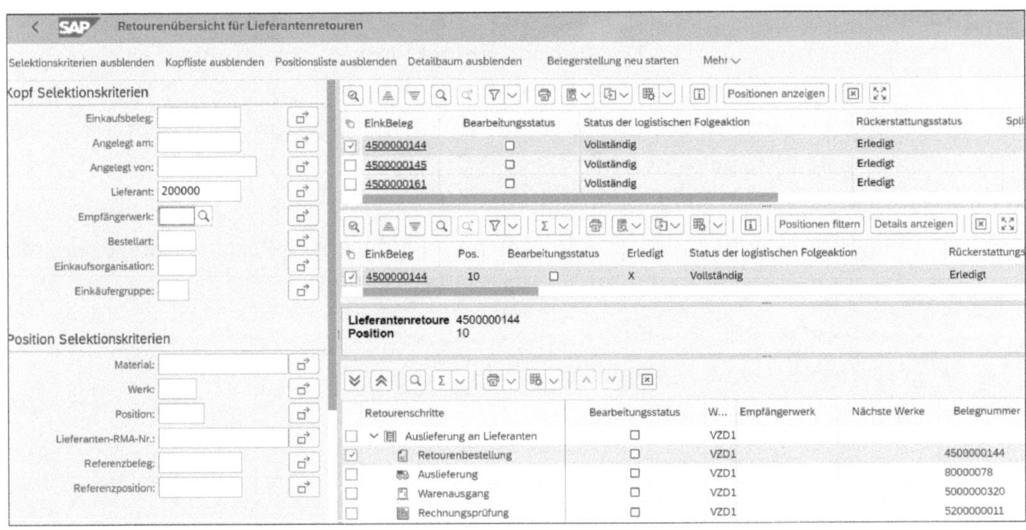

Abbildung 5.41 Retourenübersicht für Lieferantenretouren

5.6 Bestand und Inventur

Innerhalb der Logistik wird der Bestand eines Materials in einem Lager zwischengelagert und verwaltet. Das Lager dient damit als Bindeglied und Puffer zwischen den Bedarfen, die aus Kundenanforderungen oder Filialanforderungen herrühren, und zwischen der Beschaffung dieser Ware bei internen oder externen Lieferanten. Dabei darf das Lager einerseits nicht zu viel Kapital binden, andererseits sollte aber auch immer eine Lieferfähigkeit garantiert werden können. Auf diese Aspekte der *Bestandsführung* gehen wir in Abschnitt 5.6.1 ein.

Damit die Bestandsführung innerhalb eines Systems und der tatsächliche Bestand übereinstimmen, ist es notwendig, in bestimmten zeitlichen Abständen eine Zählung des Gesamtbestandes des Lagers durchzuführen. Diese Zählung wird *Inventur* genannt. Sie ist gesetzlich vorgeschrieben, und es muss nachgewiesen werden, dass in einem Lager innerhalb eines Geschäftsjahres alle Plätze mindestens einmal gezählt wurden. Die Inventur beschreiben wir in Abschnitt 5.6.2.

5.6.1 Bestandsführung innerhalb der Materialwirtschaft

Der Zweck der Bestandsführung innerhalb der Materialwirtschaft ist die mengen- und wertmäßige Inventarisierung von Waren bzw. Artikeln (Material). Für die Disposition und den Verkauf soll Transparenz über die Mengen und die Werte der Waren hergestellt werden.

Im SAP-S/4HANA-Retail-System werden Bestände innerhalb eines Werkes in Lagerorten gespeichert bzw. gebucht. Ein Lagerort ist also innerhalb des Systems ein Buchungskonto und bestandstrennendes Kriterium.

Innerhalb des SAP-S/4HANA-Retail-Systems ist also immer ersichtlich, in welchen Lagerort die Ware gebucht ist. Die Aufteilung eines Werkes in einen oder mehrere Lagerorte hängt von der Situation und den Anforderungen ab. So gibt es z. B. Lagerorte für speziell reservierte Ware, für Ware, deren MHD in Kürze abläuft, oder Lagerorte, in denen spezielle Ware gelagert wird.

Innerhalb jedes Lagerortes ist es möglich, den Bestand in spezielle *Bestandskategorien* einzuteilen. Innerhalb von SAP S/4HANA Retail gibt es Bestandskategorien, die im Einkauf bzw. in der Bestandsführung gepflegt werden:

- frei verwendbarer Bestand
- gesperrter Bestand (X-Bestand)
- Qualitätsprüfbestand (Q-Bestand)
- Retourenbestand (R-Bestand)
- Transitbestand

Es gibt Prozesse, um die ankommende Ware direkt in eine dieser Kategorien zu buchen. Zum Beispiel wird ankommende Ware beim Wareneingang zunächst in einen Q-Bestand gebucht, dann geprüft und, falls die Prüfung positiv ist, in den frei verfügbaren Bestand umgebucht. Ebenso wird retournierte Ware im Allgemeinen zunächst in den R-Bestand gebucht, um entscheiden zu können, ob die Artikel weiterverwendet werden können.

Neben diesen Bestandskategorien gibt es noch *Sonderbestände*, wie z. B. den Kundeneinzelbestand oder den Konsignationsbestand, bei dem die Ware weiterhin dem Lieferanten gehört.

Mit SAP S/4HANA Retail stehen Ihnen eine Reihe von SAP-Fiori-Apps für die Bestandsführung zur Verfügung. Von den diversen Apps sind hier nennenswert:

- **Bestandsführungsübersicht**
  Mit der App können Sie ausgewähltes Material überwachen und anzeigen. Zudem gibt es einen Bereich zur Anzeige überfälliger Transitbestände, aus dem Sie mit Tooltip-Funktionen in das Umfeld und die Bearbeitung zu Vorgängerbelegen in den Umlagerungsbestellungen abspringen können (siehe Abbildung 5.42).

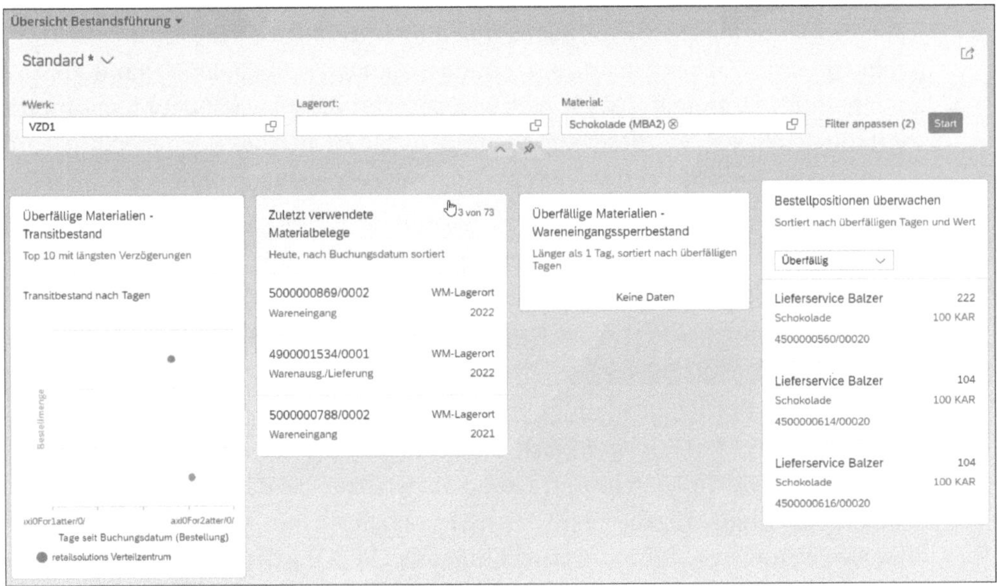

Abbildung 5.42 Übersicht der Bestandsführung

- **Bestand verwalten**
  Mit dieser SAP-Fiori-App werden Ihnen – analog zu Transaktion MMBE im SAP GUI – pro Bestandskategorie und Lagerort(en) die Bestände eines Materials angezeigt. Darüber hinaus können Sie hier nun direkt Bestandskorrekturen auf jeder dieser Ebene vornehmen (siehe Abbildung 5.43).

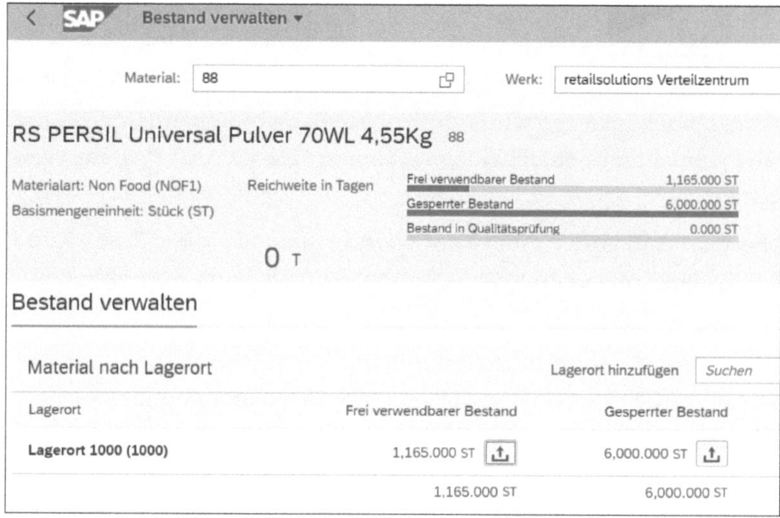

Abbildung 5.43 Bestand verwalten

Die Mengen eines physisch vorhandenen Artikels werden, sofern sie sich im Eigentum des Unternehmens befinden, mit einem *Standard-* oder *gleitenden Durchschnittspreis* (GLD) bewertet und zu einem Gesamtwert in einem Bestandskonto der Buchhaltung dargestellt. Dabei bildet sich der Wert der Ware aus der Menge multipliziert mit dem jeweiligen Beschaffungspreis. In den Filialen des Handels kann mangels Kenntnis des Einkaufspreises die Ware auch mit dem Verkaufspreis bewertet werden.

International gibt es unterschiedliche Regelungen, welche Einkaufskonditionen (Sofortrabatte, nachträgliche Abrechnungen und Skonti) in den Bestandswert einfließen dürfen oder nicht. Die Wertbildung entsteht zum Zeitpunkt des Wareneingangs, die Wertminderung beim Warenausgang, der Abschrift und der Inventur.

Mit SAP S/4HANA Retail wird nun die für die Integration zwischen der Bestandsführung und der Finanzbuchhaltung bzw. Kostenrechnung verantwortliche Material-Ledger-Funktion (ML) obligatorisch. Eine fehlende Aktivierung bei der Einrichtung Ihres SAP-S/4HANA-Systems führt zu Inkonsistenzen bei Bestandsführungsbuchungen. Eine wichtige Aufgabe des ML ist es, Materialbestände in mehreren Währungen bzw. Bewertungen zu führen. Darüber hinaus stellt es die Grundlage für die Ist-Kalkulation dar. Die zentrale Tabelle, in der auch die Nummern der erzeugten Materialbelege gespeichert werden, ist die Tabelle ACDOCA.

[»]

Daten aus dem Einkauf/der Materialwirtschaft

Die Regelungen und Einstellungen zur Bestandsführung und Bewertung gehören in die Bereiche Einkauf und Materialwirtschaft. Sie sind hier aufgeführt, weil das Lagerverwaltungssystem diese Bestandsdaten in seiner Bestandsführung ebenfalls führen muss bzw. diese mit SAP S/4HANA obligatorisch sind.

Die Lagerverwaltungssysteme besitzen eine eigene Bestandsführung. Sie geben Auskunft darüber, welche Ware auf welchem Lagerplatz liegt. Der Fokus der Bestandsführung des Lagerverwaltungssystems liegt also auf den physischen Gegebenheiten des Lagers, d. h. den Lagerplätzen, während die Bestandsführung der Materialwirtschaft den Fokus eher auf die gesamtheitliche Betrachtung des Artikels legt. Mit anderen Worten: Das Lager hat einen Überblick über den Bestand aller Lagerplätze, während die Materialwirtschaft einen Überblick über den Bestand aller Artikel hat. Natürlich müssen diese beiden Betrachtungsweisen sich im Ergebnis decken. Die in diesem Abschnitt beschriebenen Bestandsarten und Bestandskategorien müssen daher auch vom Lagerverwaltungssystem abgebildet werden können.

Aus der Summe der einzelnen Platzbestände kann auf die Gesamtmenge jedes Artikels geschlossen werden. Damit diese beiden Betrachtungsweisen immer übereinstimmen, ist es möglich, einen Bestandsabgleich zwischen Lager- und Materialwirtschaft vorzunehmen. Bei einem internen Lagerverwaltungssystem erfolgt dies über spezielle Bestandsabgleichstransaktionen. Im dezentralen Szenario, also bei Verwendung eines externen Lagerverwaltungssystems, wird der Bestandsabgleich mit speziellen Differenzenbuchungen, initiiert durch das Lagerverwaltungssystem, durchgeführt.

5.6.2 Inventur

Die Inventur ist die Bestandsaufnahme aller vorhandenen Vermögenswerte eines Unternehmens, insbesondere aller Lagerbestände. Jedes Unternehmen ist dabei verpflichtet, innerhalb eines bestimmten Zeitraumes (des Geschäftsjahres) diese Bestandsaufnahme durchzuführen. Dies kann durch Zählen, Messen oder Wiegen erfolgen.

Während in der Materialwirtschaft gezählt wird, wie viel Bestand eines Materials vorhanden ist, muss im Lager gezählt werden, was der Bestand eines Lagerplatzes ist. Man spricht hier z. B. in einem EWM-System von einer *lagerplatzbezogenen* Inventur im Gegensatz zur *produktbezogenen Iventur*. Eine *lagerplatzbezogene Inventur muss* durchgeführt werden, wenn der Bestand des Werkes zu einem Lagerort gezählt wird, der EWM-verwaltet ist. In diesem Abschnitt beschreiben wir nur den Inventurprozess innerhalb des Lagers bzw. des Lagerverwaltungssystems.

Inventurverfahren

Es gibt mehrere Inventurverfahren, die im SAP-Retail-System für die Lagertypen festgelegt werden. Auch mit SAP EWM sind weiterhin alle aus dem WM bekannten Verfahren verfügbar. Allein bei der Stichprobeninventur gibt es Einschränkungen. Ansonsten finden sich im Vergleich zu WM bis auf einige wenige Abweichungen sogar

die gleichen Bezeichnungen. Dabei unterstützt SAP S/4HANA Retail standardmäßig die folgenden Verfahren:

- **Stichtagsinventur**
  Bei der Stichtagsinventur werden die Bestände an einem festgelegten Aufnahmetag mengenmäßig erfasst.
- **Permanente Inventur**
  Bei der permanenten Inventur wird die körperliche Bestandsaufnahme aller Lagerplätze auf das Geschäftsjahr verteilt. Sie kann zu verschiedenen, beliebigen Zeitpunkten durchgeführt werden. Dadurch besteht die Möglichkeit, den am Abschlussstichtag vorhandenen Lagerbestand nach Artikel und Menge auch ohne gleichzeitige körperliche Bestandsaufnahme (im Rahmen der Stichtagsinventur) aus den Aufzeichnungen im Lagerverwaltungssystem aufzunehmen. Es muss jedoch gewährleistet sein, dass am Ende des Geschäftsjahres (Abschlussstichtag) alle Lagerplätze mindestens einmal gezählt wurden.
- **Einlagerungsinventur**
  Bei Einsatz der Einlagerungsinventur findet die Inventur eines Lagerplatzes bei der ersten Einlagerung auf diesen Platz im Geschäftsjahr statt. Während des laufenden Geschäftsjahres findet keine weitere Inventur für den Lagerplatz mehr statt, auch wenn am Ende des Geschäftsjahres ein völlig anderer Bestand auf dem Platz liegen sollte oder der Platz leer ist.
- **Niederbestandskontrolle**
  Bei der Niederbestandskontrolle wird bei der Überprüfung der Platzbestände die Tatsache genutzt, dass ein Lagerplatz nach einer Auslagerung gemäß den Lagerplatzdaten im Lagerverwaltungssystem einen bestimmten Bestand unterschreitet. Während der physischen Auslagerung erfolgt eine Kontrolle, ob die Lagerplatzdaten mit der tatsächlichen Bestandssituation übereinstimmen.
- **Cycle Counting oder periodische Inventur**
  Bei der Cycle-Counting-Inventur wird die körperliche Erfassung der Materialbestände in regelmäßigen Abständen innerhalb eines Geschäftsjahres durchgeführt. Durch Einteilung der Materialen in unterschiedliche Klassen (ABC-Klassifizierung) wird pro Material festgelegt, in welchen Zeitabständen oder Zyklen die Inventur durchgeführt werden soll. Ziel ist es, gängige Materialien (sogenannte *Schnelldreher*) im Lager öfter zu inventarisieren als weniger gängige Materialien (sogenannte *Langsamdreher*)

Einige dieser Inventurverfahren unterliegen gesetzlichen Einschränkungen, andere mögen aus lagertechnischen bzw. organisatorischen Gründen für Ihr Lager nicht sinnvoll sein. Die Inventurverfahren sollten daher mit einem Inventurverantwortlichen festgelegt und die eingesetzten Inventurverfahren mit einem Wirtschaftsprüfer abgestimmt werden.

5

Ablauf der Inventur

Das Ergebnis jedes der beschriebenen Inventurverfahren ist eine Menge von Plätzen, die gezählt werden müssen. Der Ablauf der Inventur ist daher unabhängig vom Inventurverfahren. Er sieht folgendermaßen aus:

1. **Inventurbeleg anlegen**
   Je nach eingestelltem Inventurverfahren werden Plätze selektiert, die automatisch in einen Inventurbeleg geschrieben werden. Es sollte organisatorisch dafür gesorgt werden, dass für diese Plätze keine offenen Aufgaben existieren. Ein Beispiel für einen Inventurbeleg mit Anzeige der möglichen Inventurverfahren zeigt Abbildung 5.44.

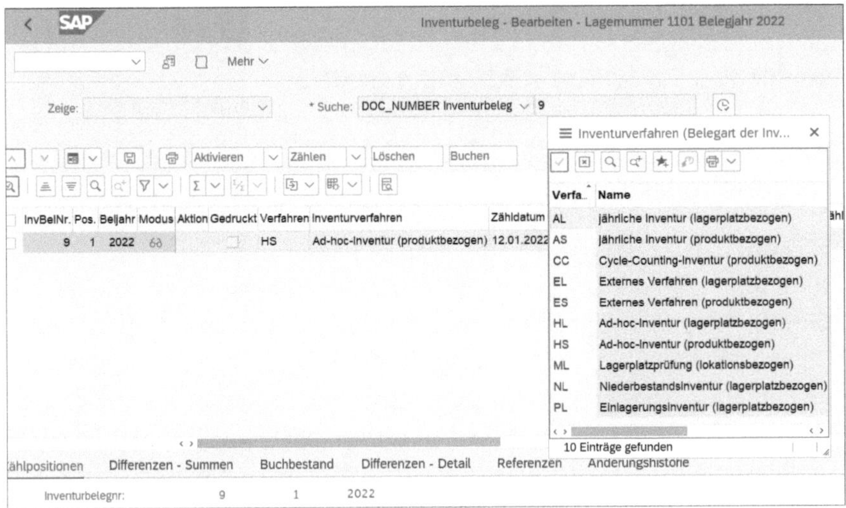

Abbildung 5.44 Übersicht der Inventurverfahren im Inventurbeleg

2. **Inventurbeleg aktivieren**
   Mit der Aktivierung des Inventurbelegs sind die selektierten Plätze gesperrt.
3. **Inventurbeleg als Inventurliste ausdrucken**
   Die Inventurliste ist die Arbeitsgrundlage der Mitarbeiter, die die Zählung durchführen. Wenn ohne Papierlisten gearbeitet wird, etwa mithilfe von Datenfunkgeräten, entfällt dieser Schritt. Die Zählaufforderungen werden dann direkt an das Datenfunkgerät übertragen.
4. **Körperliche Bestandsaufnahme durchführen**
   Für die ausgewählten Lagerplätze der Inventurliste zählt der Inventurmitarbeiter die Menge der vorhandenen Artikel und vermerkt alles auf seiner Liste.
5. **Inventurzählergebnisse im Lagerverwaltungssystem erfassen**
   Dies wird mit den entsprechenden Dialogen durchgeführt. Das System gibt Warnungen aus, wenn die gezählte Menge erheblich von der Buchungsmenge abweicht. Es besteht dann die Möglichkeit, Nachzählungen zu veranlassen.

6. **Inventurdifferenzen im Lagerverwaltungssystem verarbeiten**
   Wenn es Differenzen gegeben hat, wird der betroffene Lagerplatz bestandsmäßig korrigiert, und die Differenzen werden auf eine Differenzenschnittstelle gebucht. Dies geschieht deshalb, weil der Abgleich mit der Bestandsführung noch nicht erfolgt ist. Nach diesem Schritt entsperrt das System die Lagerplätze wieder, sodass sie nach der Inventur wieder für Lagerbewegungen zur Verfügung stehen.
7. **Differenzen in der Bestandsführung ausbuchen**
   Es wird der Bestandsführung gemeldet, welche Artikelbestände nach oben oder nach unten korrigiert werden müssen.
8. **Inventur abschließen**
   Nach Abschluss der Inventur für das Geschäftsjahr werden die Inventurdaten für Lagerplätze zurückgesetzt. Dann kann in der nächsten Inventurperiode erneut die Inventur für diese Lagerplätze durchgeführt werden.

5.7 Chargenabwicklung

Dieser Abschnitt gibt Ihnen einen Überblick über Chargen und deren Abwicklung und Verwendung innerhalb der Logistik. Chargen sind Teilmengen eines Produkts oder Materials mit homogenen Eigenschaften, die während eines bestimmten Produktionslaufs hergestellt wurden. Anders ausgedrückt bilden Chargen die Gesamtheit sämtlicher Einheiten eines Produkts, die unter gleichen Bedingungen erzeugt, hergestellt oder verpackt wurden. Andere Namen für Chargen sind *Los* oder *Batch*. Eine Charge kann zu einem Material und optional zu einem Betrieb gehören. Ein Material wird generell oder auf Betriebsebene (auf VZ- oder Filialsicht) als *chargenpflichtig* definiert. Abbildung 5.45 zeigt das entsprechende Feld in den Grunddaten des Materialstamms.

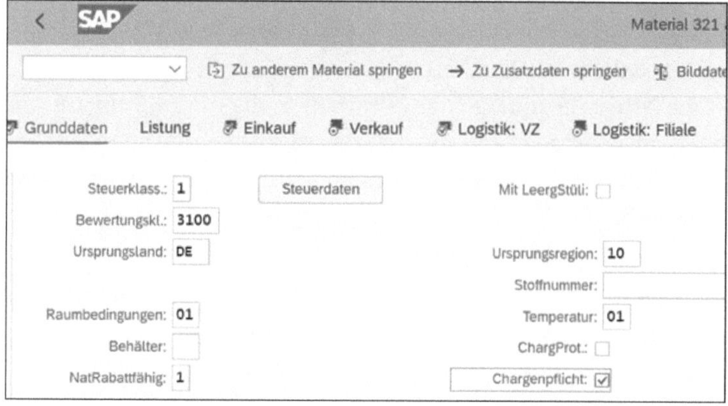

Abbildung 5.45 Chargenpflicht (Grunddaten)

[zB]

Unterscheidung nach Betrieb und Produktionstag

Der Artikel »Tapetenrolle« wird im System im Materialstamm generell als chargenpflichtig definiert. Damit können Sie eine Charge einrichten, die den Produktionstag und den Produktionsort angibt. Der Bestand der Tapetenrollen aus dem Produktionsbetrieb »Werk 1« für den 1. Juli wird damit z. B. getrennt vom Bestand der Tapetenrollen aus dem Produktionsbetrieb »Werk 2« vom 2. Juli. Im Betrieb »Werk 2« führt man keine Chargen für die Tapetenrollen. Damit kann man die Bestände der einzelnen Produktionstage innerhalb des Werkes nicht unterscheiden.

Verwendung und Nutzung von Chargen sind grundsätzlich optional. Es kann aber Gründe geben, aus denen die Definition und Einrichtung einer Charge vorgeschrieben ist:

- Gesetzliche Anforderungen:
  - Richtlinien der Good Manufacturing Practice (GMP)
  - Gefahrstoffverordnungen
  - Rückverfolgbarkeit, Mängelverfolgung, Rückrufaktionen (EU-Verordnung 178)
- Bestandstrennung:
  - Notwendigkeit einer differenzierten Mengenbestandsführung
  - Trennung der Bestände der verschiedenen Herstellungstage und die daraus resultierende Notwendigkeit, diese Bestände logistisch unterschiedlich zu behandeln
- Produktionsverfahren:
  - Vorhandensein von Produktionsverfahren, die Chargen unbedingt erfordern (dies kommt im Handel eher selten vor)
  - Unterschiedliche Maschinen erzeugen unterschiedliche Chargen.

Die Chargenverwaltung im SAP-S/4HANA-Retail-System untergliedert sich in die folgenden Aufgaben:

- **Chargennummernvergabe**
  Mit der Chargennummer ordnet man einer Charge eine eindeutige Identifizierung zu. Damit kann jedes Material zweifelsfrei einer Charge zugeordnet werden. Dabei haben Sie die Möglichkeit, die Nummer sowohl automatisiert als auch manuell je nach Prozessschritt oder pro Bewegungsart zu vergeben. Man spricht dann von externer Nummernvergabe.
- **Chargenspezifikation**
  Jede Charge wird eindeutig über Merkmale und Merkmalswerte (innerhalb eines Klassensystems) beschrieben.

- **Chargenzustandsverwaltung**
Die Chargenzustandsverwaltung gibt an, ob die Charge gebrauchsfähig ist oder nicht. Eine Warenbewegung nicht gebrauchsfähiger Chargen kann damit unterbunden werden.
- **Chargenfindung**
Die Chargenfindung wird genutzt, um anhand definierbarer Kriterien bestimmte Chargen aus dem Bestand zu finden. Haben Sie SAP EWM im Einsatz, können Sie mit entsprechendem Customizing die Chargen in EWM finden, ohne dass eine Chargenfindung in SAP S/4HANA stattgefunden hat. Es werden dann nur die Merkmale als Chargenauswahlkriterien an SAP EWM übertragen. Die eigentliche Chargenfindung findet im SAP EWM unter Berücksichtigung des Lagerlayouts beispielsweise zur Optimierung des Kommissionierweges statt. Das SAP-S/4HANA-Retail-System arbeitet mit Konditionstechniken, bei denen über Konditionstabellen, Zugriffsfolgen und Strategiearten Chargen gefunden werden sollen.
- **Chargenverwendungsnachweis**
Diese Funktion gibt einen Überblick über die Entstehung bzw. Verwendung einer Charge im gesamten Produktionsprozess. Ein Hilfsinstrument, nicht nur für den Verwendungsnachweis, ist das *Batch Information Cockpit*. Damit können Sie z. B. eine MHD-Kontrolle der Chargen durchführen, um beispielsweise diejenigen zu selektieren, die eine bestimmte Restlaufzeit nicht mehr einhalten (siehe Abbildung 5.46).

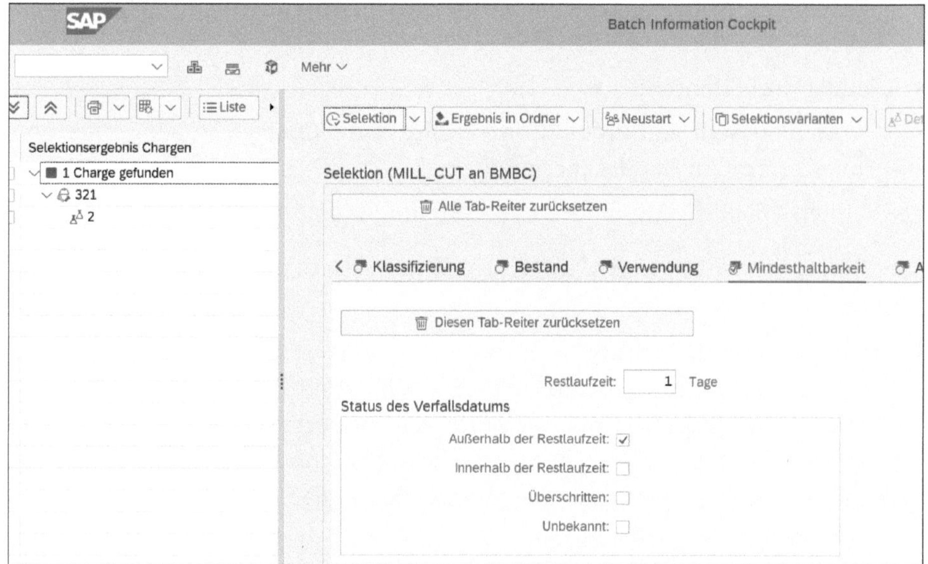

Abbildung 5.46 MHD-Kontrolle im Batch Information Cockpit

Für jedes Material muss festgelegt werden, ob es chargenpflichtig ist oder nicht. Falls ein Material chargenpflichtig ist und eine Charge enthält, wird die Charge in *allen* Anwendungen des SAP-S/4HANA-Retail-Systems verwendet:

- **Produktion**
  In einen Fertigungsauftrag eines chargenpflichtigen Materials wird für die produzierte Menge eine Chargennummer vergeben.
- **Einkauf**
  Im Einkauf haben Sie die Möglichkeit, bestimmte Chargen eines Materials zu bestellen. Sie können das Material aber auch ohne Charge bestellen, ihm dann aber beim Wareneingang eine Charge zuordnen. Damit ist es dann z. B. möglich, diese neue, spezielle Charge in der Qualitätsprüfung zu untersuchen. Je nach Ergebnis der Untersuchung kann dann die gesamte Charge eines Materials weiterverwendet oder abgewiesen werden.
- **Lagerverwaltung**
  In der Lagerverwaltung wird die Charge im Bestandsobjekt des Lagers, dem Lagerquant, mitgeführt. Verschiedene Chargen desselben Materials können dann separat gelagert werden.
- **Bestandsführung**
  In der Bestandsführung haben Sie jederzeit den Überblick darüber, welche Menge von jeder Charge eines Materials vorhanden ist.
- **Vertrieb**
  Beim Vertrieb hat ein Kunde die Möglichkeit, eine bestimmte Charge eines Materials zu bestellen. Die Chargenfindung sorgt dann dafür, dass diese Charge gefunden wird. Falls der Kundenauftrag keine bestimmte Charge verlangt, wird über die Auslieferung und die Kommissionierung eine Charge ermittelt und zugewiesen.

5.8 Embedded EWM für SAP S/4HANA Retail

SAP Extended Warehouse Management (SAP EWM) ist als SAP-eigenes Lagerverwaltungssystem seit 2006 im Einsatz und wird als klassisches dezentrales System (über qRFC) an SAP-ERP-Systeme angebunden.

Mit Einführung von SAP S/4HANA Retail ist seit 2016 die Möglichkeit hinzugekommen, EWM nicht nur dezentral, sondern auch als in SAP S/4HANA integrierte Komponente (Embedded) zu benutzen. Die integrierte und die dezentrale Variante unterscheiden sich dabei zum Teil bei der Datenverarbeitung:

- **Multi-Systemanbindung**
  Ein dezentrales SAP-EWM-System kann mit mehreren unterschiedlichen ERP-Systemen (SAP R/3, S/4HANA oder sonstige Fremdsysteme) kommunizieren, während Embedded EWM nur mit seinem eigenen SAP-S/4HANA-System verbunden werden kann.

- **Core Interface (CIF)**
  Während beim dezentralen System die Daten für z. B. Packspezifikationen per CIF zwischen SAP S/4HANA Retail und SAP EWM synchronisiert werden müssen, ist dies beim Embedded EWM nicht nötig.
- **Stammdaten**
  Ebenso sind die Stammdaten wie Materialstamm oder Business Partner in der Embedded-Variante aus SAP S/4HANA Retail auch direkt in SAP EWM verfügbar und müssen nicht mehr per IDoc verschickt werden.
- **An- und Auslieferungen**
  Im Embedded EWM werden die Lieferungen direkt angelegt, während im dezentralen System aufgrund des Replizierens der Lieferungen zunächst noch eine Anlieferungsbenachrichtigung (engl. Inbound Delivery Notification) bzw. Auslieferungsanforderung (engl. Outbound Delivery Request) erstellt wird.

In Abbildung 5.47 sehen Sie die Abläufe im Vergleich.

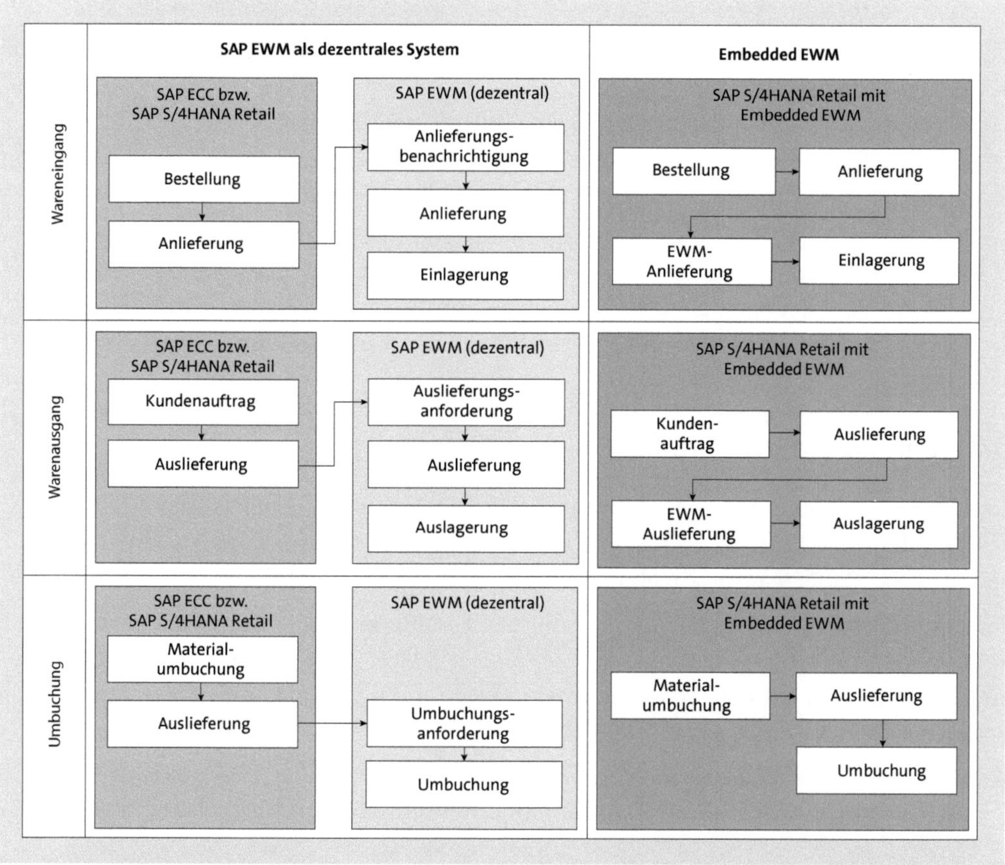

Abbildung 5.47 SAP EWM als dezentrales System vs. Embedded EWM

Aufgrund seiner Spezifika wird das dezentrale SAP EWM daher eher in großen Lagern und Verteilzentren benötigt, während kleine und mittelgroße Lager bzw. Verteilzentren meist mit dem Embedded EWM auskommen. Abbildung 5.48 gibt Ihnen einen Überblick über die Anbindungsmöglichkeiten von SAP EWM an Ihr SAP-S/4HANA-Retail-System.

Systemarchitektonisch ist das dezentrale EWM in den digitalen Kern von SAP S/4HANA Retail integriert worden. Es entfallen die Schnittstellen zum dezentralen EWM und das daraus resultierende Belegaufkommen im Datenaustausch. So wird die redundante Stammdatenhalten in zwei Systemen verhindert. Dies hat auch Einfluss auf die neue Objekt- und Stammdatenpflege in SAP S/4HANA Retail, auf die wir später noch eingehen.

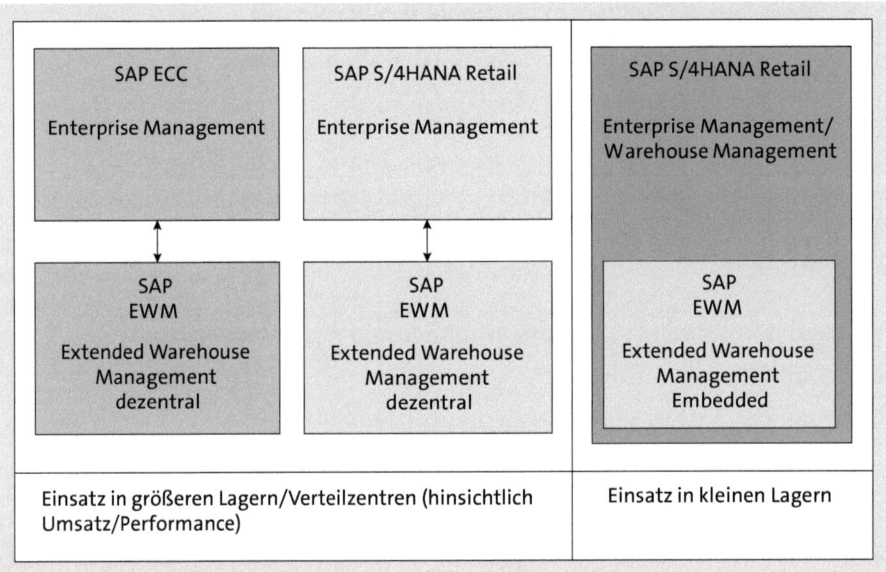

Abbildung 5.48 Anbindungsmöglichkeiten des SAP-EWM-Systems an SAP-ERP-Systeme

In der Ausprägung als Embedded EWM stehen Ihnen zwei Varianten zur Verfügung:

- **Basic Warehouse Management**
  Diese Variante unterstützt die klassischen WM-Funktionen, wie man sie aus dem Warehouse Management in SAP ECC kennt:
  - Abwicklung der In- und Outbound-Prozesse
  - Bestandsmanagement und Inventur
  - internes Lagermanagement und Bewegungen
- **Advanced Extended Warehouse Management**
  Mit einer SAP-EWM-Lizenz, die über die normale Lizenzierung für SAP S/4HANA Retail hinausgeht, stehen z. B. auch diese Funktionen bereit (siehe Abbildung 5.49):

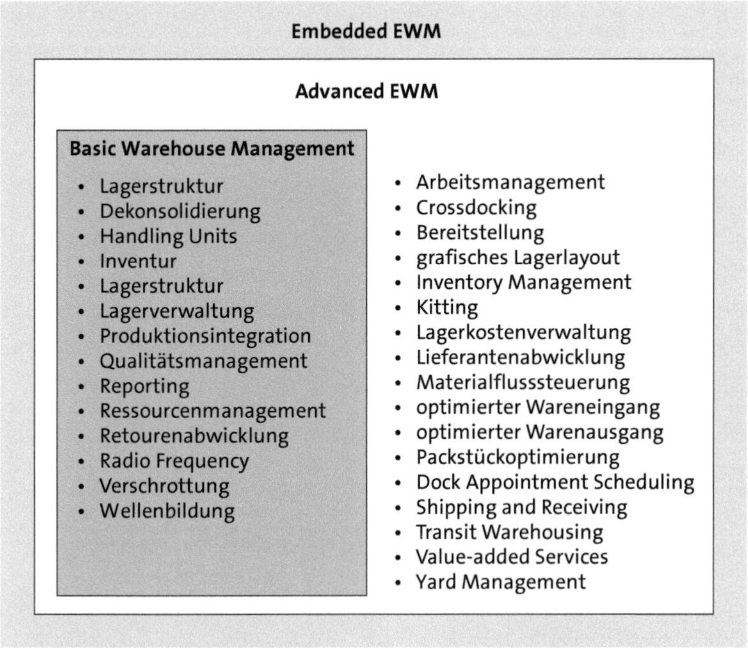

Embedded EWM

Advanced EWM

Basic Warehouse Management

- Lagerstruktur
- Dekonsolidierung
- Handling Units
- Inventur
- Lagerstruktur
- Lagerverwaltung
- Produktionsintegration
- Qualitätsmanagement
- Reporting
- Ressourcenmanagement
- Retourenabwicklung
- Radio Frequency
- Verschrottung
- Wellenbildung

- Arbeitsmanagement
- Crossdocking
- Bereitstellung
- grafisches Lagerlayout
- Inventory Management
- Kitting
- Lagerkostenverwaltung
- Lieferantenabwicklung
- Materialflusssteuerung
- optimierter Wareneingang
- optimierter Warenausgang
- Packstückoptimierung
- Dock Appointment Scheduling
- Shipping and Receiving
- Transit Warehousing
- Value-added Services
- Yard Management

Abbildung 5.49 Advanced EWM vs. Basic Warehouse Management

- Prozessoptimierungen (z. B. Dekonsolidierung, Wellenmanagement)
- Materialflussteuerung (MFS)
- Optimierung des Bestandsmanagements (z. B. Slotting)
- logistische Zusatzleistungen (z. B. Value-added Services)

Die beiden Versionen Basic Warehouse Management und Advanced EWM sind im Kern von SAP enthalten und vom Programm her identisch. Die Auswahl, welche Version zum Einsatz kommen darf, wird über die erworbenen Lizenzen via Lizenzkonformitätsprüfung gesteuert.

Zusammenfassend bieten sich Ihnen für die Systemstrategie der genannten Lagerverwaltungstools in der SAP Business Suite die folgenden, in Tabelle 5.2 enthaltenen Möglichkeiten.

Vergleich der Eigenschaften/ Parameter	Stock Room Management	Basic Embedded EWM	Advanced Embedded EWM	Dezentrales EWM
Architektur	Bestandteil von SAP S/4HANA Retail	Bestandteil von SAP S/4HANA Retail	Bestandteil von SAP S/4HANA Retail	separate Anwendung auf einem zweiten SAP-S/4HANA-System
SAP-Weiterentwicklung	keine	eingeschränkte Verbesserungen in zukünftigen Releases	in Zukunft neue Funktionen nur noch für EWM-Komponenten in SAP S/4HANA Retail	
Lizenz	Bestandteil der Enterprise-Management-Lizenz für SAP S/4HANA Retail		Advanced EWM erfordert die Classic-Component-Lizenz für SAP EWM.	
Zukünftige Verbesserungen	sehr niedrig	niedrig	hoch	sehr hoch
Abbildung komplexer Prozesse	nein	ja	ja	ja
Barcode Scanning/Mobile Execution	ja	ja	ja	ja
Bin to Bin Transfer	ja	ja	ja	ja
Basic Inbound	ja	ja	ja	ja
Basic Outbound	ja	ja	ja	ja
Inventur	ja	ja	ja	ja

Tabelle 5.2 Übersicht der Lagerverwaltungstools in der SAP Business Suite

Die genannten Tools sind nicht als Entweder-oder-Optionen zu verstehen. Sie können für unterschiedliche Lagerorte und auch in Kombination eingesetzt werden. Für die Beantwortung der Frage, ob Sie auch bestimmte Lagerorte und deren zugeordnete Lagernummern mit einem Stock Room Management nutzen können, führen Sie nach Implementierung des SAP-Hinweises 2882809 den Report STOCKROOM_COMPLIANCE_CHECK aus (siehe Abbildung 5.50).

Mit diesem Report werden die bisherigen aktuell verwendeten LE-WM-Funktionen geprüft, dabei wird berücksichtigt, ob diese Funktionen in SAP S/4HANA Retail durch das Stock Room Management abgedeckt werden könnten. In Abbildung 5.50 sehen

z. B., dass der Lagerort mit der Lagernummer 100 nicht dafür geeignet ist, weil hier Funktionen zum Wellenmanagement aktiv sind, die im Stock Room Management nicht verfügbar sind. Sie sehen also, dass die Entscheidung, ob Sie das Basic Warehouse Management oder Advanced EWM verwenden möchten, von Ihren Prozessanforderungen abhängt.

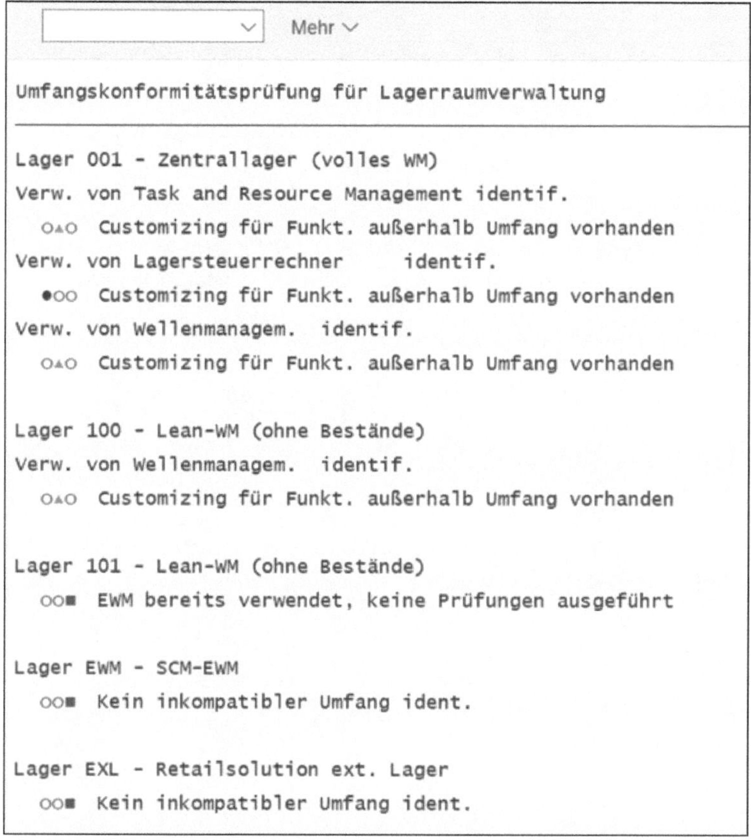

Abbildung 5.50 Stockroom Compliance Check

Bei der Entscheidung, ob Sie SAP EWM als Embedded EWM oder als dezentrales System verwenden möchten, hilft Ihnen SAP-Hinweis 1606493 (Best Practices zu SAP-EWM-Deployment-Optionen). Der Hinweis gibt unterschiedliche Deployment-Optionen vor: So ist es möglich, dass Sie das EWM als Embedded-System in die lokalen ERP-Lagerorte im gleichen System und Mandanten integrieren können. Das dezentrale EWM für SAP S/4HANA Retail können Sie nur auf Lagerorte in anderen Systemen und Mandanten, nicht aber in die lokalen ERP-Lagerorte integrieren.

Da der Support für SAP ERP voraussichtlich im Jahr 2027 (Stand: März 2022) ausläuft, müssen bis dahin sämtliche ERP- und LE-WM-Systeme durch entsprechende SAP-S/4HANA- und EWM-Systeme ersetzt werden.

Dabei sind technisch unterschiedliche Migrationsstrategien möglich, die vor allem davon abhängen, was für eine Systemlandschaft im finalen Zustand benötigt wird und wie die Prioritäten gesetzt sind:

- **Upgrade auf SAP S/4HANA Retail mit Embedded EWM**
  Wenn Sie bereits wissen, dass Sie mit einem in SAP S/4HANA integrierten Lagerverwaltungssystem auskommen und es egal ist, ob das SAP-ECC- oder das Lagerverwaltungssystem zuerst upgegradet werden, können Sie auch direkt mit dem SAP-S/4HANA-Upgrade auf EWM wechseln (siehe Abbildung 5.51).

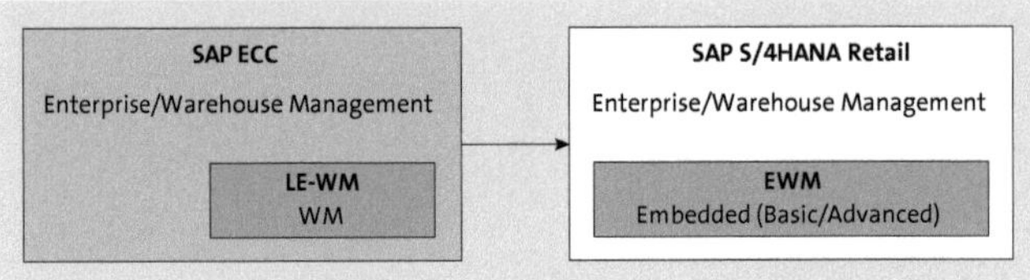

Abbildung 5.51 Upgrade auf SAP S/4HANA Retail mit Embedded EWM

- **Upgrade mit Zwischenschritt über Compatibility Pack**
  Hierbei erfolgt zunächst ein Upgrade des ERP-Systems auf SAP S/4HANA Retail. Das alte LE-WM kann damit im Rahmen des sogenannten Compatibility Packs noch bis 2025 weiter benutzt werden. Danach gäbe es als Alternative zu EWM nur das bereits erwähnte Stock Room Management, dessen Funktionalität jedoch selbst im Vergleich zum alten WM geringer ausfällt. Daher wird in einem weiteren Schritt ein Upgrade auf ein Embedded-EWM-System, und sei es auch nur in der Basic-Variante, empfohlen (siehe Abbildung 5.52).

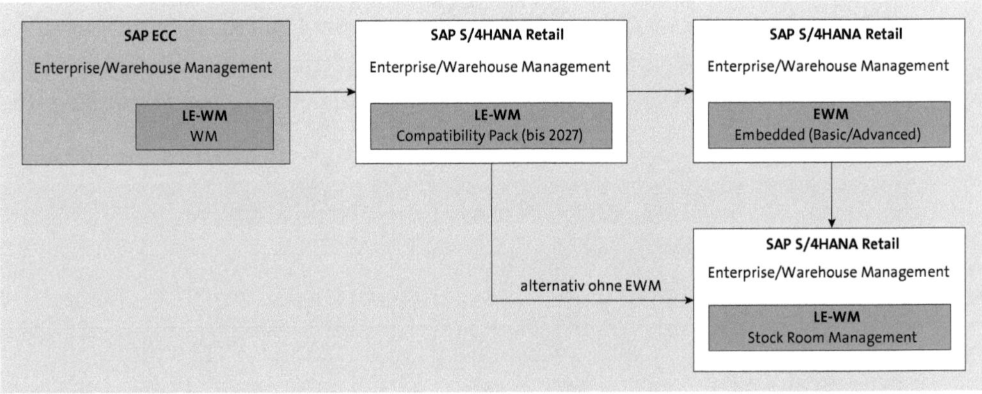

Abbildung 5.52 Zwischenschritt über Compatibility Pack

- **Upgrade mit Zwischenschritt über dezentrales EWM in SAP ECC**
  Wenn Sie bereits wissen, dass Sie später, z. B. aus Performancegründen, ein dezentrales EWM-System benötigen, kann dieses bereits in einem ersten Schritt noch

unter dem alten SAP-ERP-System implementiert werden. In einem zweiten Schritt kann dann das Altsystem separat durch SAP S/4HANA Retail ersetzt werden (siehe Abbildung 5.53).

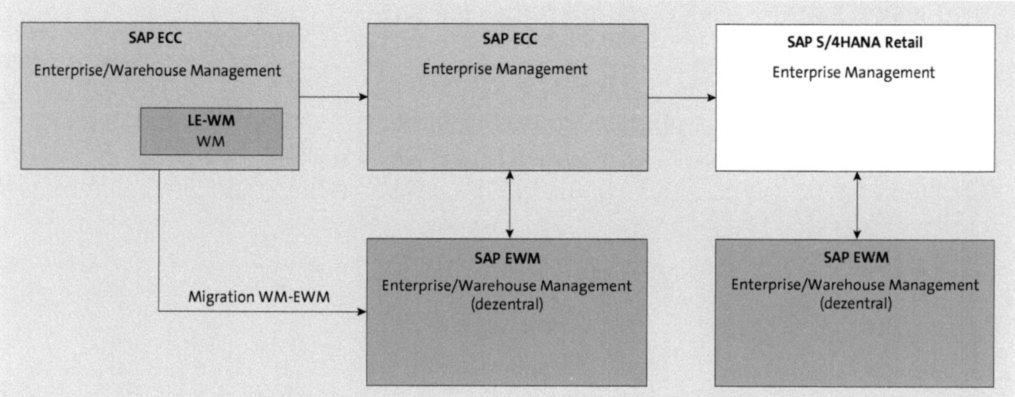

Abbildung 5.53 Zwischenschritt über dezentrales EWM unter SAP ECC

Da unter SAP S/4HANA Retail die Integration der einzelnen Systeme wie SAP EWM, SAP TM, Global Trade Services etc. immer weiter fortschreitet, wird ein Umstieg auf EWM dringend empfohlen.

5.9 Wichtige Transaktionen und SAP-Fiori-Apps

In diesem Abschnitt geben wir Ihnen abschließend einen Überblick über die wichtigsten Transaktionen und SAP-Fiori-Apps innerhalb der Logistik, d. h. im Versand, der Lagerverwaltung und der Warenverteilung. Bei den Transaktionen in Tabelle 5.3 zum Versand geht es in erster Linie um die Anlage und die Verwaltung von Anlieferungen und Auslieferungen.

Transaktion	Bezeichnung	Bemerkung
VL06	Monitor für Anlieferungen und Auslieferungen	–
VL31	Anlieferung anlegen	Anlieferung mit Bezug zu einer Bestellung anlegen
VL64	Erzeugung von Anlieferungen	–
VL32N	Anlieferung ändern	Anlieferung ändern

Tabelle 5.3 Transaktionen im Versand

Transaktion	Bezeichnung	Bemerkung
VL01n	Auslieferung anlegen	Auslieferung mit Bezug zu einem Kundenauftrag anlegen
VL10<x>	Auslieferung anlegen	Auslieferung zu verschiedenen Bezugsdokumenten, wie z. B. Umlagerungsbestellung (x = B) oder Kundenaufträgen (x = A), anlegen
VL02N	Anlieferung ändern	Fall 1: Kommissionieren ohne Lagerverwaltungssystem, d. h. Eingabe der Pickmengen Fall 2: Buchen des Warenausgangs, falls nicht schon automatisch erfolgt

Tabelle 5.3 Transaktionen im Versand (Forts.)

Tabelle 5.4 enthält Transaktionen zur Warenverteilung über Aufteiler oder eine Sammelbestellung. Die Auflistung der Transaktionen ist nicht vollständig, sondern beschränkt sich auf die in der Praxis wichtigsten und gängigsten.

Transaktion	Bezeichnung	Bemerkung
ME21N	Bestellung anlegen	Bestellung beim externen Lieferanten anlegen
WA21	Aufteilregel anlegen	–
WA01	Aufteilregel anlegen	Aufteilregel mit Bezug zur Bestellung oder sonstigem Beschaffungsbeleg anlegen
MIGO	Wareneingang buchen	Wareneingang buchen ohne Lagerverwaltung und ohne Lieferavis
WF10	Sammelbestellung anlegen	–
WF30	Warenverteilungsmonitor Verteilung anpassen	Auslieferungen gleichzeitig anlegen
VL02N	Anlieferung ändern	Fall 1: Kommissionieren ohne Lagerverwaltung, d. h. Eingabe der Pickmengen Fall 2: Buchen des Warenausgangs, falls nicht schon automatisch erfolgt
WF50	Verteilung anpassen	Anpassen und Anzeigen

Tabelle 5.4 Transaktionen der Warenverteilung

Transaktion	Bezeichnung	Bemerkung
WF70	Verteilauftrag anlegen	–
WF60	Auslieferungen anlegen für Verteilung von Materialien	–
WF61	Auslieferungen anlegen für Verteilung von Materialien im HINTERGRUND	–

Tabelle 5.4 Transaktionen der Warenverteilung (Forts.)

Tabelle 5.5 enthält eine Übersicht mit SAP-Fiori-Apps, die Sie in der Logistik und Warenverteilung nutzen können.

Name der App	Transaktion im SAP GUI	Beschreibung
Anlieferungen zu Bestellungen	VL34	Sammelverarbeitung von Bestellungen Anlieferungen erzeugen im Anlieferungsmonitor
Anlieferungen zum Wareneingang	VL06I/	Anlieferungsmonitor/ WS_MONITOR_INB_DEL_GDRC
Anlieferung zur Verteilung	VL06I	Anlieferungsmonitor/ WS_MONITOR_INB_DEL_DIST
Auslieferungen verwalten	–	Lieferungen verwalten und bearbeiten
Inspektionsergebnisse erfassen	MSR_INSPW	Materialinspektion
Bestand verwalten	ähnlich MMBE	Bestandsübersicht zusammen mit MIGO
Bestandsführungs-übersicht	ME2L/M (ähnlich M5BT) MB51	Bestellpositionen überwachen Überfällige Materialen – Wareneingangssperr-Transitbestand zuletzt verwendete Materialbelege

Tabelle 5.5 SAP-Fiori-Apps für die Logistik und Warenverteilung

Kapitel 6
Verkaufsprozesse und Point of Sale

Die effiziente Nutzung von Verkaufsdaten bietet enormes Potenzial für nahezu alle Unternehmensbereiche. In diesem Kapitel zeigen wir Ihnen, welche Funktionen SAP S/4HANA Retail dafür anbietet und wie Sie diese einsetzen.

SAP bietet mit SAP S/4HANA Retail umfangreiche Funktionen zur Abbildung der Verkaufsprozesse im Handel an. Zusätzlich existieren ergänzende Lösungen für den Dateneingang und die Filialprozesse.

Zunächst erläutern wir in diesem Kapitel in Abschnitt 6.1 die Möglichkeiten zur Anbindung des Points of Sale (POS) an SAP S/4HANA Retail, d. h. die Anbindung der Filialen und dort speziell der Kassensysteme sowie die Aufbereitung der eingehenden Bondaten. Dabei gehen wir in Abschnitt 6.2 auch auf die Funktion *POS-Datenübertragung und -Audit* ein. Dabei handelt es sich um eine in SAP Customer Activity Repository integrierte Lösung, mit der sich die von den Kassen generierten Bondaten zunächst sammeln und anschließend prüfen, verdichten und analysieren lassen, bevor sie an die Folgesysteme – etwa SAP S/4HANA Retail und Management-Informationssysteme – weitergegeben werden. Dabei geht es um die gezielte und effiziente Auswertung der Verkaufsdaten aus den Filialen. In Abschnitt 6.3 gehen wir außerdem kurz auf die Funktion SAP Omnichannel Sales Transfer and Audit ein, die die Kundenzufriedenheit auf allen Verkaufskanälen steigern soll.

In den Bereichen POS-Ver- und Entsorgung (SAP-intern oft als POS-Download bzw. -Upload bezeichnet) gibt es mit SAP S/4HANA Retail Alternativen zur traditionellen Anbindung der Kassensysteme über Intermediate Documents (IDocs). Haben Sie sich für ein SAP-S/4HANA-System in der Cloud entschieden, gibt es nur noch die Option zur Anbindung von POS-Systemen über servicebasierte Interfaces. Parallel zur Beschreibung der klassischen Anbindung über IDoc-Schnittstellen werden wir in diesem Kapitel auch auf diese neu entwickelten Optionen eingehen. Soweit es der aktuelle Stand der Entwicklung zulässt, wird eine Einschätzung und Empfehlung zur Nutzung gegeben.

Schließlich gehen wir in Abschnitt 6.4 auf Systeme ein, die sowohl mögliche Betrugsvorgänge als auch Fehlbedienungen im Handel (primär bei Kassiervorgängen am

Point of Sale) erkennen und die durch solche Vorfälle entstehenden Verluste deutlich verringern können.

Am Ende des Kapitels stellen wir Ihnen in Abschnitt 6.5 die integrierte Warenwirtschaftslösung *SAP Fiori In-Store Merchandise and Inventory Management* vor. Sie ermöglicht die anwenderfreundliche Anpassung, Wartung und Betreuung des Warenwirtschaftssystems und der entsprechenden Verkaufsprozesse.

6.1 Integration des Points of Sale mit der POS-Schnittstelle

Die POS-Integration ermöglicht es Ihnen, POS-Systeme mit ERP-Systemen wie SAP S/4HANA Retail und Management-Informationssystemen zu verbinden. Ziel ist ein Austausch von Stamm- und Transaktionsdaten zwischen den Systemen. Durch die Kombination der Funktionen der POS-Systeme und des ERP-Systems wird ein einwandfreier Ablauf Ihrer Handelsaktivitäten ermöglicht.

Der Datenaustausch kann dabei in beiden Richtungen erfolgen. Mögliche Integrationsszenarien sind zum einen die Datenübertragung aus SAP S/4HANA Retail (unter anderem Artikel- und Warengruppendaten) und die Datenübertragung in umgekehrter Richtung, also vom POS-System nach SAP S/4HANA Retail (unter anderem Verkäufe und Geldbewegungen).

Auch die Integration eines SAP-Business-Intelligence-Systems (SAP BI) ist an unterschiedlichen Punkten des Upload-Datenstroms von den POS-Systemen zum SAP S/4HANA Retail möglich. Abbildung 6.1 stellt das inzwischen gängige Szenario für die Anbindung dar: Die Kassendaten werden von Vorsystemen, häufig von SAP Customer Activity Repository, zur Analyse bereitgestellt.

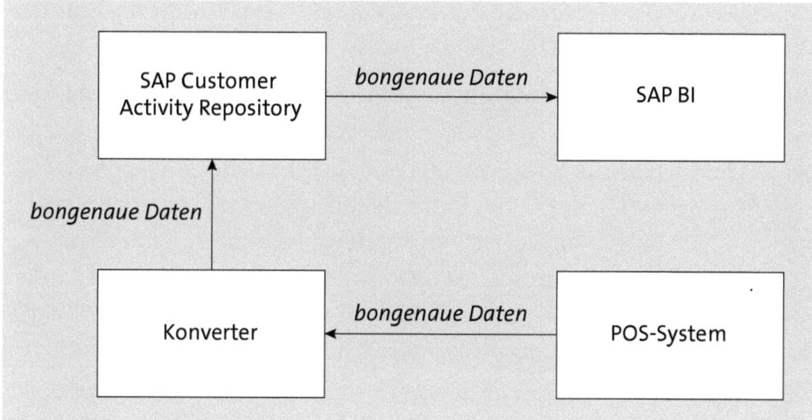

Abbildung 6.1 Architekturbeispiel zur Datenübertragung von Kassensystemen nach SAP Business Intelligence (SAP BI)

Zur Prüfung und Aggregation der Kassendaten können Sie Exportdaten der POS-Systeme über die Funktion POS-Datenübertragung und -Audit (POS DTA) an das SAP S/4HANA Retail senden lassen, die wir in Abschnitt 6.2, »POS-Datenübertragung und -Audit«, vorstellen. SAP POS DTA ist eine Applikation innerhalb von SAP Customer Activity Repository und besitzt eine eigene Engine.

In diesem Abschnitt stellen wir allerdings zunächst die Integration ohne SAP POS DTA vor, d. h. die Integration über die POS-Schnittstelle von SAP S/4HANA Retail. Wir erklären in diesem Zusammenhang, wie der Eingang der POS-Daten funktioniert und wie die in den Filialen benötigten Daten über die Ausgangsschnittstelle von SAP S/4HANA Retail an die Kassensysteme gesendet werden. Dabei beschreiben wir zunächst die klassische Anbindung über IDocs und stellen anschließend die mit SAP S/4HANA Retail geschaffenen bzw. ausgebauten Anbindungsmöglichkeiten über Service-Interfaces vor.

Seit vielen Jahren ist die POS-Anbindung über IDocs der bei Handelsunternehmen praktizierte SAP-Standard für die Ver- und Entsorgung von Kassensystemen. Das wird sich voraussichtlich auch im Umfeld von SAP S/4HANA Retail auf absehbare Zeit nicht ändern, auch wenn SAP aktuell Alternativen zu dieser Anbindungsform entwickelt und sukzessive bereitstellt.

In der POS-Schnittstelle (engl. POS-Interface) wird festgelegt, wie die Daten, die an die POS-Systeme gesendet werden sollen, aufbereitet werden (Outbound). In der Schnittstelle können Sie außerdem einstellen, wie die von den POS-Systemen gesendeten Daten in SAP S/4HANA Retail verarbeitet werden (Inbound).

Der Nachrichtenaustausch zwischen SAP S/4HANA Retail und den POS-Systemen erfolgt im klassischen Szenario mittels *Electronic Data Interchange* (EDI). Diese Technologie verwendet das technische Format *Intermediate Documents* (IDocs), um die Daten zwischen den Systemen auszutauschen. Die mit SAP S/4HANA Retail bereitgestellten neuen Anbindungsszenarien nutzen dagegen die Webservicetechnologie, bei der Nachrichten über Internetprotokolle im XML-Format verfügbar gemacht werden.

Das Customizing der POS-Schnittstelle erreichen Sie in SAP S/4HANA Retail über die Transaktion SPRO. Folgen Sie hier im Einführungsleitfaden (engl. Implementation Guide, IMG) dem Pfad **Vertrieb • POS-Interface**. Abbildung 6.2 zeigt einige Einstellungsmöglichkeiten für die Ausgangsschnittstelle (Outbound-Schnittstelle).

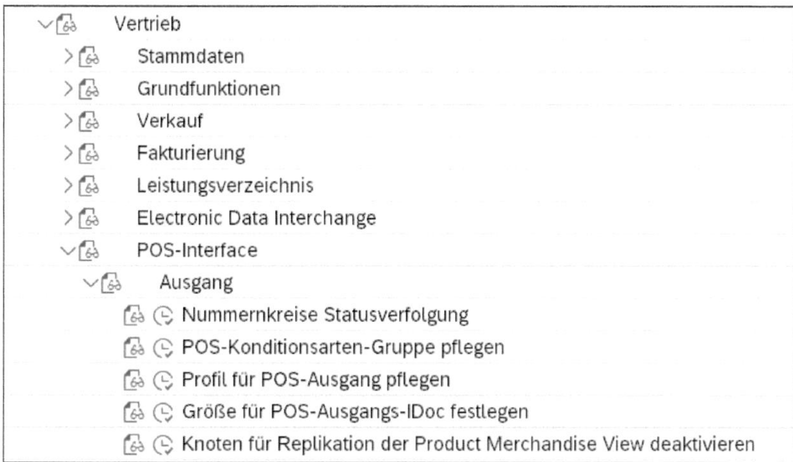

Abbildung 6.2 Customizing über Transaktion SPRO

6.1.1 Monitoring der POS-Schnittstelle bei der Nutzung von IDocs

Ein Monitoring der IDocs und der POS-Schnittstelle ist über die Transaktionen WE05, BD87, WPER und WLF_IDOC möglich.

Die Transaktion WE05 ermöglicht ein reines IDoc-Monitoring (siehe Abbildung 6.3). Dazu können Sie in dieser Transaktion unter anderem gezielt nach dem Erstellungszeitpunkt eines IDocs, dem Empfänger oder einer IDoc-Nummer suchen.

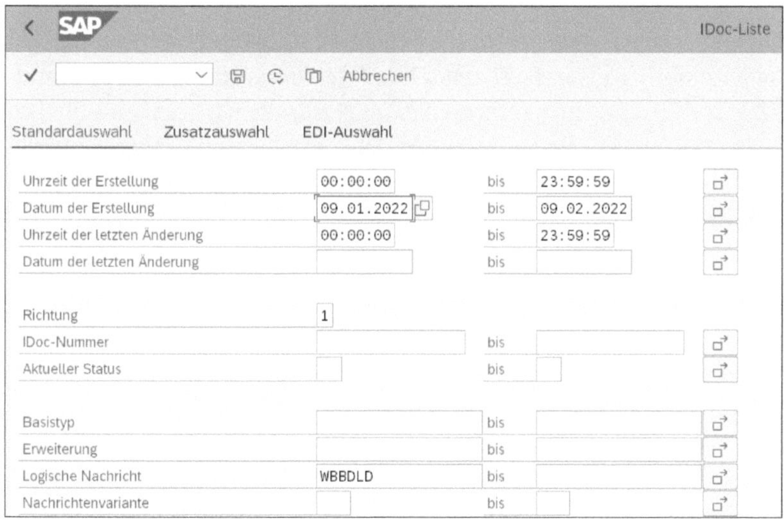

Abbildung 6.3 IDoc-Monitoring in Transaktion WE05

In Transaktion BD87 können Sie die IDocs ebenfalls überwachen. Außerdem ermöglicht diese Transaktion die erneute Verarbeitung von IDocs. Dies ist z. B. erforderlich, wenn das IDoc wegen einer fehlerhaften oder fehlenden (Customizing-)Einstellung nicht verarbeitet werden konnte. Nachdem Sie diese Einstellung vorgenommen haben, kann das IDoc dann hier erneut verarbeitet werden.

Die Transaktion WLF_IDOC ermöglicht sowohl die Analyse und Verarbeitung von IDocs als auch Sonderfunktionen wie das Löschen von IDocs und die Anpassung des IDoc-Status (siehe Abbildung 6.4). SAP hat hier eine zentrale Plattform für die Bearbeitung von IDocs geschaffen, deren Funktionen vorher über zahlreiche Transaktionen verteilt bzw. nur durch die manuelle Ausführung von Programmen möglich war. Wegen der weitreichenden Änderungsoptionen, die mit der Nutzung dieser Transaktion zur Verfügung stehen, sollte ihre Verwendung über Berechtigungssteuerung auf einen Kreis von IT-Spezialisten begrenzt bleiben.

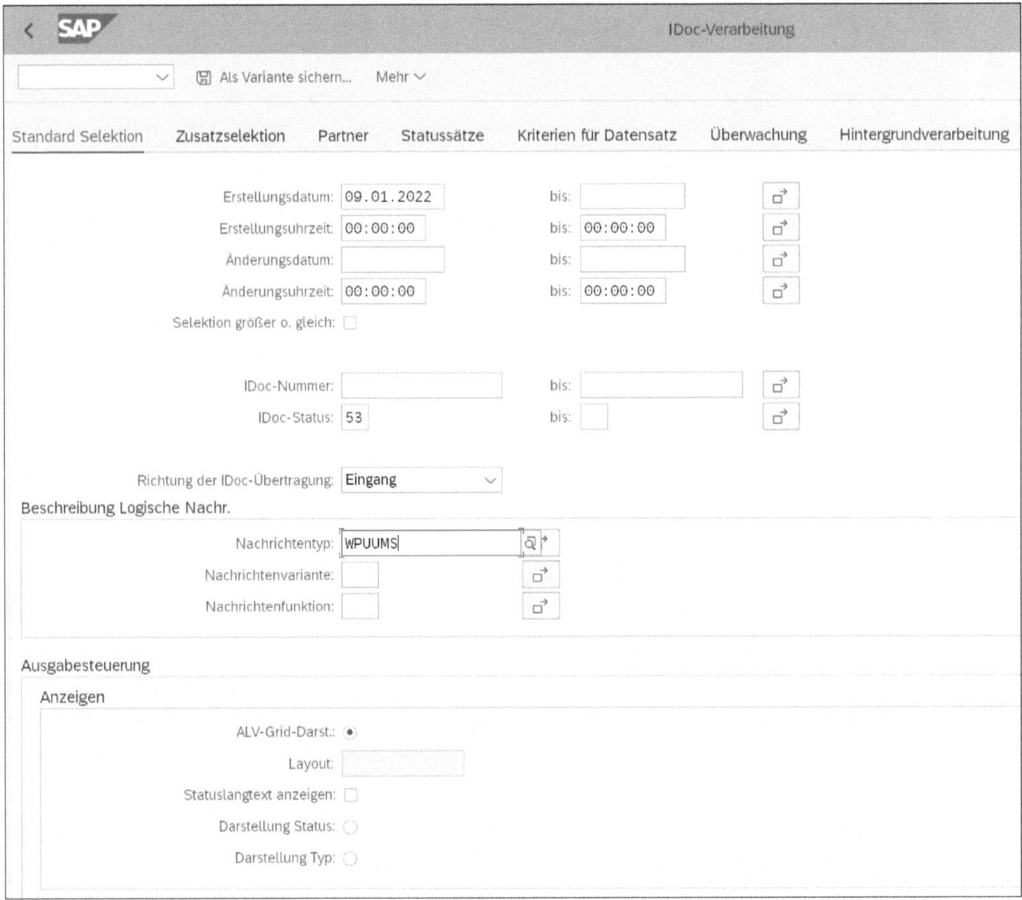

Abbildung 6.4 IDoc-Monitoring und Nachbearbeitung über die Transaktion WLF_IDOC

Mit Transaktion WPER, dem spezifischen Monitor für die POS-IDoc-Schnittstelle, können Sie nach bestimmten IDocs in der Eingangs- und Ausgangsverarbeitung suchen (siehe Abbildung 6.5).

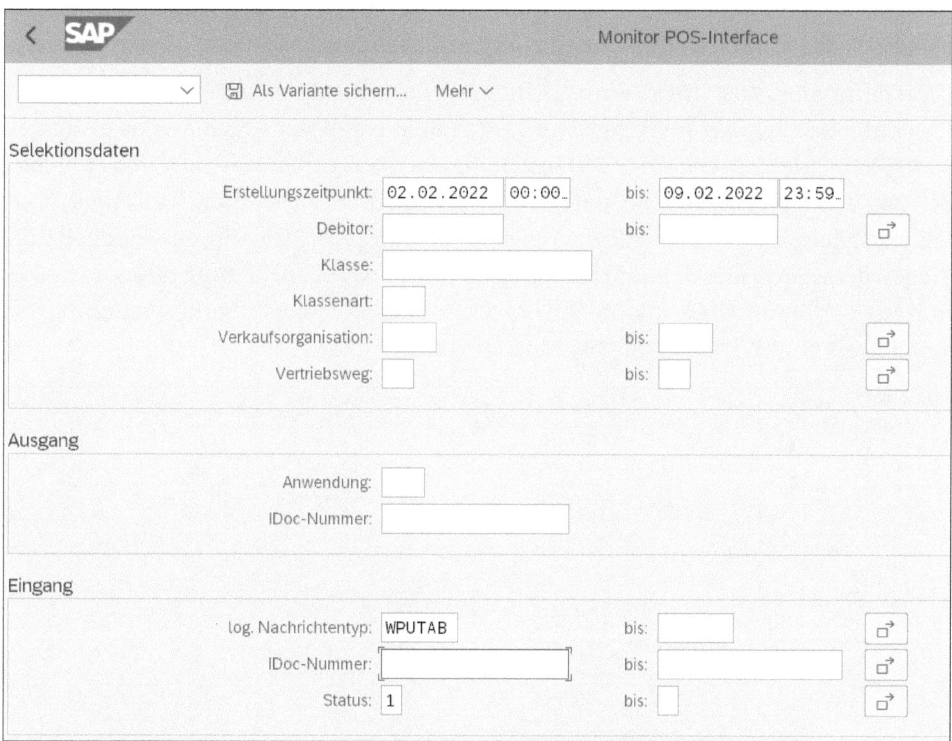

Abbildung 6.5 Monitor für die POS-IDoc-Schnittstelle in Transaktion WPER

Für die Eingangsverarbeitung gibt es darüber hinaus noch weitere Möglichkeiten: POS Inbound IDocs, die Kassendaten zur Verbuchung übermitteln, können z. B. partiell verarbeitet werden. Dies ermöglicht, dass selbst bei Fehlern in einzelnen Segmenten andere Bereiche des IDocs, die korrekt sind, verbucht werden. Wurden die ursprünglichen Fehler behoben, kann das gesamte IDoc dann über die Transaktion WPER nachverarbeitet werden. Das System prozessiert dabei ausschließlich die ursprünglich fehlerhaften Teile des IDocs. Unvollständig verarbeitete IDocs finden Sie über eine Eingabe des entsprechenden Statuswertes im Feld **Status**. Zur Anzeige und Verarbeitung von IDocs stehen Ihnen weitere Transaktionen zur Verfügung. Zum Beispiel können Sie über Transaktion WE19 ein existierendes IDoc kopieren und neu versenden (Outbound) bzw. verarbeiten (Inbound). Dabei können Werte in den Segmenten geändert sowie Segmente hinzugefügt bzw. gelöscht werden. Auch lassen sich IDocs hier ohne Vorlage neu erstellen. Dies kann insbesondere in einem Testsystem

hilfreich sein. Für ein produktives System sollte die Transaktion nicht verwendet werden, sondern der auslösende Fehler behoben und die Verarbeitung dann erneut angestoßen werden. SAP warnt über ein Pop-up-Fenster ausdrücklich vor der Nutzung dieser Transaktion in Produktivsystemen.

6.1.2 POS-Inbound-Schnittstelle mit IDoc-Anbindung

In der POS-Eingangsverarbeitung (engl. *POS Inbound Processing*) legen Sie fest, wie die von den POS-Systemen gesendeten Daten in SAP S/4HANA Retail verarbeitet werden. Die von den Kassensystemen der einzelnen Filialen gesendeten Daten erzeugen dabei systemintern Belege, die beispielsweise Bestandsveränderungen oder Erlöse abbilden. Dieser Vorgang, bei dem die übertragenen Daten im System verbucht werden, wird in der Regel periodisch zu einem bestimmten Zeitpunkt (typischerweise abends oder nachts) über eine Hintergrundverarbeitung per Job ausgeführt. Beim Einsatz eines vorgeschalteten POS DTA, das die Daten nahezu in Echtzeit verarbeiten und an das SAP-S/4HANA-Retail-System senden kann, ist bei der Planung der Verbuchung unter Umständen auch eine höhere Frequenz sinnvoll.

Der Datenfluss der eingehenden Nachrichten erfolgt nach dem folgenden von SAP empfohlenen Ablauf: Ein *POS-Konverter* wandelt die von den POS-Systemen übermittelten Daten in das Zielformat des empfangenden Systems um. Das Quellformat der POS-Systeme, das bei aktuellen Kassensystemen oft auf dem IXRetail-Standard basiert (siehe Abbildung 6.16) ist von keinem bekannten Zielsystem ohne Umwandlung verarbeitbar. Je nach Systemlandschaft bedient der Konverter entweder ein SAP-S/4HANA-Retail-System direkt (im IDoc-Format) oder die Daten werden zunächst in einem SAP Customer Activity Repository in der Funktion POS DTA vorverarbeitet.

Für den technischen Ablauf der IDoc-Eingangsverarbeitung im SAP-S/4HANA-Retail-System gibt es unterschiedliche Möglichkeiten, je nachdem, in welchem Format die Daten dem Zielsystem übergeben werden. Als Standardtechnologie gilt der Remote-Zugriff über einen ABAP-Coding-Baustein (einen sogenannten Funktionsbaustein), der den Empfang, die Speicherung und die Verarbeitung der IDoc-Daten anstößt. Dabei werden für POS Inbound spezifische IDocs verwendet. Beispielhaft seien an dieser Stelle die IDoc-Typen `WPUUMS` (Bestandsveränderungen aggregiert), `WPUTAB` (Zahlungsmittel aggregiert) bzw. `WPUBON` (Umsatzdaten bongenau) genannt.

Die IDoc-Dateien werden in Verlauf der Eingangsverarbeitung in spezifische Tabellen geschrieben (`EDIC`, `EDID4` und `EDIDS`) und dort gespeichert. Ab diesem Zeitpunkt ist das IDoc im SAP-S/4HANA-Retail-System verfügbar. Anschließend wird abhängig vom IDoc-Typ die spezifische Verarbeitung gestartet, die ebenfalls über einen ABAP-Funktionsbaustein abläuft. Die Parameter für diese Verarbeitung müssen je IDoc-Typ und je Partner in der Transaktion WE20 gepflegt sein, um die richtige Zuordnung zu gewährleisten.

Für jeden eingehenden IDoc-Typ wird dazu eine *EDI-Partnervereinbarung* erstellt, die die notwendigen Verarbeitungsschritte je IDoc-Typ festlegt. Diese Vereinbarung ist daher für die Verbuchung der Daten in der jeweiligen Anwendung unerlässlich.

Anschließend durchläuft das IDoc die ihm in den Partnervereinbarungen zugewiesene Verarbeitung und erzeugt, sofern fehlerfrei, Belege in der Materialwirtschaft, im Vertrieb und in der Finanzbuchhaltung. Das System muss dazu folgende Schritte durchführen:

1. Die übertragenen Geschäftsvorfälle werden verbucht. Dabei werden die mengen- und wertmäßige Bestandsführung sowie nachfolgend die Belege in der Finanzbuchhaltung fortgeschrieben und die Fakturierung wird angestoßen.
2. Durch die Fakturierung und wiederum die Überleitung der Daten aus dem Fakturabeleg an die Buchhaltung werden dann die nötigen Umsatz- und Erlösbuchungen auf den Debitoren- und Kreditorenkonten durchgeführt.

Der Belegfluss des POS-Eingangs wird durch das SAP-System (siehe Kapitel 7, »Finanzbuchhaltung in SAP S/4HANA Retail«) fortgeschrieben. Damit sind die von den Filialen übertragenen Geschäftsvorfälle im System verbucht.

6.1.3 POS-Inbound-Schnittstelle mit SOA-Inbound-Services

Mit der Version SAP S/4HANA 2021 wurde die servicebasierte Möglichkeit SOAP eingeführt, um Geschäftsvorgangsdaten aus POS-Systemen an ein SAP-S/4HANA-Retail-System zu replizieren sowie Verarbeitungsbestätigungen an SAP-Customer-Activity-Repository-Systeme zu senden. SOAP (Simple Object Access Protocol) ist ein Netzwerkprotokoll, mit dessen Hilfe Daten zwischen Systemen ausgetauscht und Remote Procedure Calls durchgeführt werden können. Tabelle 6.1 zeigt eine Übersicht der neuen POS-Inbound-Services.

Service	Technischer Name
POS-Verkaufstransaktionen – Replizieren (asynchron, A2A)	PosSalesTransactionsCreateRequest_In
POS-Geldbewegungen – Replizieren (asynchron, A2A)	PosFinancialTransactionsCreateRequest_In
POS-Verkaufstransaktion – Bestätigung empfangen (asynchron, A2A)	PosSalesTransactionConfirmation_Out
POS-Geldbewegung – Bestätigung empfangen (asynchron, A2A)	PosFinancialTransactionConfirmation_Out

Tabelle 6.1 SOAP POS-Inbound-Services

Mit diesen neuen Services können die zuvor aufgeführten POS-IDoc-Typen für die Übermittlung von Daten an das SAP-S/4HANA Retail abgelöst werden:

- verdichtete Umsatzdaten (ehemals WPUUMS)
- verdichtete Zahlungsliste (ehemals WPUTAB)
- bongenauer Umsatz und Kundenretouren (ehemals WPUBON)
- Geldbewegungen (ehemals WPUFIB)
- bewegungsabhängige Steuerung der Warenbewegungen (ehemals WPUWBW)

Eine neue Funktion ist, dass mit den Webservices Kundenauftragszahlungen übermittelt werden können. Als Voraussetzung müssen Sie im SOA-Manager die einzelnen Services definieren und das Data Binding für die POS-Eingangsservices durchführen. Der SOA-Manager dient dazu, Konfigurationen für Service-Provider und Consumer-Proxys anzulegen.

Außerdem sollten Sie einen Benutzer mit ausreichenden Berechtigungen für Ihr SAP-S/4HANA-Retail-System sowie eine RFC-Verbindung mit Ihrem SAP Basis- und Security-Team abstimmen. Darüber hinaus müssen Sie in Ihrem SAP-S/4HANA-Retail-System die Business Function ISR_RETAILSYSTEM aktivieren. In Abbildung 6.6 sehen Sie die verschiedenen SOAP-Services im Einführungsleitfaden.

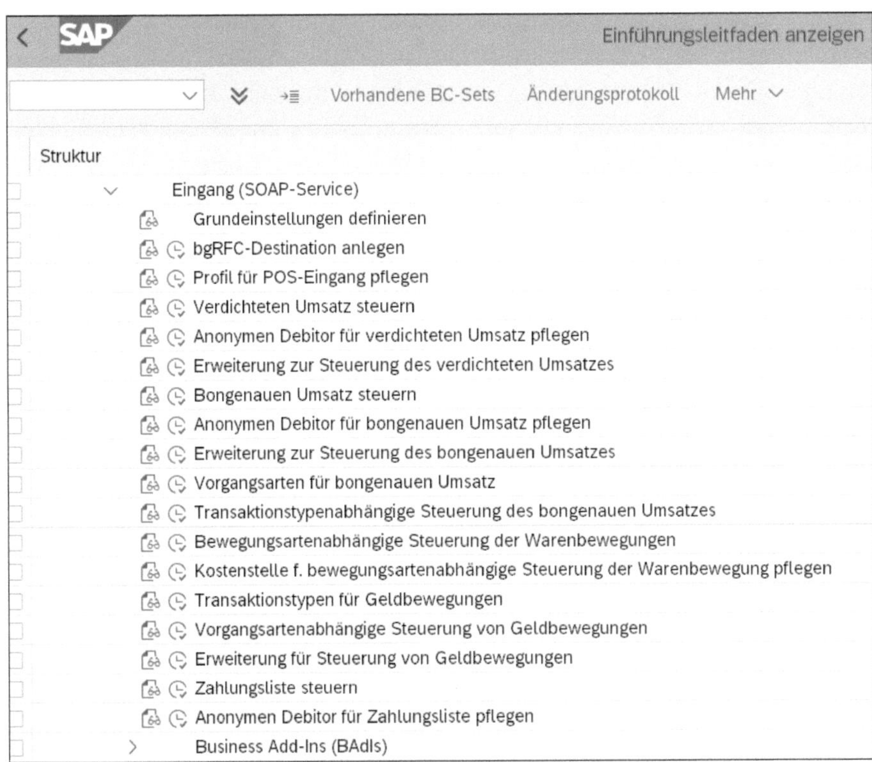

Abbildung 6.6 Eingang (SOAP-Service)

Funktionsumfang von Services für Verkaufstransaktionen

Die neuen Services für Verkaufstransaktionen unterstützen auch die Teilverarbeitung bestimmter Verkaufsservicevorgänge und stoßen eine erneute Verarbeitung von fehlgeschlagenen Verbuchungsvorgängen an. Es erfolgt neu eine Ausgangsbestätigung je verarbeiteter Verkaufstransaktion. Bei einer erneuten Verarbeitung wird die Ausgangsbestätigung mit Informationen zur Liste der angelegten Belege angestoßen, wenn die zuvor fehlgeschlagenen Positionen nun erfolgreich verarbeitet wurden.

Die Verarbeitungsbestätigungen unterstützen Ihr Empfängersystem wie das SAP-Customer-Activity-Repository-System beim Umgang mit der Statusverarbeitung von Verkaufstransaktionen. Hierdurch werden in Verbindung mit den in SAP Customer Activity Repository zur Verfügung stehenden OAA-Views (Omnichannel Article Availability Views) Artikelbestände korrekt wiedergegeben.

Für Retouren kann mit dem Parameter `OriginalSalesReceiptID` eine Verbindung zwischen der jeweiligen Retoure und dem Ursprungsbeleg hergestellt werden. Das System akzeptiert auch Verkäufe oder Retouren eines Produkts in einer Filiale, in der das Produkt noch nicht gelistet ist, indem es implizit die erforderlichen Stammdaten für den Artikel anlegt.

Weitere Prozessmöglichkeiten sind die Verarbeitung von Konsignationsdaten, die Verarbeitung von Rack-Jobber-Artikeln und der Umgang mit Anzahlungs- sowie Restzahlungsbuchungen von Anzahlungsrechnungsstellungen. Für Geldbewegungen unterstützt der Service die Begleichung von Kundenrechnungen, Zahlung von Lieferantenrechnungen oder aber auch Ein- und Auszahlungsfunktionen für Filialen. Weiterhin können wie in der Verarbeitung von `WPUFIB`-IDocs Wechselgeldumbuchungen zwischen Kassen oder Umbuchungen von Fremdwährungen stattfinden.

Die Customizing-Aktivitäten finden Sie ebenfalls unter dem POS-Interface Bereich in **Vertrieb • POS-Interface • Eingang** (SOAP-Service). Hier definieren Sie Grundeinstellungen, beteiligte RFC-Destinationen oder aber auch das POS-Eingangsprofil.

Ähnlich wie in der Eingangsschnittstelle für IDocs müssen Sie auch für die SOAP-Services Customizing durchführen. Hier sind die für Ihr Unternehmen relevanten Geschäftsprozesse zu konfigurieren. Beispiele dafür sind verdichteter Umsatz, bongenauer Umsatz oder Transaktionstypen für Geldbewegungen.

SAP-Fiori-App »POS-Eingangsservice einplanen«

Administratoren können über die SAP-Fiori-App **POS-Eingangsservice einplanen** die Verarbeitung der Massendaten, die von POS-Systemen bzw. vom SAP-Customer-Activity-Repository-System über den SOAP-POS-Eingangsservice an das SAP-S/4HANA-Retail-System geschickt werden, überwachen. Bei der Implementierung der App wird eine asynchrone Hintergrundverarbeitung von RFCs vorausgesetzt.

Damit über die SAP-Fiori-App Benachrichtigungen eingeplant und versendet werden können, muss der Benachrichtigungs-Provider RFM_POSI_SRV_NOTIF_PROVIDER in der Customizing-Aktivität **Notification • Provider • Einstellungen** aktiviert werden.

Monitoring mit dem SAP Application Interface Framework

Das SAP Application Interface Framework ermöglicht einen standardisierten Betrieb und Implementierungsansatz von Schnittstellen für Ihre SAP-Anwendungen. Der Fokus im Betrieb liegt auf einem zentralen Monitoring und Alerting von Schnittstellen und der Behandlung von inhaltlichen Fehlern. Ihnen stehen nach der erfolgreichen Konfiguration und Aktivierung Funktionen für das Monitoring und Alerting zur Verfügung. Dies sind die wichtigsten Funktionen, die über die App steuerbar sind:

- Massenverarbeitung und Parallelisierung
- Systemoperationen, wie das Messen der Interface-Performance im Backend-System oder Anzeigen der Anzahl von Nachrichten und Fehlern
- Verarbeitung und Nachverarbeitung von Serviceaufrufen
- Benachrichtigungsfunktion
- Nachverfolgbarkeit von Belegen

Darüber hinaus gibt es noch weitere Funktionen, die zur Verfügung stehen:

- Protokollierung und Nachvollziehbarkeit der Zugriffe
- Datenarchivierung und -vernichtung
- Nummernkreispflege

Im Hintergrund arbeitet der Service für aggregierte POS-Verkaufstransaktionen mit den nachfolgenden Indextabellen (siehe Tabelle 6.2).

Indextabellen	Beschreibung
WPOS_RET_T_IDX	AIF-Indextabelle für Retourenpositionen
WPOS_SLS_H_IDX	AIF-Indextabelle für aggregierte Verkäufe
WPOS_SLS_T_IDX	AIF-Indextabelle für aggregierte Verkaufspositionen
WPOS_SPR_T_IDX	AIF-Indextabelle für Umsatzpositionen pro Beleg
WPOS_AGP_T_IDX	AIF-Indextabelle für aggregierte Zahlungsliste
WPOS_CUP_T_IDX	AIF-Indextabelle für aggregierte Kundenauftragszahlungsliste

Tabelle 6.2 Übersicht der Indextabellen für aggregierte POS-Verkaufstransaktionen (Quelle: SAP)

Der Service für POS-Geldbewegungen verwendet die folgenden Indextabellen (siehe Tabelle 6.3).

Indextabellen	Beschreibung
WPOS_FIN_H_IDX	AIF-Indextabelle für Finanzgeschäftsköpfe
WPOS_FIN_T_IDX	AIF-Indextabelle für Finanzgeschäftspositionen

Tabelle 6.3 Übersicht der Indextabellen für POS-Geldbewegungen (Quelle: SAP)

6.1.4 POS-Outbound-Schnittstelle mit IDoc-Anbindung

Über den sogenannten POS-Ausgang (*POS Outbound*) werden die POS-Systeme der Filialen mit aktualisierten Daten versorgt. Dies kann automatisiert über eine Hintergrundverarbeitung gesteuert oder manuell angestoßen werden. Zunächst wird definiert, welche Daten wann aufbereitet werden, um sie anschließend an die POS-Systeme zu übertragen. Bei den Daten, die übermittelt werden sollen, handelt es sich in der Regel um *Stammdaten* ,wie etwa Artikelstammdaten und die zugehörigen Preise, Warengruppen, Warengruppenhierarchien, aber auch um für den Betrieb der Kassensysteme erforderliche Zusatzinformationen, wie Steuersätze und Wechselkurse.

Die für die Filialen relevanten Daten werden anhand der vorliegenden Sortimente und der aktuellen Änderungen ermittelt und als IDocs aufbereitet. Diese IDocs werden mithilfe eines *POS-Konverters* und der ALE-Technik aus SAP S/4HANA Retail an die Peripheriesysteme (Kassen, Waagen etc.) gesendet. Das Konverter-System bildet die SAP-IDoc-Struktur in einem zum jeweiligen POS-System kompatiblen Format ab und ist in der Regel identisch mit dem System, das die exportierten Kassendaten für die konsumierenden Systeme (SAP S/4HANA Retail oder POS DTA) aufbereitet und versendet.

Auf den für die POS-Versorgung mit artikelspezifischen Daten wichtigen IDoc-Typ *Sortimentsliste* gehen wir aufgrund seiner hohen Relevanz an dieser Stelle etwas ausführlicher ein.

Die Sortimentsliste steht im SAP-S/4HANA-Retail-System nur noch in der Ausprägung als *High Performance Retailing* (HPR) zur Verfügung. Hier wurden von SAP zahlreiche Anpassungen gegenüber der klassischen Sortimentsliste vorgenommen, die vor allem der Verbesserung der Performance dienen.

Je nach Anforderung an die zu transportierenden Inhalte wird für die Übermittlung eine bestimmte IDoc-Version, also ein unterschiedlicher IDoc-Typ, verwendet:

- WBBDLD04
  Dieser Typ ermöglicht im Gegensatz zu früheren klassischen Versionen mehrere Preissegmente pro Artikelsegment. Dadurch sind weniger Segmente nötig und die Aufbereitungs- und Übertragungszeit des IDocs wird reduziert.

- **WBBDLD05**
  Dieser IDoc-Typ entspricht dem zuvor beschriebenen WBBDLD04, enthält jedoch zusätzlich ein Segment für die Artikelhierarchiezuordnung.
- **WBBDLD07**
  Die aktuelle Version der Sortimentsliste ergänzt Layoutinformationen zu den übermittelten Artikeln.

Weitere wichtige IDoc-Typen für den POS-Ausgang sind:

- `WP_PLU` (Artikelstamm, Vorgänger der Sortimentsliste mit reduziertem Funktionsumfang. Dieser IDoc-Typ ist in SAP S/4HANA Retail zwar verfügbar, wird von SAP aber funktional nicht mehr weiterentwickelt)
- `WP_EAN` (Zusätzliche GTINs bei Nutzung von WP_PLU. Auch dieser IDoc-Typ wird funktional nicht mehr weiterentwickelt.)
- `CREMAS` (Lieferantenstamm, kein klassisches POS-IDoc)
- `DEBMAS` (Debitorenstamm, kein klassisches POS-IDoc)
- `WPDWGR` (Warengruppe)
- `WPDTAX` (Steuersätze)
- `WPDCUR` (Wechselkurse)
- `WPDREB` und `WPDBBY` (Promotions- und Bonus-Buy-Daten)

Mit Ausnahme der Lieferantenstammdaten und Debitorenstammdaten sowie der Sortimentsliste regelt die Transaktion WPMA (siehe Abbildung 6.7) die Versorgung der Filialen mit diesen Stammdaten per IDoc. Unter Angabe der Verkaufsorganisation, des Vertriebsweges und der Filiale(n) sowie der zu übertragenden Daten lässt sich diese Versorgung anstoßen.

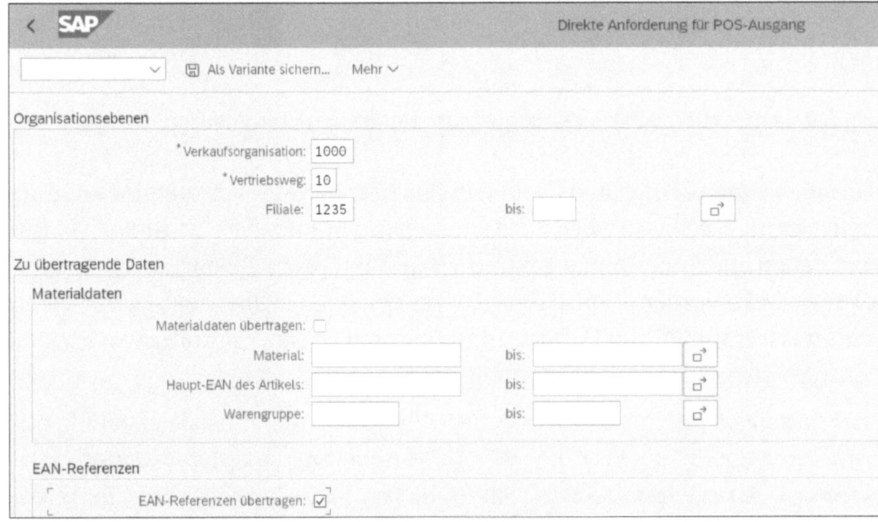

Abbildung 6.7 Stammdatenversorgung über Transaktion WPMA

Die Debitoren- und die Lieferantenstammdaten (IDoc-Typen DEBMAS und CREMAS) werden über die Transaktionen BD12 bzw. BD14 versorgt (siehe Abbildung 6.8 bzw. Abbildung 6.9)

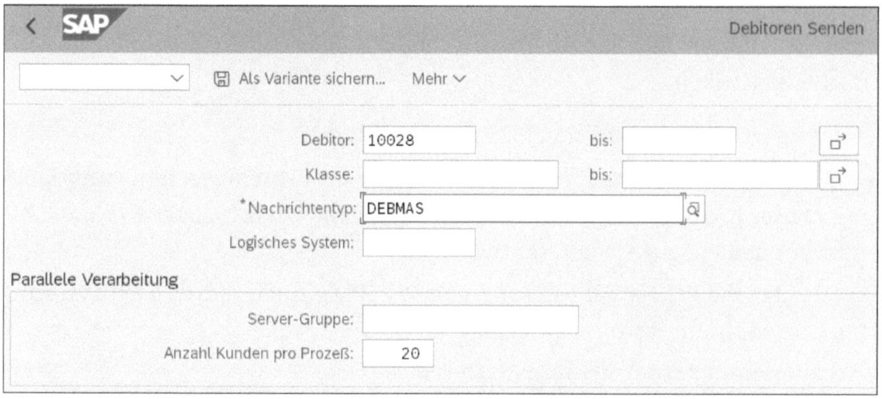

Abbildung 6.8 Transaktion BD12 – Versorgung der Debitorenstammdaten

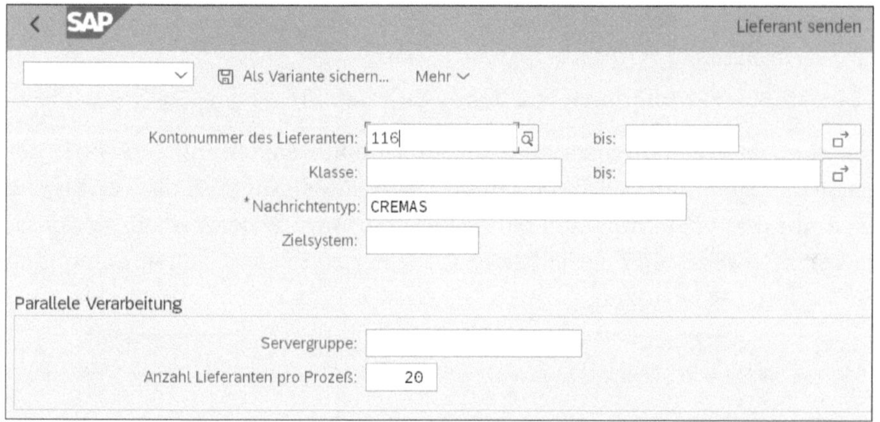

Abbildung 6.9 Transaktion BD14 – Versorgung der Lieferantenstammdaten

Die beschriebene Versorgung über IDocs ermöglicht Ihnen eine sofortige Versorgung der Kassensysteme im Unterschied zur Handhabung in manchen Nicht-SAP-Altsystemen, bei denen alle Änderungen gesammelt und nur einmal täglich in einer Sammeldatei verschickt wurden. Typischerweise werden bei der Übertragung der Daten an die Peripheriesysteme drei Versorgungstypen eingesetzt, die Initialversorgung, die Änderungsversorgung und die manuelle Versorgung.

Mittels der *Initialversorgung* können Sie die POS-Systeme einer Filiale erstmalig mit den Stammdaten »befüllen« bzw. die Systeme komplett neu mit den benötigten Daten versorgen, z. B. bei einem großen Datenschiefstand. Insbesondere bei der initialen Versorgung ist Vorsicht bei der Planung und Durchführung geboten. Eine falsche

Versorgung kann im Extremfall bedeuten, dass die POS-Systeme nicht richtig versorgt werden und kein einziger Artikel oder nur ein Bruchteil des Sortiments einer Filiale in den Kassensystemen gepflegt ist.

Transaktion WDBI_HPR dient z. B. der Initialversorgung der Sortimentsliste (siehe Abbildung 6.10). Die anderen POS-Outbound-IDocs können mittels Transaktion WPMI initial versorgt werden.

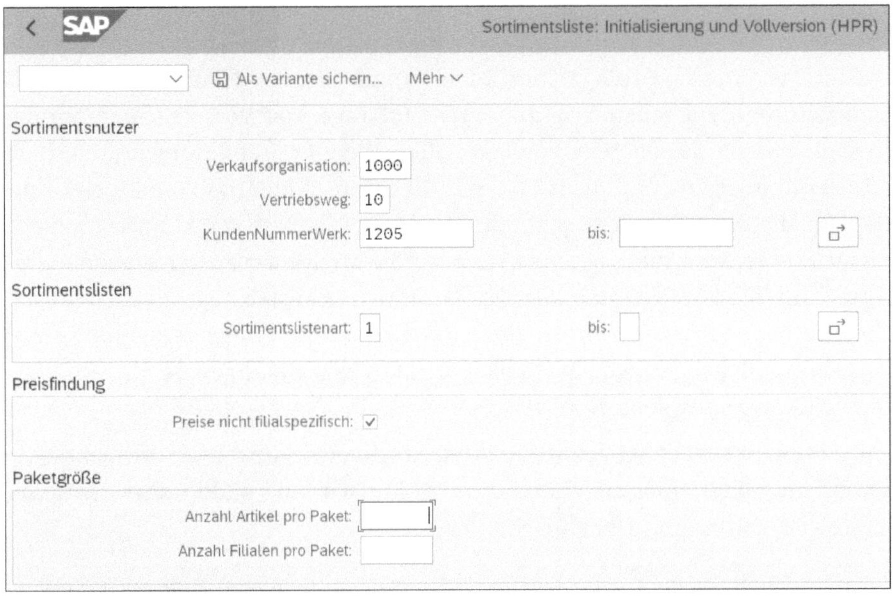

Abbildung 6.10 Transaktion WDBI_HPR (Initialversorgung der Sortimentsliste)

Bei der *Änderungsversorgung* sind eine wohldurchdachte Planung und Umsetzung ebenfalls obligatorisch. Für eine reibungslose Versorgung ist neben sauber gepflegten Stammdaten oftmals auch der Zeitpunkt der eingeplanten Programmläufe entscheidend. Darüber hinaus empfiehlt es sich, Massenänderungen (z. B. an Artikeln), falls möglich, nicht auf einmal, sondern verteilt über einen oder mehrere Tage hinweg durchzuführen, um eine rechtzeitige Versorgung der Stammdaten an den Kassensystemen nicht zu gefährden.

Änderungen an Stammdaten werden zunächst über *Änderungszeiger* festgehalten, die in den Tabellen BDCP, BDCP2 bzw. WIND (für Konditionsänderungen) gespeichert werden. Aus den Änderungszeigern können dann IDocs erstellt werden, etwa mit dem Report RBDMIDOC (siehe Abbildung 6.11).

Sie können dabei einen Nachrichtentyp wählen. Für diesen Nachrichtentyp erstellt der Report IDocs, sendet sie an die Empfängersysteme und kennzeichnet die entsprechenden Änderungszeiger als bearbeitet. Im Verteilungsmodell für die jeweiligen Nachrichtentypen können die zugehörigen Empfängersysteme festgelegt werden.

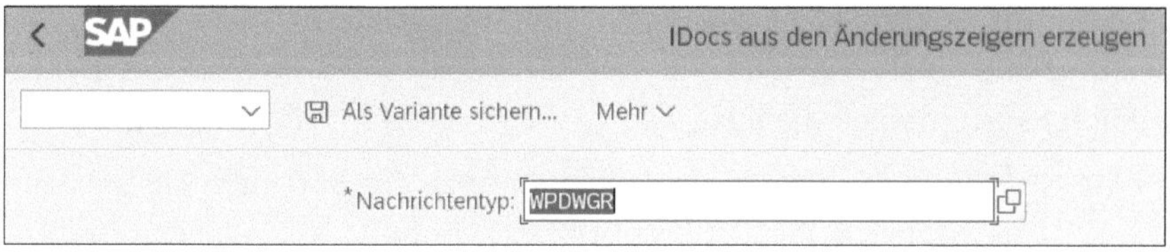

Abbildung 6.11 Report RBDMIDOC

Die Versorgung mit den Änderungsdaten wird typischerweise abends oder nachts (oftmals nach Marktschluss) eingeplant. Dabei können Sie im System eine Vorlaufzeit (*Vorschauzeitraum*) einstellen, z. B. drei oder fünf Tage. Der Vorschauzeitraum bewirkt beispielsweise, dass bereits gepflegte zukünftige Preisänderungen innerhalb dieses Zeitraumes sofort und nicht erst zum Aktivierungszeitpunkt angezeigt werden. Hier ist allerdings Vorsicht geboten: nicht alle POS-Systeme können mehrere Preise je Artikel zeitraumbezogen verwalten. Ist die Menge der zu versorgenden Daten zu groß, um die POS-Systeme über Nacht für den nächsten Tag zu versorgen, ist unter bestimmten Voraussetzungen eine zusätzliche untertägige Versorgung sinnvoll. Dies kann z. B. bei geringen Systemkapazitäten bzw. niedrigen Bandbreiten (Internetverbindung) nötig sein.

Die Transaktion WDBU_HPR dient der Änderungsversorgung der Sortimentsliste (siehe Abbildung 6.12). Über die Transaktion WPMU wird die Änderungsversorgung für weitere POS-Outbound-IDocs angestoßen.

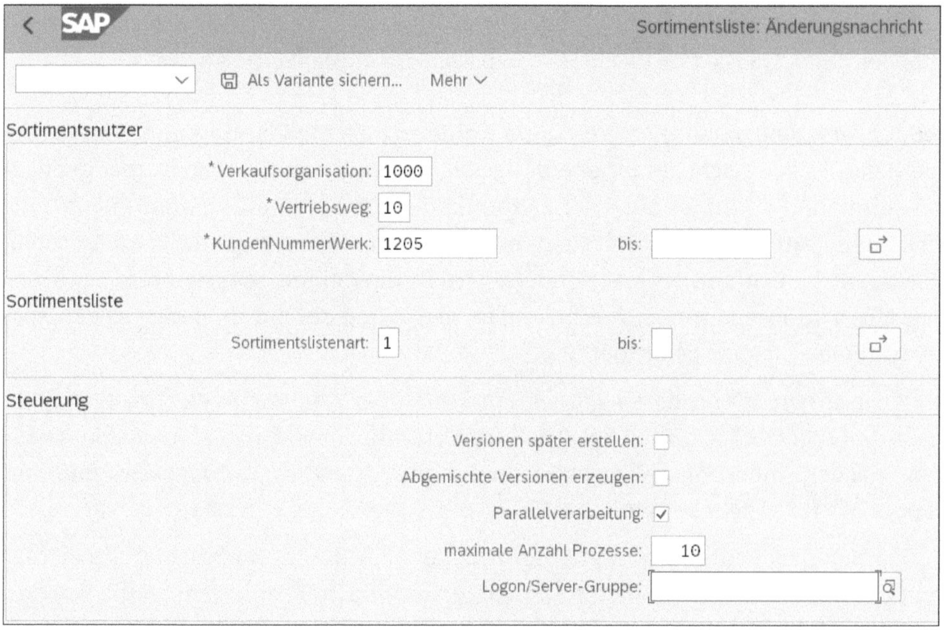

Abbildung 6.12 Transaktion WDBU_HPR (Änderungsversorgung)

Mit der *manuellen Versorgung* können Sie kurzfristige Änderungen an die POS-Systeme senden bzw. schnell auf unvorhergesehene Ereignisse, z. B. bei falschen Preisen an den Kassen, reagieren. Damit können die Filialen umgehend mit den korrekten Stammdaten versorgt werden. Die Transaktion WDBM_HPR dient der manuellen Versorgung der Sortimentsliste (siehe Abbildung 6.13), alle weiteren POS-Outbound-IDocs werden über die Transaktion WPMA manuell versendet.

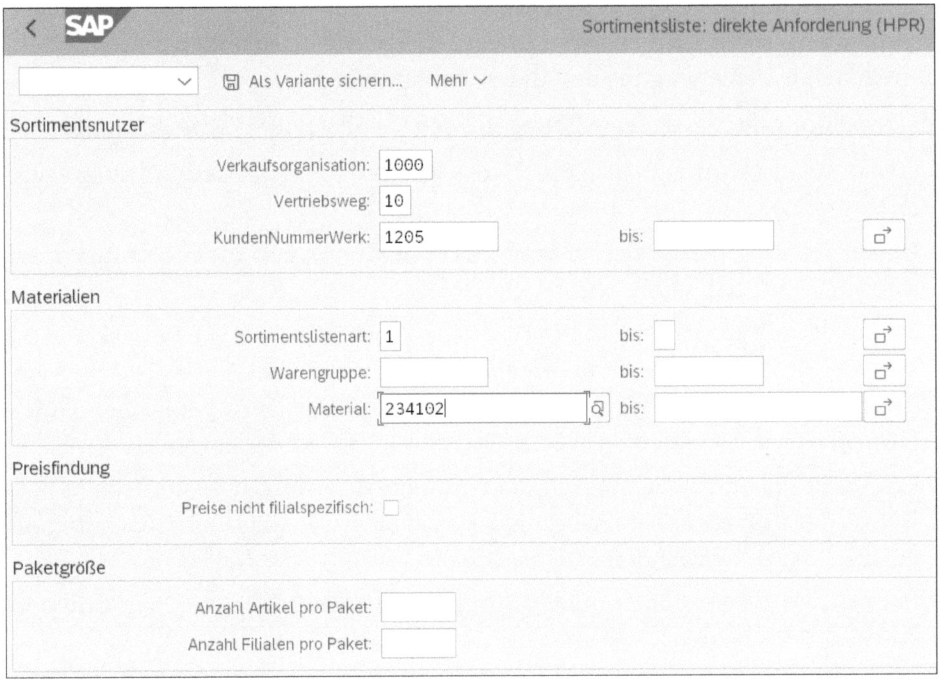

Abbildung 6.13 Transaktion WDBM_HPR (manuelle Versorgung der Sortimentsliste)

Bei allen drei Versorgungswegen sind gewissenhaft gepflegte Stammdaten eine grundlegende Voraussetzung für eine möglichst lückenlose Versorgung. Im Materialstamm kann z. B. ein einziges fehlerhaft gepflegtes Feld die Versorgung eines in der Filiale geführten Artikels mit den Daten aus dem SAP S/4HANA Retail System verhindern. Dies kann in einer Werbewoche mit Aktionspreisen z. B. zu falschen Preisen an der Kasse führen. Um solche Szenarien zu vermeiden, gibt es spezielle Tools, die wir in Abschnitt 3.2, »Qualitätssicherung von Stammdaten in SAP S/4HANA Retail«, vorstellen.

Zu Analysezwecken, etwa bei einer fehlerhaften Versorgung, können Sie auf *Logdateien* für den POS-Ausgang in der SAP-Standardtabelle `WDLS` zugreifen. Auch die Transaktion WPER ermöglicht ein Fehlermonitoring der Ausgangs-IDocs.

Abschließend sei noch die *Parallelversorgung* erwähnt, die in bestimmten Szenarien zum Einsatz kommen kann. Beim Übergang von einem alten Kassensystem auf ein

neues bietet sich für einen begrenzten Zeitraum eine doppelte Versorgung des Alt- und des Neusystems an, um den Übergang fließend zu gestalten. In diesem Zeitraum können Sie das Altsystem weiterbetreiben und versorgen. Währenddessen können Sie prüfen, ob die relevanten Daten (z. B. Artikeldaten und Konditionen) wie vorgesehen in dem neuen produktiven Kassensystem ankommen und ob die Versorgung problemlos verläuft. Zusätzlich sollte die Versorgung des neuen Systems auch vorher in einem Testsystem simuliert werden. Läuft die produktive Versorgung des neuen Kassensystems stabil, können Sie zu einem Stichtag den Betrieb auf das neue System umstellen und die Versorgung des Altsystems beenden.

Zur Einrichtung der Parallelversorgung müssen Sie folgende Schritte durchführen:

1. Stellen Sie das Sortimentslistenprofil des Betriebs um (Transaktion WB02, Registerkarte **POS**).
2. Prüfen Sie die Partnervereinbarung in Transaktion WE20 (Neu- und Altsystem müssen vorhanden sein).
3. Nehmen Sie die initiale Versorgung des neuen Kassensystems vor. Bei den meisten Kunden wird dies aus Performancegründen nachts erledigt. Untertägige Preisänderungen sind aber auch möglich und in Ausnahmefällen notwendig. Diese laufen normalerweise inkrementell ab, d. h., nur das Delta wird übertragen.
4. Führen Sie die initiale Versorgung der Sortimentsliste durch (die sogenannte *Vollversion* der Kassensystemversorgung). Dazu können Sie den SAP-Standardreport `RWBBINI_HPR_ALV` verwenden.
5. Nehmen Sie die Versionierung der Sortimentsliste mit dem SAP-Standardreport `RWBBVCRE_HPR_ALV` vor.
6. Passen Sie die Varianten der genannten Programme an, die als Jobs zur Änderungsversorgung ausgeführt werden. Unter Umständen sind jedoch komplett neue Jobs erforderlich, und alte Jobs müssen eingestellt werden (etwa wenn Märkte, die sich noch nicht in der Parallelversorgung befinden, in derselben Variante hinterlegt sind wie die parallel zu versorgenden Märkte). Passen Sie auch die Varianten an, die für die manuelle Versorgung verwendet werden.
7. Planen Sie die erforderlichen Jobs für die Parallelversorgung ein.

6.1.5 POS-Outbound-Schnittstelle über die Transaktion DRFOUT

Für große Retailer mit vielen Filialen und einer hohen Anzahl von verkaufsfähigen Artikeln stellt die Versorgung mit Stammdaten über IDocs oft eine Herausforderung dar. Zu nennen wären hier die Menge der zu versorgenden Kassendaten, Redundanzen sowie Perfomance- und Monitoringthemen. Folglich finden sich dort häufig individuelle, über Eigenentwicklungen im ABAP-Umfeld ausgeprägte Lösungen mit entsprechendem Entwicklungs- und Wartungsaufwand.

Mit SAP S/4HANA Retail bietet SAP auch im Bereich POS-Outbound eine Alternative zum Einsatz von IDocs für die POS-Versorgung an: Stammdaten können aus dem SAP-S/4HANA-Retail-System über das *Data Replication Framework* (DRF) an Folgesysteme bzw. Filialen übermittelt werden. DRF wird bereits für die Stammdatenversorgung verschiedener SAP-Customer-Activity-Repository-Applikationen, wie z. B. SAP Promotion Management, genutzt. Es basiert auf der Nutzung von Onlineservices und *XML-Dateien* und muss für den Einsatz der POS-Outbound-Schnittstelle zusätzlich zum Standard-Customizing konfiguriert werden.

Zum Zeitpunkt der Entstehung dieses Buches ist noch nicht abschätzbar, wann POS-Outbound über DRF – Transaktion DRFOUT – für die On-Premise-Version bzw. die Private-Cloud-Version von SAP S/4HANA Retail eine gleichwertige Alternative zur klassischen POS-Outbound-Schnittstelle über IDocs werden wird. Wenn Sie SAP S/4HANA Retail in der Public Cloud nutzen, ist der Einsatz von DRFOUT bereits jetzt alternativlos. SAP hat angekündigt, dass es funktionale Weiterentwicklungen perspektivisch nur noch in den Webservices geben wird.

Um DRFOUT einzusetzen, sind vorab folgende Customizing-Konfigurationen erforderlich:

- Replikationsmodell erstellen
- Referenzbetriebe erstellen
- Empfängerstandort dem Referenzstandort zuordnen

Zudem müssen Sie vor der Verarbeitung der Stammdaten noch einige Schritte ausführen:

- Zuordnung der oben genannten Informationen zu informativen Merkmalen
- Merkmalsprofil erstellen und der Materialgruppe zuordnen
- informative Merkmale der Materialgruppe zuweisen
- POS-Konditionsgruppen pflegen
- Profil für den POS-Outbound pflegen

Über die Transaktion DRFIMG erstellen Sie zunächst das Replikationsmodell. Hier wählen Sie wie in Abbildung 6.14 das Feld **Replikationsmodell definieren** aus.

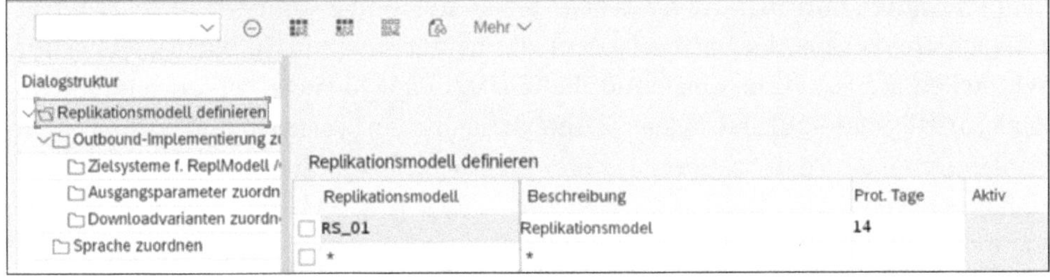

Abbildung 6.14 Transaktion DRFIMG (Datenreplikation)

Erstellen Sie ein Replikationsmodell, und geben Sie den Namen und die Beschreibung des Replikationsmodells ein. Ordnen Sie dann Ihrem Replikationsmodell die Outbound-Implementierung zu (siehe Abbildung 6.15).

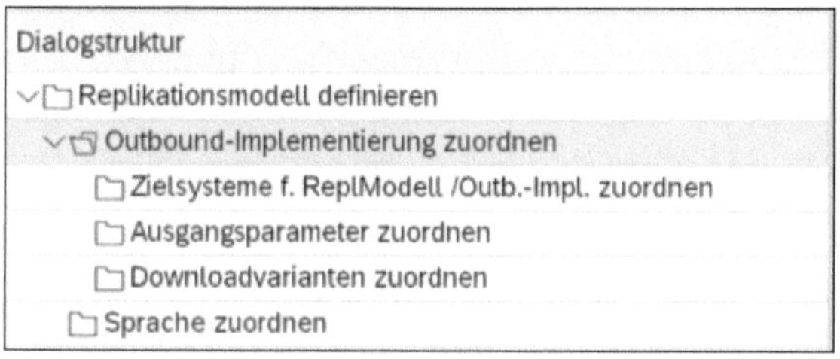

Dialogstruktur
Replikationsmodell definieren
Outbound-Implementierung zuordnen
Zielsysteme f. ReplModell /Outb.-Impl. zuordnen
Ausgangsparameter zuordnen
Downloadvarianten zuordnen
Sprache zuordnen

Abbildung 6.15 Dialogstruktur zur Zuordnung der Outbound-Implementierung

Wählen Sie den Eintrag **0100** mit der Beschreibung **POS-Ausgang-Replikation für Product Merchandise** aus, und wählen Sie den Filter **1 Vor Änderungsanalyse** aus dem Dropdown-Menü **Filterzeit** aus.

Um das Zielsystem für das Replikationsmodell ansprechen zu können, ist die Zuordnung des Business-Systems erforderlich.

In den technischen Einstellungen für das Business-System ist neben dem logischen System auch die RFC-Destination zu definieren. Um die Datenreplikation auszuführen, wählen Sie die Transaktion DRFOUT. Folgende Angaben sind zur Ausführung erforderlich:

- **Replikationsmodell**
- **Outbound-Implementierung**
- **Replikationsmodus**

Nach der Ausführung wird ein Protokoll ausgegeben.

6.2 POS-Datenübertragung und -Audit

Mit *POS-Datenübertragung und -Audit* (POS DTA) steht dem Handel eine integrierte Lösung zur Verfügung, die die Erfassung, Prüfung und zielgruppengerechte Analyse aller relevanten Informationen aus den Filialen sowie eine Aggregation der Daten ermöglicht. In diesem Abschnitt erläutern wir den technischen Aufbau dieser Lösung. Wir stellen die Funktionsweise und die Einsatzmöglichkeiten der Anwendung vor. Auch auf die Standardisierung der in unterschiedlichen Systemen und Formen anfallenden Daten als Voraussetzung für die Integration in das Zielsystem gehen wir detailliert ein.

6.2.1 Ziele von POS-Datenübertragung und -Audit

Um die Effizienz der Einzelhandelsprozesse zu steigern, das optimale Verhältnis zwischen Angebot und Nachfrage zu finden und um dem Ideal des *Realtime-Einzelhandels* möglichst nahezukommen, ist es unerlässlich, das Kundenverhalten und die Kundenvorlieben zu verstehen. Daher sind die Erfassung und Verarbeitung aller relevanten POS-Informationen ein essenzieller Bestandteil eines jeden Einzelhandelsprozesses. Diese Informationen sind der Schlüssel zu einer Vielfalt von Analysemöglichkeiten. Gerade im Handelsumfeld müssen dabei große Datenmengen verarbeitet werden. Dies sinnvoll und performant zu tun, bereitet vielen Softwarelösungen große Probleme.

Eine in diesem Zusammenhang typische Ausgangslage und Zielsetzung ist folgende: Ein Kunde kauft Waren in einer Filiale ein. Diese Daten sollen in einem Data Warehouse analysiert werden. In der Regel haben die Daten in unterschiedlichen Systemen unterschiedliche Formate. Aus diesem Grund müssen die Kassendaten von einem Konverter aus dem Kassenformat in das Format des Zielsystems umgewandelt werden.

Im Data Warehouse selbst können diese Daten nun je nach Bedarf analysiert werden. Die Ergebnisse lassen sich so auf leichte und vielfältige Art den verschiedenen Benutzergruppen präsentieren. Falls weitere Systeme nicht schon zuvor mit den Daten direkt aus dem POS-System versorgt wurden, kann das Data Warehouse diese Daten ebenfalls z. B. an ein ERP-System wie SAP S/4HANA Retail weiterleiten. Dort werden mit den Daten weitere Prozesse versorgt, wie etwa das Controlling, die Logistik und die Finanzbuchhaltung.

Der Ablauf des Datenaustausches zwischen POS-Systemen und dem datenführenden ERP-System (z. B. SAP S/4HANA Retail) ist in Abbildung 6.16 systemunabhängig skizziert.

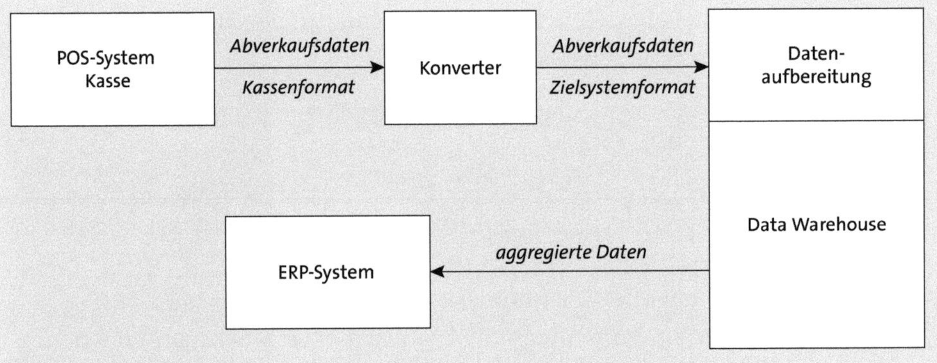

Abbildung 6.16 Systemunabhängiger Ablauf im POS Inbound

Um diese Architektur zu realisieren, wurde POS-Datenübertragung und -Audit konzipiert. Die spezialisierte Lösung ist von SAP S/4HANA und SAP S/4HANA Retail unabhängig und bietet eine umfassende Verwaltung der POS-Daten von der Kasse bis zur jeweils angeschlossenen Systemkomponente. Verkaufsdaten werden z. B. aus den Kassensystemen direkt an SAP Business Intelligence (SAP BI) und andere Geschäftsanwendungen weitergeleitet (ohne den Umweg über ein Warenwirtschaftssystem). Unternehmen erhalten so einen schnellen Überblick über die aktuellen Verkaufszahlen sowie über Veränderungen im Käuferverhalten und sind in der Lage, gezielt darauf zu reagieren.

Bei der Verbindung von POS-Systemen mit SAP S/4HANA Retail empfängt SAP S/4HANA Retail beim Datenupload diverse Transaktionsdaten von den Filialen. Diese stellen die Grundlage für die wichtigsten Verkaufsprozesse (wie z. B. Filialnachschub, Verkaufs- und Werbeanalysen) dar. Die Transaktionsdaten umfassen die folgenden Daten:

- Verkaufsbewegungen
- Warenbewegungen
- Geldbewegungen
- Summensätze
- Stornotransaktionen
- Kontrolltransaktionen

POS-Datenübertragung und -Audit ermöglicht Ihnen eine systematische und bedarfsgerechte Verarbeitung dieser Daten. Die Funktion wird im Zusammenhang mit dem SAP Customer Activity Repository ausgeliefert.

6.2.2 Architektur von POS-Datenübertragung und -Audit

In diesem Abschnitt stellen wir Ihnen die Komponenten und technischen Eigenschaften von POS-Datenübertragung und -Audit vor.

[»]

Versionsunterschiede

SAP POS Data Management gab bzw. gibt es in drei Versionen:

- Das klassische *SAP POS Data Management* läuft auf relationalen Datenbanken und nutzt SAP BI als Data Warehouse.
- Die aktuell verbreitete On-Premise-Lösung *POS-Datenübertragung und -Audit* (POS DTA) basiert, als Bestandteil von SAP Customer Activity Repository, auf der Datenbank SAP HANA und nicht mehr auf SAP BI.
- Außerdem gibt es die neue Cloud-Lösung *SAP Omnichannel Sales Transfer and Audit* (SAP OSTA).

POS DTA ist übergreifend in SAP Customer Activity Repository eingebettet und besteht aus den Kernkomponenten POS Inbound Processing Engine (PIPE) sowie POS Analytics Content. Abbildung 6.17 zeigt die Architektur von POS DTA auf. SAP Customer Activity Repository bietet eine holistische Sicht auf Verkaufstransaktionen aller Verkaufskanäle (insbesondere POS-Transaktionen aus Filialen und auf Kundenaufträge).

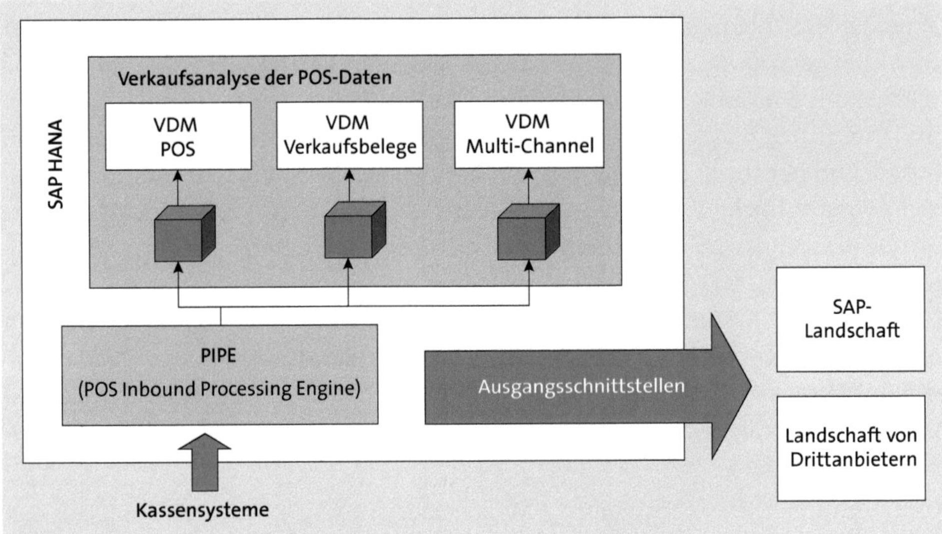

Abbildung 6.17 Architektur von POS-Datenübertragung und -Audit

Diese Kundenaufträge können z. B. über das Internet, per E-Mail oder über ein Callcenter angestoßen werden. Mit SAP Customer Activity Repository haben Sie einen konsolidierten Pool an einem Ort, der einen Echtzeitzugang zu den Daten und die direkte Sichtbarkeit der kanalübergreifenden Verkaufsdaten ermöglicht. Das Repository erlaubt zudem den Zugriff über Views des *SAP HANA Contents* (via virtuelle Datenmodelle, VDMs).

VDMs sind virtuelle Datenmodelle, und diese können für Multi-Channel-Verkaufsanalysen verwendet werden. Es stehen folgende VDMs in SAP HANA zur Verfügung:

- VDM für POS
- VDM für Verkaufsbelege
- VDM für Multi-Channel

Weiterhin besteht die Möglichkeit zu einer Echtzeitbestandssicht. Die Verkaufsdaten werden über POS DTA geladen. Weitere Bestandsveränderungen werden über den SAP Landscape Transformation Replication Server aus dem SAP-S/4HANA-Retail-System repliziert. Mithilfe des ausgelieferten SAP HANA Contents im SAP Customer Ac-

tivity Repository kann so in Echtzeit eine Bestandsübersicht errechnet und für Filialen oder aber auch für die Funktion Omnichannel Article Availability (siehe Kapitel 11, »Omnichannel Retailing«) zur Verfügung gestellt werden. Wir erklären Ihnen zunächst, welchen Vorteil die PIPE im Gegensatz zu früheren Ansätzen bietet.

6.2.3 POS Inbound Processing Engine

Ohne die POS Inbound Processing Engine (PIPE) werden die Abverkaufsdaten über Konverter per IDoc-Schnittstelle an das SAP-S/4HANA-Retail-System übermittelt, wie in Abschnitt 6.1, »Integration des Points of Sale mit der POS-Schnittstelle«, beschrieben. Das SAP-S/4HANA-Retail-System übergibt wiederum die Daten bongenau an SAP BI. Problematisch ist dabei, dass im Rahmen der IDoc-Verarbeitung bereits betriebswirtschaftliche Folgeprozesse ablaufen und daher ein großer Verarbeitungs-Overhead erzeugt wird. Außerdem wird das SAP-S/4HANA-Retail-System mit unnötigen Daten belastet, da SAP BI die Abverkaufsdaten bongenau benötigt, für das SAP-S/4HANA-Retail-System jedoch die weniger speicherintensiven aggregierten Daten ausreichen. Dieses Modell hat folglich den Nachteil, dass für jeden Artikel eines Kassenbons jeweils ein Datensatz im IDoc existiert – statt aggregiert ein Datensatz pro Artikel, Filiale und Tag. So steigt die Datenmenge exponentiell an und führt zu Performanceeinbußen.

Kurz zusammengefasst bestehen die Möglichkeiten der PIPE darin, die Daten aus den POS-Systemen entgegenzunehmen, die konfigurierten Aufgaben zu einem bestimmten Zeitpunkt auszuführen und dadurch die Daten an mehrere Systeme in der gewünschten Form weiterzugeben (siehe Abbildung 6.18). So lässt sich das beschriebene Problem der großen Datenmengen auf komfortablem Weg lösen. Zudem kann die PIPE unabhängig von anderen Systemen eingeführt werden, sodass nur ein Bruchteil der zuvor benötigten Einführungsdauer notwendig ist, bis die Abverkaufsdaten mit POS-Datenübertragung und -Audit analysiert werden können. Die Einführungsdauer eines solchen Szenarios ist nach unseren Erfahrungswerten auf ca. drei bis sechs Monate begrenzt.

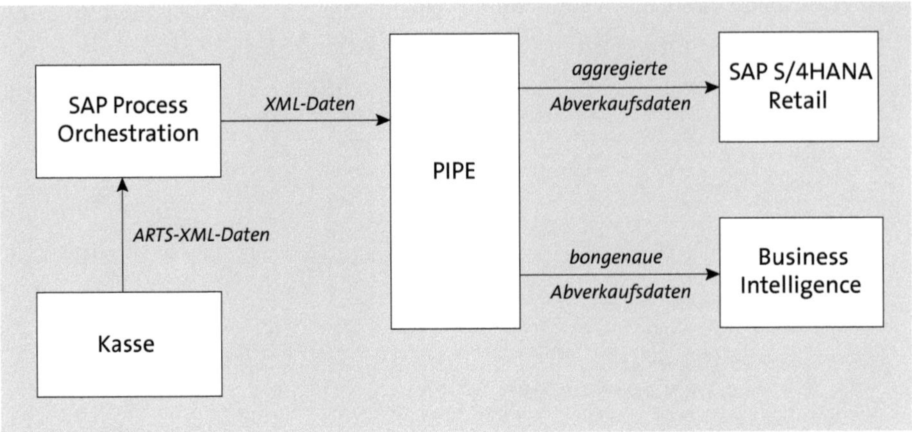

Abbildung 6.18 Architektur der Systemlandschaft mit POS-Datenübertragung und -Audit

Über die PIPE können Sie Bewegungsdaten von Filialen empfangen und weiterverarbeiten. Daten wie Abverkäufe, Zahlungsmittellisten, Geldbewegungen, Warenbewegungen, Filialwareneingänge und Kassiererstatistiken sowie Summensätze können Sie über das System der PIPE verarbeiten, verbuchen und weiterverarbeiten.

Ein Ziel der PIPE ist es, (saisonal) hohe Datenmengen, bedingt z. B. durch Sonderverkäufe oder den Schulanfang, abfedern zu können. Ebenso sind analytische Vorgänge wie ein *technisches Sales Audit* möglich, in dem z. B. das Verhalten von Kassierern betrachtet und gegebenenfalls eine Fehleranalyse durchgeführt werden kann. Eine vollwertige Analyse der Daten zum Sales Audit wird später in SAP BI ermöglicht. Die PIPE gewährt zunächst nur einen optisch aufgewerteten »technischen« Einblick in die vorhandenen Daten.

Mit der PIPE können Sie neben SAP BI weitere Systeme mit den Abverkaufsdaten beliefern. So ist es z. B. momentan möglich, *SAP Forecasting and Replenishment* (siehe Abschnitt 4.4), den POS Inbound in SAP S/4HANA Retail und das *Kreditkartensystem* mit der PIPE zu verbinden. *SAP Replenishment Planning* (siehe Abschnitt 4.6) stellt den Nachfolger von SAP Forecasting and Replenishment dar und kann ebenfalls Daten aus POS DTA oder dem SAP Customer Activity Repository beziehen.

Das Ziel der PIPE ist, die Last des POS-Eingangs von nachgelagerten Onlinetransaktionssystemen wegzunehmen und auf die PIPE zu verlagern. Auf diese Weise wird eine Verbesserung der POS-Inbound-Funktionalität und -Performance erreicht.

Innerhalb der PIPE können Sie Jobs einplanen, die den Folgesystemen die Daten in der benötigten Form zum gewünschten Zeitpunkt zur Verfügung stellen. So können Abverkaufsdaten z. B. nachts mit vorhandenen Stammdaten konsolidiert, aggregiert und an weitere Systeme versendet werden. Zusätzlich zu vordefinierten Aufgaben

können Sie eigene Aufgaben frei im PIPE-Customizing definieren (siehe Abbildung 6.19). Dieses Customizing erreichen Sie über Transaktion /n/POSDW/IMG.

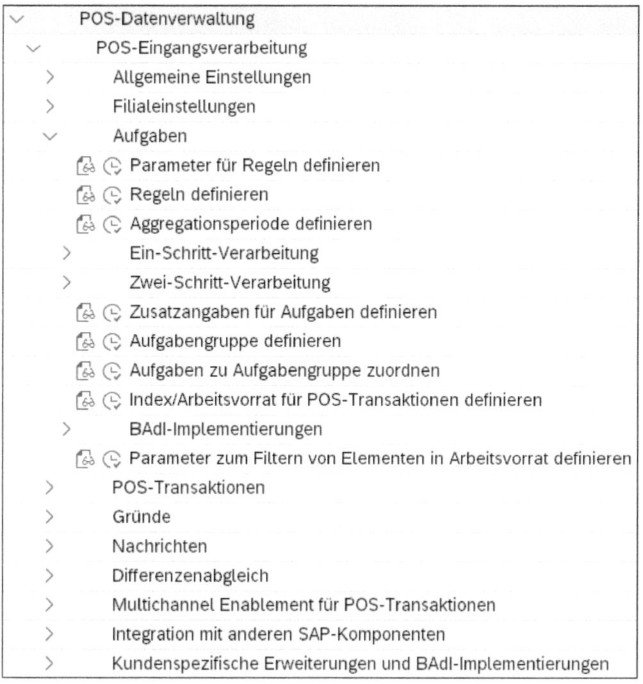

Abbildung 6.19 Customizing für die PIPE

Die Verarbeitung der Aufgaben in der PIPE kann zeitpunktgesteuert oder in Echtzeit erfolgen. Die Daten werden in einer großen *Transaktionslogtabelle* im POS DTA in der Tabelle /posdw/TLOGF gespeichert. Zusätzlich werden weitere Tabellen gefüllt, wie z. B. die Tabelle /POSDW/TSTAT mit Statusinformationen zum momentanen Verarbeitungsstand. Kundenerweiterungen werden in der Tabelle /posdta/TLOGFX gespeichert.

Folgende Funktionen und vordefinierten Aufgaben sind bereits standardmäßig innerhalb der PIPE enthalten. Diese können Sie nach Bedarf kombinieren und erweitern:

- **Konvertierung von Daten in ein standardisiertes SAP-Datenformat (IDoc)**
  Standardisierte Formate sind in diesem Zusammenhang Formate für Abverkaufsdaten (IDoc-Typen WPUBON bzw. WPUUMS), Zahlungsmitteldaten (IDoc-Typ WPUTAB), Geldbewegungsdaten (IDoc-Typ WPUFIB) und Warenbewegungsdaten (IDoc-Typ WPUWBW).
- **Konvertierung von Daten in ein standardisiertes SAP-Datenformat (SOA-Webservice)**
  Im Jahr 2022 wurden neue Webservices eingeführt, die die aufgeführten IDocs er-

gänzen bzw. ersetzen. Diese sind zu Anfang dieses Kapitels beschrieben (siehe Tabelle 6.1).

- **Verarbeitung unverdichteter Daten**
  Jeder Verkaufsvorgang wird mit allen Detailinformationen übertragen. Diese Option können Sie verwenden, wenn Sie zur Kontrolle oder zur statistischen Auswertung alle Verkaufsvorgänge nachvollziehen möchten.
- **Verarbeitung verdichteter Daten**
  Nur die Summe der Verkäufe eines Artikels wird übermittelt, z. B. die verkaufte Menge pro Filiale. Diese Option können Sie verwenden, wenn nicht alle Detailinformationen über die Verkaufsvorgänge benötigt werden. Diese Variante hat den Vorteil, dass das Verarbeitungsvolumen geringer ist als beim unverdichteten Verfahren.
- **Bereitstellung der Daten für SAP BI**
  Die Daten werden in die Delta-Queue gestellt, wo sie von SAP BI abgeholt werden können.
- **Fehlerbehandlung**
  Erfahrungsgemäß sind 0,1–1 % der Transaktionen fehlerhaft. Diese werden in ein Fehlerprotokoll geschrieben. Alle korrekten POS-Transaktionen werden verarbeitet, lediglich die fehlerhaften Datensätze werden zurückgehalten. Sowohl die Fehler als auch alle erfolgreich erzeugten Belege können Sie sich über die *POS Workbench* anzeigen lassen und gegebenenfalls nachbearbeiten (siehe folgender Abschnitt). Sobald die Fehler manuell behoben worden sind, kann die Verarbeitung für diese Vorgänge neu gestartet werden. Die Verarbeitung kann ebenso automatisiert und zeitpunktgesteuert durchgeführt werden.
- **Wiederanlauffähigkeit**
  Die Eingangsverarbeitung ist jederzeit wiederanlauffähig. Bricht z. B. der Verarbeitungsvorgang wegen eines Stromausfalls ab, setzt das System beim Wiederanlauf an der korrekten Verarbeitungsposition wieder an.
- **Massenverarbeitung**
  Wenn z. B. innerhalb Ihres Unternehmens ein einzelner Artikel nicht mit der richtigen GTIN bekannt war und dieser Artikel an einem einzigen Tag 10.000-mal abverkauft wurde, können Sie mit der Massenverbuchung diesen gleichartigen Fehler mit einer einzigen Aktion korrigieren.
- **Darstellung des Datenflusses**
  Herkunft und Status der Daten können als Baumdiagramm dargestellt werden.

POS Workbench

Die POS Workbench (Transaktion /n/POSDW/MONO) ermöglicht die Anzeige der innerhalb der PIPE verbuchten Daten sowie die Kontrolle ihres Verarbeitungsstatus.

Die Startauswahl der Workbench sehen Sie in Abbildung 6.20. Die Anzeige baut sich hierarchisch auf – vom Buchungsdatum über die Filialnummer und die Zeitintervalle bis hin zu den Kassennummern.

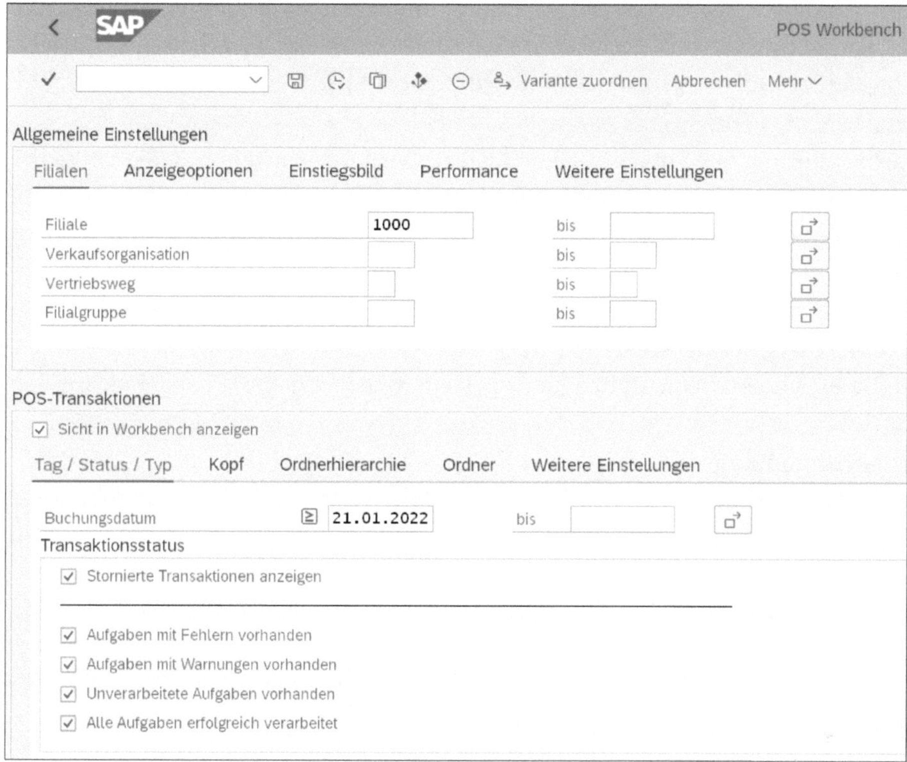

Abbildung 6.20 Startseite der POS Workbench (Ausschnitt)

Die POS Workbench umfasst folgende Funktionen:

- **Kontrolle der Datenübertragung**
  Sie können kontrollieren, ob z. B. alle Daten von den Filialen übertragen wurden. Wählen Sie dazu im Bereich **Allgemeine Einstellungen** auf der Registerkarte **Filialen** diejenigen Filialen aus, die Sie überprüfen möchten. Im Bereich **POS-Transaktionen** auf der Registerkarte **Tag/Status/Typ** wählen Sie den entsprechenden Zeitraum.
- **Fehler- und Meldungsanalyse**
  Hier haben Sie folgende Möglichkeiten:
  - *Kontrolle der Datenqualität*: Damit ist z. B. ein Fehlen von Stammdaten im System ersichtlich. Bei Unstimmigkeiten werden die Transaktionen mit einem Fehler (roter Kreis, wie in Abbildung 6.21 zu sehen) oder einer Warnung (gelbes Dreieck) markiert.

– *Kontrolle der Verarbeitungsschritte*: Damit ist eine sofortige Verarbeitung und Folgeverarbeitung möglich.

Der Verarbeitungsstatus wird auf der Ebene des Buchungsdatums, der Filiale und des Geschäftsvorfalls aggregiert und erlaubt die Navigation bis auf die Ebene der POS-Transaktion.

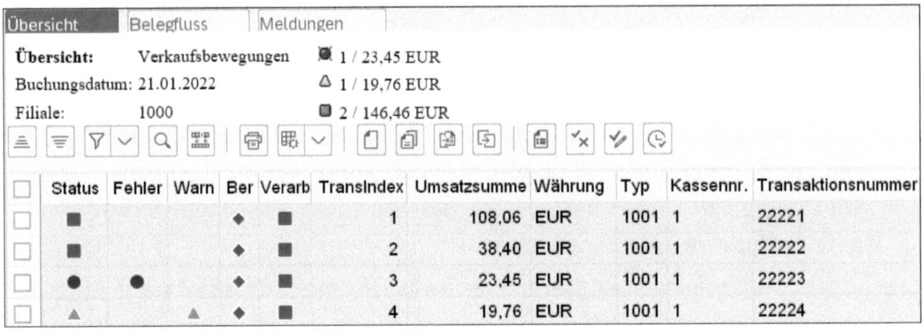

Übersicht | Belegfluss | Meldungen

Übersicht: Verkaufsbewegungen ● 1 / 23,45 EUR
Buchungsdatum: 21.01.2022 ▲ 1 / 19,76 EUR
Filiale: 1000 ■ 2 / 146,46 EUR

☐	Status	Fehler	Warn	Ber	Verarb	TransIndex	Umsatzsumme	Währung	Typ	Kassennr.	Transaktionsnummer
☐	■			◆	■	1	108,06	EUR	1001	1	22221
☐	■			◆	■	2	38,40	EUR	1001	1	22222
☐	●	●		◆	■	3	23,45	EUR	1001	1	22223
☐	▲		▲	◆	■	4	19,76	EUR	1001	1	22224

Abbildung 6.21 Übersicht zur Fehler- und Meldungsanalyse

- **Steuerung der POS-Verarbeitung**
  Die POS Workbench dient der Verarbeitung und Statusänderung sowie dem Anzeigen, Ändern und Anlegen von POS-Daten.
- **Anzeige der Verarbeitungshistorie**
  Der Belegfluss kann in zwei Richtungen verfolgt werden:
  – Es kann für jeden Bon nachvollzogen werden, welche Verarbeitungsschritte zu welchem Zeitpunkt gelaufen sind und welche Daten und Belege erzeugt wurden.
  – Umgekehrt kann für einen gegebenen Beleg nachvollzogen werden, aus welchen Bons der Beleg entstanden ist.

  Sämtliche Bearbeitungsschritte (z. B. Änderungen der Transaktionsdaten selbst oder Verarbeitung von Aufgaben) werden protokolliert und können nachvollzogen werden.
- **Abgleich der Summensätze und Transaktionsdetails**
  Sie können überprüfen, ob die Summen der Umsätze aus den Bondaten mit den von den Kassen übermittelten Summen übereinstimmen. Der Vergleich kann auf den Ebenen der Filiale, der Kassierer, der Kasse, des Zahlungsmittels, des Transaktionstyps oder des Positionstyps durchgeführt werden, je nachdem, wie detailliert die Kassensummen vom eingesetzten Kassensystem zur Verfügung gestellt werden.

Ablauf einer Eingangsverarbeitung

Abbildung 6.22 stellt einen möglichen Ablauf der Eingangsverarbeitung innerhalb der PIPE dar:

❶ Zunächst werden die POS-Transaktionsdaten in der Transaktionsdatenbank TLOGS abgespeichert.

❷ Die für die weitere Verarbeitung der Daten benötigten Customizing-Einstellungen und Stammdaten werden gelesen und geprüft. Falls bei diesen Prüfungen Fehler auftreten, erhalten die entsprechenden POS-Transaktionen einen Fehlerstatus.

❸ Die POS-Transaktionsdaten werden in der POS Workbench aufbereitet dargestellt.

❹ Die in den Verarbeitungsregeln enthaltenen Bedingungen werden geprüft und entsprechende Aktionen ausgeführt. Folgende Ergebnisse sind z. B. möglich:

- *Zurückstellen der POS-Transaktion*: Die Aufgabe bleibt im Status **Bereit** bzw. **Bereit zur Stornierung**, wird aber von der weiteren Verarbeitung ausgenommen. Dies ist der Fall, wenn eine POS-Transaktion eine Vorbedingung, die für die Aufgabe definiert wurde, nicht erfüllt.
- *Statusänderung nach Fehler (bzw. Fehler bei Storno) oder Ablehnung*: Auch in diesem Fall nimmt die POS-Transaktion nicht an der weiteren Verarbeitung der Aufgabe teil.

❺ Die im Customizing gewählte Verdichtungsmethode legt fest, auf welcher Ebene (Artikel, Datum) die Daten verdichtet werden. Die verdichteten Daten werden in Paketen zusammengefasst und anschließend paketweise pro Filiale verarbeitet. Die Paketgröße wird im Customizing festgelegt.

❻ Letztlich schreibt die PIPE die Daten in die Delta-Queue, die schon einen Teil des BI-Systems darstellt.

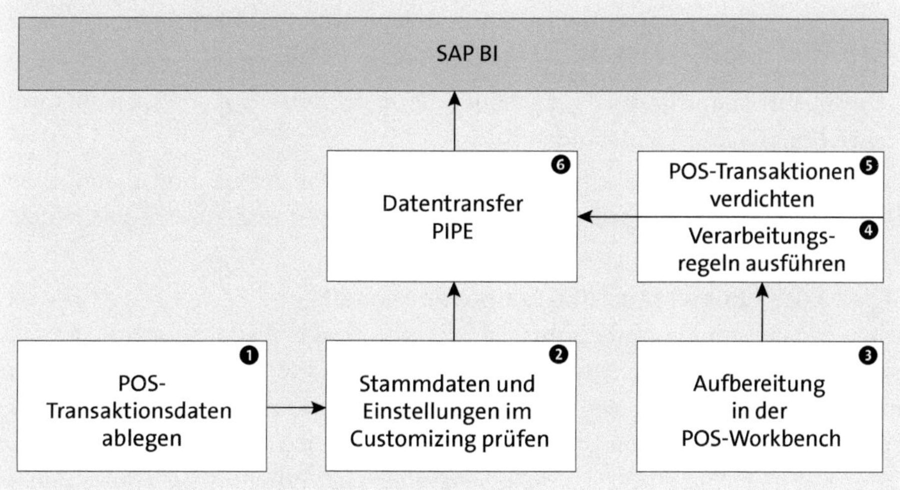

Abbildung 6.22 Ablauf einer Eingangsverarbeitung

Als Eingangsschnittstellen zur PIPE können Sie drei Technologien verwenden:

- BAPI
- IDoc
- SOA-Service

Bevor wir die Eingangsschnittstellen der PIPE näher erläutern, gehen wir kurz auf industriespezifische Standards ein.

Die Abverkaufsdaten des Kassensystems liegen im Format des von der *Association for Retail Technology Standards* (ARTS) definierten *IXRetail-POSLog-Standards* vor. Bei Kunden und Kassenherstellern wird der Einfachheit halber vom IXRetail-Standard gesprochen. Die Ergänzung POSLog wird meistens weggelassen, da innerhalb des IXRetail-Standards alle kassenbezogenen Definitionen automatisch dem POSLog zuzuordnen sind. Über SAP Process Orchestration (PO) werden sie an die PIPE weitergeleitet. Die PIPE bereitet die Daten auf und übergibt sie an POS-Datenübertragung und -Audit bzw. an SAP BI (siehe Abbildung 6.23).

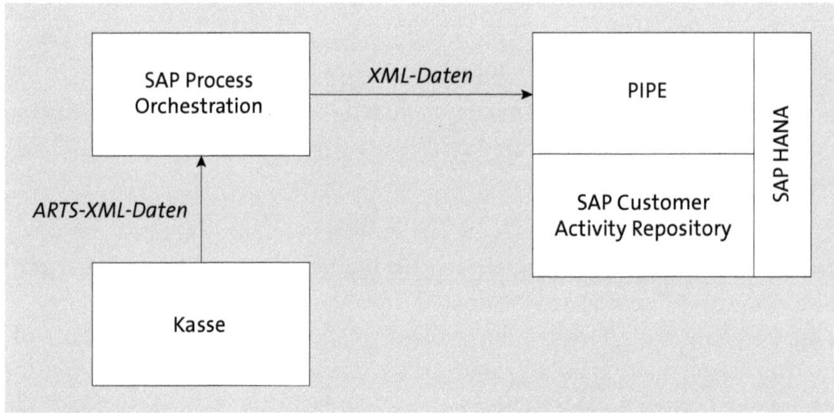

Abbildung 6.23 Kommunikationsstrecke zwischen den POS-Systemen und der PIPE

Association for Retail Technology Standards

Die *National Retail Federation* (NRF) ist weltweit der größte Einzelhandelsverband, dessen Mitglieder alle Einzelhandelssparten und Absatzwege umfassen. Die NRF hat die Schirmherrschaft über mehr als 100 staatliche, nationale und internationale Einzelhandelsgesellschaften (siehe Abbildung 6.24).

Die *Association for Retail Technology Standards* (ARTS) ist eine Untergruppierung der NRF. ARTS ist eine Non-Profit-Standardisierungsorganisation, die 1993 gegründet wurde. Zu den Mitgliedern der ARTS gehören unter anderem Vertreter und Lieferanten des Einzelhandels.

Abbildung 6.24 Aufbau der National Retail Federation

ARTS hat folgende, auf Technologien des *World Wide Web Consortiums* (W3C) basierende Standards definiert:

- das *Standard Relational Data Model*, das als allgemeines Datenmodell für Applikationen im Handel dienen soll
- den *Unified Point of Service*, ein Standard, der Spezifikationen unterstützter POS-Geräte bzw. deren Schnittstellen beinhaltet
- den *IXRetail-Standard*, der ein Schema bereitstellt, um alle am POS entstehenden Daten abbilden zu können und so eine standardisierte Kommunikation mit POS-Systemen zu gewährleisten

Der von der ARTS definierte Standard IXRetail ist in seiner Komplexität und Form für den Handelsbereich einzigartig. Unternehmen, die diesen Standard bzw. auf dessen Basis standardisierte Systeme einsetzen, nennen vor allem den Investitionsschutz als Begründung. Der Standard garantiert dem Anwender, dass in seinen Handelsfilialen z. B. jederzeit ein Wechsel der standardisierten Kassen erfolgen kann, ohne die umgebende Systemlandschaft anpassen zu müssen.

BAPI-Eingangsschnittstelle

Im Folgenden zeigen wir den Aufbau der eingehenden POS-Daten sowie mögliche Eingangsschnittstellen. Zunächst behandeln wir die BAPI-Schnittstelle zum Übermitteln der Daten in die PIPE. Wir gehen dabei davon aus, dass die Kassendaten im Format IXRETAIL-XML vorliegen, also im IXRetail-Standardformat.

In einem *Business Application Programming Interface* (BAPI) lässt sich die Hierarchie der Strukturen nicht durch strukturierte Tabellen abbilden, da nur einfache Tabellentypen erlaubt sind. Daher müssen die Strukturen im BAPI zusätzlich zu den aufgeführten Feldern noch die Schlüsselfelder der hierarchisch übergeordneten Strukturen enthalten.

Das BAPI /POSDW/BAPI_POSTR_CREATE stellt oftmals den Eingang zur PIPE dar und nimmt die übermittelten Daten entgegen (siehe Abbildung 6.25). Es kann kassenbezogene Bewegungsdaten, wie z. B. Abverkaufsdaten und Statistiken, sowie Filialwareneingänge verarbeiten. Den Aufbau des BAPIs /POSDW/BAPI_POSTR_CREATE erklären wir im Folgenden anhand von Zeichnungen. Um Ihnen einen Überblick zu vermitteln, welche Felder die PIPE verarbeiten kann, nennen wir jeweils Beispiele für die zusätzlichen Felder.

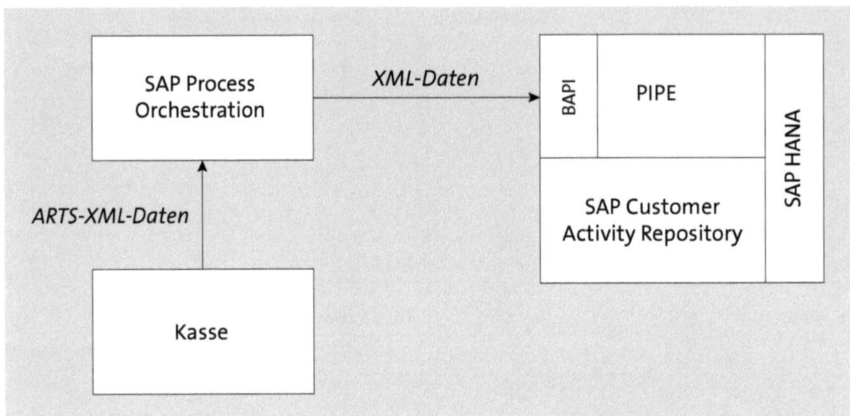

Abbildung 6.25 Entgegennahme der Kassendaten zur Weiterleitung an die PIPE

Die POS-Vorgänge (wie z. B. Positionen und Zahlungsmittel eines Bons) sind in *Transaktionen* gruppiert. Eine Transaktion wird dabei immer als Einheit behandelt. Insbesondere werden beim Auftreten eines Fehlers alle Daten der Transaktion komplett zurückgehalten. Auch Statusänderungen, wie z. B. Storni, beziehen sich immer auf die Transaktion. Um eine bessere Performance bei der Verarbeitung zu erreichen, sollte das sendende System die Transaktionen so klein wie möglich halten.

Die diversen Geschäftsvorfälle bestehen aus verschiedenen Strukturen (siehe Abbildung 6.26):

- Die Struktur Transaction beinhaltet die für alle Geschäftsvorfälle gemeinsamen Merkmale. Diese entsprechen den Kopfdaten eines Kassenbons.
- Im Fall einer Stornotransaktion stehen die benötigten Angaben in der Struktur PostVoidDetails.
- Die Struktur Additionals enthält Zusatzinformationen zur Erfassung der Transaktion.
- Mittels der Struktur CustomerDetails können beliebige Zusatzinformationen zum Kunden, wie z. B. Alter, Geschlecht oder Postleitzahl, übertragen werden.
- In der Struktur TransactionExtensions können Kundenerweiterungssegmente übertragen werden.

Die Struktur für die Transaktionsköpfe ist jedoch bei allen Geschäftsvorfällen gleich. Dadurch wird eine Unabhängigkeit der Verarbeitungssteuerung und der Benutzeroberfläche gegenüber dem Inhalt der Transaktion erreicht. Das Hinzufügen weiterer Geschäftsvorfälle ist mit minimalem Aufwand möglich.

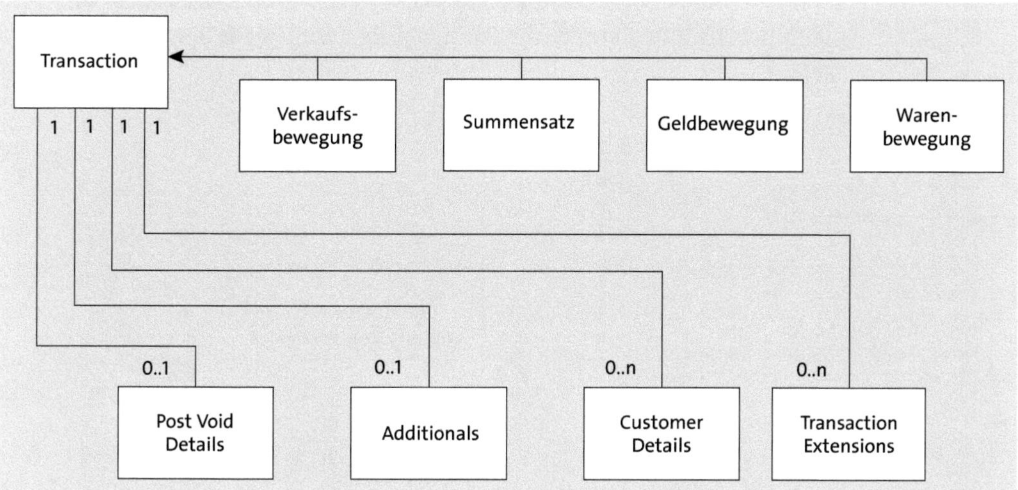

Abbildung 6.26 Darstellung des BAPIs für die Transaktionen (Struktur »Transaction«)

Eine Verkaufstransaktion (Beispiel: Kunde kauft Milch und bezahlt mit Bargeld) entspricht einem *Bon*, der aus mehreren Positionen und Zahlungsmitteln besteht sowie Zusatzinformationen wie Steuern und Rabatte enthalten kann. Eine Verkaufstransaktion hat den Transaktionstyp *Verkaufsbewegung*, mit dem Geld- und Warenfluss festgehalten werden.

Die Struktur einer Verkaufstransaktion sieht wie folgt aus:

- Kopfdaten: Filiale, Kasse, Datum
- Zeilendaten: Artikel, Menge, Preis
- Zahlungsmitteldaten: Zahlungsmitteltyp, Menge, Währung

Der mit Verkaufstransaktionen einhergehende Datenfluss umfasst die folgenden Schritte:

- automatischer Filialnachschub
- Abrechnung im Finanzwesen
- Filialbestände aktualisieren
- Clearing bei Kreditkartenzahlung

Einkauf und Barzahlung

Ein Kunde kauft einen Kasten mit Getränken und bezahlt bar.

Die *Summentransaktion* enthält Summensätze für die verschiedenen Bestandteile aller Bons, also z. B. Positionen oder Zahlungsmittel (siehe Abbildung 6.27):

- Die Struktur `RetailTotals` enthält die Summe der Verkaufspositionen, bei Bedarf aufgeschlüsselt nach Positionstyp.
- `DiscountTotals`, `TaxTotals` und `TenderTotals` sind die entsprechenden Strukturen für die anderen Bestandteile des Bons.
- `CashierTotals` enthält Informationen zur Vermeidung von Betrug und zur Leistungsbewertung der Kassierer.
- In der Struktur `CashierExtensions` können Erweiterungssegmente übertragen werden.

Diese Daten werden nicht operativ verwendet, sondern dienen dem Abgleich mit den Summen der Bons. Treten Differenzen auf, deutet das auf eine unvollständige oder falsche Übertragung der Daten hin. Die Summensätze enthalten Wert und Anzahl der Vorgänge.

[zB]

Fehlbeträge

Ein Kassierer öffnet überdurchschnittlich oft die Kassenschublade, ohne etwas zu kassieren (*Nullbon*). Gleichzeitig treten überdurchschnittliche Fehlbestände an Bargeld auf. Dies kann als ein Hinweis auf einen Betrug gedeutet werden.

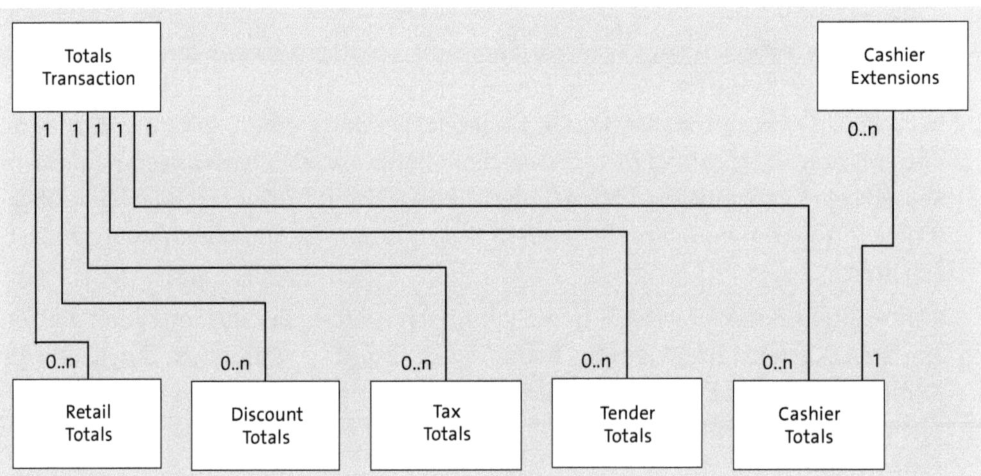

Abbildung 6.27 Darstellung des BAPIs für die Transaktionen (Struktur »Totals Transaction«)

Außerdem können Kassiererstatistiken übertragen werden. Die Daten dieser Struktur ließen sich auch aus den einzelnen Bons entnehmen, aber es ist einfacher, die Summensätze der Kasse auszuwerten. Falls die operativen Daten schon vorverdichtet gesendet werden, stehen die Statistiken auch nur in dieser Struktur zur Verfügung.

Summensätze aus den Kassenbons

Die Bons einer Kasse wurden nicht übertragen. Anhand der Summensätze kann festgestellt werden, bei welcher Kasse eine Differenz aufgetreten ist. Die fehlenden Daten können nachgefordert werden.

Eine *Stornotransaktion* dient dem Stornieren einer anderen Transaktion (Originaltransaktion). Die Struktur `PostVoidDetails` enthält den Schlüssel der zu stornierenden Originaltransaktion. Der sonstige Inhalt einer Stornotransaktion wird üblicherweise nicht operativ weiterverarbeitet, obwohl manche Kassensysteme darin eine Kopie der Daten der zu stornierenden Transaktion übermitteln. Weder die Originaltransaktion noch die Stornotransaktion werden weiterverarbeitet. Falls jedoch schon die Originaltransaktion verarbeitet wurde, muss diese wieder storniert werden.

Storno statt Retoure

Ein Kunde kauft Computerzubehör und zahlt mit Kreditkarte. Er kommt später wieder in den Laden und möchte das Zubehör zurückgeben, da es nicht zu seinem Computer passt. Der Kassierer beschließt, eine Stornotransaktion anstelle einer Retoure zu erfassen, da so keine Abrechnungsgebühren für die Kreditkarte anfallen. Die Schlüssel des zu stornierenden Bons entnimmt er dem Bon, den der Kunde wieder mitgebracht hat.

Kontrolltransaktionen sind Transaktionen mit sonstigen Kassenvorgängen (weder Geld- noch Warenfluss), die keine Auswirkungen auf Bestand oder Buchhaltung haben, aber zu Zwecken des Sales Audit eingesetzt werden können. So kann z. B. anhand dieser Daten überprüft werden, zu welchem Zeitpunkt sich ein Kassierer an einem Kassensystem angemeldet hat oder ob die Kassenschublade ohne einen Verkauf geöffnet wurde (Nullbon). Auch werden in Kontrolltransaktionen Geldzählungen festgehalten.

Kontrolltransaktionen werden in die Kopfdaten (Datum, Bonnummer) und die Zeilendaten (Kostenstelle, Währung, Betrag) strukturiert. Der Datenfluss durchläuft die Komponenten POS DTA, SAP BI und Loss Prevention Analytics bzw. Fraud Management. Für die SAP-S/4HANA-Retail-Prozesse ist dieser Datenfluss dagegen nicht relevant.

Fehlender Tagesabschluss

Ein Kassierer vergisst, seinen Tagesabschluss vorzunehmen. Dies fällt natürlich beim Vergleich der Summensätze mit den Bons auf. Bei der Durchsicht der Bons des Kassierers wird bemerkt, dass die Abschlusstransaktion fehlt.

Weitere Eingangsschnittstellen

Neben dem BAPI-Eingang gibt es die Möglichkeit, POS DTA mit IDocs oder einem SOA-Service zu versorgen. Der entsprechende SOA-Service `PointOfSaleTransactionERPBulkCreateRequest_In` hat einen ähnlichen Funktionsumfang wie das BAPI, unterstützt jedoch keine Warenbewegungen. Das IDoc mit dem Nachrichtentyp `/POSDW/POSTR_CREATEMULTIPLE` repräsentiert das BAPI `/POSDW/BAPI_POSTR_CREATE`.

Erweiterungsmöglichkeiten

Eingangsschnittstellen und Eingangskonvertierungsmodule können mithilfe von *Business Add-ins* (BAdIs) gemäß den Wünschen der Anwender angepasst werden. Von SAP erstellte Eingangskonvertierungsmodule enthalten je ein BAdI am Anfang (zur Manipulation der Eingangsdaten) und eines am Ende (zur Manipulation der Ausgangsdaten).

Ein BAdI bietet eine einfache und komfortable Möglichkeit, eigenes Coding in den Verarbeitungsprozess mit einfließen zu lassen. Modifikationen und Erweiterungen sind somit an fast jeder Stelle des Systems realisierbar, ohne tiefe Eingriffe in bestehende Programmteile vornehmen zu müssen. Dies hat den Vorteil, dass vorhandener Code kopiert wird und anschließend modifiziert werden kann. Sobald die Modifikationen abgeschlossen sind, kann durch Angabe des entsprechenden Filters der modifizierte Code anstelle des originalen Codes verwendet werden.

Einsatz eines BAdIs für das Einlesen eines Materials

Abhängig vom eingestellten Filter innerhalb der PIPE (z. B. 0001 oder Z001) wird in Abbildung 6.28 entweder das originale Coding `Read_Material` oder das vom Kunden für seine eigenen Bedürfnisse modifizierte Coding `Read_Material_Kunde` ausgeführt.

BAdI Read_Material:
Originalcode

BAdI Read_Material_Kunde:
modifizierter Code

Programm im SAP S/4HANA-Retail-System:

```
...
CALL BADI "Read_Material"
OR BADI "Read_Material_Kunde"
```

Abbildung 6.28 Beispiel für den Einsatz eines BAdIs

6.2.4 POS Sales Reporting

Mit POS DTA kommt SAP HANA Content für Ad-hoc- und Flash-Reporting im Umfeld von Kassendaten zum Einsatz. Daneben möchten wir in diesem Buch einen weiteren fortgeschrittenen, zukunftsträchtigen und fortschrittlichen Weg für das POS-Reporting zeigen. Dieser wird in Kapitel 12, »Management-Informationssysteme«, beschrieben.

6.2.5 Geschäftsprozesse mit POS-Datenübertragung und -Audit

In diesem Abschnitt stellen wir Ihnen einige Prozesse vor, die in Systemen denkbar sind, die von der PIPE mit Daten versorgt werden. Dabei stellen wir lediglich einen Ausschnitt der Möglichkeiten dar, die es im Rahmen der Funktion POS-Datenübertragung und -Audit gibt.

Bevor die Daten den nachfolgenden Systemen bereitgestellt werden können, werden diese intern noch verarbeitet und geprüft. In der Verarbeitungskontrolle werden die Transaktionen gelesen, geschrieben und unter anderem mit vorhandenen Stammdaten abgeglichen. Danach werden die mit den Stammdaten und dem Customizing angereicherten Daten an die verschiedenen Empfänger weitergereicht (gegebenenfalls verdichtet).

Die PIPE selbst hält keine Stammdaten. Sie verwendet stattdessen die Stammdaten des Systems, in dem sie implementiert ist. Im Fall der SAP-HANA-basierten Lösung POS-Datenübertragung und -Audit auf Basis von SAP Customer Activity Repository sind es die mittels SAP SLT replizierten Stammdatentabellen des SAP-Standards. Es werden Stammdaten wie der Materialstamm, die Zuordnung von GTINs zu einem Produkt und die Umrechnungsfaktoren für Mengeneinheiten benötigt. Über BAdIs sind andere bzw. weitere Validierungen möglich.

Nachdem die PIPE nach Ausführung der entsprechenden Aufgaben die Abverkaufsdaten aufbereitet und versendet hat, kommen diese z. B. am POS-Eingang des SAP-S/4HANA-Retail-Systems an (siehe Abbildung 6.29).

Die Daten werden dem SAP-S/4HANA-Retail-System in Form von IDocs bereitgestellt, die je nach Dateninhalt verschiedene Strukturen besitzen. So liefert z. B. der IDoc-Typ WPUBON (siehe Abbildung 6.30) die bongenauen Abverkaufsdaten an den POS-Eingang. In diesem IDoc werden alle Daten der jeweiligen Abverkaufsvorgänge zur Verfügung gestellt. Die Erzeugung dieses IDocs ist notwendig, wenn innerhalb des SAP-Retail-Systems Kundeninformationen benötigt werden.

In den meisten Fällen reichen allerdings die aggregierten Abverkaufsdaten aus, die im IDoc-Typ WPUUMS enthalten sind. Ergänzend stellt der IDoc-Typ WPUTAB Informationen zur Zahlungsart bereit. Er gibt Auskunft darüber, wie viele Einkäufe in bar oder mit Kreditkarte bezahlt wurden. Somit können in der Regel mit diesen beiden IDoc-Typen alle benötigten Abverkaufsinformationen zur Verfügung gestellt werden.

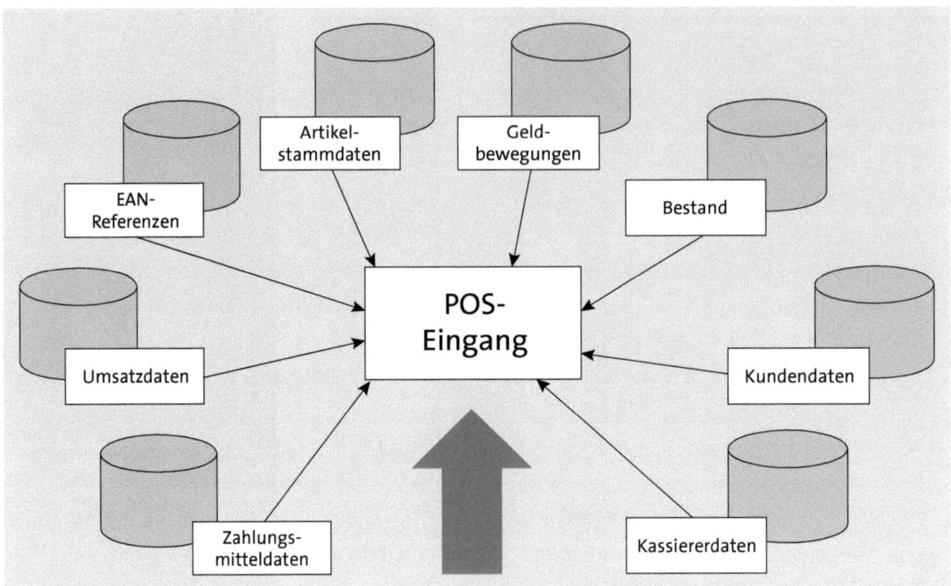

Abbildung 6.29 Import am POS-Eingang des SAP-S/4HANA-Retail-Systems

Bongenauer Umsatz

IDoc 9965343
IDoc-Typ WPUBON01

Bonnr.	Artikel	Menge	Betrag	...
348755	Milch, 1 l	3	1,65	...
	Postkarte	2	0,80	...
	...	...	...	...
348756	Malset	2	7,98	...
	Saft, 0,5 l	1	0,88	...
	...	...	...	...
348757	Milch, 1 l	2	1,10	...
	Malset	1	3,99	...
	...	...	...	...

Abbildung 6.30 Daten des IDoc-Typs WPUBON (bongenauer Umsatz)

Zusätzlich können folgende IDoc-Typen von der PIPE erzeugt und an das SAP-S/4HANA-Retail-System geliefert werden:

- der IDoc-Typ WPUFIB, der die Geldbewegungen enthält, die nichts mit Abverkäufen zu tun haben (z. B. eine Geldentnahme zur Bankeinzahlung oder eine Bareinzahlung in die Kasse)
- der IDoc-Typ WPUWBW, der Warenbewegungen umfasst

[zB]

Nachschubprozess

Ist ein Artikel an einem Abverkaufsort oft verkauft worden und wurde der vorher definierte Mindestbestand unterschritten, wird ein Nachschubverfahren eingeleitet. Dieser Vorgang wird auch als *Replenishment* bezeichnet.

Im Customizing des POS-Eingangs für den verdichteten Umsatz können Sie unter anderem auswählen, ob die Abverkaufsdaten für das Replenishment relevant sind oder nicht. Falls diese relevant sind, wird nachgefragt, ob ein *normales Replenishment* oder ein *Multistep-Replenishment* verwendet werden soll. Wählen Sie das normale Replenishment, werden die relevanten Tabellen fortgeschrieben. Falls erwünscht, werden zudem Folgebefehle, wie z. B. die Erzeugung von Artikelbelegen, ausgeführt.

Bei Auswahl des Multistep-Replenishments werden die Abverkaufs-IDocs in einem Schritt verarbeitet, wobei zunächst nur die für den Nachschubprozess relevanten Tabellen fortgeschrieben werden. Zur Erzeugung der Folgebefehle muss die IDoc-Verarbeitung ein weiteres Mal ausgeführt werden. Der Vorteil ist dabei, dass der Nachschubprozess gestartet werden kann, bevor die Folgebelege erzeugt sind, da die relevanten Tabellen schon fortgeschrieben wurden.

6.3 SAP Omnichannel Sales Transfer and Audit

SAP Omnichannel Sales Transfer and Audit (SAP OSTA) ist eine neue Cloud-Lösung für die Validierung von Verkaufstransaktionen. Es bietet Bestandteile der On-Demand-Lösung POS DTA an und ergänzt diese wiederum um weitere Funktionen. SAP Omnichannel Sales Transfer and Audit hilft Einzelhändlern, die Zufriedenheit ihrer Kunden zu erhöhen, indem es Echtzeiteinblicke in die Produktverfügbarkeit in der Filiale bietet und die Vollständigkeit und Genauigkeit von Verkaufstransaktionen sicherstellt.

Die Einzelhändler schaffen Transparenz über die Verkäufe und den Lagerbestand in der Filiale, was für ein hervorragendes Kundenerlebnis und effiziente Filialmanagementprozesse entscheidend ist. SAP Omnichannel Sales Transfer and Audit bietet zusammenfassend folgende Funktionen an:

- Reduzierung von Fehlern und regulatorischen Inkonsistenzen durch Empfehlungen zur Fehlerbehebung auf der Grundlage historischer Muster
- zentrales Cloud Repository für validierte Transaktionsdaten
- Unterstützung für nahezu Echtzeittransparenz bei Filialbestandsbewegungen
- intelligente Handlungsempfehlungen auf der Grundlage historischer Muster
- kollaborative Workflows zur Fehlerbehebung
- eingebettete Dashboards und Analysefunktionen
- verbesserter Datenschutz und datenschutzkonforme Vertriebs-Audit-Prozesse
- vollständige Integration mit SAP S/4HANA Retail

SAP Omnichannel Sales Transfer and Audit ist auf neuesten SAP-Fiori-Designs aufgebaut. Dies stellt eine einheitliche Benutzererfahrung sicher.

6.4 Fraud Detection

In diesem Abschnitt stellen wir Ihnen technische Möglichkeiten vor, die speziell auf die besonderen Anforderungen der Handelsbranche im Bereich der Betrugserkennung (engl. *Fraud Detection*) eingehen. Unter Fraud Detection versteht man die Entdeckung von Betrugshandlungen sowie weiterer durch konkrete Handlungen der Mitarbeiter bedingter Vermögensverluste in Unternehmen.

Dass im Einzelhandel eine Vielzahl von Mitarbeitern an der Kasse in Kontakt mit der Ware sowie mit den Kundengeldern kommt, stellt im Vergleich zu anderen Branchen eine handelsspezifische Besonderheit dar. Inventurdifferenzen und Verluste durch Diebstahl, betrügerisches Herausgeben von Ware und andere Vorfälle sind daher im Handel ein sensibles Thema. Studien belegen, dass Inventurdifferenzen rund 1,5 % des Umsatzes im Einzelhandel ausmachen. 20–30 % der Inventurdifferenzen sind auf Fehlbedienung oder Manipulation seitens der Mitarbeiter am POS zurückzuführen. Bei Umsatzwerten von nicht selten über 10 Milliarden Euro hat die Reduktion dieser Verluste am POS ein großes Potenzial, um die Margen für große Handelsunternehmen zu optimieren.

Aufgrund der hohen Kundenfrequenz und der Masse an Daten, die am POS erzeugt werden, sind Betrugsfälle an der Kasse jedoch schwierig zu ermitteln. Hinweise auf einen möglichen Betrug ergeben sich in einigen Fällen durch Hinweise von Kunden oder anderen Mitarbeitern. Der Großteil bleibt aber unentdeckt. Verdachtsmomente müssen gut begründet sein. Zum einen handelt es sich um ein besonders sensibles Thema im Gespräch mit den eigenen Mitarbeitern, zum anderen ziehen solche Verdachtsfälle aufwendige Folgemaßnahmen nach sich. Zum Beispiel müssen Überwachungseinrichtungen oder eine manuelle Belegsicherung der Kassendaten installiert werden. Daher müssen Verdachtsmomente mit einer hohen Treffsicherheit belegt werden.

In vielen Fällen führt aber nicht absichtlicher Betrug zu einem monetären Verlust im Unternehmen, sondern vielmehr die Nichteinhaltung von Regeln ohne böse Absicht. Auch hier können effizient Kosten vermieden werden, indem Verlustquellen wie die Überforderung der Mitarbeiter, verwaltungsbedingte oder systematische Fehler aufgedeckt und ausgeschlossen werden.

Im Folgenden gehen wir auf die Gegebenheiten ein, unter denen Fraud Detection genutzt werden kann. Anhand einiger Beispiele zeigen wir Ihnen die Anwendung des Fraud-Detection-Tools von SAP. SAP hat im Rahmen des Portfolios für den Bereich *Governance, Risk and Compliance* (SAP GRC) eine Lösung für die Fraud Detection ent-

wickelt. Diese nennt sich *SAP Business Integrity Screening*. Im Folgenden beschreiben wir die Vorgehensweise zur Aufdeckung von Betrugsfällen in Kassendaten. Außerdem erläutern wir die Anwendung von SAP Business Integrity Screening.

6.4.1 Analyse von Kassendaten zur Betrugserkennung

Die POS-Vorgänge (wie z. B. Positionen und Zahlungsmittel eines Bons) sind zu Transaktionen gruppiert. Eine Transaktion (= Kassenbon) wird dabei immer als Einheit behandelt (mehr über die einzelnen Transaktionstypen erfahren Sie in Abschnitt 6.2.3, »POS Inbound Processing Engine«). Insgesamt kommen in einem Kassenbon mehrere hundert Informationen zusammen, die technisch gesehen abgespeichert und ausgewertet werden können.

Neben den Kassenbons erzeugt eine Kasse im Hintergrund eine Reihe weiterer Informationen, die gespeichert werden und von operativen und analytischen Systemen ausgewertet werden können. Zum Beispiel werden *Summentransaktionen* erzeugt, die nicht operativ verwendet werden, sondern dem Abgleich mit den Summen der einzelnen Bons dienen. Treten hier Differenzen auf, deutet das auf eine unvollständige oder falsche Übertragung der Daten hin. Die Summensätze enthalten Wert und Anzahl der Vorgänge.

Außerdem können Kassiererstatistiken übertragen werden. Hier wird z. B. die Anzahl der Transaktionen und Stornos pro Kassierer gespeichert. Die Daten dieser Struktur lassen sich zwar auch aus den einzelnen Bons auslesen, aber die Auswertung der Summensätze der Kasse ist weniger aufwendig.

Darüber hinaus gibt es *Kontrolltransaktionen*, die keine Auswirkungen auf den Bestand oder die Buchhaltung haben, aber für die Fraud Detection eingesetzt werden können. So kann z. B. anhand dieser Daten überprüft werden, zu welchem Zeitpunkt sich ein Kassierer an einem Kassensystem angemeldet hat oder ob die Kassenschublade ohne einen Verkauf geöffnet wurde (Nullbon).

Außerdem gibt es weitere Arten von Transaktionen für Waren- und Finanzbewegungen an der Kasse (z. B. im Fall der Finanzbewegungen die Wechselgeldeinlage am Morgen).

Ein größerer Händler erzeugt am Tag bis zu ca. 2 Millionen Transaktionen an der Kasse. Den größten Teil machen dabei die Verkaufstransaktionen aus. Viele Daten entstehen aber auch durch die anderen genannten Transaktionsarten. Diese Transaktionen bestehen wiederum aus mehreren Datensätzen (Informationen zu Steuern, Rabatten, Kunden etc.). Im Schnitt sind dies im Lebensmittelhandel ca. 30 Zeilen pro Transaktion. Dies ergibt in unserem Beispiel 60 Millionen Datenzeilen am Tag, in einem Monat sogar schon ca. 1,4 Milliarden. Bei Anwendung der Fraud Detection ist es normalerweise sinnvoll, einen Zeitraum von ca. drei Monaten zu betrachten, in die-

sem Fall also ca. 4,5 Milliarden Datenzeilen. Würde man dies nun noch auf Feldebene herunterbrechen, wäre der Wert sogar noch um ein Vielfaches höher.

6.4.2 Pattern auswerten

Ein *Pattern* ist ein verhaltenstechnisches Muster, das in den Kassendaten abgelesen werden kann. Es kann der Aufdeckung verdächtiger Transaktionen dienen. Ein Pattern enthält folgende Informationen, die teilweise auf technischem oder auf Prozesswissen basieren:

- Ort der Informationsablage für verschiedene Fälle in verschiedenen Tabellen
- zugrunde liegendes Customizing der Kasse und der folgenden Systeme
- Werte und Felder, die miteinander verrechnet werden müssen, damit das gewünschte Ergebnis präsentiert werden kann

Patterns sind sehr kundenindividuell. Es gibt zwar Gemeinsamkeiten im Handel, die aber im Detail kundenspezifisch ausgeprägt werden müssen. Durch die große Datenmenge ist für ein Pattern eine sehr akribische und sinnvolle Einschränkung notwendig, damit wirklich nur betrugsrelevante Fälle gemeldet werden. Daher sind umfangreiches Know-how zu den betrieblichen Abläufen und viel Zeit zur Umsetzung notwendig.

Für einen Lebensmittelhändler könnten z. B. die folgenden Patterns ausgewertet werden:

- **Bonstorno**
  Ein Kunde kauft ein und bezahlt die Bonsumme. Der Kassierer storniert den Bon, obwohl die Ware verkauft wurde, und steckt das Geld ein.
- **Schubladenöffnung ohne Verkauf**
  Ein Öffnen der Kassenschublade ohne Verkauf in Kombination mit einer Preisabfrage an der Kasse wird erkannt. Zum Beispiel öffnet und schließt der Kassierer die Kassenschublade und simuliert so gegenüber dem Kunden einen Abverkauf.
- **Simulierte Leergutrücknahme**
  Der Kassierer simuliert, dass der Kunde Leergut (z. B. einen leeren Kasten Limonade) an einer Kasse zurückgibt, woraufhin eine Geldausgabe stattfindet. Zum Beispiel simuliert der Kassierer eine Pfandausgabe an der Kasse, obwohl kein Pfand zurückgegeben wurde. Dieses Geld steckt er sich in die Tasche. Auch hier fällt eine Differenz meist erst bei der Inventur auf, und kann dann keinem Kassierer zugeordnet werden.
- **Preisabschrift eines Artikels**
  Unter einer *Preisabschrift* kann man mehrere Vorgänge zusammenfassen, so z. B. auch den Vorgang einer *Liquidation*. Hier wird z. B. für Bananen, die nicht mehr lange haltbar sind, festgelegt, dass dieser Artikel z. B. ab 18:00 Uhr mit einem Rabatt

verkauft wird. Artikel dürfen in der Regel nur ab einer bestimmten Uhrzeit liquidiert werden. Ein möglicher Betrugsfall wäre hier, dass ein Kassierer, der halbtags arbeitet, die Bananen morgens aus dem Regal nimmt und diese mittags (z. B. um 14:00 Uhr), bevor er Feierabend macht, zu 75 % liquidiert. Der Kassierer hat so z. B. anstelle von 3 € nur 1 € gezahlt, und das Unternehmen verliert 2 € potenziellen Umsatz.

6.4.3 Fraud-Detection-Tools

Ein Fraud-Detection-Tool kann in diesen absichtlichen Betrugsfällen, aber auch bei unbewussten Fehlbedienungen helfen. Ein solches Werkzeug unterstützt Sie bei der gezielten Überwachung von Verlustquellen durch Fehlbedienung und bietet gleichzeitig Schutz vor Manipulation. Es ist in der Lage, große Datenmengen zu analysieren sowie Ungereimtheiten zu entdecken und zugänglich zu machen. Daher ist es eine gute Hilfe bei der Suche nach der »Nadel im Heuhaufen«: Sie können schnell Vorfälle erkennen und umgehend reagieren sowie proaktive, investigative und analytische Strategien nutzen. Diese Tools legen den Fokus vorwiegend auf das Kassenpersonal und die Kassiervorgänge am POS.

Es gibt eine Reihe von Tools auf dem Markt, die von den Kassenherstellern selbst geliefert werden. Diese haben den Nachteil, dass sie oft nur das technische Format der eigenen Kasse unterstützen und eine redundante Datenablage – neben der Speicherung in den zentralen Systemen – erfordern.

SAP bietet für diese Zwecke das Tool *SAP Business Integrity Screening* an. Auf dieser Basis hat die Firma retailsolutions in Absprache mit SAP das Add-on *Fraud Management for Retail* speziell für den Retail-Bereich entwickelt, das basierend auf dem Standardtool von SAP die Betrugsaufdeckung im Handel ermöglicht.

Auf Basis von SAP Business Integrity Screening, SAP HANA und POS DTA werden mit Fraud Management for Retail Betrugsfälle analysiert (siehe Abbildung 6.31). Dieses Tool beinhaltet bereits ein vordefiniertes Set von Patterns und Reports, die bei der Aufdeckung von Betrugsfällen helfen. Diese Patterns und Reports basieren auf den Erfahrungen, die retailsolutions in diversen Kundenprojekten in verschiedenen Ländern sammeln konnte.

Das Tool nutzt die Standardtechnologien von SAP Business Integrity Screening und ermöglicht eine Risikobewertung der einzelnen Betrugsfälle. Außerdem bietet es ein Workflow-System an und ermöglicht eine dynamische Erweiterung der Patterns. Diese sind individuell auf den jeweiligen Kunden zugeschnitten.

Kernstück der Lösung sind SQL-Skripte auf Basis von SAP HANA, also Datenbankabfragen, die in die Regeln zur Betrugserkennung einfließen. Mehrere dieser Regeln werden in eine Aufdeckungsstrategie integriert und entsprechend ihrem Einfluss auf das potenzielle Betrugsszenario gewichtet.

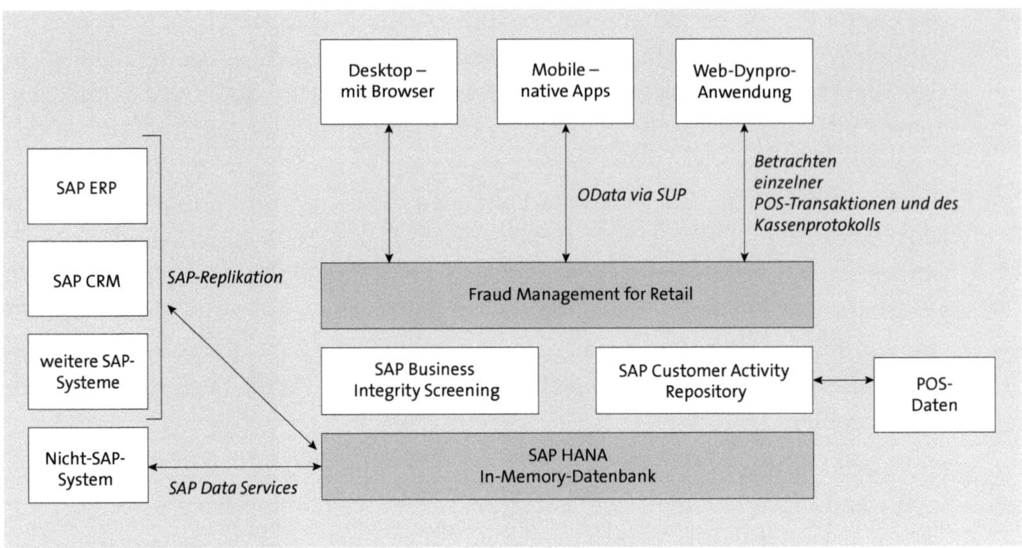

Abbildung 6.31 Architektur von Fraud Management for Retail

Fraud Management for Retail erfasst automatisch verdächtige Transaktionen, die einen konfigurierten Schwellenwert überschreiten. Den daraus resultierenden Warnmeldungen (engl. *Alerts*) wird ein Risikowert zugeordnet, dessen Höhe von den möglichen Auswirkungen auf das Unternehmen abhängt. Diese Alerts werden schließlich in einem Workflow- und Fallmanagement bearbeitet. Zudem können auf Basis der zugrunde liegenden Daten tiefere Analysen zu den betroffenen Transaktionen durchgeführt werden.

6.5 In-Store Merchandise and Inventory Management

Es begann mit *SAP Retail Store Management*, SAPs erster Generation von speziell für die Filialwarenwirtschaft entwickelten Anwendungen. SAP führte damit zwei Prinzipien ein, die damals weitgehend neu waren bzw. erst dadurch begannen, konsequent in den Fokus der IT-Architekten und Entscheider zu rücken. Sie werden hier erwähnt, weil sie von ihrer Gültigkeit nichts verloren haben, vielmehr inzwischen zum Allgemeingut moderner Softwarearchitektur für die Filialwarenwirtschaft geworden sind.

Das erste Prinzip ist, dass Software auch dann, wenn sie in einer dezentralen Umgebung wie dem stationären Einzelhandel eingesetzt wird, möglichst zentral betrieben und bereitgestellt werden sollte. Dieser generelle *Onlineansatz* war für eine Filialwarenwirtschaft damals neu. Inzwischen kann sie dort als Normalfall betrachtet werden, und *Offlinefähigkeit* wird nur noch in begründeten Einzelfällen oder für dedizierte Szenarien gefordert.

Das zweite Prinzip beruht auf der Erkenntnis, dass Filialmitarbeitende aus IT-Sicht nur Gelegenheitsnutzer sind, deren Arbeitsschwerpunkt nicht am Computer liegt. In aller Regel verfügen sie nicht über ausgeprägte IT-Qualifikationen, und die Unternehmensrealität sieht meistens so aus, dass sie auch nicht sonderlich intensiv auf den Umgang mit der verwendeten Software geschult werden (können). Anders gesagt: Damit Software von den Filialmitarbeitenden akzeptiert und erfolgreich genutzt wird, muss sie in jeder Hinsicht benutzerfreundlich sein. *Benutzerfreundliche Software* umfasst verschiedene, gegebenenfalls auch in Konflikt zueinander stehende Eigenschaften. Weil sie generell gültig sind und insbesondere im Umfeld der Filial-IT eine zentrale Rolle spielen, möchten wir an dieser Stelle kurz auf die wichtigsten Eigenschaften von Benutzerfreundlichkeit von Softwareanwendungen im Retail-Kontext eingehen:

- **Zuverlässigkeit**
  Anwendungen müssen zuverlässig funktionieren. Wenn die Bestell-App kurz vor dem Bestellzeitpunkt nicht zuverlässig funktioniert und der Mitarbeiter nicht weiß, ob die Bestellung noch abgeschickt wurde oder die Filiale demnächst ohne Ware dasteht, dann ist das Vertrauen nachhaltig erschüttert. Woran es tatsächlich lag, spielt in der Wahrnehmung der Mitarbeitenden kaum eine Rolle. Deshalb ist bei onlinebasierten Lösungen ein stabiles WLAN mit angemessener Bandbreite verpflichtend, das auch alle relevanten Bereiche in Verkaufsraum und Lager zuverlässig ausleuchten muss. Kann das aus baulichen oder sonstigen Gründen nicht sichergestellt werden, muss eine alternative Lösung gefunden werden.
- **Geschwindigkeit**
  Software muss sich flüssig bedienen lassen und darf auf keinen Fall das Gefühl vermitteln, dass sie zügiges, effizientes Arbeiten behindert – das bekannte IT-Magazin c't spricht hier gerne von der gefühlten »Schwuppdizität«. Die subjektive Geschwindigkeit sollte gleichmäßig und daher erwartbar sein, ihr Einfluss auf ein positives Benutzererlebnis hängt aber stark von der jeweiligen Situation ab. Eine Anwendung, mit der eine Stichtagsinventur geplant wird oder über die komplexe Artikelinformationen aufgerufen werden, darf durchaus einige (wenige) Sekunden benötigen. Anders ist das bei einer Anwendung zur Inventurzählung: Sie muss die gescannte GTIN ohne spürbare Verzögerung verarbeiten, und nach erfolgter Mengeneingabe muss ebenfalls verzögerungsfrei die nächste GTIN gescannt werden können. Begrenzte Offlinefähigkeit, sodass der Scan nicht bis ins Backend durchgeleitet werden muss, und ein Versenden der erfassten Daten aus einem Cache heraus im Hintergrund oder erst am Ende der Inventurzählung können eine wirksame Lösung sein, die geforderte »Schwuppdizität« sicherzustellen.
- **Einheitlichkeit**
  Anders als Sachbearbeiter in der Zentrale verwenden Filialmitarbeitende je nach aktuell anstehender Aufgabe in der Regel mehrere Apps, aber jede von ihnen nur

für jeweils kurze Zeit. Grundlegende Felder und Tasten, wie ein Feld für die Mengeneingabe, Buttons zum Bestätigen oder Speichern sowie die Taste zum Verlassen der App müssen deshalb zwingend immer an der gleichen Stelle sein. Falls neue Apps hinzukommen, müssen sie sich harmonisch in die bisherigen Apps einfügen.

- **Übersichtlichkeit, Farben und Symbole**
  Operative Anwendungen in der Filialwarenwirtschaft werden meist auf einem mobilen Endgerät ausgeführt, das naturgemäß wenig Bildschirmfläche hat. Eine schlichte Oberfläche, die die benötigten Informationen übersichtlich darstellt, und ein Design, das Farben und Symbole kontrolliert verwendet, helfen dabei, dass Mitarbeitende die nötigen Informationen schnell aufnehmen können.
- **So einfach wie möglich, so kompliziert wie nötig**
  Die meisten IT-gestützten Tätigkeiten in der Filiale sind repetitiv und müssen vergleichsweise schnell gehen. Zu viele Informationen stören den Ablauf. Deshalb sollten nur die wirklich nötigen Angaben prominent angezeigt werden; selten benötigte Angaben können z. B. besser auf einen eigenen Detailbildschirm ausgelagert werden, der nur bei Bedarf aufgerufen wird. Allerdings hängen die Informationen, die tatsächlich benötigt werden, davon ab, wie der jeweilige Prozess im Unternehmen ausgeprägt ist.

  Das ist der wohl wichtigste Grund, warum es keine perfekten Filialanwendungen »out of the box« geben kann – zu vielfältig sind die Anforderungen verschiedener Unternehmen, und zu wichtig sind die sorgfältige Umsetzung effizienter Filialabläufe und die Fokussierung auf das jeweils tatsächlich Benötigte.

SAP Retail Store Management wurde abgelöst von *SAP In-Store Merchandise and Inventory Management* (SAP In-Store MIM), das technologisch zunächst auf Web Dynpro basierte. Solche Web-Dynpro-Anwendungen existieren auch weiterhin noch in SAP S/4HANA Retail. Da Sie im SAP Belize Theme gestaltet sind (Designvorlage für SAP GUI), sind sie optisch so an das Erscheinungsbild von SAP Fiori angepasst, dass Web-Dynpro- und SAP-Fiori-Apps nebeneinander verwendet werden können – auch wenn das aus Anwendersicht nur ein Kompromiss sein kann.

Nachdem SAP im Jahr 2013 die neue User Experience *SAP Fiori* vorgestellt hat, wurden die meisten relevanten Anwendungen von In-Store MIM als SAP-Fiori-Apps neu entwickelt und stehen heute unter der Bezeichnung *SAP Fiori In-Store Merchandise and Inventory Management* (SAP Fiori In-Store MIM) zur Verfügung. Aktuell sind viele dieser Apps sowohl mit SAP Business Suite als auch mit SAP S/4HANA kompatibel. Einige wenige, wie die SAP-Fiori-App **Produkte anzeigen**, setzen dabei bereits zwingend eine SAP-HANA-Datenbank voraus. Bei neuen Apps ist jedoch im Allgemeinen davon auszugehen, dass sie nur noch in Verbindung mit SAP S/4HANA genutzt werden können.

6.5.1 Allgemeines zu den SAP-Fiori-Apps für Filialen

Alle SAP-Fiori-Apps sind in der allgemein zugänglichen *SAP Fiori Apps Reference Library* unter *https://fioriappslibrary.hana.ondemand.com/* beschrieben. Will man die Anwendungen für die Filialwarenwirtschaft einsehen, empfiehlt es sich, nach den beiden Rollen *Filialmitarbeiter im Handel* (engl. *Retail Store Associate*) und Handelsfilialleiter (engl. *Retail Store Manager*) zu filtern. Alternativ kann direkt nach App-Bezeichnung oder App-ID gesucht werden. Der Katalog ist nur auf Englisch durchsuchbar. Der Eindeutigkeit halber wird deshalb im Folgenden bei der ersten Erwähnung einer App auch die App-ID in Klammern mitgegeben. An dieser Stelle sei darauf hingewiesen, dass auch andere SAP-Fiori-Anwendungen für die Anwendung in der Filiale relevant sein können, gerade wenn es um Sondergeschäftsprozesse geht. Die Grenzen zwischen Filial- und Nicht-Filialanwendungen sind fließend geworden.

Da es sich bei den beschriebenen Anwendungen um SAP-Fiori-Apps mit UI5 für das Frontend und OData-Services für die Anbindung an das Backend handelt, soll auf ihre Architektur hier nicht näher eingegangen werden. Nur so viel sei gesagt: Die SAP-Fiori-Anwendungen sind durchgängig responsiv, d. h., sie laufen prinzipiell auf verschiedenen Endgeräten mit unterschiedlichen Bildschirmauflösungen. In Abbildung 6.32 sehen Sie beispielhaft die SAP-Fiori-App **Produkte anzeigen**, wie sie sich auf einem normalen PC-Bildschirm darstellt.

Abbildung 6.32 Produkte anzeigen – Desktop-Ansicht

In Abbildung 6.33 sehen Sie dieselbe App, wie sie auf einer Handheld-Konsole erscheint.

Die SAP Fiori Apps Reference Library liefert für jede App nähere Angaben, für welche Gerätetypen sie tatsächlich verfügbar ist. Was tatsächlich sinnvoll ist, muss allerdings im Einzelfall je nach gewünschtem Einsatz betrachtet werden. So kann eine Inventur-

zählung selbstverständlich auf dem Backoffice-PC laufen, ist aber derart weit von der Ware entfernt nur selten sinnvoll. Umgekehrt dürfte die Planung und Anlage einer Inventur auf einem mobilen Endgerät statt im Backoffice nur im Ausnahmefall das effizienteste Vorgehen sein. Die Apps werden Ihnen also in der Geräteauswahl voraussichtlich mehr Flexibilität geben, als Sie tatsächlich benötigen werden.

Die Screenshots, die Sie in diesem Abschnitt sehen, sind in der Regel mit der Desktop-Ansicht erstellt, weil diese mehr Informationen auf einem Bildschirm darstellt als die Handheld-Ansicht, bei der die Informationen eher auf mehrere aufeinanderfolgende Sichten verteilt sind.

Abbildung 6.33 Produkte anzeigen – Ansicht in Handheld-Konsole

Die SAP-Fiori-Apps bieten erstmals die Möglichkeit, direkt aus einer laufenden App heraus in eine andere App abzuspringen. Welche Apps das sind, variiert abhängig von der App, in der Sie sich gerade befinden. Bei einigen Apps wird im Folgenden beispielhaft genauer darauf eingegangen. Der Artikel, den Sie in der Ausgangs-App zur Bearbeitung ausgewählt haben, wird beim Sprung in die Ziel-App in der Regel übernommen. Zurück in die Ausgangsanwendung gelangen Sie über die normale Launchpad-Navigation, also über den Linkspfeil neben dem SAP-Logo.

Einige Apps verwenden auch App-Einstellungen, die von den Anwendern selbst verändert werden können. Diese Einstellungen finden Sie, wenn Sie, wie in Abbil-

dung 6.34 zu sehen, oben rechts auf das Symbol für Ihren Nutzer klicken. Welche Einstellungen Sie dort tätigen können, hängt von der App ab. Bei Anwendungen, in denen Sie einen Druck auslösen können, wird beispielsweise hier in der Regel ein Drucker zugeordnet. Worauf bei der Verwendung von Druckern sonst noch zu achten ist, erfahren Sie in Abschnitt 6.5.6 zur App **Etiketten drucken**.

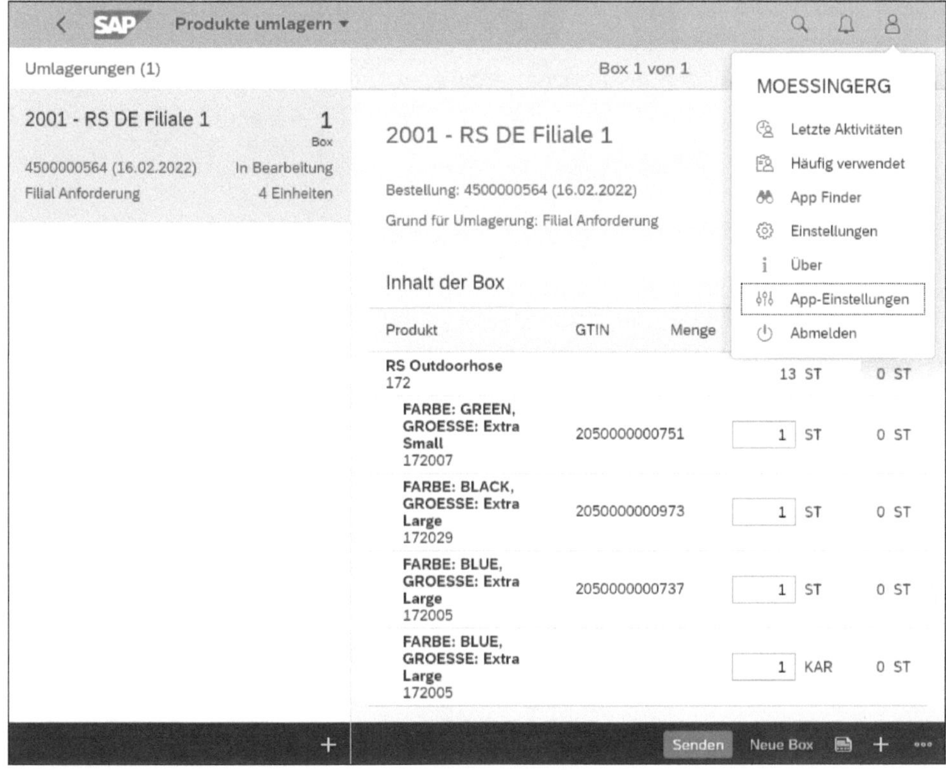

Abbildung 6.34 Produkte umlagern – App-Einstellungen

6.5.2 Konfiguration der SAP-Fiori-Apps

Das Customizing für alle nachfolgend beschriebenen Apps finden Sie im Einführungsleitfaden von SAP S/4HANA Retail unter folgendem Pfad:

Logistik Allgemein • Filialgeschäft • Warenwirtschaft – UI5-Apps

Im Folgenden beziehen sich Screenshots immer auf SAP S/4HANA Retail. Die Einstellungen der meisten Apps folgen dem gleichen Prinzip. Sie legen zunächst ein oder mehrere Schemata fest und definieren eines davon als Standard. Es ist sinnvoll, dass Sie das von SAP ausgewählte Schema kopieren und die Kopie Ihren Bedürfnissen anpassen. Danach können sie optional einzelnen Filialen ein davon abweichendes Schema zuweisen. Alle Filialen, die nicht ausdrücklich ein anderes Schema haben, verwenden das Standardschema.

Nachfolgend wird anhand der SAP-Fiori-App **Produkte anzeigen** ein Beispiel beschrieben (siehe Abbildung 6.35).

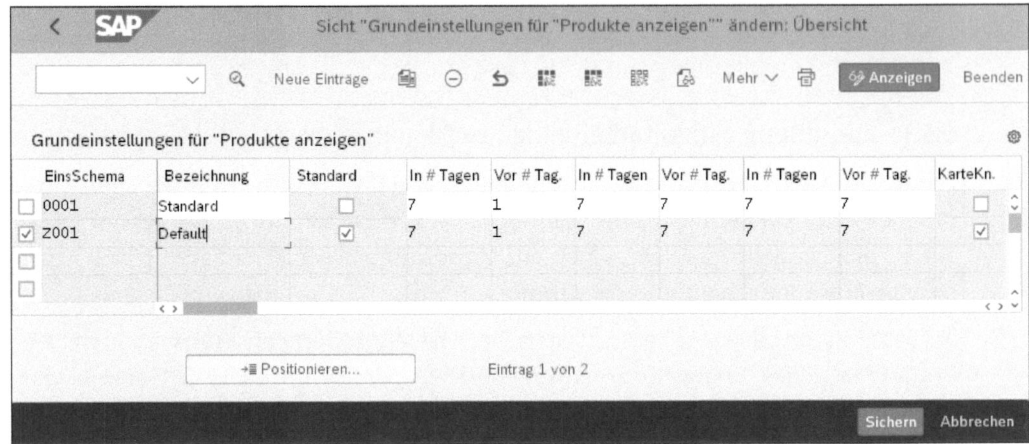

Abbildung 6.35 Produkte anzeigen – Customizing Grundeinstellungen (Beispiel)

SAP liefert für jede App ein Default-Schema aus. Dieses Schema wird zunächst kopiert, wie benötigt angepasst und zum Standardschema gemacht.

Falls alle Filialen dieses Schema verwenden sollen, ist die Aktivität damit abgeschlossen. Andernfalls legen Sie nun die Abweichungen fest (siehe Abbildung 6.36).

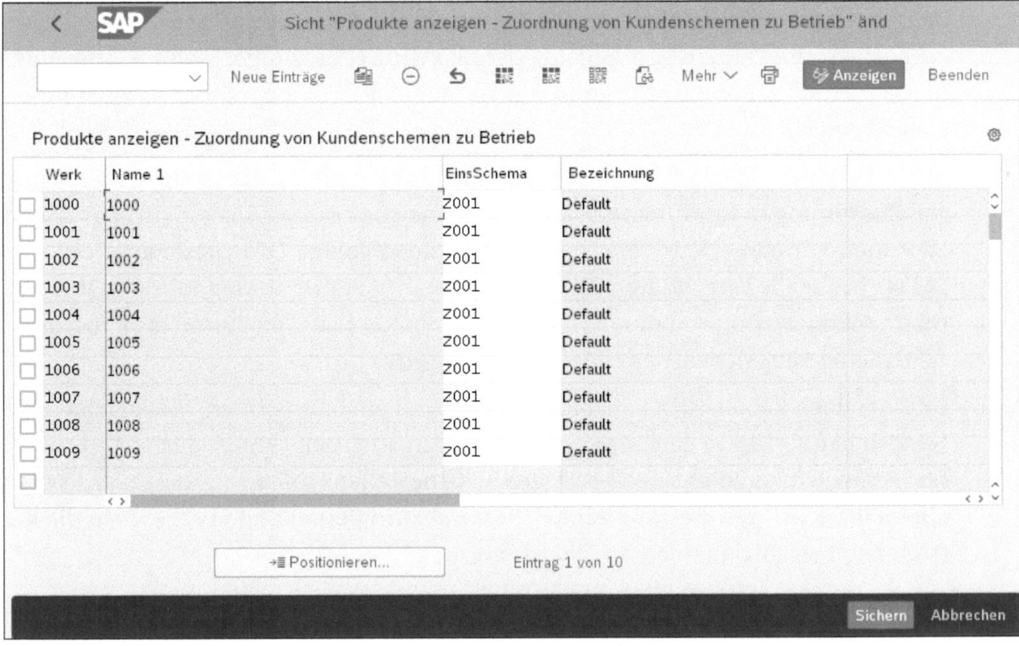

Abbildung 6.36 Produkte anzeigen – Customizing Betrieb einem Schema zuordnen

Generell muss gesagt werden, dass viele der Apps, die nachfolgend näher vorgestellt werden, in der Standardauslieferung funktional eher schlicht erscheinen. Durch eine ganze Reihe von Business Add-ins (BAdIs) lassen sie sich aber stark verändern und vielfältig Ihren Bedürfnissen anpassen.

6.5.3 Zuordnung von Mitarbeitenden zu Filialen

Damit ein Anwender mit den Anwendungen von SAP In-Store MIM arbeiten kann, muss er einer Filiale zugeordnet sein. Generell kann ein Benutzer immer nur genau einer Filiale zugeordnet sein; eine neue Zuordnung zu einer anderen Filiale löscht deshalb automatisch die alte Zuordnung.

Als Systemadministrator stehen Ihnen für diese Zuordnung die Transaktionen FPB_MAINTAIN_PERS_S (Einzelbearbeitung) und FPB_MAINTAIN_PERS_M (Sammelbearbeitung) zur Verfügung. Sie geben dort den Personalisierungsdialog DIA_LO_SRS sowie die gewünschten Benutzer ein und ordnen diese anschließend genau einer Filiale zu. Zusätzlich können Sie dort einen Host-Drucker und (ein oder mehrere) Etikettenformate zuweisen.

Die Filialzuordnung kann alternativ auch durch den Filialleiter für seine Filialmitarbeiter erfolgen. Dafür steht die SAP-Fiori-App **Mitarbeiter zu Filialen zuordnen** (App-ID F4334) zur Verfügung.

Die Filialleitung hat in der Regel nur die Berechtigung für eine Filiale, die App zeigt dann auch nur diese an. Klicken Sie einmal auf die Zeile, die die gewünschte Filiale enthält, damit der Zuordnungsdialog sichtbar wird. Hier können mehrere Anwender markiert und gemeinsam zugewiesen werden. Die Aufhebung der Zuweisung ist ebenso einfach.

Ein Mitarbeiter, der als Springer für eine ganze Reihe von Filialen tätig werden kann, soll Zuordnungen nur für sich selbst vornehmen, muss aber alle möglichen Filialen zuordnen können. Dafür verwendet er die Kachel **Meine Filialzuordnung** (Teil von F4334), in der alle berechtigten Filialen und die aktuelle Zuordnung angezeigt werden. Durch Markieren einer anderen Filiale und einen Klick auf den Button **Mich zuordnen** erfolgt eine neue Zuweisung (siehe Abbildung 6.37).

Falls Sie noch keiner Filiale zugeordnet sind und eine App öffnen, erhalten Sie eine Fehlermeldung, die je nach App unterschiedlich ausfallen kann. Manche Apps funktionieren nicht auf diese Weise (z. B. **Produkte bestellen**). Andere fordern zur Auswahl einer Filiale auf (z. B. **Bestand zählen**, **Bestand korrigieren**) und übernehmen die getroffene Auswahl dauerhaft als Filialzuordnung.

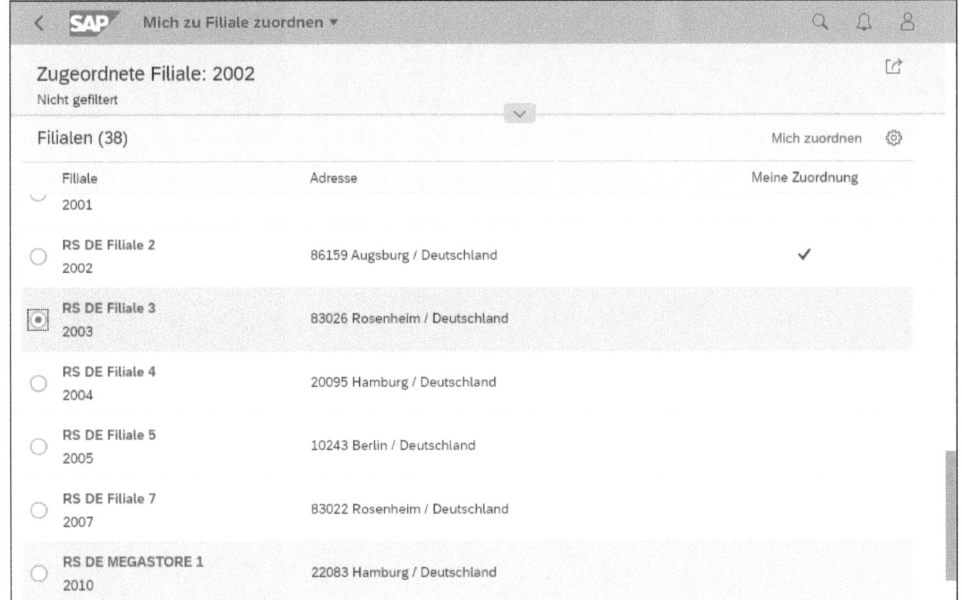

Abbildung 6.37 Meine Filialzuordnung

6.5.4 Filialsteuerung und Aufgabenliste

SAP spricht davon, dass die App **Meine Filialübersicht** (App-ID F4674) dem Filialleiter die wichtigsten KPIs (Key Performance Indicators) für die Führung seiner Filiale zur Verfügung stellt. Die Aussage ist jedoch irreführend. Tatsächlich ist die einzige relevante Schlüsselkennzahl der Filialbruttoumsatz des laufenden Monats, der tagesgenau in Form eines Liniendiagramms visualisiert wird. Bei den anderen Angaben handelt es sich eher um grundlegende Informationen für den operativen Alltag. Sie sehen in der App aktuelle und demnächst anstehende Aktionen, der Zeitraum für den Ausblick ist individuell auswählbar. Diese und weitere Informationen über demnächst anstehende Wareneingänge geben Ihnen eine Hilfestellung bei der kurzfristigen Personaleinsatzplanung. Drohende Probleme in der Belieferung erkennen Sie in der Übersicht heute fälliger Wareneingänge, die Ihnen anzeigt, welche Lieferungen bereits vereinnahmt wurden und welche noch offen sind. Bereits verspätete Lieferungen können Sie samt dem angekündigten Lieferdatum im Bereich **Überfällige Wareneingänge** einsehen (siehe Abbildung 6.38). Weiterhin können Sie über sogenannte *Quick-Links* direkt auf weitere operative Apps zugreifen.

Die einzelnen Informationsblöcke können Sie nach Belieben umgruppieren und in der Größe anpassen. Allerdings gehen die Änderungen verloren, wenn Sie die App verlassen. Eine Möglichkeit, Ihre Änderungen abzuspeichern, besteht nicht.

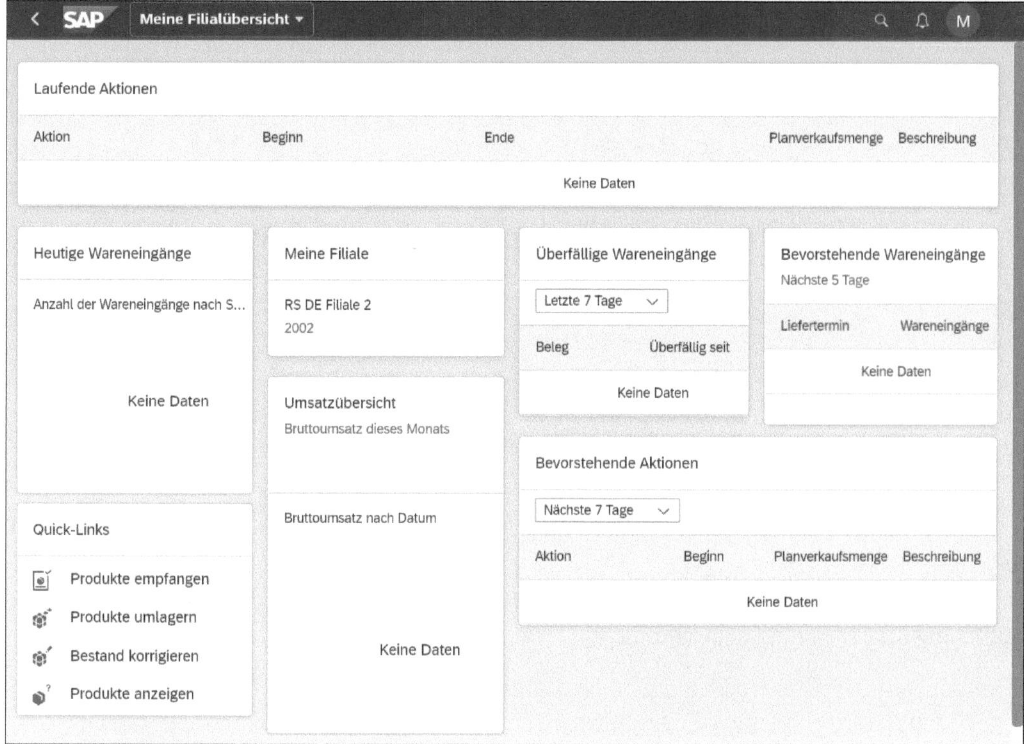

Abbildung 6.38 Meine Filialübersicht

Sie sollten die Inhalte dieser App eher als eine Anregung verstehen, die für den produktiven Einsatz Ihren tatsächlichen Bedürfnissen entsprechend angepasst und erweitert werden muss, damit Sie als Filialleiter ein nützliches, praxisgerechtes Cockpit für die Filialsteuerung zur Verfügung haben.

Die SAP-Fiori-App **Filialbegehung durchführen** (App-ID F1843) gibt Ihnen als Filialmitarbeiter einen Arbeitsvorrat an die Hand (siehe Abbildung 6.39). Die einzelnen Aufgaben können vom System erzeugt worden sein; z. B. kann der automatische Beschaffungsprozess immer dann, wenn Auffälligkeiten, wie etwa ein negativer Bestand oder Abverkäufe trotz Nullbestand, auf falsche Systembestände hinweisen, eine entsprechende Ausnahme generieren, die dann als Aktivität im Arbeitsvorrat erscheint. Wenn Sie eine solche systemgenerierte Aufgabe auswählen, werden Sie automatisch in die App weitergeleitet, die mit dieser Aufgabe verlinkt ist.

Zusätzlich können Sie auch manuell Aufgaben anlegen, die anschließend von den verantwortlichen Mitarbeitern abgearbeitet werden. Ein typischer Einsatzzweck kann sein, dass kurz nach Ostern der Bestand an Schokoladenosterhasen kontrolliert und die verbliebenen Exemplare verbilligt ausgezeichnet werden sollen.

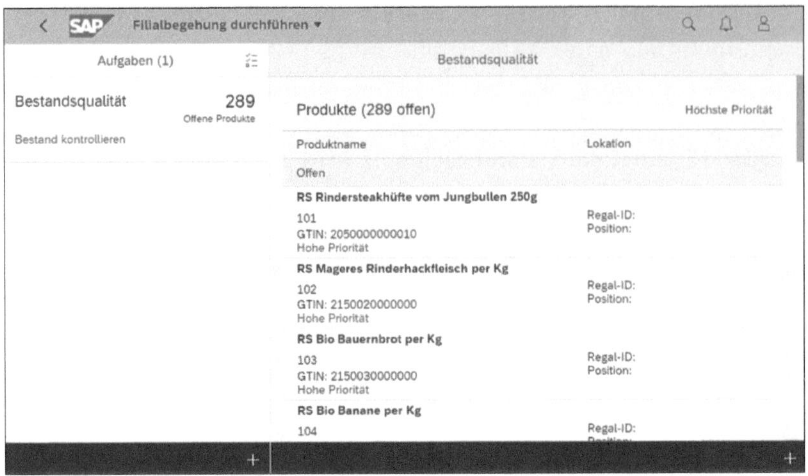

Abbildung 6.39 Filialbegehung durchführen

Dazu legen Sie zunächst eine entsprechende Aufgabe an, die anschließend in der Arbeitsliste erscheint. Die betroffenen Artikel können Sie an die App **Etiketten drucken** senden, in der Sie später dann das entsprechende Rabattpreis-Etikett drucken.

Auch die App zur Filialbegehung kann im Customizing und durch eine größere Anzahl an BAdIs sehr stark Ihren Bedürfnissen angepasst werden. Die Standardauslieferung enthält bereits die häufigsten Aufgabentypen. Vielleicht wollen Sie aber noch weitere Aufgabenlistentypen festlegen, beispielsweise um die Preisauszeichnung von verbilligter Ware zu veranlassen. Für dieses Beispiel legen Sie einen neuen Aufgabenlistentyp **ZRAB** an, dem Sie die Aufgabenart **Manuelle Erfassung** geben. Der Systembestand soll angezeigt werden, damit er bei dieser Tätigkeit auch gleich kontrolliert werden kann. In Abbildung 6.40 sehen Sie den Eintrag.

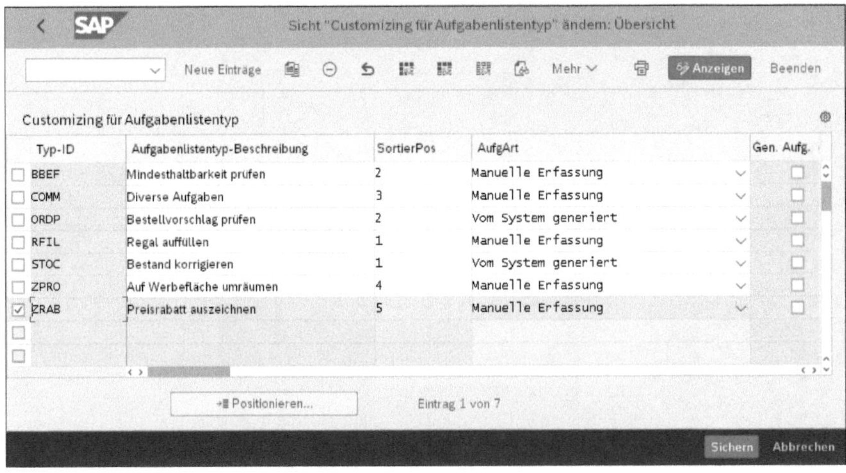

Abbildung 6.40 Neuen Arbeitslistentyp anlegen

Sofern Ihr Unternehmen mehrsprachig ist, pflegen Sie im nächsten Customizing-Knoten die Beschreibung des neuen Aufgabenlistentyps in allen erforderlichen Sprachen. Falls die Aufgabe nicht ausgeführt werden kann, soll ein Grund angegeben werden. In der Standardauslieferung sind mit **OFS – Nicht vorhanden**, **CLE – Sieht bereits richtig aus** und **DON – Erledigt** bereits drei geeignete Gründe vorhanden, die wiederverwendet werden sollen. Diese Gründe ordnen Sie nun dem neuen Arbeitslistentyp zu (siehe Abbildung 6.41). Das Feld **Vorschlag** steuert nicht, welcher Grund vorgeblendet werden soll, sondern legt den Grund fest, der bei Bestätigung einer Aufgabe im Hintergrund zugewiesen wird.

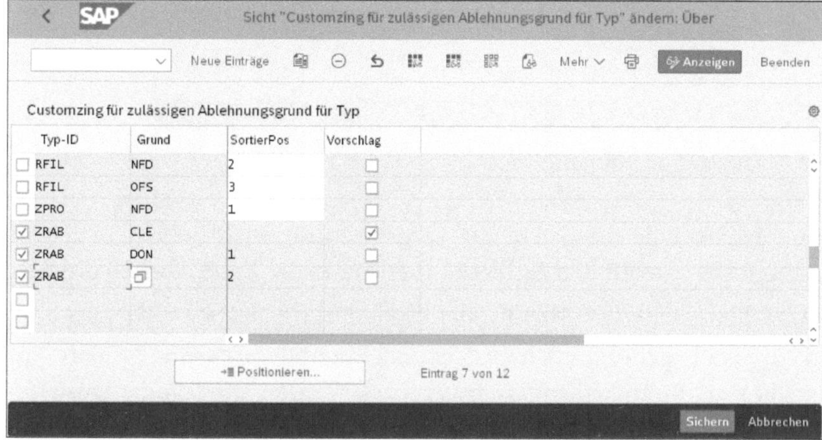

Abbildung 6.41 Gründe zuweisen

Wenn Sie nun eine Aufgabe definieren wollen, legen Sie zunächst eine neue Aufgabenliste an, der Sie den eben definierten Aufgabenlistentyp **Preisrabatt auszeichnen** zuweisen und einen Namen, optional auch eine Beschreibung geben (siehe Abbildung 6.42).

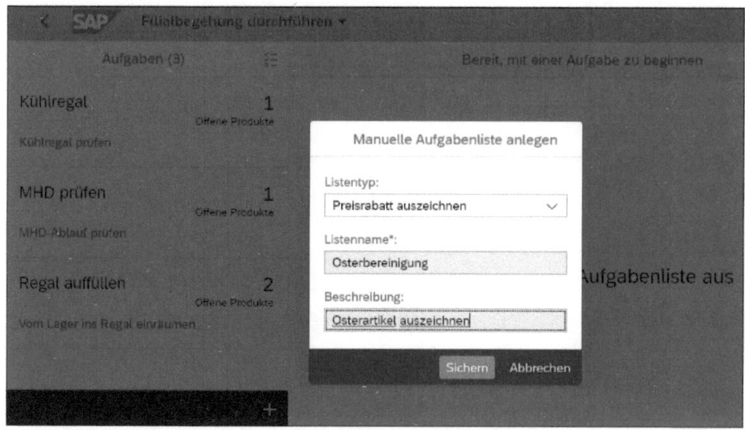

Abbildung 6.42 Aufgabenliste anlegen

Danach wählen Sie die noch leere Aufgabenliste aus und ordnen ihr Artikel zu (siehe Abbildung 6.43).

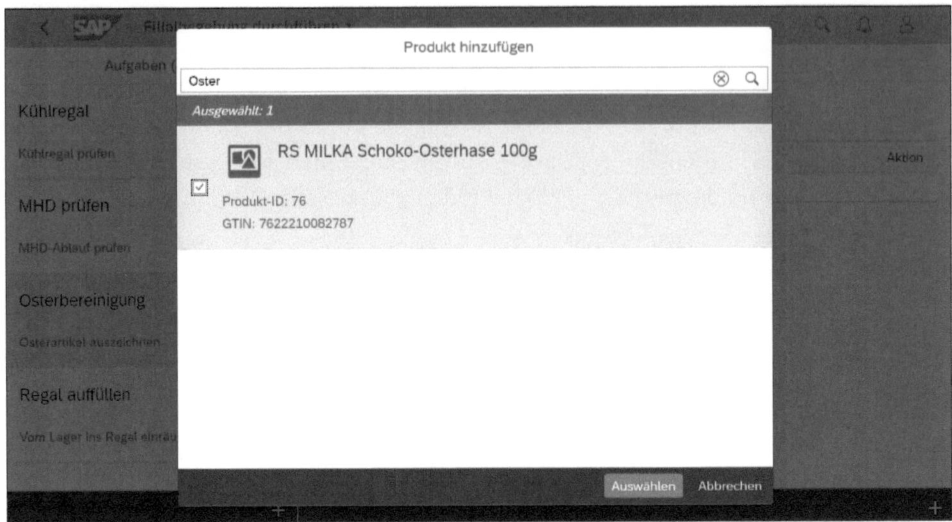

Abbildung 6.43 Produkte einer Aufgabenliste zuweisen

Wenn Sie die App nun wieder aufrufen und die Aufgabenliste auswählen, sehen Sie die einzelnen Artikelpositionen. Immer wenn Sie einen Artikel bearbeitet haben, bestätigen Sie die Erledigung oder lehnen die Aufgabe mit Begründung ab (siehe Abbildung 6.44).

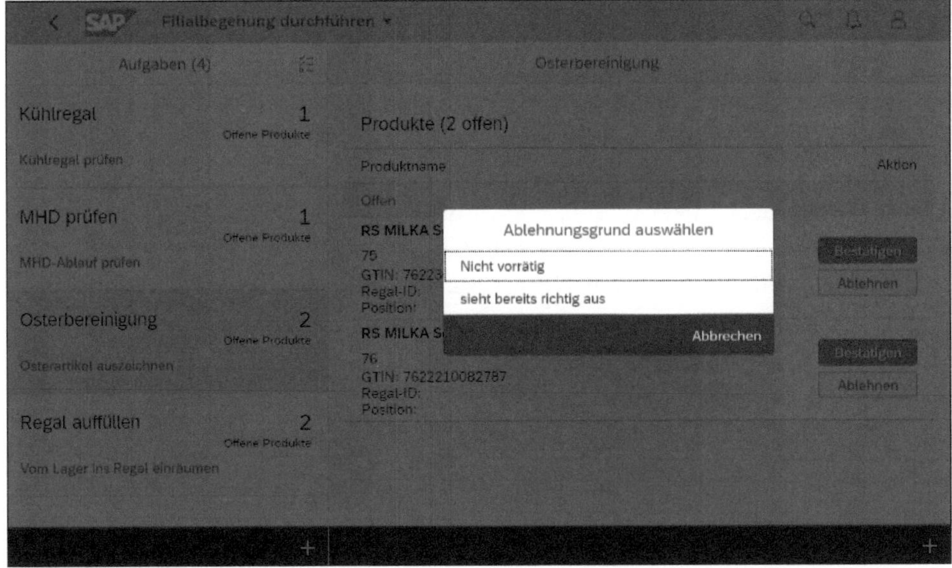

Abbildung 6.44 Aufgabe ablehnen

Falls Sie eine Aufgabe irrtümlich bestätigt oder abgelehnt haben, können Sie sie wieder öffnen und erneut bearbeiten.

Bisher haben wir die Erstellung und die Bearbeitung manuell angelegter Aufgaben betrachtet. Die Bearbeitung systemerzeugter Aufgaben unterscheidet sich dadurch, dass Sie, wenn Sie einen Artikel aus der Aufgabenliste auswählen, automatisch in die richtige App geleitet werden, in der Sie die Aufgabe durchführen. Im nachfolgenden Beispiel hat das System alle Produkte ermittelt, bei denen der Systembestand null oder negativ ist und die deshalb gezählt werden sollen (siehe Abbildung 6.45).

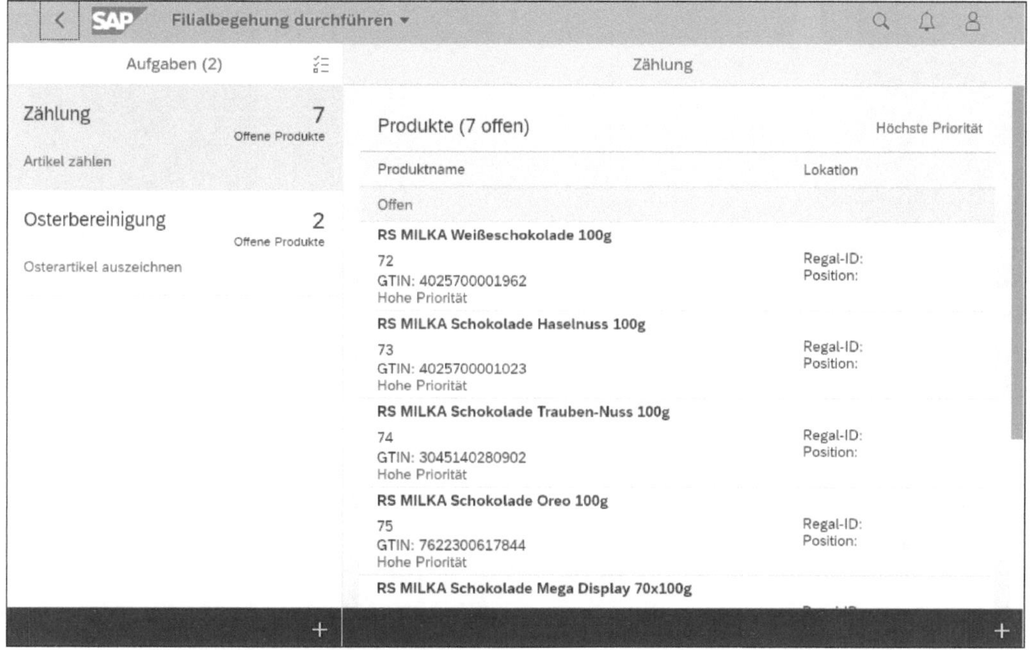

Abbildung 6.45 Bestandskorrekturliste anzeigen

Wenn Sie auf einen Artikel klicken, erscheint, wie in Abbildung 6.46 zu sehen, sofort eine Zählmaske. Nachdem Sie eine Zählmenge eingegeben und bestätigt haben, erscheint eine Bestätigung, und der Artikel verschwindet aus der Liste. Anders als bei manuellen Aufgaben, können Sie bei systemerzeugten Aufgaben einen Fehler nicht mehr direkt rückgängig machen.

Die Aufgaben müssen mithilfe des Programms *RTST_CMP_EXP_REORG* regelmäßig reorganisiert werden. Durch diese Reorganisierung werden unter anderem vom System erzeugte Aufgaben in der App sichtbar und die bereits erledigten Aufgaben verschwinden von dort.

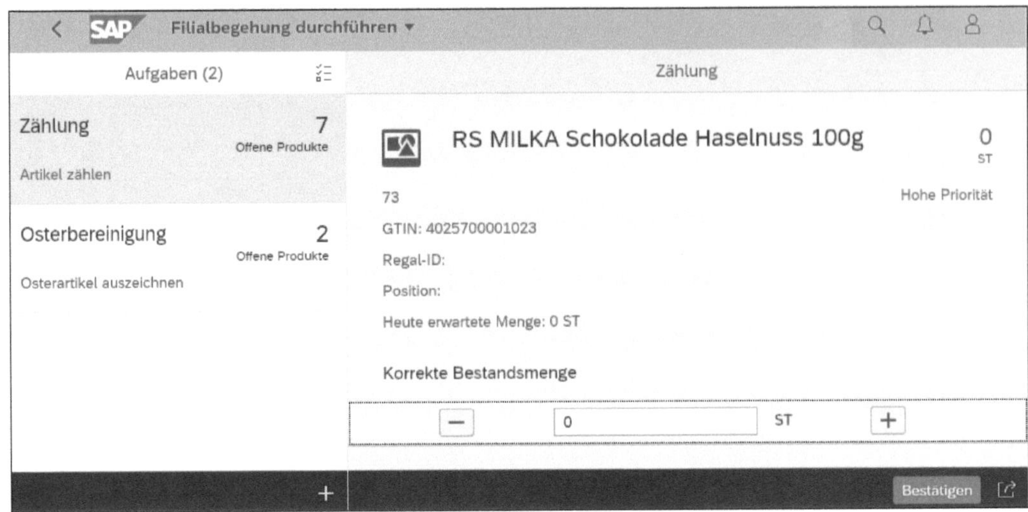

Abbildung 6.46 Bestand korrigieren

6.5.5 Produktdaten anzeigen

Es gibt vielfältige Situationen, in denen Sie nähere Informationen zu einem Artikel benötigen. Vielleicht wollen Sie sehen, ob der leere Regalplatz vor Ihnen mit einem Nullbestand im System korrespondiert, ob die Ware inzwischen bestellt wurde und wo die anstehende Lieferung bleibt oder ob der Artikel eventuell gar nicht mehr verfügbar ist. Im Kundengespräch wollen Sie Auskunft geben können, ob und in welcher Filiale in der Nachbarschaft der Artikel ausreichend Bestand hat, ob es eine Alternative dazu gibt etc.

All diese Möglichkeiten bietet Ihnen die SAP-Fiori-App **Produkte anzeigen** (App-ID F0431) (siehe Abbildung 6.47). Der Einstieg erfolgt über Scan der GTIN, alternativ über Eingabe der Artikelnummer oder indem Sie Teile der Artikelbeschreibung eingeben.

In der Trefferliste erhalten Sie bereits einige grundlegende Informationen wie die Beschreibung, den aktuellen Verkaufspreis und ob der Artikel in der Filiale vorrätig ist. Nähere Angaben verteilen sich auf mehrere Detailbildschirme. So werden auf der Registerkarte **Details** die Bestandsmenge in Echtzeit, weitere zugeordnete GTINs sowie Abmessungen und das Gewicht angegeben. Heute fällige, in der Zukunft anstehende und in den letzten Tagen bereits erfolgte Wareneingänge sehen Sie auf einer eigenen Registerkarte **Lieferungen**. Falls es sich beim ausgewählten Artikel um eine Variante eines Sammelartikels handelt, können Sie auf der Registerkarte **Varianten** über Merkmale wie Farbe und Größe nach anderen, ähnlichen Produkten suchen. Zwei weitere Registerkarten geben Ihnen Auskunft über laufende und künftige Aktionen und Bonuskäufe.

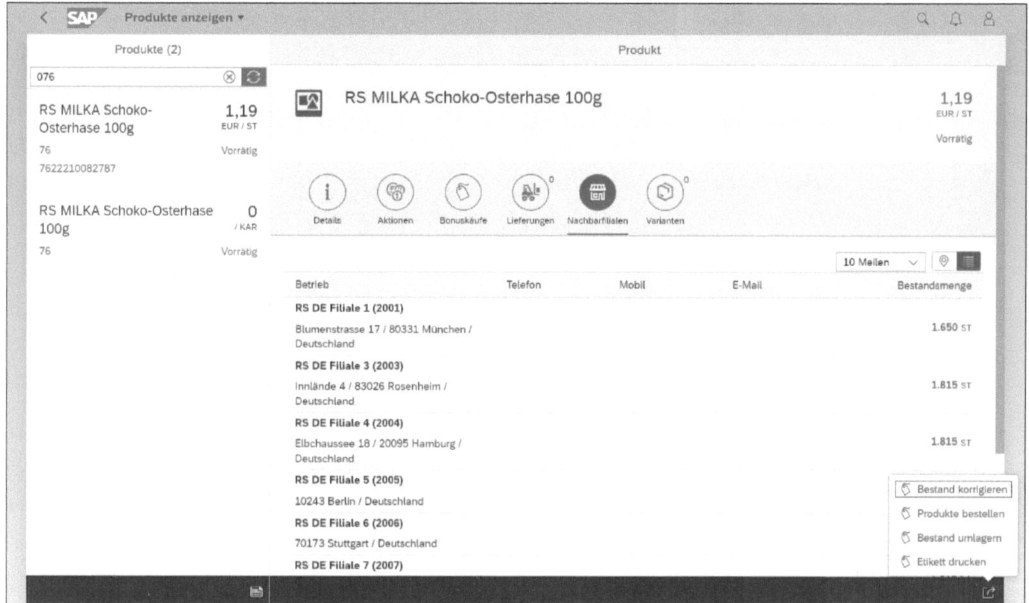

Abbildung 6.47 Nachbarfilialen anzeigen und in andere Apps abspringen

Die Registerkarte **Nachbarfilialen** schließlich gibt Ihnen Auskunft, in welchen Filialen welche Artikelmenge des Artikels aktuell vorrätig ist, wobei Sie den Suchradius variieren können. Zur Anzeige wählen Sie zwischen einer Listenanzeige und einer Kartenansicht, die OpenStreetmap verwendet.

Etwas unscheinbar in der rechten unteren Ecke finden Sie ein sehr nützliches Symbol ( ). Damit können Sie in verschiedene andere Apps abspringen und können so direkt aus der Produktanzeige heraus grundlegende Aktivitäten starten. Sie müssen allerdings beachten, dass in der Standardauslieferung beim Aufruf der Ziel-App der aktuell ausgewählte Artikel nicht übernommen wird; hier ist also Nacharbeit angesagt, wenn Sie das an sich äußerst nützliche Feature auch wirklich sinnvoll einsetzen wollen.

Wie weit die App bei Lieferungen, Aktionen und Bonuskäufen in die Vergangenheit und Zukunft blickt, ob Nachbarfilialen mittels Karte visualisiert werden sollen und welche Distanzfilter zum Einsatz kommen, lässt sich im Customizing festlegen (siehe Abbildung 6.48).

Sie sollten sich allerdings bewusst sein, dass die App in der Standardauslieferung eher Beispielcharakter hat. Für eine ernsthafte Verwendung werden Sie sicherlich wenigstens einige der knapp 20 BAdIs implementieren müssen, die bereitgestellt werden. Dann jedoch kann sich die App als sehr nützliches Hilfsmittel erweisen.

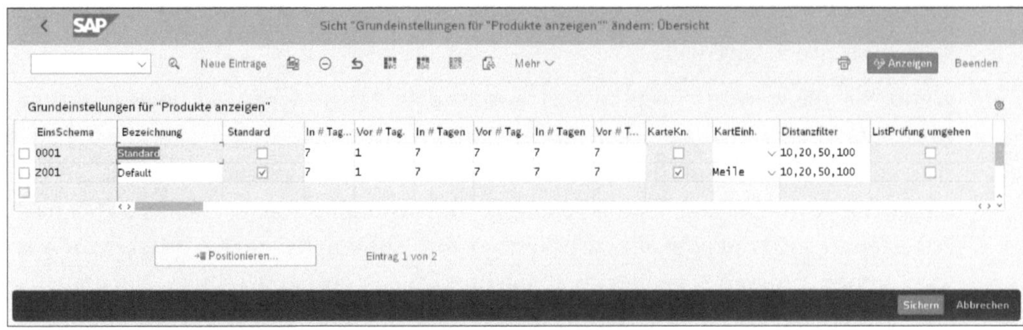

Abbildung 6.48 Customizing Grundeinstellungen

6

6.5.6 Etiketten drucken

Elektronische Regaletiketten (engl. Electronic Shelf Labels, ESL) sind bereits seit vielen Jahren erfolgreich im Einsatz, aber noch immer dominieren Regaletiketten aus Papier. Bei Preisänderungen, Promotionen oder neuen Artikeln im Filialsortiment werden sie in aller Regel automatisch in der Nacht ausgedruckt, damit Mitarbeitende sie morgens am Drucker in Empfang nehmen und am Regal anbringen können. Doch Papieretiketten können verschmutzen oder beschädigt werden, oder aufgrund einer zeitweiligen Mehrfachplatzierung werden weitere Exemplare benötigt. Gegebenenfalls wollen Sie Ware, deren Haltbarkeit demnächst ausläuft, mit einem markanten Rabattkleber versehen. Aus all diesen Gründen ist es hilfreich, direkt an der Ware den Druck unterschiedlicher Etikettentypen und -formate anstoßen zu können. Diese Aufgabe erfüllt die SAP-Fiori-App **Etiketten drucken** (App-ID F1563) (siehe Abbildung 6.49).

Abbildung 6.49 Anzahl und Format der Etiketten zuweisen

Den Artikel, für den Sie ein Etikett erstellen wollen, werden Sie in der Regel scannen. Falls das Regal leer und der Barcode auf dem originalen Regaletikett nicht mehr lesbar ist, können Sie ihn aber auch über Artikelnummer oder Beschreibung suchen. Sie können mehrere Artikel erfassen, bevor Sie zum nächsten Schritt weitergehen. Die

Auswahl bleibt übrigens auch erhalten, wenn Sie die App für eine andere Aktivität zwischenzeitlich verlassen.

Wenn Sie die gewünschten Artikel ausgewählt haben, legen Sie jeweils die gewünschte Anzahl an Ausdrucken und ein Etikettenformat fest. Nun leiten Sie über das Druckersymbol () am unteren rechten Rand den Druckvorgang ein. Falls Sie verschiedene Formate festgelegt haben, fragt die Anwendung Sie zunächst, ob Sie nach Etikettenart getrennt oder alles drucken wollen. Falls Ihnen mehrere Drucker zur Auswahl stehen, müssen Sie zuletzt den gewünschten Drucker auswählen. Nutzbar sind alle Drucker, denen in Transaktion SPAD im Feld **Standort** Ihre Filiale zugeordnet ist.

Etikettenformat und Drucker können Sie über die App-Einstellungen vorbelegen, sodass Sie im Idealfall den Vorschlag nur bestätigen müssen. Sie können sich eine Liste unterschiedlicher Artikel aufbauen, die Sie mit denselben Einstellungen drucken möchten. Die App ist mit anderen Apps integriert, sodass Sie aus anderen Apps heraus Artikel an die Etikettendruck-App senden können, in der Sie anschließend die genannten Einstellungen tätigen und den Druck auslösen.

Über die App können Sie nur Netzwerkdrucker ansprechen. Praktisch wäre es, wenn Sie in Verbindung mit Ihrem mobilen Gerät auch einen mobilen Drucker nutzen könnten, sodass Sie die Ausdrucke bereits an der Ware in Empfang nehmen und direkt anbringen könnten. Das wird aktuell im Standard nicht unterstützt, hier muss eine individuelle Lösung, vorzugsweise vermutlich über Bluetooth, gefunden werden.

6.5.7 Filialbestellung

Während es in der Vergangenheit die Aufgabe der Filialdisposition war, verkaufte Ware wiederzubeschaffen, geht ihr Blick heute nach vorn. Ziel ist, das künftige Kaufverhalten zu prognostizieren, damit die Waren rechtzeitig und in entsprechender Menge bereitstehen, um diesen Bedarf zu befriedigen, ohne dass nennenswerte Überbestände vorgehalten werden. Dank moderner Verfahren lässt sich die Nachfrage nach den allermeisten Produkten eines üblichen Filialsortiments in der Regel sehr präzise vorhersagen, die Beschaffung kann deshalb automatisiert werden. Da es jedoch immer auch bedarfsrelevante Faktoren gibt, die von der Prognose nicht oder nicht ausreichend berücksichtigt werden können, ist eine vollständig automatische Filialdisposition nicht realistisch. Die Filialmitarbeiter müssen auch weiterhin in den Beschaffungsprozess eingebunden sein. Allerdings hat sich ihre Rolle grundlegend verändert, weg von der Fleißarbeit eines manuellen Bestellvorgangs hin zur Überwachung und zum punktuellen Eingriff. Problemfälle, bei denen manuelles Eingreifen weiterhin nötig ist, treten beispielsweise an der Fleischtheke auf, bei der (wie in Abschnitt 6.5.10, »Inventur«, ausgeführt) eine präzise Bestandsführung nicht praktikabel ist, sodass die grundlegende Voraussetzung für eine Automatisierung fehlt. Ähn-

lich verhält es sich bei regionalen Frischeprodukten mit begrenzter Verfügbarkeit, bspw. lokal angebautem Spargel, bei dem sich Temperatur und Niederschläge der letzten Tage entscheidend auf die täglichen Erntemengen und die Qualität auswirken.

Die SAP-Fiori-App **Produkte bestellen** (App-ID F0752) zeigt Ihnen listenbasiert alle Artikel, die Sie heute bestellen können. Diese Liste können Sie vielfältig durch Filter einschränken, zum einen auf eine bestimmte Warengruppe oder Warengruppen-Hierarchiestufe, zum anderen auf bestimmte Eigenschaften (Attribute) der Artikelpositionen. Eine Übersicht dieser filterbaren Attribute gibt Ihnen die Abbildung 6.50.

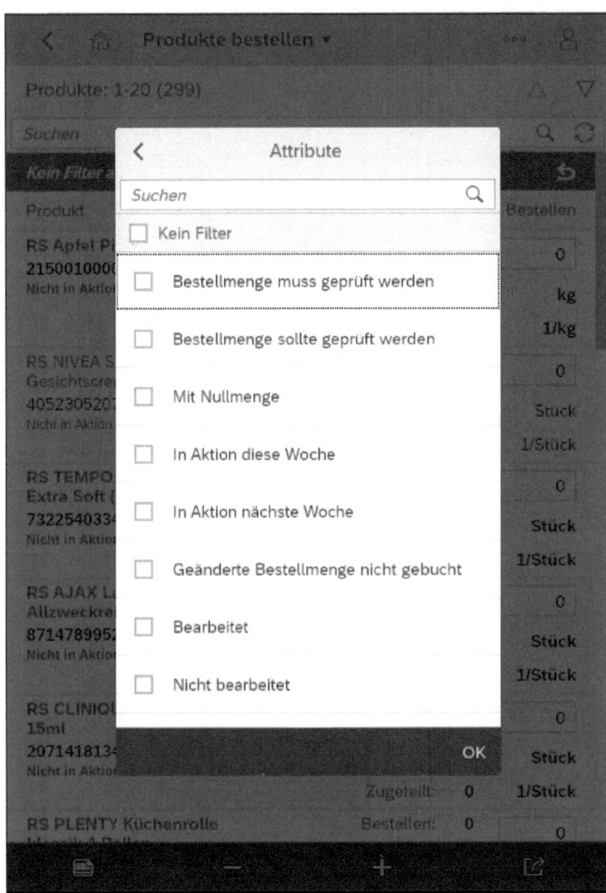

Abbildung 6.50 Produkte nach Attributen filtern

Die Optionen **Bestellmenge muss geprüft werden** bzw. **Bestellmenge sollte geprüft werden** filtern dabei nach solchen Ausnahmen und fokussieren damit Bestellpositionen, bei denen das System selbst eine manuelle Überprüfung für erforderlich oder sinnvoll hält.

Bereits in der Listenübersicht wird angezeigt, ob der Artikel aktuell oder in der Folgewoche in Aktion ist, und ob eine von SAP Forecasting and Replenishment generierte Ausnahme vorliegt. Weiterhin werden die vom System generierte Bestellvorschlagsmenge, der aktuelle Bestand, erwartete Zugänge und die resultierende Reichweite angezeigt.

Falls die angezeigten Informationen zur Prüfung und Anpassung des Bestellvorschlags nicht ausreichen, kann durch Klick auf die Zeile in eine Detailsicht verzweigt werden (siehe Abbildung 6.51). Diese zeigt Ihnen in Form eines Kalenders weitere Detailinformationen, wie die Abverkäufe pro Tag, erwartete Lieferungen, außerdem jeweils den nächsten und übernächsten Bestell- und Liefertag. Wenn es Ausnahmen zur Bestellposition gibt, werden diese unterhalb des Kalenders angezeigt. Da der Kalender sehr viele Informationen gleichzeitig anzeigen muss, werden Farben zur Unterscheidung verwendet. Wichtig ist deshalb die Legende, die durch Klick auf das Symbol (▤) rechts oberhalb des Kalenders eingeblendet wird.

Abbildung 6.51 Detailsicht mit Legende

Standardmäßig werden die Bestellvorschlagsmengen als Bestellanforderungen abgespeichert. Sie müssen also mittels Transaktion ME59N anschließend in Bestellungen umgewandelt werden. In der Regel erfolgt das durch einen entsprechenden Hintergrundjob automatisch zu einer festgelegten Zeit, etwa am Ende eines Bestellfensters.

Um den Funktionsumfang dieser App vollständig zu nutzen und sie insbesondere mit SAP Forecasting and Replenishment zu integrieren, sind einige Vorarbeiten nötig, auf die wir im Folgenden eingehen.

Damit ein Datenaustausch zwischen SAP Forecasting and Replenishment und SAP S/4HANA Retail bzw. SAP ERP stattfinden kann, müssen Sie im Customizing zuerst die entsprechenden Grundeinstellungen vornehmen unter folgendem Pfad:

Integration mit anderen SAP-Komponenten • Forecasting and Replenishment

Sie beginnen mit den Grundeinstellungen und gehen anschließend die anderen Customizing-Knoten durch.

Damit Bestellvorschlagsmengen von SAP Forecasting and Replenishment in der App angezeigt werden, müssen Sie diese gruppieren. Im Customizing finden Sie die nötigen Einstellungen unter folgendem Pfad:

Materialwirtschaft • Einkauf • Bestelloptimierung • Gruppierung von Bestelllistenpositionen zu Bestellungen

Dort aktivieren Sie zunächst die Gruppierungsfunktion und legen die entsprechenden Einkaufsbelegarten und Gruppierungskriterien fest. Weitere Informationen finden Sie in SAP-Hinweis 2383635; beachten Sie dort auch den PDF-Anhang, der zwar in Teilen nicht mehr aktuell ist, Ihnen aber weiterhin gültige Erläuterungen zum gesamten Prozess und den zugrunde liegenden technischen Aspekten bietet.

Die Voraussetzung für die zuvor beschriebene ausnahmebasierte Arbeitsweise ist die Bereitstellung der von SAP Forecasting and Replenishment generierten Ausnahmen. Der SAP-Hinweis 2220016 (Übertragung von F&R Ausnahmen ins ERP) beschreibt im Detail, was Sie in SAP Forecasting and Replenishment tun müssen, damit die dort generierten Ausnahmen nach SAP ERP bzw. nach SAP S/4HANA Retail übertragen werden.

Sofern Sie SAP ERP verwenden, sollten Sie sicherstellen, dass zwei – zugegeben etwas ältere – Hinweise aus dem Jahr 2018 eingespielt werden, die auf der ERP-Seite die entsprechende Funktionalität bereitstellen:

- SAP-Hinweis 2212445 (Empfang und Ablage von Ausnahmeinformationen aus anderen Systemen) stellt die benötigte Funktionalität in SAP ERP bereit.
- SAP-Hinweis 2323761 (Produkte bestellen: Erweiterung zum Anzeigen von Ausnahmen, Frontend UIRT401) erweitert die beschriebene App dahingehend, dass sie die Ausnahmen auch anzeigen kann.

Wenn diese technischen Voraussetzungen gegeben sind, dann müssen Sie die Funktionalität noch im Customizing aktivieren. Dafür pflegen Sie die Grundeinstellungen zur App und setzen das Kennzeichen **Ausnahmen aktivieren**.

Eine weitere Voraussetzung ist die Anzeige der Bestandsreichweite und die Anzeige von Bestell- und Lieferterminen aus SAP Forecast and Replenishment. Die Reichweite gibt an, wie viele Tage der Bedarf durch die Summe von aktuellem Bestand und vorgeschlagener Bestellmenge gedeckt werden kann. Damit ist sie in Verbindung mit dem Lieferrhythmus ein zentraler Indikator dafür, ob eine Bestellmenge ausreicht, zu gering oder zu hoch ausfällt. Wenn Sie die Anzeige der Reichweite im Customizing aktivieren, dann wird die Reichweite auch anhand der Daten in SAP Forecasting and Replenishment zur Absatzprognose sofort neu berechnet, wenn Sie die Bestellvorschlagsmenge ändern.

Stellen Sie außerdem sicher, dass folgende SAP-Hinweise eingespielt sind:

- SAP-Hinweis 2370468 stellt die nötige Funktionalität in SAP Forecasting and Replenishment bereit.
- SAP-Hinweis 2393342 erweitert die SAP-Fiori-App **Produkte bestellen** um eine Reichweitenanzeige, die Anzeige der von SAP Forecasting and Replenishment berechneten Bestell- und Liefermengen und um die Anzeige von SAP-Forecasting-and-Replenishment-Produktsperren.

Darüber hinaus kann auch diese App um eine ganze Reihe von BAdIs erweitert werden. Beispielsweise können Sie beeinflussen, welche Informationen in der Detailsicht oder speziell im Kalender angezeigt werden sollen. Auch die Filter, die anzuzeigenden Ausnahmen oder die standardmäßige Reichweitenanzeige können Sie beeinflussen.

6.5.8 Wareneingang

Der Wareneingang bezeichnet die physische Entgegennahme von angelieferten Waren, ihre Prüfung auf Richtigkeit, Vollständigkeit und Mängel, die Einlagerung sowie die Erfassung all dieser Aspekte im Warenwirtschaftssystem (siehe Abschnitt 5.2, »Wareneingangsprozess«). Ein Wareneingang erfolgt für jede Ware, die in den Verfügungsbereich gelangt, also nicht nur für eingekaufte Ware, sondern auch für Kommissionsware.

Während früher der Schwerpunkt beim Wareneingang darauf lag, die Korrektheit der Lieferungen zu prüfen und Abweichungen zu dokumentieren, um damit der Rechnungsprüfung verlässliche Informationen zu liefern, ist es heute genauso wichtig, den Zugang der physischen Ware zeitnah im System zu buchen. Zeitverzögerte Buchungen würden zu Schiefständen in der Bestandsführung führen, was wiederum fatale Folgen für die automatische Disposition hätte.

Deshalb, aber auch aus Effizienzgründen, ist man inzwischen dazu übergegangen, den Wareneingang meist summarisch zu bestätigen, allenfalls bei qualitativ heiklen oder besonders hochwertigen Artikeln oder bei Lieferung zu einer Kundenbestellung wird man die Ware vor Verbuchung näher kontrollieren. In den meisten Fällen wird, wenn überhaupt, die Vollständigkeit erst beim Verräumen in das Verkaufsregal geprüft und gegebenenfalls eine Reklamation erfasst.

Wenn Sie die SAP-Fiori-App **Produkte empfangen** (App-ID F1248) starten, um einen Wareneingang zu erfassen, müssen Sie zunächst einen Beleg auswählen (siehe Abbildung 6.52). Sie können eine Reihe von Filtern verwenden, um eine Liste möglicher Belege zu erhalten. Hilfreich sind die Filter vor allem dann, wenn Sie sich einen Überblick verschaffen wollen, etwa indem Sie anhand des Bearbeitungsstatus Belege identifizieren, die bisher nur teilweise oder mit Fehlern gebucht wurden. Der Filter ist personalisiert, was bedeutet, dass die App sich Ihre letzte Filterauswahl auch nach dem Abmelden merkt.

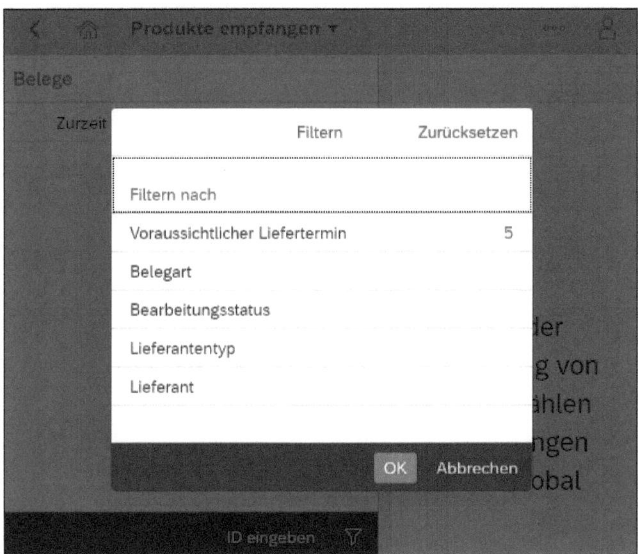

Abbildung 6.52 Produkte empfangen – nach Belegen filtern

Wenn eine Transporteinheit neu hereingekommen ist, werden Sie in der Regel einfach die NVE (Nummer der Versandeinheit, engl. Serial Shipment Container Code, SSCC) scannen, die sich auf der Transporteinheit befindet. Sollte sie fehlen, können Sie auch einfach einen Artikel aus der Transporteinheit scannen und bekommen dann alle Belege angezeigt, die diesen Artikel enthalten. Alternativ können Sie auch die Bestellnummer oder die Liefernummer eingeben, die Sie auf dem Warenbegleitschein finden sollten. Falls Ihnen in all diesen Fällen unerwartet kein Beleg angezeigt wird, sollten Sie zunächst die Filtereinstellungen prüfen.

Sofern die App im sogenannten *Trusted Mode* läuft, wird der Beleg summarisch ohne nähere Prüfung verbucht, sobald Sie ihn scannen oder aus der Liste auswählen. Danach wird Ihnen eine Liste weiterer Belege zum gleichen Lieferanten angezeigt, sodass Sie direkt den nächsten Beleg bestätigen können. Sie können die gebuchten Belege zu einem späteren Zeitpunkt nochmals aufrufen und bei Bedarf korrigieren, etwa indem Sie eine fehlende Teilmenge, die Sie nachträglich festgestellt haben, als negativen Wert eingeben.

Standardmäßig können Handling Units und Lieferungen im Trusted Mode gebucht werden. Falls Sie weitere Belegarten, etwa Bestellungen, ebenfalls auf diese Weise buchen wollen, müssen Sie das BAdI für die Entität *PostDocument* erweitern.

Im regulären Modus sehen Sie alle Positionen des ausgewählten Belegs, die Liefermenge und bisher bereits vereinnahmte Mengen. Hier müssen Sie jede einzelne Position prüfen und bestätigen. Anhand des Customizings wird gesteuert, ob die erwartete Liefermenge bereits vorgeblendet wird, was den Komfort erhöht. Falls Sie Wert darauf legen, dass jede Position genau geprüft wird, sollten Sie die Menge nicht vorblenden lassen und auch einstellen, dass jeder Scan einer GTIN die Menge um »1« erhöht. Damit können Sie, indem Sie jede Einheit scannen, die Detailkontrolle auf vergleichsweise effiziente Weise durchführen (siehe Abbildung 6.53).

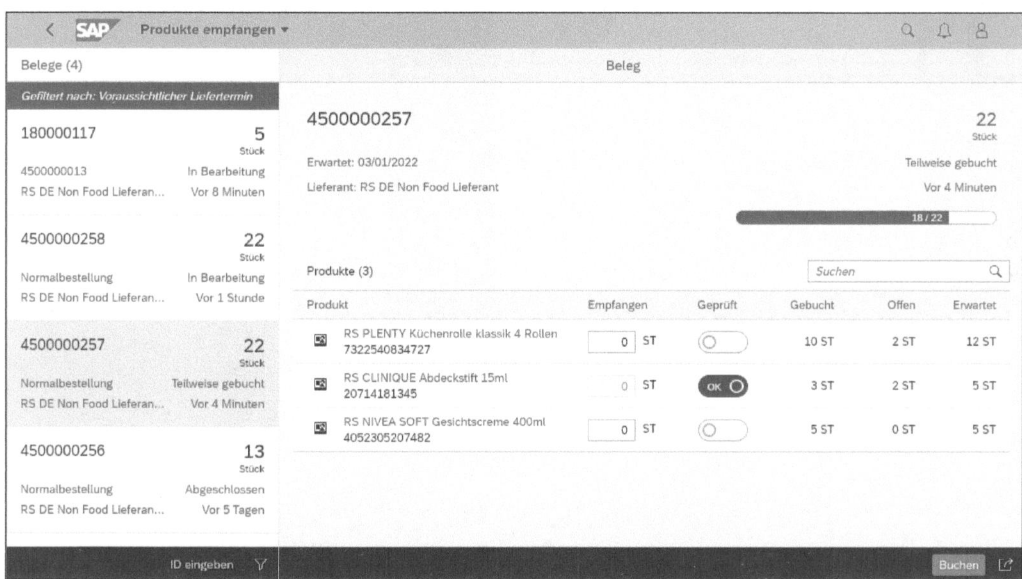

Abbildung 6.53 Produkte empfangen – einzelne Belegpositionen buchen

Der Fortschrittsbalken oben rechts zeigt Ihnen anhand der Summe der bereits vereinnahmten und der Liefermengen an, wie weit Sie sind. Insbesondere wenn der Wareneingang von mehreren Mitarbeitern parallel durchgeführt wird, ist es hilfreich, den Schalter **Geprüft** zu nutzen. Auch bei festgestellten Mindermengen verhindert der

Schalter, dass Sie oder ein Kollege sich mehrfach auf die Suche nach der fehlenden Teilmenge machen.

Wie so gut wie alle anderen Apps für Filialprozesse kann auch diese durch eine Reihe von BAdIs angepasst und erweitert werden. Beispielsweise können Sie zusätzliche Filter implementieren, die Anzeigereihenfolge verändern, weitere Artikelinformationen (einschließlich Abbildungen) anzeigen, in die Buchungslogik eingreifen und vieles mehr.

6.5.9 Produkte umlagern

Es kann verschiedene Gründe geben, warum Sie eine Umlagerung durchführen, d. h. Ware zwischen Filialen verschieben oder zurück an das Verteilzentrum geben müssen. Möglicherweise benötigen Sie dringend einen Artikel, der konkret von einem Kunden nachgefragt wurde, nicht mehr beschafft werden kann, aber in einer anderen Filiale noch vorrätig ist. Vielleicht haben Sie zum Saisonende noch mehr Ware, als Sie realistisch ohne Preisnachlass verkaufen können, eine andere Filiale dagegen könnte Ihnen einen Teil davon abnehmen, weil die Nachfrage dort weiterhin unerwartet hoch ist. Eventuell hat Ihnen das Verteilzentrum auch Ware geschickt, die Sie zunächst vereinnahmt haben. Beim Verräumen ins Regal ist Ihnen aber aufgefallen, dass einzelne Artikel Beschädigungen aufweisen, sodass Sie sie nicht verkaufen können. Diese Exemplare wollen Sie ans Verteilzentrum zurückschicken, um eine Gutschrift zu bekommen.

Diese Anwendungsfälle deckt die SAP-Fiori-App **Produkte umlagern** (App-ID F2449) ab. Der Ablauf ist unabhängig vom Anwendungsfall immer der gleiche: Falls Sie mit Lagerorten arbeiten, weil Sie beispielsweise den Verkaufsraum und das rückwärtige Lager mittels unterschiedlicher Lagerorte verwalten, dann legen Sie als Erstes fest, aus welchem Lagerort Sie die Ware entnehmen wollen. Falls Sie, wie das für ein leichteres Bestandsmanagement oft gehandhabt wird, nur einen Default-Lagerort verwenden, entfällt dieser Schritt. Als Nächstes geben Sie den Typ des empfangenden Betriebs an; im Fall einer anderen Filiale erfolgt eine *Umlagerung*, bei einem Verteilzentrum wird eine (Umlagerungs-)*Retoure* angelegt. Danach wählen Sie die gewünschte Filiale oder das Verteilzentrum aus und geben zwingend einen Grund für die Umlagerung bzw. Retoure an. Mit **Anlegen** gelangen Sie in den Bildschirm zur Erfassung von Artikeln (siehe Abbildung 6.54).

Nun scannen Sie alle Artikel, die Sie umlagern bzw. retournieren wollen, und geben jeweils die entsprechende Anzahl ein. Falls Sie beispielsweise alle Größen einer Hose eingeben wollen, kann es effizienter sein, anhand der Artikelnummer oder Beschreibung zu suchen, denn dann werden alle Varianten angezeigt und Sie können einzelne auswählen oder alle auf einmal übernehmen. Fälschlich erfasste Positionen löschen Sie, indem Sie die Menge auf »0« ändern und die anschließende Frage bestätigen.

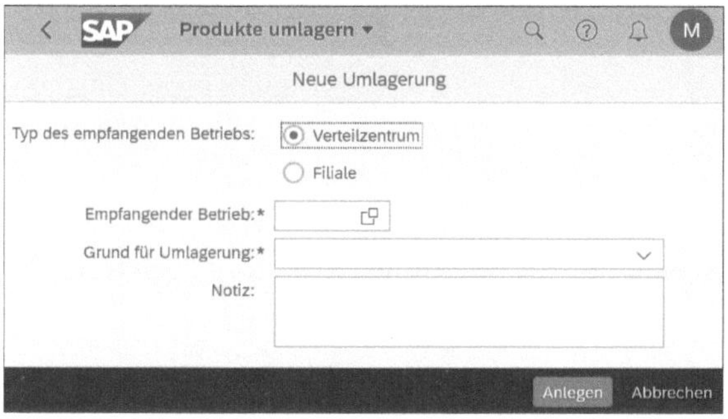

Produkte umlagern
Neue Umlagerung
Typ des empfangenden Betriebs: Verteilzentrum
Filiale
Empfangender Betrieb:*
Grund für Umlagerung:*
Notiz:
Anlegen Abbrechen

Abbildung 6.54 Produkte umlagern

Sie sollten die Artikel parallel zur Erfassung auch gleich in ein geeignetes Transportbehältnis packen; ist der Behälter voll, fordern Sie in der App eine neue *Box* an. Mit Box ist hier jede Art von Handling Unit gemeint, unabhängig von der Art der Verpackung. Durch die Anforderung einer neuen Box wird die vorhergehende geschlossen, und die entsprechenden Belege werden gedruckt. Voraussetzung ist, dass Sie in den App-Einstellungen einen Drucker ausgewählt haben. Sollte das nicht der Fall sein, müssen Sie den Druck manuell anstoßen über die drei Punkte in der unteren rechten Ecke. Dort können Sie auch den gesamten Umlagerungsbeleg stornieren, sollte das erforderlich sein. Sobald Sie alle Artikel erfasst und verpackt haben, beenden Sie die Erfassung über den Button **Senden** (siehe Abbildung 6.55).

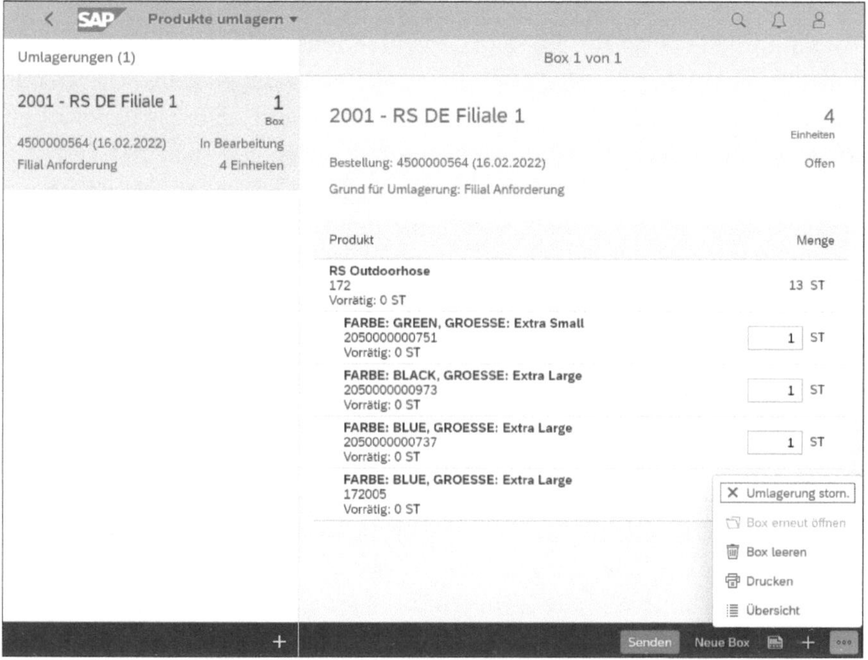

Abbildung 6.55 Produkte umlagern – Artikel erfassen

Im Customizing für die App legen Sie fest, welche Belegart für die buchungskreisinterne bzw. für die buchungskreisübergreifende Umlagerung verwendet werden soll (siehe Abbildung 6.56). Damit die App ein voraussichtliches Lieferdatum kalkulieren kann, müssen Sie eine geplante Lieferzeit in Tagen festlegen, die unterschiedlich sein kann für die Umlagerung an eine andere Filiale und für die Retoure an ein Verteilzentrum. Falls Sie als Wert »0« angeben, verwendet die App das Tagesdatum auch als Lieferdatum. Bei der Berechnung des Lieferdatums wird der Kalender des empfangenden Betriebs verwendet; falls der kalkulierte Tag dort kein Arbeitstag ist, wird stattdessen der nächstfolgende Arbeitstag gewählt. Außerdem geben Sie ein **Packmittel** an, das vom System verwendet wird, wenn für jede Box im Hintergrund eine separate Handling Unit angelegt wird. Achten Sie darauf, dass der von Ihnen angegebene Artikel die Artikelart **VERP** hat.

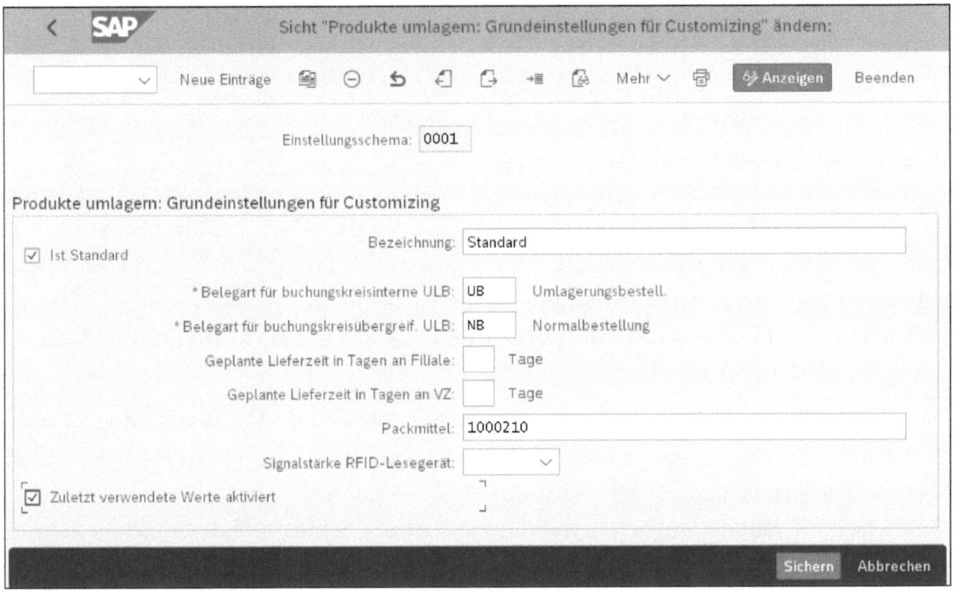

Abbildung 6.56 Produkte umlagern – Grundeinstellungen für das Customizing

In der App müssen Sie einen Grund für die Umlagerung angeben. Die zulässigen Gründe legen Sie ebenfalls im Customizing fest. Zunächst definieren Sie die benötigten Gründe. Es handelt sich um Bestellgründe, die in der Materialwirtschaft angesiedelt sind; der Customizing-Knoten verzweigt dorthin. Anschließend ordnen Sie sie einem oder mehreren Schemata zu und legen dort für jeden Grund fest, ob er nur für die Umlagerung, nur für die Retoure an das Verteilzentrum oder für beide Vorgänge zulässig sein soll. Vergessen Sie nicht, ein Schema als Standard zu markieren.

Auch für diese App steht Ihnen die stattliche Anzahl von 15 BAdIs zur Verfügung, falls Sie den Funktionsumfang erweitern müssen. Sie können hier beispielsweise Regeln implementieren, welche empfangenden Filialen zulässig sein sollen. Wenn Sie, was

zu erwarten ist, Begleitdokumente ausdrucken wollen, sollten Sie sich das BAdI *Erweiterung für Entität »Printer«* für die Druckersteuerung näher ansehen.

6.5.10 Inventur

Jedes Unternehmen unterliegt im Rahmen des jeweiligen Handels- und Steuerrechts seines Landes der Verpflichtung zur Inventur, die dem Zweck dient, ein vollständiges Vermögensverzeichnis des Unternehmens (das sogenannte Inventar) zu erstellen. Dazu zählen Vermögensgegenstände wie Immobilien, Maschinen, gelagerte Materialien und Verkaufsprodukte sowie Schulden. Im Handel wird üblicherweise unter Inventur die (mengen- oder auch nur wertmäßige) Erfassung der Handelsware und ihre Bewertung zum Zwecke der Bilanzerstellung verstanden (siehe auch Abschnitt 5.6, »Bestand und Inventur«).

Generell wird bei der Filialinventur zwischen der *Stichtagsinventur*, die auf den Bilanzstichtag hin erfolgt, und der *rollenden oder permanenten Inventur* unterschieden. Die rollende Inventur erfolgt über das Geschäftsjahr verteilt und setzt eine geschlossene Warenwirtschaft mit laufender Verbuchung aller Zu- und Abgänge voraus, sodass der Bestand zum Stichtag errechnet werden kann. Ein weiteres Verfahren ist die *Stichprobeninventur*, bei der nach mathematisch-statistischen Verfahren eine signifikante Stichprobe physisch inventiert und anschließend auf den Gesamtwert hochgerechnet wird. SAP kennt außerdem die *Inventur durch Cycle-Counting*, ein Inventurverfahren, bei dem Artikel innerhalb eines Geschäftsjahres mehrfach in regelmäßigen Abständen inventarisiert werden.

Da tagesgenau korrekte Bestandsinformationen zwingende Voraussetzung für eine (weitgehend) automatisierte Filialdisposition sind, hat sich die Rolle der Inventur stark verändert. In der Theorie wird durch die zeitnahe Buchung aller Zu- und Abgänge der Systembestand stets zuverlässig dem realen Bestand der Artikel entsprechen. In der Praxis kann eine Warenwirtschaft aber niemals vollkommen geschlossen sein. Im Verteilzentraum wird versehentlich weniger kommissioniert, als auf dem Warenbegleitschein angegeben, die Flasche mit Salatsoße wird auf dem Transport oder im Regal beschädigt und der Schaden wird zwar weggeputzt, aber nicht im System erfasst usw. Es gibt viele Vorkommnisse, die für sich genommen oft kaum Auswirkungen haben, über längere Zeit aber doch zu signifikanten Abweichungen zwischen physischer Realität und Systembestand führen.

Die heutige Hauptaufgabe der Inventur ist es nun, Schiefstände in der Bestandführung, die durch derartige Fehler praktisch zwangsläufig entstehen, auszugleichen und den Systembestand auf eine korrekte Grundlage zu stellen. Indem das in Form einer regelgerechten Inventur erfolgt, wird der gesetzlichen Anforderung quasi nebenbei Genüge getan. Das bedeutet, dass die Inventur als permanente Inventur umgesetzt ist mit flexibler, situativer Anwendung. Man spricht hier häufig von Ad-hoc-

Inventur, weil nicht mehr vorab geplant wird, wann welche Artikel zu inventarisieren sind, sondern stattdessen der Filialmitarbeitende bei Bedarf selbst entscheidet, eine Inventurzählung durchzuführen. Das kann ein ganzes Regal betreffen, eine kleine Gruppe von Artikeln oder auch nur einen einzelnen Artikel. Im Filialalltag muss die Warenpräsentation regelmäßig geprüft werden; hier wird darauf geachtet, dass die älteste Ware vorne steht, dass Regallücken geschlossen werden usw., sodass die Ware ansprechend platziert ist und zum Kauf ermutigt. Es hat sich als sehr effizient herausgestellt, wenn in diesem Zusammenhang auch geprüft wird, ob der Regalplatz wie vorgesehen ausreichend gefüllt ist; falls das nicht gegeben ist, so wird zunächst geprüft, ob noch Ware im Filiallager oder im Zulauf ist oder ob der Artikel nicht mehr beschafft werden kann. Ist all das nicht der Fall, ist vermutlich entweder Ware abhandengekommen (Diebstahl, nicht erfasster Bruch, Eigenentnahme usw.) oder die automatische Disposition ist von einem zu hohen Systembestand ausgegangen und hat deshalb zu wenig Ware beschafft. Um den Systembestand wieder mit der tatsächlichen Situation zusammenzuführen, empfiehlt es sich, hier eine Ad-hoc-Inventur durchzuführen.

Allgemeiner Inventurablauf

Unabhängig davon, welches Inventurverfahren angewendet wird, besteht der SAP-Inventurprozess aus folgenden Inventurschritten:

1. Inventur planen
2. Zählung durchführen
3. Differenzen zwischen Zählmengen und Buchbestand ermitteln
4. Zählmengen korrigieren (optional)
5. Differenzen ausbuchen und damit die Inventur beenden

In der herkömmlichen Stichtagsinventur und im Cycle-Counting werden in Schritt 1 Inventurbelege angelegt, die anschließend den Arbeitsvorrat in Schritt 2 bilden.

Die Ad-hoc-Inventur hingegen beginnt mit Schritt 2 »Zählung durchführen«. Die erfassten Zählmengen werden danach an das Backend übergeben, in dem entsprechende Inventurbelege angelegt und mit den Zählmengen befüllt werden.

Die nachfolgenden Schritte sind in allen Inventurverfahren nahezu identisch und können teilweise oder weitgehend automatisiert werden. Weitere Informationen zu den Inventurverfahren und der systemseitigen Umsetzung finden Sie in Kapitel 5, »Logistik und Warenverteilung«.

Ad-hoc-Inventur

Die SAP-Fiori-App **Ad-hoc-Bestandszählung** (App-ID F5563) kam im SAP S/4HANA Retail Release 2021 neu dazu. Anders als bei der geplanten Inventur entscheidet hier der

Filialmitarbeitende selbstständig, welche Artikel gezählt werden sollen. Die entsprechenden Artikel können gescannt oder über die Artikelbeschreibung oder die PLU (interne Kurznummer zur Identifikation eines Artikels anstelle einer GTIN, engl. Price Look-up Code) gesucht werden. Getrennte Zählungen für Mehrfachplatzierungen werden ebenso unterstützt wie die Möglichkeit, für jede Mengeneinheit eine eigene Menge zu erfassen, was bei angebrochenen Gebinden praktisch ist und Fehler vermeidet, die leicht entstehen, wenn der Zählende im Kopf umrechnen soll. Wenn die Zählung beendet ist, muss die Erfassung abgeschlossen werden; erst jetzt wird im Hintergrund ein Inventurbeleg angelegt. Der weitere Ablauf entspricht dem generellen Inventurprozess, wie er nachfolgend beschrieben wird.

Geplante Inventur

SAP bietet auch weiterhin die Möglichkeit an, durch die Anlage von Inventurbelegen eine Inventur zu planen. Die Positionen des Inventurbelegs dienen dann als Arbeitsvorrat für die Filialmitarbeitenden, die die Zählung durchführen. Zum einen ist das die herkömmliche Stichtagsinventur, bei der alle Artikel einer Filiale gezählt werden. Aber das Verfahren kann auch ergänzend zur Ad-hoc-Inventur Verwendung finden. Weiterhin sinnvoll ist dieses Vorgehen für bestimmte Artikelgruppen, bei denen eine präzise Bestandsführung nicht praxisgerecht ist. Beispiele sind Offenware in der Fleisch- oder Käsetheke; es wäre schlicht aufwandsmäßig nicht vertretbar, hier jeden Abschnitt, der nicht verkauft wird als Abgang zu buchen. Ähnlich verhält es sich z. B. mit Schnittblumen und Dekorationsmaterial, aus denen Sträuße gebunden werden.

Trotzdem oder gerade, weil die Bestandsführung nicht präzise sein kann, ist es für die Filialführung nötig, in gewissen Abständen korrekte Informationen zu erhalten. Deshalb wird hier monatlich oder zumindest im Abstand weniger Monate regelmäßig inventarisiert. Die ermittelten Inventurdifferenzen fließen auf der Kostenseite in die Erlösberechnung mit ein.

Inventurbelege können in der Zentrale oder durch den Filialleiter angelegt werden. Letzterer verwendet dafür die SAP-Fiori-App **Inventurbelege anlegen**; es handelt sich um eine Web-Dynpro-Anwendung mit dem technischen Namen WDA_WSTI_GAF_INV_DOC_CRE_MLT. Um einen Inventurbeleg anzulegen, gehen Sie wie folgt vor:

1. Als Filialleiter legen Sie zunächst das geplante Zähldatum fest und vergeben eine Inventurnummer und optional eine beliebige Beschreibung.

[»]

Inventurnummer

Bei der Inventurnummer handelt es sich um einen beliebigen Wert, der nicht eindeutig sein muss. Nummer und Bezeichnung können Ihnen als logische Klammer dienen, wenn im Rahmen einer Inventur vom System mehrere Inventurbelege angelegt werden, da sie Ihnen hilft, bei der Zählung und in der Folgeverarbeitung die Inventur zu

identifizieren. Die Inventurnummer kann trotz ihres Namens auch Buchstaben enthalten. Verwenden Sie keine Sonderzeichen wie »/«. Die App **Bestand zählen** wird solche Inventurnummern zwar anzeigen, die entsprechende Zählliste aber nicht öffnen.

2. Im nächsten Schritt legen Sie die zu zählenden Artikel fest. Dazu starten Sie eine Selektion und markieren in der Trefferliste alle gewünschten Artikel.
3. Anschließend fügen Sie die markierten Artikel der Artikelliste hinzu. Die Selektion können Sie beliebig oft wiederholen und auf diese Weise die Artikelliste sukzessive aufbauen. Je nach vorliegendem Customizing können Sie möglicherweise über das Dropdown-Feld **Zusätzliche Auswahl** gezielt Artikel mit negativem Bestand oder Leergutartikel selektieren.
4. Als nächsten Schritt lassen Sie sich die Artikelliste anzeigen und haben dort die Möglichkeit, einzelne Artikel wieder zu entfernen.
5. Zuletzt überprüfen Sie den anzulegenden Beleg nochmals. Dabei legen Sie auch fest, ob die vom System anzulegenden Inventurbelege warengruppenrein sein sollen und wie viele Positionen ein einzelner Beleg maximal enthalten soll.
6. Über den Button **Belege anlegen** veranlassen Sie das System, die einzelnen Inventurbelege gemäß Ihren Vorgaben zu erzeugen. Sie erhalten eine Bestätigungsmeldung, die Ihnen mitteilt, wie viele Belege angelegt wurden (siehe Abbildung 6.57).

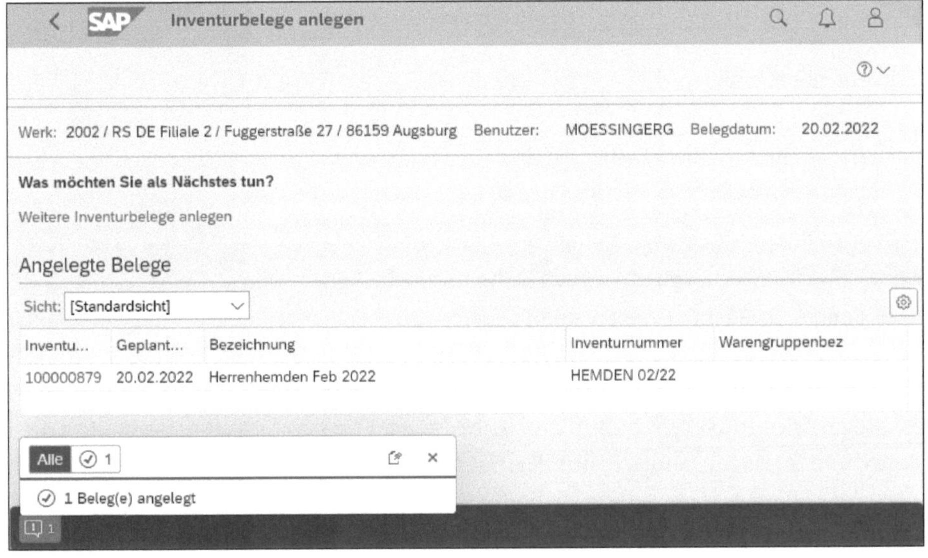

Abbildung 6.57 Angelegte Belege

Als Filialmitarbeiter öffnen Sie nun die SAP-Fiori-App **Bestand zählen** (App-ID F1512). Sie sehen dort alle relevanten Inventuren mit ihrer Inventurnummer und Beschreibung, können bei Bedarf über die Suchfunktion die Anzeige aber auch einschränken.

[»]

Inventurzählliste

Eine Inventur verteilt sich möglicherweise auf mehrere Inventurbelege, die unter einer gemeinsamen Inventurnummer zusammengefasst sind. Die Positionen aller Inventurbelege zu einer bestimmten Inventurnummer werden in der App zu einer Inventurzählliste zusammengefasst. Im Standard werden maximal 1.000 Positionen angezeigt. Sie können diesen Wert anpassen, indem Sie einen Erweiterungspunkt implementieren. Aus Performancegründen ist es aber empfehlenswert, Inventuren so zu organisieren, dass dieser Wert nicht überschritten wird.

Nachdem Sie eine Inventurzählliste ausgewählt haben, können Sie die Zählung über den Button **Zählung starten** initiieren (siehe Abbildung 6.58).

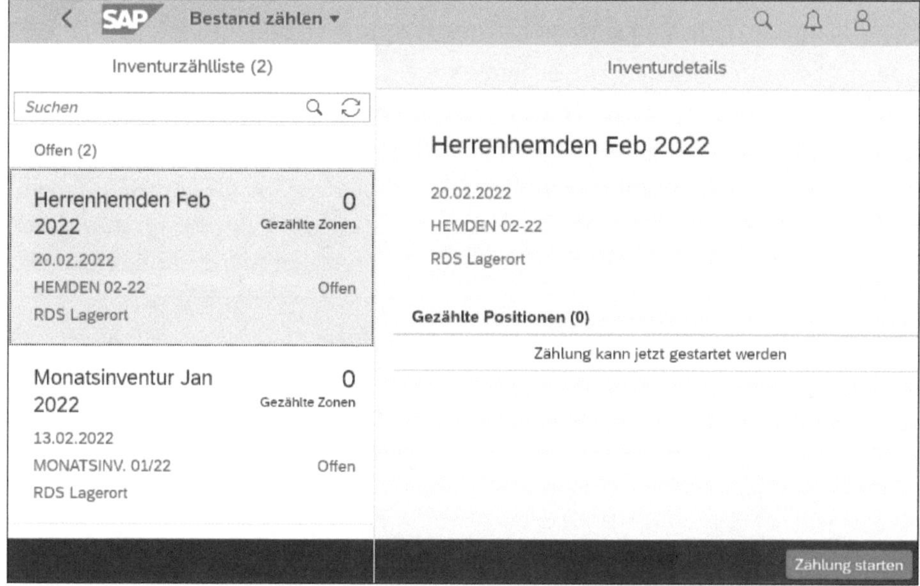

Abbildung 6.58 Bestand zählen – Zählung starten

Sie beginnen damit, dass Sie eine *Zone* erfassen. Eine Zone kann ein kompletter Gang, ein Regal oder sonst eine räumliche Anordnung von Artikeln sein. Sie sollten die Zonen vorab festlegen und z. B. durch unauffällig angebrachte Aufkleber kenntlich machen. Die Angabe der Zone wird Ihnen später helfen, die Vollständigkeit der Inventurzählung zu kontrollieren.

Nun fangen Sie an, Artikel zu scannen oder aus einer Liste auszuwählen. Dabei werden nur Artikel akzeptiert, die in der Zählliste enthalten sind. Sie können denselben Artikel auch mehrfach erfassen; das ist sinnvoll, wenn er an mehreren Stellen platziert ist, weil Sie dann die einzelnen Platzierungen getrennt zählen. Die Anwendung wird die einzelnen Teilzählungen später aufaddieren.

Bestehende Zählungen können Sie ändern oder fehlerhafte löschen. Wenn Sie alle vorhandenen Artikel in der angegebenen Zone gezählt haben, senden Sie Ihre Zählung, indem Sie auf den Button **Senden** klicken (siehe Abbildung 6.59).

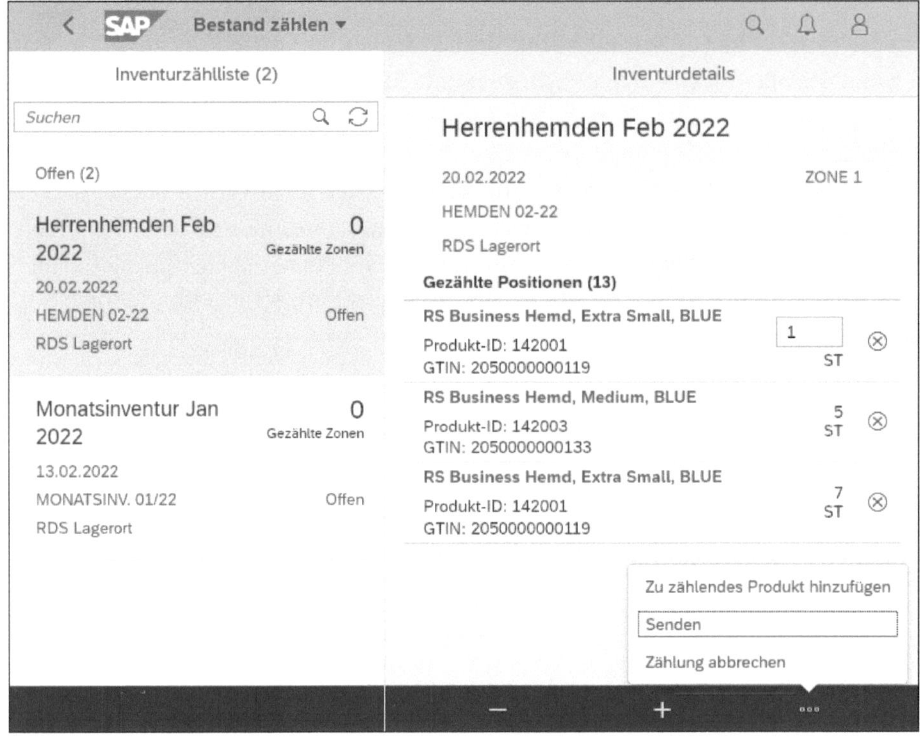

Abbildung 6.59 Bestand zählen – Zählung senden

Damit ist die Erfassung der zugeordneten Zone abgeschlossen und kann nicht mehr geändert werden. Teilmengen werden aufaddiert, und falls es im Customizing so eingestellt ist, wird für alle nicht gezählten Artikelpositionen eine automatische Nullzählung durchgeführt. Sie können nun mit der nächsten Zone fortfahren oder Ihre Inventurzählung beenden.

Als Filialleiter nutzen Sie die Version **Bestandszählung verwalten** dieser App (ebenfalls App-ID F1512), um den Fortschritt der Zählung zu verfolgen und zu überprüfen. Verschiedene Sichten nach Produkt, nach Zone oder nach Mitarbeiter helfen Ihnen dabei. Bei laufender Zählung gibt Ihnen die Sicht **Nach Zone anzeigen** einen Überblick über den räumlichen Inventurfortschritt nach Zonen und über alle Artikel, die noch nicht gezählt wurden; bei der Betrachtung der Differenzmengen müssen Sie beachten, dass Sie bei mehrfach platzierten Artikeln hier nur ein Teilzählung sehen, die Differenz sich aber auf den Filialbestand bezieht. Die Sicht **Nach Mitarbeiter** werden Sie heranziehen, wenn Sie die Zählungen einzelner Mitarbeitender genauer anschauen wollen.

In der Sicht **Nach Produkt anzeigen** sehen Sie auch bei Mehrfachplatzierungen, die von verschiedenen Mitarbeitern in unterschiedlichen Zonen aufgenommen wurden, die Summe der gezählten Mengen eines Artikels. Hier können Sie die Zählung mit Status **Ok** als plausibel bestätigen oder eine Nachzählung veranlassen.

Wenn Sie zum Schluss gekommen sind, dass die Inventur vollständig gezählt wurde und wenn Sie alle fragwürdigen Positionen zur Nachzählung markiert haben, dann beenden Sie diese Phase durch einen Klick auf **Senden**. Sollte es noch offene Zonen geben, werden Sie an dieser Stelle informiert, dass ein Abschließen nicht möglich ist, und der Vorgang wird abgebrochen. Andernfalls werden die Inventurbelege mit den aufsummierten Zählmengen aktualisiert, die Inventurnummer erhält in der Inventurzählliste den Status **Abgeschlossen**, und es erscheint ein neuer Eintrag mit der gleichen Inventurnummer und dem Status **Lokale Nachzählung** (siehe Abbildung 6.60).

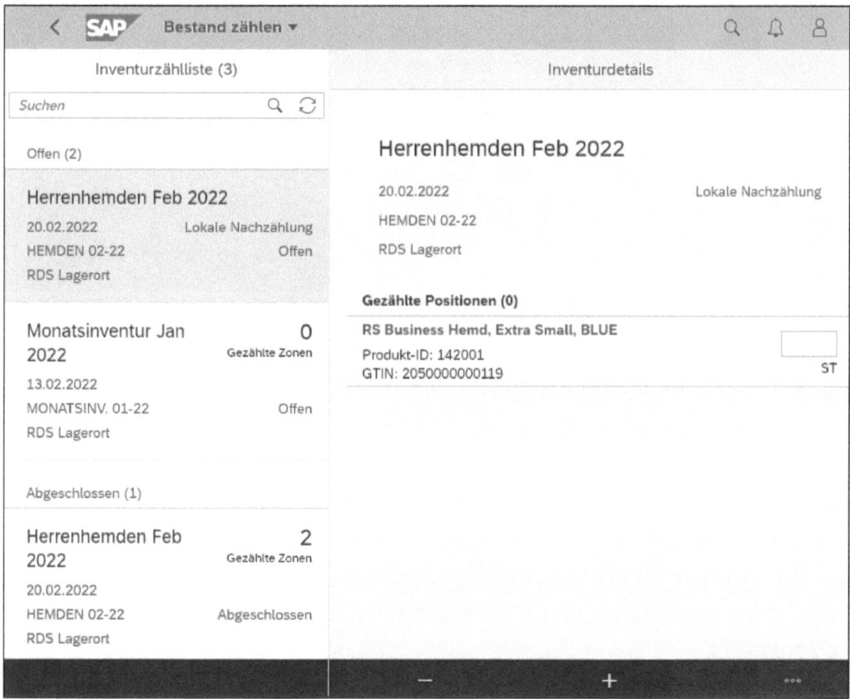

Abbildung 6.60 Bestand zählen – lokale Nachzählung

Anders als in der initialen Zählung sind nun die nachzuzählenden Artikel bereits vorgeblendet. Auch diese Nachzählung wird durch einen Klick auf den Button **Senden** abgeschlossen und kann danach nicht mehr abgeändert werden.

In der SAP-Fiori-App **Bestandszählung verwalten** wird die lokale Nachzählung wie eine initiale Zählung behandelt. Der beschriebene Ablauf wiederholt sich so lange, bis Sie keine Nachzählungen mehr anfordern. Damit ist die Inventurzählung endgültig beendet.

Im Customizing legen Sie fest, wie viele Tage vor bzw. nach dem geplanten Zähldatum eine Inventur in der App **Bestand zählen** sichtbar sein soll. Weiterhin legen Sie fest, ob beim Aufruf der App bereits die entsprechenden Inventurdetails einschließlich der zu zählenden Positionen auf die App geladen werden sollen. Damit hat die App alle nötigen Daten zur Durchführung der Zählung in einem lokalen Cache, und Sie können auch arbeiten, falls das Gerät kurzzeitig keine Verbindung zum Backend hat. Andernfalls wird die App die Daten immer erst bei Bedarf herunterladen, d. h., wenn Sie eine Inventurposition zur Bearbeitung auswählen.

6.5.11 Bestand korrigieren und Massenbestandskorrektur vornehmen

Wenn Sie Ware für den Eigenbedarf (z. B. Reinigungsmittel, Müllbeutel) oder die Vor-Ort-Produktion (z. B. Rohprodukte für die Erstellung von Sandwiches) entnehmen, wenn Sie beschädigte oder abgelaufene Ware aus dem Regal entfernen und entsorgen, müssen Sie diese Entnahmen bestandswirksam verbuchen. Dafür stellt SAP zwei Apps bereit, die auf unterschiedliche Anwendungsfälle ausgerichtet sind. Wenn Sie einen einzelnen oder mehrere Produkte bearbeiten wollen und situativ entscheiden müssen, was genau zu tun ist, dann verwenden Sie die SAP-Fiori-App **Bestand korrigieren** (App-ID F0586; siehe Abbildung 6.61).

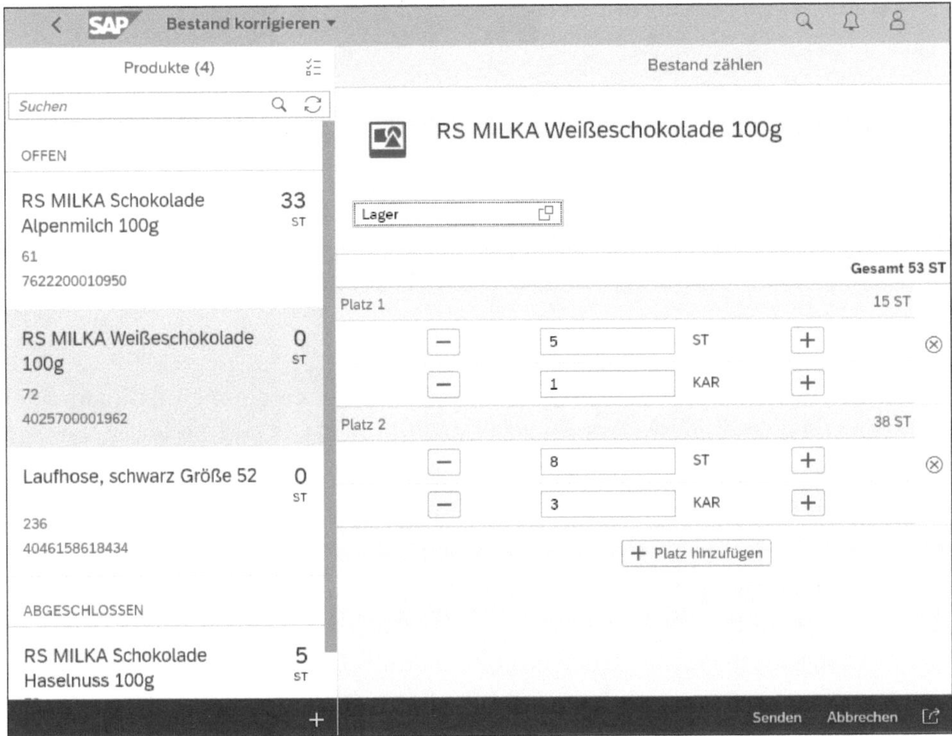

Abbildung 6.61 Bestand korrigieren – Möglichkeiten der Bestandsänderung

Die App ist listenbasiert, d. h., entweder gibt Ihnen die App bereits eine Liste von Artikeln vor oder Sie müssen die Artikel, die Sie bearbeiten wollen, hinzufügen. Der aktuelle Systembestand wird Ihnen angezeigt. Sobald Sie einen Artikel aus der Liste auswählen, haben Sie zwei Möglichkeiten, den Systembestand zu ändern.

Wenn Sie den Button **Zählen** wählen, geben Sie die gesamte Bestandsmenge an, und im Hintergrund wird ein Inventurbeleg angelegt (siehe Abbildung 6.62). Interessant ist noch die Möglichkeit, dass Sie Mehrfachplatzierungen getrennt zählen können, das System addiert beim Abschluss die einzelnen Mengen und rechnet gegebenenfalls verschiedene Mengeneinheiten in die Basismengeneinheit um. Alternativ können Sie mit **Korrigieren** den Systembestand um eine festzulegende Menge verändern. Sie wählen einen Korrekturgrund aus, und beim Abschluss wird im Hintergrund ein Artikelbeleg erzeugt.

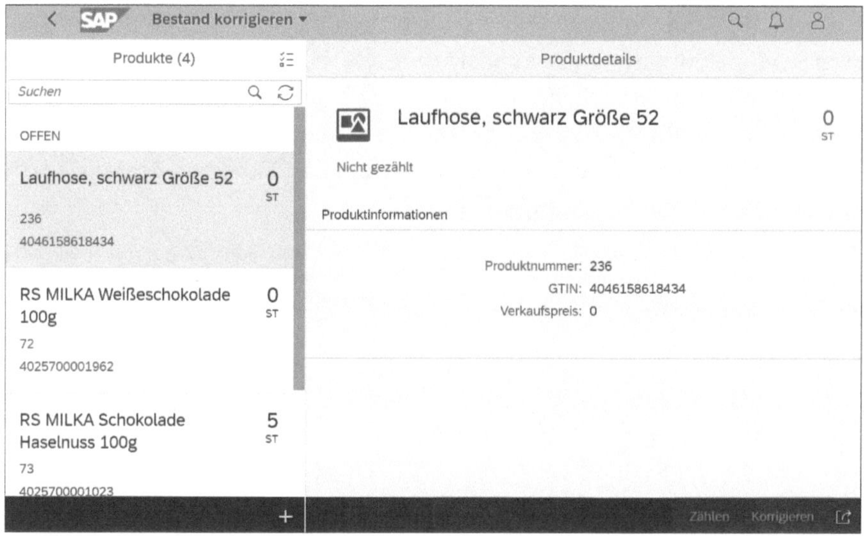

Abbildung 6.62 Bestand korrigieren – Bestand zählen

In beiden Fällen zeigt Ihnen die App alle Mengeneinheiten des Artikels an, und Sie können bequem beispielsweise bei einem Müsliriegel die Anzahl der vollen Kartons und die Zahl der Einzelriegel im angebrochenen Karton getrennt erfassen, die App rechnet automatisch auf die Basismengeneinheit um.

Artikel, die Sie oder ein Kollege bereits bearbeitet haben, sehen Sie zunächst noch in der Arbeitsliste unter der Überschrift **Abgeschlossen**, was Sie bei der Vollständigkeitskontrolle unterstützt und Sie davor bewahrt, Artikel irrtümlich mehrfach zu bearbeiten. Wie lange die abgeschlossenen Positionen noch sichtbar sind, wird im Customizing festgelegt.

Ein anderes Vorgehen wählen Sie dagegen, falls Sie einen Ladenbereich systematisch auf abgelaufene Ware prüfen oder die sofortige Bearbeitung jedes mangelhaften Pro-

dukts nicht in Ihren Arbeitsablauf passt. In solchen Fällen werden Sie die Ware zunächst an einem geeigneten Ort (z. B. einem Einkaufswagen oder einem Transportbehälter im Lager) sammeln. Zu gegebener Zeit werden Sie dann alle aufgelaufenen Waren in einem Rutsch korrekt verbuchen. Dafür empfiehlt sich die SAP-Fiori-App **Massenbestandskorrektur** (App-ID F4959, siehe Abbildung 6.63). Wenn Sie die App öffnen, sehen Sie die Reiter zweier Registerkarten, einen für offene (**In Bearbeitung**) und einen zweiten für abgeschlossene Erfassungen (**Abgeschlossen**). Auf der zweiten Registerkarte sehen Sie, für welche Artikel Sie (oder ein anderer Filialmitarbeiter) bereits eine Bestandskorrektur vorgenommen haben und um welche Menge sowie welchen Wert es sich handelt. Die Einträge helfen Ihnen, Doppelerfassungen zu vermeiden, und verschwinden nach einiger Zeit; auch hier wird die Anzeigedauer (in Stunden) im Customizing eingestellt. 6

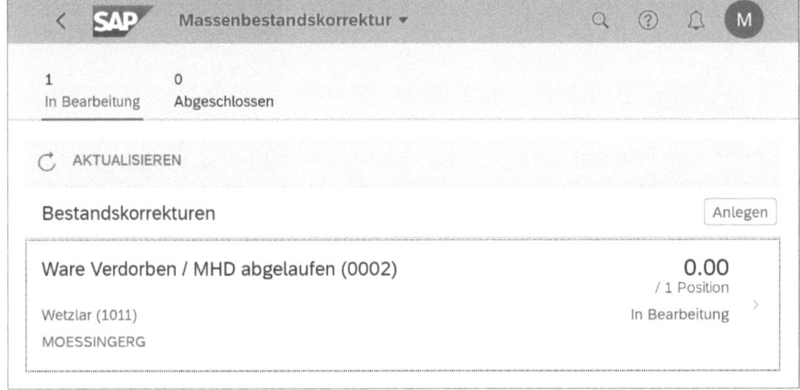

Abbildung 6.63 Massenbestandskorrektur – Einstiegsmaske

Auf der Registerkarte **In Bearbeitung** erfassen Sie eine neue Bestandskorrektur. Dafür müssen Sie zunächst einen Grund angeben sowie den Lagerort, von dem Sie die Ware entnommen haben. Vermutlich wird das der Standardwert 0001 sein; sollten Sie jedoch Verkaufsfläche und Lager, vielleicht auch noch Sonderverkaufsflächen als unterschiedliche Lagerorte abgebildet haben, müssen Sie jetzt den Ort angeben, für den Sie den Systembestand ändern werden.

Anschließend erfassen Sie die betroffenen Artikel wie üblich mit einem Scan oder über die Artikelsuche. Bei der Artikelsuche können Sie auch gleich mehrere Treffer auswählen, die dann gemeinsam übernommen werden. Danach geben Sie für jede Artikelposition die Menge ein. Sie sehen jeweils den Verkaufspreis, was Sie davor bewahren soll, versehentlich die falsche GTIN zu scannen und damit eine falsche Mengeneinheit zu wählen.

Wenn Sie fertig sind, schließen Sie die Erfassung dem Button **Senden** ab. Damit wird ein Artikelbeleg angelegt und gespeichert. Falls es dabei zu Problemen kommt, bleibt die Erfassung auf der Registerkarte **In Bearbeitung** stehen und ist mit **Fehler** markiert.

Wenn Sie nun in der App den Beleg nochmals öffnen, sehen Sie ein Fehlerprotokoll. Als Filialmitarbeiter werden Sie wahrscheinlich den Fehler nicht beheben können. Sie können aber die Positionen, die auf einen Fehler laufen, wieder löschen und den Rest verbuchen. Anschließend sollten Sie die Probleme an die Supportorganisation zur Behebung weitergeben.

Wie bereits erwähnt, müssen Sie in beiden Apps einen Geschäftsvorfall für die Bestandskorrektur auswählen. Bei der Festlegung der zulässigen Geschäftsvorfälle sollten Sie beachten, dass beide Apps getrennte Customizing-Knoten dafür haben. Tatsächlich verwenden sie aber die gleichen Geschäftsvorfälle, d. h. die diesbezüglichen Einstellungen, die Sie in der einen App vornehmen, verändern gleichzeitig auch die Einstellungen in der anderen. Für die App-Grundeinstellungen gilt das nicht; hier geben Sie getrennt für die beiden Apps an, ob bei der Artikeleingabe die Listungsprüfung umgangen werden und wie lange erfolgreiche Erfassungen sichtbar sein sollen.

6.5.12 Anwendungen mit RFID-Funktion

Alternativ zur manuellen Erfassung von Mengen in verschiedenen Prozessen bietet SAP auch die Integration von *Radio-Frequency Identification* (RFID) an. Dafür stehen aktuell drei weitere SAP-Fiori-Applikationen zur Verfügung:

- Die App **Produkte umlagern** (App-ID F2449) wurde bereits oben beschrieben. Die Artikel können alternativ mit einem Barcodescanner oder einem RFID-Reader erfasst werden.
- Die App **Produkte zählen** mit RFID (App-ID F3579) erlaubt es, mit RFID ausgezeichnete Artikel einzeln oder auch gemeinsam in einem Anlauf zu zählen. Falls im Filialstamm unterschiedliche Lagerorte hinterlegt sind, werden sie unterstützt. Damit Zählungen nicht vorschnell als beendet betrachtet und gesendet werden, wird im Customizing für das Verhältnis von gezählter Menge zu Systembestand ein Schwellenwert hinterlegt. Dieser muss erreicht oder überschritten werden, damit die Zählung mit **Senden** beendet werden kann. Ein Anwendungslog gibt fehlerhafte RFID-Erfassungen aus.
- Die App **Produkte bewegen** mit RFID (App-ID F3997) erlaubt die Umlagerung von Artikeln von einem Lagerort einer Filiale an einen anderen, also z. B. vom Lager in den Verkaufsraum. Sie legen über die App-Einstellungen die beiden Lagerorte fest, zwischen denen Sie umlagern möchten; die App spricht von »linkem« und »rechtem« Lagerort. Anschließend nutzen Sie den RFID-Reader, um die Warenbewegung durchzuführen und in einem Schritt die Bestände in beiden Lagerorten entsprechend anzupassen.

Insgesamt handelt sich eher um Show-Cases für die Verwendung von RFID und weniger um fertige Prozesse. Um RFID vollständig in die logistischen Prozesse und die fi-

lialinternen Abläufe einzubinden, müssen diese in weiten Teilen neu gedacht und aktuell auch individuell umgesetzt werden.

6.5.13 SAP Smart Store

Vor einigen Jahren begann SAP damit, unter dem Begriff *SAP Smart Store* einen neuen Ansatz zu verfolgen. Die bisherige Prozessorientierung, in der jeder relevante Warenwirtschaftsprozess funktional durch eine oder gegebenenfalls mehrere Apps abgedeckt wird und die Filialmitarbeiter die jeweilige App bei Bedarf als Hilfsmittel einsetzen, soll abgelöst werden durch einen ganzheitlichen Ansatz, in dem die Mitarbeiter dabei geführt werden, welche Aktivitäten sie überhaupt ausführen sollen. Kernstück dieses neuen Ansatzes ist ein generisches Task Management, das sehr flexibel und nach kundenspezifischen Anforderungen ausgestaltet werden kann. Neue Technologien sollen die nötigen Informationen bereitstellen, damit Aufgaben automatisiert angelegt und die entsprechenden Aktionen vorgeschlagen werden. Beispielsweise könnte das Regal nach dem Internet-of-Things-Prinzip melden, dass es aufgefüllt werden muss, woraufhin eine Aufgabe angelegt wird, das entsprechende Produkt aus dem Lagerbereich (wo noch Bestand ist, wie das dortige Regal meldet) zu holen und ins Regal auf der Verkaufsfläche einzuräumen. Angezeigt wird diese Aufgabe nur im Arbeitsvorrat desjenigen Mitarbeiters, der für den entsprechenden Sortimentsbereich zuständig ist und laut Arbeitsplanung gerade Dienst hat.

Auch über Einsatzmöglichkeiten von RFID und 2D-Barcodes wird in der Branche nachgedacht, um künftig beispielsweise den Bestand auf Chargenebene zu führen, woraus sich dann ebenfalls neue Abläufe entwickeln können. Statt wie bisher regelmäßig und auf Verdacht das Molkereiregal auf Artikel mit ablaufendem MHD zu durchforsten, könnte dann künftig die Bestandsführung aktiv eine Aufgabe einstellen und den Mitarbeiter anleiten, falls tatsächlich solche Artikel im Regal liegen.

SAP hat sich entschieden, dieses Konzept voraussichtlich unter dem Namen *SAP Retail Store* weiter voranzutreiben. Einerseits ist SAP Retail Store im Wesentlichen eine langfristige Vision, die in Teilen deutlich weiter geht, als zurzeit realistisch umsetzbar ist. Andererseits sollen die ersten Bestandteile bereits im Laufe des Jahres 2022 ausgeliefert werden. Parallel dazu wirbt SAP aktiv um Innovationskooperationen mit Handelsunternehmen, um die Vision gemeinsam zu gestalten und in den kommenden Jahren umzusetzen und kontinuierlich zu erweitern.

Die Lösung soll ausschließlich in der Cloud laufen und ist bis auf Weiteres als Ergänzung zu SAP Fiori In-Store MIM gedacht. Dabei dürfte SAP Fiori In-Store MIM die oben beschriebenen Apps beisteuern, um eine bestimmte Aktivität auszuführen, während SAP Retail Store wohl den optionalen »Unterbau« für die Einbindung neuer Technologien und für den aufgabenbasierten Ansatz bereitstellen wird, d. h. die Erstellung

von Aufgaben und die Logik, diese zu priorisieren und den richtigen Mitarbeitenden zuzuweisen.

Wie sich SAP Retail Store und SAP Fiori In-Store MIM nebeneinander weiterentwickeln und vielleicht zunehmend miteinander verschmelzen werden, muss sich in den kommenden Jahren zeigen und wird sicher spannend bleiben.

Kapitel 7
Finanzbuchhaltung in SAP S/4HANA Retail

In einem SAP-S/4HANA-Retail-System gibt es verschiedene Arten von Verkäufen, die in der Finanzbuchhaltung unterschiedlich behandelt werden. In diesem Kapitel erhalten Sie am Beispiel von zwei Verkaufsarten einen Einblick, wie diese in der Finanzbuchhaltung abgewickelt werden.

Im Einzelhandel können wir zwei Arten von Kundenabwicklungen unterscheiden. Die erste Art der Kundenabwicklung ist anonym, daher nennt man diese Kunden auch *unbekannte Kunden*. Im Handel spricht man auch von einem *Anonymous Customer*. Unbekannte Kunden tätigen Warenkäufe an einer Kasse in einem Geschäft (z. B. im Supermarkt, Modegeschäft usw.). Bei diesem Prozess werden keine Kundenstammdaten wie Name oder Adresse benötigt, da der Kunde die Ware direkt bezahlt. Der Verkauf findet also mehr oder weniger anonym statt (Ausnahme Kundenkarten).

Die zweite Art der Kundenabwicklung ist der *Warenverkauf auf Kundenbestellung*. Der Kunde kauft die Ware nicht in einem Geschäft und bezahlt bar, sondern bestellt die Ware direkt bei einem Unternehmen. Bei dieser Art von Warenhandel hat das Internet in den letzten Jahren immer mehr an Bedeutung gewonnen. Katalogbestellungen gibt es zwar heute noch, sie haben aber nicht mehr den Stellenwert wie vor zehn oder mehr Jahren.

Beim Warenkauf über das Internet ruft der Kunde die Onlineplattform des Unternehmens auf und startet seinen Bestellprozess. Damit die Bestellung vollständig ausgeführt werden kann, muss der Kunde diverse Angaben machen. Erforderliche Angaben sind unter anderem Name, Wohn-/Lieferadresse, Geburtstag (Geschäftsfähigkeit) und Zahlmethode (auf Rechnung, per Kreditkarte, Lastschrift oder Onlinebezahldienst). Auf Basis dieser Daten wird ein Kundenstamm angelegt und der Kundenauftragsprozess in SAP S/4HANA Retail gestartet.

In diesem Kapitel möchten wir Ihnen am Beispiel eines unbekannten Kunden in Abschnitt 7.1 und am Beispiel eines Onlineverkaufs in Abschnitt 7.2 die Unterschiede zwischen diesen beiden Prozessen aufzeigen.

7.1 Kassenabverkauf an einen unbekannten Kunden

In diesem Abschnitt erfahren Sie am Beispiel eines Kassenabverkaufs, wie die Finanzbuchhaltung den Umsatz buchhalterisch abbildet.

Abbildung 7.1 soll Ihnen das Prinzip eines Verkaufsprozesses in SAP S/4HANA Retail in einer vereinfachten Darstellung aufzeigen. In Unternehmen gibt es wesentlich komplexere Prozesse, aber das Prinzip ist das gleiche.

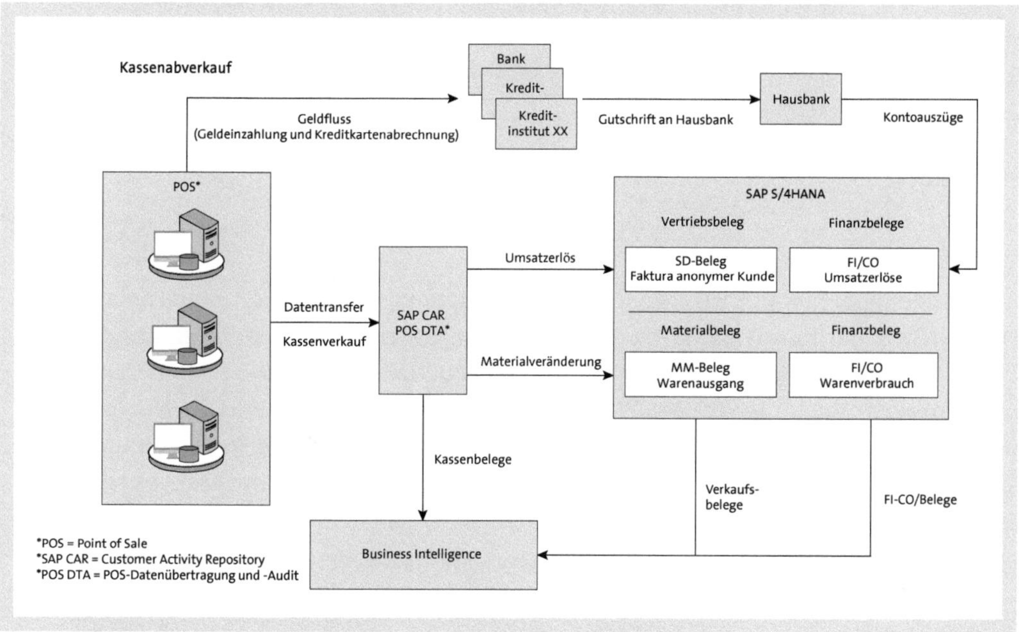

Abbildung 7.1 Kassenabverkauf an unbekannte Kunden

Nachfolgend erfahren Sie Schritt für Schritt, wie der Kassenabverkauf – mit Fokus auf der Finanzbuchhaltung – in SAP S/4HANA Retail aussehen kann:

1. Der Verkauf an der Kasse findet statt. Der Kunde bezahlt den Artikel in bar, mit EC- oder Kreditkarte.
2. Das Bargeld wird eingezahlt, die EC- oder Kreditkartenzahlung werden an die entsprechenden Institute übermittelt.

   Die Funktion *POS-Datenübertragung und -Audit* (POS DTA) bietet diverse Ausgangsschnittstellen zu SAP-Umsystemen. Optional können z. B. einzelne Verkäufe bongenau an eine Datenbank, in unserem Beispiel Business Intelligence, übermittelt werden. Dadurch können in der Datenbank auf Ebene bestimmter Kriterien, wie Filiale und/oder Artikel, Auswertungen vorgenommen und Reports durchgeführt werden.

3. Weiterhin werden von der Funktion POS-Datenübertragung und -Audit, Materialbewegungen und Umsatzerlöse sowie Daten nach Filialen und Artikeln aggregiert und periodisch oder online an SAP S/4HANA Retail transferiert.
4. In SAP S/4HANA Retail sehen Sie, dass der Warenbeleg im Materialmanagement erstellt und der Finanz- und Kostenrechnungsbeleg auf Basis dieses Materialbelegs in der Finanzbuchhaltung angelegt wird. Hierbei wird der gleitende Durchschnittspreis des Materials (Handelswaren) im Materialstammsatz für die Kostenermittlung herangezogen.
5. Der Umsatzerlös erzeugt im Vertriebsbereich eine Faktura, die wiederum einen Finanz- und Kostenrechnungsbeleg in der Buchhaltung erstellt. Der Verkaufspreis an der Kasse ist maßgebend für die Verbuchung des Umsatzerlöses.
6. Für die zuvor getätigten Einzahlungen erfolgt auf den Bankkonten des Unternehmens eine Gutschrift von den am Kaufprozess beteiligten Banken und Kreditinstituten.
7. Zum Schluss werden die Gutschriften gegen die entsprechenden Forderungskonten verbucht und die offenen Posten ausgeglichen.

In den nachfolgenden Abschnitten erfahren Sie Details zu den Prozessen in der Finanzbuchhaltung.

7.1.1 Warenausgangsbuchungen nach Warenverkauf

Wie bereits in Abschnitt 7.1 beschrieben, wird im Materialmanagement die Warenbewegung auf Ebene Filiale und Artikel aggregiert erfasst, d. h, mehrere Einzelverkäufe werden zu einem Warenbeleg zusammengefasst (siehe Abbildung 7.2).

Zeile	Material	Materialkurztext	G	Menge in EME	E...	Lagerort	Profitcenter	Sachkonto
1	TG11	Handelsware 11		1	ST	Std. storage 1	YB700	51600000
2	TG12	Handelsware 12		1	ST	Std. storage 1	YB700	51600000
3	TG13	Handelsware 13		1	ST	Std. storage 1	YB700	51600000
4	TG10	Handelsware 10		1	ST	Std. storage 1	YB700	51600000

Abbildung 7.2 Aggregierter Warenbeleg

Basierend auf diesem Warenbeleg wird in der Finanzbuchhaltung ein Beleg erzeugt (siehe Abbildung 7.3).

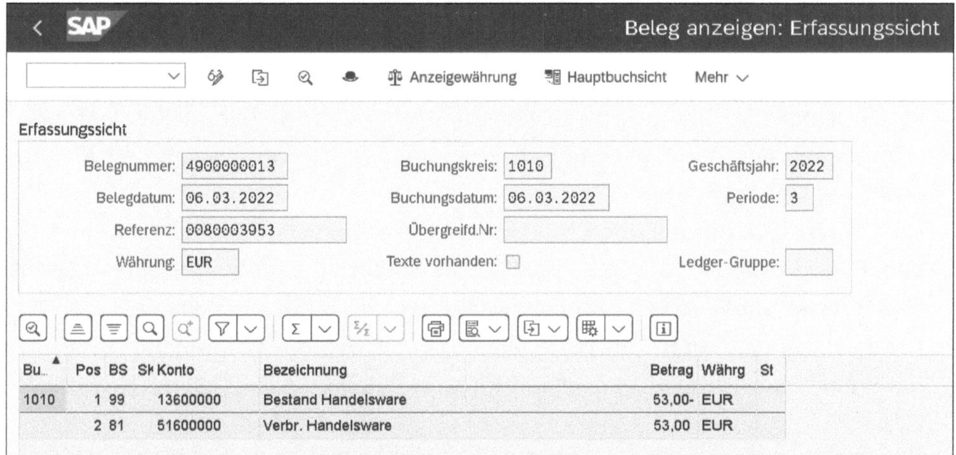

Beleg anzeigen: Erfassungssicht

Anzeigewährung   Hauptbuchsicht   Mehr

Erfassungssicht

Belegnummer: 4900000013   Buchungskreis: 1010   Geschäftsjahr: 2022
Belegdatum: 06.03.2022   Buchungsdatum: 06.03.2022   Periode: 3
Referenz: 0080003953   Übergreifd.Nr:
Währung: EUR   Texte vorhanden: Ledger-Gruppe:

Bu..	Pos	BS	Sk	Konto	Bezeichnung	Betrag	Währg	St
1010	1	99		13600000	Bestand Handelsware	53,00-	EUR	
	2	81		51600000	Verbr. Handelsware	53,00	EUR	

Abbildung 7.3 Aggregierter Finanzbeleg – Warenverbrauch

Um Ihnen einen besseren Überblick zu vermitteln, haben wir Ihnen die Buchung in Abbildung 7.4 in T-Konten dargestellt.

	S	Warenverbrauch H		S	Warenbestand H	
1)	53				53	1)

Abbildung 7.4 Warenverbrauch in T-Konten

In Abbildung 7.4 sehen Sie, dass der Warenbestand um 53 Geldeinheiten abnimmt (H = Haben). Dieser Wert ergibt sich rechnerisch aus der Multiplikation des gleitenden Durchschnittspreises aus dem Materialstamm mit der verkauften Menge. Die Gegenbuchung zum Bestandskonto wird erfolgswirksam auf dem Warenverbrauchskonto (S = Soll) mit dem gleichen Betrag verbucht.

Die zugehörigen Sachkonten zu diesem Prozess werden über die MM-Kontenfindung (Transaktion OBYC) ermittelt. Die Findung des Sachkontos für die Abnahme des Warenwertes erfolgt über den Vorgangsschlüssel BSX für die Bestandsbuchung, während für die Gegenbuchung (Warenausgang) das Sachkonto über den Buchungsschlüssel GBB »Gegenbuchung zur Bestandsbuchung« gefunden wird.

Soll der Materialverkauf auf unterschiedlichen Bestandskonten erfolgen, wird dies über die Funktionalität der Bewertungsklassen realisiert. Die Bewertungsklassen wer-

den im Materialstamm sowie in der MM-Kontenfindung (z. B. BSX, GBB) hinterlegt und erlauben dadurch eine differenzierte Verbuchung der Materialien auf unterschiedlichen Konten.

Bei aktivierter Margin Analysis (siehe Hinweiskasten) wird nicht nur ein Finanzbeleg erzeugt, sondern auch die Ergebnisbelege mit den Merkmalen aus der Margin Analysis. Dies war vor Einführung von SAP S/4HANA Retail nicht üblich, weil die kalkulatorische Ergebnisrechnung in der Regel aktiv war und die Kosten über Wertfelder erst mit der Faktura in der Ergebnisrechnung verbucht wurden. Dadurch konnte es am Monatsende, im Gegensatz zu der heutigen Lösung mit der Margin Analysis, zu Abstimmungsproblemen zwischen den Materialkosten in der Finanzbuchhaltung und dem Controlling kommen.

[«]

Margin Analysis

Der Begriff *Margin Analysis* ist mit SAP S/4HANA Retail in der buchhalterischen Ergebnisrechnung entstanden. Die Bezeichnung Margin Analysis wurde aufgrund der umfangreichen Erneuerung der buchhalterischen Ergebnisrechnung sowie deren Anreicherung um neue Eigenschaften und der vollständigen Integration in das Universal Journal gewählt.

Die Margin Analysis ist eine kontenbasierte Ergebnisrechnung und erlaubt eine vereinfachte Abstimmung mit der Finanzbuchhaltung. Durch die vielen Neuerungen bei der Margin Analysis ist der Vorteil der kalkulatorischen Ergebnisrechnung verschwunden. Durch die ständige Weiterentwicklung der Margin Analysis unter SAP S/4HANA wird empfohlen, diese in SAP S/4HANA Retail zu aktivieren.

Bei dem Verkaufsprozess wird nicht, wie in SAP üblich, ein Kundenauftrag erzeugt. Der Materialbeleg wird losgelöst von vorangegangenen Belegen im SAP-System erstellt. Es wird nur ein FI/CO-Beleg verbucht. Der Materialbeleg dient im POS-Abverkaufsprozess auch nicht als Vorlage für eine Faktura.

[«]

Universal Journal

Das *Universal Journal* fasst das interne und externe Rechnungswesen zusammen. Alle Vorgänge, die zuvor auf unterschiedlichen Tabellen gespeichert wurden, werden in einer Tabelle (ACDOCA) gesammelt. Die Bewegungsdaten aus den verschiedenen Bereichen der Finanzbuchhaltung, des Controllings, der Anlagenbuchhaltung und des Material Ledgers sind dort abgelegt. Man spricht deshalb auch von der »Single Source of Truth«. Daraus ergeben sich einige Vorteile, wie z. B. keine aufwendigen Abstimmungsprozesse zwischen den zuvor genannten Komponenten. Es entfallen komplexe Queries oder Excel-Funktionen für einen sinnvollen Report.

7.1.2 Rechnungsausgang an Filial-Debitor (unbekannter Kunde)

Nachdem Sie den Warenausgangsprozess kennengelernt haben, möchten wir Ihnen in diesem Abschnitt den Fakturaprozess aufzeigen. Auch hier wird, wie bereits in Abschnitt 7.1 beschrieben, nicht der einzelne Verkauf an der Kasse fakturiert, sondern mehrere Verkäufe werden zusammengefasst und im Vertriebsbereich eine *Faktura* erstellt (siehe Abbildung 7.5).

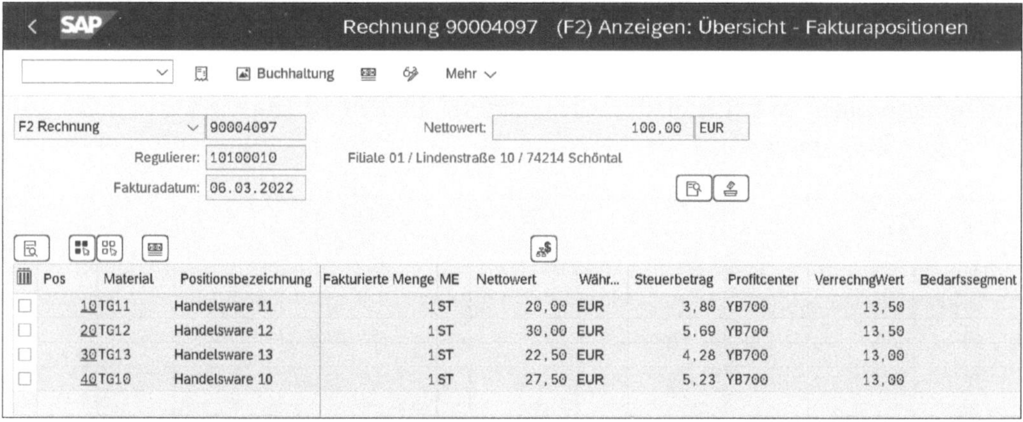

Abbildung 7.5 Aggregierte Faktura

Über den Vertriebsbeleg (Faktura) wird der Finanz- und Kostenrechnungsbeleg im Rechnungswesen verbucht (siehe Abbildung 7.6).

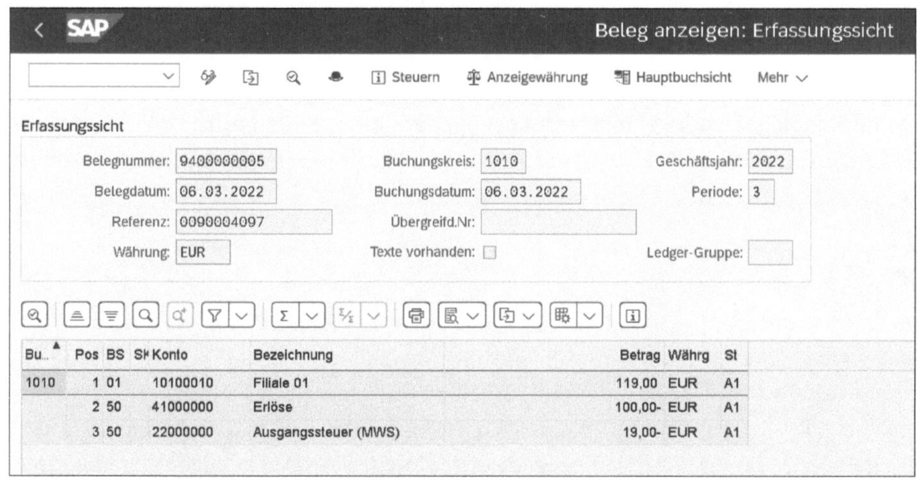

Abbildung 7.6 Aggregierter FI-Buchhaltungsbeleg

Anhand des T-Konten-Modells in Abbildung 7.7 können Sie die Fakturaverbuchung nachvollziehen.

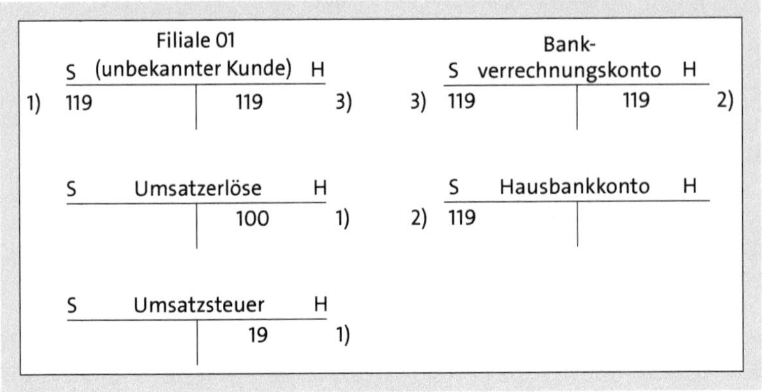

	S	Filiale 01 (unbekannter Kunde)	H	
1)	119		119	3)

	S	Bankverrechnungskonto	H	
3)	119		119	2)

	S	Umsatzerlöse	H	
			100	1)

	S	Hausbankkonto	H	
2)	119			

	S	Umsatzsteuer	H	
			19	1)

Abbildung 7.7 Erlösbuchung mit unbekanntem Kunden in T-Konten

Buchung 1)

Es gibt nicht nur ein Debitorenkonto (Forderung) bei den Filialen, sondern es können pro Zahlungsart (z. B. Debitor Bargeld, Debitor Kreditkarte 01 usw.) unterschiedliche Debitorenkonten angelegt werden. Der Vorteil kommt beim Ausgleichen der Debitorenkonten zum Tragen, wenn nach Fehlbeträgen gesucht werden muss. Einfachheitshalber wurde in diesem Beispiel ein Debitorenkonto »Filiale 01« für die Prozessdarstellung verwendet.

In Abbildung 7.7 sehen Sie die Verbuchung des Umsatzerlöses. Der Kunde hat die Ware direkt an der Kasse bezahlt. Da das Geld aber nicht direkt dem Hausbankkonto gutgeschrieben werden kann, sondern erst später eine Gutschrift über die Einzahlung erfolgt, wird im Debitorenkonto »Filiale 01« eine Forderung (Soll) aufgebaut.

Der Umsatzerlös wird erfolgswirksam auf ein GuV-Konto (Haben), die abzuführende Umsatzsteuer aus dem Verkaufsprozess wird auf ein entsprechendes Umsatzsteuerkonto (Haben) gebucht. Zusätzlich zu der Umsatzerlösbuchung werden auch die Ergebnisbelege (Margin Analysis) erzeugt.

Buchung 2)

In Buchung 2) sehen Sie, wie die verbuchten Gutschriften in die SAP-Finanzbuchhaltung übernommen werden. Dies geschieht in der Regel über automatisches Einlesen des Bankkontoauszuges (TCode FF_5). Das Bankguthaben (Soll) erhöht sich, die Gegenbuchung erfolgt auf ein Verrechnungskonto (Haben).

Buchung 3)

Im letzten Schritt sehen Sie, wie das Verrechnungskonto (Soll) entlastet wird. Als Gegenbuchung wird der Betrag auf das Debitorenkonto »Filiale 01« gebucht. Jetzt kann der offene Posten auf dem Konto »Filiale 01« ausgeglichen werden.

Die Faktura wird ohne Bezug zu einem Warenausgangsbeleg im SAP-Vertriebsbereich angelegt. Es gibt nur einen FI/CO-Beleg.

7.2 Verkauf an Kunden per Onlinebestellung

Im Gegensatz zu dem in Abschnitt 7.1 beschriebenen Verkauf an einen anonymen Kunden handelt es sich bei diesem Prozess um eine Kundenbestellung mit detaillierten Angaben zum Käufer.

In Abbildung 7.8 sehen Sie den Onlineverkaufsprozess im Internet. Auch hier sehen Sie eine vereinfachte Darstellung, die das Prinzip des Verkaufsprozesses illustrieren soll.

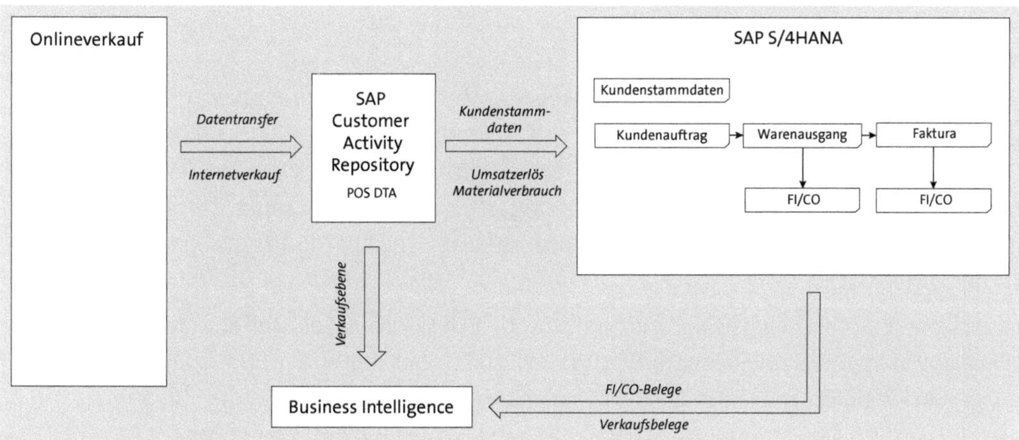

Abbildung 7.8 Onlineverkauf

In Abbildung 7.8 sehen Sie, wie ein Kundenbestellprozess im Onlinehandel abgewickelt werden kann:

1. Nachdem der Kunde sich über eine Internetplattform mit der Onlineseite eines Handelsunternehmens verbunden hat, kann er mit der Bestellung beginnen. Hat er alle Artikel ausgesucht, muss er im Anschluss seine Adressdaten sowie, wenn abweichend von der Rechnungsadresse, eine Lieferadresse angeben. Ebenso wird hier festgelegt, wie der Einkauf bezahlt werden soll, z. B. auf Rechnung, über Kreditkarte, per Lastschriftverfahren oder mit einem Onlinebezahldienst. Die Zahlungsmethode (auf Rechnung oder Kreditkarte) wird im Folgenden noch näher beschrieben.
2. Sobald der Kunde alle Eingaben getätigt und die Bestellung bestätigt hat, werden die Daten an SAP Customer Activity Repository (SAP CAR) gesendet. Dort werden die Daten in den auf SAP S/4HANA Retail basierenden Tabellen der Funktion POS-Datenübertragung und -Audit (POS DTA) gespeichert.

3. Die Funktion POS-Datenübertragung und -Audit bietet diverse Ausgangsschnittstellen zu SAP-Umsystemen. Optional können analog zum Ablauf in Abschnitt 7.1 z. B. einzelne Verkäufe bongenau an eine Datenbank übermittelt werden. Dadurch können in der Datenbank auf Ebene bestimmter Kriterien Auswertungen vorgenommen und Reports durchgeführt werden.
4. Der andere Teil der Daten wird an SAP S/4HANA Retail gesendet. Handelt es sich bei dem Kunden um einen Neukunden, wird im SAP-System ein Kundenstammsatz angelegt.
5. Im Vertriebsbereich (SD) wird auf Basis der von SAP Customer Activity Repository gesendeten Daten ein Kundenauftrag mit den Kundendaten erstellt, die zuvor im Kundenstammsatz angelegt wurden.
6. Auf Basis des Kundenauftrags wird ein Warenbeleg angelegt. Nachdem der Warenbeleg abgespeichert wurde, werden automatisch in der Finanzbuchhaltung ein Warenausgangs- und ein Kostenrechnungsbeleg erzeugt.
7. Die Faktura wird, wie im SAP-Standard vorgesehen, auf Basis des Kundenauftrags und des Warenausgangs erstellt und an den Kunden versandt.

Im Vergleich zu dem Verkauf an unbekannte Kunden sehen Sie, dass hier die Kundenstammdaten wesentlicher Bestandteil sind und der Vertriebsprozess den Kundenauftrag, den Warenbeleg und die Faktura beinhaltet. Die Belege, dazu zählen auch die Finanzbelege, sind miteinander verknüpft und über den Belegfluss ersichtlich (siehe Abbildung 7.9).

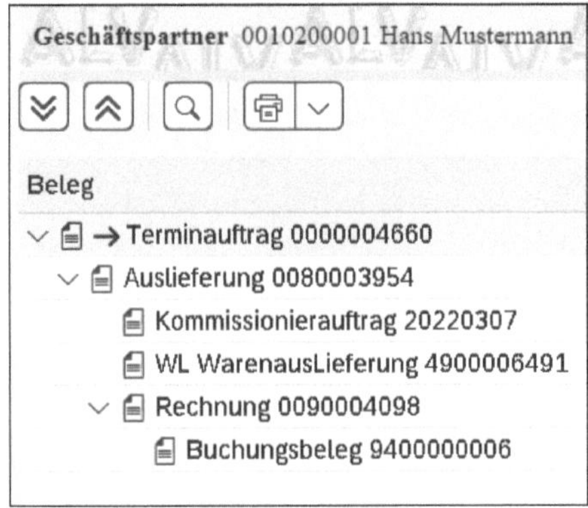

Abbildung 7.9 Belegfluss

In den nachfolgenden Abschnitten erhalten Sie einen Überblick über die einzelnen Schritte, die in die Finanzbuchhaltung übernommen werden.

7.2.1 Kundenauftrag

Im Onlinehandel wird, im Gegensatz zum Verkauf an unbekannte Kunden, ein Kundenauftrag angelegt (siehe Abbildung 7.10). Im Kundenauftrag werden die Rechnungs- und die Lieferadresse, die Zahlungsbedingungen, die bestellten Artikel und noch weitere Daten für die Onlinebestellung abgespeichert. Der Kundenauftrag bildet die Basis für den nachfolgenden Prozess.

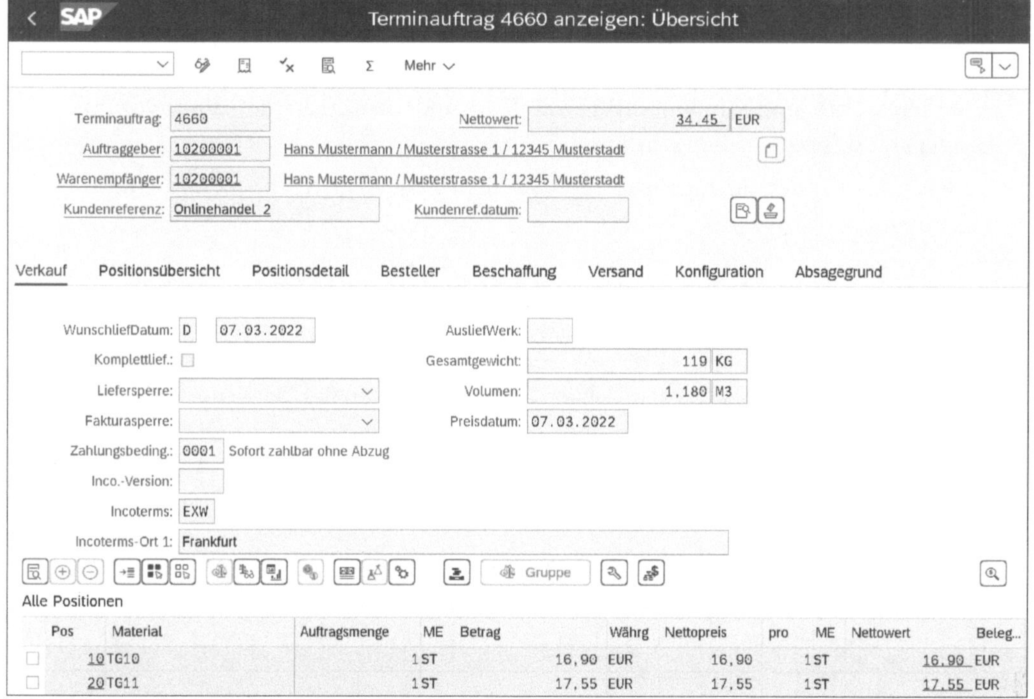

Abbildung 7.10 Kundenauftrag

[!]

Datenschutz personenbezogener Daten

Bei allen Geschäftsbeziehungen mit Kunden ist der Schutz der persönlichen Daten zu berücksichtigen. Speziell im Onlinehandel müssen die Grundlagen für den Umgang mit persönlichen Daten nach dem neuesten Stand der Gesetzgebung (Datenschutz-Grundverordnung, DSGVO) überprüft und für die Einhaltung Sorge getragen werden.

7.2.2 Warenausgang im Kundenbestellprozess

Der Warenausgang erfolgt auf Grundlage des zuvor angelegten Kundenauftrags, aus dem die warenausgangsrelevanten Daten übernommen werden (siehe Abbildung 7.11).

Abbildung 7.11 Warenausgang, basierend auf Kundenauftrag

Sobald der Warenbeleg an die Finanzbuchhaltung übergeben wird, werden die Kosten der Artikel mit dem gleitenden Durchschnittspreis aus dem Materialstamm, wie bereits in Abschnitt 7.1.1, »Warenausgangsbuchungen nach Warenverkauf«, beschrieben, im Finanz- und Kostenrechnungsbeleg ausgewiesen.

Nachfolgend sehen Sie die im SAP-System erzeugte Buchung (siehe Abbildung 7.12) und eine Darstellung der Buchung auf T-Konten (siehe Abbildung 7.13).

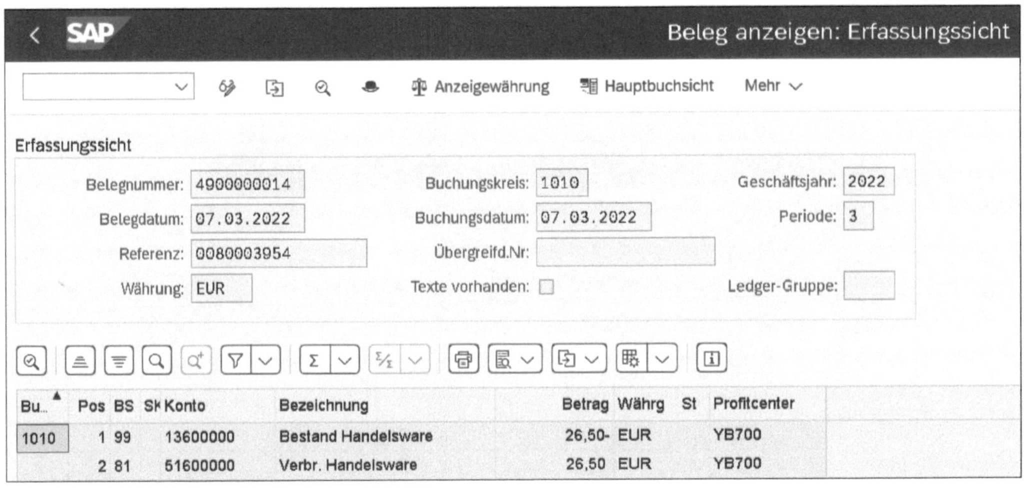

Abbildung 7.12 Warenverbrauchsbeleg

	S Warenverbrauch	H	S Warenbestand	H	
1)	26,50			26,50	1)

Abbildung 7.13 Warenverbrauch in T-Konten

Der Warenbestand nimmt um 26,50 Geldeinheiten ab (Haben). Dieser Wert ergibt sich rechnerisch aus der Multiplikation des gleitenden Durchschnittspreises aus dem Materialstamm mit der verkauften Menge. Die Gegenbuchung zum Bestandskonto wird erfolgswirksam auf dem Warenverbrauch (Soll) mit dem gleichen Betrag verbucht.

7.2.3 Rechnungsausgang an Kunden

Die Faktura kommt aus dem Vertriebsbereich und wird als Folgebeleg zum Kundenauftrag und Warenausgang erzeugt (siehe Abbildung 7.14). Die zu fakturierende Menge basiert auf dem Warenausgangsbeleg. Dadurch wird sichergestellt, dass nur der Teil in der Faktura verrechnet wird, der auch an den Kunden versandt wurde. Den dazugehörigen FI-Beleg sehen Sie in Abbildung 7.15.

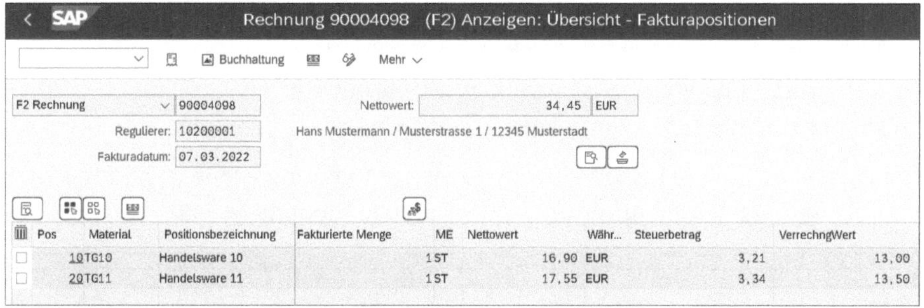
Rechnung 90004098 (F2) Anzeigen: Übersicht - Fakturapositionen

Buchhaltung Mehr

F2 Rechnung 90004098 Nettowert: 34,45 EUR
Regulierer: 10200001 Hans Mustermann / Musterstrasse 1 / 12345 Musterstadt
Fakturadatum: 07.03.2022

Pos	Material	Positionsbezeichnung	Fakturierte Menge	ME	Nettowert	Währ...	Steuerbetrag	VerrechngWert
10	TG10	Handelsware 10	1	ST	16,90	EUR	3,21	13,00
20	TG11	Handelsware 11	1	ST	17,55	EUR	3,34	13,50

Abbildung 7.14 Faktura im Onlinehandel

Beleg anzeigen: Erfassungssicht

Steuern Anzeigewährung Hauptbuchsicht Mehr

Erfassungssicht

Belegnummer: 9400000006 Buchungskreis: 1010 Geschäftsjahr: 2022
Belegdatum: 07.03.2022 Buchungsdatum: 07.03.2022 Periode: 3
Referenz: 0090004098 Übergreifd.Nr.:
Währung: EUR Texte vorhanden: Ledger-Gruppe:

Bu..	Pos	BS	S Konto	Bezeichnung	Betrag	Währg	St
1010	1	01	10200001	Hans Mustermann	41,00	EUR	A1
	2	50	41001000	Erlöse	34,45-	EUR	A1
	3	50	22000000	Ausgangssteuer (MWS)	6,55-	EUR	A1

Abbildung 7.15 FI-Beleg im Onlinehandel

In Abbildung 7.16 sehen Sie, dass die Verbuchung der Faktura 1) der des Verkaufsprozesses an unbekannte Kunden in Abbildung 7.7 ähnelt. Der Unterschied liegt jedoch beim Debitor, bei dem es sich um einen echten Geschäftspartner handelt, der über seine Kundenummer identifiziert werden kann. Der Einkauf wird auf seinem Konto »H. Mustermann« (Soll) verbucht, und es wird ein offener Posten (Forderung) aufgebaut. Dieser offene Posten kann bei Überziehung der Zahlungsfristen angemahnt und betrieben werden. Sie erkennen, dass die Buchungen 2) und 3) mit dem Prozess aus Abbildung 7.7 vergleichbar sind. Es erfolgt eine Einzahlung auf das Hausbankkonto 2) (Soll) mit der Gegenbuchung Bankclearing 2) (Haben).

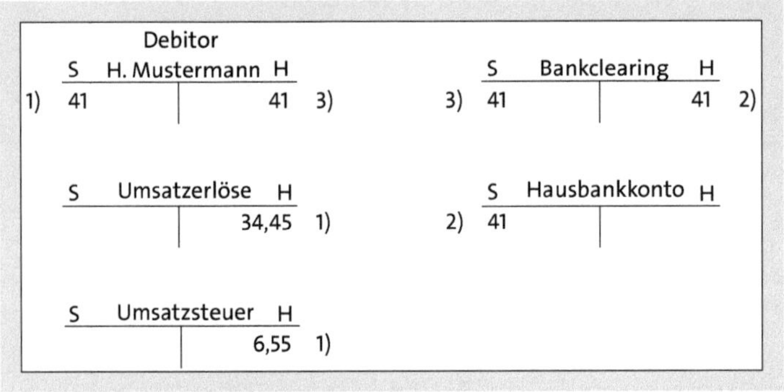

	S	Debitor H. Mustermann	H	
1)	41		41	3)

	S	Bankclearing	H	
3)	41		41	2)

	S	Umsatzerlöse	H	
			34,45	1)

	S	Hausbankkonto	H	
2)	41			

	S	Umsatzsteuer	H	
			6,55	1)

Abbildung 7.16 Erlösbuchung mit Zahlung auf Rechnung in T-Konten

Abschließend wird das Debitorenkonto »Mustermann« 3) (Haben) bebucht und ausgeglichen. Auf dem Bankclearing 3) (Soll) erfolgt die Gegenbuchung und wird dort ebenfalls ausgeziffert.

In unserem Beispiel hat der Kunde die Ware auf Rechnung bezahlt. Möchte er jedoch per Kreditkarte zahlen, läuft der Vorgang folgendermaßen ab:

1. Der Kunde gibt im Check-out seine Kreditkartendetails ein. Von dort wird direkt die Kreditkartenprüfung durchgeführt. Es werden dabei die Autorisierung sowie die Authentifizierung geprüft und die finanzielle Verfügbarkeit (Geldmittel) bei der Clearing-Stelle (Kreditkarteninstitut oder Bank) validiert.
2. Bei positivem Bescheid erfolgt eine Reservierung, jedoch noch keine Belastung, über den zu bezahlenden Betrag beim Kreditinstitut. Der reservierte Betrag steht somit nicht mehr für andere Einkäufe zur Verfügung.
3. Der Onlinehändler erhält eine Autorisierungs- und eine Autorisierungsreferenznummer, die später im Kundenauftrag des SAP-S/4HANA-Retail-Systems gespeichert werden. Der Name des Karteninhabers und die Kreditkartennummer werden im System aus datenschutzrechtlichen Gründen nicht gespeichert.
4. Die Daten werden vom Onlineportal an das SAP-S/4HANA-Retail-System gesendet, und ein Kundenauftrag wird angelegt.

5. Anschließend erfolgt der Warenausgang an den Kunden. In der Folge wird eine Faktura mit den Daten der Warenlieferung und dem Kundenauftrag erstellt.
6. Kann die Bestellung vollständig ausgeliefert werden, wird beim Kreditinstitut mit der Autorisierungsnummer/-referenznummer der reservierte Gesamtbetrag angefordert. Die Belastung der Kreditkarte des Kunden erfolgt erst jetzt.

Erfolgt jedoch nur eine Teillieferung, wird nur die Summe der Teillieferung beim Kreditinstitut eingefordert. Da der Kunde lediglich mit der Summe der Teillieferung belastet wird, entfällt ein aufwendiger Gutschrifts- bzw. Erstattungsprozess.

In Abbildung 7.17 sehen Sie die Buchung in T-Konten dargestellt.

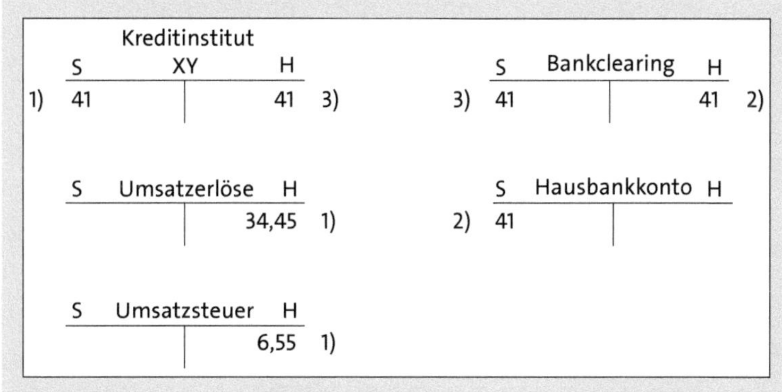

Abbildung 7.17 T-Kontodarstellung Erlösbuchung mit Kreditkartenzahlung

Gemäß Abbildung 7.17 ergeben sich die folgenden Buchungsschritte:

Buchung 1)

Bei der Erlösbuchung wird zum einen ein offener Posten gegen Debitor »Mustermann« angelegt und mit der Buchung gegen das Bankclearingkonto »Kreditkarten« direkt wieder ausgeglichen.

Buchung 2)

Der bei dem Bankclearingkonto »Kreditkarten« entstandene offene Posten wird durch die Gutschriftzahlung sowie die Belastung des Kreditkartengebührenkontos ausgeglichen. Damit ist der Prozess abgeschlossen.

TEIL II

Erweiterte Retail-Prozesse

Kapitel 8
Aktionen

In diesem Kapitel stellen wir Ihnen die speziell für den Aktionsplanungsprozess entwickelte Plattform SAP Promotion Management vor.

Der Aktionsprozess wird im Handel heutzutage häufig durch das *Category Management* gesteuert. Das Ziel des Category Managements ist es, die in den Planungszyklen festgelegten strategischen Ziele des Händlers zu unterstützen. Die Aktion ist dabei eine der Taktiken, um die Strategien des Unternehmens umzusetzen, neben dem Sortiment, dem Preis und der richtigen Platzierung der Ware.

Die wichtigsten Ziele einer Aktion sind folgende:

- Erhöhung der Kundenfrequenz
- Erhöhung des Umsatzes, den ein Warenkorb erzielt
- Pflege des Images des Händlers
- Abgrenzung zur Konkurrenz
- Generierung von Margen
- Erhöhung der Aufmerksamkeit für bestimmte Warengruppen (bzw. -kategorien)

Neben dem Category Management steuert auch das *Marketing* die Aktionen. Es berücksichtigt dabei sowohl exogene Faktoren wie das Markt- und Konkurrenzverhalten als auch die Angebote des Lieferanten. Diese Prozesse laufen je nach Handelsunternehmen parallel nebeneinander oder voll integriert ab.

Eine besondere Herausforderung der heutigen Zeit ist die Integration der Aktionsprozesse in den Omnichannel-Vertrieb. Die meisten Handelsunternehmen sind heute bereits neben ihren stationären Filialen auch online oder mobil vertreten. Es ist also wichtig, die Aktionen in allen relevanten Kanälen umzusetzen und zu kommunizieren. Waren die Aktionen in der Vergangenheit hauptsächlich nach dem Gießkannenprinzip (Wurfsendungen, Hausprospekte, Kundenzeitungen, ...) an ein generelles Publikum kommuniziert worden, spielen in Zukunft immer mehr die gezielten Werbemaßnahmen (Weinclubangebote, Gourmetangebote, Kundenkarten, ...), abgestimmt auf Kundengruppen oder sogar auf den individuellen Kunden, eine Rolle. Voraussetzung für das Aktionsmanagement im Omnichannel Retailing ist der Einsatz analytischer und prädiktiver Applikationen, die mit den operativen Systemen sehr eng verknüpft sind. Nur so ist es möglich, die richtigen Kunden erfolgreich mit den

richtigen Aktionen anzusprechen und dabei die Ziele des eigenen Unternehmens umzusetzen.

Im SAP-S/4HANA-Retail-System können Aktionsprozesse in ihren verschiedenen Ausprägungen abgebildet werden. Die dafür eingesetzte Applikation *SAP Promotion Management* beschreiben wir in Abschnitt 8.1. In Abschnitt 8.2 widmen wir uns dann der Integration von SAP Promotion Management mit SAP S/4HANA Retail und weiteren Umsystemen, wie z. B SAP Omnichannel Promotion Pricing.

8.1 Aktionsplanung mit SAP Promotion Management und SAP Marketing Cloud

In den meisten Handelsunternehmen werden Aktionen aus einem Prozesszyklus heraus gestartet. Dieser Prozesszyklus folgt einer langfristigen Planung und ist in die Prozesse des Marketings, der Beschaffung und der Logistik sowie des Merchandisings eingebettet (siehe Abbildung 8.1).

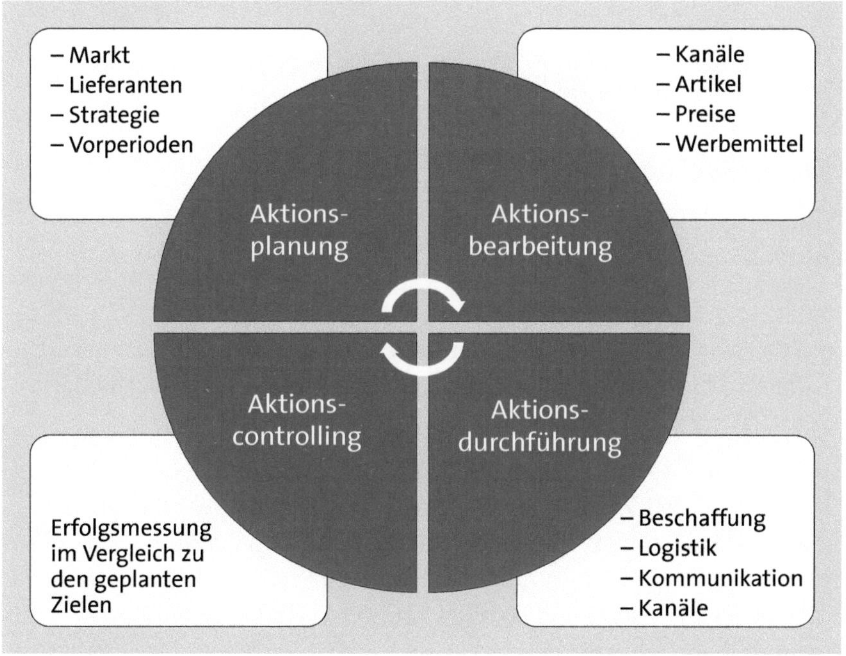

Abbildung 8.1 Aktionsprozess

In der Regel wird im Handel mit einem Planungshorizont von ein bis anderthalb Jahren vor der Durchführung der Aktion gerechnet. Dieser Planungszyklus ist allerdings abhängig von der Warengruppe und deren Beschaffungsprozessen und basiert meist auf den Erfahrungen, die in vergangenen Aktionszyklen gemacht wurden. Der Akti-

onsprozess startet mit der *Grobplanung*. In dieser Phase werden die Werbemaßnahmen oder Kampagnen für den folgenden Planungszyklus festgelegt. Diese Maßnahmen sind dann für den Zeitraum einer Woche gültig. Es kann sich z. B. um Angebote wie eine Italienwoche, eine Spargelwoche, die Weihnachtsknaller oder den Wochenhit handeln. Daneben gibt es aber auch Maßnahmen, die durch den Lieferanten angestoßen werden. Dabei handelt es sich häufig um Produktneueinführungen oder Imagekampagnen. Diese Kampagnen des Lieferanten werden meist durch Anreize für den Handel, etwa bezahlte Verkostungen, Werbekostenzuschüsse oder Lieferantenvergütungen, unterstützt.

Aber auch betriebswirtschaftliche Faktoren führen zu Kampagnen. So können z. B. Rückstellungen minimiert werden, wenn die Kunden im Rahmen einer Aktion mit den über ihre Kundenkarte gesammelten Punkten bezahlen können. Alle diese Kampagnen bzw. Werbemaßnahmen können mit SAP Promotion Management abgebildet werden.

Alternativ kann die Grobplanung aber auch in der *SAP Marketing Cloud* gestartet werden. Die SAP Marketing Cloud erlaubt es, Marketingkampagnen im B2B-Umfeld über die elektronischen Kanäle (E-Mail, soziale Medien etc.) gezielt an bestimmte Kunden und Kundengruppen auszuspielen. Die Kampagnen mit den dazugehörigen Budgets und Zielgruppen werden in der SAP Marketing Cloud definiert. In der Feinplanung können dann die Angebote, die in SAP Promotion Management angelegt wurden, an die SAP Marketing Cloud zurückgespielt werden.

8.1.1 Architektur

SAP Promotion Management wird im Rahmen des Application Bundles für das SAP Customer Activity Repository, CARAB, ausgeliefert (siehe Abbildung 8.2).

Mit der Integration in das SAP Customer Activity Repository stehen SAP Promotion Management neben den Stammdaten aus SAP S/4HANA Retail auch die gesamten im Repository verfügbaren Daten aus der *Demand Data Foundation* (DDF) und dem *Unified Demand Forecast* (UDF, siehe Abschnitt 4.5, »Unified Demand Forecast«) zur Verfügung. Auf dieser Datenbasis können Vorhersagen über die für eine Aktion benötigten Warenmengen und die Umsätze abgeleitet werden. Diese Vorhersagen werden auch von den Applikationen *SAP Assortment Planning*, *SAP Allocation Management*, *SAP Replenishment Planning* und *SAP Merchandise Planning* genutzt. Eine Integration zwischen der SAP Marketing Cloud und dem SAP Promotion Management über Webservices und Business Add-ins (BAdIs) ist im Standard vorgesehen. Somit können Angebote für Zielgruppen, die in der SAP Marketing Cloud definiert wurden, in SAP Promotion Management angelegt und dann an die SAP Marketing Cloud übermittelt werden. Dort erfolgt dann über diverse Kanäle die Kommunikation mit den Empfängern.

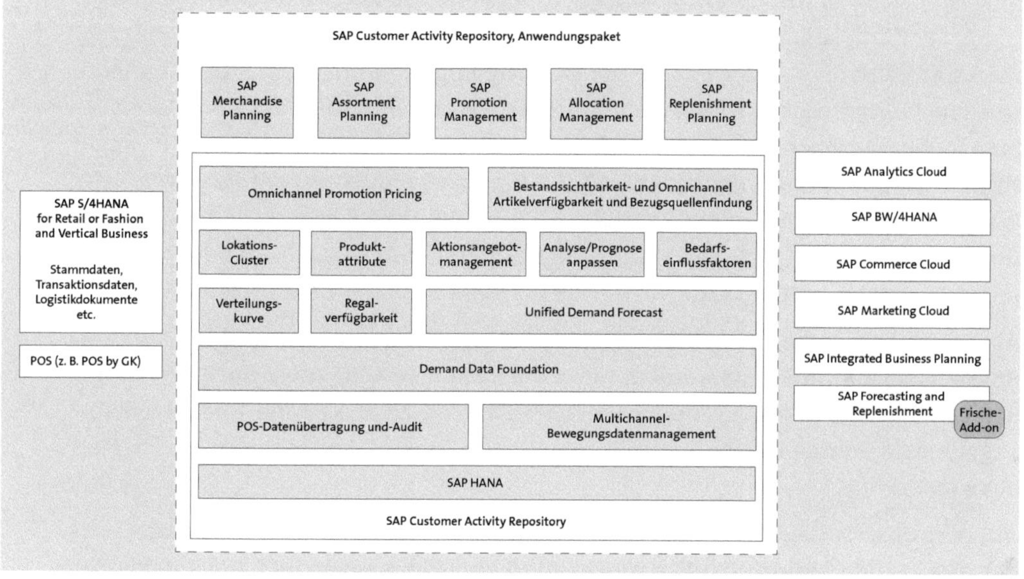

Abbildung 8.2 Architektur CARAB 5.0 mit SAP Promotion Management

8.1.2 Benutzeroberfläche und Customizing

Das Customizing für SAP Promotion Management finden Sie im Einführungsleitfaden unter den folgenden Pfaden:

- **Anwendungsübergreifende Komponenten • Demand Data Foundation**
- **Anwendungsübergreifende Komponenten • PMR**

In den folgenden Abschnitten geben wir detailliertere Pfade zu einzelnen Customizing-Einstellungen an, wo diese erforderlich sind.

SAP Promotion Management nutzt verschiedene UI-Technologien (User Interfaces) für die Benutzeroberflächen:

- **SAP GUI**
  Mit den SAP-GUI-Oberflächen werden administrative Prozesse, wie etwa das Customizing, die Schnittstellenüberwachung oder die Replikation, unterstützt.
- **Web Dynpro**
  Der Planungsprozess wird hauptsächlich über Weboberflächen auf der Basis von Web Dynpro abgebildet. Um diese Oberflächen nutzen zu können, müssen die entsprechenden Services in SAP Promotion Management konfiguriert sein und die richtigen Rollen zugeordnet werden. Über diese Services wird die Struktur der Prozessschritte dann im *SAP Business Client* bereitgestellt.

- **SAP Fiori**
  Ab dem Release CARAB 1.0 FP03 steht auch die neue Oberfläche in Form von SAP-Fiori-Apps zur Verfügung, die Sie in Abbildung 8.3 sehen. Diese Apps unterstützen auf benutzerfreundliche Weise ausschließlich die Angebotserstellung und deren Abwicklung sowie die Vorschau der Ereignisse. Zusätzlich werden zwei administrative Apps zur Pflege der Produktgruppen und Lokationsuntergruppen angeboten. Alle anderen Prozessschritte werden jedoch nicht in SAP Fiori unterstützt. Bei den Unternehmen, die das SAP Promotion Management nutzen, haben sich die SAP-Fiori-Apps für die Angebotsplanung durchgesetzt. Für die Angebotsplanung und -abwicklung wird der SAP Business Client deshalb so gut wie gar nicht mehr genutzt. In Abbildung 8.3 sehen Sie die zur Verfügung stehenden SAP-Fiori-Apps für das Promotion Management. Bitte beachten Sie, dass SAP hier keinen Standardbildschirm ausliefert. Sie müssen sich diese SAP-Fiori-Apps so zusammenstellen, dass diese auf der Startseite in einer Gruppe, z. B. **Promotion Management**, erscheinen.

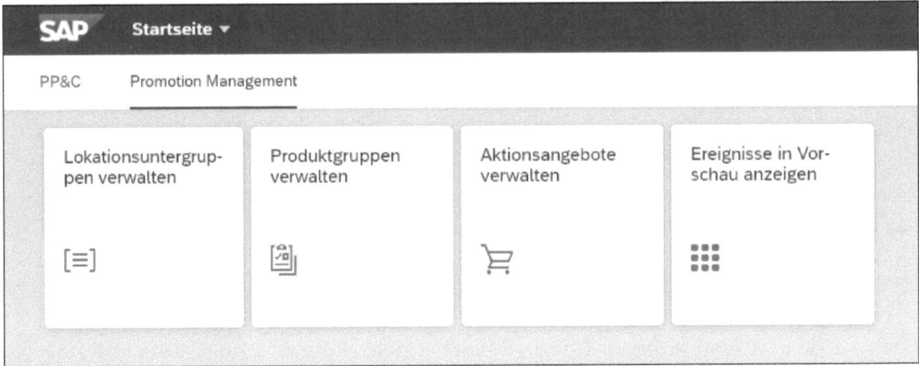

Abbildung 8.3 SAP-Fiori-Apps für das Promotion Management

In den folgenden Abschnitten beschreiben wir den Planungsprozess, der ausschließlich im SAP Business Client stattfindet.

8.1.3 Planungsobjekte

In SAP Promotion Management gibt es drei grundsätzliche Planungsobjekte:

- Kampagne
- Event
- Angebot

Abbildung 8.4 zeigt, in welcher Beziehung zueinander diese drei Objekte stehen.

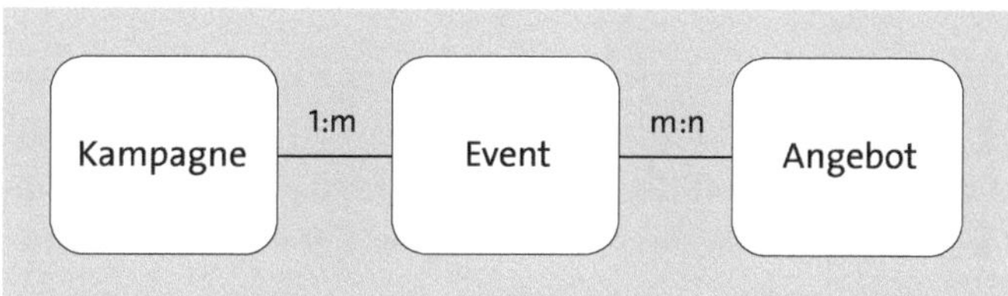

Abbildung 8.4 Objektbeziehungen in SAP Promotion Management

Die *Kampagne* bildet im Prozess eine Art Kumulationsebene und fasst eine beliebige Anzahl von Events zusammen. Diese Events können dann auf der Ebene der Kampagne analysiert und ausgewertet werden. In der Praxis werden oft die Werbemedien (z. B. Flyer, Fernsehspots, Aufsteller, Kundenzeitung), die eine Kampagne, z. B. eine Italienwoche oder eine Aktion zum Schulanfang, abbilden, als Events zu einer Kampagne zusammengefasst. Das Kampagnenmanagement erläutern wir in Abschnitt 8.1.5, »Kampagnenmanagement«.

Das *Event* bildet in SAP Promotion Management das Medium ab, mit dem eine Kampagne beworben werden soll. Es fasst alle dort enthaltenen Angebote (Aktionen) zusammen. Das Event als Werbemedium verfügt üblicherweise über ein bestimmtes *Layout*, das in SAP Promotion Management gepflegt wird. So bildet ein Event in der Praxis z. B. einen Werbeflyer ab. Dieser kann in Seiten und Blöcke gegliedert sein. Den Blöcken werden dann die Angebote zugeordnet. Wie Sie ein Event anlegen, erfahren Sie in Abschnitt 8.1.7, »Event anlegen«.

Events zu einer Kampagne

Zur Kampagne »Italienwoche« legen Sie drei Events an, die Sie für Ihre Kundenkommunikation nutzen möchten:

- **Event 1**
  ein großes Plakat, mit dem Sie in der Innenstadt die Leader-Produkte der Kampagne bewerben
- **Event 2**
  eine sechsseitige Postwurfsendung mit allen Produkten der Kampagne
- **Event 3**
  ein Aufsteller mit den ausgewählten Artikeln, der am Eingang der beteiligten Filialen als Information für die Kunden platziert wird

Dem *Angebot*, in der Handelssprache üblicherweise auch *Aktion* oder *Promotion* genannt, werden die Artikel und deren Konditionen und Bedingungen zugeordnet. Beispiele aus der Praxis sind eine Rabattaktion, eine Stattpreisaktion oder die Promotion »Kaufe drei Artikel, und erhalte einen Artikel gratis«. Wie Sie ein Angebot anlegen, beschreiben wir in Abschnitt 8.1.6, »Angebotsanlage und -abwicklung«.

8.1.4 Stammdatenobjekte

Die folgende Stammdatenobjekte spielen in SAP Promotion Management eine Rolle:

- Produkt
- Platzhalterprodukt
- Produktgruppe
- Produkthierarchie
- Lokation
- Lokationshierarchie

Produkt

Das *Produkt* in SAP Promotion Management ist identisch mit dem *Material* in SAP S/4HANA Retail. Die Produktdaten werden direkt aus den Materialstammsätzen im stammdatenführenden System, also SAP S/4HANA Retail, in SAP Promotion Management repliziert. Sie können in SAP Promotion Management auch nicht verändert werden.

Platzhalterprodukte sind Materialien, die in den Werbemaßnahmen bereits eingeplant sind, aber physisch noch nicht existieren. Deshalb sind sie im stammdatenführenden System auch noch nicht angelegt und können nicht repliziert werden. Da in der Praxis aber die Aktionsplanung oft schon startet, bevor die zu bewerbenden Artikel in der technisch benötigten Ausprägung existieren, haben Sie die Möglichkeit, im SAP-Promotion-Management-System Platzhalterprodukte anzulegen. Dies ist hauptsächlich im Bereich Fashion oder bei Non-Food-Ware mit langen Beschaffungszyklen sinnvoll.

Ein Platzhalterprodukt wird im SAP-Promotion-Management-System wie folgt angelegt:

1. Über den Pfad **Datenmanagement • Platzhalterprodukte** gelangen Sie in die Übersicht, die Sie in Abbildung 8.5 sehen.

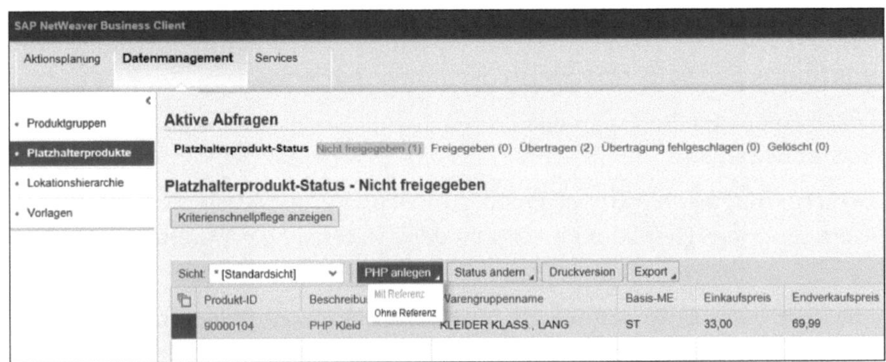

Abbildung 8.5 Platzhalterartikel anlegen

2. Öffnen Sie hier im Listenbereich das Dropdown-Menü **PHP anlegen**. Die Platzhalterprodukte können mit und ohne Referenz angelegt werden.
3. Es öffnet sich die Pflegemaske, die Sie in Abbildung 8.6 sehen.

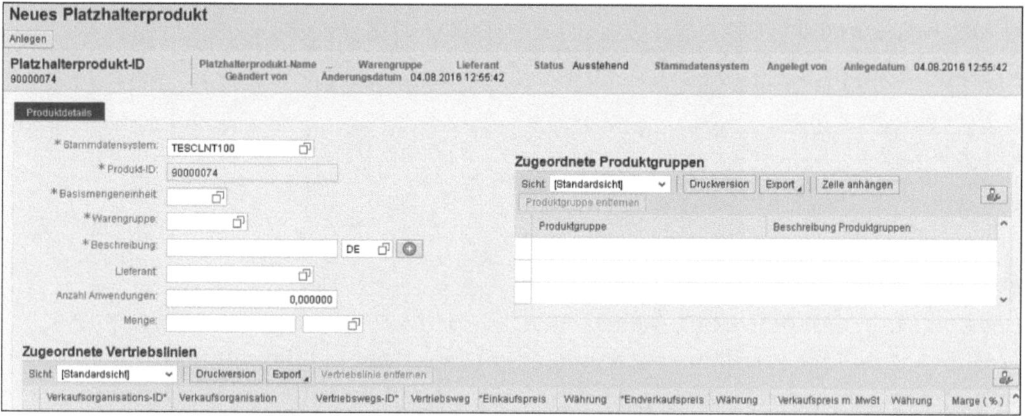

Abbildung 8.6 Pflegemaske für ein Platzhalterprodukt

4. Folgende Felder können Sie hier pflegen (die in der Maske mit einem Sternchen [*] gekennzeichneten Felder sind Muss-Felder):
   - **Stammdatensystem**: Das Stammdatensystem ist das SAP-S/4HANA-Retail-System, in das das Platzhalterprodukt übertragen werden soll. Der Platzhalterartikel kann im Stammdatensystem vollständig gepflegt werden und wird dann über die Replikation als vollwertiger Artikel wieder ins SAP-Promotion-Management-System gespeist. Dort ist das Platzhalterprodukt genau wie der replizierte Artikel verwendbar, kann aber erst zusammen mit dem Angebot als vollwertiges Produkt in die Handelsaktion übertragen werden.
     Das Customizing für die Platzhalterprodukte finden Sie unter folgendem Pfad im Einführungsleitfaden:
     Anwendungsübergreifende Komponenten • Demand Data Foundation • Datenpflege • Platzhalterprodukte.
   - **Produkt-ID**: Die Produkt-ID wird je nach Definition und Nummernkreis (Customizing) gepflegt oder vom System automatisch vergeben.
   - **Basismengeneinheit**: Die Basismengeneinheit können Sie in der Dropdown-Liste auswählen.
   - **Warengruppe**: Die Warengruppen wurden im Vorfeld aus dem Stammdatensystem repliziert. Hier können Sie jetzt dem Material eine Warengruppe aus dem vorher definierten Stammdatensystem zuordnen.
   - **Beschreibung**: Hier können Sie eine Artikelbeschreibung eingeben. Es erfolgt keine weitere Prüfung.

- **Lieferant**: Die Lieferanten wurden im Vorfeld aus dem Stammdatensystem repliziert. Sie können jetzt einen Lieferanten auswählen.
- **Vertriebslinie**: Die Vertriebslinien sind ebenfalls aus dem Stammdatensystem repliziert worden. Sie können hier eine Vertriebslinie auswählen. Mit der Vertriebslinie ist auch jeweils die Währung verknüpft, die dann automatisch gezogen wird.
- **Einkaufspreis**: Hier pflegen Sie den Einkaufspreis. Dieser wird bei der Angebotsplanung für die Margenkalkulation herangezogen. Der Einkaufspreis wird später bei der Replikation des vollständigen Artikels aus SAP S/4HANA Retail überschrieben.
- **Endverkaufspreis**: Hier pflegen Sie den Endverkaufspreis. Dieser wird bei der Angebotsplanung für die Margenkalkulation herangezogen und gilt als Aktionspreis. Er kann in der Angebotsplanung noch angepasst werden.
- **Produktgruppe**: Bei Bedarf können Sie den Platzhalterartikel einer Produktgruppe zuordnen.

Die *Produktgruppe* ist eine Gruppierung von Artikeln. Sie wird in SAP Promotion Management unter **Datenmanagement • Produktgruppen** gepflegt. Die Produktgruppe kann aber auch in SAP Fiori gepflegt werden. Dazu rufen Sie die SAP-Fiori-App **Produktgruppen verwalten** im SAP Fiori Launchpad auf (siehe Abbildung 8.7).

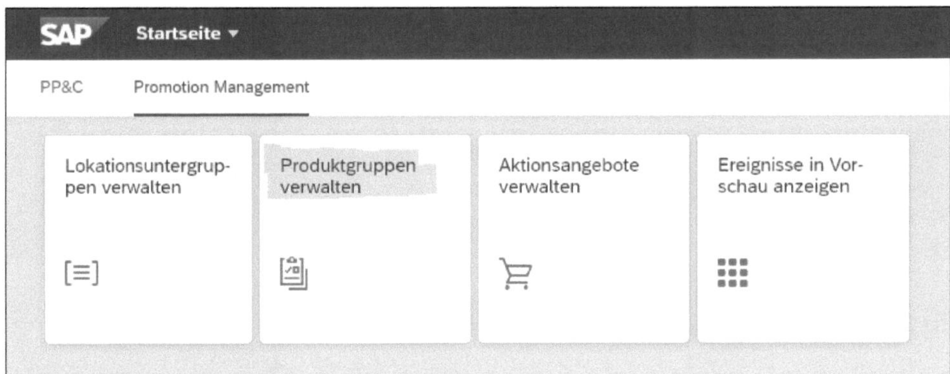

Abbildung 8.7 Produktgruppen verwalten

Die Pflege nehmen Sie analog zur Pflege im SAP Business Client vor. In Abbildung 8.8 sehen Sie die Registerkarten **GRUNDDATEN** und **ENTHALTENE DEFINIEREN** für die Produktgruppe **ALLES VOM RIND**.

Auf der Registerkarte **GRUNDDATEN** pflegen Sie den Namen und das Stammdatensystem. Auf der Registerkarte **ENTHALTENE DEFINIEREN** ordnen Sie die entsprechenden Produkte oder Produkthierarchieknoten der Produktgruppe zu.

Abbildung 8.8 Ansicht der Bereiche »Grunddaten« und »Enthaltene definieren«

Abbildung 8.9 zeigt die Registerkarten **AUSGESCHLOSSENE DEFINIEREN**, **ATTRIBUTE** und **VORSCHAU** aus dem Pflegedialog in SAP Fiori.

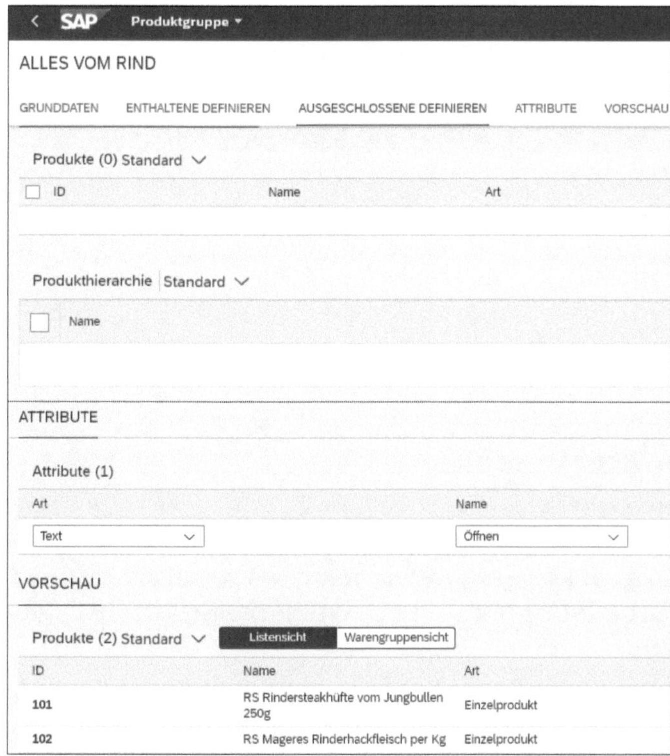

Abbildung 8.9 Ansicht der Bereiche »Ausgeschlossene definieren«, »Attribute« und »Vorschau«

Auf der Registerkarte **AUSGESCHLOSSENE DEFINIEREN** können Sie einzelne Produkte der Produktgruppe ausschließen, was insbesondere dann sinnvoll ist, wenn Sie ganze Produkthierarchieknoten zugeordnet haben. Auf der Registerkarte **ATTRIBUTE** können Sie Attribute definieren, die die Produktgruppe näher beschreiben. Diese Attribute können im Customizing definiert werden. Auf der letzten Registerkarte **VORSCHAU** sehen Sie dann zusammengefasst noch mal alle aktiven Produkte der Produktgruppe.

Wenn Sie eine neue Produktgruppe anlegen möchten, können Sie das auch direkt aus der Angebotspflege heraus erledigen. Wählen Sie im Dropdown-Menü **Dimension** die Kategorie **Produktgruppe** aus, und bestätigen Sie Ihre Eingabe über den Link **Anlegen** (siehe Abbildung 8.10).

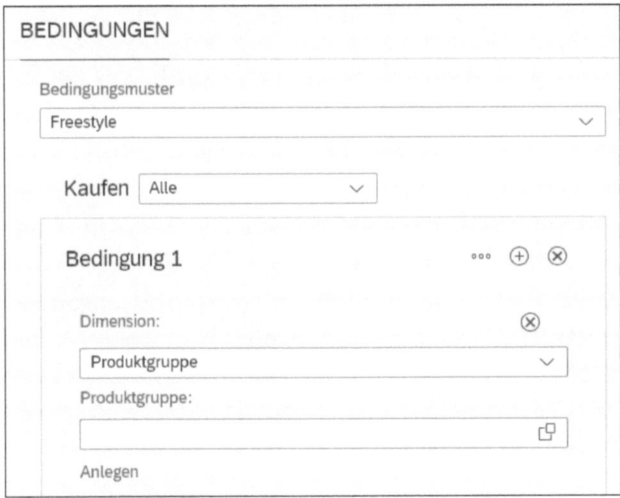

Abbildung 8.10 Produktgruppe aus der Angebotspflege anlegen

Produkthierarchien sind die aus dem SAP-S/4HANA-Retail-System replizierten Warengruppen- und Artikelhierarchien. Das Customizing für die Produkthierarchie finden Sie im Einführungsleitfaden unter dem folgenden Pfad:

Anwendungsübergreifende Komponenten • Demand Data Foundation • Datenpflege • Produkthierarchie.

Weitere Artikelhierarchien direkt in SAP Promotion Management erzeugen

Beim Laden der Staging-Tabellen `/DMF/MDIF*` in die Tabellen des SAP-Promotion-Management-Systems können Sie weitere Artikelhierarchien erzeugen. Hierzu gibt es aber keine Standard-SAP-Transaktion.

Lokation

Der Begriff *Lokation* ist betriebswirtschaftlich mit dem Werk aus dem SAP-S/4HANA-Retail-System gleichzusetzen. Die Lokationen werden aus dem stammdatenführenden System repliziert.

Die *Lokationshierarchie* ist eine Gruppierung von Lokationen und wird entweder aus den Stammdatensystemen repliziert oder manuell gepflegt. Bei der Replikation wird standardmäßig die Werkshierarchie als Klassenart 030 des Klassensystems oder die über die Referenzwerke aufgebaute Hierarchie übernommen.

Die manuelle Pflege einer Lokationshierarchie ist über den folgenden Pfad erreichbar: **Datenmanagement • Lokationshierarchie**. Es können drei verschiedene Arten von Lokationshierarchien angelegt werden: **Lokationshierarchie PMR**, **Mit Referenz** oder als **Geographische Lokationshierarchie** (siehe Abbildung 8.11):

- Legen Sie eine Lokationshierarchie neu an, wählen Sie **Lokationshierarchie PMR** aus.
- Bei der Anlage **Mit Referenz** wählen Sie in der Auswahlliste die referenzierte Lokationshierarchie aus – das System legt eine Kopie mit dem Lokationshierarchienamen **Kopie von {Referenz}** an. Die Daten können dann geändert und abgespeichert werden.
- Die **Geographische Lokationshierarchie** wird nicht in SAP Promotion Management angelegt. Diesen Typ der Lokationshierarchie können Sie über des Lokations-Clusterings in SAP Assortment Planning anlegen (siehe Kapitel 10, »Fashion Management«). Anschließend können Sie diese Hierarchie dann im SAP-Promotion-Management-System als Lokationshierarchie auswählen.

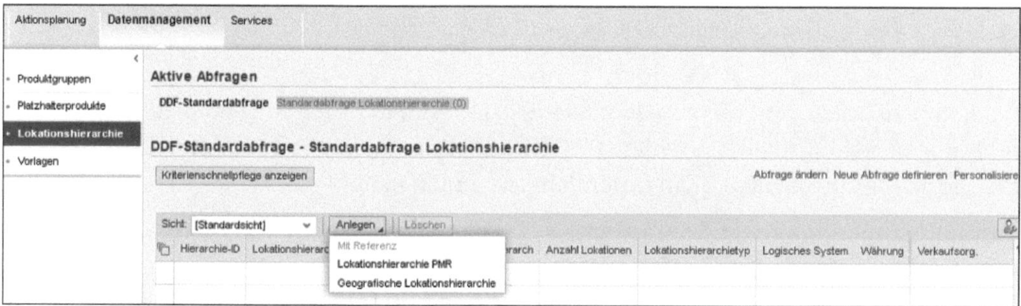

Abbildung 8.11 Einstieg in die Lokationshierarchiepflege

Wenn Sie eine neue Lokationshierarchie über die Auswahl **Lokationshierarchie PMR** anlegen, gelangen Sie als Nächstes in die Lokationshierarchiepflege, in der Sie die Eigenschaften der Lokationshierarchie festlegen können (siehe Abbildung 8.12).

Lokationshierarchiepflege

Sichern

Lokationshierarchie-ID | Lokationshierarchiename | Beschreibung Lokationshierarchie

Eigenschaften | Editor

*Lokationshierarchiename: Filialgrösse "klein"
Beschreibung Lokationshierarchie: 800 - 1500 m2
*Stammdatensystem: TESCLNT100
*Verkaufsorganisation: 0001

Abbildung 8.12 Eigenschaften einer Lokationshierarchie definieren

Dort pflegen Sie auf der Registerkarte **Eigenschaften** folgende Felder, wobei die mit einem Sternchen markierten Felder wiederum Pflichtfelder sind:

- **Lokationshierarchiename**: Hier vergeben Sie einen Namen für die Lokationshierarchie. Dabei kann ein Name nicht doppelt vergeben werden.
- **Beschreibung Lokationshierarchie**: Hier können Sie eine beschreibende Information als Freitext einpflegen.
- **Stammdatensystem**: Sie wählen das Stammdatensystem aus, aus dem die Stammdaten (replizierte Hierarchien, Werke, Business Partner) bezogen werden sollen.
- **Verkaufsorganisation**: Hier wählen Sie die entsprechende Verkaufsorganisation aus. Das System weist anhand dieser Information die richtige Währung zu.

Auf der Registerkarte **Editor** können Sie nun die Lokationen zuordnen (siehe Abbildung 8.13).

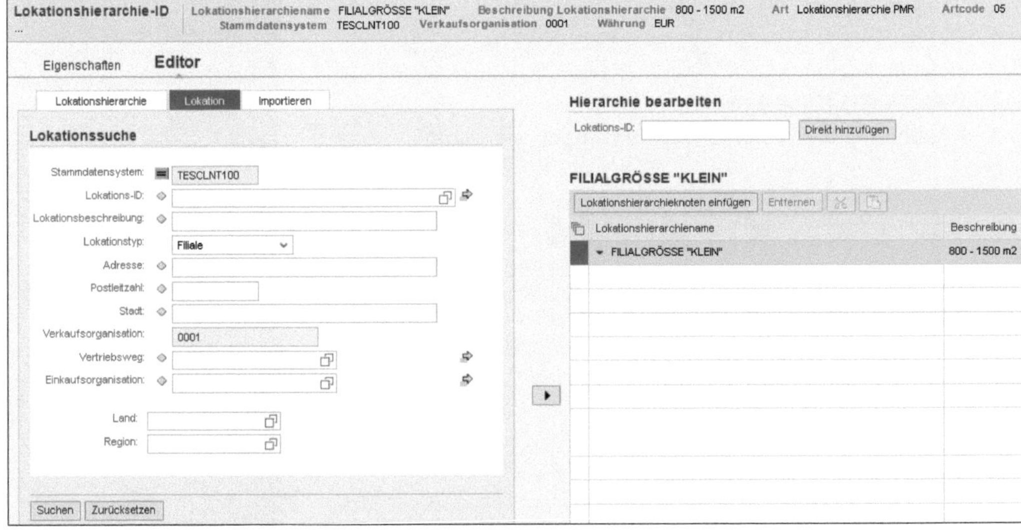

Abbildung 8.13 Lokationen einer Lokationshierarchie zuweisen

Im linken Bildschirmbereich können Sie wählen, wie die Hierarchie angelegt wird. Dazu wählen Sie entweder existierende Lokationshierarchien und/oder Ebenen dieser Hierarchien sowie Lokationen aus oder importieren die Hierarchie. Für die Auswahl steht Ihnen eine Suchfunktion zur Verfügung, die es erlaubt, anhand von Selektionskriterien die richtigen Lokationen zu finden. Diese gefundenen Lokationen werden dann auf der rechten Seite in einer hierarchischen Liste angezeigt. Markieren Sie Lokationen, die Sie der Hierarchie hinzufügen möchten, und ordnen Sie diese der Lokationshierarchie zu.

Das Customizing für die Lokationshierarchien finden Sie im Einführungsleitfaden unter folgendem Pfad:

Anwendungsübergreifende Komponenten • Demand Data Foundation • Datenpflege • Lokationshierarchie.

Neben den Lokationshierarchien können Sie auch Lokationsuntergruppen pflegen. Die Lokationsuntergruppe ist eine Teilmenge der Lokationshierarchien, die die Lokationen in einem Angebot definiert. Die Definition der Lokationsuntergruppen erfolgt über die Kachel **Lokationsuntergruppen verwalten** (siehe Abbildung 8.14). Sie erstellen und pflegen Lokationsuntergruppen, um ausgewählte Lokationen einem Angebotsbearbeitungszweck zuzuordnen (siehe Abbildung 8.15). Um die Lokationsuntergruppen nutzen zu können, müssen Sie einen Verarbeitungszweck in der Customizing-Aktivität /DMF/PROC_PUR definiert haben.

Abbildung 8.14 Lokationsuntergruppen verwalten

Neue Lokationsuntergruppe

Name: *

NACHSCHUB

Verarbeitungszweck: *

Logistics

Hierarchie-ID: *

20115

Anlegen Abbrechen

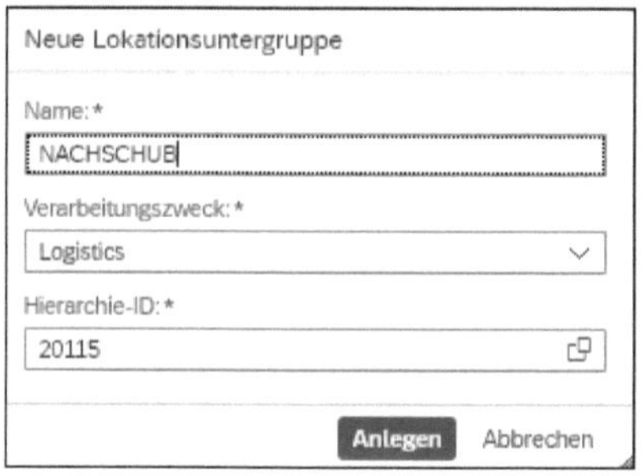

Abbildung 8.15 Lokationsuntergruppen zuordnen

8.1.5 Kampagnenmanagement

Das Customizing für die Kampagne finden Sie im Einführungsleitfaden unter folgendem Pfad:

Anwendungsübergreifende Komponenten • PMR • Nummernkreis für Kampagnen pflegen.

Die Kampagnenplanung rufen Sie im SAP Business Client über die Registerkarte **Aktionsplanung** auf. Wählen Sie hier den Bereich **Kampagnenplan** (siehe Abbildung 8.16).

Abbildung 8.16 Navigation zur Kampagnenplanung

Um eine Kampagne anlegen zu können, müssen Sie zunächst im Customizing die Nummernkreise für die Kampagne pflegen. Anschließend legen Sie die Kampagne wie folgt an:

1. Klicken Sie auf den Auswahl-Button **Anlegen**. Sie können zwischen der Anlage **Mit Referenz** und der Anlage **Ohne Referenz** wählen (siehe Abbildung 8.17).

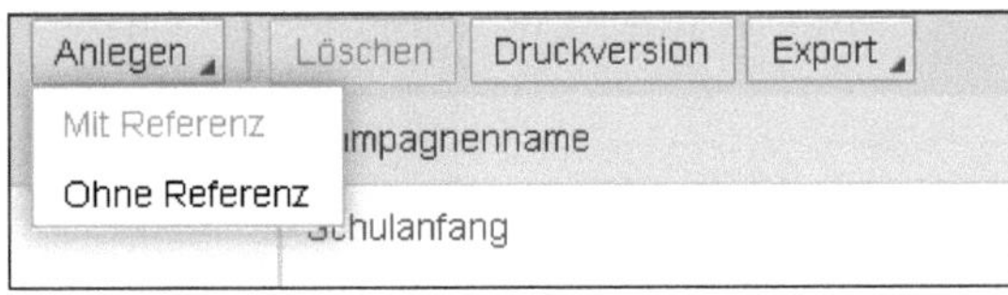

Abbildung 8.17 Kampagne anlegen

2. Soll eine Kampagne ohne Referenz angelegt werden, öffnet sich der Kampagnenpflegebildschirm aus Abbildung 8.18.
3. Hier pflegen Sie die Eigenschaften und Attribute der Kampagne. Als **Eigenschaften** gelten dabei der **Kampagnenname** und die **Beschreibung**. Beides sind Freitextfel-

der. Der Kampagnenname ist dabei ein Pflichtfeld (darauf weist das Sternchen am Feldbezeichner hin).

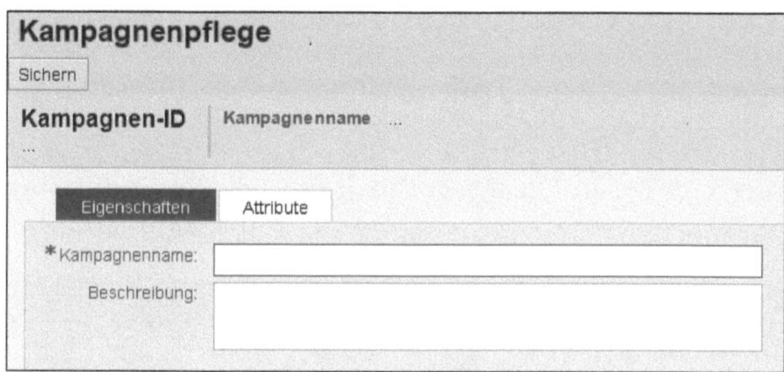

Abbildung 8.18 Eigenschaften Kampagne

4. Die Kampagnen-ID wird im Hintergrund angelegt und bei interner Nummernvergabe fortlaufend vom System vergeben. Es ist auch eine externe Nummernvergabe möglich.
5. Auf der Registerkarte **Attribute** können Sie einer Kampagne Attribute zuordnen, die zuvor im Customizing definiert wurden. In der Praxis sind diese Attribute oft zusätzliche Texte zur Erläuterung oder zum Prozess bzw. ein Datum für die Gültigkeitsdauer der Kampagne.
6. Markieren Sie ein Attribut in der Liste (siehe Abbildung 8.19), können Sie darunter im Feld **Wert** einen Attributwert pflegen. Durch ein Aktualisieren wird dieser Wert in der Datenbank gespeichert.

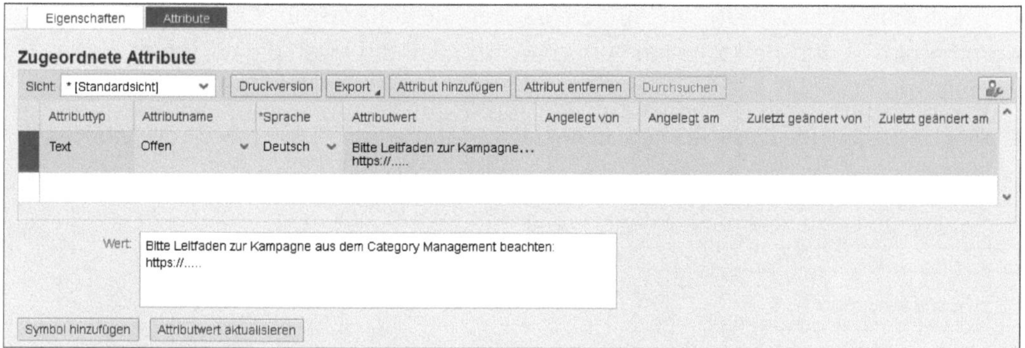

Abbildung 8.19 Kampagnenplan – Attribute zuordnen

Soll eine Kampagne mit Referenz angelegt werden, markieren Sie den Referenzeintrag in der Liste und wählen **Mit Referenz**. Die neue Kampagne wird dann mit allen Einträgen kopiert. Die Bezeichnung wird automatisch gesetzt: **Kop. 1 V. <Name Referenzkampagne>**.

Kein Import von Kampagnen möglich

Derzeit gibt es noch keine Importschnittstellen für Kampagnen aus anderen SAP-Applikationen wie SAP Customer Relationship Management (SAP CRM), SAP Sales Cloud oder SAP Marketing Cloud.

Das Ändern einer Kampagne erfolgt im Listenbereich. Dort klicken Sie, wie in Abbildung 8.20 gezeigt, auf die Kampagnen-ID oder den Namen der Kampagne, die Sie ändern möchten, und springen so in das Fenster der Kampagnenpflege. Anschließend können Sie die Eigenschaften und Attribute wie beschrieben neu pflegen.

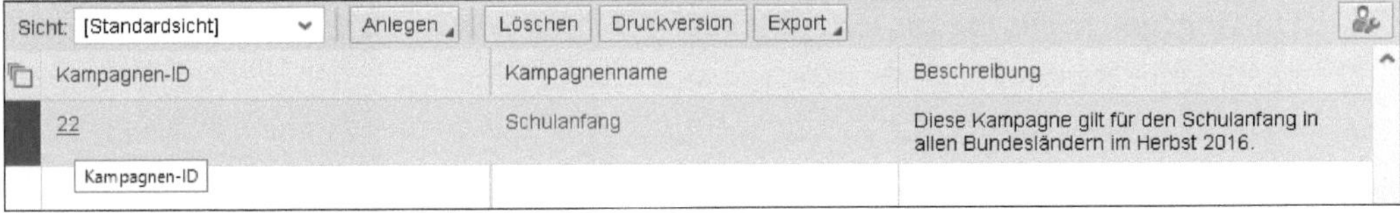

Abbildung 8.20 Kampagne ändern

Zum Löschen einer Kampagne markieren Sie die zu löschende Kampagne in der Liste und klicken auf den Button **Löschen** (siehe Abbildung 8.21). Ist die Kampagne schon einem Event zugeordnet, kann sie nicht mehr gelöscht werden.

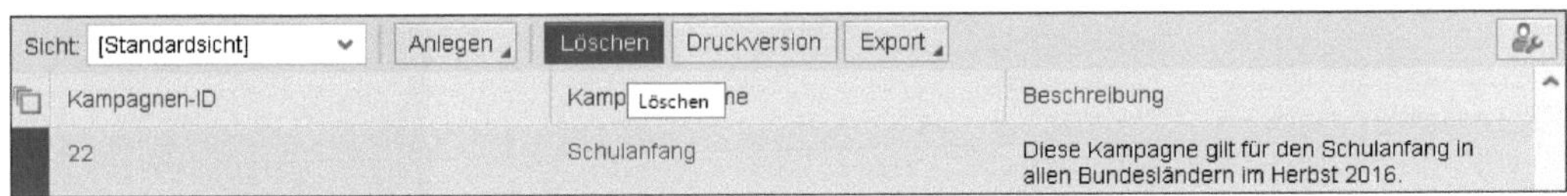

Abbildung 8.21 Kampagne löschen

8.1.6 Angebotsanlage und -abwicklung

Zur Angebotsplanung gehören die Anlage von Angeboten sowie die Zuordnung der Materialien und der Konditionen. Neben diesen Aufgaben erklären wir in diesem Abschnitt, wie Sie Angebote lokalisieren können.

Sie können für die Angebotsanlage und -abwicklung zwar immer noch den SAP Business Client nutzen, in der Praxis hat sich aber die SAP-Fiori-App **Aktionsangebote verwalten** etabliert, um Angebote zu verwalten (siehe Abbildung 8.22).

Um ein Angebot anlegen zu können, müssen Sie zunächst im Customizing die Nummernkreise für das Angebot definieren. Das Customizing zum Angebot finden Sie im Einführungsleitfaden unter folgendem Pfad:

SAP Anwendungsübergreifende Komponenten • Demand Data Foundation • Datenpflege • Angebot.

Abbildung 8.22 Aktionsangebote verwalten

Angebot anlegen

Ein Angebot legen Sie im Listenbereich der Angebotsverwaltung an. Das Angebot kann dabei entweder als neues Angebot, als Kopie eines bestehenden Angebots oder mit Referenz auf eine Lieferantenvergütung angelegt werden (siehe Abbildung 8.23).

SAP Aktionsangebote verwalten

Standard* ostern

Filterleiste ausblenden Filter (1) Start

Start des Angebots: | Ende des Angebots: | Lokationshierarchieknoten: | Führende Kategorie: | Angelegt von: 2 Elemente

Angebote (4) Standard*

Name	Bild	Status	Zeitraum	Zuletzt geändert	Bezeichnung Bedingungsmuster	Lokationshierarchi	Angebotsset	Enthält Produkt
Ostern Food Grundnahrungs mittel 1125		Genehmigt	11.04.2022 - 16.04.2022	ROHEP 10.03.2022		DC_00260_S002_ 10		RS Bio Bauernbrot per Kg (103)
Fleisch Ostern 1127		Genehmigt	11.04.2022 - 16.04.2022	ROHEP 10.03.2022		DC_00260_S002_ 10		RS Mageres Rinderhackfleisch per Kg (102)
Ostern Food Fleisch 1126		Empfohlen	11.04.2022 - 16.04.2022	ROHEP 10.03.2022		DC_00260_S002_ 10		RS Rindersteakhüfte vom Jungbullen 250g (101)
Ostern Food 1124		Empfohlen	11.04.2022 - 16.04.2022	ROHEP 10.03.2022		DC_00260_S002_ 10		RS Bio Bauernbrot per Kg (103) , RS GUTFRIED Puten-Salami 80g (105)

Angebot anlegen Aus Lieferantenvergütung anlegen Kopieren Bearbeiten Löschen Status Übertragen Aktualisieren Konflikterkennung Inhalt zuordnen Abschließen

Abbildung 8.23 Angebot anlegen in SAP Fiori

Neben der Listenansicht können die Angebote auch in einem Kalender angezeigt werden. Klicken Sie dafür auf das Kalendersymbol (). In der Kalenderansicht können Sie die Angebote auch filtern lassen, z. B. nach Stunden, Tagen, Monaten etc., und sie zur Bearbeitung auswählen (siehe Abbildung 8.24).

Zunächst zeigen wir Ihnen, wie ein Angebot ohne Referenz angelegt wird. Angebote mit Referenzen werden auf die gleiche Weise angelegt, es sind dabei jedoch bestimmte Felder schon vorbelegt.

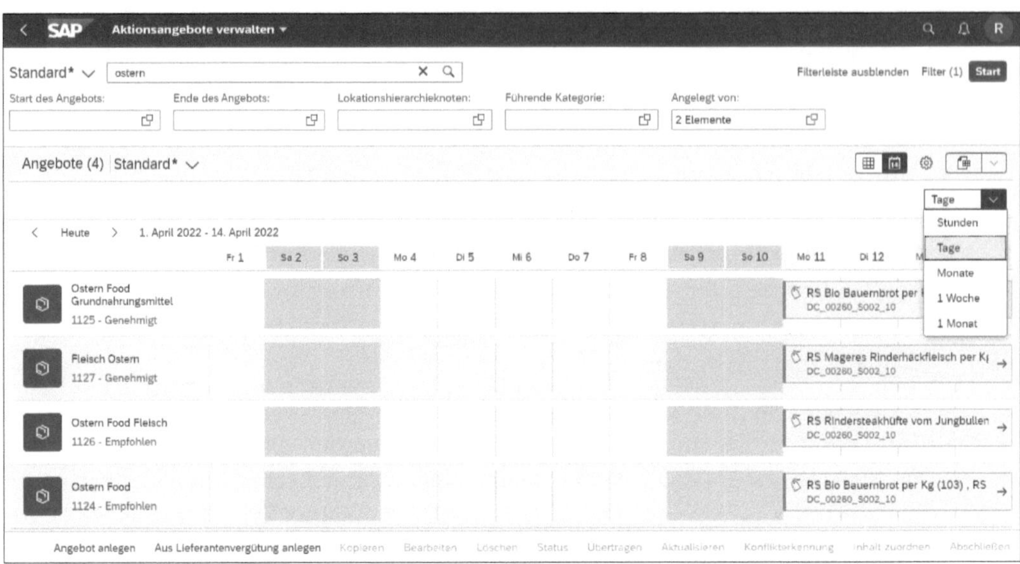

Abbildung 8.24 Kalenderansicht der Angebotsverwaltung

Sie starten mit der Pflege der Angebotseigenschaften (siehe Abbildung 8.25).

SAP Angebotspflege

* AngebName:
Angebotsbeschreibung:
* Stammdatensystem: SDDCLNT260
Aktionsart:
Führende Kategorie:
Einkäufergruppe:
Angebotssetname:
Referenz-Event:
Nur Normalpreis:
* Zeitrahmen: Nach Datum Von: um: 00:00:00 bis: um: 23:59:59
Nach Werbewoche Von: 00 /: 2022 bis: 00 /: 2022
Einlösungsgültigkeit: Gültig für: 0 Tage Verzögerte Verwendung: 0 Tage
* Lokationshierarchie: Lokationshierarchie-ID:
Knoten:
Paketangebot:
Werbemittel: Werbemittel hinzuf. Werbemittel entfernen

* Werbemittelart	* Werbemittel
Drucken	Beilage

Couponsteuerungsdaten
Couponsteuerungsdaten:
Berechtigung erzwingen:
Eindeutige IDs erzwingen:
Verhindern von Mehrfacheinlösungen: Nach allen: 0 Nach Kontakt: 0
Generischer Webcode:
Eindeutige IDs einschränk.: 0

Weiter

Abbildung 8.25 Angebotspflege SAP Business Client

Folgende Felder müssen Sie hier pflegen (mit einem Sternchen markierte Felder sind Pflichtfelder):

- **AngebName**: Den Angebotsnamen können Sie frei wählen. Eine Doppelvergabe ist nicht möglich, da das System prüft, ob der Name schon vergeben wurde. Die Angebots-ID wird im Hintergrund angelegt bzw. muss bei externer Nummernvergabe eingegeben werden.
- **Angebotsbeschreibung**: Hier geben Sie einen Freitext ein.
- **Stammdatensystem**: Aus dem Stammdatensystem werden die replizierten Stammdaten, Preise etc. gezogen und geprüft. Aus diesem Grund muss dieses Feld gepflegt werden. Existiert nur ein einziges Stammdatensystem, können Sie im Customizing hinterlegen, dass das Feld **Stammdatensystem** bei der Angebotsanlage automatisch vorbelegt wird.
- **Aktionsart**: Die Aktionsart muss ebenfalls im Customizing gepflegt werden und kann dann bei der Angebotsanlage ausgewählt werden. Die Aktionsarten müssen mit den im SAP-S/4HANA-Retail-System eingestellten Aktionsarten identisch sein. Sie werden beim automatischen Anlegen der Handelsaktionen aus dem SAP-Promotion-Management-System mitgegeben. Außerdem ist die Aktionsart ein Kriterium für die mögliche Zusammenfassung mehrerer Angebote zu einer Handelsaktion.
- **Führende Kategorie** (im SAP-Fiori-UI: **Führende Warengruppe**): Die führende Kategorie ist im Allgemeinen die Warengruppe oder die Artikelhierarchie. Beide Hierarchien werden aus dem Stammdatensystem repliziert. Ist dieses Feld gefüllt, können diese Informationen für folgende Aktivitäten genutzt werden:
  - bei der Zuordnung der Angebote zu den Events
  - bei der Kumulation von Angeboten zu einer Handelsaktion
  - bei der Zuordnung der Artikel
- **Einkäufergruppe**: Die Einkäufergruppe dient der Berechtigungssteuerung. Angebote können so angelegt werden, dass sie nur von bestimmten Einkäufern bearbeitet werden können.
- **Angebotssetname**: Angebote, die logisch zusammengehören, können in einem *Angebotsset* gebündelt werden. Sie können dann später auch auf der Ebene dieses Angebotssets ausgewertet werden.
- **Referenz-Event**: Wenn Sie ein Angebot mit Bezug zu einem existierenden Event anlegen wollen, geben Sie in dieses Feld die Nummer des Events ein, auf das Sie sich beziehen. Damit werden die folgenden Felder automatisch aus dem Referenz-Event gezogen: **Zeitrahmen**, **Lokationshierarchie** und die Informationen zum Werbemittel.
- **Nur Normalpreis**: Ist dieses Kennzeichen gesetzt, kann das Angebot nicht mit anderen Angeboten kombiniert werden. Am POS-System wird für den Gültigkeits-

zeitraum des Angebots also ausschließlich der Normalpreis gezogen. Dieses Optionsfeld ist ein Ausschließlichkeitskennzeichen für ein Point-of-Sale-System (POS-System). Wenn dieses Kennzeichen für ein Angebot gesetzt ist, kann das Angebot an der Kasse bzw. bei der Kaufabwicklung (zu diesem Zeitpunkt wendet das POS-System diese Ausschließlichkeit an) nicht mit einem anderen Aktionsangebot kombiniert werden.

- **Zeitrahmen**: Die Gültigkeit des Angebots kann in Kalenderwochen oder über eine Datumsangabe gepflegt werden. Bei Eingabe der Kalenderwoche wird das Datum automatisch gezogen (die Basis ist der im Customizing gepflegte Fabrik- und Feiertagskalender).
- **Lokationshierarchie**: Hier pflegen Sie die Lokationshierarchie, die alle Filialen bündelt, für die das Angebot gültig ist.
- **Paketangebot**: Im Paketangebot haben Sie die Möglichkeit, mehrere definierte Artikel in einem Paket zu einem festen Preis anzubieten. Ein typisches Beispiel für ein Paketangebot wäre das Angebot einer Dose Cola zusammen mit einer Tüte Kartoffelchips zum Gesamtpreis von 1,90 €. Die Bedingungen dazu pflegen Sie auf der Registerkarte **Versionen**. Hier definieren Sie durch das Setzen des Kennzeichens **Paketangebot**, dass Sie ein Paketangebot anlegen wollen.
- **Werbemittel**: Im Feld **Werbemittel** definieren Sie sowohl das Werbemittel als auch die Werbemittelart. Die dazugehörigen Auswahlmöglichkeiten müssen Sie im Vorfeld im Customizing hinterlegen. Sie können mehrere Kombinationen von Werbemitteln und Werbemittelarten pflegen. Dabei können nur solche Angebote einem oder mehreren Events zugeordnet werden, die eine identische Werbemittel-Werbemittelart-Kombination aufweisen.
- **Zielgruppe**: Sie haben die Möglichkeit, hier eine Zielgruppe auszuwählen, um mit einem Angebot nur eine bestimmte Gruppe von Kunden anzusprechen. Die Kundengruppe kann nicht in SAP Promotion Management gepflegt werden. Sie wird im aktuellen CARAB-Release über eine SAP-Standardschnittstelle (Webservice) aus der SAP Marketing Cloud geladen oder kann aus anderen Systemen ebenfalls über eine entsprechende Schnittstelle gezogen werden.
- **Couponsteuerungsdaten**: Über die Couponsteuerungsdaten können Sie Endverbraucher über ausgedruckte oder digitale Coupons aus der SAP Marketing Cloud informieren. Die Funktionalität ermöglicht Ihnen, auf Coupons basierende Angebote zu erstellen, die generische oder eindeutige Coupon-IDs haben können und für eine bestimmte Zielgruppe oder einen bestimmten Endverbraucher gelten. Sie können also explizite couponbezogene Angebote entwickeln, deren Zielsystem die SAP Marketing Cloud ist. Die Couponsteuerdaten ermöglichen es weiteren Systemen, das Angebot als Couponangebot zu verarbeiten.

[»]

Couponsteuerungsdaten

Die Couponsteuerungsdaten können vom SAP Omnichannel Promotion Pricing nicht interpretiert werden. Sie sind deshalb für den POS im Standard nicht nutzbar. Ein Coupon wird als ein Angebot mit Couponsteuerungsdaten und den Bedingungszeilenkonditionen definiert. Ein Angebot kann auf das Couponangebot Bezug nehmen.

Es besteht weiterhin die Möglichkeit, einen SAP-S/4HANA-Couponartikel als Kaufanreizbedingung auf der Registerkarte **Version** im SAP-Business Client zuzuordnen. SAP empfiehlt jedoch den Umstieg auf die neue Funktion, die sich durch die Nutzung der Couponsteuerungsdaten eröffnet.

Es gibt zwei Haupttypen von Couponangeboten innerhalb des neuen Couponangebotsprozesses von SAP Promotion Management und SAP Marketing Cloud:

- **Couponangebot für die aktuelle Einkaufstransaktion**
  Ein (einlösbares) Couponangebot, das den Kauf eines Produkts ermöglicht, wenn die Coupon-ID während der aktuellen Einkaufstransaktion dem Einkaufskanal zur Verfügung steht.
- **Couponangebot für eine zukünftige Einkaufstransaktion**
  Ein (Prämien-)Couponangebot, das so ausgelegt ist, dass der Kunde mit einem (einlösbaren) Coupon belohnt wird, der in einer zukünftigen Transaktion verwendet werden kann.

Zum Anlegen eines Couponangebots können im Bereich **Couponsteuerungsdaten**, den Sie in Abbildung 8.26 sehen, folgende Felder gepflegt werden:

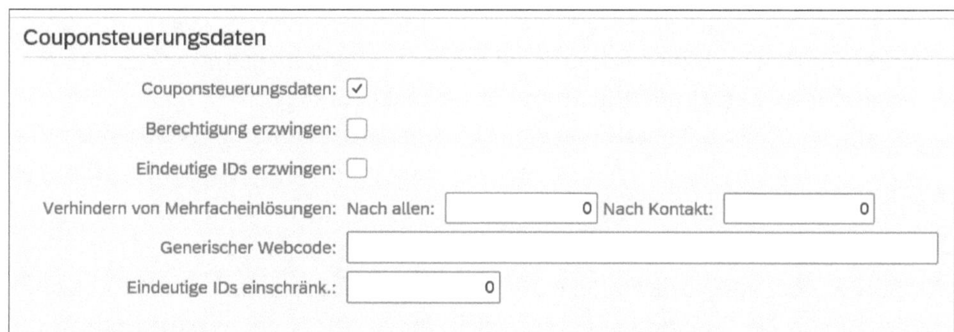

Abbildung 8.26 Couponsteuerungsdaten

- **Berechtigung erzwingen**: Kunde muss für die Nutzung des Coupons validiert werden.
- **Eindeutige IDs erzwingen**: Jeder Coupon, der die Berechtigungskriterien des Händlers erfüllt, bekommt eine eindeutige ID.

- **Verhindern von Mehrfacheinlösungen**:
  - **Nach allen**: Der in diesem Feld eingegebene Wert legt fest, wie oft die gleiche eindeutige Coupon-ID eingelöst werden kann.
  - **Nach Kontakt**: Der in diesem Feld eingegebene Wert gibt an, wie oft die gleiche Coupon-ID vom gleichen Kunden eingelöst werden kann.
- **Generischer Webcode**: Wenn weder **Berechtigung erzwingen** noch **Eindeutige IDs erzwingen** markiert sind, können Sie einen Webcode eingeben. Ein Webcode wird verwendet, damit das Couponangebot auf der Website eingelöst werden kann. Der generische Webcode wird dort anstelle einer Couponangebots-ID verwendet. Die Couponangebots-ID kann jedoch auch in anderen Einkaufskanälen verwendet werden.
- **Eindeutige IDs einschränk.**: Dieses Feld bestimmt, wie viele eindeutige IDs erstellt werden können.
- **Einlösegültigkeit**
  - **Gültig für:** In diesem Feld können Sie die Anzahl der Tage, für die der Coupon ab Ausstellungsdatum gültig ist, eintragen.
  - **Verzögerte Verwendung**: In diesem Feld können Sie die Anzahl der Tage eintragen, die ein Coupon nach dem Ausstellungsdatum eingelöst werden kann.

Nachdem Sie alle notwendigen Felder gefüllt haben, erscheinen alle definierten Eigenschaften zusammengefasst in der Kopfzeile (siehe Abbildung 8.27). Jetzt können Sie das Angebot sichern, bevor Sie weiter damit arbeiten. Dabei wird bei interner Nummernvergabe die Angebots-ID zugeordnet, und das System setzt den Angebotsstatus auf **in Bearbeitung**. In diesem Status kann das Angebot weiterhin in vollem Umfang bearbeitet werden.

Abbildung 8.27 Kopfdaten des Angebots

Die beschriebene Vorgehensweise entspricht auch der Verwaltung der Aktionsangebote in der SAP-Fiori-App (siehe Abbildung 8.28).

[!]

Angebotskompatibilität nicht gegeben

Angebote, die im SAP Business Client angelegt wurden, können nicht mit der SAP-Fiori-App bearbeitet werden.

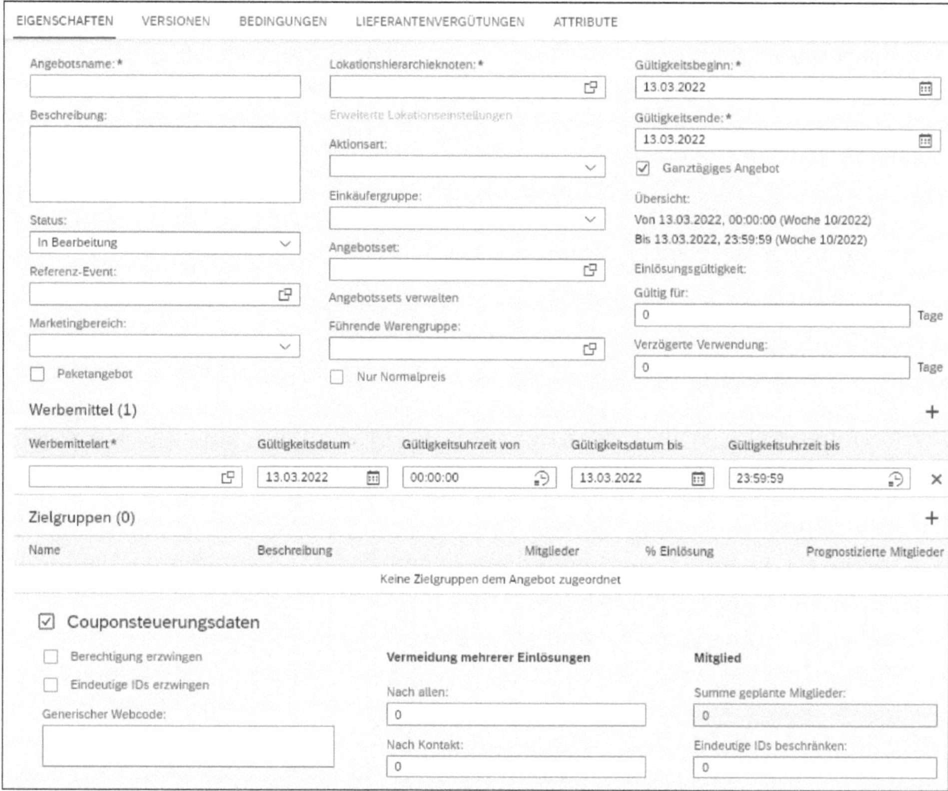

Abbildung 8.28 Angebotseigenschaften in der SAP-Fiori-App

Angebotsversionen

Nachdem Sie die Kopfdaten des Angebots in den Eigenschaften gepflegt haben, wechseln Sie auf die Registerkarte **Versionen**. Dort werden die Artikel und ihre Konditionen zu dem Angebot zugeordnet und gegebenenfalls Versionen angelegt. Eine *Angebotsversion* beschreibt ein von der Grundgesamtheit abweichendes Angebot (z. B. abweichende Artikel oder abweichende Konditionen), das nur für eine definierte Anzahl von Lokationen gültig ist.

In Abbildung 8.29 zeigen wir Ihnen die Ansicht in der SAP-Fiori-App. Im linken Bereich der Registerkarte sehen Sie die *Lokationshierarchie*, die Sie in den Eigenschaften zugeordnet haben (zur Pflege der Lokationshierarchien siehe Abschnitt 8.1.4, »Stammdatenobjekte«), mit den zugeordneten Filialen.

In der SAP-Fiori-App **Aktionsangebote verwalten** im Bereich **Versionen** können Sie eine neue Version anlegen. Dazu klicken Sie den Button **Versionen verwalten** auf der rechten Seite (siehe Abbildung 8.30).

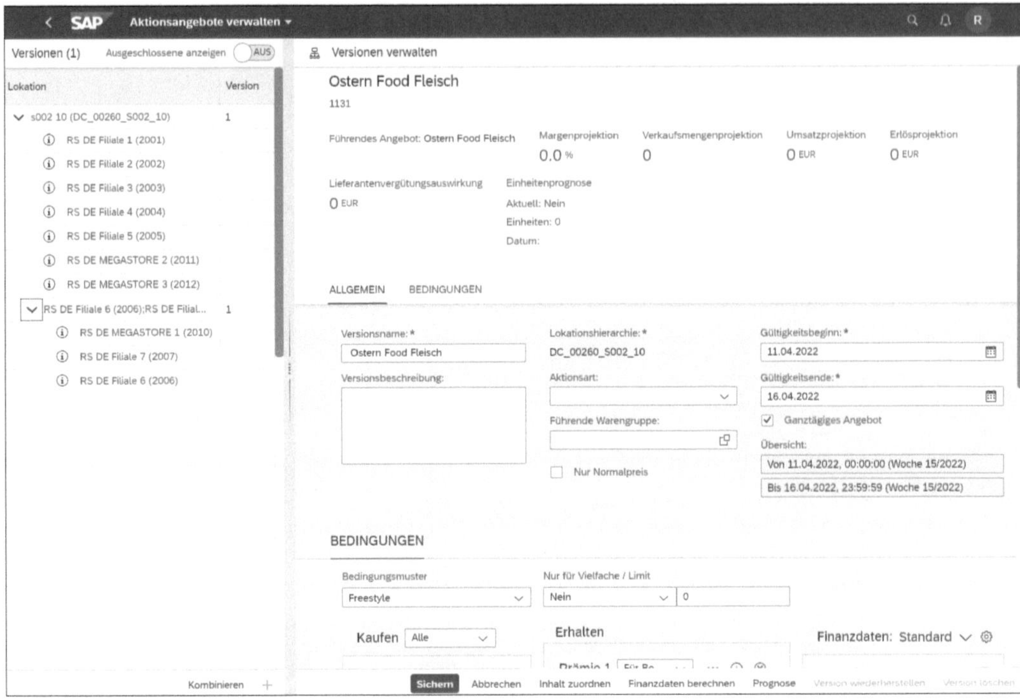

Abbildung 8.29 Pflege der Angebotsversionen in SAP Fiori

VERSIONEN

Versionen (1) Standard — Versionen verwalten

Versionsname	Beschreibung	Zeitraum	Lokation	Umsatz	Erlös	Marge	Verkaufsmengenprojektion
RS DE Filiale 6 (2006);RS DE Filial...		11.04.2022 - 16.04.2022	DC_00260_S002_10 > RS DE MEGASTORE 1;RS DE Filiale 7;RS DE Filiale 6;	0,00 EUR	0,00 EUR	0.0 %	0

BEDINGUNGEN

Abbildung 8.30 Versionen verwalten

Danach können Sie im rechten Teil des Bildschirms die Versionen verwalten. Für Einzellokationen definieren Sie eine Version, indem Sie die entsprechende Lokation in der Liste auf der linken Seite markieren und auf das Plussymbol (+) am unteren Rand klicken. Mit einem Klick auf den Button **Kombinieren** können Sie mehrere Lokationen kombinieren.

Haben Sie eine oder mehrere Lokationen im linken Teil des Bildschirms markiert, können Sie auf der rechten Seite die Werte in den Feldern im Angebot anpassen. Wenn Sie speichern, werden die neuen Werte als abweichend vom übergeordneten Angebot für diese Lokationen gespeichert. Neu unterstützt SAP Promotion Management auch eine eingeschränkte Großhandelsfunktionalität.

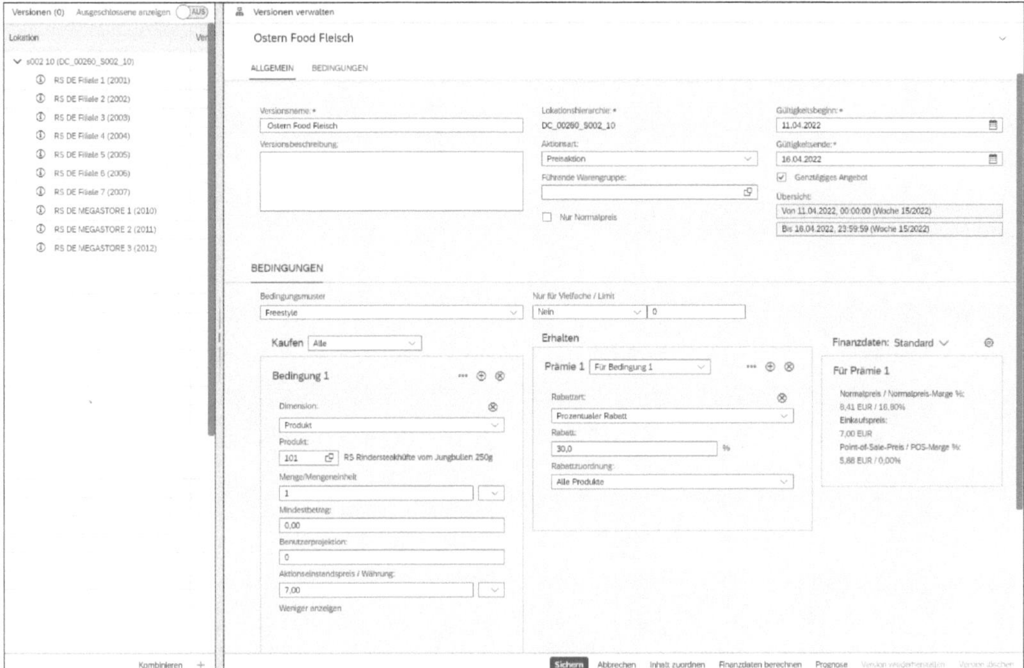

Abbildung 8.31 Lokation auswählen und Version anlegen

Im Großhandelsprozess ist der Kunde ein externer Partner mit der Rolle Auftraggeber in den Kundenaufträgen. Der Partner hat eigene Filialen und Lagerbereiche im Vertriebsweg oder Empfangsstellen, die als Warenempfänger-Partnerrolle im Vertriebsprozess dargestellt werden. In diesem Großhandelsszenario ist ein Warenempfänger eindeutig einem Partner zugeordnet und kann nicht als Auftraggeber fungieren.

Um die Funktion nutzen zu können, müssen Sie jedoch einige Voraussetzungen erfüllen. Dazu gehören folgende:

- Sie haben importierte Lokationen der Art Kunde.
- Sie haben eine Aktionslokationshierarchie, der Kundenlokationen zugeordnet wurden (**Location Hierarchy Type** = **05**). Die Lokationshierarchie muss so konzipiert sein, dass sie Ihren Geschäftspartnerrollen entspricht.
- Sie haben im Customizing die Geschäftspartnerrolle definiert. Dies tun Sie unter **Demand Data Foundation • Datenpflege • Lokation • Text von GP-Rolle pflegen**.

Sie können diese Lokationshierarchie jetzt bei der Anlage der Angebote nutzen.

Neben der Definition von Lokationshierarchien haben Sie im SAP-Fiori-Dashboard **Promotion Management** auch die Möglichkeit, *Lokationsuntergruppen* zu definieren (siehe Abbildung 8.32). Die Lokationsuntergruppe ist eine Teilmenge der Lokationshi-

erarchie, aus der sie gebildet wird, und repräsentiert einen speziellen Verwendungszweck. Diesen müssen Sie im Customizing definieren. Auf Basis des Verwendungszwecks kann beispielsweise auf Bedingungsebene gesteuert werden, ob ein Angebot zwecks Steuerung des Nachschubs an das ERP-System übergeben werden soll oder nicht.

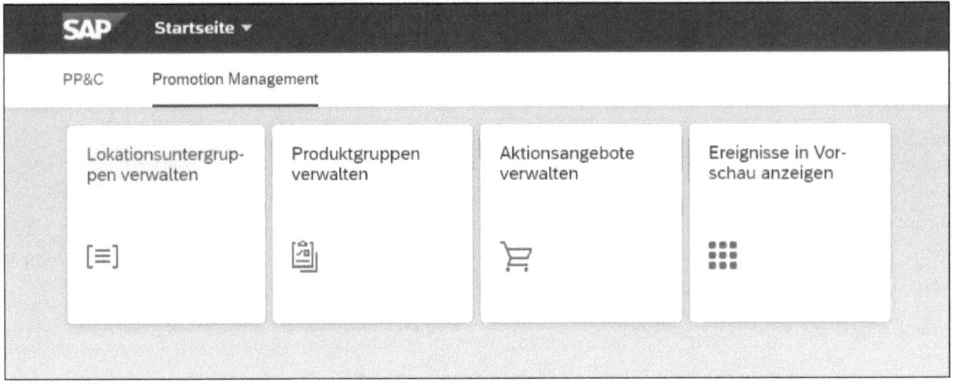

Abbildung 8.32 Lokationsuntergruppen verwalten

Bei der Anlage der Lokationsuntergruppe wird diese dem **Verarbeitungszweck** zugeordnet, den dann alle enthaltenen Lokationen nutzen können (siehe Abbildung 8.33). Die Zuordnung der Lokationen zum Verarbeitungszweck geschieht dann bei der Definition der Bedingungspflege im Angebot.

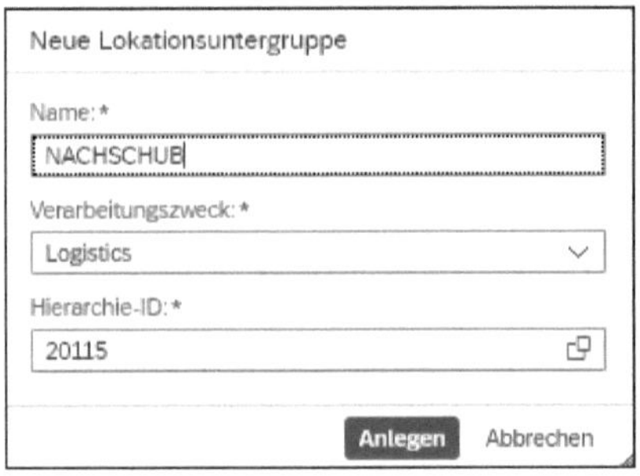

Neue Lokationsuntergruppe

Name: *
NACHSCHUB
Verarbeitungszweck: *
Logistics
Hierarchie-ID: *
20115

Anlegen Abbrechen

Abbildung 8.33 Lokationsuntergruppe definieren

Im Pflegeview definieren Sie dann noch, ob gewisse Lokationen den Verarbeitungszweck per Definition erhalten, also beispielsweise immer eine Übertragung der Daten an das ERP-System zwecks Nachschubsteuerung erfolgen soll (siehe Abbildung 8.34).

Sind der Lokationsuntergruppe bereits Angebote zugeordnet, werden diese im Bereich **Verknüpfte Angebote** angezeigt. Durch einen Klick auf den Angebotsnamen werden Sie in die Angebotsbearbeitung umgeleitet (siehe Abbildung 8.35).

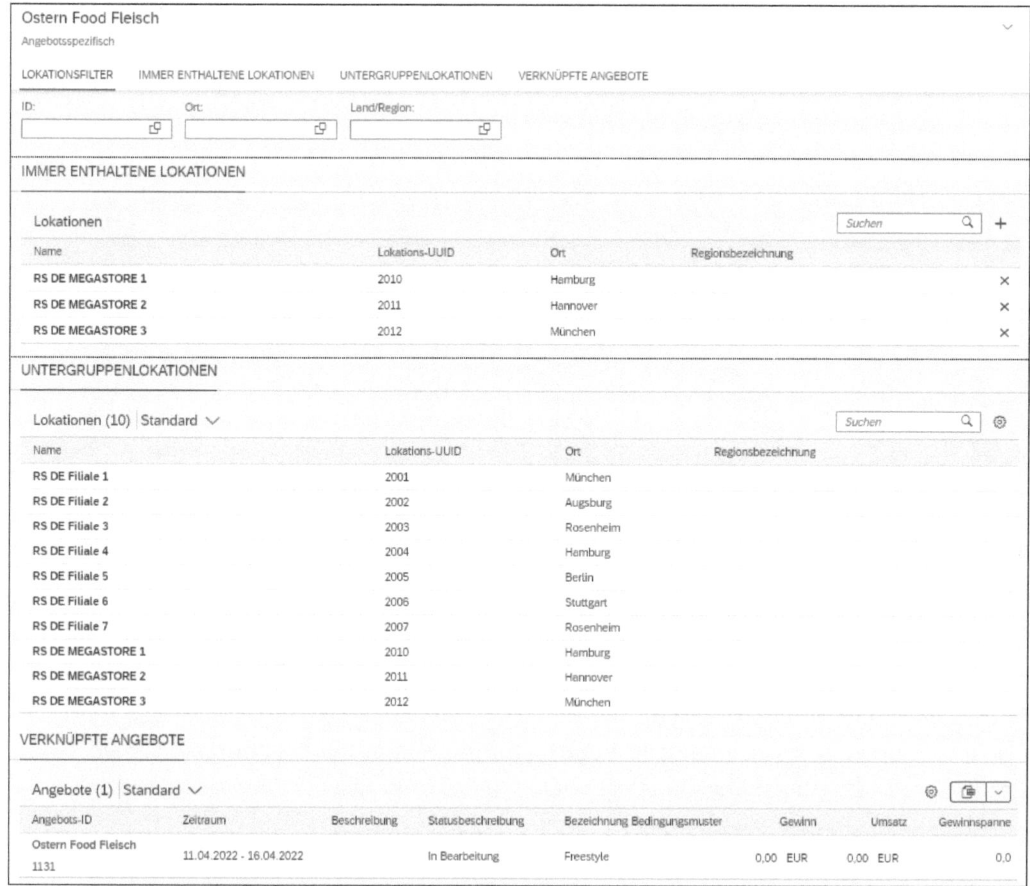

Abbildung 8.34 Lokationsuntergruppen pflegen

Produktdetails (1) Standard Sicht: Alle Bedingungen — Führen Sie eine Produkt... Massenänderung Ausblenden

Produkt	Beschreibung	Bedi...	Rabattart	Rabatt	Folgerabatt	Einkaufspreis	Aktions-ME	Aktionsein...	Währung von A...	ME-Wert anzei...	Anzeige-ME	Operational	Logistics
101	RS Rindersteakhüfte vom Jungbullen 250g	Bedi...	Prozentualer Rabatt	30,0	0,0	7,00	ST	7,00	EUR	0	ST	☐	☑

Abbildung 8.35 Verarbeitungszweck im Angebot (Lokationsuntergruppe)

Im Bereich **Kaufen** wird die Bedingung erfasst, unter der ein Kunde ein Angebot, z. B. einen bestimmten Rabatt, erhält. Im Bereich **Erhalten** wird die sogenannte *Prämie*, also z. B. der Rabatt, festgelegt. Es können pro Angebot bzw. Angebotsversion mehrere Bedingungen und Prämien gepflegt werden. Diese werden dann durchnummeriert.

Bevor Sie die Bedingungen und Prämien pflegen, müssen Sie ein sogenanntes Bedingungsmuster auswählen. Dieses Bedingungsmuster definiert die Felder, die bei den Bedingungen und Prämien gepflegt werden können (siehe Abbildung 8.36).

Abbildung 8.36 Bedingungsmuster

Mit dem Bedingungsmuster **Freestyle** sind keine Einschränkungen verbunden – Sie können hier alle Felder pflegen. Aus diesem Grund werden im Folgenden auch die Beispiele damit aufgebaut (siehe Abbildung 8.37).

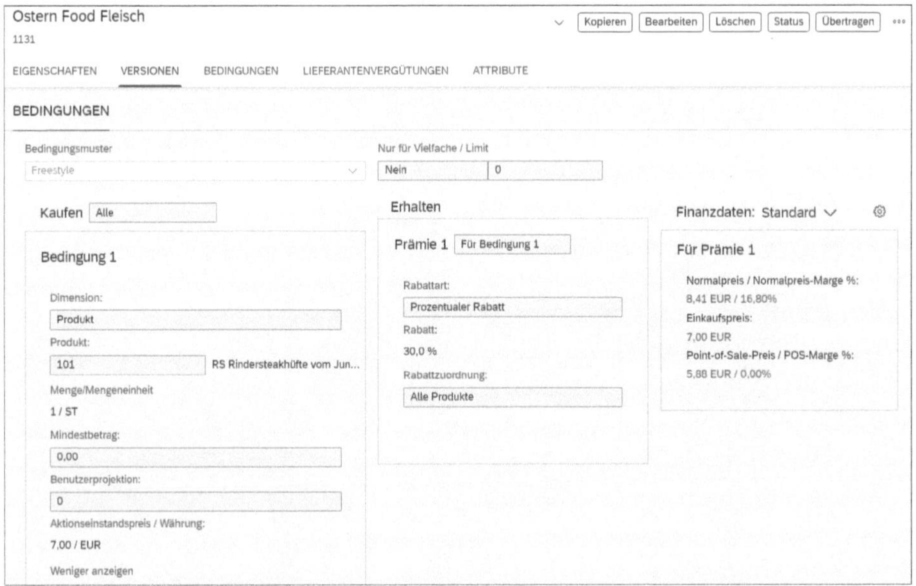

Abbildung 8.37 Bedingungsaufbau

Wie Sie diese Bedingungen und Prämien pflegen, erklären wir anhand einiger Beispiele. Im ersten Beispiel sollen 20 % Rabatt für ein Produkt oder eine Gruppierung von Produkten gegeben werden:

1. Wählen Sie im Feld **Kaufen** aus der Dropdown-Liste den Wert **Alle** oder **Beliebig**. Wenn Sie **Alle** wählen, müssen alle Bedingungen erfüllt sein. Bei **Beliebig** wird dann eine Prämie gewährt, wenn eine beliebige von mehreren Bedingungen erfüllt ist. Sinnvoll ist die Auswahl nur, wenn mehr als eine Bedingung gepflegt wurde. Bei nur einer Bedingung sollte die Voreinstellung **Alle** genutzt werden.
2. Um weitere Bedingungen hinzuzufügen, klicken Sie auf das Plussymbol (+).
3. Folgende Felder können Sie bei der Pflege der Bedingungen in der Liste ausfüllen:
   - **Dimension**: Hier definieren Sie, welches Produkt (**Produkt**, **Produkt aus Produktgruppe**, **Produkt aus Produkthierarchie**, **Sammelprodukt** oder **Displayprodukt**) der Kunde kaufen muss, um den Rabatt zu bekommen.
   - **Produkt**: Hier definieren Sie den Wert der Dimension, also die Produktnummer, die Produktgruppennummer etc.
   - **Menge/Mengeneinheit**: Hier definieren Sie, wie viele Produkte in welcher Mengeneinheit der Kunde kaufen muss, um den Rabatt zu bekommen.
   - **Benutzerprojektion**: Hier wird angegeben, mit welcher Abverkaufsmenge Sie im Rahmen des Angebots rechnen. Dieser Wert multipliziert mit dem Aktionspreis ergibt dann einen prognostizierten Aktionsumsatz.
   - **Aktionseinstandspreis/Währung**: Hier können Sie einen Aktionseinstandspreis und die dazugehörige Einkaufswährung angeben, wenn Sie mit dem Lieferanten einen speziellen Einkaufspreis für genau diese Aktion ausgehandelt haben. Dieser lässt sich dann für die Kalkulation der Marge nutzen.

Nun müssen Sie auch im Teilfenster **Erhalten** die Prämie definieren, die der Kunde erhalten soll, wenn er das Produkt, das im Teilfenster **Kaufen** definiert wurde, kauft (siehe Abbildung 8.38).

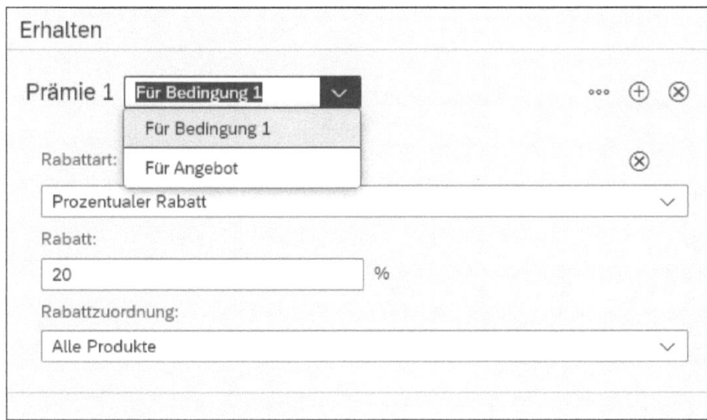

Abbildung 8.38 Prämienpflege

Hierzu wählen Sie aus der Dropdown-Liste im Feld **Prämie 1** den Wert **Für Bedingung 1**. Dies bedeutet, dass die gepflegte Prämie nur gewährt wird, wenn auch die Bedin-

gung 1 erfüllt ist. Wählen Sie aus der Dropdown-Liste die Option **Für Angebot**, gilt die Prämie für das ganze Angebot, also für alle erfüllten Bedingungen.

Aus der Dropdown-Liste für die Rabattart wählen Sie den Wert **Prozentualer Rabatt**. Neben dem prozentualen Rabatt können Sie aber auch weitere Rabattarten nutzen (siehe Abbildung 8.39).

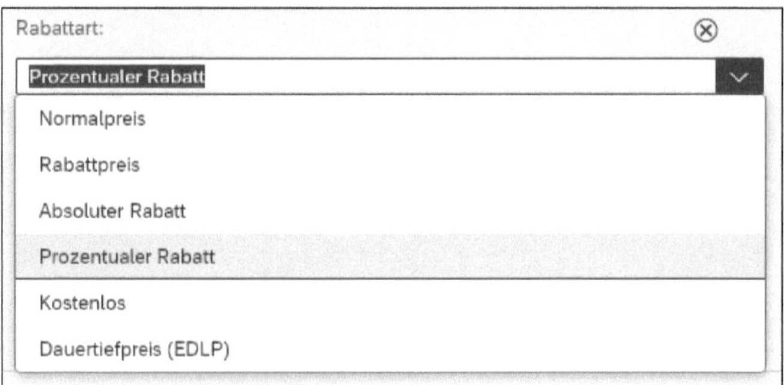

Abbildung 8.39 Rabattarten

Weiterhin können Sie entscheiden, ob nur das teuerste oder günstigste Produkt rabattiert werden soll. In diesem Fall wählen Sie den entsprechenden Wert aus der Dropdown-Liste für die Rabattzuordnung (siehe Abbildung 8.40).

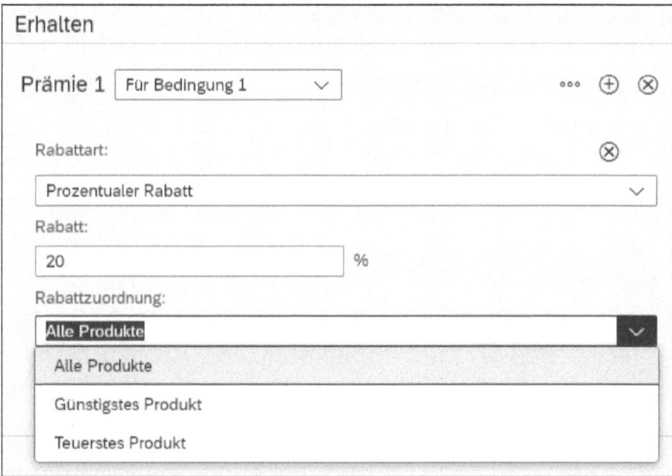

Abbildung 8.40 Rabattzuordnung

Wenn Sie dagegen 20 % Rabatt für ein Produkt oder eine Gruppierung von Produkten bei einem Einkauf dieser Produkte mit einem Mindestumsatz von 50 € definieren möchten, pflegen Sie zusätzlich noch den Mindestausgabenbetrag (siehe Abbildung 8.41).

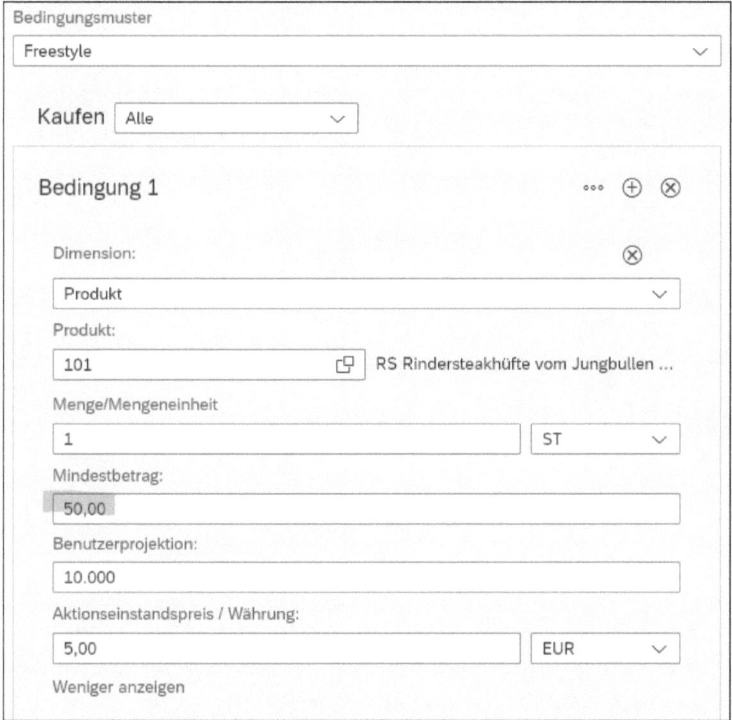

Abbildung 8.41 Mindestausgabenbetrag von 50 € definieren

Als drittes Beispiel nehmen wir an, dass die 20 % Rabatt ausschließlich beim Kauf von mindestens drei Stück des Produkts 101 auf dieses Produkt gegeben werden. Alternativ werden nur 10 % Rabatt auf das Produkt 685 gegeben, wenn der Kunde mindestens fünf Stück dieses Produkts kauft. In diesem Fall müssen Sie folgende Felder pflegen (siehe Abbildung 8.42):

- **Kaufen**: Hier wird definiert, ob die einzelnen Bedingungen mit **und** (»Alle«) oder **oder** (»Beliebig«) verknüpft werden. In diesem Fall ist es eine Oder-Verknüpfung. In diesem Beispiel bedeutet das, dass der Kunde mindestens drei Produkte 101 *oder* mindestens 0,5 kg des Produkts 102 kaufen muss, um die Prämie zu erhalten.
- **Menge/Mengeneinheit**: Hier definieren Sie, wie viele Produkte der Kunde kaufen muss, um den Rabatt zu erhalten. In diesem Fall muss der Kunde mindestens drei Produkte 101 kaufen, um einen Rabatt von 20 % auf das Produkt 101 zu bekommen, sowie mindestens 0,5 kg des Produkts 102, um 10 % Rabatt auf dieses Produkt zu erhalten.
- **Dimension**: In unserem Beispiel sind es Einzelprodukte, die der Kunde kaufen muss.
- **Produkt**: In unserem Beispiel sind es die Produktnummern 101 für die erste Bedingung und 102 für die zweite Bedingung (siehe Abbildung 8.43).

Bedingung 1
Dimension:
Produkt
Produkt:
101
RS Rindersteakhüfte vom Jungbullen ...
Menge/Mengeneinheit
3
ST
Mindestbetrag:
Benutzerprojektion:
10.000
Aktionseinstandspreis / Währung:
5,00
EUR
Weniger anzeigen

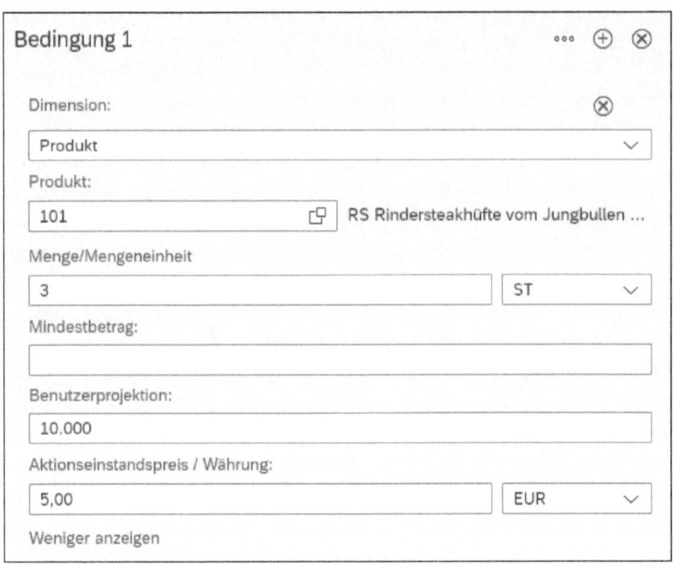

Abbildung 8.42 Bedingung 1 definieren

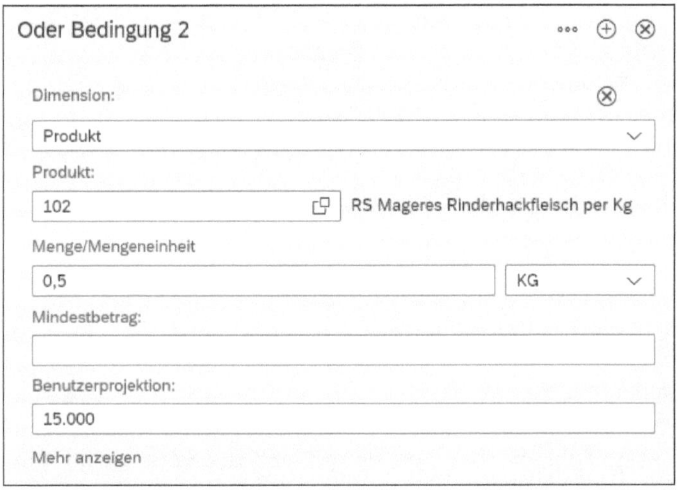

Oder Bedingung 2
Dimension:
Produkt
Produkt:
102
RS Mageres Rinderhackfleisch per Kg
Menge/Mengeneinheit
0,5
KG
Mindestbetrag:
Benutzerprojektion:
15.000
Mehr anzeigen

Abbildung 8.43 Bedingung 2 definieren

Nun müssen Sie auch unter dem Teilfenster **Erhalten** die Prämie definieren, die der Kunde erhalten soll, wenn er die Produkte, die im Teilfenster **Kaufen** definiert wurden, kauft. Hierzu pflegen Sie zwei Prämien: Prämie 1 für die Bedingung 1 und Prämie 2 für die Bedingung 2 (siehe Abbildung 8.44). Füllen Sie dafür folgende Felder aus:

- **Rabattart**: Hier definieren Sie die Art des Rabatts. In diesem Fall pflegen Sie den Prozentrabatt für beide Prämien.

- **Rabatt**: Hier definieren Sie den Prozentwert, mit dem Sie den Normalpreis rabattieren wollen. In unserem Beispiel sind das 20 % für die erste Bedingung und 10 % für die zweite Bedingung.
- **Rabattzuordnung**: Hier wählen Sie **Alle Produkte** sowohl für Prämie 1 als auch für Prämie 2.

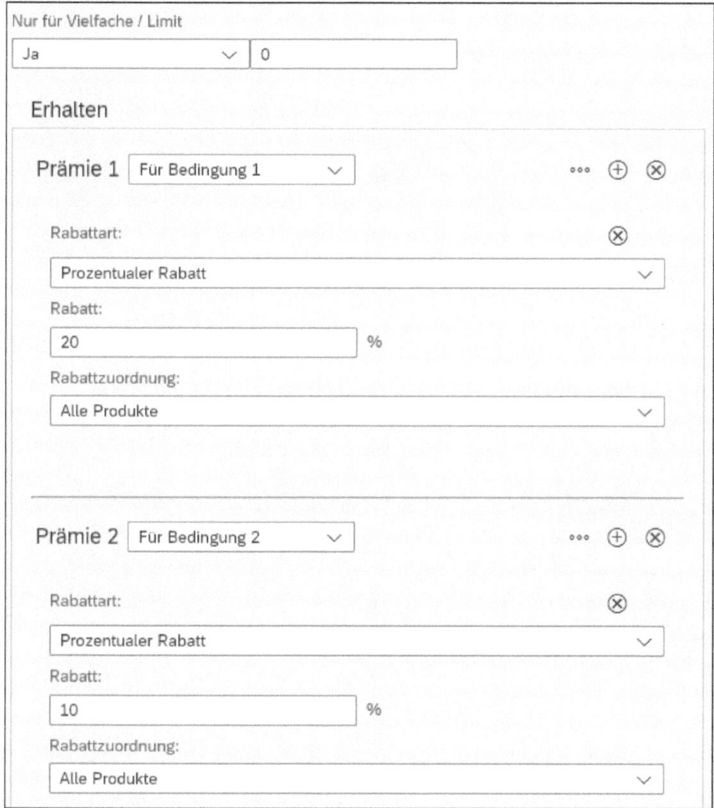

Abbildung 8.44 Pflege der Prämien

- **Nur für Vielfache**: In diesem Feld über der Liste definieren Sie, ob ein Rabatt beim Kauf von mindestens x Produkten gilt (**Initial**) oder ob der Rabatt immer nur dann gilt, wenn genau x Produkte gekauft werden (**Ja**). In diesem Fall muss die Bedingung mindestens erfüllt sein.

  Der Kunde bekommt bei Bedingung 1 also ab dem dritten Produkt alle Produkte 20 % billiger oder bei Bedingung 2 ab dem fünften Produkt einen Rabatt von 10 % auf alle Produkte.
- **Limit**: In diesem Feld über der Liste definieren Sie, ob das Angebot in einer Kauftransaktion einmal oder mehrmals angewandt werden kann. In unserem Beispiel haben wir »0« eingetragen, d. h., das Angebot kann ohne Limit (also beliebig oft pro Kauf) genutzt werden.

Der Kunde bekommt den Rabatt auch für beide Produkte, wenn er mindestens dreimal das Produkt 101 und mindestens fünfmal das Produkt 102 kauft. Das liegt an der Einstellung im Feld **Nur für Vielfache**. Dieses Feld lässt folgende Werte zu:

- **Initial**: Ist dieser Wert gesetzt, gilt der Rabatt, wenn mindestens die definierte Anzahl des Produkts gekauft wird. Für alle weiteren Stückmengen gilt dann der gleiche Rabatt. Ist der Wert **Initial** gepflegt, kann zusätzlich in der Bedingung ein Folgerabatt gepflegt werden. Dieser gilt dann bei Erreichen der Mindestanzahl für alle weiteren Mengen des rabattierten Produkts dieser Bedingung. Das System setzt diesen Wert gleich dem Rabattwert. Er kann aber manuell geändert werden. Über diese Funktion können also Staffeln abgebildet werden.
- **Ja**: Ist dieser Wert gesetzt, gilt der Rabatt nur, wenn genau die angegebene Anzahl eines Produkts gekauft wird. In unserem Bespiel müssen genau drei Stück des Produkts 699 gekauft werden. Danach gilt der Rabatt nur noch für Vielfache von 3, also 6, 9, 12 etc.
- **Nein**: Ist dieser Wert gepflegt, bekommt der Kunde schon ab dem ersten gekauften Exemplar des Produkts den Rabatt.

[zB]

Vier für zwölf

Sie pflegen die Bedingung »Kaufe vier Produkte zu 12 €«. Das System rechnet jetzt:

12 € ÷ 4 = 3 €

Der Kunde bekommt also ab dem ersten Stück den Preis von 3 € pro Stück. Beim Kauf von zwei Stück bezahlt er also 6 € und beim Kauf von sieben Stück 21 €.

Für das Feld **Limit** können Sie folgende Werte pflegen:

- **0**: Es gibt kein Limit. Das bedeutet in unserem Fall, dass der Kunde immer den Rabatt bekommt, wenn die Bedingungen erfüllt sind.
- **1** bis **99999999999999**: Das Angebot kann in einer Kauftransaktion mehrfach eingelöst werden, also bis zum Erreichen des Zählers.

Als letztes Beispiel nehmen wir an, dass 20 % Rabatt beim Kauf von genau drei Stück des Produkts 101 gegeben werden, jedoch maximal fünfmal pro Kauf. Die dazu vorzunehmenden Einstellungen sehen Sie in Abbildung 8.45. Der Rabatt wird auch dann gewährt, wenn ein Kunde sechs, neun, zwölf oder 15 Exemplare des Produkts 101 kauft.

Sie können auch einen Rabatt abhängig vom Gesamtumsatz eines Kaufs, d. h. der Produktdimensionsart **Transaktion**, gewähren. In Abbildung 8.45 haben wir z. B. definiert, dass der Kunde ab einem Mindesteinkauf von 100 € einen Rabatt von 25 % erhält.

Abbildung 8.45 Transaktionsrabatt

Produktbezeichnungen anzeigen

Im oberen Bereich der Bedingungspflege werden Ihnen nur die Produktnummern und keine Produktbezeichnungen angezeigt. Um weitere Informationen zu einer Bedingung zu sehen, markieren Sie die Zeile in den Bedingungen. In den Produktdetails sehen Sie dann die weiteren Informationen inklusive der Produktbezeichnung.

Als letztes Beispiel definieren wir die Bedingung für ein Bonusprodukt. Bei einem Kauf von mindestens einem Stück eines Produkts 61 und einem Mindestumsatz von 20 € erhält der Kunde hier ein Stück des zweiten Produkts 71 gratis (siehe Abbildung 8.46).

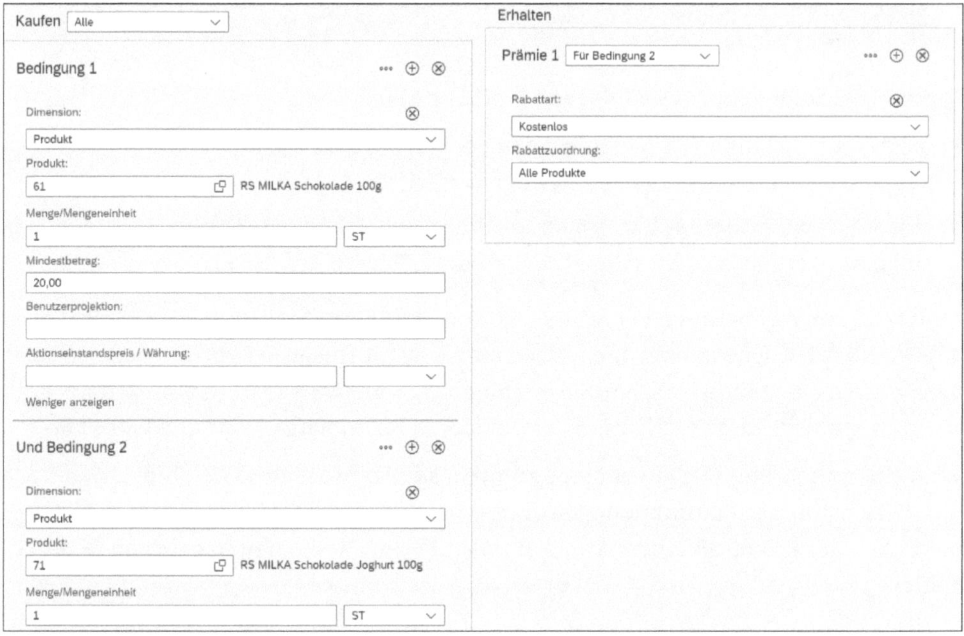

Abbildung 8.46 Gratisprodukt

Der grundlegende Unterschied zwischen der SAP-Fiori-App **Angebote verwalten** und dem SAP Business Client besteht also (neben der abweichenden Technologie und dem Design, worauf wir hier nicht weiter eingehen) in der Trennung der Bereiche **Kaufen** und **Erhalten** bei der Erfassung der Angebotskonditionen.

Die Registerkarten **Lieferantenvergütungen** und **Attribute** erlauben Ihnen die Zuordnung einer Lieferantenverfügung bzw. eines Attributs zum Angebot, ähnlich wie das in der Angebotspflege im SAP Business Client möglich ist (siehe Abbildung 8.47).

Vergütungen (2) — Vergütungen abrufen

	Vergütungsname	Lieferantenname	Vergütungsart	Vergütungstyp	Gültigkeitszeitraum	Übersicht
☑	Ariel 67	Henkel.	Abverkaufsbasierter Bonus	Bei Verkauf	25.03.2016 - 01.01.2017	1..0: 2.000,00 EUR/ST
☐	Ariel_Change 71	Henkel.	Abverkaufsbasierter Bonus	Bei Verkauf	25.03.2016 - 01.01.2017	1..0: 2.000,00 EUR/ST

ATTRIBUTE

Attribute (0) +

Art	Name	Wert	Sprache

Abbildung 8.47 Ansicht der Lieferantenvergütung und der Attribute

Eine weitere Vereinfachung bringen die sogenannten *Bedingungsmuster* mit sich. SAP liefert ein Set von verschiedenen vordefinierten Bedingungsmustern aus, die dann nur noch mit Werten befüllt werden müssen. Wählen Sie ein Bedingungsmuster aus, wie in Abbildung 8.48 gezeigt, wird der Bereich **Kaufen** automatisch mit den entsprechenden Bedingungen und der Bereich **Erhalten** automatisch mit den entsprechenden Prämien vorbelegt.

Wenn Sie zur Abbildung einer komplexen Bedingung kein passendes Muster finden, können Sie das Bedingungsmuster **Freestyle** auswählen. Mit diesem Muster können Sie alle Bedingungen abbilden, die Sie auch auf der Benutzeroberfläche des SAP Business Clients definieren können.

Fehlende Angebotsschau

In der SAP-Fiori-App **Angebote verwalten** wird die Funktion der Angebotsvorschau, die Sie aus dem SAP Business Client kennen, nicht angeboten.

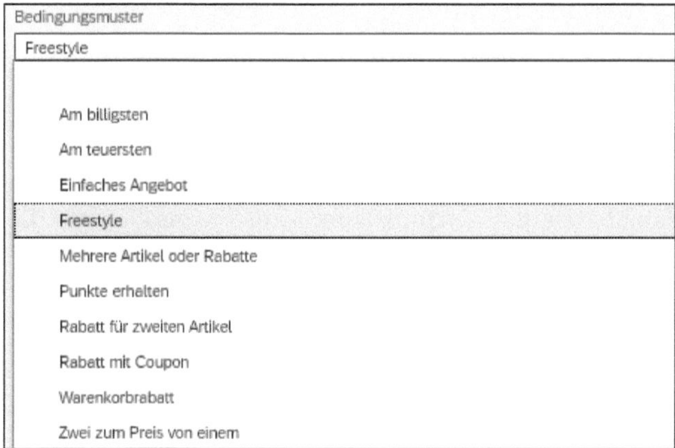

Abbildung 8.48 Verfügbare Bedingungsmuster

Angebotsattribute

Wenn Sie dem Angebot zusätzlich kundenindividuelle Informationen anhängen wollen, können Sie dazu die Attribute verwenden. Klicken Sie dazu in der Angebotsplanung im SAP Business Client auf die Registerkarte **Attribute**. Sie gelangen zu der Sicht aus Abbildung 8.49.

Abbildung 8.49 Attribute pflegen

Über die Buttons **Attribut hinzufügen** und **Attribut entfernen** können Sie beliebig viele eigene Attributfelder hinzufügen bzw. diese wieder entfernen. Die Attribute und ihre Eigenschaften pflegen Sie im Customizing über den folgenden Pfad im Einführungsleitfaden:

Anwendungsübergreifende Komponenten • Demand Data Foundation • Datenpflege • Attribute.

Den Inhalt der Attribute pflegen Sie anschließend in der Spalte **Attributwert** auf der Registerkarte **Attribute**. In Abbildung 8.49 wird eine Anweisung an die Agentur als Attribut gepflegt. Sie können die Attributwerte aber auch im Customizing festlegen. Dann werden Sie Ihnen in der Spalte **Attributwert** über eine Dropdown-Liste zur Auswahl angeboten.

In der SAP-Fiori-App funktioniert die Zuordnung der Attribute auf der Registerkarte **Attribute** über den Klick auf das Plussymbol (+) (siehe Abbildung 8.50).

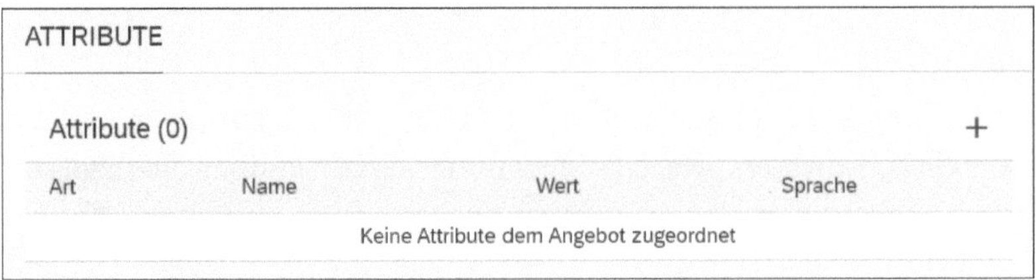

Abbildung 8.50 Attribute hinzufügen und verwalten

Angebotskennzahlen

Um sich im SAP Business Client die Kennzahlen zu dem Angebot anzeigen zu lassen, wechseln Sie auf die Registerkarte **Kennzahlen**, die Sie in Abbildung 8.51 sehen.

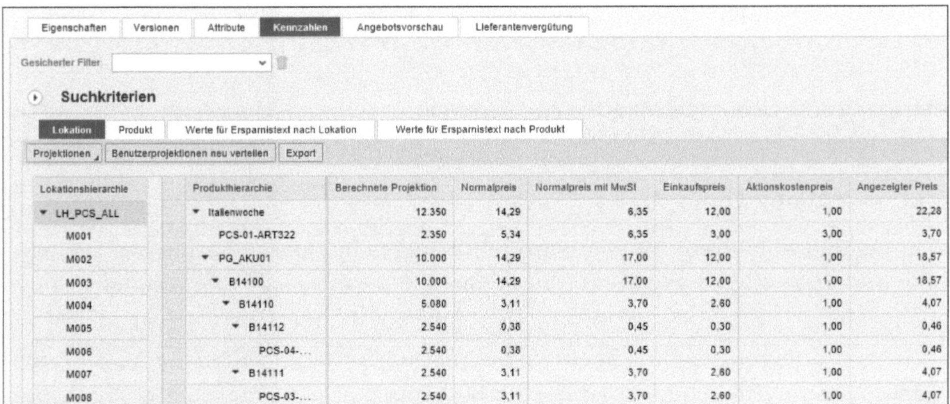

Lokationshierarchie	Produkthierarchie	Berechnete Projektion	Normalpreis	Normalpreis mit MwSt	Einkaufspreis	Aktionskostenpreis	Angezeigter Preis
LH_PCS_ALL	Italienwoche	12.350	14,29	6,35	12,00	1,00	22,28
M001	PCS-01-ART322	2.350	5,34	6,35	3,00	3,00	3,70
M002	PG_AKU01	10.000	14,29	17,00	12,00	1,00	18,57
M003	B14100	10.000	14,29	17,00	12,00	1,00	18,57
M004	B14110	5.080	3,11	3,70	2,60	1,00	4,07
M005	B14112	2.540	0,38	0,45	0,30	1,00	0,46
M006	PCS-04-...	2.540	0,38	0,45	0,30	1,00	0,46
M007	B14111	2.540	3,11	3,70	2,60	1,00	4,07
M008	PCS-03-...	2.540	3,11	3,70	2,60	1,00	4,07

Abbildung 8.51 Kennzahlensicht zum Angebot

In dieser Sicht können Sie die Angebotskennzahlen je nach Auswahl wie folgt strukturieren:

- Lokationshierarchie und Einzellokationen
- Produkthierarchie und Artikel
- Ersparnis (zusätzliche Anzeige der Ersparnis für den Kunden). Dieser Wert kann auch auf dem Werbemittel angedruckt werden.

Angebotsvorschau

Auf der Registerkarte **Vorschau** können Sie sich das Angebot grafisch darstellen lassen. Die Vorschau basiert auf voreingestellten Templates und Attributen und wird vom System automatisch erzeugt. Da Apache Flex (ehemals Adobe Flex) von SAP

nicht mehr unterstützt wird, gibt es, wenn Sie SAP Fiori nutzen, stattdessen eine App, die sich öffnet und die Vorschau darstellt.

Lieferantenvergütung

Aus der Angebotsplanung heraus können Sie auch Lieferantenvergütungen pflegen und diese dem Angebot zuordnen. Diese Funktion erreichen Sie über die Registerkarte **Lieferantenvergütungen** in der SAP-Fiori-App **Angebote verwalten**. Wir beschreiben diese Funktion in Abschnitt 8.1.8, »Lieferantenvergütung anlegen«. Ordnen Sie dem Angebot passende Lieferantenvergütungen zu, indem Sie den Button **Vergütungen abrufen** anklicken (siehe Abbildung 8.52).

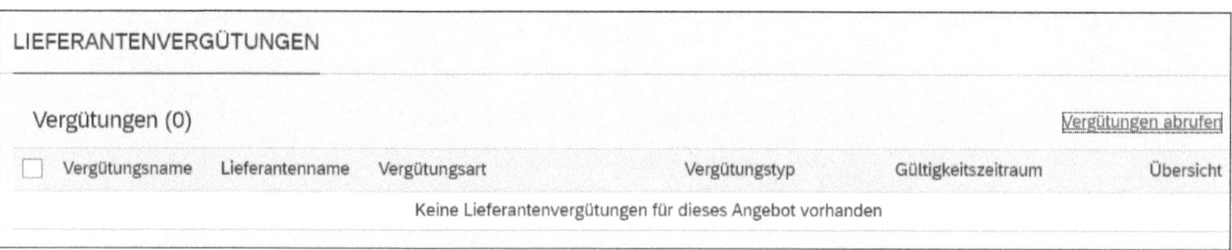

Abbildung 8.52 Lieferantenvergütungen zuordnen

8.1.7 Event anlegen

Planung und Abbildung von Werbemitteln erfolgen in SAP Promotion Management über das Event-Objekt im SAP Business Client. Für die Anlage und Bearbeitung des Events bietet SAP keine SAP-Fiori-App an. Ein Event definiert ein Werbemedium, das alle zugeordneten Angebote in einem definierten Zeitraum abbildet. Dieses Werbemedium verfügt üblicherweise über ein bestimmtes Layout, das in SAP Promotion Management gepflegt wird. So kann das Event in der Praxis z. B. einen Werbeflyer abbilden. Dieser kann in Seiten und Blöcke gegliedert sein. Den Blöcken werden die einzelnen Angebote eines Events zugeordnet. Über diese Struktur können Sie in SAP Promotion Management jedoch auch alle anderen Medien vom Papier bis zum Fernsehspot planen. Das fertige Event kann dann an die Produktion oder ein DTP-Programm (Desktop Publishing) versendet und dort grafisch auf- oder nachbearbeitet werden.

Zur Event-Pflege gelangen Sie über den Pfad **Aktionsplanung • Event-Plan** (siehe Abbildung 8.53).

In der Event-Übersicht sehen Sie die Events, die den Kriterien der Abfrage entsprechen. Die Auswahl und Anlage eines Events erfolgen ähnlich wie die eines Angebots (siehe Abschnitt 8.1.6, »Angebotsanlage und -abwicklung«). Im Folgenden erläutern wir daher nur diejenigen Felder, die spezifisch für die Event-Pflege sind.

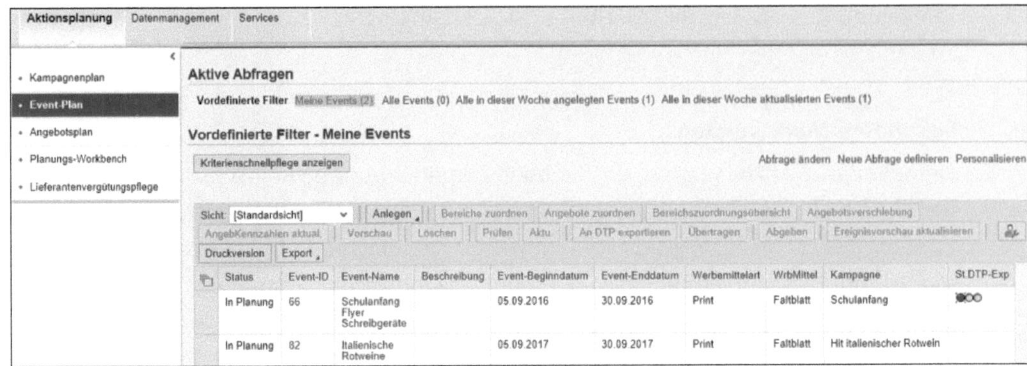

Abbildung 8.53 Event-Übersicht

Eigenschaften und Attribute

Um ein Event anzulegen, klicken Sie auf den Auswahl-Button **Anlegen**. Wählen Sie dann **ohne Referenz**, gelangen Sie zur Registerkarte **Eigenschaften** innerhalb der Event-Pflege (siehe Abbildung 8.54).

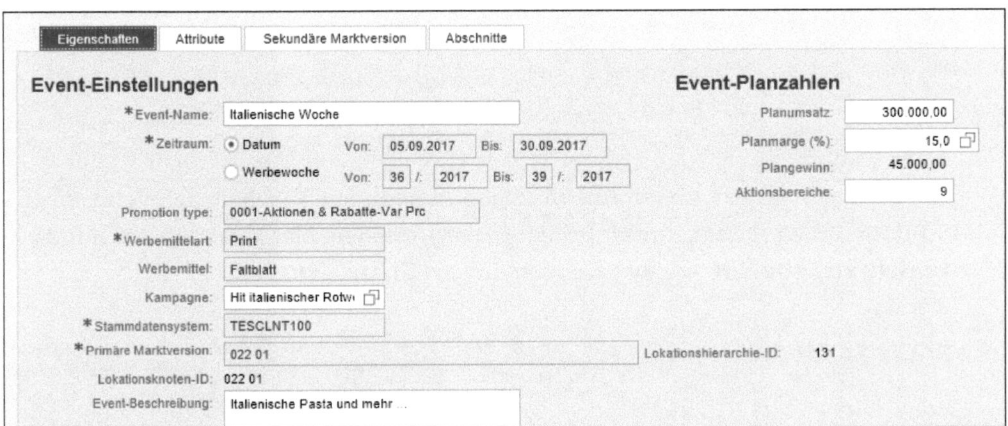

Abbildung 8.54 Eigenschaften eines Events pflegen

Hier sind die folgenden Felder von besonderer Bedeutung:

- **Primäre Marktversion**: Die primäre Marktversion beschreibt die Gesamtheit der Filialen, in denen das Werbemedium, also das Event, gültig ist und verteilt werden soll.
- **Event-Planzahlen**: In den Feldern zur Definition der Event-Planzahlen können Sie die finanziellen Ziele des Events definieren. Diese werden dann in den folgenden Prozessen immer wieder mit den tatsächlich zugeordneten Kennzahlen in den Abschnitten und Angeboten abgeglichen. Sie sehen so also immer, ob Sie mit den Angeboten im Event die gesetzten Planwerte erreichen werden oder nicht. So haben Sie die Möglichkeit, immer wieder nachzujustieren.

Pflege und Zuordnung der **Attribute** erfolgen analog zur Zuordnung von Attributen zu den Kampagnen und Angeboten.

Sekundäre Marktversion

Die *sekundäre Marktversion*, die Sie über die gleichnamige Registerkarte pflegen, bildet regionale Unterschiede für den Einsatz des Werbemediums ab. Die Filialen der sekundären Marktversion sind eine Teilmenge der Filialen der primären Marktversion. Ihnen werden unterschiedliche Angebote zugewiesen. Auch kann das Werbemedium unterschiedlich gestaltet sein (z. B. eine abweichende Seitenzahl oder mehr oder weniger Blöcke pro Seite haben).

Werbemittel lokalisieren

Sie können z. B. regionale Produkte über ein und dasselbe Event bewerben, indem Sie in einer sekundären Marktversion für eine bestimmte Region einen regionalen Wein oder eine regionale Fleischspezialität anbieten. Genauso könnten Sie in der sekundären Marktversion unterscheiden, ob Sie Filialen mit oder ohne Fischbedientheke bewerben, und so nur für die gewünschten Filialen die entsprechenden Seiten des Flyers drucken.

Abschnitte

Auf der Registerkarte **Abschnitte**, die Sie in Abbildung 8.55 sehen, definieren Sie die Struktur des Werbemediums (bzw. des Events). Mit dem hier gezeigten Event soll ein Umsatz von 300.000 € erzielt werden, indem 29 Angebote auf vier Seiten platziert werden.

Abschnitte	Geplante Bereiche	Geplante Positionen	Planumsatz	Plangewinn	Planmarge (%)
Event gesamt	9	29	300.000,00	45.000,00	15,0
VORDERSEITE	1	3	50.000,00	10.000,00	20,0
SEITE 2	3	9	75.000,00	7.500,00	10,0
SEITE 3	3	9	75.000,00	7.500,00	10,0
RÜCKSEITE	2	8	100.000,00	20.000,00	20,0

Abbildung 8.55 Abschnitte definieren

Die wichtigsten Strukturen eines Events sind:

- **Abschnitt**
  Es wird zwischen *offenen* und *geschlossenen Abschnitten* unterschieden. Der offene Abschnitt beschreibt meist eine strukturelle Einheit des gewählten Werbemediums (z. B. Frontseite, Mittelteil, Teaser oder Mood) oder ein inhaltliches Thema (z. B. Non-Food, Fahrräder oder Weine).

  Der geschlossene Abschnitt definiert einen bestimmten Warenbereich. Dazu wird dem Abschnitt ein Knoten der Produkthierarchie zugeordnet. Durch diese Zuordnung kann gesteuert werden, wer diesen Abschnitt pflegen darf und welche Angebote zugeordnet werden können. Einen Abschnitt dürfen nur die Einkäufer pflegen, für die dieser Verantwortungsbereich definiert wurde. Den Verantwortungsbereich definieren Sie über den Pfad **Services • Verantwortungsbereich festlegen**.

  Darüber hinaus können nur Angebote diesem Abschnitt zugeordnet werden, die Artikel des definierten Produkthierarchieknotens enthalten.

- **Bereich**
  Der Bereich definiert, ob ein Abschnitt ein- oder mehrseitig ist und wie viele Positionen (Blöcke) er enthält.

- **Position**
  Die Position entspricht einem Block in einem Printwerbemedium und repräsentiert genau ein Angebot im Werbemedium.

Im Arbeitsbereich **Bereich-Vorlage-Zuordnung** können Sie die Abschnitte strukturieren (siehe Abbildung 8.56).

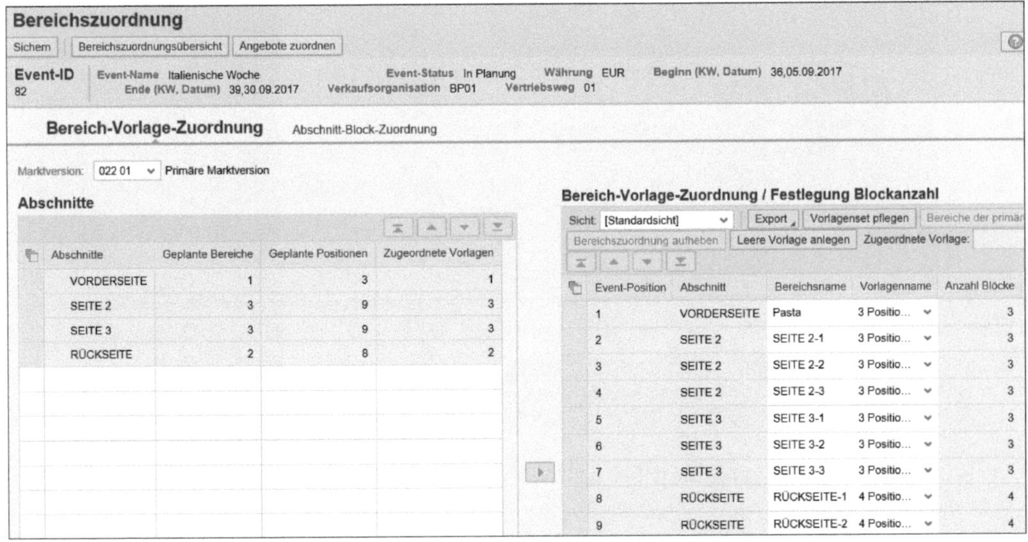

Abbildung 8.56 Beispiel für eine Bereich-Vorlage-Zuordnung

Sie ordnen den Abschnitten die Bereiche zu und vergeben die Namen für die Bereiche. Den Bereichen ordnen Sie nun jeweils Vorlagen zu, die die grafische Struktur der Bereiche und der zugeordneten Positionen (Blöcke) definieren. Die Vorlagen können Sie in dieser Sicht ad hoc definieren. Alternativ können Sie eine Vorlage aus einem vordefinierten Set auswählen.

[»]

Vorlagen definieren

Um in SAP Promotion Management eine Angebotsvorschau oder eine Event-Vorschau generieren zu können, müssen Sie vorher verschiedene Vorlagen definieren. Dies geschieht über den Pfad **Datenmanagement • Vorlagen**.

Es gibt die folgenden Vorlagenarten:

- In einer *Bereichsvorlage* definieren Sie die Breite und Höhe eines Bereichs. Außerdem legen Sie fest, ob der Bereich ein- oder mehrseitig ist. Eine Bereichsvorlage ist einer Werbemittelart zugeordnet. Sie kann in beliebig viele Positionen (Blöcke) unterteilt werden.
- In einer *Blockvorlage* definieren Sie die Boxattribute und die zugeordneten Inhaltsvorlagen. Das bedeutet, dass dem gesamten Abschnitt Attribute zugeordnet werden können, die dann im System hinterlegt sind und automatisch gezogen werden. Ein Beispiel dafür könnte ein bestimmtes Mood in Form eines Bildes sein.
- In den *Inhaltsvorlagen* können Sie dann den Block in weitere Informationsblöcke unterteilen, die wiederum Attribute enthalten, die vom System gefüllt werden. Dies sind in der Regel Preisinformationen, Werbetexte, Artikelbilder, Streichpreise etc.

Abbildung 8.57 zeigt ein Beispiel für eine Blockvorlage. Hier sind drei Inhaltsvorlagen für ein Bild, einen Werbetext und den Preis enthalten.

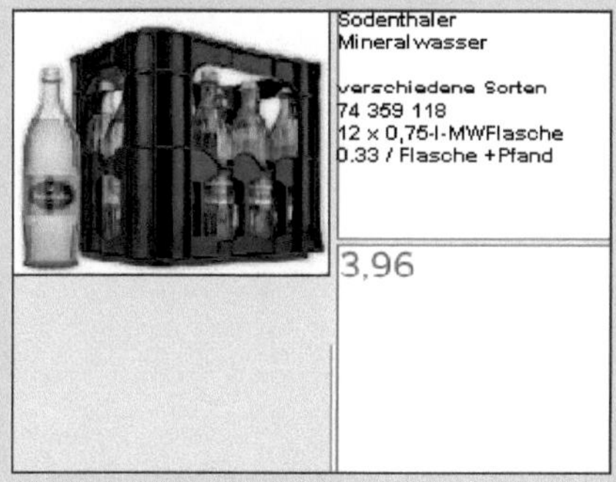

Abbildung 8.57 Beispiel für eine Blockvorlage

In diesem Bereich wählen Sie außerdem aus, ob Sie eine primäre oder sekundäre Marktversion pflegen.

Neue Vorschauanzeige

Wie bereits erwähnt, unterstützt SAP die Arbeit mit Apache Flex (ehemals Adobe Flex) mittlerweile nicht mehr. Um sich die Events mit Produktbildern anzuschauen, können Sie stattdessen die SAP-Fiori-App **Ereignisse in Vorschau anzeigen** verwenden (siehe Abbildung 8.58).

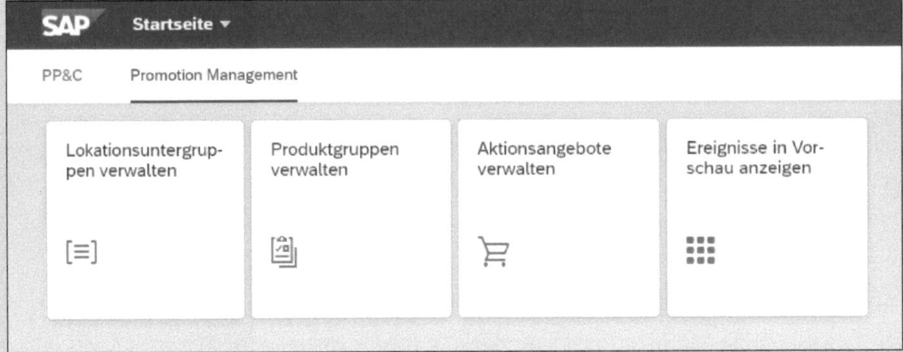

Abbildung 8.58 Ereignisse in Vorschau anzeigen

In der App können Sie sich das Event, wie in Abbildung 8.59 gezeigt, als Vorschau anzeigen lassen.

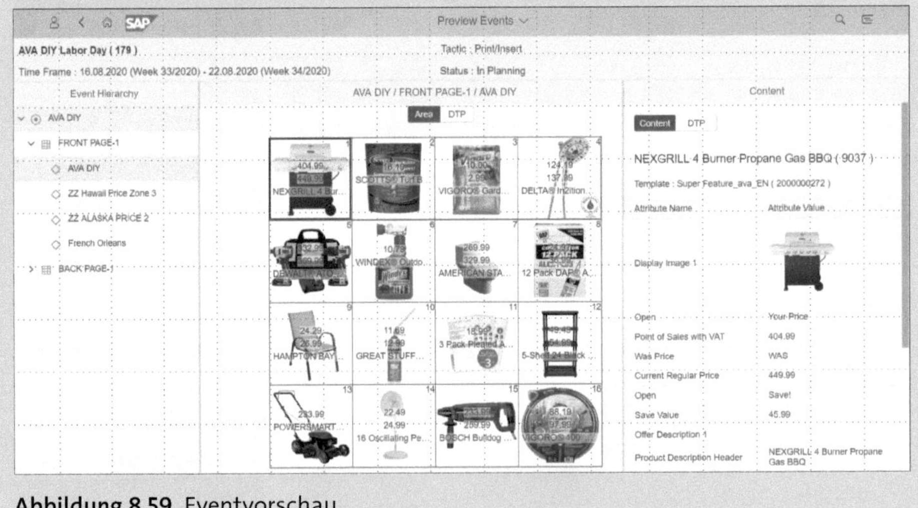

Abbildung 8.59 Eventvorschau

Auf der Registerkarte **Abschnitt-Block-Zuordnung** im SAP Business Client haben Sie die Möglichkeit, auf Blockebene zu definieren, aus welchem Knoten der Produkthierarchie die Angebote zugeordnet werden können. Damit definieren Sie auch, welcher Einkäufer die Blöcke pflegen darf. Diese Zuordnung kann nur für (geschlossene) Abschnitte vorgenommen werden.

Angebote zuordnen

Um einem Event die Angebote zuzuordnen, klicken Sie im Kopf der Event-Pflege auf den Button **Angebote zuordnen** (siehe Abbildung 8.60).

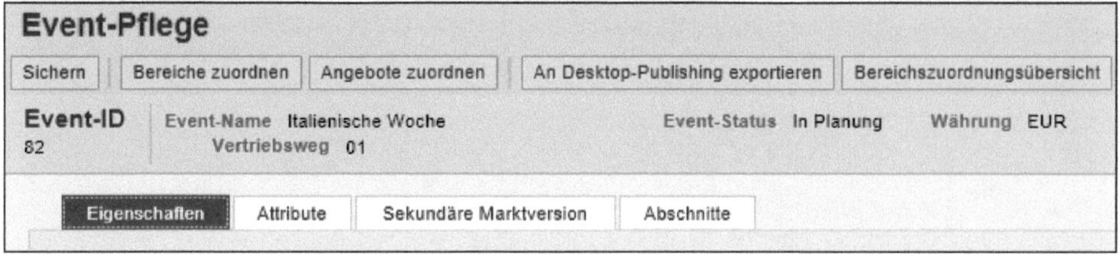

Abbildung 8.60 In die Angebotszuordnung abspringen

Sie gelangen in die Zuordnungsmaske. Diese Zuordnungsmaske ist in drei Bereiche aufgeteilt:

- **Abschnittszuordnung Event/Waren**
- **Zugeordnete Bereiche/Blöcke des ausgewählten Abschnitts**
- **Angebotszuordnung**

Im ersten Bereich **Abschnittszuordnung Event/Waren**, den Sie in Abbildung 8.61 sehen, markieren Sie den Abschnitt, dem Sie die Angebote zuordnen wollen, z. B. die **Vorderseite**.

Angebotszuordnung

Sichern | Bereichszuordnungsübersicht | Angebotsverschiebung | Vorschau | Seitenplan | Angebot mit Referenz erstellen

Event-ID 82 | Event-Name Italienische Woche | Event-Status In Planung | Währung EUR | Beginn (KW, Datum) 36,05.09.2017
Ende (KW, Datum) 39,30.09.2017 | Verkaufsorganisation BP01 | Vertriebsweg 01

Abschnittszuordnung Event/Waren

Änderungen aktualisieren | Marktversion: 022 01 | Delta: Prognose akzeptiert | Prüfen | Aktualisieren | Anzeigen: Benutzer-VAB/offene Abschnitte

	Alle Marktversionen						Ausgewählte Marktversion			
	Plan			Delta			Anzahl Event			
Abschnitte	Umsatz	Gewinn	Marge (%)	Umsatz	Gewinn	Marge (%)	Geplante Bereiche	Geplante Positionen	Akzeptierte Angebote	Berüc
Event gesamt	**300.000,00**	**45.000,00**	**15,0**	**300.000,00-**	**45.000,00-**	**15,0-**	**9**	**29**	**1**	
VORDERSEITE	50.000,00	10.000,00	20,0	50.000,00-	10.000,00-	20,0-	1	3	1	
SEITE 2	75.000,00	7.500,00	10,0	75.000,00-	7.500,00-	10,0-	3	9	0	
SEITE 3	75.000,00	7.500,00	10,0	75.000,00-	7.500,00-	10,0-	3	9	0	

Abbildung 8.61 Abschnitt auswählen

Danach bearbeiten Sie den zweiten Bereich **Zugeordnete Bereiche/Blöcke des ausgewählten Abschnitts** (siehe Abbildung 8.62). Markieren Sie dort den Bereich, dem Sie das Angebot zuordnen wollen, in unserem Beispiel den Bereich **Pasta**.

Zugeordnete Bereiche/Blöcke des ausgewählten Abschnitts

BerName	Event-Position	Verfügbare Blöcke		Prognose berücksichtigt				Prognose akzeptiert			
		Geplant	Offen	Umsatz	Gewinn	Marge (%)	Berücksichtigte Angebote	Umsatz	Gewinn	Marge (%)	Akzeptierte Angebote
Pasta	1	0	2	0,00	0,00	0,0	0	0,00	0,00	0,0	0
SEITE 2-1	2	0	3	0,00	0,00	0,0	0	0,00	0,00	0,0	0
SEITE 2-2	3	0	3	0,00	0,00	0,0	0	0,00	0,00	0,0	0
SEITE 2-3	4	0	3	0,00	0,00	0,0	0	0,00	0,00	0,0	0
SEITE 3-1	5	0	3	0,00	0,00	0,0	0	0,00	0,00	0,0	0

Abbildung 8.62 Bereich auswählen

Anschließend ordnen Sie die Angebote im dritten Bereich **Angebotszuordnung** zu. Dazu nutzen Sie die Angebotssuche, die Sie über den Button **Angebote suchen** aufrufen können (siehe Abbildung 8.63).

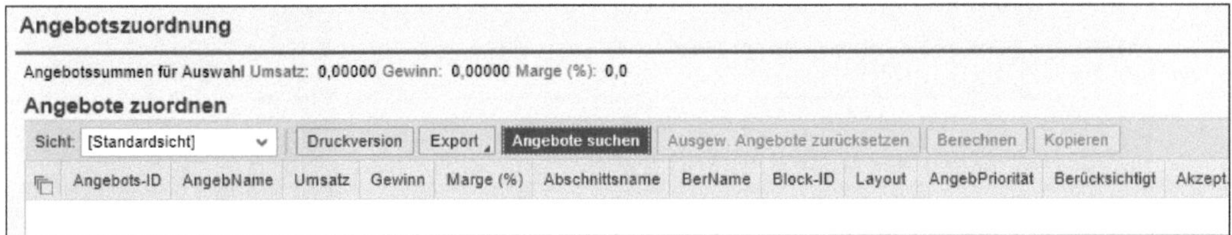

Abbildung 8.63 Angebot zuordnen

Das System sucht jetzt nach allen Angeboten, die zu diesem Event passen. Dazu müssen mindestens folgende Kriterien erfüllt sein:

- Angebots- und Event-Gültigkeit müssen sich mindestens einen Tag überschneiden.
- Werbemittel und Werbemittelart von Angebot und Event müssen identisch sein.
- Die Angebote müssen den Status **genehmigt** haben.
- Angebot und Event muss die gleiche Stammdatensystem-ID zugeordnet sein.
- Die Lokationshierarchie des Angebots und die Marktversion des Events müssen identisch sein.

Sie können in dieser Ansicht auch ein Angebot mit Referenz zum Event erstellen und pflegen. Dann sind alle genannten Bedingungen erfüllt, da das System die Daten aus dem Event übernimmt.

Abbildung 8.64 zeigt die von der Angebotssuche gefundenen Angebote. Sie können einem Abschnitt des Events mehrere Angebote zuordnen. Pro Abschnitt kann aber nur ein Angebot akzeptiert werden. Dies unterstützt den Kommunikationsprozess zwischen dem Marketing und dem Einkauf. Als Einkäufer können Sie mehrere Angebote einem Abschnitt zuordnen und dann das beste davon akzeptieren, indem Sie das Häkchen in der Spalte **Akzept.** setzen. Das akzeptierte Angebot wird dann an die

Exportschnittstellen weitergegeben und z. B. an das DTP-System und/oder SAP S/4HANA Retail weitergeleitet.

BerName	Event-Position	Geplant	Offen	Umsatz	Gewinn	Marge (%)	Berücksichtigte Angebote	Umsatz	Gewinn	Marge (%)	Akzeptierte Angebote
Pasta	1	0	2	0,00	0,00	0,0	0	0,00	0,00	0,0	0
SEITE 2-1	2	0	3	0,00	0,00	0,0	0	0,00	0,00	0,0	0
SEITE 2-2	3	0	3	0,00	0,00	0,0	0	0,00	0,00	0,0	0
SEITE 2-3	4	0	3	0,00	0,00	0,0	0	0,00	0,00	0,0	0
SEITE 3-1	5	0	3	0,00	0,00	0,0	0	0,00	0,00	0,0	0

Angebotszuordnung

Angebotssummen für Auswahl Umsatz: 0,00000 Gewinn: 0,00000 Marge (%): 0,0

Angebote zuordnen

Sicht: [Standardsicht] | Druckversion | Export | Angebote suchen | Ausgew. Angebote zurücksetzen | Berechnen | Kopieren

Angebots-ID	AngebName	Umsatz	Gewinn	Marge (%)	Abschnittsname	BerName	Block-ID	Layout	AngebPriorität	Berücksichtigt	Akzept.	Hat Ausschlüss
480	Toskana Rotwein	0,00000	0,00000	0,0	VORDERSEITE	Pasta	1		Niedrig	✓	☐	
481	Spaghetti Bolognese	0,00000	0,00000	0,0	VORDERSEITE	Pasta	2		Niedrig	✓	✓	

Abbildung 8.64 Angebotszuordnung

8.1.8 Lieferantenvergütung anlegen

Die Lieferantenvergütung beschreibt Vereinbarungen mit dem Lieferanten, z. B. eine Abnahmemenge, ein Abnahmevolumen oder gezielte Aktivitäten in einem definierten Zeitraum. Die in SAP Promotion Management angelegten Lieferantenvergütungen werden an SAP S/4HANA Retail übergeben und dort in der Anwendung des Konditionskontrakts abgerechnet. Mehr über Konditionskontrakte erfahren Sie in Abschnitt 4.1.6, »Konditionskontrakt«.

Das Customizing für die Lieferantenvergütung finden Sie im Einführungsleitfaden über den folgenden Pfad:

Anwendungsübergreifende Komponenten • Demand Data Foundation • Datenpflege • Lieferantenvergütung.

Zur Anlage einer Lieferantenvergütung gelangen Sie über den Pfad **Aktionsplanung • Lieferantenvergütungspflege** oder über den Pfad **Services • Lieferantenvergütungsservices • Lieferantenvergütungspflege**.

Ab dem Release CARAB 5.0 FPS01 kann SAP Promotion Management in eine Partnerlösung eines Drittanbieters integriert werden, um Lieferantenvergütungen zu importieren und zu lesen und Angebote zu exportieren, die mit Fremdsystem-Lieferantenvergütungen verknüpft sind.

Vergütungsbedingungen

Sie können eine Lieferantenvergütung ähnlich wie ein Angebot und ein Event mit oder ohne Referenz anlegen. Wählen Sie **Anlage • ohne Referenz**, gelangen Sie in die Pflegemaske der **Vergütungsbedingungen**, die Sie in Abbildung 8.65 sehen.

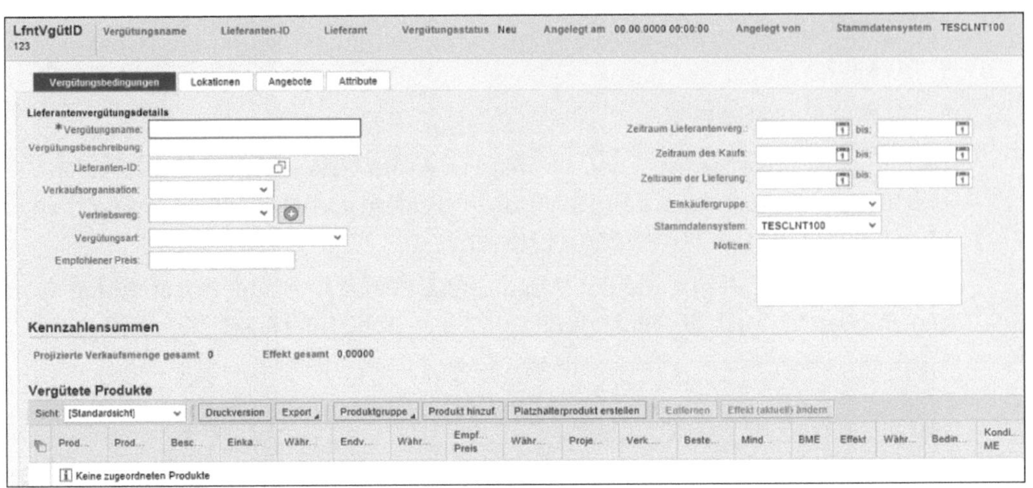

Abbildung 8.65 Pflegemaske für die Lieferantenvergütung

Die wichtigste Information, die Sie an dieser Stelle pflegen, ist – neben der Vertriebslinie – die **Vergütungsart**. Hier können Sie aus den folgenden Vergütungsarten auswählen:

- Rechnungsabschlag
- abverkaufsbasierter Bonus
- einkaufsbasierter Bonus
- Pauschale
- fester Betrag

Je nachdem, welche Vergütungsart Sie gewählt haben, müssen Sie weitere Daten einpflegen. Bei den Vergütungsarten **Rechnungsabschlag**, **Abverkaufsbasierter Bonus** und **Einkaufsbasierter Bonus** pflegen Sie zusätzlich noch die Felder, die Sie in Abbildung 8.66 sehen.

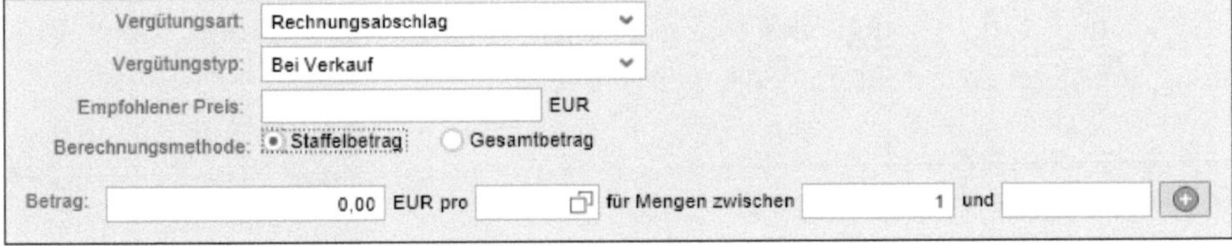

Abbildung 8.66 Zu pflegende Felder für die Vergütungsart »Rechnungsabschlag« (gilt auch für den abverkaufs- und einkaufsbasierten Bonus)

In allen drei Fällen wählen Sie den passenden **Vergütungstyp**. Hier stehen folgende Typen zur Auswahl:

- bei Verkauf
- bei Kauf
- bei Rechnungsstellung

Außerdem wählen Sie zwischen **Staffelbetrag** und **Gesamtbetrag**. Entscheiden Sie sich für den Gesamtbetrag, können Sie in den Feldern darunter nur die Gesamtmenge eingeben, auf die sich die Vergütung bezieht.

Möchten Sie eine Vergütung der Vergütungsart **Pauschale** oder **Fester Betrag** anlegen, müssen Sie noch die Felder füllen, die Sie in Abbildung 8.67 sehen.

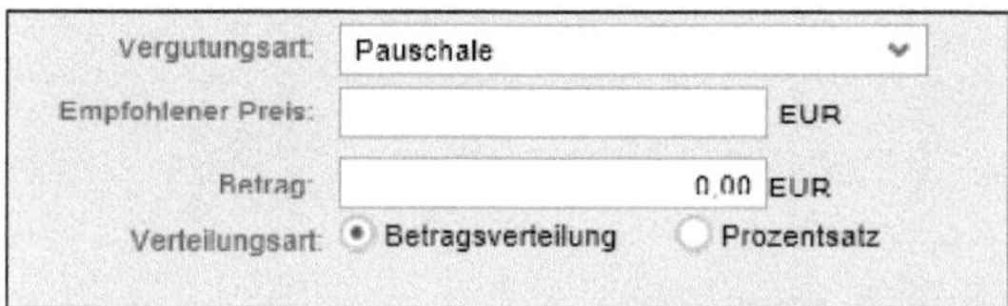

Abbildung 8.67 Pflegemaske »Pauschale« (gilt auch für einen festen Betrag)

Sollen die Vergütungsbedingungen nur für speziell verhandelte Produkte, Produktgruppen oder Platzhalterprodukte gelten, müssen diese in der Liste **Vergütete Produkte** gepflegt werden (siehe Abbildung 8.68).

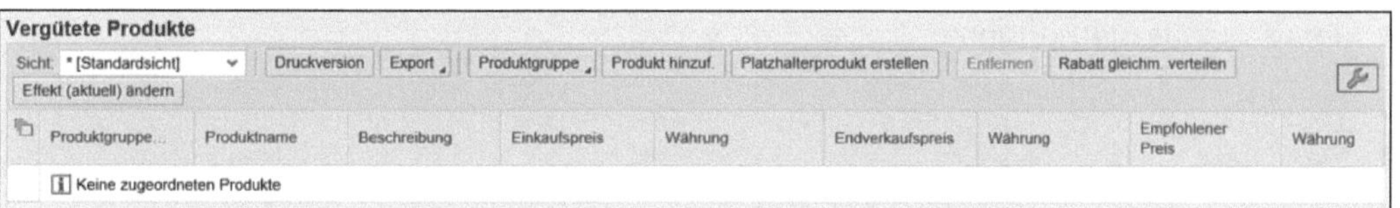

Abbildung 8.68 Produkte den Vergütungsbedingungen zuordnen

Lokationen und Angebote

Auf der Registerkarte **Lokationen** werden alle Lokationen (d. h. Filialen) angezeigt, die über die Vertriebslinie ermittelt wurden.

Auf der Registerkarte **Angebote** sehen Sie die zugeordneten Angebote. Die Zuordnung der Angebote erfolgt in der Angebotspflege.

8.1.9 Planungs-Workbench

Die Planungs-Workbench stellt die Planungsdaten den über die Events und Angebote erfassten und gebündelten Kennzahlen gegenüber. Sie können so z. B. die Kennzahlen für einzelne Events, Abschnitte und zu besetzende Blöcke miteinander vergleichen und sowohl den Fortschritt als auch die Abweichungen zum Plan messen und den Plan gegebenenfalls anpassen.

Die Planungs-Workbench rufen Sie über den Pfad **Aktionsplanung • Planungs-Workbench** auf. Abbildung 8.69 zeigt exemplarisch die Planungs-Workbench für ein Event.

Planungs-Workbench

Suchen

Aktionszeitraum: Nach Zeitraum (Von/Bis) | Von: | Bis:
Voreingest. Zeitraum: | Event-ID: 0 | Event-Name: Italienische Woche
Stammdatensystem: TESCLNT100 | Verkaufsorganisation: BP01 | Vertriebswege: 01 | Max. Anzahl Sätze: 500
Anzeigen: Benutzer-VAB/offene Abschnitte

Planung nach Event | Planung nach Abschnitt

Planung nach Event

Anlegen | Angebot mit Referenz erstellen | Angebot zuordnen | Event bearbeiten | Vorschau

Event-Name	Event-Beginndatum	Event-Enddatum	Geplante Bereiche	Geplante Positionen	Akzeptierte Angebote	Planumsatz	Umsatzprognose	Planmarge (%)	Margenprognose (%)	Plangewinn	Gewinnprognose
Gesamt			9	29	1	300.000,00	0,00	15,0	0,0	45.000,00	0,00
Italienische Woche	05.09.2017	30.09.2017	9	29	1	300.000,00	0,00	15,0	0,0	45.000,00	0,00
VORDERSEITE			1	3	1	50.000,00	0,00	20,0	0,0	10.000,00	0,00
SEITE 2			3	9	0	75.000,00	0,00	10,0	0,0	7.500,00	0,00
SEITE 3			3	9	0	75.000,00	0,00	10,0	0,0	7.500,00	0,00
RÜCKSEITE			2	8	0	100.000,00	0,00	20,0	0,0	20.000,00	0,00

Abbildung 8.69 Planungs-Workbench

8.2 Integration von SAP Promotion Management mit SAP S/4HANA Retail und weiteren Umsystemen

SAP Promotion Management empfängt Daten aus dem angebundenen SAP S/4HANA Retail, sendet aber auch Daten zur Weiterverarbeitung an das SAP-S/4HANA-Retail-System. Abbildung 8.70 stellt den Datenfluss zwischen diesen beiden Systemen grob dar.

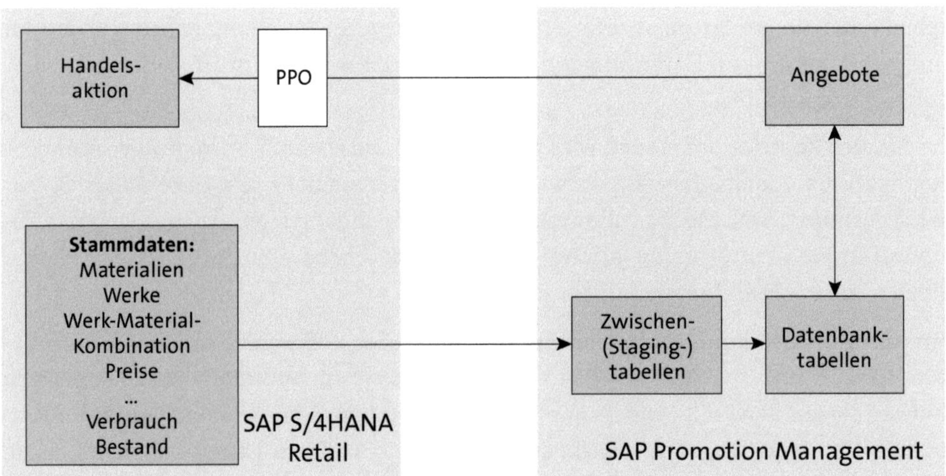

Abbildung 8.70 Datenfluss zwischen SAP S/4HANA Retail und SAP Promotion Management

In den folgenden Abschnitten beschreiben wir diesen Datenaustausch genauer.

8.2.1 Stammdaten aus SAP S/4HANA Retail importieren

Unter einer *Replikation* von Daten versteht man die Versorgung des SAP-Promotion-Management-Systems mit planungsrelevanten Daten aus SAP S/4HANA Retail, wie z. B. Materialstammdaten, Werksstammdaten und Verbräuchen. Diese Übertragung der Daten erfolgt per *Remote Function Call* (RFC). Durch die Replikation der Daten wird sichergestellt, dass die Daten in SAP S/4HANA Retail und SAP Promotion Management konsistent sind. SAP S/4HANA Retail ist dabei das führende System. Alle Änderungen in SAP S/4HANA Retail werden umgehend in SAP Promotion Management repliziert. Diese Daten sind dann in SAP Promotion Management verfügbar und können für die Aktionsplanung verwendet werden.

Der Replikationsprozess erstreckt sich also über zwei Systeme, das SAP-S/4HANA-Retail-System als *Stammdatensystem* und das SAP-Promotion-Management-System. Die benötigten Daten werden im Quellsystem (SAP S/4HANA Retail) ermittelt und dann an das empfangende System (SAP Promotion Management) übertragen. In SAP Promotion Management werden die empfangenen Daten in *Staging-Tabellen* abgelegt und können dort geprüft und verarbeitet werden. Bei erfolgreicher Verarbeitung werden die Daten in den relevanten Datenbanktabellen abgelegt und stehen der Verwendung im SAP-Promotion-Management-System zur Verfügung.

Replikationsprozess in SAP S/4HANA Retail

Die zentrale Transaktion für die Definition des Replikationsprozesses im SAP-S/4HANA-Retail-System ist Transaktion DRFOUT (siehe Abbildung 8.71).

Über diese Transaktion erfolgt sowohl die erstmalige Versorgung mit den Stammdaten als auch die Änderungsversorgung. Darüber können Sie einen Report starten, der aufgrund der großen Datenmengen, die übertragen werden, im Hintergrund ausgeführt werden sollte.

Im Bereich **Replikationsmodell** wird Ihnen das für die Datenübertragung verwendete Replikationsmodell angezeigt. Es wird im Customizing definiert. Über dieses Objekt wird gesteuert, welches das stammdatenempfangende System ist und welche Outbound-Implementierungen (also welche Stammdaten- bzw. Business-Objekte) in der Replikation verwendet werden können.

Im Bereich **Outbound-Implementierung** können Sie definieren, welches Stammdaten- bzw. Business-Objekt an das empfangende System gesendet werden soll. Dazu klicken Sie auf den Pfeil-Button, damit Ihnen eine Liste der möglichen Outbound-Implementierungen angezeigt wird (siehe Abbildung 8.72). Als Beispiele seien hier die Warengruppe, der Artikel und die Artikel-Betrieb-Kombinationen genannt.

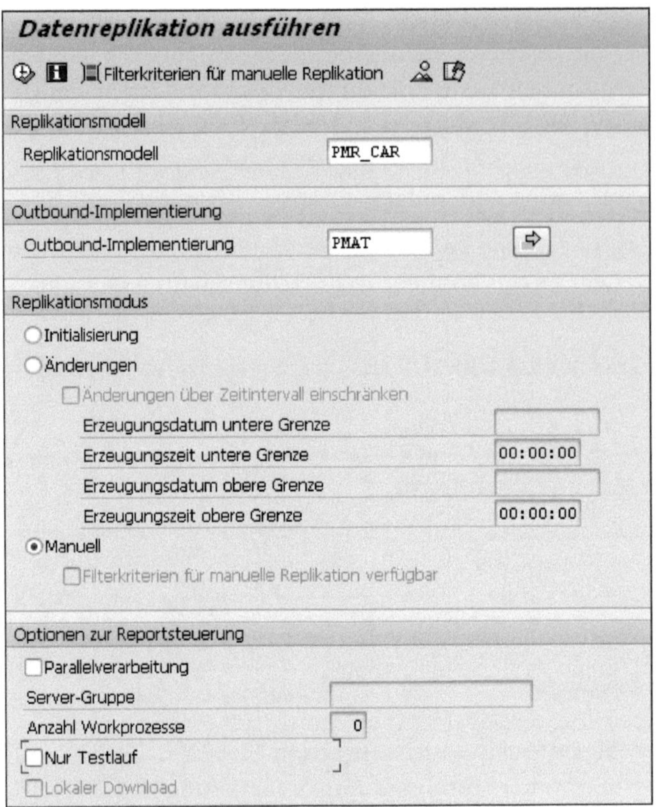

Abbildung 8.71 Transaktion DRFOUT

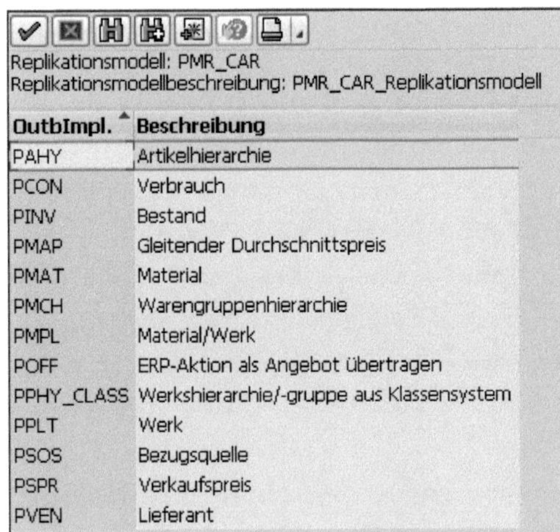
Replikationsmodell: PMR_CAR
Replikationsmodellbeschreibung: PMR_CAR_Replikationsmodell

OutbImpl.	Beschreibung
PAHY	Artikelhierarchie
PCON	Verbrauch
PINV	Bestand
PMAP	Gleitender Durchschnittspreis
PMAT	Material
PMCH	Warengruppenhierarchie
PMPL	Material/Werk
POFF	ERP-Aktion als Angebot übertragen
PPHY_CLASS	Werkshierarchie/-gruppe aus Klassensystem
PPLT	Werk
PSOS	Bezugsquelle
PSPR	Verkaufspreis
PVEN	Lieferant

Abbildung 8.72 Outbound-Implementierungen zum Replikationsmodell PMR_CAR

Im Bereich **Replikationsmodus** können Sie steuern, ob es sich um eine initiale Versorgung, eine Änderungsversorgung oder eine manuell erzeugte Versorgung handelt. Bei der manuellen Versorgung können Sie in bestimmten Outbound-Implementierungen Filterkriterien vorgeben, wie z. B. Material und Werk. Voraussetzung für die Änderungsversorgung und die manuelle Anforderung ist eine vorher durchgeführte initiale Versorgung mit den relevanten Stammdatensätzen.

Im Bereich **Optionen zur Reportsteuerung** können Sie definieren, ob ein Testlauf der Versorgung erfolgen soll. Darüber hinaus können Sie Einstellungen für eine Parallelverarbeitung vornehmen.

Nach der Ausführung von Transaktion DRFOUT wird das Ergebnis der Replikation ausgegeben.

[!]

Logische Reihenfolge der Stammdatenobjekte

Bei der Ausführung der Replikation muss immer auf die logische Reihenfolge der Stammdatenobjekte geachtet werden. Zum Beispiel müssen erst die Warengruppen repliziert werden, bevor die Artikel versorgt werden können. Die Replikation der Artikel und die Replikation der Werke sind wiederum Voraussetzung für die Übertragung der Artikel-Betrieb-Kombinationen etc.

Eine weitere wichtige steuernde Transaktion ist Transaktion DRFF. Mit dieser Transaktion können Sie Filter für bestimmte Outbound-Implementierungen definieren, die bei der Replikation verwendet werden. Auf diese Weise ist es möglich, Daten in Paketen oder ausgewählten Datenbereichen zu übertragen.

[!]

Datenmengen in Einführungsprojekten gruppieren

Die Gruppierung der zu übertragenden Daten in Pakete und Datenbereiche ist bei einer stufenweisen Einführung von SAP Promotion Management wichtig. So können bestimmte Artikel oder Filialen schon über das SAP-Promotion-Management-System bewirtschaftet werden, während andere noch nicht live geschaltet wurden.

Auch kann eine Replikation von zu großen Datenmengen zu Problemen führen. Sie können also durch gezieltes Setzen der Filter die Daten in kleineren Paketeinheiten ins SAP-Promotion-Management-System replizieren (dazu gibt es auch Hinweise von SAP).

Transaktion DRFF ist keine SAP-GUI-Transaktion, sondern eine Browseranwendung, die Sie in Abbildung 8.73 sehen. Die Business-Objekte, die gefiltert werden können, sind hier in der Spalte **Filterkriterien** mit einem grün ausgefüllten Rechteck gekennzeichnet. Es gibt nicht zu jedem Business-Objekt einen aussteuerbaren Filter.

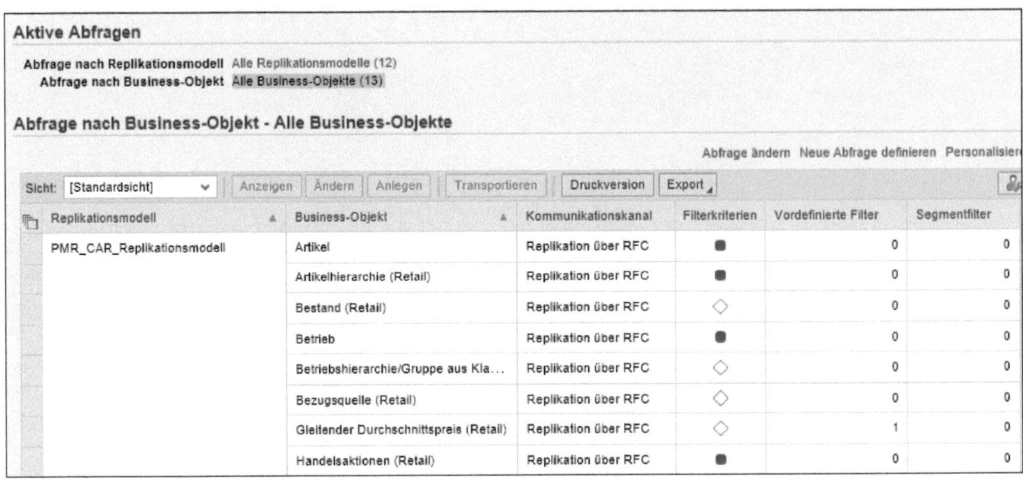

Abbildung 8.73 Transaktion DRFF im Browser

Die Filter können *exkludierende Filter* sein, bei denen bestimmte Werte von der Replikation ausgeschlossen sind. Sie können aber auch *inkludierende Filter* setzen, bei denen die Werte eingeschlossen werden. Darüber hinaus gibt es *generische Filter*, zu denen Sie manuell keine Werte vorgeben können.

Das Customizing der Replikation in SAP S/4HANA Retail finden Sie über folgenden Pfad:

Logistik Allgemein • Warenlebenszyklus • Optimierung • Ausgang.

Der Replikationsprozess in SAP Promotion Management

Nach erfolgter Replikation rufen Sie im SAP-Promotion-Management-System den Überwachungsmonitor über den Pfad **Services • Importe überwachen** auf. Hier können Sie die übermittelten Daten sichten und prüfen, den Verarbeitungsstatus und mögliche Fehler erkennen sowie die Eingangsdaten bearbeiten (siehe Abbildung 8.74). Die Daten werden dann in die Promotion-Management-Tabellen übernommen oder können bei Bedarf gelöscht werden.

> **Alternativer Zugang zu den importierten Daten**
>
> Neben dem Zugang über den Überwachungsmonitor können Sie die Verarbeitung der Daten auch über den Pfad **Staging-Tabellen bearbeiten • Eingang** ausführen.

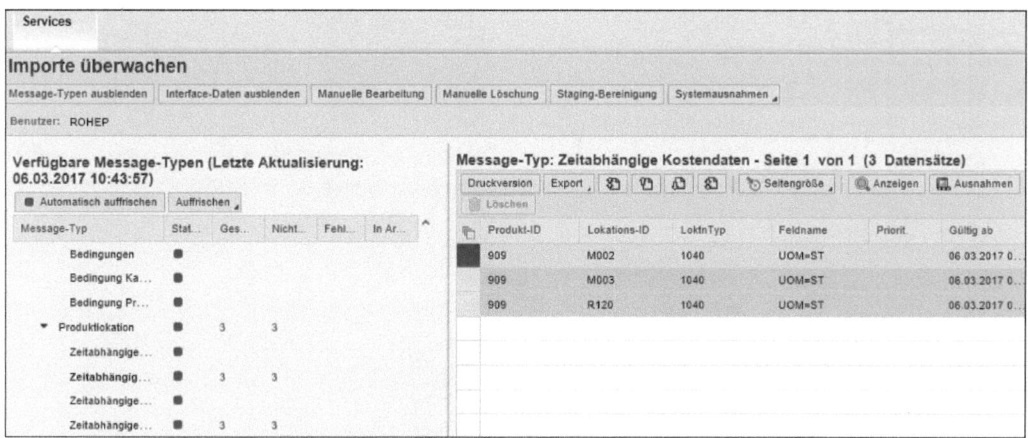

Abbildung 8.74 Funktion »Importe überwachen« in SAP Promotion Management

8.2.2 Angebote an SAP S/4HANA Retail übermitteln

Nach erfolgter Planung und entsprechender Angebotspflege wollen Sie die Angebote an das SAP-S/4HANA-Retail-System übermitteln und dort eine Handelsaktion generieren. Die Voraussetzung für diese Übertragung der Daten an das SAP-S/4HANA-Retail-System ist, dass das Angebot den Status **Empfohlen** oder **Genehmigt** hat und dass das späteste Freigabedatum für die Angebote nicht überschritten ist.

Sie können die Übertragung von Angeboten über den Event-Plan oder über den Angebotsplan anstoßen:

- **Über den Event-Plan**
  Der Anstoß über den Event-Plan hat den Vorteil, dass alle dem Event zugeordneten Angebote an SAP S/4HANA Retail übertragen werden. Eine Information, bei welchen Angeboten des Events die Übertragung gegebenenfalls fehlgeschlagen ist, finden Sie im Event-Plan allerdings nicht. Dazu müssen Sie in den Angebotsplan abspringen und die übertragenen Angebote prüfen.
- **Über den Angebotsplan**
  Werden die Angebote direkt aus dem Angebotsplan übertragen, können Sie den Verlauf der Übertragung sofort erkennen. Darüber hinaus wird die Nummer der generierten Handelsaktion angezeigt, und Sie können direkt in die generierte Handelsaktion abspringen.

In beiden Fällen erfolgt die Übertragung, indem Sie auf den Button **Übertr.** klicken. Sie finden diesen Button über die folgenden Pfade:

- **Aktionsplanung • Event-Plan**
- **Aktionsplanung • Angebotsplan**

Abbildung 8.75 zeigt die Übersicht der übertragenen Angebote im Angebotsplan.

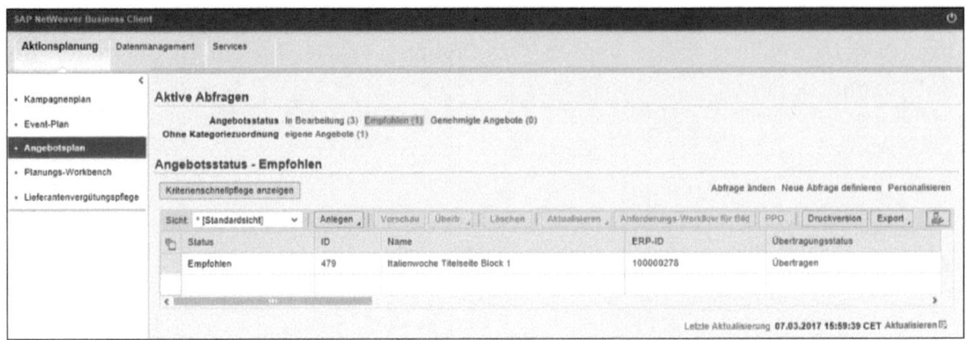

Abbildung 8.75 Anzeige eines an SAP S/4HANA Retail übertragenen Angebots im SAP Business Client

Angebote lassen sich in gleicher Weise aus der SAP-Fiori-App **Aktionsangebote verwalten** an SAP S/4HANA Retail übertragen. Hierzu können Sie in der Angebotsübersicht das Angebot oder die Angebote, die Sie übertragen wollen, markieren und dann den Button **Übertragen** anklicken. Oder Sie klicken den Button **Übertragen** im Angebot selbst an, dann übertragen Sie nur dieses.

Je nachdem, ob das übertragene Angebot ein Stattpreisangebot, ein Angebot mit Rabatt oder ein Bonuskauf ist, werden die Informationen auf unterschiedlichen Registerkarten der Handelsaktion ausgegeben: **Schnellerfassung**, **Rabatt** oder **Bonuskauf**. In der Handelsaktion wird auf Positionsebene die Angebots-ID abgespeichert. So ist immer eindeutig, aus welchem Angebot oder welchen Angeboten die Handelsaktion im SAP-S/4HANA-Retail-System erzeugt wurde.

Angebote zurückziehen

In bestimmten Fällen kann es nötig sein, bereits übertragene Angebote wieder zurückzuziehen. Dazu ist in SAP Promotion Management ebenfalls eine Funktion unter dem Button **Übertr.** verfügbar. Wählen Sie hier den Eintrag **Zurückz.** aus dem Dropdown-Menü (siehe Abbildung 8.76). Beim Zurückziehen einer Übertragung wird auch der Status der Folgeverarbeitung der Handelsaktion geprüft. Als Ergebnis des erfolgreichen Zurückziehens eines Angebots wird in der Handelsaktion in SAP S/4HANA Retail die Position gelöscht, die aufgrund des Angebots erstellt wurde.

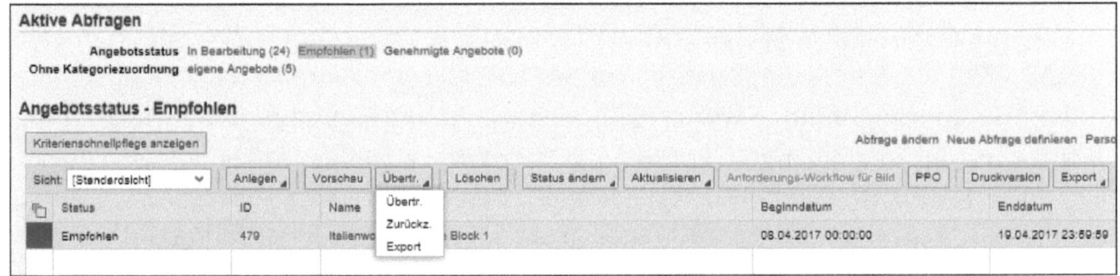

Abbildung 8.76 Angebot zurückziehen

Wenn in der SAP-Fiori-App der Link **Übertragen** ausgewählt wird, kann auch die Option **Widerrufen** ausgeführt werden. Das Ergebnis ist gleich dem Zurückziehen im SAP Business Client.

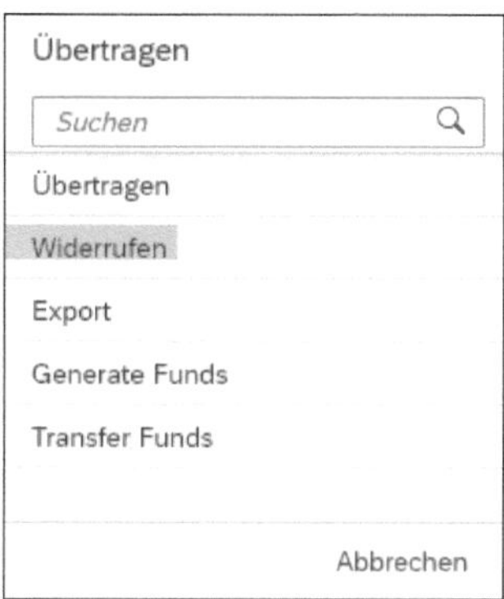

Abbildung 8.77 Angebot widerrufen in der SAP-Fiori-App »Angebote verwalten«

Angebote gruppieren

Um zu vermeiden, dass für jedes übertragene Angebot immer eine eigenständige Handelsaktion generiert wird, sind Gruppierungskriterien definiert. Anhand dieser Kriterien werden die Angebote mit bestimmten Ausprägungen unter einer Handelsaktion zusammengefasst. Die vordefinierten Gruppierungskriterien sind die Aktionsart, die Betriebe, der Gültigkeitszeitraum, die Zielgruppe und die Währung. Über ein Business Application Programming Interface (BAPI) können Sie zusätzlich kundenspezifische Anforderungen umsetzen.

Das Customizing der Angebotsübermittlung erfolgt über den folgenden Pfad in Transaktion SPRO:

Anwendungsübergreifende Komponenten • Datenpflege • Angebot • Angebotsexport ins Ausführungssystem.

8.2.3 Angebote mit SAP Omnichannel Promotion Pricing an Umsysteme übermitteln

Um sicherzustellen, dass in allen Vertriebskanälen korrekte und konsistente Verkaufspreise vorliegen, bietet SAP die Lösung *SAP Omnichannel Promotion Pricing* (SAP OPP) an. Eine Komponente von SAP OPP ist der *Aktionspreisfindungsservice* (engl. Promotion Pricing Service, PPS), der auch Pricing Engine genannt wird. Mit Aktivierung der Pricing Engine können die Daten von erstellten Angeboten an Umsysteme, z. B. an SAP Promotion Management, übertragen werden. Damit dies gelingt, muss im Customizing der Transfer der Daten aus der Demand Data Foundation (DDF) zu den OPP-Daten aktiviert sein. Die Pricing Engine berechnet dann den auf den gül-

tigen Angeboten basierenden, aktuell richtigen Verkaufspreis und stellt diesen allen angebundenen Kanälen zur Verfügung. So stellen Sie sicher, dass die Kasse, der Kundenauftrag in SAP S/4HANA Retail, der über SAP Commerce Cloud gesteuerte Onlineshop und alle anderen vertriebsorientierten Systeme mit demselben Preis versorgt werden.

Wenn Sie die Kassensoftware SAP Omnichannel Point of Sale by GK einsetzen, hat das den Vorteil, dass die dort eingesetzte Pricing Engine mit der Pricing Engine in SAP OPP identisch ist. Ein aufwendiges Mapping der Daten in die richtigen Strukturen und Formate entfällt somit.

[«]

ARTS-Standard

Der Service OPP und damit auch die Pricing Engine arbeiten nach dem Standard der Association for Retail Technology Standards (ARTS, siehe auch Abschnitt 6.2.3, »POS Inbound Processing Engine«) und unterstützen deshalb nicht alle in SAP Promotion Management definierbaren Angebotsarten. Umgekehrt werden aber Angebotsarten unterstützt, die Sie im Standard von SAP Promotion Management nicht pflegen können. Beschränkt sind hauptsächlich die Mix- und Match-Angebote. Genauere Informationen dazu finden Sie im SAP Help Portal unter: *http://s-prs.de/888008*

8.2.4 Integration von Fremdsystemen mit SAP Omnichannel Promotion Pricing

SAP bietet SAP Omnichannel Promotion Pricing (OPP) neben der On-Premise-Variante auch als reine Cloud-Variante an. Funktional unterscheiden sich die beiden Varianten jedoch nicht. Einzig die Pflege, die in der On-Premise-Variante standardmäßig über SAP Promotion Management erfolgt, wird für die reine Cloud-Variante über eine eigene Oberfläche abgebildet.

Haben Sie eine Software (z. B. ein Kassensystem oder eine Onlineshop-Applikation) eines Drittanbieters im Einsatz, die im Sinne eines Omnichannel-Szenarios dieselben Preise und Aktionsangebote erhalten soll wie die integrierten SAP-Anwendungen, können Sie das sogenannte *Offlineszenario* nutzen. Die Preise des Warenkorbes werden dann nicht zentral, sondern auf einer lokalen Instanz des PPS berechnet.

Dies kann eingesetzt werden, wenn die Stabilität der Internetverbindung zum zentralen Server nicht gewährleistet werden kann oder die Antwortzeiten sowie die Netzwerklatenz nicht akzeptabel sind. Aktionsregeln und reguläre Verkaufspreise werden dann in einem zentralen SAP-Customer-Activity-Repository-System gespeichert und über IDocs mit Transaktion DRFOUT exportiert. Diese IDocs können dann mithilfe eines IDoc-Eingangsdienstes, der auf dem lokalen Java-Anwendungsserver läuft, in eine lokale Datenbank importiert werden. Diese lokale Datenbank kann auf der gleichen

Hardware oder dem gleichen lokalen Netzwerk laufen wie die konsumierende Applikation. Abbildung 8.78 zeigt das Szenario Offline Promotion Pricing Service.

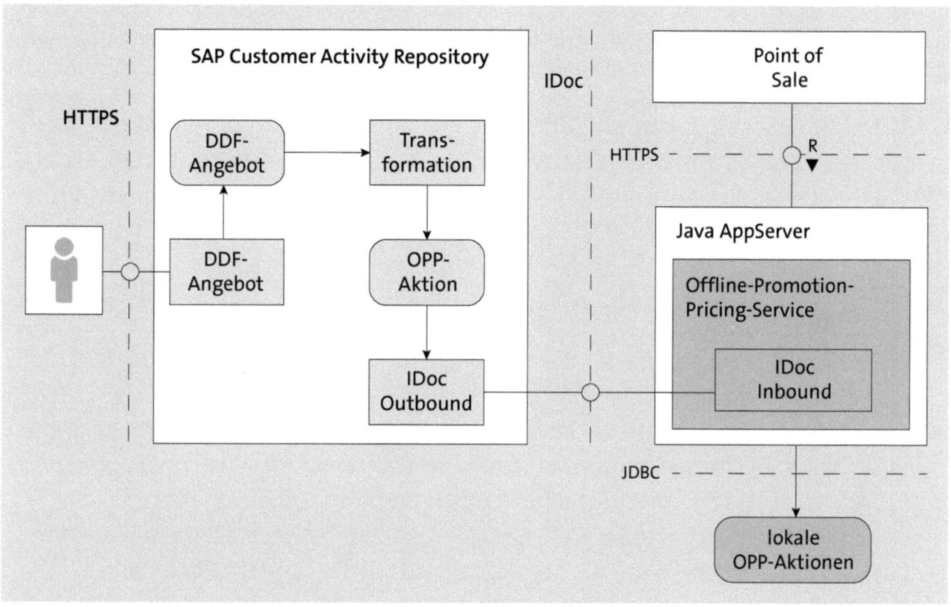

Abbildung 8.78 Ablauf von SAP Promotion Pricing Service

SAP Omnichannel Promotion Pricing steht aber auch als reiner Cloud-Service zur Verfügung und kann in alle Verkaufskanäle integriert werden. Folgende Spezifikationen beschreiben den Umfang der Anwendung (siehe Abbildung 8.79):

- Benutzeroberfläche zur Pflege von Aktionen direkt in SAP Promotion Pricing
- Datenuploadservice zum Hochladen von regulären Verkaufspreisen und Aktionsregeln in die Cloud-Umgebung
- Berechnungsdienst (Promotion Pricing Service) zur Berechnung der effektiven Verkaufspreise im jeweiligen Kundenkontext für ein Produkt oder für eine Reihe von Produkten unter Anwendung von Aktionsregeln
- Datenzugriffsdienst (Data Access Service) zum Lesen von Verkaufspreisen und Aktionsregeln
- Administrationsservice zum Löschen veralteter Verkaufspreise und Werberegeln in der Cloud-Umgebung
- Benutzeroberfläche zur Konfiguration bestimmter Parameter, die den Kalkulationsdienst beeinflussen (z. B. Rundungsregeln)

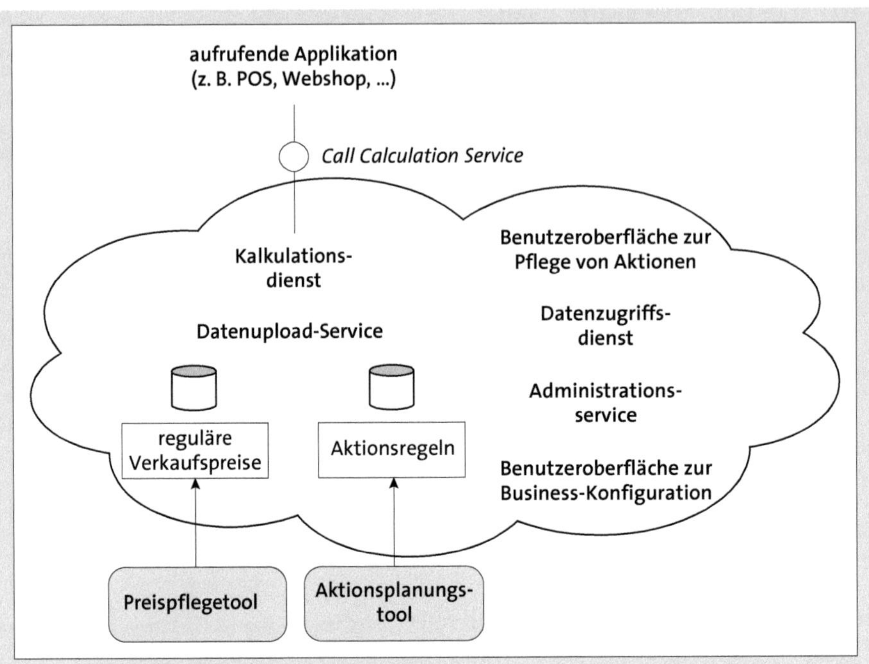

Abbildung 8.79 Architektur von SAP Omnichannel Promotion Pricing in der Cloud

Im entsprechenden User Interface können die Aktionen ähnlich wie in SAP Promotion Management gepflegt werden. Die Pflegemöglichkeiten, vor allem der Aktionsregeln, werden stetig weiterentwickelt. In Abbildung 8.80 sehen Sie z. B. die zum Zeitpunkt der Entstehung dieses Buches aktuellen SAP-Fiori-Apps zum Omnichannel Promotion Pricing.

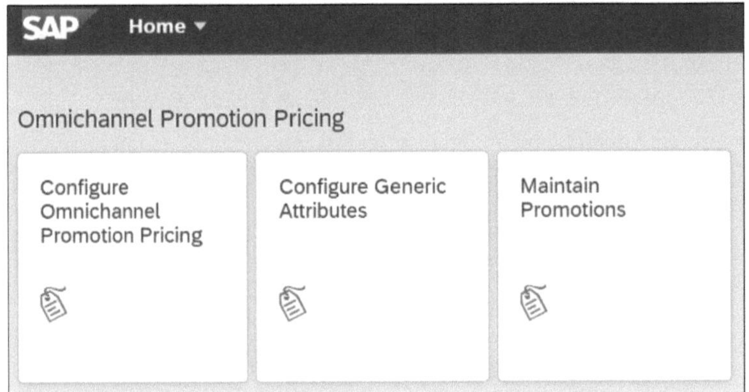

Abbildung 8.80 Apps zur Pflege in SAP Omnichannel Promotion Pricing

In der App **Maintain Promotions** können Sie z. B. Regeln für die Aktionen pflegen (siehe Abbildung 8.81). Die aktuellen Informationen finden Sie im Internet unter: *https://help.sap.com/viewer/product/OPP/Cloud*.

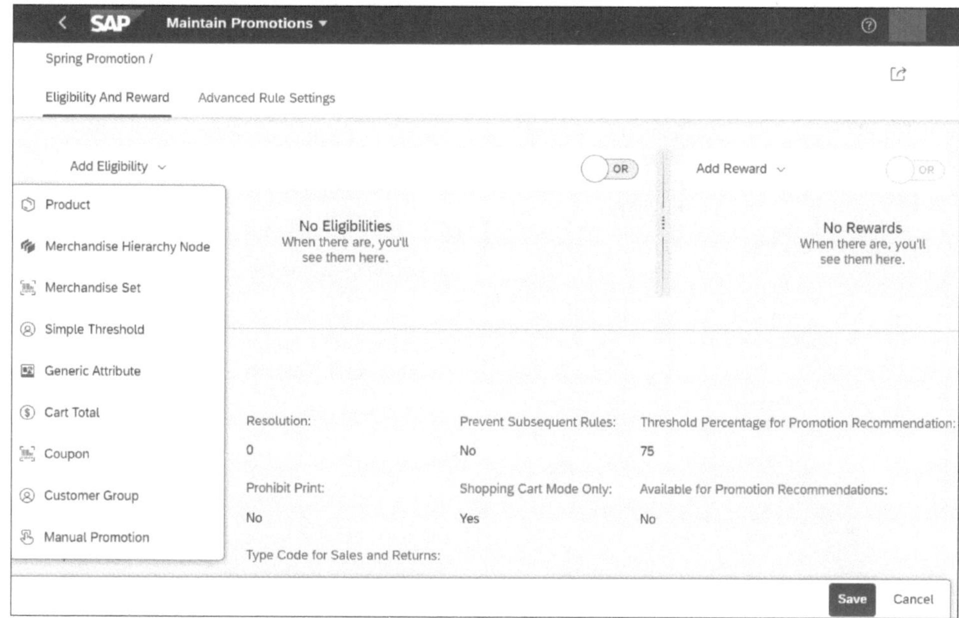

Abbildung 8.81 Aktionsregeln pflegen

8.2.5 Post Processing Office

Nach der Eingangsverarbeitung der Angebote in SAP S/4HANA Retail werden sowohl die positiv verarbeiteten Daten als auch Fehler im *Post Processing Office* (PPO) aufgelistet. Das Post Processing Office rufen Sie über Transaktion WPMLOG auf. Diese Transaktion können Sie über das SAP-S/4HANA-Retail-System oder durch einen Absprung aus dem Angebotsplan (Button **PPO**, siehe Abbildung 8.82) aufrufen.

Abbildung 8.82 Post Processing Office über den Angebotsplan aufrufen

Im Post Processing Office können Sie anhand vorgegebener Selektionskriterien die gewünschten Datensätze ermitteln. Abbildung 8.83 zeigt die Oberfläche des Post Processing Office. Folgende Aktivitäten werden unterstützt:

- Status der Eingangsverarbeitung einsehen
- Preisaktivierungen anstoßen
- Fehlermeldungen direkt bearbeiten

Sie können aus dem Post Processing Office in die relevanten Transaktionen oder Belege abspringen und bei bestimmten Fehlerkonstellationen automatisiert Änderungen ausführen. Zum Beispiel können Sie aus der Fehlermeldung heraus sowohl die Aktionspreise der Handelsaktion deaktivieren als auch die Aktionsposition mit einem Sperrgrund versehen.

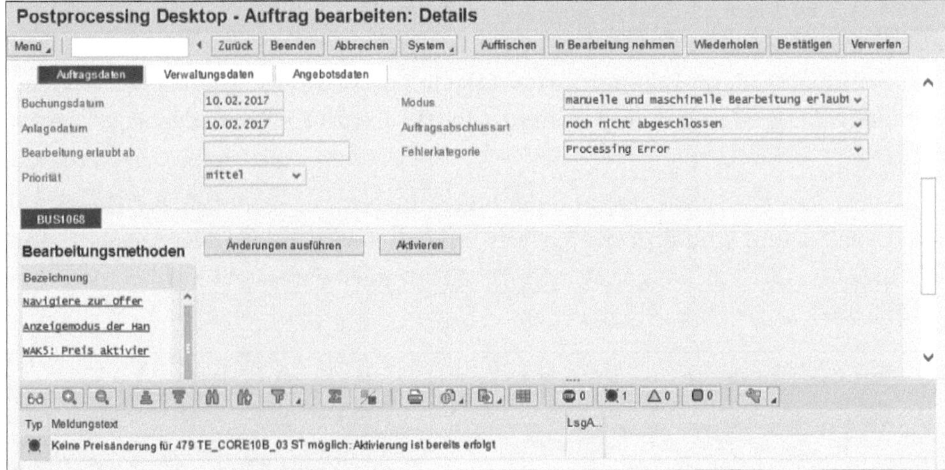

Abbildung 8.83 Post Processing Office

> **Übergreifende Funktion für die Eingangsverarbeitung in SAP S/4HANA Retail**
> Das Post Processing Office ist keine Anwendung, die ausschließlich für die Eingangsverarbeitung aus SAP Promotion Management verwendet wird, sondern eine anwendungsübergreifende Funktion.

8.2.6 Export an Desktop-Publishing-Systeme

Sie können die Daten für Events, die Sie in SAP Promotion Management erstellt haben, auch an DTP-Systeme (Desktop Publishing) im XML-Format exportieren. Dazu klicken Sie im Event-Plan auf den Button **An DTP exportieren** (siehe Abbildung 8.84). Auf diese Weise können Sie eine Beschreibung des Layouts Ihres Werbematerials an Systeme wie QuarkXPress oder Adobe InDesign exportieren. Ein Drittanbieter oder

SAP-Partner muss dazu eine Konvertierung der Daten, die SAP Promotion Management standardmäßig im XML-Format anlegt, in das Format vornehmen, das das jeweilige DTP-Programm erfordert. Neben dem XML-Format können Sie die Daten auch als flache Datei (Flat File) exportieren.

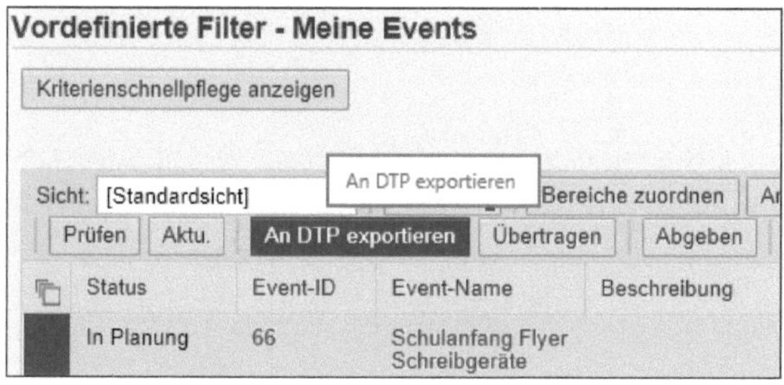

Abbildung 8.84 Event an ein DTP-System exportieren

Das Customizing dieses Datenexports erfolgt in Transaktion SPRO über den Pfad **Anwendungsübergreifende Komponenten • PMR • Exporte • Werbeexportparameter pflegen**.

Ist das Angebot bzw. das Event und die zugeordneten Angebote an das DTP-System weitergeleitet und sind dort die Layouts überarbeitet, können diese entsprechend über die SAP-Fiori-App **Ereignisse in Vorschau anzeigen** dargestellt werden (siehe Abbildung 8.85).

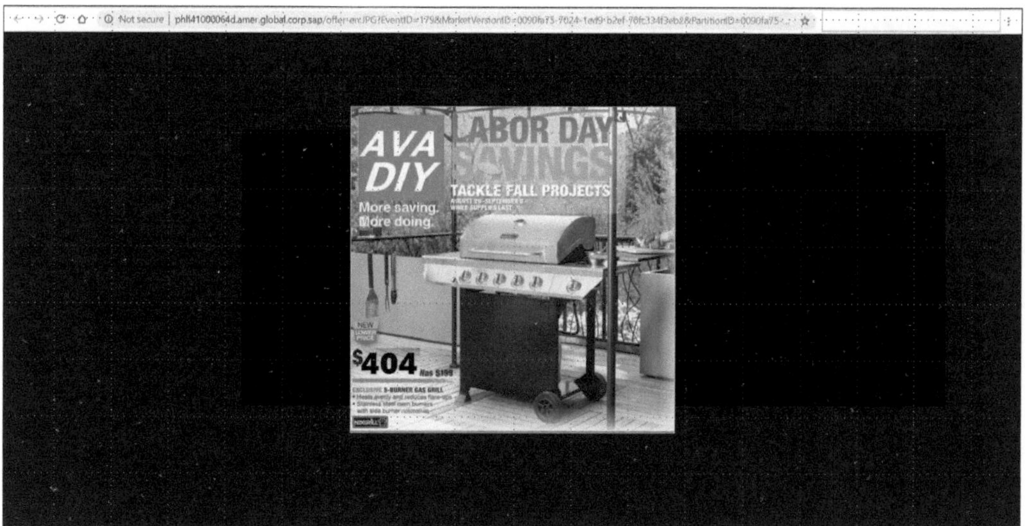

Abbildung 8.85 Layout des Angebots (von DTP-System bereitgestellt) als Vorschau

Kapitel 9
Sonderformen der Beschaffung

In diesem Kapitel gehen wir auf zwei unterschiedliche Beschaffungsformen ein, die Frischeabwicklung und die Beschaffung von Dienstleistungen.

Der Beschaffungsprozess im Handel ist komplex. Es gibt viele verschiedene Sortimente, die einen Einfluss auf die Beschaffung und die Bewirtschaftung der Waren haben. Beispiele dafür sind:

- Non-Food-Produkte (z. B. Hartwaren, Fashion, Möbel, Elektronik, Baustoffe, Medikamente und Dienstleistungen)
- Food- und Tiefkühlprodukte
- Near-Food-Produkte (z. B. Tierfutter)
- Frischeprodukte (z. B. Molkereiprodukte, Fleisch, Obst und Gemüse)
- Ultrafrischeprodukte (z. B. Salate, Beeren, Schnittblumen)

In diesem Kapitel möchten wir Ihnen einen Überblick über zwei Formen der Beschaffung geben. In Abschnitt 9.1 schauen wir uns zunächst die Frischeabwicklung mit SAP S/4HANA Retail an und widmen uns dann im Anschluss in Abschnitt 9.2 der Beschaffung von Dienstleistungen.

9.1 Frischeabwicklung

Frischeprodukte wie Blumen, Fisch und Meeresfrüchte, Fleisch und Wurst sowie Molkereiprodukte unterliegen besonderen Anforderungen für die Beschaffung bei Lieferanten und die Abgabe an die Filialen. Merkmale dieser Produkte sind geringe Mindesthaltbarkeitszeiten und häufig eng begrenzte Lieferkapazitäten der einzelnen Lieferanten.

Die Bestellbedarfe für die Filialversorgung werden daher oft von mehreren Lieferanten abgedeckt. Aus diesem Grund benötigt der Einkäufer ein spezielles Werkzeug für seine Arbeiten in der Disposition und Beschaffung. Es muss die wesentlichen Informationen zu den intern benötigten Mengen für die Filialen, mögliche Liefermengen, Einkaufspreise und Liefertermine übersichtlich zur Verfügung stellen. Primäres Ziel ist dabei, sowohl die externen Beschaffungsprozesse beim Lieferanten als auch die in-

terne Verteilung auf die eigenen Filialbetriebe mit optimierten Logistikprozessen zügig zu erledigen.

In diesem Abschnitt vermitteln wir Ihnen einen Überblick über die Beschaffung und die Abwicklung von Frischeprodukten in SAP S/4HANA Retail. Dazu stehen zwei unterschiedliche Lösungen zur Verfügung, die speziell auf die besonderen Anforderungen im Bereich Frische eingehen:

- die *Frischeabwicklung* auf Basis des SAP GUI bzw. SAP Fiori
- die *Frischebeschaffung* auf Basis des SAP Business Clients, d. h. als Client-Anwendung

Mit beiden Lösungen können Sie Frischeprodukte beschaffen und verteilen sowie an die Filialen abgeben.

Frischeabwicklung in SAP S/4HANA Retail

Unter SAP S/4HANA Retail 2020 FPS0 kann die Frischeabwicklung in ihrer ursprünglichen Form und Funktionsweise weiterhin genutzt werden. Wenn Sie anstelle des SAP GUI bereits SAP Fiori nutzen, können Sie auch aus dem SAP Fiori Launchpad auf die Frischeabwicklung zugreifen. Leider stand den Autoren zum Zeitpunkt der Veröffentlichung des Buches kein SAP-S/4HANA-System zur Verfügung, in dem die Frischedisposition implementiert ist.

Ziel der Frischeabwicklung ist die Erstellung einer *Frischedispositionsliste*, mit der die Einkäufer die Frischeartikel beschaffen können. Diese Liste wird mit der Transaktion WDFR erstellt. Da diese Transaktion das Kernstück der Frischeabwicklung bildet, verwenden wir im Folgenden den Transaktionscode WDFR auch als Synonym für die Frischeabwicklung.

Die Basis für die Erzeugung der Dispositionsliste ist ein zulässiger Arbeitsvorrat mit den gelisteten Artikeln der Artikelart Frische, die sogenannte *Sortimentsliste* für die Frischeprodukte. Diese Liste legen Sie, wie in Abschnitt 9.1.3, »Dispositionsliste«, beschrieben, für den disponierenden Betrieb an. Der disponierende Betrieb kann sowohl ein Verteilzentrum als auch eine Filiale sein. Dass die sonstigen Stammdaten für die Beschaffung gepflegt wurden (Lieferantenstammsätze, Einkaufsinfosätze für die externe Beschaffung sowie die entsprechende Ausprägung der beteiligten Betriebe mit Debitorenstämmen für die interne Abwicklung), betrachten wir an dieser Stelle als gegeben. Nähere Informationen dazu finden Sie in Kapitel 2, »Stammdaten«.

9.1.1 Varianten der Frischeabwicklung

Die Frischedisposition kann mit drei Verfahren erfolgen:

- **Bestellung**
  Diese Variante ist für die flexible manuelle Handhabung der Disposition vorgesehen. Mit einer Bestellung lassen sich sowohl die Fremdbeschaffung bei externen Lieferanten als auch die Abgabe der Ware an die Filialen abwickeln. In letzterem Fall wird eine Filialbestellung an das Verteilzentrum (Umlagerungsbestellung) erstellt.
- **Aufteiler**
  Wie in Abschnitt 5.4 »Warenverteilung«, beschrieben, nutzt man diese Funktion für zentrale Push-Prozesse, um die Gesamtbestellmenge auf die Filialen zu verteilen.
- **Sammelbestellung**
  Sie ist ein Verfahren für den Pull-Prozess, bei dem die Umlagerungsbestellungen der Filialen (Filialaufträge) berücksichtigt werden. Für diese Bestellmengen werden Sammelbestellungen erzeugt (siehe auch Abschnitt 4.3, »Nachrichtensteuerung in der Beschaffung«).

Jedes dieser Verfahren bestimmt den Aufbau der Dispositionsliste und die Art der Folgebelege, die erzeugt werden können. So kann z. B. die Nettopreispflege nur bei einer Bestellung erfolgen.

9.1.2 Customizing der Transaktion WDFR

Für die Frischeabwicklung können Sie abhängig von Ihren Anforderungen verschiedene Einstellungen vornehmen, die wir in diesem Abschnitt beschreiben.

Sortimentslistenart

Eine Sortimentslistenart muss definiert sein, um die Artikel in der Sortimentsliste klassifizieren und definieren zu können. Die Sortimentslistenart ist auch ein zentraler Selektionsparameter für die Artikel in der Frischedispositionsliste. Zur Aufbereitung der Sortimentslisten kann pro Sortimentslistenart eine eigene Zeitsteuerung gepflegt werden.

Das Customizing für die Sortimentslistenart nehmen Sie im Einführungsleitfaden unter **Logistik Allgemein • Sortiment • Sortimentslistenarten** vor. Man kann die Sortimentslistenart z. B. so wählen, dass die Artikel in Obst und Gemüse oder Fleisch und Wurstwaren eingeteilt werden (siehe Abbildung 9.1).

Sicht "Sortimentslistenart" ändern: Übersicht

Neue Einträge Mehr Anzeigen Beenden

Sortimentslistenart

SListart	Bezeichnung	VorlzeitSL	Zyklus Änderungvers.	Anzahl Ändergsvers.
1	SAP-Vorlage	3	7	32000
2	Molki	1	1	32000
3	F & G	1	1	32000
4	Flei-Fish	1	1	32000
5	Flei-Fish TK	1	1	32000
6	Convenience	1	1	32000
8	Backwaren	1	1	32000
L	Nur IDOC keine Versi	1	1	32000
R	SAP-Vorlage	1	1	32000

Abbildung 9.1 Sortimentslistenart

Sortimentslistenprofil

Über die Zuordnung der definierten Sortimentslistenart zu einem Sortimentslistenprofil werden diverse Steuerungsparameter für die Sortimentsliste festgelegt. Das Profil wird dem Betrieb zugeordnet, der die Frischedisposition vornimmt und die Sortimentsliste erstellt. Zum Beispiel werden durch die Ausprägung des Profils mit der Struktur `WBBP_WDFR` die Felder der Frischesortimentsliste bestimmt.

Das Customizing für das Sortimentslistenprofil nehmen Sie im Einführungsleitfaden unter **Logistik Allgemein • Sortimentslistenprofil pflegen** vor. Dem Sortimentslistenprofil **Z003 VZ** in Abbildung 9.2 werden Sortimentslistenarten zugeordnet.

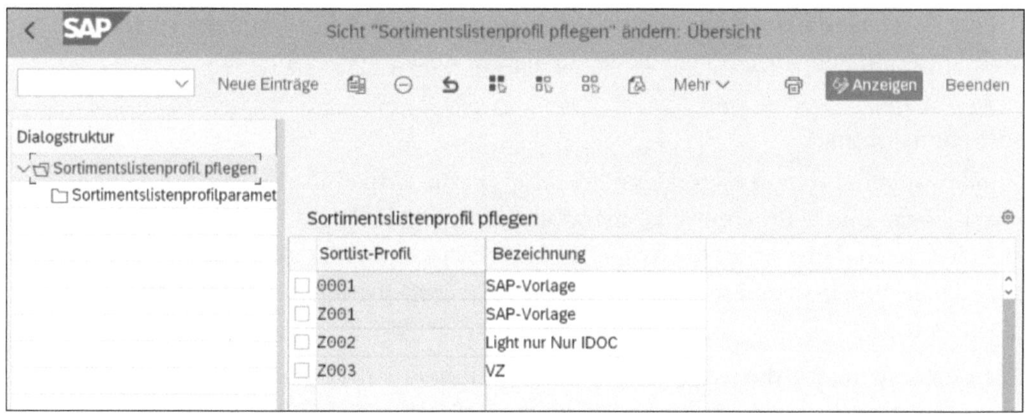

Sicht "Sortimentslistenprofil pflegen" ändern: Übersicht

Neue Einträge Mehr Anzeigen Beenden

Dialogstruktur
Sortimentslistenprofil pflegen
Sortimentslistenprofilparamet

Sortimentslistenprofil pflegen

Sortlist-Profil	Bezeichnung
0001	SAP-Vorlage
Z001	SAP-Vorlage
Z002	Light nur Nur IDOC
Z003	VZ

Abbildung 9.2 Sortimentslistenprofil

Abbildung 9.3 zeigt die Ausprägung des Sortimentslistenprofils **Z003 VZ**.

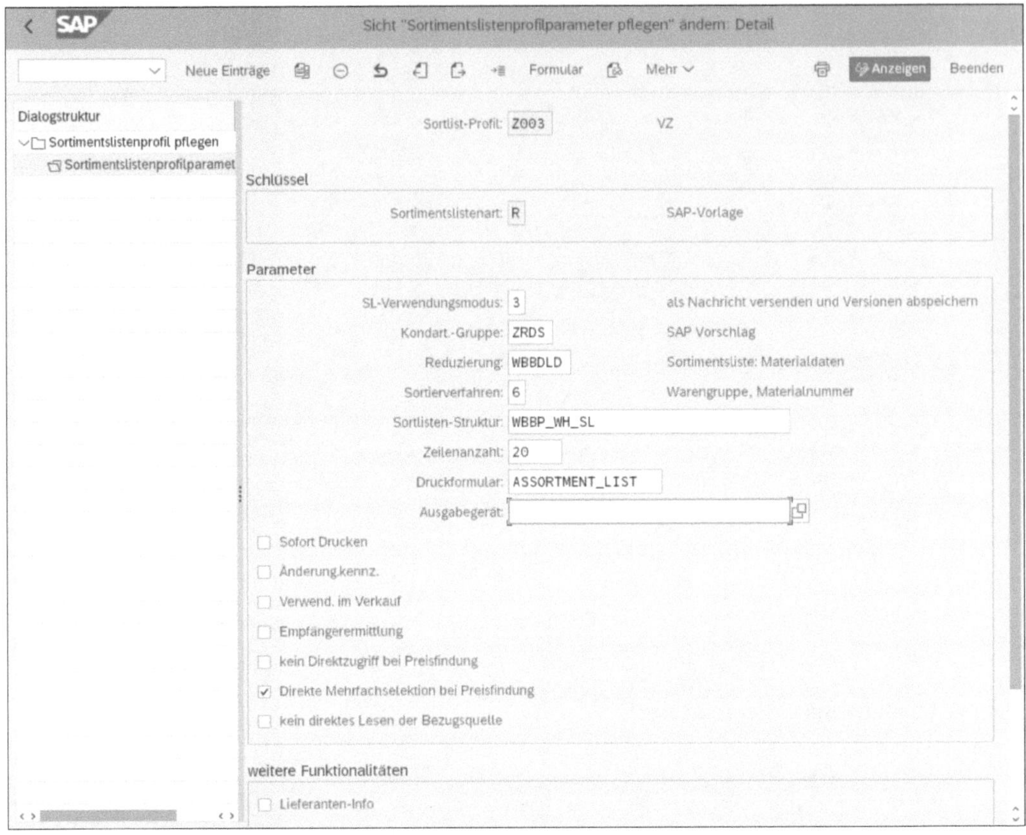

Abbildung 9.3 Sortimentslistenprofil Z003 VZ

Frische-Infosystem

Der Unterstützung der Frischedisposition dient das Frische-Infosystem, das Sie über die Umfeld-Funktion der Frischedispoliste aufrufen können. Mithilfe des Frische-Infosystems können Kennzahlen untersucht und ausgewertet werden. Abbildung 9.4 zeigt Ihnen den Selektionsbildschirm zum Aufruf des Frische-Infosystems.

Abbildung 9.5 gibt ein Beispiel für eine Zusammenstellung von Kennzahlen.

Im Frische-Infosystem stehen folgende Kennzahlen zur Verfügung:

- Bestellvolumen Menge
- Wareneingang Lieferant Menge
- Umlagerungen Menge
- Warenausgang VZ Menge
- Warenclearing Menge

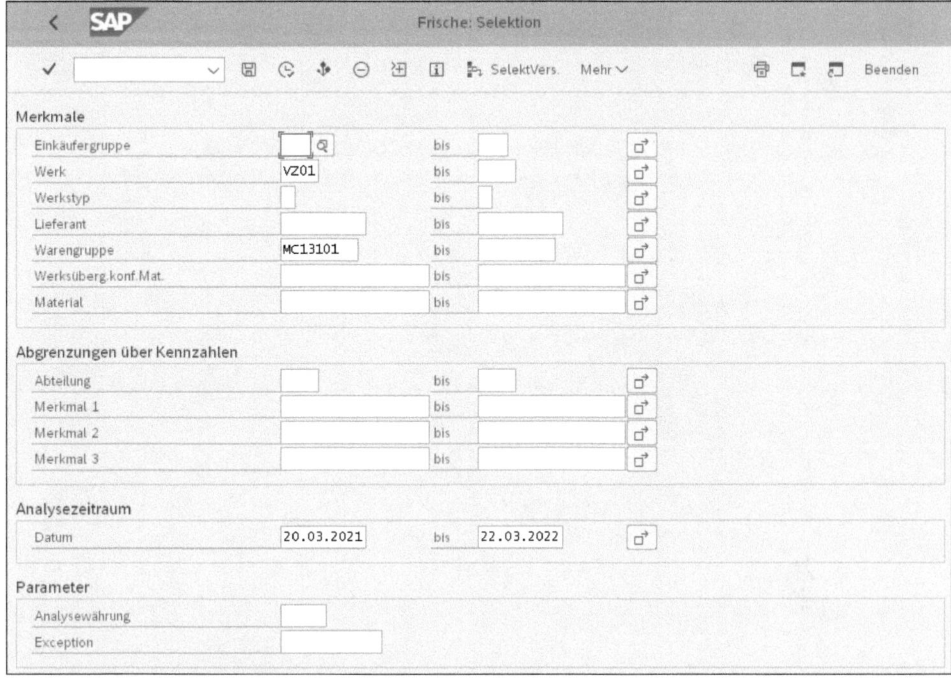

Abbildung 9.4 Frische-Infosystem

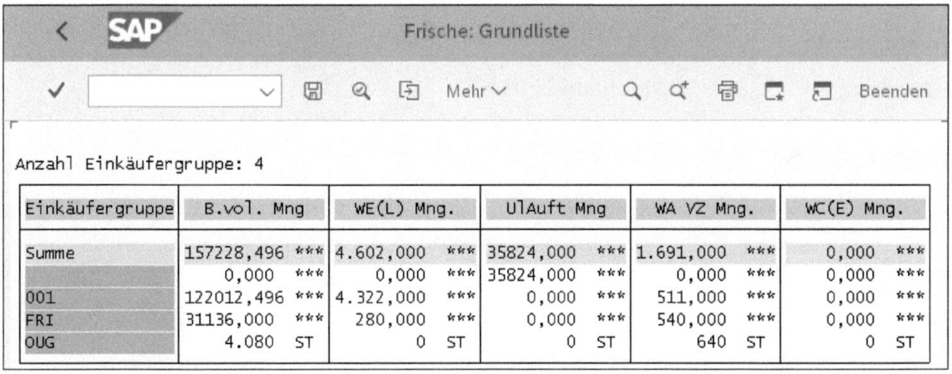

Frische: Grundliste

Anzahl Einkäufergruppe: 4

Einkäufergruppe	B.vol. Mng	WE(L) Mng.	UlAuft Mng	WA VZ Mng.	WC(E) Mng.
Summe	157228,496 ***	4.602,000 ***	35824,000 ***	1.691,000 ***	0,000 ***
	0,000 ***	0,000 ***	35824,000 ***	0,000 ***	0,000 ***
001	122012,496 ***	4.322,000 ***	0,000 ***	511,000 ***	0,000 ***
FRI	31136,000 ***	280,000 ***	0,000 ***	540,000 ***	0,000 ***
OUG	4.080 ST	0 ST	0 ST	640 ST	0 ST

Abbildung 9.5 Beispiel eines Frische-Infosystems

Anhand dieser Kennzahlen können Sie eine ABC-Analyse nach verschiedenen Kriterien und für frei definierbare Segmentgrößen durchführen. Abbildung 9.6 zeigt ein Beispiel für eine solche Auswertung.

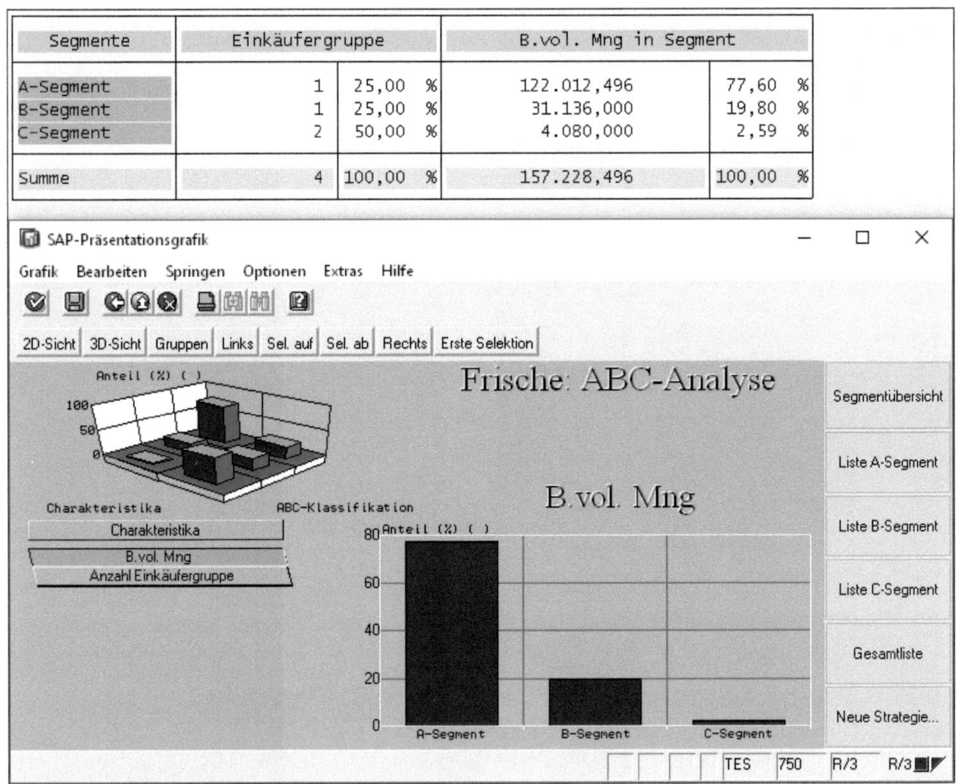

Segmente	Einkäufergruppe		B.vol. Mng in Segment	
A-Segment	1	25,00 %	122.012,496	77,60 %
B-Segment	1	25,00 %	31.136,000	19,80 %
C-Segment	2	50,00 %	4.080,000	2,59 %
Summe	4	100,00 %	157.228,496	100,00 %

Abbildung 9.6 ABC-Analyse

Als Voraussetzung für die Nutzung des Frische-Infosystems müssen Sie im Customizing die Fortschreibung der relevanten Infostruktur aktivieren. Für den Frischebereich stellt SAP standardmäßig die Infostruktur S160 bereit.

Das Customizing für das Frische-Infosystem nehmen Sie im Einführungsleitfaden unter dem folgenden Pfad vor:

Logistik Allgemein • Logistik-Informationssystem (LIS) • Logistics-Data Warehouse • Fortschreibung • Fortschreibungssteuerung • Fortschreibung aktivieren

Aktivieren Sie hier in der Warenwirtschaft (RIS) die Struktur **S160**, wie in Abbildung 9.7 gezeigt.

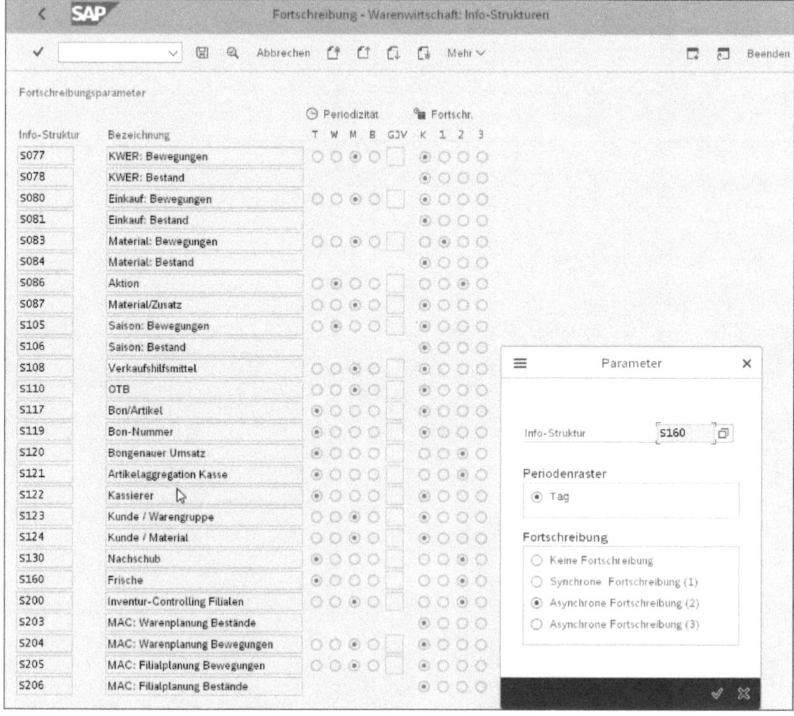

Abbildung 9.7 Fortschreibung von Infostrukturen

9.1.3 Dispositionsliste

Zur Erstellung und Bearbeitung der Dispositionsliste sind verschiedene Arbeitsschritte erforderlich, die wir in den folgenden Abschnitten beschreiben.

Selektion

Rufen Sie zunächst Transaktion WDFR auf. Sie gelangen in das Selektionsbild für den disponierenden Betrieb (siehe Abbildung 9.8). Wählen Sie im Bereich **Artikelauswahl** die zu bearbeitenden Artikel aus. Wählen Sie außerdem das **Bearbeitungsverfahren** (**Bestellung**, **Aufteiler** oder **Sammelbestellung**, siehe Abschnitt 9.1.1, »Varianten der Frischeabwicklung«). Grenzen Sie auf der Registerkarte **Beschaffung und Abgabe** den Termin für die Beschaffung beim Lieferanten (Bereich **Beschaffung**) sowie für die Filialbeschaffung (Bereich **Abgabe**) ein. Nachdem Sie Ihre Eingaben auf dem Selektionsbildschirm vorgenommen haben, klicken Sie auf **Ausführen**.

Die Terminblöcke in der Selektion sollten dabei berücksichtigen, welcher logistische Ablauf in der Beschaffungskette umsetzbar ist – von der Beschaffung beim Lieferanten bis zur Abgabe (Verteilung) an die Filialen. Mit dem Verkauf in der Filiale werden die prognostizierten Abverkäufe gedeckt. Abbildung 9.9 zeigt die Bestelllogik und den Lieferrhythmus anhand einer beispielhaften Lieferkette.

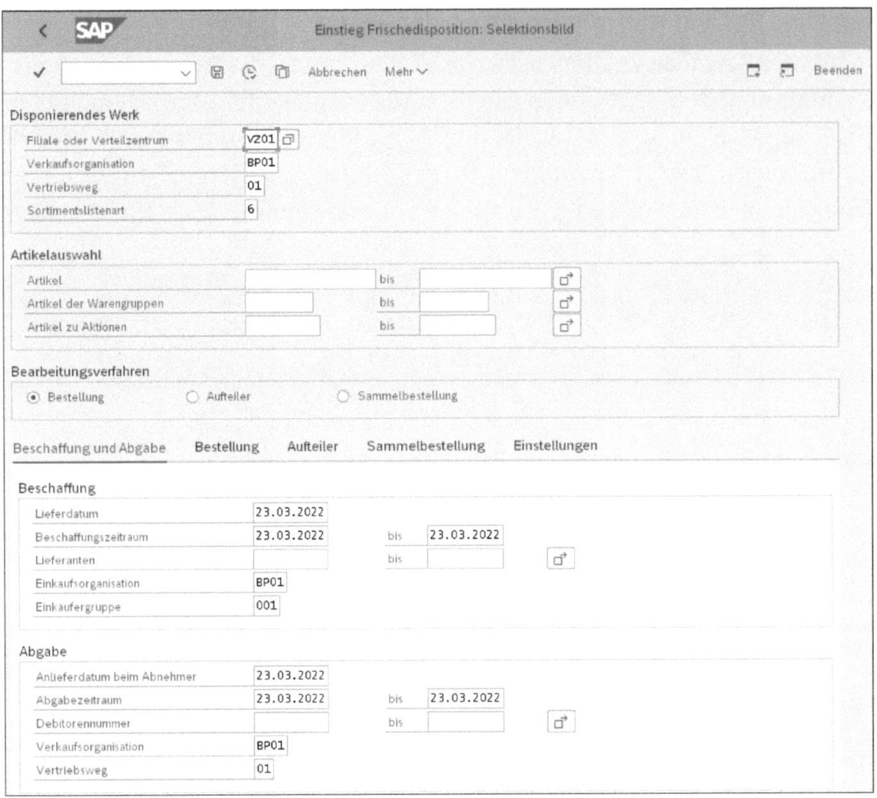

Abbildung 9.8 Einstieg in die Frischedisposition und Selektionskriterien

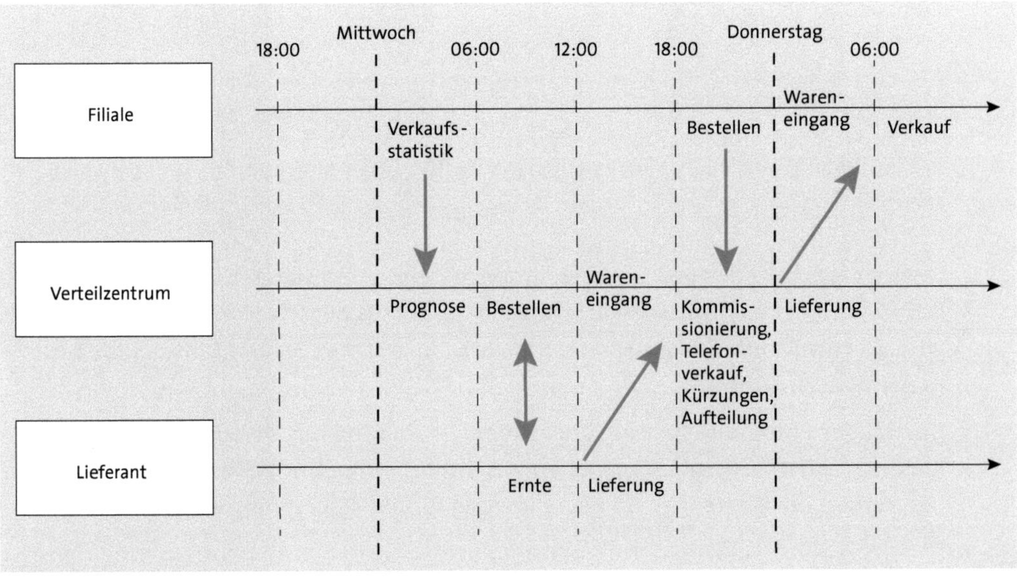

Abbildung 9.9 Beschaffungskette vom Lieferanten bis zur internen Filialversorgung

Disposition und Beschaffung mit der Dispositionsliste

Das Ergebnis der Eingaben auf dem Selektionsbildschirm ist die **Frischedispositionsliste**, die Sie in Abbildung 9.10 sehen. Sie listet die ausgewählten Artikel und deren mögliche Bezugsquellen (d. h. die Lieferanten) mit ihren Nettopreisen auf. Die Frischedispositionsliste lässt sich sowohl für eine Kombination aus Fremd- und interner Beschaffung als auch nur für die Fremd- oder nur für die interne Beschaffung einsetzen.

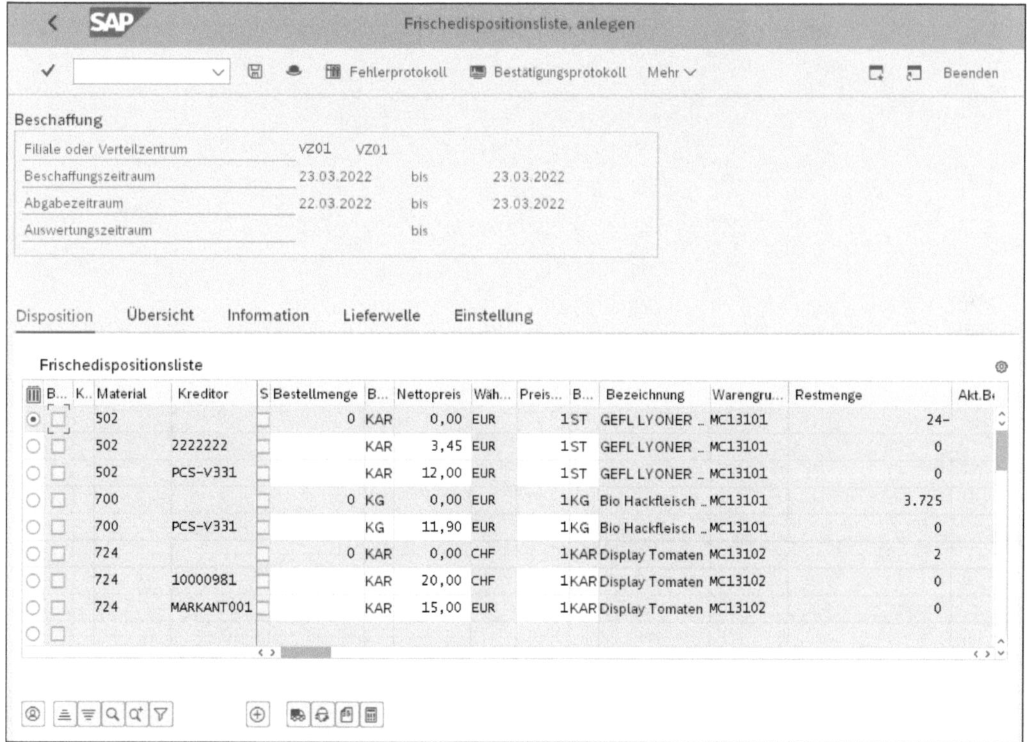

Abbildung 9.10 Frischedispositionsliste mit Bestellbedarf (aufgrund einer negativen Restmenge)

In einer Artikelzeile wird die Bestellmenge beim ausgewählten Lieferanten erfasst. Damit wird der zukünftige Bedarf abgedeckt, der als negative **Restmenge** dargestellt wird. Der ermittelte Einkaufspreis wird vom Einkäufer angepasst, falls sich die Bestellpreise ändern.

Im Fall der Fremdbeschaffung generieren Sie anhand der Dispositionsmenge neue Lieferantenbestellungen, gegebenenfalls zunächst in einem *Simulationsmodus*. Dabei werden die Werte im Feld **Bestellmenge** für alle Positionen auf der Liste berücksichtigt.

Berechnung der Bedarfsmengen

Bei der Ermittlung der richtigen Nachbestellmengen beim Lieferanten unterstützt SAP S/4HANA Retail die Einkäufer, indem es automatisch eine Restmenge berechnet und anzeigt. Welche Objekte in die Berechnung einbezogen werden, legen Sie bereits im Einstiegsselektionsbild von Transaktion WDFR auf der Registerkarte **Einstellungen** fest. Es können z. B. Lieferantenbestellungen, Filialbestellungen oder Abverkäufe für eine Prognose berücksichtigt werden.

Mit User Exits kann zusätzlich die Rechenlogik angepasst werden. Solche User Exits können auch an anderen Stellen der Frischeabwicklung verwendet werden, um Anpassungen vorzunehmen. Die relevanten User Exits erkennen Sie an den Namen `EXIT_SAPMWOG1_001` bis `EXIT_SAPMWOG1_015`.

Abgabeliste für die Abnehmer

Für den Abgabeprozess an die Filialen als *Abnehmer* rufen Sie die **Abgabeliste** zur Lagerbeschaffung auf. Hierfür gibt es innerhalb der Frischedispositionen den Button **Abnehmerdisposition**. In der Liste können Sie interaktiv die Mengen und die Termine für die Filialen anpassen. Die Abnahmemengen definieren Sie auf der Registerkarte **Abnehmerdisposition**. Die Termine können Sie auf der Registerkarte **Lieferwelle** einstellen. Abbildung 9.11 zeigt die Abgabeliste beispielhaft für mehrere Filialen.

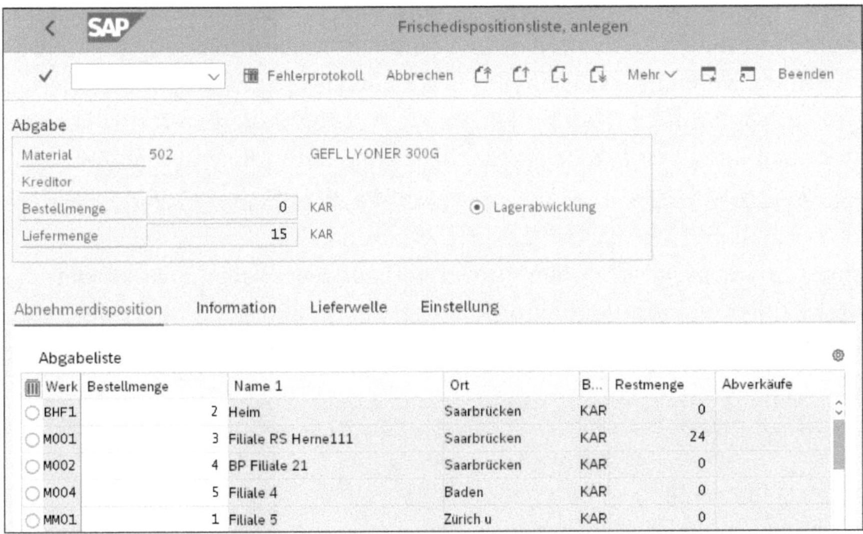

Abbildung 9.11 Abgabeliste

Als Ergebnis des Beschaffungsprozesses generieren Sie mit der Abgabeliste zusätzlich zur Lieferantenbestellung die *Umlagerungsbestellungen* von den Verteilzentren zu

den Filialen. Die Erstellung beider Bestellungen wird übersichtlich in Form eines Protokolls dokumentiert (siehe Abbildung 9.12), das Sie über den Button **Fehlerprotokoll** in der Funktionsleiste aufrufen können.

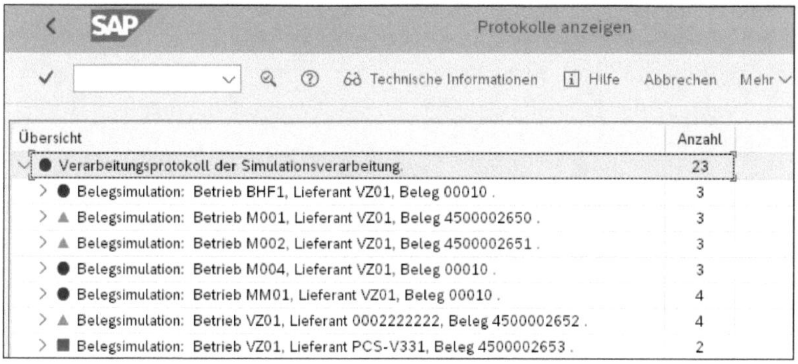

Protokolle anzeigen

Technische Informationen | Hilfe | Abbrechen | Mehr

Übersicht	Anzahl
Verarbeitungsprotokoll der Simulationsverarbeitung	23
Belegsimulation: Betrieb BHF1, Lieferant VZ01, Beleg 00010 .	3
Belegsimulation: Betrieb M001, Lieferant VZ01, Beleg 4500002650 .	3
Belegsimulation: Betrieb M002, Lieferant VZ01, Beleg 4500002651 .	3
Belegsimulation: Betrieb M004, Lieferant VZ01, Beleg 00010 .	3
Belegsimulation: Betrieb MM01, Lieferant VZ01, Beleg 00010 .	4
Belegsimulation: Betrieb VZ01, Lieferant 0002222222, Beleg 4500002652 .	4
Belegsimulation: Betrieb VZ01, Lieferant PCS-V331, Beleg 4500002653 .	2

Abbildung 9.12 Protokoll zur Lieferantenbestellung

9.1.4 Listen und Umfeldfunktionen

Unterstützend zur Frischedispositionsliste können für die Disposition die bekannten Listen aus der »normalen« Disposition und Beschaffung aufgerufen werden (Bestelllisten etc. aus Transaktion MD04). Außerdem sind ein Frische-Informationssystem und die Funktion der Handelskalkulation in die Frischeabwicklung integriert.

Über die Verknüpfung zum Frische-Informationssystem können diverse Auswertungen für das Controlling erstellt werden, z. B. eine ABC-Analyse, die Artikel in abverkaufsstarke und abverkaufsschwache Artikel einteilt (siehe auch Abschnitt »Frische-Infosystem« in Abschnitt 9.1.2). Außerdem kann auf der Basis dieser Information eine Ausnahmebehandlung im Rahmen eines Frühwarnsystems implementiert werden.

Die in der *Handelskalkulation* in SAP S/4HANA Retail kalkulierten Verkaufspreise werden direkt in der Frischedispositionsliste zusammen mit den zugrunde gelegten Einkaufspreisen angezeigt. Über den Button **Verkaufspreis kalkulieren** können die Preise neu kalkuliert werden. Abbildung 9.13 zeigt ein Beispiel.

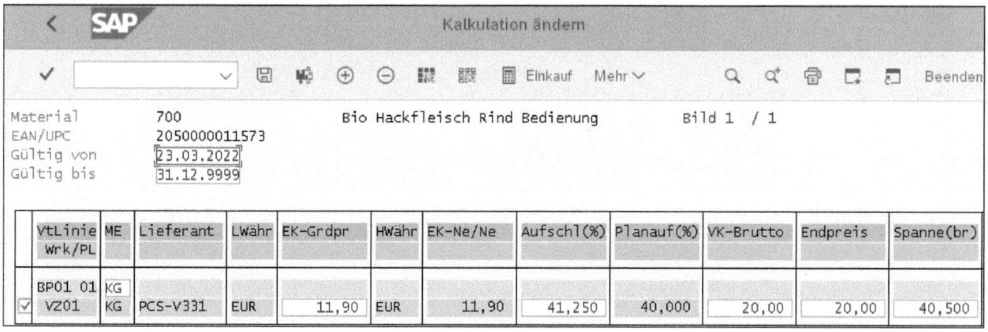

Kalkulation ändern

Einkauf | Mehr | Beenden

Material 700 Bio Hackfleisch Rind Bedienung Bild 1 / 1
EAN/UPC 2050000011573
Gültig von 23.03.2022
Gültig bis 31.12.9999

VtLinie Wrk/PL	ME	Lieferant	LWähr	EK-Grdpr	HWähr	EK-Ne/Ne	Aufschl(%)	Planauf(%)	VK-Brutto	Endpreis	Spanne(br)
BP01 01	KG										
VZ01	KG	PCS-V331	EUR	11,90	EUR	11,90	41,250	40,000	20,00	20,00	40,500

Abbildung 9.13 Beispiel für eine Handelskalkulation

9.1.5 Frischebeschaffung im SAP Business Client

Die Frischebeschaffung ist Bestandteil eines Business Function Sets, d. h., sie wird separat von den SAP-Softwarekomponenten ausgeliefert. SAP nennt diese Art der Auslieferung *Business Package*. Wie bei jeder Branchenlösung müssen Sie den Schalter für diese Business Function – `ISR_RET_PERISH_PROCUREMENT` – aktivieren, um die Funktion nutzen zu können.

Da die Funktionen der Frischebeschaffung über eine webbasierte Oberfläche bereitgestellt werden, muss außerdem die SAP-Softwarekomponente SAP Enterprise Portal 7.0 installiert sein. Inhaltlich unterscheiden sich die Ansichten zwischen dem altem SAP NetWeaver Business Client und dem neuen Business Client nicht, daher bilden wir hier noch die alten Screenshots ab.

Work Center »Frischebeschaffung«

Ihr Arbeitsbereich für die Frischebeschaffung, das sogenannte *Work Center*, ist im Gegensatz zu Transaktion WDFR keine einzelne Transaktion, sondern ein umfassendes Cockpit. Dieses Cockpit ist so aufgebaut, dass Sie alle wesentlichen Funktionen über einen einzigen Einstieg in der Arbeitsübersicht finden und aufrufen können. Dazu gehören die folgenden Funktionen:

- Listen zu Einkaufsbelegen
- vorbereitende Schritte im *Verantwortungsbereich*, in dem organisatorische und lieferbeziehungsrelevante Definitionen vorgenommen werden
- vorbereitende Schritte im *Artikelbereich*, in dem die *Artikelvorräte* festgelegt und die Einkäufergruppen zugeordnet werden
- BI-Reports

Je nach Prozessschritt können Sie diese Funktionen über die folgenden Bereiche aufrufen, die Sie in Abbildung 9.14 sehen:

- **Arbeitsübersicht** mit den vorbereitenden Arbeiten
- **Bedarfe überwachen**
- **Beschaffung und Verteilung**

Diese Bereiche decken alle Aufgaben der Frischebeschaffung ab, von den vorbereitenden Schritten über die Überwachung der Bedarfssituation bis hin zur eigentlichen Beschaffung und Verteilung.

[«]

Cockpit erweitern

Wenn Sie das Cockpit um kundeneigene Funktionen erweitern möchten, ist dies mithilfe der Web-Dynpro-Technologie möglich. Mithilfe der sogenannten *Personal Object Worklists* (POWLs) können Sie z. B. eigene *Queries* einbinden. Mit diesen Queries können Sie dann z. B. die Selektionskriterien für die anzuzeigenden Bestellungen ändern.

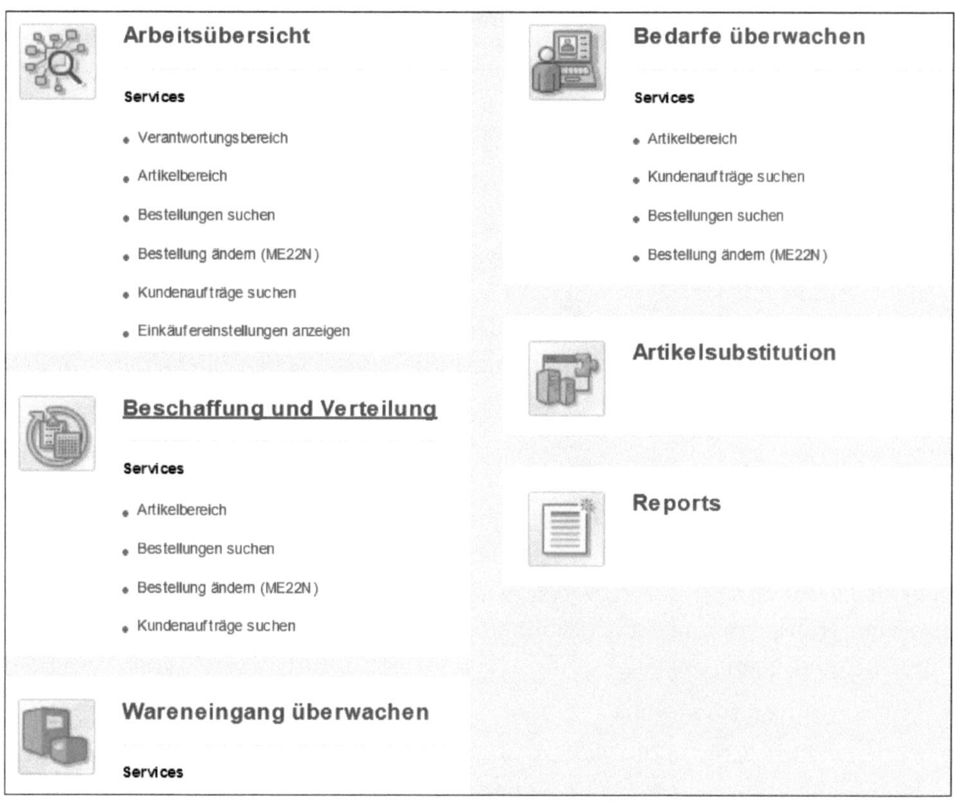

Abbildung 9.14 Work Center »Frischebeschaffung«

Verantwortungsbereich und Artikelbereich

Im Prozessschritt **Verantwortungsbereich** definieren Sie die organisatorischen und abnehmerrelevanten Zuordnungen sowie die Lieferbeziehungen zwischen den Lieferbetrieben und den Filialen als Kunden.

Im **Artikelbereich** werden die Artikelvorräte bzw. Produktvorräte bestimmt, die die Einkäufergruppen bearbeiten sollen. An dieser Stelle werden auch die Lieferanten für die einzelnen Artikel ausgewählt.

Beschaffung und Verteilung

Der eigentliche Kern der Frischebeschaffung besteht aus dem Arbeitsbereich **Beschaffung und Verteilung**. Hier finden Sie die folgenden drei Funktionen, jeweils pro Verteilzentrum (siehe Abbildung 9.15):

- **Artikel beschaffen**
- **Artikel verteilen**
- **Materialstatusmonitor öffnen**

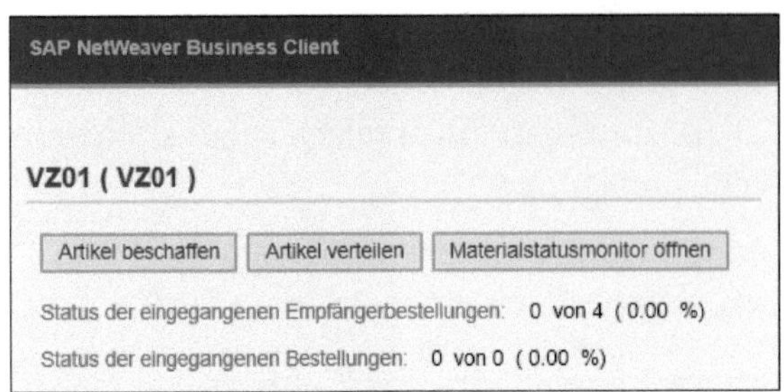

Abbildung 9.15 Aufruf der Listen zur Beschaffung und Verteilung

Mit der *Beschaffungsliste*, die Sie über den Button **Artikel beschaffen** aufrufen, können Sie Bestellungen an die Lieferanten sowie Umlagerungsbestellungen an die Filialen anlegen. Ihnen stehen hier folgende Bearbeitungsvarianten zur Verfügung:

- Beschaffung nach Artikel planen
- Beschaffung nach Lieferant planen

Sie können sich für jeden ausgewählten Artikel aus der Beschaffungsliste Details anzeigen lassen (z. B. den Preis, offene Bestellmengen, Bedarfe etc.). Außerdem können Sie von der Beschaffungsliste aus über den Button **Weitere Möglichkeiten** in andere Anwendungsbereiche abspringen. Abbildung 9.16 zeigt dies anhand der Beschaffungsliste nach Artikeln.

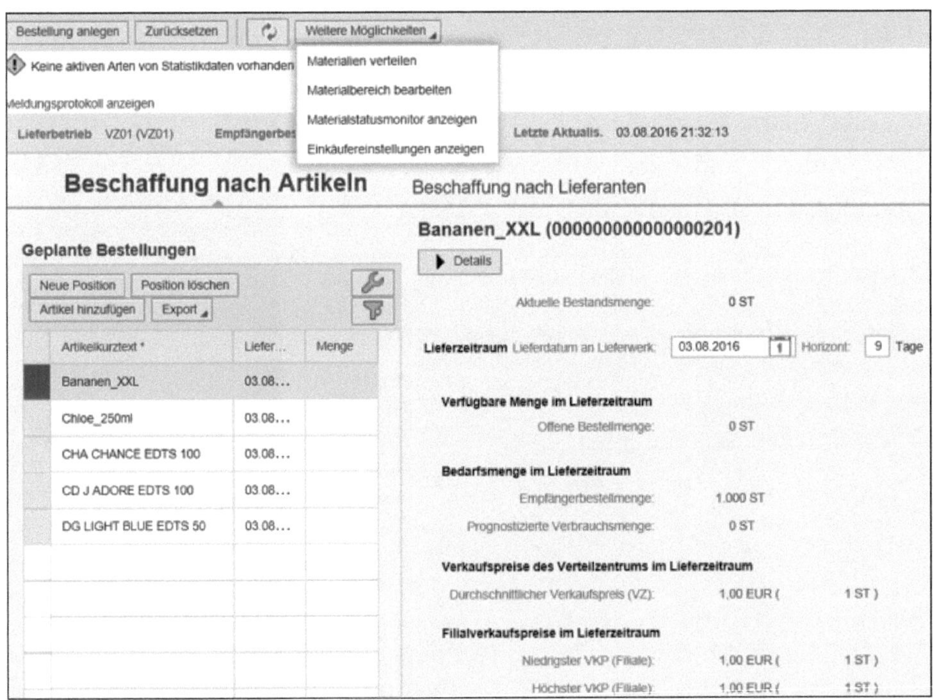

Abbildung 9.16 Beschaffungsliste nach Artikeln

Die *Verteilungsliste*, die Sie über den Button **Artikel verteilen** aufrufen, ist ein Arbeitsvorrat ausgewählter Artikel, die den empfangenden Betrieben, also den abnehmenden Filialen, zugeordnet werden sollen. Dazu stehen Ihnen folgende Funktionen in der Verteilungsliste zur Verfügung (siehe Abbildung 9.17):

- Verteilungsprozess für Empfänger planen und initiieren
- Umlagerungsbestellungen anlegen/ändern

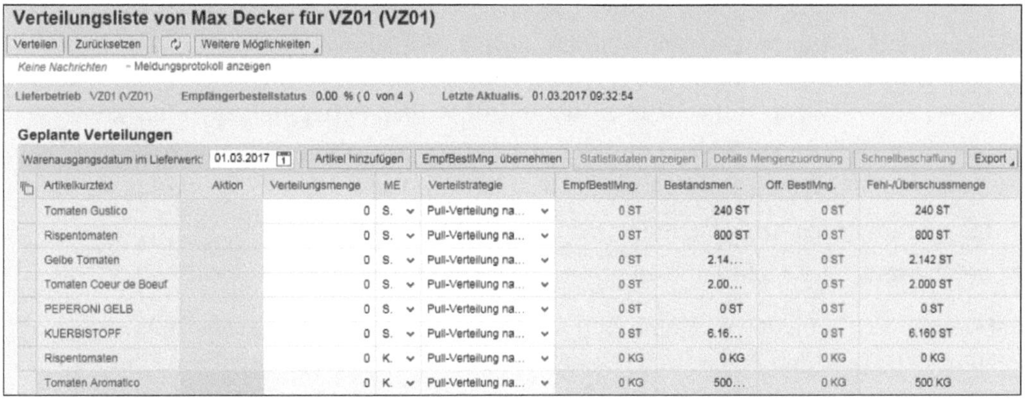

Verteilungsliste von Max Decker für VZ01 (VZ01)

Verteilen | Zurücksetzen | Weitere Möglichkeiten

Keine Nachrichten - Meldungsprotokoll anzeigen

Lieferbetrieb VZ01 (VZ01) Empfängerbestellstatus 0.00 % (0 von 4) Letzte Aktualis. 01.03.2017 09:32:54

Geplante Verteilungen

Warenausgangsdatum im Lieferwerk: 01.03.2017 | Artikel hinzufügen | EmpfBestlMng. übernehmen | Statistikdaten anzeigen | Details Mengenzuordnung | Schnellbeschaffung | Export

Artikelkurztext	Aktion	Verteilungsmenge	ME	Verteilstrategie	EmpfBestlMng.	Bestandsmen...	Off. BestlMng.	Fehl-/Überschussmenge
Tomaten Gustico		0	S.	Pull-Verteilung na...	0 ST	240 ST	0 ST	240 ST
Rispentomaten		0	S.	Pull-Verteilung na...	0 ST	800 ST	0 ST	800 ST
Gelbe Tomaten		0	S.	Pull-Verteilung na...	0 ST	2.14...	0 ST	2.142 ST
Tomaten Coeur de Boeuf		0	S.	Pull-Verteilung na...	0 ST	2.00...	0 ST	2.000 ST
PEPERONI GELB		0	S.	Pull-Verteilung na...	0 ST	0 ST	0 ST	0 ST
KUERBISTOPF		0	S.	Pull-Verteilung na...	0 ST	6.16...	0 ST	6.160 ST
Rispentomaten		0	K.	Pull-Verteilung na...	0 KG	0 KG	0 KG	0 KG
Tomaten Aromatico		0	K.	Pull-Verteilung na...	0 KG	500...	0 KG	500 KG

Abbildung 9.17 Verteilungsliste

Der Materialstatusmonitor, den Sie über den Button **Materialstatusmonitor öffnen** aufrufen, dient dazu, den Status der Artikelbeschaffung zu kontrollieren (siehe Abbildung 9.18). Folgende Funktionen stehen Ihnen hier zur Verfügung:

- tägliche Bedarfe überwachen
- offene Aufträge und Bestände überwachen
- Unterdeckung und Überbestand identifizieren

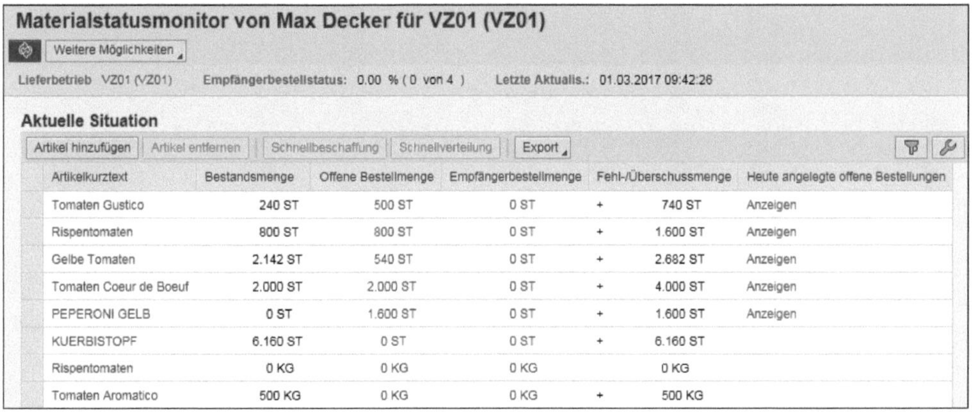

Materialstatusmonitor von Max Decker für VZ01 (VZ01)

Weitere Möglichkeiten

Lieferbetrieb VZ01 (VZ01) Empfängerbestellstatus: 0.00 % (0 von 4) Letzte Aktualis.: 01.03.2017 09:42:26

Aktuelle Situation

Artikel hinzufügen | Artikel entfernen | Schnellbeschaffung | Schnellverteilung | Export

Artikelkurztext	Bestandsmenge	Offene Bestellmenge	Empfängerbestellmenge	Fehl-/Überschussmenge	Heute angelegte offene Bestellungen
Tomaten Gustico	240 ST	500 ST	0 ST	+ 740 ST	Anzeigen
Rispentomaten	800 ST	800 ST	0 ST	+ 1.600 ST	Anzeigen
Gelbe Tomaten	2.142 ST	540 ST	0 ST	+ 2.682 ST	Anzeigen
Tomaten Coeur de Boeuf	2.000 ST	2.000 ST	0 ST	+ 4.000 ST	Anzeigen
PEPERONI GELB	0 ST	1.600 ST	0 ST	+ 1.600 ST	Anzeigen
KUERBISTOPF	6.160 ST	0 ST	0 ST	+ 6.160 ST	
Rispentomaten	0 KG	0 KG	0 KG	0 KG	
Tomaten Aromatico	500 KG	0 KG	0 KG	+ 500 KG	

Abbildung 9.18 Materialstatusmonitor

Vorteile der webbasierten Frischebeschaffung

In der Frischebeschaffung über den SAP Business Client sind alle Funktionen auf einer Oberfläche über einen einzigen Einstieg erreichbar. Sie können den Arbeitsvorrat an Artikeln selbst bestimmen bzw. um weitere Artikel ergänzen. Zudem hat dieses Tool sein eigenes *Orderbuch*. Viele Möglichkeiten der Steuerung, die sonst bereits im Artikelstamm festgelegt werden müssen, werden dezentralisiert in das webbasierte Tool ausgelagert. Es wird also nicht bereits im Artikelstamm bestimmt, bei welchen Lieferanten ein Artikel beschafft werden kann. Jeder Einkäufer bzw. Disponent ist durch die Definition des festgelegten Verantwortungs- und Artikelbereichs für seine Variante zuständig.

Ebenso wie in der SAP-GUI-basierten Frischeabwicklung können Sie auch in der Frischebeschaffung die Artikel komfortabel bei mehreren Lieferanten beschaffen. Im Gegensatz zur Frischebeschaffung in Transaktion WDFR ist es in der Beschaffungsliste allerdings möglich, zwischen Artikel- oder Lieferantensicht zu wechseln. Welche Perspektive Sie wählen, müssen Sie in Transaktion WDFR bereits bei der Erstellung der Frischedispositionsliste über die **Sortimentsliste** und die Selektion im Einstiegsbildschirm festlegen.

Über die Funktion der POWLs ist es in der webbasierten Anwendung möglich, eine personalisierte Anwendung und Oberfläche für die Frischebeschaffung zu gestalten. Außerdem ist in der Frischebeschaffung im SAP Business Client bereits eine Anbindung an Business-Intelligence-Tools wie SAP Business Warehouse (BW) und SAP BW/4HANA vorgesehen. Dagegen arbeitet das Frische-Infosystem von Transaktion WDFR auf Basis der Infostrukturen des Retail Information Systems (RIS) bzw. des Logistics Information Systems (LIS).

9.2 Beschaffung von Dienstleistungen

In diesem Abschnitt erhalten Sie einen Überblick über die Funktionen und Abläufe der Beschaffung von Dienstleistungen. Dazu wird Ihnen zunächst der Prozess vorgestellt sowie die von SAP empfohlene Lösung und das Zusammenspiel der entsprechenden SAP-Komponenten aufgezeigt.

Dienstleistungen erlangen im Handel eine immer größere Bedeutung. Mit Dienstleistungen können sich Händler gegenüber Mitbewerbern abheben, denn der Kunde legt immer größeren Wert auf einen »Rundum-Service«, was über den reinen Verkauf der Ware weit hinausgeht. Teils kostenpflichtige (Zusatz-)Dienstleistungen reichen vom Aufbau von Möbeln, der Installation oder dem Aufbau von Haushaltsgeräten sowie Garantieverlängerungen von Haushaltsgeräten über Dienstleistungsverträge (z. B. bei Handys) bis hin zu Heimlieferung bzw. Abholung und Recycling oder Verschrottung von Waren.

Die Beschaffung von Dienstleitungen erfolgt im Grunde auf die gleiche Weise wie die Beschaffung von Handelswaren. Sie kann filial- oder kundengesteuert sein (z. B. die Heimlieferung/Filialabholung einer Bestellung über einen Lieferdienst). Sie kann aber auch der Aufbereitung der Waren dienen, die in der Filiale oder im Verteilzentrum angeliefert werden. Beispiele hierfür sind das Aufbügeln von Mode, die Reiferei von Bananen, die Zubereitung von verzehrfertigen Produkten in der Filiale und vieles mehr.

9.2.1 Auswahl der Lieferanten

Der erste Schritt zur Beschaffung einer Dienstleistung ist die Auswahl eines geeigneten Lieferanten. SAP hat mit der Cloud-Anwendung *SAP Ariba* eine Lösung im Portfolio, die Großteile des sogenannten Central Procurements – der Möglichkeit der konzernweiten zentralen Beschaffung – abdeckt. Diese Lösung kann nicht nur für die indirekte Beschaffung (also die Verwaltung von Dienstleistungslieferanten und internen Verbrauchsgütern), sondern auch für die Verwaltung von Handelswarenlieferanten verwendet werden.

Beim Dienstleistungsprozess werden die Verträge in SAP Ariba Network abgeschlossen und abgelegt. Ausschreibungen (Anfrage/Angebot) können via Central Sourcing abgewickelt werden. Die Beschaffung und die Analytics laufen dabei in SAP Ariba und SAP S/4HANA Retail. Die Kundenseite in SAP S/4HANA Retail wird in der Lösung Customer Service (CS) und die internen Prozesse eines Händlers, wie z. B. die Wartung oder die Reparatur von Anlagen, mit der Lösung Plant Maintenance (PM) abgedeckt. Alternativ kann hierzu die SAP Customer Service Cloud genutzt werden. Abbildung 9.19 gibt einen Überblick über das Portfolio von SAP Central Procurement.

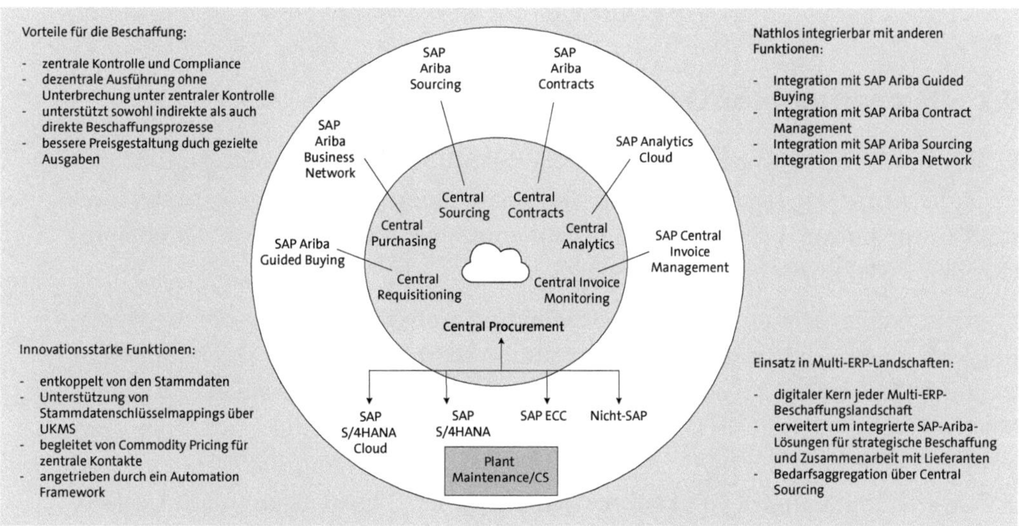

Abbildung 9.19 Überblick über SAP Central Procurement (mit SAP Ariba; Quelle: SAP)

In Abbildung 9.20 wird das Zusammenspiel zwischen SAP Ariba und dem Beschaffungsprozess in SAP S/4HANA Retail dargestellt. SAP Ariba Supplier Management bildet Onboarding, Lieferanteninformationsmanagement, Lieferantenlebenszyklus für Qualifizierung, Segmentierung und Risiko sowie die Synchronisation der Lieferantenstammdaten mit SAP S/4HANA Retail ab, während SAP S/4HANA Retail selbst die Kernfunktionalität zum Lieferantenstamm sowie den Beschaffungsteil abbildet.

Lieferanten-management (Sell-Side-bezogene Prozesse)	Onboarding SAP Ariba Network	Qualifizierung und Genehmigung *SAP Ariba SLP	Informationen-verwaltung *SAP Ariba SLP	Lieferanten-stammdaten SAP S/4HANA	Lieferanten-selbstbedienung *SAP Ariba SLP
Risiko-management für Lieferanten (Sell-Side-bezogene Prozesse)	Lieferantenrisiko-management *SAP Ariba SLP und SAP Ariba Supplier Risk	Lieferantenrisiko-überwachung SAP Ariba Supplier Risk	Lieferantenleis-tungsmanagement *SAP Ariba SLP	Lieferantenleis-tungsmanagement SAP S/4HANA	
Lieferanten-management (Buy-Side-bezogene Prozesse)	Kategorie und Sortimentierung SAP S/4HANA	Lieferanten-bewertung SAP S/4HANA	Lieferantenleis-tungsmanagement SAP S/4HANA		

*SAP Ariba SLP = SAP Ariba Supplier Lifecycle and Performance

Abbildung 9.20 Zusammenspiel zwischen SAP Ariba und SAP S/4HANA (Quelle: SAP)

9.2.2 Ablauf der Dienstleistungsbeschaffung

Hat man also den Lieferanten ausgewählt, kann die Beschaffung der Dienstleistungen starten. Beispiele für Dienstleistungen gibt es viele: im Obst- und Gemüsehandel die Abpackerei von Früchten oder das Reifen von Bananen. Im Fleisch-/Charcuterie- und Fischbereich benötigt man eventuell einen Dienstleister für die Grob- und Feinzerlegung von Fleisch und Fisch oder die Zubereitung von Wurstwaren. Im Fashion-Bereich sind das Aufbügeln von Mode oder auch das Anbringen von Sicherheitsetiketten zu nennen. Es gibt also für fast alle Sortimente die Möglichkeit, Dienstleitungen hinzuzukaufen.

Der Einkauf von Dienstleistungen erfolgt analog zum Beschaffungsprozess von Waren. Als Voraussetzung, um eine (Dienstleistungs-)Bestellung anzulegen, benötigt man einen Lieferanten und einen (Dienstleistungs-)Artikel. Abbildung 9.21 zeigt die Bestelloberfläche für Dienstleistungsartikel.

Die Kosten der Dienstleistung, die Währung, die Lieferbedingungen und weitere Informationen können im Einkaufsinfosatz voreingestellt werden, sodass sie bei Anlage der Bestellung automatisch ausgefüllt werden.

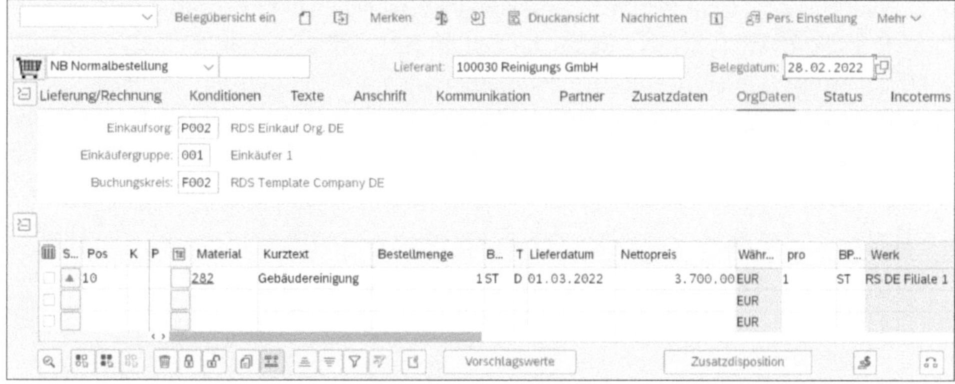

Abbildung 9.21 Bestellung eines Dienstleistungsartikels

Nach dem Versand der Bestellung zum Dienstleistungslieferanten kann der Lieferant eine Avisierung der Ausführung der Dienstleitung übermitteln. Geht die Ware bei Ihnen ein, bedeutet dies, dass die Dienstleistung ausgeführt wurde. Diese kann z. B. auf der Kostenstelle oder im Profit Center gebucht werden. Wird die Dienstleistung von einem Dritten erbracht, kann sie über die Lohnbearbeitung abgewickelt werden. Zur Verrechnung der Dienstleitung wird vom Lieferanten wie bei Warenbeschaffung eine Rechnung gestellt, die vom Händler geprüft wird.

Die Beschaffung von Dienstleitungen erfolgt in SAP also mit den gleichen Belegen wie die Warenbeschaffung. Bei den Stammdaten arbeitet man bei Dienstleistungen mit der Artikelart DIEN, während man bei der Warenbeschaffung mit der Artikelart HAWA zu tun hat.

Die Artikelart DIEN hat einen etwas anderen Bildaufbau im Artikelstamm und bewirkt, dass beim Wareneingang auf eine Kostenstelle (und nicht z. B. auf einen bestandsgeführten Lagerort) gebucht werden kann.

Kapitel 10
Fashion Management

Die besondere Herausforderung für den Fashion-Handel liegt in der Komplexität der Planungs- und Steuerungsprozesse und deren Integration in Ihre bestehende IT-Infrastruktur. Dieses Kapitel gibt Ihnen einen Überblick über die Funktionen, die dazu von SAP zur Verfügung gestellt werden.

Was die Modebranche für den Kunden so attraktiv macht, stellt den Handel immer wieder vor neue Herausforderungen: schnelle Kollektionswechsel bei gleichzeitig langen Vorlaufzeiten, zunehmende Vertikalisierung, verschiedene Formen der Flächenbewirtschaftung sowie das nahtlose Zusammenspiel von On- und Offlinekanälen. Die Ansprüche an Planung und Steuerung sind komplex und steigen stetig. Denn allem Wandel zum Trotz – der Käufer erwartet nach wie vor die richtige Ware zur richtigen Zeit am richtigen Ort – muss das operativ beherrscht werden!

Das voll integrierte, umfassende Lösungspaket von SAP für die Modebranche ist speziell auf die besonderen Herausforderungen der saisonorientierten und schnelllebigen Branche zugeschnitten. Ziel ist die Realisierung einer durchgängigen und transparenten Prozesskette von der strategischen Planung über das Sortimentsmanagement, die Logistik und die Warenverteilung in die Filialen bis hin zum Abverkauf. Durch den modularen Aufbau der SAP-Lösung kann diese sowohl in einzelnen Teilbereichen als auch als integriertes Gesamtsystem eingesetzt werden.

In diesem Kapitel erhalten Sie einen Gesamtüberblick über die planerischen und warenwirtschaftlichen Prozesse im textilen Einzelhandel. In den einzelnen Abschnitten gehen wir zunächst auf den jeweiligen Prozess ein und bilden im Anschluss den Abdeckungsgrad der Prozessschritte anhand der SAP-Softwarekomponenten ab.

Zunächst möchten wir Ihnen in Abschnitt 10.1 den in sich geschlossenen *Fashion Retail Loop* anhand eines Referenzmodells vorstellen. Referenzmodelle haben den Anspruch, möglichst allgemeingültig zu sein. Sie bilden den Ausgangspunkt für die Ableitung spezifischer Modelle, z. B. von Modellen für spezifische Branchen oder Sektoren.

Darauf aufbauend, betrachten wir zunächst in Abschnitt 10.2 detailliert den Planungsprozess, der unter anderem auch die zunehmende Vertikalisierung im Textileinzelhandel thematisiert. Um diese Prozesse bestmöglich mit SAP-Modulen zu im-

plementieren, gibt es die beiden Lösungen *SAP Merchandise Planning* und *SAP Assortment Planning*. Diese beiden Lösungskomponenten bieten Anwendern die Möglichkeit, auf einer integrierten Planungsoberfläche eine konsistente, durchgängige Planung für den Einzelhandel und den Großhandel durchzuführen und digitale Geschäftsstrategien basierend auf erprobten Best Practices umzusetzen. Technisch gesehen handelt es sich bei SAP Merchandise Planning um vorkonfigurierte Arbeitsmappen, die auf Stamm- und Bewegungsdaten im SAP Customer Activity Repository aufbauen und eine Vielzahl von Planungsfunktionen beinhalten. Diese Planungsfunktionen sind via SAP Analysis für Microsoft Office in einer Microsoft-Excel-Oberfläche editierbar.

Der Fokus dieses Kapitels liegt darauf, Ihnen vorzustellen, wie Sie einen konsistenten Planungsprozess innerhalb der verschiedenen Abteilungen realisieren, einschließlich der Prozesse Finanzwesen, Bestandskontrolle, Merchandising, Sortimentierung, der Filialvorgänge und in vielen Fällen auch einer Planungsorganisation, die über alle Verkaufskanäle hinweg für die Verwaltung des Budgets und die Profitabilität des Unternehmens zuständig ist. Wir zeigen Ihnen, wie Sie den finanziellen Planungsprozess – von der strategischen Finanzplanung bis zur Waren- und Filialplanung – in SAP Analysis für Microsoft Office durchführen. Auf diese Weise können die Anwender im gewohnten Excel-Umfeld arbeiten. Aufbauend auf den finanziellen Planungsdaten zeigen wir Ihnen, wie Sie anschließend im Rahmen der Sortimentsplanung die Sortimente qualitativ und quantitativ grob- und feinplanen. Nach Abschluss der Planung werden die Sortimente an die initiale sowie saisonale Bestellabwicklung übergeben. Zeitgleich zur Lieferantenbestellung können Sie über die Lösung *SAP Allocation Management* die initialen Mengen aus der Sortimentsplanung über Allokationspläne und Warenverteilaufträge an die Filialen senden (siehe Abschnitt 10.3). Die zeitliche Steuerung auf Basis der Wareneingangstermine oder der Präsentationstermine in den Filialen kann individuell definiert werden.

Nachdem die Saisonware in der Filiale angekommen ist, wird der Nachschub der eingelagerten Artikel aufgrund von Prognosemechanismen oder manuellen Zuteilungen beim Verteilzentrum abgerufen. Das anschließende *In-Season Management* bzw. das *Slowseller-Management*, die wir Ihnen in Abschnitt 10.5 näher vorstellen, bieten anhand von BI-Berichten die Möglichkeit zur regelbasierten Steuerung der saisonalen Sortimente auf der Fläche, z. B. im Rahmen von Abschriften oder Umlagerungen.

10.1 Retail Loop

Unter dem *Retail Loop* versteht man das Zusammenspiel der einzelnen Prozessketten innerhalb der Wertschöpfungskette eines filialisierten Einzelhändlers: von der Planung über die Beschaffung und die Verteilung auf die Fläche bis hin zur Steuerung auf Basis von Abverkäufen.

10.1.1 Prozessmodell

Grundsätzlich orientiert sich der gesamte Retail Loop konsequent an den Bedürfnissen und Anforderungen der Endkunden. Außerdem muss er sich nach den Kapazitäten der Flächen ausrichten. Heutige Warenwirtschaftssysteme, wie z. B. SAP S/4HANA Retail, bilden die Kernprozesse der Planung, des Einkaufs, der Logistik und des Controllings in einem geschlossenen Regelkreislauf ab. Abbildung 10.1 beinhaltet eine High-Level-Prozessübersicht dieses *Closed Retail Loops*. Es handelt sich dabei um die Referenzdarstellung des Soll-Prozesses nach Michael Kunkel (»Planung und Controlling im Retail Loop«, Eul Verlag 2004, S.10). Sie bildet die Grundlage für die im Folgenden beschriebenen Prozessunterpunkte.

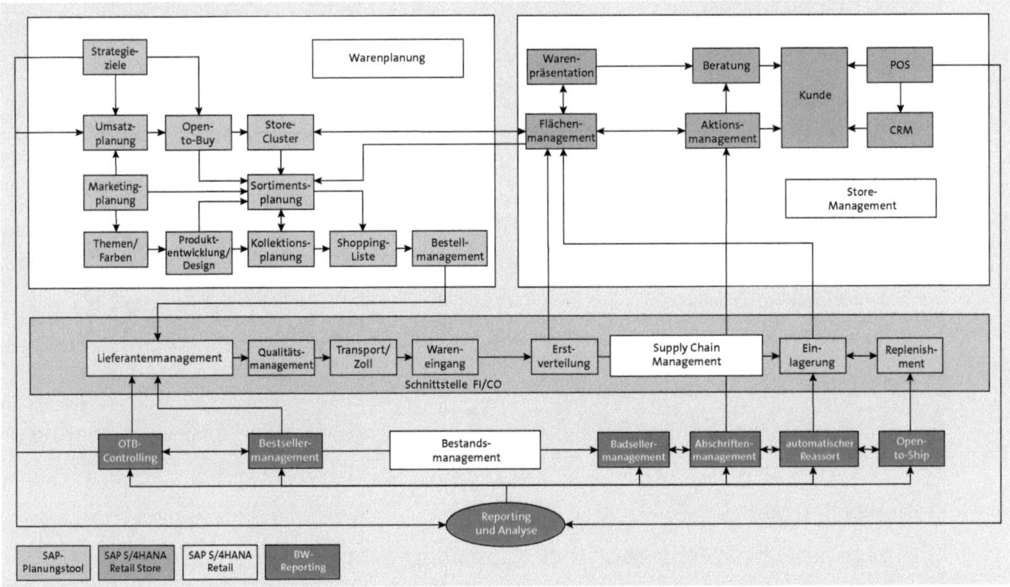

Abbildung 10.1 Die Teilregelkreise des Retail Loops

In der Praxis des saisonabhängigen Retail Loops haben sich sieben Teilregelkreise herausgebildet, deren Inhalte, Integration und gegenseitige Abhängigkeiten im Folgenden kurz genannt werden:

1. **Planungs-Loop:**
   - Sortimentsbildung mit Fokus auf den Kundenbedürfnissen
   - strategische Planung, Festlegung der Unternehmensziele
   - Marketingplanung, z. B. Planung von Werbeereignissen, Kampagnen etc.
   - Umsatzplanung (Flächen- und Filialplanung)
   - Limit- und Sortimentsplanung (Kapazitäts- und Bedarfsplanung, Sortimentsmodule, Verteilschlüssel etc.)
   - Shopping-Einkaufsliste (permanenter Plan-Ist-Vergleich)

2. **Design-Loop:**
   - Produktentwicklung
   - Qualitätsmanagement
   - Lieferantenmanagement
3. **Loop der logistischen Lieferkette:**
   - Ziel dieses Loops ist das richtige mode-, qualitäts- und preisgerechte Produkt zum richtigen Zeitpunkt in der richtigen Filiale.
   - von der Produktion bis zum Wareneingang
   - Tracking- und Tracing der physischen Lieferkette
4. **Open-to-Buy-Loop:**
   - Budgetkontrolle für Nachkaufentscheidungen
   - Berechnung und Projektion der saisonalen monatlichen Endbestände
   - Plandaten als Zielvorgabe für die Einkäufer in der saisonalen Beschaffung
5. **Bestseller-Loop:**
   - Identifizierung von Bestsellern anhand von Echtzeitabverkaufsdaten
   - frühzeitiges Erkennen von Trends anhand des Kundenverhaltens und der Kundenbedürfnisse
   - Generierung von Aufträgen zur Nachproduktion und Nachbestellung
6. **NOS-Loop (Never-out-of-Stock):**
   - automatische Disposition permanent verfügbarer Artikel (Basisartikel) ohne Bestandslücken
7. **Slowseller-Loop:**
   - regelbasierte, intelligente Abverkaufsüberwachung mit Steuerungsinstrumenten
   - Gegenreaktionen bei Langsamdrehern anhand von Umlagerungen, Umplatzierungen, Abschriften, Retouren und Aktionen

10.1.2 Umsetzung des Referenzmodells im SAP-System

Zielsetzung eines warenwirtschaftlichen Planungsinstruments ist es, die optimale Verfügbarkeit des richtigen Produkts in der richtigen Menge am richtigen Platz (Ort) zum richtigen Zeitpunkt und zum richtigen Preis sicherzustellen. Dazu müssen die Planungselemente so miteinander verbunden und abgestimmt werden, dass die zukünftig zu erwartende Ist-Situation möglichst treffsicher abgebildet werden kann. Für die Planung und das Controlling der Supply-Chain-Prozesse eines modischen, saisonabhängigen Handelsunternehmens müssen integrative IT-Instrumente zum Einsatz kommen. Sie müssen in der Lage sein, die komplexen Schnittstellen zwischen

den strategischen Zielen der Geschäftsführung, der Waren- und Sortimentsplanung des Produktmanagements, des Einkaufs, der Filialverteilung und des Flächen- und Bestandsmanagements zu vernetzen. Jedes einzelne Produkt muss dabei auf der Ebene des lagergeführten Artikels (*Stock Keeping Unit*, SKU) betrachtet werden können.

Der eigentliche Planungsprozess für den saisonalen Einzelhandel sieht im Allgemeinen die folgenden Schritte vor:

1. strategische Planung
2. Warenplanung inklusive Omnichannel- und Open-to-Buy-Planung (OTB-Planung)
3. Sortimentsplanung
4. Saisonplan
5. Aufteiler-Management
6. operative Beschaffung und Nachschub

Abbildung 10.2 skizziert den Ablauf dieses Planungsprozesses über die verwendeten Systemkomponenten Finanz- und Warenplanung, Sortimentsplanung und Aufteilung hinweg.

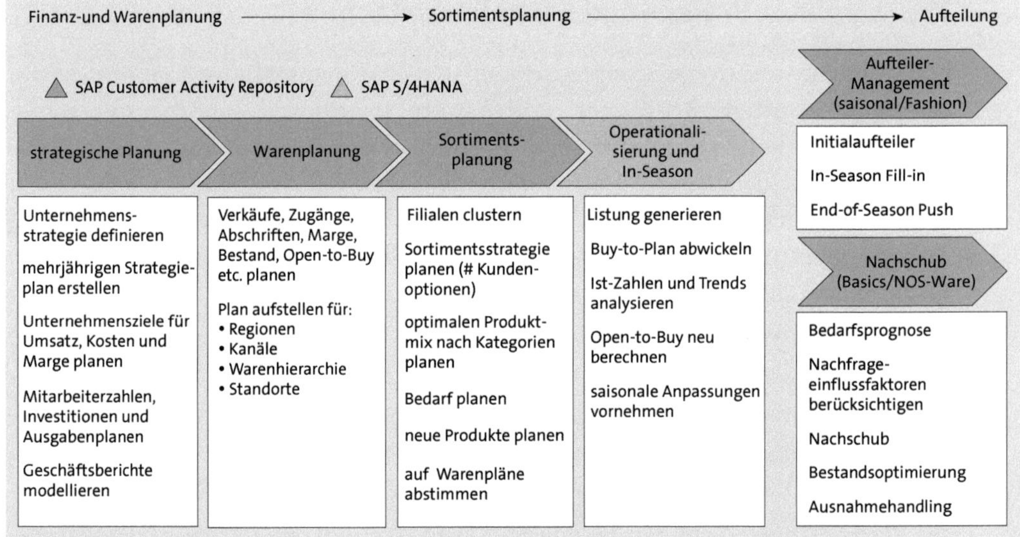

Abbildung 10.2 Prozessdiagramm für die SAP-Planungs- und Zuteilungslösungen

Die SAP-Lösungskomponenten *SAP Merchandise Planning* (Finanz- und Warenplanung), *SAP Assortment Planning* (Sortimentsplanung) und *SAP Allocation Management* sind in das *SAP Customer Activity Repository* eingebettet. Diese Plattform versetzt Händler in die Lage, das Kundenverhalten in schnelllebigen Märkten genauer zu beobachten und auf Veränderungen umgehend zu reagieren. SAP Customer Activity Repository führt die Kunden-, Abverkaufs- und Bestandsdaten an einem Ort zusam-

men und schafft so eine Gesamtsicht, die es Händlern ermöglicht, Kunden über alle Kanäle hinweg einheitlich anzusprechen, effizienter zu arbeiten und die Markenwahrnehmung zu verbessern.

Mit den genannten Lösungskomponenten stehen Händlern Werkzeuge zur Verfügung, die eng ineinandergreifen und den gesamten Planungsprozess abdecken. Durch die Integration der Planungslösungen auf der zentralen SAP-Customer-Activity-Repository-Plattform bauen diese auf ein und derselben Datenbasis auf, wodurch sichergestellt ist, dass die Informationen innerhalb und entlang der Planungsschritte konsistent sind. Darüber hinaus werden die im Prozess benötigten analytischen Funktionalitäten sowie Prognosetools, wie z. B. Größenkurven oder Bedarfsprognosen, ebenfalls auf der Plattform zur Verfügung gestellt.

Im Zusammenspiel der von SAP Customer Activity Repository abgedeckten Applikationen und SAP S/4HANA Retail werden Planung und Analyse mit der operativen Ausführung – wie beispielsweise Sortimentslistung, Beschaffung und Logistik – verknüpft. So lässt sich der gesamte Closed Retail Loop im SAP-System abdecken.

10.2 Finanz-, Waren- und Sortimentsplanung

In der Finanz- und Warenplanung sowie in der Sortimentsplanung werden die auf Unternehmensebene definierten, langfristigen finanziellen Ziele heruntergebrochen. Im Rahmen von kurzfristigeren Planungszyklen wird bestimmt, wie sich die Ziele in den verschiedenen Absatzkanälen und auf den zur Verfügung stehenden Flächen in den Filialen erreichen lassen. Darauf aufbauend wird schließlich der Sortimentsmix bestimmt, mit dem Ziel, den Kunden die richtigen Artikel zum richtigen Zeitpunkt am richtigen Ort mit dem richtigen Preis und in ausreichender Menge zur Verfügung zu stellen.

In der strategischen Planung – auch als *Geschäftsplanung* bezeichnet – legt ein Handelsunternehmen die strategischen Ziele seiner Warenbewirtschaftung fest. Der Geschäftsplan wird auf der obersten Ebene für das gesamte Unternehmen erstellt, aber auch für einzelne Vertriebswege oder höhere Ebenen in der Warenhierarchie.

Die *Warenplanung* dient der detaillierten Ausgestaltung der übergeordneten strategischen Richtlinien eines Unternehmens. Dabei wird entlang der Knoten einer Warengruppen- oder Artikelhierarchie geplant. Die Ware (der Artikel) selbst wird dabei nicht im Detail angegeben. Es werden verschiedene Kennzahlen, wie z. B. Umsatz, Margen, Bestände oder Retourenquoten, definiert. Außerdem erfolgt eine Gruppierung der Filialen nach verschiedenen Merkmalen pro Warenbereich, um die Zielvorgaben auch auf Sortimentsebene festlegen zu können. Mögliche Gruppierungs- oder Segmentierungsmerkmale sind z. B. Umsatz und Fläche pro Warengruppe, aber auch

Region, Klima, Flächenrentabilität, Größenformat, Inventarmerkmale, wie z. B. eine Kosmetikberatung im Beauty-Shop.

Im nächsten Schritt wird diese Filialgruppierung (Clusterung) für die *strategische Sortimentsplanung* genutzt: Für die gruppierten Filialen werden Sortimente gebildet, die einem Zeitfenster zugeordnet sind. Man spricht dann von *Sortimentslisten*. Anschließend werden die Planmengen z. B. mittels vorher definierter Aufteilregeln auf die verschiedenen Sortimentsversionen verteilt. Abbildung 10.3 veranschaulicht beispielhaft das Zusammenspiel von Finanz- und Warenplanung unter Einbeziehung der organisatorischen Zuordnung.

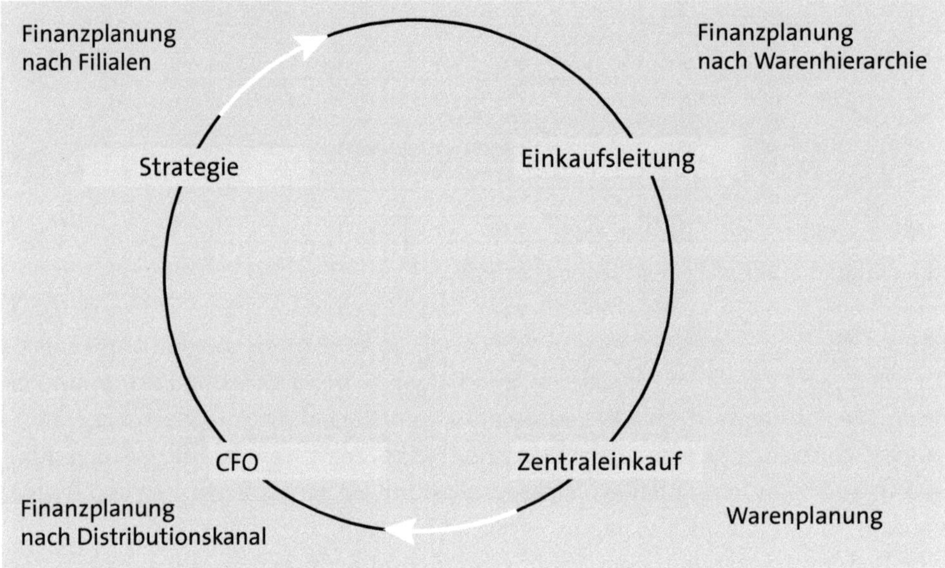

Abbildung 10.3 Warenplanungsprozess

10.2.1 Finanzplanung

Der strategische Finanzplan und der Warenplan werden in der Komponente *SAP Analysis für Microsoft Office* erstellt. Das bedeutet für die Anwender, dass sie die Planungsfunktionen der BW-integrierten Planung in einer in Microsoft Excel integrierten Frontend-Lösung nutzen können. Abbildung 10.4 zeigt ein Beispiel für die finanzielle Warenplanung auf der Ebene der Warengruppe aus der Praxis. Sie haben hier alle bekannten Excel-Funktionen zur Verfügung sowie zusätzlich erweiterte Planungsfunktionen, wie z. B. Verteilungsmechanismen, Uplift-Faktoren, Zellensperre. Im oberen linken Bildschirmbereich finden Sie eine Übersicht über die gesamte Zahlungsbilanz Ihres Warengruppenmix. Darunter befinden sich Ihre Kennzahlen, die Sie nun per Top-down- oder Bottom-up-Analyse planen und berechnen lassen können.

	A		B	C	D	E
1	Key Figures I Fiscal year/period		[-] 2021	[-] Fall 21	[+] August	[+] September
2	[-] BOP Store Stock at Cost		1,500,000 EUR	1,500,000 EUR	1,500,000 EUR	1,500,000 EUR
3		2-BUTTON SUITS	300,000 EUR	300,000 EUR	300,000 EUR	300,000 EUR
4		3-BUTTON SUITS	300,000 EUR	300,000 EUR	300,000 EUR	300,000 EUR
5		FORMAL SHIRTS	300,000 EUR	300,000 EUR	300,000 EUR	300,000 EUR
6		DRESS SHIRTS SOLID	300,000 EUR	300,000 EUR	300,000 EUR	300,000 EUR
7		NON-IRON DRESS S	300,000 EUR	300,000 EUR	300,000 EUR	300,000 EUR
8	[+] BOP DC Stock at Cost		500,000 EUR	500,000 EUR	500,000 EUR	500,000 EUR
9	[+] Sales Store Fulfilled at Cost		186,426 EUR	186,426 EUR	0 EUR	186,426 EUR
10	[+] Sales DC Fulfilled at Cost		354,700 EUR	354,700 EUR	0 EUR	354,700 EUR
11	[+] Gross Receipts		40,000 EUR	0 EUR	0 EUR	0 EUR

Abbildung 10.4 Beispiel eines Planungslayouts

SAP Merchandise Planning bietet in Ergänzung zu den Funktionen von SAP Analysis für Microsoft Office eine konsistente, durchgängige Top-down- und Bottom-up-Planung. Die Lösung ist in das SAP Customer Activity Repository integriert und erleichtert verschiedene Prozesse in den Bereichen Finanzen, Warenplanung, Filialplanung und Open-to-Buy, einschließlich der Bestandsführung, Einkaufsplanung und Budgetierung. Durch ein zentrales Repository für alle Planungsaktivitäten können strategische Warenpläne schnell abgestimmt werden, und der manuelle Aufwand kann erheblich reduziert werden.

In Form von Arbeitsmappen für SAP Analysis für Microsoft Office werden vordefinierte Prozesse zur Retail-Finanzplanung basierend auf erprobten Best Practices bereitgestellt. Gleichzeitig besteht die Möglichkeit, die Vorlagen flexibel den individuellen Bedürfnissen des Unternehmens anzupassen. Dazu steht eine große Anzahl an standardisierten Key Performance Inidcators (KPIs) zur Verfügung.

Bei der Budgetierung wird insbesondere der vertikalen Planung Rechnung getragen. Es stehen Strukturen zur Omnichannel-Planung zur Verfügung, auf deren Basis Einzelhandels-, E-Commerce- und Großhandelsumsätze sowie Gewinnspannen geplant werden können. Abbildung 10.5 verdeutlicht die Omnichannel-orientierten Planungsebenen und zeigt Ihnen, wie das Planungsvorgehen sowohl top-down als auch bottom-up erfolgen kann.

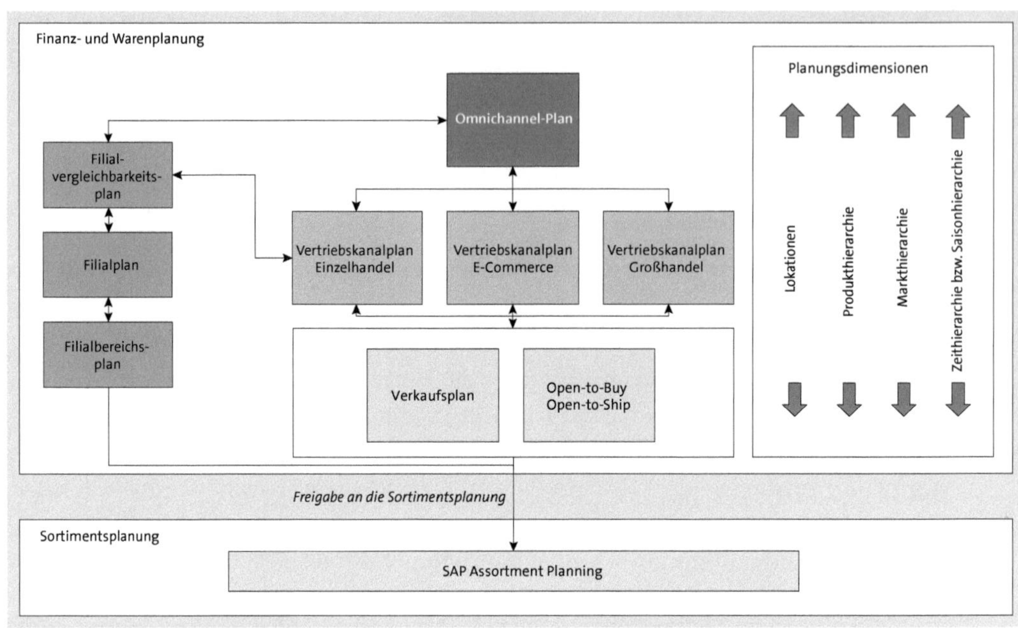

Abbildung 10.5 Planungsebenen und Planungsdimensionen der finanziellen Warenplanung in der Übersicht

Bei der Planung können unter anderem die folgenden Planungsdimensionen Anwendung finden:

- Zeithierarchie (Jahr, Halbjahr, Quartal, bis auf Woche)
- Saisonhierarchie (Jahr, Saison, Kollektion)
- Markthierarchie (z. B. online oder offline)
- Produkthierarchie (Warengruppen)
- Lokationen (Filialen und Verteilzentren)

Speziell für den Vertriebskanal Filialen stehen Ihnen verschiedene Optionen zur Verfügung, um die finanzielle Geschäftsentwicklung zu planen. Sie können diese nach einzelnen Filialen, nach Vergleichbarkeit von Filialen und auf Basis von verfügbaren Filialbereichen entwickeln.

Mittels initial definierter Planungskonfigurationen kann der Planungsprozess auf die individuellen Bedürfnisse des Unternehmens zugeschnitten werden. Anhand von Planungskonfigurationssets werden die Planungsrollen und die Planungsdimensionen auf verschiedenen organisatorischen und regionalen Ebenen des Unternehmens definiert. Für die Planer wird festgelegt, auf welche Planungsdimensionen sie Einfluss nehmen dürfen. Dadurch wird eine konsistente Planungsstruktur über das gesamte Unternehmen definiert, an der sich alle Planenden orientieren.

Die im Rahmen der Finanzplanung entwickelten Pläne für Vertriebswege auf übergeordneter Ebene können im folgenden Schritt der Waren- und Filialplanung abgerufen und diese Budgets als Basis für die Erstellung eines Top-down-Warenplans verwendet werden.

10.2.2 Waren- und Filialplanung

Im Warenplanungsprozess entwickeln Sie einen Warenplan auf allen Ebenen der Warenhierarchie für alle Verkaufskanäle. Ziel ist es, ein Open-to-Buy-Einkaufsbudget (OTB) auf Monats- und Wochenbasis einzurichten und auf diese Weise eine optimale Einkaufsplanung unter Berücksichtigung der vorhandenen Lagerbestände und der geplanten Abverkäufe während der entsprechenden Periode zu erstellen. Für den Einzelhandel, den Großhandel und das digitale Geschäft können Sie regionale Ziele pro Monat und Saison setzen. Diese regionalen Ziele können anschließend von lokalen Planern weiter verfeinert werden. Die Aktualisierungen können dann nahtlos in die lokalen Ziele aufgenommen werden. Wenn Sie einen Bottom-up-Ansatz verfolgen möchten, können Sie stattdessen lokale Ziele zum Anlegen von konsolidierten regionalen Plänen verwenden. Im Detail nehmen Sie den Prozess anhand von standardisierten Arbeitsmappen und der folgenden Schritten vor:

1. Wenn es sich um ein Top-down-Szenario handelt, verteilen Sie die übergeordnete Umsatzprojektion auf die entsprechenden Vertriebskanäle. Bei einem Middle-out- oder Bottom-up-Szenario erstellen Sie die Umsatzprojektionen direkt in den Vertriebskanälen. Bei der Verteilung bzw. Erstellung können Sie auf Jahresvergleichsanalysen, vergangene Planungen oder beliebige Referenzpläne aus dem Geschäftsprozess zurückgreifen.
2. Im Anschluss legen Sie Abschriften- und Aktionsziele fest. Diese beziehen Sie aus den Unternehmensbudgets und verteilen sie entlang der gesamten Produkthierarchie.
3. Auf Basis der Umschlagshäufigkeit oder der Reichweite planen Sie nun den Bestand. Im Anschluss wird der Wareneingangsfluss (Einkaufsfluss) basierend auf dem erwarteten Einkaufsbedarf und Umsatzplan berechnet.
4. Zum Schluss nehmen Sie kleinere Anpassungen am Bestandsfluss vor, um Schwund, Mitarbeiterrabatte und Kostenanpassungen im Bestand sowie Vergütungen für Lieferantenretouren zu berücksichtigen. Diese Anpassungen werden in der Regel anhand einer historischen Referenz entwickelt und entsprechend geplant (Zeitplanung für Bestand, Sonderaktionen für Abschriften, Transporte an Outlet-Center, geplanter Wareneingang von saisonalen Lieferungen usw.).

Die finalisierten Pläne können für das Open-to-Buy- und Open-to-Ship-Reporting (OTB- und OTS-Reporting) verwendet und als Grundlage für die anschließende Sortimentsplanung in den Sortimentsplanungsprozess integriert werden.

10.2.3 Sortimentsplanung

Mit *SAP Assortment Planning* können Sie Ihre Sortimente für eine zukünftige Saison auf der Grundlage historischer Umsatzzahlen für die verschiedenen Warengruppen und Verkaufslokationen planen und die Sortimentsbreite und -tiefe an Ihren strategischen Zielen ausrichten. Darüber hinaus können Sie bereits im Rahmen der Sortimentsplanung die zu erwartenden Bedarfsmengen ermitteln. Insbesondere bietet Ihnen die Lösung folgende Vorteile:

- Optimierung der Sortimentsbreite und -tiefe entsprechend Ihrer Zielsetzungen
- Maximierung von Normalpreisumsätzen und Margen durch optimale Zuordnung von Produkten zu Lokations-Clustern
- Optimierung der prozessübergreifenden Planung vom Abverkauf über die Bestandsführung bis hin zum Einkauf
- Reduzierung der Bestandskosten über eine eingebundene Umsatzprojektion
- Bereitstellung der Ergebnisse von Analysen und Algorithmen zu den Sortimentsplänen in Echtzeit durch Nutzung von SAP HANA und der zugehörigen prognostischen Analyse-Engine

SAP Assortment Planning umfasst verschiedene SAP-Fiori-Apps sowie Arbeitsmappen von SAP Analysis für Microsoft Office. Der Ablauf des Sortimentsplanungsprozesses und die Verteilung der Teilprozesse auf die SAP-Fiori-Apps und Arbeitsmappen sind in Abbildung 10.6 grafisch dargestellt. In den folgenden Abschnitten wird der Prozess anhand des in der Übersicht gezeigten Prozessablaufs erläutert.

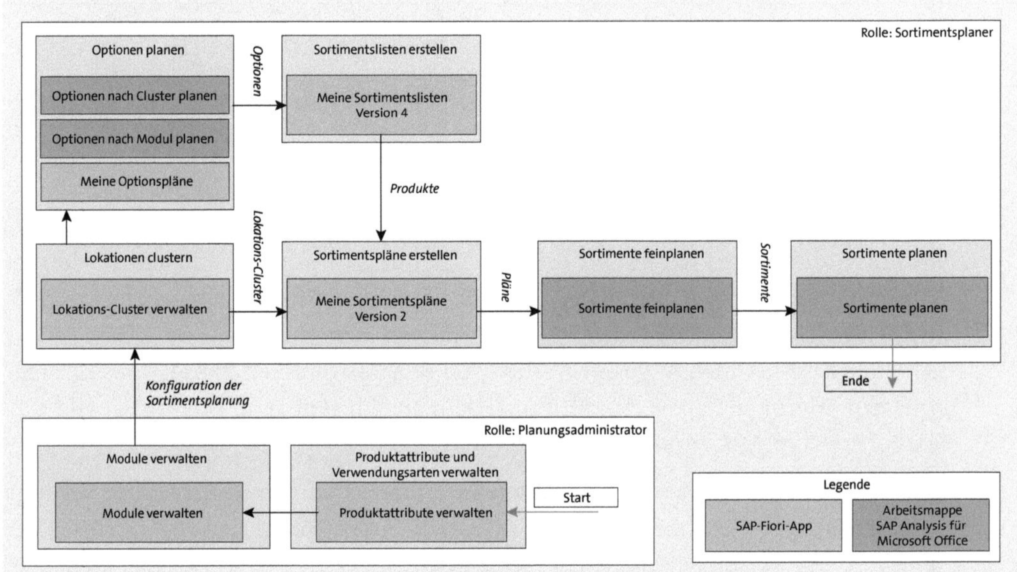

Abbildung 10.6 Übersicht des Sortimentsplanungsprozesses

Die Apps zur Sortimentsplanung finden Sie im SAP Fiori Launchpad auf den Registerkarten **Assortment Planner** und **Planning Administrator** (siehe Abbildung 10.7). Auf einige dieser Apps gehen wir im Folgenden noch genauer ein.

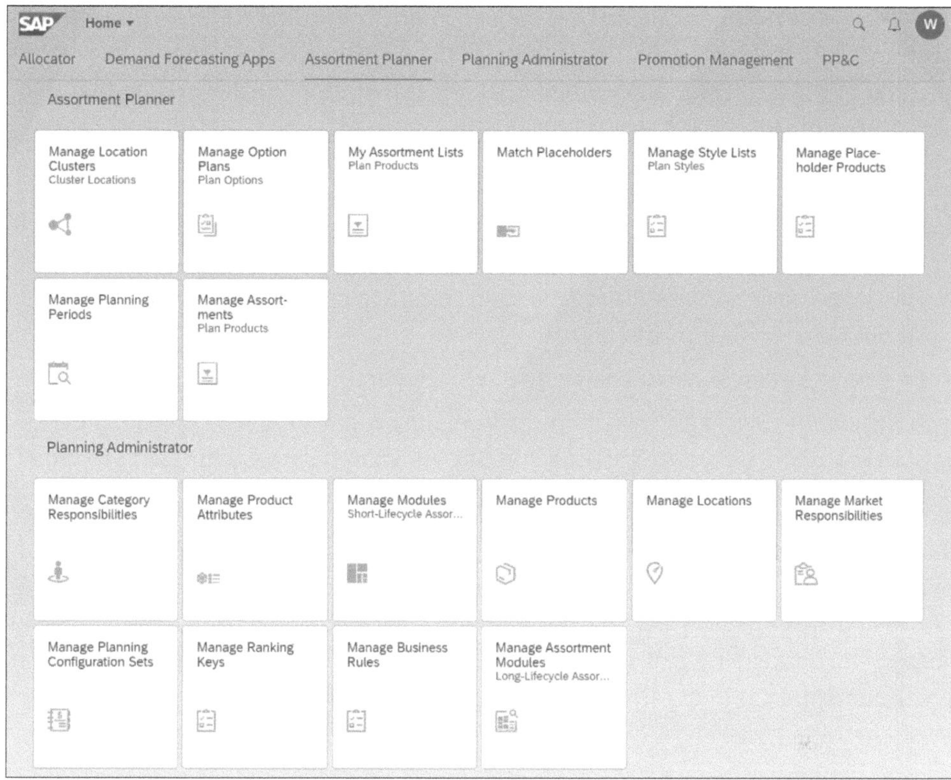

Abbildung 10.7 SAP Fiori Launchpad für den Sortimentsplaner und den Planungsadministrator

Produktattribute verwalten

Mit der SAP-Fiori-App **Produktattribute verwalten** können Sie die Produktattribute verwalten, die Sie im Prozess der Sortimentsplanung verwenden, und den gewünschten Produkthierarchien hinzufügen. Produktattribute können zum einen aus dem operativen SAP-S/4HANA-Retail-System repliziert oder zum anderen direkt in der SAP-Fiori-App manuell angelegt werden. Zu den Attributen gehören sowohl nicht typisierte Merkmale aus Transaktion CT04 als auch typisierte Merkmale, wie z. B. Marke, Preistyp, Modegrad, Farbe, Größe etc.

Um Produktattribute zu pflegen, wählen Sie zunächst auf der Registerkarte **Settings** die gewünschte Produkthierarchie aus und legen einen Gültigkeitszeitraum fest. Dies kann z. B. eine Saison oder eine Kollektion sein.

In Abbildung 10.8 sehen Sie die Registerkarte **Maintain Attributes**. Es sind alle Attribute aufgeführt, die aus dem SAP-ERP-System importiert wurden. In dieser Ansicht haben Sie auch die Möglichkeit, zusätzliche Attribute zu erstellen. Dazu geben Sie die gewünschte Attributbezeichnung ein und definieren den Funktionstyp sowie die Werte, die das Attribut aufweisen kann. Diese Attribute können Sie nun in einem weiteren Schritt den aus dem SAP-S/4HANA-Retail-System übertragenen Warengruppen zuordnen.

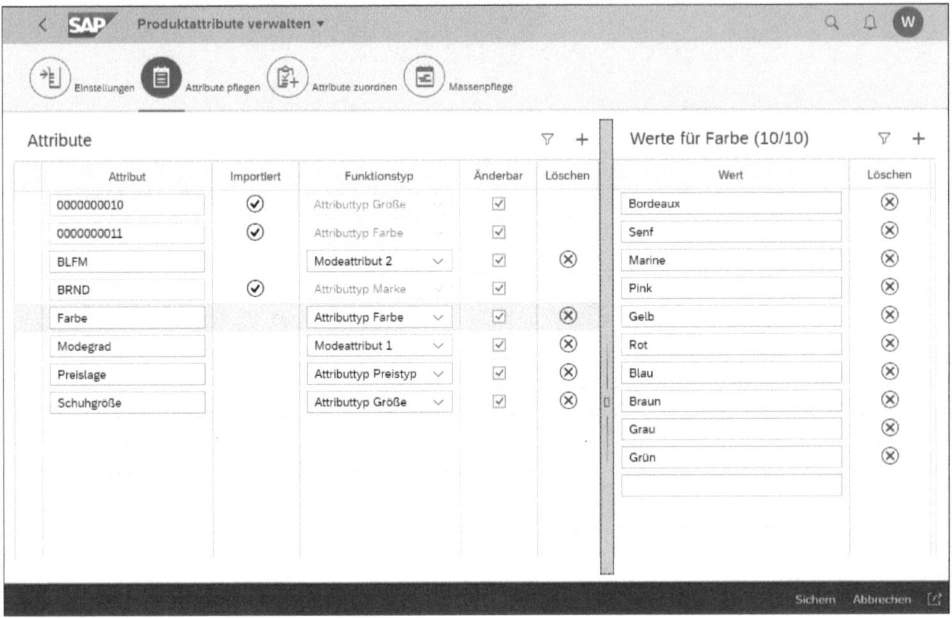

Abbildung 10.8 Produktattribute pflegen

Module verwalten

In der SAP-Fiori-App **Module verwalten** (siehe Abbildung 10.9) haben Sie die Möglichkeit, Sortimentsmodule anzulegen und zu bearbeiten, wie z. B. Module für eine bestimmte Saison oder Preislage. Module beinhalten ein Set von Produkten, das in der Planung zusammengefasst wird. Produkte können über Module gruppiert und bestimmten Lokations-Clustern zu bestimmten Zeitpunkten zugeordnet werden. Das vereinfacht die Planung einer großen Anzahl an Produkten und die Regionalisierung Ihrer Sortimente. Die Module werden später in der Optionsplanung zur Grobplanung der Sortimentsbreite und -tiefe verwendet. Im späteren Schritt der Bildung der Sortimente werden den Modulen schließlich die definitiven Produkte zugewiesen.

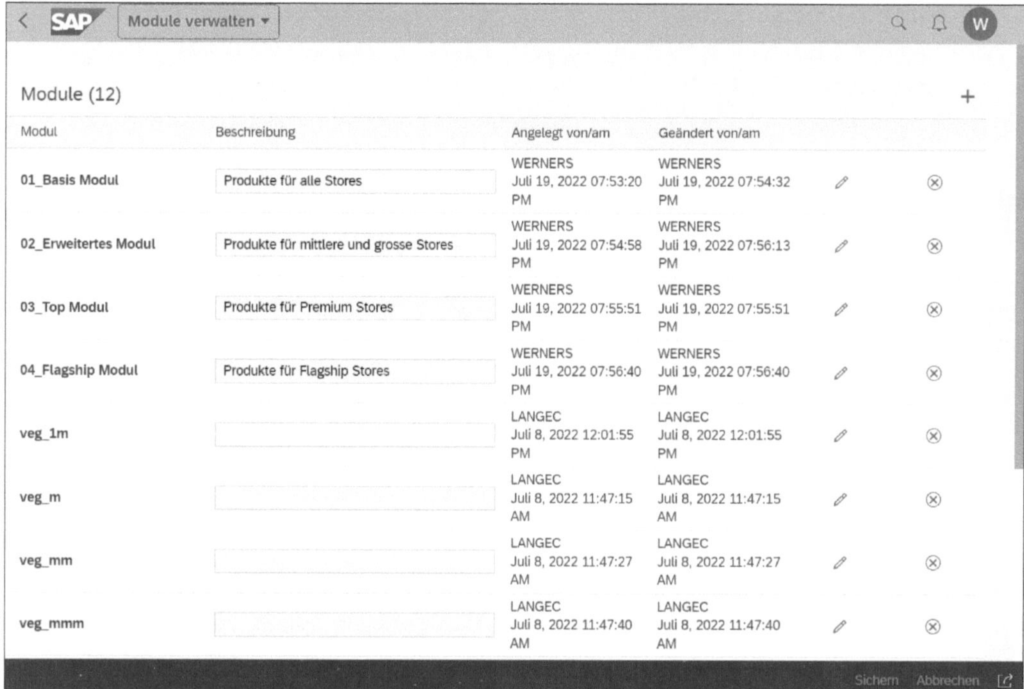

Abbildung 10.9 Module pflegen

Lokationen clustern

In diesem Schritt werden in der SAP-Fiori-App **Lokationscluster verwalten** die einzelnen Lokationen (Filialen) anhand gemeinsamer Merkmale oder Attribute, wie z. B. nach Geografie, Format oder Verkaufsfläche, zusammengefügt. Lokations-Cluster bestehen demnach aus Lokationen, die sich ähnlich verhalten. Das ermöglicht Ihnen, Ihre Sortimente auf Ebene der Cluster, statt der einzelnen Filialen zu planen. Auf Basis der Lokations-Cluster können anschließend im weiteren Planungsprozess die Sortimente regionalisiert und Analysen zu verkaufsfördernden Eigenschaften vorgenommen werden. Um die Lokationen in Cluster einzuteilen, gehen Sie folgendermaßen vor:

1. Wie in Abbildung 10.10 gezeigt, starten Sie den Prozess mit der Anlage eines Lokations-Cluster-Sets. Dabei definieren Sie die Einstellungen wie **Produkthierarchie**, **Vertriebslinie** und **Währung**, die Sie bei der späteren Berechnung der Cluster berücksichtigen wollen. Über die Einstellung **Referenz** bestimmen Sie, welche historischen Umsatzdaten bei der Bildung der Cluster berücksichtig werden. Über die **Gültigkeit** legen Sie fest, in welchem Zeitraum das Lokations-Cluster-Set gültig sein soll. Es kann sich bei beiden Parametern um eine zuvor in SAP S/4HANA Retail definierte Saison oder um ein manuell bestimmtes Datumsintervall handeln.

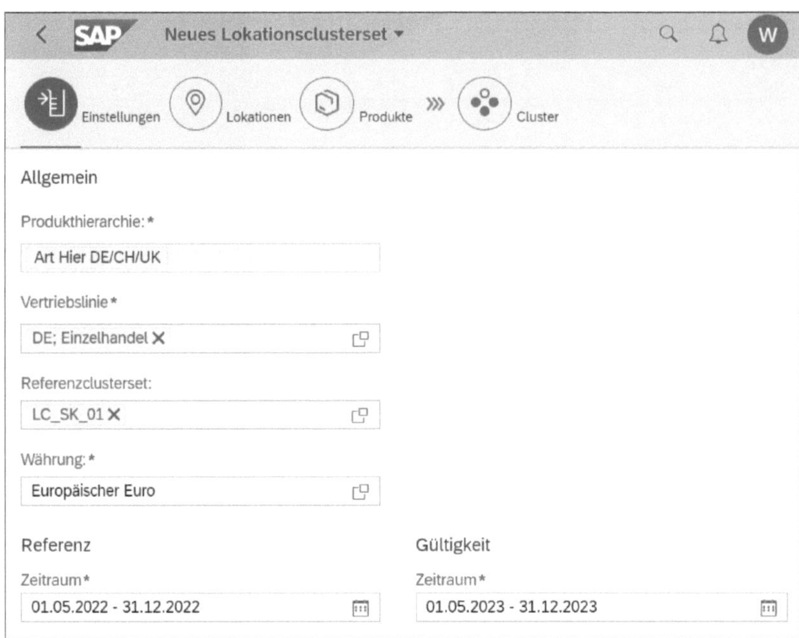

Abbildung 10.10 Neues Lokations-Cluster-Set anlegen

2. Anschließend wählen Sie die Lokationen, die Sie Clustern zuordnen möchten. Für die Selektion stehen Ihnen kontextabhängige Filterfunktionen, wie beispielsweise die geografische Lokationshierarchie oder die Verkaufsorganisation zur Verfügung.
3. Anschließend verfeinern Sie die Auswahl der Produkte, deren Umsatzdaten bei der Bildung des Cluster-Sets berücksichtigt werden. Die gewählten Produkte sollten dabei möglichst genau der Sortimentsliste entsprechen, für die Sie Cluster bilden wollen.
4. Als Nächstes erstellen Sie automatisiert die neuen Cluster. Dazu wählen Sie, ob für das verwendete Lokations-Cluster-Set alle vorhandenen Cluster überschrieben werden sollen oder ob Sie für gegebenenfalls bestehende Cluster Sub-Cluster erstellen wollen. Mit der Funktion **Auto-Clustering** bestimmen Sie, auf Basis welcher Cluster-Kriterien – also charakterisierende KPIs sowie Attribute – die Ähnlichkeiten der Lokationen berechnet und Cluster gebildet werden sollen. Schließlich legen Sie den Bereich oder die genaue Anzahl der zu erstellenden Cluster fest und starten das Clustering.

In Abbildung 10.11 sehen Sie die gebildeten Cluster und die Anzahl der darin enthaltenen Lokationen aufgeführt. Ergänzt wird die Tabelle um Kennzahlen, für die der Durchschnitt über die im Cluster enthaltenen Lokationen angezeigt wird. Im unteren

Bildschirmbereich sind die Lokationen und deren Zuweisung zu den jeweiligen Clustern ersichtlich.

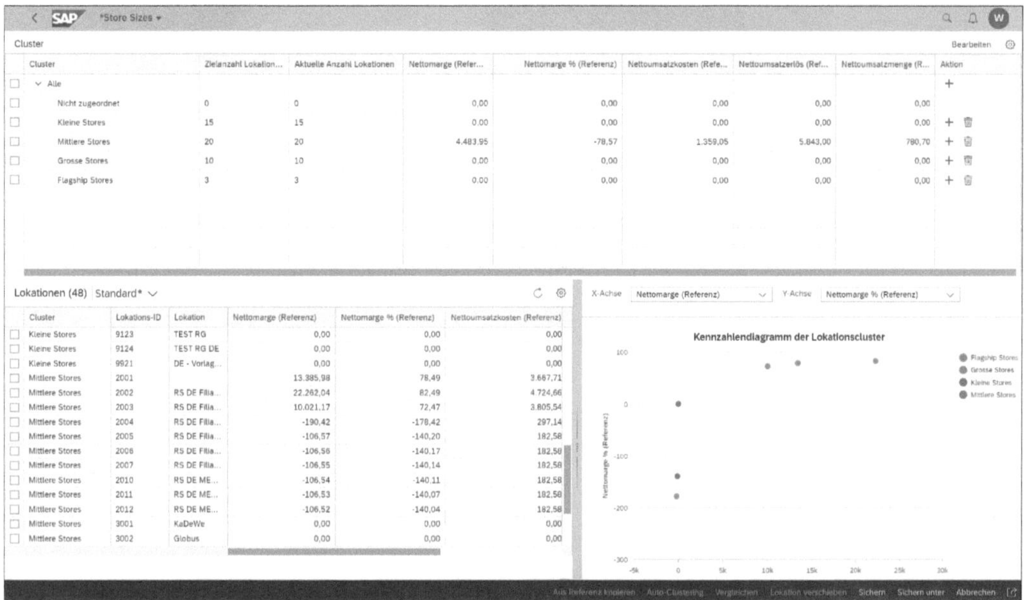

Abbildung 10.11 Ergebnisse des automatisierten Clusterings

Abbildung 10.12 zeigt das Streudiagramm in der SAP-Fiori-App **Lokationscluster verwalten**, mit dem das Lokations-Cluster-Set anhand von ausgewählten Cluster-Kriterien visualisiert werden kann.

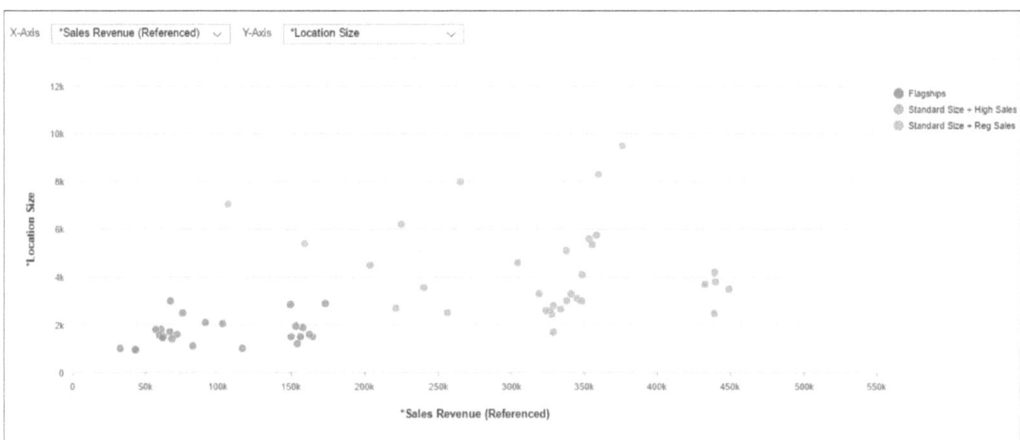

Abbildung 10.12 Visualisierung des Lokations-Cluster-Sets anhand ausgewählter Kennzahlen

Optionen planen

In diesem Schritt planen Sie die strategische Sortimentsstruktur – also die Breite und Tiefe Ihres Sortiments. Sie tun dies, noch bevor die genauen Produkte für das Sortiment der geplanten Saison feststehen und bevor auf Ebene der tatsächlichen Produkte und Lokationen geplant wird. Wenn z. B. bereits entschieden wurde, dass das geplante Sortiment in der Warengruppe »Herrenhosen« drei Auswahlmöglichkeiten für die Kombination High Fashion/hochpreisig und zehn Auswahlmöglichkeiten für die Kombination Medium Fashion/mittelpreisig enthalten soll, können Sie zunächst auf dieser Ebene eine Planung vornehmen, auch wenn die genauen Modelle und Produkt-IDs noch nicht bekannt sind. Insbesondere verfolgen Sie mit der Optionsplanung die folgenden Ziele:

- optimale Anzahl an Produktauswahlmöglichkeiten (Optionen), die dem Kunden angeboten werden sollen, bestimmen
- geplante Anzahl an Optionen mit dem Open-to-Buy-Budget aus der Warenplanung abgleichen
- Optionen in Module überführen und dadurch festlegen, wie viele Produktoptionen in den verschiedenen Lokationen angeboten werden sollen
- aus dem Prozess Vorgaben für das Designteam ableiten, z. B. die Anzahl verschiedener Farbvarianten oder Stile, die kreiert werden sollen

Die Planung von Optionen nehmen Sie über die SAP-Fiori-App **Optionspläne verwalten** vor. In Abbildung 10.13 sehen Sie ein Beispiel eines Optionsplans. Optionspläne erstellen Sie anhand der folgenden Schritte:

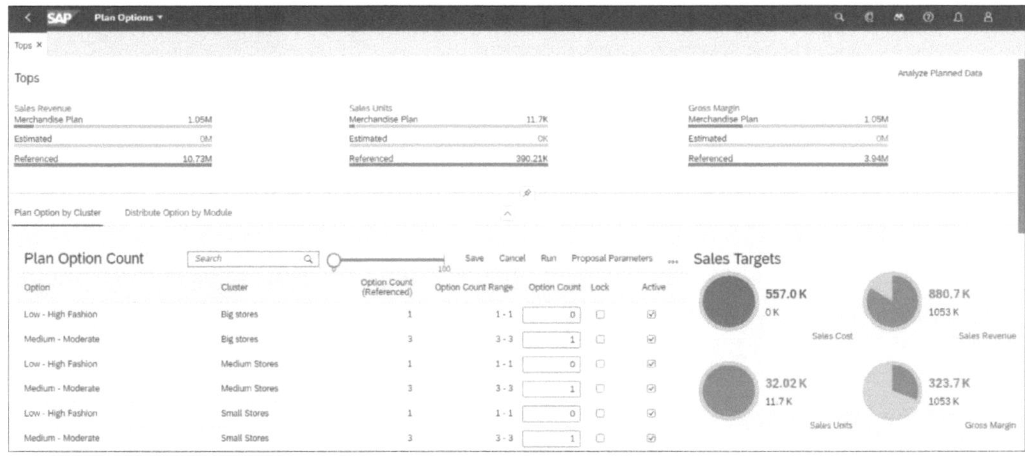

Abbildung 10.13 Planung der Optionen für verschiedene Module und Lokations-Cluster

Legen Sie einen neuen Optionsplan an. Bestimmen Sie auch hier wieder den Referenz- und Gültigkeitszeitraum, der bei diesem Optionsplan zur Anwendung kommen soll. Zur Auswahl stehen erneut vordefinierte Saisons und/oder manuell festgelegte Datumsbereiche. Legen Sie die Warengruppe fest, die geplant werden soll. Diese wählen Sie aus einer beliebigen Hierarchiestufe aus. Anschließend bestimmen Sie für die selektierte Warengruppe optionsdefinierende Attributkombinationen, die im Optionsplan berücksichtigt werden sollen. Danach nehmen Sie die benötigten Module in den Optionsplan auf und weisen dem Optionsplan ein Lokations-Cluster-Set zu. Anschließend ordnen Sie dem Cluster-Set die gewünschten Module zu.

Sortimentslisten erstellen

Ausgangspunkt für die Ausgestaltung von Sortimenten ist die Erstellung von Sortimentslisten. Bei der Anlage von Sortimentslisten legen Sie grundlegende Einstellungen bezüglich Warengruppen, Lokationen und Zeiträumen fest, für die das zu planende Sortiment Gültigkeit haben soll. Für die Planung verwenden Sie die SAP-Fiori-App **Meine Sortimentslisten**:

- Entweder Sie legen zunächst eine neue Sortimentsliste an oder Sie nutzen die Möglichkeit, eine bestehende Sortimentsliste als Referenz anzugeben, dadurch werden die Voreinstellungen von der Referenzliste übernommen. Legen Sie nun fest, welches Lokations-Cluster-Set und welche Module Sie für die Planung des Sortiments verwenden wollen, und bestimmen Sie, für welche Saisons bzw. Zeiträume die Sortimentsliste gültig sein soll.
- Wenn im Schritt **Optionen planen** ein Optionsplan erstellt wurde, kann dieser hier eingebunden werden, um in einem späteren Planungsschritt Produktzuordnungen zu Optionsmodulen vorzunehmen.
- Auf der Registerkarte **Übersicht** sehen Sie einen Überblick der Sortimentsliste (siehe Abbildung 10.14). Hier können Sie als Planer die Verteilung der Lokationen über die Cluster prüfen. Sie sehen auch, auf wie viele Lokationen die vorhandenen Module verteilt sind. Außerdem wird Ihnen die Anzahl der im Sortiment enthaltenen Produkte sowie deren Verteilung über die verschiedenen Warengruppen angezeigt. Zusätzlich sehen Sie auf Kopfebene den aktuellen Status der Sortimentsliste (**In Bearbeitung**, **Aktiv**, **In Verwendung**) und deren Exportstatus sowie den Status der Produktlistung.

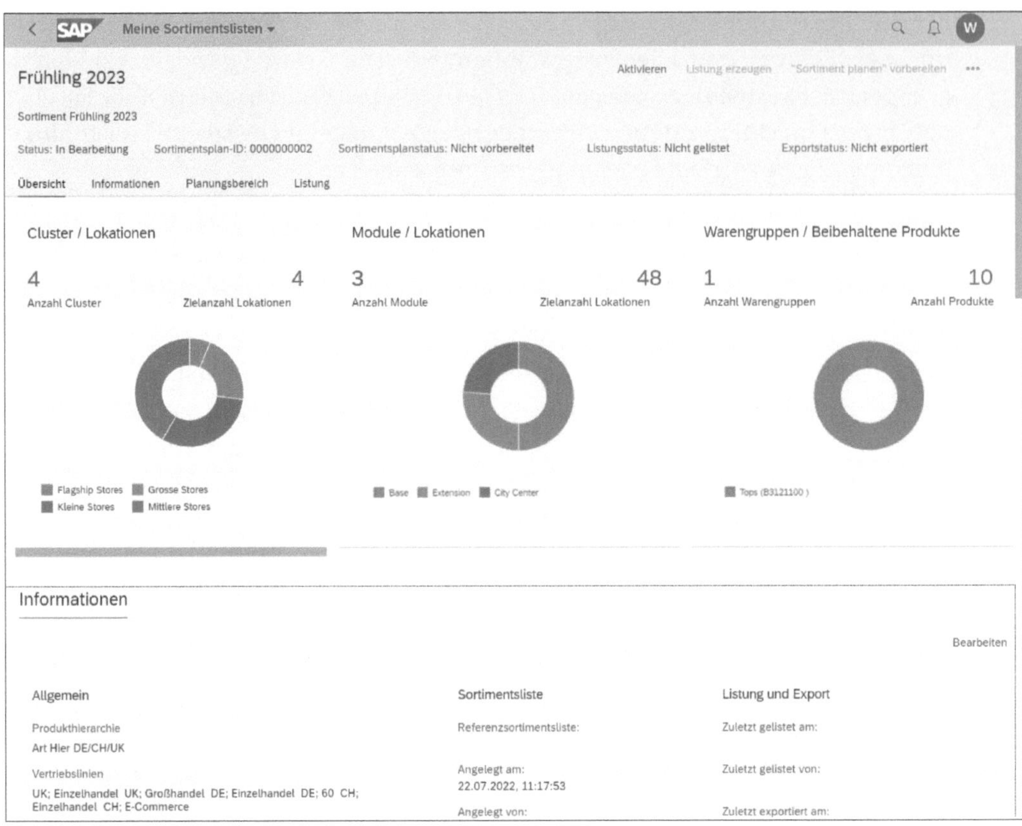

Abbildung 10.14 Übersichtsbereich der SAP-Fiori-App »Meine Sortimentslisten«

Sortimente erstellen

Auf Basis der zuvor erstellten Sortimentsliste ermitteln Sie jetzt anhand der Profitabilität (Umsatzmengen oder Nettomargen) bestehender Produkte den optimalen Produktmix für Ihr Sortiment auf der Warengruppenebene. Sie können historische Umsatzdaten und Daten aus der Optionsplanung nutzen, um zu entscheiden, welche Produkte im Sortiment beibehalten (Carry-over), aus diesem entfernt oder neu eingeführt werden sollen. Sie verwenden dazu die Planungsebene (Registerkarte **Planungsbereich** in der SAP-Fiori-App **Meine Sortimentslisten**).

Im Bereich **Übersicht Kennzahlen** stehen Ihnen für alle Produkt-/Lokationskombinationen Kennzahlen auf warengruppenübergreifender Ebene zur Verfügung. Von hier aus können Sie die Kennzahlen weiter nach Warengruppen aufschlüsseln, um die Performance einzelner Produkte zu analysieren und eine Vorauswahl zu treffen, welche Produkte Sie in den Planungsbereich Ihrer Sortimentsliste aufnehmen wollen. Den Auswahlprozess der Produkte starten Sie über den Button **Produkte für Planungsbereich auswählen**. Es öffnet sich ein gleichnamiger Bildschirm. Dort haben Sie die Mög-

lichkeit, über Kontextfilter nach einer oder mehreren Hierarchieebenen zu filtern, um sich die Produkte zu den ausgewählten Industrien, Warengruppen, Sub-Warengruppen oder Segmenten anzeigen zu lassen. Weitere Selektionskriterien, die Sie über das Setzen von Filtern zur Anwendung bringen können, sind beispielsweise Produktbeschreibungen, Attribute oder eine bestimmte Saison.

Zusätzliche Hilfsmittel, mit deren Unterstützung Sie einzelne Produkte manuell suchen und auswählen können, sind visuelle Planungssichten auf Basis von Produktbildern oder die Pareto-Analyse, die es Ihnen ermöglicht, Produkte zu identifizieren, mit denen Sie Ihre Zielperformance am besten erreichen.

Mithilfe dieser Werkzeuge und Kennzahlen stellen Sie nun eine Vorauswahl von Produkten zusammen, auf deren Grundlage Sie Ihr Sortiment erstellen möchten. Markieren Sie alle Produkte, die sie in den Planungsbereich übernehmen wollen, und betätigen Sie den Button **Sichern**. Abbildung 10.15 zeigt entsprechende Suchergebnisse und eine Vorselektion von Produkten für die weitere Planung. Die resultierende Produktliste wird im folgenden Schritt weiter verfeinert.

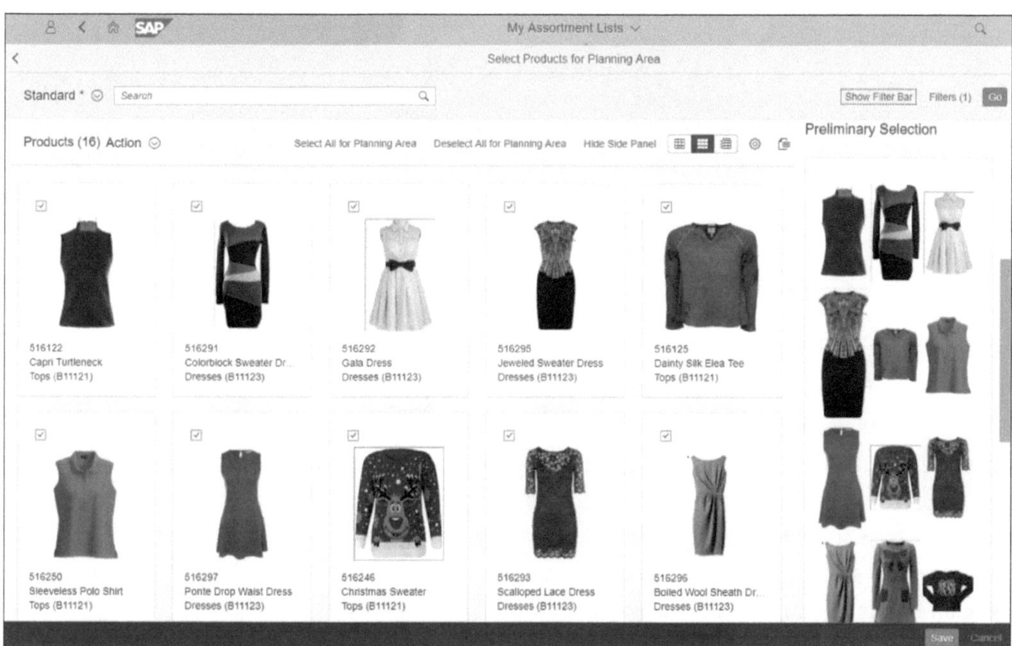

Abbildung 10.15 Vorauswahl von Produkten für die weitere Planung

Sortimente feinplanen

Aufbauend auf der zuvor definierte Produktliste im Planungsbereich nehmen Sie in diesem Schritt die Feinplanung vor und ermitteln, welche Produkte definitiv Teil des Sortiments sein sollen. Die beibehaltenen Produkte ordnen Sie anschließend den gewünschten Modulen zu.

Im Planungsbereich der Sortimentsliste filtern Sie dazu über die Kontextfilter nach einer oder mehreren Warenhierarchieebenen (Industrie, Warengruppe, Sub-Warengruppe, Segment). Bestätigen Sie Ihre Auswahl mit einem Klick des Kontrollkästchen. Klicken Sie auf den Button **Sortiment erstellen**, um die gleichnamige Bildschirmansicht zu öffnen. Für die definitive Auswahl an Produkten stehen Ihnen hier verschiedene Produktsichten zur Verfügung, z. B. listenbasierte oder visuelle Planungen sowie Umsatz- und Bestandsanalysen. Abbildung 10.16 zeigt die listenbasierte Planung im Bereich **Sortiment erstellen**. Die Planungsansichten werden jeweils ergänzt um Übersichten, mit denen Sie Ihre Produktenscheidungen anhand der summarischen Ergebnisse auf der Warengruppenebene im Vergleich zu den relevanten Planungsvorgaben (z. B. aus dem Optionsplan) überprüfen können.

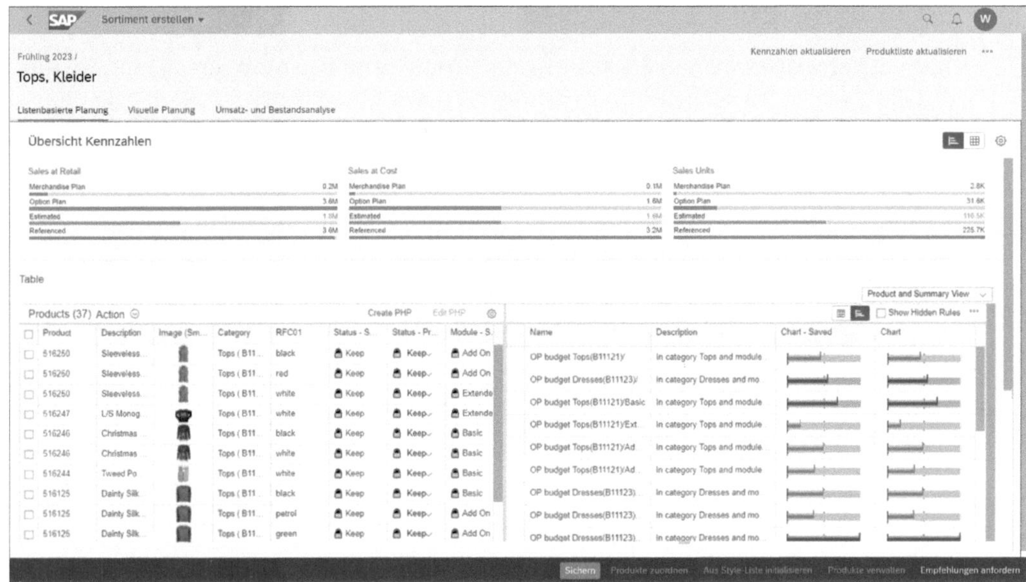

Abbildung 10.16 Sortimentsplanung in der listenbasierten Planung

Optional können Sie dem Sortiment auch neue Produkte hinzufügen. Dafür verwenden Sie *Platzhalterprodukte*. Es handelt sich dabei um Platzhalter für Produkte, die in den Produktstammdaten noch nicht vorhanden sind. Diese temporären Produkte können für Planungszwecke verwendet werden. Sie basieren auf ausgewählten Referenzprodukten, deren Charakteristiken und historische Daten bei der Anlage übernommen werden. Die Platzhalterprodukte werden im weiteren Verlauf der Planung durch die finalen Produkte ersetzt, sobald diese bekannt und in den Stammdaten erfasst sind.

Selektieren Sie einzelne oder mehrere Produkte, die im Sortiment bleiben sollen, und klicken Sie auf den Button **Produkte zuordnen**. Im sich öffnenden Dialogfenster wählen Sie das Modul aus, dem Sie die die Produkte zuordnen möchten. Die betroffenen

Kennzahlen im Bereich **Übersicht Kennzahlen** werden gemäß den Modulzuordnungen aktualisiert.

Die Lösung bietet auch hier wieder Entscheidungshilfen, um Sie im Auswahlprozess und bei der Zuweisung von Produkten zu Modulen zu unterstützen oder um diesen Prozess zu automatisieren. Dazu gehören:

- Pareto-Analyse zum Eruieren von Produkten, die den größten Beitrag zu bestimmten Zielkennzahlen leisten
- Systemvorschläge, basierend auf zuvor definierten Geschäftsplanungsregeln
- Auswahl von vergleichbaren Produkten auf Grundlage von maschinellem Lernen
- Integration von UDF-Prognosen, die zukünftige Verkaufszahlen und Bestände voraussagen

Nach der abgeschlossenen Zuordnung der Produkte zu den Modulen planen Sie nun, welche Module in bestimmten Gültigkeitszeiträumen in bestimmten Lokations-Clustern verkauft werden sollen. Ist Ihre Sortimentsliste mit einem Optionsplan verknüpft, werden die dort vorgenommenen Modul-Cluster-Zuordnungen vorbelegt.

Anhand des beschriebenen Vorgehens optimieren Sie Ihr Sortiment, bis es den finanziellen und qualitativen Planungsvorgaben entspricht.

Sortimente planen (quantitativ)

Nachdem Sie in den vorangegangenen Schritten den optimalen Produktmix entlang von Modulen und Lokationen definiert haben, gilt es nun, die Kennzahlen für die operative Sortimentsplanung zu bestimmen. Dazu stehen Ihnen vordefinierte Excel-Arbeitsmappen von SAP Analysis für Microsoft Office zur Verfügung. Anhand der folgenden Schritte planen Sie für alle Farb- und Größenvarianten die Verkaufs- und Einkaufsmengen Ihres Sortiments:

- **Verkaufsplan**
  Mit dem Verkaufsplan definieren Sie Verkaufs- und Lagerzielwerte. Dabei legen Sie den Verkaufsmix aus regulären Verkäufen, Aktionsverkäufen und Preisabschlägen fest und definieren die geplanten absoluten und prozentualen Margen. Aus der geplanten Abverkaufsrate werden zudem die Wareneingänge abgeleitet und die Lagerreichweite in Wochen (engl. Weeks of Supply) bestimmt.
- **Wareneingangs- und Verteilungsplan**
  In diesem Schritt nehmen Sie die Feinplanung von Verkäufen, Retouren und Zielbeständen nach Clustern oder Filialen vor. Dabei verfeinern Sie auch die relativen und absoluten Margen. Wareneingänge werden feingeplant und Erstzuteilungsmengen abgeleitet.

- **Größenplan**
  Im Größenplan werden die benötigten Stückzahlen, heruntergebrochen auf Größen und Farben, anhand von Verteilungskurven aus SAP Allocation Management bestimmt.
- **Einkaufsplan auf wöchentlicher Basis**
  In diesem Schritt prüfen Sie auf wöchentlicher Basis den Verkaufs- und Wareneingangsfluss auf Produktebene.
- **Konsolidierte Ansicht der Gesamtnachfrage über alle Kanäle hinweg**
  Im letzten Schritt können Sie auf übergeordneter Ebene die gesamten Verkäufe und Wareneingänge über alle Verkaufskanäle hinweg betrachten.

Übermittlung an Folgeprozesse und -systeme

Nachdem Sie alle Schritte ausgeführt haben, können die Sortimente aktiviert und inklusive aller Plankennzahlen zur Ausführung an das operative System, d. h. an SAP S/4HANA Retail, übermittelt werden. Dies kann aktiv durch den Anwender oder im Hintergrund durch Batch-Jobs ausgeführt werden. In den Folgeprozessen werden für die aktivierten Sortimente Listungen erzeugt und auf Grundlage der Einkaufspläne Bestellungen generiert. Mit SAP Allocation Management wird anhand der zuvor geplanten Bedarfe die Aufteilung der Ware auf die Lokationen automatisiert. Der Prozessfluss zwischen der Waren-, Sortiments- und Allokationsplanung und der operativen Ausführung im ERP-System ist in Abbildung 10.17 dargestellt.

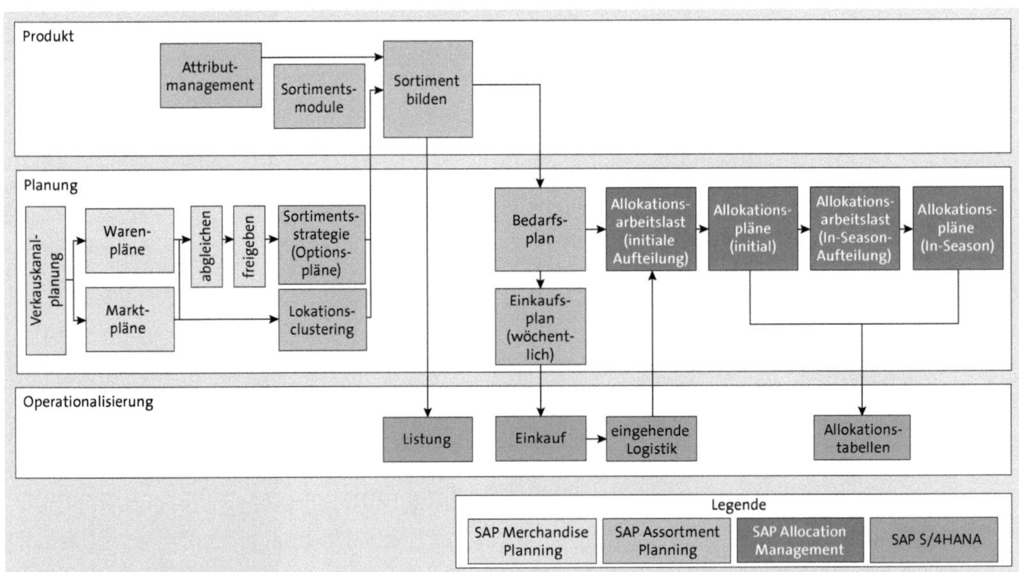

Abbildung 10.17 Prozessfluss von Planung und Allokation innerhalb der operativen Ausführung im SAP-S/4HANA-System

10.3 Aufteiler-Management

Mit dem Aufteiler-Management (engl. Allocation Management) stellen Händler sicher, dass ihre angebotenen Artikel (z. B. saisonale, aktionsbezogene) flächendeckend in ihren Filialen verfügbar sind. Neben dem regulären Nachschub, z. B. der Wiederauffüllung von NOS-Artikeln (Never out of Stock), stellt saisonale und aktionsbezogene Ware Händler vor eine besondere Herausforderung bei der Beschaffung dieser Waren. Dies ist zum einen durch die Komplexität des Angebots, großer Mengenbedarfe und der Kurzfristigkeit bei Aktionsware bedingt, zum anderen durch die Planung auf Produkt-/Farbenebene oder die automatische Größenaufteilung bei saisonaler Ware im Fashion-Handel. Zur verbesserten Aufteilung dieser Waren auf Filialen kann *SAP Allocation Management* eingesetzt werden. SAP Allocation Management ist ein Modul, das basierend auf analytischen Funktionalitäten (z. B. Größenkurven, Prognosen) von SAP Customer Activity Repository die Zuordnung einzelner Produktmengen zu den infrage kommenden Filialen optimiert und verstärkt automatisiert. Der Prozess der Warenaufteilung auf die Verkaufskanäle/Filialen schließt sich direkt an die Sortimentsplanung und -steuerung an. Abbildung 10.18 stellt die in den Prozess involvierten Systemkomponenten von SAP dar. Die Planungsdaten, die Sie in Abschnitt 10.2.3, »Sortimentsplanung«, kennengelernt haben, werden dabei zunächst an SAP Allocation Management übergeben, um die Aufteilung der Ware zu ermöglichen.

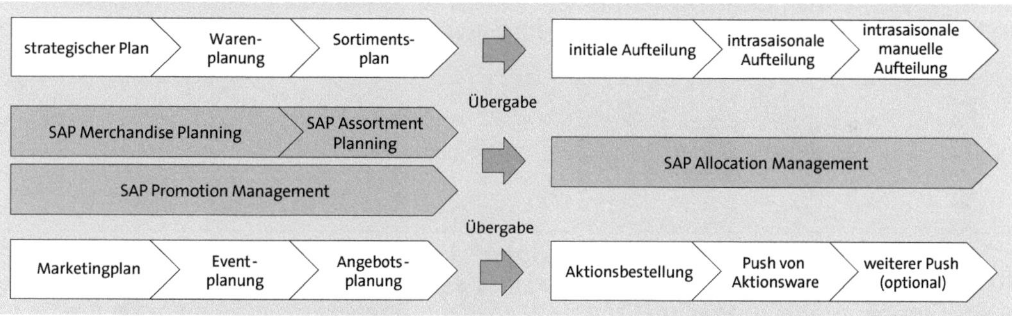

Abbildung 10.18 Zusammenspiel der Systemkomponenten im Aufteilungsmanagement

Grundsätzlich kann die Verteilung von Artikelmengen auf Filialen in SAP Allocation Management automatisch und manuell vorgenommen werden. Sogenannte Geschäftsszenarien, die den Lebenszyklus von modischer, saisonaler und von Aktionsware abdecken, unterstützen hierbei. Zusätzlich erlaubt die Lösung die Einrichtung individueller Aufteilungsstrategien, wenn diese mit einem der vorgegebenen Referenzgeschäftsszenarien verknüpft sind. SAP Allocation Management zeigt zudem die Arbeitslast der Aufteilung für Händler an. Die Berechnungen der Aufteilungspläne können manuell angestoßen oder vom System im Hintergrund berechnet werden und basieren auf Prognosefunktionen und maschinellem Lernen. Die vorgeschlage-

nen Aufteilungspläne können Sie dann überprüfen und bearbeiten. Dabei sollten Sie immer die Auslastung der Filialen und Ausnahmesituationen berücksichtigen, z. B. wenn einer drohenden Unterversorgung in Filialen entgegensteuert werden muss. Die erzeugten Aufteilungspläne werden schließlich an Folgesysteme übergeben (z. B. SAP S/4HANA Retail), um die Anlage von Folgebelegen (z. B. Normalbestellungen beim Lieferanten, Umlagerungsbestellungen vom Verteilzentrum zu Filialen) anzustoßen.

10.3.1 Saisonale Ware

Bei der Zuteilung von saisonaler Ware liegt der Fokus zu Saisonbeginn auf der Erstbestückung von Filialen. Wenn Produkte neu eingeführt werden, muss die Warenverfügbarkeit während der Saison sichergestellt werden und auf Ausnahmesituationen reagiert werden, die einen Push von Waren in die Filialen erfordern. Eine der Herausforderungen im Einkauf und in der Produktion von vertikalisierten Händlern ist die Saisonalität und Kurzlebigkeit der Ware. SAP Allocation Management unterstützt Händler daher bei der Aufteilung saisonaler Ware auf Filialen mit drei Geschäftsszenarien:

- initiale Aufteilung
- intrasaisonale Auffüllung (engl. In-Season-Fill-in)
- intrasaisonaler manueller Push (engl. In-Season Manual Push)

Das Szenario der *initialen Aufteilung* (engl. Initial Allocation) umfasst die initiale Verteilung neuer Produkte auf Filialen und wird meist zu Beginn einer Saison, einer Kollektion oder eines Themas eingesetzt. Die initiale Aufteilung basiert in der Regel auf einem geplanten Präsentationsdatum für die Ware in den Filialen und dem geplanten Filialbestand zu Saisonbeginn.

Als Ausgangspunkt der initialen Aufteilung können geplante Abverkaufs- oder Zugangsdaten aus einem Sortimentsplanungswerkzeug verwendet werden. In einem *Sortimentsplan* (mit SAP Assortment Planning oder einem anderen Tool erstellt, siehe Abschnitt 10.2.3) sind beispielsweise Die Produkte für die kommende Saison sowie die Termine und Mengen aufgeführt, die in jeder Filiale für die gesamte Saison oder für die Ersteinführung eines Artikels geplant sind. Die Informationen aus dem Sortimentsplan werden in SAP Allocation Management übernommen. Beispiele sind hier die Filialen und die geplanten Absatzmengen auf der Ebene von Produkt/Farbe oder Produkt/Farbe/Größe. Zum Zeitpunkt der initialen Aufteilung berechnet das System die Aufteilungspläne auf der Grundlage der Sortimentsplanungsinformationen automatisch, ermöglicht nachträglich aber auch eine manuelle Übersteuerung dieser Pläne.

Die initiale Aufteilung kann alternativ auch auf der *Anlieferungslogistik* basieren. Durch das Einspeisen einer Datenquelle, die auf der Eingangslogistik basiert, wird die Aufteillast für die Erstaufteilung aus Produkten aufgebaut, die sich in Bestellungen bzw. Anlieferungen befinden. Dies stellt die rechtzeitige Verteilung der Ware auf die Filialen sicher, da die Ware auf die Filialen verteilt wird, bevor sie im Verteilzentrum eintrifft. Dieser Prozess kann manuell oder automatisch angestoßen werden. In Ausnahmefällen, wenn die Ware bereits vor der Erstellung des Aufteilungsplans eingegangen ist, kann auch aus dem Bestand aufgeteilt werden (manueller Prozess). Zudem können alle Produkte und Produkt-/Farbkombinationen innerhalb eines Aufteilungsplans zusammengefasst werden, wenn sie aus derselben Bestellung bzw. Anlieferung stammen.

Das zweite Szenario, die *intrasaisonale Auffüllung* (engl. In-Season-Fill-in), umfasst den automatischen Nachschub von Ware nach den ersten Abverkäufen in der Filiale. Die Berechnung der Aufteilungspläne zur Auffüllung der verkauften Ware erfolgt in SAP Allocation Management auf der Grundlage des Unified Demand Forecasts (siehe Abschnitt 4.5). Die Prognose wird auf der Ebene des Produkts und der Farbe berechnet. Die Prognose auf Produkt-/Farbebene wird durch Anwendung der in SAP Customer Activity Repository analysierten Größenkurve bis auf die Ebene der Größenvarianten heruntergebrochen. Die Gesamtnachfrage in den Filialen wird mit der verfügbaren Menge im Verteilzentrum abgeglichen. Die Filiale kann in Situationen mit begrenzten Beständen automatisch rationiert werden. Die Prognose auf Variantenebene fließt in eine Bedarfsberechnung für eine Bedarfsperiode ein (auf der Grundlage von Reichweiten oder Filialplänen).

Das dritte Szenario des *intrasaisonalen manuellen Pushs* (engl. In-Season Manual Push) umfasst die manuelle Festlegung der Zuteilungsmenge nach dem initialen Push, die parallel zur automatischen Aufteilung der Ware abläuft. Das Szenario wird in besonderen Situationen eingesetzt, z. B. bei unerwarteten Umsatzentwicklungen, besonderen Filialereignissen, Überbestand im Verteilzentrum oder zum Ende der Saison.

Im Folgenden wird der Prozess der intrasaisonalen manuellen Aufteilung beschrieben, da die Disponenten hier, im Gegensatz zu den automatischen Szenarien, bei denen eine reine Monitoringfunktion angestrebt wird, verschiedene Apps verwenden.

In SAP Allocation Management stellt die SAP-Fiori-App **Mein Allokationsvorrat** den Arbeitsbereich dar, den Sie über das in Abbildung 10.19 dargestellte SAP Fiori Launchpad öffnen. Hier stehen Ihnen je nach Szenario diese SAP-Fiori-Apps zur Verfügung:

- **Mein Allokations-Arbeitsvorrat – Initiale Allokation**
- **Mein Allokations-Arbeitsvorrat – Intrasaisonale Auffüllung**
- **Mein Allokations-Arbeitsvorrat – Intrasaisonaler manueller Push**

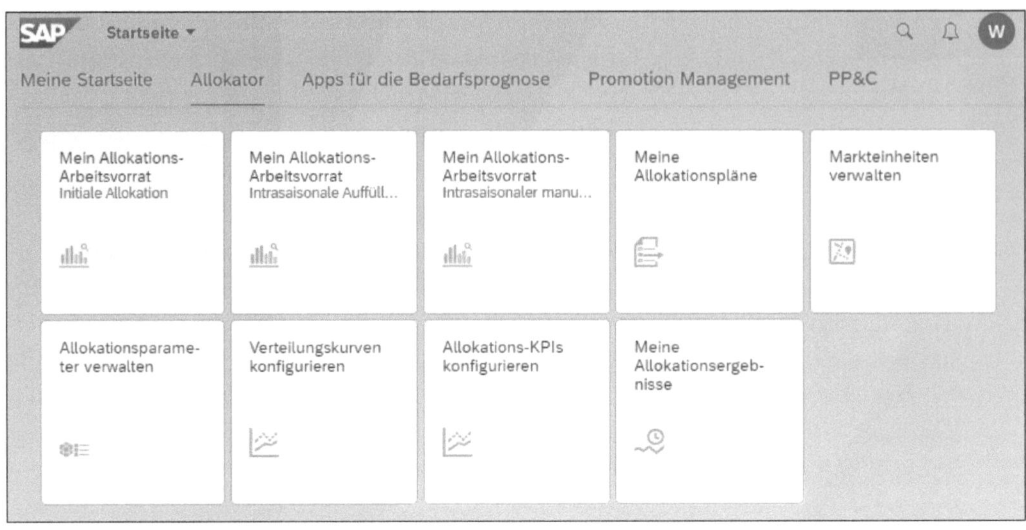

Abbildung 10.19 SAP-Fiori-Apps für saisonale Ware

Nach dem Öffnen der SAP-Fiori-App **Mein Allokations-Arbeitsvorrat – Intrasaisonaler manueller Push** können Sie in diesem Arbeitsbereich relevante Produkte mit wichtigen Leistungsindikatoren identifizieren. Folgende Filtermöglichkeiten vereinfachen dem Endanwender die Bearbeitung (Auszug):

- Warenkorb
- Produktname
- Status
- Farbe
- Größenraster
- Name des Verteilzentrums
- verfügbare Menge
- Anlieferung
- Lieferant
- etc.

Wenn Sie einen Artikel auswählen, wird Ihnen der Warenfluss des Artikels angezeigt. Mithilfe dieser Anzeige erhalten Sie volle Transparenz über den Belegfluss. Im Arbeitsbereich kann durch die Funktion **Hinzufügen zum Warenkorb** der *Warenkorb* befüllt werden. Dort sammeln Sie Artikel, bevor Sie diese in einen Aufteilungsplan verschieben. Im Warenkorb erscheint eine Anzeige, wenn es Probleme mit Artikeln in einer geplanten Zuteilung gibt. Das System weist Sie dann darauf hin, diese zu überprüfen und zu korrigieren, bevor die geplanten Mengen an das Folgesystem überge-

ben werden. Sie können die Einstellungen für die Artikel im Warenkorb einzeln ändern oder die Änderung für alle Produkte/Farben im Warenkorb auf einmal vornehmen.

Mit der SAP-Fiori-App **Meine Allokationspläne** können Sie die vom System vorgeschlagenen und entweder manuell initiierten oder zur automatischen Berechnung eingeplanten Aufteilungspläne überprüfen und freigeben. Der Aufteilungsplan beschreibt detailliert, wie Produkte und Produkt-/Farbkombinationen von einem Verteilzentrum an die Filialen innerhalb einer Markteinheit geliefert werden. Die Markteinheit (engl. Market Unit) ist ein Objekt in SAP Allocation Management, das grundsätzlich eingestellt/definiert werden muss. In der Market Unit werden verschiedene Werke (VZ/Filialen) und Produkthierarchien definiert – optional auch Regionen. Jeder Markteinheit wird eine verantwortliche Person zugewiesen, die die Verteilung der Ware in SAP Allocation Management bearbeitet.

Um den Überprüfungsaufwand zu verringern, werden Aufteilungspläne mit Ausnahmemeldungen versehen, wenn geschäftsrelevante Situationen vorliegen, wie z. B. eine unzureichende Versorgung. Optional können Sie in dieser App auch neue Aufteilungspläne erstellen, z. B. anhand betriebswirtschaftlicher KPIs.

Die KPIs werden beispielsweise zur Unterstützung der Parameterpflege, zur Identifizierung relevanter Produkte für die manuelle Zuteilung oder zu Informationszwecken verwendet. Innerhalb der Aufteilungsszenarien dienen sie der Berechnung des Aufteilungsanteils einer Filiale oder der Priorität bei eingeschränkter Verfügbarkeit. Über die in Abbildung 10.20 abgebildete SAP-Fiori-App **KPI-Konfiguration** können Sie festlegen, wie das System Kennzahlen beispielsweise auf der Grundlage von Verkäufen, historischen Beständen, Prognosen oder kundenindividuellen Datenquellen berechnet. Weiterhin pflegen Sie hier die Aggregationsebenen in Bezug auf Produkte, die Berechnungsgrundlagen, den Analysezeitraum zur Berücksichtigung bei der Berechnung der KPIs sowie den Verwendungsbereich der KPIs (z. B. pro Markteinheit).

Aus dem Warenkorb wird schließlich der Aufteilungsplan erstellt. Dieser enthält alle relevanten Daten zum Aufteiler. Mit der SAP-Fiori-App **Meine Allokationsergebnisse** erhalten Sie einen vollständigen Überblick über die Aufteilungspläne für die jeweiligen Markteinheiten. Die App liefert Informationen über Aufteilungspläne bis hin zur Filialebene und zeigt eine grafische Darstellung der Zuteilungsdetails, wie Menge, Zuteilungsstatus, Lagermenge und Filialeingangsmenge.

Die Aufteilungspläne werden anschließend an SAP S/4HANA Retail zur weiteren Folgeverarbeitung übergeben und lösen beispielsweise die zum jeweiligen Aufteiler zugehörigen Bestellungen aus (z. B. Umlagerungs-/Normalbestellungen).

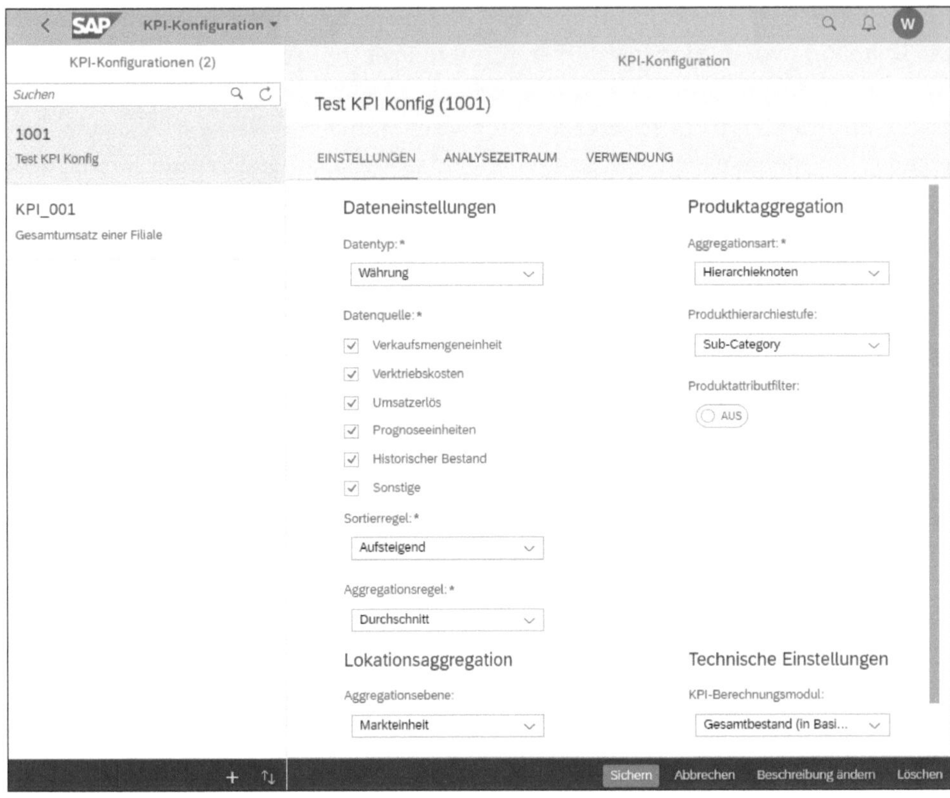

Abbildung 10.20 SAP-Fiori-App »KPI-Konfiguration«

10.3.2 Aktionsware

Bei der Aufteilung von Aktionsware liegt der Fokus darauf, die Aufteilungsmengen, den Aufteilungszeitraum und die frühestmöglichen Termine für die Zuteilung der Mengen festzulegen. Herausfordernd ist für Händler bei der Verteilung der Aktionsware, eine optimierte Angebotsplanung durchzuführen und schließlich die Verteilung der Aktionsware optimal zu gestalten. Hierbei müssen beispielsweise die Sonderangebote und die Komplexität einzelner Angebote (hohe Mengen unter ständiger Variation) berücksichtigt werden. SAP Allocation Management bietet zur Zuteilung von Aktionsware zwei Geschäftsszenarien an:

- Aktionsbestellung
- Push von Aktionsware

Das erste Szenario, *Aktionsbestellung* (engl. Promotional Buy), unterstützt die Disponenten im Beschaffungsprozess dabei, die richtigen Produktmengen für die Verteilzentren einzukaufen und sicherzustellen, dass die Produkte rechtzeitig für die Lieferung an die Filialen bestellt werden. Auf diese Weise erleichtert SAP Allocation

Management den Arbeitsablauf zwischen Aktionsplanern und Disponenten, die für die Bestellung von Aktionsprodukten für Verteilzentren zuständig sind. Verwendet werden Angebotsinformationen wie Angebotszeitraum, Filialen, Kombinationen aus Taktik und Taktiktyp sowie Angebotsprognosen, um den Bedarf der Filialen zu berechnen, die Mengen logistisch zu runden und sie den richtigen Verteilzentren zuzuordnen.

Die SAP-Fiori-App **Mein Auftragsarbeitsvorrat – Aktionsbestellung** ist speziell für dieses Szenario vorgesehen. Sie finden die App im SAP Fiori Launchpad (siehe Abbildung 10.21). Nach dem Öffnen der App wird Ihnen das Arbeitspensum der Ware angezeigt, für die Sie verantwortlich sind. Die App gibt Ihnen einen Überblick über den Fortschritt bei der Erledigung Ihrer Beschaffungsaufgaben.

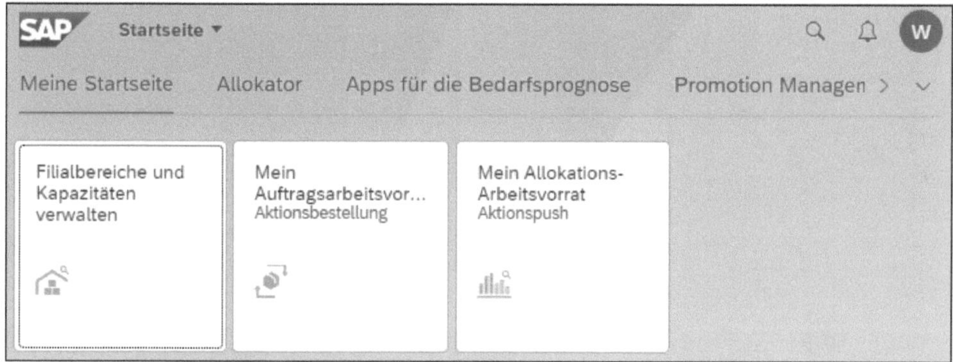

Abbildung 10.21 SAP-Fiori-Apps für Aktionsware

Hier wählen Sie eine Ihrer gespeicherten Einstellungen oder kreieren einen neuen Arbeitsbereich mit folgenden Schritten:

1. Wählen Sie eine Datenquelle aus, Daten aus SAP Promotion Management (siehe Kapitel 8, »Aktionen«) oder bereits existierende Aufteilungspläne, damit Sie auch Ware sehen können, die bereits in Aufteilungsplänen vorhanden ist.
2. Stellen Sie die Voreinstellungen für die Anzeige der Auslastungsdaten ein, z. B. Bezugsdatum, Zeitfenster, Zeiteinheit und Segmentierung. Sie können als Bezugsdatum das Angebotsstartdatum, das Angebotsenddatum oder das Bestelldatum wählen.
3. Wählen Sie die Produkte aus, die in Ihrem Arbeitsvorrat angezeigt werden sollen (unterteilt nach Produkthierarchie und Attributen oder nach Warenhierarchie).

Ihre Arbeitslast wird Ihnen in einem aggregierten Balkendiagramm angezeigt. Wählen Sie einen Balken aus, um ihn nach dem ausgewählten Segmentierungstyp (z. B. Produkthierarchieebene, Filialbereich oder taktische Kategorie) aufzuschlüsseln und eine detaillierte Arbeitsliste zu erhalten. Überprüfen Sie hier die wichtigsten Daten:

- Bestelldatum
- Angebotsstartdatum und -enddatum
- früheste und späteste Liefertermine im Verteilzentrum

Schließlich wählen Sie den Link für den Angebotsnamen, um sich Details zum Angebot, wie Dauer, geplante Angebotsmenge und Status, anzeigen zu lassen.

Prüfen Sie die Schlüsselmengen:

- geplante Angebotsmenge
- Soll-Bestellmenge, d. h. Menge, die für ein Aktionsangebot bestellt wird
- offene Bestellmenge und Bestellhorizont
- gesamte Bestellmenge, inklusive eingegangener und offener Bestellungen
- verfügbarer Bestand im Verteilzentrum, z. B. Restmengen aus früheren Angeboten oder bereits gelieferte Bestellmengen

Daraufhin erstellen Sie den Warenkorb. Das System schlägt Ihnen die Berechnungslogik vor. Sie können die Standardeinstellungen für die Empfängerermittlung und die Zuteilungsstrategie verwenden oder diese anpassen. Sie können manuell einzelne oder mehrere Artikel in den Warenkorb legen. Wenn Sie z. B. ein gemischtes Display in den Warenkorb legen, werden alle Komponenten auf einmal hinzugefügt.

Für einfache, unstrukturierte Produkte können Sie bis zu drei Mengeneinheiten wählen, die durch logistische Einzelpostenanzeigen repräsentiert werden. Bei Lotpaketen für ein Produkt/eine Farbe können Sie bis zu drei Mengeneinheiten für Lotpakete oder zusätzliche Einheiten einer einzelnen Größe für das Produkt/die Farbe auswählen.

Im nächsten Schritt können Sie die erstellten Einkaufspläne in der SAP-Fiori-App **Meine Allokationspläne** überprüfen, anpassen und schließlich freigeben. Freigegebene Positionen im Plan können zur logistischen Bearbeitung an das Folgesystem übertragen werden.

Mit der SAP-Fiori-App **Meine Allokationsergebnisse** erhalten Sie einen Dashboard-Überblick über die wichtigsten Statistiken für Pläne in den Markteinheiten, für die Sie verantwortlich sind.

Das Szenario *Promotional Buy* basiert auf Produktflussarten, um die logistische Abwicklung von Aktionsprodukten zu rationalisieren. Jede logistische Einheit eines Verkaufsprodukts hat einen Produktflusstyp, der Ihnen angezeigt wird (z. B. Cross Docking, Flow-through). Ein Produkt kann in verschiedenen logistischen Einheiten verfügbar sein, den Sie im Arbeitsvorrat zuordnen.

Optional können Sie mit der SAP-Fiori-App **Filialbereiche und Kapazitäten verwalten** eine Kapazitätskonfiguration für relevante Filialbereiche in der jeweiligen Markteinheit anlegen (siehe Abbildung 10.22). Die Kapazitätsoptimierung wird nicht für das

Szenario *Promotional Buy* durchgeführt, aber die in der App verfügbaren Einstellungen können dennoch nützlich sein. Sie können z. B. Filialbereiche verwenden, um Ihre Auftragslast zu segmentieren. Sie können auch Mindestbestellmengen festlegen, bestimmte Gruppen von Ausgabemengen ausschließen und größere Mengenschwellen festlegen. Diese Einstellungen werden bei der Entscheidung über die Mengen und Mengeneinheiten, die jede Filiale erhält, wirksam im folgenden Szenario *Promotional Push*.

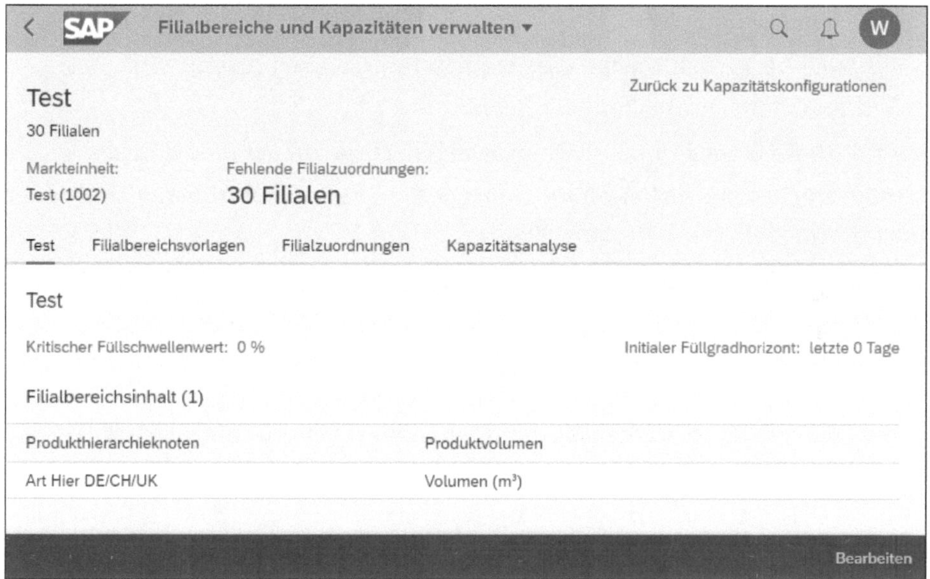

Abbildung 10.22 Filialbereiche und Kapazitäten verwalten

Das zweite Szenario für die Aktionsware, Push von Aktionsware (engl. Promotional Push) umfasst die Zuweisung von Produkten, die für die Dauer eines bestimmten Angebots verfügbar sind.

Über das SAP Fiori Launchpad öffnen Sie die SAP-Fiori-App **Mein Allokations-Arbeitsvorrat – Aktionspush**. SAP Allocation Management ermöglicht die dedizierte Ansicht der Arbeitsbereiche pro Geschäftsszenario. Dieses wird genutzt, um Aktionsware auf Filialen zu verteilen. Gesammelt zeigt der Arbeitsbereich die zu verteilende Aktionsware, zusammen mit dem geplanten Bestelldatum, dem Hauptlieferanten für die Markteinheit und dem Bestand im Verteilzentrum sowie Bestellungen und deren Status. In dieser Ansicht überprüfen Sie folgende Punkte:

- Zuweisungsdatum, d. h. den Stichtag der Zuteilung, wobei dieses Datum berechnet wird, indem die Zuteilungsvorlaufzeit vom Angebotsstartdatum abgezogen wird; die Zuteilungsvorlaufzeit stellt hierbei einen logistischen Parameter dar, der für Verteilzentren in der SAP-Fiori-App **Allokationsparameter verwalten** definiert wird.

- Angebotsstart- und Angebotsenddatum
- früheste und späteste Liefertermine des Verteilzentrums
- frühestes und spätestes Lieferdatum an die Filiale

Im Anschluss wählen Sie den Link zum Angebotsnamen aus, um Details zum Angebot zu überprüfen:

- Menge
- Gesamtmenge der offenen Bestellungen abhängig vom Bestellhorizont
- Gesamtbestellmenge, inklusive eingegangener und offener Bestellungen
- geplante Angebotsmenge
- zuzuordnende verfügbare Menge
- aktuell verfügbarer Bestand des Verteilzentrums
- verfügbare Menge bei Berechnung des Aufteilungsplans

Anschließend fügen Sie einzelne oder mehrere Artikel dem Warenkorb hinzu, damit die Aktionsware einem Aufteilungsplan zugeordnet wird. Entsprechend dem Vorgehen bei saisonaler Ware können Sie auch hier mit der SAP-Fiori-App **Meine Allokationspläne** die Aufteilungspläne überprüfen, bei Bedarf erneut anpassen und schließlich freigeben. Freigegebene Positionen im Plan sind bereit, zur logistischen Bearbeitung an das Folgesystem übergeben zu werden.

10.3.3 Opportunity Buying

Je nach Produktmerkmalen der Ware, die Händler verschiedener Branchen in Filialen absetzen, unterscheiden sich die Anforderungen an die Beschaffung und Verteilung dieser Waren. In der zunehmend gesättigten Handelsbranche müssen Händler den sich ständig ändernden Verbraucherwünschen begegnen. Um hier mitzuhalten, verfolgen Fashion-Händler zunehmend die Strategie, Produktangebote auf der Basis aktueller und kommender Trends nahezu in Echtzeit zu erstellen. Dieses Konzept, das *Opportunity Buying* genannt wird, spielt als Beschaffungsstrategie eine immer wichtigere Rolle. Wird aufgrund eines aufkommenden Trends auf dem Markt ein Produkt wegen seines Stils kurzfristig in das Portfolio eines Händlers aufgenommen, kann der Absatz dieses Produkts schnell steigen. Ein Beispiel für einen solchen Trend im Fashion Management ist etwa die plötzliche Explosion von Tiermustern, die gleichermaßen High- und Fast-Fashion-Marken und Discounter betrifft.

Im Gegensatz zu der meist auf der Waren- und Sortimentsplanung beruhenden Aufteilung von saisonaler Ware und Aktionsware setzt das Opportunity Buying ein Verständnis der Marktnachfrage ohne vorhergehende Bottom-up-Planung voraus. Die Beschaffung und Aufteilung solcher Artikel erfolgt direkt vom Lieferanten oder den Verteilzentren zu den Filialen ohne eine vorherige Planung. In SAP Allocation Ma-

nagement steht Ihnen für diesen Sonderfall ein spezieller Use Case zur Verfügung. Denn Opportunity Buys bedürfen einer systemischen Unterstützung, bei der die Prognose des Bedarfs und die Verteilung der Waren hochgradig automatisiert vorgenommen und eine schnelle Verarbeitung sowie ein schneller Lagerumschlag gewährleistet werden.

10.4 SAP S/4HANA for Fashion and Vertical Business

Vertrieb und Marketing sowie Produktion und Beschaffung werden zunehmend digitalisiert, was die Fashion-Hersteller und -Händler vor neue Herausforderungen stellt. Händler schaffen vermehrt ihre eigenen Marken und Produkte und vertreiben diese über ihre eigenen Vertriebskanäle. In ähnlicher Weise übernehmen Hersteller die traditionelle Rolle des Einzelhändlers, indem sie ihre Produkte in ihren eigenen Geschäften oder direkt online an Verbraucher verkaufen. Beide Typen von Unternehmen verfolgen eine Strategie, bei der sie ihre eigene Wertschöpfungs- oder Prozesskette kontrollieren, einschließlich der Zulieferer, Distributoren oder Einzelhandelsstandorte. Diese Strategie wird als *vertikale Integration* bezeichnet. Eine solche Vertikalisierung erfordert die Weiterentwicklung bestehender Technologielösungen zur Anpassung an die veränderten Strukturen und Prozesse.

SAP S/4HANA for Fashion and Vertical Business ist eine End-to-End-Lösung, mit der Fashion-Hersteller und -Händler Einblicke in operative Daten erhalten und Benutzern kontextbezogene Echtzeitinformationen für schnellere und bessere Entscheidungen zur Verfügung stellen können. Prozesse können erweitert werden, um Geschäftsmodelle im Einzelhandel, Großhandel und in der Produktion zu verbessern, während gleichzeitig Flexibilität und Agilität geboten werden, um verbesserte Kundenerlebnisse zu schaffen. Die Lösung basiert auf der SAP-Fiori-Benutzeroberfläche und auf SAP S/4HANA Retail. Unternehmen können somit auf der Grundlage gemeinsamer Daten und einer gemeinsamen Prognosebasis intelligent und schnell Produkte entwickeln und ihre IT-Landschaft und Geschäftsprozesse vereinfachen, um Geschäftsinnovationen zu beschleunigen. In diesem Abschnitt stellen wir Ihnen einige Funktionen von SAP S/4HANA for Fashion and Vertical Business vor.

10.4.1 Prozess der operativen Beschaffung

Mit einer Integration der Komponenten von SAP Customer Activity Repository stehen einem Fashion- bzw. vertikalisierten Einzelhändler die Integration der diversen Module mit SAP S/4HANA for Fashion and Vertical Business zur Verfügung. Der Prozess zur Zuteilung der Ware kann sich im Hinblick auf die zu beschaffende und die angebotene Ware in den Verkaufsstellen unterscheiden.

Der Prozess der operativen Beschaffung saisonaler Ware erstreckt sich entlang der Supply Chain eines Händlers, bei Integration der beschriebenen Module von SAP Customer Activity Repository, wie in Abbildung 10.23 dargestellt, von der im vorangegangenen Kapitel beschriebenen Waren- Sortimentsplanung mithilfe von SAP Merchandise Planning und SAP Assortment Planning Management bis hin zur Planung auf Filialebene mit SAP Allocation Management und der Ausführung mit SAP S/4HANA for Fashion and Vertical Business.

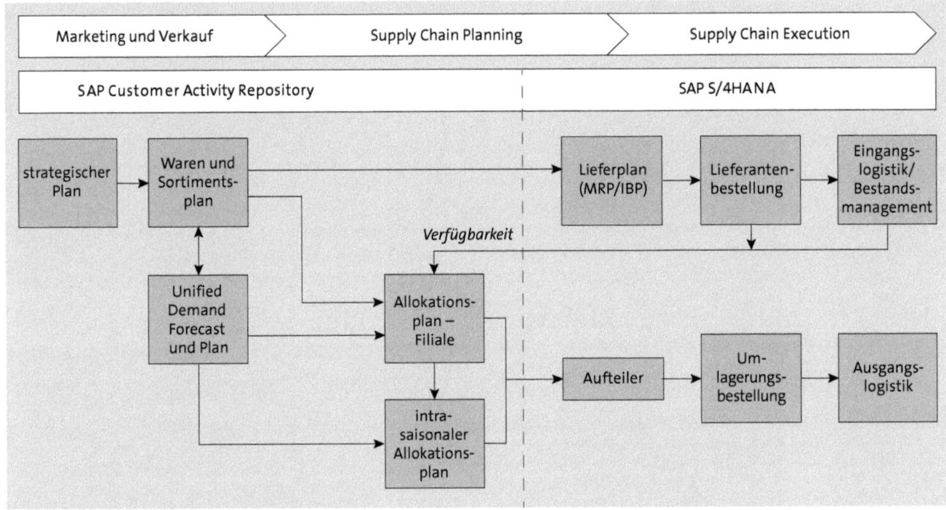

Abbildung 10.23 Prozessübersicht der Aufteilung von saisonaler Ware

Der Prozess der Beschaffung und der Verteilung anhand der Supply Chain für Aktionsware unterscheidet sich beispielsweise, wie in Abbildung 10.24 dargestellt, insbesondere in der Quelle der Planungsdaten, nämlich des SAP Promotion Managements und der dort beschriebenen Prozesse.

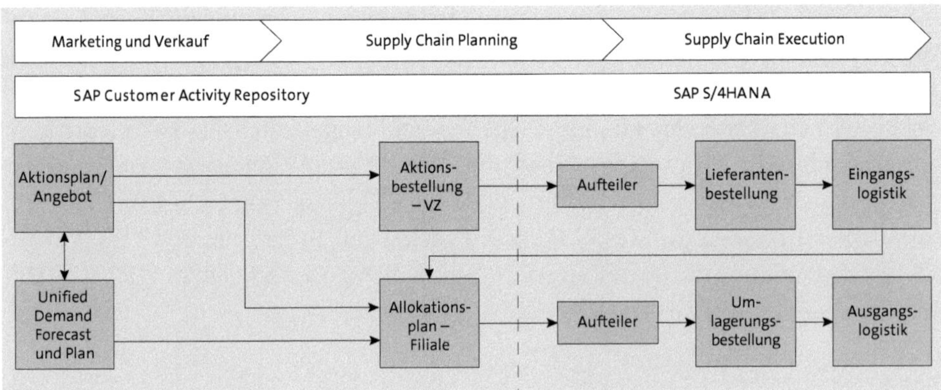

Abbildung 10.24 Prozessübersicht der Aufteilung von Aktionsware

Grundsätzlich werden die Planmengen aus der Waren- und Sortimentsplanung für saisonale Ware sowie die Planmengen für Aktionsware aus SAP Promotion Management an das operative System, d. h. an SAP S/4HANA for Fashion and Vertical Business, übermittelt. Für diese Mengen können als Folgeprozess die Lieferanten- bzw. Umlagerungsbestellungen über die SAP-Fiori-App **Folgebeleggenerierung Aufteiler** in SAP S/4HANA erstellt werden (siehe Abbildung 10.25, siehe auch Kapitel 4, »Beschaffung«, und Kapitel 5, »Logistik und Warenverteilung«).

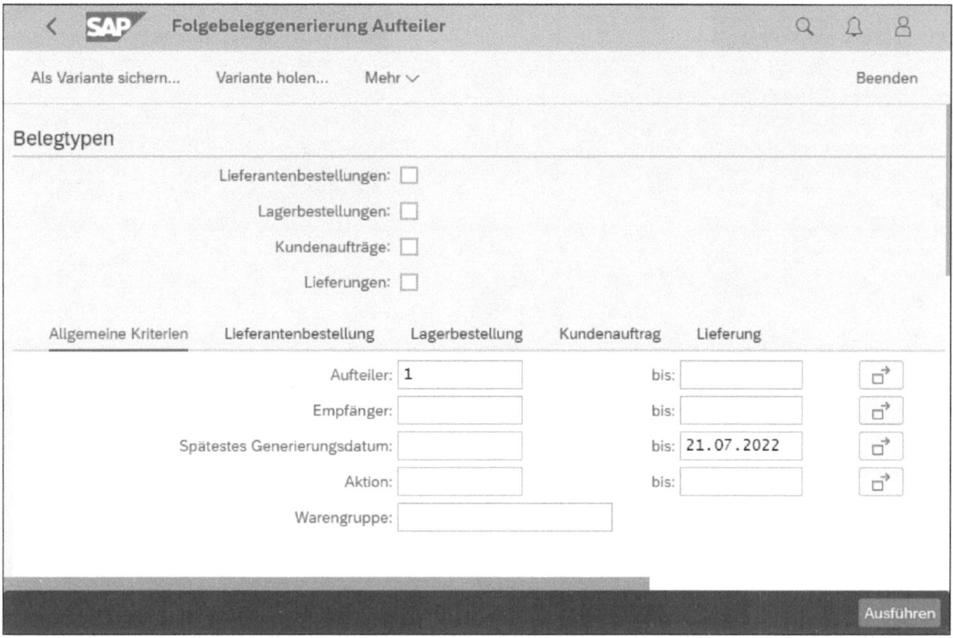

Abbildung 10.25 Folgebelege in SAP S/4HANA Retail generieren

Die Bestell- und Anlieferungsdaten, werden ebenso vom operativen System an das SAP Allocation Management übergeben, damit diese im Aufteilungsmanagement berücksichtig werden können. Damit kann die Verfügbarkeit der Waren in Verteilzentren in Echtzeit angezeigt werden. Neben der Option, die Waren direkt an das operative System zu übergeben, können die geplanten Mengen auch aus SAP Assortment Planning oder SAP Promotion Management direkt in SAP Allocation Management überführt werden (wie in Abschnitt 10.3, »Aufteiler-Management«, beschrieben), um dort die Beschaffung mithilfe der Berechnungslogiken, Prognosen und KPIs und unter Berücksichtigung der Verteilung der Ware an die Verkaufsstellen (z. B. Filialen, Onlineshops) über folgende Strategien direkt zu steuern:

- zielbestandsabhängige Anfangsallokation
- zielbestandsgesteuerte Auffüllung
- sortimentsplangesteuerte Erstzuteilung

- Prognose (Unified Demand Forecast) für die Auffüllung während der Saison
- Top-down-Erstzuteilung mit Einlagerung
- manuelle Top-down-Allokation
- produktübergreifende Aufteilung
- prognosegesteuerte Aufteilung
- Aktionsschub
- vorhersagegesteuerter Aktionskauf und Verteilungszentrums-Split

10.4.2 Fashion- und Großhandelsszenarien

Unabhängig von einer Integration mit den Waren- und Sortimentsplanungslösungen aus SAP Customer Activity Repository bietet SAP S/4HANA for Fashion and Vertical Business verschiedene Funktionen für die Abbildung von typischen Fashion-Geschäftsszenarien entlang der gesamten Wertschöpfungskette. Es werden komplexe Prozesse daten- und automationsgetrieben vereinfacht. Zudem werden Synergien in den Geschäftsprozessen über die Vertriebskanäle hinweg genutzt. Daraus resultiert eine Profitabilitätssteigerung in allen Vertriebskanälen. Einige Beispiele möchten wir Ihnen in den folgenden Abschnitten näherbringen.

Bedarfs- und Angebotssegmentierung

Im Modegeschäft reicht es häufig nicht aus, Modeartikel nur anhand von Farbe und Größe (Artikelvarianten) zu unterscheiden. Modeunternehmen benötigen weitere Unterscheidungsmöglichkeiten. Sie möchten z. B. nach Qualität eines Artikels oder dem Kanal, in dem der Artikel verkauft wird, differenzieren, ohne für jeden Fall einen zusätzlichen Satz Stammdaten anlegen zu müssen. Mit der Bedarfs- und Angebotssegmentierung vermeiden Sie, dass wichtige Kunden nur die B-Qualität erhalten oder dass ein ganzer Kanal vernachlässigt wird und am Ende keinen oder nicht genügend Bestand erhält.

Mithilfe von Bedarfs- und Bestandssegmenten können Modeunternehmen Bedarfe aus Umlagerungs- bzw. Verkaufsaufträgen und in Verteilzentren anhand bestimmter Kriterien flexibel klassifizieren. Automatisierte Segmentierungsstrategien bestimmen, welcher Bedarf durch welches Angebot gedeckt werden soll.

Allokationsprozesse

Die Herstellung und der Vertrieb einer großen Anzahl an Produkten und Artikeln über Verkaufskanäle hinweg stellt hohe Ansprüche an die Lieferkette von Modeunternehmen. Der optimale Abgleich von verkaufskanalübergreifender Nachfrage und Angebot sowie die entsprechende Verteilung der Ware sind Voraussetzungen, um die Lagerdauer und dadurch gebundenes Kapital zu reduzieren. Transparenz zwischen

Angebot und Nachfrage trägt zudem zur Steigerung von Umsätzen bei und verhindert mit der Reduktion von Stock-out-Situationen Verluste, während gleichzeitig durch Einhalten der Liefertreue die Kundenzufriedenheit hochgehalten werden kann. Beispiele für Funktionen, die bei der optimierten Warenverteilung unterstützen, sind folgende:

- Die *erweiterte Verfügbarkeitsprüfung* (engl. Advanced Available-to-Promise, aATP) ist eine Geschäftsfunktion in SAP S/4HANA Retail, die Informationen auf Anfragen zur Auftragserfüllung in den Verkaufsprozessen und der Produktionsplanung liefert. Die Informationen basieren auf der aktuellen Bestandssituation und für die Zukunft erwarteten oder geplanten Bestandszugängen. Auch zeitgleich bestehende Aufträge werden berücksichtigt.
- In aATP integriert ist die *Bestandszuteilung* (engl. Supply Assignment, ARun). Mithilfe dieser Funktion kann im Fall von Bedarfsunterdeckungssituationen der am besten geeignete Bestand den Auftragsbedarfen zugeordnet werden.
- Der *Verfügbarkeitsschutz* (engl. Supply Protection, SUP) ist eine Teilfunktion von ARun. Damit können Mengen definiert werden, die während der Aufteilung für bestimmte Gruppen (z. B. Märkte oder Kanäle) reserviert sind oder gewissen Gruppen priorisiert zugeteilt werden. Dadurch können beispielsweise die profitabelsten Kanäle priorisiert behandelt werden.

Omnichannel-Auftragsverwaltung

Die Vertikalisierung bedeutet für Unternehmen zusätzliche Komplexität bei der Abwicklung von Bestellungen. Business-to-Business-Kunden setzen ihre Aufträge zu verschiedenen Zeitpunkten innerhalb eines breiten Auftragsfensters ab, erwarten aber gleichzeitig, dass die bestellte Ware zu ein und demselben Zeitpunkt bei ihnen eintrifft. Die *Omnichannel-Auftragsverwaltung* in SAP S/4HANA for Fashion and Vertical Business hilft mit der Aggregation von Verkaufsdaten aus verschiedenen Kanälen und durch Automatisierung von Prozessen, die Komplexität bei der Auftragsverwaltung zu reduzieren. Sie umfasst folgende Funktionen:

- Die *Auftragsterminierung* ermöglicht es, Lieferdaten zwischen Kundenaufträgen und Umlagerungsbestellungen aus unterschiedlichen Kanälen zu synchronisieren.
- Mit der Funktion *Pack Separately – Ship Together* (PSST) können Kundenauftrags- und Umlagerungsauftragspositionen basierend auf kundendefinierten Geschäftsregeln gruppiert und für die gemeinsame Auslieferung vorgesehen werden. Diese Funktion kann auch auftragsübergreifend genutzt werden.
- Der *Mehrempfängerauftrag* (MEA) stellt eine besondere Auftragsform dar, bei der der Kunde für mehrere Warenempfänger (z. B. Verteilzentrum und Filialen) auf einmal bestellt. Der Mehrempfängerauftrag kann anschließend aufgelöst und entsprechende Verkaufsbelege können erzeugt werden.

10.5 In-Season Management

In diesem Abschnitt betrachten wir das *In-Season Management*, das sich mit der Frage beschäftigt, wie Sie saisonale Fashion-Artikel innerhalb der Saison in SAP S/4HANA Retail steuern können. Über den BW-Standard-Content wird Ihnen dazu von SAP ein Slowseller-Report zur Verfügung gestellt, auf dessen Basis die Budgettöpfe für Abschriftenvolumen generiert werden können.

Zentrale Anwendung für die Überwachung des In-Season Managements ist der OTB-Monitor. Die Daten aus dem OTB-Monitor bilden die Grundlage sowohl für das *Slowseller-Management* (SSM) als auch für die *Preisplanungs-Workbench* (PPW). Dabei dient das Slowseller-Management der Planung und Steuerung der In-Season-Phase, während die Preisplanungs-Workbench für die operative Umsetzung dieser Planung im Preisumfeld verantwortlich ist.

10.5.1 Slowseller-Management

Das Slowseller-Management dient der Überwachung und Steuerung der Abverkäufe von Saisonartikeln über den Saisonzeitraum. Auf Basis von Abverkaufs- und Bestandsdaten können Abschriften zeitbezogen geplant werden. Das Slowseller-Management unterstützt den Einkauf dabei, die Warenbestände zum Saisonende zu reduzieren. Zudem können Abschriftenverluste durch eine Preisminderung von Artikeln zum Saisonende reduziert werden. Die Überwachung durch das Slowseller-Management ermöglicht es gleichzeitig auch, Bestseller zu identifizieren. So kann die Nachbestellung von Artikeln innerhalb einer Saison frühzeitig eingeleitet werden.

Der Prozess des Slowseller-Managements gliedert sich in zwei Phasen, die in den folgenden Abschnitten näher erläutert werden: Abschriftenplanung und Abschriftensteuerung. In der Phase der *Abschriftenplanung* werden Strategien und Regeln festgelegt, mit denen in der zweiten Phase der *Abschriftensteuerung* die Erzeugung von Abschriftenvorschlägen bearbeitet wird.

Abschriftenplanung

Die von SAP zur Verfügung gestellten Strategien und Regeln für die Abschriftenplanung nennen sich Abschriftenprofil und Abverkaufsmuster. Im *Abschriftenprofil* werden die relevanten Hierarchien, Modegrade und Kategorien festgelegt. Zudem können das Saisonjahr, die Saison und die Laufzeit im Profil festgelegt werden. Auf Basis dieser Regeln werden die Preisnachlässe während der Saison gesteuert. Dazu erstellt das System automatisch Abschriftenvorschläge im Arbeitsvorrat unter Berücksichtigung der Bestands- und Abverkaufsdaten. Abschriftenprofile werden in einer Hierarchie dargestellt. Die Struktur kann z. B. wie folgt aussehen:

1. Saisonjahr
2. Saison
3. Warengruppe
4. Modegrad

Jedem Abschriftenprofil können mehrere *Abverkaufsmuster* zugeordnet werden. Zudem ist es möglich, Abschriftenprofile Produkten zuzuordnen. Das Abverkaufsmuster repräsentiert eine mögliche prozentuale Abverkaufskurve. Diese wird in Form einer Matrix dargestellt. Durch die Anlage mehrerer Abverkaufsmuster können verschiedene Szenarien abgebildet werden. In einem Abverkaufsmuster werden für jeden Teil der Laufzeit Abverkaufsquoten (Soll AQ) und eine Abschriftenstrategie definiert.

Abverkaufsmuster

In dem exemplarischen Abverkaufsmuster in Abbildung 10.26 würde eine Ist-Abverkaufsquote von weniger als 60 % nach vier Wochen zu einen Abschriftenvorschlag von 20 % führen. Bei einer Abverkaufsquote von weniger als 80 % nach sechs Wochen betrüge der Abschriftenvorschlag 40 %.

Laufzeit	Soll AQ	Laufzeit				
		AQ ≤ 20%	AQ ≤ 40%	AQ ≤ 60%	AQ ≤ 80%	AQ ≤ 100%
1	6%					
2	26%					
3	45%	40	20			
4	65%	60	40	***20***		
5	85%	60	60	40	20	
6	100%	60	60	60	40	20
7	100%	60	60	60	60	40

BW-Analyse
Laufzeit: 4 Perioden; Verkaufsquote: 45% → Abschriftenvorschlag: 20 %

Abbildung 10.26 Beispiel für ein Abverkaufsmuster eines Abschriftenprofils

Abschriftensteuerung

Die Steuerungsphase beginnt für Produkte mit dem geplanten Beginn ihres Präsentationszeitraumes oder mit dem Zeitpunkt ihres ersten Wareneingangs in einer Filiale. Für die Steuerung werden die beschriebenen Abschriftenprofile mit ihren Abverkaufsmustern genutzt und mit den Bestands- und Abverkaufsdaten abgeglichen.

Sollten dabei die entsprechenden Quoten erreicht werden, wird ein Abschriftenvorschlag generiert. Dieser muss dann vom zuständigen Mitarbeiter kontrolliert und genehmigt werden. Abbildung 10.27 veranschaulicht diesen Prozess.

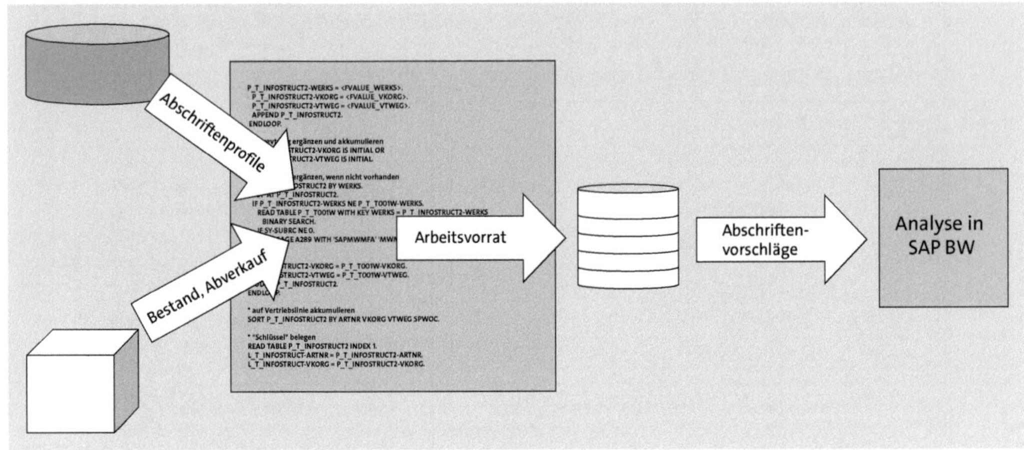

Abbildung 10.27 Ablauf der Abschriftensteuerung

Durch das Genehmigen des Abschriftenvorschlags wird dieser an das operative Instrument, die Preisplanungs-Workbench (PPW), übergeben.

10.5.2 Preisplanungs-Workbench

Im Kontext saisonaler Budgets und deren Steuerung ist nicht nur die Beschaffung, sondern insbesondere auch die Preisgestaltung saisonaler Ware von Bedeutung. Wie in Abbildung 10.28 dargestellt, stehen hierzu diverse SAP-Fiori-Apps zur Verfügung.

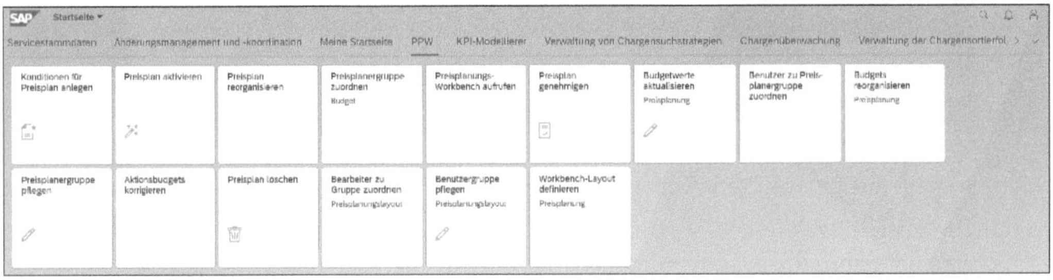

Konditionen für Preisplan anlegen | Preisplan aktivieren | Preisplan reorganisieren | Preisplanergruppe zuordnen | Preisplanungs-Workbench aufrufen | Preisplan genehmigen | Budgetwerte aktualisieren | Benutzer zu Preisplanergruppe zuordnen | Budgets reorganisieren
Preisplanergruppe pflegen | Aktionsbudgets korrigieren | Preisplan löschen | Bearbeiter zu Gruppe zuordnen | Benutzergruppe pflegen | Workbench-Layout definieren

Abbildung 10.28 Preisplanungs-Workbench

In der In-Season-Phase haben Abverkaufserwartungen und notwendige Preisänderungen bei Planabweichungen Einfluss auf das Budget. Preisänderungen können unter Berücksichtigung entsprechender Budgetdaten geplant und aktiviert werden. Zu diesem Zweck werden Abschriftenvorschläge des Slowseller-Managements von SAP BW an das SAP-S/4HANA-Retail-System weitergegeben (siehe Abbildung 10.29).

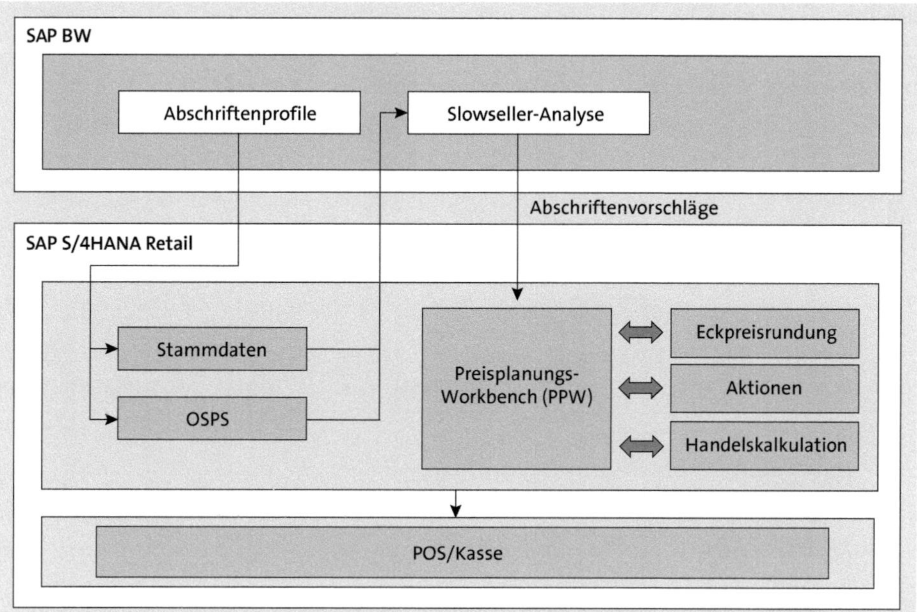

Abbildung 10.29 Einbindung der Preisplanungs-Workbench in das Slowseller-Management

Es gibt drei Prozesse, die aus der Preisplanungs-Workbench heraus aufgerufen werden können (siehe Abbildung 10.30):

- Abschriften
- manuelle Preisänderungen
- Aktionen

Indirekter Aufruf der Abschriften

Die Abschriften als Folgeprozess der Slowseller-Analyse können nicht direkt aufgerufen werden. Hier wird der Arbeitsvorrat stattdessen aus den SAP-BW-Daten ermittelt.

Sobald die geänderten Verkaufspreise ihr Gültigkeitsdatum erreichen, sollten die Budgetdaten wieder aktualisiert werden. Zu diesem Zeitpunkt (Aktivierung des Preisplans) werden die aktuellen Artikelbestände der betroffenen Filialen gelesen und die Budgetdaten aktualisiert. Die Artikelbestände, die bei der Anlage des Preisplans zur Budgetberechnung berücksichtigt wurden, können von den Beständen am Tag der Aktivwerdung des neuen Verkaufspreises abweichen.

Die Preisplanungs-Workbench kann auch genutzt werden, um den Verkaufspreis für Artikel manuell und mit Relevanz für das Budget zu ändern. Ein weiterer Prozess ist die Aktionspflege. Die Erfassung von Artikeln mit einem neuen Verkaufspreis sowie einer Planmenge ruft beim Speichern die Anlegemaske für eine Handelsaktion auf.

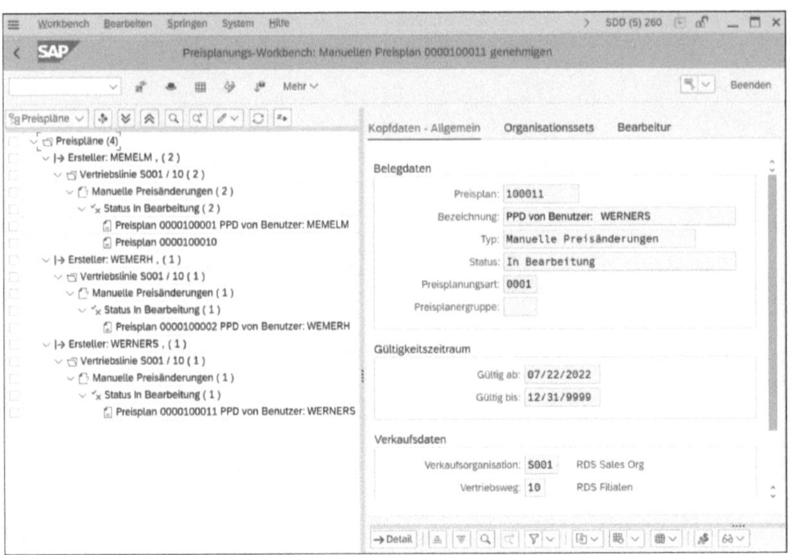

Abbildung 10.30 Preisplanungs-Workbench

Die Preisplanungs-Workbench bietet jedem Prozess seine eigenen individuellen Informationen. Die Planung der Preisänderungen erfolgt unter Einbeziehung entsprechender Budgetdaten. Folgende Preisänderungsarten können verwendet werden:

- Preisänderung durch Angabe eines neuen Verkaufspreises
- prozentuale Änderung auf Basis des Ursprungs- bzw. des aktuellen Verkaufspreises
- absolute Preisänderung durch Angabe einer Differenz zum aktuellen oder Ursprungsverkaufspreis

Eckpreisrundungen werden dabei auf Wunsch berücksichtigt. Durch die funktionale Integration der Verkaufspreiskalkulation können Sie bei der Preisplanung die Informationen der Preiskalkulation nutzen.

Der *Preisplan* ist das zentrale Dokument der Preisplanungs-Workbench. Hier können Sie die Preispläne gemäß Ihrer Selektion anzeigen. Der Bildschirmbereich ist in die Registerkarten **Kopfdaten**, **Organisationssets** (z. B. eine Vertriebslinie) und **Bearbeitungshistorie** aufgeteilt (siehe Abbildung 10.30). Unterhalb der Kopfdaten finden Sie die Positionsdaten mit den Preisänderungsfunktionen.

Auf der Basis von Preisartikeln, Reduzierungsdaten und der konkreten Preisänderung erfolgt eine Prüfung im Vergleich mit dem Budget aus der Preisplanungs-Workbench. Das verbrauchte Budget errechnet sich aus der Höhe der Preisreduzierung und der Anzahl der Artikel im Bestand (siehe Abbildung 10.31, PPD steht hier für das Preisplanungsdokument). Bei einer Preiserhöhung wird allerdings kein neues Budget beschafft.

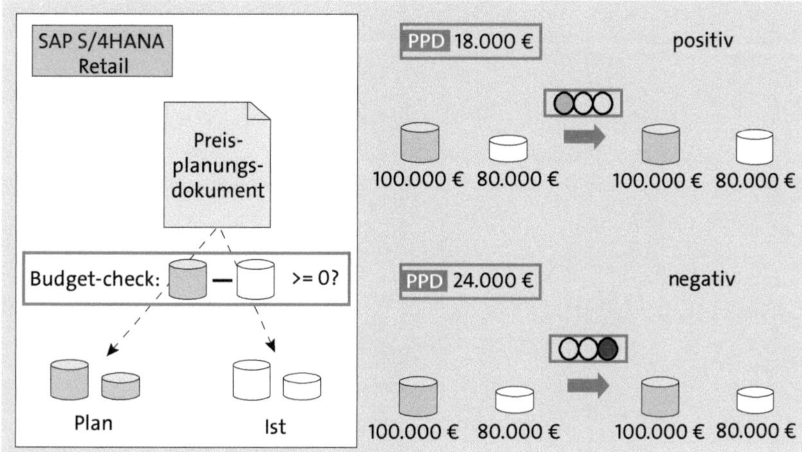

Abbildung 10.31 Budgetcheck – Planwerte minus Ist-Werte

Sie können die Preisplanungs-Workbench wie folgt nutzen:

- Sie können Ihre Budgets im Rahmen der Warenplanung in SAP BW auf dem Knoten einer Warengruppenhierarchie oder auf der Artikelhierarchie planen und diese an das SAP-S/4HANA-Retail-System übergeben. Die Budgets sind dann im Budgetmonitor sichtbar und können hier überwacht werden.
- Sie können ein Genehmigungsverfahren verwenden, sofern ein Budget überschritten wird (ähnlich der Sonderfreigabe beim OTB).

Nachdem Sie alle Preisänderungen bzw. Ihren Preisplan freigegeben haben, werden vom System Verkaufskonditionen angelegt, und die Budgets werden entsprechend aktualisiert. Aufgelaufene Werte können in die nächste Periode übertragen werden.

10.6 Wichtige Transaktionen und SAP-Fiori-Apps

In Tabelle 10.1 haben wir eine Auswahl der wichtigsten Transaktionen für das Aufteilungsmanagement mit SAP Allocation Management zusammengestellt.

Transaktion	Bezeichnung
Allokationsoptimierung	
/AMR/MD_OFL_WT	Gewichtungsfaktoren für die Optimierung strukturierter Produkte
/AMR/CM_OFL_WT	Gewichtungsfaktoren zur Optimierung des Füllgrades von Filialbereichen

Tabelle 10.1 Transaktionen zum Aufteilungsmanagement

Transaktion	Bezeichnung
/AMR/MU_OFL_WT	Gewichtungsfaktoren zur Optimierung bei eingeschränkter Verfügbarkeit
Allokationsintegration (Auswahl)	
/AMR/APR_TRANS	Sortimentsplanungsdaten übertragen
/AMR/EVT_IMPORT	Event- und Angebotsdaten aus SAP Promotion Management importieren
/AMR/NOTIF_AVLB_CHG	Benachrichtigung über kurzfristige Verfügbarkeitsänderungen erstellen
Allocationsvorbereitung (Auswahl)	
/AMR/DAL_FILL	Vorselelektion für Datenzugriffsschicht
/AMR/UDF	Modellierung und Prognose
/AMR/PROJ_STOCK_CR	Aktuellen und künftigen Filialbereich-Füllgrad vorselektieren
Allokationsausführung (Auswahl)	
/AMR/AUTO_ALLOC	Automatische Allokation
/AMR/SCH_ALLO_PROG	Terminierung von Allokationsplänen für Aktionsszenarien
/AMR/EXTRA_PUSH	Ausnahmeauffüllung
Allokationsreorganisation	
/AMR/SEAS_DAT_REORG	Saisonabhängige Termine löschen
/AMR/MU_PARAM_REORG	Allokationsparameter löschen
/AMR/WL/ALLO/REORG	Allokationsarbeitsvorräte, -pläne, -lebenszyklen löschen

Tabelle 10.1 Transaktionen zum Aufteilungsmanagement (Forts.)

Tabelle 10.2 enthält eine Übersicht mit SAP-Fiori-Apps, die Sie im SAP Allocation Management nutzen können.

Name der App	Beschreibung
Markteinheiten verwalten	Betriebe und Verteilzentren mit einer Aufteilerstrategie verbinden
Allokationsparameter verwalten	Aufteilparameter für Filialien/VZ in Markteinheit definieren. Zuteilungsparameter steuern Berechnung der Zuteilungsmengen für Artikel.

Tabelle 10.2 SAP-Fiori-Apps in SAP Allocation Management

Name der App	Beschreibung
Mein Allokations-Arbeitsvorrat	Bearbeitung und Analyse der Aufteilung für die Geschäftsszenarien
Meine Allokationspläne	Aufteilungspläne überprüfen und freigeben
Allokations-KPIs konfigurieren	Definition der wichtigsten KPIs zur Unterstützung der Aufteilungsprozesse
Meine Allokationsergebnisse	Analyse des Aufteilungsstatus und der Ergebnisse aller Filialen einer Markteinheit
Filialbereiche und Kapazitäten verwalten	Verwaltung der Filialbereiche und entsprechenden Kapazitäten der Filialen einer Markteinheit; Konfiguration gemeinsamer Filialbereiche für eine bestimmte Markteinheit

Tabelle 10.2 SAP-Fiori-Apps in SAP Allocation Management (Forts.)

Tabelle 10.3 enthält eine Übersicht mit SAP-Fiori-Apps, die Sie im SAP Assortment Planning nutzen können.

Name der App	Beschreibung
Produktattribute verwalten (Version 2)	Anlage und Verwaltung von Attributen speziell für die Sortimentsplanung
Module verwalten	Verwalten von Sortimentsmodulen und Zuweisen von Produkten zu Modulen
Lokationscluster verwalten (Version 2)	Erstellung von Lokations-Cluster-Sets durch manuelles und automatisiertes Clustern von Lokationen nach ausgewählten Charakteristiken und Kennzahlen
Optionspläne verwalten (Version 3)	Definition von Kombinationen von Produktattributwerten für die Optionsplanung; Definition der Sortimentstiefe und -breite
Platzhalterprodukte verwalten	Anlage und Verwaltung von Platzhalterprodukten
Meine Sortimentslisten (Version 4)	Anlage und Verwaltung von Sortimentslisten auf Basis von Kennzahlen und Zielwerten aus der Planung
Sortimente verwalten	Festlegen des Produktmix auf Ebene der einzelnen Warengruppe; Anlage und Planung von Sortimenten

Tabelle 10.3 SAP-Fiori-Apps in SAP Assortment Planning

Kapitel 11
Omnichannel Retailing

Eine der vielleicht wichtigsten Weiterentwicklungen von SAP S/4HANA Retail in den letzten Jahren ist die Einbindung in die parallel existierenden Absatzkanäle des Handels. In diesem Kapitel erfahren Sie, wie die SAP-Produkte im Rahmen einer Omnichannel-Retailing-Strategie miteinander interagieren.

Mit fortschreitender Digitalisierung und dem Ausbau alternativer Absatzkanäle hat sich die Rolle der Filiale innerhalb eines Handelsunternehmens im Laufe der letzten Jahrzehnte zunehmend verändert. Die Inspiration des Kunden und die Interaktion zwischen Kunden und Händler stehen nun stärker im Vordergrund des filialisierten Einzelhandels als früher. Gemäß einer Umfrage von Forrester Consulting (beauftragt von Shopify) sagten 54 % der Befragten, dass sie sich wahrscheinlich ein Produkt online ansehen und in einer Filiale kaufen werden, während 53 % ein Produkt in einer Filiale ansehen und online kaufen werden. (The Future of Commerce Trend Report 2022, *https://www.shopify.com/research/future-of-commerce*, zuletzt abgerufen am 04.07.2022). Der Handel steht also nicht mehr *vor* der Evolution alternativer Absatzkanäle, sondern befindet sich schon mitten in dieser Evolution.

Der E-Commerce-Markt war in den letzten 20 Jahren auch in Deutschland starken Veränderungen unterlegen, was sich – wie aus Abbildung 11.1 hervorgeht – vorrangig in durchgängig zweistelligen Wachstumsraten des Nettoumsatzes und der damit verbundenen Entwicklungsgeschwindigkeit von digitalen Lösungen widerspiegelt.

Die exponentiellen Umsatzzuwächse gingen auf Basis von Skalenerträgen einher mit einer stark wachsenden Tendenz zur Wettbewerbskonsolidierung bis hin zu quasimonopolistischen Konstellationen in bestimmten Handelssegmenten. Der notwendige Kapitalbedarf wurde durch unmittelbare und vollständige Reinvestition von Handelserträgen (Plattformökonomie) und Fremdkapital gedeckt.

Wie aus Abbildung 11.2 hervorgeht, verursacht das starke Wachstum im E-Commerce-Bereich ein Gesamtwachstum des Einzelhandels, verglichen mit dem gesamtwirtschaftlichen Wachstum in Deutschland. Trotzdem ist grundsätzlich eine andauernde Verschiebung von Offline- zu Onlinetransaktionen zu verzeichnen, was sich im stationären Einzelhandel in den Phänomenen Flächendegression oder Frequenzverlust (Innenstadtsterben) ausdrückt.

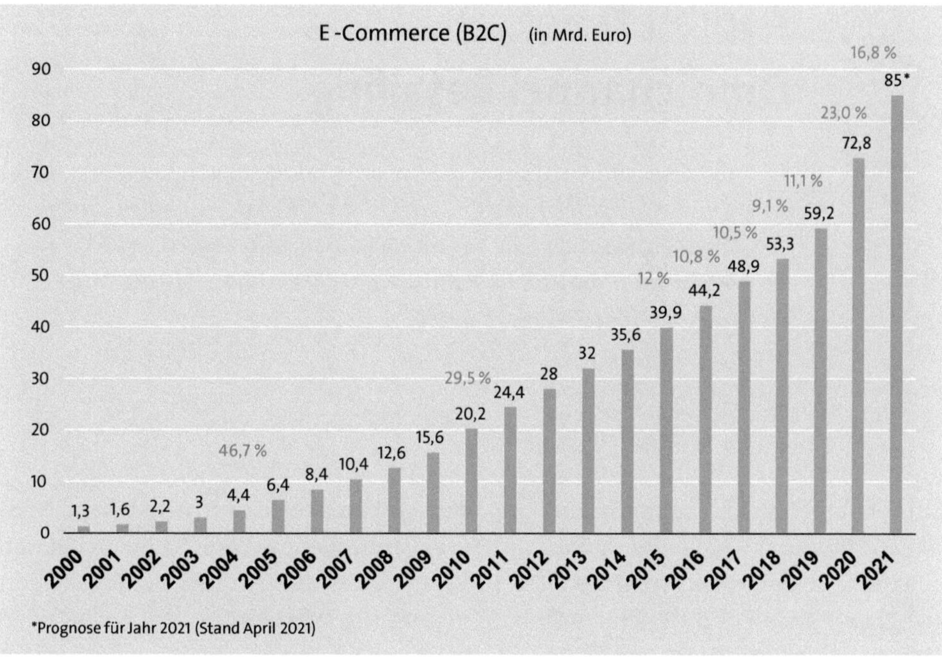

Abbildung 11.1 Entwicklung des deutschen Onlinemarktvolumens (Quelle: Handelsverband Deutschland; IFH Köln [2021]: HDE Online-Monitor, S. 6)

Abbildung 11.2 Entwicklung des deutschen Einzelhandels (Quelle: Handelsverband Deutschland; IFH Köln [2021]: HDE Online-Monitor, S. 8)

Dies begründet eine handelsbranchenübergreifend gestiegene Bedeutung von digitalen Vertriebskanälen, deren kundenzentrische Verzahnung (Omnichannel) sowie perspektivisch eine vertikale Integration von Wertschöpfungsstufen oder den Ausbau des Themas »Kundenerlebnis« als qualitatives Differenzierungsmerkmal.

In diesem Kapitel stellen wir Ihnen die vielfältigen Omnichannel-Funktionen von SAP S/4HANA Retail und korrespondierender Systeme vor – unter anderem SAP Commerce Cloud und SAP Emarsys. Die Strategie von SAP geht eindeutig in die Richtung einer nahtlosen Integration der unterschiedlichen Komponenten. Mit der Integration von Aktionen aus SAP Promotion Management und Echtzeitbeständen aus dem SAP Customer Activity Repository bietet Ihnen das übergreifende Szenario von SAP in Kombination mit SAP S/4HANA Retail Möglichkeiten, die sonst kein anderer Softwarehersteller anbieten kann.

11.1 Einführung in das Omnichannel Retailing

Unter *Omnichannel Retailing* wird ein Geschäftsmodell verstanden, bei dem Kunden eine Vielzahl von Kanälen zur Verfügung steht, durch die sie ihre Einkaufserlebnisse anreichern können. Unter einem *Einkaufserlebnis* im Rahmen des Omnichannel-Geschäftsmodells werden nicht nur alle Transaktionen, sondern auch alle sonstigen Interaktionen mit den Kunden verstanden, d. h. auch das Browsing auf der Internetseite des Anbieters, das Kaufen und Retournieren sowie alle Pre-Sales- und After-Sales-Services. Neben den Filialen haben sich folgende Absatzkanäle innerhalb von Handelsunternehmen entwickelt:

- Onlineshops
  - traditionelle Medien wie Laptop oder Desktop-Computer
  - Mobilgeräte und Tablet-PCs
  - mobile Apps
  - soziale Medien (auch Social Commerce genannt)
- TV- und Telefonverkauf über ein Callcenter
- Katalogverkauf/Mailorder
- eBay und andere Handelsplattformen

Da sich viele dieser Absatzkanäle in den Unternehmen nicht parallel etabliert haben, bedeutet dies oft, dass sich im Laufe der Zeit unterschiedliche Systeme entwickelt haben, um die diversen Kanäle zu steuern. Dies brachte, aufgrund oft unterschiedlicher Technologien und Philosophien, eine Reihe von Integrationsproblemen mit sich und lief darauf hinaus, dass sich die Absatzkanäle als eigenständige Geschäftseinheiten entwickelten. Um dem Kunden eines Handelsunternehmens allerdings ein einheitliches Kauferlebnis bieten zu können, ist es notwendig, dass die Kundendaten dem Un-

ternehmen in allen Kanälen bekannt sind und dass die Systeme zur Kundeninteraktion und Abwicklung der Transaktionen miteinander integriert sind.

Zwangsläufig hat in den letzten Jahren eine Evolution des Absatzkanalmix im Handel stattgefunden. Diese Evolution lässt sich durch das *MXO-Modell* von Lars Hofacker beschreiben (Studie »Omnichannel-Commerce 2015«):

- **M (Multi-Channel):** mehrere Kanäle, keine Verbindung zwischen den Kanälen
- **X (Cross-Channel):** mehrere Kanäle mit Verbindungen zwischen den Kanälen
- **O (Omnichannel):** Kanäle werden unsichtbar; es besteht ein nahtloser Übergang zwischen diesen Kanälen, und das Kundenerlebnis bzw. der Kunde stehen im Mittelpunkt.

Um eine Omnichannel-Strategie innerhalb einer Handelsorganisation effizient gestalten zu können, müssen die folgenden vier Elemente sowohl prozess- als auch systemtechnisch adressiert worden sein:

- **Buy, fulfil and return anywhere**
  Kunden muss es systemtechnisch möglich sein, Kauftransaktionen, Lieferungen und Retouren über alle Kanäle und vor allem konsistent ausführen zu können.
- **Mobilität**
  Ein Zugang zu den digitalen Absatzkanälen sollte über mobile Webseiten (im responsiven Design) oder Apps ermöglicht werden.
- **Single View**
  Dies bezieht sich auf:
  - *Kundeninformationen:* Viele Handelsunternehmen kennen ihre jeweiligen Kunden, wenn überhaupt, nur über einen einzelnen Kanal, aber nicht über alle Absatzkanäle hinweg. Das bedeutet, dass die Informationen über die Kundendaten konsolidiert, bereinigt und verwertet werden müssen. Dies ist typischerweise kein einmaliger Vorgang, sondern muss wiederholt stattfinden, um eine Erosion der Kundendaten zu vermeiden. Traditionell stehen dem Händler dazu Kundenloyalitätsprogramme sowie CRM-Systeme (Customer Relationship Management) zur Verfügung.
  - *Artikelinformationen:* Um Kunden über alle Absatzkanäle hinweg die gleichen Produktinformationen zur Verfügung stellen zu können, müssen diese konsistent und aktuell gehalten werden. Da z. B. beim Absatzkanal Filiale davon ausgegangen werden kann, dass Kunden das Produkt im Unterschied zum online gekauften Produkt vor dem Kauf physisch untersuchen können, ist das nicht bei allen anderen Absatzkanälen der Fall. Daher müssen den verschiedenen Kanälen zum Teil unterschiedliche Produktinformationen bzw. -attribute bereitgestellt werden. Zum Beispiel genügt es im Onlineshop nicht, nur die Produktbe-

schreibung, den Preis und die Artikelnummer darzustellen. Es müssen darüber hinaus viele weitere Produktattribute an den Onlineshop kommuniziert werden, um z. B. dynamische Suchhilfen zu unterstützen, die Varianten eines Sammelartikels anhand von Größe, Farbe etc. identifizieren können. Im Bereich von Lebensmitteln müssen z. B. Informationen über den Inhalt bzw. die Zusammensetzung hinterlegt werden.

  - *Bestand und Verfügbarkeit:* Ein wesentlicher Bestandteil des Kundenerlebnisses ist die Verfügbarkeit des gewünschten Artikels. Die Information über die Verfügbarkeit an den Kunden weiterzugeben ist im Rahmen des Filialabsatzkanals relativ einfach, denn ein Kunde erkennt sofort, ob ein Artikel verfügbar ist oder nicht. Da sich der Kunde bei vielen In-Store- bzw. Filialkaufentscheidungen jedoch schon vorher online über das Produkt informiert, ist es äußerst wichtig, genaue Bestandsinformationen auch dort zu kommunizieren.

- **Personalisierte und kontextuelle Interaktion über alle Kanäle**
  Eine personalisierte Kundenansprache und Interaktion über alle Kanäle wird dadurch ermöglicht, dass Kundendaten kanalübergreifend gesammelt, bereinigt und gespeichert werden. Zum Beispiel können diese Daten aus Loyalitätssystemen, CRM-Systemen oder sozialen Medien stammen oder auch von Drittanbietern kommen.

  Eine kontextabhängige Interaktion und ein personalisiertes Kundenmarketing können realisiert werden, wenn man das Kaufverhalten der Kunden analysiert und mit dem Verhalten in früheren Interaktionen vergleicht, wie z. B. dem Verhalten bei Antworten auf E-Mail-Umfragen, Posts in sozialen Medien, Website-Cookies etc. Auf diese Weise können Kunden in Zielgruppen segmentiert werden (zum Teil auch in individuelle Personen) und der Content kann in den digitalen Kanälen zielgruppenspezifisch angepasst werden.

Die Lösungen, die SAP dem Einzelhandel zur Verfügung stellt, um eine Omnichannel-Retail-Strategie zu unterstützen, sind im Einzelnen (siehe Abbildung 11.3):

- **SAP S/4HANA Retail**
  SAP S/4HANA Retail ist das zentrale Warenwirtschaftssystem für das Management aller zentralen Logistik- und Warenwirtschaftsprozesse.
- **SAP Commerce Cloud**
  SAP Commerce Cloud ist eine Plattform, auf der alle kundenorientierten Frontend-Prozesse aufsetzen können.
- **SAP Customer Activity Repository**
  SAP Customer Activity Repository ist das zentrale System, in dem nahezu in Echtzeit alle Verkaufstransaktionen, Artikelbestände, Preise und Aktionen persistiert sind.

- **SAP Marketing Cloud**
  SAP Marketing Cloud ist eine Lösung, mit der Kunden- und Transaktionsdaten zusammengefasst und ausgewertet werden können, um ein kontextbasiertes Marketing zu ermöglichen.
- **SAP Emarsys Customer Engagement**
  Mit dem Erwerb der Firma Emarsys im Jahr 2020 hat SAP sein Produktportfolio im Bereich Customer Experience erweitert. SAP Emarsys Customer Engagement ermöglicht eine stark personalisierte Kontaktaufnahme mit Endkunden in Echtzeit über alle Kommunikationskanäle hinweg, z. B. E-Mail, Mobilgeräte, soziale Netzwerke und SMS. Die Plattform wird die bisherige SAP-Marketing-Cloud-Lösung im B2C-Bereich ersetzen.

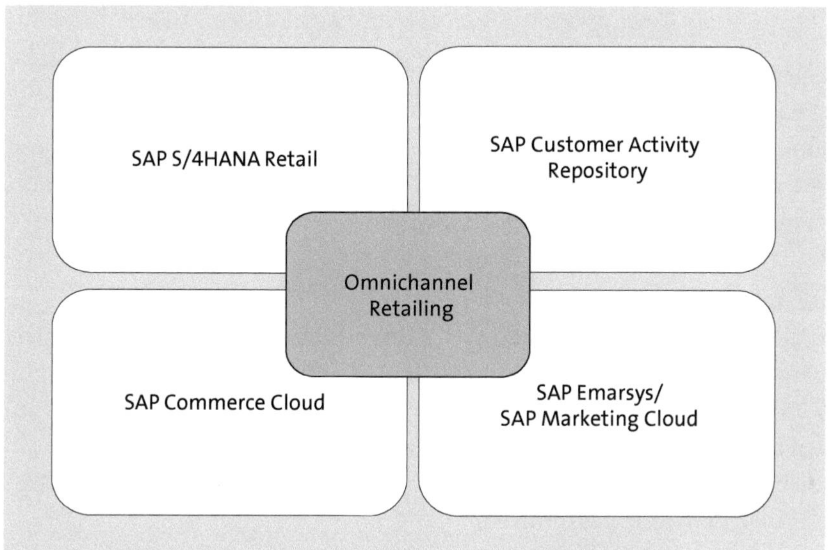

Abbildung 11.3 SAP-Systeme für das Omnichannel Retailing

Neben diesen vier Hauptkomponenten können die folgenden Komponenten die Systemlandschaft ergänzen:

- **SAP Customer Relationship Management (SAP CRM)**
  SAP CRM ist das zentrale System, mit dem Debitorenstammdaten persistiert werden.
- **SAP HANA**
  SAP HANA ist die zentrale In-Memory-Plattform, die als Datenbasis für alle SAP-Applikationen dient.

11.2 SAP Commerce Cloud

Die SAP Commerce Cloud ist eine der Cloud-Lösungen des SAP-C/4HANA-Portfolios und ein wesentlicher Bestandteil der Customer Experience (CX) und der CRM-Lösungen von SAP. Im Rahmen dieses Kapitels vermitteln wir Ihnen ein grundlegendes Verständnis der Aufgaben der SAP Commerce Cloud im Zusammenspiel mit anderen SAP-Customer-Experience-Cloud-Lösungen, ihrer fachlichen Komponenten und ihres Aufbaus.

Das Produkt hinter der heutigen SAP Commerce Cloud hat sich vor der Akquise der Hybris AG durch SAP im Jahr 2013 von einem Product-Information-Management-System (PIM) erst zu einer Webshop- und schließlich zu einer Digital-Experience-Plattform (DXP) entwickelt. Ab 2013 ist der einstige Markenname Hybris anfänglich in der Untermarke SAP Hybris aufgegangen – wobei auch die heutige SAP Marketing Cloud (ehemals SAP Hybris Marketing) sowie die SAP Sales und Service Cloud (ehemals SAP Hybris Cloud for Customer) darunter gefasst wurden – und mit einem Etikettenwechsel zu SAP Customer Experience gänzlich verschwunden. Das Portfolio ist auch als Embedded-Version in SAP S/4HANA verfügbar.

Seien Sie vor dem Hintergrund dieser Historie nicht verwundert, wenn Ihnen Produkte aus dem SAP-Customer-Experience-Portfolio, wie etwa SAP Commerce, noch unter dem Namen SAP Hybris bzw. Hybris begegnen oder im Gespräch ein klares Produktverständnis zuerst hergestellt werden muss. Die nicht synchrone Entwicklung von selbst betriebenen (on premise) SAP-Hybris-Systemen zu den SAP-Customer-Experience-Lösungen erschweren die begriffliche Abgrenzung zudem noch weiter. Im Folgenden wird daher SAP Commerce synonym sowohl für den On-Premise- als auch für den cloudbasierten Betrieb genutzt, sofern der Unterschied im konkreten Fall nicht relevant ist.

11.2.1 Einordnung von SAP Commerce im Produktportfolio von SAP

Bevor die Darstellung der Systemfähigkeiten von SAP Commerce weiter vertieft wird, sollen zunächst noch die Geschäftsprozesse und ihre Kontaktpunkte zu einer SAP-Customer-Experience und SAP-S/4HANA-Prozesslandschaft – wie in Abbildung 11.4 dargestellt – beschrieben werden.

SAP Commerce hat grundsätzlich auch Systemfähigkeiten (Capabilities) im Bereich Product Information Management (PIM) oder Content Management, wodurch eine frühere Relevanz in der Customer Journey gegeben ist. In Abbildung 11.4 ist die etwas sperrige Prozesssicht von SAP zu sehen. Die Prozesse, die in SAP Commerce ablaufen, sind eingefärbt, und sollten individuell angepasst werden.

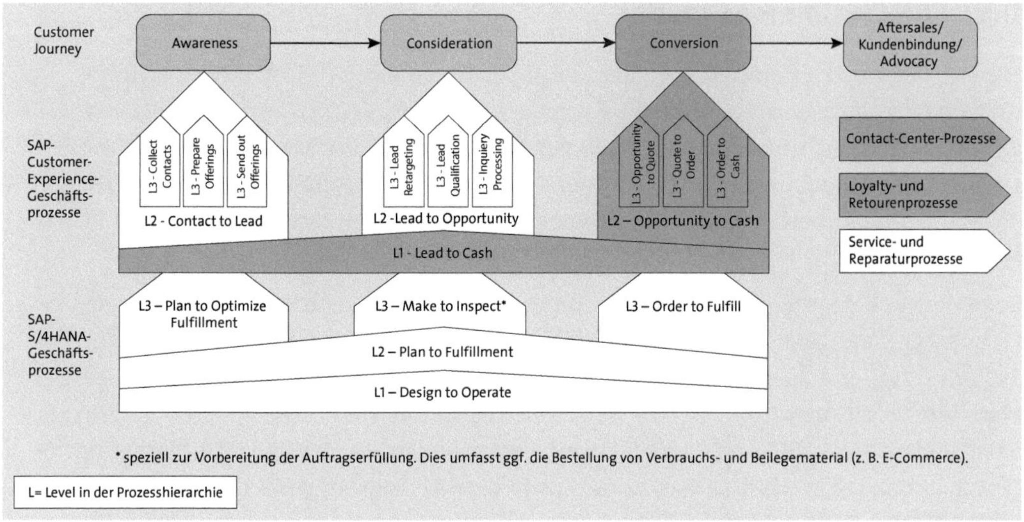

Abbildung 11.4 Geschäftsprozesse in SAP Commerce im Zusammenspiel mit SAP S/4HANA

Im Folgenden finden Sie eine kurze Darstellung dieser Prozesse:

- **Opportunity to Quote**
  SAP Commerce bietet ein SAP-CPQ-Modul an, durch das ein Angebotsprozess initiiert werden kann.
- **Quote to Order**
  Der Angebotsprozess wird durch einen Workflow und ein Genehmigungsregelwerk unterstützt und steuert somit die Angebotserstellung nach einer Preisverhandlung.
- **Order to Cash**
  Hinter diesem Begriff verbergen sich alle Prozesse von SAP Commerce im Bereich Stammdaten, Content Management für Touchpoints, Shopmanagement, Suche, Benutzermanagement, Warenkorbsteuerung, Check-out und Ordermanagement (Transaktionssteuerung, Logistik und Zahlung).
- **Contact-Center-Prozesse**
  SAP Commerce bietet auch Möglichkeiten für Callcenter für First-Level-Support inklusive einer Ticket-Verwaltung an.
- **Loyalty- und Retourenprozesse**
  Daneben gibt es auch Möglichkeiten, Bonussysteme anzubinden bzw. Bewertungen und Rezensionen zu berücksichtigen. Der Retourenprozess ist in SAP Commerce ebenfalls im Ordermanagement beheimatet und bietet ähnliche Möglichkeiten wie im Vorwärtsprozess.

11.2.2 SAP Commerce als Digital-Experience-Plattform

Wir haben zuvor SAP Commerce mehrfach als eine *Digital Experience Platform* (DXP) bezeichnet, jedoch haben wir diesen Begriff bisher noch nicht definiert. Der Gattungsbegriff DXP geht auf die Unternehmensberatung Gartner zurück, die damit einen Bezugsrahmen für die Einordnung von Customer-Experience-Produkten schuf. Gartner definiert eine Digital-Experience-Plattform (DXP) als »integrierte, geschlossene Technologie, welche die Zusammenstellung, Verwaltung, Bereitstellung und Optimierung von kontextbezogenen digitalen Erlebnissen über Customer Journeys mit vielen Kundenerlebnissen hinweg ermöglicht« (Quelle: Gartner 2021, Magic Quadrant for Digital Experience Platforms).

Im weiteren Verlauf dieses Abschnitts wird, ausgehend von einer stärker operationalisierten Darstellung von DXP-Capabilities, zuerst eine Abdeckung durch SAP Commerce behandelt, um darauffolgend populäre Kritikpunkte an der SAP Commerce Cloud zu diskutieren. DXP ist eine generische Klasse von Systemen. SAP Commerce Cloud ist eine spezifische Implementierung, die verglichen mit diesem »Goldstandard« Stärken und Schwächen hat.

11

Bei der Erstellung der »Gartner Magic Quadrant«-Untersuchungen stand Gartner vor der Herausforderung, eine Vielzahl heterogener Systeme zu vergleichen. Daher sind die von Gartner aufgestellten und hier ausgesparten Kern- und erweiterten Funktionen (engl. Core and Extended Capabilities) für eine DXP notwendigerweise unscharf und bedürfen einer weiteren Konkretisierung. In Abbildung 11.5 sehen Sie eine stärkere Präzisierung der in SAP Commerce vorhandenen Capabilities in produktagnostischer Form und das relevante Umfeld von Fachdomänen.

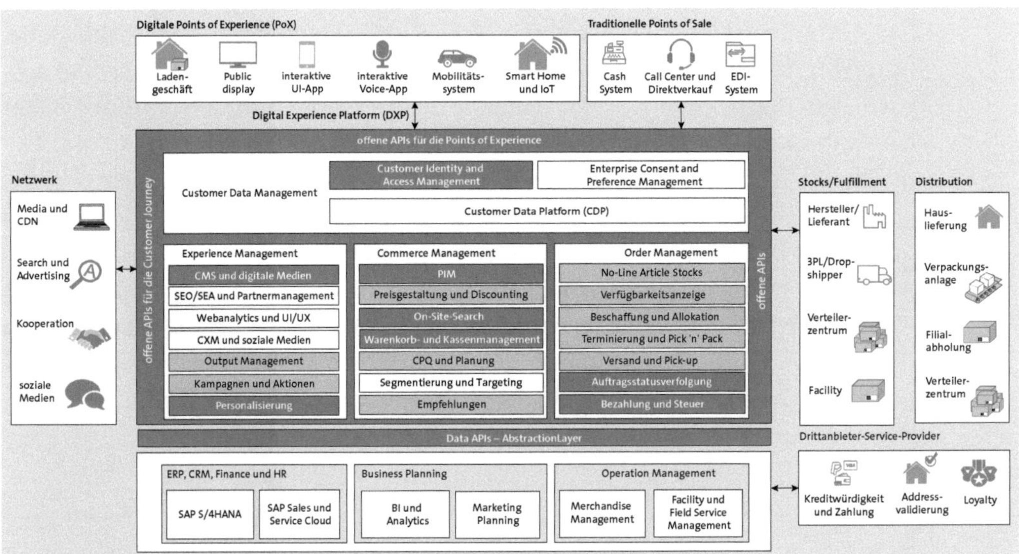

Abbildung 11.5 Übersicht der DXP-Systemfähigkeiten

SAP Commerce bildet die in Abbildung 11.5 farblich hervorgehobenen Capabilities ab, wobei dunkel hervorgehobene Capabilities den funktionalen Kern darstellen. Die hellere Markierung hebt hingegen jene Capabilities hervor, die von SAP Commerce zwar in einer eher leichtgewichtigen Weise implementiert sind, jedoch für die frühe Phase eines E-Commerce-Geschäfts geeignet sind. Farblich nicht hervorgehoben sind jene Bereiche einer DXP, die gänzlich durch andere Systeme integriert werden müssen. Darüber hinaus bietet SAP Commerce auch Benutzer-Frontends an, deren Vorstellung später in Abschnitt 11.2.4, »Architektur, Integration und Releasemanagement«, erfolgt. Im weiteren Verlauf dieses Abschnitts werden folgende Kernfunktionen weiter beschrieben:

- **Customer Identity and Access Management (CIAM)**
  SAP Commerce bietet ein vollständiges System zur Benutzerdatenverwaltung inklusive Authentifizierung und Autorisierung an. Über die Anlage von Nutzerkonten im Webshop hinaus unterstützt das System Rollen und Rechte für die Einschränkung angebotener Systemfunktionen und Datenobjekte. Um ein Single Sign-on (SSO) für mehrere Benutzer-Frontends zu ermöglichen, bedarf es jedoch der Integration der SAP Customer Data Cloud bzw. deren SAP-Customer-Identity-and-Access-Management-Module.
- **Content-Management-System-Funktionen (CMS) und digitale Medien**
  Durch CMS-Funktionen und die allgemeine Fähigkeit, digitale Medien zum Gebrauch auf einer Website oder im Webshop zu verwalten, kann SAP Commerce als in diesem Bereich gut ausgestattet angesehen werden. Dies soll für den Moment genügen. Wir gehen im weiteren Verlauf dieses Kapitels noch genauer darauf ein.
- **Personalisierung**
  SAP Commerce bietet auf der Basis seines Sessionhandlings die Möglichkeit, benutzersegmentbezogene oder personalisierte Inhalte und Produktangebote auszuspielen. Das heißt, neben der obligatorischen, namentlichen Begrüßung bietet das System die Ausspielung bestimmter Seiteninhalte in Form von Content-Elementen (z. B. Banner, Textbausteine, Produktlisten) in dafür vorgesehenen Vorlagen an. Auch die Anzeige oder Sortierungsreihenfolge in Produktkategorien kann durch Benutzergruppen zugeordnete Suchprofile beeinflusst werden. Da für die Anzeige von Produkten innerhalb einer Kategorie des Produktkatalogs ebenfalls die allgemeine Suche benutzt wird, gilt dieser Punkt auch für die Produktsuche über den gesamten Produktbaum hinweg. Letztlich können auch benutzergruppenspezifische Promotionsregeln vergeben werden, sodass z. B. Platinkunden zur Happy-Hour einen 10 %-Rabatt bekommen.
- **Product Information Management (PIM)**
  Die Funktionen zur Verwaltung einer vertrieblichen Sicht auf den Artikelstamm ist in SAP Commerce die Basis aller kaufmännischen Abläufe. Historisch gesehen ist diese Capability die älteste, da Hybris zunächst als PIM-System konzipiert wurde

und erst nach dem Redesign als Webshop-Plattform seinen Siegeszug antrat. Die PIM-Funktionen der SAP Commerce bilden die Basis z. B. für die Flexibilität des Artikeldatenmodells zur Abbildung beliebiger Sortimente, der Internationalisierungs- wie Lokalisierungsfähigkeiten, der Wiederverwendbarkeit von Artikeln in beliebigen Kategoriestrukturen oder für einen mehrstufigen Publizierungsprozess.

- **On-Site Search**
  Die Artikel- und Inhaltssuche in SAP Commerce basiert auf Apache Solr, einer Open-Source-Enterprise-Suchmaschine. Diese kann in einer eingebetteten (Embedded) Version oder als Stand-alone-System genutzt werden. Ergebnisse aus der performanten Verarbeitung von Suchanfragen werden mittels eines Score-Wertes vorsortiert und können nachträglich, z. B. auf- oder absteigend nach Preis, angezeigt werden. Das Suchmodul von SAP Commerce unterstützt auch eine Facettensuche, bei der das Suchergebnis z. B. nach Preisspannen, Farbe oder Marke eingeschränkt werden kann. Neben algorithmisch ermittelten Suchergebnissen können auch bewusste Manipulationen, d. h. Veränderungen von Score-Werten (das sogenannte *Boosting*) oder durch Vorwegstellen von Starartikeln (vergleichbar mit Google Ads), im Sinne des Marketings durchgeführt werden.
- **Warenkorb- und Kassenmanagement**
  Die Kernfunktionen von Webshops sind unter anderem die Verwaltung eines Warenkorbes sowie der Bestellprozess. Dies ist in SAP Commerce nicht anders, und aufgrund der Fülle des Funktionsumfangs kann es an dieser Stelle keine erschöpfende Darstellung geben. Stichwortartig zusammengefasst bietet die Bestellstrecke von SAP Commerce die Möglichkeit, tangible (z. B. Einzelartikel, strukturierte Artikel, Set, Bundles etc.) und intangible (z. B. Software, Serviceartikel, Verträge etc.) Artikel zu verarbeiten. Die Preisberechnung inklusive einer mächtigen Promotionengine gehört dabei ebenso zum Funktionsumfang wie die Eingrenzung von Liefergebieten oder anderen Regelwerken. Umfangreiche Funktionen bezüglich der Lieferung (z. B. Lieferdatum, Versanddauer, Anbindung Packstation, Expresslieferung), die Zahlungsabwicklung mit einer Vielzahl von Zahlungsarten und die Erzeugung verschiedener Auftragsarten (z. B. Versand, Click-and-Collect/Reservierung etc.) sind ebenfalls Teil des Funktionsumfangs.
- **Auftragsstatusverfolgung**
  Das Modul SAP Commerce Order Management bietet die Möglichkeit der Anbindung von internen oder externen Verteilzentren sowie einen auf den jeweiligen Auftragserfüllungsprozess (engl. Order Fulfillment Process) zugeschnittenen Auftragslebenszyklus. Integriert in die Auftragsstatusverfolgung ist auch eine Steuerung der Kundenkommunikation, um z. B. E-Mails mit einer Auftragseingangsbestätigung, Lieferdatumsänderung oder Auftrags- bzw. Versandbestätigung zu versenden.

- **Bezahlung und Steuer**
  Ebenfalls in das Modul SAP Commerce Order Management eingebettet sind die Funktionen zur Bezahl-, Erstattungs-, Disput- und Steuerkommunikation mit Onlinezahlungs- oder Steuerdienstleistern. Hierbei wird eine Vielzahl von Zahlungsmitteln unterstützt, die ebenfalls ein Teil des integrierten, regelbasierten Risikomanagements sind. So ist es möglich, bestimmten Kunden nur bestimmte, sichere Zahlungsmittel anzubieten oder sie gleich ganz von einem Kauf auszuschließen (Blacklisting).

11.2.3 Technische Komponenten von SAP Commerce

In diesem Abschnitt wollen wir uns die Benutzerschnittstellen von SAP Commerce näher ansehen. Für Kunden werden Website- und Webshop-Oberflächen geboten, die entweder völlig individuell entwickelt sein können oder zur Beschleunigung auf einem der vorgebauten Webshops von SAP Commerce basieren. Für fachlich-administrative Aufgaben von Mitarbeitern eines Shopbetreibers steht das Backoffice und für technisch-administrative Aufgaben die Hybris Administration Console (HAC) zur Verfügung. Wir werden die genannten Komponenten von SAP Commerce vorstellen. Früher bereitgestellte Cockpits, wie z. B. das Product-Cockpit, gibt es in aktuelleren Versionen von SAP Commerce nicht mehr. Das Cockpit-Konzept sowie auch serverseitige Standardmodule für Geschäftslogikerweiterungen (Extensions) oder die in Acceleratoren injizierbaren Oberflächenmodule (Add-ons) können aus Platzgründen hier nicht behandelt werden. Bei Interesse verweisen wir auf einschlägige Quellen.

Acceleratoren und das Projekt »Spartacus«

Die *SAP Commerce Acceleratoren* sind quasi unvollendete Webshops, die bereits einen üblicherweise in jedem Projekt zu entwickelnden Funktionsumfang enthalten. Da dies in verschiedenen Geschäftsbereichen ein anderer Funktionsumfang sein kann, gibt es gleich mehrere Acceleratoren.

Für den Bereich des Einzelhandels (Business-to-Consumer, B2C) gibt es den Apparel Store (Bekleidung) in vorgefertigten Lokalisierungen in deutscher und englischer Sprache. Außerdem gibt es den Electronics Store in englischer Sprache, der Unterhaltungselektronikartikel enthält. Warum es gleich zwei Acceleratoren gibt, liegt an den Unterschieden in der Warenpräsentation: Im Fall von Bekleidung ist eine adäquate mediale Präsentation für das über Emotionen verkaufte Sortiment erforderlich. Elektronikartikel brauchen dagegen eine möglichst differenzierte und vergleichbare Darstellung von Produkteigenschaften im Sinne von Produktdatenblättern.

Der Powertools Store (Handwerkerbedarf) ist der Accelerator für den Großhandel (Business-to-Business, B2B) und wird in englischer Sprache ausgeliefert. Dieser bildet Onlineshop-Funktionen auf Basis kundenindividuell verhandelter Preise und Sorti-

mente ab. Im Unterschied zu den B2C-Acceleratoren gibt es auch für Kunden ein differenziertes Rollen- und Rechtekonzept, das z. B. großvolumige Käufe inklusive Freigabeprozess, die Verwaltung von Kontaktdaten eines institutionellen Kunden (inklusive Adressen, Budgets und Mitarbeitern), einen Angebotsprozess oder Massenbestellungen ermöglicht. Für eine Übersicht aller Funktionen verweisen wir auf das SAP Help Portal unter *http://s-prs.de/888003*.

Weitere in SAP Commerce verfügbare Acceleratoren sind:

- Accelerator for China
- Marketplace Accelerator
- branchenspezifische Acceleratoren, wie z. B.:
  - Financial Services Accelerator
  - Citizen Engagement Accelerator
  - Travel Accelerator
  - Telco and Utilities Accelerator

Die aufgelisteten Acceleratoren sind ebenfalls mit den bereits genannten Modularisierungsmöglichkeiten (Erweiterungen und Add-ons) realisiert. Ergänzend dazu ist zu sagen, dass SAP-Commerce-Erweiterungen eine Vererbung zulassen. Technische Basisfunktionen werden durch den Kern gekapselt und im Base Accelerator für kaufmännische Grundoperationen genutzt. Dieser bildet die Basis für alle genannten Acceleratoren.

Das *Projekt »Spartacus«* ist eine Initiative von SAP, um das neue Webshop-Framework für SAP Commerce mit dem Namen Spartacus zu entwickeln. Zum Zeitpunkt des Schreibens dieses Buches liegt Spartacus in der Version 4.3.0 vor, wobei ein zweiwöchiger Releasezyklus gilt und die Version 5.0 bereits für 2022 angekündigt ist. Wundern Sie sich also bitte nicht, falls sich dieser Stand wesentlich geändert haben sollte, wenn Sie diese Zeilen lesen.

Spartacus kann im Unterschied zu den Acceleratoren separat zur SAP-Commerce-Plattform bereitgestellt werden und basiert auf Angular, einem JavaScript-Webframework von Google. Spartacus ist als Progressive Webapp (PWA) konzipiert. Die Vorteile einer PWA sind z. B. eine Offlinefähigkeit oder auch eine mögliche Installation auf dem Homescreen von Mobiltelefonen.

Das Projekt Spartacus ist bisher weder funktional gleichwertig mit den Acceleratoren, noch ist dies das primäre Ziel. Trotz guter Unterstützung einiger B2C-Anwendungsfälle fehlen noch wichtige Omnichannel-Funktionen, wie z. B. Ware online zu bestellen und im Laden abzuholen (engl. Buy Online Pick-up In Store, BOPIS), oder B2B-Funktionen, wie z. B. Angebote, Verfügbarkeitsprüfungen (ATP) oder Punch-out. Diese Funktionen wurden jedoch für das Release 5 angekündigt.

Übersicht Backoffice

Das Backoffice von SAP Commerce ist eine polymorphe Bedienoberfläche zur fachlichen Administration von SAP Commerce, die die Sicht auf Daten und Vorgänge je nach Anmelderolle anpasst. Sie sehen also eine andere Oberfläche, mit anderen Daten und Vorgängen, wenn Sie als Administrator, Customer Service Agent oder als Mitarbeiter einer Versandfiliale eingeloggt sind. Nachstehend werden diese Sichten kurz charakterisiert:

- **Backoffice Administration Cockpit**

  Das Backoffice Administration Cockpit ist eine benutzerzentrierte Backend-Oberfläche, die es ermöglicht, jede Art von Daten innerhalb des SAP-Commerce-Systems einfach zu verwalten.

- **Backoffice Product Cockpit**

  Das Backoffice Product Cockpit ermöglicht ein professionelles und komfortables Produktdatenmanagement in einem intuitiven Design.

- **Backoffice Adaptive Search Cockpit**

  Das Backoffice Adaptive Search bietet eine grafische Benutzeroberfläche, mit der Such- und Navigationskonfigurationen durchgeführt werden können.

- **Backoffice Order Fulfillment Cockpit**

  Das Backoffice Order Fulfillment Cockpit ermöglicht die Verwaltung von Kunden- und Filialaufträgen. Die Prozesskette besteht aus Bestands- bzw. Verfügbarkeitsaggregation, Beschaffung und Verteilung, Kommissionierung, Versand und Tracking, Orchestrierung nachgelagerter Prozesse sowie auftrags- und retourenbezogene Lagerverwaltung.

- **Backoffice Customer Support Cockpit**

  Das Backoffice Customer Support Cockpit bietet eine grafische Benutzeroberfläche, mit der die Support-Agents Informationen zu Kunden, Bestellungen und Zahlungen verwalten oder sich zur Hilfestellung in die aktive Session eines Benutzers einklinken können.

- **Backoffice Data Hub Cockpit**

  Das Backoffice Data Hub Cockpit stellt die primären Prozesse des Data-Hub-Workflows bereit, mit dem meist in Stapelverarbeitung durchgeführte Datenimporte und -exporte verwaltet werden können.

Web-Content-Management mit WCMS und WYSIWYG-Editoren

Zusätzlich zu den Backoffice-Sichten gibt es in SAP Commerce auch ein *Web-Content-Management-System* (WCMS) mit dessen Hilfe Websites verwaltet werden können. Einer Website wird dabei ein Content-Catalog zugewiesen, der letztlich aus einzelnen Seiten besteht. Seiten referenzieren dabei immer ein sogenanntes, aus Content-Slots

bestehendes Template. *Content-Slots* sind das Template strukturierende Seitenbereiche, wie z. B. Header, Inhalt oder Footer. Zudem werden über das WCMS auch Content-Elemente (z. B. Banner, Produktliste) verwaltet und ihnen Positionen in Content-Slots zugewiesen. Die Bausteine im WCMS sind grundsätzlich wiederverwendbar, sodass z. B. Content-Elemente einmal definiert werden und dann an einer oder mehreren Stellen verwendet werden können.

Zur Verwaltung des Inhalts in einer Website gibt es mehrere What-You-See-Is-What-You-Get-Editoren (WYSIWYG-Editoren). LiveEdit ist die ältere und inzwischen von SAP abgekündigte Version. Der funktional noch nicht gleichwertige Nachfolger SAP Commerce SmartEdit ist dagegen deutlich einfacher in der Bedienung. Eine Unterstützung des Projekts Spartacus ist ebenfalls vorgesehen.

Hybris Administration Console

Die *Hybris Administration Console* ist ein Fragment aus der Ursprungszeit, das aber nach wie vor geeignet für sehr technologienahe Basisdienste ist. Neben einem Dashboard werden Funktionen zur SAP-Commerce-Plattformkonfiguration (z. B. Tenants, integrierte Erweiterungen, Logging), Monitoring (z. B. Cachenutzung, Jobs, Speicherauslastung), Wartung (z. B. Bereitstellung, Verschlüsselung) und Datenmanipulation (z. B. Skripte, Datenbankabfragen, Importe/Exporte, LDAP) angeboten.

11.2.4 Architektur, Integration und Releasemanagement

Die bisher getroffenen Aussagen zur Architektur waren noch sehr grob und haben keinen tieferen Einblick in den inneren Aufbau von SAP Commerce gegeben. Dies soll nun in diesem Abschnitt nachgeholt werden.

Aufbau der SAP-Commerce-Plattform (In-App vs. Side-by-Side)

Wie in Abbildung 11.6 zu sehen ist, besteht SAP Commerce aus mehreren aufeinander aufbauenden Schichten. Die SAP-Commerce-Plattform, d. h. die unteren drei Schichten, beherbergen alle technischen und fachlichen Basisfunktionen.

SAP Commerce ist ein internationalisierungsfähiges Multi-Tenant-System, auf dem jeder Tenant eine eigene Datenbasis besitzen kann. Tenants können entweder logisch getrennt auf der gleichen Datenbank liegen oder aber verteilt sein in verschiedenen relationalen Datenbankmanagementsystemen (engl. Relational Database Management System, RDBMS). Dieses Konzept entstammt der alten Mainframe-Logik, bei der die knappen Rechenressourcen für mehrere Anwender oder Anwendungen bereitgestellt wurden. Für Internetanwendungen stellt sich aber eher die Anforderung eines Cluster-Betriebs zur Skalierung und Ausfallsicherheit, d. h., eine Anwendung wird parallel auf mehreren Servern bzw. Knoten betrieben und Aufrufe dann gleichmäßig auf diese verteilt.

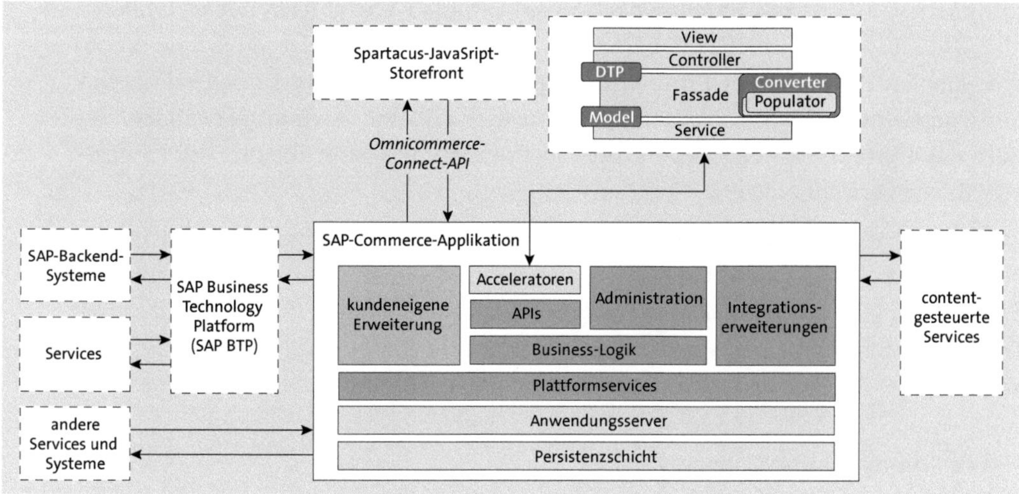

Abbildung 11.6 Aufbau von SAP Commerce

SAP Commerce ist clusterfähig und kann horizontal und vertikal skaliert werden. Auch ein Cluster-of-Cluster-Betrieb ist möglich, bei dem bestimmte Anwendungsteile in jeweils eigenen Clustern abgebildet werden können. Aufgrund der zunehmenden Cloud-only-Strategie von SAP treten die genannten Betriebsarten jedoch zunehmend in den Hintergrund.

Zur flexiblen Abbildung der Fachlichkeit besitzt SAP Commerce ein sehr flexibles Datenmodell, das aus Gründen der Performance gezielt Aufgaben (z. B. referenzielle Integrität) aus dem Engpass RDBMS in die Applikationsschicht verlagert. Dies und die ausgeprägte Fähigkeit zur Codegenerierung waren die Hauptgründe, warum Hybris sich als führende Webshop-Plattform etablieren und zu einer DXP heranwachsen konnte. Erweiterungen des Datenmodells werden in einer zentralen XML-Datei (**items.xml**) definiert, und der zugehörige Datenzugriff, Entitäten im Code, objektrelationales Mapping bis hin zu Webservices-Codeartefakte werden durch eine *Code Generation Engine* generiert. Darüber hinaus können Rumpfimplementierungen von Erweiterungen, Add-ons oder für Acceleratoren ebenfalls generiert werden.

Die in Abbildung 11.6 durch Doppelpfeile gekennzeichneten Komponenten sind nicht mehr Teil des Monolithen SAP Commerce. Hierzu zählen auch die *SAP Business Technology Platform* (SAP BTP) oder das Projekt Spartacus. Diese Auslagerung von Systemfähigkeiten ist ein zentraler Aspekt des Wechsels im Architekturansatz hin zu Microservices. Erweiterungen der SAP Commerce Cloud sollen dabei zukünftig nur noch über die SAP BTP und auf Basis von Kyma, einem auf Kubernetes und Docker basierenden API-Management-Tool, erfolgen. Endpunkte der Microservices werden über Kyma verwaltet und verknüpft. Der Cluster-Manager *Kubernetes* dient dabei der weitgehenden Automatisierung des Infrastrukturbetriebs, wobei auf Basis einer Cluster-

Definition Knoten orchestriert und z. B. bei Bedarf erneut gestartet werden. *Docker* ist ein Tool zur Container-Virtualisierung, mit dem unter anderem aufgrund einer einheitlichen Schnittstelle zum Host-System eine sehr schnelle und robuste Bereitstellung möglich ist. SAP nennt diese Art der Erweiterung den *Side-by-Side-Ansatz*. Da bei der Side-by-Side-Erweiterung keine kundeneigenen Erweiterungen mehr vorgesehen sind und Anwender so keine eigene Geschäftslogik mehr auf der Plattform betreiben, ist dieser Ansatz in Bezug auf seine Flexibilität unterlegen. Jedoch sehen wir dies aufgrund des Umfangs und der Reife des mitgelieferten Standards, zumindest im Omnichannel-Handel, nicht als Nachteil des Systems. Ob sich der Side-by-Side-Ansatz im Kontext von Fast- oder Experience-Commerce als alleiniger Ansatz durchsetzen wird, bleibt abzuwarten.

Alternativ steht aber weiterhin der *In-App-Ansatz* bereit, für den die bereits gekennzeichneten Erweiterungsmöglichkeiten der Plattform in Bezug auf Datenmodell, Geschäftslogik und optional für die Präsentationsschicht nutzbar sind. Die klassischen MVC-Acceleratoren (Model View Controller) können dabei gegen ein Spartacus-basiertes Frontend ausgetauscht werden.

Referenzarchitektur für SAP Commerce Cloud

Der Funktionsumfang der SAP Commerce Cloud ist zwar sehr groß und die Lösung wurde in der Vergangenheit auch gern zur Abbildung vieler Administrationsaufgaben im selben System genutzt, jedoch deckt es nicht alle Funktionen einer DXP oder einer Filiale ab. Daher soll nun die Integration in das Umfeld weiterer Customer-Experience-(CX-) und CRM-Lösungen illustriert werden.

Abbildung 11.7 zeigt die zum Zeitpunkt des Schreibens dieses Buches gültige Omnichannel-Referenzarchitektur von SAP (Stand Februar 2022). CX-Komponenten werden nachstehend kurz erläutert:

- **SAP Omnichannel Pricing and Promotion**
  Mithilfe dieser Komponente können Preise und Promotionen an digitalen Verkaufsorten (engl. Point of Sale, PoS) oder in der Filiale synchron gehalten und übergreifend gemanagt werden.
- **Omnichannel Article Availability (OAA)**
  Das kanalübergreifende Management von Neartime-Beständen (inklusive der Verfügbarkeitsprüfung, engl. Available to Promise, ATP) innerhalb eines Betriebs oder betriebsübergreifend wird von dieser Komponente abgebildet.
- **Rough Stock Indicator (RSI)**
  Innerhalb eines digitalen Verkaufsortes werden Aussagen über die Verfügbarkeit benötigt, die nicht notwendigerweise Echtzeitaussagen sein müssen. Es ist Aufgabe dieser Erweiterungskomponente, die Aussagen auf der Basis von heutigen und zukünftigen Einzelbeständen oder aggregierten Beständen zu ermitteln. Die

Funktion Omnichannel Article Availability führt die Berechnung durch und sendet ein Snapshot-iDoc für das RSI-Update. RSI überträgt die empfangenen Verfügbarkeiten an Bestandsobjekte von Artikeln und aktualisiert die Suchdaten.

- **SAP Emarsys Customer Engagement**

  Dies ist der offizielle Nachfolger der SAP Marketing Cloud, der eine Echtzeitintegration in Webshops, CRMs, mobilen Apps, Filialen oder beliebigen Kommunikationskanälen (z. B. E-Mail, Instagram) zulässt. Außerdem bietet das System ein Dashboard, automatisierte Interaktionstaktiken, Customer-Insight-Analysen (z. B. Customer Lifecycle, Product Affinity) und Vorhersage-, Personalisierungs- sowie Segmentierungsmöglichkeiten.

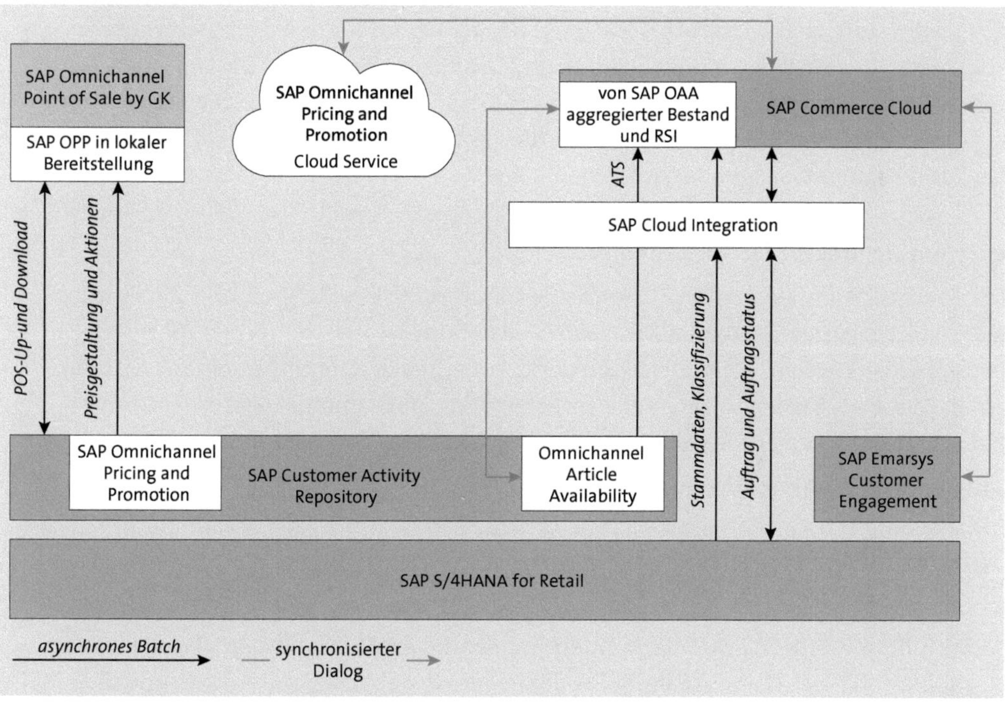

Abbildung 11.7 Omnichannel-Referenzarchitektur

Asynchroner, hybrider und synchroner Integrationstyp

SAP Commerce ist auf verschiedene Weise in das ERP-System integrierbar. Möglich sind eine asynchrone, synchrone und hybride Integration, die in unterschiedlichem Umfang vom ERP-System abhängig sind. Nachstehend werden diese Formen stichwortartig skizziert:

- **Asynchrone Integration**
  - Stammdatenversorgung aus SAP ERP bzw. SAP S/4HANA oder CRM: Produkte, Preise, Bestände und Geschäftspartner (optional: Debitorenstammdaten)

  - Kundeninteraktion von Produktinformation bis Auftrag und Retoure in SAP Commerce
  - Weitergabe des Auftrags an SAP-ERP-System und Synchronisation des Auftragsstatus
  - Integrationsmethode für B2C- und einfache B2B-Szenarien (inklusive Preislisten)
  - Betrieb unabhängig von SAP-ERP-System möglich
- **Synchrone Integration**
  - Stammdatenversorgung aus SAP ERP oder CRM: Produkte, Preise, Bestände und Geschäftspartner (optional: Debitorenstammdaten)
  - Kundeninteraktion von Warenkorb bis Auftrag und Retoure mittels SAP Java Connector (SAP JCo) oder Remote Function Call (RFC) direkt in SAP ERP
  - Einsatz für komplexe B2B-Szenarien (z. B. kundenspezifische Preise, ATP-Check, Kreditlimitprüfung, ...)
  - Integration hauptsächlich durch synchrone Kommunikation mittels JCo bzw. RFC
- **Hybride Integration**
  - Stammdatenversorgung aus SAP ERP oder CRM: Produkte, Preise, Bestände und Geschäftspartner (optional: Debitorenstammdaten)
  - Kundeninteraktion von Produktinformation bis Auftrag und Retoure in SAP Commerce
  - Integration für komplexe Preisberechnung im Warenkorb durch synchrone Kommunikation mittels JCo/RFC
  - Weitergabe des Auftrags an SAP ERP und Synchronisation des Auftragsstatus
  - Betrieb grundsätzlich auch unabhängig vom ERP möglich (Fallback)

Integrationsoptionen von SAP Commerce

SAP Commerce bietet eine Vielzahl an möglichen Integrationsformen an, die in Abbildung 11.8 stichpunktartig genannt werden und projektspezifisch definiert werden müssen.

Wundern Sie sich nicht, wenn Sie den SAP Commerce Data Hub nicht in der Liste wiederfinden. SAP empfiehlt aktuell ausdrücklich die Verwendung der SAP BTP bzw. der SAP Integration Suite statt dieser Komponente. Da der SAP Commerce Data Hub nicht mehr weiter gepflegt wird, ist es nicht zu empfehlen, diesen weiter zu verwenden.

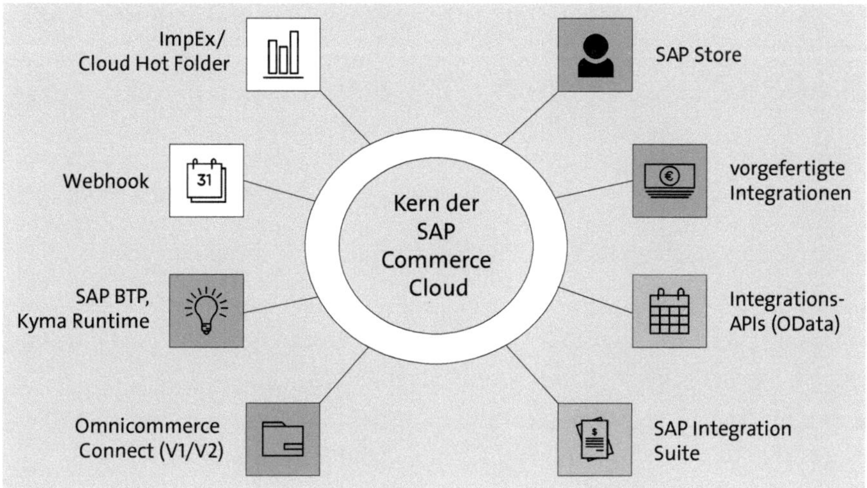

Abbildung 11.8 Integrationsmöglichkeiten von SAP Commerce

11.3 Marketing Automation

Marketing Automation (dt. Marketingautomatisierung) ist eine softwaregestützte Methode zur Verbesserung und Effizienzsteigerung von Prozessen in Marketing und Vertrieb. Die Marketingautomatisierung ermöglicht es Unternehmen, mithilfe einer Software Leads und Kunden gezielt, personalisiert und automatisiert mit Content zu versorgen. Dazu werden Kontakte in einer Datenbank zunächst anhand konkreter Merkmale gruppiert und segmentiert. Hier können sowohl demografische Aspekte als auch psychografische Faktoren (Interessen, Werte etc.) oder Daten zu Verhaltensmustern, etwa beim Besuch einer Website, herangezogen werden.

Diese Gruppen können dann entsprechend ihren Kontaktmerkmalen angesprochen werden. So wird undifferenziertes Massenmarketing vermieden und durch eine gezielte, individuelle Ansprache konkreter Nutzergruppen in unterschiedlichen Kaufphasen ersetzt. Der Erfolg dieser Kommunikation lässt sich wiederum messen:

- Wie groß ist der Anteil derjenigen, die auf den Link in einer entsprechenden E-Mail klicken?
- Wer verweilt daraufhin wie lange auf der Website?
- Wie viele Nutzer entscheiden sich wirklich zum Kauf?

Mit dem Erwerb von Emarsys hat SAP das Portfolio von Marketingautomatisierungslösungen bzw. Customer-Engagement-Plattformen gerade im Bereich der personalisierten Kundenansprache wesentlich verstärkt. In der Summe unterstützt die SAP-Emarsys-Plattform folgende Funktionen:

- Zusammenführung von Kunden-, Produkt- und Vertriebsdaten
- 1:1-Personalisierung in Echtzeit
- Umsetzung von einsatzbereiten Marketingtaktiken
- Aussteuerung der Maßnahmen über mehrere Kanäle

Nachfolgend sehen Sie eine Übersicht der SAP-Emarsys-Customer-Engagement-Plattform mit ihren Integrationselementen und den Kernfunktionen (siehe Abbildung 11.9).

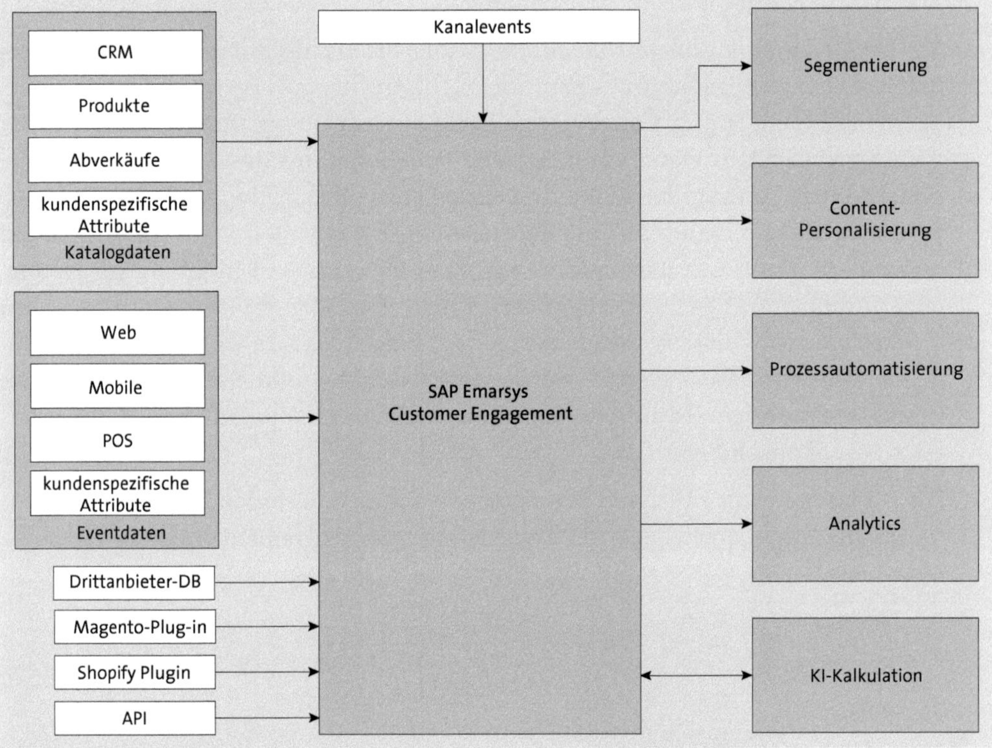

Abbildung 11.9 Übersicht der SAP-Emarsys-Customer-Engagement-Plattform

11.4 Order Management System

Bei einem *Order Management System* (OMS) oder *Auftragsmanagementsystem* handelt es sich um Software zum Erfassen und Bearbeiten von Kundenaufträgen. Auftragsmanagement ist der Order-to-Cash-Prozess im Zentrum jedes B2C- und B2B-Unternehmens, das Ware vertreibt. Anders ausgedrückt handelt es sich um den Gesamtprozess vom Bestelleingang über die Bearbeitung eines Kundenauftrags bis hin zum Fulfillment. Auftragsmanagement ist kein isolierter Prozess, sondern stützt sich auf so gut wie alle Abteilungen eines Handelsunternehmens: von der Filiale über den

Kundenservice bis hin zur Lagerverwaltung, von der Buchhaltung bis hin zum Lieferpartner. Effektives Auftragsmanagement sorgt dank effizienter Prozesse für den reibungslosen Arbeitsablauf in einem Unternehmen und erhält so die Kundenzufriedenheit und das positive Image des Händlers.

Um den Auftragsabwicklungsprozess schnell, kosteneffizient und präzise zu gestalten, entscheiden sich viele Handelsunternehmen für ein integriertes und reaktionsfähiges Order Management System. Das OMS ist normalerweise direkt in das ERP-System eines Unternehmens integriert und soll die Mitarbeiter unterstützen, um den Auftragsabwicklungsprozess so produktiv und rentabel wie möglich zu gestalten.

Mit *SAP Order Management Foundation* können Sie Aufträge für physische Produkte und Abonnementprodukte aus mehreren Kanälen steuern. Hierfür stellt die SAP Order Management Foundation diverse APIs (Application Programming Interfaces) zur Verfügung. Die APIs bieten grundlegende Funktionen für die Auftragsverwaltung, einschließlich Auftragserstellung und -abruf sowie Einstellungen für die betriebswirtschaftliche Konfiguration, mit denen Sie eine benutzerdefinierte Lösung anlegen können, die Ihren Geschäftsanforderungen entspricht. Sie können auch verschiedene Systeme und Lösungen integrieren, um Ihre Auftragsmanagementprozesse zu unterstützen. Auf diese Weise können Sie beispielsweise Ihre vorhandenen Stammdaten, Auftragserfassungs- und Auftragsabwicklungssysteme nutzen und gleichzeitig alle Ihre Aufträge und auftragsbezogenen Daten in einer praktischen, cloudbasierten Lösung konsolidieren.

Die Funktionen von SAP Order Management Foundation sind in Abbildung 11.10 zusammenfassend dargestellt und werden anschließend detailliert erklärt.

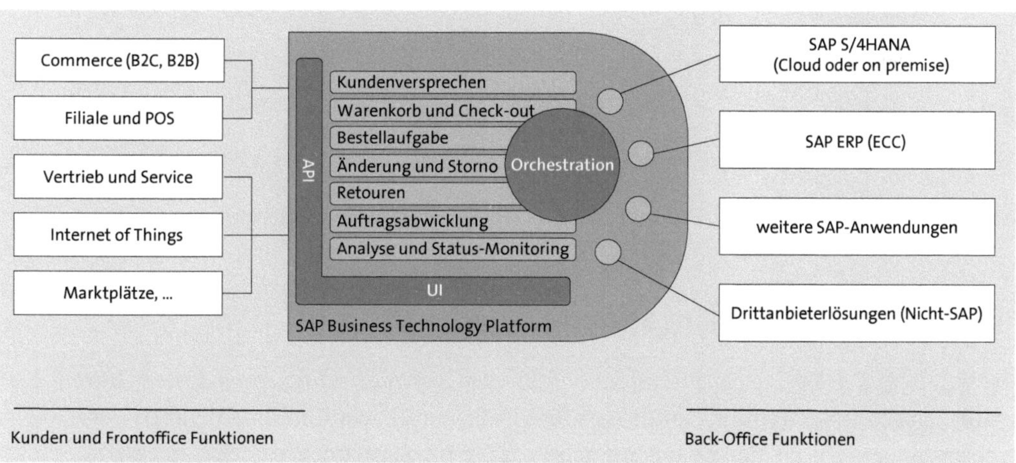

Abbildung 11.10 SAP Order Management Foundation

Basierend auf der SAP BTP bietet SAP Order Management Foundation folgende Funktionalitäten an:

- **Kunden und Frontoffice-Integration**
  - Integration mit Commerce-Einkaufswagen und Check-out-Funktionen, um den gesamten Kundenauftragsprozess im Frontend zu unterstützen
  - Übermittlung der Bestellungen über einen beliebigen Kanal
  - Integration von Auftragsverwaltungsfähigkeiten
- **OMS-Funktionen**
  - Aufträge anlegen: offene APIs, um Bestellungen über einen API-Aufruf anzulegen; Empfangen von Bestellungen in integrierten Bestellerfassungssystemen, z. B. einem Webshop; Anlegen von Bestellungen in SAP anhand der Nutzdaten aus externen Anwendungen
  - Bezugsquellenfindung: Ermittlung der Lieferquelle für physische Produkte der eingegangenen Aufträge und Berechnung der geschätzten Ankunftszeit (engl. Estimated Time of Arrival, ETA) unter Berücksichtigung von Sourcing, Verfügbarkeit und Reservierung
  - dynamische Orchestrierung von multiplen Abwicklungsmöglichkeiten
  - Abrufen der Auftragsübersicht: Übersicht über alle Aufträge aus integrierten Auftragserfassungssystemen in der SAP-Fiori-App **Aufträge anzeigen** oder über einen API-Aufruf abruf- und anzeigbar; Abruf von Aufträgen anhand verschiedener Suchkriterien, z. B. Auftrags-ID, Kunde, Auftragsstatus, Eigentümer oder Markt
  - Auftragsdetails abrufen: Abruf und Anzeige der Details (z. B. die bestellten Produkte sowie Kunden- und Zahlungsinformationen) eines einzelnen Auftrags in der SAP-Fiori-App **Aufträge anzeigen** oder über einen API-Aufruf
- **Backoffice-Integration**
  - Aufträge an Abwicklungssysteme senden: Integration von Aufträgen mit einem Auftragsabwicklungssystem, um den Abwicklungsprozess auszulösen; automatisches Senden der eingegangenen Aufträge für physische Produkte an SAP S/4HANA
  - Integration in SAP Analytics Cloud: Verwendung von Analyse-APIs, um Ihre Auftragsdaten an SAP Analytics Cloud zu senden; Verwendung der vordefinierten Storys und Modelle zur Datenanalyse, die im Content-Netzwerk über eine Importverbindung verfügbar sind

11.5 Integrationsszenarien

Die zentrale Komponente der Omnichannel-Retail-Integration ist das SAP Customer Activity Repository, dessen Funktionen von SAP derzeit wesentlich erweitert werden. In Abbildung 11.11 wird aufgezeigt, welche Funktionen innerhalb von SAP Customer Activity Repository zukünftig in Cloud-Services transformiert werden sollen.

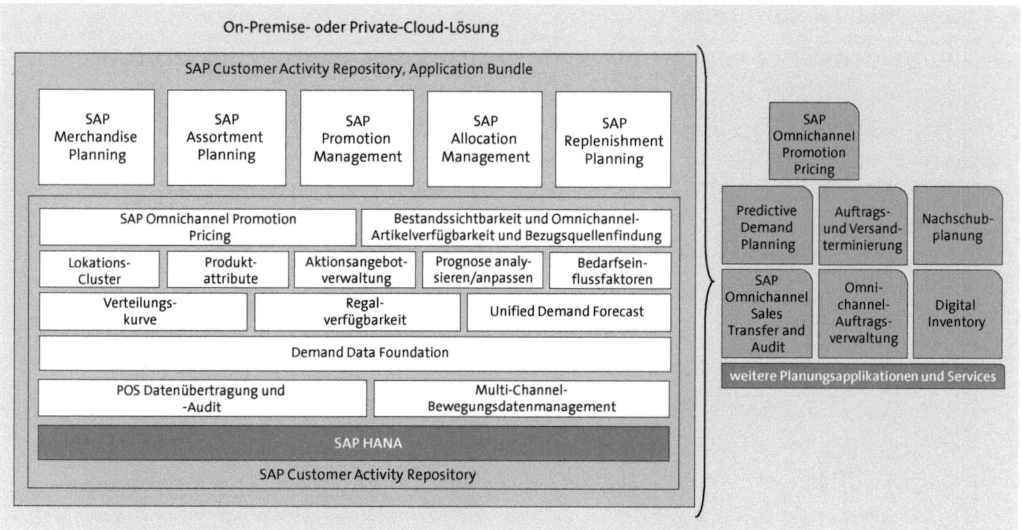

Abbildung 11.11 Transformation von SAP Customer Activity Repository zu Cloud-Services

Innerhalb von SAP Customer Activity Repository können unter anderem untertägige Filialbestände, Verkaufstransaktionen und Kundenaufträge über alle Kanäle hinweg ausgewiesen werden. Das bedeutet, dass sich SAP Customer Activity Repository als Datenbasis eignet, um viele In-Store-Prozesse, wie z. B. *Click and Collect*, effizienter zu gestalten. Darüber hinaus unterstützt SAP Customer Activity Repository einen synchronen Webserviceaufruf, ausgehend von der SAP Commerce Cloud. Dank dieser Funktion können Sie als Retail-Kunde Ihre bisherigen Aufträge einsehen, ganz gleich, ob diese online, in einer Filiale oder über einen sonstigen Kanal getätigt wurden.

Abbildung 11.12 stellt beispielhaft dar, wie personalisierte bzw. zielgruppenspezifische Angebote mithilfe von SAP Product Management und SAP Emarsys an Endkunden kommuniziert werden können:

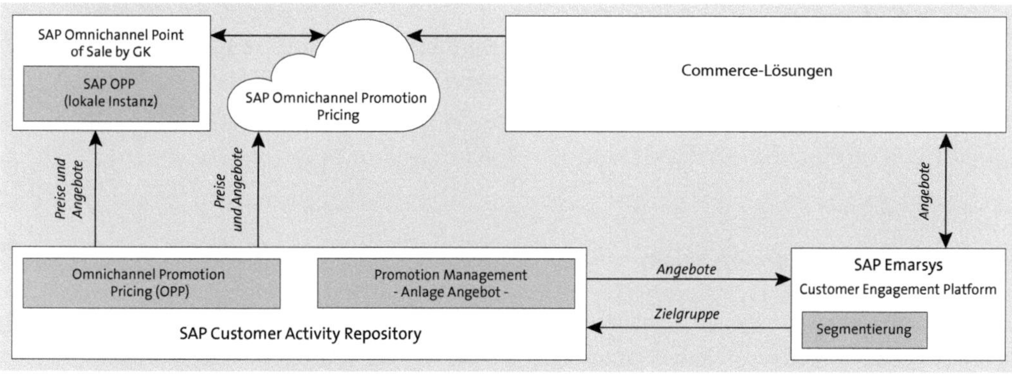

Abbildung 11.12 Integrierter Promotionsprozess

- **Kundensegmentierung in SAP Emarsys Customer Engagement**
  Aufgrund von Marketingattributen und transaktionalen Informationen, wie z. B. der Einkaufshistorie, des Browserverhaltens oder anderer Input-Faktoren, können in SAP Emarsys Customer Engagement über die Zuordnung von Attributen Zielgruppen definiert werden, die einzelne oder mehrere Kunden zusammenfassen. Ausgeschlossen werden die Kunden, denen eines oder mehrere der Attribute nicht zugeordnet werden können.

  Das Ergebnis dieses Prozessschrittes ist die Etablierung einer oder mehrerer Zielgruppen. Diese Zielgruppendaten werden im Rahmen der SAP-Emarsys-Customer-Engagement-Plattform verwertet, um, wie in Abbildung 11.12 zu sehen, diverse Geschäftsprozesse zu unterstützen.

- **Angebotsdefinition in SAP Promotion Management**
  In SAP Promotion Management kann bei der Erstellung von Angeboten auf die vorhandenen Zielgruppen zugegriffen werden. Für diese Zielgruppen können Angebote oder sogenannte *Offer Incentives* angelegt werden. Je nach Verkaufskanal können hier zusätzlich noch Filialen, Kanäle oder andere Lokationen hinzugefügt werden, um die Angebote räumlich zu begrenzen. Das heißt, Sie können eingrenzen, ob alle oder nur einzelne Kanäle an dem Angebot teilnehmen. Innerhalb eines Kanals können bestimmte Lokationen ein- oder ausgeschlossen werden (siehe Abbildung 11.13).

11

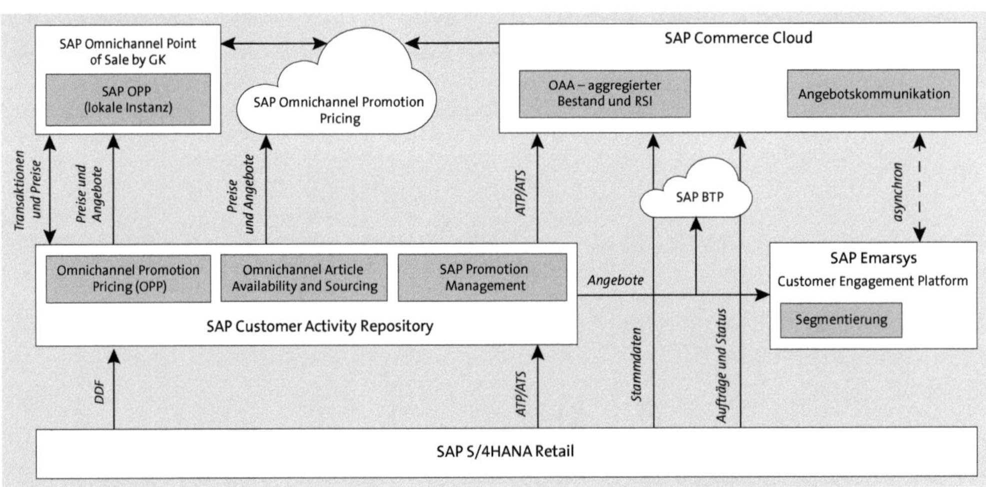

Abbildung 11.13 Integration der diversen SAP-Elemente in einem Omnichannel-Ansatz

- **Angebot als Objekt in SAP HANA**
  Sobald ein Angebot erstellt wurde, ist dieses mit den zugehörigen Attributen als Datenobjekt zur Kommunikation an Drittsysteme und weitere Applikationen verfügbar.

- **Weiterverarbeitung und Export des Angebots in SAP Promotion Management und SAP Omnichannel Promotion Pricing**
  Wird in SAP Promotion Management die Weiterverarbeitung der Angebote angestoßen, indem die Exportfunktion ausgeführt wird, werden Angebotsdaten zum einen an das SAP-S/4HANA-Retail-System, an die Komponente SAP Omnichannel Promotion Pricing in SAP Customer Activity Repository (und damit z. B. auch an die angebundenen Kassensysteme) und zum anderen an SAP Emarsys weitergegeben. Innerhalb von SAP Emarsys kann das Angebot persistiert werden. Zurzeit besteht innerhalb von SAP Emarsys standardmäßig noch keine Möglichkeit, ein Angebot zu interpretieren; hierzu gibt es jedoch schon Ansätze von SAP bzw. es besteht die Möglichkeit, dieses Objekt via relationale Tabellen darzustellen und zu verwenden.
- **Kommunikation an die Channel-Systeme**
  Durch die Anbindung von SAP Emarsys an Channel-Executive-Systeme, wie z. B. SAP Commerce Cloud, ist es nun möglich, personalisierte und kontextrelevante Angebote in Echtzeit an Kunden zu kommunizieren bzw. über die existierenden Wege an die Kassensysteme zu übertragen. Voraussetzung dafür ist, dass die entsprechenden POS-Systeme die Möglichkeit bieten, zielgruppenspezifische Preise und Aktionsdaten zu führen.

  Mit der Übertragung der Preise und Angebote an die unterschiedlichen Verkaufskanäle ist ein Closed Loop von der Segmentierung bis zum Abverkauf und entsprechendem Feedback sowohl an die SAP Commerce Cloud, an SAP Emarsys, an SAP Promotion Management als auch an SAP Analytics Cloud darstellbar.

Kapitel 12
Management-Informationssysteme

In diesem Kapitel zeigen wir Ihnen die Möglichkeiten der Management-Informationssysteme (MIS) von SAP. Dabei werden sowohl On-Premise- als auch diverse Cloud-Computing-Lösungen als mögliche Hilfsmittel für ein zeitgemäßes MIS betrachtet.

Die Idee der *Management-Informationssysteme* entstand schon vor ca. 50 Jahren, vor allem bedingt durch den technischen Fortschritt in der Computertechnik. Heute wird dieser Begriff zumeist als Oberbegriff für analytische Informationssysteme verwendet.

In diesem Kapitel erklären wir zunächst in Abschnitt 12.1, was sich hinter dem Begriff der Management-Informationssysteme im Allgemeinen verbirgt. Anschließend stellen wir in Abschnitt 12.2 die SAP-Technologien vor, die für diese Zwecke bereitgestellt werden. Dabei gehen wir insbesondere auf die Besonderheiten im Bereich Retail ein. Sie lernen die technischen Voraussetzungen und die vielfältigen Möglichkeiten für die Analyse und das Reporting kennen.

Es gibt im analytischen Bereich schon seit langer Zeit den Wunsch nach einem einfachen, »natürlichen« Zugang zu zuverlässigen Geschäftsinformationen, der sich auch in den analytischen Trends der letzten Jahre widerspiegelt:

- **Augmented Analytics**
  eine Erweiterung und (Teil-)Automatisierung der Analysemöglichkeiten durch die Nutzung von Methoden und Algorithmen der künstlichen Intelligenz (KI) und des Machine Learnings (ML)
- **Embedded Analytics**
  Die Zusammenführung von operativen betrieblichen Anwendungen mit ausgeklügelten Analysefunktionen ermöglicht dezidierte Auswertungen direkt in der Anwendung und im gerade aktuellen Arbeitskontext und bietet Entscheidungsunterstützung.
- **Cloud Analytics**
  die Verlagerung von Geschäftsanwendungen, Speicherung und Analyse von Daten in die Cloud und deren Nutzung zur Ableitung unternehmensrelevanter Informationen

Im Folgenden wollen wir daher auch überprüfen, ob die vorgestellten analytischen Anwendungen und Tools Lösungen in diesem Zusammenhang bieten.

12.1 Einführung in Management-Informationssysteme

Management-Informationssysteme sollen Unternehmen dabei unterstützen, einen Vergleich zwischen ihrer allgemeinen Leistung und ihren gesetzten Zielen zu ziehen. Die Anforderungen an ein Management-Informationssystem sind vielfältig:

- Einfachheit und Schnelligkeit in der Nutzung und Anwendung
- Flexibilität bei der Erstellung der Planung bzw. der Prognosen und Simulationsszenarien
- gezielte Verdichtung von Daten
- grafische Umsetzung der Ergebnisse
- Frühwarnfunktion, d. h. ein automatischer Hinweis auf Fehlentwicklungen
- Auswertung riesiger Datenmengen interner und externer Quellen

Dabei kann ein solches System unterschiedliche Reifegradstufen durchlaufen (McNellis, Jason [2019]: You're likely investing a lot in marketing analytics, but are you getting the right insights?, *http://s-prs.de/888004* [zuletzt aufgerufen am 04.07.2022]; siehe Abbildung 12.1).

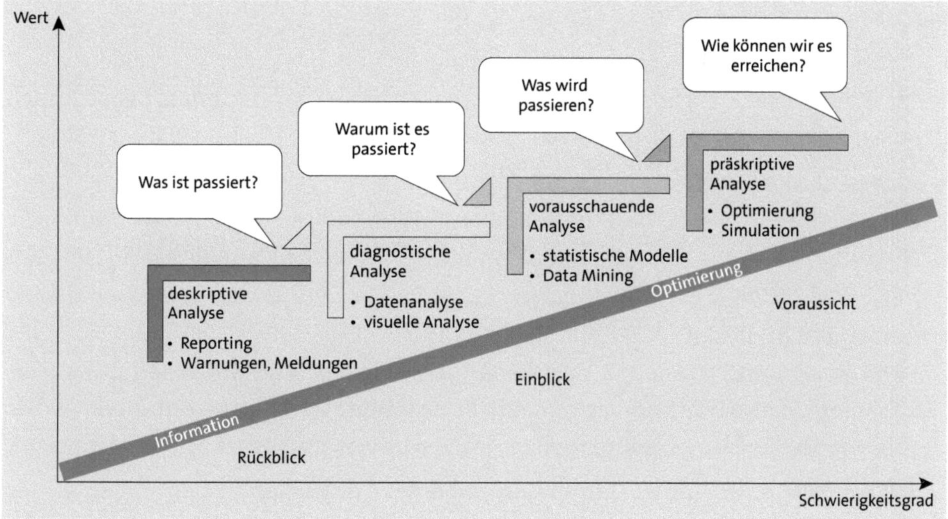

Abbildung 12.1 Analytics-Reifegradmodell (Quelle: Gartner)

Deskriptive Analysemethoden werden verwendet, um aus der Analyse historischer Daten Auswirkungen auf die Gegenwart zu untersuchen. Laut dem SAPinsider

Benchmark Report »The Future of Business Intelligence« sind die deskriptiven Methoden die primären Analysemethoden, die derzeit von den befragten Unternehmen genutzt werden (Singh, Kumar [2021]: SAPinsider Benchmark Report, The Future of Business Intelligence, S. 6).

Diagnostische Analysen geben Antworten auf die Fragen nach den Gründen, Auswirkungen oder Folgen von Ereignissen. Dahingegen blicken die *vorausschauenden Analysen* (engl. Predictive Analytics) auf Basis von Data-Mining-Verfahren in die Zukunft und treffen Vorhersagen über die Wahrscheinlichkeit von künftigen Ereignissen. *Präskriptive Analysen* (engl. Prescriptive Analytics) blicken noch weiter in die Zukunft. Sie liefern zusätzlich Handlungsempfehlungen, wie ein bestimmter Trend in eine gewünschte Richtung beeinflusst oder wie auf ein künftiges Ereignis reagiert werden kann.

Als Datenbasis solcher Systeme dient meistens ein *Data Warehouse*. Ein Data Warehouse oder *Business Warehouse* ist im engeren technischen Sinne eine vom operativen Datenverarbeitungssystem isolierte Datenbank. Diese Datenbank bildet eine einheitliche Datenbasis für alle Entscheidungsebenen eines (Handels-)Unternehmens.

Im weiteren Sinne beschreibt der Begriff Data Warehouse ein Konzept zur Informationsanalyse und -aufbereitung. Dabei werden Daten aus diversen Quellen konsolidiert, harmonisiert und in einer einheitlichen Systemumgebung zur Verfügung gestellt (siehe Abbildung 12.2).

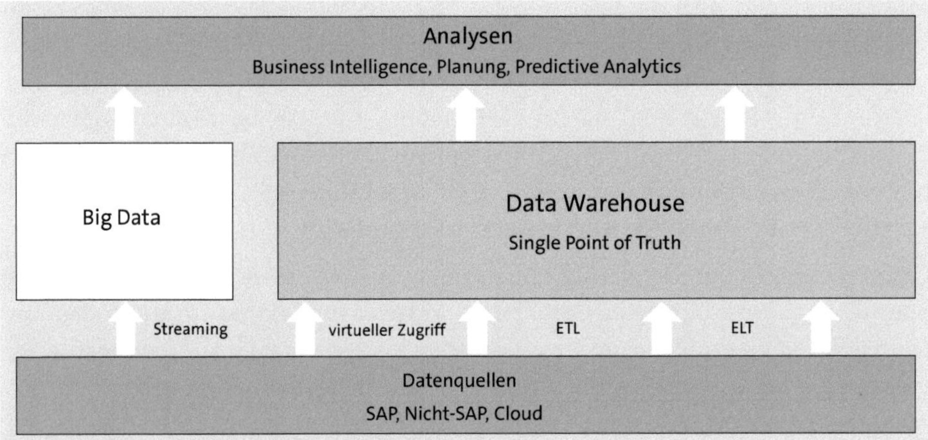

Abbildung 12.2 Funktionen eines Data Warehouses

Zunehmend wird der Begriff Data Warehouse um den Begriff Business Intelligence (BI) ergänzt. BI-Lösungen sind als Erweiterung des Data Warehousings zu sehen, da darunter insbesondere die darauf aufbauenden analytischen Anwendungen sowie die anwendungsseitigen Prozesse verstanden werden. Der Zweck von BI-Lösungen ist

laut dem Gabler Wirtschaftslexikon die Analyse und Aufbereitung von Informationen mit dem Ziel, neue Zusammenhänge zu erkennen und handlungsorientiertes Wissen zu generieren (Lackes, Richard; Siepermann, Markus [2018]: Business Intelligence, *http://s-prs.de/888005* [zuletzt aufgerufen am 04.07.2022]).

SAP verwendet im Zusammenhang mit seiner klassischen Data-Warehousing-Lösung *SAP Business Warehouse* (SAP BW) beide Begriffe, BI und BW. Mit SAP BW bzw. dem Nachfolger SAP BW/4HANA bietet SAP seit Jahrzehnten eine Enterprise-Data-Warehousing-Plattform. Über den Einsatz des mitgelieferten Business Contents (des *BI Contents*) und der Best-Practice-Modelle kann in kurzer Zeit eine komplette Data-Warehousing-Landschaft konzipiert und implementiert werden.

Eine weitere Ergänzung der Data-Warehouse-Lösungen von SAP im Rahmen der von SAP ausgerufenen *Cloud-first-Strategie* trägt hingegen wieder den klassischen Namen *SAP Data Warehouse Cloud*. Diese verfügt über eine Vielzahl an Konnektoren, die den Zugriff auf Daten aus den unterschiedlichsten SAP- und Nicht-SAP-Datenquellen vereinfachen und dadurch eine Integration mit einer Vielzahl an Systemen ermöglichen. Dies gilt sowohl für SAP als auch für Drittanbieter. Auch hier setzt man auf mitgelieferten Business Content, der kontinuierlich ausgebaut wird.

Die *SAP Analytics Cloud* ist die für den Bereich Analytics strategisch gesetzte Plattform für BI, Planung und vorausschauende Analysen. Neue Produkte werden nicht mehr (nur) für On-Premise-Umgebungen entwickelt, sondern häufig direkt und nur als Software as a Service (SaaS) angeboten – so auch die SAP Analytics Cloud.

Dementsprechend wird die Plattform *SAP BusinessObjects Business Intelligence* im Laufe der Zeit vermutlich immer weiter verdrängt werden, es bleibt dennoch festzuhalten, dass beispielsweise mit SAP Lumira und SAP Analysis für Microsoft Office ausgereifte Lösungen existieren, die für die Erstellung von Dashboards und Applikationen bzw. für das Excel-Reporting genutzt werden können – und die aktuell noch den größeren Funktionsumfang aufweisen, auch wenn seitens SAP stark an in der SAP Analytics Cloud verankerten Alternativen gearbeitet wird.

Mit SAP S/4HANA hat SAP darüber hinaus eine Lösung entwickelt, die laut SAP die neueste Technologie bietet, um Geschäftsprozesse zu vereinfachen und Entscheidungen in Echtzeit zu ermöglichen – weitestgehend unter Verzicht auf redundante Datenhaltung. Diese Ankündigung hat bei vielen SAP-Kunden die Frage aufgeworfen, ob SAP S/4HANA ein SAP BW oder eine Data-Warehousing-Lösung ersetzen kann. SAP S/4HANA bietet zwar die Vorteile der Schnelligkeit, Agilität und einfachen Nutzbarkeit, dennoch sprechen viele Gründe auch für eine weitere Nutzung von SAP BW/4HANA:

- **Integration und Harmonisierung von Daten**
  Komplexe, heterogene Landschaften sind die Regel. Selten werden alle Prozesse in einem operativen System abgebildet.

- **Historisierung der Daten**
  In operativen Systemen werden meist nur aktuelle Ausprägungen gespeichert, es besteht jedoch fast immer die Anforderung, über große Zeitspannen auch Änderungen zu analysieren.
- **Datenanreicherung**
  Häufig gibt es auch Informationen, die außerhalb des operativen Systems liegen, aber für die Unternehmenssteuerung notwendig sind.
- **Big Data und Advanced Analytics**
  Umfassende Analysen auf großen Datenmengen aus heterogenen Quellen lassen sich auch heute nicht ohne eine mögliche Beeinträchtigung des laufenden Betriebs in operativen Systemen umsetzen.

Diese Gründe wurden in einem Positionspapier der Deutschsprachigen SAP-Anwendergruppe (DSAG) formuliert (DSAG (2015): »Bedeutet S/4HANA das Aus für das Business Warehouse?«). Die Bedeutung einer separaten Data-Warehouse-Lösung zeigt sich nicht zuletzt an der Tatsache, dass mit SAP BW/4HANA und SAP Data Warehouse Cloud gleich zwei Data-Warehouse-Lösungen entwickelt wurden und in der SAP-Strategie verankert sind.

12.2 SAP-Technologien und -Plattformen

In diesem Abschnitt stellen wir Ihnen die verschiedenen Lösungen für das Data Warehousing genauer vor – SAP S/4HANA, SAP BW/4HANA, SAP Data Warehouse Cloud und SAP Analytics Cloud –, bevor sie in den Retail-Kontext gestellt werden.

12.2.1 SAP S/4HANA Embedded Analytics

Die rechtzeitige Bereitstellung der richtigen Informationen für die richtige Person ist eine der wichtigsten Herausforderungen in der Datenanalyse. Mit Einsatz von SAP S/4HANA kann ein Teil des Reportings – das sogenannte *operative Reporting* – zurück ins ERP-System verlagert werden. Man spricht dann von *SAP S/4HANA Embedded Analytics*. Abbildung 12.3 zeigt eine darauf aufbauende Systemarchitektur.

Embedded Analytics konzentriert sich auf das operative Reporting direkt im Quellsystem in Echtzeit und die Unterstützung von Transaktionsentscheidungen. Komplizierte und aufwendige Datenaufbereitungsschritte sind nicht mehr erforderlich. Die Benutzer profitieren dabei von vorkonfigurierten Abfragen, Dashboards und Applikationen.

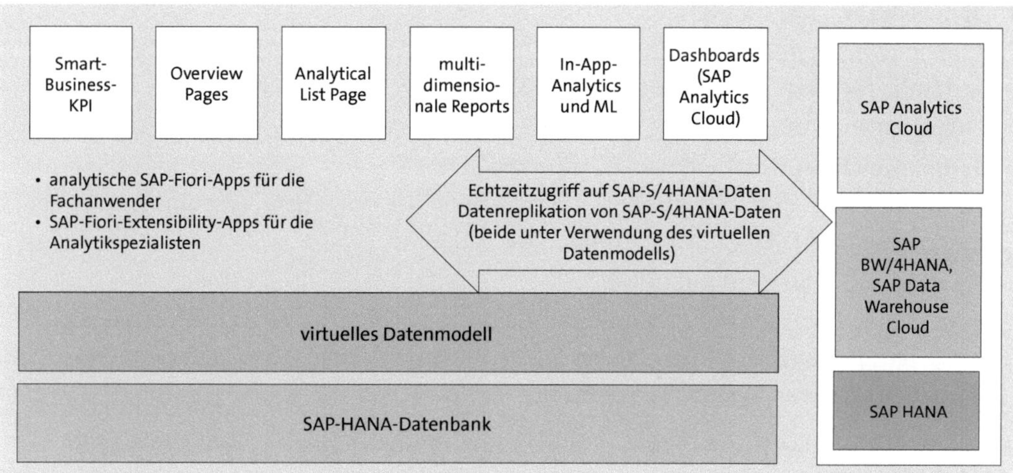

Abbildung 12.3 SAP S/4HANA Embedded Analytics

In der Regel müssen diese kostenlosen Inhalte den Anforderungen des Unternehmens angepasst werden. Das Thema Reporting wird bei einer Einführung meistens enorm unterschätzt. Daher ist es auf jeden Fall ratsam, sich vor der Implementierung über die Anforderungen, die Reportingstrategie und die Roadmap zu informieren.

Datengrundlage des operativen Reportings bilden dabei die Core Data Services Views (CDS Views). CDS Views basieren auf den Transaktions- und Stammdatentabellen von SAP S/4HANA. Sie werden zum Aufbau eines virtuellen Informationsmodells genutzt, über das auf die Daten zugegriffen werden kann. Durch die hohe Wiederverwendbarkeit haben sie eine zentrale Bedeutung in verschiedenen Bereichen:

- als Bestandteil des virtuellen Datenmodells, als View im ABAP Repository
- zur Datenextraktion in das SAP Business Warehouse
- als Analytical Query in SAP Fiori
- zur Weiterverwendung in anderen BI-Tools, etwa BusinessObjects und SAP Analytics Cloud

Für die Auswertungen der SAP-S/4HANA-Daten gibt es unterschiedliche Möglichkeiten:

- Die gängige Benutzeroberfläche ist *SAP Fiori*. Der Zugriff auf die Daten erfolgt hier über das SAP Fiori Launchpad.
- Ebenfalls möglich ist die Nutzung des *Embedded BW*, beispielsweise durch SAP-BusinessObjects-Tools wie SAP Lumira oder SAP Analysis für Microsoft Office, die auf virtuelle InfoProvider zugreifen. Auch der Einsatz von Nicht-SAP-Berichtstools ist möglich.

- Auch die SAP Analytics Cloud kann in das SAP-S/4HANA-System eingebettet werden. Voraussetzung für eine Integration ist die Nutzung von SAP S/4HANA Cloud oder SAP S/4HANA on premise ab Release 2020.
- SAP BW/4HANA oder SAP Data Warehouse Cloud können ebenfalls für das Enterprise Data Warehousing eingesetzt werden.

Der letzte Punkt zeigt, dass trotz der ersten beiden Auswertungsmöglichkeiten in SAP S/4HANA meist noch traditionelle Data-Warehouse-Themen, wie die Integration und Harmonisierung von Daten oder ihre Historisierung und Anreicherung, adressiert werden müssen. Daher ist ein Data Warehouse auch in Zeiten von SAP S/4HANA nicht obsolet. Dennoch könnten sich seine Aufgaben ändern. Der Fokus kann stärker auf das strategische und bereichsübergreifende Reporting über die komplette Unternehmenssystemlandschaft gelegt werden. In Kombination mit SAP S/4HANA Embedded Analytics kann so ein abgestimmtes Reportinggesamtkonzept verfolgt werden, das über eine gemeinsame Datenbasis verfügt.

Tabelle 12.1 stellt die Möglichkeiten von SAP BW/4HANA bzw. SAP Data Warehouse Cloud und SAP S/4HANA Embedded Analytics noch einmal gegenüber.

SAP S/4HANA Embedded Analytics	SAP BW/4HANA bzw. SAP Data Warehouse Cloud
operationales Reporting	strategisches und taktisches Reporting
Echtzeit	in der Regel Ladezyklus
Modelle können in analytischen Applikationen wiederverwendet werden; Datenquelle ist das SAP S/4HANA System.	Integration, Harmonisierung, Konsistenz über Systeme hinweg; verschiedenste Datenquellen
Direktzugriff, keine Persistenz	(teilweise) Redundanz Harmonisierung und Speicherung in SAP BW/4HANA, auch große Datenmengen können persistiert werden.
keine Planungsmöglichkeiten	Planung
»einfachere« Auswertungen ohne komplexe Berechnungen, Kennzahlen zur operativen Steuerung	vielfältige Reportingmöglichkeiten, Kennzahlen zur umfänglichen Unternehmenssteuerung

Tabelle 12.1 Vergleich von SAP S/4HANA Embedded Analytics und SAP BW/4HANA auf SAP HANA bzw. SAP Data Warehouse Cloud

Um die Entscheidung für den Einsatz eines oder mehrerer Tools zu unterstützen, sollten folgende Fragen geklärt werden:

- Benötigt der Bericht Daten aus mehreren Quellsystemen bzw. Unternehmensbereichen?
- Gibt es eine komplexe Berechnungslogik?
- Wird innerhalb des Berichts auf historische Daten zugegriffen?
- Müssen auch sich langsam ändernde Dimensionen verfolgt werden oder Daten-Snapshots erstellt werden?

Lautet die Antwort auf eine dieser Fragen ja, ist das ein guter Indikator für den Einsatz von SAP BW/4HANA oder auch von SAP Data Warehouse Cloud – eventuell verspricht auch ein hybrider Ansatz den gewünschten Erfolg.

12.2.2 SAP BW/4HANA

Als Data-Warehouse-Lösung ermöglicht es SAP BW/4HANA, Daten zu konsolidieren, um eine konsistente, abgestimmte Sicht und damit eine unternehmensweit einheitliche Version der Wahrheit zu erhalten.

Bei allen neuen Technologien und Entwicklungen von SAP wird SAP HANA als zugrunde liegende Plattform vorausgesetzt. Alle Werkzeuge und Funktionen werden daher nach und nach für SAP HANA optimiert. SAP HANA bietet als Datenbankplattform für SAP BW unter anderem folgende Vorteile:

- Einfachheit (weniger Persistenz der Daten, Virtualisierung der Schichten)
- Schnelligkeit, z. B. beim Laden der Daten
- bessere Auswertungsperformance und Möglichkeit komplexer und vorausschauender Analysen
- Prozessierung massiver Datenvolumen
- Agilität (schnellere Strukturänderungen sind möglich)
- Offenheit für verschiedene Quellen
- Reduktion des Datenvolumens durch bis zu zehnfache Kompression der Daten
- In-Memory-Planung

Die weite Verbreitung von SAP BW in Unternehmen, die SAP-Lösungen einsetzen, hat laut Sergei Peleshuk vielfältige Gründe (»Five Good Reasons for Keeping BW on HANA«, November 2014):

- SAP liefert mit seinem Produkt zusätzlichen Business Content in Form des sogenannten *BI Contents*. Dabei handelt es sich um vordefinierte und optimal auf SAP S/4HANA und andere Intelligent-Suite-Anwendungen abgestimmte Objekte und Auswertungen für verschiedenste Branchen und deren Geschäftsprozesse. Diesen Content liefert SAP bereits seit über 20 Jahren aus, er wurde umfassend überarbeitet und optimiert.

- SAP BW bietet die Möglichkeit der Historisierung als zusätzliche Persistenzschicht. In operativen Systemen finden Sie sonst oft nur aktuelle Daten, aber keine zeitliche Entwicklung.
- SAP BW/4HANA bietet umfassende Werkzeuge zur Integration externer Datenquellen und es besteht die Möglichkeit zur Anreicherung der Daten.
- Datenladeprozesse und Monitoringmöglichkeiten sind bereits in die Lösung integriert.
- Es werden nicht kumulative Kennzahlen (Bestandskennzahlen, Headcounts) verwendet.

SAP BW/4HANA bietet dabei zusätzlich Funktionen, die SAP S/4HANA allein nicht bereitstellen kann und die für eine Enterprise-Data-Warehouse-Lösung essenziell sind:

- Berechtigungswesen
- komplexe Hierarchien
- nicht kumulative Daten
- Möglichkeiten der Erstellung von Planungsanwendungen
- ETL-Werkzeuge (d. h. Werkzeuge für die Extraktion, Transformation und das Laden der Daten)
- Möglichkeiten zur Erstellung fortgeschrittener Modelle und Datentransformationen
- umfassende Funktionen zur Berichtserstellung

2012 war SAP BW die erste Applikation, die auf SAP HANA zu laufen begann, um die Performance zu verbessern, 2016 wurde dann SAP BW/4HANA erstmals vorgestellt. SAP BW/4HANA 2.0 als Weiterentwicklung ist keine neue Version von SAP BW on HANA, sondern eine vollständig eigenständige Data-Warehouse-Anwendung. Sie wurde nach denselben Prinzipien, die der Entwicklung von SAP S/4HANA zugrunde lagen (Vereinfachung, Offenheit, fortschrittliche Benutzeroberflächen und hohe Performance) entwickelt (siehe Abbildung 12.4).

Bereits zum Release SAP BW 7.50 hat SAP eine ganze Reihe von BW-Objekttypen zu veralteten Objekten erklärt, z. B. den InfoCube, das klassische DataStore-Objekt (DSO) oder den MultiProvider. Diese Objekte wurden jedoch unter SAP BW 7.50 weiterhin unterstützt. SAP BW/4HANA bietet diese Unterstützung aus Gründen der Vereinfachung und Verschlankung nun nicht mehr. Zudem bietet es eine tiefe Integration mit SAP Analytics Cloud und SAP Data Management – wie etwa *SAP Data Intelligence*.

SAP BW/4HANA steht als paketierte On-Premise- oder als private Cloud-Lösung zur Verfügung – ausgeliefert mit neu optimiertem BI Content. SAP BW/4HANA wird ebenso wie SAP S/4HANA bis mindestens 2040 gewartet.

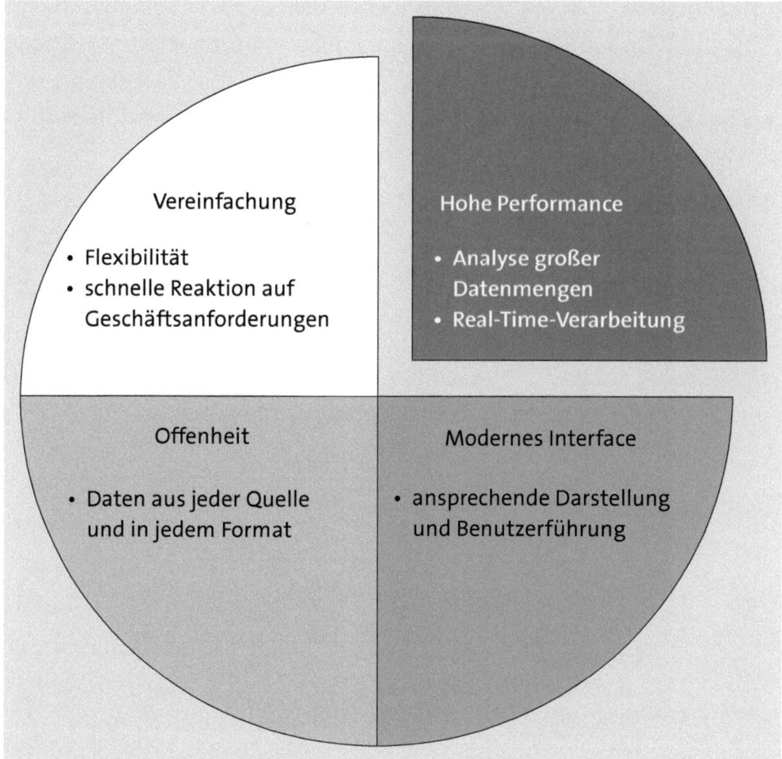

Abbildung 12.4 Anforderungen von SAP BW/4HANA

Existierende Data Warehouses wie SAP BW/4HANA können über ein hybrides Szenario unter Verwendung der SAP Data Warehouse Cloud erweitert werden. Seit 2022 existiert zudem eine geführte Integration mit der SAP Data Warehouse Cloud über Modelltransfer und SAP BW Bridge.

12.2.3 SAP Data Warehouse Cloud

In der Strategie von SAP erkennt man seit einiger Zeit einen klaren Trend hin zu einer Cloud-only-Strategie in Form von Platform-as-a-Service-(PaaS-) oder Software-as-a-Service-(SaaS-)Applikationen. Deswegen bietet SAP abhängig von den Kenntnissen und Vorlieben der Nutzer mit der SAP Data Warehouse Cloud eine weitere Data-Warehouse-Lösung im Portfolio an. Sie gilt als strategische Lösung und Fokus künftiger Investitionen und Innovationen von SAP. Die SAP Data Warehouse Cloud ist eine End-to-End-Lösung, die alle Bereiche von der Datenverwaltung über die Modellierung bis hin zur Analyse abdeckt.

Die SAP Data Warehouse Cloud basiert technisch auf der Plattform SAP HANA Cloud und somit auf der SAP Business Technology Platform (SAP BTP).

Die SAP Data Warehouse Cloud soll vor allem drei Szenarien unterstützen:

- **Self-Service-Datenaufbereitung**
  Die SAP Data Warehouse Cloud soll helfen, eine Brücke zwischen den Anforderungen des Fachbereichs (Self-Service-Datenaufbereitung) und dem Wunsch der IT (Governance) zu bilden und die sogenannte Schatten-IT zu vermeiden. Der kollaborative Aspekt steht im Vordergrund, Analysen sollen flexibler möglich sein und schneller umgesetzt werden können.
- **Unternehmens-Data-Warehouse**
  Verschiedenste Quellen sollen einfach eingebunden werden können.
- **Operationelle Cross-System-Analyse**
  Die SAP Data Warehouse Cloud ermöglicht virtuelles Echtzeitreporting auf unterschiedlichsten Systemen. Ebenso wie auch in SAP BW/4HANA wird als Unterstützung vorgefertigter Content ausgeliefert.

Damit diese Szenarien optimal unterstützt werden können, folgt die SAP Data Warehouse Cloud einem bestimmten Aufbau und enthält gewisse Funktionen, die im Folgenden stichwortartig anhand von Abbildung 12.5 erläutert werden sollen.

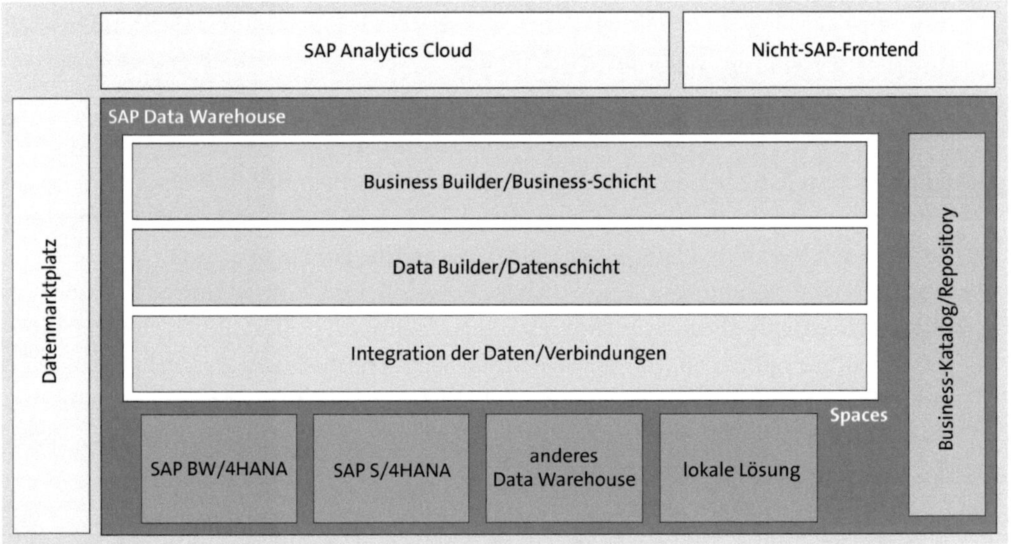

Abbildung 12.5 Überblick der SAP Data Warehouse Cloud

Integration der Daten

Daten sind meist über mehrere Systeme in verschiedensten Formaten verteilt, was eine Integration schwierig macht. Dem klassischen SAP BW Data Warehouse wurde in der Vergangenheit oft vorgeworfen, zu SAP-zentriert und zu wenig offen zu sein. Die SAP Data Warehouse Cloud soll die Lücke schließen und die Integration von Daten aus verschiedenen Landschaften – Multi-Cloud-, Hybrid- (Cloud und on premise) und

On-Premise-Umgebungen – vereinfachen und die Nutzung heterogener Daten (strukturiert, teilstrukturiert und unstrukturiert) erleichtern. Daher wird auch ein offener Zugriff auf ETL-Tools von Drittanbietern geboten.

Data Builder

Der Data Builder dient dem Vorbereiten, Konsolidieren und Bereitstellen der Daten und bildet den technischen Ansatz ab. Im Data Builder werden die physischen Datenmodelle erstellt – per grafischer Modellierung oder für komplexere Modelle per SQL-Skript. Für anspruchsvolle Datentransformationen oder Replikationsdienste gibt es den sogenannten Data Flow, der auch die Möglichkeit bietet, komplexe Logik mit der Programmiersprache Python umzusetzen.

Business Builder

Dem No-Code-/Low-Code-Trend folgend ist die Business-Schicht, auch Business Builder genannt, der Bereich, in dem Fachanwender Objekte mit einem semantischen Ansatz definieren und die Geschäftsmodelle optimieren können.

Die Business-Schicht ist von der Datenschicht stark entkoppelt und kann lediglich über ein Mapping verknüpft werden, sodass bei Änderungen unter Umständen auch nur dieses Mapping angepasst werden muss.

Spaces

Ein Space ist eine virtuelle Arbeitsumgebung innerhalb der SAP Data Warehouse Cloud, die einer bestimmten Anwendergruppe einen Rahmen für die Entwicklung und Zusammenarbeit bietet (»kontrollierte Spielwiese«). Ein Space kann alle Bereiche der SAP-Data-Warehouse-Cloud-Funktionen beinhalten (Connections, Datenschicht, Business-Schicht). Die Spaces sind ressourcentechnisch isoliert, ihnen kann dezidierter Speicher zugewiesen werden. So können Fachbereiche lokale Daten, Excel-Dateien oder Cloud-Services einbringen, eigene Modelle erstellen und erproben (auch über SAP Analytics Cloud Reporting), ohne die grundlegende Struktur des Data Warehouses zu ändern.

Data Marketplace

Der sogenannte Marketplace wurde Ende 2021 eingeführt, um das Anbinden externer Daten – aus frei verfügbaren Quellen oder von kommerziellen Anbietern – zu vereinfachen, beispielsweise können so Lieferanten ihren Kunden Daten bereitstellen.

Content

Ähnlich wie im SAP BW/4HANA gibt es auch in der SAP Data Warehouse Cloud vorgefertigten Content, der aktiviert und genutzt werden kann. Die SAP Data Warehouse

Cloud ist eng mit der SAP Analytics Cloud verbunden (standardmäßig als Embedded Analytics Cloud). In Abbildung 12.6 finden Sie die Darstellung des SAP-Contents auf der linken und des Partner-Contents auf der rechten Seite.

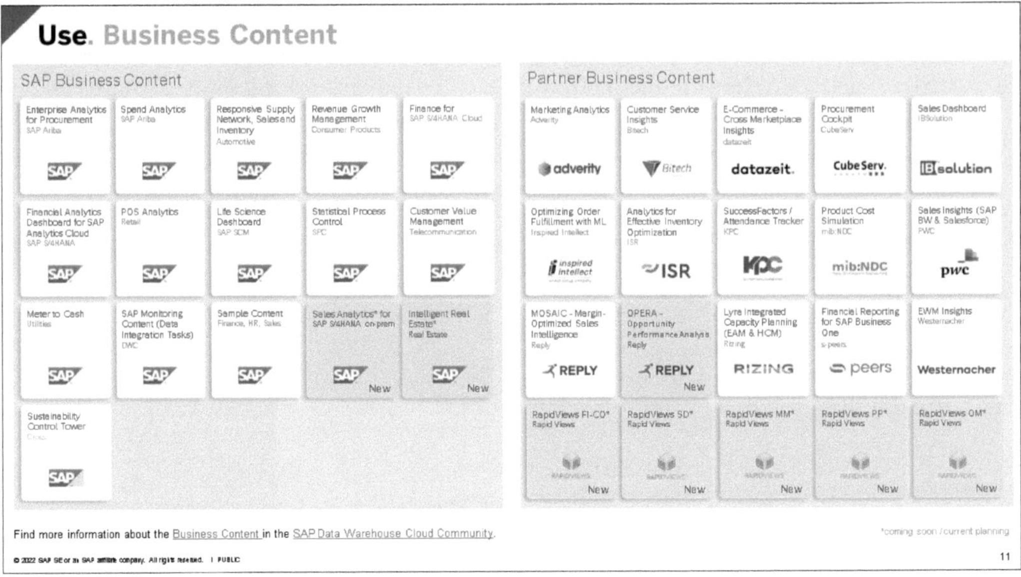

Abbildung 12.6 Business Content (Stand: Februar 2022)

Bridge

Die SAP BW Bridge ermöglicht es, ein On-Premise-SAP-BW-System in die SAP Data Warehouse Cloud zu transformieren – analog zur Cloud-first-Strategie von SAP. So können Nutzer die bereits im SAP-NetWeaver-BW- oder SAP-BW/4HANA-System getätigten Investitionen (z. B. Datenhaltungselemente) weiterverwenden und gleichzeitig modernisieren. Dabei kann sowohl ein hybrides Szenario (On-Premise-System und SAP Data Warehouse Cloud) oder die SAP Data Warehouse Cloud als Single-Point-of-Truth-Data-Warehouse genutzt werden. SAP Analytics Cloud dient sowohl für SAP BW/4HANA als auch für die SAP Data Warehouse Cloud als Frontend-Tool.

12.2.4 SAP Analytics Cloud

Die SAP Analytics Cloud ist die strategisch gesetzte Analytics-Plattform von SAP. Sie adressiert verschiedenste Bereiche der Business Intelligence mit dem Ziel, alles in einer Lösung abzudecken – von der Datenmodellierung über die Erstellung von Queries, das Reporting, Dashboarding bzw. Storytelling bis hin zur Planung und komplexeren Themen wie Prognosen mithilfe von Predictive Analytics.

Typischerweise sind Unternehmensdaten oft zwischen SAP- und Nicht-SAP-Systemen oder auch in reinen SAP-Systemen in diversen Anwendungen verteilt. Über die

SAP Analytics Cloud können Daten aus verschiedensten Quellen (SAP oder Nicht-SAP, live oder importiert, on premise, Cloud oder hybrid) zusammengeführt und analysiert bzw. visualisiert werden.

Es gibt die SAP Analytics Cloud als Embedded-Variante (enthalten in Business-Applikationen in SAP S/4HANA, im SAP-Customer-Experience-Portfolio etc.) mit funktional eingeschränkten Möglichkeiten (z. B. nur Liveverbindung zum darunterliegenden System) sowie als komplette Enterprise-Variante, die der Auswertung von Daten aus verschiedensten Lösungen dient – so, wie bereits in den vorherigen Kapiteln erwähnt, auch SAP S/4HANA, SAP BW/4HANA oder SAP Data Warehouse Cloud.

Abbildung 12.7 enthält eine Übersicht der unterschiedlichen Funktionen der SAP Analytics Cloud. Diese Funktionen werden im Folgenden etwas genauer betrachtet:

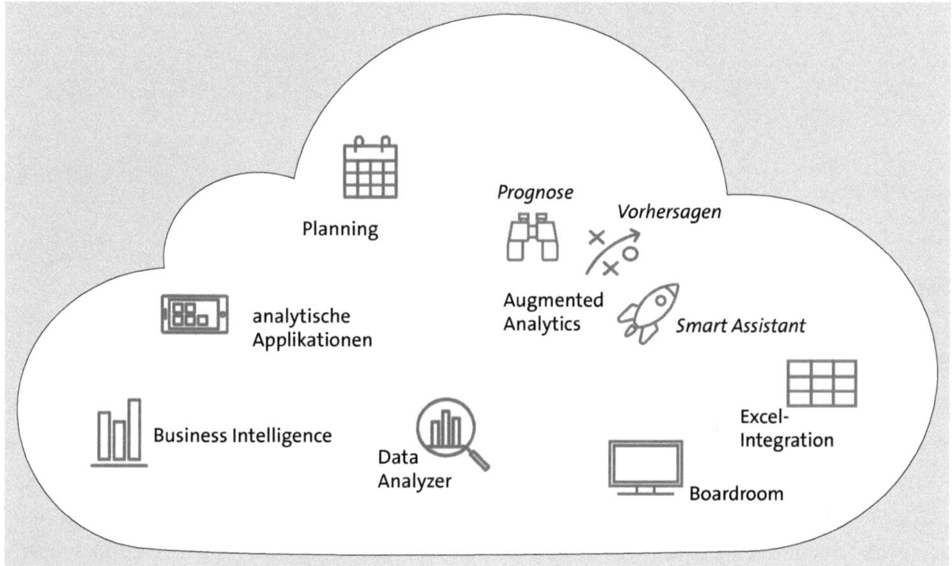

Abbildung 12.7 SAP Analytics Cloud

- **Business Intelligence**
  Die Business-Intelligence-Funktionen wie Datenexploration, Unternehmensberichte und Dashboards und Visualisierungen sollen vor allem dem Self-Service-Gedanken Rechnung tragen und die Geschäftsanwender befähigen, einfach und schnell ein intuitives und individuelles Reporting über sogenannte Storys zu erstellen und zu nutzen.
- **Data Analyzer**
  Der Data Analyzer dient der einfachen und schnellen Datenexploration in SAP Analytics Cloud.

- **Excel-Integration mit SAP Analytics Cloud für Microsoft Office**
  Diese Funktion kombiniert die gewohnte Excel-Oberfläche mit den Funktionen der SAP Analytics Cloud.
- **Analytische Applikationen**
  Neben der Story gibt es auch noch die analytischen Applikationen. Diese sollen helfen, komplexere Anforderungen im Bereich Reporting und Planung abzudecken. Typischerweise werden diese durch IT- bzw. durch BI-Mitarbeiter entwickelt und dann den Nutzern zur Verfügung gestellt.
- **Augmented Analytics**
  Augmented-Analytics-Tools nutzen künstliche Intelligenz (KI), Machine Learning (ML) und statistische Algorithmen, um Datenanalysen zu vereinfachen. Die SAP Analytics Cloud bietet folgende Augmented-Analytics-Funktionalitäten:
  - *Search to Insight* dient dem Suchen, Finden und Einbinden von Informationen und dem Erkennen von Einflussfaktoren auf Basis intuitiver, natürlicher Spracheingabe.
  - *Smart Insights* ermittelt die wichtigsten Einflussfaktoren eines ausgewählten Wertes und zeigt so neue Zusammenhänge auf. Die Funktion kann einfach in Visualisierungen und Berichte integriert werden.
  - *Smart Discovery* bietet eine schnelle Datenexploration mit automatisierter Story-Erstellung, die beispielsweise Muster, Einflussfaktoren und Ausreißer in den Daten zeigt.
  - *Smart Predict* prognostiziert auf Grundlage historischer Daten über KI, ML und statistische Algorithmen die Wahrscheinlichkeit zukünftiger Ereignisse.
  - *Smart Transformations* ist eine Machine-Learning-Technologie, die automatisch Vorschläge macht, um Datenmodelle zu verbessern, Daten zu bereinigen und für erweiterte Visualisierungen vorzubereiten.
  - *Smart Grouping* ermöglicht es Benutzern, Daten-Cluster in Streu- und Blasendiagrammen zu visualisieren. So lassen sich Kundengruppen identifizieren oder Verhaltenssegmentierungen durchführen.
- **Planning**
  Eine wesentliche Stärke der SAP Analytics Cloud liegt in der integrierten Planung. Analysen, Planung und Prognosen können zentral durchgeführt werden. Wichtig ist auch die Möglichkeit der Simulation durch treiberbasierte Szenarien – eine Möglichkeit der Verkürzung von Planungszyklen, egal, ob top-down oder bottom-up geplant wird.
- **SAP Digital Boardroom**
  SAP Digital Boardroom dient als digitaler Konferenzraum, in dem Kennzahlen aller Geschäftsbereiche in Echtzeit abgerufen werden können. Der Boardroom muss separat lizenziert werden.

12.2.5 Reporting-Clients: SAP BusinessObjects

Noch sind nicht alle klassischen Reportingfunktionen in SAP Analytics Cloud verfügbar, die die Anwender von SAP Lumira Designer, SAP Crystal Reports oder Web Intelligence Reports gewohnt sind.

Gerade SAP Analysis für Microsoft Office und SAP Lumira sind ausgereifte Lösungen, in die viele Unternehmen in den letzten Jahren einiges investiert haben und darin Know-how aufgebaut haben. Langfristig sind die BusinessObjects-Tools jedoch nicht mehr gesetzt, und zudem fehlt im Portfolio ein richtiges Self-Service-BI-Tool.

SAP Analysis für Microsoft Office

SAP Analysis für Microsoft Office ist ein Excel-basiertes Analysewerkzeug. Die vielen Anwendern vertraute Umgebung hat eine hohe Benutzerakzeptanz – es ist kaum Einarbeitung notwendig, um Berichterstellung und Planen durchzuführen. Abbildung 12.8 zeigt die Benutzeroberfläche von SAP Analysis für Microsoft Office.

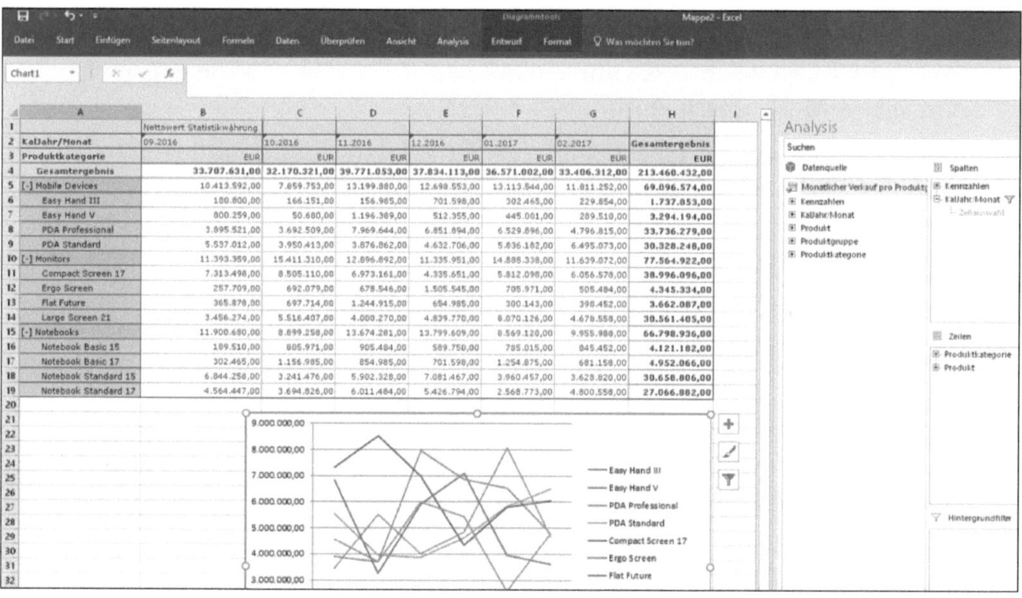

	Nettowert Statistikwährung						
KalJahr/Monat	09.2016	10.2016	11.2016	12.2016	01.2017	02.2017	**Gesamtergebnis**
Produktkategorie	EUR	EUR	EUR	EUR	EUR	EUR	**EUR**
Gesamtergebnis	**33.707.631,00**	**32.170.321,00**	**39.771.053,00**	**37.834.113,00**	**36.571.002,00**	**33.406.312,00**	**213.460.432,00**
[-] Mobile Devices	10.413.592,00	7.859.753,00	13.199.880,00	12.698.553,00	13.113.544,00	11.811.252,00	**69.096.574,00**
Easy Hand III	180.800,00	166.151,00	156.985,00	701.598,00	302.465,00	229.854,00	**1.737.853,00**
Easy Hand V	800.259,00	50.680,00	1.196.369,00	512.355,00	445.001,00	289.510,00	**3.294.194,00**
PDA Professional	3.895.521,00	3.692.509,00	7.969.644,00	6.851.894,00	6.529.896,00	4.796.815,00	**33.736.279,00**
PDA Standard	5.537.012,00	3.950.413,00	3.876.862,00	4.632.706,00	5.836.182,00	6.495.073,00	**30.328.248,00**
[-] Monitors	11.393.359,00	15.411.310,00	12.896.892,00	11.335.951,00	14.888.338,00	11.639.072,00	**77.564.922,00**
Compact Screen 17	7.313.498,00	8.505.110,00	6.973.161,00	4.335.651,00	5.812.098,00	6.056.578,00	**38.996.096,00**
Ergo Screen	257.709,00	692.079,00	678.546,00	1.505.545,00	705.971,00	505.484,00	**4.345.334,00**
Flat Future	365.878,00	697.714,00	1.244.915,00	654.985,00	300.143,00	398.452,00	**3.662.087,00**
Large Screen 21	3.456.274,00	5.516.407,00	4.000.270,00	4.839.770,00	8.070.126,00	4.678.558,00	**30.561.405,00**
[-] Notebooks	11.900.680,00	8.899.258,00	13.674.281,00	13.799.609,00	8.569.120,00	9.955.988,00	**66.798.936,00**
Notebook Basic 15	189.510,00	805.971,00	905.484,00	589.750,00	785.015,00	845.452,00	**4.121.182,00**
Notebook Basic 17	302.465,00	1.156.985,00	854.985,00	701.598,00	1.254.875,00	681.158,00	**4.952.066,00**
Notebook Standard 15	6.844.258,00	3.241.476,00	5.902.328,00	7.081.467,00	3.960.457,00	3.628.820,00	**30.658.806,00**
Notebook Standard 17	4.564.447,00	3.694.826,00	6.011.484,00	5.426.794,00	2.568.773,00	4.800.558,00	**27.066.882,00**

Abbildung 12.8 Arbeitsoberfläche in SAP Analysis für Microsoft Office

Analytische Applikationen in SAP Lumira Designer

SAP Lumira wird vor allem verwendet, um Unternehmensdaten verdichtet und interaktiv über analytische Applikationen zu visualisieren. Die Erstellung von Planungsapplikationen ist ebenfalls möglich.

Klassisches Reporting mit Web Intelligence und SAP Crystal Reports

SAP BusinessObjects Web Intelligence ist ein webbasiertes Tool, mit dem Ad-hoc-Berichte erstellt werden können. Web Intelligence zeichnet sich durch einfache Bedienung und große Funktionsvielfalt aus. Grundlegende Programmierkenntnisse sind für die Erstellung der Berichte von Vorteil, etwa um Daten zu filtern.

SAP Crystal Reports ist ein sehr flexibles und leistungsstarkes Werkzeug zur Erstellung formatierter Berichte oder Berichtshefte. Tabellen, Grafiken und Texte können innerhalb eines Berichts pixelgenau positioniert werden. Eine Domäne dieses Tools ist deshalb auch die Gestaltung von Druckausgaben, da es z. B. auch die Ausgabe als PDF-Datei erlaubt. SAP Crystal Reports kann unterschiedliche Datenquellen in einen Bericht einbinden. Das Tool kann sowohl Daten aus SAP-Quellen als auch aus Nicht-SAP-Quellen verarbeiten und visualisieren. Die SAP-Crystal-Reports-Dokumente sind hinsichtlich der Formatierung statisch, d. h., nur die Daten werden beim Aufruf des Reports aktualisiert. Eine freie Analyse, vergleichbar mit anderen hier vorgestellten Tools, ist nicht möglich.

12.3 Analysebereiche und Besonderheiten im Handel

Handel ist Wandel – steigender Wettbewerb, veränderte Kundenpräferenzen, Margendruck, dazu oft eine Datenflut, verteilt in einer heterogenen Systemlandschaft, führen zu vielfältigen Herausforderungen für Unternehmen. Die Zukunft des Handels liegt in intelligenten Prozessen und einer smarten Nutzung von Massendaten. Der Weg zum klug vernetzten Handelsbetrieb ist beschwerlich und komplex.

»Unternehmen müssen nicht nur umdenken, neue Technologien und Prozesse gezielt nutzen, sondern vor allem ihre Daten in den Griff bekommen«, sagt Nastasja Paleri, tätig im Business Development für Innovationsthemen bei SAP (Schmid, Kirsten [2018]: Der Handel im Wandel zum intelligenten Unternehmen, *http://s-prs.de/888006* [zuletzt aufgerufen am 04.07.2022]).

Und das ist leichter gesagt als getan. Denn Informationen zu Abverkäufen, Lagerbeständen, Kundenbindungsprogrammen, Retouren oder Marketingaktionen lagern in der Regel in unterschiedlichen Datensilos und können nur mit viel Aufwand zusammengeführt und ausgewertet werden. »Dabei bildet die nahtlose Verknüpfung sämtlicher Datenbestände eine unverzichtbare Basis für intelligente Handelsprozesse«, so Paleri.

Um diesem Gedanken Rechnung zu tragen, wurde der zuvor etwas in die Jahre gekommene BI Content von SAP BW komplett überarbeitet und für die Nutzung mit SAP HANA optimiert. Der SAP BW/4HANA Content liefert Informationsmodelle, Reporting- und Analyseszenarien aus, die so gut wie alle betriebswirtschaftlichen Bereiche eines Händlers abdecken und Inhalte aus fast allen SAP-Anwendungen integrieren.

Zudem wurde auch für die SAP Data Warehouse Cloud und vor allem zur Visualisierung in der SAP Analytics Cloud Content erstellt (siehe Abbildung 12.9).

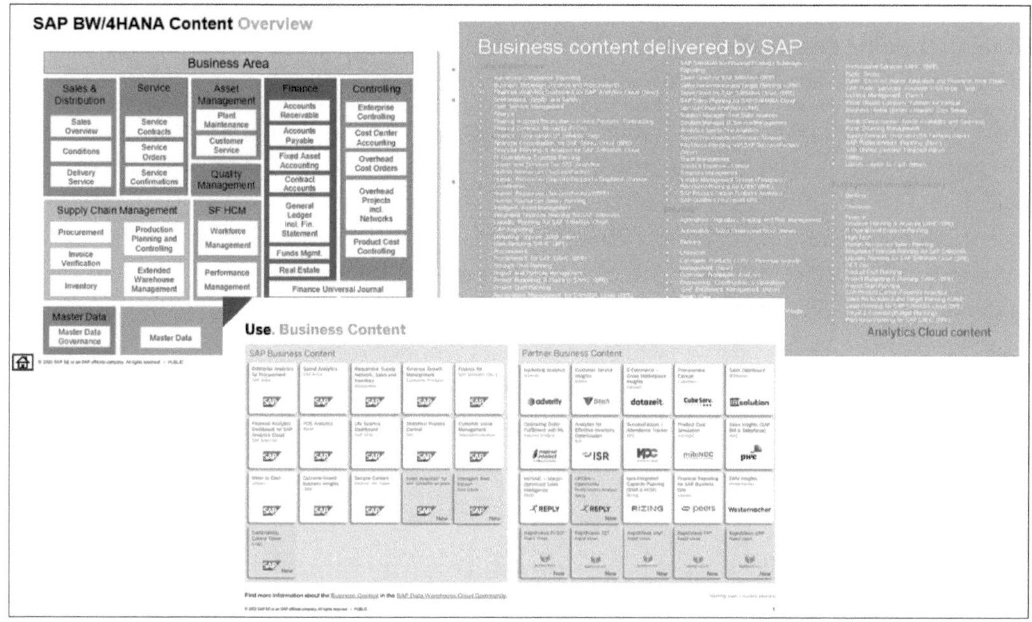

Abbildung 12.9 Content in SAP BW/4HANA, SAP Analytics Cloud und SAP Data Warehouse Cloud

In den optimierten Bereichen können die folgenden Elemente auch für Analysen im Bereich Retail interessant sein:

- Finanzmanagement und Controlling
- Beschaffung
- Bestandsführung
- Vertrieb (Verkaufsbelege, Lieferung, Faktura)

Mit der Vorstellung von *SAP S/4HANA Retail* (siehe Abschnitt 1.1, »Von SAP R/3 zu SAP S/4HANA«) sollen die neuen Herausforderungen, die unter Stichworten wie *Digital Economy* und *Omnichannel-Lösungen* zusammengefasst werden, unterstützt werden. Basierend auf SAP S/4HANA können mit dieser Branchenlösung große Datenmengen gesammelt und über alle Kanäle hinweg analysiert werden. SAP S/4HANA Retail bietet dabei die folgenden Funktionen:

- Unterstützung für alle Kernprozesse von Stammdaten bis zum Point of Sale (POS)
- schnellere Prozessabwicklung und höherer Datendurchsatz durch einfache Datenmodelle und Lösungen

- Einsicht in operationale Daten, wie z. B. Bestandsbewertungen zur Beschleunigung von Prozessen, wie etwa den Nachschubprozess, und als Grundlage für schnelle und bessere Entscheidungen
- intuitive Benutzeroberfläche mit einer rollenbasierten und benutzerorientierten Bedienung (SAP Fiori)

Auch für diese Lösung wurden veraltete Lösungen grundlegend überarbeitet und Funktionen erneuert und vereinfacht. Dies gilt auch für das operative Reporting. Der Handel ist im Wandel – folgende Aspekte werden immer wichtiger:

- **Digitalisierung**
  Integration der Onlinewelt in die Geschäftsstrategie
- **Der Kunde im Fokus**
  Erfüllung neuer Kundenerwartungen in Bezug auf Preise und Aktionen, die durch die Möglichkeiten der Vergleichbarkeit im Internet entstehen
- **Multi-Channel-Konzepte**
  Ansprache des Kunden über alle Kanäle hinweg, Schaffung eines nahtlosen, einheitlichen Erlebnisses aller Geschäftsprozesse
- **Leistungsfähige Logistikprozesse**
  Die Bewältigung der Komplexität der Supply Chain ist fundamental für den Erfolg in Retail und E-Commerce. Lieferanten, Prozesse und letztendlich der Warenstrom müssen optimal gesteuert werden, damit nachgefragte Produkte auch tatsächlich verfügbar und am richtigen Ort sind.

12

Die Nutzung von Informationstechnologie und geeigneter Soft- und Hardware ist ein wichtiger Punkt, um im wettbewerbsintensiven Handel mögliche Vorteile zu realisieren. Dabei geht es nicht nur darum, die Effizienz der Prozesse zu erhöhen, sondern z. B. auch darum, durch geeignete Kundenansprache und Services die Kundenzufriedenheit zu steigern. In Abbildung 12.10 ist eine mögliche (SAP-zentrierte) Systemlandschaft im Handel beispielhaft dargestellt.

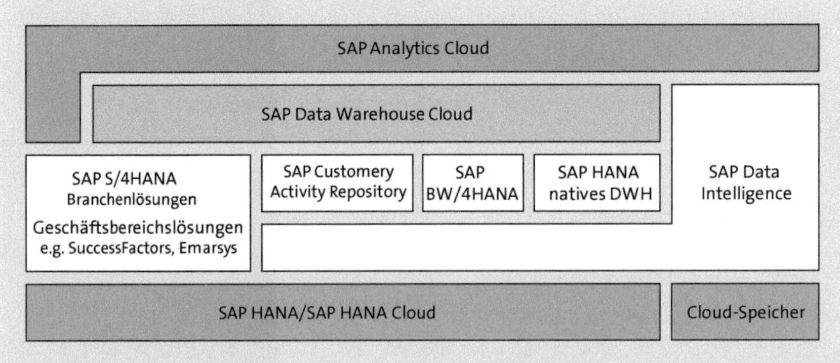

Abbildung 12.10 Mögliche Systemlandschaft gemäß SAP, 2021

Analytische Bausteine und Szenarien finden sich in solch einer Landschaft potenziell an mehreren Stellen:

- in Embedded Analytics in SAP S/4HANA, basierend auf CDS Views, für operationales Reporting
- im SAP Customer Activity Repository zur Analyse von Omnichannel-Vorgängen in Echtzeit
- in SAP BW/4HANA für konsolidiertes, strategisches Reporting
- in der SAP Data Warehouse Cloud, ebenfalls geeignet zur Konsolidierung verschiedenster Systeme und zur Vermeidung von Silos
- in SAP Analytics Cloud als strategisches Visualisierungstool

Die Herausforderung liegt darin, die oben genannten Möglichkeiten optimal zu nutzen und die Daten, die verteilt in diversen Systemen vorliegen, zu verbinden, um eine analytische Gesamtsicht zu ermöglichen.

Im Folgenden möchten wir Ihnen beispielhaft anhand ausgewählter Teilbereiche die Analysemöglichkeiten kurz detaillierter beschreiben. Dabei gehen wir von im jeweiligen Bereich nutzbarem Content aus. Dieser kann helfen, die Bedürfnisse der User am Beispiel zu diskutieren, um so schneller zum (Projekt-)Erfolg zu kommen.

12.3.1 Supply Chain Management und Beschaffung

Für die Bestände und die Beschaffung existiert sowohl in Embedded Analytics als auch im BW on HANA bzw. BW/4HANA Content, der für Auswertungszwecke verwendet werden kann. Dieser Content ist zwar nicht spezifisch für die Zwecke des Handels ausgelegt, bietet aber dennoch eine gute Übersicht. Für die Szenarien der Bestandsführung sind Reichweiten und Altbestandsinformationen verfügbar, und für die Beschaffung werden eine Beschaffungswertanalyse und detaillierte Lieferanteninformationen zur Verfügung gestellt.

Anwendungsbeispiele für Embedded Analytics

Unter den verfügbaren SAP-Fiori-Apps (zu finden unter *http://s-prs.de/888007*) gibt es auch eine Reihe von analytischen Apps, basierend auf CDS Views.

In Abbildung 12.11 sehen Sie eine Overview Page, die wie ein Dashboard in SAP S/4HANA fungiert, in diesem Fall für einen Mitarbeiter im Bereich Beschaffung. Die App bietet einen Überblick über Beschaffungsinformationen, wie z. B. folgende:

- Ausgaben für den Einkauf
- Überwachung der Lieferantenleistung
- außervertragliche Ausgaben
- Überwachung von Einkaufskontrakten

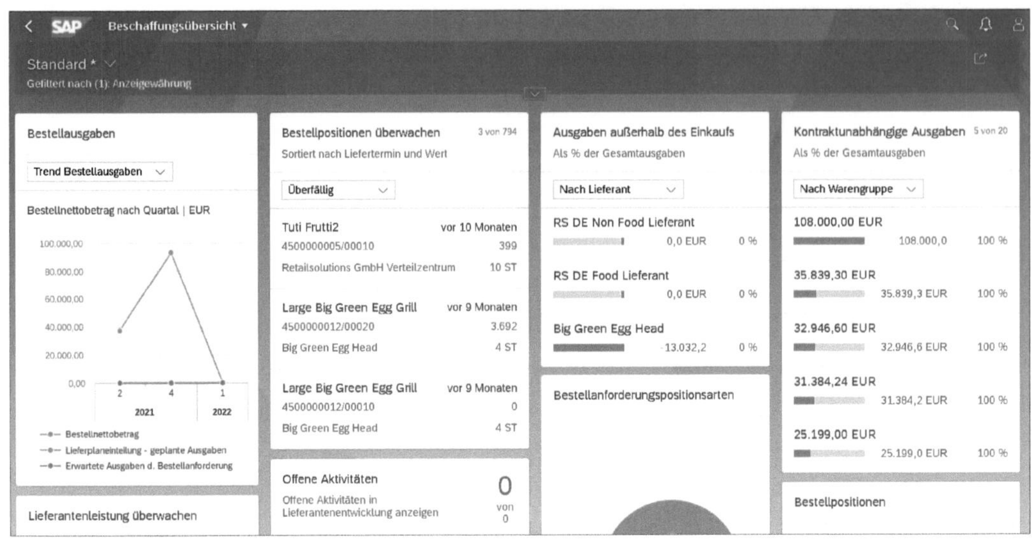

Abbildung 12.11 Beschaffungsübersicht

Eine andere Möglichkeit der Darstellung ist die über SAP Smart Business KPIs. Smart Business KPIs stellen Informationen mehrerer Datenbestände in komprimierter Form dar – so können Tendenzen angezeigt oder beispielsweise kritische Werte farblich markiert werden (siehe Abbildung 12.12). In der Regel kann man dann über ein Drilldown zu weiteren Details vorstoßen.

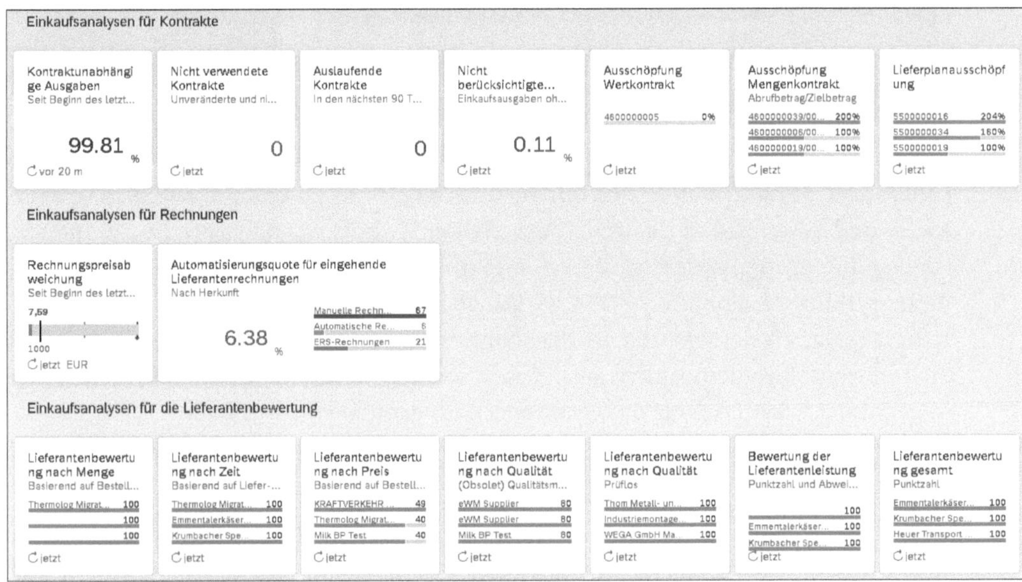

Abbildung 12.12 Embedded Analytics – Einkaufsanalysen für Kontrakte

Anwendungsbeispiele für SAP Analytics Cloud

Mithilfe von Storys können Fachanwender Self-Service-Dashboards erstellen, die auf Modellen fußen, die beispielsweise auf externen Daten, auf Daten aus SAP S/4HANA oder aus einem Data Warehouse wie SAP BW/4HANA oder der SAP Data Warehouse Cloud basieren. Die SAP Analytics Cloud macht die Zahlenflut konsumierbar und zeigt über Advanced-Analytics-Funktionen Zusammenhänge auf. In Abbildung 12.13 sehen Sie ein Beispiel.

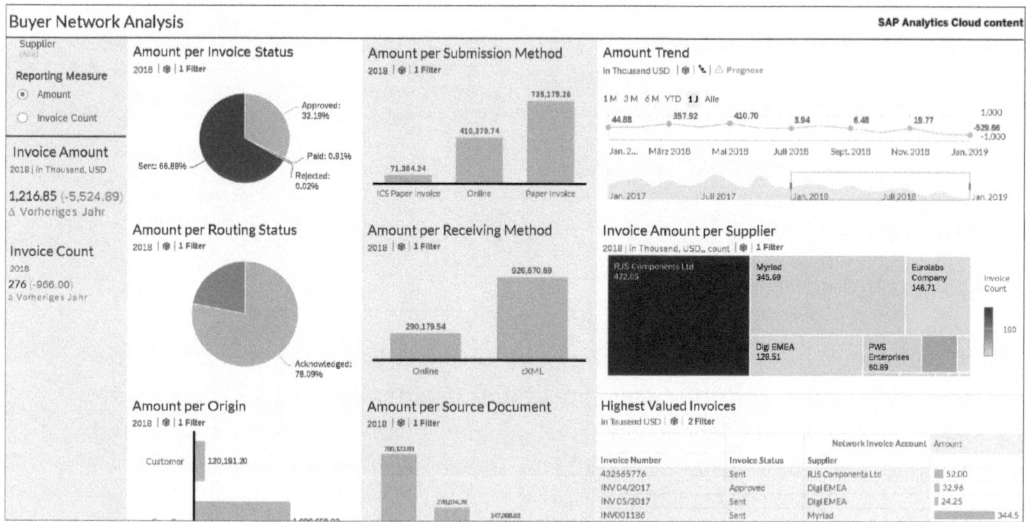

Abbildung 12.13 SAP Analytics Cloud Content Buyer Network

12.3.2 Point of Sale und Filialmanagement

Das SAP Customer Activity Repository (siehe Abschnitt 1.2.1) führt Kunden-, Abverkaufs- und Bestandsdaten zusammen und schafft so eine 360-Grad-Sicht. Abverkaufs- und Bestandsdaten zeitnah über alle Kanäle hinweg analysieren zu können ist für Händler immens wichtig. Geht es z. B. um Kassendaten aus den Filialen, können diese mithilfe der Funktion POS-Datenübertragung und -Audit (POS DTA, siehe Abschnitt 6.2) analysiert werden. Da darüber hinaus auch Kundenauftragsdaten im SAP Customer Activity Repository gespeichert werden, wird eine Gesamtsicht über alle relevanten Verkaufskanäle des Unternehmens ermöglicht.

Zur Auswertung können Views des SAP HANA Contents in SAP Customer Activity Repository oder das in der SAP Data Warehouse Cloud verfügbare Datenmodell mit Auswertungsbeispielen in der SAP Analytics Cloud herangezogen werden. Das früher sehr umfangreiche Datenmodell bzw. der Content sind in SAP BW/4HANA nicht mehr verfügbar.

Neu gibt es zudem einen kostenpflichtigen Service von SAP, der überarbeiteten Content im SAP Customer Activity Repository (Views) und in SAP Analytics Cloud ausliefert. Ziel ist, die Daten – im Gegensatz zu früher – auch sehr granular auf Bondaten-Ebene auswerten zu können, um die Verhaltensmuster und Bedürfnisse der Kunden kennenzulernen und sie zielgerichtet ansprechen zu können.

Anwendungsbeispiele für SAP Data Warehouse Cloud

Mit dem Content der SAP Data Warehouse Cloud wird ein Modell ausgeliefert, das im Wesentlichen zwei Arten von Daten beinhaltet:

- Stammdaten für Produkte und Betriebe
- Transaktionsdaten für POS-Daten

Das Modell ist so aufgebaut, dass es lokale Tabellen mit Beispiel-POS-Daten enthält (siehe Abbildung 12.14). Die Idee ist, dass die Benutzer mit den Einzelhandelsdaten spielen können. Es stellt Umsatzdaten mit Drilldowns in verschiedenen Dimensionen (Land, Region, Stadt) zur Verfügung, und es können verschiedene Anwendungsfälle (Umsatz nach Kategorie, Umsatz nach Produkt, Umsatz nach Geschäft) betrachtet werden.

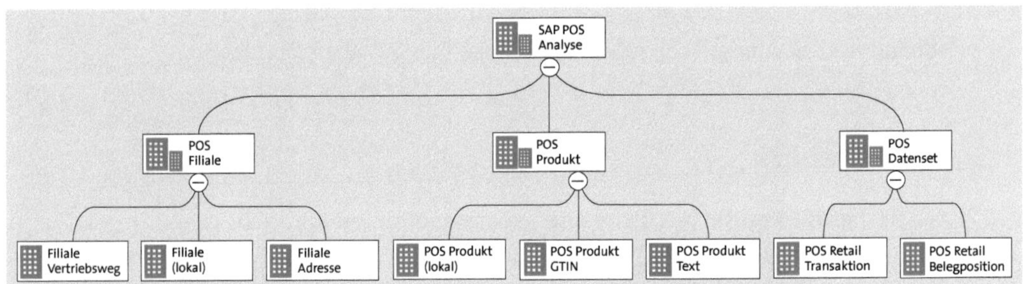

Abbildung 12.14 Beispiel für ein Datenmodell der SAP Data Warehouse Cloud

Anwendungsbeispiele für SAP Analytics Cloud

Aufbauend auf dem Modell der SAP Data Warehouse Cloud gibt es eine entsprechende Visualisierung mittels zugehörigem Content der SAP Analytics Cloud (siehe Abbildung 12.15).

Die erste Seite mit der Bezeichnung **POS Analysis Cockpit** gibt einen Überblick über einige wichtige KPIs wie den Umsatz, die Anzahl der Transaktionen, die Verkaufsmenge und den durchschnittlichen Warenkorbwert. Auf der nächsten Seite **POS Sales Analysis** hat der Benutzer viel mehr Möglichkeiten, die Daten im Detail zu analysieren. Die dritte Seite **POS Store Analysis** ermöglicht die Analyse der POS-Transaktionen pro Stunde. Auch hier können verschiedene KPIs, Standorthierarchien und Produkthierarchien gefiltert werden. Top-Werte und Flop-Werte werden automatisch errechnet.

Mit einer Datumsauswahl kann die Granularität des Datensatzes auf täglicher, monatlicher, vierteljährlicher oder jährlicher Basis gewählt werden.

Abbildung 12.15 Analyse von Abverkaufszahlen mit SAP Analytics Cloud

12.4 Ausblick

Alle in diesem Kapitel beschriebenen Lösungen bieten eine sehr gute Integration in SAP-Anwendungen und SAP-spezifischen Business Content, was ein positives Differenzierungsmerkmal und ein Beschleuniger bei der Einführung ist. Dennoch kann nicht unerwähnt bleiben, dass Business Intelligence und die diversen Analytics-Analysebereiche – nicht nur im Handel – gerade in einer Phase des Umbruchs- und der Weiterentwicklung sind. Dabei besteht einerseits der Wunsch, Analysen und analytische Anwendungen nah an der Quelle der Datenentstehung zu haben, um den Zugriff auf die Daten zu beschleunigen und in Echtzeit zur Verfügung zu haben. Dies kann sowohl über Embedded Analytics bzw. SAP-Fiori-Kacheln als auch über die Storys der SAP Analytics Cloud und analytische Applikationen geschehen. Andererseits kann in den meisten Fällen trotzdem nicht auf eine Data-Warehouse-Lösung verzichtet werden, denn die Historisierung und Anreicherung von Daten sowie die intelligente Datenintegration von Big Data spielen weiterhin eine entscheidende Rolle. Viele Anwendungsfälle können nicht allein durch operatives Reporting abgedeckt werden. Allerdings ist niemand mehr bereit, komplexe Prozesse und Datenmodelle mit langen Wartezeiten sowie wenig agiles und wenig intuitives Reporting in Kauf zu nehmen.

Sah es gerade im letzten Jahr noch so aus, als ob das traditionelle BW möglichst schnell durch eine Cloud-Lösung wie die SAP Data Warehouse Cloud ersetzt bzw. über die sogenannte SAP BW Bridge für SAP Data Warehouse Cloud in eine solche überführt werden sollte, wurde im März 2022 wieder eine ihrem Namen gerecht werdende Roadmap auch für die On-Premise-Variante von SAP BW4/HANA veröffentlicht und die Investitionssicherheit bis mindestens 2040 nochmals bekräftigt (die Roadmaps aller einzelnen Lösungen finden Sie unter *https://roadmaps.sap.com*). Dies ist vor allem für (Handels-)Unternehmen wichtig, die möchten, dass sensible Daten im eigenen Haus bleiben und dass die Datenhoheit darüber unangetastet bleibt. Der Weg in die Cloud über Systeme wie SAP Analytics Cloud oder Data Warehouse Cloud wird im Handel zwar langsam, aber stetig beschritten.

Die Entscheidung für oder gegen ein wie auch immer geartetes Data Warehouse, für oder gegen eine Cloud-Lösung ist im Wesentlichen von den Gegebenheiten des Unternehmens und einer gut durchdachten Analytics-Strategie abhängig, die Herausforderungen wie der Digitalisierung, Self-Service-Anforderungen und dem Wunsch, Data Science zu ermöglichen, gerecht wird.

Anhang
Glossar

1WorldSync Netzwerk zum Austausch von Produktinformationen.

ABAP Advanced Business Application Programming; die SAP-eigene Programmiersprache.

Add-on Softwareerweiterung, die das bestehende SAP-System um optionale Funktionen erweitert.

Application Link Enabling (ALE) Application Link Enabling erlaubt die nachrichtenbasierte Integration verteilter Anwendungen. Mit ALE ist ein loser und plattformunabhängiger Anwendungsverbund möglich, in dem sowohl SAP-Systeme (z. B. unterschiedliche Mandanten) als auch andere Systeme technisch verbunden werden. Anwendungsübergreifende Geschäftsprozesse, die von den ALE-Diensten bereitgestellt werden, realisieren sogenannte *Business Process Networks* zwischen Unternehmenszentralen, Produktionsstätten, Niederlassungen und Tochtergesellschaften für eine reibungslose, länder- und bereichsübergreifende Kommunikation. Im Business Framework erlaubt die ALE-Technologie den Kunden, Geschäftsprozesse und Informationsflüsse über Komponenten hinweg zu integrieren.

Änderungsliste Benutzerabhängige Liste von Objekten im Integration Builder, die in Bearbeitung sind. Objekte in einer Änderungsliste sperrt der Integration Builder so lange gegen Änderungen anderer Benutzer, bis sie der Besitzer der Änderungsliste aktiviert. Danach werden die Objekte für andere Benutzer sichtbar und aus der Änderungsliste entfernt.

Angebot Das Angebot im SAP Promotion Management wird in der Handelssprache üblicherweise auch *Aktion* oder *Promotion* genannt.

Anlieferung Beleg, der die Anlieferung der Ware in den Betrieb dokumentiert.

Material Grundlegendes Stammdatenobjekte in SAP S/4HANA Retail. Im Materialstamm werden alle Informationen gepflegt, die für das Einkaufen, Einlagern, Verkaufen und Transportieren der Ware nötig sind – d. h. alle Daten des Materials/Artikels, die den reibungslosen Ablauf der Prozesse in der Warenwirtschaft gewährleisten.

Association for Retail Technology Standards (ARTS) Internationale »Non-Profit-Standards«-Vereinigung. Zu den Mitgliedern gehören Einzelhändler und Anbieter. Sie ist eine Abteilung der National Retail Federation. Ihre Aufgabe ist es, niedrigere Kosten und den raschen Einsatz von Technik im Einzelhandel durch unabhängige Plattformen zu ermöglichen.

Attachment Ein Attachment ist ein Anhang an eine Message der Exchange Infrastructure. Ob Attachments unterstützt werden, hängt von der Schnittstellentechnologie des Senders bzw. des Empfängers ab.

Auslieferung Dokument, das die Verbringung der Ware vom Betrieb zum Warenempfänger dokumentiert. Eine ausgedruckte Auslieferung wird oft *Lieferschein* genannt.

Bedarfseinflussfaktor Der Bedarfseinflussfaktor beschreibt die grundlegenden Eigenschaften bestimmter Ereignisse oder Werte, die den Bedarf eines Produkts signifikant beeinflussen.

Bedingung Die Bedingung im SAP Promotion Management beschreibt die Aktivität, die ein Kunde ausführen muss, um einen definierten Rabatt zu bekommen. Die Definition des Rabatts ist Bestandteil der Bedingung im SAP Promotion Management. Zum Beispiel muss der Kunde bestimmte Produkte kaufen und einen Mindestumsatz machen, um einen Rabatt von 20 % auf diese Produkte zu erhalten.

Berechtigung Erlaubnis eines Benutzers, eine bestimmte Transaktion im SAP-System durchzuführen.

Bestandsführung Die Bestandsführung beschäftigt sich mit der mengen- und wertmäßigen Führung der Materialbestände, der Verwaltung der Warenbewegungen und der Durchführung der Inventur.

Bestandskategorien Untergliederung eines Warenbestands. Es gibt vier Bestandskategorien: frei verfügbaren Bestand, Qualitätsbestand (Q-Bestand), Sperrbestand (X-Bestand) und Retourenbestand (R-Bestand).

Bestellanforderung Kurz BANF; stößt den Beschaffungsvorgang an. Eine Bestellanforderung wird in der Filiale oder im Verteilzentrum aufgrund eines Bedarfs an Artikeln oder Dienstleistungen erstellt.

Best of Breed »Das Beste seiner Art«. Die für den jeweiligen betriebswirtschaftlichen Anwendungsfall optimale Lösung, ohne Betrachtung von Seiteneffekten hinsichtlich der Kommunikationsschnittstellen, Programmierkonzepte, bereits vorhandenen Anwendungen etc.

Werk Organisationseinheit des SAP-Systems aus Handelssicht. Ein Werk ist einem Buchungskreis zugeordnet. Im Handel ist ein Werk entweder ein Verteilzentrum oder eine Filiale.

Bezugsquellenfindung Dient der Zuordnung von Bezugsquellen zu Bedarfen. Als Bezugsquellen kommen sowohl interne Bezugsquellen (Verteilzentren) als auch externe Bezugsquellen (externe Lieferanten) in Betracht. Das System nutzt die Bezugsquellenfindung z. B. in den Anwendungen Disposition, Bestellwesen, Aufteilung und Filialauftrag. Jede Anwendung kann den Ablauf der Bezugsquellenfindung über Eingangsparameter steuern und die Ergebnisse unterschiedlich auswerten.

Branchenlösung Engl. Industry Solution (kurz IS); auf eine bestimmte Branche zugeschnittene Softwarelösung von SAP, z. B. SAP S/4HANA Retail.

Buchungskreis Teil der Organisationsstruktur im SAP-System; kleinste organisatorische Einheit der Finanzbuchhaltung, für die eine vollständige, in sich abgeschlossene Buchhaltung abgebildet werden kann.

Business Application Programming Interface Kurz BAPI; Standardschnittstelle im SAP-System, mit der kundeneigene Entwicklungen oder andere Softwarekomponenten angebunden werden können.

Charge Teilmenge eines Artikels bzw. Produkts, die während eines bestimmten Produktionslaufs hergestellt wurde. Eine Charge wird als Teilmenge eines Produkts oder Artikels mit homogenen Eigenschaften definiert.

Click & Collect Prozess, bei dem Kunden Ware online bestellt und diese in einer Filiale oder einer Abholstelle (Pick-up Point) abholt.

Click & Ship Prozess, bei dem Kunden Ware online bestellt und diese per Versand erhält.

Cross Docking Verfahren in der Lagerwirtschaft, bei dem die Ware nicht eingelagert, sondern direkt vom Wareneingang wieder zum Warenempfänger gebracht wird. Ein Umpacken der Ware ist nicht notwendig.

Customizing Engl. to customize = anpassen; Anpassung bzw. Konfiguration der SAP-S/4HANA-Retail-Standardsoftware an die Kundenspezifika. Im Customizing wird die Software ohne Programmierung an die Prozesse des Unternehmens angepasst.

Data Warehouse Datenhaltungsebene zu Auswertungszwecken, deren Daten aus unterschiedlichen Quellen (z. B. SAP S/4HANA Retail, SAP Promotion Management) stammen und für Analyse und Reporting bereitgestellt werden. Historische Daten sind dort ebenfalls enthalten und können zu Prognosezwecken bereitgestellt werden. Das Data Warehouse im SAP-System heißt SAP Business Warehouse.

DataSource Umfasst eine Menge von Feldern, die in einer flachen Struktur, der Extraktstruktur, zur Datenübertragung in das Data Warehouse angeboten werden. Beschreibt außerdem die Eigenschaften des dazugehörigen Extraktors bezüglich der Datenübertragung in das Data Warehouse.

Datenqualitätsmanagement Bezeichnung für sämtliche Maßnahmen, die eine wertorientierte Betrachtung von Daten in einem Unternehmen ermöglichen.

Datentyp Interface-Objekt in der Exchange Infrastructure, das die Struktur von Daten in Message-Typen definiert. Datentypen enthalten Elemente und Eigenschaften für die Typdefinition. Die Definition erfolgt in der XML Schema Definition Language (XSDL).

Debitorenbuchhaltung Engl. Accounts Receivable; zeichnet alle Geschäftsvorfälle auf, die Kunden betreffen. Sie erhält viele ihrer Informationen aus dem Vertrieb. Im SAP-System

wird die Debitorenbuchhaltung von der Komponente FI-AR aus SAP S/4HANA Financials unterstützt.

DESADV (Despatch Advice) Technischer Name für ein Lieferavis.

Disposition Oberbegriff für die Planung von Bedarfen, die Anlage von Lieferantenbestellungen und Aufteilung von Aufträgen.

Drop-Ship Prozess, bei dem ein Händler Artikel aus dem Sortiment eines Dritten (Hersteller, Großhändler) online zum Verkauf anbietet, diese aber direkt vom Dritten an den Kunden geliefert oder zur Abholung bereitgestellt werden.

Dynpro Abkürzung für *dynamisches Programm*. Ein Bildschirm im SAP GUI sowie die zugehörige Ablauflogik. Dynpros werden mithilfe des Screen Painters innerhalb der ABAP Workbench erstellt.

Efficient Receipt Settlement (ERS) Häufig verwendete Prozessvariante in der Rechnungsprüfung. Man spricht hier auch von *automatischer Wareneingangsabrechnung*. In diesem Verfahren wird die Rechnungsprüfung auf den Lieferanten übertragen. Der Händler erstellt lediglich eine Gutschrift über die im Wareneingang gebuchte Ware.

Einkauf Erwerb von Waren und Dienstleistungen zu einem optimalen Preis-Leistungs-Verhältnis, die zur richtigen Zeit am richtigen Ort sind. Im Gegensatz zur Beschaffung, die eher strategische Aufgaben umfasst, ist der Einkauf weitgehend mit operativen Tätigkeiten beschäftigt. Der Einkauf wird im SAP-System mithilfe der Komponente Materials Management (MM) abgewickelt.

Einkäufergruppe Organisationseinheit in SAP S/4HANA Retail, die für die Beschaffung bestimmter Warengruppen, Artikel oder Dienstleistungen zuständig und Ansprechpartner für bestimmte Lieferanten ist.

Einkaufsorganisation Organisationseinheit in SAP S/4HANA Retail, die für sämtliche Einkaufsvorgänge verantwortlich ist. Einkaufsorganisationen werden Buchungskreisen und Betrieben (Verteilzentren, Filialen) zugeordnet.

Electronic Data Interchange Kurz EDI; Verfahren zum elektronischen Datenaustausch.

ERP Enterprise Resource Planning; übergreifende Bezeichnung für eine Softwarelösung, die alle Kerngeschäftsprozesse im Unternehmen – von der Beschaffung bis zum Abverkauf – sowie wertschöpfungsunterstützende Prozesse abdeckt.

Event Ein Event ist eine Handelsaktivität zur Durchführung verkaufsfördernder Maßnahmen mit einem oder mehreren Angeboten in einem festgelegten Zeitraum mit einem bestimmten Werbeträger in einer festgelegten Gruppe von Lokationen.

Extraktor Programm, das die Extraktstruktur einer DataSource mit Daten aus Datenbeständen des SAP-Quellsystems füllt.

Extranet Ein geschlossenes Netz von über das Internet verbundenen Unternehmen mit entsprechenden Zugriffsrechten. Extranets basieren wie Intranets auf der Nutzung von Internettechnologien (z. B. VPN).

Filiale Eine besondere Form des Werks. Normalerweise die Stelle, an der Ware dem Kunden verkauft wird.

Flow-through Effiziente Beschaffungsmethode im Handel. Hier werden die Filialbestellungen zu einer Sammelbestellung summiert und dem Lieferanten gesendet. Der Lieferant liefert an das Verteilzentrum. Die Ware wird nicht eingelagert, sondern an einem speziellen Lagerort zwischengeparkt und filialgerecht kommissioniert.

Geschäftspartner Natürliche oder legale Person oder Gruppe außerhalb des Unternehmens, mit der das Handelsunternehmen geschäftlich zusammenarbeitet.

Geschäftsprozess Reihe miteinander und ggf. abteilungsübergreifend verbundener Aktivitäten, die zu einem definierten Ergebnis führen und in einem Handelsunternehmen ausgeführt werden. SAP S/4HANA Retail unterstützt typische Geschäftsprozesse wie die Beschaffung, den Verkauf oder die Fakturierung.

Global Data Synchronization Network Kurz GDSN; ist ein internetbasiertes, weltweit genutztes System, das gewährleistet, dass zwischen Handelspartnern ausgetauschte Daten den GS1-Standards entsprechen.

Global Registry Im Rahmen des GDSN zentrales Repositorium, in dem alle identifizierenden Basisdaten (Schlüsselinformationen) eines Artikels und alle Datenanforderungen (Subskriptionen) zusammenkommen.

Governance, Risk and Compliance Kurz GRC; SAP-Komponente, die Handlungsmaximen für eine verantwortungsvolle und erfolgreiche Unternehmensführung unterstützt, in der Risiken erkannt und Normierungen eingehalten werden. Basis für Fraud Management allgemein und Retail im Besonderen.

Graphical User Interface Kurz GUI oder SAP GUI; grafische Benutzeroberfläche, über die der Anwender mit dem SAP-S/4HANA-Retail-System kommunizieren kann.

GS1 (Global Standards One) Weltweite Organisation, die globale Standards zur Verbesserung von Wertschöpfungsketten gestaltet und umsetzt.

Handelskalkulation Die Handelskalkulation in SAP S/4HANA Retail ermöglicht die Kalkulation des Verkaufspreises anhand ermittelter Einkaufspreise und Konditionen eines Lieferanten mit Zu- und Abschlägen, Planungskonditionen und Margen unter Berücksichtigung eventueller Rundungsregeln.

Handling Units (HU) Lagereinheiten; Behältnisse, auf oder in denen sich Ware befinden kann. Beispiele: Paletten, Kisten, Container oder Gitterboxen.

Hintergrundjob Systemaktivität, die in SAP S/4HANA Retail in einer Hintergrundverarbeitung ohne das Eingreifen des Benutzers abläuft.

IDoc Intermediate Document; SAP-Standardformat zum elektronischen Datenaustausch zwischen Systemen. Verschiedene Nachrichtentypen (z. B. Lieferschein oder Bestellung) entsprechen in der Regel verschiedenen spezielle Formaten, den sogenannten *IDoc-Typen*.

IDoc-Adapter Adapter zum Anschließen von SAP-Komponenten (oder Fremdsystemen) an einen Integration Server über IDocs.

IDoc-XML IDoc in XML-Darstellung bis auf Segmentebene.

Implementation Guide Kurz IMG; Einführungsleitfaden; Menü für das Customizing des SAP-S/4HANA-Retail-Systems. Der Leitfaden ist hierarchisch strukturiert und orientiert sich im Aufbau an der Hierarchie der SAP-Komponenten.

Importiertes Interface Diese Interfaces sind aus einem SAP-System in das Integration Repository importiert worden.

Input-Message-Typ Teile von Message-Interfaces. Sie definieren die Nachricht, die ein Message-Interface empfängt.

Integrierte Lagerwirtschaft Im Gegensatz zur dezentralen Lagerwirtschaft wird der gesamte Logistikprozess in einem System abgewickelt. Das heißt: Die Materialwirtschaft und die Lagerwirtschaft sind Komponenten eines Systems.

Inventur Gesetzlich vorgeschriebene Bestandsaufnahme aller vorhandenen Vermögenswerte eines Unternehmens, insbesondere aller Lagerbestände. Im Gegensatz zur Inventur in der Materialwirtschaft, bei der die Bestände jedes Artikels gezählt werden, werden innerhalb des Lagerverwaltungssystems die Bestände jedes Lagerplatzes inventiert.

Investment Buying Eine Methode in SAP S/4HANA Retail, die z. B. bei einer in Zukunft zu erwartenden Preiserhöhung die aktuellen Bestände mit den prognostizierten Bedarfen vergleicht und die Bestell-, Transport- und Lagerungskosten in Hinblick auf den *Return on Investment* (ROI) gegeneinander abwägt.

Kampagne Eine Gruppierung von Events zur Durchführung von verkaufsfördernden Maßnahmen für bestimmte Angebote in einem bestimmten Zeitraum.

Kommissionierbereich Untergliederung des Lagers. Zusammenfassung aller Lagerplätze innerhalb eines Lagertyps mit gleichen Eigenschaften hinsichtlich der Auslagerung.

Kommissionierung Auch *Auslagerung*; Zusammenstellen der Ware im Lager für einen Warenempfänger. Die Ware wird durch einen Kommissionier-Transportauftrag von einem Lagerplatz zu einer Versandzone gebracht.

Kreditorenbuchhaltung Engl. Accounts Payable; verbucht alle Geschäftsvorfälle, die Lieferanten betreffen, und bezieht ihre Daten im Wesentlichen aus dem Einkauf. Sie wird von der Komponente FI-AP von SAP S/4HANA Financials unterstützt.

Lieferantenvergütung Die Lieferantenvergütung ist ein zusätzlicher finanzieller Anreiz, den Lieferanten den Handelsunternehmen anbieten, damit diese verkaufsfördernde Maßnahmen für die Produkte der Lieferanten durchführen.

Lieferavis Auch *Anlieferung*, DESADV. Beleg, der vom Lieferanten gesendet werden kann und die Anlieferung der Ware in den Betrieb dokumentiert.

Lokation Die Lokation in SAP Promotion Management ist betriebswirtschaftlich mit dem Betrieb aus dem SAP-S/4HANA-Retail-System gleichzusetzen. Die Lokationen werden aus dem stammdatenführenden System repliziert.

Lokationshierarchie Die Lokationshierarchie in SAP Promotion Managament ist eine Gruppierung von Lokationen und wird entweder aus den Stammdatensystemen repliziert oder manuell gepflegt.

Mandant Oberste Organisationseinheit im SAP-System; ein gesamtes Unternehmen kann z. B. durch einen Mandanten abgebildet werden. Die Anmeldung an einem SAP-S/4HANA-Retail-System erfolgt immer in einem Mandanten.

Mindesthaltbarkeitsdatum (MHD) Mindesthaltbarkeitsdatum eines Bestands. Das MHD wird spätestens beim Wareneingang des Bestands ins Lager erfasst und gespeichert.

Nachschub, Lagernachschub Lagerinternes Verfahren, bei dem Ware aus einem Reservebereich des Lagers in einen Kommissionierbereich des Lagers gebracht wird. Nachschub gibt es nur bei Lagern mit dieser Aufgabentrennung.

Namensraum Jeder XML-Webservice benötigt einen eindeutigen Namensraum (engl. Namespace), damit eine beliebige Client-Anwendung die verschiedenen Webservices auseinanderhalten kann.

Nummer der Versandeinheit (NVE) Engl. SSCC (Serial Shipping Container Code). Dient der Identifikation logistischer Einheiten/Transporteinheiten. Sie enthält – etwa vergleichbar mit einem Kassenbon – sämtliche Komponenten der jeweiligen Transporteinheit. Damit wird eine logistische Einheit über die gesamte Lieferkette (rück-)verfolgbar.

Omnichannel-Artikelverfügbarkeit Engl. Omnichannel Article Availability (OAA). Funktion innerhalb von SAP Customer Activity Repository, die eine erweiterte Verfügbarkeitsprüfung unter Einbezug von Echtzeitdaten ermöglicht.

Omnichannel Pricing and Promotion Komponente innerhalb von SAP Customer Activity Repository, die den diversen Vertriebskanälen Artikelverkaufspreise, Aktionspreise und Angebote konsistent zur Verfügung stellt.

Omnichannel Retailing Geschäftsmodell, bei dem Kunden eine Vielzahl von Kanälen zur Verfügung stehen, die das Einkaufserlebnis verbessert wird.

Organisationsstruktur Abbildung der Unternehmensstruktur im SAP-System, in der jeder Unternehmensbereich (z. B. die Finanzbuchhaltung) über Organisationseinheiten strukturiert wird.

Outbound Bezeichnung für eine Ausgangsschnittstelle.

Planlieferzeit Bezeichnung der Zeit im SAP-S/4HANA-Retail-System (in Kalendertagen), die der Artikel von der Bestellung des Händlers bis zum Wareneingang im Verteilzentrum oder von der Bestellung in der Filiale bis zum Wareneingang in der Filiale benötigt.

Platzhalterprodukt Produkt, das in den Werbemaßnahmen bereits eingeplant ist, aber im SAP-S/4HANA-Retail-System noch nicht als Artikel angelegt ist.

Portale Webanwendungen, in denen Inhalte, Dienste und Funktionen integriert werden. Portale werden per Webbrowser genutzt und benötigen keine Installation beim Anwender. Oft bezeichnet man Eingangswebseiten als Portal, die lediglich zu einem größeren Angebot an Informationen führen. Im engeren technischen Sinn basiert ein Portal auf einem Portalserver und präsentiert verschiedene Anwendungsprogramme in einzelnen Fenstern (Portlets) in einer einheitlichen Webanwendung. Dabei ergeben sich Vorteile wie einheitliche Bedienung, Single Sign-on, anwendungsübergreifende Suchfunktionen, einfach einzurichtende Kommunikation und Verknüpfungen zwischen den verschiedenen Anwendungen und Daten sowie die Möglichkeit der benutzerspezifischen Anpassung (Personalisierung).

POS-Download Entspricht dem Outbound-Szenario. Dabei handelt es sich um eine Ausgangsschnittstelle aus SAP S/4HANA Retail, die Kassensysteme mittels Standard-IDocs versorgt. Informationen, die in diesem Szenario übergeben werden, sind etwa Artikelstammdaten, Warengruppen, Sortimente, Preise und Promotionen, Steuersätze etc.

Produkt Das Produkt in SAP Promotion Management ist identisch mit dem *Material* in SAP S/4HANA Retail.

Produktgruppe Eine benutzerdefinierte Gruppierung von einem oder mehreren Produkten in SAP Promotion Management.

Produkthierarchie Aus dem SAP-S/4HANA-Retail-System replizierte Warengruppen- und Artikelhierarchien.

RACI Technik zur Analyse und Darstellung von Verantwortlichkeiten (Verantwortlichkeitsmatrix). Der Name leitet sich aus den Anfangsbuchstaben der englischen Begriffe Responsible, Accountable, Consulted und Informed ab.

Rahmenvertrag Auch *Kontrakt*; wird vom Händler mit einem Lieferanten abgeschlossen, wenn er sich eine gewisse Menge an Waren sichern und diese in mehreren Zyklen abrufen möchte. Grundsätzlich sieht SAP S/4HANA Retail sowohl *Mengen-* als auch *Wertkontrakte* vor, wobei ein Mengenkontrakt über eine bestimmte vereinbarte Menge und ein Wertkontrakt über einen Wert geschlossen wird.

Rechnungsprüfung Vergleich von Lieferantenrechnungen mit der Bestellung und dem Wareneingang bzw. dem Lieferavis.

Restriktionsprofil Legt die Mindestmenge, Vielfache oder Rabattstaffeln eines Bestellvorschlags fest. Über Restriktionsparameter wird definiert, welche Menge, welches Gewicht oder welchen Preis ein Bestellvorschlag mindestens haben muss.

Retoure Ware, die entweder vom Kunden an den Betrieb (Kundenretoure) oder vom Betrieb an den Lieferanten zurückgesendet wird (Lieferantenretoure).

RFC Remote Function Call; SAP-Schnittstellenprotokoll, das auf CPI-C beruht. Damit wird die Programmierung von Kommunikationsabläufen zwischen Systemen wesentlich vereinfacht. Mit RFCs können vordefinierte Funktionen auf einem entfernten System – oder innerhalb des gleichen Systems – aufgerufen und ausgeführt werden.

Sales Auditing Im Rahmen der PoS-Eingangsschnittstelle (im PoS Interface Monitor) von SAP S/4HANA Retail bestehende Möglichkeit, → IDocs übersichtlich darzustellen und komfortabel nachzubearbeiten. Möglichkeit, bongenaue Abverkaufsdaten zu recherchieren, um problematische Verkaufstransaktionen zu finden und Daten ggf. zu korrigieren.

SAP Customer Activity Repository Eigene Datenhaltungsebene für sämtliche kundenbezogenen Daten (Kundenstammdaten und Bewegungsdaten, etwa Online- oder Offlineeinkäufe), Bestände und Preise. Enthalten sind u. a. die Tools Unified Demand Forecast (UDF), SAP POS Data Management, POS Datenübertragung und -Audit und die Omnichannel-Artikelverfügbarkeit.

SAP Fiori Benutzeroberflächentechnologie von SAP, die eine rollenbasierte Arbeit unabhängig von den verwendeten Geräten (Smartphones, Tablets oder Desktop-PCs) ermöglicht. Basiert auf HTML5-Technologie und OData.

SAP HANA High Performance Analytics Appliance; die In-Memory-Datenbank von SAP.

SAP Commerce Technologieplattform, auf der alle kundenorientierten E-Commerce-Frontend-Prozesse zusammenlaufen.

SAP Business Client SAP-Benutzeroberfläche auf Basis eines Thin Clients, die SAP GUI und Weboberfläche verbindet, ehemals SAP NetWeaver Business Client.

SAP Process Integration /Process Orchestration Kurz SAP PI/PO; Komponenten, die als Middleware die Integration und Kommunikation zwischen SAP- und Nicht-SAP-Anwendungen ermöglicht.

SAP Promotion Management Eigene Engine zur Aktionsplanung, Aktionsdurchführung (in Kombination mit SAP Customer Activity Repository) sowie für das Erfolgscontrolling für durchgeführte Aktionen. Die Replikation der Stammdaten (Material, Werke, Preise etc.) sowie der Bewegungsdaten (Verbräuche) aus SAP S/4HANA Retail erfolgt automatisiert. SAP Promotion Management ermöglicht darüber hin-

aus die Planung der Werbemedien (Flyer, Fernsehspots, Kundenzeitung etc.) und deren Einbettung in Kampagnen.

SAP Solution Manager Ein Support-Werkzeug von SAP, das SAP-Kunden bei der Implementierung, Dokumentation sowie dem Test und Betrieb von SAP S/4HANA Retail unterstützt.

SAP Supply Chain Management Kurz SAP SCM; SAP-Lösung aus dem Bereich der Beschaffung und Logistik; dient zur Koordination von Angebot und Nachfrage sowie zur Bereitstellung von Collaboration- und Analysewerkzeugen. Bedeutung für Händler als Basissystem für Forecasting & Replenishment (F&R).

SAPUI5 Framework zur Entwicklung von SAP-Weboberflächen, basierend auf HTML5. Alle SAP-Fiori-Anwendungen werden mit SAPUI5 entwickelt.

S/DQC Stammdaten-Qualitätscockpit; SAP-Add-on der Firma retailsolutions, über das Funktionen zur Verbesserung der Stammdatenqualität bereitgestellt werden.

Sonderbestand Untergliederung eines Warenbestands. Beispiele: Kundeneinzelbestand, Konsignationsbestand.

Sortimentierung Konzept zur Erstellung des lokalen Marktauftritts eines Unternehmens. Aufbau und Struktur der Listung innerhalb des SAP-Systems.

Stammdaten Engl. Master Data; Informationen, die über einen längeren Zeitraum unverändert bleiben und immer wieder in den Geschäftsabläufen benötigt werden. Name, Adresse und Geburtsdatum eines Mitarbeiters sind beispielsweise Stammdaten.

Stammdatenmanagement Umfasst alle strategischen, organisatorischen, methodischen und technologischen Aktivitäten in Bezug auf die Stammdaten eines Unternehmens.

Switch Framework Framework, das der Steuerung der Sichtbarkeiten von Entwicklungsobjekten oder Erweiterungen dient. Die Steuerung erfolgt über Schalter.

Transaktionscode Kombiniert alphanumerischen/numerischen Code, der im SAP-System zur schnellen Navigation über das Befehlsfeld dient.

Transitbestand Ware, die bei einer Umlagerungsbestellung bereits aus einem Betrieb ausgelagert wurde, aber noch nicht im empfangenden Betrieb eingelagert wurde.

Transportauftrag Beleg im Lagerverwaltungssystem, der die Bewegung der Ware von einem Lagerplatz zu einem anderen Lagerplatz dokumentiert. Der Transportauftrag kann in Papierform oder in elektronischer Form vorhanden sein.

Umlagerungsbestellung Beleg im SAP-S/4HANA-Retail-System, der die Bewegung von Ware von einem Betrieb in einen anderen Betrieb dokumentiert. Die Umlagerungsbestellung ist insbesondere wichtig bei der Versorgung der Filialen aus einem Verteilzentrum.

Unified Demand Forecast Kurz UDF; neue einheitliche Prognose basierend auf SAP Customer Activity Repository.

User-Exit Analog Enhancement Point, vorgefertigte Andockstellen im SAP-System für Eigenentwicklungen (eigener Programmcode).

Verkaufsorganisation Organisationseinheit im SAP-System, die das wichtigste Element im Vertrieb darstellt. Sie steht für eine verkaufende Einheit im rechtlichen Sinn und ist für Konditionen verantwortlich. Vollständige Geschäftsvorfälle im Vertrieb werden hier abgewickelt. Ein Buchungskreis kann mehrere Verkaufsorganisationen haben; eine Verkaufsorganisation gehört aber nur einem Buchungskreis an.

Versandstelle Zentrales Selektionskriterium der versandfälligen Lieferbelege. Sie ist eine Organisationseinheit in der Logistik, um eine differenzierte Bearbeitung des Versandgeschäfts vorzunehmen.

Verteilzentrum (VZ) Eine besondere Form des Betriebs. Das Verteilzentrum enthält im Allgemeinen ein Lager.

Vertrieb Engl. Sales and Distribution; bezeichnet alle Prozesse, die notwendig sind, um ein Produkt oder eine Dienstleistung an den Kunden zu bringen. Die Komponente SD unterstützt den Verkauf sowie die Auslieferung und den Transport zum Kunden und ist Teil von SAP S/4HANA Retail.

Vertriebsweg Organisationseinheit im SAP-System, in der im Vertrieb verschiedene Absatz-

kanäle (z. B. Großhandel) abgebildet werden. Einer Verkaufsorganisation können beliebig viele Vertriebswege zugeordnet werden.

Vorlage Beschreibt ein Layout, das wiederverwendet werden kann und den grafischen Aufbau einer Werbemaßnahme definiert. Es kann z. B. definiert werden, welches Papierformat verwendet wird, an welcher Stelle Preis und Textinformationen stehen sollen etc.

Webservice Baustein aus Programmcode, der eine betriebswirtschaftliche Funktion zur Verfügung stellt und über das Internet bereitgestellt wird. Er ist meist mit anderen Webservices zu einem Geschäftsprozess verknüpft und kann, einmal erstellt, in anderen Geschäftsprozessen wiederverwendet werden.

Werbemittel Das Werbemittel beschreibt zusammen mit der *Werbemittelart* das Medium, mit dem eine Werbemaßnahme umgesetzt wird. Eine Werbemittelart kann z. B. »Print« und das Werbemittel ein »Prospekt« sein, oder die Werbemittelart ist »online« und das Werbemittel »E-Mail«.

XML Extensible Markup Language; Speicherung von Datenelementen in Textdateien mithilfe einer Struktur (*http://www.w3.org/XML*).

XML-Message Nachricht im XML-Format, die von der Integration Engine verarbeitet werden kann.

Die Autoren

Dr. **Michael Anderer** ist Mitbegründer der auf den Handel spezialisierten SAP-Unternehmensberatung retailsolutions AG. In seiner Funktion als geschäftsführender Gesellschafter ist er für die strategische Managementberatung und das Projektmanagement bei großen Handelsunternehmen verantwortlich. Nach seinem betriebswirtschaftlichen Studium an der Universität Essen wechselte er an die Universität des Saarlandes in Saarbrücken. Dort promovierte er am Lehrstuhl für Außenhandel und Internationales Management. Seine Karriere als Berater begann Anderer 1996 bei der internationalen Unternehmensberatung Droege & Comp. Von 1998 bis 2007 arbeitete er als Projektleiter und Consulting Manager für SAP Retail Solutions Deutschland sowie für die SAP Schweiz AG. Seine Tätigkeits- und Interessenschwerpunkte sind seit über 20 Jahren die Einführung und Integration komplexer Retail-Systeme bei namhaften Handelsunternehmen. Er hat es sich zur Aufgabe gemacht, innovative Ideen und Technologien erfolgreich mit dem Kerngeschäft der Kunden zu verknüpfen.

Diplom-Kaufmann **Jörg Frisch** ist geschäftsführender Gesellschafter bei retailsolutions und hat seit mehr als 20 Jahren Erfahrung im Handel und im Konsumgüterbereich. Er ist in den Bereichen Beschaffungsprozesse und Projektmanagement in internationalen Projekten tätig.

Jörg Frisch hat Kapitel 4, »Beschaffung«, und Kapitel 9, »Sonderformen der Beschaffung«, verfasst. Unterstützend mitgewirkt haben Max Decker, Oliver Fischer, Michael Klotten, Michael Memel, Flavio von Rickenbach, Frank Theobald, Andreas Ziegler und Jonas Ettelbrück.

Diplom-Wirtschaftsinformatiker **Patrick Hinsberger** ist Managing-Partner bei retailsolutions. Er ist seit über 20 Jahren in der IT und dem Handelsumfeld unterwegs. Nach seiner Ausbildung bei der Firma Globus und einem dualen Studium bei der SAP AG arbeitete er bei SAP zunächst im globalen Technical Retail Consulting und später als Produktmanager für Retail-Lösungen von SAP. Seit 2009 ist er für retailsolutions im europäischen Raum für die allgemeine Kundenbetreuung und Projektakquise sowie speziell für Projekte im Bereich SAP CAR und Filialprozesse verantwortlich.

Patrick Hinsberger hat Kapitel 6, »Verkaufsprozesse und Point of Sale«, verfasst. Unterstützend mitgewirkt haben Guido Mössinger, Axel Zugelder, Raouf Ben Slama, Holger Dörfel und Cornelia Gleichmann.

Diplom-Kauffrau **Ruth-Maria Katemann** arbeitet als Platinum Solution Consultant und CC-Leiterin Analytics bei retailsolutions. Sie ist seit mehr als 20 Jahren im Analytics-Umfeld tätig, immer mit Bezug zum Handel. Während ihrer Projektarbeit hat sie langjährige und umfassende Kenntnisse in den unterschiedlichsten Bereichen der SAP Data Warehouse und Frontend-Tools wie z. B. SAP, SAP Analytics Cloud und Data Warehouse Cloud gesammelt. Ruth-Maria Katemann hat Kapitel 12, »Management-Informationssysteme«, verfasst.

Diplom-Kaufmann **Lars Klimbingat**, MBA, ist Managing-Partner bei retailsolutions und hat seit mehr als 17 Jahren Erfahrung im Handel und im Konsumgüterbereich. Er ist in den Bereichen Business- und SAP-Consulting tätig und für Projekte mit den Schwerpunkten Stammdatenmanagement und Omnichannel verantwortlich.

Lars Klimbingat hat in Kooperation mit Thomas Stalter Kapitel 2 »Stammdaten«, und Kapitel 3, »Data Governance und Datenaustausch«, verfasst. Unterstützend mitgewirkt haben Michael Evertz, Ralf Zinsmeister, Daniel Schamne, Claas Lange, Michael Klotten und Maximilian Zagarinskas.

Diplom-Kaufmann **Alexander Kunkel** ist seit 2015 Managing-Partner bei retailsolutions und bereits seit 2007 als Leiter des Competence Centers zuständig für Fashion-Prozesse. Er blickt zurück auf mehr als 20 Jahre Erfahrung in der IT- Branche mit Schwerpunkt auf Handels- und Fashion-Prozessen. Nach seinem Studium der Betriebswirtschaftslehre war er zunächst als Senior-Consultant, Solution Architect und Teilprojektleiter im Bereich SAP-Implementierungen mit dem Schwerpunkt Planungsprozesse und deren Integration in die operative Systemumgebung tätig. Später hatte er diverse Führungspositionen in der IT-Beratung von Handelsindustrien inne.

Alexander Kunkel hat Kapitel 10, »Fashion Management«, verfasst. Unterstützend mitgewirkt haben Amelie Winters, Silvio Werner und Michael Memel.

Michael Niestroy ist seit 1996 im SAP-Retail-Umfeld als Consultant und Solution Architect in internationalen Projekten tätig. Im Jahr 2018 ist er der Geschäftsführung der retailsolutions AG beigetreten und verantwortet die Niederlassungen in Großbritannien, den nordischen Ländern und alle internationalen operativen Geschäfte der retailsolutions-Gruppe.

Michael Niestroy hat Kapitel 11, »Omnichannel Retailing«, verfasst. Unterstützend mitgewirkt hat Heiko Jungholt.

Diplom-Ingenieur **Philipp Rohe** ist geschäftsführender Gesellschafter bei retailsolutions und hat seit mehr als 20 Jahren Erfahrung im Handel und im Konsumgüterbereich. Er ist in den Bereichen Category Management und Projektmanagement in internationalen Projekten tätig. Philipp Rohe hat Kapitel 8, »Aktionen«, verfasst.

B

C

T

U

V

W

X

Y

Z